中国畜牧兽医年鉴

2016

中华人民共和国农业部　主管

中国畜牧兽医年鉴编辑委员会　编

中国农业出版社

中国畜牧兽医年鉴编辑委员会

主　　任　于康震

副 主 任　王智才　张仲秋　马有祥　冯忠武　杨振海
　　　　　孙　林

委　　员（按姓名笔画顺序）
　　　　　刁新育　于康震　才学鹏　马有祥　王　锋
　　　　　王功民　王宗礼　王俊勋　王智才　石有龙
　　　　　田建华　冯忠武　刘连贵　孙　林　孙　研
　　　　　贠旭江　杨振海　何新天　宋　毅　张　弘
　　　　　张仲秋　张智山　陈伟生　郑友民　贾幼陵
　　　　　徐　晖　黄伟忠

各地委员

张毅良（北　京）	王红军（天　津）	张　强（河　北）
茹栋梅（山　西）	郭　健（内蒙古）	敖凤玲（辽　宁）
裴　中（吉　林）	包艳明（黑龙江）	沈　悦（上　海）
黄　焱（江　苏）	刘嫔珺（浙　江）	董卫星（安　徽）
梁全顺（福　建）	吴国昌（江　西）	刘国华（山　东）
宋虎振（河　南）	盖卫星（湖　北）	袁延文（湖　南）
郑惠典（广　东）	蒋和生（广　西）	朱清敏（海　南）
王　健（重　庆）	杨朝波（四　川）	杨兴友（贵　州）
寸　强（云　南）	次　真（西　藏）	杨黎旭（陕　西）
阎奋民（甘　肃）	马清德（青　海）	金万宏（宁　夏）
张　伟（新　疆）	顾　桦（大　连）	隋振华（青　岛）
余全法（宁　波）	许心凌（厦　门）	郑　璇（深　圳）
苗启华（新疆兵团）		

中国畜牧兽医年鉴编辑部

主　　编　贠旭江　宋　毅
副 主 编　田建华　徐　晖　杨泽霖
责任编辑　汪子涵
编　　辑　徐　晖　吴洪钟　耿增强　段丽君　殷　华
　　　　　贾　彬　刘晓婧　郑　君　陈　瑨　章　颖

栏目主编

发展概况　李维薇　陈国胜　宋俊霞　吴　晗　苏红田
行业管理　罗　健　林典生　卢　旺　李新一　洪　军
各地畜牧业　左玲玲　王志刚　邱小田　寇占英　李　扬
统计资料　辛国昌　田建华　周荣柱
政策法规　王晓红　刘占江　冯葆昌
领导论坛　张智山　孙　研
大 事 记　马　莹　胡翊坤　张立志　于福清
附　　录　杨泽霖　张利宇

特约编辑

张保延（北　京）	肖建国（天　津）	李洪汇（河　北）
郑晓静（山　西）	李志峰（内蒙古）	吴耀明（辽　宁）
赵伯铭（吉　林）	孙铁矛（黑龙江）	祁　兵（上　海）
华　棣（江　苏）	李玲飞（浙　江）	王明辉（安　徽）
高新榕（福　建）	徐轩彬（江　西）	胡智胜（山　东）
张志刚（河　南）	王　静（湖　北）	李书庚（湖　南）
林　敏（广　东）	曾辉材（广　西）	冯　飞（海　南）
向品居（重　庆）	李　明（四　川）	邓晓静（贵　州）
王光荣（云　南）	曹仲华（西　藏）	张宏兴（陕　西）
万占全（甘　肃）	孙应祥（青　海）	张　军（宁　夏）
朱爱新（新　疆）	郑　颖（大　连）	林海海（青　岛）
项益锋（宁　波）	张　宏（厦　门）	陈世辉（深　圳）
杨　勇（新疆兵团）		

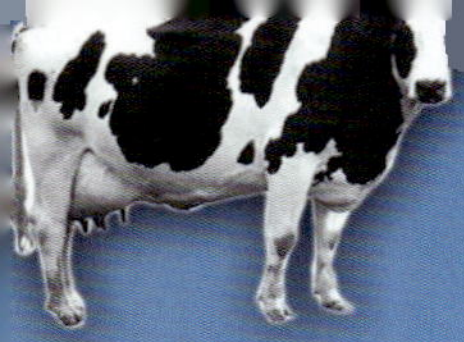

吴忠市乐汇奶牛养殖专业合作社

董事长杨忠军与宁夏农业学校签订长期合作事宜

中国一级书画大师薛家宽先生为乐汇牧场题词

外国专家为牧场工作人员进行指导培训

牧场四院办公区

乐汇牧场是吴忠东方集团公司旗下的奶牛养殖场，地处吴忠市利通区扁担沟镇五里坡生态养殖区，这里地势高坦、通风干燥、日照充足，是奶牛养殖的有利场所。

乐汇牧场占地面积53.3公顷，总体投资3.5亿元，建成标准化牛舍18栋，饲草料加工车间1栋，产房2栋，犊牛舍10栋，小犊牛岛120个，设有高标准挤奶厅2座（800平方米挤奶厅1座，1 500平方米挤奶厅1座），病牛及新购牛隔离舍各2栋，青贮窖2处，蓄水池个。在防疫上对行政区、生产区、生活区、病牛隔离区及污水处理区之间以道路、绿化带和围栏分开，生产区建有规范的消毒池和消毒室等，消毒池药液定期更换，消毒室装设紫外线灯、洗手用的消毒液，并设有醒目防疫标志，非本场车辆、人员不能进入生产区。

从2012年9月至今，牧场存栏量达到5 000头，还将计划购入优质澳大利亚奶牛1 000～1 500头，以高起点的奶牛核心群为基础，大力提升牧场奶牛品质和牛群生产性能，现日产高品质鲜奶80吨，年产值超亿元，预计到2015年日产鲜奶将达到100～120吨，年产值将达到1.5亿～1.8亿元。

牧场现有员工140人，专业管理技术人员30人，兽繁及畜牧技术人员12人，其中：高级职称1人，中级职称3人，初级职称3人，长期从事奶牛生产实践，具有丰富的理论知识和在大型奶牛场工作的实践经验与较高的专业素质。

坚持科学技术是第一生产力的硬道理，建立科学、规范、标准化的奶牛养殖模式走良性发展之路。

牧场与自治区畜牧工作站、美国亚达-艾格威公司、宁夏伊利乳业有限责任公司等，建立了长期联系和合作机制。依托自治区内、国内、国外的奶牛先进养殖技术，长足发展奶牛养殖事业取得了一定的成效，先后被宁夏农牧厅、吴忠市农牧局，吴忠市利通区农牧局授予奶牛养殖标准化牧场，被吴忠市利通区农牧局、安监局授予“平安农机示范牧场”，2014年被农业部评为国家级奶牛标准化养殖示范牧场。

乐汇牧业是吴忠奶牛养殖行业崛起的一颗璀璨之星。“标准化建设、规模化发展、精细化饲养、科学化管理”是乐汇牧场奶牛养殖的指导思想，它将依靠创新、开拓的创业理念和科学唯实的经营策略，快速发展，不断壮大，力争为吴忠地区奶牛养殖业做出更多更大的贡献！

乐汇人承诺：食品安全对消费者负责；防疫安全对产业负责；环境安全对子孙负责。

Lehui Dairy Farming Specialized Cooperatives, Wuzhong Municipality

Lehui Ranch is a dairy farm affiliated to the Orient Group (Wuzhong) Company. It is located in the Wulipo Eco Farming Zone, Biandangou Town, Litong District, Wuzhong Municipality. The Ranch sits on a flat high land with good ventilation, dry air, and plenty of sunshine, which is an excellent location for dairy farming.

The Lehui Ranch sits on 53.3 hectares of land, with a total investment of 350 million yuan. The Ranch includes 18 standardized cowsheds, 1 fodder processing workshop, 2 delivery sheds, 10 calf sheds, and 120 calf hutches. There are 2 high standard milking parlours (1 milking parlour of 800 square meters, and 1 milking parlour of 1500 square meters), 2 segregations for sick cows or newly purchased cows, 2 horizontal silos, and 2 water reservoirs. Roads, green belts and fences divide the administration area, production area, residential area, sick cow isolation area and wastewater treatment area for epidemic prevention. The production area includes standardized disinfection pond and disinfection room, etc. The disinfectant in the disinfection pond is replaced regularly, and the disinfection room includes UV lamps and disinfectant for hand washing. There are also prominent epidemic prevention signs; non Ranch vehicle or personnel are restricted from the production area.

牧场监控室

Since September 2012, the Ranch has achieved a livestock inventory of 5000 head, with more plans to purchase 1000 – 1500 head high quality Australian cows. The Ranch relies on a core group of high quality cows to elevate the quality of cows and production performance of the Ranch. Currently the Ranch produces 80 tons of fresh milk per day, with an annual production value of more than 100 million yuan. It is estimated that the fresh milk production shall reach 100 – 120 tons per day in 2015, and the annual production value shall be 150 - 180 million yuan.

There are currently 140 employees at the Ranch, including 30 specialized management and technical staff, 12 breeding and livestock technical staff; of which 1 staff holds a senior professional title, 3 hold intermediate professional titles, and 3 hold primary professional titles. Our staff have been working long term in the cow management practice, and they have rich theoretical knowledge, practical experiences from working on large scale dairy farms, and high professional qualities.

牛只在吃饲草料

We shall uphold the absolute principle that “Science and technology is the primary productive force”, establish a scientific, normative, and standardized dairy farming mode, and follow the path of positive development.

The Ranch has established long term communication and cooperation mechanism with organizations such as the Animal Husbandry Station of the autonomous region, Alta Genetics USA, Ningxia Yili Dairy Product Co., Ltd, etc. Relying on the advanced dairy farming technology from the autonomous region, within China and overseas, the Ranch is dedicated to the long term development of dairy farming, and we have achieved some success. We have been awarded the honor title of “Standardized Dairy Farm” by the Ningxia Province Agricultural and Pastoral Office, Agriculture and Animal Husbandry Bureau of Wuzhong , Agriculture and Animal Husbandry Bureau of Litong, Wuzhong Municipality; the honor title of “Demonstration Farm for Safety Agricultural Machinery” by the Agriculture and Animal Husbandry Bureau and the Bureau of Work Safety of Litong, Wuzhong Municipality; in 2014, the Ranch was listed as one of the “ Standardized Demonstration Dairy Farm ” by the Ministry of Agriculture.

先进的设施设备

Lehui Ranch is a rising star shining over the landscape of Wuzhong Municipality’s dairy farming industry. “Standardized construction, scale development, fine breeding, scientific management” are the guidelines followed by Lehui Ranch in its routine dairy farming business. It will rely on the innovative and pioneering entrepreneurship concept and scientific, practical management strategy to develop at a rapid pace, constantly grow stronger, and strive to make greater, better contributions to the dairy farming industry of Wuzhong District!

Lehui people are committed to: responsible to our consumers for food safety; responsible to the industry for epidemic prevention; and responsible to our future generations for environment safety.

牛 舍

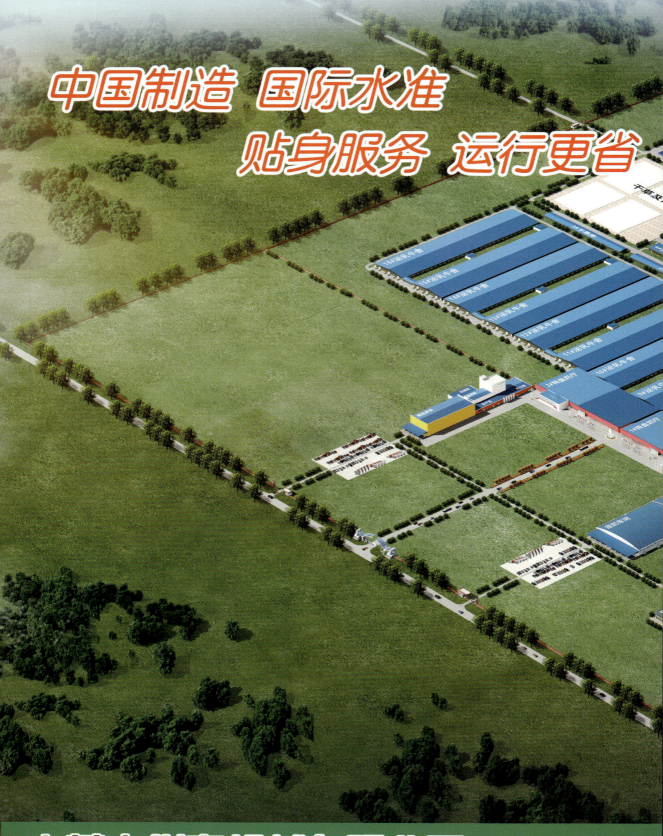

HUANONG
华农机械
HUANONG EQUIPMENT
俄罗斯梁赞州8万头牧场全景图

中国制造 国际水准
贴身服务 运行更省
旗帜乳品全景图
内蒙古华农机械有限公司

科技彰显实力
SCIENCE AND TECHNOLOGY STRENGTH

专利墙

试剂盒

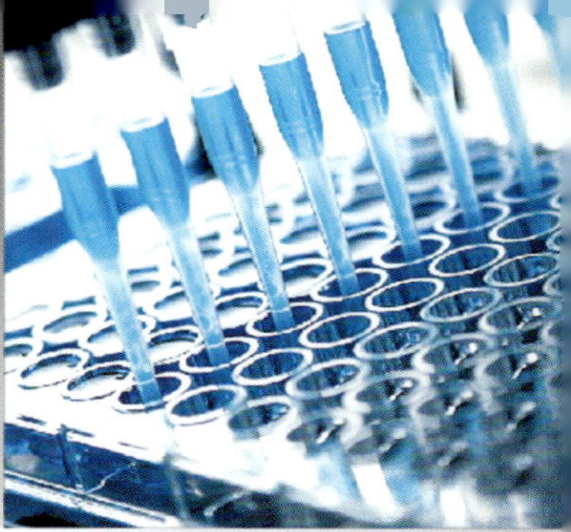

试剂盒

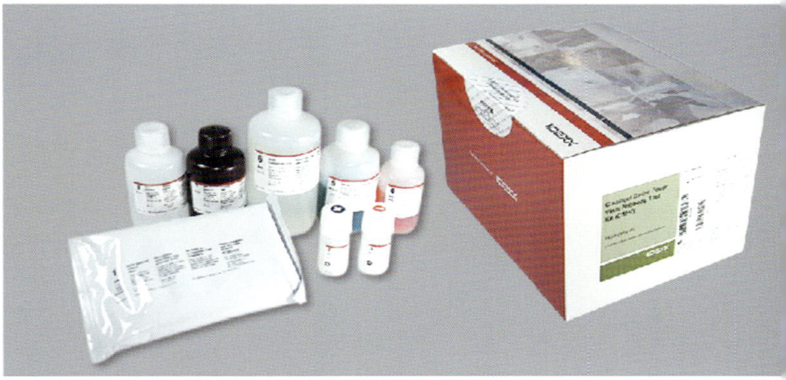

海报

休息室

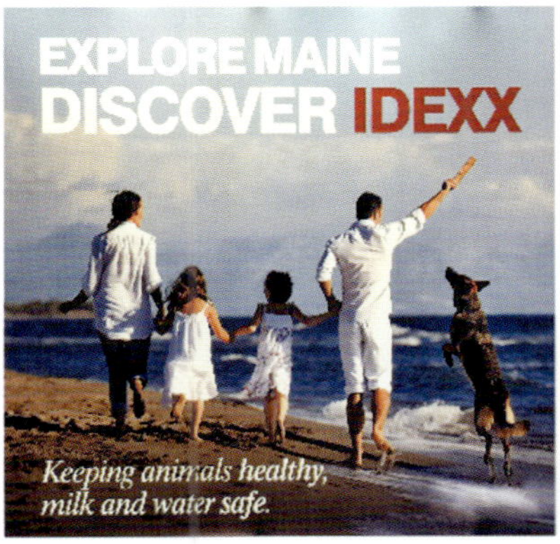

美国爱德士生物科技有限公司
北京市顺义区天竺空港工业区B区裕华路28号科技孵化园10号楼1层

www.idexx.com.cn

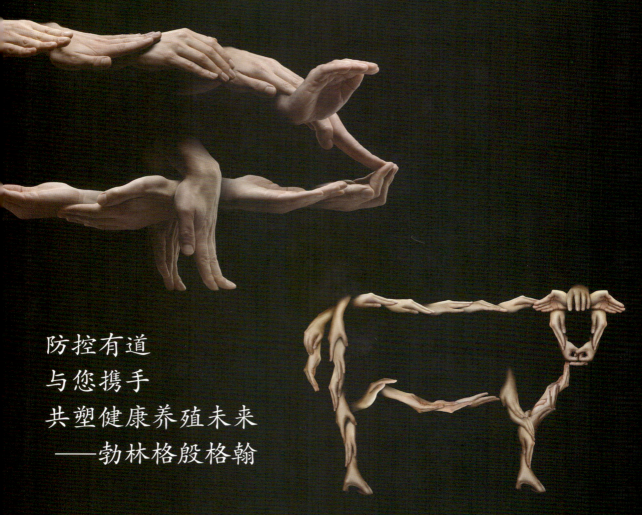

泰州生产工厂蓝图鸟瞰

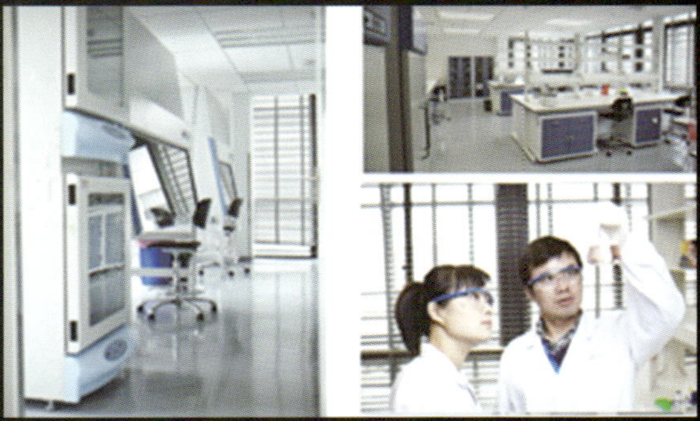

上海研发中心

奖学金颁奖仪式

科技下乡活动

勃林格殷格翰是全球前20位的制药企业。勃林格殷格翰动物保健致力于成为中国养殖者们值得信赖的合作伙伴，不仅提供优秀的动物保健产品，还为客户提供解决问题的方案。

2012年勃林格殷格翰斥资1200万欧元，在上海建立亚洲动物保健研发中心，这也是迄今为止跨国药企在国内成立的最大的综合性动保研发中心之一。

2014年5月，勃林格殷格翰和中国医药城合资共建的江苏勃林格殷格翰生物制品有限公司正式动工。该基地座落于江苏泰州，总投资约8500万欧元。

为促进中国畜牧业的长期发展，助力中国畜牧兽医的人才培养，公司自2006年起，在国内近10所重要农业院校设立了勃林格殷格翰奖学金，奖励表现优异，有突出研究成果的学生及个人，支持畜牧兽医教育的发展。另外，公司积极推进农村科技进步，普及畜牧兽医知识。近年来，已组织多次知识下乡公益活动，将世界先进的畜牧兽医知识带到了农村第一线，得到了广大养殖户和一线畜牧兽医工作者的一致好评。

未来，勃林格殷格翰将继续专注于为中国畜牧兽医业的发展贡献力量。

美国大豆出口协会
U.S.Soybean Export Council

关于美国大豆出口协会

美国大豆出口协会是由美国大豆协会、美国大豆基金会等美国大豆产业主要的利益攸关方共同创立的代表大豆种植者、农产品出口企业、贸易企业、相关涉农企业和农业的非营利性的、会员制的民间组织。

美国大豆出口协会在华从事的活动

美国大豆产业组织在中国的工作人员，通过举办专题研讨会、专业培训班、动物饲养试验、现场技术指导，并组织国外考察团组、出版各种技术和市场资料，免费为中国牲畜和水产养殖业、饲料业、大豆加工业和大豆贸易行业提供生产加工技术和大豆及大豆产品的市场信息，帮助中国农业经营企业提高经营能力和经营效益。

北京代表处
地址: 北京建国门外大街1号
国贸写字楼1座1016室 邮编：100004
电话：010—65051830 传真：010—65052201
电邮: china@ussec.org

上海代表处
地址: 上海延安西路2201号
上海国际贸易中心1802室 邮编：200336
电话：021—62191661 传真：021—62195590

The U.S. Grains Council – 美国谷物协会

U.S. GRAINS COUNCIL

- Developing Markets – 开发市场
- Enabling Trade – 推广贸易
- Improving Lives – 改善生活

The U.S. Grains Council has partnered with China's livestock and grain processing industries for over 30 years.
美国谷物协会同中国畜牧和谷物加工业已有三十余年的合作关系。

Supporting the Modernization of China's Livestock and Feed Industries
支持中国畜牧和饲料工业现代化进程

- Establishing one of China's first modern feed mills in 1984
  于 1984 年创立中国首家现代化饲料厂之一
- Sponsoring seminars and U.S.-China technical exchanges involving hundreds of participants
  组织研讨班，促进中美技术交流，与会者达数百人

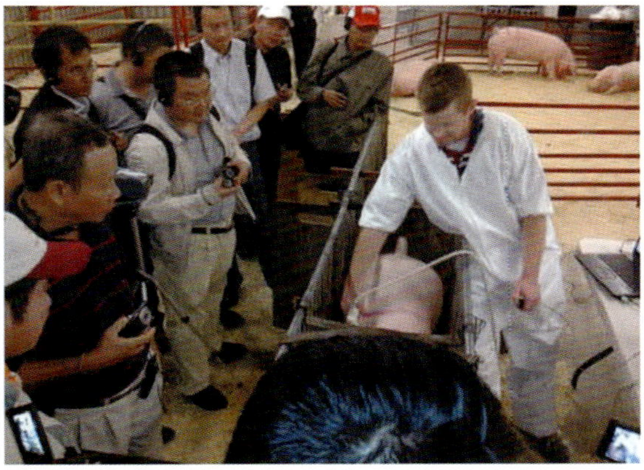

Supporting China's Food Security through Trade and Information Exchanges
通过贸易和信息交流支持中国粮食安全

- Providing reliable information on U.S. production capacity, market conditions, and grain quality
  提供美国生产能力、市场状况和谷物质量等的可靠信息
- Sponsoring study and market assessment teams to the U.S. involving hundreds of participants
  组织考察团前往美国进行市场评估和学习，参加者已达数百人

U.S. Grains Council and China: a better future for all through trade and technology.
美国谷物协会与中国：通过贸易和技术实现双方更好的未来

USGC China Office contact info: +86 10-6505 1314
美国谷物协会北京办事处联系电话：+86 10-6505 1314

www.grains.org.cn, www.grains.org

Amlan
INTERNATIONAL
PRODUCTIVITY FOR LIFE™
专注动物肠道健康，共同推动健康畜牧发展，提高养殖成效。
Varium™
维肠安 非抗生素家禽生长促进剂
在限制使用抗生素的情况下，使用一种新的，可替代的生长促进剂来提高您的养殖和商业收益。
优化免疫系统，保护对抗大量生物毒素，强化肠道细胞，提高家禽增重，增加您的养殖利润。
农业部进口登记证：(2016)外饲准字233号
NeoPrime™
尼哺安 增加猪只产量，提高您的收益
尽早使用尼哺安可以提高饲养利润，通过刺激早期肠道发育和免疫功能，帮助仔猪克服断奶应激，获得整个饲养周期的高效生长。
农业部进口登记证：(2016)外饲准字232号
安牧然贸易（深圳）有限公司
联系电话：0755-26672055
www.amlan.com.cn

银桥
阳光冠+
为好品质加冕
银桥战略产品「阳光冠+」
峰光耀市
Sunny Crown+
阳光冠+
榨出当季鲜滋味
生榨核桃牛奶
Fresh Walnut Milk
Fresh Walnut with Pure Milk
净含量:250ml
Sunny Crown+
阳光冠+
娟姗牛
纯牛奶
Pure Milk
选自1%的珍稀娟姗牛
天然蛋白质≥3.6%
净含量:250ml
为真正高品质牛奶加冕
全面引进英国珍稀娟姗牛，不计代价，只为品质升级。
为每个家庭的健康需求加冕
乳蛋白突破3.6%，生榨萃取突破传统冲调，重新定义牛奶营养标准。
为中国乳品市场加冕
发力于产品、精心于健康，坚持好品质，才有好未来。
银桥 银桥乳业 YinQiao Dairy
地址：中国·西安高新技术开发区
消费者服务热线：400-815-9000
网址：www.yinqiaogroup.com
扫一扫 关注银桥牛奶

鲁抗动保
LUKANG

山东鲁抗舍里乐药业有限公司坐落于山东省济宁市，是山东鲁抗医药股份有限公司（股票代码600789）的全资子公司。公司是以产兽用原料药为主，兼营粉针剂、片剂、粉散剂、饲料添加剂以及生物农药等产品的现代化动植物保健企业。公司成立于1993年，注册资本6000余万元，员工总数1200多人，各类专业技术人员占60%以上。

公司秉承“建一流队伍、干一流事业、创一流品牌”的宗旨，形成了年产原料药1.2万余吨的规模，年销售收入8亿元，出口创汇7000万美元；在自产原料药的基础上，公司大力增强制剂研发力量，自2000年至今，相继研发出60余种制剂产品。

公司拥有优良的技术、设备和严格的质量管理体系，公司通过了ISO9001、ISO14001和职业安全健康管理体系认证，所有产品均已通过国家GMP认证。

公司积极开展技术营销、品牌营销，以“为中国畜牧业提供国际化的兽药产品和服务”为品牌承诺，建立了覆盖全国的产品营销及售后服务网络，开拓国际市场。国内市场中，与大型养殖集团建立长期合作关系。鲁抗舍里乐公司将会以更强的实力、更优的产品为您提供更好的服务。

国内首家上线运营兽药电子商务网站，网址http://www.lkdb.com.cn/；

国内首家上线运营兽医院网站，网址：http://www.lkdb.com.cn/index.php/adv.html；

2014年被确定为兽药质量追溯系统试点企业。

山东鲁抗舍里乐药业有限公司

京兽药广审（文）2017010009

中国畜牧兽医年鉴

编辑说明

一、《中国畜牧兽医年鉴》是全面反映我国畜牧、兽医、饲料、草业等行业基本情况的资料性工具书，每年出版一卷，基本上不重复前卷内容。

二、年鉴撰稿人主要是各有关部门或单位的工作人员，统计资料由国家统计局及相关部门提供或由他们核实订正，交由本年鉴首次发表。

三、各省、自治区、直辖市及计划单列市按行政区划顺序排列。

四、本年鉴所载资料的截止时间为2015年底。

五、各部类的资料数据，仅限于内地31个省、自治区、直辖市及部分计划单列市和新疆生产建设兵团的材料，不包括台湾省以及香港和澳门特别行政区。各项总产值，未加说明者均为当年价格，比上年增长速度均按可比价格计算。

六、本年鉴的内容在遵守四项基本原则的前提下，实行文责自负。

七、经上级部门批准，本年鉴已由《中国畜牧业年鉴》更名为《中国畜牧兽医年鉴》，自2014卷起执行。

目　录

发展概况

行业管理

各地畜牧业

统计资料

政策法规

领导论坛

2015 年大事记

附　录

索　引

发 展 概 况

畜牧业发展综述

【畜牧业生产】 2015年,畜牧业生产克服消费持续低迷、市场波动较大、环保压力增加等一系列困难,在平稳中调整,在调整中优化,总体保持了平稳发展的良好势头。全年肉类总产量8 625万吨,同比下降1.0%;禽蛋产量2 999万吨,同比增长3.6%;牛奶产量3 755万吨,同比增长0.8%。畜禽生产顺应市场需求积极调整,生产结构不断优化。畜产品市场供给充足,质量安全保持较高水平,较好地完成了"保供给、保安全、保生态"的既定目标和任务,实现了"十二五"的圆满收官。

1. 生猪产能深度调整。2015年,生猪生产同比下降,产能做出适应性调整。全年生猪出栏7.08亿头,同比下降3.7%;猪肉产量5 487万吨,同比下降3.3%。年度内生猪价格总体表现为先抑后扬。2015年前3个月生猪价格延续了2014年的下降趋势,3月中旬开始,生猪价格恢复性上涨。全年平均活猪出栏价格为每千克15.27元,同比上涨13.3%。6月以后,猪粮比价开始高于6∶1的盈亏平衡点,养殖场户开始盈利。2015年出栏一头肥猪平均盈利109元,基本弥补了2014年头均101元的亏损。全年平均亏损面为28.1%,同比降低33个百分点。年末生猪存栏4.51亿头,同比下降3.2%。其中能繁母猪存栏连续27个月环比下降,为2013年3月以来最低水平。养猪户数量同比下降11.3%,中小规模养猪户持续退出,生猪产能调幅度较大。

2. 家禽生产平稳增长。2015年,蛋鸡、肉鸡生产稳步增长,没有出现重大疫情。全年禽蛋产量2 999万吨,同比增长3.6%,禽肉产量1 826万吨,同比增长4.3%。禽类产品供需关系总体宽松,价格受节日效应影响明显,中秋节、春节前为消费和价格高峰。2015年全国鸡蛋平均零售价格为每千克9.94元,同比下降8.1%,白条鸡价格为每千克18.9元,同比增长3.8%。蛋鸡、肉鸡生产效益总体下滑,处于偏低水平。每只产蛋鸡全年累计获利13.32元,同比减少13.66元,全年平均出栏1只肉鸡获利1.39元,同比减少0.38元。年度内蛋鸡平均存栏同比增长4%,全年肉鸡累计出栏量下降6.8%。

3. 奶牛生产稳中略增。2015年,在全球奶业景气度普遍较低、国内奶牛养殖效益下滑、乳品进口冲击的情况下,牛奶产量仍实现稳中略增,全年牛奶产量3 755万吨,同比增长0.8%。受产量增长、进口增加和消费疲软等因素影响,生鲜乳价格年初快速下跌,低位徘徊至第四季度有所回升,总体呈"U"型走势。全年10个主产省份生鲜乳平均价格为每千克3.45元,同比下降14.8%,总体低于2013—2014年水平。平均1头年产6吨的奶牛年收益为1 050元,同比下降72.9%。由于养殖效益明显下滑,中小规模养殖场户大量退出或兼并整合。截止到2015年末,奶牛养殖户数同比下降36.6%,规模场奶牛存栏同比增长4.1%。

4. 牛羊肉生产保持平稳。2015年,全年牛肉产量700万吨,同比增长1.6%;羊肉产量441万吨,同比增长2.9%。年内牛肉价格小幅波动,春节后开始下降,7月开始企稳回升,全年平均价格同比下降0.8%;羊肉价格一路震荡下降,至年末累计下降10.7%,全年平均价格同比下降6.5%。相比牛羊肉,活牛活羊价格下降幅度较大,养殖效益严重下滑。全年平均绵羊出栏价格每千克18.71元,同比下降18.7%;山羊出栏价格每千克28.6元,同比下降10.3%;肉牛出栏价格每千克25.66元,同比下降2.9%。出栏1头450千克的肉牛平均盈利1 550元,同比减少337元;出栏1只45千克绵羊盈利193元,同比减少70元;出栏1只30千克山羊盈利363元,同比减少43元。

5. 畜产品质量安全保持较好水平。2015年,饲料产品质量卫生指标监测合格率97.2%,畜产品"瘦肉精"例行监测合格率99.9%,生鲜乳三聚氰胺检测合格率连续7年保持100%,全年未发生重大质量安全事件。

6. 畜牧业转型升级取得明显成效。2015年,继续实施扶持标准化规模养殖、生猪和牛羊调出大县奖励、"菜篮子"工程等一系列政策。通过生猪、牛羊调出大县奖励政策,支持全国500个生猪大县和100个牛羊大县巩固生产能力。继续实施畜禽良种工程,提升良种供应能力和种畜禽质量。实施畜禽遗传改良计划,遴选了37家生猪、肉鸡核心育种场和15家肉鸡良种扩繁推广基地，畜禽自主育种水平稳步提升。持续推进畜禽标准化规模养殖，组织创建了410个国家级畜禽标准化示范场。2015年畜禽养殖规模化率超过54%，比"十一五"末提高9个百分点。国家级畜牧业产业化龙头企业达到583家，畜牧业发展进入了规模化生产、产业化经营的新阶段。

（农业部畜牧业司）

【饲料工业】 2015年，我国饲料行业积极适应发展环境变化，加大结构调整力度，加快产业融合整合，着力提升产品质量安全水平，发展方式从追求数量增长和效益提升向倡导优质安全环保转变。2015年全国饲料产量首次突破2亿吨，同比增长1.4%，实现了饲料工业"十二五"规划的目标任务。

1. 饲料和饲料添加剂生产企业数量。2015年饲料生产企业8 508家，浓缩饲料、配合饲料和精料补充料生产企业6 764家，添加剂预混合饲料生产企业2 747家；饲料添加剂生产企业1 691家，其中，化工合成、生物发酵、提取等工艺直接制备饲料添加剂企业1 280家，混合型饲料添加剂生产企业616家；单一饲料生产企业2 032家。

2. 商品饲料总产量突破2亿吨。2015年全国商品饲料总产量20 009万吨，同比增长1.4%。其中，配合饲料产量为17 396万吨，同比增长2.7%；浓缩饲料产量为1 961万吨，同比下降8.9%；添加剂预混合饲料产量为653万吨，同比增长1.9%。配合饲料、浓缩饲料、添加剂预混合饲料产量占总产量比重分别为86.9%、9.8%、3.3%，与上年相比，配合饲料占总产量比重提高1.1个百分点，浓缩饲料下降1.1个百分点，添加剂预混合饲料提高0.1个百分点。

3. 饲料工业产值、营业收入小幅增长。2015年全国饲料工业总产值为7 810亿元，同比增长2.7%。其中，商品饲料工业总产值为7 126亿元，同比增长2.7%；饲料添加剂总产值为616亿元，同比增长3.6%；饲料机械设备总产值为68亿元，同比增长1.4%。全国饲料工业总营业收入为7 418亿元，同比增长1.4%。其中，商品饲料总营业收入为6 786亿元，同比增长1.6%；饲料添加剂总营业收入为563亿元，同比下降0.9%；饲料机械设备总营业收入为69亿元，同比增长4.6%。

4. 饲料产品结构加速调整。2015年，猪饲料产量8 344万吨，同比下降3.2%；蛋禽饲料产量3 020万吨，同比增长4.1%；肉禽饲料产量5 515万吨，同比增长9.6%；水产饲料产量1 893万吨，同比下降0.5%；反刍动物饲料产量884万吨，同比增长0.9%；其他饲料产量354万吨，同比下降10.9%。

5. 不同区域产量有增有降发展速度各异。2015年，广东、山东、河北、河南、辽宁、湖南、广西和江苏8个省份饲料产量超过千万吨，8个省份饲料总产量11 744万吨，占全国总产量58.7%。东部地区、中部地区、西部地区的总产量分别占全国的52%、30%和18%，与上年相比，东部地区增长0.5%，中部地区增长0.8%，西部地区下降1.3%。

6. 饲料添加剂产量小幅增长。2015年，饲料添加剂产品总量816.4万吨，同比增长1.7%。其中，直接制备饲料添加剂795.2万吨，同比增长1.5%；混合型饲料添加剂21.3万吨，同比增长8.2%。主要饲料添加剂品种中，氨基酸总产量154.5万吨，同比增长23.1%；维生素总产量109.1万吨，同比增长22.3%；矿物元素及其络合物总产量420.2万吨，同比下降10.2%；酶制剂总产量9.8万吨，同比下降8.5%。

7. 饲料机械设备生产总量下降。2015年，饲料加工机械设备生产总量为27 140台（套），同比减少1 370台（套），下降4.8%。其中，成套机组1 349台（套），同比减少361台（套），下降21.1%；单机25 791台，同比减少1 009台，下降3.8%。

8. 饲料行业从业人数小幅增长。2015年，饲料企业年末职工人数为51.9万人，同比增长2.6%。大专以上学历的职工人数为20.6万人，占职工总人数的39.6%，其中，博士1 877人，同比增长6.8%；硕士8 787人，同比增长11.1%；大学本科74 372人，同比增长8.6%；大学专科120 475人，同比增长7.8%；其他学历313 547人，同比下降0.8%。技工51 202人，同比增长7.9%。

（农业部畜牧业司）

【草原保护与建设】 草原生态持续改善。2015年草原植被状况明显好转。全国天然草原鲜草总产量10.28亿吨，较上年增长0.57%；全国草原综合植被盖度为54%，较上年提高0.4个百分点；全国重点天然草原的平均牲畜超载率为13.5%，较上年下降1.7个百分点。

（农业部畜牧业司）

兽医事业发展综述

【动物疫病防控】 2015年，全国兽医系统围绕优先防治病种，抓住关键节点和重点环节，突出抓好免疫、监测、应急处置等关键措施落实，扎实推进各项防控工作。全国未发生亚洲I型口蹄疫疫情，猪瘟等其他疫情继续保持平稳；新发11起家禽禽流感、3起A型口蹄疫疫情均迅速扑灭，动物疫情形势总体平稳，全国未发生区域性重大动物疫情。

1. 及时印发实施国家动物疫病监测与流行病学调查计划，指导各地科学防控。全年组织监测禽流感样品498万份、口蹄疫样品489万份，全国4种强制免疫重大动物疫病平均免疫密度保持在95%以上，群体平均免疫抗体合格率超过75%。开展全国春、秋防工作大检查，部署安排、科学评价各地防控工作。加快推进大东北地区免疫无口蹄疫区建设工作。组织对海南、广州从化、吉林永吉3个无疫区开展督查，组织修订《无规定动物疫病区评估管理办法》和《无规定动物疫病区管理技术规范》，指导相关地区开展无规定疫病区建设评估和运行维护工作。

2. 重点围绕布鲁氏菌病、血吸虫病和包虫病等，做好人兽共患病防控工作。协调财政部门落实布鲁氏菌病、包虫病专项应急防疫经费5.67亿元。组织召开重点省份防控工作会议，全面部署相关工作。针对布鲁氏菌病，继续强化监测工作，突出抓好种牛监测、源头净化。继续实施《血吸虫病综合治理重点项目规划纲要(2009—2015)》，组织召开全国农业血防工作会议，指导开展家畜查治和农业血防综合治理，推进达标验收工作。继续实施《防治包虫病行动计划(2010—2015年)》，开展综合防治试点。

3. 进一步加大边境地区防控力度，防范外来动物疫病风险。印发非洲猪瘟防治技术规范。在黑龙江省牡丹江市成功举办全国非洲猪瘟防控应急演练，进一步提高各地的应急实战能力。加强外来病防控技术研发和储备，开展病毒生物学特性、疫苗和风险评估技术攻关。健全完善跨部门合作机制，加强边境地区免疫带建设，强化外来病监测。

4. 提升应急反应能力，妥善应对突发事件。一是切实抓好灾后防疫工作。2015年，部分地区发生洪涝、泥石流、山体滑坡等灾害，受尼泊尔8.1级强烈地震影响，西藏多个县(区)受灾，新疆皮山县6.5级地震，浙江等东南沿海地区遭受强台风“灿鸿”袭击，各级畜牧兽医部门迅速行动，及时开展灾后防疫工作，切实做好无害化处理、环境消毒、紧急免疫等工作，确保大灾之后无大疫。二是及时应对突发疫情。针对辽宁西丰县、陕西甘泉县炭疽疫情，农业部及时指导当地开展疫情处置，做好疫情监测排查和追溯调查，将风险和损失降到最低。

(农业部兽医局)

【兽医科技与国际合作】

1. 推进兽医科技和标准管理。组织提出兽医科技重大需求，跟踪兽医领域公益性农业行业科研进展。组织研究“十三五”兽医科研、重点实验室建设、产业技术体系建设需求及科研管理机制，及时向科技教育司提出意见和建议。推动建立兽医科技信息共享平台，编制《中国兽医科技发展报告(2013—2014)》。规范有关标委会标准制(修)订工作程序。完成2015年标准制(修)订项目87个(动物卫生标准18个、兽药残留标准67个、畜禽屠宰标准2个)，申报2016年兽医标准制(修)订计划70个(动物卫生标准11个、屠宰加工标准10个、兽药残留标准48个、伴侣动物标准1个)。

2. 强化与有关国际组织合作。一是深入参与国际组织活动，维护我国核心利益。积极履行国际义务，作为世界动物卫生组织(OIE)亚太区委会当值主席国、OIE东南亚—中国口蹄疫控制行动(SEACFMD)委员会执委会副主席国和OIE全球跨境动物疫病防控框架(GF-TADs)区域执委会主席国，参加和支持OIE有关活动，积极向OIE提出我国对有关标准规则制(修)订的立场和主张。在青岛承办SEACFMD第18次国家协调员会议，研究区域内口蹄疫防控情况并制定防控路线图。中国口蹄疫官方控制计划获得OIE认可。二是充分利用国际组织平台，提高我国动物疫病防控能力和水平。与联合国粮食及农业组织(FAO)联合实施中国兽医现场流行病学培训、非洲猪瘟防控策略发展项目、公共私营伙伴项目、新发流行病威胁强化项目(EPT+)等有关兽医领域项目。翻译出版发行OIE《陆生动物卫生法典》和《陆生动物诊断试剂和疫苗手册》，促进兽医工作与国际接轨。三是在国际组织框架下，加强跨境动物疫病联防联控机制建设。充分利用向OIE动物卫生与福利基金会捐款，实施亚洲猪病防控项目和跨境动物疫病防控合作。依托FAO国际资源及技术优势，开展中越、中蒙俄等双多边动物疫病联防联控机制建设。利用亚洲开发银行技术援助项目，编写中蒙跨境动物疫病防控五年能力建设规划，在边境地区开展相关技术培训。

3. 深化双边交流合作。一是深化与有关国家兽医领域交流合作。与巴西重新签署了《中华人民共和国政府和巴西联邦共和国政府关于动物卫生及动物检疫的合作协定》。积极推进中国新西兰动物健康和营养领域合作项目计划。推动中国科研单位与澳大利亚建立稳定合作关系。举办第五届中蒙俄跨境动物疫病防控三方会议、中老缅跨境动物疫病防控研讨会暨培训班等双多边兽医会议和技术培训。二是积极促进动物及动物产品国际贸易。多次与美国、英国、法国、德国、丹麦、荷兰、俄罗斯、哥伦比亚、意大利、蒙古、哈萨克斯坦等国家就疯牛病、施马伦贝格病、非洲猪瘟、口蹄疫、禽流感等输华禁令问题进行技术会谈和技术交流。组织专家就解除有关禁令开展风险评估。根据风险评估结果，有条件解除爱尔兰30月龄以下剔骨牛肉输华禁令、解除西班牙禽流感和新城疫输华禁令以及蒙古国西部5个省牛羊肉口蹄疫输华禁令。

(农业部兽医局)

【兽药产业】

1. 总体情况。截止到2015年底，全国共有1 808

家兽药生产企业，主要分布在山东、河南、河北、江苏、四川等畜牧业大省。根据行业调查，2015 年兽药产业产值约 462 亿元，销售额约 413 亿元，平均毛利率 32.63%，出口约 30 亿元，从业人员约 16 万人。其中，兽用生物制品产值约 119 亿元，销售额约 107 亿元。近年来，产业整体规模逐步扩大，产值、销售额逐年增长，产值年复合增长率为 12.39%，销售额年复合增长率为 11.35%。

2. 企业规模。兽药生产企业以中型企业和小型企业为主，微型企业（年销售额在 50 万元以下）约占企业总数的 6.47%，小型企业（年销售额在 50 万～500 万元）约占企业总数的 37.9%，中型企业（年销售额在 500 万～2 亿元）约占企业总数的 52.3%，大型企业（年销售额在 2 亿元以上）约占企业总数的 3.05%，比 2014 年度占比略有提高。其中，小型兽用生物制品企业约占兽用生物制品企业总数的 15.58%，大型兽用生物制品企业约占兽用生物制品企业总数的23.38%；小型兽用化学药品企业约占兽用化学药品企业总数的 39.09%，大型兽用化学药品企业约占兽用化学药品企业总数的 1.98%。虽然兽药生产企业总体上以中型企业为主，但兽用生物制品企业以大、中型企业为中坚力量，兽用化药药品生产企业以中、小型企业为主。

3. 产品结构和生产能力。兽用生物制品以家畜和家禽的活疫苗和灭活疫苗为主。活疫苗生产能力约 4 102亿羽（头）份，灭活疫苗生产能力约 673 亿毫升。活疫苗中，组织毒活疫苗生产能力约 2 922 亿羽份（亿头份），产能利用率 31.97%；细胞毒活疫苗生产能力约 1 005 亿羽份（亿头份），产能利用率 14.51%；细菌活疫苗生产能力约 173 亿羽份（亿头份），产能利用率 10.86%。灭活疫苗中，组织毒灭活疫苗生产能力约 414 亿毫升，产能利用率 34.86%；细胞毒灭活疫苗生产能力约 197 亿毫升，产能利用率 25.67%；细菌灭活疫苗生产能力约 60 亿毫升，产能利用率 16.28%。兽用化学药品主要有抗微生物药、抗寄生虫药、消毒药和解热镇痛抗炎药，剂型主要以粉剂、预混剂、注射液、注射用无菌粉针剂和消毒药（固体）为主。2015 年，片剂生产能力约 2.6 万吨，产能利用率 25.67%；注射液（含大输液）生产能力约 3.5 亿升，产能利用率 22.48%；注射用无菌粉针剂生产能力约 0.8 万吨，产能利用率 60.49%；粉（散）剂预混剂生产能力约 107 万吨，产能利用率 40.98%；口服液（合剂）生产能力约 4.0 亿升，产能利用率 18.45%；颗粒剂生产能力约 5.1 万吨，产能利用率 11.66%；消毒药（固体）生产能力约 14.3 万吨，产能利用率 26.09%；消毒药（液体）生产能力约 7.1 亿升，产能利用率 17.56%。

4. 市场规模与结构。2015 年，兽用生物制品市场规模（销售额）107.08 亿元，销售额前 10 名企业的销售额为 61.47 亿元，占生物制品总销售额的 57.41%。按使用动物分，猪用生物制品和禽用生物制品是生物制品的主要组成部分。猪用生物制品市场规模 50.13 亿元，占生物制品总市场规模的 46.82%；禽用生物制品市场规模 35.21 亿元，占生物制品总市场规模的 32.88%。按疫苗种类分，活疫苗市场规模 34.69 亿元，占生物制品总市场规模的 32.4%；灭活疫苗市场规模65.71 亿元，占生物制品总市场规模的 61.37%。2015 年，兽用化药药品制剂市场规模（销售额）169.41 亿元，销售额前 10 名企业的销售额为 37.2 亿元，占兽用化学药品制剂总销售额的 21.96%。按产品类别分类，抗微生物药市场规模 120.67 亿元，市场份额 71.23%；抗寄生虫药市场规模 19.68 亿元，市场份额 11.62%；水产养殖用药市场规模 8.05 亿元，市场份额 4.75%；消毒药市场规模 8.56 亿元，市场份额 5.05%；解热镇痛抗炎药市场规模 3.79 亿元，市场份额 2.24%；调节组织代谢药市场规模 3.4 亿元，市场份额 2.01%；其他类别化药制剂市场规模 5.26 亿元，市场份额 3.1%。2015 年进口兽药产品销售额 16.85 亿元。按产品类别分类，生物制品 9.95 亿元，占进口总额的59.05%；药物饲料添加剂 3.91 亿元，占进口总额的 23.2%；抗微生物药 1.83 亿元，占进口总额的 10.86%；抗寄生虫药 0.64 亿元，占进口总额的 3.8%；其他化学药品 0.52 亿元，占进口总额的 3.09%。按使用动物分类，猪、牛、羊用药品 9.91 亿元，占进口总额的 58.81%；禽用药品 4.12 亿元，占进口总额的 24.45%；宠物及其他用药品 2.82 亿元，占进口总额的 16.74%。

（农业部兽医局）

【生猪屠宰产业】 2015 年，受猪源紧张、产能利用率低、进口肉增加等多重因素影响，全国生猪定点屠宰企业屠宰量同比大幅下降，毛猪收购价格和白条肉出厂价格止跌回升，屠宰企业利润大幅缩水，屠宰行业进入发展平台期。

1. 生猪定点屠宰量明显下降。2015 年我国生猪定点屠宰企业总屠宰量 3.24 亿头，同比下降 6.09%；规模以上生猪定点屠宰企业屠宰量 2.14 亿头，同比下降 9.30%。规模以上生猪定点屠宰企业屠宰量占全部企业总屠宰量比重为 66.0%，较 2014 年下降 2 个百分点。

2. 屠宰头重进一步增加。2011 年以来，规模以上生猪定点屠宰企业年度平均屠宰头重逐年增加，2015 年达到 112.55 千克，较 2014 年增加 1.20 千克，同比增长 1.1%；较 2013 年增加 2.26 千克，增长 2.0%；较 2012 年增加 2.76 千克，增长 2.5%；较 2011 年增加 4.60千克，增长 4.3%。

3. 生猪收购价和白条肉出厂价止跌回升。2012—2014 年我国规模以上生猪定点屠宰企业生猪收购价和白条肉出厂价逐年下降，且降幅明显。2015年，规模以上生猪定点屠宰企业生猪收购价和白条肉出厂价止跌回升。2015年生猪平均收购价15.61元/千克，同比上涨11.66%，白条肉平均出厂价为20.54元/千克，同比上涨10.55%。

4. 病害猪无害化处量小幅下降。2015年我国规模以上生猪定点屠宰企业无害化处理量61.9万头，较2014年减少16.3万头，同比下降20.8%；较2013年减少16.0万头，同比下降20.5%。2015年我国规模以上企业无害化处理率为2.89‰，较2014年下降0.42个千分点。

5. 屠宰企业资产总额进一步增加。全国生猪定点屠宰企业资产总额继续增长，2015年全部生猪定点屠宰企业资产总额为1 188.9亿元，同比增长1.7%，增幅较上年收窄。受猪肉价格波动因素影响，2015年我国生猪屠宰企业营业收入有所下降，2015年全部生猪屠宰企业营业收入为2 520.5亿元，同比下降9.7%。

（农业部兽医局）

畜牧业扶持政策

【扶持生猪生产】 2015年，中央财政共投入47.46亿元资金实施生猪调出大县奖励、畜禽标准化养殖扶持和生猪良种补贴等政策，有效保障了生猪产品的市场供应。

1. 生猪调出大县奖励。为调动地方政府发展生猪生产积极性，2015年，国家继续实施生猪调出大县奖励政策，共发放奖励资金25亿元，奖励大县500多个。

2. 畜禽标准化养殖扶持。国家继续实施“菜篮子”畜产品生产扶持项目，共安排10.85亿元对包括生猪在内的畜禽养殖场进行标准化改造。

3. 生猪良种补贴项目。国家继续投入资金6.61亿元，为1 652.25万头能繁母猪提供优质精液补贴，有效推进了我国生猪遗传改良进程。

（农业部畜牧业司）

【扶持肉牛肉羊生产】 我国是牛羊生产消费大国，羊肉产量稳居世界第一位，牛肉产量居世界第三位。2015年，国家安排3亿元资金在内蒙古、新疆等7个省份和新疆生产建设兵团继续实施肉牛肉羊标准化规模养殖场（小区）建设项目，建设了898个肉牛肉羊标准化规模养殖场。继续实施畜禽标准化养殖扶持项目，共安排资金10.85亿元对包括肉牛肉羊在内的畜禽规模养殖场进行标准化改造，有效推动了肉牛肉羊标准化规模养殖发展。继续实施肉牛肉羊良种补贴，投入2.43亿元对451万头肉用能繁母牛选用良种精液配种和24.7万头种公羊进行补贴，提高肉牛肉羊产业良种化水平。安排9.4亿元在15个主产省份，继续实施肉牛基础母牛扩群增量项目，着力调动饲养母牛积极性，逐步解决基础母牛存栏持续下降、架子牛供给不足问题，为增加牛肉市场供应提供基础支撑。

（农业部畜牧业司）

【扶持奶业生产】 2015年，国家继续扶持奶业生产，加快奶业生产方式转变。一是奶牛标准化规模养殖场建设项目。落实项目资金10亿元，对全国924个300头以上的养殖场（小区）进行了改、扩建，帮助养殖场户改善水电交通、粪污处理、卫生防疫、挤奶设备等基础设施条件。二是奶牛良种补贴项目。落实项目资金2.6亿元，按照荷斯坦牛、娟姗牛每剂冻精补贴15元，其他奶牛品种每剂冻精补贴10元的标准，对全国837.9万头泌乳牛进行了冻精补贴，其中荷斯坦奶牛补贴687.4万头、褐牛补贴32万头、奶水牛补贴52万头、乳用西门塔尔牛补贴60.5万头、三河牛补贴5万头、牦牛补贴1万头。2015年，良种补贴项目安排1 500万元用于荷斯坦牛种用胚胎引进补贴试点，共补贴3 000枚，每枚补贴5 000元。三是奶牛生产性能测定项目。落实项目资金4 000万元，在22个项目区对1 292个牧场的49万头奶牛开展奶牛生产性能测定，帮助牧场提高养殖管理水平。

（农业部畜牧业司）

【畜禽标准化规模养殖】 2015年，国家继续支持畜禽标准化规模养殖发展，其中，投入3亿元资金继续实施肉牛肉羊标准化规模养殖场建设项目，共扶持建设了898个肉牛肉羊标准化规模养殖场。投入资金10.85亿元继续实施畜禽标准化养殖扶持项目，采用“以奖代补”的方式支持生猪、肉鸡、蛋鸡、肉牛和肉羊养殖场进行标准化改造。继续在全国范围内开展畜禽养殖标准化示范创建活动，以“畜禽良种化、养殖设施化、生产规范化、防疫制度化、粪污无害化”为核心，共创建410个畜禽标准化示范场，累计创建3 928个，通过示范场的辐射带动作用，提升畜禽养殖的标准化水平。

（农业部畜牧业司）

【畜禽良种繁育体系】 2015年，国家继续实施畜禽种质资源保护、畜禽良种工程等项目，加大基础设施投入和软件建设力度，不断完善畜禽良种繁育体系。

1. 加强地方畜禽遗传资源保护。2015年，国家继续投入5 600万元实施畜禽种质资源保护项目，在全国安排171个畜禽遗传资源保护项目，加强对北京鸭、太行鸡、深县猪等地方畜禽种质资源的保护。在良种工程项目中安排600万元，支持3个畜禽遗传资源保护场进行基础设施建设，增强保种能力。

2. 加快实施畜禽品种改良工作。为了增强畜禽良种供应能力,2015年国家在畜禽良种工程项目中安排18 470万元支持建设了44个畜禽原良种场,提高良种生产水平。继续投入10亿元资金实施畜牧良种补贴项目,对养殖场户购买优质种猪、奶牛和肉牛精液,以及种公羊、牦牛种公牛进行补贴,共补贴能繁母猪1 517万头、肉用能繁母牛225万头、种公羊25万只和牦牛种公牛2万头,提高家畜生产性能,增加养殖经济效益。为加快肉鸡遗传改良计划实施进程,在全国范围遴选15家国家肉鸡核心育种场和15家国家肉鸡良种扩繁推广基地,推动全国肉鸡品种改良。

3. 加大种畜禽质量监测力度。为加强种畜禽生产监督管理,提高种畜禽质量安全水平,2015年国家继续投入470万元实施种畜禽质量安全监督检验工作。在全国选择部分种畜禽企业开展种猪、蛋种鸡生产性能测定和种牛、种猪精液质量检测,科学引导养殖户使用畜禽良种。全年共完成685头种猪、4个品种蛋鸡父母代、商品代和9个品种肉种鸡商品代的生产性能测定及1 007头种猪和756头种牛的精液质量检测。

(农业部畜牧业司)

【良种繁育及推广】

1. 2015年,围绕组织落实全国畜禽遗传改良计划、畜牧良种补贴、种畜禽质量安全监督检验、中德畜牧业技术合作等项目,推进畜禽遗传改良、良种繁育与技术推广、种畜禽质量安全监管、种业国际合作等工作。遴选22家国家生猪核心育种场,使国家生猪核心育种场数量达到95家,遴选15家国家肉鸡核心育种场和15家国家肉鸡良种扩繁推广基地。为国家生猪核心育种场和全国猪联合育种协作组成员单位举办3期种猪生产性能测定员技术培训班,1期数据管理员培训班,1期种猪常温精液检测能力比对培训班,1期肉鸡场管理及性能测定培训班和1期蛋鸡遗传改良计划管理技术培训班。组织专家组对26家生猪核心场,5家蛋鸡核心育种场和10家蛋鸡扩繁基地开展现场技术指导,指导企业制定个性化育种方案,帮助企业解决育种工作中遇到的技术问题。全国种猪遗传评估中心累计收到种猪登记550万条,生长性能测定记录298万条,繁殖记录190万条。2015年,组织开展种畜禽质量安全监督检验工作,抽测670头种猪、9个肉鸡品种商品代的生产性能,1 007头种公猪和756头种公牛的精液产品质量,逐步建立全面、准确的种畜禽质量安全监督系统。开展10家中德畜牧业技术创新中心——中德牛业发展合作项目示范场的技术指导,举办6期乳房健康和肢蹄护理技术培训班,开展8家企业1 600余头兼用牛的生产性能测定,举办乳肉兼用牛选种选育技术研讨会。对8个生猪和羊良种补贴项目省开展现场督导检查,总结项目经验、提出完善良种补贴项目工作建议。

(全国畜牧总站 何新天 王志刚 张金松 邱小田 孙志华)

2. 奶牛、肉牛良种补贴项目。实施良种补贴项目,是持续提高奶牛、肉牛单产的重要举措,是切实增加农牧民收入的惠农工程,对促进畜牧业经济发展具有重要意义。从2005年起,国家对奶牛进行冻精补贴,2009年又启动了肉牛良种补贴工作。

一是项目总体概况。2015年,中央财政安排2.45亿元补贴奶牛837.9万头,其中,荷斯坦奶牛687.4万头、乳用西门塔尔牛60.5万头、奶水牛52万头;肉牛补贴资金4 510万元,补贴肉牛451万头;牦牛补贴资金13 940万元,项目在四川、西藏、甘肃、青海、新疆5个省(自治区)执行,补贴活体牦牛种公牛19 700头,每头补贴2 000元。为充分发挥良补项目效能,根据调研和各地需求,2015年首次试行奶牛胚胎补贴试点工作,从奶牛良种补贴资金中拿出1 500万元,用于补贴进口荷斯坦奶牛种用胚胎3 000枚,分别在北京、天津等9个省(自治区、直辖市)试点。

二是筛选项目种公牛。2015年,全国畜牧总站组织有关专家105人次,对30个种公牛站新增的725头公牛进行现场体型外貌评定;协调有关单位对271头荷斯坦青年公牛进行基因组检测;安排农业部质检中心对冷冻精液进行质量检测;收集汇总种公牛系谱资料及测定数据,组织种公牛育种值计算评估。召开专家讨论会,研究制定良补项目种公牛选择方案,依据方案推荐种公牛1 998头,其中,荷斯坦牛882头、奶水牛160头、乳肉兼用西门塔尔牛119头、牦牛等其他乳用种公牛111头、西门塔尔牛等肉用种公牛726头,并于5月25日以全国畜牧总站文件形式公布,供各地项目招标使用。

全国畜牧总站在南京和北京举办2期全国牛冷冻精液生产技术培训班,一方面对种公牛站技术人员进行职业技能鉴定培训与考核,提高从业人员的技术水平;另一方面,要求各种公牛站加强内部质量控制,对出库的牛冷冻精液实施批批检测,严把冻精质量关。2015年农业部组织抽查了41个种公牛站、754头种公牛冻精产品,抽检合格率98.5%。

3. 全国种公牛站生产情况。截止到2015年底,全国共有46个种公牛站获得《种畜禽生产经营许可证》,共完成销售额5.7亿元,实现利润1.1亿元。

一是人员构成。全国种公牛站从业人员共1 976人,具有大专以上学历的1 134人。专业技术人员共1 035人,其中244人具有高级技术职称,332人具有中级职称。冻精产品质量检验员132人,执业兽医84人。

二是种公牛存栏及牛舍配套情况。46 个种公牛站存栏种公牛 4 938 头，涉及 34 个品种，比上年增加 308 头。

采精种公牛存栏 3 740 头，较上年增加 282 头。其中荷斯坦牛 1 406 头，娟姗牛 16 头，乳肉兼用西门塔尔牛 291 头，褐牛 40 头，牦牛 72 头，奶水牛 159 头，三河牛 37 头，肉用西门塔尔牛 954 头，夏洛来牛 226 头，利木赞牛 84 头，南德温牛 55 头，安格斯牛 98 头，德国黄牛 16 头，其他肉用品种种公牛 286 头。

后备种公牛存栏 1 198 头，较上年增加 11 头。其中荷斯坦牛 489 头，娟姗牛 6 头，乳肉兼用西门塔尔牛 52 头，褐牛 13 头，牦牛 20 头，奶水牛 57 头，三河牛 50 头，肉用西门塔尔牛 208 头，夏洛来牛 80 头，南德温牛 22 头，利木赞牛 22 头，德国黄牛 15 头，其他肉用品种后备种公牛 164 头。

三是冻精生产与推广。全年生产冻精 4 941 万剂，较上年增加 213 万剂，头均生产冻精 1.32 万剂。生产荷斯坦牛冻精 1 870 万剂，同比减少 991 万剂，占冻精生产总量的 38%。生产兼用牛冻精 578 万剂，同比增加 35 万剂，占冻精生产总量的 12%，其中生产乳肉兼用西门塔尔牛冻精 327 万剂。生产肉用牛冻精 2 485万剂，同比增加 276 万剂，占冻精生产总量的 50%，其中生产肉用西门塔尔牛冻精 1 476 万剂，夏洛来牛冻精 378 万剂，利木赞牛 112 万剂，安格斯牛 115 万剂。

全年推广销售冻精 3 414 万剂，同比减少 300 万剂。其中销售荷斯坦牛冻精 1 258 万剂，同比减少 483 万剂，占冻精销售总量的 37%。销售兼用牛冻精 434 万剂，同比增加 12 万剂，占冻精销售总量的 13%，其中乳肉兼用西门塔尔牛冻精销售 185 万剂。销售肉牛冻精 1 715 万剂，同比增加 171 万剂，占冻精销售总量的 50%，其中销售肉用西门塔尔牛冻精 1 145 万剂，夏洛来牛冻精 213 万剂，利木赞牛冻精 89 万剂，安格斯牛冻精 57 万剂。

四是种公牛存栏数不断提高，品种、来源、结构发生变化。2015 年，全国存栏种公牛 4 938 头，同比增加308 头。从存栏数量上看，肉用种公牛存栏增长幅度较大，其中肉用西门塔尔牛增加 65 头，夏洛来牛增加 47 头，安格斯牛增加 29 头；从品种上看，增加了锦江黄牛、云岭牛、皖东牛、皖南牛和大别山牛等 5 个品种；从来源上看，国外活体引进种公牛 842 头，由国外引进胚胎移植培育的种公牛 1 435 头，我国自主培育种公牛 2 661 头，自主培育种公牛占存栏数 53.9%。

五是自主培育种公牛能力进一步提高。在奶牛育种方面，近 10 个种公牛站建立了种子母牛场，为自主培育种公牛奠定了基础。除了北方后测联盟、香山育种联盟成员单位已经积极组织开展奶牛后裔测定，未加入联盟的种公牛站，也积极自主开展后裔测定工作。DHI 项目的深入开展为全国的后测工作提供了有力支撑。全国 DHI 参测牛场已经达到 1 142 个，同比增加 100 个，参测牛达 58.2 万头，同比增加 5.3 万头。部分种公牛站积极利用全基因组数据对荷斯坦后备种公牛开展早期筛选，大大提高了选择强度，降低了育种成本。

在肉牛育种方面，2015 年农业部遴选公布了 11 个国家肉牛核心育种场，累计公布 21 个国家肉牛核心育种场。由 16 个种公牛站、国家肉牛核心育种场以及大型肉牛育种企业共同协商，自愿参加成立的金博肉用牛后裔测定联合会，已经开展肉用种公牛联合后裔测定工作。扎实开展肉牛生产性能测定已经成为各种公牛站和国家肉牛核心育种场育种工作的重要内容。截止到 2015 年底，国家肉牛遗传评估中心数据库，共收到 45 个种公牛站测定上报的 4 081 头肉用和乳肉兼用种公牛生产性能测定数据 11 万余条，测定数据同比增长 23.68%；国家肉牛核心育种场陆续开展测定工作，已收到 1 779 头母牛生产性能测定数据 8.9 万余条。

随着种公牛育种体系的不断完善，种公牛整体生产性能也不断提高。2015 年共淘汰种公牛 611 头，同比增加 34 头。

六是冷冻精液销售及技术服务开始进入网络信息化时代。以及时提供全面技术服务带动冻精销售的理念已越来越被各种公牛站认可，各站积极创造条件，将冻精的销售重心向此方面转移。除了直接派技术员入场进行技术指导外，部分有条件的种公牛站已积极开展声讯服务和互联网技术服务，用户可以通过网站查询到种公牛的全部信息，有的还开通了 24 小时服务热线，用户提出的各种需求及技术难题由专业技术人员及时给予答疑解惑，收到良好的效果。

（全国畜牧总站奶业与畜产品加工处
刘海良　李　姣　张书义）

【草原生态保护补助奖励政策】 2015 年，草原生态保护补助奖励机制继续在 13 个省（自治区）实施，国家进一步加大投入力度，资金规模达到 169.49 亿元，“十二五”期间，中央财政累计投入 773.6 亿元资金。这是新中国成立以来在我国草原牧区实施的投入规模大、覆盖面积广、受益牧民多的一项大政策，充分体现了党中央、国务院对“三牧”工作的高度重视。草原补奖政策的实施，使保护生态、协调发展、和谐共赢的理念逐步转化为广大农牧民的自觉行动，有力地促进了牧区生态、牧业生产和农牧民生活的改善，基本扭转了过去草原利用无序、开发无度、严重过牧的状态，初步建立草原生态补偿长效机制，开启草原休养生息的新时代。

1. 草原生态环境加快恢复。政策实施以来，草原禁牧、休牧、轮牧和草畜平衡制度全面落实，全国重点天然草原牲畜超载率从2010年的30%，下降到2015年的13.5%，基本达到草畜平衡。监测结果显示，2015年，13个省（自治区）草原综合植被盖度达50.3%，天然草原鲜草产量达7.4亿吨，分别比政策实施前提高2.3个百分点和增长5.2%。“中华水塔”三江源年出境水增加量超过200亿立方米，接近历史最大值。第三方政策效益评估结果显示，超过90%的受访农牧民群众认为近年来草原生态环境明显好转。

2. 草原畜牧业发展方式加快转变。5年来，各地以草原补奖政策实施为契机，坚持在保护中发展、在发展中保护，着力加强人工草地和牲畜棚圈等基础设施建设，促进草原畜牧业由天然放牧向舍饲、半舍饲转变，初步实现禁牧不禁养、减畜不减肉。13个省（自治区）新建人工饲草地800万公顷，新建牲畜棚圈8 500万平方米，牲畜舍饲率超过50%，年出栏50头牛和100只羊的规模化比重超过30%。据初步统计，2015年，13个省（自治区）牛、羊肉产量达到410万吨和306万吨，分别比2010年增长8.4%和11.6%，为保障牛羊肉市场供给做出重要贡献。

3. 农牧民收入持续较快增长。草原补奖政策着力点是草原生态保护，落脚点则是促进农牧民增收。这项大政策将近90%的资金直补到户，增加了农牧民的政策性收入，有力促进了生态补偿脱贫。据初步统计，2015年，全国268个牧区半牧区县农牧民人均纯收入将超过8 000元，较2010年提高近80%。其中，农牧民每年人均草原补奖政策性收入近700元，成为促进农牧民政策性增收的重要因素。

（农业部畜牧业司）

【南方现代草地畜牧业推进行动】 2015年，中央财政安排3亿元专项资金，继续在安徽、江西、湖北、湖南、广东、广西、重庆、四川、贵州和云南10个省（自治区、直辖市）实施南方草地畜牧业推进行动，开展天然草地改良、优质稳产人工饲草地建植、标准化集约化养殖基础设施建设、草畜产品加工设施设备建设和技术培训服务等，在保护生态环境的前提下，合理开发利用南方草山草地资源，在集中连片草山草地，重点建设一批草地规模较大、养殖基础较好、发展优势明显、示范带动能力强的牛羊肉生产基地，逐步改善南方草地畜牧业基础设施和科技支撑条件，提高草地资源利用率和农村劳动利用率，推动南方现代草地畜牧业发展，开辟南方肉牛肉羊产业带，促进农民增收。南方草地畜牧业推进行动以农牧业专业合作社组织和企业为承担主体，实行项目、资金、任务、责任“四到省”，中央财政将补助资金下达到省（自治区、直辖市），由省级草原行政主管部门和财政部门组织开展项目申报、批复、公示、绩效评价和检查验收。2015年，南方现代草地畜牧业推进行动共涉及10个省份的109家农牧业专业合作组织和企业。

（农业部畜牧业司）

【退牧还草工程】 2015年，中央投入20亿元资金，继续在内蒙古、四川、贵州、云南、西藏、甘肃、青海、宁夏、新疆、黑龙江、吉林、辽宁、陕西13个省（自治区）和新疆生产建设兵团实施退牧还草工程，安排草原围栏建设任务267.4万公顷、石漠化治理任务8万公顷、退化草原补播改良88.6万公顷、人工饲草地建设16.1万公顷，13.4万户牧民牲畜舍饲棚圈建设改造，“黑土滩”治理试点1.33万公顷、毒害草治理试点0.67万公顷、已垦草原治理试点0.67万公顷。

（农业部畜牧业司）

【风沙源治理工程】 2015年，京津风沙源工程草原治理项目继续实施，中央投入4.44亿元资金，继续在北京、河北、山西、内蒙古、陕西5个省（自治区、直辖市）共安排京津风沙源草原治理任务13.1万公顷，其中人工草地4.2万公顷，飞播种草0.07万公顷，围栏封育8.55万公顷，草种基地0.28万公顷；建设牲畜舍饲棚圈151.73万平方米，青贮窖42.5万立方米，贮草棚23.2万平方米。

（农业部畜牧业司）

【西南地区石漠化草地治理工程】 2015年，岩溶地区石漠化治理工程草地治理项目继续实施，中央投入资金1.19亿元，实施范围包括湖北、湖南、广西、重庆、四川、云南、贵州、广东8个省（自治区、直辖市），建设任务主要包括实施人工种草0.69万公顷，草地改良0.30万公顷，建设牲畜棚圈45.88万平方米、青贮窖6.86立方米。

（农业部畜牧业司）

【振兴奶业苜蓿发展行动】 为提高我国奶业生产水平，2012—2015年，农业部和财政部实施“振兴奶业苜蓿发展行动”，中央财政每年安排3亿元建设3.3万公顷（50万亩）高产优质苜蓿示范片区。片区建设以200公顷为一个单元，一次性补贴180万元，重点用于推行苜蓿良种化、应用标准化生产技术、改善生产条件和加强苜蓿质量管理等方面。2015年，项目在天津、河北、山西、内蒙古、辽宁、吉林、黑龙江、安徽、山东、河南、陕西、甘肃、宁夏、新疆14个省（自治区、直辖市）和黑龙江省农垦总局、新疆生产建设兵团实施，完成3.3万公顷高产优质苜蓿示范基地建设任务。

在项目的带动下，全国商品苜蓿草产量大幅增加，据不完全统计，2015 年全国优质商品苜蓿草产量达到 180 多万吨，比项目实施前增加约 160 万吨。

（农业部畜牧业司）

【秸秆养畜】 自 1992 年起，中央从促进资源综合利用、保障畜产品供给、节约粮食资源、保护生态环境的大局出发，做出大力推进秸秆养畜的战略决策。24 年来，中央累计共投资 16.9 亿元，参与项目建设的县（市、区）超过 900 个。项目投资额度也由最初的 1 000 万元，逐渐增加到 20 世纪 90 年代中期的 5 000 ~ 6 000 万。2011 年，项目投资金额首次突破 1 亿元。

2015 年，中央财政投资额为 1.39 亿元，支持建设示范项目 70 个。各级畜牧部门以提高秸秆饲用量、改善秸秆饲用品质为核心，20 多年来坚持常抓不懈，不断创新工作思路，取得了显著成绩。

1. 秸秆养畜解决饲草料不足的问题，有力支撑了牛羊养殖业发展。2015 年，秸秆饲用总量达到 2.2 亿吨，其中经过青贮、氨化微贮加工处理的比例达 48%，有力支撑了农区牛羊养殖业发展。2015 年，全国牛羊肉产量 1 140.9 万吨，是 1992 年的 3.8 倍；奶产量 3 754.7万吨，是 1992 年的 7.5 倍。

2. 秸秆养畜减少饲料粮消耗，有效缓解了粮食安全供给压力。在养殖业刚性增长和加速转型的推动下，我国配合饲料消耗量持续增长，玉米等能量饲料供应趋紧，优质蛋白质饲料原料主要依靠进口。农作物生产过程中一半以上的能量积累在秸秆中，牛羊等草食动物能够有效利用。全国饲用的 2.2 亿吨秸秆，按对牛羊的营养价值折算，相当于 6 000 万吨饲料粮。2015 年，全国反刍动物饲料产量 884 万吨，仅占工业饲料总产量的 4%，而牛羊肉占肉类总产的比例超过 13%，再加上 3 700 多万吨奶，节粮效果显著。

3. 秸秆养畜实现变废为宝，同步提升了经济和生态效益。我国每年秸秆产量约 9 亿吨，秸秆养畜利用的比例达 25%。从经济效益看，普通秸秆按每吨收购价格 400 元计算，每年增加农业产值 1 000 亿元。再加上牛羊养殖增收，总体效益超过 1 500 亿。秸秆养畜还是种养结合的有效途径，每年提供相当于 1 400 万吨标准化肥的优质有机肥，为农业可持续发展创造了基础条件。从生态效益看，每年农作物倒茬时期，地方政府要投入大量人财物制止秸秆焚烧。2.2 亿吨饲用秸秆如果直接焚烧，将排放 3.6 亿吨二氧化碳，造成严重的环境污染。在很多大城市郊区和机场、交通干道周边地区，通过大力发展秸秆养畜，很好地解决了秸秆集中焚烧问题。

（农业部畜牧业司）

【粮改饲试点】 2015 年，农业部会同财政部在河北、内蒙古、黑龙江等 10 个省（自治区），选择玉米种植面积大、牛羊养殖基础好、种植结构调整意愿强的 30 个县开展粮改饲试点，以全株青贮玉米为重点，推进草畜配套。全年粮改饲计划种植 10 万公顷，实际落实 19.07万公顷，收储优质饲草料 995 万吨，超出预期目标将近 1 倍，有力推动了种植业结构调整和畜牧业节本提质增效，实现了种养双赢的良好效果，受到农民的普遍欢迎。

一是降低了牛羊养殖成本。试点区域内的奶牛规模养殖场全面普及全株青贮玉米，奶牛日均产奶量增加 3 千克，黑龙江、宁夏等地参与试点的奶牛场平均单产水平达 8 吨以上，生产 1 吨牛奶节约饲料成本 300 多元，乳蛋白、乳脂肪等质量指标也有明显提高。

二是保障了玉米种植收益。试点区域内的全株青贮玉米平均每公顷产量 52.5 吨，每吨收购均价 410 元，每公顷地收入 21 525 元。同期，试点区域玉米籽实平均每公顷产量 10 320 千克，每公顷地收入 16 500 元。粮改饲使每公顷地增收 5 025 元，有效缓解了玉米价格下行对农民收入的不利影响，也减轻了当地玉米收储压力。

三是产生了显著的生态效益。通过将玉米全株青贮后饲用，试点区域共减少秸秆产生量 240 万吨。再加上肉牛肉羊养殖中普遍将秸秆作为基础饲草料，与其他饲草料配合使用，试点区域秸秆饲料化利用总量达到 1 830 万吨，有效控制了秸秆焚烧造成的大气污染。全株青贮玉米收获期比玉米籽实提前 15 天左右，还有利于耕地茬口衔接、休耕轮作和地力保护。

四是促进了种养紧密结合。粮改饲试点项目的实施，极大地调动了牛羊养殖场成规模组织饲草料生产的积极性。试点区域落实的粮改饲面积中，养殖场流转土地自种和订单种植带动的比例达到 82%，20 公顷以上集中连片种植的占比超过 50%，为提高生产效率创造了条件。

五是提升了现代饲草料生产服务能力。在项目带动下，试点区域青贮饲料联合收获机等现代装备数量快速增长，专业化生产服务组织快速成长，"耕、种、收、贮"全程机械化作业水平大幅提高，专业化的生产服务机制初步形成。

（农业部畜牧业司）

【畜牧业科技推广】

1. 机构队伍状况。

（1）机构情况。截止到 2015 年底，全国共有各级畜牧技术推广机构 38 382 个，其中省级机构 102 个，占机构总数的 0.27%；地（市）级机构 572 个，占机构总数的 1.49%；县级机构 5 282 个，占机构总数的 13.76%；乡镇级机构 32 426 个，占机构总数的 84.48%。

（2）队伍情况。各级畜牧技术推广机构在编职工总数222 403人。其中,省级机构3 536人,占在编职工总数的1.59%;地(市)级机构8 428人,占在编职工总数的3.79%;县级机构69 915人,占在编职工总数的31.44%;乡镇级机构140 524人,占在编职工总数63.18%。具有高级职称16 174人,占在编职工总数的7.27%;具有中级职称65 712人,占在编职工总数的29.55%;具有初级职称81 100人,占在编职工总数的36.47%。

2.体系改革建设。一是举办全国站长高层研修班,邀请专家讲授农村经济形势和中央农村政策、畜禽养殖场废弃物处理利用技术,以及青贮玉米生产和应用等技术。二是开展2015年度神内基金农技推广奖评选,评选出畜牧行业推广奖22人,农户奖24人。三是组织部分省级畜牧(草原)站站长对《基层畜牧业推广机构基础设施建设标准》进行修改完善。

3.技术推广。

(1)畜禽粪便资源化利用。一是联合27个省(自治区、直辖市)畜牧技术推广部门、6家科研单位和10家养殖企业,在养殖场粪便处理利用技术的瓶颈问题上开展技术模式研究合作。建立技术推广部门、科研单位和养殖企业联动模式研究合作机制。通过现场调研、召开研讨会等多种形式,梳理粪便处理利用技术模式,总结归纳出"种养结合、集中处理、清洁回用、达标排放"等4种畜禽养殖粪便资源化利用主推技术模式。二是为了贯彻落实《畜禽规模养殖污染防治条例》,通过现场调研、召开会议等形式,组织有关专家起草《关于加强畜禽粪污综合利用的技术指导意见》,并由环保部、农业部两部委联合发文征求各省意见。三是举办全国畜禽养殖废弃物处理主推技术培训班,邀请环保部领导、粪污处理专家及地方畜牧管理部门领导从宏观政策、专业技术及工作开展等方面对畜禽养殖粪便处理与利用模式进行详细讲解和经验介绍,并安排现场交流互动环节。

(2)青贮专用玉米技术推广。一是为了推进草牧业发展,在河北衡水举办青贮专用玉米推广应用示范项目技术培训班。二是在山东、河南、河北和黑龙江4个省选择10个示范点组织实施青贮专用玉米技术推广示范项目。三是组织专家编写《全株玉米青贮制作与质量评价》一书,宣传推广全株玉米青贮技术。

(3)2015畜牧业科技成果推介会。在江苏省南京市举办2015畜牧业科技成果推介会,来自全国20个省(自治区、直辖市)的畜牧、草业等领域的61家科研单位、事业单位、企业参展。本次推介会将畜牧展区分为畜牧业育种企业展区、畜禽遗传资源保护与利用展区、种公牛站展区及草业产品展区4个大区,囊括了国家级畜禽遗传资源保种场、国家生猪核心育种场、国家蛋鸡核心育种场、国家级种公牛站等众多畜牧业龙头企业和新锐企业。推介会同期组织召开畜禽养殖主推技术讲座和畜牧业科技成果发布会,邀请知名专家和企业家从不同角度、不同领域介绍当前畜禽养殖主推技术,分享企业近年来的最新科技成果与经营理念。

(全国畜牧总站体系建设与推广处 杨军香 黄萌萌)

兽医工作扶持政策

【重大动物疫病强制免疫疫苗补助】 2015年,我国继续在全国范围内对高致病性禽流感、口蹄疫、猪瘟、高致病性猪蓝耳病等4种疫病进行强制免疫。疫苗补助经费测算方法按照《牲畜口蹄疫防治经费管理的若干规定》和《高致病性禽流感防治经费管理暂行办法》执行或参照执行。2015年中央财政拨付强制免疫疫苗补助经费354 455万元。

(农业部兽医局)

【重大动物疫病强制扑杀补助】 2015年,我国继续对高致病性禽流感、口蹄疫、高致病性猪蓝耳病、小反刍兽疫、奶牛布鲁氏菌病、结核病等疫病实行强制扑杀政策,国家对扑杀的畜禽给予补助。扑杀补助经费测算方法按照《牲畜口蹄疫防治经费管理的若干规定》和《高致病性禽流感防治经费管理暂行办法》执行或参照执行。2015年中央财政拨付强制扑杀补助经费3 839万元。

(农业部兽医局)

【生猪规模化养殖场无害化处理补助】 2015年,国家继续实施养殖环节病死猪无害化处理补助政策,简化申报拨付程序,并根据《国务院办公厅关于建立病死畜禽无害化处理机制的意见》精神,将补助范围由规模养殖场(区)扩大到生猪散养户,按照"谁处理、补给谁"的原则,建立与养殖量、无害化处理率相挂钩的财政补助机制。2015年,中央财政据实结算拨付2014年6月至2015年2月的补助经费,并根据工作需要预拨了2015年3~4月的补助经费。

(农业部兽医局)

【基层动物防疫工作补助】 2015年,国家继续实施基层动物防疫工作补助政策,共安排中央财政经费7.8亿元,对除北京、天津、上海、浙江以外的各省(自治区、直辖市)以及青岛、大连、新疆生产建设兵团和黑龙江农垦的村级防疫员开展基层动物防疫工作给予劳务补助,有效调动村级动物防疫员的工作积极性,保障动物强制免疫等基层防疫工作顺利开展。

(农业部兽医局)

(本栏目主编 李维薇 陈国胜 宋俊霞 吴 晗 苏红田)

行 业 管 理

法制建设

【畜牧法制建设】

1. 根据《中华人民共和国畜牧法》(以下简称《畜牧法》),制定发布《中华人民共和国畜禽遗传资源进出境和对外合作研究利用审批办法》《畜禽遗传资源保种场保护区和基因库管理办法》《畜禽新品种配套系审定和畜禽遗传资源鉴定办法》《优良种畜登记规则》《畜禽标识和养殖档案管理办法》《家畜遗传材料生产许可办法。《家畜遗传材料生产许可办法》于2015年10月30日进行修订。

2. 为了规范养蜂业管理,促进养蜂业健康有序发展,2011年12月,农业部组织制定了《养蜂管理办法(试行)》。

(农业部畜牧业司)

【饲料工业法制建设】

1. 新修订的《饲料和饲料添加剂管理条例》颁布实施后,农业部对相关配套规章和规范性文件进行了全面清理、归并、修订和增补,制定发布《饲料和饲料添加剂生产许可管理办法》等5个部门规章以及《饲料生产企业许可条件》等9个规范性文件,形成了比较完备的法规体系。饲料工业法制建设遵循"提高门槛,减少数量;加强监管,保证安全;转变方式,增加效益"的基本原则,界定了政府、管理部门和生产经营者的责任,完善了生产经营和使用各环节的质量安全控制制度,明确了饲料生产中允许使用的原料范围,加大对违法行为的处罚力度。

2. 2015年,农业部以贯彻实施新的饲料法规为主线,坚持以法治饲,从事前、事中、事后3个环节全面提升饲料法制水平。一是事前环节,实施准入审批制度。企业准入方面,国内的配合饲料、浓缩饲料、添加剂预混合饲料、精料补充料、单一饲料和饲料添加剂生产企业需要取得生产许可证。产品准入方面,国外的饲料和饲料添加剂出口到中国前需要在农业部办理进口登记;新饲料和新饲料添加剂在投入实际使用前,需要经过评审。原料准入方面,禁止饲料生产中使用饲料原料目录、饲料添加剂目录和药物饲料添加剂目录以外的任何物质。省级饲料管理部门成立饲料审核专家委员会,农业部成立全国饲料评审委员会,保证了准入审批的科学性。二是事中环节,建立完善的质量安全控制制度。在生产企业推动强制实施《饲料质量安全管理规范》,要求企业建立从原料进厂到产品出厂的全过程质量管理制度,包括原料采购查验、生产过程控制、产品质量控制、产品贮存运输、产品投诉召回、培训卫生和记录管理等具体制度。在经营门店规定应履行查验、建立购销台账和不得拆包分装制度。在使用环节制定禁止在饲料和饮用水中添加的物质目录,规范养殖行为。基层饲料管理人员根据《规范》的要求开展监督检查。三是事后环节,建立以饲料质量安全监测为核心的监督执法制度。制定实施全国饲料质量安全监测计划,对产品质量卫生状况、违禁添加剂物质等风险因素持续开展监测,构建检打联动、部门联动、跨省联动和上下联动的执法机制,严肃惩处违法违规行为。规定了饲料管理部门应当根据需要定期或者不定期组织实施监督抽查,建立监督管理档案。建立了生产经营者的质量安全信用制度,农业部和省级人民政府饲料管理部门依照职责权限公布监督抽查结果,公布具有不良记录的生产经营者名单。

(农业部畜牧业司)

【草原法制建设】 积极推进《草原法》修订和《基本草原保护条例》立法进程。在立法调研和征求地方草原管理部门意见的基础上,起草形成了《草原法》修订稿初稿和《基本草原保护条例》征求意见稿,并征求有关部门意见。我国形成了由1部法律、1部司法解释、1部行政法规、13部省级地方性法规、5部农业部规章和10余部地方政府规章组成的草原法律法规体系。1部法律即《中华人民共和国草原法》,1部司法解释即《最高人民法院关于审理破坏草原资源刑事案件应用法律若干问题的解释》。1部行政法规即《中华人民共和国草原防火条例》。13部省级地方性法规即内蒙古、黑龙江、四川、宁夏、西藏、甘肃、青海、陕西、新疆9个省(自治区)颁布的13部地方性法规。5部农业部规章即《甘草和麻黄草采集管理办法》《草畜平衡管理办法》《草种管理办法》《草原征占用审核审批管理办法》《草种检验员考核办法》。10部地方政府规章即河北、内蒙古、辽宁、四川、西藏、甘肃、青海7个省(自治区)颁布的10部地方政府规章。

(农业部畜牧业司)

【兽医法制建设】 成立立法专家组,开展《动物卫生法》和《兽医法》立法调研,组织专题研讨,科学规划兽医法律法规顶层设计,形成两部法律草案。组织起草发布《香港和澳门特别行政区居民参加全国执业兽医资格考试实施细则(试行)》,全年已有7名香港考生和7名澳门考生通过考试取得执业兽医资格。组织起草《兽医处方管理规范(试行)》《官方兽医管理办法》。修订并发布《执业兽医资格考试考务工作规则》,促进考务工作科学化、规范化和制度化。

(农业部兽医局)

行业监管

【畜禽遗传资源保护】

1. 加强畜禽遗传资源审定鉴定。依据《畜禽新品种配套系审定和畜禽遗传资源鉴定办法》,组织国家畜禽遗传资源委员会审定通过畜禽新品种(配套系)14个。

2. 加大畜禽遗传资源保护力度。农业部投入资金5 600万元,在全国安排171个畜禽种质资源保护项目,加强对北京鸭、太行鸡、深县猪等地方畜禽种质资源的保护。在良种工程项目中安排600万元,支持3个畜禽遗传资源保护场进行基础设施建设,增强保种能力。

3. 加强畜禽遗传资源进出口评审。按照《中华人民共和国畜牧法》和《中华人民共和国畜禽遗传资源进出境和对外合作研究利用审批办法》规定,完成458批次畜禽遗传资源进出口申请的技术评审工作,涉及猪、牛、羊、鸡等畜禽活体166万头(只、匹),牛、猪冷冻精液40万剂,牛、羊冷冻胚胎9 300枚。

(农业部畜牧业司)

【"瘦肉精"专项整治】

1. 继续组织实施养殖环节"瘦肉精"监测计划。对全国15 192个养殖场户实施监督抽查,抽查检测46 953批次,检出率为0。"瘦肉精"异地拉网监测向牛羊养殖重点地区集中,在内蒙古、吉林、辽宁等11个重点省份抽检1 116个养殖场户,对已公布禁用的16种"瘦肉精"类物质进行全面排查,抽检样品3 341批次,检出率为0。

2. 加强对问题多发区域的督导抽查。针对近两年专项整治中发现的新动向,监督抽查中增加牛羊养殖场抽检数量,异地拉网监测中增加对外调活畜问题多发地区的突击抽检。根据舆情监测信息,责成山东省畜牧兽医局查找肉制品"瘦肉精"检出率高的原因,对问题突出地区加大督促检查力度。针对浙江省通报从江西、黑龙江和吉林调入活畜中检出"瘦肉精"的情况,督促产地追根溯源,安排质检机构实施突击抽检。

3. 完善健全长效监管机制。健全上下联动、区域联动、部门联动的案件查处机制,加大跨省案件督办力度和工作薄弱地区督查力度。省际之间、部门之间协调配合渠道基本畅通,跨省案件通报协查、涉嫌犯罪移送等工作机制有效运转。继续组织开展"瘦肉精"速测产品质量评价,指定技术机构开展可疑样品筛查,强化对基层监管的技术支持。

(农业部畜牧业司)

【生鲜乳质量安全监管】

1. 生鲜乳质量安全监测。通过专项监测、飞行抽检、异地抽检等手段,坚决打击各种违法添加行为,实现了两个"全覆盖",即检测指标覆盖国家公布的所有违禁添加物,包括三聚氰胺、碱类物质等;检测范围覆盖全部奶站和运输车。全年累计抽检生鲜乳样品2.6万批次,三聚氰胺检测值全部符合国家管理限量值规定,未检出皮革水解蛋白等违禁添加物,生鲜乳质量安全状况持续向好。

2. 生鲜乳专项整治。通过重点抽查、省间互查等方式,不断强化奶站监管。全年累计出动执法人员4.1万多人(次),对全国8 500个奶站进行检查,限期整改奶站377家,取缔和关停奶站188家;限期整改生鲜乳运输车63辆,取缔和吊销运输车44辆。

(农业部畜牧业司)

【饲料质量安全监管】

1. 贯彻"放管结合"要求,创新行业管理方式。探索饲料生产许可下放后加强行业管理的新机制,以新的饲料法规制度贯彻实施情况和企业安全生产为主线,针对各地建立饲料行业管理工作定期评估制度,组织对广东等8个重点省份进行检查评估。组建第三届全国饲料评审委员会,专家从58名增加到116名,重点充实风险评估、毒理学评价和新型饲料添加剂等领域的技术力量。

2. 启动实施《饲料质量安全管理规范》,健全事中监管制度。印发《农业部关于全面实施〈饲料质量安全管理规范〉的意见》,启动规范监督执法工作;组织编制《饲料质量安全管理规范实施指南》,为企业实施规范提供技术指导;开展部级示范企业创建,60家企业通过验收获得部级示范企业称号;指导省级饲料管理部门开展省级示范企业创建工作,培训省级饲料管理部门人员300人次。

3. 组织开展饲料质量安全监测执法，提高风险管控水平。继续组织开展饲料产品质量安全监测、饲料中禁用物质监测和反刍动物饲料中牛羊源性成分监测，对各类风险和突出问题保持持续跟踪。全年共抽检各类饲料产品 6 865 批次，合格率 96.23%，比 2014 年上升 0.03 个百分点。依托信息化管理系统及时将不合格样品信息通报各地进行查处，将不合格产品和企业名单向社会公布。针对新型非法添加物、饲料中病源微生物、矿物原料中重金属污染等潜在安全风险，组织开展隐患排查，进一步完善主动防控风险的技术体系。

（农业部畜牧业司）

【草原确权承包】 在全国 16 个省份的 20 个县、乡、村开展草原确权承包登记整体试点，探索建立健全信息化规范化的草原确权承包管理模式和运行机制。

（农业部畜牧业司）

【草原执法监督】 全年全国各类草原违法案件发案 17 020 起，立案16 427起，结案 16 066 起，立案率为 96.5%，结案率为97.8%。发案数量比上年减少 1 978 起，下降 10.4%；破坏草原面积 1.2 万公顷，比上年减少 8 886.67 公顷，下降 42.5%。共向司法机关移送涉嫌犯罪案件 569 起，比上年减少 52 起。

从各类案件发案和查处情况看，非法开垦草原案件发案 1 663 起，破坏草原面积 1.07 万公顷，分别比上年下降 12.9% 和 43.5%。非法征收、征用使用草原案件发案 96 起，破坏草原面积 940 公顷，分别比上年下降 18.6% 和 32.4%。非法临时占用草原案件发案 163 起，破坏草原面积 340 公顷，分别比上年下降 14.7% 和 33.8%。违反禁牧休牧规定案件发案数量 12 822起，比上年下降 13.9%，但仍是发案数量最多的案件类型。违反草畜平衡规定案件发案 1 181 起，比上年增长 16.6%。非法采集草原野生植物案件发案 794 起，比上年增长 50.4%。买卖或者非法流转草原案件发案 28 起，比上年增长 7.7%。违反草原防火法规案件发案数量 149 起，比上年下降 44.8%。

（农业部草原监理中心）

【草原行政许可】 严格按照相关行政审批规范要求，加强草种进出口经营许可证核发、进行矿藏开采和工程建设征用（收）草原审核、向境外提供草类种质资源审批等 3 项草原行政许可的管理，实行从严从紧审批。全年共受理核发草种进出口经营许可证 8 张，审批进行矿藏开采和工程建设征用（收）草原 13 批次，涉及草原面积约 2 460.5 公顷，无受理向境外提供草类种质资源申请。

（农业部畜牧业司）

【草品种审定】 第六届全国草品种审定委员会对申报 2015 年草品种审定的 35 个品种进行了审定。中草 4 号紫花苜蓿等 23 个优良品种在区域试验中表现优异，通过了审定。其中，育成品种 6 个、野生栽培品种 5 个、地方品种 3 个、引进品种 9 个（见附录）。截止到 2015 年底，全国草品种审定委员会审定登记草品种498 个。

2015 年 10 月 23 日，农业部成立第七届全国草品种审定委员会（名单见附录），承担未来 5 年新草品种审定工作。

（全国畜牧总站　邵麟惠）

【国家草品种区域试验】 中央财政投入资金 1 520 万元，安排北京、天津、河北、山西、内蒙古、辽宁、吉林、黑龙江、江苏、安徽、福建、江西、山东、河南、湖北、湖南、广东、广西、海南、重庆、四川、贵州、云南、西藏、陕西、甘肃、青海、宁夏、新疆等 29 个省（自治区、直辖市）的 54 个试验点开展国家草品种区试工作。通过各级草原技术支撑机构、有关科研院所、大专院校和专家学者的共同努力，国家草品种区域试验整体运转正常，工作进展顺利，取得了阶段性成果。

1. 完成年度新品种区域试验任务。各试验站（点）全年共完成约 1 200 个试验品种、4 800 多个试验小区的田间测试工作。凉苜 1 号紫花苜蓿等 24 个参试品种多年多点区域试验结束。

2. 实施草种抗性评价。完成 3 个参试苜蓿品种的年度耐盐性鉴定工作，完善了苜蓿耐盐性鉴定的技术方法，为抗性品种审定提供了鉴定结果。

3. 开展审定品种生产性能综合测定。完成 20 个已审定苜蓿品种和 5 个已审定多花黑麦草品种的多项生产性能指标测定工作，编制了生产性能综合评级表，为各地区引种苜蓿和多花黑麦草优良品种提供了科学指导。

（全国畜牧总站　齐　晓）

【草品种特异性、一致性、稳定性（DUS）测试】 研究草品种 DUS 测试技术。完成了苜蓿、多花黑麦草、柱花草、苏丹草、披碱草、羊草等草品种 DUS 田间测试指南编制工作。建立苜蓿、多花黑麦草、柱花草、苏丹草等 4 类草品种 DNA 指纹图谱构建技术体系。启动羊草、披碱草品种 DNA 指纹图谱构建技术研制工作。

（全国畜牧总站　齐　晓）

【动物卫生执法监督】

1. 动物防疫条件审查。各地兽医主管部门依照《动物防疫法》和《动物防疫条件审查办法》，对辖区内的动物饲养场（养殖小区）、隔离场所、动物屠宰加工场所、动物及动物产品无害化处理场所的动物防疫条件进行审查，符合条件的颁发《动物防疫条件合格证》，对经营动物和动物产品的集贸市场的动物防疫条件实施监督管理。动物卫生监督机构负责辖区内动物防疫条件监督执法工作。

2. 动物卫生监督管理。一是规范动物卫生监督执法。继续组织开展"提素质 强能力"行动，妥善处理江西高安病死猪流入市场、河北山东生猪检疫不规范以及湖南醴陵摊派检疫收费等事件，及时派出工作组，组织地方查清事件事实，规范动物卫生监督执法。对近年来发生的10起动物卫生监督违法典型案例进行通报。在福建、河南等地组织动物卫生监督业务培训，对近250名省级动物卫生监督业务骨干和基层人员进行培训，提升业务能力和自身素养。全年全国动物卫生监督机构共查处各类违反《动物防疫法》案件2.35万件，较2014年下降12%，有力地保障了畜牧业健康发展和畜产品质量安全。二是全面落实动物检疫工作。全年全国动物卫生监督机构共产地检疫动物138.6亿头（只、羽），对检出的310余万头（只、羽）病畜禽全部实施了无害化处理。组织赴吉林、江苏等地调研犬猫检疫工作。组织研究规范活畜禽跨省调运的政策措施，加强跨省调运动物监管。三是加快完善动物卫生监督法规体系建设。组织开展《动物检疫管理办法》《动物防疫条件审查办法》立法后评估工作，成立修订工作小组，总结存在的问题，研究提出针对性的意见建议。组织召开动物检疫规程修订研讨会，研究对动物检疫规程进行修订。四是加强兽医卫生监督执法信息化管理。组织召开兽医卫生监督执法信息化研讨会，研究部署信息化建设的方向和思路。赴云南、山东、辽宁、吉林等多个省份对动物检疫合格证明电子出证工作进行调研，并将山东省作为试点，进行电子出证中央级平台及省级平台对接工作。组织修改《动物卫生监督信息报告管理办法》，细化报送内容，实时掌握全国动物卫生监督机构人员和检疫监督工作情况。

3. 病死畜禽无害化处理。一是做好《国务院办公厅关于建立病死畜禽无害化处理机制的意见》宣传贯彻工作。在浙江嘉兴召开病死畜禽无害化处理机制建设现场会议，总结病死猪无害化处理长效机制试点工作，研究部署推进机制建设有关工作。组织开展建立病死畜禽无害化处理机制宣传月活动。二是组织开展督导检查，落实属地管理责任。将病死猪无害化处理监管工作纳入延伸绩效管理，结合春、秋季重大动物疫病防控检查，对病死猪无害化处理监管工作进行现场考核。组织对9个省份开展《意见》宣传贯彻及病死畜禽无害化处理工作专项督查。按照国务院要求，部领导带队对养殖环节病死猪无害化处理补助经费落实情况进行专项调研督查。三是推动无害化处理保障措施落实。积极编制相关规划，统筹考虑布局病死畜禽无害化收集处理设施建设。与邮储银行、人保财险签署《银行保险支持兽医卫生监管服务合作协议》，推进保险与病死畜禽无害化处理联动机制建设。将病死畜禽无害化处理设备纳入2015—2017年农业机械购置补贴范围。完成2014年6月至2015年2月养殖环节病死猪无害化处理补助经费统计复核、申报工作。

（农业部兽医局）

【兽医实验室管理】 印发《农业部关于进一步做好兽医实验室考核的通知》，部署考核工作，明确考核合格证到期续展等要求。组织开展兽医系统实验室检测能力比对，完成省级疫控中心实验室比对。全国32个省级疫控中心实验室开展了H7N9亚型流感病毒检测、A型口蹄疫抗体检测、猪伪狂犬病gE抗体检测和J亚型禽白血病抗体检测等4个项目比对，首次实现全部100%符合。召开全国兽医实验室比对和考核工作总结会，总结5年来工作成效，讨论有关办法修改工作，研讨下一步工作措施。在青岛召开全国兽医实验室发展研讨会，邀请科技部、中科院、认可委、环保部、FAO北京办公室、上海市动物疫病预防控制中心有关处室负责同志和专家分别讲解实验室管理、规划、认可、验收等政策和兽医实验室信息系统应用经验，全国各省级动物疫病预防控制中心、中国农科院有关兽医研究所、有关农业大学动物医学院实验室负责同志参加了会议并就兽医实验室发展进行研讨。

（农业部兽医局）

【兽药质量监管】

1. 开展兽药监督抽检及检打联动。一是制定下发《兽药质量监督抽检计划》，重点加大兽药生产经营问题较多、诚信较差企业的抽检力度，特别是监督抽检回函不予确认批次较多的企业以及涉嫌违规添加兽药标准外组分的产品，提高针对性，及时发现兽药质量安全隐患。全年共抽检兽药产品14 375批次，合格13 801批，合格率96.07%。二是强化抽检结果利用，深入实施"检打"联动。根据监督抽检结果，发布4期监督抽检通报，组织开展假兽药查处活动。各地依法对假劣兽药实施了查处，并予以清缴销毁，有效遏制了制售假劣兽药违法活动。三是开展兽药中违法添加物检测方法研究工作，及时发布10个检测方法，为兽药打假提供有力支持。

2. 严格落实从重处罚公告。督促地方兽药违法案件信息报送，对符合吊销兽药生产许可证的违法案件，认真做好案件材料的整理补充工作，确保案件查处工作有效开展。全年依法吊销7家企业《兽药生产许可证》，撤销1家企业16个产品批准文号，并对相关责任人予以终身不得从事兽药生产经营活动的处罚。加大进行宣传报道，以案说法，开展警示教育，震慑不法分子，取得良好效果。

3. 推进兽药电子追溯码制度实施力度。在总结2014年试点工作基础上,2015年1月21日发布公告,实施兽药电子追溯码(二维码)制度,按照"整体规划、分步实施、逐步推进"原则,分类、分批、分步实现兽药生产、经营和使用全过程追溯管理。会同中国兽医药品监察所组织开展企业培训、入网等有关工作。组织中国兽医药品监察所开展调研,开发兽药经营环节追溯管理软件,于10月启动了经营环节二维码试点工作。组织完成"国家兽药查询"手机客户端(APP)系统,实现通过手机查询兽药基础信息数据和兽药产品追溯信息。

4. 完善兽药法规制度。一是制定《兽药管理条例》修订工作方案,组织召开研讨会,发文向社会及各有关单位征集修订意见建议。二是完成《兽药产品批准文号管理办法》修订工作,通过农业部常务会议审议,于2015年12月3日发布。三是组织起草《农业部关于促进兽药产业健康发展的指导意见》,《指导意见》明确了兽药产业发展的指导思想、四条原则、发展目标及主要任务,共提出7个方面25项任务。四是制定发布了生物制品临床试验靶动物数量调整公告、兽医诊断制品注册要求修订公告、兽药非临床研究质量管理规范(兽药GLP)、兽药临床研究质量管理规范(兽药GCP)和兽用诊断制品生产质量管理规范。五是组织起草了兽药生产许可证管理办法及兽药GCP、GLP监督检查管理办法。六是启动兽药生产质量管理规范和兽药产品标签、说明书管理办法修订工作。七是组织编制宠物用兽药质量标准,满足宠物用药需要。

(农业部兽医局)

【生猪屠宰行业监管】 农业部兽医局紧紧围绕深化改革促发展、强化监管保安全这两条主线,突出抓好职责调整、行业监管和产业发展3个重点,各项工作取得积极成效。

1. 屠宰监管职责调整目标任务完成。通过发文部署、会议要求、督查检查、强化考核等方式,督促各省加快推进屠宰监管职责调整。截至年底,全国市、县两级屠宰监管职责调整到位率分别达到95.1%、91.2%,圆满完成了年初确定的目标任务。通过改革健全屠宰监管机构,市、县两级分别在农业(畜牧兽医)部门增设屠宰监管机构227个、1 202个,其他地方也已明确相应机构承担屠宰监管工作。加强屠宰监管力量,市、县两级分别增加行政编制253人、410人,增加事业编制881人、4 432人。

2. 屠宰监管执法成效显著。2015年5月,印发《农业部关于印发〈2015年生猪屠宰专项整治行动实施方案〉的通知》,自2015年5月至2016年4月组织开展生猪屠宰专项整治行动,严厉打击各类屠宰违法行为。各地按照农业部统一部署,扎实开展专项整治行动,严厉打击私屠滥宰、添加"瘦肉精"、注水或注入其他物质、销售及屠宰病死猪等各类屠宰违法行为。9月,组织开展生猪屠宰专项整治行动省际交叉互查活动,圆满完成"八个一"(深挖一批生猪屠宰违法线索、组织一次企业主体责任宣传教育、开展一次多部门联合执法、排查一批违禁物质、关闭一批私屠滥宰窝点、曝光一批违法企业、通报一批典型案例、构建一批长效机制)目标任务。据统计,全国共排查屠宰违法线索2 827起,发现问题1 588条;查处屠宰违法案件6 042个,移送公安机关314起,罚款1 792万元;捣毁私屠滥宰窝点749个,清理取缔不符合设立条件的生猪屠宰场点1 694个。发放宣传材料186万余份,组织培训近5 000场次、培训13万人次。全年屠宰环节未发生重大质量安全事件。

3. 切实加强屠宰环节"瘦肉精"监管。印发《农业部办公厅关于开展2015年生猪屠宰环节"瘦肉精"监督检测工作的通知》,各地按照"瘦肉精"监督抽检技术要求,组织开展屠宰环节"瘦肉精"监督抽检工作。同时,将屠宰环节"瘦肉精"监管作为生猪屠宰专项整治活动重要内容,加大生猪屠宰环节"瘦肉精"监督抽检力度。2015年,屠宰环节抽检"瘦肉精"样品362万余份,检出阳性样品141份,对检出阳性样品的企业均已依法处理。

4. 持续强化生猪屠宰行业统计监测。根据国家统计局批准的《生猪等畜禽屠宰统计报表制度》,做好生猪等畜禽屠宰统计监测工作。定期向中央办公厅、国务院办公厅报送屠宰政务信息,每周向相关部门通报、向社会发布规模以上生猪屠宰企业白条肉出场价格信息,每月发布屠宰量信息。

(农业部兽医局)

【兽医队伍建设】

1. 起草《全国兽医人才队伍建设规划》。

2. 加强官方兽医队伍建设,指导各地认真开展官方兽医资格确认,截至2015年底,全国共确认官方兽医11万余人。

3. 指导各地开展官方兽医培训,举办第三期全国官方兽医师资能力提升培训班,培训百余名官方兽医师资,提升了各地官方兽医师资能力,带动了全国官方兽医培训水平。推进执业兽医队伍建设,调整完善考试管理制度,完成2015年全国执业兽医资格考试工作,全国共有17 751人通过考试,其中执业兽医师和执业助理兽医师分别为8 837人和8 914人。

4. 加快基层兽医队伍建设,继续落实基层动物防疫工作补助经费,调动基层动物防疫人员工作积极性。开展基层兽医培训,提高从业水平,对全面推进基层兽医队伍建设与管理,起到了积极作用。

5. 组织开展基层老兽医待遇有关问题专项调研,

摸清问题的由来和现状，推动地方妥善处理老兽医待遇问题。

（农业部兽医局）

发展方式转变及产业结构调整

【畜禽养殖标准化示范创建】

1. 农业部继续在全国范围内开展畜禽养殖标准化示范创建活动，以加强示范培训，突出督导检查为重点，全年创建410个畜禽养殖标准化示范场，累计创建3 928个，通过示范场的辐射带动作用，提升畜禽养殖的标准化水平。

2. 为指导各地做好示范创建工作，下发《2015年畜禽养殖标准化示范创建活动工作方案》，举办示范创建管理与技术培训班，聘请专家对示范创建过程中遇到的技术和管理问题进行解析。加强示范场监督管理，组织开展2012年挂牌示范场复检工作，取消不合格示范场175个。完善畜禽标准化示范场基础信息平台，提升示范场信息化管理水平。

（农业部畜牧业司）

【畜牧行业产业结构布局优化】

1. 先后印发了《关于促进南方水网地区生猪养殖转型升级的实施指导意见》和《全国生猪生产发展规划》，以南方水网地区为重点，以“提素质、增效益、稳供给、保安全、促生态”为目标，推进生猪产业供给侧结构性改革，调整优化生猪养殖布局。统筹考虑各地区环境承载能力、资源禀赋、消费偏好和屠宰加工能力等因素，将全国划分为重点发展区、约束发展区、潜力增长区和适度发展区4个区域，引导各地发挥区域比较优势，促进生猪产业转型升级和绿色发展。

2. 加大政策支持力度，加快发展现代草牧业，进一步调优产业结构。在农区、牧区、垦区、现代农业示范区和农村改革试验区因地制宜开展现代草牧业试验试点，总结探索成熟可行的草牧业发展模式和机制。

3. 协调争取财政资金3亿元，在10个省份启动实施粮改饲试点，依托牛羊规模养殖场和专业饲草料收储企业，以全株青贮玉米收储利用为重点，引导粮食作物改种优质饲草料，推进草畜配套，探索实践种养结合发展模式，打造粮经饲统筹、种养业协调的新型产业结构。全年30个试点县（市、区）共落实粮改饲种植面积19.07万公顷，收储优质青贮饲草料995万吨，有力推动了试点区域种植业结构调整和畜牧业转型升级，推进了农业产业链整合和价值链提升，促进了农民增收、企业增利、种养增效。

（农业部畜牧业司）

畜产品质量安全

【畜牧业标准化】 全国畜牧业标准化技术委员会重点开展了草牧业、畜禽种业和健康养殖标准制（修）订工作，加快构建现代畜牧业标准体系。提出畜牧标准项目建议48项，推动立项草牧业等标准23项，审查、报批《奶牛全混合日粮TMR生产技术规范》等标准71项，推动发布玉米青贮、紫花苜蓿青贮草牧业标准等46项。

2015年发布的畜牧业国家标准和行业标准

序号	标准编号	标准名称
1	GB/T 31581－2015	牛性控冷冻精液生产技术规程
2	GB/T 31582－2015	牛性控冷冻精液
3	GB/T 32133－2015	延边牛
4	GB/T 32134－2015	羊毛颜色测定方法
5	GB/T 32148－2015	家禽健康养殖规范
6	GB/T 32149－2015	规模猪场清洁生产技术规范
7	NY/T635－2015	天然草地合理载畜量的计算
8	NY/T1160－2015	蜜蜂饲养技术规范
9	NY/T2690－2015	蒙古羊
10	NY/T2691－2015	内蒙古细毛羊
11	NY/T2695－2015	牛遗传缺陷基因检测技术规程

（续）

序号	标准编号	标准名称
12	NY/T2696－2015	饲草青贮技术规程　玉米
13	NY/T2697－2015	饲草青贮技术规程　紫花苜蓿
14	NY/T2698－2015	青贮设施建设技术规范　青贮窖
15	NY/T2699－2015	牧草机械收获技术规程　苜蓿干草
16	NY/T2700－2015	草地测土施肥技术规程　紫花苜蓿
17	NY/T2701－2015	人工草地杂草防除技术规范　紫花苜蓿
18	NY/T2702－2015	紫花苜蓿主要病害防治技术规程
19	NY/T2703－2015	紫花苜蓿种植技术规程
20	NY/T2763－2015	淮猪
21	NY/T2764－2015	金陵黄鸡配套系
22	NY/T2765－2015	獭兔饲养管理技术规范
23	NY/T2766－2015	牦牛生产性能测定技术规范
24	NY/T2767－2015	牧草病害调查与防治技术规程
25	NY/T2768－2015	草原退化监测技术导则
26	NY/T2769－2015	牧草中15种生物碱的测定　液相色谱－串联质谱法
27	NY/T2774－2015	种兔场建设标准
28	NY/T2771－2015	农村秸秆青贮氨化设施建设标准
29	NY/T2781－2015	羊胴体等级规格评定规范
30	NY/T2792－2015	蜂产品感官评价方法
31	NY/T2821－2015	蜂胶中咖啡酸苯乙酯的测定　液相色谱－串联质谱法
32	NY/T2822－2015	蜂产品中砷和汞的形态分析原子荧光法
33	NY/T2823－2015	八眉猪
34	NY/T2824－2015	五指山猪
35	NY/T2825－2015	滇南小耳猪
36	NY/T2826－2015	沙子岭猪
37	NY/T2827－2015	简州大耳羊
38	NY/T2833－2015	陕北白绒山羊
39	NY/T2828－2015	蜀宣花牛
40	NY/T2829－2015	甘南牦牛
41	NY/T2830－2015	山麻鸭
42	NY/T2831－2015	伊犁马
43	NY/T2832－2015	汶上芦花鸡
44	NY/T2834－2015	草品种区域试验技术规程　豆科牧草

（续）

序号	标准编号	标准名称
45	NY/T2835－2015	奶山羊饲养管理技术规范
46	NY/T2836－2015	肉牛胴体分割规范

【无公害畜产品认证】

1. 农业部农产品质量安全中心畜牧业产品认证分中心推动发布了《无公害农产品 生产质量安全控制技术规范》系列行业标准，其中包括家畜、肉禽、生鲜乳、蜂产品、鲜禽蛋、畜禽屠宰6项标准，完善了无公害畜产品生产、管理与认证技术规范。

2. 全年受理无公害畜产品认证申请4 300余份，审核通过3 114个，合格率达72%，同比增长5个百分点。全国有效无公害畜产品共计10 878个，年产量达1 776万吨，约占全国畜产品总产量的11.6%，监测合格率99%以上，在保障畜产品质量安全方面发挥了示范作用。

（全国畜牧总站质量标准与认证处　武玉波）

动物卫生

【无规定动物疫病区建设】

1. 积极探索动物疫病区域化管理模式，推进无规定动物疫病区和生物安全隔离区建设。

2. 推进大东北地区免疫无口蹄疫区建设，多次组织召开工作座谈会，研究起草大东北无疫区建设指导意见和实施方案。

3. 组织开展无疫区督查，组织有关单位对海南、广州从化、吉林永吉3个无疫区开展督查。

4. 组织有关单位专家修订《无规定动物疫病区评估管理办法》《无规定动物疫病区管理技术规范》。

（农业部兽医局）

【突发动物疫情应急管理】 农业部和各地畜牧兽医部门坚持预防为主的方针，围绕"两个努力确保"总体目标，大力推动中长期规划的实施，有序推进重大动物疫病防控工作，成功应对突发事件，取得了明显成效。全年动物疫情形势总体平稳，未发生区域性重大动物疫情。

1. 加强组织领导，全面部署防控工作。3月6日、9月1日，组织召开全国春防、秋防视频会，对春季、秋冬季重大动物疫病防控工作进行全面部署。6月召开会议，对夏季防控工作进行部署，指导各地切实落实各项防控措施。3～5月、9～10月，各地全面开展春季、秋季集中免疫工作。6月、11月，结合延伸绩效管理核实，对各地春秋防工作开展情况进行检查。

2. 加强预案管理，完善应急防控机制。完善应急预案，健全应急防控机制，提高应急处置能力。加快修改完善非洲猪瘟、疯牛病等重点防范的外来病应急预案。制定春节、国庆节期间防控应急预案，加强应急值守，坚持24小时专人值班和领导带班制度。

3. 加强疫情监测分析，提高预警预报能力。制定下发国家动物疫病监测与流行病学调查计划，按照中长期规划，对全年监测与流行病学调查工作做出安排。继续抓好禽流感、口蹄疫监测工作，对检出的病原学阳性畜禽均按规定进行处置。全年全国累计监测禽流感样品498万份，口蹄疫样品489万份。突出抓好H7N9专项监测，强化紧急和专项流行病学调查。

4. 强化应急准备，提高应急反应能力。抓好应急预备队建设，充实应急物资储备，加强应急培训和演练。在黑龙江省牡丹江市成功举办全国非洲猪瘟防控应急演练，完善多部门协作机制，提升应急实战能力和水平。中国动物疫病预防控制中心充实完善中央级动物防疫应急物资储备。

5. 强化应急处置，及时消除隐患。完善应急防控机制，提高应急处置能力。对部分省份零星散发的禽流感、口蹄疫、小反刍兽疫等重大动物疫情，农业部在第一时间派出工作组赶赴现场指导疫情处置，迅速控制和扑灭疫情。

6. 加强人兽共患病防控和外来病防范。针对辽宁西丰县、陕西甘泉县炭疽疫情，农业部及时指导当地开展疫情处置，做好疫情监测排查和追溯调查，将风险和损失降到了最低。协调财政部门落实布鲁氏菌病、包虫病专项应急防疫经费5.67亿元。加强部门协作，突出抓好布鲁氏菌病、血吸虫病和包虫病等主要人兽共患病防控工作。组织召开重点省份防控工作会议，部署相关工作。加大边境防控力度，坚持"内防外堵"，加强联防联控，完善跨部门合作机制，防止外来动物疫病传入。

7. 组织做好灾后动物防疫工作。2015年，各种自然灾害多发频发，受尼泊尔8.1级强烈地震影响，西藏多个县（区）受灾，新疆皮山县6.5级地震，浙江等东南沿海地区遭受强台风"灿鸿"袭击，当地畜牧业遭受较大损失，给动物防疫工作带来不小挑战。部分地区发生洪涝、泥石流、山体滑坡等灾害。农业部迅速行动，及时开展灾后防疫工作，切实做好无害化处理、环境消毒、紧急免疫等工作，确保了大灾之后无大疫。

8. 加强H7N9流感防控。农业部和各地畜牧兽医部门密切跟踪人感染H7N9疫情发生情况，以落实全国家禽H7N9流感剔除计划为抓手，加大防控工作力度，强化监测和流行病学调查，加强源头净化，努力消除疫情隐患。全年全国累计监测动物H7N9样品118.6万份，覆盖场点3.99万个。其中，病原学样品30.57万份，检出83份H7N9病原学阳性样品，来自广东等9个省份的57个活禽交易场点和2个养殖场；血清学样品88.04万份，检出1 048份H7亚型血清学阳性样品，来自河南等14个省份的16个活禽交易场点和158个养殖场户。

（农业部兽医局）

【兽药残留监控】 组织修订《药物饲料添加剂规范》《停药期规定》《兽药最高残留限量标准》《禁用药清单》等，完善技术规范。调整兽药残留监控计划，加大抽检覆盖面，提高抽检频率，全年共抽检畜禽及畜禽产品13 201批次，合格13 190批，合格率99.91%。组织开展风险评估，发布在食品动物中停止使用洛美沙星、培氟沙星、氧氟沙星、诺氟沙星等4种原料药及其各种制剂公告。完善兽药注册规定，要求用于食品动物的兽药产品注册时应提交兽药残留限量标准和兽药残留检测方法标准，批准时一并发布实施。组织开展综合治理兽用抗菌药行动，印发《全国兽药（抗菌药）综合治理五年行动方案（2015—2019年）》，拟利用5年时间治理兽用抗菌药残留和动物源细菌耐药性问题。组织实施动物源细菌耐药性监测计划，全国10个耐药性监测试验室共采集猪、鸡、牛、鸭样品近15 000份，分离大肠杆菌、肠球菌等近4 000株，健全完善动物源细菌耐药性监测数据库，掌握耐药性动态和发展趋势。

（农业部兽医局）

草原资源保护与灾害防控

【牧草种质资源保护】

1. 收集保存野生、栽培种质资源2 700份，包括俄罗斯引进资源463份，首次入库的珍稀濒危植物四合木和樟子松各1份。累计入库保存种质材料5.2万份。其中，低温种质库保存5.1万份、资源圃田间保存无性材料601份、离体保存482份。

2. 抽测库存种质材料1 902份，繁殖更新生活力低的种质材料126份，维护3个中期库的正常运转，实现资源的安全保存。

3. 完成银合欢、大麦、紫花苜蓿等776份种质资源的耐酸铝性、抗病性等抗性鉴定评价，筛选出耐酸铝银合欢等优异种质41份。完成345份苜蓿、燕麦等种质材料的品质性状的分析评价，包括粗蛋白、粗脂肪、粗灰分、中性洗涤纤维（NDF）、酸性洗涤纤维（ADF）等指标，筛选出9份优质材料。利用从日本引进的苏丹草与野生的拟高粱杂交育成的"苏牧3号"苏丹草－拟高粱杂交种进入2016年国家草品种区域试验。

4. 采用SSR分子标记，完成100份紫花苜蓿和130份燕麦资源的遗传多样性分子评价。对100份紫花苜蓿的评价表明，中国的紫花苜蓿品种比美国的品种遗传背景更为复杂。在评价的中国苜蓿品种中，中苜1号和甘农5号品种比其他品种遗传背景复杂。对燕麦种质资源的评价为核心种质构建和资源补充收集鉴定基础。

5. 通过资源共享服务平台向国内科研单位及教学单位提供种质材料1 110份，用于遗传多样性分析、新品种选育等方面研究。

（全国畜牧总站 陈志宏）

【草原野生植物保护】

1. 草原野生植物管理工作情况。农业部及地方各级农业部门高度重视草原野生植物保护工作，切实加强对麻黄草、甘草等草原野生植物采集计划管理。全年全国共采集甘草57 433.9吨、麻黄草4 293.1吨、冬虫夏草149.7吨。甘草采集量同比增加10 059吨，增长21%，其中天然采集量增长19%，人工采集量增长22%；麻黄草采集量同比减少1 739吨，下降29%，其中天然采集量下降44%，人工采集量下降23%；冬虫夏草采集量同比增加34吨，增长30%。严格执行野生植物进出口审批管理，全年共审核通过冬虫夏草出口申请14批次。

2. 草原野生植物保护工作开展情况。

一是制定采集计划。认真贯彻落实相关法律法规和文件精神，对甘草、麻黄草等草原野生植物采集实行计划管理，严格实行采集许可证制度。根据各地申报的2015年草原野生植物采集计划，结合草原野生植物资源分布状况，农业部制定并下发《农业部关于下达2015年甘草和麻黄草等草原野生植物采集计划的通知》，要求各地严格执行采集计划，做好采集证的管理和发放工作；加强监督管理工作，严厉打击乱采、超采等违法行为，保护草原生态环境和草原野生植物资源。

二是加大宣传力度。通过内容丰富、形式多样的宣传活动，宣传相关法律法规和文件精神，提高公众保护草原野生植物资源的意识。5月22日"国际生物多样性日"，农业部草原监理中心在青海省玉树市开展以"加强草原生物多样性保护 建设生态文明和美丽中国"为主题的宣传活动。

三是开展调查研究。为摸清草原植物资源现状，总结管理开发经验，制定科学合理的资源开发计划，农业部草原监理中心在河北省开展麻黄草资源和市场调查研究，掌握河北省麻黄草的分布范围、面积、产量，以及市场交易情况和经济效益，分析对农牧民增收的贡献，编制《河北野生麻黄草资源和市场调查研究》

报告。

（农业部草原监理中心保护处　朱　钦）

【飞播种草】 2014年，中央财政下达飞播种草补助经费1 000万元，安排内蒙古、新疆、四川、甘肃、河北、云南、青海、湖南、山西、河南10个省（自治区）的11个县（旗）飞播种草1.47万公顷。其中，内蒙古安排经费180万元，飞播任务2 666.67公顷；青海安排经费100万元，任务1 333.3公顷；其他8个省（自治区）经费均为90万元、任务1 333.3公顷。

各项目承担省（自治区）依据《中央财政飞播种草补助费管理暂行规定》，成立飞播种草建设项目领导小组，统一领导和协调飞播种草有关工作，明确责任。根据本地区情况，认真绘制播区规划图和设计书，制定飞播种草实施方案，加强飞播种草的项目管理。在中央财政资金的带动下，全国2014年各地财政共配套90万元，群众自筹302万元。投入飞机架145架次，飞行时间169小时，播种草籽303.8吨，动用机械704台（辆），实际完成任务1.54万公顷，有效保障了飞播项目的顺利完成。

飞播种草有效改善了项目区的植被状况，植被覆盖度较播前提高了15～50个百分点，有效提高草地水源涵养的能力。飞播种草也给项目区带了显著的经济效益，年平均增加干草生产能力1 500～2 250千克/公顷，每年新增优质干草近2 305万～3 457.5万千克，按每千克干草0.5元计算，项目区直接经济效益约1 153万～1 729万元。

（全国畜牧总站草业处　赵恩泽）

【草原鼠害发生与防治】

1.灾害发生情况。2015年，全国草原鼠害面积2 913.3万公顷，较上年下降16.5%。其中，高原鼠兔危害面积最大，达到1 133.3万公顷，占全国草原鼠害面积的39%，危害面积较上年下降23.8%。高原鼢鼠、草原鼢鼠危害面积分别较上年下降19.3%和23.4%，东北鼢鼠危害面积较上年基本持平；大沙鼠、长爪沙鼠危害面积较上年下降6.5%和14.4%，布氏田鼠、黄兔尾鼠和鼹形田鼠危害面积分别较上年下降23.2%、17.2%和28.0%；黄鼠危害面积较上年基本持平。

2.灾害防治情况。

一是强化监测，提升灾害应急响应速度。4月，农业部畜牧业司会同全国畜牧总站编发了《2015年全国草原生物灾害监测预警报告》，对重点物种和重点区域灾害做出预警，指导各地开展防治工作。各地结合自身特点，根据鼠害发生动态，扎实开展鼠害监测工作。形成了秋季开展防治效果和越冬基数调查，春季组织开展越冬成活率调查，害鼠出蛰后开展路线调查和防治关键季节数据定期报送的监测预警工作机制，结合固定监测站定期数据采集、农牧民测报员常年观测，实现对草原鼠害的长、中、短期测报和实时监测，有效提升了对灾情的响应速度。

二是及早部署，确保防治工作适时开展。4月15日，畜牧业司与全国畜牧总站联合召开2015年全国草原鼠虫害防控工作部署会。4月17日，印发农业部《关于切实做好2015年草原鼠虫害防治工作的通知》，对草原鼠害防治工作进行部署。各地农牧部门根据会议和通知要求，建立健全防控指挥协调机构，完善应急响应机制。按照“属地管理，分级负责”的原则，逐级落实防控责任，并结合灾害发生特点，抓住关键时期和重点环节，提前制定防治方案，细化防治措施，及早储备物资，确保防治工作适时开展。

三是开展技术服务，提升科技支撑服务能力。防治关键时期，农业部畜牧业司、全国畜牧总站组织多个工作组，先后赴内蒙古、新疆、青海、甘肃等重点地区开展技术服务；有关省份草原技术推广单位也多次开展科技下乡，进村入户，结对帮扶，着力疏通联系服务农牧民群众的“最后一公里”，提高防治区科技普及率。各地也在草原鼠害防治季节及时派出工作组赴灾害防治一线，实地查看草原鼠害发生和防治情况，提出防治对策建议，并印制少数民族技术手册或明白纸，强化科技支撑与服务能力。

四是推广生防技术，提升可持续治理技术水平。全国畜牧总站组织开展草原鼠害绿色防控技术示范应用，研究绿色防控模式，对不同密度的鼠害发生区分区施策，通过应急防治和持续控制，将鼠密度控制在经济阈值之下，促进草原植被恢复，增强草原生态系统自然调控能力。各地牢固树立“绿色植保”理念，大力推广应用肉毒素、招鹰控鼠、野化狐狸等成熟的生物防治技术，切实提高生物防治比例。新疆积极探索利用飞机投放雷公藤饵剂、内蒙古和青海积极组织开展猎犬灭鼠的新技术试验示范，进一步做好技术储备。

全年共投入人力29万余人（次），各种车辆1.8万辆（次），防治器械24万台（套），飞机作业20架次，防治草原鼠害615.4万公顷，超额完成既定任务，生物防治比例连续5年均在80%以上。

（全国畜牧总站草业处　杜桂林）

【草原虫害发生与防治】

1.灾害发生情况。2015年，全国草原虫害面积1 253.3万公顷，较上年下降9.6%。其中，草原蝗虫危害面积最大，达到833.3万公顷，占全国草原虫害面积的66%，危害面积较上年下降13.2%。叶甲类和夜蛾类害虫危害面积分别较上年下降24.4%和34.9%，草原毛虫和草地螟危害面积分别较上年增长15.4%和18.5%。

2.灾害防治情况。

一是加强监测预警。2014 年秋季,农业部畜牧业司会同全国畜牧总站即开始组织各地开展防效和越冬基数调查,开展长期测报。2015 年 4 月,组织开展中短期测报,并在此基础上编发《2015 年全国草原生物灾害监测预警报告》,对重点物种和重点区域灾害做出预警,指导各地开展防治工作。防治季节前,各地结合气象状况、牧草返青情况调整调查时间间隔和调查范围,加强固定监测站定期数据采集,密切跟踪种群动态,特别是对草原生态保护建设工程区、禁牧休牧区和边境地区开展重点监测,避免出现监测死角,及时发布预警信息。6 月 1 日开始,各级防治机构实行应急值班,实时掌握灾情,每周三报送灾情信息,确保信息畅通,为决策提供依据。

二是及早部署工作。4 月 15 日,农业部畜牧业司与全国畜牧总站联合召开 2015 年全国草原鼠虫害防控工作部署会。4 月 17 日,起草印发农业部《关于切实做好 2015 年草原鼠虫害防治工作的通知》,对草原虫害防治工作进行部署。各地农牧部门根据会议和通知要求,建立健全防控指挥协调机构,完善应急响应机制。按照"属地管理,分级负责"的原则,逐级落实防控责任,并结合灾害发生特点,抓住关键时期和重点环节,提前制定防治方案,细化防治措施,及早储备物资,确保防治工作适时开展。

三是强化督导服务。6 月上旬,全国畜牧总站印发《关于开展 2015 年草原蝗虫防治工作督查的通知》,启动督查工作,确保防治任务全面完成。7 ~ 8 月,根据各地草原虫害发生情况,适时组织工作组,分赴内蒙古、新疆、甘肃、四川和西藏等重点地区开展督导检查与技术服务,协助开展防治工作。有关省份也多次派出工作组,对重灾区实行包片包干,进牧区,访牧民,了解灾情,落实措施。各级草原虫害防治机构还通过集中培训与现场培训等方式,累计培训技术人员和农牧民 6.5 万人次,提高防治技术水平。

四是推广生防技术。各地牢固树立"绿色植保"理念,大力推广应用生物、物理和生态治理措施,采用微生物农药、植物源农药、低毒低残留化学农药替代高毒高残留农药,大中型高效药械替代小型低效药械;推行精准科学施药和专业化统防统治,提高农药使用效率。2015 年草原虫害生防比例达到 58%,较上年同期提高 1 个百分点。

全年共投入劳动力 26.8 万人(次),大型喷雾器 6 570 台(套),中、小型喷雾器 14.4 万台(套),飞机作业 351 架(次),防治草原虫害 461.93 万公顷,超额完成防治任务,生物防治比例连续 5 年均在 50% 以上。

(全国畜牧总站草业处　杜桂林)

【草原防火】

1. 总体情况。2015 年受境外火频繁发生、草原可燃物存量攀升、大风干旱等恶劣天气增多等因素影响,全国各重点草原防火省份特别是内蒙古草原火情频现、火灾频发。全国共发生草原火灾 88 起,其中一般草原火灾 80 起,较大草原火灾 3 起,特大草原火灾 5 起。累计受害草原面积 118 116.8 公顷,经济损失 10 761万元,死亡 2 人、受伤 22 人,牲畜损失 4 724 头(只)。火灾涉及内蒙古、吉林、黑龙江、四川、甘肃、青海、宁夏、新疆 8 个省(自治区)及黑龙江农垦。起火原因为电线短路 8 起、吸烟 2 起、烧荒 20 起、烧秸秆 3 起、上坟烧纸 7 起、机动车跑火 2 起、玩火 2 起、炼焦及煤炭自燃 1 起、取暖做饭 4 起、野外作业失火 1 起、放鞭炮 4 起、机械作业失火 2 起、越境火 7 起、未查明 25 起。

2. 草原火灾特点。与 2014 年相比,草原火灾发生次数减少 70 起,受害草原面积增加 78 778.2 公顷,经济损失增加 8 536.1 万元。有以下 4 个特点:一是时间集中。主要发生在春防期间,其中 3 月下旬至 5 月上旬为重发频发期,共发生 66 起火灾。二是区域集中。全国 43% 的草原火灾发生在内蒙古,其中较大以上草原火灾全部发生在内蒙古。三是原因集中。烧荒、电线短路和越境火是造成草原火灾的主要因素。特别是蒙古和俄罗斯境外火威胁加剧,累计对我国草原构成威胁 150 次,沿边境蔓延累计达 6 120 多公里,共有 19 次烧入我国境内,致灾损失最大的 3 起特大草原火灾均由境外火入侵引发。四是灾损严重。特大草原火灾发生次数为 2002 年以来最多,受害草原面积和经济损失为近 15 年来最重。

3. 加强预防能力建设,提升灾害防范综合化水平。

一是周密部署草原防火工作。协助筹备召开全国春季农业生产暨森林草原防火工作会议。在春秋两季草原防火期前,分别印发通知和召开草原火灾防控工作视频会,对草原防火工作进行安排部署,要求各地认清防火形势,加强宣传教育,强化火源管理,全面落实草原火灾防控责任,扎实做好草原防火工作。

二是强化火灾风险化解。制定春秋草原防火督查工作方案,组成 7 个督查组,分赴内蒙古、四川、甘肃、新疆、陕西及河北等重点草原防火省份开展专项督查。重点检查各地工作部署、隐患排查、应急值守、制度建设、队伍操练和物资准备等措施落实情况,督促问题整改,排除火灾隐患。各地采取蹲点督导和突击检查等形式开展隐患排查,全年共出动排查人员 3 万多人(次),排除火灾隐患 1 500 余起。

三是加强监测预警。加强与中国气象局、中央气象台合作,建立草原火情会商机制,联合开展草原火灾气象监测预警预报。全年共发布草原火险预警预报 60 次,其中在中央电视台天气预报栏目发布高草原火险气象等级预警预报 26 次,接收和处置卫星监测热点 2 万多个。

2015年各地草原火灾情况统计表

地　区	火灾次数（次）	重大火灾	特大火灾	受害草原面积（公顷）	死亡人数（人）	烧死牲畜（头、只）	烧毁房舍（平方米）	被迫转移牲畜（头、只）	参加扑火人工日（工·日）
总　计	**88**	**0**	**5**	**118 116.8**	**24**	**4 724**	**0**	**15 178**	**10 761**
河　北	0	0	0	0	0	0	0	0	0
山　西	0	0	0	0	0	0	0	0	0
内蒙古	38	0	5	106 929.5	24	4 663	0	10 413	10 584.6
辽　宁	0	0	0	0	0	0	0	0	0
吉　林	7	0	0	730	0	0	0	0	7.1
黑龙江	12	0	0	7 806	0	0	0	380	0
山　东	0	0	0	0	0	0	0	0	0
四　川	4	0	0	399.7	0	0	0	370	53.3
西　藏	0	0	0	0	0	0	0	0	0
陕　西	0	0	0	0	0	0	0	0	0
甘　肃	3	0	0	88.2	0	0	0	482	8.2
青　海	17	0	0	481.4	0	8	0	2 525	34.2
宁　夏	1	0	0	90	0	0	0	230	6.4
新　疆	3	0	0	50	0	53	0	630	53
新疆生产建设兵团	0	0	0	0	0	0	0	0	0
黑龙江省农垦	3	0	0	1 542	0	0	0	148	14.2

四是广泛开展宣传培训。在北京市消防教育训练中心举办主题为“识别灾害风险、掌握防范技能”的防灾减灾教育培训活动。落实安全生产月工作部署，联合新疆畜牧厅在裕民县举办主题为“全民携手护草原、防火减灾保安全”的草原防火减灾现场宣传活动，农业部草原防火办及塔城地区500多名干部群众参加活动。

4. 加强应急能力建设，提升火情处置科学化水平。

一是严格应急值守。严格执行24小时值班、领导带班和日火灾零报告制度。为确保“两会”期间草原防火安全，春季防火期从3月1日起进入应急值守状态。在草原火灾高危频发期，实行24小时双人值班，对节假日等关键时期的应急值守工作进行强化安排。

二是果断处置火情。针对春季严峻的火灾形势，及时启动II级应急响应5次，III级应急响应3次，向国务院、中办报送草原火灾情况专报。根据火情发展态势，紧急下发《农业部草原防火指挥部关于切实做好当前草原火灾防控工作的紧急通知》，派出工作组赶赴内蒙古火灾现场，全力协助地方开展好火灾扑救工作。

三是全力保障应急物资。根据一线扑火作战需求，紧急从中央草原防火物资储备库向内蒙古调拨风力灭火机、野外生存装备、帐篷、加油箱、发电机及各类通讯设备等1 977台（套）。

四是组织开展宣传报道。积极组织配合主流媒体宣传扑火英模先进事迹。在中央电视台《朝闻天下》栏目、《人民日报》《农民日报》《内蒙古日报》《中国农业信息网》《中国草原网》等相关媒体进行专题报道。

5. 加强控制能力建设，提升队伍扑火专业化水平。

一是组织实战演练。在河北承德市组织全国草原防火实战演练，全面检验草原防火信息化应用水平，提高处置重特大草原火灾的能力。公安部、林业局、气象局、武警森林指挥部及农业部草原防火指挥部成员单位有关负责人在会议室通过卫星传输全程观摩演练，全国14个重点省（自治区）、新疆生产建设兵团及黑龙江农垦草原防火办主要负责人通过视频会议形式观摩演练。

二是举办专题培训。举办草原防火应急管理专题培训，对全国70多名各级草原防火办负责人开展草原火灾扑救指挥、技术战术运用、信息化应用、主战装备使用保养及项目申报管理等方面的集中培训，提高各级草原防火指挥员有效防控草原火灾的综合能力。

6. 加强保障能力建设，提升草原防火基础设施建设现代化水平。

一是调整划分全国草原火险区级别。适应防火工作新形势，组织各地开展草原火险区级别划分调整，印发《农业部关于调整全国草原火险区级别的通知》,提高基础设施建设项目建设安排的精准性与针对性。

二是强化库站与装备建设。落实中央基本建设投资2.8亿元,比上年增加2.09亿元,增幅达300%,开工建设草原防火物资库(站)107个,及时补充2 000多台(套)防扑火物资入中央草原防火物资储备库,有力提升了防火物资辐射保障水平。在受境外火威胁的重发区新疆裕民县开展远程火情视频监控系统试点建设,为关键区域实现火情视频自动监测预警积累经验。

三是提高防火阻隔工程效能。落实中央财政专项资金1 900万元,开设高质量边境草原防火隔离带2 884公里。2015年俄罗斯、蒙古草原火灾严重威胁我国草原安全,境外火对我国草原构成威胁150次,沿边境蔓延累计达6 120多公里,共有19次烧入我国境内。我国依托边境草原防火隔离带成功堵截扑救边境火147次,最大限度减轻草原火灾危害程度。

(农业部草原监理中心防火处　范博深)

(本栏目主编　罗　健　林典生　卢　旺　李新一　洪　军)

各地畜牧业

北京市畜牧业

【畜牧业发展综述】 2015年，全市肉类总产量达到36.4万吨，禽蛋产量19.6万吨，生鲜乳产量57.2万吨，牧业产值135.9亿元，占农林牧渔业总产值的36.9%。生猪、牛、羊、家禽出栏量分别为284.4万头、8.4万头、71.0万只、6 688.4万只；全年生猪、牛、羊、家禽存栏量分别为165.6万头、17.5万头、69.4万只、2 122.4万只。

主要畜禽品种数量

区域		出栏生猪（万头）	出栏肉禽（万只）	存栏蛋鸡（万只）	存栏奶牛（头）
全市		284.42	6 688.44	1 533.8	124 213
生态涵养保护区	平谷区	42.52	722.43	630.92	1 080
	怀柔区	12.14	647.18	23.87	7 819
	密云县	20.63	1 148	199.68	19 473
	延庆县	11.47	742.2	273.59	14 850
	门头沟区	0.54	255.3	5.01	10
	合计	87.3	3 515.11	1 128.06	43 232
城市发展新区	顺义区	74.66	820.08	84.73	16 876
	房山区	41.50	418.59	80.17	11 278
	通州区	26.61	1 104.51	52.49	22 388
	大兴区	42.54	738.25	116.15	20 253
	昌平区	9.45	74.71	60.5	8 740
	合计	194.76	3 156.14	394.04	79 535
城市功能拓展区	朝阳区	0	0.05	0	824
	丰台区	0.2	0.99	2.76	39
	海淀区	2.15	16.15	3.93	583
	合计	2.35	17.19	6.69	1 446

疏解畜禽养殖总量。以全市地下水严重超采区和重要水源保护区为重点，引导畜禽养殖逐步退出禁养区，不符合相关发展规划的散户逐步退出。全市不再新建规模化养殖场。2015年，全市无新建规模养殖建设项目。实现养殖场“定位上图”。建立规模养殖场登记备案数据库，截止到年底全市进行登记的畜禽规模养殖场（小区）共有2 287个，其中备案的畜禽养殖场（小区）有1 711个，登记场576个。均明确了养殖场基础信息和经纬度，全部实现GPS定位，并纳入农业局信息中心数据库管理。

盘活存量。利用国家畜牧业“菜篮子”资金，分别在房山、怀柔、平谷和通州支持5家种畜禽场进行改造提升，建设单位必须有病死动物无害化处理设施、节水设施、粪污治理设施。利用转移支付支农资金，对全市55家规模畜禽场进行生产设施改造提升，实施高效集雨节水工程200个标准栋。每年可有效收集雨水40万吨。推广畜禽养殖场高效节水技术，规模畜禽养殖场实现节水、循环、健康养殖。

在农机补贴的支持下，重点对畜牧种业和标准化示范企业农机设备进行提升，共对11家企业配备高新技术设备130台（套），有效提升了畜牧业装备水平。

按照“企业主导，政府推动”的原则，引导畜牧产业一二三产融合发展，华都峪口蛋鸡公司创新“龙头企业+标准化基地”的流动蛋鸡超市模式，通过设施设备改造和提升全产业链服务，形成“育繁推售”一体化的全产业链模式；资源亿家集团推出养猪智能化高科技产品“PSY+资源云1.0”，应用“互联网+”技术对传统养殖业进行提升。北农大集团以互联网和金融为手段，整合蛋鸡产业生产流通销售和服务环节，创建中国蛋鸡产业第一创业孵化平台。

依据2015年北京市禁限目录“全市不再新建、扩建规模养殖场（籽种、科研、休闲除外）”，2015年全市新建成畜禽良种产业园区两个。房山区建设安格斯牛原种场建设项目，围绕扩大优质纯种安格斯牛繁育群，生产高端牛肉，实施国家畜禽良种工程，加强种牛繁育基础设施建设和装备手段建设，提升了优良种牛供种能力。怀柔区开展湘村黑猪原种场建设项目，引进湖南省湘村高科农业股份有限公司，投资1.1亿元，推进湘村黑猪种猪基地建设，达产后年产湘村黑猪3万头。

联合市环保局组织区、县开展108家畜禽规模化养殖场实施粪污治理和资源化利用工程，按照环保部粪污治理“五种模式”对畜禽场粪污进行治理。创新循环利用方式，实施“种养结合（林、菜、粮）”“内部循环”“有机肥生产”等循环利用途径。全市规模畜禽养殖场实现与种植业、林业的循环利用，为全市绿色、无公害、有机农产品提供了有机肥资源，畜禽养殖污水实现零排放，畜牧业提前3年完成了市政府与环保部签订的减排任务。

主动与河北、天津主管部门沟通共商产业转移事宜，就畜牧产业协同发展签订了《京津冀畜牧业协同发展合作框架》，重点从产业对接、执法联动、检测资源共享、人员科技信息协作等方面，共同推动畜牧产业京津冀协同发展。首农在河北定州建设了奶牛产业科技园区，占地2 000公顷，饲养规模6万头；中地种畜集团在河北、天津建设标准化规模奶牛场；北京九鼎养猪公司在河北玉田建设10万头养殖基地；顺鑫在河北建设万头生猪生产基地3个。

2015年协助市农委开展外埠基地奖励工作，共对首农集团、顺鑫农业、中地集团等单位的5个外埠基地予以扶持。截止到2015年底，北京市畜牧业外埠基地数量57个，其中生猪基地30个，年出栏60万头；肉禽基地5个，年出栏6 500万只；奶牛基地7个，存栏规模10万头 年产牛奶7.05万吨；肉牛基地9个，年出栏肉牛5.1万头；种业基地6个，年产商品代雏鸡9 600万只。实现了产业疏解和首都市场畜产品安全供应的有机结合，保障了首都肉蛋奶的市场供应和应急保障能力。严格饲料行业监管，2015年全市审批通过企业饲料及饲料添加剂生产许可证申请82个，审批产品批准文号95家，组织实施全市饲料质量安全监测计划和饲料质量安全专项整治。

优化生鲜乳收购站布局，全市41个生鲜乳收购站中，乳品企业和奶畜养殖场兴办24个，奶农专业合作社性质17个。全市179辆运输车辆实现了生鲜乳运输专用。

严格执行种畜禽生产经营许可标准（种猪、蛋种鸡、肉种鸡、种鸭、种牛），种畜禽生产经营许可工作将种畜禽质量、疫病净化监测结果作为行政许可必备条件，实施专家现场验收机制，完成种畜禽生产经营许可34个、种畜禽进口审核12批，进口种禽15.3万只，奶牛精液4.2万剂。

完成进出口草种审批936批次、进口草种29 819吨，主要用于大田种植，遍布在北京、河北、内蒙古、宁夏等地区，小部分用于科研。

（北京市农业局畜牧处　张保延）

【畜禽养殖与生产】　继续开展畜禽养殖场（小区）登记备案工作，进行重点示范挂牌。2015年全市完成2 225个畜禽养殖场（小区）的登记备案，发放“生产管理示范单位”匾牌100多块。

2015年由市北京市畜牧总站，承担北京市饲料工业统计信息填报，开展季报和年报工作，初步建立市区县及基层单位填报网络。

2015年12月，全市有马场和马术俱乐部有150多个，存栏马4 841匹；饲养犬50多万条，犬场和犬舍130多个；信鸽公棚82家，在册长期活动的信鸽会员25 000余人，年发放足环100万枚。

【良种繁育及推广】　在全市94家种猪场推广应用种猪联合育种技术，新增种猪品种登记个体数16.98万头，累计达230.26万头。全市种猪性能测定达7个品种。

开展大体型高效瘦肉型猪杂交组合试验组建二元杂交猪群体9个，群体规模896头；三元杂交猪群体9个，群体规模1 147头；四元杂交群体2个，群体规模240头。群体测定规模总计达到2 283头。形成一套大体型高效瘦肉型猪生产管理模式和技术规程。并在30家生猪养殖场推广应用，对8家推广基地的15个商品猪群体开展效果测定试验，测定商品猪1 650头，100～125千克之间，平均日增重达到924.34克。

开展畜禽种质监测选育工作。2015年测定奶牛达4.76万头次，测定量累计达25.45万头次，完成300份奶牛DHI报告。参测奶牛群的305天产奶量为9 513.39千克。检测种猪精液21个批次，超额完成11.58%；产品合格率为99.4%。对26个种猪场种猪活体质量进行了检测。

【畜牧业科技推广】　高效微生物处理猪场污水的研究与示范，设计新型处理模式，构建桶式微生物复合湿地模型，湿地装置达到10立方米。经过湿地模型治理后，化学需氧量由2 122毫克/升降至173毫克/升，氨氮由385.0毫克/升降至54.0毫克/升。

生猪高效低排放生产技术集成与示范，母猪繁殖率、断奶仔猪成活率、饲料报酬均有提高，育肥阶段氨氮排放量明显降低，明显减低了猪场环境异味。

藏猪种质特性研究与利用，建立高端肉品生产基地1个，饲养规模3 000头，累计出栏育肥猪473头；完成53窝繁殖性能测定及91头肉质营养成分分析研究和肉质等级评定研究工作。

推广应用薄床养殖300平方米，覆盖保育猪1 000头，成活率提高9个百分点；在京津冀部分猪场进行推广应用仔猪干燥粉累积10 000千克，应用仔猪13 000窝。其中房山、延庆两区仔猪断奶成活率平均达到90.04%，平均每窝仔猪将近多成活0.5～0.6头。仔猪腹泻发病率由40%降低到20.83%。示范推广应用360块标准化节能环保地暖板，集成低碳循环生态养殖技术30多项；2015年累计培训人员171人次，覆盖7个区，发放材料65册；获得低碳农产品认证审核员证书的45人；完成6家养殖场低碳农产品认证现场核查和35家养殖场评测工作。

1.生猪产业创新团队。开展新产品、新技术开发44项，选育黑猪新品系1个，成熟技术推广16个，示范推广覆盖全市生猪规模达126.25万头。开展需求调研225次，涉及人员5 318人次。全年获得奖项4项，其中省部级奖项2项；论著6部；申请专利13项，获得专利授权10项；发表论文58篇。各种媒体宣传194次，开展对外交流活动57次。

2.家禽产业创新团队。选育新品种2个，研发与引进筛选新产品14项，开展研发与引进筛选新技术41项，覆盖家禽5 511余万只。集成综合配套技术6项，建立相关技术规范3个，产蛋率提高5%，综合效益提升10%以上。获得中华农业科技奖、北京市科技进步奖3项，团队发表论文81篇、专著8本，获得软件著作权5项、专利2个。在国内主流媒体宣传70次，加拿大农业部网站宣传1次。

3.奶牛产业创新团队。开展产业需求调研183次，开展试验研究108项，撰写研究报告53篇，发表论文95篇，编撰专著13部；授权专利、软件著作权及制定标准72项，推广新技术（产品）82个（项），覆盖牛群395 285头次。组织宣传142次，发放宣传资料32 520份，刊发团队信息简报26期，各种媒体宣传97次。与国内外同行交流145次，4 326人次参与交流。

（北京市畜牧总站　赵　有）

【兽医事业发展概况】 对高致病性禽流感、口蹄疫、猪瘟、高致病性猪蓝耳病继续按程序实行强制免疫，应免率达到了100%。全市累计免疫家禽高致病性禽流感8 556.44万羽次、免疫猪口蹄疫716.81万头次、免疫牛口蹄疫77.80万头次、免疫羊口蹄疫233.61万头次、免疫高致病性猪蓝耳病552.19万头次、免疫猪瘟660.22万头次、免疫犬狂犬病673 248只。

全面开展狂犬病强制免疫宣传活动。下发了《开展"犬只狂犬病强制免疫宣传月"活动的通知》，围绕宣传相关法规政策和强制免疫管理制度、普及狂犬病防治知识、提高社会公众对狂犬病危害性和犬只免疫预防重要性的认识、免疫标识的自觉性等目标，以挂标语、张贴画、发通告、进社区、广宣传等多种形式开展了狂犬病强制免疫宣传月活动。活动期间，全市共悬挂标语1 528条、张贴宣传画20 000张、发布通告213条、进社区现场宣传178次、发放宣传材料20余万份，营造了狂犬病群防群控的良好社会氛围。

2015年1月1日起本市正式启用新版免疫证明及免疫标识，要求区县开展狂犬病免疫点、免疫人员的认定，并加强监督管理。截止到年底，全市共认定免疫点468个、免疫人员614名，开具免疫证明673 248张，发放免疫标识673 248枚，各区县狂犬病免疫工作开展情况良好，狂犬病免疫信息管理系统运行稳定。

5月，印发《全国执业兽医资格考试北京考区领导小组通告》（第6号），向考生公布了本市各考点的地址、咨询电话、报名方式、报名时间、收费标准、缴费方式等。7月，组织开展宣传。利用展板、橱窗、横幅、标语、宣传单等多种形式，面向动物诊疗机构、在校大学生、动物养殖场、兽药饲料企业等开展全方位、多层次的宣传告知。截止到2015年6月，审核通过执业兽医师537人，执业助理兽医师230人。

专项整治动物诊疗机构。出动执法车辆680台次，出动执法人员2 125人次，清理不合格诊疗机构8家，新注册执业兽医157人，新备案执业助理兽医师17人，查出违法案件34件，没收违法所得20 181.8元，罚款84 692.2元。经清理整顿，动物诊疗市场秩序得到规范，无证行医、超范围经营、未按规定建立各项制度等违法行为得到全面纠正，动物诊疗机构产生的医疗垃圾、动物尸体等废弃物能够及时得到无害化处理。

强化兽医实验室安全监管。分别组织开展了兽医实验室日常监管和"安全生产月"全市性专项整治工作。采取日常巡查、联合执法、集中突查和督导检查等多种手段，搜索科技文献等途径掌握病原微生物使用情况和违法线索，集中力量对京科研院所、高等农业院校、动物疫病诊断机构和兽用生物制品生产单位设立的兽医实验室开展了地毯式摸排，提升了实验室生物安全管理意识。

（北京市农业局兽医处　张佳艳）

【畜禽资源保护】 2015年加快推进北京市种畜禽遗传资源理信息平台建设运行。整合种畜禽生产性能测定、遗传评估、良种登记、种畜禽遗传材料检测、地方遗传资源保护等多项业务职能，形成统一的大数据。申请具有自主知识产权的软件著作权4项。

畜禽种质资源库建设运行。开展监测12次，初步建立常规遗传材料保存管理工作规范，建立家禽微卫星DNA遗产多样性监测技术规程。保存北京油鸡遗传资源样本：血液240份，肌肉组织样品120份；北京鸭公鸭血液25份，母鸭血液280份；奶牛血液样品1 628头份，72头荷斯坦种公牛、12头利木赞、8头安格斯、15头西门塔尔种公牛精液共计700剂。收集到青海细毛羊、卡拉库尔羊、藏系羊等品种血样180份，青海驴样本90份，提取DNA120份。与深圳国家基因库（CNGB）、山东省青岛市、青海省海西蒙古族藏族自治州以及中国马业协会在遗传资源保护方面建立了合作平台。

深入开展特色畜禽种质监测选育。对北京油鸡5个品系300个家系、12 000只保种群,北京鸭12个品系620个家系、10 000只保种群实施了保种场保护;组建新一代北京油鸡、北京鸭保种核心群。

（北京市畜牧总站　赵　有）

【“瘦肉精”专项整治】 2015年养殖环节“瘦肉精”专项整治共采取三项主要措施:一是做好快速检测工作,二是划定养殖环节饲料采样范围,监测在饲料中添加“瘦肉精”情况,三是加大养殖环节检查力度。全年共出动执法人员2 783人次,检查养殖场户588个,监测育肥猪、肉牛和肉羊24 742头(只),检测结果均为阴性,未发生“瘦肉精”违禁添加事件。

全市密织屠宰环节“瘦肉精”监测网络,官方抽检“瘦肉精”样品15.36万份,46.08万项次,其中部级监测1.66万份,4.99万项次;市级监测0.6万份,1.8万项次;区县级监测13.1万份,42.12万项次。同时,监督定点屠宰企业“瘦肉精”自检样品52.34万份,168万项次。“瘦肉精”四级监测网络的建立和完善,进一步强化“瘦肉精”监管工作力度,大幅降低上市动物产品违禁物质残留超标风险。

【生鲜乳质量安全监管】 完成生鲜乳样品抽检622批次,抽检范围覆盖本市大兴、顺义、房山、平谷、通州等10个区县,样品来源涉及北京、河北、天津等省市,涉及生鲜乳收购站129家次、运输车196辆次、奶牛养殖场99家次,检测项目包括《生乳》国标指标、违禁添加物等11个参数共计2 000余项次,共有8批样品不合格,样品合格率为98.7%。监测生鲜乳60批次,确立生鲜乳收购环节以三聚氰胺、硫氰酸根等违法添加物为重点监测参数,养殖环节以霉菌毒素为重点监测参数,并突出冰点、碱类物质等现场快速筛查指标,夏秋季大幅度增加β-内酰胺酶监测数量。

（北京市饲料检查所　徐理奇）

以生鲜乳生产、收购和运输监管为抓手,严格把好养殖环节自配料质量关,抓好大型乳制品企业入场关,加强对奶站和生鲜乳运输车的巡查,通过座谈会的形式破解不合格生鲜乳监管难题,应用“生鲜乳收购站管理系统”发挥监管效能,提高服务水平。2015年,全市生鲜乳共检查监管对象822个次,出动执法人员1 415人次,纠正违法违规行为6个。

（北京市动物卫生监督所　张瑶瑶）

【饲料安全监管】 以《饲料质量安全管理规范》为主线,开展全市饲料生产企业排查、整改和规范行动。2015年,全市饲料环节共出动执法人员3 440人次,检查监管单位1 345个,查处案件38起,罚没款263万元,其中罚没款超百万元案件1起,超10万元案件4起,超万元案件20起,没收不合格饲料15.2吨。

（北京市动物卫生监督所　张瑶瑶）

完成饲料样品抽检1 352批次,抽检范围覆盖大兴、顺义、海淀、平谷、通州等13个区县,样品来源涉及河北、天津、云南、内蒙古等10余个省市和部分进口产品,及本市145家饲料生产企业、17家经营企业、391家养殖场,检测项目包括:营养指标、微量元素、维生素、重金属、微生物、霉菌毒素、违禁添加物近40个参数共计7 000余项次,有11批次产品不合格,合格率为99.2%,不合格项目为营养指标、微量元素、霉菌毒素。风险监测饲料130批次,品种包括配合饲料、动物蛋白饲料、植物蛋白饲料、自配料,重点检测参数为重金属、霉菌毒素、饲料中药物添加剂等9个项目。从结果看,大豆及制品霉菌毒素污染情况均较轻,棉粕及棉籽蛋白污染情况较严重,玉米蛋白粉等玉米制品及副产物污染情况最严重;“有机砷”在生猪养殖中的使用明显减少。

（北京市饲料监察所　徐理奇）

【动物卫生执法监督】 养殖环节防疫监督工作稳步开展。强化检疫出证主体和责任的对等,深入推进官方兽医工作制度,突出产地检疫的核心作用,2015年,全市产地检疫畜禽2.58亿头只,产地检疫动物产品21.4万吨;指导查办案件42起,罚没金额近6.2万元,无害化处理畜禽共111.2万头只。

以入场查证、待宰观察、准宰上线和同步检疫为抓手,2015年,全市累计屠宰检疫畜禽0.53亿头只,检出并无害化处理不合格畜禽33.4万头只,检疫废弃物及病害组织等2 476.2吨,指导查处案件34起,罚没款3.8万元。

强化30个进京路口的屏障保护作用,严格落实指定道口进京动物产品监督检查工作,禁止外埠活羊进场屠宰,保证了羊布鲁氏菌病等动物疫情零发生。2015年,全市进京公路、铁路和航空监督动物2 238.2万头只,动物产品55.6万吨;劝返车辆108辆,劝返动物4 089羽只;指导查办案件70起,罚没金额5.6万元。

专项整治工作成效显著。2015年,共指导全市查办各类案件409起,纠正违法违规行为2 207个,罚没款353.3万元,同比提高33.9%;其中罚没款10万元以上案件5起,百万元以上案件1起,依法取缔私屠滥宰窝点20个。

联动机制进一步健全。应对行业监管难点和重大案件,加强与公安、食药监等职能部门建立联合监管机制,加强省市、各区之间的合作交流。2015年,全市部门联合执法174次,行刑衔接8起,协助控制犯罪嫌疑人16人；依法查处农业部交办及外省市移交案件11起，罚没款88.9万元。

快速检测手段不断加强。推进疫病快速检测，开展药残和违禁物质的定性检测，并运用各级监测化验结果，将监测工作由单纯的化验功能向数据分析和风险点防控功能转变。2015年，市级完成8 395份样品18 370项次抽检任务，初筛检出阳性样品167份；提示奶牛布鲁氏菌病抗体阳性等风险点3个，启动监督执法12次，根据各级监测结果查办案件22起，罚没款101.7万元。

【兽医实验室管理】 组织监督所与辖区内兽医实验室签订责任书，落实实验室设立单位的生物安全管理责任，细化兽医实验室生物安全监管工作要点；同时采取多种手段广泛宣传，指导实验室做好防护设施、管理制度、人员防护等工作，发放宣传材料100余份。

开展全市兽医实验室生物安全大检查行动，重点对实验室资质许可和备案情况、菌（毒）种管理、人员防护、实验废弃物处理等内容进行现场检查。2015年，共出动执法人员195人次，监督检查31家单位，下达监督笔录意见书54份，针对实验记录填写内容不够翔实等8类问题进行了整改。

【兽药质量监管】 2015年兽药生产企业56家，其中生物制品企业7家，化药企业49家。年总产值9.09亿元，销售额8.87亿元。有兽药经营企业202家，其中经营生物制品的82家，经营化学药品的121家。2015年以兽药生产许可证核发下放为契机，落实兽药GMP和GSP两个质量管理规范，推进兽药生产、兽药经营的全程监管，规范了兽药质量管理、标签说明书编写印制、兽用处方药分区分柜摆放等行为，提高企业质量安全主体责任。2015年全市组织执法活动1 354个次，联合执法53个次，出动执法人员3 786人次，纠正违法违规行为84个，立案58起，罚没款53.3万元，万元以上案件4起，没收假劣兽药2 084瓶/袋。

（北京市农业局屠药处　彭金山）

【生猪屠宰行业监管】 2015年本市有生猪定点屠宰企业11家。分布在9个区县，年屠宰能力生猪1 500万头，实际屠宰生猪707万头，销售额超过90亿元。

2015年严格落实官方兽医派驻检疫监管工作制度和屠宰检疫工作规范，严格质量安全监管，高压重拳查处私屠滥宰违法行为，全面提高本市生产的畜禽产品质量安全水平。2015年在全市11家生产生猪定点屠宰企业派驻官方兽医32人，聘用或录用签约兽医178人，屠宰检疫生猪701.7万头，检出并无害化处理不合格生猪37 317头，组织专项执法检查107次，出动执法人员715人次，组织联合执法17次，共查处案件30起，罚没款1.01万元，依法取缔生猪私屠滥宰窝点10个，查扣违规动物产品14.5吨，行刑衔接8起，协助抓获犯罪嫌疑人15人。

（北京市动物卫生监督所　张瑶瑶）

【生猪屠宰环节无害化处理补贴】 2015年，共屠宰生猪707万头，无害化处理37 317头。中央和北京市屠宰环节病害猪无害化补贴发放经费3 038万。

（北京市农业局屠药处　彭金山）

【畜产品质量安全认证】 2015年累计完成新认证的55家基地中已有19家基地取得无公害畜产品生产基地产地认定和产品认证证书，35家复查换证基地通过检查继续保留产地认定和产品认证证书。截止到2015年12月31日，全市共有无公害畜产品生产基地259家，获证畜产品274个，产地规模8 861.6万头（万羽、万只），产品产量达69.6吨。

（北京市畜牧业环境监测站　王全红）

【应急管理】 以春秋防工作为载体，落实各项综合防控措施。一是组织全市参加农业部春秋防视频工作会，对全市春秋防工作进行部署动员。二是开展春秋防督查督导，印发《关于开展春季动物防疫责任制专项督查行动的通知》《关于开展秋季重大动物疫病防控专项督查行动的通知》，组建市级督导组分赴区县开展春秋防疫督导。三是筹备全市农业暨重大动植物疫情应急指挥部工作会议，部署全市重大动植物疫情防控重点。

以制定基准指导价格为基础，有效实施动物疫病强制扑杀工作。组织召开专家会议，研讨制定2015年5月至2016年4月猪、牛、羊、禽等动物强制扑杀补偿基准指导价格并公布，指导全市开展相关工作。

以宣传培训演练为手段，切实提高全社会对农业工作的认知、全民防灾减灾意识和系统内队伍应急处置能力。全面落实“预防为主，综合防治”的方针，广泛宣传动物防疫知识和动物防疫法。开展多层次、多渠道、多形式的科技培训，向市级、区县兽医行政管理部门、动物卫生监督机构、动物疫病预防控制机构宣传。开展全市应急演练，提升应急专业队伍的处突能力。

（北京市农业局应急处　廉英隽）

天津市畜牧业

【概况】 2015年天津市养殖生产保持平稳发展，本年度全市生猪存栏196.9万头，同比下降1.5%，出栏378.0万头，同比下降2.2%；奶牛存栏14.9万头，同比下降5.1%；肉牛存栏14.3万头，同比增长0.7%，出栏 19.6 万头，同比增长 1.0%；羊存栏 48.0 万只，同比增长 2.6%，出栏 68.6 万只，同比增长 2.2%；家禽存栏 2 793.2 万只，同比下降 3.3%，家禽出栏8 019.3 万只，同比下降 1.4%。肉类总产量 45.8 万吨，同比下降1.3%；禽蛋产量20.2 万吨，同比增长4.0%；生鲜乳产量 68.0 万吨，同比下降 1.3%。完成 293 家养殖场粪污治理工程，3 年 718 家任务全部完成。口蹄疫、猪瘟、高致病性禽流感、高致病性猪蓝耳病继续保持稳定，应免畜禽免疫密度保持 100%，免疫抗体保持 80% 以上，全市奶牛结核病达到国家净化标准，未发生动物感染 H7N9 病例和小反刍兽疫疫情。加大对畜产品质量安全及投入品质量的监管力度，“瘦肉精”监测合格率为 99.8%，对不合格样品开展溯源。生鲜乳中三聚氰胺等合格率为 100%，畜产品兽药残留抽检合格率 100%，兽药抽检质量合格率为97.8%，饲料监测合格率保持在 99% 以上。

（天津市畜牧兽医局　肖建国）

【积极推进现代都市型畜牧业发展】

1.扶持生猪生产。2015 年，天津畜牧部门继续组织实施国家生猪良种补贴项目，利用国家补贴资金 1 000万元，推广优质种猪精液 40 万支，改良能繁母猪 25 万头。利用国家生猪大县奖励统筹资金 152 万元为天津市宁河原种猪场和天津恒泰牧业有限公司引进原种猪共计 100 头。协助恒泰牧业有限公司成功申报国家级核心育种场，使天津市国家级核心育种场达到了 3 家。启动生猪价格指数保险试点工作，全年参保试点的生猪 33 000 头，保险金额为 1 200 元/头，保险期限为 1 年。市财政补助资金共 160 万元，给每个试点区（县）补助 40 万元。

2.扶持奶业发展。继续组织实施国家奶牛标准化规模养殖项目，经筛选全市有 2 个存栏 1 000 头以上的养殖场（小区）列入 2015 年度国家奶牛标准化规模养殖场（小区）建设项目实施单位。国家下达项目投资计划 634 万元，其中中央补贴资金 340 万元，建设单位自筹 294 万元。重点在牛舍标准化改造、水、电、路、防疫、挤奶等配套设施方面进行建设。按照农业部计划，在武清、宁河、滨海新区等 6 个项目区（县）继续组织实施奶牛良种补贴项目，使用国家补贴资金 120 万元，推广优质种公牛冷冻精液 8 万支，改良能繁母牛 4 万头。利用国家补贴资金 150 万元从国外引进荷斯坦牛种用胚胎 300 枚。完成国家下达的 2.5 万头奶牛生产性能测定任务，由天津奶牛发展中心承担，参测牛场 34 个，成母牛 DHI 参测率约 24%，获得国家提供的测定经费 175 万元。

【现代畜牧业设施提升工程建设】 2015 年天津市继续组织实施畜牧业设施提升工程项目，争取到市级财政扶持资金 4 450 万元，续建现代畜牧产业园区 2 个（共 5 个），畜禽精细养殖园区 11 个，包括肉羊园区 5 个、生猪园区 3 个、蛋种鸡园区 1 个、肉鸡园区 2 个、奶牛园区 4 个、肉牛园区 1 个。

【畜禽养殖标准化示范创建】 根据农业部统一部署，2015 年天津畜牧部门继续组织区（县）开展畜禽养殖标准化示范创建活动。按照《天津市畜禽养殖标准化示范创建活动实施方案》总体要求，通过组织区（县）积极动员、开展培训、认真验收。按照优中选优的原则，经过层层筛选，5 家企业被农业部评为“2015 年畜禽养殖标准化示范场”，其中奶牛场 4 家，肉牛场 1 家。

【规模养殖场粪污治理工程】 按照天津市政府“美丽天津一号工程”规划总体要求，在完成 2013 年、2014 年425 家畜禽规模养殖场粪污治理任务的基础上，2015 年天津畜牧部门继续组织实施规模养殖场粪污治理工程建设，争取到市财政补贴资金 1.23 亿元，对 293 家规模养殖场粪污进行综合治理。至此，3 年完成 718 家粪污治理任务的目标圆满实现。

【种畜禽产业建设】 2015 年天津畜牧部门帮助澳海浩德牧业、奥群牧业公司以及天津奶牛发展中心等 3 家企业免税引种，从澳大利亚引进荷斯坦奶牛 3 300 头、澳洲白绵羊胚胎 1 800 枚。天津市有种畜禽场 52 个，其中，种猪场 20 个，种公猪、公牛站 13 个，蛋种鸡场 9 个，肉种鸡场 3 个，种羊场 1 个，种奶牛场 2 个，种犬场 1 个，种马场 1 个，种兔场 1 个，种驴场 1 个。

（天津市畜牧兽医局　冯四清）

【牧草生产】

1.优质苜蓿示范基地建设持续推进。苜蓿种植面积达到 3 000 公顷，年产苜蓿干草 3.3 万吨（其中苜蓿青贮 1.3 万吨），苜蓿草产品自给率达到 40%。编制印发“十三五”时期天津市支持苜蓿产业持续健康发展指导意见。

2.加强青贮饲料产业化建设。加强青贮玉米示范推广，推广青贮专用品种 4 个，示范面积 666.67 公顷，全市青贮玉米种植面积 11 133.3 公顷，全株玉米青贮饲料产量达到 53.4 万吨，奶牛全株青贮使用率达到 62.15%。

（天津市畜牧兽医局　郑桂亮）

【动物疫病防控】

1.开展重大动物疫病防控。对口蹄疫、高致病性禽流感、猪瘟、高致病性猪蓝耳病、小反刍兽疫实施强制免疫，共免疫牲畜 1 721.94 万头只次、免疫家禽

7 697.02万羽次,群体免疫密度达到90%以上,应免畜禽免疫密度达到100%。开展疫病监测和流行病学调查,监测血清学样品7.4万份、病原学样品1.97万份,平均抗体合格率达到80%以上,没有发现病原阳性样品。全市动物疫情继续保持稳定。

2. 开展H7N9流感和小反刍兽疫防控。组织实施H7N9流感剔除计划和小反刍兽疫消灭计划,清理活禽摊位136个,处理活禽2 413只。实施小反刍兽疫100%强制免疫,免疫羊50.3万头(只)。对调出活禽、活羊等动物,实施凭实验室检测和风险评估结果开展产地检疫;对调进本市的,落实指定道口进市、落地报告、隔离观察等措施。全年没有发生小反刍兽疫疫情,没有检出H7N9流感病例。

3. 开展人兽共患病防控。实施布鲁氏菌病综合防治措施,对奶牛、羊进行全面免疫,免疫牛羊46.8万头只,检测样品6 576份,检出并无害化处理21头羊。组织开展奶牛结核病检测,检测奶牛3.05万头,检出并处理阳性牛1头,奶牛结核病继续保持净化标准。

4. 开展种畜禽场主要动物疫病净化工作。制定《种猪场猪瘟净化技术规范》等8种疫病净化技术规程,完成35家种畜禽企业的本底调查。检测病原学样品18 501份、血清学样品9 009份,淘汰鸡白痢阳性种鸡1 000羽,1家企业通过了国家动物疫病净化创建场验收。

(天津市畜牧兽医局　王建悦)

【检疫监督】

1. 开展动物检疫和动物卫生监督执法。产地检疫畜禽9 700万头只。屠宰检疫畜禽2 600万头只。公路动物卫生监督检查站检查畜禽1 256万头只、畜禽产品21.3万吨,消毒车辆4.5万辆。登记管理相对人并签订承诺书4.4万份,检查规模饲养场669个、散养户4.23万个、市场146个、超市77个、专卖店67个、加工企业13家。取缔非法经营活禽摊点136个次,处理犬猫无证运输6起,办理案件118件,罚款18.46万元,移交涉嫌犯罪案件3起。

2. 推进信息化建设。对天津市动物卫生监督信息平台进行升级改造,开发了基于动物卫生监督信息管理系统、产地检疫电子出证系统和无害化处理监管系统的移动终端APP。完成天津市动物卫生监督所信息中心和公路动物防疫监督检查站视频监控系统建设、便携式打印机等设备配置工作。

3. 推进病死畜禽无害化处理机制建设。市农委、市财政局联合出台《关于建立病死畜禽无害化处理机制的实施意见》,天津(宁河)病死畜禽无害化处理场正式投产使用,"统一收集、集中处理"试点工作取得初步成效。全年受理申报病死猪20.28万头,监督处理20.28万头,认定补贴19.93万头,无害化处理监管率达100%。

(天津市畜牧兽医局　李　争)

【医政管理】

1. 兽医队伍建设。开展执业兽医资格考试,全年参考645人,126人取得执业兽医师资格,119人取得助理执业兽医师资格;新注册执业兽医师52人,备案助理执业兽医12人,全市累计注册执业兽医达到180人。实施兽医队伍培训,市、区(县)动物卫生监督所累计举办官方兽医培训班31期,培训人员1 320人次,举办乡村兽医培训班5期,培训乡村兽医450人次。

2. 动物诊疗机构管理。组织开展动物诊疗专项整治活动,对45家动物诊疗机构进行责令整改,查处违法案件7件,取缔不合格动物诊疗机构4家。

3. 兽医实验室管理。组织全市19家兽医实验室签订生物安全承诺书,规范实验室生物安全管理。开展兽医系统实验室检测能力比对试验,符合率达100%。

(天津市畜牧兽医局　兰姬叶　孙玉霜)

【药政管理】

1. 兽药产业发展情况。兽药生产企业36家,年兽药生产总值6.97亿元,占全国的1.46%,居第19位。年兽药销售总额6.58亿元,占全国的1.55%,居第18位。

2. 开展兽药质量整治。组织实施兽药生产企业季度检查、兽药经营企业月检查等日常监管和兽用处方药专项治理、兽药标签再规范、兽药打假"夏季百日行动"、渔药专项治理、打击假企业及假网站等专项活动,出动执法人员6 307人次,检查企业1 869次,对8家兽药生产企业实施1∶3跟踪抽检,办理假劣兽药案件20起,罚款5.2万元,注销4家兽药经营企业。完成兽药质量监督抽检500批次、合格率为97.8%,完成兽药残留监控580批次,未发现残留超标现象。

(天津市畜牧兽医局　王建悦)

【"瘦肉精"专项整治】　全年各级监管部门共出动执法检查人员52 526人次开展巡回检查,落实企业责任,消除安全隐患。与养殖场户、经纪人、屠宰企业签订畜产品质量安全承诺书2.3万多份,企业完成"瘦肉精"自检50万批次。加强收购贩运环节监管,完成对798个经纪人重新审核备案。加强监督抽检,在养殖、屠宰、公路检查站及市场各环节完成"瘦肉精"快速抽样42万多个(检测项目125万多批次),实验室检测5 631批次,合格率达到99%以上。加强宣传培训。发放宣传资料2.5万余份，利用电台、电视台开展多次宣传报道，现场指导6次，培训480人次。

【兽药残留监测】 市畜牧兽医局全年共抽取猪肉、牛羊肉、鸡肉、鸡蛋等畜产品样品1 926份，完成畜产品样品中磺胺类、氟喹诺酮类、四环素类、青霉素类等兽药残留以及金刚烷胺、利巴韦林等残留监测3 459批次，合格率达到99%以上。

【无公害畜产品管理】 开展无公害畜产品认证。完成无公害畜产品产地认定及复查换证135个，完成认证产品及复查换证26个。强化证后监管。出动检查人员278人次，出动执法车辆56车次，抽查100多个无公害畜产品产地，未发现获证企业存在违法行为。发放宣传资料2万余份。

【放心肉鸡工程建设】 大力推进天津市放心肉鸡工程建设。完成104家放心肉鸡养殖基地和2家肉鸡屠宰企业改造提升任务，建设30个乡镇级畜产品质量安全检测点，完成全市放心肉鸡可追溯信息化系统研发和软硬件设备配置安装、调试和运行工作。

（天津市畜牧兽医局　马连旺）

【饲料监管】

1. 全面实施《饲料质量安全管理规范》，市级和区（县）饲料管理部门按照《规范》要求开展日常监督检查，并开展为期2个月的全市饲料质量安全管理规范落实专项检查活动，市级督导组督导检查饲料生产企业35家。2015年天津共有4家饲料企业获得农业部《规范》示范企业称号。

2. 加强饲料监管，落实月巡查制度。全市各级饲料管理部门共出动执法人员5 000多人次，检查饲料生产经营企业2500余个次，排除安全隐患150余处，保障了天津市饲料产品质量安全。全年持续性开展饲料打假行动，对全市170余家饲料生产企业、100余家饲料经营场所以及800余家成规模的养殖场进行巡查和抽样检查。在农资打假专项检查中发放宣传材料2.5万份，抽取样品500余批次。

3. 加大监测力度，落实检打联动机制。采取各级饲料监管部门日常巡查、专项检查相结合的工作机制。全年完成饲料样品检测3 669批次，监测合格率均达到99%以上。

4. 加强饲料质量安全管理规范的宣传培训。组织开展全市饲料企业《规范》培训，讲解规范的各项具体要求，包括技术人员配备、生产设施及环境改善、各项制度的建立健全等。全市137家饲料生产企业负责人、品控负责人，各区（县）饲料监管部门负责人、饲料监督执法人员约350余人参加了培训。各级饲料主管部门对《饲料质量安全管理规范》《饲料标签》国家标准等规章规范开展宣传培训，培训饲料从业人员15余场次，培训人数为300余人次。

（天津市畜牧兽医局　张志宏）

【生鲜乳质量安全监管工作】

1. 紧紧围绕奶牛养殖、收购、运输等重点环节开展市、区（县）两级生鲜乳质量安全月监督抽检工作。全年出动执法检查人员443人次，完成生鲜乳抽检样品共计5 451批次、检查收购站共计1 444站次，对药物残留、违禁添加物、理化指标、及风险评估等项进行检测，合格率100%，做到每季度对全市生鲜乳收购站和运输环节全覆盖采样抽检。

2. 强化奶牛养殖场、生鲜乳收购站、运输车辆规模化、标准化管理。对奶牛养殖场、生鲜乳收购站和生鲜乳运输车辆开展市、区（县）两级月巡查工作，定期进行隐患排查。养殖场环节，重点检查 动物防疫合格证，奶牛健康证，检、化验人员化验资格证，饲养人员健康证，饲料及饲料添加剂、兽药、疫苗等投入品采购、使用台账、发票等资质文件、养殖档案和消毒防疫制度。收购环节，重点查验企业生鲜乳收购许可证、“三记录”和挤奶厅卫生、生鲜乳冷链系统。运输环节，重点检查生鲜乳准运证、运输车辆卫生、运输人员健康及运输车辆交接单等情况。建立检查记录，归档管理，及时消除安全隐患，开展“四不两直” 不定期的突击检查工作，对发现的违法违规行为，依法予以查处。全年共巡查收购站和运输车辆共计1 652站次（辆）。确保全市生鲜乳质量安全。

3. 开展生鲜乳质量安全培训工作。全年共完成生鲜乳质量安全技术培训4次，培训区（县）管理人员、收购站负责人和技术人员共计190余人次，发放相关培训材料共计200份。提升了全市生鲜乳生产人员的技术水平和管理人员的管理效率，使生鲜乳监管质量得到有效保障。

4. 强化无公害生鲜乳产地申报和证后监管。全年完成无公害生鲜乳产地期满换证、新申报和年度考评共计72家，同时完成对66个无公害生鲜乳产地全年2次监督抽检和产地、产品的抽样检测工作，做到无公害产地全年监督抽检全覆盖。

5. 推进生鲜乳监管信息化步伐，启动生鲜乳运输车监管系统。全年共给44辆生鲜乳运输车安装GPS定位监管系统，摄像头132个，极大提升全市管理部门的监管能力，保障了全市生鲜乳质量安全。

（天津市畜牧兽医局　张　珍）

【生猪屠宰行业监管】

1. 完成畜禽屠宰监管职能交接。全市10个区（县）完成屠宰监管职责由商务部门向农业部门的交接。发布《天津市畜牧兽医局关于印发屠宰行业管理工作实施方案的通知》，对畜禽屠宰监管工作进行全面安排部署。

2. 严格落实驻场官方兽医制度。驻场官方兽医实行全面承担防检疫监管、屠宰监管和畜产品质量安全监管任务，履行监管职责，落实监管责任。规范屠宰企业生产行为，督促屠宰企业落实主体责任，推进屠宰企业的品质检验实验室建设，建立落实各项制度，实行屠宰全过程档案管理。

3. 加强生猪屠宰专项整治。对重点区域开展重点整治，建立并落实私屠滥宰监管责任网格化管理。加强与公安部门协调配合，落实举报核查制度，严厉打击屠宰注水或注入其他物质等各类违法犯罪行为。全市开展执法行动4 238次，查处问题15起，行政执法立案4件、办结3件行政处罚金额共计3.6万元，捣毁私屠滥宰窝点3个，移送司法机关案件3件。严格屠宰环节病害猪无害化处理监管，落实无害化处理补贴资金936万元。

（天津市畜牧兽医局 杨建华）

【科技教育培训】

1. 开展多层次教育培训。组织开展畜牧兽医农技推广骨干培训3期，培训基层畜牧兽医技术骨干100人次。推进新型职业农民教育培训，开展职业资格证书的系统培训，培训人员2 225人次。开展实用技术普及培训113期，培训人员8 221人次，发放技术资料14 060份。开展执业兽医动物诊疗技术培训和乡村兽医相关业务技能培训5期，培训人员600人次。开展畜产品质量安全检测培训1期，培训人员100人次。开展畜禽屠宰法律法规、行业标准规范、肉品质量安全常识管理培训4期，培训人员200人次。

2. 做好技术服务工作。共组建技术服务小分队11个，技术人员55人，建立联系点100个。累计进场入户服务达379次，电话咨询410余次，解决关键技术和难题123个，开展电视媒体宣传12次，发放各类宣传资料5 062份。推送科技信息短信和提供实用技术信息242条，累计有效受众达10 600人次。

（天津市畜牧兽医局 吴 浩）

河北省畜牧业

【发展概况】 2015年，河北省畜牧兽医系统认真贯彻落实省委、省政府、农业部和厅党组安排部署，主动适应经济发展新常态，按照“促发展、强监管、保安全、护生态”的总体要求，大力调整畜牧业结构、积极转变畜牧业发展方式，加强疫病防控，狠抓产业监管，健全各项保障体系，现代畜牧业发展水平再上新台阶，全年没有发生重大畜产品质量安全事件、区域性重大动物疫情、等级以上草原火灾和重大安全生产事故，顺利完成各项目标任务，重点工作有新突破。全省肉类、禽蛋、奶类和饲料总产量分别达462.5万吨、373.6万吨、480.9万吨和1 338.3万吨，同比下降1.2%、增长3%、下降3.1%和增长2.3%，牧业产值达到1 904.1亿元，占农林牧渔业总产值的31.8%，畜牧业生产在平稳中调整，在调整中优化。与“十一五”末相比，肉类、禽蛋、奶类和饲料总产量分别增长10.99%、10.18%、7.1%和22.5%，特别是畜牧业产值增幅显著。猪、牛、羊、家禽存栏分别达到1 865.7万头、412.5万头、1 450.1万只、3.78亿只，同比分别增长-2.6%、2.5%、-5%、-2.3%，猪、牛、羊、家禽出栏分别达到3 551.1万头、325.4万头、2 255.0万只、5.84亿只，同比分别增长-2.4%、1.5%、3%、-2%。

【推进奶业振兴】 构建奶业利益联结长效机制。积极与蒙牛、伊利等大型乳品企业沟通协调，加强合作，与34家在河北有收购生鲜乳业务的乳品企业全部签订《完善奶业利益联结长效机制合作备忘录》，内容涵盖奶源基地标准化建设、生鲜乳和乳品生产有计划同步发展等12个重点环节，印发《关于完善利益联结长效机制促进奶业持续健康发展的通知》，确定工作目标、工作重点和保障措施。全年建设生产乳粉用奶牛场73个，补贴资金8 795.4万元，带动社会投资8 900多万元，改造奶牛规模养殖场(小区)133个，建成君乐宝察北、高碑店、行唐、鹿泉、威县5个自有奶源基地。落实国家奶牛良种补贴资金3 057万元，补贴冻精156.77万支；安排生产乳粉用高产奶牛胚胎移植资金1 414万元，补贴高产奶牛雌性胚胎7 000多枚。生鲜乳收购站视频监管，覆盖比例达到65%以上。针对乳企限收、拒收生鲜乳和奶农“卖奶难”问题，连续召开5次协调会议，向相关乳品企业发函和通报情况，落实补贴资金2 334.6万元，及时向省政府、农业部报送有关情况和采取的应对措施，提出稳定生鲜乳生产建议，农业部给予充分肯定并在全国推广。印发《关于开展金融支持奶牛青贮工作的通知》，对奶牛养殖场(区)融资给予担保、贴息等融资支持，提供贷款5 442.9万元。

【转变生产方式】 已备案规模养殖场达到24 842个，备案率63.54%；蛋鸡、生猪、肉鸡、肉牛、肉羊规模养殖比例分别达到66%、62%、70%、34.5%、67.5%，奶牛规模养殖连续5年保持100%；落实健康养殖、标准化规模养殖资金2亿多元。开展畜禽养殖标准化示范场“四级联创”活动，新创建部级示范场18家、省级示范场211家，部级、省级示范场稳定在1 000家。建成21个畜禽标准化规模养殖示范区，主导品种科学饲养管理水平明显提高。形成年产值超100亿元的畜牧链条经济1条,50亿元以上的4条,10亿元的16条,各市培育38条市级链条,实现产值分别达到615.2亿元和257.1亿元,同比分别增长2.5%和1.8%。龙头企业自身销售额近320亿元,增长3.3%;辐射带动的区域达到130个县(市、区),龙头企业自有养殖基地达到199个、带动养殖场7 000个,辐射带动实现产值达到295.2亿元。印发《关于开展河北省2015年种养结合示范园区创建活动的通知》,创建种养结合示范园区100家,形成畜禽养殖标准化示范场与有一定作物种植规模相配套,能够充分吸纳并综合利用养殖场产生的粪便、污水,实现生态循环。印发《河北省促进金融支持畜牧业发展创新试点实施方案》,撬动资金58 472.2万元,缓解产业融资难的问题。落实肉牛基础母牛扩群项目,共确定养殖大县10个,养殖大场18家,落实项目资金7 100万元,增加基础母牛数量,提高全省肉牛标准化规模养殖水平。

【畜禽良种繁育体系】 新入选国家生猪核心育种场2家、国家肉鸡国家肉牛核心育种场各1家、良种扩繁推广基地1家;完成国家畜禽遗传资源委员会对深县猪的品种认定、太行鸡的现场鉴定和"大午金凤"蛋鸡配套系新品种前期审定工作,辛集正农深县猪和赞皇天然太行鸡纳入国家畜禽遗传资源保种项目。全省种公牛站达到3个、原种猪场11个,市级精液配送中心11个,县级改良站167个,标准化基层改良站983个,基本实现猪、牛、羊人工授精网络全覆盖。奶牛DHI测定10.3万头、测定种公猪728头;举办第10届、第11届种猪拍卖会,启动肉牛生产性能测定。制定出台《家畜遗传材料生产经营许可证审核发放管理办法》,配合农业部完成《家畜遗传材料生产许可办法》修订工作,注销企业115家,过期企业23家。

【草原保护与建设】 印发《河北省2015年粮改饲试点、草牧业试验试点、生态保护补助奖励机制绩效评价奖励资金实施指导意见的通知》,确定围场县、塞北管理区、行唐县3个县(区)为粮改饲试点县,落实中央财政资金14 530万元,其中粮改饲试点县安排资金3 000万元。在张北县、沽源县、康保县、尚义县、察北管理区、塞北管理区,承德市围场县、丰宁县、御道口牧场9个半牧业县(管理区、牧场)实施草牧业试点工作。完成草地建设种草9 300公顷、圈舍建设25.85万平方米,完成任务60.6%和80%。连续16年未发生等级以上草原火灾,配合农业部举办草原防火演练,编制了《河北省草原防火"十三五"规划》。完成草原鼠、虫害防治30.67万公顷,严重危害区域防治率达到100%,防效达到85%,爆发灾害得到及时控制。打造张家口沽源县、黄骅市2个万亩苜蓿示范片区。

【畜禽养殖粪污治理】 明确专人负责北戴河地区近岸海域畜禽养殖污染治理的指导服务和现场督导,完成了188个规模养殖场清洁工程主体改造任务。完成2014年农业部、财政部畜禽粪污利用试点玉田县和安平县项目。制定《2015年畜禽粪污资源化利用试点项目申报指南》,确定承德谷丰农业发展有限公司、廊坊康达畜禽养殖有限公司等5个试点项目,落实项目资金2 000万元。编制《河北省畜禽规模养殖污染防治技术手册》,培训技术人员130余人。编写《河北省畜禽养殖污染监测及评估体系建设项目可行性研究报告》,核算确定生猪规模养殖粪便污水排泄指数分别为1.81千克/(头·天)、2.34升/(头·天)。印发《关于进一步加强畜禽养殖污染防治工作的通知》,利用畜禽标准化养殖、生猪调出大县项目资金,完成1 506个养殖场粪污处理设施建设。

【统计监测预警及信息服务】 完成农业部系统的28个监测县的畜产品和饲料价格与13个监测县的畜产品交易量周监测,66个生猪等主要畜禽生产监测县430个监测村和1 320个监测户、763个定点规模场、6个规模商品猪场、1 600多个生鲜乳收购站月度监测,全省年度监测报表和省系统的畜禽生产月报表、全省规模养殖场(区)备案统计季度监测及全省畜牧行业专业年报审核、汇总工作。制定《河北省畜牧业统计监测工作省县考评管理办法》。完成新增定点规模场监测统计工作、新增价格监测县与监测指标任务调查与推荐工作、2015年主要畜禽定点监测县"调村换户"等工作等。撰写4篇《河北省畜牧业生产形势分析信息通报》,利用"河北牧业"微信平台及时发布预警信息、政策法规等重大信息。完成全省15%定点监测县核查任务,对石家庄、邢台、承德、唐山、秦皇岛5个市10个主要畜禽定点监测县、畜产品与饲料价格定点监测县、畜产品交易量监测县及农业部定点生鲜乳收购站监测县进行数据质量核查,对全省208名统计人员进行培训。

【畜牧科研与技术推广】 下达2015年畜牧兽医科技项目计划18项,组织制定《河北省畜牧技术推广工作实施方案》,重点推广先进实用技术30项,推介发布了6个畜牧业主导品种、15项主推技术,编制了技术指导手册。对河北科星药业有限公司申报的"转基因大肠杆菌载体活疫苗环境释放项目"进行了评审。组织申报2015年河北省农业技术推广奖(畜牧)贡献奖25人、项目奖14项、合作奖2项。印发《河北省畜牧兽医局关于印发省畜牧技术推广指导意见(2015—2017)》,根据各个地区及不同畜种养殖场户的技术需求,编写技术模块手册。将各项行业技术分解为实用、易懂的技术模块,实行各市认领与统一协调相结合的方式，对各模块自由选择、逐项嵌入。

【京津冀畜牧产业协同发展】 组织召开由京津冀三地畜牧兽医事业合作畜牧组全体成员及部分大型畜禽养殖、畜产品加工、市场营销等企业负责人参加的京津冀畜牧产业发展研讨会议，认真落实"京津冀协同发展框架协议"，研究制定具体合作事项及推进措施。联合印发《京津冀动物卫生风险评估分级管理办法（试行）》，明确动物防疫监管对象的风险因素，统一风险划分等级和评估程序，实施风险监管的工作思路，提升京津冀动物疫病防控水平。

【畜产品质量安全监管】 全省136个县（不含区）建立了畜产品（农产品）安全监管股，493个乡镇成立了独立的监管机构，1 473个乡镇由乡镇站负责畜产品质量安全监管工作。市级畜产品检测中心全部通过计量认证，有7个通过了畜产品质量安全检测机构考核，79个县开展了检测工作。石家庄、廊坊等6个市建立了综合执法支队，有80个县建立了综合执法大队。印发《关于进一步健全"瘦肉精"监管长效机制的通知》，完善"瘦肉精"案件查办机制。转发《关于进一步加强畜禽屠宰检验检疫和畜禽产品进入市场或生产加工企业后监管工作的意见》，初步建立生鲜肉市场准入与产地准出衔接机制。印发《关于规范畜产品质量安全抽检付款凭证的通知》，撰写《"瘦肉精"监管工作检查和评估报告》，开展"瘦肉精"专项整治"百日会战"行动，共抽检生猪146 281批次、肉牛26 119批次、肉羊36 836批次，检出不合格样品16批次，已全部进行核查和溯源。印发《2015年河北省饲料兽药和畜产品质量安全监督抽检及监测计划》，组织生鲜乳和"瘦肉精"监测、节假日应急监测，组织开展第四届检测技术人员大比武活动。对全省146起畜牧兽医类违法案件查处情况进行通报，完成6起案件线索的核查溯源工作，对深州市园林养猪场销售的黑猪冒用无公害标识的问题进行了处理。新认定无公害产地82个，有32家企业获得产品认证证书，有效期内的产品267家。培训认证业务骨干220多人、养殖企业无公害内检员400余人。

【动物疫病免疫】 召开全省春、秋季重大动物疫病防控视频会议，印发《河北省2015年重大动物疫病防控实施方案》《2015年河北省主要动物疫病免疫工作方案》、《河北省动物疫病监测和流行病学调查计划》和《2015年重大动物疫病防控工作督导检查方案》，逐级对基层站防疫人员和村级防疫员开展防控技术培训，对全省春、秋防工作进行交叉检查验收，被抽查县应免畜禽免疫密度、免疫建档率、免疫持证率、牲畜耳标佩戴率都达到了国家规定标准，强制免疫各病种免疫抗体合格率都达到了80%以上。

【动物疫病监测】 11个市级、153个县级兽医实验室通过了考核验收。高致病性禽流感监测场点4 540个，免疫抗体监测173 531份，合格率94.47%；病原学监测（H5禽流感）6 350份，全部阴性。口蹄疫监测场点5 631个，免疫抗体监测179 835份，合格率91.89%；病原学监测7 962份，监测结果全部阴性。高致病性猪蓝耳病监测场点818个，免疫抗体监测19 192份，合格率89.88%；病原学监测1 667份，监测结果全部阴性。猪瘟监测场点3 925个，免疫抗体监测116 553份，合格率91.96%；病原学监测1 717份，监测结果全部阴性。新城疫监测场点3 616个，免疫抗体监测137 522份，合格率95.09%；病原学监测1 815份，监测结果全部阴性。分别于2015年1月、6月召开了省级动物疫情专家预警会议，形成预警报告。建立京津冀动物疫情联合预警机制，制定《京津冀动物疫情联合预警组织章程》，召开首次京津冀动物疫情联合预警会议，形成了联合预警报告。对5个种猪场、4个种禽场开展了2次疫病净化监测，共监测高致病性禽流感免疫抗体759份，合格率100%；病原学监测759份，监测结果全部阴性。新城疫免疫抗体监测759份，合格率100%；病原学监测759份，监测结果全部阴性。禽白血病监测759份，AB亚群阳性率25.82%，J亚群阳性率3.69%。禽沙门氏菌病监测759份，病原学阳性率0.66%。高致病性猪蓝耳病免疫抗体监测812份，合格率97.54%；病原学监测共486份，监测结果全部阴性。猪瘟免疫抗体监测812份，合格率96.79%；病原学监测456份，全部阴性。

【动物卫生监督】 对11个设区市主管局长、动监所长和主管所长，以及193县（市、区）的动监所长全面开展官方兽医培训。共电子出具各类检疫证明700多万份，组织编印《动物卫生监督知识题库》，定期对全省官方兽医进行抽查考试。全省共建立检疫申报点近2 717个，在定点屠宰场全部建立官方兽医办公室，全省产地检疫动物67 107.41万头（只）、屠宰检疫动物33 822.85万头（只）。对不同的监管场所进行动物疫病风险评估，将监管对象评定为A级、B级、C级3个等级。完成评估对象31 328个，占监管象总数的95.26%，其中风险等级A级的有5 465个、B级10 792个、C级15 071个。对A级动物防疫监管对象每60日监督检查不少于1次，对B级动物防疫监管对象每45日监督检查不少于1次，对C级动物防疫监管对象每30日监督检查不少于1次。

【畜禽屠宰监管】 全省11个设区市职能、监管和执法人员划转到位。印发《河北省畜禽定点屠宰企业基本管理制度》,对畜禽定点屠宰企业制度建设、安全生产、企业管理等方面进行规范统一,督促其严格按照技术规范要求,进行规范化、标准化生产。加强屠宰环节病害猪无害化处理监管工作,全省病害猪无害化处理共计9 182 502头。共开展执法12 258次,出动执法车辆13 543车次,出动执法人员48 421人次,捣毁私屠滥宰窝点34个,查处违法案件191起,清理关闭不合格屠宰企业2家,罚款474 397元。

【应对突发事件】 2015年3月18日晚,中央电视台《焦点访谈》以"关口开 危险来"为题报道衡水市深州市、故城县生猪检疫监管工作存在突出问题后,河北省畜牧兽医局立即召开会议,进行安排部署,立即派出工作组连夜赴衡水市深州市、故城县对新闻报道的情况进行核查,了解相关情况。印发通知要求各地在动物产地检疫、屠宰检疫、证章标志管理、监督检查、公路动物卫生监督和定点屠宰监管等方面,开展一次全面彻底自查和检查,发现问题及时纠正并认真整改,违反法律法规的依法进行处理。成立应急处置领导小组,设综合协调组、疫情监测组、现场调查组3个工作组,实行24小时值班,负责整个事件应对处置工作。派出2个技术专家组,赴深州、故城采集样品,开展动物疫情检测。召开全省动物检疫监管专项整治工作视频会议,在全省开展为期1个月的动物检疫监管专项整治活动,重点整治动物卫生监督执法过程中的不依法履职、不作为甚至乱作为现象。

【医政药政工作】 组织1 659人参加2015年执业兽医资格考试,无泄密事件发生。组织开展督导检查调研活动,共督导检查26个动物诊疗单位,查处动物诊疗机构违法案件33件,取缔无证经营动物医院1家,动物诊所11家,对全省注册的882名执业兽医师和232名执业助理兽医师进行监督检查。印发《2015年全省兽用抗菌药专项整治行动方案》,对违法生产、销售、违规使用兽用抗菌药物始终保持高压态势。印发《全省深化兽药产品标签和说明书规范行动方案》,规范标签和说明书编写、印制等行为。组织查处假劣兽药,净化兽药市场,立案43件,结案43起,查处违法企业57个,其中生产企业23家,经营和使用单位34个,罚没款19.7万元。成功破获河北东方牧业有限公司非法制售假疫苗案,涉案金额500余万元,挽回直接经济损失2.53亿元,7名主犯落网。印发《2015年度全省兽药质量及药物残留抽检工作计划》。对120家兽药生产企业核发了二维码密钥(用户名ID和初始密码)。印发《关于加强兽药生产企业安全管理工作的通知》和《全省兽药安全生产专项整治工作方案》,对全省药政管理者和所有兽药生产企业负责人进行消防知识培训,确保不发生重大安全事故。

【饲料产业】 年产10万吨以上饲料生产企业达到28家,宠物饲料总产量达到15万吨,占全国总产量的50%以上,省级以上有效期内名牌产品数量达到25个。印发《2015年实施饲料质量安全管理规范指导意见》,确定河北兴达等25家企业为省级示范企业并授牌。筛选河北方田、河北大成、唐山三福等3家企业作为第一批国家级示范创建企业,申请农业部验收。审核发放饲料和饲料添加剂生产许可证116个。集中严厉打击无证生产饲料和饲料添加剂行为,出动执法人员6 944人次,检查未获证饲料加工厂(点)数量304个,取缔非法加工厂点17个,其中捣毁数量2个,查处案件37起,移交公安5起,处罚金额24.85万元。完成蛋粉、蛋黄粉、蛋壳粉、蛋清粉等产品的标准起草说明、申报材料要求、生产许可条件、现场审核表的起草和审核校对工作。

(河北省畜牧兽医局 李洪汇 杨 波)

山西省畜牧业

【畜牧业生产】 2015年,据统计,全省存栏生猪485.9万头、家禽8 857.7万只、牛101.1万头、羊1 001.5万只,同比下降5.6%、下降6.4%、增长0.2%、增长8.5%;出栏生猪783.7万头、家禽8 780.9万只、牛40.2万头、羊484.4万只,同比下降6.4%、增长15.7%、增长1.0%、增长3.1%。肉类、禽蛋、奶类总产量分别达到85.6万吨、87.2万吨、92.7万吨,同比下降2.2%、下降4.2%和增长4.6%。

【畜产品市场】

1.生猪。2015年,生猪市场经历长达2年的低迷行情后,总体呈现触底反弹的态势。据15个定点调查县监测数据显示,活猪和猪肉价格1~3月持续下滑,从4月开始反弹后持续上涨。全年活猪、猪肉平均价格分别为14.88元、24.01元,同比上涨13%和11%。生猪养殖效益大幅提升,出售活猪全年平均每头收益200余元。饲养管理水平高、母猪产仔成活率高的养殖场,每头猪可盈利近300元;饲养管理水平较差的养殖场处于亏损状态,下半年养殖效益好于上半年。生猪产能过剩的局面基本改变,母猪产能逐步调减,产品供应量下降,与消费基本达到新的平衡。生猪产业结构和饲养模式进一步转变,传统养猪业加速退出,规模化和家庭牧场成为方向。

2.奶业。生鲜乳收购价趋势总体先降后升,低点出现在7月中旬。全年鲜奶收购价格平均每千克3.88元,同比下降8%。奶牛生产面临的形势严峻,受到我国与澳大利亚签署自由贸易协定的影响,全国乳制品进口大幅增加,国内乳品企业开始对本地奶源压级压价,原料奶销售困难。

3. 家禽。2015 年，家禽市场回归正常水平，鸡蛋价格运行趋势为前 3 个月处于季节性回落，4 月以后持续单边下跌，仅 8 ~ 9 月强势反弹，后小幅回落。全年鸡蛋价格平均每千克 8.05 元，同比下跌 18%。据调查，标准化蛋鸡养殖场鸡蛋成本价约 7.0 元/千克，养殖蛋鸡 1 个饲养周期可盈利约 25 元。肉鸡市场相对平稳，活鸡全年平均每千克价格为 12.26 元，同比下降 3%。农户出售 1 只鸡可赚 3.5 元。

4. 肉牛肉羊。2015 年，牛、羊肉价格结束了连续 13 年上涨，牛肉全年平均每千克价格为 52.71 元，同比下跌 1%；羊肉价格为 55.19 元，同比下跌 11%。肉牛舍饲圈养成为主流方向，但散养比重依然偏高，规模养殖发展难以跟上市场持续增长的消费需求，牛肉价格相对稳定；肉羊由于国家政策扶持力度大，生产恢复较快但受国家进口羊肉数量增加，造成羊肉价格出现回落，养羊效益下降。根据各市调查，出售 1 头肉牛可获利 2 000 元左右，架子羊育肥基本微利，出售绒山羊收入约 300 余元。

【畜禽规模化标准化发展】 全省大型龙头企业、畜禽养殖专业合作社、家庭畜牧场、规模养殖场（户）等养殖主体加快发展，累计达到 2.5 万个，畜禽规模养殖比重达到 58%。全省共有各类大型养殖企业 600 多个，其中年出栏生猪万头以上的企业 82 个，出栏肉鸡 50 万只以上的企业 35 个，存栏蛋鸡 10 万只以上的企业 56 个，存栏奶牛 1 000 头以上的企业 27 个，出栏肉牛 500 头以上的企业 56 个。畜禽标准化养殖示范创建活动深入推进，规模养殖场进行挂牌建设单位 350 个，全省 50% 以上的规模养殖场在设施装备、生产技术、管理制度等方面达到了标准化养殖水平。

【重大项目建设】 全省连续 4 年举办畜牧招商引资活动，签约畜牧项目 195 个，招商引资额 491 亿元，其中上亿元的项目 88 个，招商引资额和签约项目数量都创山西省畜牧业发展史上最高水平。2015 年第四届农业博览会上签约的招商引资项目已全部开工建设。全省现代农业投资中畜牧业投资达到 430 亿元，占农业总投资约 50%，其中民营经济投资达到 90 亿以上，为山西省现代畜牧业发展提供了资金支持。

【畜牧区域经济发展】 雁门关生态畜牧经济区经济、社会、生态效益成效显著。区域内牛羊草食畜生产量占到全省的 63%，各类大型养殖企业达到 400 多个，规模养殖比重达到 60%；规模以上的畜产品加工企业达 40 多家，畜产品交易市场新增 19 个，年加工转化能力达 65 万吨，年销售收入 63 亿元，分别比 2001 年增长近 2 倍和 4 倍。销售市场覆盖环渤海湾地区，每年有 1/3 的畜产品销往京津唐，创立了“雁门”肥羊、“古城”牛奶、“凯鹏”猪肉等一批具有雁门地理标识和营养特色的畜产品品牌；区域内建设以舍饲和放牧半舍饲为主的草食畜示范家庭牧场 125 个，家庭牧场配套的种草面积达到 6.67 万公顷；以牧为主、农林牧协调发展的产业格局已成雏形，“粮 - 经 - 饲”三元结构稳定，饲草种植在种植业中的比重增加到 10% 左右。通过实施划区轮牧、饲草种植、粮草间作的生产方式，区域内生态效益改善，土地地表风速降低 15% ~ 63%，径流量减少 15% ~ 80%，泥沙冲刷量减少 45% ~ 88%，土壤有机质提高 12% ~ 20%、氮提高 18% ~ 24%，草地植被覆盖度提高 20% 以上。

【畜牧业政策】 省政府出台的 10 项惠农政策中，把扶持畜牧业发展的内容作为重点纳入其中，扶持的范围覆盖猪鸡牛羊四大产业，逐渐形成了以标准化建设、良种补贴、饲草种植、青贮氨化、粪污治理和贷款贴息为主的“五补一贴”政策体系。2015 年，国家及省级财政扶持畜牧业发展资金将近 5 个亿。

【畜禽品种质量】 山西省优质畜禽资源丰富，共有 18 个地方良种，分别是：晋南牛、平陆山地牛、山西黑白花奶牛、广灵驴、晋南驴、临县驴、襄汾马、山西黑猪、山西细毛羊、陵川细毛羊、广灵大尾羊、晋中绵羊、洪洞奶山羊、黎城大青羊、吕梁黑山羊、阳城白山羊、右玉鸡。开展科研攻关和技术推广，围绕畜牧业发展的关键环节，重点推广符合地方需求的新品种“晋岚绒山羊”“晋汾白猪”等，全省新建了 10 个肉牛、30 个肉羊种畜场，改变种畜供应不足的现状。推广畜牧实用技术，奶牛单产从 4.5 吨提高到近 5 吨，肉羊繁殖率提高，能繁母猪单产从一胎 14 头提高到 17 头，畜禽单产水平大幅提高。

【畜牧业安全】 “确保不发生区域性重大动物疫情”和“确保不发生重大畜产品安全事件”是畜牧业安全的重中之重，全省坚持加强春秋集中免疫与日常监测补免相结合、防治重大动物疫情与常规动物疫病相结合、落实综合防控措施与应急处置预案相结合的原则，建立健全防控责任制和责任追究制，全省没有发生重大动物疫情，重大动物疫病防控处于历史最好水平。开展生鲜乳、瘦肉精和饲料兽药专项整治行动，对畜产品安全违法行为进行严打、严防、严控，监管责任制度完善，连续 4 年没有发生重大畜产品安全事件。

【畜禽繁育改良】 2015 年，全省推广三元优质生猪 827.9 万头，推广蛋鸡标准化养殖 768.3 万只，改良绵羊 390.9 万只，改良山羊 303.3 万只，分别完成年计划的 110%、110%、112% 和 108%，生猪良种补贴达 25 万头。

种畜禽生产管理加强，全省共发放种畜禽生产经营许可证70个，比上年同期减少35个，下降37.6%。其中，省级发证11个，市县两级发证59个。全省85%以上的种畜禽生产经营许可证实现就近办理。

1.畜禽良种成果转化。2015年，重点实施了“晋汾白猪繁育与推广”“猪优化繁育农村技术承包”和“肉用型贵妃鸡引进与利用”3项科技推广项目，分别荣获教育部科技进步二等奖、山西省农村技术承包一等奖和科技进步二等奖，新增经济和社会效益近亿元。生猪良种补贴和调出大县政策得到落实，完成2014—2015年国家和省级生猪调出大县奖励实施方案编制、评审、批复等。

2.畜禽遗传资源保护。晋南牛保种场和右玉边鸡保护建设项目向国家申报成功。畜禽遗传资源保护工作加强，在晋南牛保护中采用了DNA血统鉴定技术，鉴定了124头母牛、37头种公牛的血缘关系，根据鉴定结果，重新调整选种选配方案，组建保种核心群，进行分家系小群饲养，规范选种选配，增加保种工作科技含量。

3.畜禽良种繁育体系建设。农业部主推的山西地方培育品种晋汾白猪的原种场、一级扩繁场和二级扩繁场三级繁育体系基本建成，达到全年提供种母猪2 250头、种公猪250头，繁育推广商品代猪15万头的供种能力。羊的三级良种繁育体系得到完善，种公羊供种能力突破1万只。

4.蜂产品标准化生产。蜂标准化生产示范基地建设加快，针对蜂业合作社进行技术培训，建立以授予“蜜蜂之乡”“优秀蜂农”“标准化蜜蜂产品安全生产示范基地和示范蜂场”等荣誉称号的激励机制，在晋城市沁水县、阳城县、运城临猗县、垣曲县、长治市武乡县等地建立10个标准化安全生产技术蜂场，辐射蜂群10 000余箱。通过加强养蜂备案管理进一步完善可追溯体系建设。规模化蜂场自愿登记备案管理工作继续推进，全省自愿登记备案的规模化养蜂场户有3 000余家，共涉及6个养蜂重点市的180 000箱蜜蜂，约占全省蜜蜂饲养总量的75%以上，对符合规定的蜂场发放《养蜂证》1 000余份。开展蜜源调查，对全省的柽柳、丹参、锦鸡儿和荞麦等4种蜜源植物的分布面积、密度及生长状况进行了调查，并将调查结果在《中国蜂业》上发表，为山西蜜源植物综合开发利用打下基础。

5.牛良种繁育。全省全年生产标准冻精84.1万剂，性控冻精2万剂，其中奶牛36.8万剂，肉牛49.3万剂。全年共发放牛冻精80万剂，其中奶牛43万剂，肉牛37万剂。专车下乡配送服务累计120天，行程3.6万公里，惠及山西省30多个重点养牛市县的养牛场及养殖户。实现省外销售奶牛良补冻精10万剂，肉牛冻精20万剂。奶牛生产性能测定及青年公牛的后裔测定全面。2015年农业部下达奶牛DHI测定任务1.6万头，实际测定2.5万头。10月，山西畜牧遗传育种中心DHI实验室顺利通过了ISO9001:2008质量管理体系认证，12月通过了农业部全国畜牧总站专家组审核验收。后裔测定方面，全年发放6省联盟87头荷斯坦青年公牛后测冻精5 360份，全年共鉴定517头牛。种公牛的育种方面，引进美加系荷斯坦胚胎50枚，培育出合格的荷斯坦小公牛5头，西门塔尔牛3头。从澳大利亚引进活体肉用青年公牛13头，扩大了种牛群体，改善了种公牛的年龄结构。

【草地建设】

1.草地建设。2015年，山西省重点实施草原建设“四项工程”，即推进退耕种草、草田轮作、林草间作和草种基地建设，全年共新增草地建设面积15.93万公顷，其中多年生牧草3.67万公顷（飞播牧草1 333.3公顷），当年一年生牧草12.27万公顷。连片种植面积达到200公顷以上草地已达15片。2015年，紫花苜蓿、豌豆、小黑麦、鸭茅等4个草种9个区组共35个草品种的区域试验任务全面完成。

2.草原保护。2015年启动草原保护“双十工程”，对全省十大片亚高山天然草地和十大片山地草原加以保护和改良。全年完成草原新保护面积26.3万公顷，其中草地围栏3 333.3公顷，草地改良5万公顷，鼠害治理10万公顷，虫害治理11万公顷。草原防火加强，全年未发生重大、特大草原火灾及人员伤亡事故，实现了连续4年全省草原火灾“零火警”。草原监测得到强化，对和顺、五台2个县草原植被长势进行观测；对全省10市、17县（区）、101个样地、217个样方的牧草盛期样地样方监测；对朔州市朔城区、繁峙县京津风沙源草地治理工程生态效益监测；对11个市、17个县（区）、233户补饲情况及草食牲畜数量的进行统计调查。

3.草牧业发展试验试点建设。山西省是全国唯一一个整市推进草牧业试点工作的省份，把朔州市作为整市推进草牧业试点市，朔州市政府和山西省畜牧局联合编制了《朔州市草牧业发展试验试点工作方案》。确定了以两个“双百”工程为重点，全面完成草牧业发展五大工程的目标，初步形成草牧业一体化发展的政策体系、产业体系和支撑服务体系，把朔州市打造成为山西省雁门关生态畜牧经济区的核心区和国家级草牧业发展示范市，为全国草牧业发展提供样板和经验。

4.粮改饲发展草食畜牧业试点建设。中央1号文件要求推进产业结构调整，山西省根据《粮改饲发展草食畜牧业实施指导意见》要求，把草畜配套、种养加协调、一二三产融合作为发展的主攻方向，把形成地方畜牧经济作为发展的重要目标，先后编制了《朔州市粮改饲发展草食畜牧业试点工作方案》《2015年粮改饲发展草食畜牧业试点实施方案》《粮改饲发展草食畜牧业试点绩效考核指标》《2015年粮改饲发展草食畜牧业试点进展情况》《2015年粮改饲发展草食畜牧业试点实施进展情况》等。并在2015年9月配合农业部在太原召开了粮改饲发展草食畜牧业试点工作部署会。

5.退耕还草项目。全省3 333.3公顷退耕还草任务涉及5个市13个县。项目全部落实到地块,并编制了项目实施方案。其中保德县、原平市、太谷县、左权县已全部完成建设任务453.3公顷;永和县、蒲县、曲沃县、吉县、大宁县、兴县、灵石县、忻州市忻府区、闻喜县正在落实到户。

【畜产品质量安全监测】 全省共完成畜产品质量安全例行监测2 643批,完成动物产品兽药残留监控657批,监测合格率为99.9%。完成饲料产品抽检640批次,抽检总合格率为98.7%,完成兽药监督抽检400批,抽检合格率达97.6%。完成生鲜乳质量安全监测802批,生鲜乳兽药残留检测218批,检测合格率达99.9%。完成生鲜乳国标指标监测101批,省级生鲜乳专项监测61批,合格率达100%。畜产品质量安全指标隐患排查摸底监测首次开展。完成国家生鲜乳质量安全隐患排查检测50批,完成创建国家农产品质量安全县畜产品质量监测59批,对农博会参展的畜产品进行快速检测,保证参展畜产品的质量安全。

【兽药专项整治】 开展兽药专项整治,实施检打联动,组织7个检查组采取巡查、抽查、飞行检查等方式对全省92家兽药生产企业进行监督检查,规范兽药市场。深入开展对兽药标签、说明书的整治,继续向经营、使用环节延伸整治,兽药标签说明书不规范的行为得到遏制。组织开展了抗菌药的专项整治,超范围、超剂量、不遵守停药期使用抗生素等违规行为受到严厉打击。全省累计出动执法人员6 684人次,检查兽药生产、经营、使用单位2 952个,全省兽药执法共立案51件,办结案件49起,罚没金额13.1万元,取缔无证生产、经营企业3个。

【兽药生物制品行政审批】 山西省根据《国务院关于取消和调整一批行政审批项目等事项的决定》要求,就兽药生产许可证的审批健全了各项工作制度,制定办事指南和规范审批流程等。建立省级兽药GMP检查员库,经培训考核全省共有52名技术人员成为山西省首批兽药GMP检查员,按照兽药许可审核程序和检查验收标准,完成了51个兽药生产企业和12个兽药生物制品经营企业申请的技术资料审核、现场检查、问题整改和兽药许可证审核发放工作,核准兽药广告2个。兽用生物制品批签发加强,共对山西隆克尔、山西海森2个兽用生物制品企业的350批次,10亿头份兽用生物制品进行了批签发。

【兽药生产企业管理兽药产品可追溯系统建设】 兽药企业兽药产品可追溯系统开始建设。根据农业部2210号公告,山西省共对全省95个兽药生产企业的产品进行相关信息网上录入上报工作,并对企业发放二维码密钥,在技术培训的基础上督促兽药生产企业添置二维码扫描上传设备,按照实施时间节点要求实现所有兽药产品付二维码出厂、上市销售,建立兽药生产企业兽药产品可追溯系统。为饲料、兽药及畜产品生产企业开展检验服务。根据国家有关规定,为企业完成委托兽药复核检验3 030批,企业申请兽药批准文号1 010个,饲料生产企业提供申请文号委托检验和饲料企业免税检测500多批次。

【实验室能力建设】 2015年,山西省先后派出检测人员到省外、省内学习培训30多人次,邀请大型分析仪器专家来山西讲学3次,培训人员60余人次。同时对农业部确定的农产品质量安全示范县检测技术人员进行培训。参加全国饲料、兽药、畜产品、生鲜乳四大类产品50多个参数5次实验室能力验证比对试验,均为优秀和合格。按照认证实验室管理要求,各项检测严格管理,检测结果科学,10月顺利通过省质监局资质认证复评审。

【兽药标准和检测方法研究】 山西省承担的2015年版《中国兽药典》标准复核及制(修)订全部完成,对部分新兽药质量标准按要求进行了复核校准,选派技术人员多次参加新兽药评审和兽药产品批准文号的国家审查。

【动物疫病防控】 2015年,山西省动物疫情形势平稳,继续保持高致病性禽流感、牲畜口蹄疫等重大动物疫情无发生。

1.强制免疫。全省猪O型口蹄疫共免疫1 506.6万头次,牛O型-亚洲I型口蹄疫免疫247.69万头次,A型口蹄疫免疫75.49万头次,羊O型-亚洲I型口蹄疫免疫3 270.59万只次,高致病性禽流感免疫鸡21 528.56万羽次,高致病性猪蓝耳病共免疫1 496.98万头次,猪瘟免疫1 512.06万头次,小反刍兽疫免疫羊992.94万只,基本上做到了"应免尽免、不留空档"。

2.疫情监测。动物疫病病原学监测数量和频率进一步增加,全省免疫抗体累计监测高致病性禽流感140 610份,合格率95.56%;牲畜口蹄疫110 935份,合格率89.40%;鸡新城疫91 898份,合格率96.12%;猪瘟41 558份,合格率90.93%;高致病性猪蓝耳病

17 749份，合格率 90.16%。全部达到了农业部要求的免疫合格标准。

3. 应急管理。应急物资储备加强，省级共储备疫苗、消毒药品、防护用品、扑杀器械等价值 100 万元的物资，各市、县共储备消毒药品 319.75 吨、防护服 63 105套、喷雾器 4 779 台、手套 178 124 双等防疫物资。

4. 动物疫病防控责任体系。动物疫病防控政府责任体系、部门组织和监管责任体系、养殖者防疫主体责任体系三级责任体系得到强化。重大动物疫病防控受到省委、省政府重视，各市县政府也加大投入。部门目标责任考核管理将动物防疫列为全省农业、农村工作目标责任考核和延伸绩效管理的内容，并对 2014 年 4 个先进市级单位、20 个县级单位进行了表彰。养殖生产者承担防疫第一责任，采取与养殖者签订承诺书或责任状，下发强制免疫预免告知书、强制免疫回执单、强制免疫补免通知书，加强技术培训和政策宣传等多种形式，监督养殖场户落实强制免疫和病死畜禽无害化处理等各项防控措施，使养殖场户做到依法防疫。

5. 动物疫病防控。一是兽医实验室能力建设加强。建立疫病感染情况和流行趋势监测预警体系，在养殖环节和屠宰环节共设立 10 个定点监测县，每县至少选择 10 个养殖场作为监测点开展监测。对全省 11 个市及 1/3 以上的县级兽医实验室开展检测能力比对试验和培训。二是动物疫病净化推进。开展国家级“规模化养殖场动物疫病净化示范场”“规模化养殖场动物疫病净化创建场”申报，申请国家创建场 6 个，省级示范场 881 个。三是人兽共患病攻坚力度加大。制定布鲁氏菌病防治方案，对全省肉牛和羊实行全面免疫，全年共下发布鲁氏菌病疫苗 1 400 万头份，已累计免疫羊 800 万只。在全省 13 个种牛场对存栏牛全部开展布鲁氏菌病、结核病监测净化工作，全省布鲁氏菌病新发病人数同比下降 9%。四是应急处置效果明显。2015 年 1 月，黄河湿地三门峡库区出现野鸟禽流感疫情。山西省组织库区涉及县迅速启动应急预案，配合林业部门开展病死禽无害化处理、封锁隔离、消毒工作。在全省范围组织对家禽养殖场户开展全面排查，经对 75 份家禽样品检测，H5N1、H7N9 流感检测结果均为阴性。全省没有发生家禽高致病性禽流感疫情。

6. 基层体系建设。全省乡镇畜牧兽医站均建有固定办公场所，配备 2 台以上冰箱（柜），村级防疫员每人配备冷藏包等设施设备。人员工资补贴进一步解决，全省 115 个县中全额落实乡镇兽医人员工资的县从 2005 年的 46 个县增加到 112 县；全省 22 243 名村级防疫员，全部解决补助待遇，其中有 77 个县每人每月提高到 200 元以上。

【动物卫生监督管理】

1. 产地检疫。动物产地检疫申报制度规范，严格执行到场、进点、入户实施检疫，生猪产地检疫申报受理达到了全覆盖，全省规模养殖场（户）产地检疫率达到 100%，从源头上控制了动物疫病的发生和传播。屠宰检疫加强，严把入场、宰前检疫、宰后检疫、出证 4 个关口，屠宰动物受检率达到 100%，染疫动物产品未流入市场。

2. 流通监管。全省组织开展流通环节、动物防疫条件审查，跨省引进种用、乳用动物等专项整治行动；启动了全省动物卫生监督“绿剑执法”行动。配合公安、商务、质监等部门开展多次“零点行动”“利刃行动”等联合行动，开展生猪屠宰环节“瘦肉精”监管专项整治，加强省界动物卫生监督检查站的监管，完善省际间联防联控机制，强化活畜禽跨省调运监督管理，建立健全跨区域案件联防联动机制、检打联动机制以及部门间执法协调协作机制，防止流通环节重大动物疫情的跨区域传播。组建“山西省动物卫生监督严查快办行动组”，为监督检查、执法办案和专项整治，保证动物卫生及动物产品质量安全，维护公共卫生安全奠定基础。

3. 屠宰环节监管。组织各市开展畜禽屠宰管理重大问题调研工作，依据《生猪屠宰管理条例》《山西省畜禽屠宰管理条例》，开展畜禽屠宰执法检查，并编制《山西省生猪屠宰环节病害猪无害化处理补贴管理办法》；开展畜禽定点屠宰换证工作及畜禽屠宰专项整治活动。全年共检查屠宰企业 640 个，出动执法人员 4 468 人次，查处问题 80 起，涉及金额 5.8 万元，责令整改 69 起，取缔无证企业 1 家，媒体宣传 45 次，发放宣传资料 20 244 份，指导培训 97 场次，培训人员 7 183 人次。

4. 无害化处理监管。无害化处理体系建设加强，制定《山西省病死畜禽尸体无害化处理体系建设规划》，落实病死畜禽无害化处理体系建设补助资金 2 500万元。开展病死畜禽无害化处理监督检查，督促各规模养殖场积极推进病死畜禽无害化处理设施建设。完善病死畜禽无害化处理机制，与中国人寿财产保险股份有限公司山西省分公司共同开展和探索养殖业保险合作模式和风险防范机制，联合制定并下发《养殖业保险合作方案》，山西省畜牧兽医局与中国人寿财产保险股份有限公司山西省分公司联合举行了全省病死畜禽无害化处理监管与保险联动启动仪式，全省病死畜禽无害化处理工作进入新的阶段。

【畜禽屠宰监管】

1. 畜禽屠宰监管职能划转全面完成。山西省农业厅畜牧兽医局加挂“山西省畜禽屠宰管理办公室”牌子，承担畜禽屠宰监督管理职责。大同、临汾 2 个市原商务部门管理的畜禽屠宰管理办公室整体划转到农委,科级建制,全额事业编制;朔州、运城2个市原商务部门管理的畜禽屠宰管理办公室整体划转到畜牧部门,科级建制,全额事业编制;太原、忻州、吕梁、晋城4个市畜牧局成立畜禽屠宰管理办公室,正科级编制;阳泉、晋中、长治3个市农委(畜牧兽医局)动物卫生监督所承担畜禽屠宰监督管理职责,人员内部调整。全省115个县屠宰监管职责均划转完成。其中成立机构的县37个,人员144人;未成立机构的县78个,县动物卫生监督机构或执法大队承担畜禽屠宰监督管理职责。

2.生猪屠宰专项整治。山西省编制了《2015年生猪屠宰专项整治方案》,对全省生猪屠宰企业进行全面检查,内容包括检查规范生产、检疫检验、无害化处理、“瘦肉精”检测、肉品储藏与运输、档案记录、管理制度、持证上岗等。畜禽定点屠宰企业监管得到加强,屠宰实行行业准入管理,依照国家《生猪屠宰管理条例》《山西省畜禽屠宰管理条例》,对于新建设的屠宰企业严格审批。对全省生猪定点屠宰资格进行审核,配合公安机关打掉2个收购、屠宰、加工出售病死猪团伙,查封扣押涉案物资3 940千克,批捕犯罪嫌疑人员50余名。畜禽屠宰统计监测得到强化。建立了省、市、县三级统计信息员队伍,强化了统计、监测、分析功能,畜禽屠宰行业管理信息化水平进一步提升。

(山西省畜牧兽医局 郑晓静)

内蒙古自治区畜牧业

【发展概况】 2015年,内蒙古围绕建设祖国北疆绿色畜产品生产基地的目标,坚持特色、生态、高效、安全的发展理念,积极转变生产方式,加快调整产业结构,畜牧业建设水平不断提高,综合生产能力稳步提升。全区牲畜存栏头数达到13 585.7万头(只),同比增长5.2%,连续11年稳定在1亿头(只)以上;牲畜总增头数7 612.4万头(只),总增率达58.9%。良种及改良种牲畜总头数12 268.4万头(只)。全年肉类总产量245.7万吨,同比下降2.6%。其中,猪肉产量70.8万吨,下降3.4%;牛肉产量52.9万吨,下降2.9%;羊肉产量92.6万吨,下降0.8%。牛奶产量803.2万吨,增长1.9%;禽蛋产量56.4万吨,增长5.4%。山羊绒产量8 380吨,增长1.2%;绵羊毛产量127 187吨,增长4.7%。牛奶、羊肉和山羊绒产量继续保持全国领先地位。

【乳、肉、绒产业】 乳产业是内蒙古的传统产业,2015年全区销售收入500万元以上乳制品加工企业实现销售收入1 323.8亿元,同比增长12.2%,占全区农畜产品加工业的32.4%,龙头产业地位凸显,行业领先优势不断巩固和扩大。

肉类产业是内蒙古具有资源、市场和比较优势的产业。全区销售收入500万元以上肉类加工企业实现销售收入628.6亿元,同比增长10.3%,占全区农畜产品加工业的15.4%,形成了一批具有市场竞争力的加工企业和名牌产品,获得中国驰名商标14个,国家级重点龙头企业达到15家。

绒毛(皮革)产业是内蒙古传统优势产业,也是最具国际竞争力的产业之一,鄂尔多斯集团成为全球最大的羊绒制品供应商。全区销售收入500万元以上绒毛(皮革)加工企业实现销售收入466.9亿元,同比增长4.8%,占全区农畜产品加工业的11.4%。

【饲料工业】 内蒙古自治区饲料工作认真贯彻执行《饲料和饲料添加剂管理条例》,全面推进《饲料质量安全管理规范》,截止到2015年底,全区共有饲料生产企业279家,获得生产许可证303个,其中双证企业18家,三证企业3家。所获生产许可证中,饲料添加剂生产许可证19个,混合型饲料添加剂生产许可证14个,添加剂预混合饲料生产许可证30个,单一饲料生产许可证50个,配合饲料、浓缩饲料、精料补充料生产许可证190个。全区饲料总产量为270.52万吨,同比下降1.81%,总产值80.12亿元,同比下降11.54%,营业收入74.76亿元,同比下降13.58%。全区饲料添加剂产量为40.95万吨,同比增长9.41%,营业收入29.7亿元,同比增长2.36%,总产值29.96亿元,同比增长1.62%。

【草原保护与建设】 2015年,全区草原平均植被盖度为44%,比“十一五”末期提高7个百分点,草场每公顷牧草平均产量达到901.35千克,比2000年增长了93.25%,草原生态植被明显好转。

全区草原建设规模达到316.3万公顷,其中多年生优质牧草种植18.5万公顷,一年生牧草种植157.5万公顷,饲用灌木种植28.5万公顷,改良42.4万公顷,飞播牧草6 666.67公顷,草原围栏55.3万公顷,其他13.43万公顷;青贮贮量277亿千克,打贮青干草总量160亿千克。为保护草原生态、促进畜牧业发展奠定了良好基础。

草原生态重点建设工程进展顺利。完成退牧还草各项工程建设53.07万公顷,占计划任务的100%,完成1.8万户棚圈建设;完成京津风沙源治理工程建设任务5.28万公顷,建设暖棚43.35万平方米,青贮窖19万立方米,贮草棚27.15万平方米,购置饲料机械19 740台(套),牧区基础设施建设得到进一步增强。建设具备全程机械化和节水保灌能力的高产优质苜蓿示范基地1.04万公顷。草原鼠虫害防治取得明显成效。积极完善和推进草原承包及基本草原划定工作。2015 年,全区共落实草原所有权和使用权面积 0.73 亿公顷,落实草原承包面积 0.69 亿公顷,依法划定基本草原面积 0.56 亿公顷。

【重大动物疫病防控】 制定实施动物疫病免疫计划、监测与流行病学调查计划,边境地区所有羊和全区所有奶牛实行口蹄疫三价苗免疫策略,突出抓好规模场常年程序免疫,散养畜禽春、秋集中免疫与定期补免,加大疫情监测和流行病学调查力度,强化边境地区疫情巡查和联防联控,严防境外疫情传入。2015 年,全区组织供应了 42 种疫苗 12.05 亿毫升头份,其中强制免疫疫苗 6.4 亿毫升头份;免疫动物 6.5 亿头只次,其中免疫重大动物疫病 4.4 亿头只次,应免密度 100%。病原学监测 24.3 万份样品,血清学监测 448.4 万份样品,流行病学调查动物 29 113.1 万头(只、羽)次。

【畜间布鲁氏菌病防控】 继续扎实推进免疫、监测流调、检疫监管和消毒灭原等防控措施,严格报批报检,强化易感动物移动监管的同时,加大监督检查力度,确保各项措施落实,全区畜间布鲁氏菌病疫情仍趋于明显下降。2015 年,全区共免疫牛羊 7 951.8 万头只、检测牛羊 408 万头只、规范处置疫点 2 666 处,扑杀无害化处理病畜 22 240 头只,消毒面积 7 773 万平方米,完成了 55 个旗县的达标考核验收。

【包虫病防控】 完成了“十二五”期间防治包虫病行动计划国家终期评估,在 23 个国家防治旗县项目实施和前期调研的基础上,确定了“十三五”期间 34 个重点防治旗县,明确了“以犬驱虫为主,重点区域羊免疫为辅”的防控策略,实施《内蒙古畜间包虫病防治技术方案(试行)》,举办多次包虫病防治技术培训班,开展犬的登记管理,牛、羊屠宰和血清监测,犬粪抗原 ELISA 监测力度。2015 年,完成 1 352 132 只牧羊犬登记造册,对 961 878 只犬进行驱虫,无害化处理 3 886 份病害脏器,发放防治手册、宣传单 24 万多份。

【马传染性贫血防控】 按照马传贫防治技术规范继续组织开展马属动物流调监测,在完成年度防治任务的同时,根据《自治区中长期动物疫病防治规划(2012—2020 年)》和《全区消灭马传贫考核验收实施方案》要求,组织专家对 22 个旗县、70 个苏木乡镇、173 个嘎查村进行实地抽查考核验收,检测马属动物 2 653匹,结果均为阴性,完成所有盟市考核验收工作,已向农业部申请国家考核验收。

【兽药产业】 全区共有 22 家兽药生产企业,主要以科技含量高、投入大的兽用生物制品、原料药的企业为主。其中,有 4 家生物制品企业,8 家原料药生产企业,10 家兽药制剂企业。截止到年底,全区共有兽药经营企业 2 243 家,绝大多数为个体经营的小型企业。

【生猪屠宰产业】 截止到 2015 年底,全区规模以上(年屠宰 2 万头以上)生猪屠宰企业有 45 家,小型屠宰企业(规模以下)有 163 家。

【畜禽良种工程】 抓住国家和内蒙古自治区实施畜禽良种工程、良种补贴的有利时机,努力扩大“双百千万高产创建工程”覆盖面,提高良种、良法配套推广,畜禽良种供种能力、生产能力和单产水平明显提高。到 2015 年,全区共建有种羊场 362 个、种公牛站 5 个、种公猪站 9 个、奶牛扩繁场 19 个、肉牛扩繁场 18 个。优势畜种供种能力明显提高,年可生产种公羊 15 万只、牛冷冻精液 1 000 万粒(支),初步形成了育种、扩繁、推广、应用相配套的基本框架,为加快地方品种选育和提纯复壮,促进杂交改良,提高畜产品质量和数量,打下良好发展基础。全区奶牛、肉牛冻精良种补贴实现全覆盖,牧区牧民种公羊良种补贴实现全覆盖。良种的普及推动了地方优势畜种单产水平的提高,据生产性能测定数据显示,地方品种成年公母羊体重分别达到 70 千克和 50 千克以上,均达到二级羊标准,部分指标超过特一级羊标准。与 2010 年相比,荷斯坦奶牛年产奶量、苏尼特羊和西门塔尔牛胴体重分别提高 860 千克、2 ~ 3 千克和 10 千克。

【草原生态保护补助奖励机制】 2015 年,全区已有 6 753.3万公顷草场纳入到草原生态保护补助奖励机制范围内,其中3 653.3万公顷草原落实了禁牧政策,3 100万公顷草原实行草畜平衡,基本实现可利用草原的全覆盖;48 万户牧民享受到每年 800 元的牧民生产性补助(其中自治区配套 300 元)。全区已有 146 万户、534 万农牧民从中受益,草原牧区生态、生产、生活水平持续向好。

【退牧还草工程】 2015 年,天然草原退牧还草工程建设进展顺利,全年新建围栏 33.3 万公顷,草地补播 13.3 万公顷,人工饲草地建设 6.4 万公顷,棚圈建设 1.8 万户,完成计划任务的 100%。据监测,2015 年退牧还草工程区与非工程区相比,植被盖度、高度和干草产量平均分别高出了 11.9 个百分点、8.08 厘米和 489.6 千克/公顷。

【风沙源治理工程】 2015 年,京津风沙源治理工程运行良好,基本完成年度任务。完成围栏封育 1.3 万公顷,人工饲草地 3.6 万公顷,草种基地 3 466.7 公顷,暖棚 43.35 万平方米,贮草棚 27.15 万平方米,青贮窖

19 万立方米，饲料机械 19 740 台(套)。据监测，2015 年京津风沙源治理工程区与非工程区相比，植被平均盖度、平均高度和平均干草产量分别高出 8.80 个百分点、8.34 厘米和 492.75 千克/公顷。

【振兴奶业苜蓿发展行动】 高产优质苜蓿示范项目已连续实施 4 年，共落实建设任务 4.1 万公顷，其中，草田面积 3.77 万公顷，原种繁育田3 353.3公顷。大多数生产田能达到设计要求，平均单产可达 500～800 千克，有 1 333.3 公顷的种子田已进入达产期。2015 年，全区苜蓿人工草地面积达到61.97万公顷；苜蓿节水灌溉草地面积达到 12.2 万公顷，现已形成面积在 0.67 万～2 万多公顷的八大苜蓿产业聚集区，苜蓿产业区域发展的格局正在形成。

【秸秆养畜】 2015 年立项秸秆养畜项目 5 个，争取国家投资 1 000 万元。组织对 2014 年的项目进行了检查验收。

【生猪屠宰环节病害猪损失和无害化处理补贴】 2015 年，全区病害猪(含病害产品)无害化处理数量 5 358头，病害猪损失财政补贴 800 元/头，无害化处理财政补贴 80 元/头，并按国家有关政策给予补贴。

【基层动物防疫工作补助】 国家和自治区两级财政每年专项安排嘎查村级动物防疫员工作补贴 8 760 万元；全区 12 个盟市和 2 个计划单列市都已经落实专项配套经费，盟(市)和旗(县)两级财政每年投入达 11 330.98万元。2015 年，全区嘎查村级动物防疫员人均补贴水平超过了 1.2 万元。同时，近几年来自治区不断加大对基层防疫员队伍的建设管理，出台和完善聘用、考核、管理等各项制度，积极解决嘎查村级动物防疫员养老、医疗等社会保障。全区 16 351 名嘎查村级动物防疫员当中，已经解决养老保险的占 16%，解决医疗保险的占 10%。大大提高了嘎查村级动物防疫员的工作积极性。2015 年，继续执行对布鲁氏菌病免疫每头(只)羊 0.5 元的财政补贴。

【兽医法制建设】 内蒙古自治区新修订的《内蒙古自治区动物防疫条例》经自治区人大常委会审议通过，于 2014 年 12 月 1 日起实施。

【饲料安全监管】 2015 年各类饲料样品和牛羊尿样监测计划 9 155 批次，比上年增加 3 733 批次，实际完成抽取样品 10 786 批次，完成任务的 117.8%。一是各类饲料样品监测完成 3 232 批次，完成计划 3 080 批次的 104.9%，合格率为 96.8%，较上年提高 1 个百分点。二是养殖场(户)“瘦肉精”专项监测牛羊尿样完成 7 554 批次，抽取 1 548 个养殖场(户)，完成计划 6 073批次的 124.3%，合格率为 100%。结合督察中随机抽样对获证饲料生产企业做到了监督抽检全覆盖，对各类已知风险和突出问题保持了持续的跟踪监督监测。按照 2015 年饲料质量安全监测抽检方案，自治区、盟(市)饲料监督检验站抽检各类饲料样品 3 232批次，不合格 103 批次。依据上报监测抽检结果，及时通报属地监管部门对监测抽检不合格饲料企业和产品进行查处。共查处违规案件 11 起，处罚金额 3.08万元，责令整改不合格项目 98 起，整治重点地区 35 个。

【草原执法监督】 2015 年，完成了 12 个盟(市)43 个旗(县)的专项执法检查工作，期间共召开各类座谈会 50 余次，督办征、占用草原企业 35 个，督办农牧民信访事项 6 件，查阅行政处罚案卷 20 余宗。据不完全统计，2015 年全区各类草原违法案件发案 11 622 起，立案 11 287 起，立案率 97.1%，结案 10 789 起，结案率 95.6%，其中移送司法机关323 起，就立案案件涉及的草原统计，破坏草原面积 3 704.67 公顷。其中，开垦草原发案数为 1 097 起，立案 1 056 起，结案 1 049 起，移送司法机关处理的 345 起，破坏草原面积达 3 626.67公顷，较上年减少 2 953.33 公顷；非法征收使用草原案件发案 18 起，立案 16 起，结案 10 起，移送司法机关 2 起，非法征收征用使用草原案件发案数量和破坏草原面积较上年有所减少。

【草原行政许可】 2015 年，内蒙古自治区共依法办理征用使用草原许可 121 件，涉及草原面积 1 978.67 公顷，其中报农业部办理征用草原许可 5 件，涉及草原面积 846.4 公顷；自治区本级办理征用草原许可 116 件，涉及草原 1 132.2 公顷；自治区本级没有办理修建直接为草原保护和畜牧业生产服务的工程设施。各盟(市)依法审批 22 件，涉及草原面积 180.76 公顷，旗(县)依法审批 369 件，涉及草原面积 532.41 公顷。全区共审批临时占用草原申请 464 起，涉及草原面积 2 066.32公顷。审核、报送、下达草原野生植物采集收购计划，严格审批草原野生植物收购批准决定，完成 57.45 吨草原野生植物的审批。积极配合自治区禁毒办，将毒品预防教育与草原普法教育相结合，有效推动毒品预防教育工作。

【牧草品种审定】 2015 年，内蒙古自治区第一届草品种审定委员会第四次审定会议审定通过了 17 个草品种，其中牧草品种 16 个，观赏草品种 1 个。审定会共收到申请审定的草品种 30 个，委员们以无记名投票方式通过审定登记的品种 17 个，占本次申报品种数的 57%，其中育成品种 10 个、野生栽培品种 2 个、地方品种1个，引进品种4个。

【草品种区域试验】 2015年，内蒙古自治区认真开展国家草品种区域试验工作，呼伦贝尔市草原站、赤峰市草原站、多伦县草原站、鄂尔多斯市草原站和自治区草原站5个试验站共承担了94个编号的草品种区域试验工作。继续实施2012—2014年58个品种的后续试验工作，2015年新增36个品种的草品种区域试验工作。对2015年的参试品种按照草品种区域试验实施方案的要求进行试验，并将有关数据及时上报全国畜牧总站，完成项目实施任务指标。

【动物卫生执法监督】 截止到2015年7月，全区共举办官方兽医素质提升培训班120多期，培训官方兽医6 300人次，组织开展了12期以案件查处为主的现场培训和以评查为主的执法实践活动，并在5～7月组织了对4621名官方兽医的以考代训44场。已纳入自治区动物卫生监督网络化管理系统的七类重点场所8 500个，比2011年的2 739个增加5 761个，增加210%。监管对象中高风险场所从占比2011年的50%降到了5%。开展全区性的动物检疫、诊疗机构、兽药经营、屠宰、证章标志使用管理、跨省引进乳用种用动物检疫监管6个专项整治活动，共取缔不合格动物诊疗场所23个、屠宰企业178个、查处不合格兽药23批，工作秩序、经营秩序进一步规范。

【兽医队伍建设】 内蒙古自治区自上而下兽医机构、队伍基本到位，自治区、盟（市）和旗（县）三级兽医行政管理、执法监督、技术支撑机构健全，全区共有400多名兽医行政管理人员，4 968名官方兽医，4 421名兽医机构人员，1.6万多名基层防疫员。

【兽医实验室管理】 2015年初与各盟（市）签订生物安全责任状，按照属地管理的原则，层层落实责任制。除进行日常监管外，还对系统内兽医实验室，大专院校、生物制品企业实验室生物安全、实验废弃物无害化处理等情况进行了飞行检查，并在全区范围内组织开展“安全生产月”活动。实现生物安全零事故。

【兽药质量监管】 在兽药生产环节上，加大违反兽药GMP的查处力度，规范兽药生产行为。申请复验的4家兽药生产企业全部通过农业部的复验，对在飞行检查中存在着较大安全隐患的1家兽药生产企业给予停产整顿处理；对生产线样品进行质量抽检150批次，均符合质量要求。在兽药经营环节上，加大假劣兽药和违法案件的查处力度，提高兽药产品合格率，净化兽药市场。全面推行“兽药经营管理信息系统”，利用信息技术建立健全兽药质量追溯体系。严格执法，利用抽检结果实行“检打”联动。全区共监督抽检兽药产品1 546批次，其中合格1 506批次，合格率97.4%，比上年提高1个百分点。对抽检发现的不合格兽药产品及时向相关盟（市）下达6份《兽药监督管理工作督办单》，共对7起案件进行督办。据不完全统计，全区共出动兽药执法人员8 000多人次，监督检查兽药经营企业8 000多家次，查处兽药违法案件47起，没收假劣兽药5 851支、471.4千克、840瓶，货值金额2.8万元，罚没金额9.3万元，取缔无证经营兽药的16家，吊销不符合条件兽药经营企业的许可证5家。在兽药使用环节上，建立健全用药档案，加大违禁药物的查处力度，保证用药和畜产品质量安全。印发《畜产品质量安全告知书》，普及安全用药知识，引导养殖者合理、规范用药；监督指导规模养殖场建立兽药使用记录，严格执行休药期规定；加大重点地区、重点场所、重点品种的残留检测，全区完成1 200批次兽药和违禁药物残留检测，全部符合国家标准。通过对全区兽药生产、经营、使用环节的全方位整治，内蒙古自治区兽药生产、经营质量整体向好，未出现兽药残留超标等畜产品质量安全事件。

【生猪屠宰行业监管】 积极推进全区畜禽屠宰监管职能划转工作，力争尽快建立上下贯通、运转顺畅的畜禽屠宰监管新体制。组织全区开展《生猪屠宰质量安全专项整治活动保障市场肉品质量安全》工作，运用有效的监管制度和机制强化食品质量安全地方政府属地管理责任、业务部门监管责任和屠宰企业质量安全主体责任。进一步完善畜禽屠宰相关法律法规、操作规程规范和相关标准的起草和制订工作。

【建设型畜牧业】 2015年，建设牧区家庭牧场和农区标准化规模养殖场1 124个。牧区各种类生态家庭牧场发展到3.5万多个，参与经营牧户达到5万多户，占到牧户总数的10%。全区肉羊年出栏100只以上规模养殖水平达到68%，同比提高6.1个百分点；奶牛百头以上规模养殖水平达到80%，同比提高8.5个百分点。全区过冬畜羊单位平均棚圈面积达到1.1平方米、储青干草160千克以上，仔畜成活率达到98%以上。主要牧区建成大中型饲草料应急储备库112座。

【优势畜产品生产基地建设】 按照《关于加快建成内蒙古绿色畜产品生产基地的实施意见》，以提升畜牧业综合实力和市场竞争力为着眼点，调整优化区域布局，加快推进发展方式转变，依托草原无污染优势，发挥牧区、农区双重优势，重点培育发展优势畜产品和优势产区，夯实绿色畜产品生产基础，做大做强一批具有较强竞争力的优势畜产品产业带，把内蒙古建设成为国家重要的绿色畜产品生产基地。奶牛重点发展土默川平原区、呼伦贝尔大兴安岭岭西区、河套平原区、锡林郭勒盟和乌兰察布农牧交错区、西辽河平原区等优势区域;肉牛重点提升中东部传统肉牛区,建设西部高端肉牛区;肉羊重点发展具有饲草资源优势、品种资源优势、市场区位优势和草原品牌优势的草原牧区、农牧交错区和农区等三大优势区域。运用"互联网+"理念,对草原畜产品开展养殖、加工、销售全产业链全程可追溯体系建设试点,大力推动互联网与传统草原畜牧业结合。在呼伦贝尔和锡林郭勒两大草原牧区开展百万只肉羊可追溯电子耳标佩戴,通过"蒙优汇"电商平台与北京、上海等一线城市展示展销中心和体验店及专营店销售,做到了饲养管理全程信息与加工企业二维码对接转换和终端销售查询,实现养殖、加工、销售产业链的全程追溯。

【农畜产品质量安全认证】 截止到2015年底,全区有机农畜产品企业共计42家,产品356个,其中种植业认证产品218个,畜牧业产品63个,渔业产品14个,加工业产品61个。认证产量达到209.2万吨,累计销售额达62.21亿元,出口量0.09万吨,年出口额1 142万元;绿色食品企业18家,42个产品,规模0.6126万吨;无公害产品163个,产地95个,产品产量17.67万吨,产地规模1 811.4万头(只)。

【动物卫生检疫监管】 严格执行畜牧兽医行政执法"六条禁令",切实履行监管职责,继续组织开展"提素质、强能力"行动,加强执法队伍建设,全面推行"过程监督、风险控制、可追溯管理"监管模式,及时出台实施《关于加强流通环节动物卫生监督执法工作的通知》《内蒙古自治区活羊调运检疫监管办法》等,跨省调运动物及其产品全部实行电子出证。以自治区人民政府文件印发实施《关于病死畜禽无害化处理工作的实施意见》和《关于加强指定通道动物卫生监督检查站建设与管理的意见》,有力推进病死畜禽无害化处理和指定通道制度建设工作。2015年,全区出具动物检疫A证39 700张、B证135 025张,产品检疫A证97 984张,B证623 929张,无害化处理病害动物6.44万头只,查处违法案件442起。

【动物疫情应急管理】 严格重大动物疫情24小时值班制度、节假日和重大活动期间领导带班制度以及每日舆情监测制度,强化动物疫情巡查、报告及应急物资更新和技术储备。同时,出台实施《关于进一步加强重大动物疫情举报核查工作的通知》,规范重大动物疫情举报核查,及时回应社会关切。2015年对8起疫情举报、群众反映的问题及时进行核查处理,对2起网络谣言进行及时辟谣和说明。

【兽药残留监控】 2015年,完成1 200批次的兽药残留检测任务,均未检出阳性。配合农业部指定的相关检测机构完成200批次畜禽产品例行检测的抽样任务,以及对江西4次共400批次畜禽产品例行检测任务。其中检测猪肉和猪肝中β-受体激动剂各226批次,检测牛肉、羊肉中β-受体激动剂各104批次;检测猪肉中磺胺类药物残留120批次;检测猪肉中四环素类药物残留40批次;检测禽肉和禽蛋中氟喹诺酮类药物残留各90批次。通过农业部办公厅组织兽药及畜禽产品检测的能力验证试验4项,分别为猪肉中氟苯达唑、噻苯哒唑残留检测,鸡肉中金刚烷胺残留检测,猪肝中克伦特罗、莱克多巴胺、沙丁胺醇残留检测,鸡肉中氟喹诺酮类药物残留检测。

【牧草种质资源保护】 2015年,国家下达的任务为收集、整理、评价苜蓿属、披碱草属、草木樨属、胡枝子属、扁蓿豆属的栽培种质材料150份,实际上交入库168份,田间保存无性材料1份,开展内蒙古高原草种质资源调查研究。2015年,种质材料收集入库和抗性鉴定任务由自治区草原站、内蒙古农业大学、草研所承担。其中草原站组织完成63份,草原所105份,年底均已整理完毕,上交入库。无性材料的保存由自治区草原站承担,保存在和林格尔盛乐园区草种加工科研基地。

【草原野生植物保护】 内蒙古自治区拥有天然草原0.88亿公顷,草原野生植物资源丰富,生长各类野生植物1 400多种。2015年,全区共依法批准草原野生植物采集数量57.45吨,其中金莲花1吨、苁蓉35.45吨、锁阳13.3吨、麻黄草7.7吨;依法批准收购草原野生植物19.4吨,其中金莲花1吨、黄芩4吨、知母7吨、苍术1吨、甘草1.3吨、锁阳(苁蓉)5.1吨。鉴于草原生态保护的需要,呼伦贝尔市、通辽市、巴彦淖尔市等部分盟(市)实行了禁采。

【飞播牧草】 2015年,内蒙古自治区累计完成飞播种草680公顷。其中,赤峰市阿鲁科尔沁旗和翁牛特旗被列为国家飞播种草重点项目旗(县),圆满完成国家下达飞播种草任务3 133.3公顷,超额完成任务指标。两旗均使用"小蜜蜂"飞机播种,共计飞行240架次,播种牧草种子3.22万千克。

【草原鼠害防治】 2015年,全区累计投入劳力94 911人次,技术干部6 371人,动用防治器械69 506台次,出动车辆8 654辆次,累计完成草原鼠害防治面积116.7万公顷。其中,呼伦贝尔市9.67万公顷,兴安盟10.83万公顷,通辽市12.2万公顷,赤峰市11.05万公顷,锡林郭勒盟27.2万公顷,乌兰察布市13.4万公顷,呼和浩特市6 546.67公顷,包头市1.67万公顷,鄂尔多斯市8.25万公顷，巴彦淖尔市2.47万公顷，乌海市3 333.3公顷，阿拉善盟18.93万公顷，平均防治效果达90%以上。

【草原虫害防治】 2015年，全区累计投入劳力57 605人次，技术人员5 908人；调用飞机4架，飞行作业294架次；动用大型喷雾机械3 382台套，中小型喷雾器械28 939台套，车辆8 731辆，累计完成草原虫害防治面积137.91万公顷，防治效果90%以上。其中，草原蝗虫防治面积97.71万公顷，沙葱萤叶甲、春尺蠖、白茨叶甲等其他草原害虫防治面积40.21万公顷；按每公顷挽回鲜草450千克，每千克0.30元计算，全区累计减少牧草损失62 061万千克，减灾收益折合人民币18 618.3万元。

【草原防火】 2015年，全区共发生草原火灾38起，其中一般火灾30起、较大火灾3起、重大火灾1起、特大火灾4起，受害草原面积106 929公顷。

（内蒙古自治区农牧业厅
张 洁 刘丽娜 李志峰）

辽宁省畜牧业

【概况】 2015年，中央及省级财政下达用于支持发展畜牧业生产、防控重大动物疫病、加强畜产品安全监管、推进草业建设等方面的资金14.6亿元，其中：省级投入资金3.7亿元，中央财政投入10.9亿元。全省各级畜牧兽医部门以现代畜牧业示范区建设为主线，强力推进畜禽标准化、规模化、环境友好型养殖，努力发展优质、高效、生态、安全的畜牧业，实现畜牧业较好发展、无区域性重大动物疫情和重大畜产品质量安全事件发生的目标。辽宁省肉类产量为429.4万吨，与上年持平；禽蛋产量为276.5万吨，同比下降1.0%；奶类产量为142.6万吨，同比增长6.0%。饲料总产量达到1 148.4万吨，同比下降7.3%；饲料工业总产值382.2亿元。

【畜禽养殖与生产】

1.猪。2015年第一季度生猪价格延续了上年的低迷态势，到6月中旬猪粮比价达到盈亏平衡点之上，6月末开始生猪价格快速走高。12月全省生猪平均价格为16.6元/千克，同比增长27.9%。猪肉价格27.0元/千克，同比增长25.5%，猪粮比价为8.2：1。由于生猪价格长时间低迷，2015年规模场和散户饲养生猪产能均处于合理削减状态。2015年全省生猪存栏1 457.5万头，同比下降6.5%，其中能繁母猪存栏199.6万头，同比下降7.4%。全年发布生猪预警信息56次，能较好指导养殖户进行生产。

2.牛。2015年生鲜乳收购价格基本为3.2元/千克，同比下降约30%。造成生鲜乳价格大幅度下跌的根本原因是全球性奶源过剩，进口奶产品的低价冲击。进口奶制品拥有较大价格优势，还原乳价格约为2.5元/千克，国内乳品企业倾向于用进口奶，减少了生鲜乳收购。全省奶牛规模养殖效益较为正常，奶牛存栏33.61万头，同比增长6.4%；全年牛奶产量140.3万吨，同比增长6.9%。全省龙头加工企业拉动作用日益突出，实行全产业链生产的辉山乳业生产稳定增长，成为稳增长、保供给的主力。

肉牛价格和饲养效益稳定。在畜产品价格普遍下降情况下，牛肉价格保持坚挺。12月牛肉价格为58.1元/千克，同比下降2.0%。农户散养母牛效益为每头3 500～4 000元/年，规模养殖场饲养母牛效益约为每头3 000元/年，同比持平，效益较为稳定。虽然养牛效益拉动，但是肉牛饲养投入大、周期长、繁殖效率低，生产仍呈缓慢增长势头。母牛存栏止住近年不断下滑势头，全省肉牛存栏384.6万头，同比增长6.3%。由于牛源紧缺，“无牛育肥”问题仍较突出，规模养殖场也在发展自繁自养模式。

3.羊。肉羊出栏量增加，肉羊价格明显下滑。2015年全省羊肉平均价格降为54.8元/千克，同比下降16.8%。全省肉羊收购价在4、5月跌到谷底，收购价格降到14.0元/千克，母羊则达到了12.0元/千克，下半年略有反弹，2015年肉羊收购价格同比总体下降20%。养羊效益下降，每只肉用母羊每年可获利200元左右，架子羊集中育肥效益在50元/只以下，均较过去每只下降100元左右。2015年全省羊存栏908.7万头，同比增长14.5%。

4.家禽。鸡蛋价格高位回落，蛋鸡生产正常盈利。2015年上半年开始，鸡蛋呈现供大于求局面，全省平均价格前7个月累计降幅达到24.2%。中秋节期间鸡蛋价格有所反弹，但之后再度下滑，12月全省鸡蛋价格为7.9元/千克，同比下降25.0%。生产效益处于微利运营状态，蛋鸡存栏基本保持平稳。

肉鸡价格持续低迷，2015年底肉鸡收购价格为7.4元/千克，同比下降15.1%，肉鸡商品代生产处于微利运营状态，平均每只商品代肉鸡效益为1～2元，效益比上年下降约40%。2015年肉种鸡一直处于去产能化过程，种鸡生产亏损，种蛋销售乏力，商品代肉鸡雏价格下滑明显，12月为1.5元/只，同比下降21.1%。2015年全省肉鸡存栏1.78亿只，同比增长20.5%，肉鸡养殖向规模化发展。

5.特种养殖。2015年，全省兔存栏量50.7万只，同比下降23.4%；驴存栏量86.3万头，同比下降18.2%。

【扶持生猪生产】 2015年，辽宁省继续在昌图、黑山等16个生猪养殖大县组织实施国家生猪良种补贴项目，共安排辽宁省补贴任务60.5万头，占16个项目县能繁母猪存栏量的1/3；补贴资金2 420万元，与上年持平。项目下达后，辽宁省严格按照农业部有关规定和《辽宁省生猪良种补贴项目实施管理办法》认真组织实施，取得显著成效。截止到2015年底，16个项目县(市)全部完成60.5万头能繁母猪的补贴任务，受惠农户达20万户。生猪良种补贴项目的实施，极大地推动了辽宁省猪人工授精技术的普及与应用。

同时，统筹国家及省级生猪标准化扶持政策，加快推进标准化规模养殖。实施国家畜禽标准化养殖生猪项目20个，标准化规模养殖快速发展对稳定生猪市场发挥了重要作用。

【扶持肉牛、肉羊生产】 2015年，辽宁省继续在昌图、开原、黑山、喀左、法库5个肉牛养殖大县组织实施国家肉牛良种补贴项目，安排辽宁省补贴任务18万头，补贴资金180万元，直接受益养母牛户达8万余户。国家安排辽宁省专项资金7 200万元实施肉牛扩群增量工作，对法库、黑山、昌图等16个肉牛基础母牛存栏3万头以上的县(市)母牛存栏10头以上的场(户、合作社)及省内母牛存栏500头以上的企业在项目期内出生的犊牛给予补贴。

2015年，国家安排辽宁省羊良种补贴任务1 500只，补贴资金120万元。辽宁省享受羊良种补贴政策的养羊大县19个。其中享受绵羊补贴的项目县11个，投放一级以上优秀种公羊625只。中标单位以每只种公羊优惠800元的价格销售给养殖户，提高了养殖户购买优秀种公羊的积极性，受益农户达1 000余户。

在此基础上，大力推进肉牛肉羊标准化规模养殖，努力增强牛羊综合生产能力，认真实施国家畜禽标准化养殖肉牛项目16个，肉羊项目27个。

【扶持奶业生产】 2015年，国家安排辽宁省奶牛良种补贴任务20.7万头，补贴资金621万元，辽宁省按“全部覆盖、应补尽补”原则，在13个市(大连计划单列市除外)的77个县(市、区)继续实施奶牛良种补贴项目。为满足养殖场(户)对奶牛后代生产性能快速提高的需求，辽宁省畜牧业经济管理站提出并实施“高价位奶牛良冻精采购方案”，即按照养殖户需求招标采购高质量、高价位奶牛冻精，高价位奶牛冻精中标后，农户以每剂优惠15元价格购买冻精，既减少农民负担，又发挥补贴资金的优势。辽宁省继续承担奶牛生产性能测定任务19 000头，测定经费168万元，参加测定的规模奶牛场33家，进一步提升地方政府对奶牛行业的管理与服务能力，推动辽宁省奶业的健康、高速发展。

2015年，辽宁省认真落实国家发展和改革委员会奶牛标准化养殖场(小区)建设项目21个。

【标准化规模养殖】 2015年，继续大力推进畜禽标准化规模养殖，全省新(改、扩)建标准化规模养殖场(小区)453个，其中各市建设项目252个，国家发改委奶牛标准化养殖场(小区)建设项目21个，畜禽标准化健康养殖畜产品生产项目118个，辽西北五市新建畜禽标准化生态养殖场50个，创建国家级畜禽养殖标准化示范场12个。全省畜禽规模养殖率达到65.3%。

【畜禽良种繁育体系】 辽宁省畜禽良种繁育体系建设继续以猪良种繁育体系建设为主，以生猪核心育种场建设、种猪生产性能测定和种猪场生产经营管理为重点。2015年，国家级核心育种场1家，省级核心育种场17家，有证纯种猪场264家、父母代猪场51家，存栏纯种猪9万余头，形成了较健全的种猪繁育、扩繁和推广利用体系。8月30日，省种猪质量检验测试中心完成了145头种公猪的生产性能测定工作；9月8日，通过竞卖方式将124头测试成绩优秀种公猪推广到种公猪站，使优秀种公猪基因得到充分利用。

【良种繁育及推广】 2015年，辽宁省财政投入专项资金1 329万元，用于猪、牛、羊等主要畜种的繁育和推广工作。在辽育白牛主产区登记辽育白牛良种母牛5 200头，累计登记辽育白牛达1万头，强化辽育白牛良种母牛登记管理，提升辽育白牛精准化育种水平；奶牛生产性能测定4万余头，服务全省33家规模奶牛场，有效指导规模奶牛场进行科学育种与生产；辽宁绒山羊联合育种场21家，存栏种羊1.1万只，全年累计推广种公羊2 501只、种母羊3 002只、良种冻精30 000剂。通过国家畜牧良种补贴项目的实施，全年累计推广奶牛良种补贴冻精20.7万剂、肉牛良种补贴冻精18万剂，种公猪良种补贴精液242万剂，肉羊种公羊625只、绒山羊种公羊875只，受益农户数累计达30余万户，有效改良全省低产种畜的生产性能，提升养殖业主的饲养效益。

【草原生态保护补助奖励政策】 2015年，为稳妥落实草原生态保护补助奖励机制政策，辽宁省畜牧兽医局和阜新蒙古族自治县、彰武县、北票市、喀喇沁左翼蒙古族自治县、建平县5个国家级半农半牧县(市)(以下简称5县)政府在深入总结经验基础上，通过加强督导，完善机制，狠抓落实，全面完成了2015年度草原生态补奖资金落实工作。5县共落实草原禁牧面积48.09万公顷，惠及牧户10.26万户，发放禁牧补助4 328.08万元，发放牧户生产资料补贴5 133.75万元，完成良种补贴人工种草面积5.73万公顷。5县提前完成了基本草原划定工作任务。截止到2015年,辽宁省已连续3年被农业部评为优秀省(自治区),获得国家2014年度政策落实绩效奖励资金15 110万元,位居东三省之首。

【振兴奶业苜蓿发展行动】 2015年,辽宁省继续承担国家振兴奶业苜蓿发展行动0.13万公顷高产优质苜蓿示范片区项目建设任务。由辽宁辉山乳业集团承担,在沈阳市沈北新区种植。按照农业部、财政部要求,辽宁省畜牧兽医局严格组织项目申报,切实做好项目的跟踪督察,强化项目管理,严格组织项目验收。项目建设单位较好地完成了项目建设任务,取得了良好的建设成效。辽宁省已建立0.53万公顷高产优质苜蓿示范区。

【秸秆养畜】 2015年,辽宁省有2个牛羊养殖场实施国家秸秆养畜示范项目,项目建设进展顺利。全省以牛羊标准化小区、奶牛生产基地、规模化饲养场(户)为重点,积极推进秸秆饲料化开发利用,推动牛羊生产快速发展。辽宁省养畜开发利用秸秆总量达到1 330万吨。其中青(黄)贮利用量490万吨,青(黄)贮壕存量达到880万立方米;占秸秆饲料化利用总量的36.8%;秸秆膨化、揉丝等总量达到660万吨,占饲料化总量的49.6%;直接饲喂180万吨,占13.5%。秸秆利用数量、加工技术水平初步适应现代畜牧业规模化、标准化、产业化发展要求。

【退牧还草工程】 2014年,国家发展和改革委员会、农业部下达辽宁省退牧还草工程项目投资计划1 058万元,建设草原围栏任务2.67万公顷、退化草原补播任务0.8万公顷,其中北票市、阜新蒙古族自治县各承担草原围栏1.33万公顷、退化草原补播0.4万公顷。2014年中央投资898万元,按照要求需地方配套160万元,为保证退牧还草工程围栏建设标准与草原沙化治理工程一致,全省实际配套资金3 102万元。项目按照每亩100元标准进行项目建设。项目于2015年全部建设完成。

2015年,国家发展和改革委员会、农业部下达项目建设任务0.4万公顷,其中:重度退化草原补播0.33万公顷、人工饲草地建设0.07万公顷。阜新蒙古族自治县和北票市各承担0.2万公顷建设任务。项目于2016年6月底前完成施工。

【粮改饲试点】 2015年,在法库、义县、西丰3县启动实施了国家粮改饲试点项目,重点围绕全株玉米和优质苜蓿草青贮,共投入资金3 000万元,落实青贮任务指标45万吨,安排奶牛、肉牛、肉羊、鹿试验点7个。辽宁省畜牧兽医局与辽宁省财政厅联合制定并印发了《辽宁省2015年粮改饲发展草牧业试点工作实施方案》,召开了粮改饲试点工作座谈会,安排部署2015年粮改饲试点工作。省畜牧局成立了粮改饲试点工作专家组,加强项目督查,强化业务指导。3个试点县制定了项目实施方案,确定项目实施单位,落实青贮指标,做好项目跟踪管理。2015年试点建设工作有效推进。

【畜牧业科技推广】 2015年度实施的省级畜牧技术推广项目共4项,分别是生猪健康养殖模式综合配套技术推广、辽育白牛中高档肉牛生产配套技术推广、优质高产绒山羊饲养管理技术推广和主要畜禽疫病高效防控技术推广,省财政投入资金共计2 000万元。4个项目全部按期完成项目建设任务,收到良好的预期效果。

2015年,申报辽宁省畜牧兽医学会设立的辽宁省畜牧兽医科技贡献奖项目52项,评出一等奖20项、二等奖23项、三等奖9项。

申请辽宁省政府科技进步奖4项,获奖2项,大中型奶牛场布鲁氏菌病和结核病综合防控技术集成研究与推广、畜产品中兴奋剂类药物残留检测技术研究与示范2个项目获三等奖。复合微生态饲料添加剂金生素的研制与应用项目获得2014—2015年度农业部中华农业科技奖科学研究成果二等奖。2015年,绒山羊养殖技术规程等8个标准列入辽宁省地方标准制(修)订计划。

国家基层畜牧技术推广体系改革与建设项目在辽宁省继续实施。国家投入1 500万元,对辽宁省法库等40个县(市、区)的县级畜牧推广机构分别给予20万~80万元不等的项目补助,用于全面提升辽宁省基层畜牧技术推广体系的服务能力,为保障畜产品有效供给、促进农民持续增收提供技术支撑和人才保障。各项目县全部按期完成项目建设任务,项目已通过国家验收组验收。

【饲料工业】 2015年,受蛋价、猪价低迷影响,养殖户补栏积极性不高,存栏数量逐渐下降,饲料使用量减少。随着养殖规模化程度提高,散养户逐渐减少,玉米、豆粕等大宗原料价低位运行,养殖场自配饲料增加明显。据统计,2015年饲料产品总产量1 148.5万吨,同比下降7.3%;其中配合饲料822.1万吨,同比下降10.4%;浓缩饲料310.5万吨,同比增长1.4%;添加剂预混合饲料15.9万吨,同比增长0.7%。全年实现饲料工业总产值377.9亿元,同比下降8.8%。

【草原保护与建设】 2015年,辽宁省人工种草累计保有面积82.43万公顷,全年建设人工草地面积43.28万公顷,现存改良草地面积39.15万公顷。新建草原围栏面积6.28万公顷，累计草原围栏面积达到46.99万公顷。全省禁牧草原面积111万公顷。2015年全省累计落实草原承包总面积102.7万公顷。辽宁省各级草原部门扎实推进工程建设实施，完成6万公顷建设任务，为期7年的辽西北草原沙化治理工程共治理沙化草原46万公顷。省财政拨付480万元专项资金用于辽西北草原沙化治理工程40万公顷已治理区维护。治理区草原的保土、蓄水和固沙功能已经显现。2015年监测结果显示，治理区植被盖度达到66%，比对照区提高了25个百分点，植被高度达到43.59厘米，比对照区提高了77.1%，平均干草产量达到2 038.54千克/公顷，比对照区提高了71.6%。草原生产生态功能和生态环境明显改善。

2015年，辽宁省主要草原区开展草原资源与生态样地监测，完成了100个样地监测和135户牧户调查任务，对全省草原植被状况、利用状况、生态状况、生产力水平、防灾减灾、工程效果情况进行科学分析和评价，为指导草原保护建设和合理利用提供可靠依据。

【动物疫病防控】 全年猪O型口蹄疫免疫猪3 259.62万头，牛羊0型－亚洲Ⅰ型口蹄疫免疫牛387.31万头、羊1 683.79万头，牛A型口蹄疫免疫牛227.74万头。猪瘟免疫2 999.19万头，使用猪瘟脾淋疫苗1 467.94万头份，使用猪瘟传代细胞源疫苗3 281.34万头份；高致病性猪蓝耳病免疫2 516.54万头，使用高致病性猪蓝耳病灭活疫苗39.38万毫升，使用高致病性猪蓝耳病活疫苗3 163.03万头份；禽流感免疫鸡57 190.39万羽、鸭2 876.51万羽、鹅671.16万羽、免疫其他禽207.79万羽，使用禽流感灭活疫苗25 120.31万毫升，使用禽流感－新城疫二联活疫苗31 003.13万羽份。应免疫动物免疫率达到100%。新城疫免疫51 529.41万羽，使用新城疫活疫苗11 382.28万羽份，使用新城疫弱毒疫苗72 766.60万羽份。小反刍兽疫免疫550.88万只，使用小反刍兽疫活疫苗714.25万头份。免疫抗体合格率超过国家规定水平。

建立了“政府主导、部门监管、政策扶持、保险联动”的病死畜禽无害化处理机制，制定了《辽宁省2015—2017年病死畜禽无害化处理设施建设项目实施方案》，计划3年安排省级补助资金1.7亿元，其中，2015年安排补助资金5 150万元用于病死动物无害化处理设施建设。深入开展动物检疫监督工作，做好暂停征收动物及动物产品检疫费工作。印发了《关于严厉打击非法加工贩卖病死动物及其产品的通告》，开展了打击“三种违法犯罪”专项行动，有效遏制了贩卖、加工病死动物及其产品的违法行为。大力发展动物卫生监督信息化建设，启动了无规定动物疫病区远程培训系统县乡（镇）级建设。严格外引动物、动物产品监管工作。稳步推进兽医医政管理，开展乡镇所标准化管理示范创建活动，强化乡镇所的职能。

【兽药产业】 全省有兽药生产企业48家，主要集中在沈阳、丹东、大连和锦州4个市，4个市的兽药生产企业数量占全省的75%；其中生药企业2家，化药企业46家。全省兽药生产企业完成生产总值7.2亿元，实现销售额6.3亿元，固定资产达6.7亿元，从业人员2 990人，其中：年产值1 000万元以下的兽药生产企业33家，年产值1 000万元以上的9家，5 000万元以上的3家，亿元以上的2家。

【生猪屠宰产业】 辽宁省现有生猪屠宰厂77个、小型屠宰点507个。生猪屠宰操作工艺方面，全省屠宰企业均能做到宰前待宰6小时，电麻致昏。大型屠宰企业采用机械化、规模化屠宰，屠宰操作规范，宰后普遍进行排酸处理，提升肉品品质。小型屠宰点采用吊挂式链条屠宰方式，多数小型屠宰点配备了打毛机，提高了屠宰能力。辽宁省向所有屠宰场均派出官方兽医实施屠宰检疫并出具检疫合格证明，全省定点屠宰企业屠宰检疫率达到100%。2015年辽宁省屠宰检疫生猪1 079.73万头，屠宰环节病害猪无害化处理补贴中央资金1 448万元，省级配套资金900万元。

【兽医科技】 2015年，辽宁地区H9亚型禽流感分子流行特征研究等5个项目被列为省科技厅计划项目。2015年，动物疫病应急处置人员生物安全防护技术规范等6个标准列入辽宁省地方标准制（修）订计划。

大中型奶牛场布鲁氏菌病和结核病综合防控技术集成研究与推广项目获得2015年度辽宁省科技进步奖三等奖。

【法制建设】

1. 畜牧法制建设。辽宁省畜牧行政主管部门只保留国家下放到省的家畜遗传材料生产许可审批权限，其他种畜禽生产经营许可审批权全部下放到市、县，充分调动了市、县两级畜牧主管部门积极性。2015年末，全省有效期内许可证场870个，发证数量居全国领先行列。许可权力的下放简化了审批流程，有效发挥市、县两级种畜禽监管职能，做到许可和日常监管同步。全年累计开展种畜禽管理培训班227期，培训4 516人次；组织专项执法检查2 309次，重点检查种畜禽场资质和生产经营行为，查处或整改案件45起，其中种畜禽处罚案件5起，共处罚金8 500元，有效保障了种畜禽合法生产经营者的权益。

2. 兽医法制建设。《辽宁省动物防疫条例》由辽宁省第十二届人民代表大会常务委员会第二十二次会议审议通过，于2016年2月1日起实施。辽宁省畜牧兽医局在全省范围内开展《辽宁省动物防疫条例》集中宣传培训活动。2015 年 12 月 14 日，召开宣传贯彻《辽宁省动物防疫条例》视频会议。2015 年 12 月 15 日，印发《辽宁省动物防疫条例》宣传培训活动实施方案。2015 年 12 月 22 日，召开《辽宁省动物防疫条例》宣传贯彻师资培训会议。

【畜禽资源保护】 2015 年，国家安排辽宁省专项资金 185 万元，用于辽宁绒山羊、荷包猪(民猪)、豁眼鹅、复州牛、大骨鸡和中蜂 6 个品种的保护工作；辽宁省财政安排专项资金 310 万元，用于辽宁绒山羊、东北细毛羊、东北半细毛羊、荷包猪(民猪)、辽宁黑猪、沿江牛、豁眼鹅、中蜂 8 个品种的保护工作；大连市财政安排专项资金 100 余万元，用于大骨鸡、复州牛等地方品种的保护工作。辽宁省地方品种的核心群数量及血系数量均达到国家保种要求，其中沿江牛 212 头、复州牛 142 头、辽宁绒山羊 2 213 只、东北细毛羊 232 只、东北半细毛羊 260 只、荷包猪 264 头、辽宁黑猪 678 头、豁眼鹅 520 只、大骨鸡 5 100 只、中蜂 210 群。

【"瘦肉精"专项整治】 2015 年辽宁省畜牧兽医局深入开展"瘦肉精"整治，召开 2015 年畜牧兽医工作会议、畜产品安全监管工作办公会议，开展 44 县级畜产品兽药残留专项监测，深入开展沙丁胺醇专项整治、牛羊集中交易场所"瘦肉精"整治，全面落实"瘦肉精"自检、养殖场(户)等质量安全承诺、收购贩运企业和经纪人登记备案管理、屠宰企业 6 小时待宰、案件移送、有奖举报等制度。2015 年全省共完成瘦肉精省级监测任务 70 873 批次，检测合格率达 100%。农业部开展全国农产品质量安全例行监测，养殖环节"瘦肉精"拉网检测，屠宰环节"瘦肉精"抽检等，共检测样品 2 400余批次，监测合格率达 100%。2015 年，全省发放"瘦肉精"及普法宣传材料 24.6 万份，媒体宣传 2 万次，指导培训 45.9 万人，查处"瘦肉精"案件 3 起。

【生鲜乳质量安全监管】 2015 年，省畜牧局继续开展以供婴幼儿乳粉企业奶源基地为重点的生鲜乳质量安全专项整治行动，加强生鲜乳质量安全监测与监督执法，强化生鲜乳收购站和运输车辆监管。全省各地以《生鲜乳收购站监督规范》《生鲜乳运输车管理技术规范》的宣传贯彻为重点，全面开展生鲜乳相关法律法规的宣传培训工作。开创现场监督与快速监督检测相结合的工作模式。全省生鲜乳质量水平稳步提升，未发生生鲜乳质量安全案件。2015 年，全省共检测生鲜乳 3 267 批次，其中检测国家任务 1 647 批次，合格率为 100%；检测省里任务 1 620 批次，合格率为 99.6%。全省共检查生鲜乳收购站 1 189 家次、生鲜乳运输车辆 426 台次，出动监督人员 3 478 人次。

【饲料安全监管】 全省累计监测饲料产品 8 607 批次，合格 8 503 批次，合格率为 98.8%。充分发挥检打联动监管制度作用，检测、执法、管理部门三位一体对监督抽检中发现的不合格产品和假劣产品一律予以查处。根据监督检测结果，发布假劣饲料信息 8 批，全省共查处饲料案件 30 起，罚没款 11 万元。开展《饲料质量安全管理规范》的专项培训工作，邀请《饲料质量安全管理规范》起草专家进行授课，省级培训监管人员 230 人次。召开《饲料质量安全管理规范》实施的现场会，积极推动有效实施。

【草原执法监督】 2015 年，辽宁省有各级草原监理机构 63 个，监理人员 622 人，取得执法证人员 293 人，基本形成了配套齐全的监理体系。同时，各地积极完善草原管护制度，建立管护队伍，共计聘用草原管护员 1 263人，有力补充了全省草原监督队伍。各地通过深入开展普法宣传，强化草原监理体系，狠抓执法培训，全面提高基层人员执法技能。2015 年 6 月，辽宁省畜牧兽医局会同辽宁省公安厅联合下发了《关于进一步加强草原联合执法的通知》，密切部门执法协作，建立健全联动协作机制。2015 年 8 月，辽宁省畜牧兽医局下发了《关于深入开展草原联合执法督察及草原法制建设调研的通知》，开展草原执法行动，加大违法案件查处力度。2015 年，全省共查处草原违法案件 15 起，破坏草原面积 2.67 公顷，立案 15 起，结案 15 起，移送司法机关 1 起。

【草原行政许可】 2015 年共核发 1 个牧草种子经营许可证，1 个牧草种子生产许可证。辽宁省已核发有效期内的牧草种子经营许可证 9 个，牧草种子生产许可证 2 个。

【草品种区域试验】 2015 年，辽宁省草原监理站与辽宁省农业科学研究院栽培所共同承担国家草品种区域试验项目，根据全国畜牧总站总体试验方案要求，分别于 5 月 29 日、7 月 13 日和 8 月 29 日，对所承担的 10 个苜蓿品种进行了高度、鲜草产量、干鲜比和叶茎比等各项指标测定工作，本年度试验任务全部完成。

【动物卫生执法监督】 以专项行动和活动为抓手，促进动物卫生执法监督工作开展。辽宁省人民政府印发《关于严厉打击非法加工贩卖病死动物及其产品的通告》，开展打击"三种违法犯罪"专项行动，有效遏制了贩卖、加工病死动物及其产品的违法行为。举办辽宁省动物检疫技能大比武，推进监督执法工作更加科学化、规范化、标准化。完成动物卫生监督"提素质 强能力"行动，全面提升动物卫生监督执法队伍整体素质，全年无重大行风事件发生。创建并完善全省法律咨询交流服务平台，成立省级动物卫生监督法律咨询交流中心及市、县16个分中心，以交流研讨、案件管理、咨询服务、协调联动四大职能为核心，实施案卷网上管理，持续开展案件评查和区域性交流等工作，有效促进了动物卫生监督执法案件管理水平。2015年共查处各类动物卫生违法案件1 385起，罚款206.93万元，查办重大案件58起，发放举报奖金0.33万元，移交追究刑事责任案件42起，涉案犯罪嫌疑人60人。查处内部人员违法违纪行为5起，人员7人。

【兽医实验室管理】 辽宁省动物疫病预防控制中心继续开展定点联系人工作制度，省疫控中心定点联系人全年培训、指导、督办34次，培训人员217人次。市级定点联系人开展现场培训、指导、督办87次，培训指导2 115人次。组织开展全省市县级实验室盲样比对考核。13个市本级（盘锦除外）和58个县级实验室参加比对，每个实验室比对检测3个项目、18份样品。2015年，盲样比对检测样品准确率达98.89%，比2011年提升4.86个百分点，存在较大偏差的实验室8个，已降至11%，比2011年减少24个，下降了33.17个百分点。下发《关于进一步做好兽医实验室考核工作的通知》，调整考核管理专家库人员，并对考核专家的培训考核；对第一轮考核已到期的10个实验室进行现场考核，对在第一轮实验室考核未通过的辽阳市弓长岭区、太子河区2家实验室进行现场考核。

【兽药质量监管】 全省累计监测兽药产品3 471批次，合格2 992批次，根据监督检测结果，发布假劣兽药饲料8批，全省共查处兽药案件224起，罚没款26.9万元。结合兽药质量执法年活动，全面开展兽药产品标签和说明书规范行动。组织2次兽药饲料生产经营企业监督检查工作。共派出14个检查组检查全省兽药生产企业，对生产企业设备设施、人员素质、日常管理、质量控制等方面进行全面检查，给企业留下整改意见，并由市局监督整改。

【生猪屠宰行业监管】 深挖屠宰违法线索，取缔私屠滥宰窝点。2015年辽宁省畜牧局组织畜禽屠宰专项整治行动，共开展执法4 695次，出动执法车辆6 296车次、出动执法人员2万余人次，查处各类私屠滥宰违法案件91起，共处罚金26.7万元，开展媒体宣传300次，发放各类宣传材料29万份，开展业务指导培训423次，培训8 000余人次。针对屠宰厂点环境卫生差，可能影响畜产品安全质量问题，省畜牧局开展屠宰厂点卫生整治专项行动。下发卫生标准和整治实施方案，要求各市（县、区）之间实行不对称交叉检查，通过此次专项整治，各市建立了日常监管责任人制度，进一步强化屠宰厂点卫生安全意识。

【兽医队伍建设】

1. 动物卫生行政管理机构。全省共设置121个动物卫生行政管理机构，其中省本级设立辽宁省畜牧兽医局，市级共设置14个行政管理机构，实有人数284人，编制数299人，在编283人；县级共设置106个行政管理机构，其中94个为独立机构或加挂畜牧兽医（动物卫生监督管理）局（办公室）牌子，实有人数883人，编制数914人，在编821人。

2. 动物卫生监督机构。全省共设置119个动物卫生监督机构，其中省级设立辽宁省动物卫生监督所，为参照公务员法管理单位。市级设置15个市级动物卫生监督所（铁路动物卫生监督所），全部独立设置，实有人数372人，编制数421人，在编人数362人；设置4个独立的动物检疫站，实有人数113人，编制127人，在编人数115人。县级设置85个县级动物卫生监督所，其中4个与其他单位合署，实有人数1 350人，编制数1 341人，在编人数1 200人；设置14个独立的动物检疫站，实有人数498人，编制数333人，在编人数498人。

3. 动物疫病预防控制机构。全省共设置87个动物疫病预防控制机构，其中省本级设置2个，分别是辽宁省动物疫病预防控制中心和辽宁省重大动物疫病应急中心，均为财政全额拨款事业单位；市级设置14个动物疫病预防控制机构，其中13个独立设置，1个（盘锦）和监督所合署，实有人数317人，编制数358人，在编人数314人；县级设置71个动物疫病预防控制机构，其中10个与其他单位合署，实有人数1 209人，编制数1 282人，在编人数1 119人。

【畜禽养殖标准化示范创建】 2015年创建国家级示范场12个，其中生猪示范场8个、蛋鸡示范场2个、肉羊示范场1个、肉牛示范场1个。

【畜牧行业产业结构布局优化】 2015年全省现代畜牧业示范区建设速度明显加快，全省有13个县（市、区）向省畜牧局申报生猪、蛋鸡、肉鸡、肉牛、奶牛等6个品种示范区，海城（蛋鸡）、黑山（肉牛）等7个县（市）通过现代畜牧业示范区评估，全省累计建成现代畜牧业示范区38个；进一步跟踪指导北镇市（生猪）、北票市（肉鸡）和凌源市（肉牛）省级现代农业示范区建设，使现代畜牧业示范区建设工作再上新台阶。

【行业标准建设】 2015年，辽宁省畜产品安全监察所申报2016年辽宁省地方标准起草修订项目，经辽宁省质量技术监督局批准，承担《饲料生产企业安全生产标准》和《兽药生产企业安全生产标准》2项地方标准的起草工作。

【畜产品质量安全认证】 2015 年,全省共完成认定无公害畜产品产地 113 家,认证无公害畜产品 55 家;开展了 1 期无公害内检员培训班,共培训 68 人,其中 67 人考核合格,合格率达 98.5%;开展了无公害畜产品标志使用专项检查工作,共检查市场及超市 374 个,出动执法人员 1 328 人次,未发现重大违法违规行为;加强无公害畜产品证后监管工作,建议农业部取消 34 家无公害畜产品认证企业认证证书及标志使用权。开展农产品地理标志登记保护工作,完成了北票荆条蜜的登记申请材料的初审和现场检查工作,并提出初审意见,截止到 2015 年末,辽宁绒山羊、辽宁辽育白牛、黑山褐壳鸡蛋、大洼肉鸭、台安肉鸭通过了农业部农产品地理标志登记保护。

【无规定动物疫病区建设】 完成动物疫病区域化管理调查问卷和《无规定动物疫病区评估管理办法》修改意见;按农业部要求起草了大东北地区无口蹄疫区辽宁省建设方案初稿;扎实做好迎接农业部动物疫病区域化管理调研和 2015 年无规定动物疫病区督查的各项工作。在全国无规定动物疫病区建设与管理工作座谈会上做典型发言。

【应急管理】 2015 年 7 月 21 日,铁岭市西丰县发生牛炭疽疫情,辽宁省畜牧兽医局启动应急工作机制,派专家组现场指导疫情处置。西丰县政府启动了应急预案,划定疫点、疫区,下达封锁令,开展了疫情排查、紧急免疫、消毒等工作。8 月 16 日,疫区解除封锁。辽宁省畜牧兽医局对 70 名参与疫情处置的人员给予表彰。10 月 29 日,在铁岭市举办防控非洲猪瘟应急演练及培训。辽宁省政府应急办、辽宁省畜牧兽医局及直属单位、各市县畜牧局等单位共 200 余人参加。

【兽药残留监控】 开展养殖环节抗菌药专项整治,加强畜产品中金刚烷胺和地塞米松等药物检测能力培训,累计指导培训基层人员共计 167 人次。共完成兽药残留检测 13108 批次,检测项目为头孢塞呋、氟苯尼考、甲砜霉素、林可霉素,合格率 99.2%。

【草原鼠害防治】 2015 年,辽宁省草原鼠害危害面积 27.6 万公顷,其中严重危害面积 12.5 万公顷。辽宁省草原监理站指导全省各级草原监理部门加大防治力度,采用 C 型肉毒素、雷公藤甲素、高效低毒化学药物、农作措施、招鹰灭鼠和生态治理等措施,开展草原鼠害防治面积 12 万公顷。其中,利用 C 型肉毒素生物药品防治草原鼠害 9 万公顷,化学防治面积 1.5 万公顷;器械防治、人工捕捉等物理防治面积 1.5 万公顷。由于措施有力、监测到位、防治得当,草原鼠害得到有效控制。

【草原虫害防治】 2015 年,辽宁省草原虫害危害面积 28.8 万公顷,其中严重危害面积 12.7 万公顷,主要害虫种类为蝗虫、草地螟、苜蓿蓟马、蚜虫、春尺蠖等。辽宁省草原监理站制订实施方案,加快推进测报体系建设,认真指导全省各地实施草原虫害防治项目。应用绿僵菌和苦参碱等生物药品、高效低毒化学药物、牧鸡牧鸭及农作措施开展草原虫害治理面积 12.5 万公顷。其中:化学防治面积 3.6 万公顷,生物防治面积 8.9 万公顷。

【草原防火】 2015 年,全省共核查反馈卫星监测火情 27 次,热点 186 个,全省未发生草原火灾。草原防火工作有序开展。辽宁省畜牧兽医局组成督察组对草原防火重点区域现场督查,严格火源管理,及时排除隐患。强化监测预警,关键时段 24 小时巡查值班,火情信息传输渠道全天候畅通,对农业部卫星火点第一时间核查并及时处置。举办草原防火宣传月、草原防火应急管理宣传周、草原防火知识竞赛和实战技能大比武等活动,进一步普及草原防火知识,提高广大人民群众的草原防火意识和草原防火队伍的实战能力。完成阜新市草原防火物资库施工建设,另有葫芦岛市、锦州市 2 个市级草原防火物资库和凌源市、喀左县、绥中县、凌海市、葫芦岛市连山区 5 个县级草原防火物资站已获得批复,正在组织施工建设。全省草原防火物资储备进一步增强。

(辽宁省畜牧兽医局　李　楠)

吉林省畜牧业

【概况】 2015 年,各级畜牧部门主动适应经济发展新常态,扎实推进畜牧业转方式、调结构、增效益、保安全,全省牧业经济在实现稳中有进、稳中提质、稳中增效。全省生猪存栏 972.4 万头,同比下降 2.8%;肉牛、奶牛、肉羊、家禽分别存栏 20.8 万头、26.2 万头、452.9 万只和 1.65 亿只,同比分别增长 4.7%、6.9%、10.2% 和 10.0%。肉类总产量达到 261.1 万吨,同比下降 0.3%;禽蛋和奶类总产量分别达到 107.3 万吨和52.8 万吨,同比分别增长 8.9% 和 6.0%。貂狐貉、鹿、兔、蜂分别发展到 343 万只、81 万头、595 万只和 46 万箱,同比分别增长 9%、9.4%、11.2% 和 2.1%。牧业产值实现 1 350 亿元。农民人均牧业收入达到 2 250 元,同比增长 1.4%。

【畜禽养殖效益】 从全年平均水平看,全省生猪、育肥牛、育肥羊、肉鸡、生鲜乳、鸡蛋每千克平均价格分别为 14.56 元、27.5 元、17 元、7.5 元、3.3 元和 7.1 元。据此测算,出栏 1 头 110 千克育肥猪盈利 200 元左右;出栏 1 头 550 千克育肥牛盈利 700 元左右,饲养1 头基础母牛盈利1 700元左右;出栏1只育肥羊盈利40元左右,饲养1只母羊盈利380元左右;出售1千克鸡蛋盈利0.3元左右;饲养1头年产奶5吨的奶牛盈利3 000元左右;出栏1只2.5千克肉鸡亏损1.2元左右。

【畜产品加工业发展】 全省畜产品加工业实现销售收入1 800亿元,同比增长12.5%。长春广泽、公主岭高金等10个新(改、扩)建企业,新建屠宰加工企业2个,新研发13个系列、43个精深加工产品,新增屠宰加工能力2 690万头(只),新增精深加工能力9.2万吨。105家规模以上企业屠宰加工畜禽2.5亿头(只),实现销售收入510亿元,同比增长8.5%。皓月屠宰加工肉牛50万头,实现销售收入286亿元,同比增长8%;华正屠宰加工生猪128万头,实现销售收入20亿元,同比增长8.2%;德大屠宰加工肉鸡2 500万只,实现销售收入12.5亿元,同比增长4%。全年出口畜产品3万吨,创汇2.1亿美元,同比增长2.5%。

【畜牧大项目建设】 全省在建畜牧业大项目22个,全年新增投资44.9亿元,同比增加17.9亿元,增长66%,占累计完成投资(102.9亿元)的43.6%。其中:雏鹰400万头生猪产业链项目,新增投资20亿元,占累计完成投资(33.8亿元)的59.2%;正榆1亿只肉鸡综合加工项目,新增投资4.9亿元,占累计完成投资(12.6亿元)的38.9%。中粮、雏鹰、正邦等5个在建项目部分投产,飞鹤50万只奶山羊项目一期工程正式启动,项目投产后可实现年销售收入100亿元,税金13亿元,将成为全球最大的奶山羊养殖项目。全省22个项目企业,建成生猪养殖基地(场)1个,可以达到年出栏生猪90万头;建成家禽养殖基地(场)11个,可以达到年出栏家禽1 500万只;建成肉鸡屠宰场2个,新增肉鸡屠宰加工能力2 500万只;建成禽蛋加工车间2个,新增禽蛋及蛋制品加工能力9.5万吨;建成饲料加工厂2个,新增饲料加工能力54万吨。

【无疫区建设】 全省各级财政累计投入建设资金2.69亿元,建成冷库和应急储备库119个,建成区域性病死动物无害化处理场20个,43个兽医实验室通过认证,配备专用执法车123台、"动监e通"移动终端4 620部。建立健全各项操作技术规范、方案和标准,抽调有关专家,分疫控、监督、屠宰3条线,组织全省专项培训18期、强化培训12期、市(县)现场培训100期,累计培训省、市、县、乡、村5级技术人员2万人次。全省牲畜口蹄疫处于免疫无疫状态。

【规模化标准化建设】 全省共投入建设资金近12亿元,其中:国家和省级政策资金6 625万元,拉动社会投资11.3亿元。全年新建龙头企业养殖基地25个,新增饲养能力2 119万头(只);新(改、扩)建养殖场850个,新增饲养能力1 600万头(只),畜禽规模养殖比重达到84%,同比提高2个百分点。全省建成规模养殖场(小区)10 600个,其中:生猪、肉牛、奶牛、肉羊、肉鸡、蛋鸡、鸭鹅养殖场(小区)分别为4 100个、1 433个、334个、1 212个、1 240个、1 056个、203个,其他1 022个。深入开展畜禽养殖标准化示范创建活动,新建国家级标准化示范场10个,累计达到110个;新建省级标准化示范场50个,累计达到400个,畜禽标准化养殖比重达到56%,同比提高2个百分点。加强畜禽排泄物无害化处理,新建成高效粪污资源化利用设施27个,新增年粪污加工能力37万吨,全省粪污资源化利用率达到57%,同比提高2个百分点。

【畜产品品牌开发】 全省现有中国驰名商标9个,即华正、佳龙、阿满、皓月、犇福、广泽、麒鸣、德大、金冀。省级著名商标33个,其中:生猪企业6家,即华正、红嘴、老昌、阿满、佳龙、万家福;肉牛企业5家,即皓月、延边畜牧、吉兴、黑毛牛业、天福;乳品企业2家,即广泽、春光;肉羊(毛纺)企业2家,即麒鸣、恒盛;肉鸡企业11家,即德大、卓越、曙光、众达、成一、安大、五洲、九江潮、福义德、老韩头、方圆;鸭鹅企业2家,即正方、益安;鹿企业1家,即长双鹿业;蜂企业4家,即宝利、天一、永泰、天祥。省级名牌畜产品23个,其中:猪肉产品4个、牛肉产品4个、乳类制品1个、羊肉(毛纺)产品2个、鸡肉产品6个、鸭肉产品1个、蛋类制品1个、鹿产品2个、蜂产品2个。"三品一标"畜产品495个,其中:绿色畜产品10个,包括鸡蛋、鸡肉、猪牛羊鹿、蜂蜜等;有机畜产品12个,包括猪牛羊鸡、野猪、林蛙等;地理标志畜产品3个,包括集安鸭绿江鸭蛋、延边黄牛肉和集安蜂蜜;无公害畜产品470个,认定规模9 476万头(只),产品产量28.53万吨。"双阳梅花鹿"品牌被评为"2015年最受消费者喜爱的中国农产品区域公用品牌";梅河口正方公司"维迪艾"肥肝产品,占据全国50%以上的市场份额;辉南卓越公司肉鸡产品打入巴林、吉尔吉斯斯坦等国际市场。

【畜禽良种繁育体系建设】 全省共投入良种繁育体系建设资金6 245万元,其中:国家投入2 745万元、省级投入3 500万元。长岭中粮、扶余正邦、长春新牧等养殖加工企业,改造4个原种猪场、27个生猪扩繁场和2个国家级核心育种场;农安康大、德惠德大等企业,从国外引进祖代肉种鸡5.16万套、曾祖代伊拉种兔528只、种马9匹。全省各类种畜禽场达到480个,其中:种猪场265个、种马场3个、种牛场9个、种公牛站4个、种羊场18个、肉种鸡场95个、蛋种鸡场36个、种鸭场2个、种鹅场5个、种鸽场4个、种兔场6个、种鹿场27个、种貂狐貉场4个、种蜂场2个。全省优质畜禽供种能力达到368万头(只),主要畜禽良种覆盖率达到95%以上。

【“粮改饲”试点】 通榆、九台、长岭和镇赉4个县(市)被农业部确定为“粮改饲”试点县。通榆县总结探索的“一平台、六统一”试点模式(一平台:集服务、饲料加工流通、储存运营于一体的现代化综合性承载平台。六统一:统一购买大型农机具、统一播种与管理、统一收割、统一养殖、统一销售、统一粪肥转化)。长岭、九台、公主岭、通化4个县(市),依托科尔沁、奥禾、佳亿和谷润等企业,不断扩大专业饲料作物种植面积,促进种植业结构调整。全省5个试点县共种植饲草(料)作物6 866.67公顷,养殖牛羊近12万头(只)。

【草原保护建设】 全省共下拨草原补奖资金10 176万元,补奖草原面积58.9万公顷,种植牧草面积10 620公顷,建设羊草示范区500公顷,治理三化草场566.67公顷。建成草原防火物资储备库(站)15个,其中:市级4个、县级11个,储备防扑火机具5 000多台(套)。加强草原保护建设,累计草原围栏面积31.57万公顷,改良草地面积31.19万公顷,草原植被覆盖度达到79.3%,同比提高0.2个百分点。

【兽药产业发展】 全省兽药生产企业29家,其中:生物制品企业9家、化药(含中药)生产企业20家。9家生物制品企业,生产细胞毒灭活疫苗、细胞毒活疫苗、禽胚毒活疫苗、禽胚毒灭活疫苗、精致破伤风抗毒素、血清六大类60多种产品,其中:水貂犬瘟热活疫苗、狐狸脑炎活疫苗、犬用五联疫苗为国家二类新兽药,拥有国内独家生产权;法氏囊中毒疫苗、禽霍乱B26－T1200活疫苗、鸡新城疫/法氏囊二联灭活疫苗获得科技部等4个部委颁发的国家重点新产品证书。20家化药生产企业,生产跛痛散、庆增安、盐酸噻拉嗪等品牌产品400余种。全省兽药生产企业年产值5.88亿元,同比增长5%。兽药经营企业2 477家,年销售收入5.5亿元,同比增长3%。

【饲料产业发展】 全省备案工业饲料企业298家,工业饲料年产量454万吨,实现产值100亿元。秸秆饲料生产企业23家,产品以膨化发酵饲料、青黄贮、面包草、草粉、压块饲料为主。深入实施“草变肉”工程,全年新建秸秆贮窖项目151个,新增窖容28.9万立方米,组织召开了3次“全省玉米秸秆膨化发酵饲料养猪技术培训会和现场会”,拓展秸秆饲料转化利用新空间。全省累计建成500立方米以上的秸秆贮窖4 100个,窖容达到896万立方米,秸秆饲料年产量385万吨,秸秆饲料化利用率达到11%,同比提高2个百分点。

【梅花鹿等特种经济动物产业】 全省梅花鹿存栏81万头,同比增长9.4%;梅花鹿鲜茸产量780吨,同比增长9.8%。鲜鹿茸年均价格每千克2 000元,饲养1头成年公鹿年利润4 300元、能繁母鹿年利润1 000元。全省貂狐貉饲养量343万只,同比增长9%;兔饲养量达到595万只,同比增长11.2%;蜂存栏46万箱,同比增长2.1%。

【动物疫病防控】 扎实开展春秋两季重大动物疫病防控,全面落实各项综合防控措施,全省高致病性禽流感、口蹄疫、猪瘟、高致病性猪蓝耳病、鸡新城疫5种重大动物疫病免疫密度达到100%。猪牛羊耳标佩戴率分别达到96.4%、95.1%、89.3%,外调牲畜耳标佩戴率为100%。全省防疫形势保持稳定,无区域性重大动物疫情发生。

【病死动物无害化处理】 争取并落实5 000万元专项资金,重点支持50个县级无害化处理厂建设,鼓励乡镇建设无害化处理池。制定下发《关于加强建立病死畜禽无害化处理机制的实施意见》,建立健全病死动物无害化处理补助机制,全年累计无害化处理病死生猪57.69万头,国家、省、市、县共落实补助资金4 615.664万元。

【动物卫生监督】 强化规模养殖场(小区)防疫条件监管,全省取得《动物防疫条件合格证》的动物养殖场(小区)达到3 373个。扎实开展动物及动物产品安全专项检查,全年共出动执法人员3 517余人次,执法车辆822余车次,检查动物养殖场1 411个、动物屠宰(加工)企业327个、牲畜交易场所7个、农贸市场190个、冷库44个,查处违法案件26起,没收销毁不合格的动物产品5 415千克,罚款4万余元。建成动物产地检疫申报点698个,全年产地检疫生猪563万头、牛22万头、羊250万头、禽2.7亿只,产地检疫受理率达到100%。

【兽医实验室和兽医队伍建设】 全省通过考核并取得合格证的兽医实验室达到44家,占兽医实验室总数的68.8%。全省执业兽医队伍达到4 148人,其中:执业兽医师1 951人、执业助理兽医师2 197人。大力开展官方兽医师资培训和基层防疫队伍建设,确认官方兽医5 642人,备案乡村兽医3 744人,村级防疫员9 872人。

【畜产品质量安全监管】 全省累计开展专项督查60余次,明察暗访生产经营企业786家,挂牌督办安全隐患治理不达标企业3家。扎实开展养殖环节违法使用"瘦肉精"专项治理，深入4 000个规模养殖场(小区)，抽取活畜尿液样品1.2万批次，检测合格率达到100%。组织开展畜产品质量安全监测1 275批次，开展畜禽屠宰危害因子风险监测500批次，检测合格率达到99.4%。完成兽药监督抽检598批次，兽药残留监控计划420批次，生鲜乳违禁添加物抽检558批次，检测结果全部符合国家要求。全年无重大畜产品质量安全事件发生。

【兽药市场整治】 扎实开展兽药质量安全专项整治，全省共出动执法人员6 761人次，检查兽药生产经营和使用单位11 368家，查处违法案件79起，查处违法经营、使用兽药单位66家，取缔无证经营企业3家。全年组织开展9批次假兽药查处行动，收缴并销毁假兽药1 098千克、2 455支(瓶)。

【创新融资机制】 联合省农行，探索推进"吉牧贷"投融资试点。落实500万元专项资金，支持延边朝鲜族自治州开展延边黄牛政策性保险融资试点，第一批参保延边黄牛2.4万头，达成放款意向3 760万元。东丰县协调建设银行和安华保险公司开展梅花鹿"鹿路通"贷款和养殖保险试点，全年共为养鹿户提供贷款4 700多万元。抚松县依托精气神等龙头企业，建立"公司+养殖户+金融机构"的融资模式。通化县通过龙头企业控股、政府投资参股的形式，组建畜牧业专业担保公司，累计为养殖场(户)提供担保贷款近7 400万元。柳河县康华担保公司加大股本投入，为42个养殖户，提供担保贷款1 230万元。2015年，省农行、农信社、农发行和吉林银行累计畜牧业贷款余额76亿元。

【畜牧业科技进步】 省畜牧兽医科学研究院通过省科技厅成果鉴定11项，分别为规模化猪场寄生虫病防制关键技术研究与示范、鸭主要疫病PCR－DHPLC诊断平台的建立、奶牛乳腺炎金黄色葡萄球菌基因疫苗研究、规模化猪场伪狂犬病净化方案研究、牛结核新型诊断试剂的研制、大安市肉鹅标准化养殖及疫病防治、鹅重要病毒病防制关键技术中试与示范、柔嫩艾美耳球虫SAG2基因在卡介苗中的表达及免疫保护效果研究、犬新孢子虫与先天性免疫相关的抗原的筛选及其介导的宿主免疫机理的研究、羊传染性脓疱LAMP快速诊断试剂盒的研制与推广应用和弓形虫LAMP检测试剂盒及核酸疫苗的研制。省养蜂科学研究所的蜜蜂人工授精配套技术研究和高效养蜂技术远程示范与推广2项成果分别获得吉林市科技进步一等奖和二等奖。

(吉林省畜牧业管理局 赵伯铭)

黑龙江省畜牧业

【概况】 2015年，黑龙江省认真贯彻农业部的总体部署，在省委、省政府的正确领导下，以落实《省政府关于加快现代畜牧产业的意见》为主线，加快转变发展方式，推进一、二、三产业融合发展，全省质量效益型现代畜牧产业实现稳中有进、提质增效。2015年，全省牧业产值1 704.8亿元，增加值641.5亿元。肉类总产228.7万吨，保持平稳发展；禽蛋产量99.9万吨，同比增长1.7%；奶类产量574.4万吨，同比增长2.6%。

【畜禽养殖与生产】

1. 奶牛生产。4月份起生鲜乳收购价格持续走低，全年平均价3.06元/千克。散户由于利润空间缩小，大量退出市场。在省级政策支持下，全省新建一批现代示范奶牛场，规模养殖场管理水平提高，奶牛头均效益在2 000元以上。截止到2015年末，全省奶牛存栏193.4头，同比下降1.9%。

2. 生猪生产。年初生猪价格持续低迷，下半年生猪价格结束低迷状态，猪粮比价在第18周恢复到绿色区域。全年活猪平均14.52元/千克，同比增长14.9%。据效益监测显示，全年猪粮比价处于绿色区间22周，蓝色轻度亏损预警18周，黄色中度亏损9周，红色重度亏损3周。截止到2015年末，全省生猪出栏1 863.4万头，同比下降3.0%。

3. 肉牛肉羊生产。经过几年的快速上涨，牛羊肉价格开始回落。牛肉全年平均58.71元/千克，同比下降0.6%；羊肉全年平均59.51元/千克，同比下降11.7%。肉牛养殖效益较为理想，肉牛育肥年均收益1 500元以上，肉羊则有所下降，平均每只在230元左右。由于肉牛母牛补贴政策的出台，肉牛多年来价格倒挂现象有所缓解，母牛养殖开始盈利。截止到2015年末，全省肉牛出栏269.7万头，同比增长2.3%；羊出栏751.9万只，同比增长3.2%。

4. 蛋肉鸡生产。蛋肉鸡生产均呈恢复增长之势，但仍未恢复至波动前水平。价格波动，总体合理。全年鸡蛋平均价格8.02元/千克，同比下降13.6%；全年西装鸡平均价格12.97元/千克，同比下降1.5%。家禽养殖处于微利水平，效益不够理想。全年鸡蛋平均利润6.8元/只，肉鸡平均利润2.6元/只。截止到2015年末，全省家禽存栏14 546.1万只，同比增长4.3%；出栏20 579.8万只，同比增长3.0%。

【畜禽标准化规模养殖】 巩固提高现代化牧场建设水平，大力发展适度规模养殖，加快转变发展方式。推进现代示范奶牛场达产达效，截止到2015年末，全省共新建1 200头规模的标准化奶牛场182个，其中已投入使用146个，入栏12月龄以上奶牛13.5万头，单产水平达到8吨以上，生鲜乳菌落总数、乳蛋白、脂肪等营养和安全指标达到国际先进水平。加快生猪产业提档升级，强化民猪等地方品种开发利用，培育“伊春森林猪”“阿妈牧场”等一批区域特色鲜明、竞争力强的产品品牌。大力发展肉牛产业，龙江元盛、肇东中谷公司和牛存栏达到6 500头，已成为全国最大的高端肉牛核心群，“龙江和牛”品牌在全国叫响。积极推进肉牛基础母牛扩群增量项目，全省31个项目县共发放补贴资金5 900万元，新增犊牛4.83万头。同时，省畜牧兽医局会同省财政厅联合下发《2016年黑龙江省肉牛基础母牛扩群增量项目实施指导意见》，将项目实施范围扩大到全省。积极开展畜禽养殖标准化示范创建，2015年，全省有17个养殖场被命名为农业部畜禽标准化示范场，其中：生猪7个、奶牛5个、家禽1个、肉羊4个。

【畜牧产业化建设】 加强龙头企业建设，完善产业链与利益联结机制，促进种养加销紧密衔接，一、二、三产业深度融合，产业化发展步伐明显加快。飞鹤乳业建立“饲草种植+饲料加工+自建奶源基地+乳制品加工+市场营销”全产业链模式。龙江元盛公司建立“企业供种、回购犊牛”高档和牛养殖扩繁模式。甘南嘉一香公司建立“企业全程供料、定量定价回收”生猪养殖模式。大北农、正邦集团建立“饲料企业延伸养殖、衔接加工”模式。

【统计监测工作】 按农业部要求，对37个县270个行政村和660户进行生产与成本收益监测、对16个固定价格监测点集贸市场价格进行监测、对全省生鲜乳收购站生产和收购情况进行统计监测，及时准确掌握本地区养殖效益情况。加快规模场信息监管系统建设，对全省存栏300头以上的生猪养殖场、存栏50头以上的奶牛和肉牛养殖场实行全面监管，生产数据月度更新。截止到2015年末，全省已有9 063个养殖场纳入监管系统，其中生猪3 091个、奶牛819个、肉牛1 596个。

【重大动物疫病防控】 紧紧围绕“两个努力确保”目标，周密安排部署，全面落实防控措施，全省重大动物疫情持续保持稳定。

1. 扎实开展强制免疫，确保不发生区域性重大动物疫情。定期召开全省重大动物疫病防控会议，分析研判疫情动态，明确责任和重点任务，周密安排部署各项防控工作；改革疫苗采购方式，由省级确定疫苗品种、市县具体组织采购和结算，保证强制免疫疫苗及时、按需供应；建立免疫副反应赔偿机制，按市场价格由疫苗供应商及时兑现应激反应补偿，保护养殖户利益，保障免疫工作顺利开展；完善免疫工作机制，坚持“规模场常年程序化免疫、散养畜禽春秋两季集中免疫与定期补免相结合”原则，采取“统一安排部署、统一技术指导、统一规范监管、统一督导检查、统一监测评估”的“五统一”工作方法，切实做到了高致病性禽流感、牲畜口蹄疫等5种重大动物疫病“应免尽免，不留空当”；强化免疫效果考核评估，随机选择不少于1/3的县市区采集畜禽全血样品进行实验室检测，2015年，全省畜禽免疫抗体合格率均超过70%。

2. 强化疫情监测流调，全面掌握疫情动态。制定并实施《动物疫病监测与流行病学调查计划》，加强对重点地区、重点环节和重点疫病的监测。加大病原学监测力度，充分发挥疫情监测报告网络作用，强化疫情信息报告，及时对监测数据和疫情信息进行汇总分析，研判疫情动态，做出预警预报，为制定防控措施提供坚实技术支撑。2015年，全省投入监测经费1 000多万元，累计监测20个病种畜禽样品近20余万份。

3. 加强重点疫病净化，从源头上降低疫情风险。加强牲畜布鲁氏菌病和奶牛结核病监测净化，严格工作程序，保障产业健康发展和公共卫生安全。2015年，全省检测出“两病”牛羊1 710头只，全部扑杀并无害化处理。继续推进种畜禽场重点疫病监测净化工作，对20个对俄出口生猪备案场开展口蹄疫、猪瘟、猪伪狂犬病等监测，及时淘汰阳性感染猪，保证出口产品质量安全。

4. 加强边境防控，严防非洲猪瘟传入。强化边境疫情监测，优先选择边境地区开展疫情监测和流行病学调查，专项组织边境县（市）非洲猪瘟临床监视。2015年，监测野猪和改良野猪样品1 200份，结果均为阴性。加强与出入境检验检疫、海关、边防等部门合作，构建联防联控工作机制。承办全国非洲猪瘟防控应急演练，邀请省直有关部门参加，组织对各市、县畜牧兽医部门负责人员应急管理和非洲猪瘟防控培训，进一步完善联防联控协作机制，提高防控应急能力和水平。

【动物卫生执法监督】

1. 开展动物产地检疫。完善动物检疫申报点建设，强化全程监管手段和产地检疫工作机制创新，落实工作责任，做到定岗、定人、定责，着力破解产地检疫的瓶颈制约，积极推动产地检疫开展。2015年，全省产地检疫生猪1 007.1万头、牛93.77万头、羊112.74万只、禽类8 273.14万只、其他动物9.76万头只，检疫申报受理率达到100%。

2. 加强屠宰检疫监管。明确部门监管职责界限，建立监管工作衔接机制和信息通报机制。依法向定点屠宰场派驻官方兽医驻场检疫，严格实施入场查验、宰前检查和同步检疫，认真填写《动物宰前检疫记录》

《动物屠宰检疫登记簿》等7种动物检疫登记簿。2015年，全省屠宰检疫生猪715.32万头，牛羊93.38万头(只)，禽类7 129.78万只，其他动物4.333万头，检疫率达到100%。

3. 加快推进检疫电子出证。在完成试点运行工作基础上，进一步加大推进力度，组成推进电子出证专项工作组，对全省电子出证实施情况进行督促检查，推动各地工作开展。全省省内流通动物、动物产品已经实现电子出证。

4. 推进病死畜禽无害化处理机制建设。协调安排省级无害化处理设施建设资金3 400万元，加强无害化处理基础设施建设，填补无害化处理设施空白。落实无害化处理补助政策，规范补助政策落实，明确无害化处理工作各环节职责任务。

【畜禽屠宰行业监管】

1. 稳步推进畜禽屠宰监管职责调整。按照省政府统一要求，对畜禽屠宰职能转换工作进行专项督导，加快监管职责调整的进度，保证调整质量。截止到2015年末，全省13个市(地)、66个县(市)全部完成了畜禽屠宰监管职责调整工作。

2. 深入开展屠宰专项整治行动。制定《2015年生猪屠宰专项整治行动实施方案》，召开专项整治行动启动会议，明确任务目标和有关要求。围绕生猪屠宰中存在的突出问题，采取深入现场督导检查、与企业签订专项整治责任书、对屠宰企业水分含量进行抽查监测等方式，深入开展生猪屠宰专项整治行动，加大对屠宰违法犯罪行为的打击力度。2015年，全省畜禽屠宰监管部门开展执法活动3 283次，出动执法人员11 040人、执法车辆2 407次，检查企业3 287家，取缔私屠滥宰注水窝点9处，下达整改通知书45份，清理关闭不合格定点屠宰企业13家，收缴工具16件，查收注水生猪76头，查收非法肉品175千克。

3. 不断强化屠宰环节日常监管。结合屠宰专项整治工作，全省各级畜禽屠宰管理部门严格依法行政，强化监管责任，深入屠宰企业，帮助完善监管台账和档案管理，认真开展生猪屠宰环节“瘦肉精”监督检测工作，监督屠宰企业落实主体责任，督促企业执行法律法规和产品质量安全各项制度。

【畜产品质量安全监管】

1. 强化投入品监管。强化兽药生产使用监管，严厉打击不按国家标准生产，特别是违规添加抗菌药、禁用兽药或人用药品等擅自改变组方的违法行为。对11个市县54家兽药经营管理质量规范(GSP)后期监管情况进行巡查，对存在问题的7家兽药经营限期整改。开展养殖场(区、户)兽药使用质量管理规范，对1 506个规模养殖场(区、户)兽药使用质量管理进行了规范。加快完善兽药监管可追溯体系建设，初步实现“互联网+兽药监管”，利用网络提升了兽医医政药政整体监管能力。2015年，完成兽药质量抽检391批，合格率96.5%；药残抽检723批，合格率100%。加强饲料生产使用监管，全面开展《饲料质量安全管理规范》示范创建，进一步提高饲料产业质量安全水平。组织开展饲料质量安全监测行动，完成农业部任务实际抽样739批，总体抽检合格率97.56%，违禁物检验合格率均为100%。开展农业部养殖场“瘦肉精”监测，实际监测养殖场户529个，开展盐酸克伦特罗、莱克多巴胺和沙丁胺醇现场快速筛查，合格率100%。

2. 深入开展突出问题治理。全省各级畜牧兽医部门深入开展畜产品质量安全专项整治，全面排查区域性、行业性风险隐患，加大对各种违法违规行为查处力度，严防不合格畜产品流入市场。开展“瘦肉精”、生鲜乳、抗菌药、饲料等专项整治，严打非法添加、制假售假等行为。开展兽药专项整治活动，全省共出动执法人员6 172人次，查处案件163起，收缴和销毁假劣兽药2 581千克，吊销兽药经营许可证13个。加大监督抽查力度，实施“检打联动”，对不合格的畜产品及时依法查处。加强行政执法与司法的衔接，严格落实“两高”司法解释，充分发挥司法震慑作用。

3. 全面强化风险防范。组织开展省级畜产品风险监测506批次，总体合格率为99.6%。对监测中发现的风险隐患，组织相关单位会商分析，集中查找问题原因，研商监管措施。配合农业部完成畜产品质量安全例行监测400批次，重点监测“瘦肉精”β兴奋剂类、磺胺类药物、氟喹诺酮类药物和三聚氰胺共4大类19个项目，监测合格率99.5%。

【草原保护与建设】 坚持严格保护、科学利用、合理开发草原资源，加强草原建设和生态保护，维护生态安全，保护人类生存环境。大力推进草原生态文明制度体系建设。完善牧区基本草原保护制度，全省15个牧业、半牧业县基本完成了基本草原划定。在青冈县开展草原确权承包登记试点。加强草原生态建设。利用草原生态补奖结余资金及草原植被恢复费结转资金7 360万元，改良“三化”草原4.01万公顷。推进退牧还草工程，草原围栏建设1.3万公顷，退化草原补播4 666.67公顷，人工饲草地建设1 666.67公顷。加强草原防灾减灾，全年无重大、特大草原火灾发生，无人畜伤亡事故。加快优质饲草饲料生产。开展农业部“粮改饲”种植结构调整试点，投入补贴资金3 000万元，在齐齐哈尔市本级、克东县和双城区扶持生产60万吨玉米青贮饲料。实施省级扶持玉米青贮饲料生产项目，省畜牧兽医局会同省财政厅，利用2012—2013年草原生态补奖结余资金4 953万元，在15个牧业半牧业县及大庆市本级落实玉米青贮饲料生产100万吨。加快苜蓿产业发展,2015 年,省畜牧兽医局会同省财政厅开展苜蓿种植示范基地项目建设,投入补贴资金 300 万元,扶持耕地种植苜蓿 333.3 公顷。

【畜牧业科技推广】 实施“两牛一猪”高产攻关项目,下发《黑龙江省 2015 年畜牧高产攻关项目指南》,确定 40 个县(市、区)实施“高产攻关”项目,全省培育畜牧科技示范户 1 000 个,辐射带动养殖户 1 万户。开展技术指导和培训,全省培训养殖人员 2 万人(次)。建设畜牧高产攻关科技实验示范基地 40 个。筛选畜牧业主导品种 43 个、主推技术 32 项,并在黑龙江省畜牧兽医局政务网等 5 个网站上对外发布。开展畜牧科技培训活动,全年举办培训班 12 次,培训人员 2 500 名,发放培训教材 3 000 本。开展“走县进场”“走村进户”活动 20 次,现场诊断、治疗、手术等解决疑难病症 20 例,解答技术问题 180 个,培训养殖和畜牧技术人员 2 000 人。开展畜牧科技普及行动,依托省畜牧兽医局政务网、信息网、畜牧科技网、畜牧通等服务平台,组织专家开展网上培训、咨询、答疑等活动,在微信公众平台发布信息 1 107 条,发布短信 183 734 条,更新数据 5 393 多条,专家发布博文 265 篇。

【畜禽粪污治理】 科学划定禁养区,省畜牧兽医局下发《关于在全省开展畜禽养殖区域划分的通知》,要求全省各地科学划定养殖区域,包括禁养区、限养区、适养区。各地均已将禁养区面积、涉及的畜禽养殖场数量和养殖规模等情况进行统计,配合环保部门完成禁养区划定工作。建立畜禽规模场粪污处理信息监管系统,对规模化畜禽养殖排泄物综合利用率进行全面摸底调查,制定服务指导方案。开展技术指导培训,举办粪污处理技术培训班 2 次,重点讲解粪污处理相关技术标准、法律法规和具体的处理技术等内容,共培训 900 人。开展粪污处理技术指导服务,组织专家深入到各县进行粪污处理技术指导和服务。发放粪污处理主推技术资料,购买全国畜牧总站出版的《粪污处理主推技术》1 000 册,分别发给各市、县畜牧局和大型规模养殖场。畜牧技术人员不定期地深入到养殖场(户)中进行宣传引导,引导养殖场户积极支持和配合畜禽养殖污染集中整治工作,推进养殖场粪污治理配套设施建设。截止到 2015 年末,全省规模化畜禽养殖排泄物综合利用率达 50%。

【对俄猪肉出口】 加强对俄出口生猪基地建设,制定出台《黑龙江省加快标准化猪肉出口基地建设实施意见》和《关于加强出口猪肉备案饲养场管理的通知》,强化备案场质量安全管理,大力提高生猪产业素质和市场竞争力,确保猪源供应和出口猪肉质量安全。2015 年,全省 11 家对俄出口屠宰企业共申请生猪备案场 965 家,获得出入境检验检疫局批准 309 家,累计出口猪肉 8 450 吨。

【创新和完善金融服务】 创新养殖场和场内建筑物确权制度,在齐齐哈尔市对符合确权登记条件的养殖场进行确权、登记、发证,活化了养殖场的金融功能。省畜牧兽医局与省金融办、中国人民银行哈尔滨中心支行联合出台《黑龙江省活体畜禽抵押贷款指引》,开展活体畜禽抵押贷款工作。在杜蒙县、黑河等地开展先行试点。

【畜牧科研及成果奖励】 组织完成 2015 年省畜牧科技进步和畜牧业技术推广成果奖评审工作。收到符合条件的畜牧科技进步奖申报项目 19 项,经评审一等奖 8 项,二等奖 8 项,三等奖 3 项;从中择优推荐 10 项成果参加省科技奖评审,获得省政府科技奖一等奖 1 项,二等奖 3 项,三等奖 2 项;共收到申报畜牧业技术推广成果奖 32 项,经评审一等奖 11 项、二等奖 9 项、三等奖 12 项。

【行政审批事项清理】 坚持简政放权、放管结合的原则,加大向市场、社会放权力度,能取消的权力事项一律取消,为市场“放权松绑”。深入清理行政审批事项。严格按照“法定职责必须为、法无授权不可为”的原则,认真梳理承担的权力事项,科学编制“权力清单”“责任清单”和权力运行流程图。对于不利于经济社会发展需要的删除 14 项、取消 3 项、暂停实施 2 项,实际保留行政权力 107 项。同时,做好市、县两级权力清单的审核工作,严把质量关。在此基础上,完成省级责任清单一并予以公布。认真做好行政审批事项下放和承接工作。对于农业部和省级取消的项目立即停止实施,及时印发文件对外公布。对下放管理的事项,提出衔接意见和落实措施,做好各层级之间的承接工作,确保权力运行不断档。加强和改进事中事后监管,对取消、下放的行政审批事项,逐一落实监管措施,坚决防止中途截留、变相审批、随意新设、明减暗增等行为发生。开展农业部行政制度改革落实情况延伸绩效管理自查工作,省畜牧兽医局获得农业行政制度改革落实情况延伸绩效管理优秀单位。

【对外交流与合作】 做好访问团的接待和出访的有关工作,2015 年,共接待澳大利亚、美国、加拿大、以色列等国家和地区访问团 5 个,10 余人次。

(黑龙江省畜牧兽医局　孙铁矛)

上海市畜牧业

【概况】 2015 年,上海市积极推进养殖业布局规划编制和畜禽不规范养殖整治工作，抓好重大动物疫病防控工作，全面强化畜禽屠宰职能交接后的行业管理，加强投入品和畜产品质量安全监管，推进病死畜禽无害化处理体系建设，较好地完成了各项工作。

2015 年，上海市畜牧兽医办公室积极应对畜牧业生产的复杂形势，做好季节性暂停活禽交易的相关工作，严密监控国内生猪价格波动情况，继续实施生鲜乳价格形成机制和第三方检验检测制度，全市畜牧生产基本稳定。全市出栏生猪 204.4 万头，同比下降 15.9%。出栏家禽 1 943.9 万只，同比下降 10.3%。禽蛋产量 4.9 万吨，同比下降 5.8%。奶牛存栏 5.8 万头，奶类产量 27.7 万吨，同比增长 2.2%。奶牛累计单产达9 409千克，同比增长 3.6%，其中光明集团奶牛场累计单产达 10 吨，同比增长 1.2%，郊区奶牛场累计单产达 8 406 千克，同比增长 6.8%。

【编制《上海市养殖业布局规划》】 贯彻落实《中共上海市委、上海市人民政府关于推进新型城镇化建设 促进城乡发展一体化的若干意见》，编制实施《上海市养殖业布局规划》。截止到 2015 年 6 月底，各郊区（县）养殖业布局规划编制完毕，经市有关部门联合会审，形成市级规划初步成果。7 月中旬，市农委、市规土局和市环保局形成《关于上海市养殖业布局规划编制情况的报告》联合上报市政府。根据本市初步划定的 13.3 万公顷（200 万亩）永久基本农田，按照 0.067 公顷（1 亩）地出栏 1 头标准猪的要求，到 2020 年，郊区主要畜禽品种养殖量将控制在 200 万头标准猪以内，其中生猪年出栏量 98 万头，奶牛存栏量 4.3 万头，蛋鸡存栏 189 万羽，肉鸡年出栏 589 万羽。闵行区、宝山区、青浦区家禽养殖业将完全退出，浦东新区、奉贤区养殖量将分别削减近 70%。崇明县土地资源较为丰富的地区布局少量养殖场，松江区以种养结合家庭农场为主，总量基本稳定。

【整治畜禽不规范养殖和治理生态环境】 一是明确不规范养殖整治的工作量和时间表。锁定 2 720 家不规范畜禽养殖户，确定整治退养的时间表，截止到 2015 年底，已完成不规范养殖整治任务的 90% 以上。据统计，1～12 月各区（县）已完成 2 578 家不规范养殖场（户）的整治任务，完成总任务量的 94.8%。二是健全不规范养殖整治的工作机制。将畜禽不规范养殖整治工作纳入整建制创建国家现代农业示范区、第六轮环保 3 年行动计划和农业生态环境 3 年行动计划，对各区（县）实行目标考核。建立领导联系制度和双月通报制度，市农委领导每月赴联系地区、单位进行专项督查，并逢双月通报各区（县）及相关单位。三是配合相关区（县）做好重点地区的环境综合整治工作。贯彻市委、市政府领导“关于做好合庆、曹路地区环境综合治理、改善居民生活环境质量”的要求，配合浦东新区有关部门做好该地区畜禽养殖业环境综合整治。

【重大动物疫病防控和兽医医政管理】 一是狠抓基础免疫工作。印发《2015 年主要动物疫病免疫计划实施方案》，指导全年免疫工作。2015 年，全市共免疫牲畜口蹄疫 875 万头次，免疫禽流感 5 146 万羽次，免疫猪瘟 616 万头次，免疫高致病性猪蓝耳病 330 万头次，免疫新城疫 3 454 万羽次，免疫羊小反刍兽疫 20 万头，应免动物免疫密度均达到 100%。二是强化动物疫情监测。印发《2015 年动物疫病监测与流行病学调查计划》，部署全年监测工作。高致病性禽流感监测免疫抗体合格率为 94%，口蹄疫监测免疫抗体合格率为 90%，猪瘟免疫抗体合格率为 89%，高致病性猪蓝耳病监测免疫抗体合格率为 90%，病原学监测都为阴性。三是完成延伸绩效管理和疫苗采购招投标。开展全市春防、秋防工作监督检查，迎接农业部春防、秋防检查。完成 2015 年度重大动物疫病防控延伸绩效管理年中自评工作。完成本市 2015 年重大动物强制免疫疫苗采购项目公开招标工作，12 家企业成为本市 2015 年重大动物强制免疫疫苗的供应商。四是做好兽医医政工作。配合做好全国执业兽医资格考试委员会在上海举办的考务培训班，做好 2015 年全国执业兽医考试上海考区各项考务工作。印发《关于本市开展动物诊疗专项整治行动的通知》，部署 2015 年动物诊疗专项整治行动工作。

【病死畜禽无害化处理体系建设和机制创新】 一是加强无害化处理工作的顶层设计。推动出台《上海市人民政府办公厅关于贯彻落实〈国务院办公厅关于建立病死畜禽无害化处理机制的意见〉的实施意见》，从强化经营者主体责任、完善无害化处理体系、加强保障措施和打击违法犯罪等方面进行顶层设计。二是完善病死畜禽无害化处理网络。协调解决上海市动物无害化处理中心设施设备严重老化和长期超负荷运转问题，确定异地重建方案。协调推动崇明动物无害化处理中心项目顺利动工，支持光明食品集团上海农场建设病死畜禽无害化处理设施。覆盖域内域外、岛内岛外的无害化处理格局基本形成。三是落实养殖场户病死猪无害化处理补贴。2014 年度全市千头以上规模化养殖场无害化处理病死猪共计 66 万余头，合计下拨中央和市级补贴经费 4 725 万元。为预防病死猪补贴政策操作中的道德风险，由市农委委托安信农保，作为第三方对死猪无害化处理工作进行现场核查。

【行业监督管理】 一是加强屠宰行业布局规划和管理。组织市、区（县）农业主管部门和动物卫生监督机构分别对崇明县长兴、横沙、浦东新区久盛、松江区泗泾4家生猪屠宰场进行清理整顿，对奉贤区申兰屠宰场提出整改要求。召开全市畜禽屠宰监管工作座谈会，举办两期生猪屠宰技术和肉品品质检验培训班。二是突出生猪内脏质量安全监管工作。对猪内脏非法交易继续保持高压态势，会同市食品药品监管局、市商务委、市城管执法局印发《关于进一步加强本市生猪内脏质量安全监督管理的若干意见》，形成猪内脏质量安全监管的部门合力。市动物卫生监督部门靠前一步，主动探索建立生猪内脏包装销售的长效监管机制。三是落实屠宰场病死猪无害化处理补贴。开展2014年生猪屠宰厂（场）病害猪无害化处理补贴申报工作，组织动物卫生监督机构对屠宰企业上报的情况进行核查。在此基础上，会同市财政局落实补贴政策，2014年度本市生猪屠宰厂（场）病害猪损失头数共计29 915头，无害化处理头数为30 464头，共补贴资金2 636.9万元。四是开展屠宰场监督检查和“瘦肉精”飞行检测工作。部署开展生猪屠宰专项整治工作，对全市屠宰场进行专项检查和“瘦肉精”飞行检测工作，并通报专项整治结果。针对私屠滥宰易发区域和多发区域，严厉打击私屠滥宰、违法销售和屠宰病死猪、添加“瘦肉精”等各类违法行为，保障城市公共安全。

【畜牧业投入品和畜产品质量安全监管】 一是做好相关兽药审批事项下放工作。制定承接工作方案及各项配套制度和管理办法，变更行政审批网上办事流程、办事指南等，组织召开兽药GMP检查验收培训班，积极落实各项管理要求。配合中国（上海）自由贸易试验区建设，将兽药经营许可证行政审批项目下放至浦东新区。二是积极落实《饲料质量安全管理规范》。举办上海市饲料质量安全管理示范创建工作现场交流会暨首批部级示范企业授牌仪式。强化区县属地化监管职能，并将《饲料质量安全管理规范》相关条件纳入饲料生产许可审核标准中。引导和推动有条件的饲料生产企业开展示范创建工作。三是加快兽药产品可追溯管理进程。率先在全国组织兽药生产企业培训，帮助企业完成注册和试运行。全市所有兽药生产企业均按照计划有序推进硬件改造。四是开展各类投入品专项行动。开展兽药产品标签和说明书规范行动，持续强化兽药产品标签和说明书监管。开展兽用抗菌药经营使用专项整治行动，重点打击擅自改变组方、违规添加禁用兽药、人用药品或其他药物的违法行为。开展高温季节饲料生产企业原料专项检查，重点检查原料采购、检测、仓储和使用等环节的管理情况。五是开展行业专题调研活动。开展饲料原料安全使用情况专题调研，探索建立饲料原料安全卫生使用指南。配合中国饲料工业协会开展宠物饲料行业调研。开展《兽用处方药和非处方药管理办法》专题调研，为后续兽用处方药管理政策调整提供依据。六是组织开展各项监测任务。组织完成2015年度的兽药饲料质量监督、兽药残留监控、动物源细菌耐药性监测、地产生猪出栏前“瘦肉精”及其替代品监测等监测任务。2015年全年共监测各类样品102 021批次，其中“瘦肉精”及其替代品监测共计97 752批次，合格率100%；饲料监测3 154批次，合格率99.65%；兽药及兽药残留监测1 115批次，合格率98.83%。

【畜牧系统基本建设项目和标准化建设项目】 一是加快推进畜牧标准化生态养殖基地建设项目和现代农业生产发展资金项目实施。对建成的畜牧标准化生态养殖基地建设项目进行市级验收。配合市财政局对浦东新区东滩种猪生产基地现代农业生产发展资金项目进行验收。督促指导其他区（县）加快推进有关项目建设和竣工验收。配合市财政局下达2015年中央现代农业生猪主导产业项目实施计划的批复，2015年中央现代农业项目4个，总投资1.598亿元。完成5家农业部畜牧养殖标准化示范场创建工作。二是加快推进畜禽场节能减排项目实施。配合完成2013年31个畜禽场减排项目建设项目的资金核准下达工作。配合环保部对2014年25个畜禽场减排项目的验收、核查和资金下拨等工作。配合做好2015年14个畜禽场减排项目的培训和建设项目实施方案的编制、审核和审批等工作。协调推进崇明县中小型生猪饲养场（户）片沼气工程项目建设和验收工作，推进项目长效管理制度的完善和建设。

【种畜禽换证验收】 召开全市畜禽遗传资源保种工作会议，解读新出台的畜禽遗传资源保种政策。落实农业部物种资源保护专项资金110万，落实市级畜禽遗传资源保护与开发利用专项资金648万元。开展种畜场换证验收工作，共15家市级种畜场取得《种畜禽生产经营许可证》。完成农业部奶牛良种补贴和奶牛生产性能测定（DHI）项目的实施工作。支持上海农场光明种猪场成功申报国家级生猪核心育种场。

（上海市畜牧兽医办公室　祁　兵）

江苏省畜牧业

【发展概况】 2015年，全省各地克服消费需求增速减缓、进口畜产品大幅增加、市场价格前期低迷等诸多困难，坚持调结构、转方式，着力扩规模、强主体，突出抓防控、保安全，畜牧业发展在调整中优化，在优化中前行。全省肉类总产量369.4万吨，同比下降2.7%，其中羊肉增长1.25%；禽蛋产量196.2万吨，同比增长0.8%；牛奶产量59.6万吨，同比下降1.8%。全年未发生区域性重大动物疫情和重大畜产品质量安全事故。全省生猪、肉禽、蛋禽和奶牛大中型规模养殖比重分别达63%、80%、87%和93%，其中生猪、奶牛同比分别提高6个百分点和7个百分点，规模结构进一步优化。

【畜牧业生产】

1.生猪。全面落实生猪调出大县奖励、生猪良种补贴等政策，稳定发展生猪生产。2015年末，全省生猪存栏1 780.3万头，同比下降1.1%，累计出栏猪2 978.3万头，同比下降3.1%；三元猪出栏比重达68%，同比下降1个百分点。

2.家禽。坚持调整优化结构，生产风险管控。2015年末，全省家禽存栏30 599.6万只，全年累计出栏家禽73 536.8万只，同比分别下降3.7%和2.9%；出栏2 000只以上的肉禽规模养殖比重达91%，存栏500只以上的蛋禽规模养殖比重达92%。

3.奶牛、肉羊生产。积极推进奶牛养殖生产方式转变，不断完善奶企与奶农利益联结机制，规模养殖结构继续优化，标准化生产水平进一步提升。2015年，全省奶牛存栏20.0万头，同比下降2.4%；存栏20头以上的规模养殖比重达97%，存栏100头以上的大中型规模养殖比重达85%，同比分别提高7个、8个百分点。大力发展肉羊规模养殖，推广高床养殖和颗粒饲料应用，促进肉羊业发展。2015年末，全省羊存栏417.5万只，同比增长0.9%，全年累计出栏羊730.2万只，同比增长1.5%。

（华　棣）

【饲料工业】　全面推进《饲料质量安全管理规范》实施，树立饲料质量安全管理标杆，积极参与农业部组织开展的饲料质量安全管理规范示范企业创建工作。太仓安佑生物科技有限公司等7家企业通过部级示范企业现场验收，创建示范企业数量居全国前列。2015年，全省共有各类生产企业664个。全省工业饲料总产量为1 027.7万吨，饲料添加剂总产量40.1万吨，饲料加工机械设备成套机组1 016台套，单机21 051台，全省饲料工业总产值489亿元（不含饲料原料产值）。饲料质量安全水平稳步提升，2015年完成饲料产品质量监测208批，合格率98.73%；饲料中违禁添加物监测188批，合格率100%；反刍动物饲料中牛羊源性成分监测111批，合格率100%。

（杨丽娟）

【草原保护与建设】　2015年全省人工种草面积24 318公顷。组织开展国家草品种区域试验，江苏省农科院畜牧研究所、省中科院植物研究所承担了豌豆、金花菜、紫云英、狗牙根、草坪型狗牙根等试验组的测定后续试验和新增苦荬菜、结缕草试验组的区域试验，并对7个狗牙根品种和3个结缕草品种开展对照保种和扩繁。配合农业部草种检测中心在南京富得草业公司、盐城市海缘种业公司完成13批次样品抽检工作。

（张文俊）

【动物疫病防控概况】　2015年全省重大动物疫病防控工作秉持依法防控、科学防控、综合防控的原则，认真组织实施春季、夏季和秋季三大集中防疫行动，全面落实综合各项防控措施，全省高致病性禽流感、牲畜口蹄疫等重大动物疫病应免畜禽免疫密度达100%，免疫抗体合格率达80%以上，未发生区域性重大动物疫情，全面完成防控目标。

（王　彬　任雪枫）

【动物疫病监测与流行病学调查】　制定下发《2015年江苏省主要动物疫病监测与流行病学调查工作方案》，全年共完成口蹄疫、禽流感等重大动物疫病及布鲁氏菌病等人兽共患病病原学监测86 609份。全年完成流行病学调查59次，其中监测阳性追溯调查10次、种畜禽场垂直传播性疾病调查1次、口蹄疫感染状况调查1次、禽流感专项流行病学调查2次、猪流感感染状况调查1次、马传染性贫血及马鼻疽跟踪监测流行病学调查1次、疯牛病及痒病流行病学调查2次、仔猪腹泻病流行病学调查1次、常规动物疫病流行病学调查40次。

（徐正军）

【动物疫情应急处置】　编印《江苏省防控重大动物疫病应急工作手册（2015年版）》，举办全省应急性管理培训班。2015年全省迅速、规范处置并拔除高致病性禽流感疫点5个，其中4个是新发现亚型（2个H5N6、2个H5N2）禽流感，1个是孔雀等珍禽发生H5N1高致病性禽流感，查处2起养殖户从外省调进无产地检疫证明、无耳标羊发生的输入性小反刍兽疫疫情，及时发现并迅速处置2起1月龄左右新生羔羊经市场交易引起的小反刍兽疫疫情。

【乡镇畜牧兽医服务体系建设】　省级财政投入6 800多万元，按苏北、苏中、苏南分别给予30万、20万、10万的定额补助，实行以奖代补。对全省基础条件薄弱的260个乡镇站所开展了基础设施建设，省农委制定下发《“五有”乡镇畜牧兽医站建设工作意见》，有力有序推进“五有”乡镇畜牧兽医站建设工作。2015年初，省级财政下拨项目资金4 400万元。全省无自有固定场所乡镇畜牧兽医站建设项目全面推进，2015年有21个县（市、区）完成项目建设。

【兽医队伍建设】　组织开展“最美乡村兽医”评选活动。探索创新村级防疫员队伍建设，积极落实免疫注射劳务补助经费，省级安排补助经费 5 400 万元，市、县财政落实补助经费 6 000 万元。修订《江苏省重大动物疫病免疫注射劳务费补助资金使用管理暂行办法》，定期开展补助经费落实及发放情况督查。开展政府购买动物防疫服务试点，张家港市、如皋市以政府购买服务形式，委托动物诊疗机构等社会化服务组织承担基层动物防疫服务，乡镇畜牧兽医站（分所）实施监管的试点工作。

（王　彬）

【兽药产业】 积极做好兽药生产许可证下放承接工作，制定全省生产许可证办理工作程序和办事指南，建立兽药 GMP 检查员库，组织开展现场验收。推进实施兽药产品质量安全追溯工作，在兽药生产环节全面启动实施兽药二维码标识管理。在全省范围内组织推进兽用处方药分类管理实施工作，开展兽用抗菌药物专项整治行动和深化兽药产品和标签说明书规范行动，促进兽医临床和养殖环节合理使用抗菌药物，加大药物残留监控和违禁药物查处力度，有效保障了畜牧业健康发展和畜产品质量安全。截止到 2015 年底，全省共有兽药 GMP 生产企业 119 家，全年实现兽药销售总额 51.7 亿元，利税 5.06 亿元。

（孙长华）

【畜禽屠宰管理】 2015 年，全省市、县级畜禽屠宰管理职能全部划转到位，共增设畜禽屠宰管理处（科）44 个，新增行政编制 38 名、事业编制 59 名，312 个乡镇畜牧兽医站经编办批准加挂动物卫生监督分所牌子，全省初步建立"上下衔接、运转顺畅"的工作体系。省政府办公厅印发《关于加强畜禽屠宰行业监督管理工作的意见》，明确深入开展行业清理整顿等 6 项重点工作措施，全省自 2015 年开始，用 3 年时间将屠宰企业数量从现有的 989 家压减到 150 家左右。省农委和省财政厅联合下发《关于深入开展生猪屠宰行业清理整顿工作的通知》，全面启动生猪屠宰行业清理整顿。省级财政拿出 1.4 亿元资金，对整体推进完成清理整顿任务的县，分别给予 50 万～400 万元不等的工作奖补。2015 年全省有 14 个县（市、区）完成清理整顿任务，共关闭 287 家不合格生猪屠宰点。2015 年 9 月 18 日，省农委、省公安厅、省食药局联合发布《关于打击私屠滥宰等危害肉品质量安全违法犯罪活动的公告》，公布举报投诉电话，建立有奖举报制度，形成联合执法机制，严厉打击私屠滥宰、"瘦肉精"、注水和屠宰病死猪等违法行为。专项整治期间，全省共出动生猪屠宰监管执法人员 68 123 人次，查处违法案件 231 起，移送公安机关 29 起，捣毁私屠滥宰窝点 35 个，罚没款 122.72 万元。

（华绪川）

【扶持生猪生产】 中央和省级财政共安排资金 4 240 万元（中央财政 2 840 万元，省级财政 1 400 万元）用于扶持全省 30 个项目县 106 万头能繁母猪实施生猪人工授精项目，中央财政生猪调出大县奖励资金 14 183 万元专门用于扶持生猪产业发展。

【扶持肉牛生产】 肉牛良种补贴项目在新沂市、东海县、泗阳县实施，对 2 万头成年黄牛母牛进行优质冻精补贴，中央财政补贴资金 20 万元。

【扶持奶业生产】 2015 年争取中央财政资金 1 050 万元，扶持 9 个奶牛场进行标准化生产改造提升，对 13.9 万头成年荷斯坦及娟姗母牛实施良种补贴，补贴冻精 27.8 万支，中央财政补贴资金 417 万元。

（张志锋）

【标准化规模养殖】 一是奶牛标准化规模养殖场建设项目。中央投资安排江苏 1 050 万元用于奶牛标准化规模养殖场（小区）建设项目，按奶牛存栏 300～499 头、500～999 头、1 000 头以上 3 个档次分别予以 80 万元、130 万元、170 万元补助。全省共有 9 个规模奶牛场组织实施该项目。二是省级高效设施农业项目。2015 年省级高效设施农业畜禽规模养殖项目共立项 190 个，财政补助资金 10 571 万元，主要扶持畜禽养殖场的新（改、扩）建，配套机械化自动化饲养与产品采集、光照温湿通风、粪污及废弃物处理、防疫消毒等设施设备。三是畜禽标准化健康养殖项目。2015 年中央财政安排江苏补助资金2 800 万元，扶持建设一批有一定规模、生产技术基础好、在增产提质方面有示范带动作用的生产基地，增强畜禽产品应急供应能力和产品质量安全水平。全省主要支持畜种包括生猪、肉鸡、蛋鸡、肉羊和肉牛。

（华　棣）

【畜禽良种繁育体系】 2015 年，泰州市海伦羊业有限公司等 4 家单位获得农业部良种工程项目，中央投资 1 500 万元；南通华多种猪繁育有限公司获农业综合开发（畜禽良繁）项目，中央投资 200 万元；全省 18 家畜禽遗传资源保种单位实施了农业部物种资源保护（畜禽）项目，获得中央投资 740 万元。

（张文俊）

【秸秆养畜】 2015 年，全省建设国家级秸秆养畜示范项目 1 个，中央财政投入 200 万元，地方配套 200 万元；响水、滨海、阜宁、睢宁、邳州 5 个县（市）承担的国家农业综合开发秸秆养畜示范项目有序实施中。对丰县、东海县、灌南县、盐城市亭湖区的国家农业综合开发秸秆养畜示范项目和射阳县长江2号多花黑麦草种子繁育基地建设项目进行了现场检查。

（臧胜兵）

【重大动物疫病强制免疫疫苗补助】 对全省畜禽实施高致病性禽流感、牲畜口蹄疫、高致病性猪蓝耳病、猪瘟、小反刍兽疫强制免疫，免疫所需疫苗由国家进行补助、各级财政承担。其中：高致病性禽流感疫苗经费中央财政承担20%，省财政对苏南、苏中、苏北分别补助20%、60%和80%；牲畜口蹄疫和小反刍兽疫疫苗经费中央财政承担30%，省财政对苏南、苏中、苏北分别补助10%、30%和40%；高致病性猪蓝耳病和猪瘟疫苗经费中央财政承担20%，省财政对苏南、苏中、苏北分别补助20%、40%和50%。疫苗经费剩余部分，由市、县财政承担。2015年高致病性禽流感采购H5N1二价疫苗40 997万毫升、H5N1单苗9 245万毫升、新禽二联苗21 953.5万羽份，共支付疫苗款5 271.81万元；采购猪口蹄疫206苗9 342万毫升、合成肽疫苗3 866万毫升、牛羊双价苗1 694.7万毫升、牛三价苗583.04万毫升、牛A型苗16.6万毫升，合计支付苗款8 722.09万元；采购蓝耳病灭活苗8.12万毫升、江西株4 046.3万头份、湖南株1 035万头份、天津株823.1万头份，共支付苗款3 665.07万元；采购耐热细胞苗6 573.9万头份、普通细胞苗1 197.6万头份、传代细胞苗2 786.2万头份，共支付苗款2 840.33万元；采购小反刍兽疫疫苗1 302.45万头份，共支付苗款392.24万元。

【重大动物疫病强制扑杀补助】 国家对发生重大动物疫病疫情扑杀的畜禽实施补助政策，标准为家禽10元/只、猪800元/头、羊300元/只、牛1 500元/头（奶牛3 000元/头）。其中：家禽扑杀中央财政承担20%，省财政对苏南、苏中、苏北分别补助20%、60%和80%；散养户家畜扑杀各级财政承担80%，其中中央财政承担规模场40%，省财政对苏南、苏中、苏北分别补助10%、20%和30%，市县财政承担30%、20%和10%，剩余20%由养殖户自行承担；规模养殖场家畜扑杀各级财政承担60%，其中中央财政承担规模场30%，省财政对苏南、苏中、苏北分别补助10%、15%和20%，市县财政承担20%、15%和10%，剩下40%由养殖者自行承担。2015年省以上财政下达扑杀补助经费139.39万元，其中：中央财政承担48万元、省财政承担91.39万元。

（高　升）

【生猪规模化养殖场无害化处理补助】 2015年，全省养殖环节无害化处理病死生猪263.15万头，补助标准为每头80元，其中中央财政承担40元，省级财政对苏南、苏中、苏北分别承担13.6元、20元、33.6元，其余由市县财政承担。全省共申请补贴资金17 880.85万元，其中中央财政补助10 526.12万元，省级配套资金7 354.73万元。

（王永和）

【生猪屠宰环节病害猪损失和无害化处理补贴】 2015年，全省共无害化处理病害猪4.8万头，预拨中央及省级财政补贴资金3 376万元，实际支付中央资金1 632万元，省级资金869万元。

（华绪川）

【全省“五有”乡镇畜牧兽医站建设】 为加强基层动物疫病防控公共服务体系建设，提高乡镇动物疫病防控服务能力，全省继续开展“五有”乡镇畜牧兽医站建设，投入省级财政资金6 845万元，2015年，21个县（市、区）完成项目建设。

（王　彬）

【畜禽遗传资源保护与开发利用】 调整公布《江苏省畜禽遗传资源保护名录》，二花脸猪等30个畜禽遗传资源列入保护名录。成立了第二届省畜禽遗传资源委员会。江苏省农业委员会与地方政府、省级保种单位签订三方保种协议，认定公告省级畜禽遗传资源保种场24个、保护区4个和基因库3个。对盱眙山区水牛等5个资源状况开展专题调研。金坛米猪原种场、张家港市畜禽有限公司、江苏兴旺农牧科技发展有限公司3家单位被农业部确定为第四批国家级畜禽遗传资源保种场。18家畜禽遗传资源保种单位实施农业部物种资源保护（畜禽）项目，获中央投资740万元；30家畜禽遗传资源保种单位实施省级农业三新工程（畜禽遗传资源保护）项目，项目投入825万元。启动省级畜禽遗传资源监测评估平台建设。开展地方猪品种登记工作，全省9个单位已将18 785头种猪数据登记录入网络平台，其中，苏州苏太企业有限公司等4家单位被国家畜禽遗传资源委员会办公室评为“中国地方猪品种登记试点工作”先进单位。

【种畜禽生产】 依法为20家单位办理省级种畜禽生产经营许可证，全省持证种畜禽场354家，其中省级发证场74家。全年从国外引进种禽156 163只、奶牛10 560头、种猪70头、种兔80只。江苏畜禽种业信息网正式开通。江苏省家禽科学研究所家禽育种中心和江苏兴牧农业科技有限公司被农业部确定为第一批国家肉鸡核心育种场，江苏立华牧业有限公司和江苏京海禽业集团有限公司被农业部确定为国家肉鸡良种扩繁推广基地。

（张文俊）

【"瘦肉精"专项整治】 深入开展饲料生产经营、畜禽养殖、收购贩运、屠宰等环节的"瘦肉精"整治，加大"瘦肉精"检测力度，进一步严格落实"瘦肉精"监督监测和自检比例要求、实行"即检即宰"制度和建立健全飞行检查制度等关键措施，严厉打击饲养环节非法使用和屠宰环节非法添加等违法犯罪行为。2015 年全省各级财政落实"瘦肉精"工作经费 2 787.05 万元，全省共抽检企业（场、户）64 553 个，抽检样品数达 115.11万份，合格率达 100%。

（朱丽英）

【生鲜乳质量安全监管】 按照《农业部办公厅关于开展 2015 年生鲜乳违禁物质专项整治行动的通知》要求，开展生鲜乳违禁物质专项整治行动。印发《关于做好生鲜乳抽样检测工作的函》，开展生鲜乳质量安全监测工作。完成部、省级下达的奶站、奶罐车及养殖场各类生鲜乳质量监测任务 1 740 批，涉及 509 个抽样点，结果全部合格。协助农业部对江苏省开展生鲜乳异地抽检 50 批。

（王永和）

【动物卫生监督】 深入推进动物卫生监督信息化建设，完善检疫电子出证方式，确保检疫出证、动物卫生信息化水平不断提升。全年全省共有效电子出证 833.5 万份，上传检疫痕迹化管理信息 70 万条。开展官方兽医资格审核和出省境检疫官方兽医备案工作，新确认官方兽医 97 人，注销 123 人，备案负责出省境动物检疫官方兽医 1 965 名。组织实施 3 年轮训计划，分别在常州、扬州、宿迁举办了 3 期基层动物卫生监督所长培训班，共培训人员 500 多人。进一步加强省际畜禽运输检查消毒站管理，经省政府同意，调整盱眙马坝检查站站址，撤销南京泰山新村、宜兴洑东、徐州泉山火花 3 个省际畜禽运输检查消毒站，各检查站全年共检查入（过）江苏车辆 5 万辆，查出违规运输车辆 657 辆。深入推进病死动物无害化收集处理体系建设，2015 年，新建沛县、邳州市、睢宁县、海门市等 12 个病死动物无害化处理中心。

（仇兴光）

【兽医实验室管理】 制定下发《2015 年江苏省动物疫病监测与流行病学调查工作方案》，进一步健全各级兽医实验室管理制度，强化兽医实验室生物安全管理，加大定点监测和流行病学调查工作力度，在各地设置各类畜禽疫病固定监测点 40 个，流行病学调查点 10 个，开展持续监测，掌握疫病动态。各级兽医实验室工作能力和水平进一步提高，所有市级实验室均具备了病原学检测能力，动物疫病监测工作数量和质量稳步推进。

（徐正军）

【畜牧生态健康养殖示范创建】 各地深入开展畜牧生态健康养殖示范创建活动，帮助指导养殖场（户）引进优良畜禽品种，普及科学饲养规程，完善粪污处理设施，规范生产档案记录，努力提高畜禽标准化规模养殖水平。2015 年，全省共创建畜牧生态健康养殖示范场 216 家，到期复检合格 265 家，累计 2 691 家；创建农业部畜禽标准化示范场 18 家，累计 153 家。

（史波良）

【畜牧行业产业结构布局优化】 全省畜牧业产业布局继续优化，苏北主产区地位进一步巩固和加强。一是生猪。苏南、苏中、苏北 3 个区域肉猪出栏分别占全省肉猪出栏总数的 11.6%、24.8% 和 63.6%。全省年出栏生猪超过 50 万头以上的县（市、区）32 个，出栏量占全省的 73.1%，其中阜宁县、如皋市、泰兴市、东台市、新沂市、邳州市、如东县、沭阳县、滨海县、盐城市大丰区生猪出栏量位居全省前 10 位。二是家禽。全省年出栏家禽超过 1 000 万只以上的县（市、区）34 个，出栏量占全省的 80%。其中沛县、邳州市、丰县、东台市、睢宁县、盐城市大丰区、阜宁县、宿迁市宿豫区、滨海县、如东县家禽出栏量位居全省前 10 位。三是肉羊。全省重点建设徐宿、沿海、沿江、丘陵 4 个肉用山羊优势区和环太湖肉用绵羊优势区。全省肉羊出栏超过 40 万头以上的县（市、区）11 个，出栏量占全省的 62.4%，其中睢宁县、丰县、东台市、启东市、徐州市铜山区肉羊出栏量位居全省前 5 位。

（华　棣）

【畜产品和畜牧投入品质量安全监测】 2015 年继续开展全省畜产品质量安全例行监测，全年共组织监测生猪、牛羊肉、禽肉产品 8 244 批，合格率 99.8%，与上年持平。完成部级、省级奶站、奶罐车及养殖场各类生鲜乳质量监测任务 1 740 批，涉及监测点 509 个，结果全部合格。组织开展重点时段畜产品质量安全及"三品"监督抽检 602 批。协助农业部对江苏省开展畜产品例行监测 400 批、生鲜乳异地抽检 50 批。完成农业部兽药残留监控 660 批。组织开展全省生猪养殖、屠宰环节"瘦肉精"监测 40 万多批。完成饲料监测 565 批，其中饲料中违禁添加物监测和反刍动物饲料牛羊源性成分监测合格率 100%。抽检兽药产品 606 批。继续组织开展风险监测，并将风险监测范围扩大到兽药、饲料等畜牧投入品，全年组织开展兽药、饲料、生鲜乳、蜂蜜、猪肉、禽肉、禽蛋产品的风险预警监测 3 462 批。

（江苏省农业委员会　储瑞武）

浙江省畜牧业

【概况】 2015 年，浙江省围绕"五水共治"和"两美浙江”建设，深化推进畜牧业转型升级，组织实施《湖羊、兔、蜜蜂等特色优势畜牧业提升发展3年行动计划(2015—2017年)》，生猪生产继续下调，湖羊、蜜蜂等特色畜牧业发展迅速。2015年全省牧业产值426.2亿元，占农林牧渔业总产值的14.53%。肉类总产量131.1万吨，同比下降16.5%(其中猪肉产量103.3万吨，下降18.7%；禽肉产量23.7万吨，下降9.5%；牛肉产量1.2万吨，同比持平；羊肉产量1.8万吨，增长5.9%)。禽蛋产量33.3万吨，下降14.6%。牛奶产量16.5万吨，增长3.8%。

1. 主要畜禽养殖量继续减少。全省生猪饲养量2 045.8万头，下降23.9%(其中存栏730.2万头，下降24.3%；出栏1 315.6万头，下降23.7%)。家禽存栏7 518.2万只，下降10.6%；出栏15 202.3万只，下降12.5%。牛存栏15.0万头，下降5.1%(其中奶牛存栏4.4万头，下降4.3%)；出栏8.3万头，增长1.2%。

2. 特色畜牧业发展迅速。全省羊存栏113.4万只，增长1.8%；出栏111.7万只，增长7.5%；湖羊存栏增长8.51%，出栏增长11.01%。蜜蜂存栏93.29万箱，增长5.54%。

3. 主要畜禽规模化程度继续提高。据统计，2015年全省生猪规模养殖比例为88.90%，比上年同期提高4.79个百分点，其中年出栏500头以上养猪场出栏数占总出栏的70.12%，提高13.99个百分点；肉鸡规模养殖比例为92.84%，提高1.87个百分点；奶牛规模养殖比例为99.20%，提高0.19个百分点。

4. 畜禽养殖有盈有亏。据监测，2015年全省猪粮比平均为6.28:1，肉猪头均养殖利润达200元以上；全省每千克鸭蛋盈利1.20元；主产区建德市每千克鸡蛋盈利0.50元，主产区金华市每千克牛奶亏损1元，主产区嘉兴市和湖州市商品湖羊头均盈利100元，主产区江山市每箱蜜蜂盈利300元。

【饲料工业】 截止到2015年底，浙江省共有饲料和饲料添加剂生产企业380家，比上年减少31家。其中配合饲料、浓缩饲料、精料补充料生产企业217家，单一饲料生产企业56家，饲料添加剂和添加剂预混料企业107家。饲料和饲料添加剂总产量623.52万吨，比上年(834.34万吨)下降25.27%，其中配合饲料382.53万吨，下降20.17%；浓缩饲料6万吨，增长4.17%；添加剂预混合饲料13.23万吨，下降1.85%；饲料添加剂23.3万吨，增长6.44%；单一饲料198.97万吨，下降36.65%。受全省生猪存栏大幅下降影响，猪料产量降幅明显，总产量180.49万吨，下降33.91%。全省饲料及饲料添加剂产品工业总产值326.22亿元，同比下降10.57%。

【兽药产业】 截止到2015年底，浙江省共有兽药生产企业72家，兽药经营企业1 616家，其中兽用生物制品经营企业65家，进口兽药经营企业1家。兽药产业稳定发展，据统计，全年兽药总产值33.96亿元，其中原料药24.23亿元，兽药制剂9.73亿元，全年进口兽药共计1 177.20万美元。

【屠宰产业】 截止到2015年底，浙江省共有生猪定点屠宰企业310家，其中定点屠宰场117家，小型屠宰场点193家，年屠宰生猪1 784万头；规模企业(年屠宰量2万头以上)144家，年屠宰量1 541万头，分别占企业总数、总屠宰量的46.45%和86.38%；年屠宰量100万头以上的企业1家(义乌华统)。全省有牛集中屠宰点10个，共屠宰牛10.86万头；羊集中屠宰点5个，共屠宰羊9.52万头；设区、市认定的家禽定点屠宰企业14家，屠宰家禽2 236万只。

【生态畜牧业建设】 2015年，浙江省以畜禽养殖污染整治为重点推动生态畜牧业建设，提前一年基本完成畜禽养殖污染治理任务。截止到年底，全省共整治年存栏50头以上养殖场14 964个，其中关停8 329个，治理6 635个；已整治养殖场完成验收9 316个，占10 027个保留场的92.9%。90%治理养殖场(约400万头存栏生猪)通过农牧结合、生态消纳，实现资源化利用，年利用沼液1 460万吨；10%养殖场(约156万头存栏生猪)通过工业治理、达标排放等途径，实现零污染。新建标准化水禽场142个，畜禽粪便收集处理中心29个，新增消纳地22.8公顷，畜禽规模养殖场排泄物资源化利用率达98%。组织开展生态示范牧场创建，全省全年共创建生态标准化示范牧场310家。在龙游县、南浔区开展整县制农牧结合生态畜牧业发展试点。

【畜牧产业发展】

1. 示范场创建。2015年，继续组织开展国家、省级畜禽养殖标准化示范创建活动，并进行2012年农业部挂牌示范场复检工作。经审定，新确定17个农业部畜禽标准化示范场，36个省级畜禽标准化示范场，2012年确定的42个场有30个继续确定为农业部标准化示范场。组织推荐110个畜禽养殖标准化典型场。

2. 畜禽种业与资源保护。2015年，浙江省出台《关于加强省级畜禽遗传资源保种场管理工作的意见》，成立浙江省畜禽遗传资源委员会，启动实施畜禽遗传资源保护协议制度，与33个资源场签订协议，对26个地方遗传资源落实协议保种场。杭州市大观山育种有限公司、浙江光大种禽业有限公司分别被认定为国家生猪核心育种场和国家肉鸡核心育种场。诸暨市国伟禽业发展有限公司培育的“国绍Ⅰ号”新品系获得农业部颁发新品种(配套系)证书。认定9个省级畜禽遗传资源保种场,并实施了国家畜禽遗传资源保护项目。

3. 新型主体培育。2015年,浙江继续鼓励引导规模养殖场、屠宰加工企业等抱团组建大型合作社或联合社,全省全年推出30个合作紧密、制度健全、效益明显的新型合作主体20家,累计培育150个;全省年生产能力50万吨饲料企业已达6家。

4. 特色产业振兴。2015年6月,经省政府同意,浙江省农业厅发布《湖羊、兔、蜜蜂等特色优势畜牧业提升发展三年行动计划(2015—2017年)》,计划实施湖羊、兔业提质增量、秸秆饲料换肉、蜂业振兴助农、核心种业提升、特色精品培育五大专项行动。9月,启动实施蜜蜂产业振兴计划,实施中蜂十箱万元增收、标准化设施养殖、百万亩蜜蜂授粉、科技创新以及全产业链示范创建五大工程。10月,成立浙江省畜牧产业协会兔业分会。

2015年浙江省湖羊饲养量比振兴计划实施前的2012年增长11.05%,湖羊标准化示范场达24家,其中国家级6家、省级12家。据主产区湖州市统计,存栏100只以上规模化养殖比重达58.6%,比实施前提高16.8个百分点。湖羊南移拓展,金华、绍兴、丽水等钱塘江以南地区新建一批规模羊场,占全省湖羊总存栏的11.3%。推进湖羊全产业链建设,湖州市南浔区投资1 000万元建设的湖羊屠宰交易中心已基本完工。

5. 供沪基地建设。2015年新增供沪基地9家,全省共有供沪基地147家,其中综合性基地14家,活畜禽基地100家,动物产品基地33家。全省全年供沪生猪240 067头,猪肉68 437.4吨;家禽240.6万羽,禽产品439.6吨;羊肉1.92吨,猪及牛副产品2 441.9吨,牛肉4 014.9吨。

6. 监测与预警。2015年,针对生猪价格向好、生鲜乳价格持续低迷这一行情,浙江省加强畜禽产品监测与预警,开展专项调查,及时做好后市形势分析。自1月起,在农业部生猪、肉鸡生产定点监测县同步开展年出栏生猪1 000头以上、肉鸡10万羽以上规模养殖场监测工作。调整生猪、肉鸡生产及养殖效益监测县,将象山县、绍兴市上虞区调换为余姚市、临安市,调整生猪监测村18个、监测户55个,肉鸡监测户9个。

【病死动物无害化处理工作】 2015年,浙江省基本建成运行(试运行)集中无害化处理厂41个,除舟山市外,纳入"十二五"规划的集中处理设施建设工作已基本完成。建立病死畜禽收集暂存点2 193个,率先在全国构建了网格化的死亡动物收集体系,建立了常态化的死亡动物收集处理机制。省发改委、省财政厅、省农业厅、省保监局联合出台指导意见,省财政落实了保险配套经费,推动生猪保险与无害化处理联动模式扩面试点到34个县(市、区)。86个县(市、区)实施了养殖环节病死猪无害化处理补助政策,平湖、慈溪等县(市、区)出台了无害化处理厂保障运行财政托底政策。省农业厅、省财政厅联合出台《关于推进死亡动物跨区域联动处理机制建设的意见》,明确跨区域处理动物防疫监管及处理经费异地结算支付等要求,湖州、宁波市本级处理厂实行跨区处理机制,杭州、台州、温州部分县采取对接措施。2015年2月28日,农业部在嘉兴市召开全国病死畜禽无害化处理机制建设现场会。2015年11月9日,农业部在衢州市召开全国生态循环农业现场交流会,与会议代表现场考察龙游县无害化处理中心。中央电视台、新华网、浙江日报等主流媒体多次对浙江模式做了深度报道。

【畜禽屠宰管理】 2015年,浙江省、设区市和有畜禽屠宰任务的县(市、区)全面完成了畜禽屠宰监管职责移交,建立了畜禽屠宰管理联席会议制度,组建了由农业、市场监管、公安等部门人员组成的屠宰管理联合稽查队。2015年11月,省畜禽屠宰管理工作第二次联席会议增补11个设区市政府为成员单位,进一步落实了畜禽屠宰监管属地责任。部署开展生猪定点屠宰企业资格审核清理工作,组织实施屠宰企业改造提升,引导推进"低小散"企业兼并重组,严格行业准入,省财政落实畜禽定点屠宰厂(场)升级改造补助资金1 530万元,全年共关停生猪定点屠宰场16家,改造提升17家。

【家禽"杀白"上市】 2015年,浙江省深化落实家禽"杀白"上市制度,严格"杀白"禽产品准出标准和市场准入,督导规范家禽屠宰检疫,落实"净膛"措施和"一证两标"标识。主动加强与兄弟省市对接,对调往浙江省设区市主城区的"杀白"禽产品,要求配合做好"净膛"检疫并规范检疫证章标志管理。推动家禽定点屠宰规范化,在绍兴市试点开展家禽屠宰标准化管理。制订实施《深化推进家禽净膛"杀白"上市工作专项行动方案(2016—2018年)》,计划通过3年行动,全面落实设区市主城区家禽净膛"杀白"上市制度。

【畜产品安全专项整治】 2015年3月开始,浙江省部署开展肉品安全专项整治"百日会战"行动和生猪屠宰专项整治,严厉打击私屠滥宰等违法行为,全年共出动执法人员近3.5万人次,查获问题肉品近3.5万千克,行政立案234起,移送公安机关22起。部署开展"瘦肉精"等违禁物质"三项"整治,严格落实监督抽检和风险隐患排查,全省抽检各类样品160万批次,抽检合格率达到99.9%,查处省外调入活畜含"瘦肉精"案件4起,全年未发生重大畜产品质量安全事件。

【饲料兽药质量安全监管】 2015年，浙江省完成部、省级饲料、兽药质量检测抽检抽检1 302批次。深化实施饲料质量安全管理规范，全面启动实施兽药产品追溯制度，全省共创建2家饲料质量安全管理规范实施部级示范企业，有15家兽药企业实施兽药产品赋二维码出厂。部署开展兽药产品标签和说明书规范行动，累计检查兽药生产企业等4 708家，销毁不规范标签说明书1.7万份。探索建立饲料兽药生产经营企业质量安全信用管理制度。

【动物疫病防控】 2015年，浙江省组织开展四季重大动物疫病防控行动，全省全年调拨高致病性禽流感、口蹄疫等疫苗3.17亿头（羽）份，免疫生猪等牲畜0.82亿头（次）、免疫家禽3.01亿羽（次），应免畜禽的重大动物疫病免疫密度均达到100%，免疫合格率均达到70%以上，全年疫情态势平稳，未发生区域性重大动物疫情。严防人兽共患病，全省普查奶牛结核病45 374头次，牲畜布鲁氏菌病81 121头次，血吸虫病牛3 694头次，农业面源血吸虫病继续保持阻断标准。动物防疫信息化管理进一步推进，70%以上的县（市、区）实施了动物检疫电子出证，临安、海盐等地家畜养殖、免疫检疫、病死动物无害化处理基本实现实时动态信息化管理。组织目标管理考核和两次飞行监测，对丽水市等6个市和杭州市萧山区等22个县（市、区）指挥部给予表彰奖励，省农业厅获农业部2014年加强重大动物疫病防控延伸绩效管理考核表彰。2015年12月21日，省防治动物疫病指挥部在安吉举办年度全省防控重大动物疫情应急演习。

【动物卫生监督】

1.队伍建设。2015年，浙江省部署开展基层动物卫生监督队伍建设“1234”（即“一例会、二轮训、三抽查、四规范”）行动，梳理编印畜牧兽医工作有关法规和制度，制订动物检疫监管工作指导意见，全年组织全省性教育培训6期，累计培训基层人员2 800余人（次），切实增强畜牧兽医一线工作人员的履职意识和风险防控能力。系统内涌现一批典型，象山县畜牧兽医总站（动物卫生监督所）站长（所长）陈淑芳获“最美浙江人——2015年度浙江骄傲人物”称号，《农村信息报》推出“最美三农人·畜牧卫士”系列报道，对5个基层站所、5位基层动物检疫人员进行了事迹宣传。

2.动物检疫。2015年，浙江省产地检疫动物17 342.93万头（只），其中生猪1 119.30万头，家禽16 072.89万只，牛羊32.03万只，检出并处理不合格动物2.52万头（羽）；屠宰检疫动物4 783.40万头，其中生猪1 779.55万头，家禽3 011.82万只，牛羊51.97万只，检出并处理不合格动物27.04万头（只）；全省全年检疫电子出证213.27万张。

3.动物调运流通监管。2015年，浙江省监管调入动物1 717.38万头（羽），其中生猪682.46万头，牛、羊47.24万头，家禽987.66万羽；调入食用动物产品50.54万吨，其中猪肉14.97万吨，禽肉11.63万吨，动物副产品22.59万吨；调入皮张23.14万张。全省全年共进行调入动物及动物产品备案21.04万批次，增长31.77%；报验并核查16.44万批次，增长34.86%。6月25日，长深高速公路庆元动物卫生监督检查站启动运行，全省共有18个经省政府批准同意设立的省际公路动物卫生监督检查站投入运行。

4.动物卫生行政许可。2015年，浙江省新核发《动物防疫条件合格证》285个，累计核发4 310个，其中养殖场4 062个，屠宰场233个，无害化处理厂15个；新核发《动物诊疗许可证》91个，累计核发402个；检疫审批跨省引进种用乳用动物64批，其中种猪47批，种禽12批，种羊2批，奶牛3批。

5.动物诊疗和执业兽医监管。2015年，浙江省按农业部部署开展全省动物诊疗专项整治行动，开展执法804次，出动执法车辆1 098车次，出动执法人员数量3 313人次。经整顿，全省清理关闭不合格动物诊疗机构数量17家，查处违法案件30件，没收违法所得3.30万元，罚款5.26万元；新注册执业兽医师120名，新备案执业助理兽医师17名，新登记乡村兽医1 285名。全省共有持证动物诊疗机构401家，执业兽医师或执业助理兽医师789名。

6.动物卫生执法办案工作。2015年，浙江省动物卫生监督机构按一般程序立案查处各类案件662件，罚没款118.98万元。其中，“应当检疫而未经检疫或未附动物检疫证明动物或动物产品”类案件322件，“违反《浙江省动物防疫条例》有关规定从省外调入动物或动物产品”类案件207件，“不按规定处置病死动物或动物产品”类案件39件，“违反动物诊疗与执业兽医监管规定从事动物诊疗服务活动”类案件32件，“转让、伪造、变造动物检疫合格证明（或开具虚假检疫信息追溯凭证）”类案件18件，其他类案件44件。移交其他行政执法机关查处案件9件，涉嫌犯罪移送刑事立案案件5件。

7.漂浮死猪防控。2015年，浙江省组织实施无害化处理专项监管行动，加强重点水域的清查、打捞和无害化处理工作，打击随意弃置病死动物行为。全省累计出动巡查人员4万余人（次），排查各类场所2.9万个，查处违法案件8起，在黄浦江上游和富春江沿线的19个重点县建立了信息日报制度，从源头上消除了发生流域性漂浮死猪事件的隐患。

【畜牧技术推广】 2015年，浙江省在规模养殖场重点推广自动喂料系统、湖羊全混合日粮配置、饲草料喂料车以及畜禽粪便资源化利用等新型设备，全省共有

400家畜禽规模养殖场安装自动喂料系统1 738条，固液分离设备200多套。省农业厅制定公布25个畜牧业主导品种和11项主推技术。总结推广3种水禽旱养标准化技术并在德清、苍南、缙云等地建立示范点。举办全省性和区域性的基层畜牧兽医骨干、生产经营主体培训23期2 029人次。开展畜牧兽医及饲料鉴定12期961人次，其中动物疫病防治员2期265人次，动物检疫检验员2期268人次，兽医化验员2期118人次，家畜繁殖工2期160人次，饲料检验化验员2期74人次，饲料厂中央控制室操作工1期30人次，饲料加工设备维修工1期46人次。

【兽医实验室管理】 2015年8月，浙江省动物疫病预防控制中心实验室通过农业部省级兽医实验室现场考核。截止到2015年底，全省86个市、县级实验室通过省级动物疫病监测诊断实验室第一轮考核，全省有19个兽医实验室通过计量认证。

【动物疫情监测】

1. 重大动物疫病。2015年，浙江省对1.73万个场点进行重大动物疫病免疫抗体采样监测，共检测各类样品40.55万份。高致病性禽流感、O型口蹄疫、亚洲Ⅰ型口蹄疫、A型口蹄疫、猪瘟、新城疫、高致病性猪蓝耳病的总体免疫抗体合格率分别为91.31%、81.29%、77.82%、86.07%、83.70%、85.19%和88.57%，均超过农业部要求的70%标准。

2. H7N9流感。继续做好人感染H7N9流感溯源调查和动物感染情况的溯源监控。对全省范围内的种禽场、活禽批发市场（农贸市场）、规模养殖场（村）以及野生禽鸟栖息等场点进行H7N9剔除计划，开展流感病原学监测、血清学监测和流行病学调查工作。全省共监测6 269个场点，采集检测禽血样11.38万份、病原学样品3.23万份，监测到30份阳性样品并按规定对检出场点采取措施消除隐患。

3. 小反刍兽疫。全省对567个羊场开展了小反刍兽疫免疫抗体效果监测评估，采集并检测各类样品1.77万份，免疫抗体总体合格率为80.10%，未监测到小反刍兽疫病原学阳性样品。

4. 非洲猪瘟。重点对杭州市富阳区、绍兴市上虞区、嘉兴市南湖区、浦江县、德清县、丽水市莲都区、奉化市、龙游县、遂昌县、苍南县10个猪病定点县开展非洲猪瘟采样监测，共采集生猪血清及生猪抗凝血样品各600份，检测结果均为阴性。

5. 人兽共患病。全省对1718个场点开展了家畜布鲁氏菌病监测，监测各类样品10.35万头，样品阳性率为0.16%，场点阳性率为1.92%。对222个奶牛场、124个散养户的4.93万头奶牛进行结核病监测，样品阳性率为0.06%，场点阳性率为4.34%。对3个牛场、214个散养户的4 230头牛进行了血吸虫血清学监测，结果均为阴性。对27个规模场、22个诊疗机构、48个散养户的886只犬进行了狂犬病血清学监测，样品阳性率为44.66%。

【全面落实各项扶持经费】 2015年，浙江省共落实和下达中央、省级政策性补助经费41 853.42万元。其中：《浙江省动物防疫基础设施建设“十二五”规划》下达40个市县，124个子项目，省级资金安排2 624.09万元；全省后备母牛补贴资金775.36万元；拨付嘉善、衢江、江山、萧山等19个国家生猪调出大县（区）奖励资金6 641万元；拨付生猪良种推广补贴资金1 440万元、奶牛良种推广补贴资金230万元；拨付农业部种质资源保护经费295万元；下达21个公（铁）路检查站补助经费810.6万元，动物疫病监测和预警预报经费723万元；下达基层动物防疫工作补助经费2 000万元；落实动物疫病强制免疫疫苗经费5 407.18万元，其中中央经费2 724万元，省级经费2 683.18万元；落实能繁母猪预警系统建设专项资金380万元；落实全省生猪规模化养殖场病死猪无害化处理专项经费（下半年）15 534.53万元，落实屠宰环节病害猪无害化处理专项经费4 822.94万元，其中：中央补助2 612万元、省财政2 210.94万元。落实省政府办公厅对家禽业实施紧急救助政策，省财政拨付大型禽产品加工企业收储冷藏补助资金169.72万元。

【省部级投资建设的畜牧业项目】

1. 中央投资项目建设。2015年共安排中央资金3 560万元，组织实施3类项目，其中：3个奶牛标准化规模养殖场，总投资620万元，其中中央投资290万元；中央财政安排1 270万元补助资金，在22个县（市、区）实施畜禽标准化养殖项目；安排2 000万元补助资金，在5个县开展牧场和畜禽生产合作社畜禽粪污资源化利用试点。

2. 省级项目建设。2015年，组织实施5类省级专项项目，共下达各类项目补助资金5 000万元，其中：17个县（市、区）实施40个畜禽标准化场提升改造项目补助2 000万元，江山等13个县（市、区）发展中蜂养殖、兰溪等6县（市、区）建设专业授粉蜂场、桐庐等8县（市、区）建设标准化、机械化养蜂示范场补助资金760万元，海宁等14个重点县（市、区）建设标准化羊场、秸秆饲草收集处理中心、规范的湖羊屠宰加工厂和商品羊集散中心补助资金940万元。萧山等13个县（市、区）新型畜牧合作组织培育补助资金800万元，南浔区、龙游县实施整县制推进生态家庭农场试点补助资金500万元。

（浙江省畜牧兽医局　李玲飞）

安徽省畜牧业

【畜牧业生产】 2015年底,全省生猪存栏1 539.4万头,同比下降2.9%,其中,能繁母猪存栏135.3万头,同比下降4.2%。牛、羊、禽分别存栏为164.6万头、688.3万头、23 860.0万只,同比增长7.8%、7.1%和下降1.9%。全年全省生猪、牛、羊出栏量分别为2 979.2万头、112.5万头、1 133.5万头,同比分别下降3.6%、9.9%和增长5.4%。全年全省家禽出栏75 286.0万只,同比增长5.1%。

(安徽省畜牧兽医局 张 菊)

【饲料工业】 2015年安徽省饲料产品总产量543万吨,同比增长5.4%,其中配合饲料511万吨,浓缩饲料17万吨,添加剂预混合饲料15万吨,同比分别增长5.4%、-4.5%、9.8%;各类单一饲料产量33.4万吨。全省饲料工业总产值154亿元,同比增长23.2%。

截止到2015年底,安徽省共颁发生产许可证(包括到期换证)303个,其中饲料添加剂生产许可证23个,混合型饲料添加剂生产许可证11个,添加剂预混合饲料生产许可证73个,单一饲料生产许可证53个,配合饲料、浓缩饲料、精料补充料生产许可证143个。

饲料监管主要工作:一是强化获证企业监管,规范饲料生产行为。2015年获证企业年度备案现场检查为100%,各市、县饲料行政管理部门共检查获证企业260家,同意备案企业204家,不同意备案企业49家,年度备案合格率达78.4%。对不同意备案企业要求限期整改,经整改仍达不到要求的饲料生产企业,坚决依法予以取缔。2015年上报申请注销饲料及饲料添加剂生产企业7家,促进了企业规范化管理。二是加强流通环节监管,严厉打击饲料"三无"产品。全年全省有关部门监督抽查饲料产品450批次,442批次合格,合格率为98.2%,比上年(97.2%)略有提高。省级监管部门组织集中监督检查1次,抽查企业60家;各市、县共出动执法人员980多人次,对辖区内饲料生产、经营和使用环节进行检查,查处问题28起,其中不合格饲料案8起,分别给予整改、罚款、建议注销等处理;同时对2家企业涉嫌生产保护期内的饲料添加剂产品,由辖区内饲料执法部门进行查处,给予停产整改和建议注销处理,规范和净化了饲料市场经营行为。三是落实监管责任,推行饲料质量安全管理规范。省畜牧兽医局建立了行政许可专家库,成立了行政许可专家评审委员会,在专家库中随机抽取专家对申报的企业进行现场核实检查。上报8家试点企业申报农业部《饲料质量安全管理规范》示范创建企业,有2家企业通过了农业部专家组的验收;按照属地管理的原则,积极推行产品溯源制度和监管责任制,逐级落实饲料质量安全监管责任。

(安徽省畜牧兽医局 杨林)

【动物疫病防控】 2015年,认真贯彻动物防疫法律法规,全面落实以免疫为主的综合防控措施,各项工作取得阶段性成效,实现了不发生区域性重大动物疫情、不发生畜产品质量安全事件"两个努力确保"的目标。一是全面部署安排重大动物疫病防控工作。春、秋两季集中强制免疫前,召开全省视频会议,传达贯彻全国会议精神,下发文件,部署安排全省重大动物疫病防控工作。全省组织免疫,及时开展免疫效果评价,适时开展督查,确保各项防控措施落实到位。二是疫情总体平稳。及时扑灭马鞍山市猪A型口蹄疫和泗县羊的小反刍兽疫疫情。在血吸虫病疫区实施农业综合治理,顺利通过国家综合验收考核,全省提前一年达到传播控制标准。其他影响畜牧业生产的常规动物疫病保持平稳。三是实验室能力建设实现新的提升。2015年,全省新增5个兽医实验室通过考核,总数达到70个,占全省兽医系统实验室(95个)的73.7%。省级兽医实验室比对连续6年全部符合准确,市县级兽医实验室比对试验的完全符合率逐年提高。四是改革重大动物疫病疫苗管理。与省财政厅联合制定《安徽省重大动物疫病免疫疫苗及资金管理暂行办法》,对强制免疫疫苗的计划申报、招标采购、疫苗调拨、应急储备、经费管理等方面进行改革。

(安徽省畜牧兽医局 李雪松)

【兽药产业】 截止到2015年底,全省共有兽药生产企业46家,其中生物制品企业1家、原料药企业4家;化学药品企业41家。全省兽药生产企业资产总额为17.84亿元,固定资产12.41亿元,生产总值6.34亿元,销售额6.12亿元,毛利0.95亿元。兽药生产企业总人数为2 643人,从业人员中本科生676人、硕士生64人、博士生8人,高级职称人数97人。

兽药生产企业兽药产品种类涉及生物制品、原料药、化学制剂和中药产品,其中,生物制品的产值591.5万元、销售额484万元;原料药产值2.54亿元、销售额2.45亿元;中药产值1.04亿元、销售额1亿元;化学制剂产值2.71亿元、销售额2.62亿元,除化学制剂和原料药产值和销售额稍高于2014年外,其余品种均比去年下降,特别是生物制品的产值和销售额下降较大。从市场规模与市场结构来看,兽药企业以中小型企业为主,化药企业产值比重达99.07%,而1家生物制品企业生产总值比重仅达0.93%。

全省兽药生产企业涉及生产线种类达16种,企业研发投入达5 466.5万元,其中1家生物企业研发投入达3 300万元。兽药生产企业兽药产量产生的经济效益占全国的比重为1.34%,位居全国31个省(自治区、直辖市）中第20位，效益产生的比重比2014年降低0.83个百分点，位次降低了5位。

（安徽省畜牧兽医局　江定丰）

【生猪屠宰产业】　2012年，安徽省作为商务部、财政部“放心肉”服务体系建设5个试点省份之一，率先在全国开展“放心肉”体系建设试点，省政府印发《关于开展公益性直销菜市场和“放心肉”体系建设试点工作的通知》。同时，按照全国生猪定点屠宰资格审核清理工作部署，开展全省生猪定点屠宰资格审核清理。清理整顿前，全省有生猪定点屠宰企业1 282家。实施“放心肉”体系建设、开展资格审核清理后，全省先后关闭了不符合设置规划和行业标准的屠宰企业768家（含职能交接后关闭的16家）。全省有生猪屠宰企业515家（含新增的1家）。其中，符合条件保留的有279家，过渡期生猪屠宰企业236家（均已届满）。全省有3A级以上生猪定点屠宰场72家，全部实现机械化屠宰。

（安徽省畜牧兽医局　王海勇）

【扶持生猪生产】　安徽省农委制定并组织实施《安徽省生猪遗传改良计划（2015—2020）》。提出到2020年，基本形成以场际或区域联合育种为主要形式的生猪育种体系，确立种猪生产强省地位，实现生猪产业可持续发展目标。明确五大主要任务：一是遴选省级生猪核心育种场，二是建立核心育种场种猪信息库，三是推进生猪改良进程，四是开展遗传交流与集中遗传评估，五是充分利用优质地方猪种资源。

【扶持奶业生产】　2015年，认真实施好2015中央财政奶牛标准化养殖建设项目，安排建设规模奶牛养殖场（小区）项目10个，项目总投资1 979万元。其中中央预算内投资1 190万元、县级配套26万元、企业自有投资833万元。继续执行奶牛养殖扶持政策，落实省财政奖补资金570万元。安排省财政畜牧专项资金170万元，支持16个生鲜乳收购站基础设施标准化建设。奶牛良种补贴实现全覆盖。

奶业发展在困境中取得新转机。一是积极应对奶业市场波动。2015年以来，受国内外市场影响，奶业发展面临着奶价下跌，养殖户举步维艰，部分地区频现倒奶杀牛现象，针对这种情况，全省组织召开多方座谈会，共同研讨发展问题，破解发展危局，协调解决产销矛盾，引导养殖企业规模发展，鼓励养殖加工企业利益相连，奶业发展在困难中迎得生机，尤其是大型规模养殖企业和种养加一体化企业继续稳定发展。二是组织开展奶业政策执行情况第三方评估。客观评价现行的奶牛政策对产业的引导支撑效果，发现政策制定和执行中的不足和问题，为制定和优化奶业支持政策，促进奶业持续健康发展提供参考建议，形成了《安徽省奶业政策评估报告》，并在此基础上，向省政府提交了《关于推进安徽省奶牛业持续健康发展的对策与建议研究》。提出调整奶牛业发展政策的建议。三是做好奶牛业财政奖补政策的落实工作。经过反复争取协调，完成2015年度奶牛业财政补贴项目申报、验收、省级核查和公示，及时兑现省级财政补贴。全年共补贴当年奶牛910头、奶牛场10家，共计530万元。2015年，存栏奶牛12万头，成母牛年单产接近6吨，100头以上规模奶牛养殖占85%，集约化程度进一步提高。四是招商引牛工作取得一定进展。皖北5万头奶牛种养加一体化项目成功签约。

（安徽省畜牧兽医局　张　菊　谢俊龙）

【标准化规模养殖】　2015年中央财政安排安徽省支持畜禽标准化养殖资金6 600万元。其中，畜禽标准化养殖项目84个，安排项目资金3 600万元；财政促进金融支持畜牧业发展创新试点项目488个，安排试点资金3 000万元。项目资金重点支持适度规模生猪、蛋鸡、肉鸡、肉牛、肉羊养殖场进行标准化改扩建。

（安徽省畜牧兽医局　张　菊）

【畜禽良种繁育体系】　2015年，中央投资500万元，用于安徽省长丰县生猪核心育种场改扩建项目。该项目新建猪舍1 160平方米，改造猪舍5 980平方米，配套场区水电路工程，购置仪器设备42台（套），引种1批。

为贯彻落实农业部办公厅关于印发《全国生猪遗传改良计划（2009—2020）》的通知精神，正确引导安徽省生猪生产健康发展，进一步提升生猪良种繁育体系建设水平，加快推进生猪遗传改良步伐，增强生猪产业可持续发展能力和产业竞争力，安徽省农业委员会办公室于2015年10月26日印发《安徽省省生猪遗传改良计划（2015—2020）》，安徽省畜牧兽医局于2015年12月31日印发《安徽省生猪遗传改良计划（2015—2020年）实施方案》。

（安徽省畜牧总站　安徽省畜禽遗传资源保护中心
涂小璐　方国跃）

【良种繁育及推广】　2015年，中央投资390万元，用于安徽省宣州区皖江黄（麻）鸡（配套系）选育场建设项目。该项目改造产蛋舍8 640平方米、蛋库180平方米，配套场区排水系统改造，购置仪器设备26台（套）。中央投资200万元，用于安徽省安庆市种公猪站建设项目。该项目建设猪舍1 400平方米、库房及采精室300平方米，改造现有猪舍及采精室1 000平方米，配套建设污水处理设施、道路，购置仪器设备56台（套），引种1批。

2015年安徽省积极开展种猪生产性能测定工作，集中测定种公猪58头，举办了测定结果发布会，一批测定成绩优秀且符合国家相关种猪标准的种猪进入全省各级种公猪站或种猪育种企业，为全省生猪良繁体系建设提供物质基础。引导和指导种猪育种企业开展种猪生产性能场内测定工作，2015年开展场内种猪生产性能测定的达到10家，1家种猪生产企业进入国家种猪核心育种场行列。开展种猪生产性能遗传评估工作，2015年发布遗传评估报告1次。推进种猪登记和可追溯系统建设，2015年安徽省畜牧技术推广总站招标采购并完成安装种猪登记与可追溯管理系统6套，推动实施种公猪站管理的信息化和智能化，提高种猪生产管理水平，实现种公猪生产性能和生产质量可追溯的管理目标。

（安徽省畜牧兽医局　涂小璐　方国跃）

【南方现代草地畜牧业推进行动】　南方现代草地畜牧业取得新进步。一是认真抓好南方现代草地畜牧业项目、苜蓿高产优质示范基地建设项目的宣传、督查和验收工作。组织召开南方现代草地畜牧业项目推进会，邀请农业部畜牧业司草原处参与宣传发动和部署，全年组织3次项目督查指导和技术服务、4次项目测产活动，对2014年项目组织了验收。二是组织开展2015年项目申报工作。按照安徽省农委项目管理“四制”规定，组织项目的申报、评审和现场考核，严格按照规定的程序确定2015年项目实施单位。三是认真总结现代草地畜牧业发展模式。为适合安徽省发展的现代草地畜牧业发展的几种典型模式进行总结，对指导全省现代草地畜牧业发展提供有益的借鉴。四是通过实施南方现代草地畜牧业推进行动项目和高产优质苜蓿示范基地建设项目。有效带动全省草食畜牧业发展，全省种草养畜新增种草面积1 333.3公顷，通过开展天然草地改良与人工草地建植，不断提升草地资源的承载能力，促进种草和养畜有机协调发展，有力地推动全省粮饲兼顾、种养结合、生态循环的现代畜牧业发展。五是南方草原监测完成100个样地调查和100户入户调查，发布安徽省草地资源监测报告。完成农业部草品种区域试验报告，国家级草品种区域试验站正式批复成立。

（安徽省畜牧兽医局　谢俊龙）

【秸秆养畜】　2015年农业综合开发农业部专项项目安排安徽省秸秆养畜示范项目2个（蚌埠市固镇县秸秆养畜示范项目和滁州市天长市秸秆养畜示范项目），其中中央投资400万元，省级投资128万元，地级投资8万元，县级投资24万元，企业自筹资金560万元。项目总投资1 120万元。通过秸秆养畜项目有效地促进地区农业结构调整，提高农业效益，促进农业资源的合理利用，构建种养结合的循环生态农业模式，带动相关加工、运输、服务等产业的发展，振兴地方经济。同时增加畜产品供给，丰富城乡居民的菜篮子，促进农村劳动力就业，保障社会稳定，推动规模化、标准化生产，增强畜产品竞争力，改良品种，提高养殖效益。各地畜牧主管部门及时成立秸秆养畜领导小组，责任明确，任务到人。加强项目沟通，促使项目建设顺利推进。各地畜牧技术推广部门切实做好项目技术支撑服务，解决项目单位实际困难。各地加强项目宣传力度，推行台账式管理。健全完善管理机制，按照要求对项目进行管理，同时定期召开调度会，协调解决问题，经过不断完善，形成较为系统、健全的重点建设项目管理机制，有力地推动重点项目开展。

（安徽省畜牧兽医局　杨　林）

【畜牧业科技推广】　畜牧技术推广工作取得新进展。一是组织畜牧科技进万家活动。动员全省畜牧技术推广人员2 010人，其中畜牧技术指导员314名。结对帮扶专业合作社1 408家、龙头企业1 220家、养殖大户6 283家，开展结对联系，面对面服务。二是确定主推技术。组织筛选并发布了2015年主推的标准化养殖、生态养殖和信息管理技术26项，编写印刷技术手册；系统总结了“十二五”期间全省推广的标准化养殖集成技术56项，畜牧养殖标准100多个。三是组织开展技术培训和推广。全年组织举办全省苜蓿等优质牧草生产利用技术现场会、全省畜禽标准化示范创建、畜禽粪污资源化利用以及养蜂适用技术等各类技术培训班和现场会11场，培训全省省部级畜禽标准化示范场和各市技术指导员520人，养殖大户1 100人；联合省农广校培训全省500名畜牧技术骨干，发放主推技术手册共3 000多册。主推技术普及率达60%以上。四是组织开展畜禽养殖绿色低碳循环模式试点工作。充分依靠市县技术推广部门，按照一个试验示范，形成一个技术方案，建立一支技术队伍，摸索一套经验模式，形成一份技术规范，召开一次示范现场会，产生一批技术成果的要求，启动了饲用玉米产业化、规模牧场青贮玉米利用、种养结合、粪污资源化利用与土壤有机质改良、肉羊经济杂交、肉鸽良种选育等6个方面的26个技术示范点建设项目。五是积极开展职业技能鉴定。组织开展动物疫病防治员、检疫检验员、饲料化验员等3个工种618人次的鉴定，理论考试和技能考评双合格581人次，合格率94.01%。启动农业部圩猪标准的制定工作。六是深入开展蜂体系合肥综合试验站建设。积极开展承担的国家现代农业产业技术体系试验、示范、培训和调查研究任务，完成10个病虫害监测蜂场的数据统计、分析、汇总和上传；100个蜂场蜜蜂种质资源动态调查数据的收集上传；6个蜜蜂蜂王浆高产抗病蜂种蜂场950群中试工作，4个蜂场700群蜂王浆机械化生产和免移虫试验完成。在5个县建设示范基地6个,建立人均饲养西方蜜蜂120群规模化示范蜂场5个,积极推进和进一步完善安徽省示范场建设、提高试验示范质量。

(安徽省畜牧兽医局　孟祥金)

【重大动物疫病强制免疫疫苗补助】　为规范重大动物疫病免疫疫苗计划申报、采购、发放和使用,提高资金使用效率,2015年初,省农委和省财政厅联合制定了《安徽省重大动物疫病免疫疫苗及资金管理暂行办法》,对强制免疫疫苗的计划申报、招标采购、疫苗调拨、应急储备、经费管理等方面进行改革,省财政厅根据采购价格和采购数量,将中央和省财政疫苗经费下拨到市级财政,年底由市级财政根据实际疫苗调拨数量支付疫苗企业经费,中央和省财政下拨的经费不足部分由市县级财政补齐。

2015年,全省省级预算安排强制免疫疫苗经费1 310万元,中央财政下拨安徽省疫苗经费7 209万元,2015年8月4日,以省财政厅文件将中央财政与省财政落实的疫苗经费一并下拨至各市(含直管县)财政,同时市、县级落实疫苗配套经费1 855.76万元。2015年,安徽省从疫苗中标企业共调拨猪口蹄疫灭活疫苗4 975.3万毫升、猪口蹄疫合成肽疫苗2 599.9万毫升、牛羊口蹄疫疫苗2 290.58万毫升、A型口蹄疫疫苗64.3万毫升、禽流感H5N1单苗5 230.1万毫升、禽流感H5N1二价苗23 202万毫升、禽流感H5－H9苗12 231万毫升、蓝耳病灭活苗2 910万毫升、蓝耳病活疫苗2 074万头份、猪瘟疫苗5 387.1万头份、小反刍兽疫疫苗739.79万头份,支付疫苗经费13 225.25万元。

(安徽省畜牧兽医局　李雪松)

【重大动物疫病强制扑杀补助】　2015年1月,安徽省马鞍山市慈湖高新区发生生猪A型口蹄疫疫情,扑杀生猪612头。根据《牲畜口蹄疫防治经费管理的若干规定》,按照每头猪补助600元、中央财政承担50%的标准,需中央财政补助经费18.36万元,安徽省于2015年3月以安徽省农业委员会、安徽省财政厅《关于A型口蹄疫扑杀补助经费的请示》上报农业部和财政部,申请中央财政经费补助。

(安徽省畜牧兽医局　李雪松)

【养殖环节病死猪无害化处理补助】　2015年,全省共无害化处理生猪112.71万头,无害化处理补助分批次拨付。2014年11月至2015年5月的无害化处理中央补助已拨付到位,共计拨付2 815.1万元,2015年5月至2016年2月的无害化处理中央补助经费已申报至农业部、财政部。2015年无害化处理省级补助资金纳入了2016年省级财政预算,共预拨金额1 332万元。

(安徽省畜牧兽医局　王海勇)

【基层动物防疫工作补助】　2015年,中央财政下达安徽省基层动物防疫工作补助经费3 000万元。2015年6月30日,以省财政厅《关于拨付2015年中央财政部分农业转移支付资金的通知》将该项经费下拨至市、县财政。安徽省省级财政预算安排村级防疫员补贴经费1 750万元,2015年4月23日以《安徽省财政厅关于拨付2015年畜禽疫病防控专项资金的通知》下拨市、县财政。按照《农业部办公厅 财政部办公厅关于加强基层动物防疫工作补助经费管理的通知》规定,安徽省基层动物防疫工作补助经费(村级防疫员补贴经费)4 750万元全部用于村级动物防疫员承担防疫任务的劳务补贴。

为规范经费管理,省农委、省财政厅制定《安徽省基层动物防疫工作经费管理实施方案》,各地制定《村级动物防疫员管理办法》,在春、秋两季重大动物疫病集中强制免疫结束后,对免疫数量、免疫标识打挂、免疫证明、档案的填发以及免疫抗体水平的高低实行综合考评,确定补贴发放数额,由县级财政部门实行“一卡式”发放,每年发放2次。

(安徽省畜牧兽医局　李雪松)

【畜牧法制建设】　加强畜禽遗传保护利用法制化建设。经过历时2年的起草、修改、征求意见建议、专家评审、省法制办审查等程序,安徽省人民政府办公厅印发《关于加强畜禽遗传资源保护利用促进畜禽种业发展的意见》,省农委印发《安徽省级畜禽遗传资源保种场、保护区和基因库管理办法》,这两份文件是安徽省资源保护利用方面的重要法规,对规范安徽省畜禽遗传资源保护工作具有重大意义。

【畜禽资源保护】　一是开展第一批省级保种场(区、库)考核认定工作。先后以省农委和省畜牧兽医局名义印发了2份文件:《关于开展第一批省级畜禽遗传资源保种场、保护区和基因库申报准备工作的通知》和《关于开展第一批省级畜禽遗传资源保种场、保护区和基因库现场考核的通知》。省农委发布公告,公布了28个第一批省级畜禽遗传资源保种场和保护区名单。二是不断进行新资源调查挖掘和新品种培育工作。新发现的“皖东牛”通过了国家新发现资源鉴定,高产安徽白山羊新品系培育通过省科技成果鉴定。2015年,省级畜禽遗传资源保护利用财政专项800万元资金下达到29个保种企业或单位,涵盖淮猪、皖西白鹅、安徽白山羊、皖南牛、中蜂等30个品种资源的保护开发利用。

(安徽省畜牧兽医局　杨秀娟)

【“瘦肉精”专项整治】 按照农业部统一部署，2015年初，安徽省农业委员会印发《2015年安徽省农产品质量安全专项整治方案的通知》，提出“打防并举、标本兼治”和“五不放过”原则，在全省范围内继续开展包括“瘦肉精”专项整治在内的6项农产品质量安全专项整治行动，成立以安徽省畜牧兽医局牵头的“瘦肉精”专项整治领导小组，办公室设在安徽省动物卫生监督所。2015年，共派出16支省级督查组计48人(次)，对全省16个市专项整治行动进行督查指导。各市、县也开展督查、暗访等多种形式的检查。据不完全统计，2015年，全省共出动车辆1 900多车(次)，出动执法人员5 800人(次)，检查屠宰企业(场点)762个(次)，检查饲料兽药生产经营企业3 328家，检查生猪及肉羊肉牛养殖场(户)12 980户(次)，培训生猪经纪人和养殖业主5 000人(次)，监测定点屠宰场猪尿样244 004份。各市畜牧兽医局分别与当地兽药饲料经营门市部和养殖场分别签订畜产品质量安全承诺书400多份和4 000多份。全省发放张贴“瘦肉精”专项整治法律知识明白纸等宣传资料24 000份，各地还利用农业气象平台群发有关整治“瘦肉精”的法律法规，通过网站、广播电视、宣传栏、利用协会、合作社召开会议等多种形式进行严禁使用“瘦肉精”方面的法律法规宣传共计15场(次)。

(安徽省畜牧兽医局 嵇 斌)

【生鲜乳质量安全监管】 为了加强生鲜乳质量安全监管，安徽省农业委员会印发《2015年安徽省农产品质量安全专项整治方案的通知》。2015年，全省共有15个生鲜乳收购站、21辆生鲜乳运输车，全部持证经营，机械化挤奶率达到100%。据统计，1～12月，全省共检查生产经营企业318家次，出动执法人员653人次，查处问题1起。媒体宣传64次，发放宣传材料3 519份。指导培训61场次，培训872人次。共取缔不合格生鲜乳收购站2个。按照《安徽省农业委员会办公室关于下达2015年“瘦肉精”和生鲜乳质量安全监测任务的通知》要求，全省完成生鲜乳违禁添加物专项监测任务42批，其中生鲜乳收购站31批，运输车11批。完成了2015年第四批生鲜乳国标安全指标专项监测抽检生鲜乳样品60批次。三聚氰胺检测全部合格。

(安徽省畜牧兽医局 张 菊)

【饲料安全监管】 2015年饲料质量监督共抽检450批次，合格437批次，合格率97.1%，与上年基本持平。其中，饲料违禁添加物、三聚氰胺和苯乙醇胺A3个专项监测，合格率均为100.00%，连续3年未检出阳性样品。

2015年，完成260家企业备案审查工作，取消备案企业49家，年度备案合格达78.4%，申请注销饲料及饲料预混合生产企业7家。

(安徽省畜牧兽医局 杨 林)

【草原行政许可】 省农委保留的省级草业方面行政许可共2项：一是草种进(出)口审批，二是草种质量检验机构资格及草种检验员资格认定。

【草品种区域试验】 安徽国家牧草品种区域试验站(合肥)承担2015年国家牧草品种区域试验项目，主持单位为安徽省畜牧技术推广总站，实施单位为安徽农业大学农学院。2015年承担鸭茅、紫花苜蓿(紫花苜蓿Ⅰ、紫花苜蓿Ⅱ)，苦荬菜、金花菜和紫云英等五大类20个新品系的草品种区域试验。

(安徽省畜牧兽医局 姚淮平)

【动物卫生执法监督】 通过实施“三百、三千”培训工程，全面提升执法人员执法素质和业务水平。在2015年农技人员能力提升培训班上，通过5期学习，对全省1 000名基层官方兽医在动物卫生监督工作思路和要求、病死动物无害化处理监管、动物卫生监督执法办案实践和案例分析、动物卫生监督执法文书和检查文书规范制作等方面进行培训和指导，显著提高执法人员素质，为顺利开展工作提供有力保证。

2015年，全省全年案件查处635起，其中当场处罚279起，共处罚金5.4万元，立案处罚356起，共处罚金108.4万元。有效防止了动物疫情传播，对维护公共卫生安全，促进畜牧业健康发展发挥了重要的作用。

(安徽省畜牧兽医局 嵇 斌)

【兽医实验室管理】 在加强省级实验室质量运行管理的同时，稳步推进市县级兽医系统实验室考核工作。一是推进全省兽医实验室考核。按照“以考促建、规范管理、提升能力”的要求，2015年分别对六安市、安庆市和金寨县等11个实验室进行了现场考核。全省已有70个兽医实验室通过考核，占全省兽医系统实验室73.7%。二是做好全省兽医实验室检测能力比对试验工作。8月组织全省12个市级实验室、9个国家级疫情测报站开展A型口蹄疫抗体检测、H5亚型禽流感抗体检测和H7N9亚型禽流感病毒核酸检测3个项目的比对；组织43个县级兽医实验室进行口蹄疫病毒非结构蛋白3ABC抗体检测、H5亚型禽流感抗体检测和布鲁氏菌抗体检测3个项目比对。比对试验结束后，组织专家认真总结比对结果，按照各地领样情况、检测结果和检测报告书的规范程度等进行综合评比，并对本次全省兽医系统实验室检测能力比对中被评为优秀的兽医实验室进行表彰。

（安徽省畜牧兽医局　王　立）

【兽药质量监管】　一是规范许可审批。按照农业部办公厅关于兽药生产许可证核发下放衔接工作要求，做好兽药生产许可证核发衔接，编制兽药生产许可证核发指南、流程图及信息表，建立兽药 GMP 检查员专家队伍，制定操作程序，规范核发程序，完成对 18 家兽药生产企业申报验收材料审核和现场检查验收，核（换）发兽药生产许可证或兽药 GMP 证书。二是切实做好兽药产品批准文号网上审核。按照要求及时发放生产企业账号和登录密码，组织专人按时登录系统接收、受理和审核上报。完成对 24 家企业，申报的 366 个兽药产品批准文号进行网上审核，审核上报 287 个。三是强化日常监管。3 月下发 2015 年全省农产品质量安全专项整治方案、全省兽药监督抽检实施方案、全省动物及动物产品兽药残留监督抽检实施方案，举办全省兽药新政策宣传贯彻及操作培训班；结合农产品质量安全专项整治、兽药产品标签和说明书规范再行动、兽药（抗菌药）综合治理 5 年行动（2015—2019 年）等多项整治活动，全省共组织检查兽药生产、经营及使用单位 13.8 万家次，抽检并检测兽药样品 241 批。出动行政执法人员 17 952 人次，查处问题 89 起，责令整改 133 起，取缔无证照企业 15 家，行政立案 50 件，办结 40 件，案件信息公开 3 起，涉案金额 10.06 万元。四是扎实推进兽药产品追溯信息系统建设。按照农业部第 2210 号公告要求，组织密钥申报和发放，加快推进兽药产品追溯信息系统建设。全省有 15 家兽药生产企业申请了 548 批次的兽药产品追溯码共 13 33 万个。

（安徽省畜牧兽医局　江定丰）

【生猪屠宰行业监管】

1. 主要成效。生猪屠宰行业监管职能划转以来，为固镇、涡阳、南陵、繁昌 4 个县的 4 家生猪定点屠宰企业审核发证，为 3 家屠宰企业生猪产品进沪出具推荐备案函、为 70 家屠宰企业联系制作“肉品品质检验合格证”。生猪定点屠宰“瘦肉精”监督抽检中未发现不合格肉品出厂情况。2015 年 1～12 月，累计屠宰检疫生猪 1 148.48 万头，牛羊 95.55 万头（只），禽2 1061.58万羽；检出病害动物数量分别为 1.79万头、48 头（只）和 15.44 万羽；无害化处理病害猪共计 2.74 头，申请省级以上财政补贴共计 2 169 万元（预拨）。

2. 主要措施。一是全面部署落实。省农委多次发文，就加强生猪屠宰质量安全监管、加强畜禽屠宰检验检疫和畜禽产品进入市场或者生产加工企业后监管工作做出部署，督促屠宰企业切实履行屠宰环节产品质量安全第一责任人责任，进一步强化屠宰检疫监管工作，加强官方兽医管理，建立健全屠宰监管台账制度，实行全过程档案管理。2015 年 5 月 20～21 日，省农委在芜湖市召开全省动物卫生监督暨动物屠宰监管工作现场会，总结工作并部署 2015 年动物卫生监督和屠宰监管工作。二是强化制度建设。2014 年 10 月 31 日，安徽省政府公布省级政府权力清单和责任清单，“生猪定点屠宰厂（场）名单备案审查”是省政府公布省农委 57 项行政权力清单项目之一，由省畜牧兽医局具体承担。为规范行政权力运行，2015 年 6 月，安徽省农委将涉及该项权力行使的生猪定点屠宰厂（场）设立审查、生猪定点屠宰代码核准及证章标志牌制作、肉品品质检验相关证明申领、生猪产品进沪产销对接推荐等 4 项内容纳入省农委政务窗口受理，并就此制定了相关流程图和信息明细表。在实际办理过程中，安徽省农委要求各地严格按生猪定点屠宰厂（场）设置规划，把好生猪定点屠宰企业设立审核关，不得擅自降低标准、违反审批程序进行屠宰企业许可，严禁出借、转让等各类违法违规行为。三是组织专题培训。2015 年 5 月和 8 月，分别举办全省动物卫生监督暨屠宰监管工作现场会议和全省动物卫生监督暨屠宰信息管理工作培训班，组织现场参观，编印培训资料 800 余册，培训基层执法人员和屠宰企业工作人员，提升了执法人员的素质和行政相对人的法律意识。四是开展风险评估。自 2012 年起，在全省实施对生猪定点屠宰场进行分类管理的监管机制。从硬件建设、软件建设、履行法定义务情况等 3 个方面对监管对象进行风险评级，划分为 A、B、C 三级，对不同风险等级的场所，采取不同的监管频次，A 级监管对象每 12 个月不少于 1 次，B 级监管对象每 6 个月不少于 1 次，C 级监管对象每 3 个月不少于 1 次。同时各等级可升可降，实行动态监管。五是加强行业统计。严格按照农业部制定、国家统计局批准的《生猪等畜禽屠宰统计报表制度》要求，做好生猪屠宰量和猪肉等畜禽产品市场销售量的行业调查统计工作。六是抓好无害化处理监管。2015 年 1 月 11 日，省政府办公厅印发《关于建立病死畜禽无害化处理机制的通知》，明确各地要按照推进生态文明建设的总体要求，以及时处理、清洁环保、合理利用为目标，坚持统筹规划与属地负责相结合、政府监管与市场运作相结合、财政补助与保险联动相结合、集中处理与自行处理相结合，尽快建成覆盖饲养、屠宰、经营、运输等各环节的病死畜禽无害化处理体系，构建科学完备、运转高效的病死畜禽无害化处理机制。七是推进审核清理。根据农业部要求，各地在当地政府统一领导下，继续组织开展生猪定点屠宰资格审核清理工作，从严掌握生猪定点屠宰企业清理标准，符合生猪定点屠宰企业法定设立条件的，及时核发新证；不符合法定设立条件的，限期整改，整改仍达不到要求的，报请市级人民政府依法取缔。同时，按照有关法律法规规定，巩固生猪定点屠宰资格审核清理成果，及时收回关闭企业有关证章标志。八是突出主体责任。督促屠宰企业全面落实屠宰企业肉品质量安全主体责任，与屠宰企业签订产品质量承诺书，并向社会公开承诺。严禁截留、挪用病害猪无害化处理补贴甚至弄虚作假等违法违规行为。

（安徽省畜牧兽医局 王海勇）

【畜禽养殖标准化示范创建】 2015 年，继续开展农业部畜禽养殖标准化示范创建活动，同步开展省级标准化养殖场认定工作。各地畜牧兽医主管部门围绕重点环节，指导创建单位按照“五化”要求，改造基础设施，完善管理制度，做了大量基础性工作。全省共创建 17 家部级畜禽养殖标准化示范场。通过标准化示范创建活动，有力促进安徽省畜牧业生产方式的转变和生产水平的提升。

（安徽省畜牧兽医局 张 菊）

【畜牧行业产业结构布局优化】 2015 年，安徽省农委印发《安徽省畜牧业绿色低碳循环模式攻关实施方案》。明确以调整优化农业结构、加快发展现代生态农业产业化为引领，整体构建农牧结合的绿色低碳循环体系。引导各地合理划定禁养区、限养区和可养区。实行规模养殖环境影响评价制度，养殖场必须有与之相匹配的粪污土地消纳面积。根据自然资源禀赋、现有产业基础和发展潜力，突出特色，依托猪、禽、牛、羊、奶牛“五大品种优势产业带”，发展绿色生态畜牧业。省级重点推进阜阳等 10 个生猪优势区域、宣城等 6 个家禽优势区域和皖南（皖西南）优质地方品种猪（土猪）优势区域发展；充分利用皖北丰富的农作物秸秆资源和大别山、皖南山区草场和品种资源，发展肉牛、肉羊规模养殖。

（安徽省畜牧兽医局 张 菊）

【应急管理】 安徽省先后制定《安徽省牲畜口蹄疫防治应急预案》《安徽省高致病性禽流感防治应急预案》《安徽省突发重大动物疫情应急预案》和《安徽省突发高致病性猪蓝耳病防控应急预案》，成立安徽省防治重大动物疫病指挥部和安徽省防控高致病性禽流感指挥部，建立应急指挥中心，组建应急预备队，实行 24 小时值班。指挥部实行联席会议制度，定期召开成员单位会议，通报情况，会商措施。指挥部下设应急办公室，负责处理日常工作。省、市、县三级均成立了 20～50 人不等的应急处置队，人员以农业（兽医）部门为主，卫生、公安、工商、质监、交通、财政等部门派员参加，定期开展技术培训和演练，配备采样、通讯等设备。省、市、县分别按照同时处置 5 起、3 起和 2 起重大动物疫情所需储备物资，包括紧急免疫疫苗、消毒药品、消毒器械、防护用品及隔离封锁、扑杀消毒和无害化处理等设施。

（安徽省畜牧兽医局 李雪松）

【兽药残留监控】 2015 年全年辖区内共抽检畜产品 1 200 批次，总体合格率为 100%。全年没有发生重大畜产品质量安全事故，畜产品质量安全水平略高于全国平均水平，继续保持较高水平，为安徽省畜牧业发展提供了有力支撑。

配合农业部畜产品监督检测中心（上海）对畜产品例行监测 4 次，共抽取样品 400 余批，检出硝基呋喃药物残留超标 1 批，磺胺类药物残留超标 2 批，合格率 99.25%。配合新疆兽药饲料监察所对安徽省开展生鲜乳中三聚氰胺、β 内酰胺酶等违禁添加物抽检工作，共抽取 30 批样品，经检测，结果全部合格。配合辽宁省兽药饲料监察所来安徽省开展养殖场户“瘦肉精”排查，对 100 个养殖场（户）共抽取猪尿样品 300 批、饲料 70 批，主要测定“瘦肉精”及黄曲霉毒素等项目，结果均未检出阳性样品。配合江西省兽药饲料监察所抽取饲料样品 116 批，主要检测苯乙醇胺 A、赛庚啶、可乐定等违禁添加物等项目，经检测结果均未检出阳性样品。配合国家饲料质量监督检验中心（北京）对饲料原料开展基质调查，共抽取饲料样品 90 批；配合农业部食物与营养发展研究所开展婴幼儿奶粉奶源基地调查，共抽取生鲜乳样品 20 批次。

（安徽省畜牧兽医局 蔡 东）

福建省畜牧业

【畜牧业发展综述】 2015 年，福建畜牧业按照“稳增长、转方式、强特色、保安全、提质量、促生态”的目标，以生猪污染治理为重点，以标准化示范创建为抓手，以项目带动为依托，着力优化畜禽结构，加快发展方式转变，提升产业发展水平，实现畜牧业生产总体平稳发展。全省牧业产值 571.3 亿元。

【畜牧业生产】 全省生猪出栏 1 707.8 万头、存栏 1 066.2万头，同比下降 14.2% 和 7.2%；牛出栏29.2万头、存栏 67.3 万头，同比增长 6.6% 和下降 0.7%；羊出栏 170.3 万只、存栏 127.7 万只，同比增长6.5% 和 5.2%；家禽出栏 52 882.5 万只、存栏11 048.7万只，同比增长 35.1% 和 4.4%；兔出栏1 995.2 万只、存栏 978.0 万只，同比增长 2.0% 和下降 0.3%。肉蛋奶总产量 257.5 万吨，同比增长1.2%，其中：肉类产量 216.6万吨、禽蛋产量 25.5 万吨，同比增长 1.4%、0.4%，奶类产量 15.4 万吨，同比持平。

【饲料工业】 全省共有饲料和饲料添加剂生产企业337家,其中:添加剂预混料生产企业92家,饲料添加剂企业36家,配合饲料、浓缩饲料(含精料补充料)222家,单一饲料49家。全年饲料总产量816万吨,同比增长0.15%,其中:配合饲料775.4万吨,浓缩饲料14.8万吨,添加剂预混料25.8万吨。猪饲料404.4万吨,蛋禽饲料84.9万吨,肉禽饲料210.3万吨,水产饲料112.0万吨;反刍饲料0.2万吨,其他饲料4.2万吨。饲料添加剂产量5.6万吨,产值5.9亿元,出口1.38亿元,主要有氨基酸维生素、酶制剂、微生物制剂等。其中:维生素E产量381吨,苏氨酸133吨。饲料原料(单一饲料)285万吨,其中鱼油1.37万吨,豆粕143.4万吨,膨化豆粕98.7万吨,菜籽粕40.0万吨,发酵豆粕1 935吨。

【兽医事业发展综述】 全省兽医工作实现了未发生区域性重大动物疫情、未发生执业兽医资格考试重大安全事件和进一步加强基层动物防疫体系建设的年度工作目标。一是按照"政府保密度、部门保质量"的要求,扎实推进集中强制免疫工作,做到工作有部署,防疫有目标,质量有跟踪,考核有奖惩。二是圆满完成执业兽医资格考试。全省报名人数1 508人,比上年增加52人,连续6年做到"无差错、零事故"。三是基层畜牧兽医体系建设取得成效。乡镇兽医站站房建设项目取得突破,计划2018年之前新建或改扩建249个乡镇站房,基层(农技推广)畜牧兽医技术推广体系改革与建设补助项目工作在农业部延伸绩效考核中被评为优秀等次,得到农业部通报表彰。

【动物疫情防控】 按照"政府保密度、部门保质量"的要求,开展高致病性禽流感、口蹄疫、高致病性猪蓝耳病、猪瘟等4种疫病强制免疫53 451.8万头(羽)份,应免密度常年保持90%以上,抗体合格率均远高于国家规定70%的要求。

【兽药产业】 全省兽药生产企业24家,总产值14.0亿元,同比增长1.4%,其中:疫苗产值3.0亿元,原料药及全发酵抗生素预混剂产值10.0亿元。

【生猪屠宰产业】 全省有生猪定点屠宰企业190家,其中:生猪定点屠宰厂(场)89家、小型生猪屠宰场点101家,定点屠宰生猪893.59万头。

【扶持生猪生产】 一是实施生猪良种补贴。由11个项目县扩大到全省8个设区市,下达补贴资金1 640万元,共补贴能繁母猪41万头。二是实施生猪调出大县奖励。共奖励闽侯、福清等9个县(市、区)生猪调出大县奖励资金共5 732万元。三是对生猪养殖场关闭拆除升级改造重点县进行补助。共补助延平区、武平县等15个生猪养殖大县省级财政资金3.6亿元。四是扶持生猪规模养殖场标准化改造。下达中央和省级财政资金1.51亿元扶持148家年存栏1 500头以上生猪规模养殖场开展标准化升级改造。五是实施畜牧保险。全年承保能繁母猪24万头,同比增长3%;承保育肥猪305万头,同比增长105%,并启动生猪价格指数保险试点。

【扶持肉牛肉羊生产】 下达畜禽标准化养殖项目资金1 000万元,扶持26家规模适度、生产技术基础好,并在增加产品产量和提高产品质量有示范带动作用的牛、羊、兔草食家畜养殖场开展标准化改扩建,带动项目总投资2 140万元。

【扶持奶业生产】 实施奶牛标准化规模养殖场(小区)建设,安排中央预算内投资资金550万元,扶持5家奶牛规模养殖场开展标准化改、扩建,带动项目总投资1 631万元。

【标准化规模养殖】 建成年出栏万头以上猪场224个、年出栏百万羽以上肉鸡场180个、年出栏5万羽以上肉鸭场74个、年出栏4万只以上肉兔场29个、年出栏500头以上肉牛场15个、年出栏千只以上羊场27个、存栏千头以上奶牛场14个、存栏10万羽以上蛋鸡场38个、存栏万羽以上蛋鸭场195个。生猪、蛋鸡、肉鸡、奶牛规模化率分别为83.75%、90.53%、95.78%、78.58%,比2010年分别增长31.4、1.09、7.34和6.53个百分点。

【畜禽良种繁育体系】 一是抓畜禽良种工程,新增福清永诚畜牧有限公司为国家生猪核心育种场改、扩建项目,并对13个未验收的畜禽良种工程项目加强督查和指导。二是实施畜禽遗传改良。组织有条件的育种企业和养殖基地申报国家核心育种场或养殖基地,配合农业部对南平市一春种猪育种有限公司和宁德市南阳实业有限公司等2个国家生猪核心育种场开展现场督查,推荐福建梁野山农牧股份有限公司申报生猪联合育种协助组成员单位,并获得通过。制定《福建省省级原种猪场种猪生产性能测定实施方案》,推进省级发证种猪场开展场内测定工作,提升全省生猪良种繁育水平。三是规范种畜禽经营。严格种畜禽监督管理,审核上报福建圣农发展股份有限公司引进种鸡9批和莆田克里莫育种有限公司引进法国巴巴里番鸭1批。

【良种繁育与推广】 一是实施良种补贴。完成补贴能繁母猪41万头,推广良种荷斯坦奶牛冻精7.2万剂,改良奶牛 3.6 万头,全省成母牛年单产已超过 6 吨。二是加大良种引进与改良。以三明市为重点,对宁化县黄牛、清流县湖羊进行品种改良,引进浙江湖羊 2 000 多只。三是实施蛋鸭种业工程,新建或改、扩建鸭舍7 541平方米,连城白鸭、金定鸭、莆田黑鸭和龙岩山麻鸭保种核心群家系达到 45 个、群体规模达 800 只以上,全年推广种苗 99 万只,示范推广优质蛋鸭 9.2 万只,辐射带动 95 万只。四是抓肉鸡良种基地建设,组织指导福建圣农发展股份有限公司申报 2015 年国家肉鸡良种繁育推广基地,并通过农业部审核,成为首批 15 家"国家肉鸡良种扩繁推广基地"之一。

【畜牧业科技推广】 以畜牧"五新"推广为载体,大力推进畜牧科技进场入户,不断提升畜禽养殖的科技含量。一是全年引进、推广湖羊等畜禽新品种数万头只,组织实施生猪、鸡产业技术体系建设,推广设施化、智能化畜禽养殖。二是大力推广鸡产品质量安全体系控制技术,编发《畜禽兽药安全使用手册》2 万册,指导养殖企业科学规范用药。三是大力推广桂闽引象草生态种养综合配套技术,新增种草面积 2 333.3 公顷。四是大力推广微生物异位发酵床、干式清粪法、漏缝地面等工艺技术,推广猪 - 沼 - 果(菜、茶、菌、林等)生态种养模式,从源头减少粪污排放量。五是推广病死猪无害化处理机械设备 172 台套。六是做好第十三届中国农产品交易会福建馆畜禽产业分馆筹展工作,分公共展板、生态养殖模型企业、地方畜禽品种、蛋塔等四大块集中展示近年来福建省畜牧业发展新成就、新技术、新模式。

【兽医工作扶持政策】 一是于 2015 年 7 月出台《福建省基层畜牧兽医站房建设规划(2014—2018 年)》,明确 2018 年之前投资 12 780 万元在全省新建或改造基层畜牧兽医站站房 249 个,其中:新建 177 个、改扩建 72 个,并下达 2015 年站房建设项目 56 个,下拨省级补助资金 2 031 万元。二是安排 20 个县开展县级兽医实验室病原学监测基础设施项目建设,下达省级财政补助资金 900 万元。

【重大动物疫病强制免疫疫苗补助】 一是继续对高致病性禽流感、口蹄疫、高致病性猪蓝耳病和猪瘟 4 种重大动物疫病实行强制免疫政策,全省落实和使用动物强制免疫疫苗经费 1.59 亿元。二是严格按照国家招投标法和政府采购相关法律法规的要求和程序,对动物强制免疫用疫苗进行公开招标,确保疫苗招标采购工作公平、公开、公正。三是指派专人负责疫苗调拨和储运管理,合理安排疫苗配送工作,及时将动物强制免疫疫苗免费发放到养殖场户或村级动物防疫员手中,共采购和下拨各类动物强制免疫疫苗 3.50 亿毫升(头份),确保全省动物强制免疫工作的顺利开展。

【养殖环节病死猪无害化处理补助】 全面落实养殖环节病死猪无害化处理补助政策,对福州、宁德等 8 个设区市的 64 个县(市、区)养殖环节 271.90 万头病死猪进行无害化处理,下达省级以上财政补助经费 12 271.15万元,由第三方机构投资建设的病死畜禽专业无害化处理厂 46 个。

【基层动物防疫工作补助】 落实基层动物防疫工作经费 5 082 万元,其中:基层农业技术推广与体系建设补助经费 1 400 万元,重点用于 200 个动物防疫示范乡镇建设;村级动物防疫员津贴补助经费 2 682 万元(中央 600 万元,省财政配套 2 082 万元),用于 1.49 万名村级动物防疫员津贴补助,每人每月补助 150 元。

【畜牧法制建设】 一是继续深入学习、宣传、贯彻和实施《畜牧法》《动物防疫法》《农产品质量安全法》《兽药管理条例》《乳制品质量监督管理条例》《畜禽规模养殖污染防治条例》等法规,加强畜牧法制建设,强化行政执法,确保畜牧业生产安全。二是规范行政许可行为,积极推进网上审批办理,完成审核福建圣农发展股份有限公司白竹窠祖代种鸡场等申报材料 20 份,办理福建梁野山农牧有限公司等种畜禽生产经营许可证 10 份。

【畜禽资源保护】 一是实施农业部畜禽遗传资源保护项目。下拨中央财政资金 210 万元,对槐猪、莆田黑猪、连城白鸭、福建黄兔、丝羽乌骨鸡、河田鸡和石狮国家水禽品种资源基因库开展保护工作,重点开展相关畜禽种质资源的收集、提纯、扩繁,扩大优化了保种群,健全完善保种系谱档案和生产性能档案,开展世代更替、品种登记和性能测定,完善保种场基础设施。二是实施省级畜禽遗传资源保护项目。下拨省级专项财政 275 万元,对未列入 2015 年度农业部保种专项的长乐灰鹅等 19 个畜禽地方品种资源和国家水禽品种资源基因库开展保护工作,主要开展畜禽品种资源调查、保种核心群的培育更新、生产性能测定、系谱档案记录、保种设施设备的完善及疫病防控工作等。三是重新公布省级畜禽遗传资源保护名录。根据《畜牧法》要求和近年来全省地方畜禽遗传资源形势变化需要,重新公布省级畜禽遗传资源保护名录,确定 29 个地方畜禽遗传资源为省级保护品种。四是做好山麻鸭的更名工作。为体现品种的原产地特色,更好保护山麻鸭,特向农业部申请将山麻鸭变更为龙岩山麻鸭,并得到国家畜禽遗传资源委员会批准。

【"瘦肉精"专项整治】 专项整治行动中,累计出动执法人员31 834人次,检查各类企业16 071个,发放宣传材料20.74万份。一是加强养殖环节监管。强化养殖环节日常巡查和抽检,签订责任书和承诺书,督促养殖场(户)完善养殖档案,建立活畜养殖安全承诺制度和出栏保证制度,承诺不饲喂违禁添加物,共抽检猪场1 168个、肉牛羊场92个、尿样5 988批次,抽检合格率100%。二是加强屠宰环节监管。建立定点屠宰场制度(县级天天抽检,市级月月抽检,省级每季度抽检),共抽检活畜尿样51 970批次,抽测合格率100%。三是完善长效管理机制。按照"风险可控,监管有力"的原则,形成省、市、县三级监管体系,确保巡查制度、抽检制度和检打联动机制的落实,并畅通投诉渠道,将省、市、县三级"瘦肉精"举报电话、电子邮箱向社会公布,形成常态化管理的长效机制。

【生鲜乳质量安全监管】 一是加强日常管理。进一步落实生鲜乳质量安全监管责任包干制度,细化措施与分工,明确奶站、运输车监管责任人,加强部门间协调配合。二是深入开展生鲜乳违禁物质专项整治。累计出动监督执法人员396人次,检查奶牛养殖场、生鲜乳收购站、运奶车144次。三是开展检打联动。采取专项监测和执法抽检相结合的方式,对生鲜乳奶站、运输车进行不定期全覆盖抽检,共抽检生鲜乳样品94批次,样品全部合格。

【饲料安全监管】 一是强化饲料和饲料添加剂企业许可。共核发饲料和饲料添加剂生产许可证92份,核发68家企业饲料添加剂和添加剂预混合饲料1 793个产品批准文号,其中55个饲料添加剂产品批准文号,1 738个添加剂预混合饲料产品批准文号。二是强化质量监测。针对饲料生产企业、经营店和畜禽养殖场(户)开展饲料质量安全监测,监测品种包括添加剂预混合饲料、配合饲料、浓缩饲料、单一饲料以及养殖场(户)自配料,共抽检饲料样品701批次,合格665批次,合格率94.9%。三是强化违法案件查处。实行检打联动,共查处不合格饲料产品案件22个,没收违法所得11.1万元,罚款39.3万元,没收销毁不合格饲料产品6.5吨,在"福建农业信息网"和"福建动物卫生监督网"公布了2014年23个不合格产品名单。四是强化年度备案。根据《饲料和饲料添加剂生产许可管理办法》规定开展饲料生产企业年度备案工作,253家饲料和饲料添加剂(单一饲料除外)生产企业通过年度备案;38家单一饲料生产企业通过年度备案;17家饲料或饲料添加剂生产企业未通过年度备案;21家饲料或饲料添加剂生产企业生产许可证予以注销。五是强化自配料管理。印发《福建省农业厅关于加强养殖场自配料监管的通知》,建立监管机制,加强自配料管理。六是强化部省级示范企业建设。有3家企业通过《饲料质量安全管理规范》部级示范企业现场验收,14家企业通过省级示范企业验收。七是完善安全生产应急管理。制定下发《饲料兽药安全生产事件应急预案》,完善饲料兽药安全生产事件的应急管理,提高应急处置能力。

【动物卫生执法监督】 一是做好动物和动物产品检疫。安排省级财政300万元补助6个县(市、区)开展动物检疫申报点建设,积极推进动物检疫合格证明电子出证工作,进一步加强屠宰检验检疫工作。全省产地检疫动物61 079.38万头(羽),屠宰检疫动物38 224.77万头(羽)。二是理顺监督执法经费渠道。自2015年7月1日起全省停征动物及动物产品检疫费,各级动物卫生监督机构有关人员经费和依法履行行政监督管理职能所需经费,由同级财政预算予以统筹安排。三是开展行政审批改革。根据福建省跨省引进乳用、种用动物及其精液、胚胎、种蛋审批的实际,省政府于2015年12月发文取消了该项审批。四是提升动物卫生监督执法能力。按照农业部的部署,继续组织开展全省动物卫生监督执法"提素质 强能力"行动,按时完成各阶段的任务。五是强化动物卫生监督执法检查。在全省开展"建立病死畜禽无害化处理机制宣传月"活动,组织对动物诊疗机构、养殖屠宰环节病死动物无害化处理等开展专项检查,查办不按规定处理病害动物及其产品、经营加工染疫动物及其产品等违反《动物防疫法》的案件121起。

【兽医实验室管理】 部署开展动物病原微生物实验室生物安全监督检查工作。对19家动物病原微生物实验室(A级反恐怖防范重要目标1家、B级反恐怖防范重要目标18家)开展反恐怖防范重要目标调查摸底和督查,未发现擅自采集重大动物疫病病料、未经批准擅自开展高致病性动物病原微生物实验活动等违法违规行为。细化高致病性动物病原微生物实验活动审批程序,进一步明确申报条件审查和申报内容,审核上报福建省农业科学院畜牧兽医研究所ABSL-3实验室,并获农业部批复可从事番鸭禽流感病毒流行病学研究活动。

【兽药质量监管】 一是加大对兽药生产企业、批发市场、集散地、经营门店以及畜禽养殖场的执法检查力度,出动执法人员10 032人次,检查企业4 348个/次,整顿市场312个/次。二是加大兽药执法抽检力度,开展兽药质量抽检307批次。三是加大兽药案件查办力度,认真落实农业部2071号公告要求,严厉查处兽药违法行为,并组织全省各地对农业部通报的假劣兽药案件进行依法查处。2015年立案查处兽药案件91起,捣毁制售假兽药窝点3个,查获违法兽药9.43吨,货值11.49万元，挽回经济损失81.06万元。四是全省兽药生产企业全面实施兽药产品电子追溯码（兽药二维码）标识制度。

【生猪屠宰行业监管】 根据省政府职能转变和机构改革精神，设区市畜禽屠宰监管职责调整工作于2015年上半年完成，80个涉农县级屠宰监管职责调整工作于11月全面完成。印发《2015年生猪屠宰专项整治行动实施方案》，自2015年6月至2016年3月期间在全省开展生猪屠宰专项整治行动，开展执法6 675次、出动执法人员35 141人次，依法取缔生猪私屠滥宰窝点105个，生猪屠宰环节"瘦肉精"抽检28.67万份，检测均为阴性。

【兽医队伍建设】 组织开展新一轮官方兽医资格确认工作，新确定官方兽医资格人员566人，及时清理已调离动物卫生监督管理执法岗位或因其他原因已不具备官方兽医行政执法工作资格的人员29人。全省现有官方兽医资格人员2 489人。发放2014年度执业兽医资格证书309份，其中执业兽医师资格证书218份，执业助理兽医师资格证书91份。

【畜禽标准化养殖示范创建】 组织开展畜禽养殖标准化示范创建活动，通过省部联创，共完成国家、省级示范创建121家。一是对23个2012年国家级畜禽养殖标准化示范场进行现场复检和验收，其中：18个通过复检验收，5个因列入关闭拆除等原因不予复检或未通过复检验收。二是组织动员123家畜禽养殖场参加2015年国家、省畜禽养殖标准化示范场创建，其中，推荐18家畜禽养殖场参加国家级示范创建，同意105家畜禽养殖场参加省级创建活动。经专家验收、公示与推荐，创建国家级示范场12家，省级示范场91家。

【畜牧行业产业结构布局优化】 提出"控制生猪总量，扩大家禽规模，加快牛羊兔生产"的发展思路。对生猪养殖严把准入门槛，实行总量控制，确保"十三五"期间年出栏生猪控制在2 000万头以内。对家禽产业，采取拓展肉鸡全产业链，加快蛋鸡设施化发展，提升水禽健康养殖水平；对草食畜禽，支持利用抛荒山垅田种草，扶持牛、羊、兔、鹅等草食畜禽养殖，提高奶牛生产水平，建设一批标准化草食畜禽养殖基地。

【畜产品质量安全认证】 全省无公害产地有效认定888个，其中：生猪产地730个，年出栏509.24万头；肉牛产地6个，年出栏1.11万头；肉羊产地5个，年出栏1.85万头；肉禽产地62个，年出栏7 288.64万只；禽蛋产地74个，存栏蛋禽2 677.03万只；肉兔产地8个，年出栏57.87万只；肉鹿产地1个，年出栏400头；蜂蜜产地2个，存栏4 885群。绿色食品有效认证10个，其中：肉鸭1个，产量120吨；鸭蛋1个，产量56吨；山羊1个，产量6.5吨；蜂产品7个，产量165吨。有机产品肉鸡1个，年出栏1.8万只；有机产品鸡蛋1个，产量270万枚。泰宁"金湖乌凤鸡"获得农业部农产品地理标志登记保护证书，登记保护面积1 539.33平方公里，年产量2 600吨。

【无规定动物疫病区建设】 下达光泽县农业部生物安全隔离区建设经费15万元，用于开展福建圣农发展股份有限公司肉鸡无禽流感生物安全隔离区建设试点。2015年8月，组织福建圣农发展股份有限公司肉鸡无禽流感生物安全隔离区自评估，根据评估结果，于2015年11月2日向农业部兽医局提出评估申请。

【应急管理】 重新修订《福建省突发重大动物疫情应急预案》，完善应急物资储备和举报疫情核查等制度，公布全省各级动物疫情举报电话，广泛动员社会力量参与疫情举报工作，全省共核查举报疑似疫情32起，均及时排查并规范处置，有效防止了动物疫情的发生和蔓延。各地对突发重大动物疫情应急预案进行修订，福州、龙岩、三明等市与所辖县（区）联合开展应急演练。

【兽药残留监控】 完成农业部和省厅下达兽药残留检测309批，其中：禽蛋中氟喹诺酮类药物残留检测100批，禽肉中土霉素、磺胺类、恩诺沙星、环丙沙星残留检测100批，牛奶中抗生素（青霉素类）药物残留检测62批，省青运会禽蛋中氟喹诺酮类药物残留检测47批，检测结果均合格。加大兽药监督执法，共查获违法兽药9.43吨，货值11.49万元，立案查处91起，出动执法人员10 032人次，挽回经济损失81.06，检查企业4 348个/次，整顿市场312个/次。

（福建省农业厅　高新榕）

江西省畜牧业

【概况】 2015年，江西省畜牧业紧紧围绕"稳增长、保安全"发展目标，以"调结构、转方式"为主线，加快畜牧业发展方式转变，推进畜牧业转型升级。畜牧业经济运行总体平稳，畜牧业结构调整步伐加快，病死畜禽无害化处理机制建立，畜禽屠宰职能调整全面完成，畜禽养殖污染防治取得新成效。全省肉类总产量355.5万吨，同比下降0.97%；禽蛋产量49.3万吨，同比增长3.1%；奶类产量13.0万吨，同比增长0.8%。生猪价格止跌回升、生猪生产走出低谷、养殖效益实现扭亏为盈。生猪出栏3 242.5万头，下降2.5%，存栏1 693.3万头，下降2.6%，能繁母猪存栏163.4万头，下降6.5%。家禽生产稳定增长。家禽出栏47 656.1万只、存栏22 032.1万只，分别增长3.9%、4.4%。牛羊产业政策利好，牛羊生产发展加快。牛出栏139.1万头、存栏313.3万头，分别增长2.4%、2.7%；羊出栏75.1万只、存栏58.2万只，分别增长2.6%、1.6%。奶牛存栏7.2万头，增长1.4%。

【产业结构调整】 按照“巩固稳定生猪、加快提升家禽、突出发展牛羊”的思路，大力推进畜牧业结构调整。一是牛羊发展明显加快。以基础母牛扩群增量和南方现代草地畜牧业发展项目为抓手，大力推进牛羊发展。13个母牛扩群增量项目县，存栏10头以上母牛养殖场户达到2 728户，增长88.1%。6个南方现代草地畜牧业发展项目，完成草地改良和人工种草2 000公顷，示范带动项目县草地改良和人工种草1.41万公顷，增长20.2%；项目县牛羊养殖场户达到1 575户，增长38%；牛存栏40.5万头，增长16.9%；羊存栏36万只，增长31.5%。在项目带动下，全省年出栏100头以上的肉牛规模养殖场户达到825家、年出栏500只以上肉羊规模养殖场户达到554家，分别增长19.2%和49.7%。二是畜禽良种水平提升。认真抓好国家畜禽良种工程、畜牧良种补贴和省级畜禽良种繁育补贴等项目实施，加强畜禽良种繁育体系建设，畜禽良种水平进一步提升。全省种畜禽场310个，其中种猪场180个，基础母猪8万余头，供种能力40万头。2015年新增绿环、傲新华富、加大3家国家生猪核心育种场，总数达到4家，新增高安裕丰1家国家肉牛核心育种场。新增东乡欣荣、吉水八都2家国家畜禽遗传资源保种场，总数达到7家。省级生猪核心育种场达到8家，核心猪群数量达1.5万头。三是畜禽标准化规模养殖加快推进。畜禽产业集团加快规模扩张，中小养殖场户加快退出，规模养殖稳步推进，全省年出栏500头以上的生猪规模养殖场1.4万个，出栏比重达68%，提高了3个百分点；出栏万羽以上肉禽规模养殖场4 705个，出栏比重63%，提高1个百分点；存栏2 000羽以上蛋禽规模养殖场1 741个，存栏比重68%，提高2个百分点。如温氏集团在吉安县新建2个10万头以上的养猪场，在铅山县新建40万头的养猪基地。积极开展标准化示范创建工作，新增畜禽标准化示范场71家，总数达到542家。启动了“泰和乌鸡、崇仁麻鸡、宁都黄鸡”等地方鸡品牌建设工作，出台了品牌建设指导意见和实施方案。

【病死畜禽无害化处理】 加强省政府《关于建立病死畜禽无害化处理机制的实施意见》的宣传贯彻，建立健全工作机制，落实各项制度，推进病死畜禽无害化集中处理体系建设。一是建立了联席会议制度。建立由农业、发改、财政、公安、食品药品监管、环保、保监等部门参加的病死畜禽无害化处理工作联席会议制度，强化病死畜禽无害化处理工作统筹协调。二是建立完善举报机制。利用“12316”惠农短信平台，建立省、市、县三级病死畜禽无害化处理电话举报网络，接受社会监督。三是强化病死猪无害化处理与保险联动。在实行能繁母猪保险的基础上，在全省全面实施育肥猪保险政策，将病死猪无害化处理与保险理赔相结合，推进病死猪无害化处理工作。全省能繁母猪保险56.8万头，育肥猪保险466万头。四是推进病死畜禽无害化处理设施建设。加强督促指导和政策支持，以生猪调出大县为重点，推动病死畜禽无害化集中处理场建设。已有29个县(市、区)申报病死猪无害化集中处理体系建设，其中，樟树、新干等6个县(市、区)集中处理中心已建成并投入运行，日处理能力达到40吨，还有16个正在建设。五是强化病死畜禽无害化处理日常监管。进一步健全官方兽医巡查制度，加强对养殖场、屠宰场等生产经营场所的巡查监管，监督生产经营者落实主体责任，及时按照相关规定做好病死畜禽无害化处理工作。加强与公安、食药等部门密切配合，开展专项整治，加大执法力度，严厉打击收购加工销售病死畜禽等违法犯罪行为。

【畜禽屠宰监管】 认真做好屠宰职能承接工作，加强屠宰环节监管，保障肉品安全。一是全面完成职能移交工作。省、市、县三级畜禽屠宰职能移交全面完成，机构、编制、人员、经费基本得到落实。二是基本摸清了屠宰行业现状。全面开展屠宰行业调查，全省生猪屠宰企业637家，其中A证117家、B证462家、无证58家，家禽屠宰企业13家，牛羊屠宰企业10家。三是开展“百日严打”活动。召开“全省加强生猪屠宰监管 维护猪肉市场秩序百日严打动员部署视频会议”，启动“百日严打”活动，严厉打击私屠滥宰、屠宰病害畜禽、注水及非法添加有毒物质等违法行为。

【畜禽养殖污染防治】 一是摸清了畜禽规模养殖污染防治现状。开展全省畜禽规模养殖污染防治专题调研，实地调查11个设区市33个县(市、区)325个养猪场。20%左右的猪场，采用粪污治理先进技术和有效治理模式，基本实现达标排放；50%左右的猪场，建有粪污贮存处理设施，但运行效果不够理想，对环境造成轻度污染；30%左右的猪场，或无设施直排，或有设施偷排，或沼液沼渣得不到有效利用，对水体和土壤产生了比较严重的污染。在调研的基础上，起草《全省畜禽规模养殖污染防治情况报告》，向省人大做了报告。二是抓好“三区”规划落实。结合环保赣江行检查采访活动，与省人大常委会环资委共同开展畜禽规模养殖污染防治执法检查，针对存在问题提出整改措施。全省所有农业县(市、区)政府基本出台畜禽养殖区域规划文件,完成县级“三区”规划。如南昌市还绘制了养殖区域分布规划图,并通过媒体向社会公布。同时,积极配合相关部门,加快推进禁养区畜禽规模养殖场的拆迁、关停和转产,整治禁养区畜禽养殖场户1 850家,约减排150万吨。如新干县高位推动“三区”规划落实,采取部门联动、政策支持、技术指导等措施,完成禁养区猪场拆除101家,拆除栏内设施180家,停养猪场860户,三湖镇实现从出栏生猪11万头到零养殖。三是加强畜禽粪污资源化利用指导。在总结推广“猪沼果”等生态养殖模式的基础上,积极探索有机肥加工、沼气发电、沼液统一配送等资源化利用模式。如鹰潭市朝阳农业发展有限公司与龙虎山周边51家规模养猪场签订合同,利用猪粪加工有机肥,年利用干清粪15万吨;新余市罗坊镇沼气集中供应站,收集利用周边10公里内规模猪场的粪便,日产沼气600立方米;万年县鑫星农牧公司建设的2 000千瓦沼气发电项目已并网发电,每年可发电1 000万度。

【重大动物疫病防控】 一是强制免疫取得新进展。采取“政府组织领导、生产者为责任主体、兽医部门监督”的方式,实行规模养殖场户自主程序化免疫,散养畜禽集中免疫、整村推进的做法,扎实推进春秋季防疫集中行动。改革疫苗管理方式,实行“采购与结算两分离、质量与服务双监管”的管理模式。改革强制免疫政策实施办法,探索实施直补方式。二是疫病监测净化工作取得新进展。认真实施全省动物疫病监测计划,全省共完成高致病性禽流感、口蹄疫、猪瘟、高致病性猪蓝耳病监测19万份,总体免疫抗体合格率80%以上。完善疫病净化技术方案,将净化工作重点调整为一级以上种畜禽场和所有奶牛场,创新做好健康群培育,形成“检测 - 扑杀 - 监测 - 并入健康群”的技术路线,通过持续监测、抽样和淘汰,逐步扩大健康群体数量和规模。三是检疫监管取得新进展。加强动物检疫规范化建设,全面推行《动物检疫工作记录规范》。大力开展畜禽养殖、屠宰场所官方兽医巡查,落实生猪定点屠宰厂(场)官方兽医派驻制度,强化生猪屠宰检疫监管。推进在年出栏生猪3 000头以上的规模养猪场建立检疫申检员制度,全省规模猪场基本落实到位。全面推进县级以上生猪定点屠宰场和动物及动物产品供沪企业检疫申报点动物检疫电子出证,全省共有96个县(市、区)开展电子出证,设置电子出证点177个,其中县级以上生猪定点屠宰场出证点105个、动物及动物产品供沪企业检疫电子出证点72个。四是应急管理取得新进展。开展《江西省突发重大动物疫情应急预案》修订,进一步完善应急预案。建立健全应急物资储备制度,做好疫苗、防护服等应急物资的储备工作。加强应急值守,落实节假日和重大活动期间24小时值班和领导带班制度,设立应急值守和疫情举报电话,对报告的动物疫情,及时派出技术专家组到现场勘查处理。针对2015年初共青城市发生的高致病性禽流感疫情,及时启动应急预案,派出技术专家组和督导组,组织开展扑杀、消毒灭源、无害化处理、紧急免疫、关闭交易市场等应急处置工作,及时果断扑灭疫情,有效控制疫情蔓延扩散。

【畜产品质量安全监管】 全面推行官方兽医监督巡查制度,落实生产经营者的主体责任和部门监管责任,大力加强畜产品质量安全监管,提升畜产品质量水平。一是大力推行《饲料兽药质量安全管理规范》。推进《饲料质量安全管理规范》示范企业创建工作,吉安傲农生物科技有限公司、南昌正大畜禽有限公司、江西大北农科技有限公司等3家企业通过了农业部验收,还有4家企业做好了验收准备工作。制定《江西省兽药生产质量管理规范检查验收办法》等制度,进一步完善饲料、兽药生产经营管理规范。二是强化产品质量安全抽检。全面实施饲料、兽药及生鲜乳等畜产品质量监督抽检计划,强化饲料兽药生产、经营、使用环节监督检查,全面落实官方兽医监督巡查制度,加大畜产品质量安全监管力度。兽药产品抽检合格率96.6%,饲料产品抽检合格率96.1%,养殖、屠宰环节“瘦肉精”抽检合格率100%,兽药残留抽检合格率100%,生鲜乳“三聚氰胺”抽检合格率100%,全省未发生一起重大畜产品质量安全事件。三是强化监督执法。认真实施饲料、兽药及生鲜乳等质量安全专项整治行动,加大违法行为打击力度。全省共出动执法人员5 651人,对1.4万家兽药生产、经营和使用单位的兽药产品标签和说明书情况开展宣传教育和督导检查,共发现23家企业存在违规行为,监督销毁违规兽药产品标签和说明书2.25万份,对22家企业进行立案查处,罚没金额3.8万元。立案查处兽药违法案件32件,罚没金额85.2万元。

(江西省畜牧兽医局 徐轩郴)

山东省畜牧业

【发展概况】 2015年,面对错综复杂的经济形势和产业风险,山东省畜牧兽医系统紧紧围绕“保供给、保安全、保生态、促增收”的总体目标,在省委、省政府的领导下,按照全国现代畜牧业工作会议确定的“两个率先”发展战略,以率先实现畜牧业现代化为目标,锐意进取,开拓创新,坚持高起点上高起步,新常态下新作为,努力探索畜牧产业转型升级新路径,全力谋划畜牧业现代化建设新举措,大力加强动物疫病防控和畜产品质量安全监管新手段,着力提升政策落实和机关建设新水平,实现全省畜牧业稳中求进、稳中提质、稳中增效,现代畜牧业建设进程稳步推进,“十二五”圆满收官。

2015年全省肉、蛋、奶产量分别达到774.0万吨、423.9万吨、284.9万吨，同比分别增长0.5%、9.25%、下降1.6%。新增国家级、省级示范场22个和300个，畜禽标准化规模养殖比重和粪污处理利用率分别达到68%、70%。国家胶东半岛无疫区认证评估工作终结硕果，动物防疫工作走在了全国前列；饲料兽药优化升级工程和质量安全提升工程顺利实施，主要畜产品抽检合格率维持在99%以上，投入品抽检合格率稳定在90%左右，全年没有发生重大畜产品质量安全事件和区域性重大动物疫情。

【畜牧业生产】

1.加大产业发展引导。围绕产业发展，组织了全产业、全流程调查研究，开展生猪、奶牛、家禽、牛羊生产、养殖污染治理、相关项目实施等重点调研10余次，召开了家禽、奶牛等产业发展问题研讨会，定期发布畜牧业运行情况报告，为各级政府宏观指导畜牧业生产提供了依据。及时将全省相关调查分析材料上报农业部，准确反映生产实际、难点问题、对策建议；加强与省政府办公厅、发改、财政、农业、环保、国土等部门的沟通配合，及时通报畜牧生产情况；以山东畜牧网、齐鲁牧业报等为载体，发布信息，指导生产。组织制定了奶业、生猪、家禽、种业、畜禽粪污处理利用转型升级实施方案。

2.稳定奶业生产。针对2015年初奶业生产波动加大、产销低迷形势，省畜牧兽医局联合物价、工商部门下发通知，召开新闻媒体情况通报会，加大巴氏奶消费宣传引导；加强生鲜乳产销监测，建立生鲜乳价格协调机制，省畜牧兽医局牵头成立了省生鲜乳价格协调委员会，按季度发布生鲜乳交易参考价。落实省财政2 000万元扶持奶业稳定生产，推进奶牛良种补贴、苜蓿奶业项目实施，加大技术指导，引导奶农调整结构提升水平，加快奶业转型升级。开展2015年生鲜乳监测，部署生鲜乳违禁添加物专项整治，加大对收购站和运输车辆监管。加强与各单位衔接，与食药局联合下发《关于加强鲜奶食品安全监管的通知》，与畜牧协会一起推进学生奶计划。

3.推进示范创建和粪污治理利用。开展畜禽标准化示范场创建，全年创建国家级示范场22个、省级示范场300家；发布《山东省现代畜牧业示范区认定管理办法》，启动全省现代畜牧业示范区创建认定，创建省级现代畜牧业示范区(示范园)50家。现代农业资金生态畜牧业、特色畜牧业示范县，畜禽标准化健康养殖、能繁母牛扩群等项目顺利推进。组织制定了畜禽粪污处理利用实施方案，加大粪污处理利用技术和典型模式推广力度，推进畜禽粪污等农业农村废弃物综合利用试点项目、耕地质量提升项目粪污治理工程顺利实施，畜禽粪污处理利用迈出新步伐。

4.加强畜禽种业管理。加强对种业企业的指导和监管，提升企业育种水平和供种能力；依托物种资源保护和特色畜牧业等项目，继续推进地方畜禽保护开发工作；完善全省畜禽遗传资源登记系统，对全省畜禽遗传资源分布、数量、生产性能、系谱等进行全面登记，实行动态管理，实时掌握省内畜禽遗传资源信息。继续推进种畜禽生产性能测定和地方畜禽保护开发、良种繁育，国家生猪核心育种场达到8家、肉牛2家，家禽扩繁推广基地2家。

5.加强科技管理服务。组织申报省丰收奖和省科技进步奖，畜牧行业有8项获省丰收奖、6项获省科技奖。推介发布了2015年畜牧业主导品种和主推技术，积极争取2015年省财政支持主推技术在全省近100个县(市、区)示范推广。组织相关单位申报2015年省级重点实验室、省级工程技术中心。协助做好省产业技术体系创新团队首席专家和岗位专家遴选推荐工作，推荐2名专家申报泰山产业领军人才。组织2015年全省基层畜牧兽医技术推广人员培训，包括省重点班、省普通班、信息员班3个班次；配合省农业厅实施好“新型职业农民培育”，进一步提升全省畜牧兽医系统技术人员素质和服务能力。

【饲料工业】 2015年，山东省有饲料生产企业1 350家，饲料生产总量达到2 288万吨，较上年增长6.4%，其中配合饲料2 102万吨，浓缩饲料99万吨，添加剂预混合饲料87万吨，较上年分别增长12%、下降19%、增长21%。

2015年，山东省共核换发饲料生产许可证526个，注销生产许可证220个，核发饲料添加剂和添加剂预混合饲料产品批准文号3 425个，核换发草种生产许可证2个，草种经营许可证4个，草种进出口审批件2件，有4家企业被农业部授予饲料质量安全管理规范示范企业称号，8家企业被授予省级示范企业称号。

山东省积极推进饲草饲料作物种植和利用。一是依托设立的2个国家级草品种区域试验站和4个省级草品种区域试验站，全年共组织开展11个试验组35个草种的区域试验。在泰安肥城、滨州阳信、聊城临清3个点承担国家2015年青贮专用玉米推广示范项目，截止到2015年底，项目单位共种植连片200公顷以上苜蓿12块，共计2 400多公顷。二是积极推进以玉米秸秆青贮为重点的农副资源饲料化利用工作。组织召开秸秆青贮现场推进会。对各市工作开展情况督导调度，并在山东畜牧网、山东草业网及时报道涌现的典型和经验做法。据初步统计，2015年共完成秸秆青贮近2 800万吨(鲜重)，全株青贮650万吨。组织筛选了4个国家农副资源饲料化利用项目。

山东省饲料行业发展呈现的主要特点：一是配合

饲料在肉禽料、猪料恢复的带动下实现大幅度的提升。二是原料价格波动明显，进一步挤压了浓缩饲料、预混合饲料市场，大部分预混合饲料转向企业集团自用。三是集团大型企业借低势扩张、抄底势头不减，但效益成为集团间分化的关键，一些近年来追求规模扩张的新兴集团后劲不足，出现收缩疲态；四是受中小企业进一步分化，一些规模适中、产品针对性强、拥有核心客户群的中型企业成长起来。

【动物疫病防控】 一是抓好重大动物疫病防控。2015 年全年累计使用各类疫苗 12.14 亿毫升（头份），免疫各类动物 12.08 亿头（只、羽）次，实现了畜禽“应免尽免、不留空当”的免疫目标，有效确保了应免畜禽免疫率常年维持在 100%。二是狠抓动物疫病应急管理。完善应急体系，加强应急储备物资管理。2015 年，全省县级以上应急预备队 4.8 万多人，各级贮备免疫疫苗 5 500 多万毫升、消毒药品 2 100 多吨、诊断试剂 70 万份、密封袋 326 万条、防疫器械 130 万多台（套、件、支）。三是强化应急处置。有效应对多起突发事件，在最短时间内将负面影响降到最低，有效维护了全省畜牧业生产安全、公共卫生安全和社会和谐稳定。

【兽药生产】

1. 建立兽药生产许可证核发工作机制，探索“生产源头”监管制度。先后发布了《山东省兽药生产许可证核发标准》《山东省兽药 GMP 检查员管理暂行办法》等 5 项管理办法。配套印发了《山东省兽药 GMP 检查验收申请材料》《山东省兽药 GMP 技术审查材料》《山东省兽药 GMP 现场检查验收材料》等相关材料模板。举办全省兽药检查员培训班，考核遴选首批 31 名省级兽药 GMP 检查员，组建检查员库。

2. 强化兽药经营环节监督管理。组织开展了历时 1 年的“全省兽药 GSP 再建设规范年行动”。截止到 2015 年底，全省累计查处违法案件 200 余起，清理经营主体不符合要求的经营单位 100 余家，吊销经营许可证 32 家。同时，修订兽药 GSP 现场检查评定标准，对人员素质、硬件配置、处方药管理、追溯系统应用等方面的要求进行细化升级，推动兽药经营整体素质的提升。

3. 规范兽药行政审批，着力强化事中、事后监管。实行兽药经营告知制度。自 2015 年 5 月 10 日起，在全省范围内实行兽药经营告知制度，即要求经营者将所经营的兽药产品有关情况主动汇报给监管部门。通过告知制度的实施，变单向被动监管为双向互动服务。在做好兽药经营“事前审批、事后执法”的基础上，进一步补齐“事中监管短板”。全省 17 个市、地区均已建立相关工作制度，并开始实施告知制度，超过 80% 的兽药经营者进行“首次”告知。

【落实产业发展资金】 2015 年，全年争取落实省级以上财政资金 15.33 亿元。

1. 落实产业发展重大项目 8 项，共 7.83 亿元。包括落实标准化健康养殖项目资金 1.25 亿元（5 000 万元用于金融支持畜牧业发展、7 500 万元用于标准化养殖场改造），落实现代农业生产发展资金 9 900 万元，落实基础母牛扩群补贴项目 1 亿元，落实农牧产业引导基金 1 亿元，落实“粮改饲”试点项目 4 000 万元，落实奶牛标准化建设项目 8 880 万元，落实生猪调出大县奖励资金 1.77 亿元，落实畜牧良种补贴项目 5 310 万元。

2. 落实重大动物疫病及畜产品质量安全相关资金 3.91 亿元。包括落实强制免疫疫苗补助资金 1.98 亿元，落实规模化养殖场病死猪无害化处理补助资金 5 816万元、屠宰环节病死猪无害化处理补贴 3 921 万元，落实基层防疫工作补贴 6 322 万元，落实胶东半岛无疫区建设项目资金 1 900 万元，落实质检体系建设资金 750 万元、动物防疫应急补助 677 万元。

3. 落实农业综合开发、养殖废弃物处理试点、畜禽良种工程、奶业生产发展资金、基层农技推广体系改革等项目资金 1.02 亿元。

落实其他年度预算资金 2.57 亿元。

全省支持保护畜牧业发展的政策框架逐步形成，投入机制逐步完善，各项政策措施逐步配套，覆盖畜牧业生产全程的财政保障机制逐步完善，全省畜牧兽医事业发展资金保障能力不断增强。

【创新金融扶持政策】 一是建立山东农牧产业股权投资基金。经积极协调争取，总规模 15 亿、初期规模 6.5 亿的产业投资基金已正式成立。基金聚焦产业发展重点，着重加强对重点项目的支持力度。二是全面推进金融创新工作。探索财政与金融协同支农机制，加强政、银、保三方协作，创新畜牧业担保抵押方式，加快项目实施进度，切实发挥财政资金的杠杆和导向作用，撬动更多的金融资金投入现代畜牧业。全省共落实发放贷款 1.7 亿余元，贴息近 800 万元，贷款意向 8 亿余元，受益企业 30 余个，养殖场户近 300 个。三是深入推进畜牧业保险工作。加快推动政策性畜牧业保险工作在全省开展，连续两次召开全省畜牧业保险工作，适时修订育肥猪保险条款，推动政策性保险开展。截止到 2015 年 11 月，全省政策性保险机构承保能繁母猪、育肥猪共 286 万头，赔付养殖户 5 363 万元，同比分别增长 144%、78%。推进生猪、奶业目标价格保险工作，保护产业平稳运行。支持在全省开展牛奶价格指数保险，推进生猪目标价格保险保费补贴试点工作全面启动。农业部派调研组到山东省开展畜牧业保险调研，为下一步在全国推广生猪保险工作进行探讨。

【加强行业精准扶贫】 一是编制产业扶贫规划。根据省政府领导安排，组织编制《山东省"十三五"盐碱涝洼地区贫困群众发展畜牧业脱贫工作实施方案》。认真摸清山东省盐碱涝洼地区贫困户基本情况、畜牧业发展情况，准确把握贫困户发展畜牧业意愿情况，科学制定发展目标、区域布局，做到因人施策、精准施策，为"十三五"山东省产业扶贫工作打下良好基础。二是认真落实行业扶贫工作。编制印发《关于进一步做好行业扶贫工作的通知》，不断加大对贫困地区畜牧业发展的支持力度，指导和帮助贫困地区理清发展思路，编制建设规划，确立工作重点，加强技术培训，倾斜性安排各类建设和专项资金，扎实推进产业扶贫。

【饲料安全监管】 一是认真做好行政审批工作。2015 年，共核换发饲料生产许可证 526 个，注销生产许可证 220 个，核发饲料添加剂和添加剂预混合饲料产品批准文号 3 425 个，核换发草种生产许可证 2 个，草种经营许可证 4 个，草种进出口审批件 2 件。二是积极推进贯彻《饲料质量安全管理规范》。2015 年，围绕《饲料质量安全管理规范》贯彻落实，重点做好摸底排查、示范推进两个方面工作，全省已有 4 家企业被农业部授予饲料质量安全管理规范示范企业称号，8 家企业被授予省级示范企业称号。三是开展饲草料质量安全监督抽检和质量风险预警。2015 年全省继续开展饲草料监督监测，主要任务涉及养殖环节"瘦肉精"监督抽检、饲料质量安全监督抽检、饲料原料动物油脂风险监测、草种质量监督抽检草产品质量风险监测。全省抽取 29 个动物用油（其中 8 个鸡油、17 个鸭油、4 个猪油）样品，进行酸价、过氧化值、丙二醛、苯并芘等指标风险监测，抽检猪、肉牛、肉羊尿液 3 100 批，抽检各类饲料样品 364 批，抽检草种 95 批次，草产品 304 批次。四是理顺饲料添加剂氯化钠监管职责。积极与省政府及相关部门沟通，促成省政府发文明确了农业（畜牧）部门对饲料添加剂氯化钠的监管职责，为全省行业健康发展营造了良好环境。

【动物卫生执法监督】 推进"移动动监"试点工作。为加快推进全省动物卫生监督信息化建设，进一步规范动物卫生监督执法工作开展，山东省动物卫生监督所在动物检疫合格证明电子出证的基础上开发了一款应用于动物卫生监管工作的移动终端应用软件——移动动监，并于 2015 年初启动了"移动动监"的试点工作，山东省动物卫生监督所部分业务工作人员以及全省 17 个市级动物卫生监督机构和 108 个县（市、区）级动物卫生监督机构共计 3 796 人参加试点。"移动动监"项目启动后，省、市、县 3 级动物卫生监督机构和基层从事动物检疫监督执法的工作人员通过"移动动监"共同组建成一个移动网络覆盖体系，使动物卫生监督执法工作在组织协调、业务管理、监督执法、追溯查询等方面通过互联网 + 移动终端有机地贯穿起来，极大地降低监管成本、提升工作效率、改善执法服务水平。

【兽医实验室管理】 一是组织开展 2015 年兽医系统实验室检测能力比对，检测能力比对结果总体良好，实验室检测能力比对合格率高达 92.7%。二是组织开展以兽医实验室生物安全为主要内容的"安全生产月"活动，从严格落实责任主体、强化实验室内部管理、加强实验室监督检查、加大实验室生物安全宣传力度等方面切实强化了兽医实验室生物安全管理。三是深入推进兽医系统实验室考核和监督检查。全省共有 125 个实验室通过了兽医系统实验室考核。

【兽药质量监管】 一是启动兽药综合管理信息系统建设。以落实兽药二维码标识制度为契机，启动山东省兽药管理综合信息系统建设项目，探索通过信息化手段破解兽药经营监管人员少、点多面广的矛盾，为实现多频次、全覆盖、快反应的"互联网 + 监管"奠定基础。系统建设已完成招标，正在进行系统开发。二是开展兽药质量安全监管示范创建活动。进一步调动和发挥基层兽药监管能动性，探索形成可复制、能推广的监管模式，增强基层兽药监管手段和能力。三是建立监督管理机制。与《齐鲁牧业报》等媒体合作，在第一时间向社会公开对兽药监督抽检和执法检查的信息，将信息传递由系统内延伸至全社会，以信息公开的方式，进一步推进"检打联动"，形成以公开促规范的兽药质量安全社会共治新格局。

【生猪屠宰行业监管】 山东省畜牧兽医局印发《2015 年全省生猪屠宰专项整治行动实施方案》，确定从 2015 年 6 月至 2016 年 4 月，围绕重点时段、重点区域和薄弱环节，组织开展生猪屠宰专项整治行动，严厉打击私屠滥宰、添加"瘦肉精"、注水或注入其他物质、销售及屠宰病死猪等违法犯罪行为，保障人民群众"舌尖上的安全"。为确保整治效果，组织开展生猪屠宰专项整治行动市地间交叉互查活动，全面检查行动和工作进展情况。截止到 2015 年底，全省共开展执法次数 6 353 次，出动执法人员 41 000 多人次，排查畜禽肉品企业及经营业主 3 万多家（户），受理举报投诉2 780 起，清理私屠滥宰窝点 241 个，查处违法案件 870 起，移送公安机关 171 件。

【畜产品质量安全】 2015 年全省安排的畜产品质量

安全监测结果显示,主要畜产品合格率维持在99%以上,在"菜篮子"产品中合格率是最高的;投入品合格率稳定在90%左右,并且有逐年向好的趋势。全年没有发生重大畜产品质量安全事件。一是开展专项整治,着力消除突出的风险隐患。制定下发《2015年全省畜产品质量安全专项整治方案》。重点开展"瘦肉精"、生鲜乳违禁物质、兽用抗菌药经营使用、生猪屠宰、饲料及饲料添加剂5个专项整治行动。二是开展检验检测,牢固奠定监管执法支撑基础。2015年,省财政投入经费2 242万元,全年共安排常规检测近2万批,快速检测20余万批,监测品种涉及肉、蛋、奶、蜂产品、尿液、饲料、草产品、种畜禽等8类20多个品种,检测项目50多个,监测范围基本覆盖了全省17个市的所有区、县。三是开展联合执法,推进形成部门监管合力。会同省公安厅开展行政执法和刑事司法衔接调研,会同省食药局开展进入加工企业、批发零售市场前后衔接的调研。联合省食安办、食药局、公安厅等部门,开展"守护舌尖安全"专项治理行动,开展羊肉及其制品"规范整治打击"专项行动,开展打击食品安全违法犯罪"清源"行动,加强毛皮动物胴体监管严厉打击流入食品领域违法犯罪行为等联合执法行动。联合制定《关于规范羊肉及其制品屠宰和生产经营行为的通告》《山东省农产品质量安全信息衔接规范》《关于建立食品安全"三安联动"监管工作机制的意见》等制度文件,加强全链条监管衔接,形成了部门的监管合力。四是开展品牌创建,集中培育优质畜牧品牌。联合山东省畜牧协会共同举办的"食安山东——肉鸡生产与消费健康面对面"活动,增强了消费者消费信心。联合《齐鲁晚报》等媒体,开展"食安山东"示范单位集中调研、宣传活动。完成"食安山东"畜牧业示范品牌引领企业评选工作,评选出66家畜牧业品牌企业,提出了"十三五"品牌发展战略初步设想。组织参加在福州举办的农交会地标专展,对全省地标产品进行集中推介展示。加快"三品一标"认证,认定产地2 366个,认证产品1 983个,登记地理标志32个。五是推进畜牧标准化,示范带动安全水平提升。组织调整山东省畜牧业标准化技术委员会成员,完成了54项地方标准的报批工作。联合农业厅等部门开展6个国家级示范市(县)和10个省级示范县创建工作,并制定相关标准规范示范县创建工作。

【病死畜禽无害化处理】 山东省委、省政府高度重视病死畜禽无害化处理工作。《山东省病死畜禽无害化处理工作实施方案》通过论证、网上公开征求意见、部门会签,经省政府第63次常务会议审议通过并正式发布。截至2015年底,全省已建成44个病死畜禽专业无害化处理厂,配套建设病死畜禽收集暂存点709个,配备病死畜禽专业运输车260辆。

【无规定动物疫病区建设】 胶东半岛无疫区顺利通过无疫区专家组评审,生物安全隔离区建设试点稳步推进。德州六和、蓬莱民和及青岛九联3家高致病性禽流感生物安全隔离区建设试点工作进展迅速,其中蓬莱民和高致病性禽流感生物安全隔离区已建设完成并申请国家评估。

(山东省畜牧兽医局　刘国华　胡智胜)

河南省畜牧业

【畜牧业发展概况】 2015年,河南省各级畜牧部门积极适应新常态,围绕稳增长、保态势、调结构、防风险等重点工作,务实创新、扎实工作,畜禽养殖效益高、重大动物疫情稳、质量安全形势好,实现了畜牧业发展稳中有进,全省优质畜产品货源供给保障有力,全年未发生区域性重大动物疫情和重大畜产品质量安全事故。综合生产能力明显提高,全省牧业产值2 445.3亿元,占农业总产值的比重达32%。全省肉、蛋、奶产量分别达到711.1万吨、410.0万吨、352.3万吨,同比分别增长-1.1%、1.5%、2.9%。以猪禽为主的食粮型畜禽和以牛羊为主的草食型畜禽协调发展,主要畜禽饲养量在全国继续保持领先水平,其中全省牛出栏量548.6万头,存栏量934.0万头,同比分别增长0.5%、1.7%;生猪出栏量6 171.2万头,存栏量4 376.0万头,同比分别下降2.2%、1%;家禽出栏量91 550.0万只,存栏量70 020.0万只,同比分别增长1.6%、2.3%;羊出栏量2 126.0万只,存栏量1 926.0万只,同比分别增长1.8%、2.1%。

【畜牧业政策落实】 积极争取各类项目资金,2015年共争取中央财政投资17.8亿元。其中,国家下达肉牛基础母牛扩群增量项目资金1.4亿元、畜牧良种补贴资金7 660万元;奖励资金32 895万元,扶持生猪大县70个;拨付河南畜禽标准化健康养殖项目资金6 000万元,支持194个规模养殖场进行标准化改扩建,5 000万元金融支农创新项目支持8家畜牧业担保公司和17家畜牧专业合作组织发展;畜禽粪污等农业农村废弃物综合利用试点项目资金2 000万元,确定新大牧业等6家企业实施;拨付资金6 690万元,支持67个奶牛场进行标准化改造;利用国家现代农业发展资金,投资1.39亿元扶持建设养牛大县28个;拨付资金1 100万元,用于17个直辖市和5个直管县(市)病死畜禽无害化处理试点建设。

【畜禽标准化规模养殖】 规模养殖发展迅速,全省规模以上养殖场达到36.9万个,生猪、肉鸡、蛋鸡和奶牛规模养殖比重分别达85.5%、98%、78%和87%。大型规模养殖企业发展速度加快,万头以上猪场、5

万只以上蛋鸡场、10万只以上肉鸡场、千头以上牛羊养殖场总数达2 596家。2015年,全省改、扩建标准化养殖场701个,新建各类规模以上养殖场445个。认真开展畜禽养殖标准化示范创建活动,新创建国家级标准化规模养殖示范场18家。大力发展畜牧专业合作组织,科学指导安阳、洛阳、林州、汝州、浚县5个省级畜牧专业合作社示范市(县)编制创建方案,重点提升生猪合作组织覆盖面。全省注册畜牧专业合作组织达9 524个,畜牧业组织化程度进一步提升。

【畜牧产业化集群建设】 2015年畜牧产业化集群建设加快推进,40个重点畜牧产业化集群在建项目共61个,全年完成投资23.6亿元,畜牧产业化集群呈现出良好的发展态势。生猪、家禽、肉牛产业化集群年屠宰加工能力分别达9 000万头、11.1亿只、124万头,奶业产业化集群年加工能力达300万吨。畜牧企业上市步伐不断加快,重点培育的37家畜牧龙头企业,2家企业上市、12家企业在新三板挂牌。

【第二十七届河南畜牧业交易会】 2015年9月18～20日,第二十七届河南畜牧业交易会在郑州成功举办。本届交易会设置国际合作展览区、种畜禽、饲料兽药、养殖设备、畜产品、畜牧服务6个展区,国内外参展企业369家,其中国外企业18家、省外企业233家,参会人数达11.3万人次,交易额达92亿元。交易会期间,共组织中外畜牧企业交流合作洽谈会、中国肉牛(夏南牛)发展战略研讨会等配套活动30场。

【畜牧业对外合作】 荷兰多赛、西班牙金耐尔等9家国际知名畜牧设备企业签约入驻河南国际畜牧设备产业园,雏鹰公司与意大利德拉瓦义公司进一步深化高端发酵火腿生产项目合作,丹麦丹育国际与河南华扬农牧公司合资建设全国首家中丹合资生猪标准化示范场,河南银发牧业公司与美国谢福公司签订种猪育种技术合作框架协议,泰国正大集团与河南国际畜牧机械产业园签订亿羽蛋鸡合作项目,中荷奶业发展中心与河南花花牛集团初步达成技术合作框架协议,禹州汉元家禽等4家河南畜牧企业签约北京德青源"云养殖"项目。

【生态畜牧业建设】 积极开展生态畜牧业示范市、示范场创建活动,漯河、平顶山、濮阳、南阳4个省级示范市投资5 200万元,扶持建设生态示范场217个。积极争取成为国家9个畜禽粪污综合利用试点省份之一,组织实施国家畜禽粪污综合利用试点项目。全省畜禽养殖化学需氧量和氨氮排放量均完成环保部下达的目标任务,同比分别下降1.62%、3.3%。

【世行项目管理】 黄河滩区世行贷款生态畜牧业项目全面完成投资计划,世行检查团专门致函河南省人民政府对项目的成功实施表示祝贺。项目共扶持奶牛、肉牛、生猪养殖场468个,建设粪肥收集处理场35万平方米、尿液收集处理池44万立方米,购置养殖场畜禽排泄物处理设备6 632台套,年处理畜禽粪尿能力达221万吨;开展生态养殖相关技术引进、研究等科研课题8项,取得科技成果6项。

【千万吨奶业跨越工程】 加强奶源基地建设,重点支持200头以上标准化规模奶牛场建设,优先支持乳品企业自建奶源基地。扎实开展奶牛单产提升行动,选择83家单产7吨以上的奶牛场向高产提升,连续参测奶牛养殖场年内单产提升300千克,高产个体单产达14吨。全面实施小区牧场化转型升级,全省200头以上奶牛养殖场区牧场化率达59.4%。省现代奶业示范市邓州市新建规模奶牛养殖场43家,存栏奶牛达到1.38万头。全省生鲜乳生产收购环节实施分类监管,将1 207个监管对象按风险等级由低到高分别确定为一类、二类、三类监管对象。河南作为全国3个试点省份之一率先启动生鲜乳收购站、运输车在线出证工作,着力建设全省生鲜乳质量安全监控追溯体系,开创生鲜乳质量安全监管手段的新模式。

【应对卖奶难问题】 针对局部地区卖奶难问题,河南在全国率先出台喷粉补贴政策,对乳品企业按合同收购生鲜乳无法及时消化需喷粉储存的,按照每喷成1吨粉给予1万元的标准进行补贴。全省共喷粉1 125.2吨,落实补贴1 125.2万元,消化生鲜乳近万吨,有效缓解卖奶难问题。

【重大动物疫病防控】 2015年,完成了春秋两季畜禽集中免疫任务,并顺利通过农业部检查验收。认真开展动物疫病的定点、定时、定量和跟踪监测,全年共完成疫病监测158.36万项(次)。积极开展动物疫病净化工作,全省共申报动物疫病净化企业117家。强化动物检疫监管,建立完善动监分所1 123个、检疫申报点1 803个,全年检疫动物8.49亿头(只)、动物产品260.71万吨,生猪产地检疫率同比提高5.29%,检疫数量同比提高12.35%。严格跨省引进乳用种用动物检疫审批与管理,全省共审批跨省引种29批次1 688.82万头(只)。强化应急管理,组织开展应急演练15次,应急保障进一步加强。积极配合卫生部门开展常见病和人兽共患病的防治。全年没有发生区域性重大动物疫情。

【畜产品质量安全监管】 认真开展"食品安全宣传周""放心畜牧业生产资料下乡进场宣传周"、涉牧企业主体责任宣教月活动和新《食品安全法》等法律法规培训，全年共发放告知书50万份、签订承诺书34万份。强化监测预警，围绕40个产业化集群龙头企业，进行全覆盖、全链条、多频次的监测抽检，全年共完成各类样品实验室监测9.5万批次。组织开展畜产品质量安全隐患排查月活动，持续抓好“瘦肉精”、生鲜乳违禁物质、兽用抗菌药经营使用、生猪屠宰、饲料原料、畜牧业投入品打假6项专项整治，采取行政约谈、监督抽查、检打联动等手段，及时消除畜产品质量安全隐患。农业部组织的大中城市4次例行监测，郑州、濮阳、平顶山畜产品合格率均达到100%；省级监测在比农业部监测参数增加10个、3.5万项次的情况下，全年畜产品平均合格率仍达到98.6%以上。

【畜牧兽医综合执法】 持续落实畜牧企业“黑名单”制度，在河南省畜牧兽医执法网上公布了37家第二批畜牧企业“黑名单”，加大对不良企业的惩戒力度。严格落实执法责任，不断加大日常巡查和执法监督力度，畅通举报渠道，加大办案力度，全年共查办各类畜牧兽医违法案件2 175起，移送公安机关23起。

【畜禽屠宰监管体制改革】 河南省本级和18个省辖市、157个县（市、区）全面完成畜禽屠宰监管体制改革，省、市、县3级共设立畜禽屠宰行政管理机构62个，新增行政编制48名，新增执法监督和技术支撑事业编制568名，从养殖到屠宰的全程畜产品质量安全监管体制框架初步形成。

【病死畜禽无害化处理】 2015年，河南省建成病死畜禽无害化处理场59个、收集点279个，建设冷库211座，购买运输车辆249辆、冰柜1 011台，病死畜禽无害化处理体系建设对有效防控全省重大动物疫病、切实保障畜产品质量安全发挥了重要作用。

【育肥猪保险】 河南省有113个县（市、区）开展育肥猪保险工作，其中105个县（市、区）建立育肥猪保险和动物疫病防控、无害化处理联动工作机制，91个县（市、区）落实育肥猪保险保费补贴的地方配套资金，全省共投保育肥猪1 342.14万头，理赔金额达19 719.61万元。

【饲料行业管理】 严格饲料行政许可，全年通过审核获取新证的饲料生产企业共计688家，颁发生产许可证725个，核发添加剂预混合饲料、饲料添加剂产品批准文号2 783个。全省饲料产量1 236.2万吨，产值355.9亿元。深入推进《饲料质量安全管理规范》的落实，培育《饲料质量安全管理规范》示范试点企业46个，启动省级《规范》示范企业挂牌活动。

【兽医兽药管理】 全省通过兽药GMP认证的企业达242个，通过兽药GSP认证的兽药经营企业达5 157家。强化兽药产品批准文号申请事项管理，共审核309家（次）兽药生产企业的2 582个产品。加强兽药GMP、兽药GSP后续监管，实行风险分级、量化管理。全年完成兽药监督抽检及残留监测任务分别为2 888批和1 016批。全省获得执业兽医师、执业助理兽医师资格人数分别达4 462人和4 391人，官方兽医达8 716名。清理关闭不合格诊疗机构62个、新注册执业兽医220人、备案执业助理兽医师163人、新登记乡村兽医1 096人，查处违法案件53起。

【畜牧科技创新】 由河南格林金斯生物科技有限公司主持的牛克隆技术研究取得成功，获得河南首批体细胞克隆牛14头。组织申报2016年科技攻关项目9项，申报了肉牛产业技术创新战略联盟，开展肉牛产业技术攻关研究；“规模牲畜场口蹄疫综合防控技术集成研究与应用”获河南省科技进步奖二等奖；组织正阳种猪场申报成立了“动物疫病防控院士工作站”；全省基层畜牧业技术推广补助项目县共建设试验示范基地136个，培育科技示范场户2 864户，辐射带动周边养殖场户14 796户，遴选专家239人，选聘技术指导员1 977人，培训技术人员19 770人次，加快了畜牧业科技成果转化。

【畜禽良种】 豫粉1号土种蛋鸡新品种配套系通过国家新品种审定，积极推进豫西黑猪新发现资源提纯复壮。积极推进国家级核心育种场建设，河南三高农牧核心育种场成为首批国家级肉鸡核心育种场，南阳黄牛场成为第二批国家级肉牛核心育种场，全省国家级核心育种场达到9家。全年共办理种畜禽引进手续14个批次，引进各类种畜禽19 721头（只、套、枚），其中，鹤壁中鹤集团从澳大利亚引进3 000只种羊，创我国单个企业单次进口种羊数量之最。严格种畜禽生产经营行政许可，对32家企业核换发了种畜禽生产经营许可证。

【饲草饲料资源开发利用】 2015年，河南省秸秆饲料化利用量达到2 480万吨（干重），秸草青贮3 685万吨（鲜重），微贮氨化秸秆595万吨，玉米全株青贮549万吨。全省秸草加工企业30家，苜蓿草捆、裹包青贮等饲草产品产量60万吨，秸秆饲料产业化初现雏形。大力发展牧草种植，全省200公顷以上苜蓿种植面积达到3 333.3公顷。完成草地建设3.67万公顷，其中人工种草2.67万公顷，改良草地1万公顷。

【金融投资担保】 2015年，全省涉牧投资担保公司发展到8家，建立担保互助基金的合作组织18个，全年担保金额20.7亿元。其中,河南省畜牧业投资担保公司共服务涉牧企业95家,担保融资5.5亿元。

【畜牧业信息化建设】 畜禽屠宰监管平台硬件建设初步完成,畜禽养殖监管服务等16个应用系统开发完成,行政许可网上办事系统上线运行,奶业监管服务系统已部署使用,小型移动平台应用提升了远程指挥能力。

【畜牧规划设计】 河南畜牧规划设计研究院2015年共签约完成咨询、规划、设计等各类项目100个,业务辐射全国19个省份。首次将业务拓展到国外,已完成东非蛋鸡养殖项目和安哥拉现代畜牧园区设计项目2项。

(河南省畜牧局 雷 蕾)

湖北省畜牧业

【畜牧业发展综述】 2015年是全面完成"十二五"规划的收官之年,也是促进湖北畜牧转型升级、建设畜牧强省的关键年,畜牧业生产保持了"稳中有进、进中向好"的良好态势。2015年,猪、禽、牛、羊出栏量分别达到4 363.2万头、51 222.7万只、159.9万头和550.6万只,同比分别增长-2.5%、-0.8%、5.1%和1.6%;肉类、禽蛋、奶类产量分别达到433.3万吨、165.3万吨、16.9万吨,同比分别增长-1.6%、6.6%、3.0%。全省牧业产值突破1 503.3亿元。

【兽医事业发展综述】 2015年,全省兽医工作抓各项综合性防控措施的落实,确保有疫不流行,有病不成灾。扎实开展重大动物疫病强制免疫,开展重大动物疫病防控延伸绩效管理,高致病性禽流感、猪瘟、鸡新城疫等6种重大动物疫病免疫密度达90%以上。有效控制羊小反刍兽兽疫、H7N9流感、牛A型口蹄疫动物疫情。在11个重点县、市全面开启布鲁氏菌病监测及净化工作,监测排查羊血清样品380 275(只)份,投入数千万元资金,扑杀及无害化处理病畜7 378只,有效控制布鲁氏菌病传播。认真开展高致病性禽流感、口蹄疫等动物疫病集中监测、流行病原学调查,2015年全省共监(检)测各类样品93.3万余份(免疫抗体样品32万余份,非免疫抗体样品55万余份,病原学样品6.3万余份);监测群体14 913个,涉及764个种畜(禽)场,7 950个商品代养殖场户,4 754个散养户,495个市场,9个野鸟栖息地,81个屠宰场。实施兽医GMP、GSP管理,开展兽医专项检查,打击制销假劣兽药行为。组织2015年度全国执业兽医资格考试,约有1 718人参加考试。完成2014年执业、助理兽医师的资质审核和发证工作,共发放执业证书336份。

【畜牧产业化建设】 全省畜牧产业化企业中,国家级龙头企业10家,省级龙头企业119家,年销售收入10亿元的重点企业15家。5个畜牧品牌获"中国驰名商标",21个畜牧品牌获湖北名牌,占湖北名牌的10%,占湖北农业板块名牌的50%。湖北"神丹""周黑鸭""新农""襄大""汉口精武"等一批畜牧品牌在国内影响力日益提升。通过规划引导、资金扶持,培育了一批辐射范围广、带动能力强的领军企业。

【扶持生猪生产】 一是广泛推进畜牧养殖保险工作。开展生猪价格指数保险试点,积极争取各级财政支持,努力规避市场风险,提高养殖积极性。2015年完成省内第一单生猪价格指数保险赔付及续保,开创全国成功试点范例。二是认真组织实施生猪良种补贴项目。制定2015年生猪良种补贴项目实施方案,当阳、枝江等25个县承担2015年生猪良种补贴项目任务。加大对项目县、市的监管,进行种猪精液质量抽检,开展全省生猪良补项目交叉检查。2015年,湖北省生猪良种补贴85.5万头,共补贴项目资金3 420万元。

【标准化规模养殖】 2015年,新建成万头以上规模猪场69个,全省万头以上规模猪场总数达到781个,继续保持全国领先。标准化畜禽养殖模式快速推进,新建养猪"150"模式2 592栋,蛋鸡"153"模式1 550栋,肉羊"1235"模式1 832栋,肉牛"165"模式1 458栋,分别达到32 208栋、15 103栋、22 129栋和11 394栋,总数达到80 834栋。再创畜禽标准化示范场部级15个、省级59个,"四级联创"标准化示范场部级193家,省级1 029家,市级597家,县级1 567家。适合湖北实际的中小规模家庭式标准化生产体系逐步建立,既保障了市场供应,又促进了农民增收致富。

【畜禽良种繁育体系】 组织开展全省畜禽遗传资源调查,计划开展全省地方品种资源保护工作,分类收集《湖北畜禽品种志》中除培育品种外的26个地方品种以及中华蜜蜂详细资料。积极参加国家级生猪核心育种场遴选,全省核心育种场总数达到10家,继续占据全国领先地位。进一步完善湖北省生猪良种繁育体系,加快生猪遗传改良进程,起草制定《湖北省种猪遗传改良计划(2016—2025)》和《湖北省生猪遗传改良实施方案》,谋划启动省级生猪核心场遗传评估与交流,切实加强湖北种猪群体遗传改良,巩固湖北种猪强省地位。

【南方现代草地畜牧业推进行动】 一是组织专家,依照2015年《南方现代草地畜牧业推进行动项目资格审查评分表》对全省提交项目预申请书的牛羊规模养殖企业(合作社)审核打分,根据排序确定19家符合条件的企业或合作社入围,南方现代草地畜牧业推进行动项目全面实施。二是组织项目指导组对承担单位从项目建设全程跟踪服务,确保项目资金落到实处,项目建设取得实效。三是在黄冈市团风县举办南方现代草地畜牧业推进行动项目建设观摩学习活动,组织19家项目业主单位和相关市(州)、县畜牧兽医局负责人参加活动。2015年,共投入专项资金4 315万元,用于扶持南方现代草地畜牧业推进行动。

【退耕还林还草工程】 紧抓政策带动与市场拉动双重机遇,扎实推进"新一轮退耕还林还草"国家项目的实施。就退耕还草土地性质、牛羊养殖模式、多个项目结合等情况组织,分别赴长阳土家族自治县、大悟县、十堰市郧阳区、丹江口市、恩施市、利川市6个项目县开展调研,为项目实施效果提供依据与保障。联合省发改委、财政厅、林业厅、国土厅等部门编制下发《湖北省新一轮退耕还林还草工程管理办法》。与省政府、省发改委、省林业厅汇报协商,完成了2015年退耕还草工程年度任务计划,积极申报2016年度退耕还草任务。

【畜牧业科技推广】 研究推广家庭牧场标准化养殖模式。一是大力推广标准化养殖模式,推进畜牧生产方式转变。全省生猪"150"模式、蛋鸡"153"模式、养牛"165"模式、养羊"1235×2"模式全年新增达到6 027栋,超出全年新增5 000栋的目标任务。开展家庭牧场试点654个。二是开展控温牛舍对比试验,召开现场推广会,已推广控温牛舍218栋。三是积极研究探索蛋鸡、肉牛、肉羊养殖模式的升级版。全省生态养鸡产业异军突起。在地方鸡产业技术体系创新引领下,全省规模化生态养鸡数量规模达到5 000万只以上,产值达到60亿元,生态养鸡已成为湖北省畜牧业中的亮点产业,是资源节约型、环境友好型畜牧业的典范。四是全年集中组织技术培训6次,培训720多人次。

【畜牧法制建设】 2015年7月26日,湖北省人民政府办公厅结合实际出台了《省人民政府办公厅关于加快建立病死畜禽无害化处理机制的实施意见》(简称《实施意见》)。各地遵照国务院《意见》和省政府办公厅《实施意见》精神,结合各地实际,制定切实可行的病死畜禽无害化处理实施方案,并加以落实。制定完善《湖北省畜禽养殖区域划分技术要点》,拟由省政府印发,合理布局畜禽养殖场所空间和结构,推进畜禽养殖业与环境保护协调发展。

【"瘦肉精"专项整治】 2015年,全省屠宰环节"瘦肉精"同步检测118.83万头份,监督抽检率3.01%,未检测确证出阳性尿样。举办了两期省级屠宰环节"瘦肉精"监管培训班,共培训市、州、县动物卫生监督机构业务骨干126人次,印制"瘦肉精"监管培训手册200份。地市县组织"瘦肉精"抽检学习宣传培训6 263场次,培训业务骨干6万余人次,累计发放宣传资料70.7万份。

【生鲜乳质量安全监管】 组织全省进行生鲜乳质量安全抽检,抓生鲜乳生产收购记录和进货查验、奶畜养殖和生鲜乳收购运输环节从重处罚和生鲜乳收购站质量安全"黑名单"等制度的贯彻执行。将所有收购站和运输车纳入"全国生鲜乳收购站管理系统",加快推进收购站和运输车信息化管理。一是生鲜乳违禁物专项监测。监测涉及湖北省武汉市、黄冈市、咸宁市、孝感市、宜昌市5个市的39个生鲜乳收购站、13个生鲜乳运输车共120个批次,检测三聚氰胺、碱类物质、硫氰酸钠、皮革水解物和β-内酰胺酶5个指标,合格率为100%。二是生鲜乳国家标准指标监测。完成90个批次,检测冰点、黄曲霉毒素M1、铅、铬、汞、砷6个指标,检测结果均合格。三是生鲜乳质量安全异地抽检。配合完成40个批次,检测三聚氰胺、碱类物质、硫氰酸钠、黄曲霉毒素M1、皮革水解物和β-内酰胺酶6个指标,检测结果均合格。

【动物卫生执法监督】 2015年全省共办案件2 393件,其中结案2 358件,待结35件,移送司法机关5件。动物卫生监督案件1 421件,畜牧兽医综合执法案件972件,其中,畜产品质量安全监管案件318件,兽药监管案件385件,饲料监管案件269件。2015年7月,根据农业部兽医局的检测通报,查处了黄梅县小池镇"武汉大农人生物科技有限公司"生产劣质兽药案。在收集了必要证据、充分保障当事人权利的前提下,经集体讨论,动物卫生监督处开出罚单。2015年11月,全省开展"2015年畜牧兽医综合执法案卷评查"活动,专家对全省报送的115件案卷从立案、调查取证、审查和决定、送达和执行、案卷归档等5个方面进行评查,评选出一类案卷4件、二类案卷6件、三类案卷10件,并在全省进行通报。湖北省报送的案卷获得"2015年全国农业行政处罚优秀案卷"的称号,湖北报送案卷的优秀率位居全国前列。

【兽医实验室管理】 2015年,湖北继续加强兽医实验室建设,继续实施兽医实验室联合工作模式,加强对市、县两级实验室的考核和技术指导,有效促进全省动物疫病监测能力的持续提升。全年举办2期县级兽医实验室联合工作检测技术培训班和两期市级采样技术现场培训,完成了多次联合工作采样及监测任务。选拔全省56名优秀的专业技术人员组建成湖北省首批兽医实验室联合工作团队。全方位培训实验室检测技术理论和操作规程，全面提高学员技术能力，力求培育出一支战斗力强，反应性好，技术过硬的技术团队。组织16个市级，21个县级兽医系统实验室开展包括H5亚型禽流感抗体、猪瘟抗体、口蹄疫3ABC抗体和高致病性蓝耳病病毒4个项目的比对工作。比对结果整体情况好于上年，通过比对工作中心摸清了市、县兽医系统实验室能力现状，有利于市县两级实验室能力提升。

【兽药质量监管】 2015年，全省突出“两项检查”，强化“一个联动”，狠抓“一个溯源”，全面抓好兽药质量安全监管工作。一是抓安全，继续强化兽药2个专项检查。继续开展兽药产品标签和说明书规范行动，继续开展“抗菌药”专项整治。提升兽药产品质量和安全用药水平，保障动物产品质量安全。二是抓检打联动，严厉打击制销假劣兽药行为。对2015年农业部每批、每期兽药质量通报涉及湖北省兽药生产企业、经营企业及养殖环节中生产、销售、使用假劣兽药的67家企业，分别下发查处通知，全省开展“检打”联动立案率达100%，上报结案率达95.5%。三是抓溯源，推进全省兽药产品电子追溯码标识制度。举办二维码设备运行现场培训班，由省动保协会牵头，对全省兽药生产企业二维玛设备进行集中统一采购，降低企业采购成本；对中博生物股份有限公司高致病性猪蓝耳疫苗、猪瘟疫苗二类产品赋码出厂、上市销售情况进行检查，确保每盒、每箱均有赋码且盒、箱的关联性均达到农业部规定。

【生猪屠宰行业监管】 一是加快推进屠宰职能划转步伐。全省17个市(州)、直管市、林区已全部完成划转，机构、编制、经费已基本落实到位；县(市、区)级完成职能划转的90%，其中襄阳市、宜昌市、恩施土家族苗族自治州所属县(市、区)屠宰监管职责划转全部完成，理顺全省各级肉食品监管体制。二是摸底监测畜禽屠宰企业情况。汇总887家生猪屠宰企业、31家牛屠宰企业、6家羊屠宰企业和15家禽屠宰企业的有关信息。确定72家畜禽屠宰企业为周报样本监测企业、78家企业为屠宰月(季)报监测样本企业，切实加强畜禽屠宰行业管理，及时、准确、全面地掌握全省畜禽屠宰行业发展动态。三是积极创新屠宰行业监管方式。全面推行生猪定点屠宰厂生猪进厂、检疫检验、无害化处理、肉品出厂、“瘦肉精”自检5本台账，落实好屠宰全过程的痕迹化管理措施和各项质量安全管理制度。推动建立健全来源可溯、去向可查、明确规范的责任体系与对应化量责、倒逼式问责、台账式督办的追责体系，压实定点屠宰厂主体责任。

【畜产品质量安全认证】 全省新增无公害畜禽养殖基地41个，认定畜禽282.61万只，新增无公害畜产品96个，认证畜产品50.04万吨。无公害、绿色、有机等安全畜禽产品比重稳步提升。在农业部监测抽检中，全省畜禽产品连续6年保持零检出，全省放心肉市场占有率达98%以上，生鲜乳(违禁物)抽检合格率达100%，从源头上保障了畜产品的质量安全，畜产品质量安全继续保持在较高水平，没有发生重大畜产品质量安全事件。

【无规定动物疫病区建设】 修改细化全省无规定动物疫病区创建活动考评方案，进一步明确考核标准、加强考核力度，确保无疫区免疫规范化、监测检疫制度化、防控基础保障化、应急处置快速化。组织专家组对4个申报县的无疫区创建工作进行现场考核。考评在注重自评真实性的基础上，更加突出抽查现场，有关重点环节的随机性，以及平常工作的痕迹化管理。同时投入资金，通过以奖代补的方式对考评合格单位给予奖励，力求通过检查考核突出无疫区优势、激发创建热情。

【草原保护与建设】 全省种草保留面积将达25.07万公顷，同比增长2.24%。其中改良草地7.07万公顷，人工种草18万公顷。利用农闲田地种草13.3万公顷，其中冬闲田种草6.07万公顷，草地保护建设成效显著。连续9年在全省组织开展《草原法》及相关政策法规宣传月活动。重点宣传了《草原法》、草原司法解释、草地承包经营制度等主要内容，各地开展现场咨询40余次，发放宣传资料2万多册。连续10年开展草地监测工作，在房县、长阳县启动关键物候期监测。组织专家对固定监测点管理及技术人员进行技术培训，确保湖北省首个国家级草地固定监测点(恩施土家族苗族自治州利川市)工作顺利开展。

【畜禽粪污资源化利用与推广】 通过制定《湖北省2015年畜禽规模养殖减排工作方案》，明确工作责任，细化工作标准，实现全省畜禽养殖减排工作制度化、长效化。打造江夏区生态循环畜牧业试验示范区，并在全省范围内推广，引导和指导各地通过粪肥还田、生产沼气、制造有机肥等举措资源化利用畜禽养殖粪污，强化种养结合，实现种养循环、生态养殖。

(湖北省畜牧兽医局 王 静)

湖南省畜牧业

【畜牧业生产】 2015年湖南省出栏牛168.5万头、羊699.9万只、家禽41 474.7万只，同比分别增长4.4%、3.5%、3.7%；禽蛋产量101.5万吨，同比增长3.7%。受产业结构调整推动，全年出栏生猪6 077.2万头，同比下降2.3%，基本实现"稳猪保禽促牛羊"的结构优化目标。全省生猪价格自4月起持续小幅回暖，5月回到盈亏平衡点，结束了持续长达两年多的亏损期，全省均价最高时出现在8月份，达到19.21元/千克，到年末持续保持高位。2015年湖南省养蜂46.47万箱，有养蜂场5050个，养蜂合作社40个，养殖蜂种以意蜂和中蜂为主，养殖量分别占全省养殖总量的53.10%、44.96%；有蜂产品加工厂31个，年蜂产品加工量1.6万吨，蜂产品最多的是蜂蜜。

【饲料工业】 受生猪养殖业连续2年多亏损、全国饲料产能过剩影响，2015年全省饲料产业市场不振、效益下降，产量产值出现近30年来的首次下降，全省各类商品饲料总产量1 030万吨，同比下降5.9%；产值400亿元，同比下降4.8%。

【草原保护与建设】 继续实施南方草地建设项目、飞播项目、石漠化治理项目，2015年新增人工草场6万公顷、新增天然草地2万公顷。截至2015年末，全省人工种草面积累计12万公顷，改良天然草地11万公顷，年新增牧草固碳相当减排碳250万吨，相当于全省畜牧业生产年碳排量的14%。

【标准化规模养殖】 着力转变养殖业发展方式，引导家庭牧场、种养平衡、生态养殖等新型经营主体、新型养殖模式发展。推进畜禽产业化、规模化和标准化建设，继续将生猪标准化规模养殖发展纳入省政府绩效考核。开展畜禽标准化养殖示范创建活动，2015年全省创建国家级畜禽标准化示范场22个、总量184个，创建省级示范场68个、总量478个。据对湖南省部级生猪标准化规模养殖示范场统计数据显示，2015年全省能繁母猪年产活仔数头平达19.5头，高出全国平均水平5.5头。发展养殖合作社、家庭养殖场等新型经营主体，全省有养殖专业合作社1 900多家，带动发展畜禽养殖户80多万户，有年出栏生猪500头以上规模场25 123户，同比增长2.54%，生猪标准化养殖出栏比重达43.59%。继续实施南方现代草地畜牧业推进行动和基础母牛扩群增量项目，15个基础母牛扩群项目县新增犊牛88 871头，同比增长34%；11个南方草地牧业试点企业通过升级改造，基本实现"草畜配套"。全省年出栏牛10头以上的规模养殖场户2.8万户，规模养殖比重达39%；年出栏羊30只以上的规模养殖场户4.3万户，规模养殖比重达49%。

【畜牧业科技推广】 实施生猪良种补贴项目，2015年全省确定52个生猪良种补贴项目县，共建设独立种公猪站123个，存栏种公猪6 055头，其中测定公猪3 847头。村镇设精液配送站（点）1 064个，从事生猪人工授精的授精员有3 044人。推广人工授精配准母猪275.3万头，补贴母猪养殖户34.7万户。组织实施基层养殖业技术推广补助项目，推进科技进村入户，全年筛选畜牧业主推品种45个、主推技术43项，培育养殖科技示范户9 042个，辐射带动75 320万户养殖户。

【畜禽地方品种保护开发】 严格种畜禽管理服务，受理种畜禽生产许可申请129条，112家养殖场获证。新建成黔邵花猪、攸县麻鸭、雪峰乌骨鸡、东安鸡等品种高代次种畜禽场。沙子岭猪配套系研究推广项目获省农业丰收一等奖，投资1 500万元兴建的万头规模沙子岭猪扩繁场竣工投产。宁乡猪扩繁场建成3个养殖区投入使用，新增基础母猪600头。大围子猪资源场升格为国家级保种场。引导社会资本进入种畜禽行业，全年全省新建各级各类种畜禽场31个、种公猪站11个。落实国家畜禽遗传改良计划，伟鸿食品入围国家级生猪核心育种场，全省国家级生猪核心育种场达7家；湘佳牧业列入第一批国家肉鸡良种扩繁推广基地。

【动物疫病防控】 加强防疫基础设施建设，省财政安排1 400万元兽医实验室改造专项资金，升级改造14个市（州）动物疫病预防控制中心的兽医实验室；安排3 480万元动物疫苗冷链改造专项经费，对省、市（州）、县（市区）、乡镇、村5级动物疫苗冷链设施进行装备，全省兽用疫苗全程冷藏配送实现无缝对接。推进防控工作绩效管理，省、市、县、乡镇各级政府层层签订"重大动物疫病防控工作目标管理责任状"。落实春、秋季集中免疫和常年补免相结合等综合防控措施，健全防控机制，实现"应免尽免、不留空档"免疫目标，经监测，全省畜禽群体常年免疫密度保持90%以上、强制免疫病种抗体合格率70%以上。强化重大动物疫病监测、流行病学调查，科学评估免疫效果、提升动物疫病诊断能力和服务水平，全年没有发生区域性重大动物疫病流行。湖南在农业部重大动物疫病防控延伸绩效考核中位居第二名，并连续3年跻身"前三甲"。推进农业血防工作，全年筛查牲畜108 325头，治疗和扩大化疗感染牲畜58 032头，桃源等5个县的传播阻断实现达标。

【兽药饲料产业】 规范兽药生产经营行为，严肃查处违规兽药生产经营企业，组织开展全省兽药产品标签和说明书规范再行动，对湖南绿亨世源动物药业、湖南威克尔生物科技、湖南康大生物科技公司启动撤销兽药产品批准文号程序；查处农业部通报的不合格产品。全年兽药质量检测405批次，合格400批次，合格率98.8%。成立湖南省兽药GMP办公室，做好兽药生产许可证核发事项承接，现场检查9家兽药GMP。推进兽药追溯二维码建设,全省47家企业有46家完成申请和注册。规范实施兽药行政许可事项,办理兽药生产许可证8个,兽用生物制品经营许可证40个,审批兽药产品批准文号314个。规范饲料生产许可行政审批,全省累计核发饲料和饲料添加剂生产许可证532个,其中浓配料230个,单一饲料44个,饲料添加剂103个,预混料155个。

【生猪屠宰产业】 1月16日湖南省政府宣布省畜禽屠宰管理职能正式由湖南省商务厅移交至湖南省农业委员会,由湖南省农业委员会委托湖南省畜牧水产局承担全省畜禽屠宰管理工作,省畜牧水产局成立省畜禽屠宰监督管理工作领导小组及办公室,领导小组办公室同时承担省生猪屠宰管理办公室职能。稳步推进市、县级职能移交工作,全省畜禽屠宰管理体系逐步建立完善。强化部门协作配合,省畜牧水产局与省公安厅联合制定《打击危害畜禽水产品质量安全违法犯罪专项整治工作方案》,与省食药局联合下发《进一步加强畜禽屠宰检验检疫和畜禽产品进入市场或生产加工企业后监管工作的意见》,建立检打联动、大要案挂牌督办、奖惩激励机制。深入开展生猪屠宰专项整治行动,各地组织畜牧兽医、食药、公安、环保、市场管理等部门开展联合执法,规范生猪屠宰行业秩序。组织全省开展定点屠宰企业安全检查,排查制冷设施设备、液氨存放、消防设施、屠宰作业、建筑施工等安全生产隐患。

【畜牧业法治建设】 推进依法防疫治疫,5月22日湖南省人大常委会颁布《湖南省实施〈中华人民共和国动物防疫法〉办法》,8月1日起全面实施;12月3日湖南省人民政府办公厅印发《关于建立病死畜禽无害化处理机制的实施意见》。组织开展湖南省首届"养殖法治在行动"系列活动,省、市畜牧兽医部门先后组织开展养殖法律知识抢答赛、养殖法制宣传月、养殖业行政执法案卷评查、养殖行政审批大检查等活动。

【畜禽产品质量安全监管】 持续开展质量安全示范创建,新创建石门县等8个湖南省畜禽水产品质量安全监管示范县,新增并整体推进衡山县、沅江市、江华瑶族自治县、岳阳市云溪区的标准化养殖示范县建设。落实检疫申报制,规范产地检疫程序,开展畜禽水产品质量安全监测。湖南省畜牧水产局与省公安厅联合开展打击危害畜禽水产品质量安全违法犯罪专项整治行动,全省移送司法机关案件10起。与公安、食品药品监管、出入境检验检疫等部门多次会商并联合发文,部门监管边界得到进一步明晰,部门联动协作机制逐步健全。推进《饲料质量安全管理规范》实施,金霞九鼎、长沙成龙、常德大北农3家饲料公司获第二批国家级示范企业称号,全省国家级示范企业达6家,是全国示范企业数量最多的省份。强化养殖产品质量安全监测,在农业部例行监测中,畜禽产品合格率98.5%、饲料合格率97.7%、生鲜乳合格率100%,全省没有发生重大畜禽水产品质量安全事件。

【病死畜禽无害化处理】 加快构建病死畜禽无害化处理机制,湖南省财政安排1 050万元专项用于浏阳市、长沙县、攸县、岳阳市屈原管理区、慈利县、双峰县、祁阳县7个农业部试点县(市)的基础设施建设。省政府将益阳市赫山区、攸县纳入省级病死畜禽无害化处理机制试点县,省财政安排每县500万元专项资金。伟鸿、天心、新湘农、佳禾、大康、湘村等30多家养殖加工龙头企业添置了高温生物降解、小型干化化制及焚毁设备。据统计,全省有3.58万个规模养殖场配套有适宜的病死畜禽无害化处理设施。

【畜禽养殖污染防治】 探索畜禽养殖场粪污储存发酵、多级氧化、沼气制备、有机肥生产加工等环保处理模式。推进湘江干流污染防治省政府"一号重点工程",全面完成湘江干流沿岸畜禽规模养殖场退养第一个"三年行动计划"任务,湘江干流6市27县(市、区)共退出畜禽规模养殖场2 273个,退养畜禽栏舍面积86.3万平方米。实施东江湖禁养区畜禽规模养殖退养行动,退出规模场408个、栏舍6.46万平方米。加强养殖废弃物综合利用服务指导,全省有108个县制订了养殖业发展规划、96个县(市、区)完成畜禽养殖"三区"划定工作。

(湖南省畜牧水产局 李书庚)

【全省现代畜牧业建设工作会议】 2015年9月18日,湖南省现代畜牧业建设工作会议在常德津市市召开。会议总结交流近年全省建设现代畜牧业的实践与经验,分析畜牧业发展面临的新形势,明确全省加快推进现代畜牧业建设的总体思路和工作重点。会议提出,要抢抓机遇推进全省畜牧业在农业中率先实现现代化,推动产业发展与环境保护、增效与增收共赢,以建设现代畜牧业强省和实现"两个率先"为目标,加快构建现代养殖模式;坚持"产出高效、产品安全、资源节约、环境友好"的现代畜牧业发展方向,转变现代畜牧业发展方式,构建畜牧产业体系、科技支撑体系、质量安全保障体系、动物疫病防控体系,推进标准化规模养殖、养殖废弃物资源化利用、种养平衡生态养殖模式,加强畜禽产品质量建设、突出抓好重大动物疫病防控、推进畜牧产业化经营、全面加强依法治牧,提高畜牧业综合生产能力和市场竞争力,促进湖南现代畜牧业可持续发展。

(湖南省畜牧水产局 谷治军)

【国家级生猪核心育种场】 经申报、审核、现场评审验收等程序,2015 年 8 月 19 日,农业部办公厅下发《关于公布 2015 年国家生猪核心育种场名单的通知》,确定伟鸿(湘潭)食品有限公司伟鸿原种猪场为国家生猪核心育种场,至此,全国共 95 家种猪生产企业列入国家生猪核心育种场,湖南达 7 家。

(湖南省畜牧水产局 雷 勇)

【首批国家地理标志产品保护示范区】 2015 年,国家质检总局授牌新晃侗族自治县为新晃黄牛肉、新晃龙脑国家地理标志产品保护示范区,该县成为全国首批、湖南省唯一获此殊荣的县。新晃黄牛肉、新晃龙脑两个地方特色产品分别于 2009 年和 2013 年获国家地理标志产品保护。建立县、乡、村三级技术服务网络和打击假冒伪劣工作机制,新晃黄牛肉、新晃龙脑专用标志使用企业分别占全县相关生产企业总数的 50%、100%。全县建立黄牛养殖核心示范基地 3 个、核心示范合作组织 20 家、会员 842 人,2014 年被评为全国肉牛标准化养殖示范县。

(湖南日报社 肖 军)

【"湘籍"冰鲜猪肉首次获准供港】 2015 年 8 月 5 日,湖南省出入境检验检疫局对外发布,"湘籍"冰鲜猪肉正式获得香港"通行证",第一批对港出口的冰鲜猪肉于 9 月启运,价格比冷冻猪肉高出约 25%,至此,湖南成为内地继广东省冰鲜猪肉供港后的第二个省份,此前湖南省只能向香港出口冷冻猪肉。

(湖南省出入境检验检疫局 林 俊)

【成立养殖业协会家禽业分会】 2015 年 5 月 15 日,湖南省养殖业协会家禽业分会第一次会员代表大会在长沙召开,标志着湖南省养殖业协会家禽业分会正式成立。来自全省家禽行业及相关单位的 150 余名代表参加会议。会议审议通过《湖南省养殖业协会家禽业分会章程》《分会会员和会费管理办法》,选举产生了第一届理事会理事和常务理事,并选举出第一届理事会轮值会长、副会长、秘书长。三尖农牧、湘佳牧业和舜华鸭业当选为轮值会长单位。2015 年,湖南省畜牧水产局试行养殖业各协会会长轮值制,以强化协会管理服务和技术指导功能,提升协会管理水平。

(湖南省畜牧水产技术推广站 蔡汉华)

【饲料质量安全管理规范示范企业】 2015 年,郴州湘大骆驼、湖南大北农、湖南帝亿、金霞九鼎、长沙成龙、常德大北农 6 家饲料生产企业获农业部饲料质量安全管理规范示范企业称号,怀化正大、正虹科技、郴州大北农、浏阳河、永州鼎立、赛福资源、百宜、长沙湘大骆驼、长沙伟嘉、醴陵漓源 10 家企业获第一批省级示范企业荣誉称号。

(湖南省饲料工业办公室 赵 明)

【省际边境动物防疫监督临时检查站】 湖南省人民政府于 1999 年、2001 年、2004 年先后批准在全省的国、省道省际边境设立 24 个动物防疫监督临时检查站。2009 年省政府批复 24 个检查站延长工作期限至 2015 年 5 月 31 日,2011 年批复撤销临湘市儒溪检查站。近年来,随着国、省高速公路迅猛发展,湖南省公路布局变化很大,加之鲜活农产品绿色通道政策的实施,大多运载动物及动物产品的车辆从高速公路途经或进出湖南,国、省道公路流量剧降,检查站防疫堵疫职能基本丧失。为此,2015 年 7 月 14 日,湖南省人民政府同意撤销宜章城关等 23 个湖南省际边境动物防疫监督临时检查站,不再履行动物防疫监督检查职能。

(湖南省动物卫生监督所 王 琦)

【湖南宣判首例活羊调运逃避检疫案】 2015 年 1 月 29 日,因未办理引种审批手续,私自从外省引进未经检疫的种用山羊而引发羊传染病的李某,因妨碍动植物检疫罪,被湖南宁乡县人民法院一审判处有期徒刑 6 个月,缓期 1 年执行。该案系湖南省首例动物卫生监督机构移送司法机关追刑责的典型案例。经查,2014 年 2 月 20 日,长沙市宁乡县喻家坳乡李某在未办理引种审批手续的情况下,从四川省金堂县引进未经检疫的种用山羊 233 头,除 30 多头陆续死亡和 7 头留在自家外,这批羊被销往当地及外市的养殖户,经专业机构确认,部分养殖场因此感染羊小反刍兽疫病。2014 年 3 月 28 日,宁乡县动物卫生监督所按照相关程序将该案移送县公安局治安大队侦办。

(湖南省宁乡县动物卫生监督所 唐曼科)

【动物卫生监督执法培训与案卷评查活动】 为总结交流各地动物卫生监督执法办案经验,提高行政执法水平,规范行政执法行为,推进依法行政,湖南省动物卫生监督所于 12 月 21 ~ 23 日组织开展 2015 年度湖南省动物卫生监督执法培训与案卷评查会议,邀请专家对各地报送的执法案卷就执法主体适格、执法程序合法、证据收集齐全、法律适用准确、文书制作规范等方面进行评查,根据农业部《农业行政执法文书制作规范》的要求,规范执法案卷制作,评选出动物卫生监督执法优秀案卷一等奖 1 名、二等奖 3 名、三等奖 10 名。

(湖南省动物卫生监督所 王 琦)

【《湖南省实施〈中华人民共和国动物防疫法〉办法》颁布实施】 2015 年 5 月 22 日《湖南省实施〈中华人民

共和国动物防疫法〉办法》经湖南省第十二届人民代表大会常务委员会第16次会议通过,8月1日正式实施。新颁布的实施办法共25条,在总结近年来湖南省动物疫病防控工作经验的基础上,突出动物疫病防控工作源头管理和薄弱环节监管,相关制度贯穿整个动物防疫工作,部分条款在动物防疫措施和要求上有重大突破,特别是依法强化动物疫病的预防、控制与扑灭,动物和动物产品检疫监管,保障养殖业生产安全、畜产品质量安全和公共卫生安全。

(湖南省兽医局　李智勇)

【病死畜禽无害化处理长效机制建设】

1. 2015年12月,湖南省人民政府办公厅印发《关于建立病死畜禽无害化处理机制的实施意见的通知》,从政府职责、主体责任、体系建设、保障措施等方面提出了具体措施,对建立符合湖南实际的无害化处理体系的模式和目标任务提出明确要求,进一步明确政府、生产经营者责任,落实各相关部门职责,形成共同推进病死畜禽无害化处理机制建设的工作合力。

2. 病死畜禽无害化处理长效机制建设试点工作。浏阳市、长沙县、攸县、岳阳市屈原管理区、慈利县、双峰县、祁阳县是农业部确定的病死畜禽无害化处理长效机制试点县。为做好试点工作,湖南省畜牧水产局制定了《病死猪无害化处理长效机制试点实施方案》,2014年12月省财政投资1 050万元按每县150万元标准支持7县开展试点。2015年9月24日,副省长戴道晋调研养殖业工作时,要求全省加快病死畜禽无害化处理试点工作,增加益阳市赫山区、攸县为2个省级试点县,每县由省财政投资500万元。截止到2015年,长沙县投资500万元建成占地1.3公顷、采用"化制法"日处理病死动物50吨的无害化处理中心及收集点,添置了运输车、冷库等设施。浏阳、慈利、祁阳、屈原、双峰分别建成1个无害化处理中心,攸县采用企业建设为主、政府补助为辅模式在建无害化处理中心,双峰县投资180万元建设日处理3吨病死动物的无害化处理中心,同时投入160万元,采用建设区域性无害化处理场所的模式,由3个大型养殖企业(小区)为主体,建设有一定辐射面的无害化处理站,县财政补助处理站建设。此外,岳阳、宁乡、衡阳、苏仙等县(市、区)正在建设无害化处理中心。

(湖南省兽医局　郑文成)

广东省畜牧业

【畜牧业生产】　2015年,全省肉、蛋、奶产量分别为424.2万吨、33.8万吨、12.9万吨,同比分别增长-1.2%、2.4%、-6.2%。其中出栏生猪3 663.4万头、家禽97 423.4万只、肉牛58.3万头、肉羊50.6万头,同比分别增长-3.4%、2.4%、-0.2%、0.4%。

【饲料工业】　2015年,全省共有饲料和饲料添加剂企业1 097个,其中浓配饲料、单一饲料、添加剂预混料、饲料添加剂企业分别为522个、101个、277个和197个。全省饲料总产量2 573.02万吨、产值962.06亿元,产量同比增长7.26%。其中,配合饲料2 464.41万吨、增长7.74%,浓缩料43.82万吨、下降2.55%,添加剂预混合饲料64.79万吨,下降2.57%。在配合饲料产量中,猪料1 042.50万吨、蛋禽料168.34万吨、肉禽料803.61万吨、水产料434.67万吨、其他饲料15.29万吨,分别比上年增长1.42%、30.42%、14.48%、4.13%、40.15%;饲料添加剂产量5.94万吨、产值35.54亿元,产量同比增长4.48%。全省饲料总产量再创新高、连续13年位居全国前列,占全国1/8强;饲料产品质量安全水平持续提高,例行监测抽检合格率99.7%,饲料中"瘦肉精"等违禁添加物保持"零检出"。全省共有150个饲料产品为广东省名牌产品,占农业名牌产品的16%。

【动物疫病防控】

1. 动物疫病免疫。在省委、省政府的正确领导下,在农业部的大力指导下,广东省各级畜牧兽医部门严格执行《中华人民共和国动物防疫法》,认真贯彻落实国家和广东省中长期动物疫病防治规划(2012—2020年),按照"三定四包"工作制度,积极落实畜禽常年免疫、春秋两季集中免疫、应免尽免等政策措施,以高致病性禽流感、口蹄疫等重大动物疫病为重点,全面做好疫苗免疫、消毒灭原、建立免疫档案等工作,切实保障重大动物疫病免疫质量,广东省农业厅已连续3年被农业部考评为重大动物疫病防控延伸绩效管理优秀单位。广东省动物卫生监督总所(中心)积极加强对不同养殖场所免疫工作的分类指导,及时调整主要动物疫病免疫程序指引,推进免疫工作的科学化、规范化;连续5年开展政府招标采购重点疫苗免疫效果评价试验,以掌握这些疫苗的免疫效果,加强对畜禽免疫工作的指导。

据统计,2015年全省重大动物疫病免疫密度分别为:高致病性禽流感99.28%,口蹄疫99.23%,高致病性猪蓝耳病98.29%,猪瘟99.31%,新城疫99.43%。

2. 疫病监测净化。广东省各级畜牧兽医部门积极加强动物疫病监测与净化工作,认真开展口蹄疫、高致病性禽流感、高致病性猪蓝耳病、猪瘟等重大动物疫病监测与流行病学调查工作,积极开展全省布鲁氏菌病和种畜禽场主要动物疫病监测净化工作,大力推进病死动物无害化处理工作,着力落实按照分病种、分区域、分阶段控制和净化重点疫病的战略目标,推进动物疫病防控工作科学发展。严格疫情报告和核查制度，保证疫情信息的准确性、时效性。广东省动物卫生监督总所(中心)以疫病定点监测、种畜禽场疫病监测、农业部专项监测调查为主线，坚持随机采样与“定点定期定量定性”监测相结合，强化对重点场所、重点环节的疫情监测与流行病学调查工作，积极掌握重要疫病的真实流行情况；通过举办培训、召开座谈和组织验收专家组开展现场验收等形式，全力推进种畜禽场动物疫病净化工作。各地结合实际，细化任务，强化措施，认真抓好动物疫病监测、流行病学调查和主要动物疫病净化工作。2015 年 8 月，中国动物疫病预防控制中心向广东省 1 家被列为国家净化示范场、3 家被列为国家净化创建场的养殖企业颁发了牌匾，为动物疫病净化工作起到了良好的示范带动作用。2015 年 12 月，省农业厅向首批通过省级验收的 20 家动物疫病净化场进行了授牌。

据统计，2015 年广东省累计监测畜禽样品 71.99 万份，其中血清学样品 52.48 万份，病原学样品 19.51 万份。

3. 疫情预警分析。2015 年广东省召开了两期动物疫情分析预警交流座谈会，结合开展的主要动物疫病定点监测、流行病学调查和检疫监管等工作情况，参照国内外流行病学和风险分析方法进行统计分析形成“分析报告”为上级行政决策提供科学依据，开展了种猪场伪狂犬病专项调查等流行病学调查工作，对全省种猪场伪狂犬病等开展系统性的专题摸底调查，开展家禽禽流感流行病学研究、活禽批发市场禽流感病毒消长规律、市场与养殖场禽流感流行病学研究工作，提升动物疫病的预测预警、风险防范和综合防控水平，为行政决策和科学防治提供参考。

4. 疫情应急机制。广东省按照国家《重大动物疫情应急条例》和《国家突发重大动物疫情应急预案》的要求，积极完善应急机制，一是进一步细化应急管理工作方案，规范应急处置程序，进一步健全应急管理机制。二是加强疫苗、消毒药品、防护用品等应急物资储备，强化应急储备物资管理。三是加强重大动物疫情应急值守，保证疫情信息渠道畅通。一旦发生疫情，迅速启动预案，及时采取各项扑疫措施，防止疫情扩散蔓延。

2015 年广东省有效处置了清远市佛冈县的 1 起高致病性禽流感疫情和河源市紫金县的 2 起布鲁氏菌病羊传人事件，及时消除了事件在社会上产生的不良影响。

5. 人兽共患病防控。2015 年，广东省继续加强布鲁氏菌病、牛结核病、狂犬病、炭疽、猪链球菌病、马鼻疽、马传染性贫血和棘球蚴等动物疫病等主要人兽共患病防控工作，依法处置阳性牲畜，累计检测(现场检疫)畜禽样品 9.08 万份。

【兽药产业发展】 广东现有兽药 GMP 生产企业 103 家，排全国第六，其中，生物制品企业 6 家(全国唯一的鸡球虫疫苗和水产疫苗生产厂均在广东省)，原料药生产企业 4 家。2015 年 2 月，国务院下放兽药生产许可证核发审批事项到省级管理部门以来，全省已核发 42 个兽药生产许可证。据不完全统计，全省年产兽药约 35 亿元，年销售额 40 多亿元，约为全国兽药产值的 1/11。全国兽药生产企业 50 强，广东省占 12%。其中，广东永顺生物制药股份有限公司、广东温氏大华农名列全国兽药生物制品生产企业 10 强，广东温氏大华农动物保健品厂、广东腾骏动物药业有限公司、广东海纳川药业股份有限公司、广东天宝生物制药有限公司名列全国兽药制剂生产企业 30 强。全省有兽药经营企业 5 878 家，通过实施兽药 GSP，经营领域的转型升级取得重大突破，经营者全部为公司性质的企业，不再存在个体经营户。

【生猪屠宰产业】 全省共有定点屠宰厂 1 103 家，其中生猪定点屠宰厂 1 092 家(兼营牛羊屠宰的 33 家)、单一从事牛或羊屠宰的定点屠宰厂分别为 6 家和 5 家。地级以上市城区有 37 家，占 3.35%；县(区)城区 81 家，占 7.34%；乡镇 985 家，占 89.31%。全省生猪定点屠宰厂年屠宰生猪 2 472.08 万头。

【扶持畜牧业生产】 认真落实畜牧良种补贴、畜禽良种工程、畜禽标准化健康养殖、南方草地畜牧业、特色畜牧业、优质后备母牛饲养补贴等各项扶持政策，抓好项目实施监督监管，召开全省畜牧兽医系统党风廉政建设暨项目资金管理工作会议，做好项目实施技术指导工作，切实加强日常监督管理，努力提高项目建设水平和资金使用效益。

【扶持奶业生产】 截至 2015 年底，全省奶牛养殖户 2 304户，存栏奶牛 58 676 头。其中荷斯坦奶牛养殖户 651 户；存栏荷斯坦牛 52 644 头，同比增长 0.8%；全省挤奶水牛养殖户 793 户，同比下降 3.8%，存栏挤奶水牛 6 032 头，同比下降 2.7%。登记在册的生鲜乳收购站共 43 家，主要分布在广州、惠州、清远等市，全部为乳制品生产企业或奶畜养殖场开办，供需结构比较稳定，管理较为规范。

积极沟通协调，促进奶业生产稳定。2015 年 1 月广东省出现部分奶农卖奶难、倒奶的现象。为保证生鲜乳正常销售，农业厅深入开展调查研究，正确研判奶业发展形势，及早积极谋划应对措施。一是及时召开“2015 年度生鲜奶购销协调沟通会”，积极引导乳品加工企业与奶农友好沟通协商，推进购销双方尽早签订生鲜奶购销合同。二是迅速部署协调处理卖奶难、稳定奶业生产。采取有效措施，千方百计协调乳品加工企业积极收购生鲜乳，全面加强奶业生产动态监测和宣传引导，全力以赴协调处理卖奶难，确保奶农利益，稳定奶业生产。在各方共同努力下，1 月底至 2 月初广东省先于其他省基本消除倒奶现象，生鲜牛乳购销总体顺畅。

【标准化规模养殖】 畜牧业标准化规模化养殖发展迅速，畜禽规模养殖比重位居全国前列，全省生猪、肉鸡、蛋鸡、奶牛规模养殖比例分别达 81%、81%、75%、95%；年出栏万头以上猪场达 342 家。

【畜禽标准化养殖示范创建】 制订下发 2015 年畜禽养殖标准化示范创建实施方案，组织全省标准化示范创建活动，推进以畜禽良种化、养殖设施化、生产规范化、防疫制度化及粪污无害化等“五化”为主要内容的标准化养殖，建设了 18 个国家级畜禽养殖标准化示范场，并对 2012 年评定的示范场进行复核。加强已挂牌的 190 家国家级畜禽养殖标准化示范场的监督管理，建立了信息数据库，完善含畜禽粪污综合利用情况等方面的信息，遴选好的发展模式予以推广应用，将重点从“创建”向“辐射带动”转变。加强省重点生猪养殖场管理，组织开展首批百家重点生猪养殖场到期复核。实施中央畜禽标准化扶持项目 4 500 万元，扶持养殖场开展标准化建设，并开展畜牧业金融创新试点，贷款担保和贴息，鼓励引导金融资本投入畜牧业。

【畜禽良种繁育体系】 推进畜禽新品种选育，新增 4 个畜禽新品种配套系通过国家审定，总数达到 31 个，数量位居全国前列。实施遗传改良计划，积极组织企业申报国家生猪和肉鸡核心育种场，新增 3 家国家生猪核心育种场，总数达到 11 家；入选 7 家国家肉鸡核心育种场，5 个国家肉鸡良种扩繁推广基地，数量位居全国前列。

【良种繁育及推广】 组织申报、评定和实施省特色畜禽品种保护开发利用项目 31 个、共 1 435 万元，加强国家级和省级地方特色优质畜禽品种资源场建设，推进地方特色优良畜禽品种产业化开发利用。制定印发实施方案，组织实施 2015 年畜牧良种补贴项目 2 800 万元，提高生猪、奶牛良种水平及生产效率。组织实施国家畜禽良种工程项目 600 万元。推进地方特色优良畜禽品种产业化开发利用，创立了“壹号土猪”“安康猪”“凤中皇清远麻鸡”等品牌畜禽产业，有 20 个产品被评为广东省十大名牌系列农产品的“名猪”“名鸡”“名鸭”“名鹅”。

【南方现代草地畜牧业推进行动】 将南方现代草地畜牧业推进行动和省财政草地畜牧业项目结合起来，组织实施中央和省草地畜牧业项目 23 个、共 3 065 万元，加强草场建设，建设和提升全省肉牛、肉羊等草食动物标准化规模养殖示范基地，打造草地畜牧业发展样板，示范带动全省肉牛、肉羊等草食动物规模化养殖发展。开展草地畜牧业项目实施情况检查督导，组织各地开展自检自查，省派出检查组进行专项督导，及时了解掌握全省草地畜牧业新进展新情况，保障财政资金的合理和高效使用，推进广东省草地畜牧业持续健康发展。统一采购肉牛冻精 7 万支，在广州、梅州、湛江 3 市建立省级冻精供应点，分片区免费供应。举办了肉牛冻精使用技术培训班，对肉牛养殖大县的县区畜牧局局长、养殖大户等进行培训。

【饲料行业监管】 一是进一步贯彻实施饲料行业管理新规，坚持扶强扶大，向安全、集约、高效发展，着力提升饲料业规模化、产业化程度。通过宣传培训、完善许可管理广东省网上办事平台建设等，推进饲料管理规范化。全省发放宣传材料 84 980 份、媒体宣传 179 次、集中对基层饲料管理人员及饲料、养殖企业主要负责人培训 194 场次、培训 9 466 人次。二是依法严把饲料生产许可准入关。按照饲料管理新规，对饲料和饲料添加剂生产申证、换证企业，严把准入关。全年核（换）发饲料和饲料添加剂生产许可证 185 个，核发饲料添加剂和添加剂预混合饲料产品批准文号 3 298 个。三是着力推进实施《饲料质量安全管理规范》，通过举办培养班、创建示范企业、印发宣传手册等，督促指导企业认真开展自查自纠、改造升级和完善管理制度等，不断提高生产管理水平。2015 年，全省创建了《饲料质量安全管理规范》国家级、省级示范企业各 5 家和 19 家，核（换）发饲料和饲料添加剂生产许可证 185 个，核发饲料添加剂和添加剂预混合饲料产品批准文号 3 298 个。

【饲料安全监管】 强化监管，确保饲料质量安全。一是制订方案全面部署。制订印发了 2015 年饲料和饲料添加剂产品打假专项治理行动实施方案、饲料产品质量安全监测方案等，各地切实落实责任，细化监测监管目标和任务，抓好实施工作。二是强化日常监督检查。以辖区监管为主体，督导企业认真贯彻落实《饲料质量安全管理规范》，完善各项管理制度，强化企业责任意识和提高管理水平。三是强化监督检测，严格落实监测计划。认真组织实施饲料质量安全专项监测计划，突出抓好饲料生产、经营和使用环节违禁添加物整治及重金属超标整治监测工作，不定期对重点地区重点企业重点产品的跟踪抽查抽检，杜绝问题饲料流入市场。四是强化督导检查，保障安全生产。各地饲料管理部门彻底核查辖区内饲料生产经营主体，督导企业建立并落实粉尘防爆安全管理制度措施，落实主体责任，确保安全生产。五是强化监督执法、严查案件。着力抓好“瘦肉精”、重金属超标及制售假劣饲料、饲料添加剂产品案件的查处，重点加大对举报案件及抽查检测中发现的问题产品生产经营企业的查处力度，对不法分子形成了强大震慑力，对饲料生产企业和畜禽养殖场起到了很好的警示作用，违法案件发生率明显减少。省级先后组织多宗饲料案件查处，并高度重视茂名化州市养猪场“瘦肉精”案件的处置工作，派出工作组，督导地方管理部门迅速查封猪场、对问题生猪进行无害化处理、开展溯源排查、将案件移交公安部门严惩等。2015 年，全省累计查处饲料及饲料添加剂生产及经营企业 55 起，其中无证生产 2 起，行政立案 53 起、涉案金额 36.65 万元、无害化处理饲料 34 吨；立案查处“瘦肉精”案件 6 起，并移送司法机关。六是强化服务规范生产。认真指导企业开展技术和管理创新、及时调整战略布局、实施企业联合与重组、推进饲料企业与养殖场“厂场对接”经营模式，开展评选饲料企业 100 强，示范带动创先争优，倡导行业诚信自律，开展 5 期饲料检验化验员、中控工、维修工培训班，培训 360 多人，从多方面着力提升饲料规模化、规范化和现代化生产水平，壮大行业发展主体力量。

【“瘦肉精”专项整治】 突出重点，狠抓“瘦肉精”专项整治。一是制订方案、落实责任。认真制订印发了《2015 年广东省“瘦肉精”专项整治行动方案》《2015 年广东省生猪养殖环节“瘦肉精”专项监测方案》，明确整治目标和任务，突出了重点区域和环节，落实监管主体责任。二是落实经费，加大投入。各地高度重视“瘦肉精”监管工作，加大投入监管经费，为强化“瘦肉精”监管工作提供有力保障。全省共投入监管经费 2 366.94万元，其中，省财政安排 500 万元、各市县财政共安排 1 866.94 万元。三是精心整治、保障安全。认真开展饲料生产经营、生猪养殖和收购贩运、屠宰环节“瘦肉精”专项整治，重点强化生猪养殖、屠宰环节“瘦肉精”监测。同时，各级管理部门不定期开展“瘦肉精”等违禁添加物飞行检查，强化监督抽查。四是广泛宣传，营造氛围。进一步加强宣传，切实提高饲料生产经营企业和养殖者的质量安全意识和守法诚信意识，营造群防群控的良好氛围。五是强化监督，严查案件。严厉打击饲料生产和生猪养殖中使用“瘦肉精”等违法行为，确保畜产品质量安全。2015 年，全省累计召开“瘦肉精”整治会议、举办培训 265 场次，培训人数 11 026 人次，印发宣传资料 222 873 份，媒体宣传 121 次，出动监督执法人员 95 293 人(次)，检查饲料生产经营企业 5 448 个、检查养殖场 31 565 户、活畜收购贩运企业 2 213 个、检查屠宰企业(场、点)14 341 个，监督抽查企业及养殖场户 62 645 个，抽检样品数为 2 033 975 个，抽检合格率为 99.99% 以上，饲料中“瘦肉精”保持“0”检出；全年省级对 600 个生猪养殖场进行生猪尿样“瘦肉精”现场筛查 1 200 批次，无检出阳性，全部合格。

【生鲜乳质量安全监管】 按照《2015 年农产品质量安全专项整治方案》的总体部署和《农业部关于开展 2015 年生鲜乳质量安全监测工作的通知》要求，在全省开展生鲜乳质量安全整治工作。全省共监督检查生鲜乳收购站、奶畜养殖场 36 家。责令改正存在问题约 30 处。开展生鲜乳质量安全监测。共抽检生鲜乳样品 165 批次，监测三聚氰胺、革皮水解蛋白等多个指标，所检样品 100% 合格。

【兽药安全监管】 强化监管，保障兽药质量及动物产品安全。一是全力做好农业部兽药 GMP 和生产许可证的下放承接与办理工作。制订工作方案、配套制度和办事指南，成立兽药 GMP 工作办公室，以理论培训和现场验收观摩实战培训相结合开展了 16 批培训，建立了 160 多人的兽药 GMP 检查员库。2015 年，兽药行政审批核发兽药生产许可证 16 个、换发兽药生产许可证 6 个、兽药 GMP 证 16 个。二是推进兽药二维码信息追溯系统建设。截止到 2015 年 12 月，广东已有 79 家生产企业参与实施，实施面约达 80%。农业部将广东省列为国家兽药经营进销存系统投入使用启动省份，并在广东省举办了启动仪式，开展试点工作。三是强化兽药质量安全监管。组织实施动物产品兽药残留监控、兽药质量监督抽检和动物源细菌耐药性监测“三个计划”，全年兽药监督抽检 406 批次，经检验合格 400 批次，合格率为 98.52%，比 2014 年抽检合格率提高 1.53%；兽药残留监控抽检样品 323 批次，合格率 99.7%。四是严厉打击制售假劣兽药行为，重点开展兽药标签和说明书规范行动、兽用抗菌药专项整治，加强兽用抗生素类药物使用环节监管，有效增强兽药质量安全监管能力。据不完全统计，全省共出动执法人员 5 796 人次，检查生产经营企业 2 436 家次，查处问题 1 起，责令整改 1 起，立案查处 11 起，发放宣传资料 2 500 份，指导培训 7 场次，指导培训 900 人次。

【动物卫生执法监督】 2015 年，全省各级动物卫生监督机构按照农业部和省委、省政府的工作部署，严格执行动物防疫法律法规，着力强化队伍建设，创新监管模式，提升监管手段，有效保证了动物及动物产品卫生安全。

进一步推广“现场检疫 - 申报点出证”动物产地检疫模式，改变检疫人员随身带证、独自出证的状况，有效遏制随意出证、违法出证等行为。全面推进检疫证明电子出证，加快市级自建系统与省级系统对接，实现跨省调运畜禽检疫数据和中央级平台互联互通。印发《动物检疫证明联网电子出证应急方案》,研发检疫出证系统离线端(单机版),有效解决断网状态下的检疫证明电子出证问题。开展检疫证明倒查专项行动,从各地动物批发市场、生猪定点屠宰场随机抽取检疫证明,逐一核查检疫证明的合法性和有效性,全面规范检疫出证行为,强化检疫证明管理。联合省总工会、省经信委和省科技厅举办广东省首届动物检疫职业技能竞赛,积极调动广大动物检疫人员学理论、练技能的热情,全面提高全省动物检疫人员的理论素质和实操技能。

及时总结中山市动物卫生风险管理试点经验,邀请全国动物卫生风险评估专家委员会对中山市动物卫生风险管理系统进行鉴定,获得充分肯定。进一步扩大动物卫生风险管理试点范围,在韶关、河源、惠州、东莞、清远、阳江、湛江等市开展第二批试点工作。开展全省动物卫生监督执法案卷评查工作,对各市选送的68份2015年度动物卫生监督执法案卷逐一评查,撰写案件点评意见,并函告各市。制定《动物卫生监督执法查获的涉嫌犯罪案件移送工作指引》,进一步规范涉嫌犯罪的动物卫生执法案件移送工作。及时修订屠宰溯源视频监控系统建设方案,着力推进第二、三批55个屠宰场视频监控系统建设工作,通过"互联网+"和信息化手段,对屠宰量较大、机械化程度较高的规模化屠宰场进行全过程视频实时监控。坚持日常检查与突击检查并重,开展各类专项检查行动,严厉打击违反动物防疫法有关行为,配合有关部门查处东莞"瘦肉精"生猪等涉刑案件,维护了正常的动物防疫秩序,保障了肉食品质量安全。2015年,全省共查处各类案件455起,包括现场处罚案件160起、立案处罚案件295起,合计罚款72.29万元。

【屠宰行业监管】 一是推进管理职能划转。2014年12月农业厅正式承接畜禽屠宰监管职能,截止到2015年12月底,省、市、县各级全部按要求完成了职能划转交接。二是深入调研谋划工作思路。深入调研,完成了《全省畜禽屠宰监管工作调研报告》,在此基础上着手研究制定《全省畜禽屠宰行业发展规划》和《加强畜禽屠宰监管的工作意见》。三是大力开展行业队伍培训。省举办了11期培训班,分别对省市县三级畜禽屠宰监管人员、统计信息员、屠宰厂负责人及肉品质检员等进行业务培训,对经培训并考试合格的1 100名肉品品质检验人员核发了资格证书。促进了监管机构人员执法懂法、依法行政,质检人员持证上岗,屠宰企业负责人懂法守法,推进畜禽屠宰管理顺利开展。四是切实抓好屠宰环节病死猪无害化处理。与财政厅联合下发文件,明确了屠宰环节病害猪无害化处理工作要求及补贴资金申报使用程序,严格了监督管理。下达了2014年屠宰环节病死猪无害化处理补贴专项资金,补贴无害化处理生猪及产品折算合计71 562.70头。五是组织开展屠宰企业审核清理。按照农业部部署要求,组织开展屠宰企业资格审核清理,进一步规范生猪定点屠宰证章标志印制和使用管理,推动建立猪肉产品可追溯制度,维护屠宰行业秩序。六是配合推进家禽集中屠宰、冷链配送和生鲜上市。积极开展家禽集中屠宰、冷链配送和生鲜上市"一令三规范"的宣传贯彻工作,印发宣传资料,组织开展"屠宰场开放日"和"生鲜鸡品尝"活动,营造了良好的社会氛围。着力推进家禽集中屠宰厂设置、家禽批发市场代宰点改造和落实生鲜鸡供应渠道等工作,加强家禽集中屠宰检验检疫,确保生鲜家禽产品有效安全供给。《农民日报》专题报道了广东省推进家禽集中屠宰的经验。

组织各地针对重点地区、重点目标、重点区域精心组织开展生猪屠宰专项整治行动,认真排查和梳理肉品安全隐患及薄弱环节,坚决取缔私屠滥宰窝点,严厉打击私屠滥宰行为,严防病害肉、"注水肉"流入市场。1~12月,省、市、县三级共出台规范性文件和标准24件,开展监督执法检查17 381次,开展多部门联合执法2 813次,排查违法线索案865起,清理关闭不符合设立条件的屠宰场39个,捣毁私屠滥宰窝点560个;共查办案件786件,处罚金额296.5901万元;纳入黑名单管理企业5个,向社会公开曝光违法企业1次,向社会通报典型案例49次。

【畜牧业结构调整】 围绕广东省制定的"调优结构、发展牛羊、突出特色、强化种业、提高品质、延伸链条"发展方针,通过加大宣传培训及项目引导,推动种草养畜,建设全省肉牛、肉羊等草食动物标准化规模养殖示范基地,打造草食畜牧业发展样板,示范带动全省肉牛、肉羊等草食动物规模化养殖,促进了草食动物蓬勃发展。2015年期末全省肉牛存栏132.2万头、山羊存栏41.5万只,分别比去年同期增长了4.8%、4.3%。

【无规定动物疫病区建设】 2015年,广东省从化无规定马属动物疫病区的各级、各相关地区、有关部门按照《广东省从化马属动物疫病区域化管理办法》《广东省从化无规定马属动物疫病区动物疫病控制计划》等规定,切实落实各项管理工作,区域未接到规定疫病报告,继续维持无疫状态并通过农业部专家组检查。

1.完善管理体系。制定《广东省从化无疫区输入动物检疫操作手册(2015版)》,完善疫苗采购和调拨制度,档案管理、数据采集分析等均实现了信息化管理,区域间联防联控更高效。

2.落实管理措施。一是开展普查。通过实地核查和问卷调查,掌握区域内易感动物饲养和健康情况。调查饲养场户(含散养户)12 338个,动物存栏分别为:马属动物150匹、猪110.21万头、牛羊7.49万头,未发现14种规定动物疫病临床病例和动物健康异常报告。开展了4次虫媒和野生动物调查。二是开展动物免疫和疫病监测。累计实施马流感、马日本脑炎、猪日本脑炎免疫分别为190匹次、334匹次、113.71万头。主动监测易感动物样品15 047份,包括马属动物血清305份、马属动物棉拭子305份、猪血清10 176份、猪脑组织1 740份、牛羊血清2 521份;被动监测易感动物样品59份;虫媒及野生动物样品3 830份,其中蚊子3 297份、蝙蝠样品200份、野鸟样品329份、野猪样品4份。结果均无异常。此外,还参考虫媒调查结果和治理建议,对相关区域、场所开展虫媒消杀治理,累计虫媒消杀面积达7.9万平方米。三是检疫监督和移动控制。严格动物输入检疫监管,其中无疫区2015年累计收到输入申请4 088批次,实际输入动物2 190批次,输入奶牛3 197头、屠宰用猪29 321头、屠宰用牛羊4 844头,检查动物产品2 023.64吨,查处违规输入案件5宗,罚款1.95万元。落实易感动物饲养、屠宰、批发等场所的动物防疫巡查监督。区域内共巡查场所3 967个,开展监督执法1 532次,立案23宗,处罚21宗,罚款5.6万多元。四是创新无疫区隔离检疫关,在充分评估输入动物原饲养地动物卫生状况、动物卫生管理、动物防疫设施和生物安全风险的基础上,敢为人先,借鉴国际经验和出入境检验检疫的做法,成功采用原场设置临时动物隔离场、产地和隔离联合检疫的模式,实现了无疫区以外区域向无疫区(从化区)一次性输入奶牛2 467头。此外,还妥善解决广州市华美公司申请从澳大利亚引进奶牛输入到无疫区的检疫问题。五是开展动物疫病风险分析。开展马流感专项风险评估,并邀请中国动物卫生与流行病学中心郑增忍研究员等国内知名风险 分析专家指导论证,完成了评估分析报告。六是强化宣传培训。举办从化无疫区管理相关业务培训6期,培训人员近400人次,通过网络媒体、张贴海报、派发资料等多种形式持续宣传从化无疫区及其管理,印发宣传资料3 200份,推动群防群控。

(广东省畜牧兽医局)

广西壮族自治区畜牧业

【概况】 2015年,广西肉类总产量417.3万吨,同比下降0.64%;其中,猪肉产量258.8万吨,同比下降2.81%;禽肉产量132.5万吨,同比增长3.35%;牛肉产量14.4万吨,同比持平;羊肉产量3.2万吨,与上年持平;禽蛋产量22.9万吨,同比增长3.2%;奶产量10.1万吨,同比增长4.12%。牧业总产值1 140.3亿元。

【生猪生产】 年内广西生猪出栏量3 416.8万头,同比下降2.88%;年末存栏量2 303.7万头,同比下降2.4%;能繁母猪存栏272.0万头,下降5.0%。猪肉产量258.8万吨,下降2.81%。在18个县(市、区)实施64万头生猪良种补贴项目,落实中央财政生猪调出大县奖励资金11 593万元,对31个县、市、区进行奖励。

【草食畜禽养殖】 2015年继续实施南方现代草地畜牧业项目,评选出广西百桂农业生态有限公司等7家企业为2015年参建单位,扶持资金3 000万元,加强广西草地保护建设和开发利用,加快牛羊产业发展。据监测,2014年广西牛肉全年平均价格70.65元/千克,同比上涨2.33%;羊肉全年平均价格77.26元/千克,与上年持平。牛羊肉市场价格的不断上涨刺激了生产的发展,各地新建牛羊养殖场规模扩大、数量增多,牛羊养殖呈现出良好的发展态势。

【生态养殖】 大力发展现代生态养殖,加快畜牧业转型升级。一是大力推广微生物技术。先后在合浦、陆川、巴马、容县等地,推广"饲料微生物化+固液分流""饲料微生物化+高架网床"等生态养殖发展模式。全区通过国家环保部减排核查的畜禽规模养殖场2 169家,超过环保部下达广西"十二五"减排养殖场任务128家,减排完成率106.27%,提前1年完成"十二五"畜禽养殖减排任务。二是扎实有效开展水污染防治。积极参与"美丽广西·生态乡村"活动,开展饮用水水源保护区养殖情况摸底调查,截止到2015年底,全区累计核查水源地1 133处,涉及乡镇509个,涉及村委1 812个,累计核查畜禽养殖场4 418家,投料养鱼场1 195家,累计清拆畜禽养殖场211家,清拆面积16.53万平方米,累计清拆投料养鱼场1.03万家,清拆养殖面积34.69万平方米;按照相关文件精神和方案规划,抓实抓牢九洲江流域和北部湾近岸及主要入海河流流域畜禽污染治理工作;与环保厅等相关单位共同制定《广西水污染防治行动计划工作方案》和《广西畜禽规模养殖污染防治工作方案》。

【饲料工业】 2015年广西饲料行业受畜牧业发展转型升级等因素影响,饲料总产量小幅下降,配合饲料、浓缩饲料、预混合饲料产量分别为1 025.42万吨、19.40万吨、13.5万吨,同比分别增长-1.12%、-21.23%、8.87%。2015年,广西饲料和饲料添加剂生产企业共有245家,同比增长9.38%;年产量10万吨以上的企业有37家,比上年减少3家,占了同类企业数150家的24.67%,产量735.08万吨,同比下降5.93%,占全自治区饲料总产量的69.45%,同比下降3.3个百分点,大型企业、集团企业所占份额越来越大。年产量50万吨以上的集团企业有4个,产量573.41万吨,占全区饲料总产量的54.18%。广西出口的饲料和饲料添加剂产品主要为豆粕、矿物元素添加剂。2015 年出口量为 18.77 万吨、出口额 5 475.92 万元，同比分别增长 10.66%、0.67%。

【草原保护与建设】 广西草地执法、草地监理监测、草地建设保护、草地防火、南方草地畜牧业推进行动项目实施取得了较好成绩。2015 年广西草地植被平均覆盖度为 69.5%，较 2014 年提高 2.3%。草地综合植被高度为 70.27 厘米，同比下降 7.3%；年末种草保留面积 8.71 万公顷，同比增长 2.07%，新增种草面积 1.21万公顷，同比下降 38.47%；秸秆利用量 690 万吨，同比增长 42.49%。草地生态环境进一步好转。

【动物疫病防控】 一是春、秋防免疫密度全面达标。经农业部和广西组织检查验收，2015 年春、秋防高致病性禽流感、口蹄疫、高致病性猪蓝耳病、猪瘟等重大动物疫病应免畜禽的免疫密度均达 100%。二是畜禽免疫抗体继续保持较高水平。经抽样检测，春、秋防重大动物疫病免疫抗体合格率均在 90% 以上。其中，春防牲畜 O 型、亚洲 I 型和 A 型口蹄疫免疫抗体合格率分别为 99.67 %、96.19% 和 100%，家禽高致病性禽流感免疫抗体合格率为 99.71%，生猪猪瘟免疫抗体合格率为 90.20%；秋防牲畜 O 型、亚洲 I 型和 A 型口蹄疫免疫抗体合格率分别为 93.57 %、97.50% 和 100%，家禽高致病性禽流感免疫抗体合格率为 98.43%，生猪猪瘟免疫抗体合格率为 97.77%。三是动物疫病监测超额完成任务。全年共监测血清学、病原学样品 751 685 份。其中，血清学样品 598 283 份，病原学样品 153 402 份，与上年相比，血清样品监测数量增幅为 21.43%，病原学样品监测数量增幅为 37.12%。四是动物检疫数量和质量进一步提高。全年共检疫牲畜 3 818.56万头，检疫家禽 27 537.95 万羽，与上年相比，分别增长 5.6% 和 0.09‰。其中，产地检疫生猪 2 049.85万头、牛 48.11 万头、羊 36.42 万只、家禽 27 208.95万羽；屠宰检疫生猪 1 644.04 万头、牛（羊）40.14万头（只），家禽 329 万羽。生猪产地检疫申报受理率、生猪定点屠宰检疫率、生猪定点屠宰厂（场）检疫监管率均达 100%。共检出病畜 18.76 万头，病禽 4.86 万羽，病害动物产品共计 342.73 吨，全部按规定进行无害化处理。

【兽医科技与国际合作】 2015 年 9 月 13～22 日，广西兽医研究所举办了为期 1 周的中国－东盟跨境动物传染病防控技术研讨会，共有来自 7 个国家的 30 名技术人员参加。9 月 13 日至 10 月 13 日广西兽医研究所举办了为期 1 个月的动物疫病联防联控技术国际培训班，来自东南亚及南亚的 7 个国家的 10 名技术人员参加了培训。10 月 23 日广西兽医研究所获科技部批准为“动物疫病快速检测诊断技术国际科技合作基地”。

【扶持生猪生产】 落实中央财政生猪调出大县奖励资金 11 593 万元，对 31 个县、市、区进行奖励，资金主要用于推进建设生猪规模养殖场粪污减排设施建设，建立清洁养殖和农牧结合的长效机制，在 18 个县（市、区）实施 64 万头生猪良种补贴项目。

【扶持肉牛肉羊生产】 实施农业废弃物资源化利用项目，落实资金 780 万元对 5 个企业进行扶持，主要用于养殖业粪污的过程控制及终端处理。

【扶持奶业生产】 配合自治区发改委实施奶牛标准化规模养殖场（小区）建设项目，支持 6 个奶牛场共申报资金 800 万元。

【标准化规模养殖】 组织实施畜禽标准化养殖项目，项目向采用健康养殖方式的养殖场倾斜，主要支持生态养殖等养殖模式，共落实 1 900 万元对 39 养殖企业进行生产扶持，重点支持适度规模生猪、蛋鸡、肉鸡、肉牛、肉羊养殖场进行标准化改、扩建。

【畜禽良种繁育体系】 一是加大地方优良畜禽遗传资源保护力度。扶持隆林猪、龙胜凤鸡、广西三黄鸡、陆川猪、西林麻鸭、巴马香猪 6 个保种场建设，进一步增强广西地方畜禽遗传资源保护能力。二是加大对畜禽优良品种培育工作的支持与指导。支持金陵乌鸡、柳麻花鸡、龙宝黑猪、瑶黑麻鸡、平原黄鸡Ⅱ号、黎村黄鸡等 6 个新品种（配套系）培育。对 2014 年通过国家新品种（配套系）审定的桂凤二号黄鸡配套系，采取以投代奖形式，给予培育单位 50 万元实施《畜禽新品种培育选育》，扩大配套系生产规模。

【良种繁育及推广】 落实农业部良种补贴资金 3 555 万元，用于补助开展人工授精的 64 万头母猪、25 万头奶水牛、1.5 万头荷斯坦奶牛、12 万头肉牛和 1 000 只良种种羊。

【草原生态保护补助奖励政策】 落实强农惠农政策，实施农业部羊良种补贴项目，带动牛羊生态养殖，加快广西现代草牧业的发展。对全区具有供种能力的多家种羊场进行统计、摸底、调研，组织有关专家对各种羊场资质种质开展评定工作，经综合评定并上报自治区审核发布的种羊场共 14 家，评定种公羊 1 095 只，其中区内 12 家，评定的种公羊 895 只，区外 2 家，评定的种公羊 200 只，每只补助 1 600 元，共计 143.2 万元。

【秸秆养畜】 引导和指导各地加大甘蔗尾梢等农作

物秸秆开发利用力度和不断提高秸秆的饲料化利用率,以推广微生物技术为重点,开展秸秆青贮微贮技术和牛羊饲料配方研究及推广应用,提高秸秆饲料产品的科技含量和饲料的利用率、转化率,加快推进秸秆饲料化产业发展。在甘蔗产区,鼓励指导利用糖料蔗废料饲喂牛羊,大幅降低饲料成本,鼓励牛羊粪便反施蔗地,推行农牧结合、种养循环,让广西糖业和肉牛肉羊产业相互帮扶、相互促进,共同发展。

【畜牧业科技推广】 实施基层农技推广改革与建设项目,围绕以生猪、肉鸡、肉鸭、肉牛、山羊等传统品种和地方特色品种作为主导品种,推广生态养殖、清洁养殖、林下养殖、高密度养殖等新型养殖模式的主推技术,遴选和认定科技示范基地 172 个,遴选科技示范户 15 007 户,辐射带动农户 97 793 户。3 719 名农技人员担任技术指导员,全年巡回指导累计 126 639 次,人均 34 次。聘请定点联系专家 386 人。深入基层开展服务,参加广西壮族自治区文化科技卫生“三下乡”活动。举办各类培训班,全年累计培训农民 40 274 人(次),培训农技人员 12 560 人(次)。

【落实兽医工作扶持政策】 2015 年,自治区财政落实防疫经费 1.3 亿元,其中重大动物疫病疫苗配套经费 4 789.6 万元,动物疫病监测与流行病学调查经费 1 353.15万元,基层动物防疫工作补助经费 2 400 万元;各县(区)落实基层动物防疫工作补助经费 3 321 万元。

【畜禽资源保护】 加大地方优良畜禽遗传资源保护力度。扶持隆林猪、龙胜凤鸡、广西三黄鸡、陆川猪、西林麻鸭、巴马香猪 6 个保种场建设,进一步增强广西地方畜禽遗传资源保护能力。支持金陵乌鸡、柳麻花鸡、龙宝黑猪、瑶黑麻鸡、平原黄鸡Ⅱ号、黎村黄鸡 6 个新品种(配套系)培育。对 2014 年通过国家新品种(配套系)审定的桂凤二号黄鸡配套系,采取以投代奖形式,给予培育单位 50 万元实施《畜禽新品种培育选育》,扩大配套系生产规模。金陵集团培育的“金陵花鸡(配套系)”、广西容县祝氏农牧有限责任公司培育的“黎村黄鸡(配套系)”、广西鸿光农牧有限责任公司培育的“鸿光黑鸡(配套系)”分别申报农业部审定。2015 年,广西有 8 个新品种(配套系)通过了国家审定,金陵集团成为全区唯一有 3 个品种通过审定的企业;广西种猪性能测定中心开展第一次试测,为推进全区种猪性能测定和联合育种工作积累经验;“奶牛 DHI 实验室建设项目”已基本完成,为推进全区奶牛后裔测定奠定了基础。

【“瘦肉精”专项整治】 全区共监测畜禽样品 1 198 批,合格率 100%。全年水产畜牧样品监测总合格率同比上升 0.02 个百分点,畜牧样品合格率下降 0.02 个百分点。完成“瘦肉精”专项监测猪尿 6 676 份,完成任务 109.44%,合格率 100%。共抽检饲料和饲料添加剂产品 1 838 批次,合格 1 825 批次,合格率 99.29%;抽检兽药产品 588 批次,合格 541 批次,合格率 92%;兽药残留监控及调查 693 批次,合格率 99.42%;各市县抽检生猪尿样 12 073 批次检测“瘦肉精”,合格率 100%。抽检结果不合格的要求属地监管部门依法查处。开展对投入品生产经营环节、养殖环节、收购贩运环节和定点屠宰环节的整治。共出动监督执法人员 67 975 人次,检查各类监管场所 25 807 家次,抽检样品数 28 860 个,合格率为 99.71%,没有发现生产、销售和使用含“瘦肉精”等违禁药物饲料的违法行为。

【生鲜乳质量安全监管】 2015 年,完成 56 站次的生鲜乳收购站和 48 辆次的生鲜乳运输车检查,对南宁等 11 个市生鲜乳收购站和生鲜乳运输环节的 59 批样品的抽样、检测工作,检测三聚氰胺等 4 个项目,检测结果均符合规定,合格率为 100% 。3 月配合国家乳制品质量监督检验测试中心在全区完成生鲜乳的异地抽样工作,抽检生鲜乳收购站 17 个、抽取生鲜乳样本 30 批次,所有批次样品现场检测项目全部合格。全年 4 次配合江西省兽药饲料监察所(农业部南方奶品风险评估试验站)在灵山县完成农业部统一部署的特色生鲜乳质量安全风险因子专项评估与验证评估抽样和调查工作。

【饲料安全监管】 2015 年共受理 106 家饲料和饲料添加剂生产企业许可申请,不予许可 5 家;核发 31 家企业的 751 个产品批准文号。出动执法人员 6 061 人次,检查饲料生产企业 620 家次,饲料经营企业 2 649 家次,养殖场(户)8 389 家次,查处“三无”假冒伪劣产品 5 个,查处违法饲料产品 10.05 吨,查处有害化学物质 4.3 吨,立案调查违法企业、养殖场 8 家,涉及金额 13.27 万元,共挽回经济损失 5.5 万元。10 ~ 11 月开展全区饲料执法监督检查工作,对全区 32 家饲料生产企业进行监督执法检查,对检查结果予以通报,落实问题企业的查处。全年共抽检饲料和饲料添加剂生产企业、经营单位和养殖场(户)1 316 家次的饲料和饲料添加剂样品 2 823 批次,合格率为 99.54%;加强《饲料质量安全管理规范》宣传培训,推进示范创建工作开展,宾阳通威饲料有限公司通过部级验收。继续组织开展饲料生产企业粉尘防爆专项整治,检查生产企业 491 家次,实施暗查暗访 45 次,消除安全隐患,全年无安全事故发生,开展饲料用油情况摸底调查和饲料添加剂氯化钠专项监督检查。8 ~ 9 月,对全区配合饲料和浓缩饲料生产企业用油情况进行摸底调查，共核查134家企业用油情况；2015年12月至2016年1月在全区开展饲料添加剂氯化钠专项监督检查。

【养殖污染减排】 联合环保部门积极推进养殖污染减排工作。一是规模化畜禽养殖场（小区）减排任务取得重大成效，提前1年完成“十二五”减排任务。在2014年已完成“十二五”全区目标责任书要求的60%以上规模化畜禽养殖场完成污染治理的基础上，2015年又将1 057家规模化畜禽养殖企业纳入年度减排计划。“十二五”期间共有3 197家规模化畜禽养殖场（小区）通过国家核查认定，完成率达156.64%。二是开展技术培训工作。2015年举办规模畜禽养殖污染减排培训班18期，培训1 467人，发放各种培训、宣传资料2 000多份；主推全程免冲水的全封闭式高架网床生态养猪模式，比通用养殖模式减少90%的污水产生量。2015年，全区已有超过200家养殖企业将该技术引进改造应用于养殖生产。三是继续推进对九洲江流域的玉林市、陆川县、博白县重点开展养殖污染治理，取得成效。截至2015年底，九洲江流域200米禁养区内共清拆猪场1 328家，其中，陆川县974家，博白县354家。玉林市累计建成并投产的病死畜禽无害化处理厂2家，养殖粪污有机肥加工厂18家。

【动物卫生执法监督】 一是加强队伍建设和管理。通过网上培训、集中培训、派出培训等方式，确保执法检疫人员培训覆盖面达到100%。全年组织培训或派出师资到市、县培训16期，培训执法和管理人员1 400多人次。各市也分别举办动物检疫技能大比武、案件评查、检疫技术与法律法规等方面的培训。二是完善动物卫生证章标志管理系统，加强证章标志管理，检疫证明发放和核销信息及时录入数据库，实行专人、专库、统一发放、核销、销毁管理。三是加强公路动物卫生监督检查站的建设管理。完善检查站基础设施建设，落实制度，规范执法行为，严防公路“三乱”现象发生。四是加强动物卫生信息化监管平台建设，完善信息报送、查询系统，探索建立监管对象数据档案电子化，监管记录实现内部信息共享。五是切实强化养殖环节防疫监管，重点抓好中小规模养殖场的防疫监管，全年共对9 207个生猪规模养殖场实施监督检查41 638场次。

【兽医实验室管理】 2015年，对广西14个市兽医实验室生物安全工作进行专项督查，督促各有关兽医实验室落实生物安全责任制、全面排查治理实验室生物安全隐患、完善兽医实验室管理制度。全区共有兽医实验室112个，其中本系统105个（自治区级1个，地市级14个，县级90个），系统外7个。全自治区兽医系统实验室通过考核获证的实验室共计70家（省级1家，地市级14家，县市级55家），占应考核数的66.7%，其中，在2015年通过考核获证的实验室共计18家（地市级1家，县市级17家），占获证数的25.7%。

【兽药质量监管】 2015年，修订广西兽药经营质量管理规范实施细则并出台配套文件，兽用生物制品经营许可行政审批委托下放市级工作顺利完成。制定广西兽药生产许可证核发相关工作文件和内部机制，组建广西兽药GMP检查员队伍，落实验收工作经费，成立广西GMP工作委员会，顺利承接兽药生产许可行政审批工作。开展兽药产品批准文号行政许可技术审查工作，组织26次现场核查，对12家企业申报的80个产品进行现场核查，完成47个产品的材料技术审查及上报工作。查处兽药违法案件213起，查获假劣兽药8 252千克，罚没金额53.8万元，注销兽药经营许可证280家，取缔无证经营兽药11例。开展生物制品、兽药产品标签和说明书、兽用抗菌药专项整治活动。日常及跟踪抽检兽药产品623批，产品检测合格率为92.0%；打假抽检46批，检出假劣兽药30批。推进兽药追溯管理系统建设，兽药经营、监管环节“二维码”追溯管理系统试点工作成效显著，获农业部兽医局表彰。

【生猪屠宰行业监管】 一是扎实推进市县生猪屠宰监管职责移交。14个地级市及其所辖的110个县（市、区）出台调整方案并完成职责交接。二是加强培训。将自治区级屠宰行业管理相关业务培训纳入2015年度绩效考评内容。在农业部管理干部学院举办2期广西畜禽屠宰行业管理业务培训班，在南宁举办全区屠宰信息管理培训班和全区屠宰执法业务第三期培训班，委托自治区肉类食品协会在全区各地组织举办屠宰技术人员、肉品品质检验人员培训班。三是加强调查摸底，全面开展屠宰企业资格审核换证。全区共有生猪定点屠宰企业1 026家。其中，牌证齐全的县城规模以上生猪屠宰企业128家、小型屠宰场（点）544家；处于限期整改的县城规模以上生猪屠宰企业11家、小型屠宰场（点）241家；其他类型的县城规模以上生猪屠宰企业1家、小型屠宰场（点）101家。关闭不符合条件的生猪定点屠宰场（点）28家（原有1 054家）。南宁、柳州、百色、钦州、来宾5个市已如期完成生猪定点屠宰企业审核清理与换证工作。四是加强督促检查。组织开展全区屠宰专项整治行动市级交叉互查月与南宁双汇屠宰企业开放日活动。共开展执法2 791次、出动执法车辆12 008台（次）、出动执法人员37 300（次）；屠宰环节“瘦肉精”抽检85 210份，检出“瘦肉精”阳性确诊样品126份并按有关程序规定处置，同时已移交公安机关立案查处。查处行政执法案件61件(移送司法机关案件14件)、违法行为处罚金额达28.53万元;捣毁私屠滥宰窝点39个,其中信息公开24件。五是加强法规制度建设。制定印发《广西生猪定点屠宰企业基本管理制度》《广西屠宰环节质量安全突发事件应急预案》《广西壮族自治区水产畜牧兽医局 广西壮族自治区公安厅 广西壮族自治区食品药品监督管理局〈关于打击私屠滥宰等危害肉品质量安全违法犯罪活动的公告〉的通知》以及《广西壮族自治区水产畜牧兽医局打击生猪私屠滥宰举报奖励办法》系列规章制度。

【畜禽标准化养殖示范创建】 从自治区级畜禽养殖标准化示范场中择优筛选15家参与国家级示范创建单位,并报送农业部审批,全部获选。组织开展2015年自治区级畜禽养殖标准化示范场创建活动,确定2015年自治区级示范场42家,超额完成年初制订的目标任务。对已到期的2012年农业部挂牌的畜禽养殖标准化示范场进行复检,其中7家不合格,取消其农业部标准化示范场称号。全区现有标准化示范场293家,其中国家级112家、自治区级181家。

【行业标准建设】 组织实施年度畜牧兽医技术标准制订计划,编制完成标准征求意见稿12项,编制完成技术标准送审稿10项、标准报批稿5项,新颁布实施畜牧兽医广西地方标准5项。

【畜产品质量安全认证】 2015年认定无公害畜产品产地45家,获得无公害畜牧业产品认证50个。全区有效期内畜牧业无公害产地106家,产地规模包括生猪169.27万头,活鸡11 787万羽,活鸭150万羽,肉牛0.22万头,鲜鸡蛋113万枚,鲜鸭蛋140万枚,蜜蜂3.662万群,生鲜牛乳存栏母牛0.036万头;无公害畜牧业产品109个,年产量428 198.8吨。积极开展农产品地理标志产品登记工作,组织推荐凭祥石龟、隆林黄牛、浦北黑猪、全州文桥鸭申报农产品地理标志登记,累计有18个畜牧产品获得农产品地理标志登记保护。发布公告3次,撤销50家存在一票否决项的无公害农产品产地认定企业,注销33家因经营性质发生变化、产品生产过程无法执行无公害生产操作规程的企业。

【应急管理】 一是编印《突发重大动物疫情应急工作手册》发放各市、县,指导突发重大动物疫情应急工作。二是第一时间派出专家、调拨消毒药,及时监督、指导大化县应对因灾死亡生猪事件,迅速无害化处置淹死的1.7万多头生猪。三是指导凭祥市迅速有序处置越南漂流入境动物产品事件。

(广西壮族自治区水产畜牧兽医局 曾辉材)

海南省畜牧业

【畜牧业发展概况】 2015年,海南省畜牧业在支农惠农强农政策扶持和“无疫区”品牌效应的推动下,围绕“保供给、保生态、保安全、促增收”的目标任务,充分调动农民和企业生产积极性,努力克服H7N9流感、台风、高温干旱、畜产品价格波动、环保压力大等不利因素,生产平稳发展。全省全年牧业总产值238.5亿元,肉类总产量78.0万吨,同比下降1.89%。全年生猪出栏555.7万头,同比下降5.57%;禽类出栏14 686.0万只,同比增长5.15%;牛出栏26.7万头,同比下降1.84%;羊出栏77.4万只,同比下降4.56%;禽蛋产量4.4万吨,同比增长15.8%;牛奶产量0.2万吨,同比持平。

【畜禽粪污综合治理】 海南省农业厅、财政厅联合印发《海南省2015年现代农业生产发展资金支持畜牧业转型升级项目实施方案》,总投资24 500万元,其中中央财政现代农业发展资金8 400万元,企业或养殖户自筹资金8 400万元,整合资金4 700万元,拉动社会投入有机肥产业3 000万元,主要用于畜禽规模化养殖场粪污处理设施建设及沼气工程。

【屯昌生态农业示范县试点】 全面整治规模畜禽养殖场环保达标,充分利用废弃物资源化,推广新型种养结合模式和生态循环农业技术集成应用,以“减量、环保、循环”和提高农业资源利用率为主线,逐步建立现代生态循环农业发展体系,促进屯昌县农业提质增效。屯昌县45家畜禽规模养殖场,已有38家畜禽规模场取得环评批复,其中8家规模场已取得排污许可证,4家规模场已通过环评验收。全县畜禽规模养殖场排泄物综合利用率达到50%以上,年沼液沼渣利用量11万吨,建立了“猪-沼-瓜菜(果、热作)”“牛-发酵-蚯蚓”等循环农业利用示范基地28个,覆盖面积1 000公顷,辐射面积3 333.3公顷。

【标准化示范创建】 全省累计建成950个标准化规模养殖场(小区),有效稳定市场供应,促进产业升级。抓好已创建的标准化跟踪管理和监督,进一步做好2014年获得农业部批准的6家标准化示范场后期续建工作,积极组织企业参加2015年农业部标准化示范场创建申报工作,申报部级畜禽标准化示范场6个,省级畜禽标准化示范场20个。

【畜禽粪污等农业农村废弃物综合利用试点】 该项目资金2 000万元,由海南澄迈神州车用沼气有限公司作为项目实施单位。现已建成日产1.5万标准立方米车用沼气、日产30吨沼渣和120吨沼液、日处理畜禽粪污等废弃物250吨能力的产能规模,初步形成规模化、标准化生产运行,建立"废弃物+清洁能源+有机肥料"三位一体的综合利用技术推广机制和商业化运作模式,确保畜禽粪污等农业农村废弃物得到有效收运和处理,改善农业农村环境,并利用废弃物资源化处理产品提高耕地质量和可再生能源利用水平,解决畜牧业发展等瓶颈问题,促进农业可持续发展。

【良种繁育及推广】 海南省农业厅、财政厅联合印发《2015年海南省畜牧良种补贴项目实施方案》,项目总投资2 463万元,其中中央财政投入1 363万元,省级财政投入1 100万元,共补贴能繁母猪61.5万头,奶牛0.1万头,生猪良种覆盖率达92%以上,奶牛良种达98%

【扶持肉羊生产】 印发《海南省2015年现代农业生产发展资金支持羊产业项目实施方案》,总投入3 000万元农业生产发展资金扶持肉羊产业。项目在海口、澄迈、东方等养羊大县实施,主要对新建扩建栏舍给予补贴。通过项目实施,全年新建羊舍面积10万平方米,年末新增肉羊存栏3万只,有力的促进产业发展。

【畜牧业发展规划】 一是完成省现代畜牧业"十三五"发展规划编制。结合海南省畜牧业发展情况,组织编写《海南省畜牧业"十三五"发展规划》。经多次征求意见和修改,规划已基本编制完成。二是协调各市、县完成畜禽养殖禁养区划定。组织各市、县开展禁养区划定工作,于2016年底完成。三是协调筹备编写《海南省畜禽养殖污染防治规划》。

【项目"百日大会战"】 一是根据省委、省政府和省农业厅的部署安排,畜牧业处督促各市、县加快项目实施,并及时将项目进度和存在问题进行反馈。二是开展自查自纠活动,协调农业厅计财处,将实施的"菜篮子"、健康养殖等项目进行审计。三是健全制度,协助市、县完善项目实施的相关制度和材料,加快实施和验收。

【特色畜产品推广】 一是利用第六届中国海南(屯昌)农民博览会的机会,成功举办第二届海南省农产品擂台赛评比活动,共评出"黑猪王""黑山羊王""最美阉鸡"等优良个体26个,分布市、县广泛,示范与带动作用强,效果显著。二是组织海南省知名企业参加2015年中国西部现代农业博览会,第四届中国(广州)国际食品食材展览会,积极协助30余家省内知名企业和品牌与国内外企业对接,推动企业走出去。三是以"冬交会"等冬季展销会为平台,做好产销衔接。通过展示展销,促进生产与销售紧密融合。尤其是加强文昌鸡、海南黑猪、野山鸡、白莲鹅等名特优畜产品的促销,推进特色产品出岛。

(海南省农业厅　程文科)

重庆市畜牧业

【畜牧业发展综述】 2015年,全市围绕"五大功能区域"的发展战略和重庆国家现代畜牧业示范区建设任务,紧扣"保供给、保增收、保安全、保生态"的畜牧业发展总体要求,认真落实了中央和市政府扶持畜牧业发展的各项政策,努力化解生产波动、成本上涨等不利影响,坚持走特色效益畜牧业发展道路,实现了畜牧业增长增效、畜产品提质提量、示范区建设有序推进,完成了畜牧业发展的各项任务,实现了"十二五"现代畜牧业建设的完美收官。

1."保供给"取得新成效。全市实现肉类总产量213.8万吨、同比下降0.19%;禽蛋产量45.4万吨、同比增长5.1%;奶产量5.4万吨、同比下降5.3%。畜牧业健康稳定发展,有力保障了畜产品市场供应。

2."保安全"取得新高度。全市有效期内无公害畜产品产地130个,无公害畜产品170个,绿色食品51个,有机食品9个,地理标志农产品2个。畜禽屠宰行业监督管理已厘清规范,走在全国的前列;饲料等投入品监管力度和监测力度加大,主要畜产品"瘦肉精"合格率达100%;生鲜乳三聚氰胺监测检测合格率达100%,全市已连续13年未发生畜产品质量安全事故,畜产品质量安全达到一个新的高度。

3."保生态"取得新变化。认真贯彻落实了《畜牧法》和《畜禽规模养殖污染防治条例》,按照减量化排放资源化利用的原则,科学布局畜禽规模化养殖基地,大力支持畜禽养殖企业开展污染治理,畜禽粪污治理资金投入逐年增加,多数养殖场基本建成了雨污分流、干稀分离以及沼气池等粪污处理设施;大力推行农牧结合的生态养殖方式,推进畜禽养殖生产生态协调发展,大部分养殖企业建成了沼液还田管网,种养结合的立体生态农业迅速发展,畜禽养殖污染得到有效改善。

4."促增收"取得新水平。初步构建了现代畜牧业发展、标准化规模养殖、畜禽养殖保险、担保融资等政策支撑体系,有效确保畜牧业增效、农民增收。全年共争取实施并落实了生猪养殖调出大县奖励、南方草地畜牧业等12个项目中央资金3.2亿多元;吸引社会资本100多亿元,畜牧业"三权"抵押融资50多亿元,市农业担保公司涉牧企业担保贷款6亿元;实现人均牧业纯收入达850元,同比增长8.0%。

5."示范区"取得新进展。以丰都肉牛、合川生猪等为代表的一批优势畜产品和标准化示范基地(园区)逐步建立,以中国(荣昌)畜牧产品综合市场、荣昌国家级生猪电子现货交易等为代表的信息物流中心已见雏形，以"种畜禽生产系统+技术支撑系统+监督管理系统"三合一有机融合的现代畜禽良种繁育体系基本形成，以农业部种猪质量监督检验测试中心（重庆）、市畜牧科技创新中心为代表的畜牧科技创新与人才培育高地正紧张构建；畜禽规模养殖污染控制、畜产品质量低的状况、各环节利益连接机制、畜牧业融资难题、畜产品市场波动幅度等现代畜牧业发展的五大难题正逐步破解。

6. "澳牛入渝"实现新突破。2015 年 10 月 21 日，重庆首次成功引进 150 头澳洲商品活牛。此次创新性地空运进口活牛，为摸清澳洲商品活牛疫病防控的技术路线和空运进口的成本，为后续批量进口奠定了基础。

【畜牧业生产】 全市生猪出栏 2 119.9 万头，存栏 1 450.4万头，能繁殖母猪存栏 143.5 万头；同比分别下降 1.44%、2.25% 和 1.44%；牛出栏 67.7 万头、存栏 148.6 万头，同比分别增长 5.3%、5.6%；奶牛存栏 1.8 万头，同比下降 5.3%；山羊出栏 274.3 万只、存栏 225.6 万只，同比分别增长 9.8%、7.6%；家禽出栏 24 206.6万只、存栏 13 678.9 万只，同比分别增长 2.56%、3.87 %。全市肉类总产量 213.8 万吨，同比下降 0.19%。其中，猪肉产量 156.2 万吨，下降 1.45%；牛肉产量 8.8 万吨，增长 4.76%；羊肉产量3.8 万吨，增长 11.8%；禽肉产量 37.6 万吨，增长 2.7%。禽蛋产量 45.4 万吨，增长 5.1%；牛奶产量 5.4 万吨，下降 5.3%。全市牧业总产值 542.9 亿元。

【饲料工业】 全市饲料及饲料添加剂生产企业 118 家，相对固定从业人员 6 241 人，具有相关专业大专以上文凭的技术人员 1 867 人。全市饲料工业总产量 210 万吨，同比下降 11%。其中，配合饲料 189 万吨，同比下降 7%；浓缩饲料 20 万吨，同比下降 32%；添加剂预混合饲料 1.2 万吨，同比下降 33%。单一饲料产量 51 万吨，同比增长 44%。饲料添加剂总产量 4.7 万吨，同比下降 40%。饲料工业总产值 99 亿元，同比下降 14%。

【草原保护与建设】 全市年末种草保留面积 7.87 万公顷，其中人工种草 6.67 万公顷，改良种草 1.2 万公顷。当年新增种草 3.8 万公顷。草地围栏 1.67 万公顷，禁牧 6.53 万公顷、休牧 4.33 万公顷、轮牧 7.53 万公顷；草地改良年末保留面积 2.47 万公顷，草场租赁承包经营等 27.13 万公顷。草地鼠害、虫害危害面积分别为 4.13 万公顷、4 万公顷。

【动物疫病防控】 全市共免疫牲畜口蹄疫 3 133 万头、猪瘟 2 346 万头、猪蓝耳病 2 279 万头、禽流感 1.3 亿羽、羊小反刍兽疫 183 万只，免疫密度达到 100%。全市未发生重大动物疫情，创下了近十年动物重大疫病防控工作的最好成绩；指定道口动物卫生监督检查站成功拦截外来疑似疫情 8 起。市农委再次获得农业部重大动物疫病延伸绩效管理工作优秀单位，重庆市连续三年获此殊荣。

【兽医制度建设】 新修订并颁布了《重庆市无规定动物疫病区管理办法》，建立和推行了"以监促防、以检计酬"兽医工作考核机制、"基于监（检）测或风险评估的产地检疫"制度、"动物饲养场动物疫病自行检测"制度等"三项制度"。"以监促防、以检计酬"兽医工作考核机制，还被纳入《中共重庆市委重庆市人民政府关于 2015 年农业农村工作的意见》。

【兽医工作考核机制】 层层签订责任书，将过去由市、区（县）防治重大动物疫病指挥部之间签订的《重大动物疫病防控工作责任书》，改为由市、区（县）人民政府签订（有效期为 3 年）；同时，区县政府与乡镇政府，兽医主管部门与乡镇兽医站仍然层层签订重大动物疫病防控工作责任书；推行"以监促防、以检计酬"兽医工作考核机制，实现了用定性、定量的工作成效检查免疫质量，检测结果与资金、项目、工作考核分值、奖励性绩效等"六挂钩"。

【动物疫病监测】 各区（县）组建专业采血队，实行"采、检"分离，专业采样、盲样检测。全年完成 82.43 万份（次）样品的监测，其中，血清学监测 71.49 份万份（次），病原学监测 10.94 万份（次）。

【兽药产业】 全市兽药生产企业 26 家，从业人员 1 557人。全年兽药产值 3.8 亿多元，其中生物制品 1 亿元，化药、抗生素 2.1 亿元，中兽药 0.7 亿元；创利润 3 192 万元，上缴税收 2 409 万元，兽药生产企业出口兽药 580 万美元。全市有兽药 GSP 企业 816 家，并有 45 家同时具备经营兽用生物制品资质，从业人员2 590 人。兽药经营企业销售兽药 2 亿多元，其中非强制免疫兽用生物制品 0.29 亿元，化药、中药、抗生素 1.71 亿元，年创利润 0.32 亿元，上缴税收 0.013 亿元。全市兽药使用单位有规模养殖场 2.91 万个。规模场使用 2.2 亿多元的兽用生物制品（含强制免疫），使用抗菌药 1.3 亿元、中兽药 0.5 亿元、一般化学用药 0.6 亿元。

【生猪屠宰产业】 全市生猪定点屠宰厂（场）有 105 家，其中正常运行的有 97 家；小型生猪屠宰场 601 家。全市共屠宰生猪 978.29 万头，其中，屠宰环节病害猪无害化处理 2.23 万头。

【扶持生猪生产】 全市落实生猪调出大县奖励11 732万元、生猪良种补贴项目 2 290 万元、畜禽健康养殖项目 150 万元、生猪和能繁母猪保险补贴 8 000 万元、生猪防疫经费 1.6 亿元。

【扶持肉牛肉羊生产】 中央现代农业资金山羊专项 6 500万元,能繁母牛补贴 2 600 万,肉牛冻精补贴 100 万元,南方现代草地畜牧业建设 2 000 万元,市级特色效益资金用于山羊 5 000 万元,健康养殖项目 600 万元。

【扶持奶业生产】 落实农业部奶牛良种补贴项目 45 万元,招标采购奶牛冻精,免费提供给奶牛养殖场(户)。落实国家奶牛标准化规模养殖场(小区)改扩建项目 500 万元,支持 4 个标准化奶牛养殖场和养殖小区进行改建和扩建。

【标准化规模养殖】 重庆财莱鸿农业开发有限公司猪场(生猪)、重庆美德沃尔多原种猪繁育有限公司(生猪)、重庆市合川区绿金养猪场(生猪)、重庆浩丰农业开发有限公司(蛋鸡)、重庆永创养殖有限公司蛋鸡养殖场(蛋鸡)、重庆尚牧农业发展有限公司(蛋鸡)、璧山区八塘智灯云清养殖场(肉鸡)7 个畜禽养殖场通过农业部标准化示范创建验收。

【畜禽良种繁育体系】 国家级生猪核心育种场 2 个、部级种猪性能测定站 1 个、外种猪原种场 5 个、地方猪资源场 3 个、祖代种猪场 42 个、各级种公猪站 50 个;肉、奶牛一级繁育场 5 个、市级草食牲畜性能测定站 1 个、县乡级冷配站点 100 余个;外种羊原种场 6 个、地方资源场 10 个、扩繁场 100 余个;肉兔原种场 6 个、毛兔原种场 1 个、扩繁场 20 余个;祖代肉鸡等家禽良种繁育场 20 多个,种蜂场 2 个。

【良种繁育及推广】 年推广良种种猪 20 万余头,推广草食牲畜良种 100 万头(只),推广家禽良种 800 万余只(套)。

【南方现代草地畜牧业推进行动】 涪陵、长寿、大足、荣昌、万州、丰都、垫江、忠县、巫山、巫溪、黔江、武隆、彭水 13 个区、县承担实施 2015 年度南方现代草地畜牧业推进行动项目,投入中央资金 2 000 万元。市畜科院、西南大学、市畜牧技术推广总站作为技术支撑服务单位。

【畜牧业科技推广】 遴选发布、组织推广了畜禽牧草主导品种 33 个、主推技术 8 项,组织实施部、市级重大畜牧技术支撑类项目 15 项,组织推荐 13 名国家级科技特派员、22 名市级科技特派员和 4 名市级现代农业远程教育专家,以及 2 个市级科技特派员团队参加各级、各部门组织的牧业培训,全市各级共培训养殖农户和牧业从业者 18 万人次,研究编制了市级、县级畜牧业发展规划 12 个,调研形成了市级畜牧业专题调研报告 8 篇。

【重大动物疫病强制免疫疫苗补助】 全市强制免疫疫苗经费中央补助和地方配套共计 15 275.42 万元,其中:中央补助 14 659 万元,地方配套 616.42 万元。

【重大动物疫病强制扑杀补助】 全年市级以上财政扑杀补偿经费 760 万元。

【养殖环节病死猪无害化处理补助】 全市 32 个区、县(自治县)上报对 284 460 头病死生猪进行了无害化处理,补助经费 1 571 万元。

【基层动物防疫工作补助】 在编在岗乡镇兽医的基本工资由县财政全额纳入预算拨付到个人工资账户 38 685 万元(市级财政转移支付的防疫经费),防疫工作补助由乡镇兽医站或乡镇政府,按参与防疫工作量的情况给予核发,村级防疫员按实际参与防疫工作的工作量和工作成效给予每年 3 893 元/人的劳务工资补助(全市平均数)。

【饲料工业法制建设】 开展 2 期《饲料质量安全管理规范》专题培训;共计 368 人次参训。

【兽医法制建设】 市人民政府第 77 次常务会议审议通过《重庆市无规定动物疫病区管理办法》,自 2015 年 4 月 1 日起施行。2015 年 4 月,市政府办公厅印发了《重庆市人民政府关于建立病死畜禽无害化处理机制的实施意见》,明确了病死畜禽无害化处理的行政责任、监督执法责任、生产经营者责任、属地处理责任,对区、县建立无害化处理体系作了明确要求。

【畜禽资源保护】 对《国家级畜禽资源遗传保护名录》中的重庆市地方品种大足黑山羊、荣昌猪、四川白鹅分别制定了保种方案,并按照保种方案进行保种。改扩建大足黑山羊、荣昌猪等 10 多个地方重点畜禽遗传资源保护场建设;完善重庆市畜禽遗传资源冷冻保存库建设,保存了 20 个地方遗传资源材料 20 000 多份;建成了重庆市畜禽遗传资源保护与监测评估中心,收集重庆市 20 个地方畜禽遗传资,特别是合川黑猪、渠溪猪、罗盘山猪等濒危畜禽遗传资源信息库,对荣昌、涪陵、城口、酉阳等5个区、县的荣昌猪、渝东黑山羊、城口山地鸡、酉州乌羊等6个畜禽资源场实施动态监控;与全国畜禽遗传资源保护与利用中心合作对大足黑山羊、荣昌猪精液及组织胚胎进行冷冻保存,稳步推进全市20个地方畜禽遗传资源保护工作。

【"瘦肉精"专项整治】 全市抽检711个生猪养殖场(户)猪尿1 438批次、50个肉牛养殖场(户)牛尿99批次、26个肉羊养殖场(户)羊尿50批次。抽样基数达22.46万余头份,均未检出违禁物质。抽检饲料500批次,合格497批次,合格率99.40%,自开展"瘦肉精"项目监测以来连续14年未检出"瘦肉精"。

生猪屠宰环节共抽检生猪40 000批次,未发现一例"瘦肉精"检测阳性。

【生鲜乳质量安全监管】 完成生鲜乳质量安全监测抽样120批次,其中,农业部监测抽样任务50批次150项次,市农委安全监测抽样任务70批次350项次。开展了生鲜乳中三聚氰胺、碱类物质、硫氰酸钠、革皮水解物、β-内酰胺酶等违禁添加物专项监测,抽检合格率100%。

【饲料安全监管】 饲料质量安全监测1 350批次,其中,农业部饲料产品营养指标和卫生指标监测任务153批次612项次、饲料使用环节违禁添加物监测任务193批次597项次、饲料中三聚氰胺专项监测任务63批次63项次、反刍动物饲料中牛羊源性成分例行监测任务241批次482项次、农业部饲料沙门氏菌专项监测任务190批次570项次,重庆市饲料产品质量安全监测任务510批次1 530项次。抽检合格率98.2%。

【草原执法监督】 万州、奉节2个区、县开展草原返青监测观测。实地监测、调查了万州、奉节、丰都、武隆、酉阳5个区、县不同地理位置100个热性、暖性草丛和灌草丛样地草原植被、生态、利用状况,对150个养殖户草食牲畜饲养和草地利用情况进行入户调查。

【草品种区域试验】 完成苇状羊茅5个品种、苦荬菜3个品种的年度试验任务。开展了饲用甜高粱、拉巴豆、高丹草、牛鞭草、多花黑麦草、多年生黑麦草、紫花苜蓿等饲草品种的展示评价和筛选试验,观察了生长、病虫害发生、返青、越冬、越夏等情况,测定了产量、叶茎比、干鲜比等主要生产指标。

【动物卫生执法监督】 全市共查办案件478件,处理违规违纪人员32人。开展动物调运监管专项整治行动、动物诊疗专项整治行动、生猪屠宰专项整治行动3个"绿剑护农·动监卫士"专项执法行动,共查办案件83件,下达监督意见书153份。对2015年案件进行现场评析和集中评审,共评出渝北、垫江等10卷优秀案卷。自2015年7月1日起,在全市范围内统一实施了动物(雏禽除外)产地检疫时,查验动物疫病监(检)测报告,或动物疫病风险评估报告制度,并要求在检疫证明备注栏注明监(检)测报告或评估报告编号。

【兽医实验室管理】 协调加快推进生物安全三级实验室通过科技部审查。开展全市38个区(县)实验室比对工作。开展区(县)兽医实验室考核合格证续展工作。

【兽药质量与药物残留监督管理】 强化兽医实验室和兽药企业安全监督管理工作。开展兽医实验室生物安全管理"安全生产月"活动。开展基层兽医兽药监管骨干培训。参训学员200人。组织相关企业到重庆市试点企业进行培训学习,对全市26家兽药生产企业发放企业密码和培训材料,全面开展兽药产品追溯实施工作。继续加强对兽药生产、经营和使用环节("一卡三档三书")的监督管理。加强制度建设,落实兽药督查。强化兽药监督执法工作,严厉打击兽药违法行为。

【生猪屠宰行业监管】 完成了《重庆市生猪屠宰行业发展战略研究》课题,调研生猪屠宰行业发展现状,研讨发展方向和对策。开展生猪屠宰专项整治行动,共查处违法案件27件,清理关闭不合格屠宰场点35个,取缔私屠滥宰窝点12个。全市组织开展生猪屠宰专项整治行动区县交叉互查活动。

【兽医队伍建设】 全市兽医管理部门、动物卫生监督、动物疫病预防控制机构人员数量1911名。市级行政管理类22名;市级事业类,重庆市动物卫生监督所编制数56名、在岗49名,重庆市动物疫病预防控制中心编制数60名、在岗57名;县级行政管理类,编制数1 182名,在岗总人数1 020名;县级动物卫生监督所总编制766名、在岗600名,动物疫病预防控制中心编制数总编制173名、在岗163名。乡镇畜牧兽医编制数7 564人、在岗6 379名。全市开展了三批动物卫生监督执法人员官方兽医资格确认,共确认官方兽医6 657名,并核发了《重庆官方兽医证》。全市取得执业兽医师资格729人,执业助理兽医师资格754人;乡村兽医6 476人,全市有9 125个行政村根据需要配置了7 939名村防员。

【行业标准建设】 《渝东黑山羊种母羊饲养管理技术

规范》《肉用山羊种公羊饲养管理技术规范》《奶牛抗热应激饲养管理技术规范》《青贮饲料品质鉴定》4个地方标准通过了重庆市质量技术监督局组织的专家评审。

【产业体系建设】 2015年重庆市农委启动了山羊产业技术体系建设,设立了良种繁育、优质牧草种植、信息化管理和疫病防控等4个研究室,对山羊产业开展中的关键和共性等技术难题进行研究,同时在武隆、酉阳、大足、开县等区、县设立了4个综合试验站,对研究室研究成果进行试验、示范和推广。

【行业展会举办】 举办了第13届(2015)中国畜牧业博览会,参展商近900家。

【畜产品质量安全认证】 全市有效期内无公害畜产品产地130个,无公害畜产品170个,绿色食品51个,有机食品9个,地理标志农产品2个。

【无规定动物疫病区建设】 投入400万元完成了4个新建站的标准化建设,组织召开了检查站标准化建设现场观摩会,监督31个站严格执行365天24小时值班制度,全面落实市外调入动物及动物产品备案审批、指定道口准入和落地隔离观察"三制度",共检查入境车辆4.5万车次、畜禽638.5万头只、动物产品20.6万吨,拦截处理疫情8起。守住了市境周边各方大门,堵住了"外疫"。

【应急管理】 组织修订了《重庆市突发重大动物疫情应急预案》(2008版)。市级现有冷冻库2座约120立方米,冷藏库6座约280立方米,疫苗冷藏运输车2辆。常年储备物资总金额110万元左右,包括各种应急设备24个品种6 965台套,应急用重大动物疫病疫苗950万毫升(万头份/万羽份)。

【兽药残留监控】 完成农业部和重庆市残留监控任务812批次,其中,完成农业部任务200批次,抽取畜禽养殖场、生猪屠宰场、肉牛屠宰场样品200批次,检测指标441项次。全年任务完成率100%,合格率100%;市级下达的残留监控监测任务612批次,检测指标1914项次。全年任务完成率102%,合格率99.7%。

(重庆市农业委员会 向品居)

四川省畜牧业

【畜牧业生产】 2015年,四川省出栏生猪、牛、羊、家禽分别为7 236.5万头、295.5万头、1 698.0万只、66 154.9万只,同比分别增长-2.8%、6.0%、4.0%、2.3%,肉、禽蛋、牛奶产量分别达到706.8万吨、146.7万吨、67.5万吨,同比分别增长-1.1%、0.96%、-4.7%。

【饲料工业】 2015年,全省共有饲料和饲料添加剂生产企业533家,其中饲料加工企业357家,饲料工业总产值417亿元。全年工业饲料总产量977.5万吨,其中配合饲料产量891.5万吨、浓缩饲料产量59.7万吨、预混料产量26.3万吨。猪饲料588.9万吨,同比下降7.1%;禽饲料293.6万吨,同比下降2.8%;水产料65.4万吨,同比下降11.5%;反刍料13.9万吨,同比下降1.4%。

【草原保护与建设】 落实中央草原生态补助奖励资金9.45亿元,补助草原禁牧467万公顷,奖励草畜平衡947万公顷,补贴牧草良种31.1万公顷、牧民45.2万户。实施退牧还草工程,建设围栏44.3万公顷、补播退化草地13.3万公顷,建设人工饲草地0.87万公顷、舍饲棚圈4 500户,建设示范现代家庭牧场100个、牲畜棚圈12 030户、标准化草场建设5 733公顷、户营打贮草基地1.47万公顷,在荣县等10个县(市、区)实施南方现代草地畜牧业推进行动。

【现代畜牧业建设】 完成第二轮现代畜牧业重点县建设任务。按照省政府《关于大力推进现代农业林业畜牧业重点县建设的意见》要求,着力推进第二轮40个现代畜牧业重点县建设,现代畜牧业重点县主导产业规模化、标准化、良种化水平大幅提升,完成省政府确定的目标任务。2015年40个第二轮现代畜牧业重点县畜牧业产值1 543.66亿元,占农业总产值的比重达54.73%,比2012年增加47.18亿元、提高3.2个百分点;农民人均牧业现金收入3 081.3元,比2012年增加705.64元,比省政府确定2 500元目标超出581.3元,人均牧业现金收入占家庭经营现金收入的41.48%。畜牧业成为农村经济的支柱产业和农民增收致富的重要来源。

【草原现代畜牧业建设】 落实现代草原畜牧业发展资金4.24亿元,在牧区所有48个县开展草原畜牧业转型试点示范,建设现代家庭牧场100个、标准化草场43个5 733.3公顷、打贮草基地1.47万公顷、牲畜棚圈12 030户96.22万平方米,促进了草原畜牧业生产方式转变。

【动物疫病防控】 全省紧紧围绕两个"努力确保"目标,严格落实动物疫病综合防控措施,确保省内未发生区域性重大动物疫情和畜产品质量安全事件,人兽共患病及其他常见病继续保持稳定控制。全省2015年共落实动物疫病防控经费7.49亿元,春、秋季集中强制免疫畜禽15.2亿头(只、羽)次,群体免疫密度超过95%,平均抗体合格率达到75%以上,消毒面积近4.68亿平方米。全省产地检疫生猪4 350.89万头,屠宰检疫生猪3 399.61万头,检出并无害化处理病害生猪51.22万头,泸州、内江、遂宁新建3家专业无害化处理场。2015年完成血吸虫病、包虫病国家级终期评估和马鼻疽评估工作,63个血吸虫病流行县全部达到传播阻断标准,石渠县动物包虫病综合防控试点深入推进,狂犬病、猪II型链球菌病、H7N9流感等其他动物疫病防控措施有效落实。2015年血吸虫病查治家畜168 103头次,未发现阳性家畜;监测牛羊布鲁氏菌病278 740头次,牛结核病77 181头次,对监测出的阳性畜全部进行扑杀和无害化处理;畜间包虫病防控监测犬粪抗原6 072份、屠宰环节监测牛3 265头。全年省内未发生区域性重大动物疫情。犬只狂犬病免疫密度城市和重点地区达到95%以上、乡村犬只免疫密度在85%以上,省内马鼻疽、马传染性贫血、羊痘、牛出败、牛副伤寒、仔猪流行性腹泻等人兽共患病和其他常见病继续保持稳定控制。

【兽药产业】 完成31家兽药生产企业、45家非国家强制免疫兽用生物制品经营企业的现场检查验收工作,其中25家企业已领取兽药生产许可证和兽药GMP证书。全年兽药产品质量检测4 180批,总体合格率为96.5%,兽药残留检测4 567批,检测7种动物产品、47种药物残留,合格率达到99.98%。

【生猪屠宰产业】 完成屠宰监管职责调整。全省21个市(州)183个县(市、区)职能已全部调整到位,上下工作衔接顺畅。通过关、停、并、转等方式实施生猪定点屠宰资格清理整顿,将原有生猪定点屠宰场从2 800家,压缩到2 500家,促进了行业规范、健康发展。

【扶持生猪生产】 全省有国家生猪调出大县63个,奖励资金36 261万元,2015年新增出栏优质商品猪150万头,初步建成国家优质商品猪战略保障基地。

全省生猪规模养殖面达到69.5%,比上年提高3.8个百分点。2015年新增养殖专业合作社3 385家,全省畜牧业专业合作社达18 618家,80%以上的规模养殖农户加入了合作社。

【扶持肉牛肉羊生产】 按照《四川省牛羊肉生产发展规划(2014—2020年)》,继续组织实施肉牛肉羊标准化生产基地县建设项目。2015年共争取中央和省级财政牛羊专项资金1.76亿元,在全省25个基础母牛扩群增量项目县、28个肉牛标准化生产基地县和24个肉羊标准化生产基地县建设项目实施肉牛肉羊产业发展建设。2015年全省肉牛出栏295.5万头,肉羊出栏1 698.0万只,分别比上年增长6.0%和4.0%;肉牛存栏985.3万头,肉羊存栏1 782.3万只,分别比上年增长0.1%和1.8%;2015年牛羊肉产量达61.7万吨,比2013年增长11.0%,牛羊肉在肉类总产量中的比重从2013年的8.0%增加到8.7%,两年增加了0.7个百分点。

【标准化养殖小区建设】 深入推进标准化规模养殖,大力发展"健康养殖+沼气+绿色种植"等农牧结合、生态循环的发展模式。2015年全省新改、扩建畜禽标准化规模养殖场(小区)2 465个,达到23 354个。

【畜禽良繁体系建设】 完成国家畜牧良种补贴项目补贴任务(猪162万头,牛85.5万头,羊0.75万头,牦牛0.3万头),全省共建立种公猪站292个,饲养种公猪5 510头,其中采精公猪4 788头,精液配送站点2 080个。实施奶(肉)牛补贴冻精和液氮配送配套服务。完成4 458头牦牛种公牛、8 228只种公羊的种公畜鉴定工作,规范存栏种公猪30头以上的规模化种公猪站10个,使全省存栏种公猪30头以上的公猪站达到55个,进一步提高畜禽良种化程度。全省生猪三元杂交面达75.1%(其中外三元杂交面46.5%),提高1.5个百分点,牛、羊、禽、兔良种面分别达到45.5%、89.2 %、89.5 %、89.3 %,同比分别增长1.3个、0.8个、1.1个、0.4个百分点。

【草原生态保护补奖机制】 落实中央草原生态补助奖励资金9.45亿元,开展草原禁牧补助467万公顷、草畜平衡奖励947万公顷、牧草良种补贴31.1万公顷、牧民生产资料综合补贴45.2万户,圆满完成目标任务,在农业部、财政部绩效考评中再获优秀,中央下拨绩效奖励资金2.74亿元。

【现代草地畜牧业推进行动】 落实中央资金4 000万元,在荣县等10个县(市、区)扶持8个农牧业专业合作社、2个企业开展天然草地改良、建植优质稳产人工饲草地、建设标准化集约化养殖基础设施、建设草畜产品加工设施设备和技术培训服务。

【重大动物疫病强制免疫疫苗补助】 2015年全省共落实动物疫病防控经费7.49亿元。春、秋季集中强制免疫畜禽15.2亿头(只、羽)次,群体免疫密度超过95%,平均抗体合格率达到75%以上。在资阳市(4个县、市、区)继续开展规模猪场强制免疫疫苗经费现金直补试点,积极探索强制免疫疫苗补助新机制,保障了强制免疫密度和质量。

【重大动物疫病强制扑杀补助】 2015 年全省监测奶牛布鲁氏菌病 26 005 头，查出阳性 118 头；监测奶牛结核病 30 086 头，查出阳性 46 头，其中布鲁氏菌病、结核病双阳性奶牛 2 头，布鲁氏菌病、结核共监测出阳性奶牛 164 头，监测羊布鲁氏菌病 17 341 只，查出阳性 132 只。监测出小反刍兽疫阳性山羊 10 只。按照防治技术规范要求，对监测出的阳性奶牛和山羊全部进行扑杀和无害化处理，并按奶牛 3 000 元/头，山羊 300 元/只落实补助，其中中央财政承担 60%。

【生猪规模化养殖场无害化处理补助】 养殖环节病死猪无害化处理补助政策自 2015 年起由生猪规模养殖场(小区)扩大到散养户。2015 年全省通过现场监督、严格审核、逐级申报，监督养殖环节无害化处理病死猪 1 163 573 头，其中规模猪场无害化处理病死猪 1 093 176头，散养户无害化处理病死猪 70 397 头，申请中央财政补助 6 981.438 万元。

【基层动物防疫工作补助】 2015 年，中央财政落实四川省基层动物防疫工作补助经费 10 080 万元，根据各地村防疫员数量、牲畜饲养量、区域防疫难度分别按 60%、30%、10%分配，由省财政下拨各市、县，用于对基层动物防疫人员承担的实施畜禽强制免疫等工作经费补助。各地根据防疫工作需要，地方财政落实基层动物防疫补助经费 16 206.81 万元，主要用于村级防疫员工作补助。

【畜牧法制建设】 全省紧紧围绕“依法治牧”“科技兴牧”的工作思路，加强畜牧业法制建设，强化法制宣传教育。细化完善《四川省畜牧法行政处罚自由裁量标准》《生鲜乳质量安全执法监管自由裁量标准》《下放部分种畜禽生产经营许可证审批后续监督管理办法》等；发布《川南黑山羊饲养管理技术规程》等 37 项地方标准，全省畜牧行业地方标准达到 320 项，对制(修)订《规模肉牛养殖场建设规范》等 52 项地方标准进行了申报立项。

【草原法制建设】 组织省、州、县力量，扎实开展《四川省草种管理办法》《四川省草原承包办法》修订调研论证工作，按照省政府 2015 年立法计划调研论证项目要求，按时提交了 2 个《办法》立法后评估报告。积极做好农业部下放行政审批事项承接工作，完成行政审批 16 项。组织开展全省草种检验员考核发证工作。及时组织专家开展行政审批现场审验，严格落实专家负责制和限时办结制。

【畜禽资源保护】 全省共有 49 个地方畜禽品种，其中已有 12 个品种进入国家保护目录，38 个品种纳入《四川省畜禽遗传资源保护名录》。2015 年全省建成 6 个国家级保种场，1 个国家级保护区；14 个省级保种场，6 个省级保护区。通过信息平台对全省 36 个畜禽遗传资源保护品种开展动态监测，不断提高省内遗传资源保护水平。

【“瘦肉精”专项整治】 突出饲料、兽药、畜牧养殖、收购贩运和屠宰等关键环节，加大检查力度和监测频次，将督查整治与专项监测有机结合，始终对非法添加和使用“瘦肉精”行为保持高压严打态势。分别于春、秋两季对年出栏生猪 50 头以上、肉牛 10 头以上、肉羊 20 只以上的养殖场(户)集中开展“瘦肉精”全覆盖拉网式排查。全省累计开展“瘦肉精”监测 395 万头份，结果均合格。

【生鲜乳质量安全监管】 2015 年重点加强生鲜乳违禁添加物、婴幼儿配方乳粉奶源基地质量安全监测工作，对现有 56 家奶站，全部重新核发生鲜乳收购许可证，其中乳品企业建的 36 家，奶畜养殖场建的 3 家，奶农合作社开办的 17 家，已核发生鲜乳运输准运证车辆 89 辆。同时加强对“鲜奶吧”的管理，强化学生饮用奶生产供应管理，推进实施农村义务教育学生营养改善计划，并组织开展秋季专项督查，确保全省未发生生鲜乳质量安全事件。2015 年全省快速检测生鲜乳样品三聚氰胺 4 314 份和黄曲霉毒素 M 13 656 份，检测结果均合格；实验室检测生鲜乳抽检样品 325 批次，检测内容包括：菌落总数、部分理化指标、黄曲霉毒素 M1、皮革水解物、铅、铬、汞等，结果均符合农业部要求。

【饲料安全监管】 调整充实饲料生产许可省级专家审核委员会。全力推进《饲料质量安全管理规范》实施，首批 10 家企业通过省级验收，获得“省级《规范》示范企业”称号，其中 7 家获得农业部部级《规范》示范企业称号。持续开展“全覆盖”质量安全监测行动，全年共抽检饲料样品 2 548 批，合格率 98.6%，未检出“瘦肉精”等违禁添加物。首次组织开展养殖场(小区)自配料风险监测，共抽检养殖环节自配饲料 167 批，对“瘦肉精”等违禁物质开展监测，合格率 100%。加大违法行为查处力度。省级通报查处不合格饲料产品 36 批，组织、安排、指导查处案件 43 件，没收不合格产品 40.62 吨，没收违法所得 2.51 万元，罚款 25.43 万元。强化许可后续监管，完成全省 473 家饲料企业年度备案审查。依法注销饲料企业 55 家。加强执法检查，省级专门组织 4 个督查组赴成都、绵阳、资阳、遂宁、雅安、内江等地，对饲料企业开展监督检查，各地也按照省上要求开展了监督检查,进一步规范全省饲料市场。

【草原执法监督】 制定《四川省草品种审定管理规定》,完善草原行政处罚自由裁量标准。省、州、县联动,立案查处草原违法案件112件,结案96件,结案率达85.7%。强化征、占用草原审核工作,全年办理征、占用草原审核12件,征收草原植被恢复费500余万元。

【草原行政许可】 针对农业部下放涉及草原行政审批事项,及时制定完善行政审批办事指南、办理流程,并纳入省政务中心统一受理办理。

【草品种区域试验】 在新津、达州、红原、西昌和甘孜5个试验站点完成52个试验组170个新品种的区域试验。与四川农业大学合作开展8个多花黑麦草品种DNA指纹图谱构建和"三性"田间测试验证。

【动物卫生执法监督】 强化养殖过程监管,督导养殖业主认真履行防疫义务,坚持免检结合,有效保障源头安全;对从事收购贩运动物实行台账记录和人员备案登记管理,严格执行跨省调入动物"指定通道"准入查验制度和落地检查与隔离观察制度;对畜禽屠宰厂(场)实行官方兽医驻场监督,督导企业严格履行动物防疫、"瘦肉精"自检、病害动物及动物产品无害化处理等主体责任。严格落实病死畜禽"五不一处理"制度,建立统筹规划、属地负责、政府监管、市场运作、财政补助、保险联动的病死猪无害化处理长效机制,加大对收售加工病死畜禽等违法犯罪行为的打击力度。共清理屠宰相关法律法规和行业规范87个,参与查处屠宰环节违法案件21起。结合屠宰企业清理整顿工作,在全省范围内开展屠宰巡查和突击检查,查办了6起注水案件。全省共出动执法人员3 560人次,检查屠宰场5 800个次。加强屠宰环节"瘦肉精"监督抽检工作,全省共抽检瘦肉精182.4万头次,检测结果均为阴性。

在全省针对性地开展"产地(动物卫生)监管年行动",共发放宣传资料26.7万份,对规模养殖场(小区)业主、散养户以及畜禽收购贩运户共计11.5万人进行宣传告知,对辖区内7422个规模养殖场(小区)备案清理,办结养殖环节违法案件5起,罚没金额51.93万元。

【生猪屠宰行业监管】 强化官方兽医驻场监管,落实屠宰企业质量安全主体责任,从畜禽入场、待宰静养、屠宰加工、无害化处理、产品出场等全过程实施监管。每个环节抓管理,确保肉品质量安全。与食品药品监管、公安等部门开展联合执法,认真开展制售注水肉、病害肉及私屠滥宰等违法违规行为专项整治活动,组织对所有屠宰企业涉氨制冷、加工包装、用火用电等重点场所及重点问题进行排查整治,确保职能移交期间省内不发生重大生产安全责任事故和重大畜产品质量安全事件。

【畜禽标准养殖示范创建】 制定并组织实施《2015年畜禽养殖标准化示范创建工作方案》,2015年全省共创建部级标准化示范场15个,累计达到172个;创建省级示范场100个,累计达到560个。猪、牛、羊、禽、兔等各类畜禽养殖都有部、省级标准化场示范。同时继续把"菜篮子"产品生产扶持项目与标准化示范创建活动有效结合,对获得部、省级标准化示范场的优先安排项目资金进行改造升级,有力地促进标准化示范场的设施化、智能化水平提升,充分发挥"菜篮子"产品生产扶持项目资金的效益。

【畜牧产业规模化生产】 2015年,全省年出栏100头以上的规模猪场占45.13%,年出栏肉牛10头以上规模场占37.56%,年存栏奶牛10头以上规模场占62.4%,年出栏肉羊30只以上规模场占38.49%,年出栏肉鸡10 000只以上占44.93%,年存栏蛋鸡10 000只以上占42.35%。全省畜禽规模化养殖占比继续保持上升趋势。

【动物检疫】 认真落实检疫申报制度,严格执行检疫规程,规范开展产地检疫和屠宰检疫,全面实行检疫电子联网出证,有序推进禽、兔等动物及动物产品检疫标志管理工作,对检疫过程中需进行实验检测项目实行指定兽医实验室检测制度。全省共设立出证点4 471个,产地检疫环节A证、B证电子出证率分别达100%和80%以上,屠宰检疫环节电子出证率达100%,全省产地检疫畜禽42 522.92万头(只、羽),其中生猪4 350.89万头;全省屠宰环节共检疫生猪3 399.61万头,其他畜禽13 192.31万头(只、羽)。产地环节共检出病害生猪51.22万头,全部按要求进行无害化处理,还以畜禽标识为基础,建立了从养殖到屠宰全程追溯系统。

【应急管理】 以流通环节发现疫情为背景,组织开展全省突发疫情应急演练;建立1个中心和6个区域性应急物资储备库,每季度对全省应急储备物资进行盘存汇总,实行统一调拨使用;向社会公布举报电话,坚持24小时值班制度,对疫情举报线索及时查证,消除隐患。

【兽药残留监控】 2015年共完成兽药残留检测4 567

批，样品包括猪肉 1 093 批、鸡肉 244 批、鸡蛋 1 052 批、牛奶 1 918 批、鸡肝 20 批、羊肉 90 批、牛肉 150 批。开展了氟喹诺酮类、磺胺类、β－内酰胺类、硝基咪唑类、氨基糖苷类、四环素类、硝基呋喃类、尼卡巴嗪残留标示物、头孢噻呋、林可胺类、大环内酯类和阿维菌素类 12 类药物残留量的检测，除送检的 1 批猪肉样品检出硝基呋喃代谢产物超标外，其他样品结果均符合规定。

（四川省农业厅　李　明）

贵州省畜牧业

【概况】 2015 年全省实现牧业产值 665.2 亿元，占农林牧渔业总产值的比重为 24.28%，牧业增加值 415.9 亿元，占农林牧渔业增加值的比重为 24.28%。全省肉类总产量 201.9 万吨，同比增长 0.05%，禽蛋产量 17.3 万吨，同比增长 6.8%，牛奶产量 6.2 万吨，同比增长8.8%。生猪存栏 1 559.0 万头，同比下降 2.6%，牛存栏 536.0 万头，同比增长 8.1%，羊存栏 354.7 万只，同比增长 5.1%，禽存栏 8 402.8 万羽，同比增长 5.9%。生猪出栏 1 795.3 万头，同比下降 2.7%，牛出栏 133.3 万头，同比增长 13.5%，羊出栏 246.1 万只，同比增长 11.7%，禽出栏 9 618.2 万羽，同比增长 5%。

【标准化养殖快速发展】 全省建成国家级、省级畜禽养殖标准化示范场 169 个（国家级 74 个，省级 95 个），新增 11 个国家级畜禽养殖标准化示范场。认定无公害农产品产地 289 个，认证无公害农产品 163 个，农产品地理标志产品认证 7 个，建成各类种畜禽场 147 个，完成 64 个国家级畜禽标准化示范场生产信息监测上报。全省畜禽饲养由分散向适度规模经营发展，集约化程度不断提高。猪、牛、羊、禽规模养殖场（户）分别为 2.95 万个、0.6 万个、2.07 万个、0.35 万个，同比均不同程度提高。

【加强招商引资】 2015 年，贵州省农委与新希望集团、广东温氏集团分别签订了战略投资合作协议。广东温氏食品集团未来 5 年内将在贵州省投资 30 亿元，采取“政府＋企业＋农户”三位一体产业集群发展模式，建设年出栏 200 万头生猪养殖项目，年出栏 2 000 万只肉鸡养殖项目，并配套建设行政中心、技术服务中心、饲料加工基地、良种繁育及商品苗生产基地等项目。新希望集团与贵州省草地技术试验推广站独山贵州牧草种子繁殖场奶源基地乳品生产加工合作为切入点，在打造高端牛奶生产基地的基础上，推进奶源基地建立及乳品生产加工合作，力争促成在 2020 年建成年牛奶产量 20 万吨的企业集团。

（贵州省农业委员会　邓晓静）

【分类实施畜牧业生产项目】 2015 年省级财政投资 12 800 万元实施山地生态畜牧县肉牛产业建设项目、山地生态畜牧产业集群及重点县建设项目、肉牛产业联盟示范项目、家庭牧场建设项目。山地生态畜牧县肉牛产业建设项目以有效增加能繁母牛数量、确保牛肉有效供给为目标，以调结构转方式、增产提质促效为主线，以企业（合作社）为载体、农户为生产单元，推进“政府＋企业（合作社）＋农户”三位一体的产业发展模式，促进肉牛养殖“小规模”“大经营”产业格局发展。项目采取竞争比选方式立项，在全省基础条件较好的 19 个县实施。省级财政总投资 6 000 万元，根据竞争比选得分高低排序按照一、二、三类予以财政补助，一类县每县补助 500 万元，二类县每县补助 300 万元，三类县每县补助 200 万元。山地生态畜牧产业集群及重点县建设项目以提升山地生态畜牧业产业化水平，确保畜产品市场有效供给为目标，通过扶持竞争能力、辐射能力、带动能力等整体实力强的畜牧龙头企业和具有明显资源优势的畜牧业重点县，促进农户、家庭牧场、规模养殖场发展，推进畜牧龙头企业与家庭牧场和农户构建合理利益联结机制，形成“小规模”“大经营”的产业格局，省级财政总投资 3 200 万元，每个县投入省级财政投资 100 万～300 万元。家庭牧场建设项目以家庭牧场为实施载体，将 3 000 万元省级财政资金按照因素法打捆分配到各市（州），依托各地畜牧业生产资源条件，以农业部畜禽养殖标准化“五化”创建要求为主要内容开展项目建设，调动各地积极性、主动性，科学合理安排畜牧业发展资金。肉牛产业联盟示范项目引导肉牛养殖、饲料加工、牛肉加工企业以及肉牛养殖合作社、养殖户（家庭牧场）形成产供销一体化的产业联盟，促进肉牛品牌的创建，提高山地生态肉牛产业效益，促进农民增收。项目省级财政投资 600 万元，实施主体为肉牛养殖企业、饲料加工企业、牛肉加工企业、肉牛养殖合作社、肉牛养殖户（家庭牧场）。

（贵州省农业委员会　谢劲松　杨红文）

【畜禽品种改良】 一是生猪改良。全省有猪品种改良点 8 662 个，完成生猪配种 262.31 万窝，同比下降 5.95%。推广杂交猪 1 998.33 万头，同比增长0.36%。其中，推广三元杂交猪 1521.47 万头，引进良种猪 50 602头。二是牛杂交改良。全省有牛品种改良点 2 294个，完成牛输配改良 63.45 万头，同比增长 1.79%；产杂交牛 41.19 万头，同比下降 0.66%，完成本品种选育 4.84 万头。全省有牛改输精员 2 345 人，新增牛存栏 41.36 万头，同比下降 3.34%。三是羊杂交改良。全省有羊改点 5 318 个，输配母羊 64.03 万只，同比下降 0.31%；新增产羊存栏 96.08 万只，出栏杂交羊 88.38 万只。四是其他畜禽推广情况。全省引进、推广良种家禽 10 563 万羽，同比增加 143 万羽；推广良种兔305.95万只，推广良种蜂8.34万群。五是牛羊冻精供应情况。按照政府采购招标程序公开招标方式采购牛冻精136.5万剂。

【畜禽遗传资源保护】 围绕香猪、长顺绿壳蛋鸡等特色地方品种发展，做好遗传资源保护开发的技术支撑工作，完成了贵州下司犬、矮脚鸡、宗地花猪、思南黄牛、黎平黄牛等18个国家和地方标准的制（修）订项目申报工作，已通过省质监局审核立项，正在组织实施。为加快全省肉牛产业建设，为企业搭建从国外引牛平台，从澳大利亚引进青年能繁母牛2 003头。全面完成农业部生猪良种补贴、肉牛良种补贴、奶牛良种补贴和羊良种补贴项目。

（贵州省农业委员会　李　波）

【饲料生产】 全省有饲料生产企业80家，其中配合（浓缩）企业56家，饲料添加剂企业11家，单一饲料企业13家。全省工业饲料生产量为98.5万吨，同比增长3.03%，其中配合饲料产量66.2万吨，同比增长3.12%，浓缩饲料产量32.3万吨，同比增长2.67%，饲料添加剂生产量34.3万吨，同比增长6.3%。根据贵州省人民政府令第164号，将饲料、饲料添加剂生产企业设立审查及饲料添加剂、添加剂预混合饲料产品批准文号核发两项行政审批项目下放到市（州）农业行政主管部门实施。2015年，省、市饲料行政管理部门共新发饲料行政许可证7家、续展2家、变更14家。全面推进《饲料质量安全管理规范》实施，组织省内企业负责人37人到文登六和饲料企业学习，组织贵阳新希望农业科技有限公司、黔东南新希望农牧科技有限公司、黔西通威饲料有限公司3家企业申报部级示范验收并全部通过，成为全国唯一一次申报通过率达100%的省份。创建省级示范企业4家，树立饲料行业质量安全管理标杆，有效推动《规范》实施。组织开展各类业务培训工作，开展《饲料质量安全管理规范》2期，培训省、市、县饲料管理部门和各饲料生产企业负责人200余人。开展饲料行政许可业务培训班1期，培训各市（州）及部分县饲料管理部门负责人50余人，全省2015年饲料行政许可工作获农业部延伸绩效管理（农业行政审批制度改革落实）优秀单位。

【草地建设与饲料推广】 完成草地建设任务6.65万公顷，覆盖率改良草地从54%提高到85%以上，人工草地达95%以上；人工草地平均每公顷产52.5吨鲜草，全年产鲜草达348.95万吨，可增加143.2万个羊单位载畜量，促进创收近8.6亿元。人工草地累计保留面积49.3万公顷。大力发展冬闲田土种草，冬闲田土种草9.8万公顷，平均每公顷产鲜草75吨，年产鲜草735万吨。着力做好秸秆处理利用，全年秸秆饲料化利用490万吨。完成110个草原样地监测、227户入户调查和3个草原物候期观测任务。南方现代草地畜牧业推进行动项目在晴隆、德江、思南等10个县实施，完成草地建设2 895.3公顷，永久性围栏448 700米，牲畜圈舍13 800平方米。退牧还草岩溶地区草地治理项目在务川、赫章、松桃、兴仁4个县实施，建设任务为草地治理4万公顷。开展秸秆资源、草产品加工和绵羊产业的3个专题调研，完成了《贵州省秸秆资源专题调研报告》《贵州省草产品加工专题调研报告》和《贵州省肉用绵羊产业专题调研报告》的撰写工作。编写出版《贵州山地草地畜牧业技术》和《贵州饲料用植物彩色图谱》2本专著，将贵州省草牧业技术进行优化和组装配套，为科学开发利用贵州草地资源特别是灌草植物资源奠定了基础。

（贵州省农业委员会　沈德林）

【药政工作】 召开全省兽药检测及质量安全监管工作会议，全面落实各地监管责任。开展畜禽产品兽药残留监测及兽药质量抽检，超额完成兽药残留监测任务204批，合格率100%。超额完成兽药质量抽检样品326批，检测样品316批，合格率88.61%。常规兽药查处与“双查双打行动”相结合，全省出动执法检查人员18 483人次，检查兽药生产经营企业、动物诊疗机构及养殖场2 581个，立案查处264件，结案231件，查获假劣兽药2 449千克，货值60.73万元。进一步规范兽药产品标签和说明书再行动，监督检查兽药生产、经营、使用单位5 715个。出动执法人员10 793人次，销毁标签和说明书7 262个，立案查处违规兽药经营企业143个，货值金额1.38万元，罚款金额5.04万元。全力做好兽药GMP和生产许可证的下放承接工作，成立贵州省兽药GMP工作委员会及兽药GMP办公室。完成首家兽用生物制品生产企业动态验收并按程序核发《兽药GMP证书》和《兽药生产许可证》，填补全省14年无兽用生物制品生产企业空白。积极开展兽药产品追溯工作，培训兽药生产企业并获得密钥。举办两期全省兽药安全使用知识培训班，培训各市、县兽药监管、检测和执法人员及标准化规模养殖场技术负责人共260人。开展兽用抗菌药整治行动，检查生产经营企业5 948个次、出动执法人员13 403人次、查处问题185起、涉及金额10.78万元、责令整改392起、取缔无证照企业100个、发放宣传材料65 660份、指导培训220次6 493人；行政执法案件立案62件（办结60件）、金额13.10万元，捣毁窝点1个，案件信息公开29件。继续做好兽药经营企业监管示范，自2012年连续4年组织42个县开展兽药安全监管示范县建设项目，已验收合格26个。

【医政工作】 颁发2014年考取的执业兽医资格证书

共118份，其中执业兽医师证书67份、执业助理兽医师资格证书51份。2015年执业兽医资格考试于10月11日在贵州师范大学举行，报名716人，实际参考549人，考试过程无违规违纪行为。2015年共考取执业兽医资格178人（执业兽医师77人，执业助理兽医师101人），考试通过率32.4%。开展动物诊疗机构清理整顿工作，全省开展执法检查607次，出动执法人员3 220人，清理关闭不合格动物诊疗机构15个，新注册执业兽医师数量27人，新备案/注册执业助理兽医师2人，查处违法案件10件，没收违法所得2.21万元，罚款金额2.26万元。开展乡村兽医和动物诊疗机构信息管理子系统试运行，开展市、县级兽医体系效能评估工作试点，其中贵阳市、安顺市、黔南布依族苗族州和毕节市开展市级试评估；其他市（州）及威宁县开展县级试评估，各市、县兽医体系效能评估结论为中等偏低。

（贵州省农业委员会　谢丽丽）

【加强牲畜屠宰管理】　强化机构队伍。完成省、市、县3级牲畜屠宰监管职能调整工作，省农委增设屠宰行业管理处，市（州）设屠宰管理科（处），88个县（市、区）明确屠宰监管机构。开展屠宰企业的清理整顿，全省原有生猪定点屠宰企业210个，清理关停11个，共有199个，其中：屠宰场90个，屠宰点109个。完善法律法规。2015年7月31日，贵州省第十二届人大常委会第十六次会议审议通过《〈贵州省牲畜屠宰条例〉修正案》。强化系统培训。全年举办5次屠宰管理培训班，对屠宰行政管理人员、屠宰企业负责人、肉品品质检验师资及技术认证骨干人员、屠宰环节动物卫生监督及执法办案人员、屠宰行业信息资料统计人员进行，培训1 000余人次。加强执法办案。开展牲畜“屠宰亮剑行动”，联合公安、工商、卫生、质监、食药监等部门，严厉打击私屠滥宰和制售病害肉、注水肉等违法犯罪，全省共开展屠宰执法1 216次，出动执法车辆2 867车次、出动执法人数9 453人次、清理关闭不合格屠宰场点37个、捣毁私屠滥宰窝点56个，查处违法案件128起、涉案金额11余万元。

（贵州省农业委员会　欧　仁）

【加大动物疫病防控力度】　一是免疫工作。全省共下发口蹄疫、禽流感等各类强免疫苗2.37亿毫升（头份），完成各类畜禽免疫2.94亿头（只、羽）次，重大动物疫病免疫密度达到应免数100%。二是监测流行病学调查工作。下发全省监测计划和流调方案，全年完成各类动物疫病监测30万份。三是强化检疫监管工作。全省共检疫各类畜禽2 400万头（只），消毒运载工具26.25万辆，对检出的0.78万头（只）病害畜禽、规模养殖场2.6万头病死生猪全部进行无害化处理。定点屠宰环节“瘦肉精”抽检率大于5‰，检测结果全部为阴性。办理动物卫生监督违法案件400多件。

【创新载体，实施兽医五大行动】　一是开展“能力提升行动”。在全省开展一系列业务技能大培训大比武、法律法规大宣传、职业道德大讲堂等活动，举办各类培训活动380余期，动物防疫技能比武活动100余场（次）。联合省总工会和省人社厅成功举办全省第二届动物防疫技能比武大赛，第一名被省总工会授予贵州省“五一”劳动奖章，省人社厅授予前3名技术能手。举办首届全省动物卫生监督执法知识竞赛，近万名动物防疫人员参与到活动中，5 000余名官方兽医参加竞赛活动。二是开展“动监雷霆行动”。在全省开展严查非法调运、严查非法养殖、严查非法经营、严查非法出证等活动，曝光、处理一批典型违法案例，不断形成“以罚促监、以监促检、以检促防”的工作局面。三是开展“红线预警行动”。将疫病监测工作与预警通报制度相结合，以监测数据分析结果，预警报告动物疫病发生风险“红线、黄线”标准，把握疫情动态，科学研判防控形势，及时消除疫情隐患及快速处置疫情发生。全省已有50多个县（市、区）利用红线预警行动，有效督促基层政府及业务部门消除疫情隐患80余起。四是开展“屠宰亮剑行动”。及时修订出台《贵州省牲畜屠宰条例》，调整全省牲畜定点屠宰设置规划，整顿规范获证定点屠宰企业，清理关闭无证屠宰场所，严厉打击私屠滥宰和制售注水肉、病害肉等违法犯罪行动，发现一起，查处一起，杜绝不良肉制品流入市场。五是开展“双查双打行动”。对兽药生产、经营、使用企业开展全面检查，实施严控生产源头、严查经营市场、严管兽药使用、严打违法行为等行动，强化企业自觉依法生产、经营、使用兽药意识，质量监督抽检假劣兽药立案查处率达到100%，逐步建立完善兽药监管工作的长效机制。

【加强动物卫生监督管理】　全省共建有产地检疫申报点4 069个，全年共检疫各类畜禽4 593.181万头（只、羽），消毒运载工具54.49万辆，检出病害畜禽1.75万头（只、羽），全部按要求进行了无害化处理。规模养殖场（养殖小区）产地检疫率达100%，以行政村为单位，产地检疫面达100%，进入流通环节的动物持证率达100%，检疫记录做到及时、完整、规范。全年共屠宰检疫各类畜禽1 062.85万头（只、羽），屠宰场动物持证率、戴标率均达100%。待宰动物按时巡查率、同步检疫率、动物标识回收率均达100%；进入流通环节的动物产品持证率和病害动物及其产品无害化处理率达100%。加强对动物标识及动物产品追溯体系建设督察。在农业部溯源网上传数据244.56万条，发放动物标识，猪1 200万枚，牛350万枚，羊320

万枚。建立定点屠宰企业生猪进场查验制度和“瘦肉精”自检制度，完成“瘦肉精”监督检测15.7万头份，检测结果全部为阴性。

（贵州省农业委员会　孙龙伟　景小金　虞　鹍）

云南省畜牧业

【概况】 2015年，按照省委、省政府大力发展高原特色农业加快推进山地牧业发展的总体部署，围绕“保供给、保安全、保生态”的三大任务和坚持转变畜牧业发展方式“一条主线”的发展思路，抓“政策扶持、项目带动、生产管理、统计监测”4个关键环节，克服养殖成本上升、畜产品价格波动大等不利因素影响，积极推进畜牧业规模化、标准化生产和产业化经营，促进山地牧业持续健康发展。

全省肉类总产量378.3万吨，同比下降0.05%。其中猪肉产量288.6万吨，牛肉产量34.3万吨，羊肉产量15.0万吨，禽肉产量37.6万吨，同比分别增长-1.3%、2.1%、2.7%、6.8%；禽蛋产量26.0万吨，同比增长7.0%。奶类产量达62.5万吨，同比下降3.3%。

全省生猪存栏2 625.3万头，同比下降2.0%，生猪出栏3 451.0万头，同比下降1.3%，其中能繁母猪存栏280.3万头，同比下降6.5%。大牲畜存栏922.4万头，同比增长0.01%，其中牛存栏756.8万头，同比增长0.8%，牛出栏292.8万头，同比增长1.9%；奶牛存栏17.1万头，同比下降1.2%；羊存栏1 057.4万只，同比增长4.9%。羊出栏854.7万只，同比增长5.9%。家禽存栏12 498.1万只，出栏21 080.9万只，同比分别增长1.5%和7.0%。

【畜禽种业】 大力推进现代畜禽种业建设，努力提高制种能力，云南惠嘉、西南天佑原种猪场、文山牛原种场进入国家核心育种场名单。玉溪新广公司铁脚麻种鸡场进入全国首批“育（引）繁推一体化”行列，茶花鸡、镇沅瓢鸡、龙陵黄山羊、槟榔江水牛通过国家级畜禽资源保种场验收。云岭牛是南方第一个自主培育的肉牛新品种，云南省积极开展云岭牛高品质特色牛肉制品关键技术研究和云岭牛生产配套技术示范与推广，生产云岭牛冻精10.5万剂，向社会提供云岭牛种公牛42头，向肉牛养殖企业提供10月龄左右的云岭牛母犊157头。新畜禽资源品种丽江猪通过国家畜禽遗传资源委员会认定，成为云南省第71个认定的畜禽遗传资源。

【畜禽良种补贴】 2015年，在全省43个生猪良种补贴县、14个荷斯坦奶牛良种补贴县、22个奶水牛良种补贴县、20个肉牛良种补贴县和30个羊良种补贴县，完成生猪良种补贴78万头、荷斯坦奶牛良种补贴14万头、奶水牛良种补贴11万头、肉牛良种补贴10万头、种公羊良种补贴4 500只。在项目县更新引进良种公猪1 312头，母猪配种101.43万头，提供精液411.24万份，受胎母猪87.83万头，受胎率86.43%；完成奶牛改良11.46万头，受胎9.21万头；奶水牛改良8.71万头，受胎4.48万头；肉牛改良37.44万头，受胎27.75万头。通过良种工作的推广，2015年末，全省生猪、蛋鸡、肉鸡、奶牛、肉牛、肉羊良种化率分别为91%、95%、85%、98%、41%、32%，分别比2014年提高1~2个百分点。

【畜禽标准化规模化建设】 加快推动分散养殖向规模养殖转变，狠抓政策落实，发挥财政资金的引导作用，推进畜牧业转型升级。利用生猪大县奖励资金引导社会投资生猪规模化养殖场建设，总投资34 562.19万元，新建、改建标准化规模生猪养殖场651个，项目县生猪规模化比重达43%，出栏率149%，同比提高1.5%、1.8%；利用标准化规模养殖项目扶优扶强，发挥项目示范带头作用，总投资6 500万元，安排扶持65个标准化养殖场。2015年，全省出栏生猪50头以上规模场达到12.96万个，建成生猪标准化养殖小区4 559个，其中万头猪场达到268个，肉牛年存栏100头以上养殖场达到350个，肉羊年存栏1 000只以上养殖场达到65个，蛋鸡年存栏5万羽以上的养殖场达124个，肉鸡年出栏10万羽以上的养殖场达84个，奶牛年存栏100头以上的养殖场128个。利用省级畜牧专项资金大力推进畜牧科技推广体系建设，安排全省120个县开展科学养殖科技培训，主推品种及主推技术的示范推广，做实现代畜牧业技术支撑体系。通过这些工作的深入开展，强化基础设施建设，提高综合配套技术应用，全面提升标准化规模养殖程度，加快生产方式转变。2015年，全省生猪、蛋鸡、肉鸡、奶牛、肉牛、肉羊规模化比重分别为42%、85%、68%、40%、16%、31%，分别比2014年提高0.5~1个百分点。

【畜禽遗传资源保护与开发利用】 2015年出版的《云南省畜禽遗传资源志》中收录88个资源（其中培育品种7个）。具体为：猪12个（培育品种3个），牛15个（黄牛7个、水牛5个、牦牛1个、大额牛1个、培育品种1个），羊19个（绵羊7个、山羊11个、培育品种1个），禽27个（鸡21个、鸭4个、鹅2个），马8个（培育品种1个），驴2个，犬2个（培育品种1个），兔1个，蜂2个。各州市不断加强新的畜禽遗传资源的挖掘和新品种的培育，丰富了云南畜禽遗传资源。2014年12月，由云南省草地动物科学院等单位培育的“云岭牛”通过国家畜禽遗传资源委员会鉴定；2015年10月，云南省农业厅申报的“丽江猪”经国家畜禽遗传资源委员会鉴定通过。云南以地方资源为基本素材，运用现代育种技术和手段，培育了7个畜禽新品种（配套系），这些畜禽新品种（配套系）具有抗逆性强、易饲养、产仔多、利用农家饲料的能力较强、肉质优良等特点和优势。建立较完善的繁育体系，在全省畜牧业生产中得到较广泛的推广与应用，对开发具有云南特色的畜产品，提高畜禽个体生产性能和畜牧生产的总体水平发挥了积极的作用。全省50余个畜禽遗传资源已经有企业参与开发利用，其中：大河猪、滇南小耳猪、撒坝猪、茶花鸡、瓢鸡、无量山乌骨鸡等品种已实现产业化开发，年产值近10亿元，带动全省特色养殖产值达30亿元以上。

【畜牧产业化集群建设】 在广大养殖户、养殖企业积极参与下，各地发挥资源优势，以县（区、市）为单元，形成一批具有较强竞争力的畜禽生产优势产区，产业布局日趋优化。新型畜牧业产业化组织体系逐步形成，通过培育与引进相结合的方式，全省一批龙头企业如云南惠嘉、广南三丰、马龙大腾、云南神农等生猪产业化企业集团开始向畜禽养殖、饲料生产、屠宰加工、物流配送等领域拓展，建立一体化经营组织。省外企业跨地域、跨类别通过"龙头企业＋基地（养殖场、合作社）＋农户"等多种经营模式，采取股份合作、委托养殖、订单收购、价格保护等多种形式与农户建立"利益共享、风险共担"的利益联结机制。广东温氏、重庆新希望德康、江苏雨润等国内一流的知名生猪养殖企业相继落户云南，带动全省生猪生产向"畜禽良种化、养殖设施化、生产规范化、防疫制度化、粪污无害化"方向转变。四川新希望集团、湖南大康牧业落地云南发展肉牛产业，社会资本投资牛羊产业的积极性高涨，马龙双友牧业、云县山水牧业、寻甸听牧集团等一批龙头企业在产业前伸后延、流通加工、社会化服务等方面综合发力。2015年全省畜牧龙头企业435家，其中国家级7家，省级龙头企业134个，实现销售收入192.7亿元，总产值达200亿元。

【草原保护建设】 2015年，全省争取草原保护建设各类项目资金107 342万元，全省1 186.67万公顷可利用草原全部承包到户或联户，颁发使用权证和签订草原承包合同。划定基本草原1 186.67万公顷，并向村民委员会或村民小组颁发草原所有权证，做到以村民小组为单位上图管理，全面提升信息化管理水平。加强禁牧草原管理，划定禁牧面积182.07万公顷，设立禁牧标识牌。严格按照草畜平衡管理办法和草原载畜量核定标准，落实草畜平衡面积1 004.6万公顷。不断创新技术模式，集成研究形成"禁、围、封""改、建、管""除、引、替"的草原保护建设技术路线和"项目推动""新型经营主体带动""产业联动""区域互动""农牧民主动"的草原保护建设模式，提升草地畜牧业发展的层次。强化草原执法监督，2015年，全省共查处草原违法案件116件。在万亩高原生态牧场重点实施天然草地改良、人工草地建植、划区轮牧围栏、标准圈舍建设、粪污无害化处理、人畜饮水配套、草畜产品加工、草原文化体验、生态品牌培育、信息化管理等"十大"工程，2015年全省累计启动建设万亩高原生态牧场100个，其中2015年启动建设36个。全省综合植被盖度为93.92%、高度35.17厘米，鲜草产量9 579.03万吨，可食牧草（鲜草）总产量8 242.3万吨，分别比2014年提高1.13%、6.09%、5.22%、5.27%。

【草地畜牧业发展】

1. 规模化养殖水平提升。转变规模养殖方式，加大新型经营主体的培育力度，加大养殖大户、家庭牧场、专业合作社，产业化龙头企业的扶持力度，形成主体多元、协调互补的新型经营体系。2015年，肉牛、肉羊、奶牛规模养殖比例分别达25%、29%、32%，分别比2014年提高1.2、1.6、2.1个百分点。通过推广和普及先进适用的饲养管理技术，产能建设加大，供给能力明显增强。

2. 龙头企业带动能力增强。如马龙双友牧业在前伸后延、流通加工、社会化服务等方面综合发力，带动马龙县增加基础母牛10 250头，种植青贮玉米666.7公顷，光叶紫花苕166.7公顷，带动农民增收近1亿元。各地龙头企业带动亮点纷呈，如云县山水牧业，镇康康源牧业，大姚齐合牧业，禄丰彩云印象，砚山天圣牧业，芒市彩云琵琶、云瑞，龙陵济宽牧业，大理欧亚、蝶泉乳业，红河云牛乳业，市场竞争力和抗风险能力进一步提高。

3. 基地县生产能力明显提高。2015年，重点建设30个肉牛基地，20个肉羊基地，15个奶源基地，3个基地生产能力明显提高，30个肉牛基地县出栏肉牛148.64万头，占全省肉牛出栏的33.49%，20个肉羊基地县出栏肉羊279.72万只，占全省肉羊出栏的30.15%，15个奶源基地县奶类产量达73万吨，占全省奶类产量的91.5%。

4. 草食畜牧业基础设施明显改善。2015年，新建牛羊、奶牛标准化圈舍250万平方米，青贮氨化窖90万立方米。

5. 饲草料保障能力增强。通过抓人工牧草品种良种化、布局区域化、种植产业化、经营市场化、秸秆饲料化建设，2015年种植一年生牧草16.53万公顷，新增多年生人工草地2.13万公顷，多年生人工草地保留面积达121万公顷，推广青贮氨化饲料1 200万吨，其中青贮饲料1 080万吨，氨化饲料120万吨，农作物秸秆饲料化率达36%，比2014年提高6个百分点。

6. 饲草料开发利用模式不断创新。引导和鼓励龙头企业参与人工牧草种植、收购、加工、销售，积极探索秸秆青贮饲料专业化生产和秸秆成型饲料产业化加工示范，推广统收、统贮、集中供料、分户使用模式，推进秸秆饲料专业化生产和商品化利用，扩大农牧民参与畜牧业生产范围，拓展农牧民增收渠道，促进畜牧业内部合理分工。

【饲料行业管理】 以贯彻国务院新修订的《饲料和饲料添加剂管理条例》和国务院行政审批制度改革为契机，全面提升饲料行业管理水平，促进饲料工业又好又快发展。一是严把行业准入关。严格按照"提高门槛、减少数量、转变方式、增加效益、加强监管、保证安全"的总体要求，严把饲料生产企业准入关。2015 年，组织审查并发证 39 家。二是严把标准标签审查关。2015 年，共组织审查标准 270 份，标签 1 900 个，饲料标准标签管理进一步规范；三是严把饲料产品质量关。在全省获证企业全面推行饲料质量安全管理规范，认真组织开展饲料产品质量卫生状况监测，饲料中禁用物质监测和反刍动物饲料中牛羊源性成分监测。2015 年，经省级验收的饲料质量安全管理规范企业达 10 家，组织抽检饲料产品 1486 批，产品合格率为 95.5%。

【动物疫病防控】 认真落实动物强制免疫，疫情监测、应急管理等综合防控措施，全面推行"整村推进"动物防疫新模式和"321"免疫新技术，建立重大动物疫病防控目标绩效管理考核体系。2015 年全省动物防疫经费达 10 175 万元，全省强制免疫高致病性禽流感 27 727.02 万羽，免疫高致病性猪蓝耳病 6 579.78 万头，免疫猪瘟 6 579.78 万头，免疫口蹄疫 10 421.94 万头，免疫小反刍兽疫 650.27 万只，免疫新城疫 25 494.96万羽，各病种应免密度均达到 100%，免疫抗体合格率均达到 70% 以上。全省种畜禽场、规模养殖场、活畜禽交易市场、水禽养殖场和边境等重点地区病原学监测 78 889 份。2015 年，全省进一步完善重大动物疫病应急预案和应急工作程序，规范疫苗招标采购管理，加强应急队伍培训、物资储备和应急管理工作。省级成立 10 支动物疫情防控应急工作队，储备高效消毒药品 25 吨、消毒机 125 台、防护服 1 000 套、扑杀器 10 台和一批诊断试剂。

【动物卫生监督执法与信息化管理】 2015 年，云南省创新动物卫生监督信息化新模式，建立全省动物卫生监督管理信息数据库，实现产地检疫、屠宰检疫、种用及乳用动物调运、畜产品质量安全可追溯等信息化管理。2015 年，云南省实现与国家中央数据平台对接，实现跨省调运检疫数据共享和互联互通。2015 年底，全省已录入 768 个执法机构、3 629 名执法人员、383 个饲料经营企业、579 个兽药经营企业、426 个农贸市场及超市、90 个加工贮存场所基本信息。信息录入审批跨省引进种用乳用动物 28 批，共引进种畜禽 76 024 头(只)。全省产地检疫畜禽 10 851 万头(只)、屠宰检疫畜禽 4 692.36 万头(只)、无害化处理病死畜禽 3.50 万头(只)。全年出动动物卫生监督执法人员 25 508 人次，开展检查执法 11 102 次，出动车辆 8 002 台次，检查屠宰场(点)2 425 家次，查处违法案件 16 件。

【兽药行业管理】 认真落实兽药检打联动、专项整治等监督执法综合措施，规范行政审批。切实强化兽药监管抽检、畜禽产品兽药残留监测及追溯监管。2015 年，全省兽药质量监督抽检 1 271 批，超额完成兽药残留监控计划抽检 602 批，合格率 99.8%。与兽药生产、经营、使用单位签订《云南省依法依规生产(经营、使用)兽药承诺书》9 063 份，开展兽用抗菌药专项整治，严厉打击制售假劣兽药，违规添加禁用兽药或人用药行为，严厉打击养殖环节非法使用违禁兽药、超剂量范围使用药、不执行休药期等行为。全年出动执法人员 6 670 人次，检查兽药生产企业 5 个、兽药经营企业 3 068 个、兽药使用单位 10 244 个。立案查处 134 起销售假劣兽药案件，涉案金额 16.236 万元。查处标签和说明书不符合规定的兽药经营企业 72 个，销毁标签和说明书 0.36 万份，立案查处兽药违法案件 21 起，货值金额 1.321 万元，罚款 1.994 万元。全省违法线索及案件查处率、举报受理率、案件信息公开率均达到 100%。2015 年全省审核上报兽药产品 10 个，审批兽药广告 2 个，审批核发兽用生物制品经营许可证 13 个。

【跨境动物区域化管理试点工作】 云南以区域化管理为抓手，积极研究建立澜沧江以西控制区、境外等效区和边境及澜沧江防控线，强化边境风险防控和区域化监管，探索创新国家边境动物疫病防控新机制。2015 年 10 月 22 日，省人民政府向农业部等 4 个部委报送《云南省跨境动物区域化管理及产业发展试点工作实施方案》，跨境动物疫病区域化管理试点工作规划布局为四大功能区，重点建设动物疫病防控、动物卫生监督执法、出入境检验检疫基础设施建设，提升区域内动物疫情监测、流行病学调查、应急处置、动物卫生检疫监管执法能力。一是边境防控线，由云南与缅甸、老挝接壤的 6 个边境州(市)国境线上的 7 个国家一类口岸和 6 个二类口岸以及边境打私、边防武警力量等组成，重点开展境外活牛入境审批、检验检疫、打击走私等工作。二是澜沧江防控线，由澜沧江沿线的 16 个公路疫病防控监管联合检查站、高速公路检查站以及公安边防力量等组成，开展区域内偶蹄动物及其产品通过澜沧江向内地流动监管工作。三是澜沧江以西控制区，包括西双版纳傣族自治州、普洱市、临沧市、德宏傣族景颇族自治州、保山市、怒江傈僳族自治州6个边境州（市）29个县（市、区），区域面积10.53万平方公里，开展动物防疫、监测、预警，动物检疫、监督，肉牛短期养殖、育肥、屠宰、加工及相关产业发展工作。四是境外等效区，在云南与老挝、缅甸相邻区域设立境外等效区，农业龙头企业“走出去”，开展境外肉牛育肥、活牛入境申报、预检检疫，防疫合作等工作。

（云南省农业厅畜牧处　王光荣）

西藏自治区畜牧业

【畜牧业发展综述】　2015年初，普兰、仲巴、聂拉木等个别县遭受风雪灾害，对接羔工作带来不利影响；4月25日，尼泊尔强地震波及日喀则市聂拉木、吉隆、定日等县，造成部分农户牲畜棚圈倒塌；5～7月，那曲地区、日喀则市西部和山南市个别县出现中等强度干旱，植被长势较差，天然草原牧草生产力比往年平均减少5～7成，且枯草季比往年提前1个半月左右，造成牲畜膘情较差，发情率降低，牦牛产奶量减少。据统计，仅那曲地区草原受旱面积达2 400万公顷，占草原总面积的58%。干旱也造成部分地区补播和旱作人工草地无法播种。

2015年，全区新生仔畜601.41万头（只、匹），成活552.24万头（只、匹），成活率91.82%，同比提高1.02个百分点；成畜死亡31.67万（只、匹），死亡率1.72%，同比下降0.28个百分点。出栏禽类168.2万羽，年末大牲畜存栏总数为654.2万头（只、匹）。猪牛羊肉产量26.3万吨，奶类产量35.0万吨，禽蛋产量5 000吨，羊毛产量8 513吨，羊绒产量962吨。全区农村居民人均可支配收入8 244元。

【草原生态保护补助奖励政策】　继续抓各项措施落实，草原生态保护补助奖励机制政策（以下简称“草原补奖”）落实较好。一是提高了保底限高标准。对2015年实现草畜平衡，享受禁牧补助和草畜平衡奖励资金不足1 100元/人的纯牧户，按照1 100元/人的标准核发禁牧补助和草畜平衡奖励资金。将单个牧户家庭享受禁牧补助和草畜平衡奖励资金总额，从人均不高于5 000元提高到人均不高于5 500元。二是加强组织领导。为巩固草原补奖政策实施效果，各地、市重点在禁牧和草畜平衡上下功夫，及时调整和充实县、乡两级工作领导小组和办公室人员；及早召开草原补奖布置工作会，签订目标责任书，安排草原补奖政策各项措施，重点抓好年末牲畜清点和资金兑现工作，确保资金发放安全。三是保障工作经费。2015年，自治区拨付各地（市）工作经费2 092.48万元。同时，按照分级负责的原则，各地（市）、县（区）也根据工作需要，统筹安排草原补奖工作经费，保证工作需要。四是加强宣传和培训。自治区举办基层干部培训班，对草原补奖信息管理系统、草地资源监测等进行培训，进一步提高基层干部的理论知识水平和业务操作能力。针对基层人员调整变动频繁的情况下，各县（区）组织人员对新上岗干部进行培训，确保草原补奖工作有续衔接。五是加强督促检查和验收。组织2个督导组对当雄等15个县（区）、30个乡、59个村草原补奖工作进行督导检查，对存在问题的县、乡提出限期整改要求。4月14日至4月30日，先后对八宿等10个县（区）整改落实情况进行督查；组织人员于5月25日至7月12日对全区7个地（市）2014年度草原补奖工作进行自治区级验收，共现场抽查38个县，占全区各县（区）的51.4%。六是巩固草畜平衡成果。自治区根据全区草场资源及利用情况，制定全区年末牲畜存栏控制在2 000万头（只）以内的目标。对一些尚未实现草畜平衡的乡镇、村，自治区继续实行“未实现草畜平衡的牧户不能享受禁牧补助”的严厉政策，促使超载户减畜。各地（市）也采取多种有效措施，积极引导农牧民加大牲畜出栏。2015年，全区继续保持草畜平衡。

【扶持奶业生产】　2015年，对全区已建畜禽原种场（扩繁场）运行管理情况及牲畜良种补贴资金使用情况进行全面的调研。会同区农科院、区农业综合开发（扶贫）办，对山南、日喀则和拉萨市3个地（市）8个县（区）的奶牛良种冻精的使用情况、种公牛站的冻精供应服务情况及良种冻精的后代生长情况进行调研，为确保冻精质量，拟从2016年起，自治区统一采购冻精。

为解决饲草料不足问题，在主要奶牛养殖区域共安排17 840公顷人工饲草地建设，每公顷投资22 500元；在曲水等8个县分别建设1个饲草料加工基地，在工布江达等5个县分别建设1个草产品加工点。继续开展乳用西藏荷斯坦牛、西藏娟姗牛新品种的育种研究。

【扶持生猪生产】　为增强生猪调出大县生猪综合生产能力，提高生猪规模养殖场（户）生猪品种质量，进一步提高西藏生猪自给率，更好地满足市场需求，根据《财政部关于下达2015年生猪调出大县奖励资金的通知》精神，农牧厅认真组织19个生猪养殖大县积极申报生猪规模场（户）奖励项目，以3年来各县的生猪存栏、出栏、调出数量所占权重为依据，采取“先建后补”的扶持方式，对年出栏生猪200头以上（不包括销售仔猪），常年存栏育肥猪100头以上的20家规模养殖场（户）给予了补助。

【扶持肉牛肉羊生产】　2015年，农业部下达全区牛羊调出大县奖励资金3 307万元,已全部下拨到当雄等8个县。主要用于圈舍改造、良种引进、粪污处理、防疫等方面。

【畜禽遗传资源保护】 协助制定藏区畜禽遗传资源普查方案,组织全区畜牧技术推广机构开展畜禽遗传资源普查前期调研,完成西藏部分的调查方案制定。协助完成阿里象雄半细毛羊新品种制定等资料、数据的完善和修改,完成措勤县紫绒山羊国家级保种场申报工作,完成国家级帕里牦牛遗传资源保护区现场审定。阿里白绒山羊原种场被农业部列为第四批国家畜禽遗传资源保种场。收集野生优质牧草种子60份,新建资源圃0.267公顷,扩繁小区13.3公顷。

【良种繁育及推广】 结合全区2011—2014年牲畜良种补贴政策落实情况,自治区农牧厅、财政厅制定《2015年西藏牲畜良种补贴项目实施方案》,继续实施牦牛种公牛、羊良种补贴。其中:奶牛补贴14.7万头,利用荷斯坦和娟姗牛细管冻精改良分别改良11.2万头和3.5万头、种公羊补贴2.185万只、牦牛种公牛补贴5 615头。补贴资金共计5 060万元,其中:中央财政补贴2 660万元,自治区本级财政安排2 400万元。

【标准化规模养殖】 继续推进畜禽标准化示范创建活动,促进规模养殖。遴选5家养殖场参与2015年国家级标准化示范创建活动并获批。创建6家自治区级畜禽标准化示范场,根据农业部和自治区制定的示范场验收评分标准和既定程序,组织专家,公平公正对2013年参与创建国家级标准化示范场进行了审查、综合评定;结合肉羊肉牛标准化规模养殖场建设情况,在深入调研论证的基础上,统筹资金,提高建设标准,建设8家肉牛肉羊和奶牛标准化规模养殖场。

【牧区改革】 深化改革,巩固落实草原保护制度。一是启动草原确权登记试点工作。按照国家6个部委《关于认真做好农村土地承包经营权确权登记颁证工作的意见》和《农业部关于开展草原确权承包登记试点的通知》要求,确定山南错那县开展草原确权承包试点工作。二是稳步推进基本草原划定工作。4月初,自治区农牧厅在拉萨举办了基本草原划定培训班。从7月16日开始,先后组织7个工作组,通过野外实地核查、查阅原始记录、检查文件材料、召开座谈会等方式,对全区35个县基本草原划定工作进行督导检查。三是依法规范全区草原征占用工作。根据农业部《草原征占用审核审批管理办法》和自治区相关具体征用使用草原审核审批权限及程序,共举办2个培训班。办理草原征占用审核14批次,征用草原面积达124.48公顷,征收草原植被恢复费605.4万元,其中农业部草原监理中心审核1次。四是对草场承包经营权流转管理及流转后的权利和责任等内容,开展调研工作,鼓励个别县乡探索实施草场流转。

【草原保护与建设】 继续深入贯彻中央关于构建西藏生态安全屏障的要求,紧紧围绕落实草原生态保护补助奖励机制政策各项任务,按照自治区制定的“全面保护、合理利用、重点建设”的草原工作指导方针,以重大项目实施为依托,加大投入,加强草原畜牧业基础设施建设,加大鼠虫毒草害治理力度,草原生态继续保持向好的态势。

1. 重大项目。加强对退牧还草工程的监管,不定期对项目实施县进行抽查督导,保证工程建设质量和进度。共完成休牧围栏60.67万公顷,退化草地补播18.3万公顷,建设棚圈1.75万座,人工饲草地1 666.67公顷。针对退牧还草工程中牲畜棚圈建设和人工饲草地项目投资标准较低的问题,为确保资金投资效益,保证建设质量,自治区财政配套19 000万元提高牲畜棚圈和人工饲草地建设标准。牲畜棚圈按照1.2万元/座(每座200平方米,其中:暖棚50平方米,畜圈150平方米)的投资标准建设;人工饲草地按照22 500元/公顷的投资标准建设。

针对2015年干旱造成鼠虫灾害发生面积较大的实际情况,区农牧厅积极与区财政厅衔接沟通,申请鼠虫害防治经费800万元,用于购买防治药品,并组织相关人员对全区鼠虫害发生区域、危害面积、灾害特点及灾害损失进行了调研。

继续实施生态安全屏障工程。中央投资540万元,在尼玛和双湖两县治理鼠害面积4.67万公顷,治理毒草害面积2.53万公顷;投资4 500万元,建设灌溉人工草地1.22万公顷,旱作人工草地3 500公顷。

2. 加强草原畜牧业基础设施建设。为提高牲畜防抗灾能力,增强抵御自然灾害能力,转变畜牧业生产发展方式,根据《西藏高寒牧区牲畜棚圈建设规划(2009—2015)》,自治区财政安排资金89 058万元,在高寒牧区建设牲畜棚圈74 215座。同时,为便于牲畜转场,抗灾保畜等,在高寒牧区修建通往草场及自然村的桥涵1 215座,共投资11 990万元。

【草原监测】 围绕草原生态监测地面数据采集系统和草原监测信息报送管理系统的操作使用、草原监测样地实际操作等内容举办一期全区草原生态监测培训班,督促列入草原返青期地面观测的26个县及时开展草原固定监测点日常监测,相关数据返青图片已经录入“全国草原监测信息报送管理系统”。对温性草甸草原、温性草原、高寒草原、高寒草甸草原、高寒草甸、高寒荒漠草原等6个西藏典型草地类型的植被状况、草原生态环境状况、草原利用状况和草原保护建设工程效益等进行了全面监测。编印了《2015 年西藏自治区草原资源与生态监测报告》。2015 年,受干旱气候影响,全区草原鲜草产量 8 139.9 万吨,折合干草约 2617.4 万吨,均较上年下降 8.3%。除低覆盖度(0 ~ 20%)和中覆盖度(20% ~40%)的植被面积有所增加外(增大率分别为 8.92%,0.61%),其余范围的植被面积变化均有不同程度的减少,减少率从中高覆盖度植被(40% ~60%)到高覆盖度植被(60% ~80%、80% ~100%)分别为:12.90%、7.63%、16.48%。

12 月底,自治区区农牧厅邀请农业部畜牧业司、发展计划司(农业部援藏办)、全国畜牧总站、中国科学院地理科学与资源研究所、中国农业科学院农业资源与农业区划研究所、中国农业科学院草原研究所、中国农业大学、西北农林科技大学、北京林业大学、甘肃农业大学及自治区相关部门的专家和人员对全区第二次草原普查成果进行了验收和鉴定。

【草原防火工作】 根据农业部草原防火指挥部的安排部署,进一步强化草原防火责任,层层落实草原防火春冬季值班工作,排查农业部草原防火办气象卫星火情监测信息 1 处;编制完成《西藏自治区草原防火基础设施建设规划(2016—2020)》工作,争取落实了边境地区 8 个县林草交错区草原防火基础设施建设项目。制定《西藏自治区 2015 年秋冬季草原防火督查方案》,并成立草原防火督查工作领导小组。对那区地区、昌都、林芝 3 个地、市开展防火相关督查工作。

【冬虫夏草采集管理】 从 4 月初开始,区虫草办严格执行 24 小时值班制度和信息报送制度,逐步建立起一日一分析、重大事件立即上报的信息工作机制。5 月,自治区组织由工商、公安、民政、虫草办等相关部门人员组成的两个督导检查组,对拉萨、山南、林芝、昌都、那曲 5 地、市 15 个县开展督导检查工作。据统计,全区冬虫夏草产量达 63 305.73 千克,比上年增长 39.6%。

【畜禽资源保护】 继续做好亚东县帕里牦牛、阿里日土县白绒山羊、阿里措勤县紫绒山羊种羊场开展国家级畜禽遗传资源保护区和保种场的申报工作。经过书面材料审查和现场审验合格,阿里地区日土县白绒山羊原种场已被列为第四批国家级畜禽遗传资源保种场。

【饲料安全监管】 3 月,自治区饲料办组织人员对全区范围内从事配合饲料、浓缩饲料、精料补充料的 5 家生产企业进行现场检查和监督执法。对生产企业存在的企业管理制度不健全、无产品采购记录、无产品饲料标签等问题提出了限期整改要求;组织人员对生产企业的各种产品的饲料标签进行审定,并统一格式;5 月,再次组织人员对 5 家企业整改落实情况进行督导检查;启动自治区牛羊抗灾饲料标准审定工作。

【"专项整治"】 根据自治区食品安全委员会制定的方案要求,农牧、工商、卫生、质监、商务、公安、工信等部门及时成立专项整治工作领导小组及办公室。2015 年,出动检查人员 960 人次,发放各类宣传资料 10.3 万份,检查各类农资市场、经营网点、门市部、个体经营户、饲料加工企业、屠宰场、养殖基地 652 个。生鲜乳违禁物质专项整治情况:2015 年,共发放宣传资料 2 000余份,出动执法人员 20 人次,检查生产经营企业 5 家,未发现生鲜乳中违规添加违禁物质现象。

【重大动物疫病防控】 2015 年,全区派出 4 个督查组 16 人次,指导各地重大动物疫病防控工作。春防期间,使用各类疫苗 3 401.3 万毫升(头份),对 2 228.05 万头(只)牲畜、113.76 万羽家禽进行免疫,牲畜群体免疫密度达到 98.7%,家禽群体免疫密度达到 98.6%。秋防使用疫苗 2 682.08 万毫升(头份)。加强了疫情举报核查工作,设立西藏自治区动物疫情举报电话,全年未发生家禽禽流感疫情和牲畜口蹄疫疫情,小反刍兽疫疫情已有 4 年多保持无疫。那曲地区发生的野鸟禽流感疫情未向家禽传播。

1. 加大人兽共患病防控力度。组织起草《全区布鲁氏菌病、结核病防控工作方案》,确定全区家畜布鲁氏菌病、结核病防治的总体思路和目标,在日喀则、阿里两个地市开展布鲁氏菌病区域化综合防控试点工作。会同林业、卫生等部门组成联合工作组,开展野鸟禽流感疫情防控指导,加大禽类交易市场监管和消毒灭源,有效防止野鸟疫情向家禽传播。

2. 扎实开展动物卫生监督执法工作。指导各地强化各类场所动物防疫条件审查。制定公路动物卫生监督检查站建设规划,开展标准化建设和专项整治行动。加强跨省引进乳用、种用动物检疫审批工作。

3. 做好兽医医政工作。完善全区村级动物防疫员制度,提高报酬。自 2015 年 1 月 1 日起,全区 6 557 名村级动物防疫员基本报酬标准由现行的每人每月 600 元调整至每人每月 900 元。全面开展执业兽医资格考试,有 48 人取得全国、全区执业兽医师、执业助理兽医师资格证书。制定乡村兽医培训规划,组织培训乡村兽医近 500 人次。

4. 全力推进屠宰监管职能调整工作。积极向自治区编办申请编制,提出调整建议的同时,先后组织全区 13 人次赴内地参加畜禽屠宰管理相关培训,积极参加农业部组织的全国生猪屠宰专项整治行动省际交叉互查活动,做好职能调整准备。职能调整前,继续认真做好生猪定点屠宰场检疫监管。

5. 全力做好地震灾后动物防疫工作。尼泊尔强地震发生后，区农牧厅第一时间部署毗邻县灾后动物防疫工作，紧急下发做好灾后动物疫病防控工作的紧急通知，并第一时间调运防疫物资，共调拨防护服600套，消毒药品6吨。会同当地兽医部门累计环境消毒2万多平方米，紧急屠宰聂拉木县无人管护的牲畜。

（西藏自治区农牧厅 曹仲华）

陕西省畜牧业

【概况】 2015年，陕西省畜牧业发展以调结构、转方式为主线，以肉蛋奶基地县建设为重点，突出肉牛、肉羊、奶山羊特色产业发展，大力扶持标准化规模养殖和家庭牧场建设，畜牧业克服了畜产品价格低迷的不利影响，继续保持平稳发展态势。全省生猪存栏846.0万头，同比下降3.8%；牛存栏146.8万头，同比下降2.5%；羊存栏701.9万只，同比增长0.2%；家禽存栏6 733.6万只，同比增长1.7%。肉类产量116.2万吨，同比下降0.4%；禽蛋产量58.1万吨，同比增长6.6%；牛奶产量141.2万吨，同比下降2.4%。全省动物疫情稳定，畜产品质量监管水平提升，无区域性重大动物疫情和重大畜产品质量安全事件发生，畜牧兽医事业持续健康发展。

【优势产业开发】 坚持“南猪、北羊、关中奶畜”产业布局和“稳定生猪，加快肉牛、肉羊、奶山羊发展”工作思路，集中项目资金，大力扶持标准化规模养殖，促进畜牧产业转型升级。一是稳定生猪生产。在认真实施国家生猪良种补贴项目的同时，安排1200万元在19个生猪养殖大县实施省级生猪良种补贴项目，对32.5万头能繁母猪开展良种补贴。以增强主产区良种供应能力为重点，扶持汉中、安康、咸阳生猪重点县新建基础母猪存栏500头以上的高标准种猪扩繁场12个，新建圈舍3.28万平方米，粪污无害化处理设施1.25万平方米，购置生产设备3 633台（套），引进良种5 424头。二是加快肉牛肉羊产业发展。集中扶持榆阳、神木、横山、靖边、定边、子洲、安塞、吴起、志丹、宝塔10个肉羊重点县，陈仓、麟游、凤翔、岐山、宜君、永寿、彬县、洛南、黄龙、子长10个肉牛重点县，全年建成标准化规模养殖场98个，建设家庭牧场200个。实施肉牛基础母牛扩群增量项目，根据农业部关于做好基础母牛扩群工作要求，组织市、县畜牧部门对全省范围内肉牛基础母牛存栏15头以上（含15头）的养殖场（户、合作社、公司）进行摸底调查，制定《陕西省2015年基础母牛扩群工作实施方案》，争取中央财政投资2 461.84万元，对全省1 173个符合条件的肉牛养殖场户进行补助。三是加快奶山羊产业发展。制定全省奶山羊产业发展规划，明确产业发展指导思想、主要任务和保障措施。扶持西安、宝鸡、咸阳、杨凌各新建1个存栏基础母羊500只以上的种羊场。扶持富平奶山羊核心区和10个奶山羊基地县建设标准化规模养殖场55个、家庭牧场130个。

【畜牧产业化】 认真落实中央和陕西省农业产业化龙头企业扶持政策和陕西省委、省政府《关于加快畜牧产业化建设的决定》精神，围绕优势特色产业开发，以龙头企业发展、营销体系和社会化服务体系建设为重点，大力推进畜牧产业化经营。一是壮大产业龙头企业。扶持畜牧养殖龙头企业，加强良种繁育体系建设，扶持陕西黑萨牧业有限公司、神木益宝盛、神木聚科农牧发展有限公司从澳大利亚引进萨福克、杜泊种羊1 319只，建立了陕西省良种肉绵羊核心群。实施进口肉牛扩繁项目，支持秦宝牧业建立1 500头安格斯肉牛核心种群和4 900头的商品代扩繁群。支持安康阳晨、汉中顺鑫、杨凌本香生猪产业联盟进行种猪扩繁、品牌建设和防疫体系建设，全年完成圈舍改扩建1.83万平方米，购置生产设备3 600台（套），引进良种1 000头。扶持陕西红星、西安百跃、飞鹤关山等羊奶加工企业建立自控奶源基地，促进奶山羊特色产业养殖规模的不断扩大和标准化养殖水平的提高。二是推进标准化生产。陕西省财政安排5 000万元，支持渭南现代畜牧业示范区推进千万头生猪、20万头奶牛、亿只肉鸡、百万只奶山羊四大产业示范区建设及肉牛肉羊生产。全年完成畜牧生产类项目73个，完成基础设施建设71.7万平方米，购置生产配套设施644台（套），引进良种13 030头（只）；开展畜禽养殖标准化示范创建，在生猪、奶牛、蛋鸡、肉鸡、肉牛和肉羊优势区域开展畜禽养殖标准化示范创建，全省共创建畜禽标准化示范场107个，其中部级示范场9个，省级示范场98个。认真实施中央畜禽标准化养殖项目，争取中央财政资金5 150万元，对19个生猪、42个奶牛场（小区）、7个肉牛、12个肉羊、12个蛋鸡和2个肉鸡建设项目进行补助。三是加强饲草饲料体系建设。实施优质高产苜蓿生产基地建设项目，由7个饲草生产加工企业和专业合作社作为项目实施主体，建设优质高产苜蓿生产示范基地1 333.3公顷；实施优质饲草示范县建设项目，扶持建设8个优质饲草示范县，新建优质苜蓿和饲用玉米基地1.3万公顷。实施农业部粮改饲试点县建设项目，争取农业部将临潼县、泾阳县、陇县列入全国粮改饲试点县，全年完成全株玉米青贮65万吨，新建青贮窖7.6万立方米，改造青贮窖11.5万立方米，建设66.67公顷（1 000亩）以上粮改饲种植示范基地15个，33.3～66.67公顷（500～1 000亩）粮改饲种植示范基地54个。实施退牧还草工程，向农业部争取将陕西省纳入退牧还草试点省，在榆林市榆阳区、横山县建设草场围栏1.3万公顷，建设优质补播草场

4 000公顷。

【特种养殖】 立足资源优势，突出区域特色，积极扶持特种养殖。一是略阳乌鸡产业开发。支持略阳县建立1 000 只规模的略阳乌鸡保种场，建设存栏 1 万只以上的乌鸡良种繁育场 1 个、存栏 20 万只以上的标准化规模养殖场 4 个，建设存栏 1 万只以上家庭牧场 10 个，带动略阳县发展养殖乌鸡 2 000 只以上的养殖场(户)186 个，其中养殖 1 万只以上的养殖场(户)19 个，全县乌鸡饲养总量 420 万只，其中出栏 292 万只。二是扶持中华蜜蜂养殖。实施中华蜜蜂品种资源保护，扶持榆林市蜂业技术推广站建立中蜂保种群 300 箱，并开展抗病高产选育。在宝鸡市、汉中市开展中蜂养殖技术示范与推广，在黄龙县推广中蜂标准化规模养殖，全省蜂产业发展势头良好。2015 年底，全省蜜蜂存栏 53.6 万箱，蜂蜜产量 7 684 吨。

【兽医卫生】 认真贯彻实施《动物防疫法》《重大动物疫情应急条例》等法律法规，坚持预防为主的方针，以高致病性禽流感、口蹄疫和高致病性猪蓝耳病等重大动物疫病防控为重点，狠抓综合防控措施落实，全省重大动物疫情稳定。一是开展动物集中免疫。全省春秋集中免疫生猪口蹄疫、高致病性蓝耳病和猪瘟各 2 806.4万头，免疫牛羊口蹄疫 2 801.28 万头只，免疫新增羊小反刍兽疫 913 万只，免疫家禽高致病性禽流感 17 860.1 万羽，免疫鸡新城疫 17 602.5 万羽，应免密度达到 100%，免疫抗体合格率均超过农业部规定的 70% 标准，全省动物疫情稳定，无区域性重大动物疫情发生。二是加强动物疫情监测。开展动物疫情监测和流行病学调查，全省共组织完成口蹄疫等 11 种疫病监测样品 542 740 份，6 种主要动物疫病免疫抗体合格率均超过 80%，对检出的阳性畜均按规定进行了扑杀和无害化处理。同时，对 738 个县(次)，1 735 个乡镇村(次)和 527 个规模养殖场进行了流行病学调查，调查动物 149.8 万头(只)。三是强化人兽共患病防治。在宝鸡市、铜川市开展奶牛“两病”净化试点示范，为在全省推广总结经验。科学应对处置了甘泉县畜间点状炭疽疫情。加强督导检查和技术培训，积极开展狂犬病全面免疫接种，有效控制人兽共患病疫情。四是规范动物卫生监督管理。深入开展“提素质 强能力”行动，严格执行畜牧兽医执法“六条禁令”，以强化产地、规范屠宰检疫为重点，全年产地检疫、屠宰检疫共检疫畜禽 7 996.93 万头(只)。全省产地检疫申报受理率达到 100%，屠宰检疫受理率和出证率均达到了 100%。五是强化动物疫情应急管理。组织成立陕西省突发重大动物疫情应急专业防治队，在西安市高陵区开展全省突发重大动物疫情应急演练，进一步完善部门协作机制，强化应急指挥能力，提升动物疫情应急实战能力和水平。

【畜产品质量监管】 开展畜禽屠宰、生鲜乳、“瘦肉精”、兽药及抗菌药物等专项整治活动，严厉打击非法添加物质和滥用抗菌药物的行为，确保全省无重大畜产品质量安全事件发生。一是加大投入品和畜产品质量抽检。全年完成兽药监督抽检 366 批，检验合格率 95.2%；完成畜产品兽药残留监督抽检 1 320 批，完成生鲜乳收购站和运输车抽检生鲜乳 1 060 批次，结果均为阴性；完成饲料质量安全监测 1 060 批次；完成屠宰场生鲜猪肉抽检 590 批次；完成屠宰环节“瘦肉精”抽检 42 414 批，检出阳性 1 批，涉案企业移交公安机关处理；养殖环节“瘦肉精”抽检 1174 批次，未检出阳性。二是加强兽药药政管理。认真落实兽药 GMP、兽药 GSP 企业日常监管，完成 5 个兽药生产企业 GMP 验收。积极推进兽药二维码工作，全省生物药品厂产品已全面实行二维码标识，化药厂设备采购基本完成，二维码标识工作陆续实施。三是加强畜禽屠宰行业管理。强化畜禽屠宰日常监管和违法案件查处力度，认真落实屠宰企业监管制度，全省已有 202 个屠宰企业被纳入畜禽屠宰统计监测系统。认真落实屠宰环节病害猪无害化处理补助政策，全年无害化处理病害猪 13 138头，落实补助资金 1 139 万元。开展生猪屠宰标准化示范创建，在全省推广渭南生猪屠宰标准化示范创建工作经验。加强畜禽屠宰行业技术培训，全年举办生猪屠宰企业肉品品质检验人员培训班两期，培训人员 164 人。举办全省生猪屠宰信息统计培训班，培训人员 110 名。四是加强兽医医政管理。开展动物诊疗机构管理，加强执业兽医注册和乡村兽医登记，全年注册执业兽医 19 人，备案执业助理兽医 5 人，登记乡村兽医 536 人。开展执业兽医资格考试，全省报考人数 1 042 人。开展动物诊疗机构专项检查和清理整顿活动，严格推行动物诊疗许可制度。

【畜牧兽医信息监测】 健全畜牧兽医信息监测体系，整合信息资源，加强畜牧业生产监测预警，科学指导畜牧业生产。一是健全监测体系。依托各级畜牧技术推广部门及村级防疫员队伍，在全省建立市、县、村、场(户)四级畜牧产业信息监测组织机构体系，及时收集生产、价格信息，研判形势，坚持每周分析价格走势，每月报告产业动态，为领导决策提供信息参考，为指导一线生产提供信息帮助。全省建立生猪、奶牛、肉牛、肉羊、蛋鸡等信息监测点 700 个，其中监测场 370 个、监测村 330 个，监测户 790 个，编印《畜牧产业信息专报》46 期、畜产品价格周度分析 46 期、生产月度分析 12 篇。二是加大数据核查。定期、不定期地组织人员对生产监测县进行实地数据核查，检查监测数据真实可靠性，保证监测数据能够准确、科学地反映畜牧业生产、销售情况。三是整合信息资源。贯彻落实省农业厅《陕西省"互联网+"现代农业行动农业信息监测预警工程建设工作方案》精神，加大对省级畜牧兽医单位监测信息整合，由省畜牧技术推广总站牵头，有关单位配合，对省畜牧技术推广总站承担的畜牧业生产监测、省饲料工业办公室承担的饲料企业生产监测、省动物卫生监督所承担的畜禽屠宰场监测、省动物疫病预防控制中心承担的疫情监测等现有畜牧兽医监测信息进行整合，建立更加系统化、科学化的畜牧兽医信息监测预警体系。

（陕西省畜牧兽医局　张宏兴）

甘肃省畜牧业

【畜牧业发展概况】 2015 年，全省农牧部门认真贯彻落实全国农业工作会议精神和省委 1 号文件，围绕"转方式、调结构"的重点任务，主动适应经济发展新常态，全力推进现代畜牧业建设，畜牧业保持了稳定增长态势。2015 年，全省牛、羊、猪、禽存栏分别为450.7 万头、1 939.5 万只、600.0 万头和 3 898.1 万只，同比分别下降 0.86%、1.07%、3.16% 和 0.82%；出栏分别为 179.4 万头、1 220.9 万只、696.0万头和 3 816.6 万只，同比分别增长 4.12%、9.57%、-3.64% 和5.54%。肉蛋奶总量达到 151.5 万吨，同比增长 0.13%。

1. 突出政策推动效应，增强产业发展动力。全省畜牧业以调结构、转方式、提质增效为主线，以现代畜牧业全产业链开发和示范县建设为抓手，全力落实现代畜牧业扶持政策。安排现代畜牧业建设资金 3.78 亿元，用于支持牛羊产业大县、现代畜牧业示范县建设和全产业链建设。争取农业部畜牧项目资金 1.47 亿元，用于扶持标准化规模养殖、良种繁育体系建设和农业结构调整等，促进了"增量型"向"提质增效型"为主题的改革转型。以省绵羊繁育技术推广站为核心的高山美利奴羊新品种的育成，极大地带动了全省细毛羊产业的发展。

2. 开展全产业链建设，破解产业发展难题。省级安排资金 1.1 亿元，着重扶持具有利益联结机制的规模养殖、屠宰加工、品牌创建、产品营销等产业链建设工作，取得初步成效。张掖博峰，临夏圣泽源，庆阳中盛等一批精深加工项目投产或试运行，新增肉羊屠宰能力 70 万头、肉牛 30 万头的生产能力。东乡手抓、靖远羊羔肉等一批地方特色品牌完成"三品一标"认证，品牌建设迈出新步伐。酒泉等地积极支持草食畜产品集中产区和集散地，建设区域性畜产品批发市场和专业市场，平凉市着力培育和引导红牛集团努力开拓全国市场，产业链条逐步延伸拓展。

3. 实施粮改饲和草地农业试点，加快农业结构调整步伐。农业部安排张掖市甘州区等 3 个县（区）为首批粮改饲试点县，安排试点资金 3 000 万元，推动试点县由二元种植结构逐步向粮—经—饲三元结构调整优化。试点县种植或收贮优质饲草面积达到 8 000 公顷，预计每年饲草种植比例将提高 4% ~5%。省级安排会宁等 4 个草地农业试点县建设资金 3 350 万元，推动人工种草、秸秆加工利用和草食畜养殖协同发展，农牧互补和草畜良性互动程度得到增强，秸秆综合加工利用率达到了 68%。

4. 推进现代畜牧业示范县建设，培育新型畜牧业体系。在稳步推进牛羊产业大县建设的基础上，确定 35 个现代畜牧业示范县建设作为突破口，积极培育和构建新型畜牧业经营体系，推进标准化进程。据统计，示范县已建成标准化规模养殖场（合作社）超过 400 个，畜禽存出栏增幅高于全省平均 1 ~1.5 个百分点，牛羊良种覆盖率高于全省 2 个百分点，已成为全省畜牧业生产和商品供给的重点区域。

5. 突出新型市场主体培育，促进产业转型升级。按照扩张规模和提高标准并重的原则，在引导鼓励发展适度规模养殖户的同时，重点加强养殖场（小区、合作社）规范建设和标准化改造。年初将标准化养殖场建设任务分解到各市（州），由各市（州）根据区域特点和养殖布局，分配任务到县（区）。全省新（改、扩）建规模养殖场815 个，完成计划任务的126.3%。创建部省级标准化示范场 100 个，规模养殖比重达到61%。

6. 规范行业发展，全面提升监管水平。严把动物防疫条件审核、动物卫生监督、兽药饲料和屠宰行业监管"四道关"，强化兽药监督抽检及检打联动，调整理顺屠宰监管职能，健全屠宰监管体系，建设病死畜禽无害化处理机制，落实主体责任，强化兽医和兽药饲料执法。动物产品兽药残留和关键环节"瘦肉精"等违禁添加物监测合格率保持 100%，全省未发生重大动物产品质量安全事件，有力保障了动物产品质量安全。

（甘肃省农牧厅畜牧处　李康伟）

【草食畜牧业】 2015 年，甘肃省全力推动现代畜牧业全产业链和粮改饲试点建设，草食畜牧业发展取得显著成效。全省牛、羊存栏分别为 450.7 万头和1 939.5 万只，分别下降 0.86% 和 1.07%；出栏分别为179.4万头和 1 220.9 万只，分别比上年增长 4.12% 和 9.57%。牛羊肉产量达到 38.4 万吨，占肉类总产量的 39.9%，外调牛羊肉超过 13 万吨，甘肃省已成为西北地区重要的牛羊肉生产供应基地。

1. 政策推动效应进一步加大。继续以 50 个牛羊产业大县和 35 个现代畜牧业示范县为抓手，从夯实良种繁育体系和加快发展标准化规模养殖两个关键环节入手，共安排现代畜牧业建设资金 3.78 亿元，促进了"增量型"向"提质增效型"为主题的改革转型，草食畜牧业迎来了新的发展期。

2. 标准化养殖规模明显提升。推广标准化设施养殖技术，采用龙头企业养殖、合作社养殖、联户养殖和千家万户养殖等有效形式，全省累计建成各类规模养殖场9 300多个，适度规模养殖户发展到80多万户，奶牛、肉牛规模养殖比重达到75%和45%，农区肉羊规模养殖比重达到50%。开展了以“五化”为主要内容的示范创建活动，创建部级、省级标准化示范场437个，其中牛羊示范场246个，为现代畜牧业的发展注入了新的活力。

3. 良种繁育体系进一步完善。通过实施国家畜禽良种工程、畜牧“菜篮子”补贴等项目，牛羊良种繁育体系得到进一步配套完善。全省黄牛冻配改良点达到1 753个，黄牛改良数量增加到105万头；绵羊人工授精站点575个，每年改良绵羊450万只以上，为牛羊产业快速发展奠定了坚实的种源基础。

4. 现代畜牧业全产业链建设全面推开。2015年，安排现代畜牧业全产业链建设资金1.1亿元，从饲草料生产、良种繁育、精深加工、流通营销等重点环节对畜禽产品进行深度开发。通过培育基地、扶持龙头、完善营销等措施，探索出了“康美”企业担保融资和全产业链现代肉牛生产模式、“陇原中天”良种羊供给与肉羊品牌营销经营模式、张掖“前进”奶牛入股与现代奶业发展模式，有力促进了产业提质增效。

5. 草畜协调发展取得新进展。农业部安排甘肃省张掖市甘州区、武威市凉州区、环县3个县(区)为首批粮改饲试点县，安排试点资金3 000万元，推动试点县由二元种植结构逐步向粮—经—饲三元结构调整优化。3个试点县种植或收贮优质饲草面积达到8 266.7公顷。预计每年饲草种植比例提高4%～5%。推动人工种草、秸秆加工利用和草食畜养殖协同发展，农牧互补和草畜良性互动程度得到增强。

【奶业生产和生鲜乳质量安全监管】 2015年，甘肃省积极扶持奶业生产，推进生产方式转变，不断强化婴幼儿配方乳粉奶源建设和奶站监管，加强监督监测，奶业生产和生鲜乳质量安全整治取得显著效果。

1. 养殖规模稳步扩张。2015年，全省奶牛存栏30.0万头，同比下降0.66%；牛奶产量39.3万吨，同比下降0.76%；成年母牛14.5万头，泌乳期平均产奶量4 600千克；奶牛养殖结构性、区域化调整不断加快，兰州、张掖、白银、武威、临夏生鲜乳产量稳步上升，占全省总产量的85%以上，成为主要奶源基地。

2. 生产方式有效转变。大力推进奶业生产由粗放式散养向标准化规模养殖转变，近年来新建奶牛场规模均达到300头以上，全省奶牛规模养殖比重达到71.5%。创建部级、省级奶牛标准化示范场33个，其中部级12个，省级21个，以养殖场、专业合作社为主的奶业发展格局基本形成。

3. 奶业扶持力度不断加大。2015年下达国家、省级奶业扶持资金7 922万元，包括振兴奶业苜蓿发展行动项目、奶牛标准化养殖场项目、奶牛良种补贴和现代畜牧业全产业链资金，重点用于支持各地开展奶牛良种化建设、标准化畜禽养殖场建设及奶业产业链培育。

4. 质量安全水平不断提高。各级畜牧兽医主管部门明确责任，加强监管，不断完善奶站规划，逐步推进全省生鲜乳收购站标准化管理工作；生产经营者恪守职业道德，坚持诚信经营，主动接受社会监督，从源头上保障生鲜乳质量安全。根据奶站月报统计，全省共有94个生鲜乳收购站和107辆运输车，其中18个奶站为乳品企业所有，53个奶站为奶牛养殖场所有，23个为奶农合作组织所有；74个奶站全部实现集中式机械挤奶，较为符合奶站标准，其余20个奶站为纯收奶站，主要为散养奶农服务，暂没有实现集中挤奶。全省107辆生鲜乳运输车，已全部核发许可证。

5. 生鲜乳质量安全水平持续向好。根据农业部和甘肃省生鲜乳质量安全监测计划，全年共监测生鲜乳410批次，其中生鲜乳违禁添加物专项监测270批次，婴幼儿配方乳粉奶源基地质量安全监测10批次，生鲜乳质量安全异地抽检130批次。均未检出违禁添加物，合格率100%。抽检覆盖兰州市等10个市(州)，检测项目为三聚氰胺、皮革水解物、碱类物质、β－内酰胺酶和硫氰酸钠5项违禁添加物。

(甘肃省农牧厅畜牧处　张爱文)

青海省畜牧业

【畜牧业生产】 2015年青海省以草地生态畜牧业建设和农区规模养殖发展为驱动，进一步增强畜禽综合生产能力，努力保障饲料和畜产品质量安全，全面加强草原生态保护，切实加快现代畜牧业建设，全省农牧业生产继续保持良好的发展势态。2015年全省肉类总产量34.71万吨，较上年增加1.3万吨，增长3.9%；奶类总产量32.7万吨，较上年增加1.4万吨，增长4.5%；禽蛋总产量2.3万吨，较上年增加0.1万吨，增长4.5%。

1. 草食畜。2015年全省草食畜存栏1 992.48万头(只、匹)、较上年减少15.86万头(只、匹)，能繁母畜为1 098.41万头(只、匹)、较上年增加8.18万头(只、匹)。草食畜出栏933.20万头(只、匹)，较上年增加31.06万头(只、匹)。牛羊肉产量23.1万吨，较上年减少1.6万吨。

2. 生猪。2015年全省生猪存栏118.4万头，较上年减少2.2万头；生猪出栏137.5万头，较上年减少3万头；猪肉产量10.3万吨，较上年减少0.2万吨。

3. 奶牛。通过奶牛良种补贴、规模养殖场建设等项目的实施,全省奶牛生产保持平稳发展。2015 年全省奶牛存栏 25.6 万头,较上年减少 0.2 万头,能繁母畜 14.84 万头,较上年增加 0.63 万头;奶类产量32.7万吨,较上年增加 1.4 万吨。

4. 家禽。2015 年全省家禽存栏 278.6 万只,较上年增加 9.3 万只,家禽出栏 249.7 万只,较上年减少 162.7 万只,禽蛋产量 2.3 万吨,较上年增加 0.1 万吨,禽肉产量 0.8 万吨,较上年增加 0.1 万吨。

【饲料工业】 2015 年,青海省采取项目补贴和饲料企业自筹的方式,扩建或新建年加工能力 2.5 万吨以上的饲料加工企业 7 家,全省配合饲料获证生产企业 10 家。年生产各类饲料产品达到 44 万吨,其中:工业商品饲料 16.2 万吨,自配料 27.8 万吨。

【草原保护与建设】 2015 年,三江源及祁连山生态建设与综合治理投入资金 60 991 万元,其中:黑土滩治理资金 17 571 万元,治理黑土滩 7.8 万公顷;生态畜牧业基础设施建设资金 20 127 万元,建成牲畜暖棚 80.51 万平方米,贮草棚 26.84 万平方米;草原有害生物防控资金 11 645 万元,防治草原鼠害 194.87 万公顷,建设招鹰架 33 273 架,招鹰巢 8 290 架;退化草地治理资金 1 542 万元,治理沙化草地 1 266.67 公顷,治理黑土滩型退化草地 2 666.67 公顷;草食畜牧业发展资金 720 万元,建成人工饲草基地 2 000 公顷;草原有害生物防治资金 2 502 万元,防治草原鼠害 33.37 万公顷;农村能源投资 6 884 万元,完成太阳灶 15 390 台、太阳能电池 9 200 套、节柴灶 15 110 口、生物质炉 6 530台、户用风力发电机 1 300 套。

【兽医事业发展综述】 2015 年,全省各级兽医机构认真贯彻全国重大动物疫病防控工作视频会议和全省重大动物疫病防控工作会议精神,紧紧围绕"努力确保不发生区域性重大疫情及努力确保不发生重大畜产品质量安全事件"目标任务,主动进位,积极作为,突出重大动物疫病、主要人兽共患病防治、统筹外来动物疫病、地方流行性动物疫病防控,着力在"防、检、监、治、建"上下功夫,全省未发生区域性重大动物疫情和重大畜产品质量安全事件,保障了畜禽生产安全、畜产品质量安全、公共卫生安全和生态环境安全。

【动物疫病防控】 2015 年,全省组织调拨各类疫苗 2.6 亿毫升(头份),畜禽疫病防治 1.34 亿头(只)。其中:口蹄疫等重大动物疫病免疫 8 437 万头(只),完成牛出败等普通动物疫病免疫 4 972 万头(只);寄生虫病防治 4 699.7 万头(只、次),其中:内外寄生虫病防治 4 468 万头(只、次),牛皮蝇防治 231.7 万头(只、次)。完成动物疫病免疫抗体检测 67 223 份,群体免疫抗体合格率均在 80% 以上。采取"定点、定期、定量、定性"监测方式,完成 21 种动物疫病监测 25.45 万头份,其中,血清学检测 21.76 万份,病原学检测 3.69 万份。经定点监测和集中监测,5 种重大动物疫病病原学监测均为阴性;马传染性贫血、马鼻疽、狂犬病、小反刍兽疫病原学检测均为阴性。开展动物口蹄疫、禽流感、小反刍兽疫、炭疽病、布鲁氏菌病等 14 种动物疫病流行病学调查工作,累计调查养殖户 9 992 场户,调查各种动物 148.15 万头(只、羽),全省无重大动物疫情。

【兽医科技】 2015 年,安排财政专项资金近 100 万元,用于兽医科技研究项目。开展猪肉孢子虫危害调查及种类鉴定、藏羊肝脏片吸虫生物学特性及分子分类学研究、青海常用兽药耐药性调查及防控措施研究、青海牦牛出血性败血症综合防控技术集成与示范等十余项科研项目。

【兽药产业】 2015 年,青海省有兽药生产企业 2 家,通过省级兽药 GSP 认证的兽药经营企业(店)183 家。其中:兽用生物制品生产企业生产羊大肠杆菌病灭活疫苗、牛多杀性巴氏杆菌灭活疫苗等各类疫苗产品 22 种,产量达到 24 481.76 万头份(毫升),销售额为 2 889.6万元。化学药品生产企业生产阿苯达唑、阿维菌素等片剂产量 50 吨、碘酊等酊剂 1.0 万升、辛硫酸浇泼溶液等杀虫剂 2.0 万升,实现销售额 208 万元。全年完成 16 个品种的批签发抽样 157 批次。

【生猪屠宰产业】 全省已建成畜禽屠宰企业 112 个,年设计屠宰能力为牛羊 1 000 万头(只),生猪 200 万头,鸡 250 万只。其中:生猪屠宰场 38 家,牛羊 72 家,家禽 2 家。全省机械化屠宰场有 8 个,其中生猪屠宰场 2 个,牛羊 6 个;半机械化屠宰场有 55 个,其中:生猪屠宰场23 个,牛羊屠宰场 32 个。全年屠宰牛羊 275 万头(只)、生猪 48 万头、鸡 166 万只。

【扶持肉牛肉羊生产】 2015 年青海省加强肉牛肉羊养殖场建设和牦牛、藏羊高效养殖技术推广工作,争取资金 5 300 万元。其中:中央支农资金 3 200 万元,省级支农资金 2 100 万元。扶持 70 家肉牛、肉羊标准化规模养殖场开展基础设施改(扩)建建设,101 个生态畜牧业专业合作社开展牦牛、藏羊高效养殖技术推广和支撑工作。

【扶持奶业生产】 根据青海省人民政府办公厅《关于促进奶业稳定发展的指导意见》精神,围绕奶业转型升级任务,发展奶牛适度规模养殖和标准化生产,使分散养殖户向养殖小区集中，加大生鲜乳市场监管。2015年争取奶牛扶持资金5 500万元，其中：中央资金2 500万元，省级支农资金3 000万元。用于奶牛标准化规模养殖场基础设施改（扩）建、农区良种奶牛引进、奶牛“出户入园”及标准化机械挤奶站建设项目。

【标准化规模养殖】 2015年，青海省加大畜禽标准化规模养殖场（小区）建设扶持力度，争取项目资金19 189万元，其中：中央资金5 217万元，省级资金13 972万元。主要扶持180个畜禽规模养殖场（小区）新建和改（扩）建、5个有机畜牧业标准化生产基地建设、34家规模养殖场（小区）开展粪污无害化治理及综合利用、农畜产品品牌建设等项目。

【畜禽良种繁育及推广】 根据《青海省人民政府办公厅关于印发2014年财政支农专项资金盘子整合安排方案的通知》，畜禽良种工程及良种场建设总资金5 660万元，其中：中央支农资金4 160万元，省级支农资金1 500万元。一是畜牧良种补贴项目资金4 120万元，其中中央资金3 400万元，省资金720万元。主要用于推广大通牦牛种公牛9 100头，良种绵羊种公羊1.6万只，以冻精形式补贴荷斯坦牛、牦牛、西门塔尔牛11.5万头，补贴冻精23万剂。二是种畜场及牛改点建设项目等资金1 540万元，其中：中央资金760万元、省级支农资金780万元，扶持建设种畜场10个、标准化牛改点建设20个、长白山白胸野猪引进和试养及柴达木绒山羊选育提高等项目。

【草原生态保护补助奖励政策】 按照财政部、农业部《关于2011年草原生态保护补助奖励机制政策实施的指导意见》，国家每年拨付青海省草原生态保护补助奖励资金19.47亿元，用于天然草原禁牧1 633.3万公顷、草畜平衡1 526.7万公顷、牧民生产资料综合补贴17.2万户、牧草良种补贴种草30万公顷，全省76.53万农牧民享受了补奖政策。

2015年争取草原生态畜牧业建设资金7 000万元，其中：中央资金6 000万元，省级资金1 000万元。主要用于62个生态畜牧业合作社开展试点创新建设及草原生态保护补助奖励绩效考评等。

【退牧还草工程】 根据国家发改委、农业部2015年度退牧还草工程计划，青海省共下达资金34 908万元，其中：中央预算内资金30 096万元，省级资金4 812万元。建设休牧围栏33.7万公顷，划区轮牧11.3万公顷，补播改良草原15.3万公顷，人工饲草地7 000公顷，配套建设舍饲棚圈22 500户，黑土滩治理试点1.3万公顷。

【秸秆养畜】 2015年秸秆养畜示范项目总投资1 121.8万元，其中：中央财政资金400万元，地方财政配套资金160万元，合作社自筹资金561.8万元。扶持规模养殖场新建和改（扩）建牛、羊舍8 639.21平方米，建设青贮池22 800立方米，新建粪污处理池400立方米，购置大型秸秆粉碎机3台，饲料混合机1台，小型秸秆粉碎机27台。

【粮改饲试点】 2015年争取粮改饲发展草食畜牧业试点建设项目资金3 300万元，其中：中央资金3 000万元，其中，湟源、互助、门源县各1 000万元；省级财政每年补助300万元，其中，湟源、互助、门源县各100万元。初步统计，3个县利用低产田种植饲草3.15万公顷，共培育275家规模养殖场和饲草种植专业合作社（养殖大户）进行青贮饲草加工示范点，共收贮青饲草和全株燕麦（黑麦）青干草产品73.51万吨。为提升3个试点县饲草种植、收割、加工和青贮设施、设备能力，青海省为每县配套财政资金100万元，其中50万元与中央的100万元补助资金配套，利用青海省农牧厅与金融机构建立的“授信池”结合，按照1：10的比例撬动金融贷款1 500万元，扶持规模养殖场（合作社、大户）、饲草加工配送企业、饲草种植合作社购置饲草种植、收割、加工机械，进行青贮、微贮设施建设，发放贷款2 630万元。

【重大动物疫病强制免疫疫苗补助】 2015年，青海省共落实重大动物疫病疫苗、布鲁氏菌病和包虫病疫苗补助经费12 144万元。其中：中央财政补助经费10 124万元，省财政配套资金2 020万元。

【养殖环节病死猪无害化处理补贴】 2015年，青海省落实养殖环节病死猪无害化处理补助经费664万元。其中：中央补助资金498万元，省财政配套资金166万元。

【基层动物防疫工作补助】 2015年，青海省落实基层动物防疫补助经费1 640万元。其中：中央财政补助经费1 200万元，省级财政配套440万元。

【兽医法制建设】 制定并以省政府办公厅名义下发《青海省关于建立病死畜禽无害化处理机制的实施意见》，标志着全省病死畜禽无害化处理工作迈上新台阶。《青海省动物防疫条例》经过近两年的广泛调研、认真起草、反复论证等工作，已报省政府法制办审查。

【畜禽资源保护】 2015年青海省加大物种资源保护力度，争取中央资金310万元，用于互助县巴眉猪资源保护及保种场建设。

【"瘦肉精"专项整治】 按照农业部的安排布置，青海省加强"瘦肉精"的整治工作，及时举办了6个州（市）20个县"瘦肉精"专项整治及样品采集培训班，安排落实"瘦肉精"监管经费6.6万元，共抽样检测395个牛羊养殖场（户）、牛羊尿液样品802批次。其中：抽检197个牛养殖场（户）、402批次样品，198个羊养殖场（户）、400批次，监测结果均为阴性，合格率为100%。同时组织各级农牧（饲料）管理部门开展"瘦肉精"整治行动。全省共出动出动"瘦肉精"专项整治执法人员1 620人次，执法车辆82车次，检查饲料生产经营企业（户）124余家，取缔无证照饲料企业8家；现场指导培训61场次，培训人员3 400人次。

【生鲜乳质量安全监管】 按照《农业部关于开展2015年生鲜乳质量安全监测工作的通知》要求，下发《青海省农牧厅关于2015年生鲜乳质量安全监测工作的通知》，全年完成西宁市、海东市和海南藏族自治州5个县（市）22家生鲜乳收购站的生鲜乳抽样检测工作，共抽检生鲜乳样品174批，完成农业部下达任务量的225.0%，其中：生鲜乳收购站（贮奶罐）抽样59批，生鲜乳运输车抽样38批、养殖场抽样77批，均未检出三聚氰胺、碱类物质和革皮水解物；β－内酰胺酶呈阴性，合格率均为100%。在抽样监测的同时，对省内生鲜乳收购站和生鲜乳运输车，按照生鲜乳收购站、生鲜乳运输车辆标准化管理检查内容和判定标准的要求进行检查，合格率100%。

【饲料安全监管】 2015年青海省农牧厅制定下发《关于开展2015年青海省饲料产品质量及养殖环节"瘦肉精"专项监测工作的通知》，组织有关部门对6个州（市）20个县（区）的饲料生产、经营企业、饲料加工点和养殖企业（户）的配合饲料、浓缩饲料、动物源性饲料、预混合饲料、反刍动物饲料和蛋白饲料原料抽样检测任务。共抽检587批次饲料产品，其中：饲料产品质量安全监测140批次，饲料中违禁添加物专项监测170批次，饲料中三聚氰胺专项监测30批次，反刍动物饲料产品和动物源性饲料产品121批次，产品合格率为100%。完成青南牧区牲畜越冬饲料监督抽检28批次，产品合格率100%。完成饲料委托性检验131批次。

【草原执法监督】 2015年全省矿藏开采、工程建设等使用和临时占用草原的单位和个人共有347家，涉及草原27 392.78公顷。其中：因矿藏开采、工程建设等使用草原的单位共159家，使用草原27 120.49公顷；临时占用草原的单位和个人共188家，占用草原272.29公顷。全省征、占用草原的单位和个人已办理草原征、占用审核审批手续的160家，占总数的46.11%。

【草原行政许可】 2015年全省共办理21起草原征、占用审核审批手续，其中：农业部审核2起，省农牧厅审核19起。19家申请办理征占用手续的企业中包括光伏电站16家，矿藏开采3家，旅游开发1家，水利开发1家。

【牧草品种审定】 2015年经全国草品种审定委员会审定，通过了同德贫花鹅冠草的牧草品种审定工作。

【草品种区域试验】 按照全国牧草审定委员会对全省草品种区域试验任务的安排，2015年在海晏县试验站实施了2012年垂穗披碱草3个品种，2015年3个肃草品种、3个紫花苜蓿品种、2个披碱草品种的新品种测定任务。在同德试验点实施了2012年垂穗披碱草3个品种、朝鲜碱茅3个品种，2015年3个肃草品种、3个紫花苜蓿品种、2个披碱草品种的新品种测定任务。

【动物卫生监督执法】 2015年，完成动物检疫883.45万头只，其中：产地检疫392.88万头只，屠宰检疫490.57万头只，饲养场和屠宰场检疫率达到100%。升级改造了100个电子出证点和50个标准化报检点，全省494个产地检疫报检点中，有150个报检点实现了标准化，273个报检点实现了电子出证，出省动物及其产品检疫证明全部实现电子出证。检出并无害化处理病死动物9.46万头只，病害动物产品316.36吨，病死动物无害化率达到100%；查办逃避检疫等违法运输动物案件191起。

对全省1 495家畜禽规模养殖场动物防疫条件、各项动物防疫措施以及防疫条件审查工作等方面存在的突出问题进行专项执法检查，吊销《动物防疫条件合格证》72家，对538家养殖场下达整改通知书。对设施不完善的动物诊疗机构，下达《整改通知书》14份，取缔了10家不达标的动物诊疗机构，全省取得《动物诊疗许可证》的动物诊疗机构14家。

开展兽医实验室安全隐患大排查，安排专项资金50.6万元，对全省兽医实验室保藏的致病性病原微生物和有毒有害、易燃易爆危险物品进行调查摸底和统一上报登记工作，督促各有关单位将危化物统一收缴、统一登记、统一保存并及时移交有关部门，对各地收缴的有毒有害物品和过期化学药品集中到国家指定的危险废物处理中心进行统一销毁，大大降低并消除全省兽医实验室安全隐患。2015年通过考核的州级兽医实验室3家、县级兽医实验室1家。全省8个州级、24个县级兽医实验室通过达标考核。

【兽药质量监管】 2015年，制定兽药质量监督抽检实施方案，兽药（抗菌药）综合治理5年行动实施方案以及兽药标签说明书规范行动实施方案，对全省22个市（州）县（区）62家兽药经营、使用单位的201批兽药进行监督抽检和兽药购销情况进行核实，全省通过兽药GSP检查验收的兽药经营企业达183家。

【生猪屠宰行业监管】 2015年，省本级及8个市（州）、43个县（市、区）级畜禽屠宰职能全部由商务部门划转移交至农牧部门，基本建立了地方政府负总责，农牧部门负全责的上下贯通、运转顺畅的畜禽屠宰监管新体制，为畜禽屠宰监管工作的有序开展奠定了良好的基础，确保畜禽屠宰监管工作无缝衔接。开展畜禽屠宰专项整治行动，全省共开展专项监督执法798次、出动执法车辆743车次、执法人员2 663人次；通过新闻媒体宣传报道整治行动36次、发放宣传资料43 366份、开展从业人员指导培训89场次、指导培训2 317人次；查处违反《动物防疫法》及《青海省畜禽屠宰管理办法》的案件308起，处罚金额13.6万元；排查畜禽屠宰企业112家，清理关闭不符合设立条件的屠宰场13家，取缔私屠滥宰窝点84个；排查兽药饲料门店及动物诊疗机构56家、违禁药品654批次、开展屠宰环节“瘦肉精”检测57 536份，未发现“瘦肉精”等违禁药品，未检出“瘦肉精”阳性样品；组织签订屠宰企业主体责任书及动物防疫目标责任书等356份。认真落实屠宰环节“瘦肉精”检测工作，全年共监测完成43 123份，结果均为阴性。加大项目扶持力度，通过“菜篮子”工程落实省级财政扶持资金1 000万元，支持25家畜禽屠宰企业改善肉品品质检验设施设备，提升屠宰企业肉品检测能力。

【兽医队伍建设】 2015年组织开展全省第三届动物防疫技能大赛、重大动物疫情应急演练和兽医实验室盲样比对活动，狠抓兽医队伍建设，在全省兽医领域营造学技术、练本领、比技能的良好氛围。举办动物防疫技术、兽医实验室生物安全管理和官方兽医师资培训等9期培训班，培训专业技术人员932人次，着力提升基层兽医技术人员公共服务能力。举办执业兽医资格考试，全省网络报名370人，通过考试取得执业兽医资格15人，助理执业兽医31人。对新录入154名官方兽医进行能力测试，合格率达到了98%，组织全省1 793名官方兽医参加新政策、新法律、新规范知识通考。开展乡镇畜牧兽医站规范化建设，对10个乡镇畜牧兽医站基础设施、专业技术队伍、内部管理、工作能力等方面实施标准化建设，切实提高基层疫病防控工作规范化、队伍专业化和管理科学化水平。

【畜禽标准化示范场创建】 2015年青海省通过国家认定的畜禽标准化示范场7家，其中：肉羊3家、肉牛3家、奶牛1家。通过青海省认定的畜禽规模养殖场（小区）232家，其中：生猪18家、奶牛17家、犏牛1家、肉牛51家、牦牛11家、肉羊111家、绒山羊1家、蛋鸡12家、肉鸡10家。

【畜产品质量安全认证】 2015年西宁龙康养殖有限公司、平安绿雏富硒蛋鸡养殖场等19家蛋（肉）鸡生产企业，青海省互助八眉猪原种育繁场、青海乐都丰源仔猪繁育有限公司等17家生猪生产企业，青海锦绣生态农业发展有限公司、互助海清肉羊养殖专业合作社等12家肉牛（羊）生产企业通过农业部农产品质量安全中心认证。

刚察县玉湖农林开发有限公司等10家企业生产的牦牛肉、藏香猪肉、藏系羊肉、兔肉等23种产品，通过了中国绿色食品发展中心认证。

青海五三六九生态牧业科技有限公司、青海祁连亿达畜产肉食品有限公司等8家企业生产的牦牛、藏羊、大通牦牛精品排、大通牦牛乳牛牛腩祁连藏羊排、祁连藏羊里脊等85种产品，通过农业部中绿华夏有机食品认证中心认证。

【应急管理】 省财政安排专项资金80万元用于重大动物疫病应急物资采购，省级重大动物疫病防控应急物资库应急物资储备丰富，储备消毒药30吨，注射器、防护服、喷雾器等应急物资10万多件（台、套）。

【兽药残留监控】 制定青海省动物性产品兽药残留监控计划，对畜禽养殖、屠宰、销售较为集中的5个州、15个县进行畜禽产品兽药残留监控。全年抽检猪肉、牛肉、羊肉、猪肝、猪尿、羊肝、鸡蛋等样品648批次，进行了盐酸克伦特罗等违禁药品和兽用抗菌药物残留监控，合格率99.7%。对超标样品及时开展追溯监管，对违规使用兽药养殖企业的养殖档案、饲料加工、兽药使用情况进行现场检查，并不定期开展监督抽检，同时，收回涉事企业的“青海省规模养殖场（小区）”标志牌，取消了该企业本年度省级财政支农资金项目。

【牧草种质资源保护】 2015年共采集早熟禾属、披碱草属、鹅观草属、羊茅属和发草属等野生多年生牧草种质资源337份，采集图像资料近2 000张。其中130份多年生野生牧草种质资源进行保种繁殖和农艺学性状评价，65份披碱草属、碱茅属、羊茅属、早熟禾属、鹅观草属、发草属和冰草属种质材料进行抗旱性评价。

“青藏高原特有草种资源保护及发掘利用”项目获得2015年青海省科技进步一等奖。共收集各类优良草种质资源3 791份，引进457份；农艺性状评价5 895份，入国家草种质资源长期库保存2 152份，建立了一个在青藏高原高寒区最具影响力的草种质资源评价圃。

2015年度出版《青海药用植物图谱(下卷)》专著1部,该书收录青海省药用植物173种,分属44科119属,占青海省已知药用植物的11.9%,每种药用植物中英文对照,分别从属名、拉丁名、别称、特征、分布、生境、药用部位、药用功能以及其他用途等方面进行了详细的介绍,并配有大量的图片。

【飞播种草】 2015年飞播种草项目共投入资金164万元。其中:国家建设资金100万元,群众自筹64万元。在青海省河南县优干宁镇多特村、德龙村、宁木特镇作毛村实施飞播种草1 333.3公顷,采用免耕播种方式,选用适宜当地生长的禾本科多年生牧草——青牧1号老芒麦,并完成项目区围栏维修1 333.3公顷、鼠害防治2 666.67公顷。整个播区平均出苗数为210株/平方米,飞播草地有苗面积率达90.0%。

【草原鼠害防治】 2015年青海省草原鼠害防治投入资金2 437.03万元,其中:三江源二期工程投资1 607.28万元,中央财政补助资金600万元,省财政支农资金补助229.75万元。完成草原鼠害防治148.12万公顷,草原鼠害防治共投入劳力4 011人次,技术和管理人员216人次,调运饵料108.4万千克,耗用C型肉毒素108.4万毫升,投入车辆171辆,发放和自制弓箭22 650张。

【草原虫害防治】 2015年青海省草原虫害防治投入资金3 889.15万元,其中:三江源二期项目投资3 089.15万元,中央财政补助资金800万元。防治草原虫害55.19万公顷,其中:草原毛虫48.14万公顷,草原蝗虫3.71万公顷,古毒蛾等其他害虫3.33万公顷。

草原虫害防治投入劳力28 234人次,抽调行政、技术人员853人次,动用中小型喷雾器20 415台次,调用大型喷雾器械460台次,租用短途运输及拉水车辆898台,全部使用生物制剂(主要是生物碱、烟碱、微孢子虫)防治草原虫害,平均防治效果达到86.36%。

【草原防火】 积极宣传《草原法》《草原防火条例》等法律法规,现场发放各类宣传材料2 300份,宣传物品11 000件,省气象服务中心与省草原防火办公室联合发布草原预警短信57条,LED显示屏每站发布372次,火险等级预报188份,雨情信息126份,重要天气预报20份。将全省市(州)级极高火险区由3个增加为4个,市(州)级高火险区由2个变更为4个,县(市)级极高火险区由13个增加为15个,县(市)级高火险区由11个变更为21个,完成了全省草原防火区域新的布局。

2015年农业部下达青海省环青海湖地区防火基础设施建设项目、三江源地区防火基础设施建设项目,总投资4 224万元,其中:中央投资3 840万元,地方投资384万元。通过省财政支农资金购置防扑火设备,共调拨价值65万元的确风力灭火机、防火服等防火装备11 115台(套)。

【草原毒杂草防治】 2015年青海省投入省财政资金100万元,草原毒草防治1.33万公顷,投入劳力415人次,使用狼毒防治药品12 000千克,完成草原狼毒防治任务1.3万公顷,平均防治效果92.6%。

(青海省畜牧总站 张惠萍)

宁夏回族自治区畜牧业

【畜牧业概况】 全区畜牧业生产面对价格大幅波动、市场需求不旺等不利因素影响,通过强化政策扶持、项目带动、机制创新,确保了畜牧业稳步发展。奶牛存栏35.4万头,同比下降5.3%。牛、羊、生猪和家禽存栏量分别达到107.6万头、587.8万头、65.5万头和933.9万只,同比增长4.4%、-4.0%、-13.1%和-9.5%。肉、蛋、奶产量分别达到29.2万吨、8.8万吨和136.5万吨,同比增长2.5%、6.0%和0.6%。牧业产值122.9亿元。全区饲料总产量85.7万吨,饲料工业产品总产值71.1亿元,出口饲料添加剂交货值9.79亿元。

【产业布局优化】 有效发挥区域资源优势,突出重点,分区推进,产业带及核心区优势进一步凸显。依托北部引黄灌区农业产业优势,着力打造奶牛优势产业带,全面实施奶业"提质增效"行动计划,优势区奶牛存栏和产奶量分别占全区的93%和99%;依托中部干旱带滩羊种质资源优势,着力打造滩(肉)羊优势产业带,饲养量占到了全区的92%。依托南部山区生态及优质牧草资源优势,着力打造环六盘山肉牛优势产业带,肉牛饲养量和基础母牛存栏占到全区的73%和75%;以引黄灌区粮草轮作、中部干旱带旱作人工草地、南部山区退耕种草为主的优质牧草产业带,紫花苜蓿等多年生牧草占全区人工草地面积的67%。

【规模养殖】 采取收购、代养、托管、入股等方式,出户入场、整村推进,加快规模养殖场、养殖园区、家庭牧场建设,主体多元、协调互补、多种养殖模式共同发展的产业格局初步形成。全区各类规模养殖场(园区)6 215个,其中奶牛268个、肉牛1 073个、滩(肉)羊4 575个、生猪299个,规模养殖比例分别达到了84%、38%、47%和66%,比"十一五"末分别提高14个、9个、9个和4个百分点。

【科技支撑】 以规模养殖场和养殖园区为平台，以重大推广项目为抓手，引进、示范、推广了高效繁殖、精准化养殖、粗饲料加工、智能化管理等一大批国内外先进新技术，畜牧科技支撑产业发展能力显著提高。奶牛平均单产7 200千克，比全国平均水平高1 200千克，居全国第四位。高档牛肉生产和母牛低成本养殖技术达到国内先进水平。规模养羊场75%以上繁殖母羊实现了“两年三产”，小群饲养户全部实现“一年两产”。苜蓿青贮、柠条加工和非粮饲料开发利用技术取得突破，秸秆加工利用率达到65%以上。

【草原生态保护】 继续加强禁牧封育，全面落实草原生态保护补助奖励政策，做好天然草原退牧还草、补播改良和优质牧草生产，强化鼠虫病害防治、草原防火工作，优质牧草生产能力逐年提高，草原生态环境得到显著改善。全区草原植被综合覆盖度达到52%，比“十一五”末提高5个百分点；天然草原干草总产量达到195万吨，比“十一五”末增长10.9%。人工草地由46.67万公顷，增加到56.67万公顷。

2015年，组织实施草原保护生态补助奖励政策，完成177.93万公顷草原禁牧补助和17.748万农牧户生产资料综合补贴，完成退化草原补播改良4万公顷，建设人工饲草地8.67万公顷、棚圈4 000座、草原防火站8个。制定草原禁牧封育十条措施，与党委、政府督查室和林业厅联合开展草原禁牧督查，在媒体设立“曝光台”、举报电话，有效解决了禁牧反弹问题。在盐池开展草原确权颁证试点，为全区推进草原权属改革探索经验。建立火险等级气象信息发布制度，开展火灾预警和应急演练。开展草原生态保护红线划定和草原征占用审核审批管理工作，依法加强草原生态保护。

【强化产业扶持政策】 整合专项资金8.98亿元（共计34个项目），对基础设施、良种繁育、优质饲草生产、畜产品加工、品牌培育、市场销售等实行全产业链扶持。与2014年相比，项目资金增加1亿元。协调推进财政金融支农机制创新，采取区、市、县联动，在银川市和吴忠市建立8 000万元奶产业发展风险基金。安排金融服务支撑资金5 500万元，在盐池等7县（区）开展金融信贷支农试点，对家庭农场、合作社、养殖大户和中小规模养殖场提供贷款担保。加大招商引资力度，引进万家灯火、天山生物等一批龙头企业，意向投资300亿元以上。

【加快基础设施建设】 建设肉牛养殖专业村91个、滩（肉）羊专业村130个，完成计划任务的110.5%；新建肉牛规模养殖场50个、滩（肉）羊规模养殖场165个，完成计划任务的206%和100%；建设改造奶牛标准化规模养殖场22个、高产奶牛繁育示范场30个。开展畜禽标准化示范创建活动，6个企业被农业部确定为畜禽标准化示范场，全区国家级标准化示范场达到66个。

【良种繁育体系】 实施国家、自治区畜牧良种补贴项目，推广奶牛冻精41万支（含性控冻精3.2万支）、肉牛冻精20万支、种公羊1.25万只、生猪鲜精20万头份、奶牛性控胚胎3 000枚。推进基础母畜扩群，完成20万只滩羊种子母羊群、20万肉羊基础母羊群、4万头犊牛“见犊补母”补助任务；引进安格斯纯种肉牛1万头，建设规模化、标准化良种肉牛繁育场15个。建立区、县、乡、村四级畜禽改良站（点）736个、良种繁育场47家，生产性能检测（测定）中心2个。奶牛、肉牛、肉羊、生猪和家禽良种覆盖率分别达到100%、80%、90%、90%和100%。

【扩大优质牧草生产】 完成4 000公顷高产优质苜蓿种植、6 666.67公顷人工饲草地建设、7.6万公顷苜蓿复种更新和3.47万公顷生态修复种草任务，全区优质牧草种植面积达到56.67万公顷（以苜蓿为主多年生牧草留床面积40万公顷）。完成粮改饲试点工作，利通区等三个试点县（区）种植青贮玉米1.94万公顷，加工全株玉米青贮饲料86.3万吨，完成计划任务的194%和192%。草牧业试验示范项目完成1 333.3公顷（2万亩）优质牧草基地建设任务，复种冬牧70黑麦草植3 000公顷。全区饲草加工调制总量335万吨，增长17.5%，其中全株玉米青贮202万吨，秸秆加工调制总量和全株玉米青贮量首次实现“双突破”。

【草畜产业节本增效科技示范】 草畜产业节本增效科技示范是今年自治区部署的“三重一改”任务。按照“主攻单产、提高品质、降低成本、提升效益”的总体要求，把节本增效科技示范作为转变技术推广方式、推进产业转型升级的重要抓手，分级建立科技示范点588个，推广应用群体改良、精准饲养等20多项配套技术，示范场精细化经营管理意识、精准化饲养水平、养殖综合效益有了新的提高，实现了“五有一明显”的示范目标，促进了草畜产业转型升级。全区588个示范点可降低成本5 580万元，提高效益3 470万元。

【畜产品和饲料质量安全监管】 严格生鲜乳收购站监督管理，开展生鲜乳抽样监测1 782批，合格率100%，已连续七年实现检测合格率100%。开展饲料质量安全、违禁添加物、反刍动物饲料、质量安全追溯检、“瘦肉精”、尿液兴奋剂等六个方面监测，测定样品5 442批次，检测合格率均为100%。开展饲料质量安全管理规范示范创建，两家企业通过农业部现场验收。

【畜禽良种繁育体系建设】 组织实施国家畜牧良种补贴和自治区畜禽种子工程项目,累计推广优质奶牛冻精193万支、肉牛冻精128万支、种公羊6.25万只,种公猪1 140头、改良奶牛107.2万头、肉牛65万头、羊260万只,猪人工授精26万头。建设畜禽良种繁育场47个、生产性能检测中心2个、人工授精站(点)736个。奶牛、肉牛、肉羊、生猪和家禽良种覆盖率分别达到100%、80%、93%、90%和100%。

【奶牛高效养殖技术体系】 实施奶牛生产性能测定、高产奶牛核心群选育和奶牛精准化健康养殖技术推广等项目,重点推广了高效繁殖、生产性能测定、饲草料调制、全混合日粮饲喂、智能化管理等技术,奶牛平均单产达到7 200千克,比2010年提高800千克,居全国第四位。奶牛生产性能测定覆盖45个规模奶牛场,累计测定奶牛11.45万头,平均单产达到9 212.9千克,比2010年提高1 167千克,其中平均单产9 000~10 000千克的奶牛场18个,平均单产10 000千克以上的奶牛场8个;牛奶质量大幅提升,体细胞数由2010年的42.1万/毫升降低到28.2万/毫升。品种改良、全混合日粮饲喂、机械化挤奶等重点技术实现全覆盖,规模养殖比例达到84%,转型升级步伐明显加快。

【肉牛规范化养殖】 围绕肉牛规范化养殖,实施了清真肉牛产业关键技术研究与示范、优质(高档)肉牛生产技术示范推广等项目,重点示范推广了品种改良、母牛规范化饲养、低成本养殖、饲草料加工调制、日粮科学配制等技术,冷配改良普及率达到80%,比2010年提高了9个百分点;改良肉牛18月龄胴体重达到230千克,比2010年提高50千克;建立了高档肉牛生产技术体系和示范基地。

【饲草加工调制利用】 实施秸秆加工调制、优质饲草及非常规饲草料开发利用等技术推广项目,饲草加工调制利用范围逐步扩大、总量大幅增加。2015年,全区推广饲草加工调制335万吨。其中,秸秆黄贮(微贮、酶贮)133万吨,全株玉米青贮202万吨,饲草加工利用和玉米青贮实现"双突破",为草畜产业提质增效奠定了坚实的物质保障。

【舍饲养羊综合配套技术】 实施滩羊舍饲高效养殖、肉羊改良及高效养殖等技术推广项目,示范推广了滩羊本品种选育、肉羊杂交改良、"两年三产"、规模化标准养殖等配套技术。规模养殖比例达到47%,比2010年提高了8.4个百分点。滩羊大群"两年三产"比例达75%以上,十二月龄出栏胴体重达到23.5千克。肉羊6月龄体重达到40千克。

【生猪规范化三元杂交体系建设】 组织实施国家和自治区良种补贴项目,完善人工授精服务网络,建立种猪供精站6个、精液配送中心49个,引进推广种猪1 300头,推广规范化三元杂交生产26万头,窝均产仔达到12头以上,生猪出栏率达到150%以上。

【标准化信息化技术体系】 创建66个国家级畜禽标准化示范场,制(修)定和施行32项畜牧技术地方标准。建立了畜牧信息服务平台,开展良种奶牛、肉牛、肉羊在线登记、奶牛生产性能测定数据在线上报及实用技术咨询服务。在规模奶牛场推广智能化发情监测、全混合日粮饲喂监控、牧场信息化管理等技术,提高了行业及牧场管理水平。

【国家畜牧良种补贴和自治区种子工程项目】 创新冻精采购管理,采取集中招标、县市选择、统一把关的办法,推广奶牛冻精37.8万支、肉牛冻精20万支。通过技术服务,推广种公羊1.25万只,生猪规范化三元杂交10头(次)。检查验收种畜禽场25家,指导建设国家级种禽扩繁基地2家。

【优质高产奶牛选育】 建立31个示范场,引进国外优秀验证公牛冻精6.2万支,应用综合性能指数、全基因组检测和物联网智能管理等技术,开展高产基因位点研究和选种选配、青年母牛选育。建立开放式选育核心群1.6万头,平均单产10 636千克。

【清真肉牛产业关键技术研究示范】 组建选育群7 600头、核心群3 200头,建立了母牛带犊经济饲养模式和育肥日粮配方库,研究了柠条等非常规饲料的饲用价值及利用技术,研制了风味牛肉生产营养调控技术。

【重点技术示范推广】 发挥首席专家及其团队作用,以点带面加强重点技术推广。一是奶牛,在规模场推广选种选配、TMR精准饲喂、发情智能监测、信息化管理等技术。在45个规模场开展奶牛生产性能测定3.82万头。在65个规模场推广国外优质高产性控冻精6.5万支、性控胚胎2 408枚。二是肉牛,在32个示范场推广母牛营养调控、低成本养殖、犊牛隔栏补饲和高效育肥技术。在2个育肥场示范了高档肉牛生产技术。三是滩(肉)羊,在13个示范场推广肉羊改良、全混合日粮饲喂、羔羊早期补饲技术。建立中牧亿林肉羊高效养殖、天源牧业滩羊选育等3个示范基地,示范肉羊三元杂交、肥羔营养调控等技术。四是生猪,创建标准化养殖示范场5个,出栏率达150%以上。

【推广饲草加工调制技术】 在吴忠市利通区、贺兰县和中卫市沙坡头区开展粮改饲试点,推广青贮玉米1.94万公顷,制作青贮86.3万吨,完成任务的194%和192%。示范推广秸秆和苜蓿加工调制技术,组织固原市53个饲草配送中心和灌区73个规模养殖场进行产销对接,推广订单生产1.5万吨。配合冬牧70推广,开展生长期营养成分测定、加工利用和饲喂技术示范,制定了加工调制技术规程和肉牛、肉羊全混合日粮推荐配方。示范推广柠条等非常规饲料资源的开发利用,并开展了体外消化试验。今年,全区饲草加工335万吨,增长17.5%。其中,秸秆黄贮等133万吨,玉米青贮202万吨,加工总量和青贮玉米实现"双突破"。

【推进标准化规模养殖】 积极开展标准化规模养殖技术示范,年内创建标准化规模养殖场6个,并对2012年创建挂牌的22个示范场按照标准进行了复验。同时,制订了《肉用母牛饲养管理技术规范》等6项地方标准。

【改善草原生态】 草原植被综合覆盖度为52%,可产鲜草427.4万吨,理论载畜量291万个羊单位。草原生物多样性指数达到0.89。

【牧草产业】 新增人工草地8.67万公顷,全区人工草地留床面积达到56.67万公顷,其中,多年生牧草留床面积40万公顷,一年生牧草保持在16.67万公顷。人工牧草产草量达到480万吨。新增牧草新型经营主体67个,累计达到104个,商品草产量达到30万吨。

【落实草原生态补奖政策】 在盐池、同心、中宁、海原、平罗等16个县(市、区)完成177.93万公顷草原禁牧补助和17.748万农牧户生产资料综合补贴,受益农户户均获得直补资金723.4元。通过全面落实草原生态保护补助奖励政策,加强天然草原补播改良和优质牧草生产,草原生态明显恢复,优质牧草生产能力逐年提高。

【优质牧草产业】 在盐池、平罗等13个县建成4 000公顷(6万亩)高产优质苜蓿生产基地。在彭阳、海原、盐池等20个县(区)种植优质牧草7.6万公顷。在盐池、同心、海原等10个县生态移民迁出区生态修复补播改良和人工种草3.67万公顷。形成了沿贺兰山东麓引黄灌区、中部干旱带扬黄灌区和环六盘山雨养旱作区3个优质牧草产业带。

【禁牧封育和监理执法】 加强草原禁牧联合督查执法,制定禁牧十条新规,设立举报电话和新闻媒体"曝光台",采取"堵""疏"结合措施,有效遏制了禁牧反弹势头。开展草原确权颁证试点工作和草原生态保护红线划定,加强草原征占用审核审批管理,加强草原防火和鼠虫害防控,加大草原违法案件的查处力度,依法保护草原生态。

【草原执法和草原防火】 争取国家草原防火基础设施建设项目资金2 170万元,建设环六盘山8县草原防火站。开展防火隐患排查,举办全区草原防火培训班和实战演练,加强防火物资储备。争取自治区草原监理执法和草原防火配套资金150万元,为草原监理执法和防火工作提供了有力的保障。

新建草原防火站8个,全区已建成草原防火物资储备库4个、防火站13个、草原防火指挥中心2个。制定发布草原火灾应急预案54件,建立火险等级气象信息发布等制度,强化火灾预警和应急演练。草原火灾受害率和重特大草原火灾发生率控制在3%和0.3%以内。

【落实生产企业和市县监管主体责任】 制定并印发全区饲料质量安全监管要点、饲料工作指导意见和执法监管工作规范等12项工作制度。进一步强化属地监管责任,要求各市县制定饲料监管工作实施方案,做到责任明确、分工到人。坚持目标责任与督导检查相结合,除元旦、春节进行专项检查外,各市县普遍对饲料生产企业、经营网点和部分养殖场户进行两次拉网式检查。30万元项目资金拨付进度100%。

【饲料生产许可审核】 按农业部新许可条件要求,注重做到制度和组织先行。9月28日农牧厅发文调整了"自治区饲料生产许可证审核专家委员会"部分专家,进一步完善"审核颁证管理、审核工作流程、责任追究、专家考核评价"等工作制度。10月12日,召开新调整审核专家例会,专家交流学习新法规和现场审核工作经验,金万宏副厅长出席并讲话。严格审核程序,严把准入关,对不符合条件的坚决不予核发饲料生产许可证。今年新审核企业8家(总数46家)、新颁发生产许可证8个、换证5个(总数55个)。对获证后企业监督检查,发现问题责令其限期整改。

【实施饲料质量安全管理规范】 组织示范企业创建指导小组,深入企业进行指导,要求各创建示范企业成立工作小组,对照规范110项内容逐条落实。举办1期培训班,邀请农业部的专家解读规范,组织现场观摩示范创建企业。10月26~28日,宁夏大北农和杨哈吉公司通过了农业部饲料质量安全管理规范示范企业现场验收,宁夏成为西北第一个通过2家国家级示范企业验收的省份。

【饲料质量安全检测】 今年全区饲料产品质量安全监测样品164批次、违禁添加物专项监测样品259批次、反刍动物饲料中牛羊源性成分例行监测产品175批次,质量安全追溯检测共检测257批,以上4项检测合格率均为100%。养殖环节"瘦肉精"检测,在全区835场户、现场抽取1 880个尿液样检测均为阴性,合格率为100%。2015年8月14～18日,农业部对宁夏沙坡头、青铜峡、中宁县重点养殖场户猪牛羊尿液兴奋剂类物质排查样品300个,检测合格率100%。6项检测抽样具有完全随机、结果具有相互验证的特点,表明宁夏饲料质量监管取得了新成效。

(宁夏回族自治区农牧厅畜牧局 张 军)

【兽医工作概况】 2015年,全区兽医工作以保障畜牧业健康发展、动物产品质量安全、动物及动物产品贸易和公共卫生安全为核心,突出重点养殖区域、规模养殖场的防疫监管,提升活畜禽调运监管、病害动物及动物产品无害化处理水平,落实强制免疫、监测预警、监督执法等综合防控措施,全面增强动物疫病防控综合能力。全区未发生区域性重大动物疫情,疫情形势总体保持稳定,保障了畜牧业健康发展、畜产品安全和公共卫生安全。

【重大动物疫病防控工作】

1. 及时安排部署,扎实做好强制免疫工作。及时安排部署了重大动物疫病防控工作,印发了《全区重大动物疫病集中免疫工作方案》。各市县按照要求分别组织召开了集中免疫工作动员会安排部署免疫工作,并对乡村防疫人员集中进行免疫前的技术培训。各地普遍实行乡镇政府和村委会两级干部分片包干,协调配合防疫人员开展免疫工作,防疫技术人员分组包片指导免疫工作的工作形式,在春秋防疫期间集中村级防疫员整村推进免疫工作,分散开展补免工作。各地不断创新考核机制,通过查看免疫档案、入户调查、抗体监测等手段,把验收结果作为防疫员兑现工资的主要指标,奖优罚劣,推动了防疫工作的落实。2015年,全区共组织供应口蹄疫三价灭活疫苗1 659万毫升,猪O型口蹄疫疫苗543.5万毫升,A型口蹄疫灭活疫苗200万毫升,H5亚型高致病性禽流感疫苗2 000万毫升,高致病性猪蓝耳病活疫苗199.7万头份,猪瘟疫苗512.6万头份,小反刍兽疫疫苗1 188万头份,布鲁氏菌病(S2)疫苗800万头份。全区全年牛、羊、猪口蹄疫分别免疫218.24万头、1 259.23万只、182.59万头;禽流感免疫2 160.28万羽;猪瘟免疫189.08万头;高致病性猪蓝耳病免疫178.18万头;羊小反刍兽疫免疫932.04万只,羊布鲁氏菌病免疫666.74万只,应免密度均达到100%。

2. 加大免疫抗体和病原学监测力度,提升疫情预警预报能力。近年来,根据全区畜牧产业布局、重点区域、重点畜种和重点疫病情况,采取随机采样与"定点、定期、定量、定性"相结合的监测模式,在全区22个县(区)设置338个动物疫病固定监测点,持续加大疫情监测,切实做到分级负责,分工承担。全面掌握主要动物疫病免疫抗体水平、病原分布和流行趋势,科学评价免疫效果,准确把握疫情动态,及时消除疫情隐患,进一步做好疫情预警预报工作。全年完成各类动物疫病免疫抗体水平监测89 653份,重大动物疫病免疫抗体水平均达到农业部规定的合格标准。全区完成病原学监测43 161份。通过免疫抗体监测,发现免疫漏洞,及时进行补免,并科学评价免疫效果。通过病原学监测及时掌握了全区牛羊布鲁氏菌病、包虫病病原污染状况,为全区及时开展布鲁氏菌病强制免疫等综合防控措施提供了科学依据。

3. 开展流行病学调查工作,科学分析疫情流行规律。在全区22个县(区、市)设置流行病学调查点,每月开展流行病学调查工作。农牧厅组织自治区动物疾控中心对中卫市沙坡头区等养鸡集中区的17个规模场、4个散养户和1个活禽交易市场进行流行病学调查,并采集160份血清样品和381份鸡咽喉/泄殖腔棉拭子样品进行了禽流感免疫抗体和病原学检测。同时联合宁夏森防总站在中宁县天湖国家湿地公园、青铜峡库区、平罗县黄河湿地林场进行流行病学调查,并采集10余种野鸟咽喉/泄殖腔拭子共计136份、血清95份,开展禽流感病原学监测工作,均为阴性,为加强禽流感疫情预警预报提供了科学依据。

4. 加大督查力度,确保措施落实到位。春秋两季集中免疫期间,结合农牧厅"三个一批"活动,将兽医局、自治区动物疾控中心、动物卫生监督所、兽药饲料监察所专业技术人员进行整合,实行分片包干,强化对全区动物疫病重点防控区域的监管,实行专人定期巡查制定。集中免疫结束后,组成4个督导组,赶赴各市县对防疫工作落实情况进行检查,并随机抽取养殖场现场采血送自治区动物疾控中心集中进行抗体监测,科学评价防控效果。农牧厅兽医局不定期组织督导组对全区各市、县防疫工作进行抽查,及时发现问题,及时督导防控措施落实。

【动物卫生监督执法工作】

1. 扎实开展动物检疫工作。全区重点开展了养殖情况摸底调查和规模场电子档案登记,分类管理,分级指导;实行了产地检疫全程监管,规模养殖场到场检疫,散养户到点检疫,逐步提高动物产地检疫率。宁夏自2015年4月1日起,全区全面停止手写出证。全区设置动物检疫电子出证点292个,其中:产地检疫电子出证点222个,屠宰检疫电子出证点70个;发放官方兽医出证账号852个。组织建设了宁夏"智慧动监"

指挥中心和省级数据中心，已基本完成，正在进行设备调试。2015 年，全区产地检疫畜禽 607.1780 万头（只），较 2014 年上升 36.45%，检出病畜禽 0.3260 万头（只），较 2014 年下降 6.24%；屠宰检疫畜禽 586.9607万头（只），较 2014 年下降 3.49%，检出病畜禽 1.4892 万头（只），较 2014 年下降 38.72%。全区屠宰畜禽受检率、检疫出证率、标识回收率，检出畜禽无害化处理率均达到100%。办理跨省引进种用乳用动物检疫审批 36 批次，其中牛冻精 108.4 万支、种猪 1 260头、种羊 800 只、奶牛 721 头。

2. 推行规模养殖场（户）动物防疫条件分级管理。继续推行规模养殖场（户）动物条件分级管理，将全区规模养殖场按照防疫风险级别分为 A、B、C、D 四级进行监管。监管对象风险等级的划分以动物卫生监督量化评分结果作为标准。全区共登记备案并量化分级规模场（户）1 430 个，其中 A 级 252 个，B 级 341 个，C 级 297 个，D 级 540 个。通过改进监管模式，在风险分级的基础上，对不同风险级别的监管对象实行量化监督，提高了全区动物养殖场（户）监督管理能力，进一步推动畜牧业健康发展。

3. 创新动物调运监管手段。继续加大对动物及动物产品调运的监管，落实跨省调运畜禽登记备案和抵达报告制度，对牲畜外调制定严格的程序，对贩运人员实施登记，积极与牲畜调出地进行对接，由专业合作社推选有经验的贩运户带领散户跨省统一进行采购，全程由动物卫生监督人员进行监督，将活畜调运从分散到集中，从无序到有序，从无法监管到全程监管，落实了启运前的免疫、检疫、隔离措施，严格执行了跨省调运动物审核、备案和落地报告制度。活羊跨省调出全部凭抗体检测报告出具产地检疫证明。

4. 规范动物卫生监督执法行为。结合农业部下发的《关于动物卫生监督十起违法典型案例的通报》要求，在全区开展动物卫生监督执法工作专项整治行动和以案说法警示教育月活动。

5. 大力开展动物无害化处理。在全区范围内组织开展了“病死禽畜无害化处理宣传月活动”，制作并印发无害化处理知识宣传手册 10 000 份，张贴宣传标语 2 998 条，举办无害化处理专题培训班 8 期。各地严格按照消毒技术规范做好养殖场（户）、养殖小区、活畜交易市场、屠宰场等关键环节的全面消毒工作，做到严格消毒、规范管理，同时积极探索符合当地实际的无害化处理模式，通过多种方法解决病死动物污染环境问题。2015 年宁夏生猪规模养殖场养殖环节累计无害化处理病死生猪 23 171 头，共申请无害化处理补助经费 185.37 万元。

6. 加强动物诊疗机构监管。开展为期 6 个月的全区动物诊疗专项整治，对动物诊疗机构场所、人员、设备、制度、管理等方面进行整治清理，清理关闭不合格动物诊疗机构数量 31 个，办结违法案件 1 起。全区共有动物医院 5 家，动物诊所 70 家，共有执业兽医师 260 名，助理兽医师 257 名；注册执业兽医师 110 名、备案执业助理兽医师 47 名。继续开展动物诊疗示范点创建活动，全区共有 9 家动物诊所确定为“全区动物诊疗机构示范点”，1 家乡村兽医诊疗服务点为“全区乡村兽医诊疗服务示范点”。

【兽药监督管理工作】

1. 加强兽药经营市场监管。继续开展兽药 GSP 后续监管，建立并执行兽药经营企业季度巡查督查机制，对辖区经营企业的硬件设施保持、质量管理制度落实、各种档案记录、人员上岗、处方药管理规定执行等方面进行检查督查，发现问题，及时下发整改通知书或依法进行查处。在日常监管工作中重点检查了非强制免疫用兽用生物制品经营、使用单位的储存条件、购销档案、使用记录，严格落实兽用精神药品、麻醉药品的定点经营、备案管理等制度。同时修订了区内兽药 GSP 检查验收办法，将兽药 GSP 检查验收下放到市县，举办了第三期兽药 GSP 检查员培训班，充实了全区检查员队伍。全区通过 GSP 检查验收企业累计达到412 家，正常经营的365 家。全区结合农资打假、绿剑护农行动，加大兽药市场执法监管力度。继续落实“检监联动”机制，对宁夏抽检不确认、检验不合格的兽药产品，及时向辖区兽药监管机构发送产品确认通知书和检验报告。对非法企业产品和假兽药开展清查，发现同品种同批号产品，及时进行了清缴销毁，净化了全区兽药市场。

2. 积极做好兽药生产许可行政审批下放衔接工作。积极承接开展农业部兽药生产许可工作，制定了宁夏兽药生产质量管理规范（GMP）检查验收申请受理流程、审查验收程序和相应的文档格式，强化服务指导，严格验收标准，优化验收流程，提高审批效率，共完成辖区 2 家生产企业 8 条生产线的 GMP 现场检查验收和生产许可证办理、1 家生产企业的变更登记，并向农业部上报了审批信息。加大企业巡查监督力度，开展诚信自律和法律法规教育，全区兽药生产企业依法守规生产，没有发生违法生产行为和监测抽检不合格情形。

3. 继续推进兽药使用规范化管理。进一步加强兽药 GUP 示范推广工作，在规模养殖场推行兽药使用管理制度，完善兽药使用记录，规范抗菌药物使用，落实休药期管理规定。各县、区继续创新工作思路，将兽药使用质量管理规范推进工作与动物防疫条件审核、养殖业项目扶持、规模养殖场分级管理等工作结合起来，统筹推进兽药使用质量管理规范的实施。在规模养殖场（园区）推行使用全区统一规范的兽药使用记录，健全兽药使用档案，督促落实休药期管理规定，提高了畜产品质量安全水平。全区年内新增评定验收兽药GUP规模养殖场(园区)130家,累计达到428家,确保了养殖环节兽药使用质量安全。

4. 开展兽药质量监督抽检和动物及动物产品兽药残留监控。承担农业部下达计划和地方配套的兽药监督检验任务300批。已分季度完成全年兽药监督抽样323批,完成全年任务的107.8%;完成兽药监督检验250批、110个品种,兽药总体检验合格率为92.4%。承担农业部下达的兽药残留监控计划任务440批,实际分季度完成480批,完成计划任务的109%。通过加大监测力度,强化了检监联动机制,确保了兽药使用安全。

【畜禽定点屠宰监管】

1. 协调推进畜禽屠宰职能移交。通过开展业务培训、座谈交流、调研督查、建立机构调整动态表等方式,积极推进各市县屠宰监管职能移交和工作衔接。自治区、市县屠宰监管职能全部由商务部门移交农牧部门,各地农牧局明确了一名副局长分管畜禽屠宰,动物卫生监管所承担屠宰监管执法职责,进一步理顺了工作关系,为屠宰监管工作顺利开展打下基础。银川市、中卫市和贺兰县农牧局单设了屠宰办,增加了5名、3名和4名人员编制,配备了人员,有力加强了畜禽屠宰监管职能。

2. 加强屠宰行业监管。一是规范审批流程序,屠宰行业结构不断优化。印发了《关于规范畜禽定点屠宰场行政审批有关事项的通知》,细化了屠宰企业设立审查原则、办理程序、材料清单和办理时限,统一屠宰企业新建、验收、变更申请表格及文本。规范了主管部门依法审批和企业依法建设行为。对石嘴山市增加屠宰场设置规划,向自治区人民政府提出了建议。对银川市行政审批服务局征求灵武市天智波尔山羊养殖合作社申请办理《屠宰许可证》进行了答复。全区形成了"一县三厂(场)"的行业布局,实现了县级以上城区生猪、牛羊和家禽进点屠宰率分别达到100%、90%和90%,病害肉无害化处理率达到100%。二是督促屠宰企业落实进厂(场)检查登记、肉品品质检验、消毒记录等制度。监督屠宰企业及时对病害肉进行无害化处理,强化屠宰环节病害猪无害化处理补贴经费管理。督促屠宰企业落实屠宰台账登记,如实记录屠宰畜禽来源、数量、屠宰日期、检疫检验证号、销售去向和病害畜禽无害化处理情况,切实做到屠宰全过程痕迹化管理。三是做好畜禽屠宰统计监测工作。畜禽屠宰统计监测是促进畜禽生产和稳定市场供应的基础性、长期性工作。在银川市举办了全区屠宰统计监测人员培训班,要求各市县农牧局和屠宰企业确定一名统计监测信息员,建立屠宰企业基本信息书面档案和电子档案。全区确定了周报14家、月报49家屠宰企业作为监测样本企业,实现了全国畜禽屠宰行业管理系统在线报送。

3. 开展畜禽屠宰专项整治。一是把城乡结合部、私屠滥宰专业村(户)和肉食品加工集中区域等私屠滥宰易发区域和多发地区作为重点整治区域,通过接受群众举报和基层排查等方式,掌握屠宰违法线索,联合公安、食品药品监督管理等部门开展联合执法,取缔私屠滥宰窝点,曝光违法企业和典型案例。二是开展屠宰资格审核清理。将生猪、牛羊和家禽屠宰场全部列入审核清理范围。采取企业自查、市县审核、限期整改、确认换证、自治区督查的方式,对屠宰资格实行动态管理,通过审核的企业重新核发《屠宰许可证》和标志牌,对达不到条件和标准的企业,由市级农牧局限期整改,整改合格的企业换发屠宰证。整改期满仍未合格的企业由市级人民政府取消屠宰资格,通知有关部门注销企业相关证照,进一步规范屠宰行业经营秩序。全区共开展畜禽屠宰专项检查40余次,牵头协调多部门联合执法16次,出动执法车辆次数82车次,执法人员数量120余人次,查处了违法屠宰肉羊案件1起,规范了屠宰秩序,威慑了违法犯罪分子。

4. 加强督查检查工作。组织督导组对全区畜禽屠宰监职能移交、屠宰行业监管、企业安全管理制度建立和屠宰统计监测工作进行了全面检查。发现的问题现场出具书面整改意见书,促进工作落实。组织召开了全区畜禽屠宰专项整治工作推进会,总结畜禽屠宰专项整治和畜禽定点屠宰企业审核清理换证工作经验,安排部署专项整治和审核清理换证工作重点和任务。

【兽医行业体制机制改革及队伍建设】

1、逐步完善规章制度,提升依法治疫能力。一是修订出台了《宁夏回族自治区兽药经营质量管理规范实施细则》《宁夏回族自治区兽药经营质量管理规范检查验收办法》《宁夏回族自治区兽药经营质量管理规范检查员管理办法》《宁夏回族自治区兽药GSP现场检查验收工作程序》等规范性文件,将兽药GSP检查验收权限下放到县级农牧部门。二是制定了《宁夏回族自治区重大动物疫病免疫应激死亡、流产补偿管理办法》《宁夏回族自治区重大动物疫情举报核查办法》,进一步规范了免疫应激死亡补偿标准、认定程序及重大动物疫情举报核查责任、时限、上报程序等工作内容。

2. 开展兽医实验室动物疫病检测诊断能力提升活动,进一步提高实验室诊断能力。以加大动物疫病监测诊断任务、开展检测诊断能力比对、强化技术培训等手段,全面提升区、市、县三级兽医实验室动物疫病诊断和监测能力。组织开展了2015年全区市县级兽医实验室检测能力比对工作,全区27个市县实验室均参加了比对,取得了较好的成绩,其中,A型口蹄疫抗体检测比对符合率为 85.19%；H5N1 亚型禽流感抗体检测比对符合率为 92.60%。全区兽医实验室整体监测能力进一步提高。

3. 加强兽医队伍技术培训。于 2015 年 5 月 28 日至 29 日在吴忠市盐池县举办了全区口蹄疫、包虫病防控技术培训班。自治区及全区 27 个市、县(区)动物疾病预防控制中心负责人和实验室人员共 110 余名参加了培训。

4. 开展全国执业兽医资格考试宁夏考区各项工作。及时对全国执业兽医资格考试宁夏考区考试进行了安排部署，制定下发了《关于认真做好 2015 年宁夏回族自治区执业兽医资格考试工作的通知》《2015 年宁夏回族自治区执业兽医考试工作实施方案》等文件，及时在宁夏日报发布《2015 年宁夏回族自治区执业兽医资格考试公告》。全国执业兽医资格考试宁夏考区考试工作于 10 月 11 日在银川一中成功举办。2015 年，全区网报 345 人，共有 285 名考生参加考试，其中兽医全科类考生 276 人，水生动物类考生 9 人。缺考 40 人(兽医全科 39 人，水生动物 1 人)，实际参加考试 245 人。没有违纪考生。

5. 大力转变工作作风。将农牧厅兽医局、自治区动物疾控中心、自治区动物卫生监督所、兽药饲料监察所 2015 年重点分解到 12 个月制成兽医工作月历并印发，进一步督促工作落实。确定海原县郑旗乡撒台村为定点帮扶村，制定了《帮扶海原县郑旗乡撒台村发展特色产业与全区同步实现小康工作的帮扶方案》。

【防疫经费和物资保障】 2015 年，自治区本级财政预算经费 2 250 万元，实际争取动物防疫资金 10 802 万元，其中，中央财政资金 7 061 万元，地方财政资金 3 741万元。

【兽医工作亮点】

1. 组织开发宁夏重大动物疫情防控应急指挥调度系统。该指挥系统在全区地图中集成各级疾控和监督机构、乡镇站、边卡站、老疫点、养殖场、屠宰场、交易市场等动物疫情相关空间数据的分布及动物调运、动物防疫信息、动物检疫信息等相关业务数据，实现了各类信息的集成应用和综合分析，能在最短时间内掌握疫情处置时间和空间等基本信息，召开视频会议，实时传输现场视频，为科学决策提供依据。该系统按照从疫情报告到应急处置全过程的规范流程进行设计，制作了处置工作各环节报表，进一步规范了疫情处置，同时，利用该系统融合下发通知、短信提醒等自动化办公功能，大幅提高了工作效率。

2. 规模养殖场动物疫病净化工作取得新进展。2015 年，宁夏晓鸣农牧股份有限公司黄羊滩养殖基地被确定为“禽白血病净化示范场”，成为全国首批通过国家“动物疫病净化示范场”评估验收的 2 个种禽场之一。宁夏天宁牧业发展有限公司、宁夏盐池滩羊选育场等规模养殖场被确定为“动物疫病净化创建场该场”进入全国首批通过国家“动物疫病净化示范场”评估验收的 31 个养殖场行列。宁夏从 2014 年开始在全区开展“规模化养殖场主要动物疫病净化示范场”和“规模化养殖场动物疫病净化创建场”评估申报工作，通过开展动物疫病净化及评估认证工作，进一步提高了全区规模养殖场动物疫病生物安全和饲养管理水平。

3. 开展全区非洲猪瘟应急演练。为有效防范非洲猪瘟等外来动物疫情传入，锻炼应急队伍，宁夏农牧厅于 10 月 30 日在灵武市举行了全区非洲猪瘟防控应急演练。整个演练耗时 1.5 小时，参演人员达 130 余人，模拟了非洲猪瘟从发现到扑灭全过程。

4. 兽药质量和残留监测能力比对取得好成绩。在 2015 年全国省级兽药监察所实验室间中兽药显微鉴别监测能力比对中，宁夏兽药饲料监察所技术人员正确鉴别出了药方中的各味中药材，以及添加的非配方药材、药品，成为全国少数通过该项验证考核的省级兽药检验机构。在参加鸡肉中 4 种氟喹诺酮类药物残留检测、猪肝中 3 种 β－兴奋剂残留检测等 10 项全国检测能力验证，全部一次性通过考核。荣获“全国兽药监察系统能力验证考核先进集体”。

(宁夏回族自治区农牧厅兽医局　罗　锐)

新疆维吾尔自治区畜牧业

【畜牧业概况】 2015 年末，新疆牲畜存栏 5 746.61 万头(只)，牲畜出栏 6 240.12 万头(只)。肉类总产量 153.2 万吨，增长2.6%；奶类总产量 163.8 万吨，增长 5.3%；禽蛋总产量 32.6 万吨，增长 6.9%；绵羊毛产量 96 862 吨，下降 4.26%。

2015 年，新疆各级畜牧部门以加快转变畜牧业发展方式、促进畜牧业提质增效和农牧民增收为核心，以稳步提升保供给、保安全、保生态、促发展的能力为目标，以落实国家、自治区强农惠牧富民政策和推进畜牧业重点民生工程建设为抓手，积极推进畜牧业各项建设和工作。自治区畜牧厅在落实自治区人民政府《关于加快肉羊肉牛产业发展的意见》中，会同财政厅、中国人民银行乌鲁木齐中心支行制定出台《自治区肉羊肉牛生产发展贷款财政贴息管理办法》，落实贷款贴息 1.5 亿元，带动社会资金投入 27 亿元。启动实施了南疆 5 个地(州)24 个县(市)的 27 个肉羊原种场、良种场及扩繁场建设项目。在全区扶持建设了 248 个肉羊标准化规模场和 76 个奶牛标准化规模养殖场。先后举办畜牧业生产“四良一规范(即良种、良料、良舍、良法和规范化防疫)”观摩培训班、南疆肉羊良种繁育体系建设项目观摩培训班、现代畜牧业建设观摩培训班。从政策、管理、技术等方面积极推进肉羊肉牛产业发展，全区牛羊肉价格进一步稳中趋降，稳市场、保供给取得积极成效。

2015年，自治区畜牧厅先后召开南、北疆片区草原确权承包工作座谈会，加快推进全区草原确权承包工作。组织实施退牧还草项目，落实国家新一轮退耕还草建设任务0.67万公顷。及时下拨草原生态保护补奖资金，实施畜牧业转型示范项目，为草原生态保护和草原畜牧业转型升级提供了强劲支持。稳步推进学生饮用奶计划，"学生饮用奶计划"推广覆盖到全区26个城市的86.78万人，占全区义务教育阶段在校中小学生的28%。全区12 786户国有牧场危房改造和3 554户特困职工家庭公共租赁房建设工程进行顺利，年内开工率达到95%。开展了"畜牧业信息化应用推进年"活动，在完成畜牧业综合信息平台畜牧、兽医、草原、奶业子系统和指挥系统的开发及昌吉回族自治州、自治区本级试点运行的基础上，启动了在伊犁、哈密等8个地(州、市)的信息平台推广应用工作。积极开拓畜产品交易市场，组织疆内15家畜产品加工企业参加"2015亚欧商品贸易博览会"，组织8个地理标志保护产品和相关企业参加"第十三届中国国际农产品交易会"，达成多笔合作意向。成立了畜牧厅直属国有企业改革工作领导小组，积极推进厅直属国有企业深化改革工作。继续加强动物疫病防控和畜产品质量安全监管，设立了畜牧厅畜产品质量监管处(自治区屠宰管理办公室)。新认定31个无公害畜产品产地，向农业部上报无公害畜产品认证11个。重大动物疫病平均免疫抗体监测合格率达到80%以上，生鲜乳的检测合格率达到98.7%，饲料及畜产品的各项检测合格率均为100%，全年未发生重大畜产品质量安全事件。

2015年，国家和自治区继续加大对新疆畜牧业的投入，在实施牲畜品种改良、肉羊生产发展补助、标准化养殖、草原生态保护与建设、动物防疫、农业综合开发、国有农牧场危房等方面的项目中，共投入财政资金44.77亿元。

畜牧业发展存在的主要问题：受畜产品市场价格、生产成本等因素影响，畜牧养殖综合效益偏低；牧民定居整体水平还不高，牧民定居后续产业发展相对滞缓；动物疫病防控和畜产品质量安全监管工作需要进一步加强。

(新疆维吾尔自治区畜牧厅办公室)

【牛羊产销】 2015年末，新疆牛存栏396.9万头，比上年增长3.4%；牛出栏247.3万头，增长3.3%。牛肉产量40.4万吨，增长3.1%。2015年全区剔骨牛肉平均价格55.65元/千克，比上年下跌9.54%。

2015年末，新疆羊存栏3 995.7万只，比上年增长2.9%；羊出栏3 444.1万只，增长3.5%。羊肉产量55.4万吨，增长3.4%。2015年全区带骨羊肉平均价格为48.19元/千克，下跌19.16%。

【生猪产销】 2015年末，新疆生猪存栏294.5万头，比上年下降3.0%；生猪出栏463.1万头，下降2.60%。猪肉产量33.1万吨，下降2.4%。2015年全区猪肉平均价格为24.06元/千克，下跌2.12%。

【家禽产销】 2015年末，新疆家禽存栏5 080.8万只，比上年增长7.9%；家禽出栏7 793.6万只，增长7.1%。禽肉产量14.3万吨，增长10%；禽蛋产量32.6万吨，增长6.9%。2015年全区白条鸡平均价格为19.86元/千克，下跌0.95%；鸡蛋平均价格为9.3元/千克，下跌7.74%。

【羊毛及山羊绒产量】 2015年末，新疆绵羊毛产量96 862吨，比上年增长4.3%；其中细羊毛产量14 918吨，增长0.12%。山羊绒产量1 218吨，增长1.5%。

(陈 军 党 乐)

【生鲜乳质量安全监管】 全区各级奶业管理部门开展2次全覆盖生鲜乳质量安全大检查，出动执法人员2 464人(次)，现场检查生鲜乳收购站523站(次)、运输车469辆(次)。配合农业部完成新疆片区全年2次质量安全异地抽检，现场检查生鲜乳收购站57个、运输车87辆。约谈经营者或负责人39人(次)，对17个收购站、5辆运输车下达责令整改书，责令整改16起，吊销生鲜乳收购许可证1起，关停收购站81个。

全区共抽检生鲜乳5 383批次。其中，自治区抽检奶样764批次(自治区奶业办公室抽检生鲜乳样品119批次，抽检散装生鲜乳80批次，配合农业部完成生鲜乳质量安全抽检任务160批次)，检测结果合格率98.5%；各地(州、市)完成自治区下达监测任务1 390批次，乳品企业自行抽检3 229批次，检测结果合格率98%。抽检学生饮用奶产品样品40批次，抽检学生饮用奶奶源基地生鲜乳样品68批次，抽检合格率均为100%。

【学生饮用奶计划】 2015年，全区学生饮用奶计划推广覆盖学生数为86.78万人，其中纳入自治区学生饮用奶计划人数为81.38万人。昌吉回族自治州及博尔塔拉蒙古自治州地方推广(地方财政负担)人数5.4万人。学生饮用奶生产企业13家，奶源基地34个，奶牛存栏6.85万头，日产鲜奶484吨。其中，千头牛场19个。通过国家学生饮用奶奶源基地升级计划验收的牛场20个，占全疆学生饮用奶奶源基地的64.5%。各级财政补贴资金17 182万元，其中自治区财政补贴

6 543 万元。

【生鲜乳收购站建设】 2015 年,全区生鲜乳收购站 150 个,同比减少 100 个,其中机械化挤奶站 102 个,占总数的 68%。机械化挤奶站日收奶量占收奶总量的 93%。生鲜乳运输车 123 辆,同比减少 131 辆。生鲜乳收购站及运输车持证运营率达 100%。生鲜乳收购站覆盖奶牛存栏 18.43 万头,同比减少 27 万头,其中机械化挤奶站覆盖奶牛头数占 88.5%。全年日平均收奶量674 吨,同比减少335 吨,下降33%。生鲜乳平均收购价 2.9 元/千克,同比下降 9.4%。

(胡永青)

【种畜禽管理】 2015 年,自治区畜牧厅按照《中华人民共和国畜牧法》及自治区有关规定,对 13 家种畜禽场核发了自治区级《种畜禽生产经营许可证》。对出场种畜禽严格执行"三证"(种畜合格证、系谱登记证、检疫合格证)管理,结合国家和自治区畜牧业良种补贴项目实施,对92 家种畜生产单位6.6 万头(只)种畜开展了鉴定、分级、登记工作。审批国外引种报告 7 份。

【奶牛良种补贴】 2015 年,国家对新疆荷斯坦牛、褐牛、乳用西门塔尔牛实施良种冻精补贴,每头能繁母牛补贴 2 剂冻精。荷斯坦牛冻精每剂补贴 15 元;褐牛、乳用西门塔尔牛冻精每剂补贴 10 元。补贴冻精共计 181.6 万剂,其中补贴荷斯坦牛 53.6 万剂、褐牛 60 万剂、乳用西门塔尔牛 68 万剂。补贴金额共计 2 084 万元。

【奶牛胚胎补贴】 2015 年,国家实施奶牛胚胎进口补贴项目,对新疆天山畜牧生物工程股份有限公司进口荷斯坦奶牛胚胎给予补贴,补贴标准为5 000元/枚,补贴资金 100 万元。

【肉牛良种补贴】 2015 年,国家对新疆实施肉牛冻精补贴,每头能繁母牛补贴 2 剂冻精,每剂补贴 5 元。补贴资金 220 万元,补贴肉牛 22 万头;对新疆边远牧区实施优良活体种公牛补贴,补贴牦牛、新疆褐牛良种公牛 1 600 头,补贴资金 320 万元。

【绵羊良种补贴】 2015 年,国家对新疆实施绵羊良种补贴,补贴中国美利奴羊、阿勒泰羊、巴什拜羊、和田羊等优良种公羊 6.3 万只,补贴资金 5 040 万元。

(蒋小怀)

【马品种登记】 2015 年,新疆重点推进种马场、保种场(保护区)及赛马的品种登记,向伊犁、塔城、阿勒泰、巴音郭楞、哈密、克孜勒苏、昌吉等 7 地州调拨马植入式芯片 10 000 个、识读器 8 个。累计鉴定和登记赛马近 400 匹。设计了《新疆马匹护照》,首批印制马匹护照 1 000 本,推进了新疆马赛事的规范化管理。

(谭小海)

【畜禽标准化示范场创建】 根据农业部《2015 年畜禽养殖标准化示范创建活动工作方案》要求,2015 年新疆共有 15 家畜禽养殖场被农业部命名为国家级标准化示范场。同时,自治区畜牧厅将 52 家畜禽养殖场命名为自治区级标准化示范场,并对因管理不善等原因,未能发挥示范带动作用的 9 家示范场进行摘牌处理。

(陈古丽)

【饲草饲料储备】 2015 年,全区共储备饲草料 3 402.6万吨,其中,饲草 2 947.2 万吨、饲料 455.4 万吨。19 座自治区级和地(州)级防灾应急饲草料储备库储备饲草料约 2.7 万吨。其中,饲草约 1.4 万吨,完成设计储备量的 72.8%;饲料 1.3 万吨,完成设计储备量的 102.5%。

(曾 黎)

【畜牧业灾情】 2015 年,新疆风雪、洪水、泥石流、地震及高温等灾害频繁。因灾死亡牲畜 2.7 万头(只),牧民住房损毁 1 511 间,倒塌牲畜圈舍 3 008 座,牧道损毁 1 004 千米,直接经济损失约 3.8 亿元,给畜牧业生产造成一定影响。

(曾 黎)

【草原生态补奖机制】 2015 年,全区共落实禁牧草原面积 1 010 万公顷,其中重要水源地草原禁牧 8 处,共 10 万公顷,其他禁牧草原 1 000 万公顷。落实草原平衡面积 3 590 万公顷。全区 27.5 万户牧民每户补助牧业综合生产资料 500 元,全区 31.26 万公顷人工草地每亩补助 10 元,1.45 万公顷人工草地每亩补助 50 元。全区牧民共获国家补奖资金 19 亿元。

【草原畜牧业转型示范项目】 2015 年,财政部下达新疆草原畜牧业转型示范工程资金 2.87 亿元。2015 年草原畜牧业转型示范工程共涉及 14 个地(州)、29 个县(市)、6 家畜牧业转型重点示范企业、5 座畜牧业发展园区、3 个自治区直属牧场,资金重点用于示范县、乡建设,扶持标准化养殖小区、畜产品加工、草料交易市场及秸秆颗粒机械购置等多个方面发展。

(杜保军)

【草原监理】 2015 年共受理权限内草原行政审批 82 件,办结 79 件,许可占用天然草原 689.78 公顷,落实草原补偿费、安置补助费2 600多万元。办理草原野生植物采集证21件，许可采集甘草2 260吨（天然2 060吨，人工200吨），麻黄草470吨，其他野生植物10余吨。收购许可证83件，收购天然甘草6 940吨（含人工甘草及兵团计划），麻黄草470吨，其他草原野生植物（肉苁蓉、罗布麻、贝母、红景天等）280吨。

全年接待来信来访案件59起，上访群众165人次，涉及560户牧民的草场。

【草原防火】 2015年，全疆共发生草原火灾3起，全部为一般火灾。受害草原面积50公顷，经济损失22.57万元。

（李 萍）

【草原生物灾害防治】 2015年，新疆草原虫害呈中度偏重发生。全年共发生233.5万公顷，严重危害100.1万公顷，比上年略有增加。危害种类为蝗虫、伪步甲、草地螟等。其中蝗虫以意大利蝗、西伯利亚蝗为主，主要发生在天山北坡、阿尔泰山南坡和准噶尔界山的草甸草原、干草原和荒漠草原，涉及伊犁、塔城、阿勒泰、昌吉、哈密等14个地州（市）的60多个县（市），重点危害区域为中哈边境的4个地州和农牧交错带的宜生区。草原鼠害属偏重发生。全年危害面积485.1万公顷，严重危害185万公顷，与上年相比均略有下降。主要发生在伊犁、塔城、阿勒泰、昌吉、哈密等14个地州60余个县市。主要优势种害鼠为黄兔尾鼠、大沙鼠、鼹形田鼠、赤颊黄鼠等。黄兔尾鼠在新疆北部地区分布广，种群维持较高数量水平。大沙鼠在北疆地区危害较重，危害面积较大。毒害草危害面积677.7万公顷，其中轻度危害469.1万公顷、中度危害132.7万公顷、重度危害75.9万公顷，造成牲畜死亡631只（头），直接经济损失18 463万元。牧草病害7.5万公顷，严重危害2.4万公顷，直接经济损失4 268万元。

2015年，全疆共完成虫害防治面积100.4万公顷，其中化学防治10.5万公顷，生物防治89.9万公顷（牧鸡牧鸭治蝗36.1万公顷、椋鸟控制48.7万公顷、生物制剂和植物源农药防治5.1万公顷）。在防治工作中，共投入小型飞机57架次、大型喷雾机械293台次、中小型喷雾器3 055台次、车辆3 402台次、技术人员3 628人天、人工17 527人天；完成草原鼠害防治139.7万公顷，当年新增防治面积52万公顷，持续巩固87.7万公顷。全部采取生物和物理防治，其中生物防治136.3万公顷（其中招鹰控制110.1万公顷，放狐控制16.2万公顷，C型肉毒素防治1.7万公顷，D型肉毒素防治7.3万公顷，雷公藤示范推广1万公顷），物理防治3.4万公顷。在防治中投入小型飞机120架次、车辆2 795台次、技术人员2 613人、人工37 344人天；完成毒害草防除19.7万公顷；共完成牧草病害防治1.8万公顷。

（熊 玲）

【退牧还草工程】 2015年，新疆全面完成2012年度退牧还草工程的验收。退牧围栏建设92万公顷，其中，休牧60万公顷、轮牧32万公顷。补播27.6万公顷。建设人工草料地1.3万公顷。棚圈建设0.8万户。开展了2013年退牧还草工程的督导检查，编制下达了2014年退牧还草工程实施方案。

2015年新疆退牧还草工程建设任务为：围栏建设60万公顷（休牧33.3万公顷，划区轮牧26.7万公顷），退化草原补播19.7万公顷，人工饲草料地建设2.87万公顷，舍饲棚圈建设3.4万户，毒害草治理0.67万公顷。总投资规模38 380万元（围栏14 400万元，补播5 900万元，人工饲草料地6 880万元，棚圈建设10 200万元，毒害草治理1 000万元），比2014年总投资增加40万元。

【退耕还草工程】 2015年，国家下达新疆退耕还草任务6 666.7公顷。其中，25°以上非基本农田坡耕地2 066.7公顷，严重沙化地4 400公顷，重要水源地15°~25°坡耕地200公顷。分解落实到13个地（州、市）（不含乌鲁木齐市）。其中，伊犁哈萨克自治州察布查尔县466.7公顷，新源县200公顷；塔城地区塔城市533.3公顷，裕民县200公顷；阿勒泰地区富蕴县200公顷；昌吉回族自治州木垒县200公顷；博尔塔拉蒙古自治州温泉县200公顷；克拉玛依市克拉玛依区200公顷；吐鲁番市高昌区200公顷，托克逊县666.7公顷；哈密地区巴里坤县200公顷，伊吾县200公顷；巴音郭楞州和静县200公顷，焉耆县200公顷，且末县200公顷；阿克苏地区库车县200公顷，温宿县200公顷，拜城县200公顷；克孜勒苏柯尔克孜自治州阿合奇县333.3公顷，乌恰县200公顷；喀什地区巴楚县666.7公顷，麦盖提县200公顷；和田地区和田县200公顷，民丰县200公顷，皮山县200公顷。

（熊 兵）

【兽医医政管理】 2015年，新疆继续做好兽医实验室生物安全监管工作，自治区兽医局与8家重点兽医实验室签订兽医实验室生物安全责任状。完成10个地、县两级兽医系统实验室的考核工作，达到兽医系统实验室考核合格标准的地、县两级实验室有47个。举办基层乡村兽医培训班4期。完成执业兽医资格考试工作，全区有1 376人报名参加考试。

【兽药监督管理】 2015年，新疆开展兽用抗菌药专项整治，规范兽药经营使用行为。各地（州、市）畜牧兽医局认真落实综合治理各项措施，进一步强化辖区内的兽药生产、经营企业和使用单位的监管，依法严厉打击非法生产、销售、使用兽药违法行为，加大兽药执法办案力度，切实做好辖区内兽用抗菌药滥用及非法使用兽药管控工作，推进专项治理行动有序进行。共完成兽药监督检验391批次，监测范围涉及全疆15个地州市的兽药生产企业、经营企业、动物医院、动物门诊、兽医站等环节。抽检过程中与各生产企业核实产品批准文号、兽药GMP证书号、生产批号等信息，抽检样品中有9批次检测结果为不合格，不合格原因主要有：涉嫌改变组方或添加其他药物成分的中兽药；主成分含量偏低或偏高；产品赋型剂干扰，造成无法测定。抽检合格率98.98%，与往年比较，监测合格率有所上升。

新疆加强对区内兽药生产企业GMP运行日常监管，对全区兽药生产企业兽药GMP运行情况及安全生产情况进行了两次现场检查，以保证兽药生产环节产品质量。完成3家兽药生产企业生产许可证和兽药GMP证书的审核换发工作。

【兽药残留监测】 2015年，新疆完成农业部下达兽药残留监测任务616批次，辖区下达任务2 000批次，其中羊肉250批次、牛肉800批次、猪肉350批次、猪肝300批次、猪尿150批次、鸡肉200批次、鸡蛋100批次、鸡肝50批次、牛奶416批次，实际共完成监测任务6 018批次。监测范围涉及全疆15个地州市的屠宰场、农贸市场、超市3个环节，监测项目涉及磺胺类、氯霉素、盐酸克伦特罗等12类参数，抽检合格率100%。

（蒋晓玲）

【动物防疫体系建设】 2015年，自治区财政共安排了3 150万元的动物防疫体系建设项目资金，用于改善和提高基层动物疫病防控和动物检疫能力建设，其中动物防疫体系建设资金2 385万元，动物防疫体系工作经费765万元，其中安排资金120万元，加强了9个地（州、市）动物卫生监督所建设；安排资金90万元，加强了8个地（州、市）动物疾病控制与诊断中心建设；安排资金150万元，新建和改扩建10个地（州、市）的地州际公路动物卫生监督检查站；安排资金250万元，新建和改扩建8个县（市）动物隔离场；安排资金150万元，用于新建和改扩建6个动物医院实训基地建设；安排资金215万元，加强和完善了13个县（市）动物卫生监督所建设；安排资金145万元，加强和完善了9个县（市、区）兽医站建设；安排资金110万元对7个乡镇进行了新建和填平补齐乡镇畜牧兽医站建设；安排资金660万元，新建42个县市检疫报检点；安排资金275万元，建设了12个地（州、市）的肉牛肉羊规模化养殖乡镇（场）畜牧兽医站防疫专用平台设施；安排资金200万元，用于烟墩路动物卫生监督检测站建设。

（张　蓉）

【动物疫病防控】 2015年，新疆维吾尔自治区人民政府发布了《新疆维吾尔自治区中长期动物疫病防治规划（2012—2020年）》，新疆动物防疫工作进入了科学防控的新阶段。2015年全年，口蹄疫等重大动物疫病免疫家畜1.33亿头（只）次，高致病性禽流感、新城疫免疫家禽1.84亿羽次，免疫取得了较好的效果，全年未发生重大动物疫情。自治区人畜间布鲁氏菌病发病率快速上升的趋势得到了农业部和自治区党委、人民政府的高度重视，2105年下半年，中央财政拨付1.05亿元动物防疫应急补助资金，专门用于新疆布鲁氏菌病、包虫病等人兽共患病防控工作。在近两年开展布鲁氏菌病防控试点的基础上，新疆制定了布鲁氏菌病、包虫病防控计划，在全疆范围内全面启动了布鲁氏菌病、包虫病防控工作。

【动物疫情监测与流行病学调查】 2015年，全区对11 396个场点的家畜家禽进行了口蹄疫、高致病性禽流感、小反刍兽疫、高致病性猪蓝耳病、猪瘟、新城疫、牛结核、布鲁氏菌病、棘球蚴、狂犬病、马传染性贫血、马鼻疽等12种主要动物疫病监测，共完成监测145.6万份。其中病原学监测5.99万份、非免疫监测91.24万份、免疫抗体监测48.37万份。病原学监测发现口蹄疫阳性2份、小反刍兽疫阳性4份、高致病性猪蓝耳病阳性3份、猪瘟阳性7份、狂犬病阳性2份，监测阳性对应的阳性牲畜均得到了有效处置。布鲁氏菌病监测阳性1.09万份，平均阳性率1.54%，结核病监测阳性83份，平均阳性率0.04%。重大动物疫病免疫抗体合格率均超过75%，超过国家规定的标准。

（贺　磊）

【动物检疫监督】 2015年，自治区出台了《新疆维吾尔自治区关于建立病死畜禽无害化处理机制的实施意见》，对促进新疆养殖业发展、保障公共卫生安全起到重要作用。完成家畜产地检疫2 226.78（只），家禽6 970.76万羽。审批跨省引用种用动物13批次、种畜禽7.61万头（只羽）。查处违法案件2 207件。

（俞新荣）

【饲料工业】 2015年，全疆核发饲料和饲料添加剂生产许可证225份（9家企业重复取证），各类饲料生产企业216家。按产品类别分：饲料添加剂生产企业10家（2家重复取证），添加剂预混合饲料生产企业21家（7家重复取证），配合饲料、浓缩饲料和精料补充料生产企业63家，单一饲料生产企业131家。按企业登记注册类型分:国有企业 11 家,集体企业 1 家,私营企业 162 家,联营企业 4 家,股份有限公司 18 家,股份有限责任公司 10 家,股份合作制企业 1 家,外商 4 家,其他 5 家。

2015 年全区饲料总产量 172.02 万吨,同比下降 2.44%。其中配合饲料 154.30 万吨,同比下降 0.39%;浓缩饲料 13.60 万吨,同比下降 20.93%,添加剂预混合饲料 4.12 万吨,同比下降 2.37%。饲料添加剂总产量 31.32 万吨,同比增长 76.84%,饲料添加剂产量明显增加(原因是新疆梅花氨基酸有限责任公司产量增加)。各类饲料中配合饲料占饲料总量的 89.70%,浓缩饲料占 7.90%,添加剂预混合饲料占 2.40%。饲料工业总产值 71.66 亿元,年末从业人员 6 937人。

【饲料行业管理】 2014 年 3 月,根据新疆维吾尔自治区分类推进事业单位改革工作领导小组办公室《关于印发〈新疆维吾尔自治区畜牧厅所属事业单位分类改革方案〉的通知》精神,撤销自治区饲料工业领导小组办公室(自治区饲料行业管理办公室),职能归畜牧厅,按照"自治区畜牧厅(办公室)饲料办"行使管理职能。

2015 年共审查企业申报材料 58 份,审核发放饲料生产许可证 29 份。其中饲料添加剂生产许可证 3 份,饲料生产许可证 26 份(含添加剂预混合饲料 2 份,配合饲料、浓缩饲料和精料补充料 11 份,单一饲料 13 份)。变更饲料生产许可证 25 家,注销饲料生产许可证 13 份。审核发放饲料添加剂、添加剂预混合饲料产品批准文号 154 个,审查备案 61 家饲料生产企业的 131 个企业产品标准。

按照《农业部关于全面实施〈饲料质量安全管理规范〉的意见》,新疆积极开展示范企业创建工作,全面推动《规范》实施,"新疆泰昆集团昌吉饲料有限责任公司"于 11 月 28 日通过农业部的验收,被命名为"示范企业"。

【饲料质量监测】 2015 年完成饲料监测任务 4 790 批次。一是饲料产品质量安全监测工作。对各地饲料生产、经营企业进行监督抽查,共抽取饲料质量安全监测样品 415 批次(农业部任务 250 批次),合格率为 100%。二是饲料安全专项监测工作。对全疆动物养殖场(户)进行违禁药物的专项监督抽查,共完成饲料中违禁添加物专项监测样品 748 批次(农业部任务 260 批次,蛋白饲料中三聚氰胺监测任务 50 批次),合格率为 100%,各环节均未检出以上违禁药物。三是反刍动物饲料中牛羊源性成分例行监测工作。抽取反刍动物饲料中牛羊源性成分例行监测任务 462 批次(农业部任务 220 批次),反刍动物饲料产品品种包括:精料补充料、养殖户自配饲料、复合预混料等,总体合格率 100%。四是完成报批复核检验样品 23 批次,免税检验 29 批次,其他委托检验 738 批次。五是对全疆饲料生产企业、经营企业、养殖环节等环节完成三聚氰胺专项监测样品 462 批次,盐酸克伦特罗专项监测样品 462 批次,莱克多巴胺专项监测样品 462 批次,合格率 100%。六是养殖场(户)动物尿液中"瘦肉精"专项监测工作。完成生猪、肉牛(羊)尿液 989 头(批),涉及养殖场(户)545 家。监测项目为盐酸克伦特罗、莱克多巴胺、沙丁胺醇,监测结果全部合格。

(于纪彪)

【秸秆养畜示范项目】 2015 年,国家加大对农业综合开发项目投入,项目数量较上年减少,但单个项目投资额加大。2015 年,新疆有 6 个县实施了国家农业综合开发秸秆养畜示范项目,分别是:乌鲁木齐市达坂城区秸秆养畜示范场项目、哈密地区巴里坤县蒲生秸秆养畜联户示范场项目、和田地区墨玉县县秸秆养畜联户示范项目、塔城市也门勒乡广龙养殖专业合作社秸秆养畜联户示范项目、塔城地区沙湾县秸秆养畜示范场项目、博尔塔拉蒙古自治州博乐市额日登浩特肉用羊繁育专业合作社秸秆养畜联户示范项目。投入财政资金合计 1 629.6 万元,比上年增长 45.5%。其中,中央财政资金 1 164 万元,比上年增长 45.5%,自治区财政配套 388.08 万元,比上年增长 51.6%,地(州)及县(市)本级财政配套 77.52 万元,比上年增长 21.13%。企业自筹 1 648 万元。

(郭晓瑛)

【畜牧业标准】 2015 年,新疆制定了《富蕴乌鸡种鸡》《标准化马场建设规范》《马腺疫防治技术规范》《速步马饲养管理技术规程》《马肉用生产性能测定技术规程》《乘骑马初级调教规范》《鞍速测定技术规程》《柯尔克孜马》《昆仑羊种羊》《南疆肉羊庭院养殖技术规程》《吐鲁番黑羊饲养技术规程》《围栏育肥牛场设计技术规范》《新疆褐牛优质牛肉生产技术规程》《新疆褐牛肉用心内型评定标准》《新疆褐牛档案管理技术规范》《新疆褐牛胴体分级与分割》《牛尾静脉采血技术规范》《马流产沙门氏菌微量凝聚检验方法》《牛环形泰勒虫病防治技术规程》《马梨形虫病防治技术规范》《奶牛新孢子虫病防治技术规程》《速步马体质外貌评定技术规程》《乳用马体质外貌评定技术规程》《速步马性能测定技术规程》《速步马调教技术规程》《不同生理阶段速步马培育技术规程》《乳用马分子标记辅助选育技术规程》《不同生理阶段乳用马培育技术规程》《乳用马标准挤奶的技术规程》《乳用马饲养技术规程》《速步马选育技术规程》《乳用马种质评定技术规程》《速步马种质评定技术规程》《三位一体马匹开放式选种技术规程》《马耐力训练损伤预警诊断规程》《焉耆马耐力赛体能训练规程》等畜牧业地方标准36项，修订了《巴音布鲁克羊》等畜牧业地方标准1项。

（徐胜利）

【畜产品产地认定】 2015年，根据农业部、国家质量监督检验检疫局颁布的《无公害农产品管理办法》，新疆畜牧厅组织认定31个无公害畜产品生产产地，并颁发了证书。

（吐尔逊别克）

【4个畜产品获国家农产品地理标志登记证书】 2015年，新疆有4个畜产品获国家农产品地理标志登记证书，分别为：呼图壁奶牛、木垒羊肉、尉犁罗布羊肉、昭苏天马。

（朱爱新）

【新疆地方国有牧场】 2015年新疆地方国有牧场123个，其中自治区区属3个、地州属5个、县属115个。2015年末总人口47.68万人，其中社会从业人员25.13万人。全年实现生产总值（按现行价计算增加值）52.85,亿元，比上年下降7.8%，其中：第一产业生产总值（按现行价计算增加值，以下同）42.85亿元，比上年下降11.48%；第二产业生产总值3.73亿元，比上年下降30.9%；第三产业生产总值6.20，2.16亿元，比上年增长187.03%。年人均收入9 478元，较上年人均增加647元，增长7.3%。

全年实现生产总值（按现行价计算增加值）52.85亿元，比上年下降7.8%，其中：第一产业生产总值（按现行价计算增加值，以下同）42.85亿元，比上年下降11.48%；第二产业生产总值3.73亿元，比上年下降30.9%；第三产业生产总值6.20，2.16亿元，比上年增长187.03%。国有牧场经济中仍然以畜牧养殖业和种植业为主，农畜产品深加工能力有一定提升。

2015年，土地总面积1 325.66万公顷。其中，耕地面积24.58万公顷，草场面积963.19万公顷，林地面积30.89万公顷，水域面积5.57万公顷，茶果桑园面积0.39万公顷，可垦荒地面积36.18万公顷，居民点及工矿用地面积3.99万公顷，其他面积260.69万公顷。农作物总播种面积为24.13万公顷，其中：粮食播种面积11.61万公顷，粮食总产量82.77万吨；油料面积1.86万公顷，油料总产量3.28万吨；棉花面积5.539.96万公顷，棉花总产量14.55万吨。

2015年末国有牧场牲畜存栏436.91万头（只），其中：牛43.39万头，；羊373.09万只，肉类总产量7.58万吨（牛肉2.48吨，羊肉3.07万吨）；牛奶总产量14.63万吨，绵羊毛总产量4 794吨。

2015年，农全区国有牧场农牧机械总动力为684 112千瓦，大中型农用拖拉机544台，小型拖拉机10 444台，国有牧场农业机械化装备程度不断提高，农用拖拉机结构变化明显，技术结构不断优化，进一步改善了农牧业生产条件。

全区地方国有牧场完成固定资产投资123 629万元，其中第一产业的投资85 912万元，第二产业投资5 732万元，第三产业为68 432万元。固定资产投资总额中，国家预算内资金4.62亿元、自筹资金6.96亿元。

（闫香国）

【畜牧业对外经济合作】

2015年，自治区畜牧厅共审核办理因公临时出国（境）人员手续8批，22人次。办理邀请外国专家来华审核手续1批10人次。

2015年8月24～27日，由新疆畜牧科学院主办的“国际绵羊遗传与基因组学研讨会”在乌鲁木齐市召开，来自美国、澳大利亚、英国、荷兰、芬兰、新西兰等国家的10位专家和中国科学院动物所、中国科学院遗传发育所、中国农业大学等单位的14位专家作学术报告。

2015年，乌鲁木齐南山种羊场接受新西兰援助发展基金50万元人民币，对该场农牧民、技术人员进行了劳动技能培训，同时对该场小学生环境意识进行了培训，培训人员1362人次。新疆畜牧科学院接受英国驻华使馆4.5万元人民币小额赠款，用于拜城县种羊场“新疆少数民族妇女电子剪毛与羊毛分级技术培训”，使200余名少数民族妇女接受了劳动技能培训。

2015年，中哈关于防治蝗虫及其他农作物病虫害合作协议项目的实施，使中哈两国在边境地区蝗虫防治工作取得显著成效。

2015年，新疆畜牧科学院利用国家外专局培训项目，选派畜牧科技人员分赴新西兰梅西大学科技学院、美国马里兰大学、哈萨克斯坦农业大学等院校进行单位分子育种等方面知识的学习与培训。

（闫秀梅）

大连市畜牧业

【概况】 2015年，大连市推进现代都市型畜牧业建设，提高优质高效畜禽综合生产能力，因势利导淘汰低端落后产能，畜牧业保持健康、稳定、持续发展。全市生猪饲养量594.2万头、牛饲养量49.9万头、羊饲养量121.5万只、家禽饲养量2.96亿只，分别比上年下降8.3%、12%、6.7%和0.7%。全市肉蛋奶总产量113.9万吨，比上年增长0.5%。其中，肉类产量78.6万吨，同比下降3.4%；蛋类产量27.7万吨、奶类产量7.6万吨，分别增长6.1%和31%。牧业产值216.1亿元。

2015 年畜牧业生产情况

项　目	单位	数量	比上年增长(%)
生猪饲养量	万头	594.2	-8.3
生猪存栏	万头	204.4	-7.8
生猪出栏	万头	389.7	-8.6
牛饲养量	万头	49.9	-12.0
牛存栏	万头	26.1	-4.6
其中:奶牛	万头	1.47	-2.0
牛出栏	万头	23.8	-18.8
羊饲养量	万只	121.5	-6.7
羊存栏	万只	52.6	-7.5
羊出栏	万只	68.8	-6.2
家禽饲养量	亿只	2.96	-0.7
家禽存栏	万只	7595.9	-3.3
家禽出栏	亿只	2.2	0.3
肉类总产量	万吨	78.6	-3.4
蛋类总产量	万吨	27.7	6.1
奶类总产量	万吨	7.6	31
牧业产值	亿元	216.1	-3.3

【畜牧业生产投资增加】 2015 年,大连市各级财政增加畜牧业生产投入,总投资 1.25 亿元。检验检疫投入资金 2 704.08 万元,包括动物防疫专项经费 2 130.08 万元,动物疫情监测与防治项目资金 14 万元,动物检疫监督经费 40 万元,畜产品安全质量监测经费 520 万元;扶持奖励 1 382 万元。补贴补助资金 6 275.89 万元,包括村级防疫员补贴 625.74 万元,基层动物防疫工作补助 360 万元,免疫死亡补贴 191 万元,畜禽养殖保险补贴 4 390.15 万元,生猪良种补贴 280 万元,奶牛良种补贴 69 万元,奶牛"两病"(奶牛结核病和布鲁氏菌病)扑杀补贴 124 万元,玉米青黄贮饲料贷款贴息 62 万元,肉蛋鸡笼养改造项目贷款贴息 174 万元。专项建设资金 2 130 万元,包括畜禽标准化健康养殖场建设 750 万元,大型生猪养殖场粪便污水治理项目 980 万元,保种经费 110 万元,畜牧总站专项资金 160 万元,屠宰环节病死动物无害化处理补贴 130 万元。

【畜禽标准化健康养殖场建设】 2015 年,大连市农村经济委员会与大连市财政局联合下发畜禽标准化健康养殖项目实施方案,向大连滨河养殖有限公司等 15 家项目单位发放补助资金 750 万元。继续创建畜禽养殖标准化示范场,大连翼丰禽业有限公司、瓦房店市中天农业园、瓦房店东林农场、大连金弘基种畜有限公司阿尔滨良繁场、大连宏星林牧有限公司 5 个养殖场获批农业部畜禽养殖标准化示范场,总数达 45 个。

(大连市农村经济委员会　郑　颖)

【畜禽疫病防控】 2015 年,大连市有县级动物卫生监督机构 11 家,官方兽医 649 名。全年调拨强制免疫疫苗 21 482.7 万毫升(头份),其中口蹄疫疫苗 1 115 万毫升,禽流感疫苗 19 406 万毫升(羽份),高致病性猪蓝耳病疫苗 314.1 万头份,猪瘟疫苗 647.6 万头份。全年免疫畜禽 17 948.37 万头(只),其中,禽流感免疫 16 912.3 万只,牲畜口蹄疫免疫 489.19 万头,猪蓝耳病免疫 243.95 万头,猪瘟免疫 302.93 万头。群体免疫密度常年维持在 90% 以上,免疫抗体合格率达 70% 以上,全年无重大动物疫情发生。动物防疫预警监测数量和频次提高,全年采集各类动物样品 98 030 份,进行动物疫病监测 133 411 项次,其中免疫抗体检测 42 920 项次、病原学检测 22 858 项次、"两病"(奶牛结核病和布鲁氏菌病)净化 67 633 头(只)。加强检疫监督,开展春秋两季集中防控、高致病性猪蓝耳病百日会战等集中防控行动,在每个乡镇建设 2 个具备电子化出证功能的标准化检疫申报点。全年产地检疫生猪 64.37 万头、牛 1.69 万头、羊 0.49 万只、禽类 28 183.80万羽,屠宰检疫大中动物 65.91 万头(只)、禽类 25 878.96 万羽;查处各类动物卫生监督违法案件 93 起,结案 93 起,罚款 16.6 万元,没收动物产品 9.83吨。

(大连市农村经济委员会　张　慧)

【畜产品质量安全监管】 2015 年,大连市加强畜产品质量安全监管。组织开展"瘦肉精"专项监测和整治督查活动,监测出含有"瘦肉精"畜产品线索 1 起并移交公安部门进行查处。开展畜产品质量检测,实施畜产品快速监测样品 16.4 万批次,合格率 99.8%;定量监测兽药、饲料及畜产品 5 863 批次,其中兽药产品合格率 76.6%,饲料产品合格率 96.1%,畜产品合格率 97.2%。开展县级畜产品药物残留监测,庄河、瓦房店、普兰店、长海 4 个市县检测样品 1 705 批次。加强养殖投入品监管,组织开展春秋季农资打假等专项整治行动,严厉打击经营、使用假冒伪劣兽药、饲料的违法行为,规范兽药饲料经营行为。全年出动执法人员 1 120 人(次)、执法车辆 125 台(次),发放各类宣传材料 3 230 份,突击检查兽药、饲料生产企业 54 家,经营单位 535 个,立案查处各类违法案件 32 起,罚款 8 万元,销毁假劣兽药 142 件,货值 4 360 元。截止到年末,全市有兽药经营企业 667 家,饲料生产企业

120 家。

（大连市农村经济委员会　梁思成）

【动物诊疗机构监管】 2015 年，大连市有动物诊疗机构 86 家，注册执业兽医 116 名。8～9 月，大连市动物卫生监督管理局组织各区（市、县）开展专项动物诊疗机构清理整顿行动，累计进行执法检查 41 次，出动执法人员 387 人次、执法车辆 169 台次，清理关闭不合格动物诊疗机构 4 家。发挥大连市小动物诊疗协会作用，加强城区饲养动物防疫工作，提升动物诊疗行业管理水平。

（大连市农村经济委员会　尉立国）

【饲料生产管理】 2015 年，大连市有各类饲料生产企业 118 家，其中饲料添加剂生产企业 8 家，添加剂预混合饲料生产企业 9 家，单一饲料生产企业 40 家，浓缩饲料、配合饲料和精料补充料生产企业 61 家。全年各类饲料生产企业加工产品 328.9 万吨，其中配合饲料 130 万吨，浓缩饲料 12.3 万吨，添加剂预混合饲料 1.67 万吨，饲料添加剂 169 吨，鱼粉等单一动物源性饲料 7.9 万吨，豆粕 177 万吨；实现工业产值 105.1 亿元。

（大连市农村经济委员会　刘成芳）

青岛市畜牧业

【概况】 2015 年，青岛市畜产品总产量 108.39 万吨，同比下降 6.72%，其中，肉、蛋、奶产量分别达到 54.69 万吨、18.28 万吨、35.42 万吨，同比分别下降 8.16%、4.32%、5.66%；牧业总产值 162.5 亿元，占农业总产值的比重达 24.6%，比上年下降 1.7 个百分点。全年无重大动物疫病和畜产品质量安全事件发生。

【畜牧业生产】 在复杂严峻的国内外经济形势下，克服了经济下行压力加大的影响，通过转方式调结构，畜牧业生产实现了稳中提质、稳中增效，保障了畜产品有效供给。

2015 年主要畜禽存栏、出栏情况

单位：万头、万只、万吨

指标名称	2015 年	2014 年	同比（%）
牧业产值（亿元）	162.50	165.71	
占农林牧渔业总产值比重（%）	24.60	26.30	减少 1.7 个百分点
肉蛋奶总量	108.39	116.20	－6.72%
肉类总产量	54.69	59.55	－8.16%
猪肉	22.21	27.36	－18.84%
牛肉	0.81	1.00	－19.38%
羊肉	0.23	0.21	9.43%
禽肉	30.84	30.36	1.60%
兔肉	0.60	0.62	－3.06%
禽蛋产量	18.28	19.11	－4.32%
奶类产量	35.41	37.54	－5.66%
牛奶	31.86	33.63	－5.26%
生猪存栏	187.33	212.04	－11.65%
能繁母猪	20.21	23.21	－12.92%
牛存栏	19.26	22.66	－15.01%
奶牛	10.71	11.32	－5.40%
黄牛	8.56	9.60	－10.87%
羊存栏	20.34	20.32	0.11%
家禽存栏	5 268.46	5 287.90	－0.37%
蛋鸡	1 333.21	1 514.67	－11.98%
肉鸡	3 686.84	3 492.37	5.57%
鸭	243.65	275.96	－11.71%
鹅	4.76	4.90	－2.86%
生猪出栏	304.18	374.77	－18.84%
牛出栏	5.91	7.34	－19.38%
羊出栏	19.77	19.13	3.34%
家禽出栏	19 303.92	18 998.62	1.61%
肉鸡	18 380.29	17 962.32	2.33%
肉鸭	910.83	1 030.50	－11.61%
鹅	12.80	5.80	120.69%
兔存栏	112.88	123.72	－8.77%
兔出栏	400.41	413.04	－3.06%

1. 都市型高端特色现代畜牧业发展。2015 年，青岛市畜牧兽医局积极适应新常态，准确把握都市型现代畜牧业发展定位，围绕保供给、保安全、保生态、促发展“三保一促”目标，全面完成各项目标任务。一是持续推进“两区一场”建设。2015 年新改建现代畜牧业示范园 5 处，退户养殖小区 16 处，建设标准化养殖场

251处，其中创建国家级、省级标准化示范场15处。二是大力推广农牧结合生态循环养殖模式。总结推广农牧结合生态循环养殖模式和粪污处理场小循环、片中循环、区域大循环模式，建设农牧结合生态循环养殖场30余处；青贮玉米秸秆162万吨，占全市秸秆产出总量的1/4。三是大力发展特色品牌畜牧业。形成了九联、正大、康大等一批全国知名品牌和里岔黑猪、禧福黑猪、青岛年猪、何氏牛、波尔旺牛羊肉和榕昕观光牧场等一批本土特色品牌。抓住高端肉牛产业发展的机遇，立足青岛市区位优势和饲草资源优势，推动高端肉牛产业发展，全市新发展架子牛育肥场8处，良种繁育、高端肉牛养殖、加工销售等于一体的高端肉牛产业化体系建设初见成效。

2.“互联网+”现代畜牧业。一是按照“顶层设计、统一开发、分级负责、互联互通、信息共享”的原则，开发具备“即时上传、实时监管、风险评估、警告提醒、溯源查证”五大功能的青岛市畜牧业安全监管信息平台，实行创新建管运营模式，采取购买公共服务、PPP运转等方式，推进畜牧业监管体系建设，成效显著。二是制订了《青岛市畜牧业“互联网+”行动实施方案》，坚持市场主导和政府引导“双驱动”，围绕公共服务、电子商务、行业监管、政务服务、精准管理和辅助决策6个方面加快实施畜牧业“互联网+”。大力发展畜牧业电子商务、加快发展网上连锁经营、直销配送等业务。2015年，全市畜牧业生产经营企业开办微店(网商)达到了17家，较好地实现了实体店、网络、物流等的有机结合。

3.畜牧科技。一是加强产学研合作。2015年，青岛市畜牧兽医研究所被列为全国首批国家级专家服务基地。依托国家级专家服务基地、驻青岛科研院所等畜牧产业科技体系的科技支持引领，积极推进崂山奶山羊、里岔黑猪、琅琊鸡等地方优良品种的保护开发利用。二是加强科技服务。组织开展“畜牧科技下乡”“畜牧科技培训大课堂”等标志性服务活动，充分利用畜牧信息网、“12316”服务三农平台、手机信息发送系统等现代信息媒介渠道，为广大养殖户提供信息服务、技术服务，推广良种良法，宣传强农惠农富农政策及法律知识，普及疫病防控和畜产品安全知识。全市举办养殖技术互动等各类培训班15期，培训畜牧业从业人员3 400多人次。三是加强重点科技项目推广。2015年，在全市范围内发布荷斯坦奶牛、鲁西黄牛等21个主导品种，推介畜禽粪污无害化处理技术示范与推广、粮—经—饲高效生态种养模式等18项主推技术，引导广大畜禽养殖场(户)科学选择优良养殖品种，掌握、运用先进养殖技术，努力实现畜牧业增产、养殖场(户)增收。借助在青岛召开的中国农科院现场会议的契机，在全市所有规模化奶牛养殖场(区)推广应用提质增效关键技术集成模式，使青岛市奶牛单产水平达到国内先进水平。四是加强科技研发。2015年，青岛市畜牧兽医研究所完成的《山东省地方羊品种资源挖掘、保护与利用》和《禽肿瘤性疾病发病机制及防控技术》两项科研成果分获山东省科技进步一等奖和二等奖，《安全、高效畜禽饲料生产关键技术集成与示范》和《蛋鸡禽流感常规免疫技术研究与应用》两项科研成果分别获得青岛市科技进步二等奖和三等奖，发表了4篇高水平SCI期刊国际论文，获国家发明专利授权1项。

4.畜牧良种工程。加快奶牛、生猪养殖业良种化进程，组织开展奶牛DHI测定，市级以上财政共补助资金970万元，累计推广良种冻精和性控冻精13万剂，采用人工授精技术改良低产奶牛约8万头，为10万头能繁母猪提供享受财政补贴的常温精液40万份。市财政安排专项资金对里岔黑猪、琅琊鸡、崂山奶山羊等地方特色品种进行保护开发利用，为地方特色优良品种产业化发展打下坚实基础。发挥龙头企业科研开发、产业化推广优势，集中力量开发具有体系优势的自主知识产权畜禽良种。2015年，全市蛋鸡、肉鸡、奶牛基本实现良种化，生猪、肉牛、肉羊良种覆盖率分别达到95%、65%和60%以上。

【重大动物疫病防控】

1.免疫与疫病监测。组织全市开展高致病性禽流感、口蹄疫、猪瘟等4种重大动物疫病春、夏、秋3次集中强制免疫，共免疫牲畜1 330多万头(次)、家禽5 100万只(次)；免疫后适时进行免疫效果监测，合格率达88%，超过国家标准18个百分点；发放消毒剂100吨，消毒饲养场、屠宰场及周边环境1 000万平方米，杀灭环境中可能存在的病原。按照国际动物卫生组织和国家无疫区建设要求，组织开展口蹄疫、高致病性禽流感等11种动物疫病的监测和流行病学调查，共检测样品24.14万份，定期对疫病监测和流调情况进行专家会商与风险评估，科学进行预警和预报，为及时、有效防控动物疫病提供科学依据。结合春季、秋季防疫和免疫效果评价工作，开展全市动物健康状况调查，及时掌握全市畜禽养殖数量、方式、结构及其健康状况。

2.无规定动物疫病区建设。为加快推进青岛市无疫区评估步伐，提升无疫区项目建设，市畜牧兽医局会同市财政局制定下发《关于做好青岛市无规定动物疫病区相关基础设施项目建设的通知》，安排专项资金，加强动物隔离场、海(空)港动物卫生监督检查站建设，完善基层动物卫生与产品质量监督站建设，补充更新市本级、各区(市)和基层动物卫生与产品质量监督站三级兽医实验室仪器设备及动物卫生执法设备资金3 242万元，其中，市财政局投入1 745万元，各区、市财政配套资金达到1 497万元，新增仪器设备4 530台

(套)。对全市无疫区创建情况进行3次模拟评估,查找并整改问题430多条,整理档案9 292卷。2015年12月29日,农业部专家组进行现场评审。

3. 防控责任体系建设。市政府出台《青岛市重大动物疫病防控工作责任制规定》,进一步明确和强化各级政府、各有关部门的工作责任,形成重大动物疫病防控工作的整体合力。

4. 病死动物无害化处理体系建设。按照市政府要求,构建病死动物无害化处理监管长效机制,在落实各级政府属地管理责任和部门联防联控责任的基础上,采取PPP建管模式,新建4处病死畜禽无害化集中处理厂,配套建设病死动物回收体系,健全病死动物无害化处理补贴机制以及无害化处理与畜禽保险联动机制,四市和黄岛区病死动物无害化集中处理厂建成投入使用,全部被列为全国试点县(市),在全国率先实现畜牧业生产大县病死动物无害化集中处理全覆盖。全市病死畜禽日处理能力达到100吨,全年处理病死畜禽425万头(只),占应处理数量的75%以上,保障了动物卫生安全、畜产品质量安全和生态环境安全。12月10日,全国病死畜禽无害化处理工作座谈会在青岛市黄岛区召开,推介青岛市做法。

5. 防疫安全协管员队伍建设。经市政府同意,市畜牧兽医局会同市财政局制定《关于加强基层动物防疫安全协管员队伍建设的意见》,改革村级动物防疫员队伍设置,建立一支专业化、职业化、年轻化的基层动物防疫安全协管员队伍,夯实动物防疫和畜产品质量安全基层基础,落实网格化监管责任,推进防疫安全监管重心下移。2015年,胶州、黄岛、城阳、崂山四(区、市)和红岛经济区已完成基层防疫安全协管员队伍改革。

【畜产品质量安全监管】

1. 畜牧业创建国家食品安全城市。制定《创建国家食品安全城市畜牧业工作方案》,明确目标任务和工作措施。召开全市畜牧系统创城动员大会,推动了市政府与各区(市)政府签订,各区(市)畜牧兽医局与基层站、基层站与养殖场(户)等监管对象层层签订责任状(承诺书)。畜牧业创建国家食品安全城市工作经验做法,被省市两级食安办推广交流。

2. 屠宰行业管理。制定下发《关于进一步加强屠宰监管工作的意见》,进一步明确企业主体责任、畜牧部门监管责任、驻厂官方兽医责任、当地政府属地管理责任。建立企业生产档案管理制度,指导、督促屠宰企业建立完善11项内部管理制度,健全完善9项台账记录。落实检验检疫同步制度,4月启用新版《肉品品质检验合格证》,实施屠宰企业《肉品品质检验合格报告单》制度,把检验检疫同步制度落到实处。强化屠宰企业信息化监管手段,率先在万福、鑫盛联、七级等15处屠宰企业建立起视频监控系统,对屠宰企业关键环节实现即时监控,推进屠宰企业透明化管理。青岛市畜牧兽医局畜产品质量安全监管处屠宰管理岗被评为2015年度青岛市"人民满意公务员示范岗"。

3. 非法添加"瘦肉精"等违禁物质监管。开展以打击非法添加"瘦肉精"为重点的畜产品质量安全专项整治,以严厉打击违法添加行为为重点,严密防范区域性、系统性畜产品质量安全风险。各区市加强对养殖场(户)排查巡查工作,严格监控养殖场(户)用药用料情况,严厉查处添加使用"瘦肉精"、金刚烷胺、利巴韦林等违禁物质的违法犯罪行为。

4. 打击私屠滥宰违法行为。组织开展生猪屠宰监管专项整治"百日行动"、病死畜禽处理监管专项整治行动和2015年生猪屠宰专项整治行动,全市共发放各类宣传资料4.5万份,查处违法违规行为199起,立案41起,铲除黑作坊、黑窝点30个,没收无检疫证明的猪肉1.97吨,全部进行无害化处理,累计罚款29.81万元,移送食药、公安部门案件4起,维持屠宰监管市场秩序,保障肉品质量安全。

5. 生鲜乳质量安全排查整治。开展了为期1年的生鲜乳质量安全专项整治,对奶牛养殖场严格落实疫病防控、兽药使用、病原微生物和污染物控制等方面的管理措施,落实奶站凭"奶牛布鲁氏菌病结核病监测合格证"收奶制度,从源头上提升生鲜乳质量安全水平。以生鲜乳收购、运输环节为重点,严格生鲜乳收购站审批准入,强化落实监管公示制度,取缔违法收购站点和车辆,严厉打击生鲜乳违法添加行为,保障生鲜乳质量安全。10月,组织开展全市奶站交互检查活动,深入调查发现生鲜乳收购运输环节存在的风险隐患,及时出台监管对策。农业部、省局和市本级共抽检生鲜乳样品326个,未发现违法添加三聚氰胺行为。

6. 无公害畜产品认证。青岛市畜牧兽医局主动申请并得到省局同意,由青岛市畜牧兽医局独立承担无公害产品认证职能,优化青岛市无公害畜产品认证机制;争取市财政资金40万元,减免企业认证检测费用;将无公害畜产品认证与政策性补贴扶持项目挂钩,对没有取得无公害畜产品认证企业,一律不给予申报政策性补贴扶持项目,一律不给予申报畜牧业荣誉称号,激发畜禽养殖企业申请无公害畜产品认证的主动性、积极性。举办全市无公害畜产品认证内检员资质培训班,全市315名内检员取得《无公害内检员证书》,实现持证上岗。2015年新认证无公害畜产品150多个,认证数量超过前5年总和。

7. 畜产品质量安全监测。充分发挥畜产品质量安全监督监测对畜产品质量安全监管执法的技术支撑作用,市本级开展监督监测4 562批次,各区、市开展"瘦肉精"、三聚氰胺等快速筛查检测86 500余批次。会同市饲料兽药检测站创新监督抽查方式，采取不打招呼、直达现场的方法，在全市畜禽养殖、屠宰环节实施飞行抽检1 200批次，并对抽样过程拍照留证和附带抽样人员“抽样质量承诺书”，保证监督监测的有效性、针对性和代表性。

8. 畜禽贩运经纪人监管。5月，在莱西市召开了全市畜禽收购贩运经纪人监管现场会，组织各区（市）现场观摩学习莱西市武备动监站对畜禽收购贩运经纪人的先进管理经验，大力推广莱西市的典型做法，推动全市畜禽收购贩运经纪人监管工作进入制度化、规范化、常态化轨道。

9. 畜产品质量安全风险评估制度和运行机制。充分发挥畜产品质量安全风险评估专家委员会作用，建立畜产品质量安全风险评估制度和运行机制。组织开了畜产品质量安全风险评估联席会议，对动物及动物产品兽药残留风险、生猪私屠滥宰、病死畜禽无害化处理等全市存在的畜产品质量安全隐患和风险点了全面分析评估，并提出建议和对策。

10. 检打联动和“两法”衔接。健全完善青岛市“瘦肉精”等涉案线索移送与案件督办工作机制，会同市公安、食药局联合发布《关于严厉打击屠宰加工销售病死畜禽和私屠滥宰行为的通告》，会同市食药局下发《关于进一步加强畜禽屠宰检验检疫和畜禽产品进入市场或加工企业后监管工作意见的通知》，不断强化与公安、食药等部门的信息通报、检打联动和行刑衔接机制，严厉打击私屠滥宰、屠宰病死畜禽、添加“瘦肉精”、注水和注入其他物质的违法犯罪行为。

【兽药饲料监管】

1. 生产、经营企业情况。全市兽药GMP企业34家，其中化学药品企业31家，兽用生物制品企业3家，兽药产品1 166种，兽药总产值11.25亿元。兽药GSP企业473个，总销售额2.35亿元。全市有饲料生产企业128家，产品涉及20多个系列200多个品种。除单一饲料外，全年总产量230余万吨，总产值65.8亿元。

2. 监管情况。2015年市局组织抽检兽药产品634批次，合格率为96.4%；抽检饲料和饲料添加剂423批次，合格率98.1%。一是持续开展行政审核审批工作。全年承办兽药饲料行政审核审批事项101件，严格办事程序，认真履行职责，有效规范兽药饲料生产经营行为。二是组织开展严打行动。组织全市开展严厉打击制售假劣兽药饲料违法行为整治行动，对发现的违规行为，依法予以处罚，共查处兽药饲料案件83起，其中，兽药案件64起，饲料案件19起，较上年减少了63起，下降率为43%，有效规范了兽药饲料市场秩序。三是落实“检打”联动工作机制。针对全市兽药饲料质量安全形势，科学制定检测计划、方案，对抽检发现的33个兽药和8个饲料不合格产品，牵头依法从严查处，发挥兽药饲料质量监督抽检的技术支撑作用。四是落实有奖举报制度。为强化社会监督，鼓励公民、法人和其他组织积极参与饲料质量安全监管，实施有奖举报制度，全年共受理举报线索24条，立案查处13件，移送公安机关进一步查处3件。五是落实假劣产品集中销毁制度。6月30日，会同公安、宣传等部门，对清缴查获的假劣兽用生物制品、兽用化药制剂、不合格饲料等900多个品种，共计4吨进行集中销毁，并通报5起典型案件，青岛电视台等多家媒体对本次活动给予了宣传报道。六是落实企业信息公示制度。为提高全市饲料质量安全监管水平，促进企业建立完善诚信体系，建立兽药饲料生产企业信息档案公示制度，对全市34家兽药生产企业和128家饲料生产企业全部建立信息档案，做到“一企一档”，对监督检查、检测结果、行政处罚、教育培训等情况对社会公示。

【创新工作机制】 靠改革创新努力破解畜牧兽医防疫安全、产品质量安全、生态安全、行业安全“四大安全”监管压力大、监管力量薄弱的难题。一是科学规划畜禽养殖布局。立足资源、环境承载力，服务城镇化和生态文明需要，依法指导各区（市）完成畜禽禁止养殖区、限制养殖区和适宜养殖区“三区”划分工作，为畜牧业转调创和可持续发展奠定了基础。二是建立网格化监管机制，推动监管关口前置、重心下移，将全市所有养殖场户、收奶站、兽药饲料生产经营企业、生猪屠宰场、畜禽贩运经纪人等全部纳入网格监管。三是运用大数据、云计算技术，初步建成具备“即时上传、实时监控、风险评估、警告提醒、溯源查证”功能的畜牧业安全监管信息平台，提高监管工作效率。四是加强防疫安全协管员队伍建设，着力建立一支职业化、专业化、年轻化的基层防疫安全协管员队伍。五是落实行业安全生产监管责任，按照“三个必须”的要求，坚持问题导向，排查屠宰、养殖及饲料兽药生产经营企业1 300余家，下达安全生产隐患整改通知150余份。

（青岛市畜牧兽医局　林海海）

宁波市畜牧业

【概况】 2015年，全市肉类总产量15.28万吨，同比下降11.75%；禽蛋产量6.45万吨，同比下降11.71%；牛奶产量2.94万吨，同比增长15.15%。全年生猪饲养量226.56万头，同比下降16.54%；家禽饲养量2 083.92万只，同比下降19.99%。牧业产值50亿元，按可比价格计算，比上年下降9.6%，在农业总产值中的比重11.13%，比上年减少1.19个百分点。全市共有年出栏50头以上养猪专业场（户）1 732家，比上年减少763家，专业场（户）出栏肉猪量占全市总出栏量的比例98.85%，比上年增加0.43个百分点;养禽专业场(户)1897家,比上年减少861家,专业场(户)家禽饲养量占全市总饲养量的比例97.81%,比上年增加2.62个百分点。

【畜牧业环境治理】 全市“五水共治”进入第2年,畜禽养殖污染治理成为“五水共治”工作重点,4月,下发宁波市农业水环境治理2015年度实施方案,分解2015年目标任务,并落实相关责任。7月,市农业局与市环保局又联合下发《宁波市畜禽养殖场生态化治理达标验收办法》,为验收工作提供统一标准。为加快治理验收进度,9月,宁波市农业局、环保局联合浙江省检查组开展畜禽养殖污染治理联合督查,对养殖场生态达标验收等进展偏缓的重点工作开展督查指导。截止到年底,全市畜禽养殖污染整治1 526家,完成率100%,其中通过验收747家,完成率103.03%;建成标准化水禽场16家,完成率100%;新建畜禽粪便收集处理中心4家,完成率100%;新增生态消纳地2.08万公顷,完成率100.65%。创建标准化、生态化养殖场216家,完成治理投资2.65亿元。

【重大动物疫病防控】 全年共免疫生猪口蹄疫149.67万头,使用口蹄疫疫苗334.94万毫升;免疫牛羊17.22万头次,使用口蹄疫疫苗30.69万毫升;免疫家禽禽流感1 109.96万只,使用禽流感疫苗705.44万毫升;免疫生猪猪瘟112.3万头、免疫高致病性猪蓝耳病73.35万头,使用猪瘟疫苗274.9万头份、高致病性猪蓝耳病疫苗93.73万毫升;免疫小反刍兽疫12.03万头份,使用小反刍兽疫苗17.93万头份,养殖畜禽免疫密度维持在安全水平。全年共采样监测畜禽养殖场、活禽交易市场和屠宰场等3 222场次,样本8.6万份,养殖畜禽免疫密度及主要动物疫病免疫抗体合格率达到要求,全市重大动物疫情形势总体平稳可控。制定《规模畜禽养殖场“测场定免”技术实施方案》,遴选20家畜禽规模养殖场,开展动物防疫“测场定免”试点工作,按照“查、测、定、免”四步法,对主要畜禽疫病进行跟踪监测和科学研判,确定需免疫的病种、疫苗匹配类型及免疫剂量,指导养殖场制定合理的免疫程序,实施科学免疫。试点4个月累计跟踪监测80批次,监测样本2 000份。

【病死动物无害化处理】 已建成的6个病死动物无害化处理厂、180个病死动物收集点正常运行,年处理能力达8 000吨,实现全市病死动物无害化收集、处理全覆盖,病死动物无害化处理体系初步建成。全年共无害化处理病死猪24.98万头,其他死亡动物215吨,有效杜绝乱扔病死动物现象和畜产品质量安全事件发生。

【动物卫生监督执法】 全年完成13家动物卫生监督分所机构队伍正规化、执法形象标准化、设备设施现代化、工作制度科学化、监管手段信息化、档案管理痕迹化的规范化建设。2015年,全市产地检疫生猪140万头、牛0.4万头、羊4.2万头、家禽1 183.7万只,屠宰检疫生猪181万头、牛羊1.8万头、家禽420万只,检疫覆盖面和报检受理率均达100%。全年办理动物卫生监督执法案件35起,共计罚款7.45万元。

【畜产品质量安全监管】 全年完成部、省、市三级例行监测样品共1 435批次,合格率99.8%。开展肉品安全“百日会战”及畜牧业三项整治行动,累计发放告知书、宣传资料3.8万份,巡查畜禽养殖场、屠宰场等4 270场次,出动执法人员7 606人次,指导培训355场次,查处违法行为22起。全年自检“瘦肉精”3.2万批次,累计110万头生猪通过自查自检合格后出栏,占全市同期总量78%。

【畜禽屠宰监管】 全市18个畜禽屠宰场(点)全年屠宰生猪181万头、家禽420万只,畜禽屠宰行业步入良性发展轨道。市、县两级建立畜禽屠宰管理工作联席会议制度和联合执法稽查队,强化属地管理和部门责任。发文明确“瘦肉精”检测要求和病害畜禽无害化处理工作规范,全年生猪屠宰环节累计自检“瘦肉精”1.8万批次,部门抽检3 000批次,合格率100%,屠宰环节累计无害化处理病死猪5 877头。开展畜禽屠宰专项整治年活动,累计出动执法人员3 600多人次,查处各类违法行为55起,捣毁私屠滥宰窝点34个,其中立案查处21起,屠宰行业秩序明显好转。全年完成新建畜禽屠宰场(厂)2家,改造提升3家。着手启动菜牛定点屠宰,积极谋划全市畜禽屠宰专项规划,加快调整全市畜禽屠宰布局。严格落实家禽净膛杀白上市,规范家禽屠宰检疫监管和检疫标识管理,推广检疫检验标志二合一,家禽杀白上市逐步规范。

【智慧畜牧业平台建设】 2015年,智慧畜牧业二期建设完成验收,三期项目启动。动物卫生监督执法、动物诊疗管理、市级动物卫生远程视频监控等平台功能初步实现,宁海县养殖场-收集点-无害化处理厂全程无缝隙监管模式的试点首获成功。规模养殖生产管理系统在120个规模畜禽养殖场安装应用,乡镇养殖生产信息管理平台覆盖6 000多个中小畜禽养殖场,动物疫苗管理系统、屠宰检疫与电子出证管理系统在全市得到应用,实现100%全覆盖。动物产地检疫电子出证在50个检疫申报点应用,覆盖率达65%,象山县、镇海区、北仑区已全面应用,病死动物无害化处理信息化应用覆盖率50%以上。

【H7N9 防控】 2015 年宁波市将 H7N9 流感监测作为一项重点工作纳入日常监测，继续严格执行《全国家禽 H7N9 流感剔除计划》。在浙江省内发生 4 例人感染 H7N9 流感疫情后，迅速组织部署，开展流通环节活禽交易市场、农贸市场、家禽定点屠宰场和家禽养殖场等场所的 H7N9 流感监测预警工作。共对 186 个交易市场、470 个养殖场点的 7 039 份血清样本进行 H7N9 流感非免疫抗体检测及 7 827 份禽咽肛或环境拭子进行 H7N9 流感荧光 PCR 检测，结果均为阴性。

（宁波市畜牧兽医局　项益锋）

厦门市畜牧业

【畜牧业生产】 全市肉蛋奶总产量 9.76 万吨，同比下降 26.9%；其中肉类产量 7.95 万吨，同比下降 33.0%；禽蛋产量 1.77 万吨，同比增长 23.8%；奶类产量 460 吨，同比下降 13.2%。家禽存栏 404.01 万只，同比增长 2.3%；家禽出栏 971.26 万只，同比下降 2.3%。家畜存栏 47.72 万头。生猪存栏 46.56 万头，同比下降 40.9%，其中，能繁母猪存栏 3.82 万头，同比下降 45.2%。生猪出栏 95.70 万头，同比下降 36.5%。牛存栏 0.70 万头，同比下降 4.1%。牛出栏 0.54 万头，同比增长 3.8%。羊存栏 0.46 万头，同比下降 4.2%；羊出栏 0.42 万头，同比下降 17.6%。

【动物疫病防控工作】

1. 全面部署防控工作。厦门市政府办公厅下发《厦门市人民政府办公厅关于下达 2014—2015 年动物防疫工作目标责任的通知》，将动物防控的目标、任务、考核下达给各区，指导各区开展全年防控工作。3 月 6 日、9 月 1 日，全市分别组织参加全国、全省春季重大动物疫病防控工作视频会议和全国、全省秋季重大动物疫病防控工作视频会议，并以市农业局文件分别下发做好春季集中强制免疫和秋季重大动物疫病防控工作的通知，对全市重大动物疫病防控工作进行认真部署。元旦春节期间，针对 H7N9 流感防控形势，厦门市分别下发做好两节期间 H7N9 流感防控工作的紧急通知、进一步加强 H7N9 流感防控工作的通知和转发福建省农业厅关于进一步加强 H7N9 流感防控工作的通知文件，全面部署全市防控工作，加强应急管理，开展监督检查等防控措施，有力有序有效地开展防控工作。

2. 稳步开展强制免疫工作。市、区、镇（街）、村 4 级齐心协力，积极稳妥地开展动物疫病免疫工作。全市全年累计免疫高致病性禽流感 1 089.66 万羽、免疫牲畜口蹄疫 145.56 万头、免疫高致病性猪蓝耳病 101.59 万头、免疫猪瘟 147.69 万头、免疫新城疫 373.60 万羽次，做到“应免尽免，不留空档”，全面完成春、秋防动物疫病免疫工作。

3. 加强监测流调工作。一是及时制定并下发《厦门市农业局关于印发 2015 年厦门市动物疫病监测与流行病学调查计划的通知》，认真开展动物疫病流行病学调查，加强监测排查。二是加强日常动物疫病监测和免疫抗体水平跟踪。全年共监测各类样品 23 613 份，其中免疫抗体监测 11 722 份、病原监测 11 841 份。三是构建动物疫情监测网点。在全市范围内分养殖场、市场和屠宰场 3 种类型设立了 11 个动物疫病固定监测点，并制定监测点考核管理办法，考核合格给予适当补助。

4. 把关动物卫生监督环节的疫病防控。一是认真履行动物检疫职责。全市共屠宰检疫生猪 130.98 万头、牛羊 3.77 万头、禽类 97.84 万羽，检出不合格生猪 1 023 头、不合格禽类 0.11 万只，并监督无害化处理。2015 年，共申报产地检疫生猪 38.98 万头，禽类 43.41 万羽，牛 79 头，羊 100 头。其中厦门市设立的亿香肉联厂、夏商银谷家禽批发市场、入岛动物产品检疫申报点 3 个对外动物检疫申报点全年共检疫生猪 27.8 万头，检疫家禽 103.4 万羽，检疫冻肉品 4.8 万吨，无害化处理不合格生猪 503 头，不合格家禽 2.6 万羽。二是强化流通环节动物检疫监管。结合工作实际，提出进一步加强检疫监督的 5 项措施。并下发《厦门市农业局关于进一步加强动物卫生监督执法工作的通知》，督促落实主体责任，及时开展专项检查行动。查处动物卫生监督违法案件两起。三是完成高崎活禽批发市场整体搬迁。于 9 月 30 日顺利完成夏商银谷家禽集散中心的动物检疫交接工作。高崎活禽批发市场搬迁到岛外，有效防范感染禽流感的风险。

5. 强化应急管理工作。一是应急物资管理。2015 年度全市疫控应急物资储备防护服 2 085 件、防护口罩 18 431 个、护目镜 1 058 个、防护手套 10 801 个、防护鞋 620 双、高压电动消毒机 35 台、喷雾器 145 台、动物扑杀设备 19 台、动物尸体袋 30 755 个、白条鸡检疫枪 90 把，防疫警示线、警示牌、警示灯、指挥棒合计 120 套，应急防疫灯 103 台，储备消毒药 20 吨。全市全年共发放猪口蹄疫 O 型疫苗 246.3 万毫升、牛羊口蹄疫二价灭活疫苗 14.87 万毫升、高致病性禽流感灭活疫苗 961.325 万毫升、猪瘟活疫苗 231.02 万头份、高致病性猪蓝耳病灭活苗 23.8 万毫升、高致病性猪蓝耳病弱毒疫苗 88.6 万头份。二是开展应急演练及培训。按照《厦门市重大动物疫情应急控制指挥部关于开展高致病性禽流感疫情应急演练的通知》要求，于 11 月 27 日在集美区灌口镇双岭村开展高致病性禽流感疫情应急演练，增进部门协同，强化疫控意识，锻炼防疫队伍。分别于 4 月 1 日、10 月 27 日举办全市春季、秋季重大动物疫病防疫技术暨应急处置培训，累计培训各级防检员 200 余人次。各区也分别以各种形式对各级兽医干部、防检员及养殖场（户）进行培训，累计进行14期、培训500余人次。三是加强应急值守。严格执行24小时值班和领导带班制度，按照《农业部办公厅关于进一步加强重大动物疫情举报核查工作的通知》要求，认真落实举报疫情的核查和各项工作制度。

【饲料行业概况】 2015年，全市共有饲料企业56家，其中：配合饲料、浓缩料企业27家，预混料企业29家，添加剂企业9家，单一饲料企业6家。思明区有饲料企业2家，海沧区有8家，湖里区有3家，集美区有12家，同安区有25家，翔安区有6家。异地搬迁的有1家（厦门六维生物科技有限公司）、停产企业1家（厦门汇医堂兽药有限公司）。全年饲料工业总产量达到156.17万吨，同比下降2.6%。其中配合饲料46.78万吨，同比下降24.9%；浓缩料1.07万吨，同比下降72.8%；添加剂预混料2.89万吨，同比下降36.6%；添加剂1.11万吨，同比下降15.3%；混合型饲料添加剂0.15万吨，同比下降31.8%；单一饲料104.18万吨，同比增长18.5%。累计营业收入58.25亿元，同比下降7.7%，工业总产值59.46亿元，同比下降4.9%。

2.饲料监督管理。厦门市农业局负责全市饲料工业管理和监督协调工作，行业日常管理工作由厦门市农产品质量安全检验测试中心及各区动物卫生监督所负责，厦门市饲料工业协会协助。饲料违法违规案件由市、区两级农业行政执法部门负责。一是加强饲料行业准入管理。按照《福建省农业厅关于开展饲料和饲料添加剂生产企业2015年度备案及安全生产检查工作的通知》要求，组织开展全市饲料和饲料添加剂生产企业年度备案工作，于4月中旬完成上报省厅50家企业备案材料工作，其中添加剂7家，预混料24家、单一饲料4家、配合料及浓缩料25家。配合省农业厅饲料办对9家申请换证、变更的饲料生产企业进行现场审查。二是加强饲料生产企业安全生产宣传和检查。转发国家、省安全生产等文件5份，组织对翔安、同安、集美、海沧4个区监管机构进行工作督查，并随机抽查辖区4家生产企业，对发现的问题及时反馈辖区饲料监管部门，督促整改。8月18～21日，开展饲料企业安全生产专项检查，对厦门市岛外8家饲料企业开展防范粉尘爆炸安全生产专项检查工作，并将检查情况以文件形式通报各区饲料监管部门。三是加强饲料产品质量监控。分批次组织对32家饲料生产企业进行质量巡查并抽检饲料样品140批次，检测重金属、兽药残留及其他有毒有害指标14项。

【标准化规模养殖及畜禽标准化养殖示范创建】 2015年，厦门市现有生猪规模化养殖场451家，年出栏62.28万头，其中，1 000头以上养殖规模66家，年出栏34.49万头。厦门国寿种猪开发有限公司、厦门市东兴农生态农业开发有限公司、厦门市乐森生态农业有限公司3家2012年国家级畜禽养殖标准化示范场持续优化场区布局、完善设施与设备、强化管理与防疫等，全面地提升生猪标准化生产和管理水平。

【动物卫生执法监督】 9月30日，市动物卫生监督所将位于翔安区的夏商银谷家禽集散中心动物检疫监管工作移交翔安区动物卫生监督负责。查处了两起动物卫生监督违法案件，其中：市动物卫生监督所查处一起无证从事动物诊疗活动案，对当事人没收违法所得1 020元，处3 000元罚款；同安区动物卫生监督所查处一起不按照规定处置死因不明动物案件，对当事人没收违法所得3 205元，处4 000元罚款，该案件被福建省农业厅评为优秀案例。

【病死动物无害化处理】 2015年，继续对出栏生猪50头以上的规模养殖场（小区）病死猪实施无害化处理费用补贴，每头补助80元，共申请补助49 735头。引进，畜禽养殖场有机废弃物处理机技术，现有10个猪场（集中处理场）使用畜禽养殖场有机废弃物处理机，每台处理机72个小时可无害化处理1吨病死畜禽。2015年，厦门市屠宰检疫检出并处理不合格生猪1 023头。

【生猪屠宰行业监管】 2015年7月，由厦门市农业局牵头起草，厦门市农业局、厦门市市场监督管理局、厦门市公安局、厦门市城市管理行政执法局联合下发《关于建立打击牲畜私屠滥宰工作机制的通知》，明确各部门打击私屠滥宰违法行为的职责分工。其中：农业部门负责牵头组织打击私屠滥宰违法行为，定期组织召开部门联席会议；市场监督管理部门负责市场流通环节未经检验检疫违法生产经营行为的查处；城管部门负责流动商贩及私屠滥宰违建场所的查处；公安部门负责涉嫌私屠滥宰及暴力抗法刑事案件的查处。2015年8月，市农业局牵头召开了农业、公安、市场监督、城管4个部门首次打击私屠滥宰违法行为联席会议，会议通报了打击私屠滥宰阶段性工作情况，各部门沟通协调执法过程中的问题，部门间的联动机制正式启动。2015年，农业部门与公安、市场监督管理等部门共联合开展私屠滥宰执法行动15次，农业部门共出动执法1 894人次，查处私宰窝点48个，没收私宰生猪648头、羊38头。

【“瘦肉精”专项整治】 厦门市农业局制定印发2015年“瘦肉精”监督抽检工作方案，全市计划开展41 900头份的“瘦肉精”监督抽检任务，抽检项目包括盐酸克伦特罗、莱克多巴胺及沙丁胺醇3个项目。2015年实际共抽检“瘦肉精”54 909头份，其中屠宰场抽检

32 776头份，养殖场22 133头份。一是加强屠宰场“瘦肉精”监督抽检力度，在屠宰场每天自检的基础上，实行每周不定期开展3次以上监测抽检，重大活动及节假日期间实行天天监测，超额完成市局下达的“瘦肉精”抽测任务，全市共监测瘦肉精32 776头（其中市级8 688头），检测数占屠宰量的2.0 %以上（其中市级2.7%），包括盐酸克伦特罗、莱克多巴胺及沙丁胺醇各3项，检测结果均合格。二是加强本地养殖基地的“瘦肉精”监测，把边远山区养殖场作为专项监测的重点，共随机抽取育肥猪后期猪尿22 133头进行检测，监测数占生猪存栏量的1%以上。

【兽药质量监管】 一是严控兽药饲料企业审核。审核受理兽药（生物制造）经营许可1家，审核上报浓缩料设施申请1家，陪同省农业厅现场审核饲料企业4家，审核新办理动物诊疗许可2家，受理动物诊疗许可换发办证1家。二是加大抽检力度，保障兽药饲料质量。2015年，对全市33家饲料生产企业进行产品抽检，共抽检样品140分，重点对饲料中重金属残留、饲料品质、兽药残留、违禁药品进行检测，检测合格率为100%。对全市5家兽药生产企业、64家饲料生产企业以及46家兽药经营企业进行市区联合执法抽检，分4次监督抽检饲料35批次，兽药31批次。对生鲜乳收购站的检查，抽样送检1批次，未发现问题。三是开展专项整治，规范兽药饲料经营。主要开展兽药产品标签和说明书规范再行动、加强兽药GMP实施工作、饲料标签的专项整治、兽药抗菌药专项整治以及全国兽药抗菌药综合治理5年行动方案等。重点严查“涉证”“涉号”和套用相关“证”“号”等违法行为。四是加大巡查力度，严厉查处违法行为。2015年，全市累计出动执法人员313人次，检查兽药生产、经营和使用企业40多家次，覆盖厦门的兽药生产企业5家，其他各经营门店、畜禽养殖基地等。检查43家次的饲料生产企业和经营门店。对执法抽检中厂家不确认的假兽药产品和检测后不合格的兽药产品的经营企业进行立案查处，全市立案查处6起经营假劣兽药案，处罚款9 270元，没收各类假兽药48盒。

（厦门市农业局 张 宏）

深圳市畜牧业

【畜牧业生产】 随着禁养区政策的贯彻执行，深圳市畜牧养殖规模继续缩小。截止到2015年底，市内生猪规模养殖场减少至3个，生猪存栏25 589头，全年生猪出栏量为58 057头，同比下降3.8%，肉类产量4 374.97吨。奶牛场减少至3个，奶牛存栏量为3 651头，年产奶量为13 007吨。家禽养殖场2个，其中，蛋鸡场1个，存栏蛋鸡20 300只，年产蛋量265.3吨，同比下降33.56%；肉鸽场1个，年出栏肉鸽99.8万只。

【饲料工业】 截止到2015年底，深圳市饲料企业有32家，2015年饲料生产总量33.31万吨，比上年减少2.32万吨，同比下降6.51%；总产值227 173.01万元，比上年增加91 251.82万元，同比增长67.14%。

【兽药产业】 全市兽药生产企业2家，兽药经营企业28家，全部均通过兽药生产质量管理规范（GMP）和兽药经营质量管理规范（GSP）验收。

【动物疫病防控】 采取综合防控措施，狠抓强制免疫和疫情监测，确保重大动物疫病防控工作落到实处，全年未发生重大动物疫情。一是全面落实强制免疫工作。2015年，全市家禽禽流感免疫94.42万只（次），新城疫免疫51.01万只（次），奶牛O－I型口蹄疫免疫1.09万头（次），A型口蹄疫免疫1.46万头（次）；猪口蹄疫免疫18.17万头（次），猪瘟免疫14.63万头（次），高致病性猪蓝耳病免疫8.95万头（次），全年犬类狂犬病免疫量达11万只，重大动物疫病集中免疫密度均达100%。二是全面落实疫病监测工作。全面完成国家、省市各项疫病监测任务，2015年，深圳市市级实验室检测各类样品11 186份，其中病原学监测样品10 329份，血清抗体水平监测样品857份。送省总所监测样品510份，全面完成各项监测任务指标。病原学监测结果均为阴性。

【生猪屠宰产业】 2015年全市四家定点屠宰场屠宰生猪539.53万头，同比增长2.15%；牛8.36万头，羊11.41万头，无害化处理病害猪10 595头、病害肉1 084.07吨。

【扶持畜牧业生产】 一是组织落实市级财政对畜牧行业扶持政策资金1 570万元。其中，战略性新兴产业发展专项资金之现代农业生物产业推广扶持项目资金200万元，农业发展专项资金1 370万元。二是落实国家奶牛良种补贴资金13万元。三是落实规模化生猪养殖场能繁母猪补贴资金23.71万元。

【养殖环节无害化处理补助】 2015年生猪规模化养殖场共处理病死猪9 202头，无害化处理补助资金73.616万元。

【屠宰环节无害化处理补助】 2015年屠宰环节病害猪及病害肉无害化处理补助资金1 328万元。

【重大动物疫病强制免疫疫苗补助】 深圳市重大动物疫病疫苗配套经费全部由市级财政承担。2015年，全市重大动物疫病疫苗配套经费为186万元。另外，犬类狂犬病强制免疫疫苗经费180万元。

【基层动物防疫工作补助】 全面协调落实基层动物防疫工作补助经费，深圳市龙岗区继续落实基层动物防疫员管理制度，在每个社区设置1名基层动物防疫员，防疫员补助经费纳入财政预算，每人每年补助5 000元。其他各区也正在协调推进此项工作。

【兽医法制建设】 2015年10月18日，《深圳市畜禽无害化处理实施方案》经市政府同意，正式印发实施。

【“瘦肉精”专项整治】 2015年组织开展多次专项整治行动，全年全市共检测样品40.33万份，合格率达99.9%。立案查处2起销售含沙丁胺醇（“瘦肉精”）生猪案件，没收并无害化处理生猪241头；立案查处1起运输死因不明动物（猪）案件，没收并无害化处理死猪1头，罚款6 693元，3起案件均已移交公安部门处理。

【饲料安全监管】 完成全市32家企业2015年度备案工作，制定《2015年深圳饲料产品质量安全监测抽样方案》，并按照农业部、省农业厅有关工作部署，分别于上、下半年各组织一次全市性饲料安全监督执法行动、对饲料企业生产质量安全规范实施情况进行抽查，共抽查了20家饲料生产企业，均未发现有违规行为。

【动物卫生执法监督】 全年全市动物卫生监督行政处罚案件8宗，罚款金额43 616.99元，没收并无害化处理生猪118头。深圳市动物卫生监督所执法案卷连续两年获得广东省农业厅优秀案卷称号。另外，推荐的区级案卷连续4年被广东省动物卫生监督总所评定为优秀案卷。

【兽医实验室管理】 一是完成了市级兽医实验室北面500平方米实验区的装修与设备添置工作。二是组织开展全市兽医实验室生物安全检查。经检查，各兽医实验室均有较完善的生物安全管理制度，实验活动规范，生物安全责任明确，未发现有保存和使用动物病原微生物的情况。

【兽药质量监管】 一是组织开展多次兽药监管专项行动，出动执法人员340人次，对全市兽药生产企业、兽药经营企业和规模畜禽养殖场等使用单位进行全面检查。经检查，未发现有违规生产、经营、使用伪劣兽药行为。二是组织举办两期全市兽药管理培训班，进一步规范抗生素使用、兽药标签和说明书，全面推动兽药二维码追溯制度建立。

【生猪屠宰行业监管】 一是组织屠宰专项整治。2015年，先后组织开展了屠宰专项整治、屠宰资格清理等专项行动，组织执法人员多次突击检查屠宰场，重点检查屠宰场生产、管理及检疫检验等情况. 二是强化屠宰全过程监管。升级电子检疫监管系统，规范完善屠宰场检验检疫。三是创新屠宰监管方式。完成全市4个定点屠宰场中3个屠宰场生产线的实时视频监控系统建设，全面启动生猪激光灼刻检疫标识在其他屠宰场的推广应用，提高猪肉检疫证章防伪水平。四是督促企业规范管理。督促屠宰企业规范屠宰流程，完善生猪购销台账，推进品牌化经营，增强市场竞争力。五是督促屠宰企业加强肉品品质管理。完成4个屠宰场132名肉品品质检验人员培训考核工作，全面实施持证上岗制度。

【家禽集中屠宰监管】 扎实推进家禽集中屠宰冷链配送生鲜上市工作，编制印发《深圳市家禽集中屠宰和代宰专项规划》和《深圳市家禽批发市场代宰点设置指导意见》，强化规范屠宰场升级改造和代宰点建设。完成全市家禽集中屠宰场的登记备案工作和全市活禽经营限制区家禽集中屠宰冷链配送生鲜上市经费补贴相关工作。

【兽医队伍建设】 2015年，深圳市390人参加全国执业兽医师资格考试，考取执业兽医师资格113人，通过率28.97%，助理执业兽医师89人，通过率22.82%，总通过率51.79%，通过率位居全省前列。

【无规定动物疫病区建设】 按照《广东省从化马属动物疫病区域化管理办法》，全面完成全市马属动物179份样品抽样任务。经检测，各种疫病监测结果均合格。

【应急管理】 一是应急物资储备。2015年，共购置高致病性禽流感疫苗115万毫升、新城疫－禽流感二联苗228万头份、猪口蹄疫浓缩苗39万毫升、猪瘟疫苗16.8万头份、高致病性猪蓝耳病疫苗19.6万毫升、牛Ⅰ－O型口蹄疫疫苗7万毫升、牛A型口蹄疫疫苗12万毫升。新招标采购消毒药36吨，各种应急物资储备充分。二是应急演练。2015年7月20日，由市防控重大动物疫病指挥部办公室牵头，市、区、街道三级动物卫生监督机构联合组成的重大动物疫情救援队，在宝安区松岗街道新家康家禽批发市场举行防控高致病性禽流感应急处置演练。

【兽药残留监控】 制定《2015年度深圳市兽药质量监督抽检计划》和《关于下达2015年度动物源产品中兽药残留监控抽样任务的通知》。2015年全市共抽样1 047份，其中，本地生猪养殖场猪尿样995份、饲料样品15份、兽药残留监测抽样27份，兽药质量抽样10份。检测结果均合格。

（深圳市经济贸易和信息化委员会 徐名能）

新疆生产建设兵团畜牧业

【发展概况】 2015年是“十二五”收官以及“十三五”开启的承上启下关键之年。按照兵团党委“稳粮、优棉、精果、强畜”，加快发展现代农业的总体部署，畜牧业以加快推进畜禽标准化规模养殖，培育新型经营主体，强化畜禽良种工程建设和饲草料基地建设，促进产业化发展为重点；以切实加快现代畜牧业发展和草原生态保护建设，进一步增强畜禽综合生产能力，努力确保不发生区域性重大动物疫情和畜产品质量安全事故为工作目标；积极开展调研，把握新常态下现代畜牧业发展的新趋势和新特点，积极采取应对措施，推进各项工作，较好地完成了“十二五”规划目标任务，加强顶层设计，制定完成了“十三五”规划。

截至2015年末，兵团牲畜存栏771.0万头（只），其中牛、羊、猪年末存栏量分别为46.80万头、572.69万只和147.39万头，同比分别增长5.5%、7.9%和2.7%；年出栏牛34.99万头，羊513.20万只，生猪252.37万头；肉类总产量39.00万吨（其中猪肉17.97万吨，牛肉5.35万吨，羊肉9.24万吨），禽蛋产量8.14万吨，牛奶产量62.9万吨，羊毛产量1.72万吨，肉类、禽蛋和牛奶产量同比分别增长5.9%、6.8%和6.5%。

【市场行情动态】 全年生鲜乳、肉羊、禽蛋市场价格低迷，同比分别下跌30%、35%和27%，生猪缓慢走出低谷，下半年活猪价格逐渐由14元/千克上涨至18.5元/千克，肉牛价格相对平稳，但价位仍较低，活重价格维持在24～25元/千克，牛肉加工以绿翔牧业和西部牧业为主。饲料玉米价格保持较低价位（1.3～1.7元/千克），人工成本略有增长。由于持续受到国际进口奶粉的冲击，全年液态奶销售市场拓展有限，天润乳业以液态奶销售为主，未有奶粉积压情况，西部牧业、新农乳业奶粉积压库存较严重。

【畜禽标准化规模养殖】 2015年，国家对兵团畜牧行业下达中央财政支持资金3亿元，各师资金投入及吸纳社会总资金29.3亿元（其中20.5亿元用于棚圈基础设施建设），各师和团场因地制宜从贷款贴息、养殖园区水电路配套、划拨养殖用地、国资参股、新建圈舍补贴、饲草料种植补贴、外购种畜和母畜补贴等方面建立了一套较完善的畜牧业扶持政策。2015年，新建及改扩建各类标准化规模养殖场190个，牛羊规模场152个，其中连队转型建设畜牧养殖园区36个；规模养殖存栏量达到428.4万头（只），总体规模化养殖水平达到49.4。累计创建新型经营主体数量达到1 465个，较上年新增222个。新型经营主体中，养殖合作社1 196个，养殖企业236个，养殖专业公司169个。新型经营主体中养殖人员数量达到5.78万人，较上年新增4 417人。兵团畜牧业生产已基本形成了以龙头企业为骨干、专业养殖合作社和畜牧专业公司为主体、牧业职工为基础的新型生产经营模式。

【饲草料保障基地建设】 2015年全兵团完成饲草料种植13.8万公顷，其中籽实玉米面积4.3万公顷，青贮玉米面积（正复播）4.07万公顷，苜蓿种植累计保留面积5.41万公顷。第三师、第六师、第七师、第八师饲草种植量同比增幅较大。经组织专家测产，142团、143团、148团、124团、共青团农场青贮玉米高产示范田33.3公顷（500亩）以上平均每公顷产量达到112.5吨以上，最高达到了135吨/公顷；苜蓿（干草）平均每公顷产量达到22.5吨，一些示范条田每公顷净收益达到15 000元以上，实现了种养双赢，起到较好的示范作用，饲草料供给得到较大幅度提升。

【种养加一体化经营】 为了使畜牧业健康可持续发展，提高带动职工增收、团场增盈和市场竞争的能力，积极探索种养一体化经营的新机制，努力构建种养加一体化的经营新模式。各师利用种植结构调整机遇，大力种植优质饲草料，引导职工由种植业向畜牧业转移，走高产、高效、种养相结合之路；积极推动龙头加工企业（公司）与团场、专业养殖公司、专业合作社和养殖户采取保底收购、股份分红、利润返还等方式，建立更为紧密的利益联结机制，用利益链理顺连接产业链，让团场和职工分享更多的加工销售收益。第九师10个团各挑选1个养殖专业合作社进行“种草养畜”一体化经营试点，每个合作社种植66.7公顷（1 000亩）饲草地，养殖肉牛1 000头，师对每个合作社贷款1 000万元进行扶持，一体化种植的青贮玉米比职工种植的0.38元/千克降低了0.08元/千克，降低了饲养成本。

【畜禽良种繁育体系】 落实农业部援疆“2015年南疆肉种羊场项目”建设情况，改扩建种羊场6个，6个项目总投资3 035万元，其中中央预算2 000万元，自筹资金1 035万元。项目实施中，各项目团场严格按照项目批复进行建设，严格“四制”管理，专款专用，严格落实责任主体，规范项目建设，加快项目进度，确保项目工程质量。年内组织落实国家奶牛、绵羊等畜牧良种补贴项目资金920万元，完成奶牛及肉牛冻精采购39.8万剂，完成种羊补贴5 000只。

【“一控两减三基本”工作】 2015年畜禽养殖场排泄

物资源化利用工作共改造完善20个养殖废弃物资源化利用规模养殖场，投资总金额为5 101.6万元。新建（扩建）5个有机肥厂，年生产有机肥达10万吨，采用沼气技术、有机肥生产等方式无害化处理畜禽排泄物，资源化利用率年提高2个百分点。

2015年农作物秸秆饲料化利用工作实施范围涵盖13个师的99个团场，各师主要以增加农作物种植面积、提高秸秆机械收获率和推广“三贮一化”技术来提高秸秆饲料化利用率来增加农作物秸秆饲料化利用量，全兵团共增加46 566吨，超额完成兵团下达的任务。142团大力推广棉秆微贮技术，完成棉花秸秆饲料化利用的面积66.7公顷。第一师4团（年加工能力10 000吨）、第九师167团（年加工能力5 000吨）新建秸秆颗粒饲料厂已投产运营。

（新疆生产建设兵团农业局　叶东东）

【草原保护和建设工作】　截止到2015年底，实施禁牧草原面积59万公顷，实施草畜平衡草原面积145.47万公顷。累计落实草原承包面积204.47万公顷。签订承包草原合同的户数20 738户。种草总面积20.33万公顷，其中：人工种草14.67万公顷，改良草场5.67万公顷。围栏面积86.53万公顷，禁牧、休牧和轮牧面积74.8万公顷，开展治蝗灭鼠30.67万公顷，建设草原防火隔离带820公里。

2015年兵团蝗虫防治面积11.77万公顷，其中生物防治4.54万公顷（牧鸡牧鸭治蝗1.75万公顷、椋鸟控制1.43万公顷、生物制剂和植物源农药防治1.36万公顷），实现了“飞蝗不起飞成灾，土蝗不扩散危害”的防治目标。鼠害防治面积18.93万公顷，其中化学防治3.58万公顷，生物防治14.46万公顷（D－型肉毒素防治8.04万公顷，招鹰控制6.42万公顷），物理防治9 000公顷。

为了普及草原防火安全知识和《草原法》等各种法律法规知识，2015年共组织科普宣教活动99场次，设立咨询点84处，出动宣传车138辆，发放各类宣传教育材料28 117份、宣传挂历380份册，制作板报106期，张贴民汉标语2 880余张，悬挂横幅186余条，撰写信息稿件25余篇，电视、广播宣传131次，新闻网站发表信息10篇，受教育群众超过3万人次。2015年草原发案数量6起，全部立案和结案；草原违法案件发案数呈明显下降趋势，体现出贯彻实施《草原司法解释》取得显著成效。审核办理草原征占用申请9批，涉及草原面积78.925公顷，征收草原植被恢复费165.746万元。草原生态保护补助奖励机制实施5年来，禁牧区草原生态恢复明显，草畜平衡区生态初步恢复，促进了草原畜牧业生产经营方式转变，畜群畜种结构趋于合理，牲畜良种率和人工种草面积逐年提高，牧工生产生活方式明显改善，收入增加，保护草原的意识不断增强。

【兵团基本草原划定工作】　为深入贯彻实施《中华人民共和国草原法》《国务院关于促进牧区又好又快发展的若干意见》《农业部关于切实加强基本草原保护工作的通知》的精神，切实加强草原保护建设，建立严格的基本草原保护制度，维护生态安全，发展生态畜牧业，加快推进基本草原划定工作，兵团畜牧兽医局与国土资源局制定印发了《兵团基本草原划定工作实施方案》，以国家建立草原生态保护补助奖励机制为契机，开展基本草原划定工作，积极推行基本草原保护制度，采取有效措施，像保护基本农田一样保护基本草原，确保基本草原总量不减少，质量不下降，用途不改变。

兵团基本草原划定工作自2013年开展试点，兵团各师、各有关部门把开展基本草原划定纳入重要议事日程，全力推进基本草原的划定工作。截至2015年底，兵团13个师56个团场已完成基本草原划定面积165.53万公顷，占兵团天然草原总面积的58.61%，占可利用草原面积的68.86%。

【畜产品质量安全监管工作】　2015年共开展动物及动物产品兽药残留检测220批，检测项目包括鸡肉中磺胺类、氟喹诺酮类、猪肉中β－兴奋剂类（盐酸克伦特罗、莱克多巴胺、沙丁胺醇），合格率100%。

根据农业部2015年生鲜乳质量安全计划，兵团各级严格从生产、收购和运输3个关键环节进行监督检查，全年开展现场检查230次，其中检查收购站178个，检查运输车52辆，对现场抽检的生鲜乳进行检验，三聚氰胺含量全部合格，未检出皮革水解物等违禁添加物。生鲜乳质量安全监测及监管行动覆盖兵团各级奶站，检测指标覆盖卫生部公布的违禁添加物，确保兵团范围内生鲜乳质量安全。

（新疆生产建设兵团农业局　刘根俊）

【动物疫病防控及监督执法工作】　2015年，累计免疫各类牲畜2 175.3万头次，其中口蹄疫免疫猪279.8万头、免疫牛75.3万头、免疫羊917.2万只，高致病性猪蓝耳病免疫279.4万头，猪瘟免疫279.8万头，小反刍兽疫免疫343.8万只。高致病性禽流感免疫各类禽1 725.6万羽。各类畜禽应免密度达100%。

兵团各级兽医实验室累计开展口蹄疫等重大动物疫病免疫评估监测抽样10.1万份，免疫抗体平均合格率分别为：猪O型口蹄疫81.32%，牛O型口蹄疫92.12%，牛亚洲Ⅰ型口蹄疫94.52%，牛A型口蹄疫94.80%，羊O型口蹄疫83.35%；羊亚洲Ⅰ型口蹄疫91.11%，羊A型口蹄疫87.17%，猪瘟94.19%，高致病性猪蓝耳病94.95%，禽流感92.84%，新城疫92.80%，小反刍兽疫71.6%。开展高致病性禽流感等重大动物疫病病原学监测 1.9 万份，均未检出阳性样品。开展布鲁氏菌病检测 4.5 万份，奶牛平均阳性率0.42%，其他品种牛平均阳性率 0.51%，羊平均阳性率 1.03%，对阳性畜进行无害化处理。开展牛结核检疫 16.9 万头，平均阳性率 0.18%。开展犬粪样棘球蚴绦虫病原检测 3 071 份，平均阳性率 2.83%，畜间包虫病检疫 26.21 万头只，犬驱绦药物防治 16.4 万条（次）。

开展兽药监督抽检 64 批，合格 60 批，不合格 4 批，对抽检不合格样品及时核实生产企业情况和产品批准文号，向有关省市发函确认生产企业和产品信息，对确认的假兽药进行清缴、销毁。

开展生猪屠宰质量安全专项整治行动，严厉打击生猪私屠滥宰等违法违规行为。据统计，全兵团在专项整治行动中开展执法 887 次，出动各类车辆 1 029 次，出动执法人员 3 736 人次，查处违法案件 17 个，对违法行为处罚金额 0.44 万元。

根据农业部《关于做好畜禽屠宰监管职责调整过渡期有关工作的通知》和兵团下发《关于调整兵团畜禽屠宰监管职责有关问题的通知》的精神，在 2014 年工作基础上完成兵、师、团三级畜禽屠宰监管职责调整工作。

7 月 6 ~ 10 日，农业部专家组一行赴第 4 师、第 12 师对兵团进行消灭马传染性贫血达标考核。经专家组评审，宣布兵团通过消灭马传染性贫血达标考核。

（新疆生产建设兵团农业局　李海勇）

（本栏目主编　左玲玲　王志刚　邱小田　寇占英　李　扬）

统 计 资 料

全国畜牧生产情况比较表(一)

项　目	单　位	2015 年	2014 年	2015 年比 2014 年增减	
				绝对数	%
当年畜禽出栏					
大牲畜					
牛	万头	5 003.4	4 929.2	74.2	1.5
马	万头	157.7	154.3	3.4	2.2
驴	万头	217.0	226.6	-9.6	-4.2
骡	万头	44.2	47.9	-3.7	-7.7
骆驼	万头	9.4	8.5	0.9	10.1
猪	万头	70 825.0	73 510.4	-2 685.4	-3.7
羊	万只	29 472.7	28 741.6	731.1	2.5
家禽	亿只	119.9	115.4	4.5	3.9
兔	万只	52 356.9	51 679.1	677.8	1.3
畜禽年末存栏数					
大牲畜头数	万头	12 195.7	12 022.9	172.8	1.4
牛	万头	10 817.3	10 578.0	239.3	2.3
肉牛	万头	7 372.9	7 040.9	332.0	4.7
奶牛	万头	1 507.2	1 499.1	8.1	0.5
马	万头	590.8	604.3	-13.5	-2.2
驴	万头	542.1	582.6	-40.5	-7.0
骡	万头	210.0	224.6	-14.6	-6.5
骆驼	万头	35.6	33.4	2.2	6.7
猪	万头	45 112.5	46 582.7	-1 470.2	-3.2
羊	万只	31 099.7	30 314.9	784.8	2.6
山羊	万只	14 893.4	14 465.9	427.5	3.0
绵羊	万只	16 206.2	15 849.0	357.2	2.3
家禽	亿只	58.7	57.8	0.9	1.5
兔	万只	21 603.4	22 274.6	-671.2	-3.0

注:本年鉴中部分数据合计数或相对数由于单位取舍不同而产生的计算误差均未作机械调整。

全国畜牧生产情况比较表(二)

项　目	单　位	2015 年	2014 年	2015 年比 2014 年增减	
				绝对数	%
畜产品产量					
肉类总产量	万吨	8 625.0	8 706.7	-81.7	-1.0
猪牛羊肉	万吨	6 627.5	6 788.8	-161.3	-2.4
牛肉	万吨	700.1	689.2	10.9	1.6
猪肉	万吨	5 486.5	5 671.4	-184.9	-3.3
羊肉	万吨	440.8	428.2	12.6	2.9
禽肉	万吨	1 826.3	1 750.7	75.6	4.3
兔肉	万吨	84.3	82.9	1.4	1.6
其他畜产品产量					
奶类	万吨	3 870.3	3 841.2	29.1	0.8
牛奶	万吨	3 754.7	3 724.6	30.1	0.8
山羊毛	吨	36 956	40 046	-3 090	-7.7
绵羊毛	吨	427 464	419 518	7 946	1.9
细羊毛	吨	134 954	124 915	10 039	8.0
半细羊毛	吨	143 371	142 253	1 118	0.8
羊绒	吨	19 247	19 278	-31	-0.2
蜂蜜	万吨	47.7	46.8	0.9	1.9
禽蛋	万吨	2 999.2	2 893.9	105.3	3.6
蚕茧	吨	900 892	894 676	6 216	0.7
桑蚕茧	吨	824 004	819 054	4 950	0.6
柞蚕茧	吨	76 889	75 622	1 267	1.7

各地区主要畜禽年出栏量

单位:万头、万只

地　区	猪	牛	羊	马	驴	骡	家禽	兔
全国总计	**70 825.0**	**5 003.4**	**29 472.7**	**157.7**	**217.0**	**44.2**	**1 198 720.6**	**52 356.9**
北　京	284.4	8.4	71.0	0.1	0.2	0.0	6 688.4	15.2
天　津	378.0	19.6	68.6	0.0	0.2	0.0	8 019.3	11.5
河　北	3 551.1	325.4	2 255.0	10.0	29.0	9.4	58 435.0	3 227.2
山　西	783.7	40.2	484.4	0.3	3.7	1.9	8 780.9	354.3
内蒙古	898.5	326.4	5 596.3	30.3	43.9	6.6	10 439.1	692.6
辽　宁	2 675.7	266.3	753.6	7.2	44.6	4.3	86 493.5	134.0
吉　林	1 664.3	303.2	388.5	13.5	9.1	3.7	39 098.6	1 083.6
黑龙江	1 863.4	269.7	751.9	5.7	2.8	1.0	20 579.8	103.8
上　海	204.4	0.1	39.5	0.0	0.0	0.0	1 943.9	10.2
江　苏	2 978.3	17.4	730.2	0.1	1.0	0.2	73 536.8	3 955.5
浙　江	1 315.6	8.3	111.7	0.0	0.0	0.0	15 202.3	498.7
安　徽	2 979.2	112.5	1 133.5	0.0	0.4	0.0	75 286.0	210.5
福　建	1 707.8	29.2	170.3				52 882.5	1 995.2
江　西	3 242.5	139.1	75.1				47 656.1	368.5
山　东	4 836.1	447.5	3 195.8	0.6	4.7	0.6	176 896.0	6 419.0
河　南	6 171.2	548.6	2 126.0	7.8	9.9	2.0	91 550.0	3 685.7
湖　北	4 363.2	159.9	550.6	0.1	0.3	0.0	51 222.7	288.2
湖　南	6 077.2	168.5	699.9	0.1	0.4	0.1	41 474.7	714.8
广　东	3 663.4	58.3	50.6				97 423.4	322.8
广　西	3 416.8	149.3	205.3	2.4	0.0	0.0	80 825.0	751.2
海　南	555.7	26.7	77.4				14 686.0	15.2
重　庆	2 119.9	67.7	274.3	0.2	0.0	0.1	24 206.6	4 888.3
四　川	7 236.5	295.5	1 698.0	1.8	0.9	0.6	66 154.9	21 452.4
贵　州	1 795.3	133.3	246.1	15.8	0.0	0.9	9 618.2	211.0
云　南	3 451.0	292.8	854.7	9.7	7.9	6.6	21 080.9	166.1
西　藏	18.1	128.4	469.2	4.6	1.8	0.2	168.2	
陕　西	1 205.6	54.6	494.1	0.1	2.1	0.6	5 312.9	284.1
甘　肃	696.0	179.4	1 220.9	2.3	13.7	3.6	3 816.6	180.5
青　海	137.5	115.6	656.5	1.6	1.1	1.2	429.7	89.2
宁　夏	91.5	64.4	579.7	0.1	2.6	0.5	1 019.0	32.9
新　疆	463.1	247.3	3 444.1	43.2	36.6	0.2	7 793.6	194.7

各地区主要畜禽年末存栏量(一)

单位:万头

地区	大牲畜	牛	肉牛	奶牛	马	驴	骡
全国总计	12 195.7	10 817.3	7 372.9	1 507.2	590.8	542.1	210.0
北京	18.1	17.5	5.1	12.4	0.2	0.3	0.1
天津	30.0	29.3	14.3	14.9	0.1	0.6	0.1
河北	493.2	412.5	166.9	196.3	16.0	47.3	17.4
山西	122.0	101.1	43.7	34.6	1.1	12.7	7.0
内蒙古	884.6	671.0	423.2	237.2	87.7	88.5	22.5
辽宁	499.7	384.6	344.2	33.6	17.0	86.3	11.8
吉林	501.0	450.7	420.8	26.2	25.6	17.3	7.4
黑龙江	543.5	510.7	313.0	193.4	22.6	7.3	2.9
上海	5.9	5.9		5.8			
江苏	34.2	30.7	9.1	20.0	0.3	2.4	0.8
浙江	15.0	15.0	9.5	4.4			
安徽	165.0	164.6	140.4	13.0	0.1	0.2	0.0
福建	67.3	67.3	33.8	5.0	0.0		
江西	313.3	313.3	260.9	7.2			
山东	518.4	503.6	330.4	133.4	2.4	11.2	1.2
河南	955.3	934.0	650.4	107.8	8.1	10.5	2.7
湖北	362.2	361.3	242.0	6.9	0.5	0.3	0.1
湖南	478.0	471.7	358.1	15.5	5.4	0.8	0.2
广东	242.3	242.3	132.2	5.3	0.0		
广西	479.6	445.9	98.3	5.2	29.6	0.1	4.1
海南	84.2	84.2	50.9	0.1			
重庆	151.4	148.6	108.7	1.8	1.7	0.3	0.8
四川	1 082.8	985.3	561.8	17.8	79.4	7.9	10.1
贵州	609.2	536.0	349.6	6.1	70.9	0.2	2.1
云南	922.4	756.8	688.2	17.1	66.7	35.8	63.1
西藏	654.2	616.1	471.3	37.6	30.2	6.5	1.4
陕西	163.9	146.8	102.1	43.5	0.7	12.9	3.6
甘肃	614.1	450.7	420.1	30.0	15.1	102.7	43.2
青海	485.5	455.3	429.6	25.6	19.5	4.4	5.2
宁夏	114.4	107.6	72.1	35.4	0.1	5.2	1.5
新疆	584.9	396.9	121.9	214.0	89.9	80.3	0.8

各地区主要畜禽年末存栏量(二)

单位:万头、万只

地区	骆驼	猪	能繁母猪	羊	山羊	绵羊	家禽
全国总计	35.6	45 112.5	4 693.0	31 099.7	14 893.4	16 206.2	586 703.0
北京	0.0	165.6	20.5	69.4	19.0	50.4	2 128.4
天津	0.0	196.9	23.6	48.0	5.7	42.3	2 793.2
河北	0.0	1 865.7	185.5	1 450.1	475.8	974.3	37 804.7
山西	0.0	485.9	51.7	1 001.5	436.2	565.2	8 857.7
内蒙古	14.9	645.3	81.3	5 777.8	1 603.5	4 174.3	4 580.7
辽宁		1 457.5	199.6	908.7	483.4	425.3	44 726.9
吉林	0.0	972.4	117.6	452.9	54.6	398.3	16 527.1
黑龙江		1 314.1	134.6	895.7	196.2	699.5	14 546.1
上海	0.0	143.9	11.8	30.5	29.1	1.5	955.4
江苏		1 780.3	145.8	417.5	407.6	9.9	30 599.6
浙江	0.0	730.2	61.1	113.4	40.1	73.2	7 518.2
安徽	0.0	1 539.4	135.3	688.3	687.2	1.1	23 860.0
福建		1 066.2	110.6	127.7	127.7		11 048.7
江西		1 693.3	163.4	58.2	58.2		22 032.1
山东	0.0	2 849.6	312.3	2 235.7	1 639.6	596.1	61 327.6
河南		4 376.0	460.8	1 926.0	1 844.0	82.0	70 020.0
湖北	0.0	2 497.1	249.1	465.7	465.6	0.2	35 098.4
湖南		4 079.4	409.6	546.1	546.1		32 105.8
广东		2 135.9	224.4	41.5	41.5		32 457.5
广西		2 303.7	272.0	202.6	202.6		31 330.4
海南		401.1	56.2	66.7	66.7		5 253.7
重庆	0.0	1 450.4	143.5	225.6	225.4	0.2	13 678.9
四川	0.0	4 815.6	483.1	1 782.3	1 566.6	215.7	39 496.1
贵州	0.0	1 559.0	142.3	354.7	335.2	19.5	8 402.8
云南	0.0	2 625.3	280.3	1 057.4	979.3	78.1	12 498.1
西藏		38.6	12.8	1 496.0	533.8	962.2	130.1
陕西		846.0	80.9	701.9	573.2	128.7	6 733.6
甘肃	2.5	600.0	67.9	1 939.5	421.1	1 518.4	3 898.1
青海	1.1	118.4	13.3	1 435.0	191.5	1 243.6	278.6
宁夏	0.0	65.5	7.7	587.8	113.3	474.5	933.9
新疆	17.0	294.5	34.5	3 995.7	523.6	3 472.0	5 080.8

各地区畜牧业主要产品产量(一)

单位:万吨

地区	肉类总产量	猪牛羊肉	猪肉	牛肉	羊肉	禽肉	奶类	牛奶	禽蛋
全国总计	8 625.0	6 627.5	5 486.5	700.1	440.8	1 826.3	3 870.3	3 754.7	2 999.2
北京	36.4	25.2	22.5	1.5	1.2	11.1	57.2	57.2	19.6
天津	45.8	34.2	29.2	3.4	1.6	11.5	68.0	68.0	20.2
河北	462.5	359.9	275.0	53.2	31.7	87.0	480.9	473.1	373.6
山西	85.6	73.0	60.3	5.9	6.9	11.3	92.7	91.9	87.2
内蒙古	245.7	216.3	70.8	52.9	92.6	20.5	812.2	803.2	56.4
辽宁	429.4	275.8	227.1	40.3	8.5	147.3	142.6	140.3	276.5
吉林	261.1	187.4	136.0	46.6	4.8	68.4	52.8	52.3	107.3
黑龙江	228.7	192.3	138.4	41.6	12.3	34.4	574.4	570.5	99.9
上海	20.3	16.7	16.1	0.1	0.6	3.0	27.7	27.7	4.9
江苏	369.4	237.2	225.8	3.2	8.1	122.0	59.6	59.6	196.2
浙江	131.1	106.3	103.3	1.2	1.8	23.7	16.5	16.5	33.3
安徽	419.4	291.9	259.1	16.2	16.6	126.0	30.6	30.6	134.7
福建	216.6	140.0	134.5	3.1	2.4	73.2	15.4	15.0	25.5
江西	336.5	268.3	253.5	13.6	1.2	66.3	13.0	13.0	49.3
山东	774.0	502.4	397.4	67.9	37.1	259.6	284.9	275.4	423.9
河南	711.1	576.5	468.0	82.6	25.9	120.0	352.3	342.2	410.0
湖北	433.3	363.3	331.5	23.0	8.8	68.6	16.9	16.9	165.3
湖南	540.1	479.5	448.0	19.9	11.6	58.0	9.7	9.7	101.5
广东	424.2	282.0	274.2	7.0	0.9	134.8	12.9	12.9	33.8
广西	417.3	276.4	258.8	14.4	3.2	132.5	10.1	10.1	22.9
海南	78.0	49.4	45.8	2.6	1.0	25.4	0.2	0.2	4.4
重庆	213.8	168.8	156.2	8.8	3.8	37.6	5.4	5.4	45.4
四川	706.8	574.1	512.4	35.4	26.3	99.7	67.5	67.5	146.7
贵州	201.9	181.7	160.7	16.8	4.2	16.3	6.2	6.2	17.3
云南	378.3	337.8	288.6	34.3	15.0	37.6	62.5	55.0	26.0
西藏	28.0	26.3	1.5	16.5	8.2	0.2	35.0	30.0	0.5
陕西	116.2	106.1	90.4	7.9	7.8	8.6	189.9	141.2	58.1
甘肃	96.3	89.2	50.8	18.8	19.6	4.7	39.9	39.3	15.3
青海	34.7	33.4	10.3	11.5	11.6	0.8	32.7	31.5	2.3
宁夏	29.2	26.9	7.1	9.7	10.1	1.9	136.5	136.5	8.8
新疆	153.2	129.0	33.1	40.4	55.4	14.3	163.8	155.8	32.6

各地区畜牧业主要产品产量(二)

单位:吨

地区	蜂蜜(万吨)	山羊毛	绵羊毛	细羊毛	半细羊毛	羊绒	蚕茧	桑蚕茧	柞蚕茧
全国总计	**47.7**	**36 955.9**	**427 464**	**134 954**	**143 371**	**19 247**	**900 892**	**824 004**	**76 889**
北京	0.2	45.0	177	8	29	32	0		
天津	0.0	1.6	707	120	588	0	0	0	0
河北	1.3	3 115.0	36 308	6 655	22 956	946	1 007	252	755
山西	0.5	1 555.3	9 195	3 162	4 369	1 217	5 503	5 503	0
内蒙古	0.4	10 262.4	127 187	70 832	22 795	8 380	8 070		8 070
辽宁	0.1	1 390.3	12 780	3 593	8 688	956	52 763	131	52 632
吉林	1.5	629.0	15 109	7 644	7 399	154	3 422		3 422
黑龙江	2.0	1 663.0	28 959	5 041	22 121	329	5 300		5 300
上海	0.1	172.2	11	0	0	0	0	0	0
江苏	0.5	10.0	366	84	282		49 731	49 731	
浙江	8.8	410.0	2 111	0	2 111	0	40 091	40 091	0
安徽	1.7	54.0	127	62	65	10	30 328	30 328	0
福建	1.4						0		
江西	1.6						7 134	7 134	
山东	0.6	3 750.8	9 194	1 903	5 759	790	22 334	22 263	70
河南	9.4	3 095.6	6 892	818	4 182	767	24 015	17 503	6 512
湖北	2.7	104.0	7		4		6 691	6 565	126
湖南	1.3	3.0				1	615	615	
广东	2.0	2.0					110 039	110 039	
广西	1.4						360 657	360 657	
海南	0.1						648	648	
重庆	1.9	0.0	3	0	3	0	17 681	17 681	0
四川	4.8	583.0	6 375	1 854	3 438	143	111 780	111 780	0
贵州	0.3	70.4	537	140	397	9	468	468	0
云南	1.0	96.0	1 369	183	905	8	30 614	30 612	2
西藏		826.0	7 687	780	2 586	962	0		
陕西	0.7	2 371.9	5 934	2 501	2 740	1 972	11 526	11 526	
甘肃	0.2	1 988.0	32 152	9 974	6 712	398	476	476	
青海	0.2	888.0	17 365	2 094	5 525	422	0		
宁夏	0.1	853.0	10 048	2 588	2 887	532	0		
新疆	1.1	3 016.4	96 862	14 918	16 827	1 218	0		

各地区畜牧业分项产值以及农林牧渔业增加值与牧业增加值对比

（按当年价格计算）

单位:亿元

地区	牧业产值	牲畜饲养	牛	羊	奶产品	猪的饲养	家禽饲养	狩猎和捕猎动物	其他畜牧业	农林牧渔业增加值	牧业增加值
全 国	29 780.4	8 056.7	3 623.6	2 086.9	1 570.7	12 859.7	7 395.5	61.7	1 406.9	62 904.1	14 360.0
北 京	135.9	39.3	10.5	6.8	21.1	46.5	46.3		3.8	142.6	38.9
天 津	130.2	44.4	14.8	5.5	23.9	56.4	29.0		0.4	210.5	50.0
河 北	1 904.1	641.1	267.7	192.0	159.3	608.4	465.3	0.0	189.3	3 578.7	898.1
山 西	359.0	127.7	43.4	41.4	33.8	126.5	98.0	0.0	6.8	824.1	182.1
内蒙古	1 160.9	917.9	224.5	320.7	308.4	140.6	98.6		3.7	1 642.5	602.0
辽 宁	1 561.4	629.9	255.7	55.0	45.6	433.2	491.7	1.0	5.7	2 505.1	639.0
吉 林	1 244.9	502.5	418.4	50.5	21.0	375.9	350.6		15.9	1 644.6	578.5
黑龙江	1 704.8	883.8	257.8	156.2	281.1	501.0	299.4		20.6	2 687.8	641.5
上 海	65.6	17.6	0.6	4.2	12.8	35.7	11.9		0.3	114.0	20.2
江 苏	1 262.1	94.5	13.4	50.7	23.8	517.3	484.3	2.0	163.9	4 209.5	515.9
浙 江	426.2	26.7	4.0	10.2	9.3	281.5	76.3	2.0	39.7	1 865.3	190.4
安 徽	1 259.0	192.5	99.8	78.6	11.7	632.4	365.1	5.5	63.5	2 550.3	610.0
福 建	571.3	61.5	26.5	20.8	14.2	284.3	194.9	3.5	27.0	2 194.1	297.4
江 西	719.8	73.7	51.1	8.4	8.9	396.1	221.7	2.9	25.3	1 827.8	389.7
山 东	2 523.2	499.7	237.6	138.3	117.1	968.7	781.7	1.8	271.4	5 182.9	1 043.7
河 南	2 445.3	854.7	558.4	120.7	126.1	1 055.0	479.7	2.3	53.5	4 348.4	1 337.0
湖 北	1 503.3	180.1	98.8	65.1	15.0	977.9	339.3	0.9	5.2	3 417.3	875.0
湖 南	1 601.7	116.7	70.1	42.1	4.3	1 033.2	371.2	7.1	73.5	3 462.0	727.8
广 东	1 117.1	41.6	26.6	4.0	11.0	595.7	397.9	2.7	79.2	3 426.1	506.7
广 西	1 140.3	95.7	77.5	10.7	5.5	559.8	353.6		131.2	2 633.0	560.6
海 南	238.5	31.1	24.6	6.4	0.2	117.1	84.7	0.7	4.8	880.5	142.0
重 庆	542.9	50.9	33.3	14.5	2.7	281.0	181.5		29.4	1 168.7	275.9
四 川	2 515.6	332.8	159.3	141.2	27.9	1 319.2	731.4		132.2	3 745.3	1 121.9
贵 州	665.2	165.3	113.5	47.7	3.7	390.7	107.1	0.1	2.0	1 712.7	415.9
云 南	1 031.0	237.2	149.9	63.1	19.1	627.4	148.3	0.0	18.1	2 098.3	559.7
西 藏	75.3	71.5	41.9	14.9	11.0	2.8	1.0		0.0	100.8	52.3
陕 西	665.5	245.4	59.2	73.8	94.1	291.3	97.6	0.3	30.9	1 673.2	358.8
甘 肃	279.4	162.3	69.6	62.9	21.7	97.1	17.8		2.2	995.5	185.8
青 海	158.4	135.4	40.5	58.8	28.4	18.0	4.3	0.1	0.5	212.2	116.6
宁 夏	122.9	99.7	33.2	27.8	36.3	12.9	9.6		0.7	251.7	51.9
新 疆	649.5	483.4	141.7	194.1	71.6	75.9	55.4	28.7	6.1	1 598.7	374.5

注:“…”表示数据不足本表最小单位。“空格”表示缺或无该项数据。

全国饲养业产品成本与收益

项目	生猪平均		规模养猪平均		农户散养生猪	
	2015 年	2014 年	2015 年	2014 年	2015 年	2014 年
每头(百只)						
主产品产量(千克)	116.92	116.27	117.70	116.44	116.13	116.09
产值合计(元)	1 824.69	1 589.97	1 822.19	1 577.96	1 827.19	1 601.96
主产品产值(元)	1 809.93	1 574.87	1 809.22	1 564.88	1 810.64	1 584.85
副产品产值(元)	14.76	15.10	12.97	13.08	16.55	17.11
总成本(元)	1 720.35	1 718.23	1 605.15	1 592.14	1 835.35	1 844.00
生产成本(元)	1 718.84	1 716.71	1 602.35	1 589.47	1 835.14	1 843.63
物质与服务费用(元)	1 376.13	1 383.24	1 427.84	1 421.01	1 324.32	1 345.37
人工成本(元)	342.71	333.47	174.51	168.46	510.82	498.26
家庭用工折价(元)	317.85	309.50	124.80	120.53	510.82	498.26
雇工费用(元)	24.86	23.97	49.71	47.93		
土地成本(元)	1.51	1.52	2.80	2.67	0.21	0.37
净利润(元)	104.34	-128.26	217.04	-14.18	-8.16	-242.04
成本利润率(%)	6.07	-7.46	13.52	-0.89	-0.44	-13.13
每 50 千克主产品						
平均出售价格(元)	774.00	677.25	768.57	671.97	779.57	682.60
总成本(元)	729.74	731.88	677.03	678.01	783.05	785.73
生产成本(元)	729.10	731.24	675.85	676.87	782.96	785.58
净利润(元)	44.26	-54.63	91.54	-6.04	-3.48	-103.13
附:						
每核算单位用工数量(日)	4.36	4.45	2.16	2.20	6.55	6.70
平均饲养天数(日)	152.29	154.78	145.30	145.77	159.27	163.79

项目	奶牛平均		规模养殖蛋鸡平均		规模养殖肉鸡平均	
	2015 年	2014 年	2015 年	2014 年	2015 年	2014 年
每头(百只)						
主产品产量(千克)	5 612.41	5 584.34	1 749.24	1 742.01	230.91	229.92
产值合计(元)	23 559.63	24 517.43	15 960.03	18 069.46	2 671.64	2 819.85
主产品产值(元)	21 355.52	22 334.47	13 863.66	15 969.32	2 642.43	2 792.97
副产品产值(元)	2 204.11	2 182.96	2 096.37	2 100.14	29.21	26.88
总成本(元)	18 445.62	18 967.36	15 129.47	16 407.30	2 589.52	2 641.42
生产成本(元)	18 393.18	18 914.62	15 109.53	16 384.53	2 583.36	2 634.36
物质与服务费用(元)	15 044.74	15 642.59	13 875.48	15 171.93	2 318.73	2 380.95
人工成本(元)	3 348.44	3 272.03	1 234.05	1 212.60	264.63	253.41
家庭用工折价(元)	2 256.15	2 226.42	876.95	819.66	214.27	202.37
雇工费用(元)	1 092.29	1 045.61	357.10	392.94	50.36	51.04
土地成本(元)	52.44	52.74	19.94	22.77	6.16	7.06
净利润(元)	5 114.01	5 550.07	830.56	1 662.16	82.12	178.43
成本利润率(%)	27.72	29.26	5.49	10.13	3.17	6.76
每 50 千克主产品						
平均出售价格(元)	190.25	199.97	396.28	458.36	572.18	607.38
总成本(元)	148.95	154.70	375.66	416.20	554.59	568.95
生产成本(元)	148.53	154.27	375.16	415.62	553.27	567.43
净利润(元)	41.30	45.27	20.62	42.16	17.59	38.43
附:						
每核算单位用工数量(日)	39.82	40.99	15.07	15.52	3.25	3.28
平均饲养天数(日)	365.00	365.00	356.29	354.54	69.06	67.99

(资料来源:国家统计局)

各地区种畜禽场、站情况(一)

地区	种畜禽场(个)												
	总数	种牛场					种马场	种猪场	种羊场				
			种奶牛场	种肉牛场	种水牛场	种牦牛场				种绵羊场		种山羊场	
											种细毛羊场		种绒山羊场
全　国	13 096	563	307	214	12	30	28	6 386	1 995	959	115	1 036	203
北　京	163	14	12	2	0	0	3	86	2	2	0	0	0
天　津	33	1	1	0	0	0	1	18	1	1	0	0	0
河　北	413	8	4	4	0	0	0	209	74	46	7	28	25
山　西	332	13	9	4	0	0	0	166	74	49	0	25	12
内蒙古	562	43	18	25	0	0	7	101	374	320	49	54	48
辽　宁	772	74	70	4	0	0	1	321	60	12	3	48	47
吉　林	475	5	2	3	0	0	3	268	22	18	15	4	1
黑龙江	400	21	19	2	0	0	0	258	14	11	2	3	1
上　海	93	1	0	1	0	0	0	28	4	2	0	2	0
江　苏	375	3	1	1	1	0	0	124	13	2	0	11	0
浙　江	273	1	1	0	0	0	0	57	34	30	0	4	0
安　徽	792	13	1	10	2	0	0	350	97	21	0	76	0
福　建	469	10	8	2	0	0	1	324	9	0	0	9	2
江　西	392	4	1	3	0	0	0	277	9	1	0	8	0
山　东	1 068	62	48	14	0	0	3	337	84	42	0	42	4
河　南	506	14	11	3	0	0	0	249	66	51	3	15	1
湖　北	623	16	1	14	1	0	0	403	57	5	0	52	0
湖　南	517	16	2	13	1	0	0	340	34	0	0	34	0
广　东	627	5	2	3	0	0	0	405	8	0	0	8	0
广　西	305	3	0	2	1	0	1	163	14	0	0	14	0
海　南	367	8	2	5	1	0	0	205	22	0	0	22	1
重　庆	730	18	6	11	1	0	0	248	288	3	0	285	0
四　川	933	31	8	14	0	9	0	516	117	8	2	109	0
贵　州	150	7	0	7	0	0	0	83	41	15	0	26	1
云　南	404	13	0	9	4	0	1	258	78	9	1	69	0
西　藏	14	5	5	0	0	0	0	2	3	3	0	0	0
陕　西	535	38	27	11	0	0	2	337	84	15	5	69	45
甘　肃	473	70	33	34	0	3	1	187	172	162	12	10	8
青　海	68	19	1	1	0	17	1	9	32	31	0	1	1
宁　夏	30	1	1	0	0	0	0	14	9	7	0	2	0
新　疆	202	26	13	12	0	1	3	43	99	93	16	6	6

各地区种畜禽场、站情况(二)

地区	种畜禽场(个)											
	种禽场	种蛋鸡场	祖代及以上蛋鸡场	父母代蛋鸡场	种肉鸡场	祖代及以上肉鸡场	父母代肉鸡场	种鸭场	种鹅场	种兔场	种蜂场	其他
全国	**3 536**	**944**	**58**	**886**	**1 698**	**168**	**1 530**	**632**	**262**	**332**	**83**	**176**
北京	58	26	6	20	30	8	22	2	0	0	0	0
天津	10	8	0	8	2	0	2	0	0	1	0	1
河北	113	65	5	60	38	7	31	9	1	5	1	3
山西	68	32	0	32	32	22	10	3	1	5	4	2
内蒙古	34	18	2	16	11	3	8	3	2	2	0	1
辽宁	308	50	2	48	239	4	235	12	7	5	0	3
吉林	145	31	0	31	104	3	101	2	8	14	0	20
黑龙江	103	49	1	48	43	4	39	3	8	3	0	1
上海	19	8	1	7	9	1	8	1	1	1	0	40
江苏	210	60	3	57	82	10	72	50	18	6	0	19
浙江	134	16	4	12	48	8	40	49	21	25	15	7
安徽	292	59	6	53	114	8	106	65	54	14	5	21
福建	117	3	0	3	97	12	85	14	3	7	0	1
江西	93	22	2	20	20	5	15	28	23	4	3	2
山东	535	126	4	122	236	2	234	161	12	23	8	16
河南	165	63	4	59	78	6	72	20	4	5	1	6
湖北	137	68	4	64	33	5	28	27	9	6	2	2
湖南	113	54	5	49	31	4	27	15	13	6	5	3
广东	188	16	2	14	123	18	105	19	30	4	1	16
广西	118	6	0	6	90	2	88	18	4	5	0	1
海南	127	6	0	6	42	6	36	63	16	0	0	5
重庆	111	16	1	15	54	4	50	34	7	34	29	2
四川	132	36	1	35	52	6	46	30	14	133	3	1
贵州	17	10	1	9	7	2	5	0	0	2	0	0
云南	48	15	0	15	26	12	14	2	5	4	1	1
西藏	4	2	0	2	2	0	2	0	0	0	0	0
陕西	68	40	0	40	26	5	21	2	0	6	0	1
甘肃	31	22	3	19	9	0	9	0	0	11	1	0
青海	2	1	0	1	1	0	1	0	0	1	3	1
宁夏	6	5	1	4	1	0	1	0	0	0	0	0
新疆	30	11	0	11	18	1	17	0	1	0	1	0

各地区种畜禽场、站情况(三)

地 区	种畜站(个)	种公牛站	种公羊站	种公猪站	年末存栏						
					种牛场(头)	种奶牛场	种肉牛场	种水牛场	种牦牛场	种马场(头)	种猪场(头)
全 国	**3 654**	**70**	**228**	**3 356**	**915 852**	**683 028**	**146 540**	**4 112**	**82 172**	**9 356**	**22 521 857**
北 京	3	1	0	2	18 244	17 344	900	0	0	968	358 981
天 津	11	0	0	11	3 196	3 196	0	0	0	105	144 899
河 北	45	2	1	42	8 830	7 004	1 826	0	0	0	1 283 760
山 西	12	1	1	10	22 437	18 731	3 706	0	0	0	699 470
内蒙古	14	6	4	4	99 708	78 334	21 374	0	0	1 264	248 693
辽 宁	96	2	0	94	161 617	159 892	1 725	0	0	13	271 527
吉 林	96	2	4	90	23 710	20 640	3 070	0	0	164	621 283
黑龙江	111	2	1	108	43 191	38 811	4 380	0	0	0	483 931
上 海	3	1	0	2	187	0	187	0	0	0	30 180
江 苏	76	1	0	75	2 750	2 500	70	180	0	0	470 263
浙 江	47	0	0	47	135	135	0	0	0	0	313 016
安 徽	46	1	0	45	11 866	8 754	2 829	283	0	0	833 444
福 建	12	0	0	12	12 090	9 265	2 825	0	0	76	1 433 516
江 西	30	1	0	29	798	25	773	0	0	0	555 804
山 东	75	4	1	70	152 483	147 408	5 075	0	0	256	1 157 933
河 南	111	2	0	109	24 050	23 280	770	0	0	0	3 182 539
湖 北	1 411	20	205	1 186	10 964	1 350	9 354	260	0	0	1 536 498
湖 南	190	2	4	184	9 166	1 314	6 542	1 310	0	0	1 630 175
广 东	31	0	0	31	4 669	2 694	1 975	0	0	0	2 164 620
广 西	9	1	0	8	1 153	0	231	922	0	152	855 507
海 南	45	0	0	45	4 976	791	3 935	250	0	0	554 939
重 庆	120	17	0	103	8 970	1 786	7 153	31	0	0	274 239
四 川	522	0	7	515	44 669	8 885	3 552	0	32 232	0	1 197 851
贵 州	4	0	0	4	3 003	0	3 003	0	0	0	294 737
云 南	503	2	0	501	5 264	0	4 388	876	0	0	314 778
西 藏	0	0	0	0	5 000	5 000	0	0	0	0	15 500
陕 西	26	1	0	25	53 779	38 470	15 309	0	0	137	877 880
甘 肃	0	0	0	0	64 961	32 565	23 859	0	8 537	1 799	358 338
青 海	0	0	0	0	38 915	2 628	298	0	35 989	60	28 171
宁 夏	5	1	0	4	0	0	0	0	0	0	25 267
新 疆	0	0	0	0	75 071	52 226	17 431	0	5 414	4 362	304 118

各地区种畜禽场、站情况(四)

地区	年末存栏							
	种羊场(只)	种绵羊场	种细毛羊场	种山羊场(只)	种绒山羊场	种蛋鸡场(套)	祖代及以上蛋鸡场	父母代蛋鸡场
全　国	**3 914 249**	**2 986 318**	**369 308**	**927 931**	**246 501**	**56 466 288**	**3 520 893**	**52 945 395**
北　京	1 827	1 827	0	0	0	1 927 630	412 600	1 515 030
天　津	8 507	8 507	0	0	0	386 291	0	386 291
河　北	110 841	90 435	4 920	20 406	19 166	4 731 423	275 000	4 456 423
山　西	95 457	65 431	0	30 026	10 931	1 406 600	0	1 406 600
内蒙古	784 831	718 150	80 526	66 681	64 251	11 132 901	40 000	11 092 901
辽　宁	32 627	10 524	4 457	22 103	21 723	1 425 373	132 000	1 293 373
吉　林	28 432	19 512	15 142	8 920	8 300	805 300	0	805 300
黑龙江	12 772	10 222	2 826	2 550	650	1 158 188	15 200	1 142 988
上　海	8 259	6 502	0	1 757	0	388 251	70 000	318 251
江　苏	18 717	10 180	0	8 537	0	2 245 000	228 000	2 017 000
浙　江	78 415	74 990	0	3 425	0	555 200	85 600	469 600
安　徽	139 959	29 010	8 500	110 949	0	1 929 792	331 000	1 598 792
福　建	9 412	0	0	9 412	4 200	223 530	0	223 530
江　西	5 495	1 564	0	3 931	0	614 459	34 991	579 468
山　东	151 240	122 237	0	29 003	3 813	5 437 547	151 000	5 286 547
河　南	200 910	178 992	16 791	21 918	3 500	7 478 622	762 238	6 716 384
湖　北	101 524	4 488	0	97 036	0	3 580 439	366 811	3 213 628
湖　南	17 482	0	0	17 482	0	1 139 830	239 906	899 924
广　东	10 803	0	0	10 803	0	1 016 208	115 000	901 208
广　西	15 027	0	0	15 027	0	38 936	0	38 936
海　南	12 905	0	0	12 905	972	456 791	0	456 791
重　庆	104 510	839	0	103 671	0	820 572	20 000	800 572
四　川	174 966	46 189	28 082	128 777	0	1 668 850	101 587	1 567 263
贵　州	51 158	23 979	0	27 179	0	1 614 009	17 500	1 596 509
云　南	51 354	8 829	1 219	42 525	0	1 077 637	0	1 077 637
西　藏	5 100	5 100	0	0	0	22 000	0	22 000
陕　西	53 572	10 941	2 040	42 631	23 662	818 800	0	818 800
甘　肃	202 586	196 614	17 465	5 972	4 210	531 320	52 960	478 360
青　海	130 231	120 931	0	9 300	9 300	1 289	0	1 289
宁　夏	25 596	22 414	0	3 182	0	1 489 500	69 500	1 420 000
新　疆	1 269 734	1 197 911	187 340	71 823	71 823	344 000	0	344 000

各地区种畜禽场、站情况(五)

地区	年末存栏									
	种肉鸡场(套)	祖代及以上肉鸡场	父母代肉鸡场	种鸭场(只)	种鹅场(只)	种兔场(只)	种蜂场(箱)	种公牛站(头)	种公羊站(只)	种公猪站(头)
全　国	99 680 674	11 174 263	88 506 411	23 554 003	2 817 454	3 253 734	167 823	4 744	4 210	189 223
北　京	1 378 690	425 900	952 790	71 000	0	0	0	1 046	0	361
天　津	92 000	0	92 000	0	0	2 953	0	0	0	977
河　北	2 539 812	227 812	2 312 000	401 700	2 000	50 300	25 000	120	5	3 488
山　西	1 986 100	66 100	1 920 000	278 000	0	53 246	970	60	23	15 379
内蒙古	813 548	152 048	661 500	602 800	23 596	1 095 950	0	474	82	340
辽　宁	8 936 362	215 200	8 721 162	295 010	49 800	4 800	0	170	0	3 274
吉　林	2 643 433	97 000	2 546 433	36 400	168 690	193 200	0	149	10	3 532
黑龙江	1 362 604	198 990	1 163 614	113 216	93 601	14 560	0	98	200	13 094
上　海	397 540	1 800	395 740	30 000	2 000	18 000	0	150	0	189
江　苏	3 339 300	352 810	2 986 490	2 524 860	334 000	44 400	0	46	0	2 624
浙　江	2 104 853	201 080	1 903 773	668 700	195 200	267 970	3 506	0	0	2 788
安　徽	4 246 092	149 177	4 096 915	3 477 252	220 410	17 560	19 807	66	0	3 154
福　建	4 790 840	157 350	4 633 490	212 050	18 120	93 160	0	0	0	550
江　西	486 083	48 304	437 779	240 320	82 686	28 841	2 624	65	0	2 285
山　东	18 273 258	444 000	17 829 258	8 989 920	66 110	205 389	4 485	511	50	18 483
河　南	11 524 432	5 034 129	6 490 303	1 058 242	51 738	63 069	90	240	0	37 596
湖　北	3 340 224	301 804	3 038 420	954 033	108 820	35 955	34 906	1 195	359	9 552
湖　南	2 550 498	109 259	2 441 239	197 277	678 881	62 731	5 010	20	61	7 187
广　东	11 291 226	1 973 183	9 318 043	316 882	281 550	23 663	280	0	0	2 806
广　西	8 766 006	105 002	8 661 004	1 983 012	55 300	14 267	0	91	0	1 435
海　南	1 389 447	141 620	1 247 827	284 094	45 118	0	0	0	0	28 640
重　庆	1 006 231	108 252	897 979	212 127	24 395	80 554	17 977	40	0	2 508
四　川	2 584 044	273 063	2 310 981	520 408	122 258	652 744	8 169	0	3 420	7 344
贵　州	626 800	226 500	400 300	0	0	7 360	0	0	0	288
云　南	652 571	77 400	575 171	700	186 381	86 569	65	135	0	10 122
西　藏	46 000	0	46 000	0	0	0	0	0	0	0
陕　西	1 285 450	66 480	1 218 970	86 000	0	30 600	122	45	0	11 084
甘　肃	486 730	0	486 730	0	0	50 893	20 000	0	0	0
青　海	5 000	0	5 000	0	0	55 000	512	0	0	0
宁　夏	300 000	0	300 000	0	0	0	0	23	0	143
新　疆	435 500	20 000	415 500	0	6 800	0	24 300	0	0	0

各地区种畜禽场、站情况(六)

地区	能繁母畜存栏									
	种牛场(头)					种马场(头)	种猪场(头)	种羊场(只)		
		种奶牛场	种肉牛场	种水牛场	种牦牛场				种绵羊场	
										种细毛羊场
全国	**540 073**	**402 485**	**90 565**	**2 251**	**44 772**	**3 094**	**4 734 427**	**2 440 413**	**1 888 453**	**222 539**
北京	12 200	11 550	650	0	0	457	55 120	1 160	1 160	0
天津	1 779	1 779	0	0	0	34	19 077	4 880	4 880	0
河北	3 910	2 801	1 109	0	0	0	197 810	54 911	45 770	1 900
山西	15 425	12 496	2 929	0	0	0	114 014	57 513	38 439	0
内蒙古	66 483	51 932	14 551	0	0	724	70 736	506 607	465 304	54 409
辽宁	104 089	103 419	670	0	0	11	133 772	22 217	7 077	3 272
吉林	11 640	9 320	2 320	0	0	80	145 080	15 973	12 117	9 232
黑龙江	20 179	17 479	2 700	0	0	0	103 100	7 223	5 861	1 561
上海	85	0	85	0	0	0	24 163	6 140	4 990	0
江苏	1 578	1 400	58	120	0	0	182 945	12 305	5 520	0
浙江	82	82	0	0	0	0	42 316	37 549	35 629	0
安徽	5 304	3 950	1 175	179	0	0	205 280	80 168	15 795	2 945
福建	7 410	5 707	1 703	0	0	58	189 858	6 144	0	0
江西	217	10	207	0	0	0	201 637	4 055	1 414	0
山东	81 554	78 058	3 496	0	0	150	267 672	90 742	74 301	0
河南	12 985	12 432	553	0	0	0	391 611	100 767	90 558	3 912
湖北	7 672	910	6 580	182	0	0	328 111	47 399	3 027	0
湖南	5 927	1 002	4 231	694	0	0	305 011	11 880	0	0
广东	2 339	1 450	889	0	0	0	486 347	7 353	0	0
广西	529	0	129	400	0	70	193 924	7 598	0	0
海南	3 194	547	2 462	185	0	0	132 350	7 501	0	0
重庆	5 636	1 037	4 570	29	0	0	66 725	77 320	624	0
四川	24 874	6 030	2 611	0	16 233	0	431 284	79 041	18 054	11 403
贵州	2 259	0	2 259	0	0	0	65 657	30 027	13 976	0
云南	2 839	0	2 377	462	0	0	89 134	31 019	4 625	480
西藏	3 000	3 000	0	0	0	0	6 000	3 100	3 100	0
陕西	31 401	24 011	7 390	0	0	76	146 892	33 594	6 836	1 562
甘肃	39 810	21 893	13 960	0	3 957	359	75 053	129 988	125 639	6 210
青海	24 076	1 800	216	0	22 060	41	6 377	75 282	69 282	0
宁夏	0	0	0	0	0	0	8 354	16 557	14 557	0
新疆	41 597	28 390	10 685	0	2 522	1 034	49 017	874 400	819 918	125 653

各地区种畜禽场、站情况（七）

地区	能繁母畜存栏		当年出场种畜禽									
	种山羊场	种绒山羊场	种牛场（头）	种奶牛场	种肉牛场	种水牛场	种牦牛场	种马场（头）	种猪场（头）	种羊场（只）	种绵羊场	种细毛羊场
全国	**551 960**	**161 422**	**70 452**	**35 616**	**24 220**	**858**	**9 758**	**404**	**21 486 476**	**1 277 485**	**765 230**	**63 582**
北京	0	0	6	0	6	0	0	0	182 349	968	968	0
天津	0	0	240	240	0	0	0	11	56 406	1 364	1 364	0
河北	9 141	8 656	960	960	0	0	0	0	957 692	62 008	55 380	2 460
山西	19 074	7 475	350	350	0	0	0	0	414 799	37 785	27 125	0
内蒙古	41 303	40 982	15 905	9 743	6 162	0	0	140	430 787	218 845	193 718	30 260
辽宁	15 140	14 821	754	754	0	0	0	2	809 537	13 333	3 620	1 214
吉林	3 856	3 500	2 250	1 850	400	0	0	18	512 770	13 536	10 121	8 773
黑龙江	1 362	432	1 410	1 320	90	0	0	0	419 743	4 593	4 269	1 051
上海	1 150	0	0	0	0	0	0	0	75 642	10 493	4 956	0
江苏	6 785	0	64	0	26	38	0	0	776 407	2 614	1 700	0
浙江	1 920	0	40	40	0	0	0	0	126 356	37 160	35 968	0
安徽	64 373	0	305	0	234	71	0	0	872 156	63 590	12 856	1 301
福建	6 144	3 360	382	132	250	0	0	0	438 236	4 065	0	0
江西	2 641	0	0	0	0	0	0	0	858 459	4 437	1 820	0
山东	16 441	2 463	6 881	6 013	868	0	0	0	840 448	86 223	72 393	0
河南	10 209	2 000	1 585	1 535	50	0	0	0	1 937 121	64 879	53 793	2 372
湖北	44 372	0	2 773	202	2 503	68	0	0	1 495 888	57 801	2 680	0
湖南	11 880	0	2 342	0	1 995	347	0	0	1 423 745	17 534	0	0
广东	7 353	0	0	0	0	0	0	0	2 308 809	7 503	0	0
广西	7 598	0	183	0	30	153	0	0	562 824	4 893	0	0
海南	7 501	465	835	0	745	90	0	0	1 040 354	5 922	0	0
重庆	76 696	0	1 001	313	679	9	0	0	265 808	124 137	637	0
四川	60 987	0	3 709	106	598	0	3 005	0	2 688 977	90 724	10 223	6 330
贵州	16 051	0	618	0	618	0	0	0	261 379	22 549	7 828	0
云南	26 394	0	1 054	0	972	82	0	0	303 759	23 658	2 524	0
西藏	0	0	1 350	1 350	0	0	0	0	15 000	3 800	3 800	0
陕西	26 758	13 875	5 556	2 835	2 721	0	0	0	982 649	33 386	5 367	591
甘肃	4 349	2 911	11 208	4 673	4 888	0	1 647	6	295 833	136 132	132 171	3 633
青海	6 000	6 000	5 013	0	0	0	5 013	8	17 840	13 470	13 200	0
宁夏	2 000	0	0	0	0	0	0	0	25 643	11 503	10 983	0
新疆	54 482	54 482	3 678	3 200	385	0	93	219	89 060	98 580	95 766	5 597

各地区种畜禽场、站情况(八)

地区	当年出场种畜禽				当年生产胚胎				
	种山羊场	种绒山羊场	种禽场		种牛场（枚）	种奶牛场	种肉牛场	种水牛场	种牦牛场
			祖代及以上蛋鸡场（套）	祖代及以上肉鸡场（套）					
全　国	**512 255**	**78 702**	**61 785 309**	**67 020 912**	**94 142**	**67 264**	**19 874**	**3 967**	**3 037**
北　京	0	0	11 640 013	2 001 400	0	0	0	0	0
天　津	0	0	0	0	1 306	1 306	0	0	0
河　北	6 628	6 071	2 372 470	1 707 000	11 804	11 012	792	0	0
山　西	10 660	6 767	0	1 700	0	0	0	0	0
内蒙古	25 127	25 075	44 069	3 825 000	5 005	5 004	1	0	0
辽　宁	9 713	9 353	650 000	3 685 300	0	0	0	0	0
吉　林	3 415	2 800	0	280 000	0	0	0	0	0
黑龙江	324	168	0	49 547	0	0	0	0	0
上　海	5 537	0	280 000	0	0	0	0	0	0
江　苏	914	0	6 524 000	4 943 000	0	0	0	0	0
浙　江	1 192	0	1 670 000	409 000	0	0	0	0	0
安　徽	50 734	0	1 040 000	361 525	288	0	202	86	0
福　建	4 065	2 800	0	2 412 083	120	120	0	0	0
江　西	2 617	0	1 248 352	584 000	0	0	0	0	0
山　东	13 830	1 801	5 899 000	17 224 000	39 625	39 625	0	0	0
河　南	11 086	1 800	27 822 842	7 730 231	281	231	50	0	0
湖　北	55 121	0	1 043 507	50 020	6 428	5 915	513	0	0
湖　南	17 534	0	200 000	1 050 000	6 125	0	6 125	0	0
广　东	7 503	0	1 052 326	10 213 736	763	763	0	0	0
广　西	4 893	0	0	28 000	3 881	0	0	3 881	0
海　南	5 922	2	0	1 352 300	8 600	0	8 600	0	0
重　庆	123 500	0	0	573 065	168	168	0	0	0
四　川	80 501	0	0	7 188 532	2 416	1 866	0	0	550
贵　州	14 721	0	258 730	479 621	394	0	394	0	0
云　南	21 134	0	0	189 800	2 766	0	2 766	0	0
西　藏	0	0	0	0	0	0	0	0	0
陕　西	28 019	17 091	0	282 052	1 255	1 254	1	0	0
甘　肃	3 961	1 890	40 000	0	430	0	430	0	0
青　海	270	270	0	0	1 151	0	0	0	1 151
宁　夏	520	0	0	0	0	0	0	0	0
新　疆	2 814	2 814	0	400 000	1 336	0	0	0	1 336

各地区种畜禽场、站情况(九)

地区	当年生产胚胎					当年生产精液		
	种羊场(枚)	种绵羊场	种细毛羊场	种山羊场	种绒山羊场	种公牛站(万份)	种公羊站(万份)	种公猪站(万份)
全国	204 824	139 591	3 757	65 233	6 564	2 399.17	39.09	6 039.86
北京	0	0	0	0	0	318.87	0	45.18
天津	9 968	9 968	0	0	0	0	0	127.74
河北	9 093	8 103	0	990	990	135.60	0.75	320.13
山西	8 320	7 666	0	654	0	62.00	1.20	14.50
内蒙古	19 164	19 164	3 360	0	0	348.75	0	3.40
辽宁	41	41	0	0	0	270.00	0	337.47
吉林	367	367	367	0	0	172.80	0.04	195.26
黑龙江	0	0	0	0	0	81.89	0	358.33
上海	0	0	0	0	0	221.47	0	7.00
江苏	300	0	0	300	0	2.40	0	283.45
浙江	800	800	0	0	0	0	0	112.06
安徽	12 533	1 350	0	11 183	0	40.00	0	268.67
福建	3 024	0	0	3 024	3 024	0	0	50.12
江西	0	0	0	0	0	0	0	118.99
山东	7 045	2 710	0	4 335	950	263.07	0.10	498.30
河南	7 903	6 103	0	1 800	0	288.00	0	499.72
湖北	6 990	437	0	6 553	0	2.22	35.00	557.12
湖南	2 920	0	0	2 920	0	2.00	2.00	492.21
广东	1 780	0	0	1 780	0	0	0	177.45
广西	2 280	0	0	2 280	0	80.49	0	62.14
海南	5 216	0	0	5 216	0	0	0	23.20
重庆	3 467	0	0	3 467	0	0.50	0	167.03
四川	12 685	771	0	11 914	0	0	0	733.11
贵州	2 628	525	0	2 103	0	0	0	34.92
云南	3 446	0	0	3 446	0	34.01	0	425.12
西藏	0	0	0	0	0	0	0	0
陕西	1 886	118	0	1 768	1 100	47.50	0	117.47
甘肃	2 130	1 130	0	1 000	0	0	0	0
青海	1 376	1 376	0	0	0	0	0	0
宁夏	9 346	9 346	0	0	0	27.60	0	9.79
新疆	70 116	69 616	30	500	500	0	0	0

各地区畜牧技术机构基本情况(一)

地区	省级畜牧站									
	总数(个)	在编干部职工人数(人)	按职称分			按学历分				离退休人员
			高级技术职称	中级技术职称	初级技术职称	研究生	大学本科	大学专科	中专	
全　　国	**31**	**1 436**	**422**	**371**	**237**	**274**	**666**	**218**	**69**	**823**
北　　京	1	66	17	29	19	27	25	11	0	21
天　　津	1	18	8	6	3	2	12	4	0	3
河　　北	1	48	25	13	7	3	40	4	0	4
山　　西	0	0	0	0	0	0	0	0	0	0
内 蒙 古	0	0	0	0	0	0	0	0	0	0
辽　　宁	1	22	0	0	0	5	14	3	0	14
吉　　林	1	18	12	4	2	6	12	0	0	10
黑 龙 江	1	19	4	3	5	0	10	2	0	4
上　　海	1	8	3	3	2	3	4	0	1	0
江　　苏	1	19	9	6	2	4	9	3	3	16
浙　　江	1	18	7	10	1	9	5	4	0	1
安　　徽	1	13	5	7	0	4	5	4	0	3
福　　建	1	20	11	4	4	9	6	3	1	15
江　　西	1	83	10	15	18	16	22	10	2	63
山　　东	1	29	13	7	8	12	7	6	4	7
河　　南	1	24	9	6	8	5	15	3	1	10
湖　　北	1	7	3	0	1	1	4	2	0	0
湖　　南	2	177	49	28	22	16	80	26	10	84
广　　东	1	18	9	7	2	9	6	2	0	16
广　　西	1	29	7	11	4	4	19	2	2	10
海　　南	1	18	6	4	3	5	7	5	1	0
重　　庆	1	47	16	7	4	18	17	12	0	17
四　　川	1	48	17	13	9	22	15	8	2	25
贵　　州	1	31	12	4	1	7	12	2	1	41
云　　南	0	0	0	0	0	0	0	0	0	0
西　　藏	1	60	8	16	15	6	26	9	13	21
陕　　西	1	52	16	23	6	8	32	9	0	82
甘　　肃	1	133	29	19	15	7	69	11	6	115
青　　海	2	112	38	35	24	24	58	16	4	85
宁　　夏	1	31	16	7	4	5	20	6	0	18
新　　疆	2	268	63	84	48	37	115	51	18	138

各地区畜牧技术机构基本情况(二)

地区	地(市)级畜牧站									
	总数(个)	在编干部职工人数(人)	按职称分			按学历分				离退休人员
			高级技术职称	中级技术职称	初级技术职称	研究生	大学本科	大学专科	中专	
全国	**283**	**4 604**	**1 044**	**1 234**	**869**	**476**	**2 246**	**887**	**344**	**2 445**
北京	0	0	0	0	0	0	0	0	0	0
天津	0	0	0	0	0	0	0	0	0	0
河北	12	270	77	72	64	17	103	48	6	117
山西	4	84	9	11	8	4	60	15	1	96
内蒙古	10	289	79	59	47	31	139	65	22	223
辽宁	11	88	15	25	19	10	59	12	7	63
吉林	9	173	45	39	28	17	73	28	13	123
黑龙江	7	63	35	19	4	14	40	5	1	40
上海	0	0	0	0	0	0	0	0	0	0
江苏	13	176	74	52	30	37	104	21	2	103
浙江	12	270	0	2	5	58	187	20	5	115
安徽	18	195	41	59	46	16	75	43	17	62
福建	9	73	15	14	9	9	41	16	5	27
江西	10	152	47	47	25	14	69	20	8	53
山东	15	205	54	67	34	23	116	29	12	73
河南	16	235	56	72	45	13	96	76	21	232
湖北	11	84	13	32	30	7	34	28	13	29
湖南	11	53	9	17	6	3	27	4	11	9
广东	10	163	22	39	36	16	76	33	9	69
广西	9	79	12	34	22	10	40	10	5	19
海南	1	5	1	2	2	0	2	3	0	0
重庆	0	0	0	0	0	0	0	0	0	0
四川	18	235	51	61	47	39	110	47	11	63
贵州	8	70	21	22	13	10	35	9	0	28
云南	14	261	91	88	56	27	128	72	22	134
西藏	7	248	20	55	31	6	62	24	62	93
陕西	10	302	55	72	81	36	127	52	36	194
甘肃	11	243	58	89	57	25	103	69	18	104
青海	8	205	61	91	40	3	138	44	19	155
宁夏	2	22	8	7	5	4	13	3	1	8
新疆	17	361	75	87	79	27	189	91	17	213

各地区畜牧技术机构基本情况(三)

地区	县(市)级畜牧站									
	总数(个)	在编干部职工人数(人)	按职称分			按学历分				离退休人员
			高级技术职称	中级技术职称	初级技术职称	研究生	大学本科	大学专科	中专	
全　国	**2 853**	**48 946**	**5 550**	**14 605**	**14 048**	**1 082**	**15 018**	**17 007**	**9 124**	**20 306**
北　京	14	507	19	134	125	22	253	119	59	376
天　津	12	342	48	123	132	5	190	85	43	154
河　北	173	3 512	426	1 014	1 098	35	1 018	1 247	617	1 175
山　西	97	1 088	69	320	282	16	317	423	213	672
内蒙古	93	1 919	233	586	466	32	650	628	263	1 091
辽　宁	69	964	123	387	269	8	372	341	162	492
吉　林	66	1 887	307	548	536	18	521	509	413	858
黑龙江	120	910	256	378	196	21	425	338	91	414
上　海	10	229	48	62	90	21	105	56	28	235
江　苏	100	1 551	475	624	320	106	664	590	145	967
浙　江	92	1 882	79	342	162	119	1 018	545	188	762
安　徽	109	1 521	273	486	479	47	596	490	272	844
福　建	80	400	79	118	85	8	156	87	68	132
江　西	104	1 257	196	421	397	21	422	476	253	349
山　东	140	3 040	276	953	1 076	114	1 091	838	667	1 119
河　南	132	4 425	280	881	961	46	623	1 512	844	1 398
湖　北	112	2 351	91	745	958	19	291	795	742	864
湖　南	134	2 387	119	609	775	36	478	783	675	720
广　东	108	1 416	29	249	463	16	285	503	298	1 019
广　西	94	603	20	255	197	1	168	254	133	278
海　南	11	162	2	49	55	3	37	86	35	11
重　庆	38	587	142	219	83	68	267	197	45	310
四　川	166	2 758	240	801	931	100	927	1 005	458	1 241
贵　州	64	483	47	215	156	18	192	203	54	203
云　南	124	2 268	595	1 022	428	17	775	817	499	1 022
西　藏	74	823	30	152	290	10	195	306	181	120
陕　西	108	2 689	263	737	736	28	491	1 072	733	1 380
甘　肃	89	2 535	233	739	802	51	783	938	376	531
青　海	43	809	111	412	250	5	410	270	99	460
宁　夏	21	452	147	162	86	4	254	138	38	140
新　疆	256	3 189	294	862	1 164	67	1 044	1 356	432	969

各地区畜牧技术机构基本情况(四)

地区	省级家畜繁育改良站									
	总数(个)	在编干部职工人数(人)	按职称分			按学历分				离退休人员
			高级技术职称	中级技术职称	初级技术职称	研究生	大学本科	大学专科	中专	
全国	15	580	164	160	97	82	239	138	34	308
北京	0	0	0	0	0	0	0	0	0	0
天津	0	0	0	0	0	0	0	0	0	0
河北	1	38	16	10	5	7	12	11	7	0
山西	2	25	13	8	0	5	18	2	0	15
内蒙古	1	83	26	16	9	7	30	14	0	32
辽宁	0	0	0	0	0	0	0	0	0	0
吉林	0	0	0	0	0	0	0	0	0	0
黑龙江	1	104	32	33	16	5	59	17	1	73
上海	0	0	0	0	0	0	0	0	0	0
江苏	0	0	0	0	0	0	0	0	0	0
浙江	0	0	0	0	0	0	0	0	0	0
安徽	1	22	4	9	3	5	9	6	0	14
福建	0	0	0	0	0	0	0	0	0	0
江西	0	0	0	0	0	0	0	0	0	0
山东	0	0	0	0	0	0	0	0	0	0
河南	0	0	0	0	0	0	0	0	0	0
湖北	1	61	13	15	16	8	18	32	3	0
湖南	1	28	10	12	6	5	18	1	4	0
广东	0	0	0	0	0	0	0	0	0	0
广西	1	35	8	11	6	5	13	7	4	36
海南	0	0	0	0	0	0	0	0	0	0
重庆	1	0	0	0	0	0	0	0	0	0
四川	1	37	12	7	3	19	8	7	2	13
贵州	0	0	0	0	0	0	0	0	0	0
云南	1	27	7	10	2	9	2	13	1	13
西藏	0	0	0	0	0	0	0	0	0	0
陕西	1	29	7	10	5	0	15	4	4	22
甘肃	1	45	9	6	15	2	18	10	6	26
青海	1	46	7	13	11	5	19	14	2	64
宁夏	0	0	0	0	0	0	0	0	0	0
新疆	0	0	0	0	0	0	0	0	0	0

各地区畜牧技术机构基本情况(五)

地区	地(市)级家畜繁育改良站									
	总数(个)	在编干部职工人数(人)	按职称分			按学历分				离退休人员
			高级技术职称	中级技术职称	初级技术职称	研究生	大学本科	大学专科	中专	
全国	70	1 486	283	304	180	75	521	259	149	1 103
北京	0	0	0	0	0	0	0	0	0	0
天津	0	0	0	0	0	0	0	0	0	0
河北	3	11	3	3	5	0	7	2	2	17
山西	8	69	13	32	13	4	48	7	6	27
内蒙古	9	368	111	86	45	25	184	54	52	228
辽宁	4	35	6	6	2	3	28	3	1	10
吉林	2	23	8	5	3	0	10	7	1	13
黑龙江	9	77	28	29	13	7	33	22	2	46
上海	0	0	0	0	0	0	0	0	0	0
江苏	1	17	5	4	5	5	2	6	4	29
浙江	0	0	0	0	0	0	0	0	0	0
安徽	0	0	0	0	0	0	0	0	0	0
福建	1	0	0	0	0	0	0	0	0	0
江西	0	0	0	0	0	0	0	0	0	0
山东	1	26	3	4	6	0	15	7	4	4
河南	7	455	30	31	12	6	29	59	47	374
湖北	3	9	1	3	5	0	6	3	0	6
湖南	3	19	2	4	1	0	6	2	3	17
广东	1	84	8	5	10	1	9	18	9	173
广西	1	9	0	1	2	0	2	2	3	16
海南	0	0	0	0	0	0	0	0	0	0
重庆	0	0	0	0	0	0	0	0	0	0
四川	3	16	6	6	1	4	6	4	1	1
贵州	2	27	0	4	7	0	8	10	3	26
云南	3	34	12	8	10	2	23	6	2	21
西藏	0	0	0	0	0	0	0	0	0	0
陕西	1	25	5	3	7	1	8	7	0	14
甘肃	1	4	1	2	1	1	1	2	0	0
青海	0	0	0	0	0	0	0	0	0	0
宁夏	0	0	0	0	0	0	0	0	0	0
新疆	7	178	41	68	32	16	96	38	9	81

各地区畜牧技术机构基本情况(六)

地区	县(市)级家畜繁育改良站									
	总数(个)	在编干部职工人数(人)	按职称分			按学历分				离退休人员
			高级技术职称	中级技术职称	初级技术职称	研究生	大学本科	大学专科	中专	
全　国	**807**	**6 942**	**856**	**2 290**	**1 962**	**91**	**1 813**	**2 307**	**1 491**	**3 085**
北　京	1	17	1	3	4	1	8	5	3	18
天　津	3	35	1	11	13	1	12	8	9	4
河　北	60	352	33	72	104	0	53	97	66	151
山　西	100	490	26	199	171	6	127	178	140	224
内蒙古	73	1 095	197	368	256	14	389	327	201	743
辽　宁	23	284	41	130	86	6	92	147	24	188
吉　林	21	425	70	114	141	8	105	120	128	195
黑龙江	74	376	84	187	74	7	138	157	52	182
上　海	0	0	0	0	0	0	0	0	0	0
江　苏	28	238	33	58	55	2	55	62	39	125
浙　江	1	2	0	0	0	0	0	0	2	7
安　徽	9	42	3	7	12	0	5	16	10	50
福　建	2	4	0	0	0	0	0	0	0	0
江　西	5	27	6	13	2	0	9	11	4	6
山　东	28	229	23	64	55	2	48	61	66	118
河　南	70	840	51	178	192	5	95	246	188	173
湖　北	36	269	20	116	118	3	42	111	106	44
湖　南	52	210	17	70	72	2	41	73	51	43
广　东	19	360	1	29	152	0	9	54	145	219
广　西	10	61	1	11	23	0	6	15	23	44
海　南	1	2	0	1	1	0	1	1	0	0
重　庆	6	71	17	28	14	7	34	24	5	34
四　川	55	441	55	182	124	10	149	173	65	182
贵　州	53	342	35	168	105	7	118	133	65	145
云　南	30	254	76	134	32	5	102	89	53	89
西　藏	0	0	0	0	0	0	0	0	0	0
陕　西	7	90	5	25	21	1	8	49	10	31
甘　肃	13	144	16	47	49	2	41	62	17	22
青　海	1	2	0	2	0	0	1	1	0	0
宁　夏	1	0	0	0	0	0	0	0	0	0
新　疆	25	240	44	73	86	2	125	87	19	48

各地区畜牧技术机构基本情况(七)

地区	省级草原工作站									
	总数(个)	在编干部职工人数(人)	按职称分			按学历分				离退休人员
			高级技术职称	中级技术职称	初级技术职称	研究生	大学本科	大学专科	中专	
全国	**28**	**824**	**226**	**180**	**109**	**112**	**424**	**104**	**42**	**413**
北京	0	0	0	0	0	0	0	0	0	0
天津	1	5	0	3	2	2	3	0	0	0
河北	1	6	3	3	0	3	2	1	0	0
山西	2	28	10	9	2	7	16	4	0	6
内蒙古	1	50	35	6	3	3	36	3	2	24
辽宁	1	20	0	0	0	9	9	2	0	8
吉林	1	28	14	5	9	4	13	1	0	8
黑龙江	2	29	14	5	3	5	15	2	0	7
上海	0	0	0	0	0	0	0	0	0	0
江苏	0	0	0	0	0	0	0	0	0	0
浙江	0	0	0	0	0	0	0	0	0	0
安徽	0	0	0	0	0	0	0	0	0	0
福建	1	0	0	0	0	0	0	0	0	0
江西	1	0	0	0	0	0	0	0	0	0
山东	0	0	0	0	0	0	0	0	0	0
河南	1	17	11	3	2	1	15	0	1	3
湖北	1	8	0	0	0	2	6	0	0	0
湖南	1	6	3	1	2	3	3	0	0	0
广东	0	0	0	0	0	0	0	0	0	0
广西	1	56	2	10	17	5	22	9	3	44
海南	0	0	0	0	0	0	0	0	0	0
重庆	1	0	0	0	0	0	0	0	0	0
四川	1	24	8	10	3	6	11	2	2	18
贵州	1	12	6	2	0	6	2	4	0	5
云南	1	16	5	2	3	3	10	1	0	11
西藏	1	10	0	0	0	4	3	0	0	0
陕西	1	0	0	0	0	0	0	0	0	0
甘肃	1	97	41	20	18	11	56	3	2	62
青海	2	124	23	32	27	9	74	21	20	73
宁夏	1	37	21	6	7	10	12	6	2	11
新疆	3	251	30	63	11	19	116	45	10	133

各地区畜牧技术机构基本情况（八）

地区	地（市）级草原工作站									
	总数（个）	在编干部职工人数（人）	按职称分			按学历分				离退休人员
			高级技术职称	中级技术职称	初级技术职称	研究生	大学本科	大学专科	中专	
全　国	**136**	**1 520**	**335**	**431**	**261**	**108**	**682**	**383**	**155**	**651**
北　京	0	0	0	0	0	0	0	0	0	0
天　津	0	0	0	0	0	0	0	0	0	0
河　北	5	50	16	12	9	4	29	10	5	29
山　西	10	78	17	30	12	10	40	13	2	17
内蒙古	15	379	103	96	53	37	163	105	35	189
辽　宁	12	50	1	4	3	4	30	10	3	14
吉　林	6	59	17	8	13	3	29	16	6	30
黑龙江	8	40	16	9	5	7	18	8	0	16
上　海	0	0	0	0	0	0	0	0	0	0
江　苏	0	0	0	0	0	0	0	0	0	0
浙　江	0	0	0	0	0	0	0	0	0	0
安　徽	0	0	0	0	0	0	0	0	0	0
福　建	2	0	0	0	0	0	0	0	0	0
江　西	0	0	0	0	0	0	0	0	0	0
山　东	2	9	2	2	0	2	5	1	1	4
河　南	6	32	8	12	8	0	6	10	10	7
湖　北	2	4	0	3	1	0	2	2	0	0
湖　南	3	18	1	2	8	0	8	1	1	1
广　东	0	0	0	0	0	0	0	0	0	0
广　西	0	0	0	0	0	0	0	0	0	0
海　南	0	0	0	0	0	0	0	0	0	0
重　庆	0	0	0	0	0	0	0	0	0	0
四　川	5	37	11	11	7	1	11	7	2	17
贵　州	9	59	15	26	13	7	29	10	1	20
云　南	7	37	10	9	7	3	23	7	3	4
西　藏	6	50	2	10	2	1	27	16	6	0
陕　西	5	55	11	21	11	2	8	16	11	20
甘　肃	9	51	13	21	9	3	18	16	2	26
青　海	8	157	29	51	25	0	71	42	44	100
宁　夏	0	0	0	0	0	0	0	0	0	0
新　疆	16	355	63	104	75	24	165	93	23	157

各地区畜牧技术机构基本情况(九)

地区	县(市)级草原工作站									
	总数(个)	在编干部职工人数(人)	按职称分			按学历分				离退休人员
			高级技术职称	中级技术职称	初级技术职称	研究生	大学本科	大学专科	中专	
全国	950	8 017	881	2 538	2 185	99	2 558	2 996	1 336	2 799
北京	0	0	0	0	0	0	0	0	0	0
天津	0	0	0	0	0	0	0	0	0	0
河北	29	174	23	57	29	3	60	36	32	51
山西	94	479	25	192	151	5	107	193	121	249
内蒙古	109	1 662	204	479	395	25	561	545	252	897
辽宁	38	244	34	92	76	1	74	117	44	97
吉林	35	543	50	133	159	2	111	153	122	134
黑龙江	77	389	74	202	89	5	122	170	67	90
上海	0	0	0	0	0	0	0	0	0	0
江苏	0	0	0	0	0	0	0	0	0	0
浙江	0	0	0	0	0	0	0	0	0	0
安徽	7	26	7	11	4	0	15	6	1	4
福建	0	0	0	0	0	0	0	0	0	0
江西	11	47	11	25	10	1	15	21	7	2
山东	3	10	0	4	6	0	2	4	4	2
河南	17	188	18	36	39	0	16	55	45	66
湖北	21	67	6	39	16	2	19	29	11	12
湖南	33	96	7	35	34	1	29	34	19	9
广东	1	5	0	1	1	0	0	3	0	0
广西	2	10	0	4	6	0	5	3	2	3
海南	0	0	0	0	0	0	0	0	0	0
重庆	1	1	1	0	0	0	0	1	0	0
四川	69	515	55	184	178	12	158	200	71	125
贵州	78	319	35	133	119	7	93	154	37	77
云南	34	248	83	120	37	7	106	88	44	68
西藏	53	132	10	12	26	0	98	28	6	0
陕西	15	305	19	89	88	0	73	130	60	122
甘肃	66	588	45	155	143	6	191	238	82	100
青海	42	537	42	199	170	5	209	214	79	189
宁夏	12	166	43	87	23	0	76	67	16	17
新疆	103	1 266	89	249	386	17	418	507	214	485

各地区畜牧技术机构基本情况（十）

地区	省级饲料监察所									
	总数(个)	在编干部职工人数(人)	按职称分			按学历分				离退休人员
			高级技术职称	中级技术职称	初级技术职称	研究生	大学本科	大学专科	中专	
全国	28	696	250	162	112	160	379	74	40	241
北京	1	23	7	3	5	5	16	0	1	1
天津	1	27	11	14	0	5	20	2	0	5
河北	1	20	10	1	0	6	2	5	6	2
山西	1	27	12	8	2	5	19	3	0	13
内蒙古	1	19	17	1	0	2	11	4	1	6
辽宁	1	44	0	0	0	15	26	3	0	16
吉林	1	44	16	16	2	5	15	6	18	1
黑龙江	1	38	15	16	4	9	23	5	0	24
上海	0	0	0	0	0	0	0	0	0	0
江苏	1	4	2	1	1	1	2	1	0	0
浙江	1	28	11	5	5	11	13	2	0	3
安徽	1	21	5	6	7	12	6	2	1	14
福建	0	0	0	0	0	0	0	0	0	0
江西	1	25	14	4	4	7	15	2	1	6
山东	1	29	13	10	3	11	11	4	3	5
河南	1	18	7	9	2	5	13	0	0	7
湖北	1	11	8	1	2	3	8	0	0	0
湖南	1	25	12	3	10	5	17	3	0	3
广东	1	20	9	7	2	8	7	2	0	13
广西	1	36	14	9	5	5	28	3	0	21
海南	1	18	6	2	3	6	6	1	0	0
重庆	1	0	0	0	0	0	0	0	0	0
四川	1	18	9	5	2	3	10	2	1	7
贵州	1	22	11	6	4	8	12	2	0	9
云南	0	0	0	0	0	0	0	0	0	0
西藏	1	11	0	0	0	2	4	1	4	8
陕西	1	0	0	0	0	0	0	0	0	0
甘肃	1	52	9	8	35	6	32	4	2	34
青海	1	19	0	0	0	3	14	2	0	13
宁夏	1	29	14	5	4	4	18	7	0	9
新疆	1	68	18	22	10	8	31	8	2	21

各地区畜牧技术机构基本情况(十一)

地区	地(市)级饲料监察所									
	总数(个)	在编干部职工人数(人)	按职称分			按学历分				离退休人员
			高级技术职称	中级技术职称	初级技术职称	研究生	大学本科	大学专科	中专	
全　国	**83**	**818**	**142**	**216**	**116**	**86**	**393**	**128**	**40**	**215**
北　京	0	0	0	0	0	0	0	0	0	0
天　津	0	0	0	0	0	0	0	0	0	0
河　北	1	3	1	2	0	0	3	0	0	0
山　西	1	5	1	3	1	0	4	1	0	2
内蒙古	6	67	11	9	5	9	27	15	9	15
辽　宁	14	217	19	23	32	34	150	25	6	61
吉　林	6	58	17	11	9	0	26	15	11	8
黑龙江	9	47	16	18	5	3	32	7	0	23
上　海	0	0	0	0	0	0	0	0	0	0
江　苏	3	19	9	7	1	3	12	4	0	10
浙　江	0	0	0	0	0	0	0	0	0	0
安　徽	0	0	0	0	0	0	0	0	0	0
福　建	0	0	0	0	0	0	0	0	0	0
江　西	1	7	1	5	1	0	3	4	0	0
山　东	4	52	11	18	6	9	30	2	2	11
河　南	3	122	20	42	12	10	19	8	0	40
湖　北	5	27	1	10	8	2	9	8	3	11
湖　南	6	12	1	4	1	0	6	1	2	0
广　东	1	8	1	2	4	0	7	1	0	0
广　西	0	0	0	0	0	0	0	0	0	0
海　南	0	0	0	0	0	0	0	0	0	0
重　庆	0	0	0	0	0	0	0	0	0	0
四　川	7	38	6	15	5	6	16	11	3	3
贵　州	6	27	8	9	7	2	13	7	1	6
云　南	3	29	10	8	5	1	15	11	2	3
西　藏	0	0	0	0	0	0	0	0	0	0
陕　西	2	11	0	2	7	3	2	5	0	3
甘　肃	3	35	6	15	3	0	11	0	1	3
青　海	1	1	0	0	1	1	0	0	0	0
宁　夏	0	0	0	0	0	0	0	0	0	0
新　疆	1	33	3	13	3	3	8	3	0	16

各地区畜牧技术机构基本情况（十二）

地区	县（市）级饲料监察所									
	总数(个)	在编干部职工人数(人)	按职称分			按学历分				离退休人员
			高级技术职称	中级技术职称	初级技术职称	研究生	大学本科	大学专科	中专	
全　国	**672**	**6 010**	**486**	**2 074**	**1 758**	**59**	**1 496**	**2 187**	**1 268**	**975**
北　京	0	0	0	0	0	0	0	0	0	0
天　津	0	0	0	0	0	0	0	0	0	0
河　北	56	215	19	73	66	2	56	72	46	37
山　西	29	277	15	108	101	2	68	86	68	99
内蒙古	38	186	22	63	42	3	74	57	16	16
辽　宁	40	232	20	106	84	4	138	74	11	28
吉　林	28	431	64	134	119	1	92	185	91	135
黑龙江	43	174	27	90	42	2	61	76	22	23
上　海	0	0	0	0	0	0	0	0	0	0
江　苏	11	113	16	41	44	0	40	40	19	5
浙　江	1	3	0	1	0	0	3	0	0	1
安　徽	5	35	7	10	12	1	13	9	7	25
福　建	1	21	2	6	6	0	11	2	7	0
江　西	11	46	5	21	13	1	10	19	12	4
山　东	55	464	37	146	209	12	157	173	94	48
河　南	46	964	55	229	274	5	76	347	197	91
湖　北	53	875	30	391	322	2	91	316	365	151
湖　南	75	358	18	83	87	1	60	115	82	21
广　东	8	115	9	36	31	1	21	48	22	70
广　西	2	19	1	4	7	0	9	8	2	5
海　南	4	18	1	11	2	0	3	8	5	1
重　庆	8	56	13	10	7	7	19	18	7	15
四　川	50	331	17	122	76	5	139	120	43	89
贵　州	35	114	2	57	34	3	29	50	19	15
云　南	25	293	73	166	36	3	119	128	38	22
西　藏	0	0	0	0	0	0	0	0	0	0
陕　西	3	23	0	4	8	0	5	9	4	13
甘　肃	34	516	21	132	123	2	137	183	77	34
青　海	2	7	2	4	1	0	4	1	2	0
宁　夏	2	17	6	6	5	0	7	8	2	2
新　疆	7	107	4	20	7	2	54	35	10	25

各地区乡镇畜牧兽医站基本情况(一)

地区	站数(个)	职工人数(人)	在编人数	按职称分(人)			
				高级技术职称	中级技术职称	初级技术职称	技术员
全国	**32 426**	**190 393**	**140 524**	**5 535**	**41 147**	**59 166**	**29 228**
北京	128	1 284	848	8	215	316	104
天津	136	879	762	31	145	194	63
河北	1 444	7 080	5 463	212	1 274	2 208	1 145
山西	1 169	4 651	3 794	118	1 073	2 002	409
内蒙古	847	6 973	5 371	304	1 811	1 749	1 599
辽宁	717	3 468	3 145	76	1 652	1 031	234
吉林	673	6 240	5 539	404	1 612	2 140	511
黑龙江	1 045	6 996	6 003	619	2 423	1 877	1 279
上海	96	733	253	8	111	151	104
江苏	943	8 059	4 586	176	1 887	2 120	995
浙江	595	1 870	1 050	5	393	462	310
安徽	1 185	4 354	2 262	138	711	887	1 035
福建	989	2 182	1 701	122	667	664	163
江西	1 444	7 864	4 027	108	587	1 864	2 066
山东	1 478	9 025	6 681	207	2 123	3 257	1 015
河南	1 346	6 723	4 436	228	906	1 275	1 489
湖北	1 155	19 466	10 436	74	2 508	5 633	4 464
湖南	2 194	15 079	10 271	273	1 975	4 381	2 669
广东	1 086	7 029	5 149	18	460	1 888	1 170
广西	1 140	4 925	4 602	26	1 450	1 957	673
海南	96	557	247	1	53	194	38
重庆	922	6 806	6 492	123	2 171	2 278	729
四川	4 018	17 644	15 663	302	5 501	7 856	1 360
贵州	1 359	6 411	4 542	330	1 674	2 084	431
云南	1 345	6 679	6 488	920	3 192	1 757	455
西藏	683	1 792	1 274	0	135	397	443
陕西	1 401	5 322	4 209	92	710	1 634	615
甘肃	1 259	7 050	6 000	125	1 059	3 090	1 561
青海	369	1 590	1 518	45	585	599	236
宁夏	198	949	846	108	342	274	147
新疆	966	10 713	6 866	334	1 742	2 947	1 716

各地区乡镇畜牧兽医站基本情况(二)

地 区	按学历分(人)				离退休人员
	研究生	大学本科	大学专科	中专	
全 国	614	25 144	55 201	40 141	67 804
北 京	8	332	301	135	499
天 津	9	248	185	204	633
河 北	14	824	2 191	1 442	2 110
山 西	40	538	1 382	1 129	3 194
内蒙古	12	1 226	1 779	1 093	1 492
辽 宁	16	1 107	1 647	436	1 041
吉 林	22	720	1 565	1 726	2 429
黑龙江	45	1 523	2 914	1 122	1 617
上 海	4	87	91	149	437
江 苏	64	1 020	2 381	1 491	5 947
浙 江	7	164	355	485	1 268
安 徽	6	427	856	844	1 323
福 建	22	616	450	523	468
江 西	1	141	1 121	1 707	1 558
山 东	95	1 699	2 395	2 204	3 691
河 南	16	328	1 275	1 385	1 601
湖 北	3	342	2 246	5 578	6 747
湖 南	10	853	3 472	4 042	5 198
广 东	35	848	1 297	1 828	3 419
广 西	3	641	2 302	1 170	1 314
海 南	0	16	56	122	18
重 庆	55	865	3 104	1 124	4 000
四 川	27	1 884	7 855	3 170	9 796
贵 州	5	847	2 363	1 169	550
云 南	16	1 706	3 160	1 398	1 252
西 藏	0	586	432	187	518
陕 西	29	506	1 297	1 337	2 390
甘 肃	24	2 085	2 706	956	709
青 海	4	621	570	227	194
宁 夏	3	372	362	113	175
新 疆	19	1 972	3 091	1 645	2 216

各地区乡镇畜牧兽医站基本情况(三)

地　区	经营情况				全年总收入(万元)	经营服务收入	全年总支出(万元)	工资总额
	盈余站(个)	盈余额(万元)	亏损站(个)	亏损额(万元)				
全　国	**4 210**	**8 289.1**	**3 530**	**16 523.8**	**767 405.5**	**62 415.3**	**775 640.2**	**589 845.3**
北　京	24	239.1	31	74.7	13 073.6	40.3	12 909.2	6 912.7
天　津	39	171.6	64	350.7	7 164.2	1 146.5	7 343.3	4 234.2
河　北	316	771.3	448	1 564.6	18 676.8	5 434.8	19 470.1	15 520.4
山　西	215	105.2	65	101.4	18 206.5	1 276.0	18 202.7	16 620.4
内蒙古	55	27.7	55	779.2	25 609.3	3 600.7	26 360.7	22 230.1
辽　宁	0	0	0	0	18 763.5	248.2	18 763.5	16 254.9
吉　林	25	19.3	53	57.8	31 751.9	1 640.9	31 790.4	26 456.1
黑龙江	94	273.4	107	1 129.4	20 984.6	1 283.7	21 840.6	19 432.0
上　海	29	97.8	47	985.8	3 877.2	432.8	4 765.2	1 814.3
江　苏	225	619.8	137	1 670.6	55 603.2	1 809.3	56 654.0	27 414.0
浙　江	162	322.2	92	211.0	11 316.6	1 832.5	11 205.4	6 165.0
安　徽	140	213.5	121	70.4	11 035.8	508.3	10 892.7	8 980.2
福　建	87	83.0	83	369.8	7 199.5	395.1	7 486.3	6 773.2
江　西	98	63.0	122	204.9	13 621.5	1 057.7	13 763.4	12 784.7
山　东	302	767.9	217	707.1	38 849.6	7 630.2	38 788.7	27 712.5
河　南	123	41.5	102	63.9	11 402.9	1 062.9	11 425.3	10 391.2
湖　北	328	1 043.4	189	809.3	30 267.3	5 712.0	30 033.2	21 789.7
湖　南	400	410.2	502	1 218.8	38 340.6	3 797.8	39 149.3	33 191.5
广　东	161	326.0	253	715.0	43 562.2	553.1	43 951.1	22 677.3
广　西	70	150.9	34	263.7	24 699.8	3 301.8	24 812.6	20 512.3
海　南	9	3.3	14	19.4	1 505.5	382.9	1 521.7	1 154.6
重　庆	0	0	0	0	35 746.4	0	35 746.4	31 552.5
四　川	513	210.5	314	3 926.5	104 180.9	7 482.4	107 896.8	75 749.6
贵　州	0	0	0	0	22 179.3	49.0	22 179.3	22 056.2
云　南	194	248.6	67	207.7	34 687.4	1 231.6	34 646.4	30 761.9
西　藏	0	0	0	0	10 893.2	0	10 893.2	10 893.2
陕　西	57	29.0	22	22.1	20 364.9	56.1	20 358.0	19 494.0
甘　肃	280	192.8	244	218.3	25 333.9	1 534.5	25 359.4	23 919.9
青　海	61	19.0	41	14.5	9 608.1	1 542.4	9 603.6	8 818.7
宁　夏	7	6.1	5	2.3	4 289.8	0	4 286.0	4 017.5
新　疆	196	1 833.1	101	765.2	54 609.4	7 371.8	53 541.5	33 560.2

各地区牧区县畜牧生产情况(一)

地 区	基本情况					畜禽饲养情况			
	牧业人口数(万人)	人均纯收入(元/人)	牧业收入(元/人)	牧户数(户)	定居牧户(户)	大牲畜年末存栏(头)	牛年末存栏(头)	能繁母牛存栏(头)	当年成活犊牛(头)
全 国	**385.4**	**7 800.4**	**5 133.0**	**1 014 088**	**860 120**	**15 575 804**	**13 775 540**	**7 039 715**	**3 955 564**
内蒙古	75.8	11 464.9	9 160.7	251 707	233 938	2 197 989	1 767 088	1 146 248	434 712
黑龙江	7.5	10 500.0	6 150.0	42 762	42 762	160 333	149 763	77 743	29 439
四 川	83.0	7 311.7	3 420.5	192 789	165 814	3 460 668	3 080 155	1 403 897	867 276
西 藏	32.9	2 688.0	1 950.0	59 330	40 563	1 982 440	1 773 965	709 196	471 312
甘 肃	31.7	6 502.1	4 460.7	72 057	66 276	1 218 033	1 130 593	584 072	306 839
青 海	91.1	6 447.7	4 865.7	225 934	201 268	4 648 332	4 484 452	2 311 349	1 329 859
宁 夏	13.9	7 812.0	5 078.0	49 667	45 000	8 333	7 319	4 311	1 928
新 疆	49.5	9 321.6	4 743.5	119 842	64 499	1 899 676	1 382 205	802 899	514 199

地 区	畜禽饲养情况							
	牦牛年末存栏(头)	绵羊年末存栏(只)	能繁母羊存栏(只)	当年生存栏羔羊(只)	细毛羊(只)	半细毛羊(只)	山羊年末存栏(只)	绒山羊(只)
全 国	**9 651 452**	**39 571 205**	**26 453 384**	**9 767 764**	**3 892 231**	**4 005 035**	**10 388 525**	**8 086 169**
内蒙古	0	13 485 389	10 454 405	2 295 997	2 497 090	697 048	6 123 980	5 671 175
黑龙江	0	200 428	165 849	34 579	79 830	120 598	10 697	1 790
四 川	2 746 713	1 746 845	765 025	454 012	129 424	857 456	493 401	0
西 藏	1 369 532	4 038 010	1 963 108	1 869 301	0	91 007	1 014 492	811 537
甘 肃	1 086 956	3 527 911	1 906 583	1 147 702	1 051 574	282 438	418 847	393 138
青 海	4 410 928	9 031 624	5 292 060	2 746 854	0	543 373	1 168 419	552 163
宁 夏	0	1 084 400	778 400	86 200	0	1 044 400	171 400	171 400
新 疆	37 323	6 456 598	5 127 954	1 133 119	134 313	368 715	987 289	484 966

地 区	畜产品产量							
	肉类总产量(吨)	牛肉产量(吨)	猪肉产量(吨)	羊肉产量(吨)	奶产量(吨)	毛产量(吨)	山羊绒产量(吨)	山羊毛产量(吨)
全 国	**1 373 262**	**554 533**	**142 831**	**589 740**	**2 443 608**	**82 433**	**4 511**	**3 484**
内蒙古	548 754	170 080	70 390	278 676	852 186	37 987	3 466	1 217
黑龙江	34 002	15 326	9 436	2 035	415 755	620	1	19
四 川	108 307	68 425	25 205	13 766	162 576	2 141	24	169
西 藏	89 966	58 544	78	31 329	77 180	4 808	280	633
甘 肃	72 932	30 628	5 986	34 624	81 359	5 830	127	151
青 海	209 811	106 651	7 813	93 244	171 521	12 830	364	521
宁 夏	36 650	417	6 600	28 562	15 896	2 202	32	81
新 疆	272 839	104 464	17 322	107 503	667 135	16 015	216	694

各地区牧区县畜牧生产情况(二)

地区	畜产品产量					出栏情况	
	绵羊毛产量(吨)	细羊毛产量(吨)	半细羊毛产量(吨)	牛皮产量(万张)	羊皮产量(万张)	牛出栏(头)	羊出栏(只)
全国	**74 438**	**17 756**	**14 326**	**400.39**	**3 036.69**	**4 543 123**	**33 516 130**
内蒙古	33 305	12 894	2 408	100.54	1 472.40	1 032 327	15 549 962
黑龙江	600	105	495	0.50	1.00	102 168	135 600
四川	1 948	233	1 500	62.80	71.03	675 158	750 661
西藏	3 895	0	3 895	40.28	172.85	417 360	1 842 920
甘肃	5 552	3 361	658	18.31	149.00	368 383	2 063 944
青海	11 945	0	1 482	118.25	519.83	1 206 082	5 407 364
宁夏	2 089	0	2 089	0.28	175.00	2 779	1 750 000
新疆	15 106	1 163	1 800	59.43	475.58	738 866	6 015 679

地区	畜产品出售情况						
	肉类总量(吨)	牛肉(吨)	猪肉(吨)	羊肉(吨)	奶总量(吨)	羊绒总量(吨)	羊毛总量(吨)
全国	**1 134 156**	**456 777**	**124 200**	**474 607**	**1 901 618**	**4 274**	**70 286**
内蒙古	499 295	159 532	65 868	225 475	724 710	3 271	34 520
黑龙江	34 002	15 326	9 436	2 035	415 755	1	619
四川	89 363	60 757	16 928	11 667	135 290	13	1 817
西藏	37 751	29 339	0	8 412	14 850	271	2 330
甘肃	66 470	28 943	4 825	32 664	75 567	125	5 625
青海	168 703	79 562	5 880	80 133	92 874	364	11 528
宁夏	36 650	417	6 600	28 562	15 896	28	70
新疆	201 922	82 900	14 663	85 660	426 676	201	13 777

各地区半牧区县畜牧生产情况(一)

地区	基本情况					畜禽饲养情况			
	牧业人口数（万人）	人均纯收入（元/人）	牧业收入（元/人）	牧户数（户）	定居牧户（户）	大牲畜年末存栏（头）	牛年末存栏（头）	能繁母牛存栏（头）	当年成活犊牛（头）
全国	1 392.1	8 154.9	3 284.3	3 414 568	3 088 521	18 987 266	15 089 916	7 698 508	4 132 818
河北	66.3	4 922.6	2 276.0	147 070	84 640	912 669	795 012	424 262	228 471
山西	6.9	3 580.0	2 054.0	17 617	10 010	32 475	24 972	15 513	7 537
内蒙古	249.1	8 802.6	4 338.6	659 815	657 123	4 595 573	3 477 153	1 984 590	1 032 130
辽宁	183.5	10 064.5	3 742.4	478 907	478 907	1 559 389	871 207	433 848	221 850
吉林	163.2	8 607.2	3 764.4	333 980	322 060	1 100 342	846 481	459 115	259 916
黑龙江	230.0	8 576.8	4 434.8	691 901	631 420	2 379 236	2 271 666	1 092 107	570 583
四川	225.5	9 072.0	2 081.5	527 881	491 431	3 050 191	2 530 069	1 034 129	577 363
云南	27.3	6 748.4	2 900.3	77 749	30 943	283 562	244 258	105 999	47 780
西藏	56.0	2 688.0	1 950.0	102 203	63 750	2 248 450	1 865 062	1 009 506	581 028
甘肃	84.7	4 943.4	1 164.7	137 997	116 010	908 421	645 370	309 815	190 099
青海	4.5	6 760.4	4 678.1	11 513	10 518	283 887	253 029	160 196	65 276
宁夏	59.0	6 432.5	1 324.1	134 961	134 961	240 598	223 000	23 200	14 078
新疆	36.1	10 387.4	4 164.6	92 974	56 748	1 392 473	1 042 637	646 228	336 707

地区	畜禽饲养情况							
	牦牛年末存栏（头）	绵羊年末存栏（只）	能繁母羊存栏（只）	当年生存栏羔羊（只）	细毛羊（只）	半细毛羊（只）	山羊年末存栏（只）	绒山羊（只）
全国	2 817 058	52 107 559	32 928 619	14 550 102	19 500 361	9 896 422	18 934 572	13 135 599
河北	3 000	1 683 955	1 049 069	353 726	493 678	1 085 177	105 950	75 000
山西	0	325 851	183 524	110 548	0	22 145	17 396	11 396
内蒙古	0	20 411 764	13 820 457	5 572 177	9 996 149	1 637 061	8 787 171	8 539 388
辽宁	0	2 829 061	1 456 483	1 105 154	518 849	1 707 784	360 884	130 694
吉林	0	4 700 343	2 726 668	1 440 475	4 631 627	68 716	527 102	484 267
黑龙江	0	3 303 766	2 064 550	944 020	1 498 035	1 603 686	446 359	51 234
四川	1 016 558	2 091 569	958 311	602 199	62 715	1 315 247	3 361 648	0
云南	83 267	55 552	23 190	13 875	0	0	172 276	0
西藏	1 199 322	1 790 266	895 045	879 970	0	10 138	1 078 724	862 863
甘肃	239 335	5 065 287	2 895 554	1 269 235	365 208	743 667	1 906 466	1 199 031
青海	161 622	1 058 267	635 963	240 571	0	305 130	205 193	12 260
宁夏	0	1 056 650	701 070	254 729	292 300	324 350	298 300	298 000
新疆	113 954	7 735 228	5 518 735	1 763 423	1 641 800	1 073 321	1 667 103	1 471 466

地区	畜产品产量							
	肉类总产量（吨）	牛肉产量（吨）	猪肉产量（吨）	羊肉产量（吨）	奶产量（吨）	毛产量（吨）	山羊绒产量（吨）	山羊毛产量（吨）
全国	5 787 419	1 026 247	2 703 660	915 807	6 533 514	173 290	5 286	11 504
河北	233 049	84 841	93 729	37 402	879 606	11 036	17	210
山西	7 912	1 193	2 030	4 378	8 642	449	7	10
内蒙古	1 297 042	253 804	493 439	367 651	1 433 906	77 988	4 007	6 224
辽宁	1 209 091	112 825	613 048	84 229	517 287	7 306	4	46
吉林	654 522	79 851	320 592	67 790	468 508	19 917	129	505
黑龙江	994 206	164 037	552 029	47 483	2 287 847	16 052	46	900
四川	499 536	61 181	358 958	47 926	104 004	4 675	1	332
云南	30 200	4 894	20 905	1 655	13 785	97	2	28
西藏	106 466	86 769	1 230	18 427	103 355	2 523	350	497
甘肃	182 397	21 502	96 511	49 704	61 472	9 248	185	1 033
青海	26 605	9 539	5 570	11 084	30 029	2 036	4	293
宁夏	79 115	48 880	5 977	22 227	3 983	1 444	105	169
新疆	467 279	96 931	139 643	155 851	621 091	20 519	430	1 257

各地区半牧区县畜牧生产情况(二)

地区	畜产品产量					出栏情况	
	绵羊毛产量（吨）	细羊毛产量（吨）	半细羊毛产量（吨）	牛皮产量（万张）	羊皮产量（万张）	牛出栏（头）	羊出栏（只）
全　国	**156 499**	**74 596**	**36 465**	**477.33**	**4 268.69**	**7 053 082**	**57 284 999**
河　北	10 809	2 065	7 809	28.01	181.80	541 864	2 674 416
山　西	432	0	48	0.85	28.71	8 523	287 078
内蒙古	67 757	37 905	5 912	143.11	1 801.82	1 696 698	22 809 641
辽　宁	7 257	2 015	4 601	38.90	411.94	704 335	5 104 992
吉　林	19 283	18 701	582	30.05	159.01	516 219	3 815 772
黑龙江	15 106	6 957	7 068	26.23	128.89	992 486	2 803 929
四　川	4 342	600	3 188	48.71	247.21	536 463	2 845 215
云　南	67	16	51	2.47	5.23	41 104	93 673
西　藏	1 676	0	1 676	60.22	98.92	626 739	1 083 892
甘　肃	8 030	1 649	1 045	8.72	245.47	222 383	4 073 126
青　海	1 738	0	763	10.06	64.39	101 996	652 592
宁　夏	1 170	244	366	20.88	174.52	338 000	1 925 180
新　疆	18 833	4 444	3 356	59.14	720.79	726 272	9 115 493

地区	畜产品出售情况						
	肉类总量（吨）	牛肉（吨）	猪肉（吨）	羊肉（吨）	奶总量（吨）	羊绒总量（吨）	羊毛总量（吨）
全　国	**4 528 064**	**828 142**	**2 094 089**	**741 330**	**5 420 807**	**4 929**	**146 445**
河　北	210 354	73 805	77 289	31 163	697 340	17	10 872
山　西	7 911	1 193	2 030	4 378	8 642	7	432
内蒙古	1 004 399	212 339	328 378	316 655	1 194 067	3 801	65 077
辽　宁	836 820	86 285	445 797	67 557	408 375	4	6 780
吉　林	573 008	71 039	288 668	51 408	406 233	128	19 479
黑龙江	917 605	148 351	518 005	37 513	2 256 783	45	14 669
四　川	357 345	49 353	254 023	34 263	77 583	0	3 170
云　南	22 797	3 612	15 305	1 270	7 189	0	45
西　藏	76 751	45 350	135	11 942	17 895	339	1 090
甘　肃	155 643	16 989	86 229	43 496	53 052	132	7 115
青　海	20 562	6 852	4 064	9 491	12 835	3	1 893
宁　夏	76 746	48 080	5 969	21 527	3 983	105	1 184
新　疆	268 123	64 894	68 197	110 667	276 830	349	14 639

各地区生猪饲养规模场(户)数情况

单位:个

地 区	年出栏 1～49头 场(户)数	年出栏 50～99头 场(户)数	年出栏 100～499头 场(户)数	年出栏 500～999头 场(户)数	年出栏 1 000～2 999头 场(户)数	年出栏 3 000～4 999头 场(户)数	年出栏 5 000～9 999头 场(户)数	年出栏 10 000～49 999头 场(户)数	年出栏 50 000头以上 场(户)数
全 国	**44 055 927**	**1 479 624**	**758 834**	**174 075**	**65 171**	**13 404**	**7 281**	**4 388**	**261**
北 京	7 616	3 244	1 801	336	261	92	77	31	0
天 津	5 504	5 269	5 731	710	224	69	49	19	0
河 北	987 066	48 849	31 222	8 695	2 984	581	286	196	9
山 西	213 558	27 949	15 515	3 124	1 279	303	162	100	1
内蒙古	912 927	22 032	7 292	1 424	511	89	29	15	2
辽 宁	819 998	101 676	39 375	8 312	2 260	480	217	77	3
吉 林	547 117	90 006	44 712	6 618	2 041	438	148	47	2
黑龙江	346 026	62 008	35 085	3 755	1 481	356	168	86	3
上 海	2 437	606	696	172	121	27	55	64	3
江 苏	471 200	31 365	35 767	10 069	4 714	594	418	247	23
浙 江	320 250	7 079	8 740	2 275	1 233	277	201	151	11
安 徽	1 635 590	46 852	26 124	8 059	2 729	647	342	120	4
福 建	165 673	12 470	12 545	4 324	1 927	521	315	216	8
江 西	729 887	32 621	21 634	7 804	4 480	715	434	286	15
山 东	772 972	154 379	82 649	17 961	5 704	1 093	463	171	19
河 南	994 479	59 235	64 072	20 215	7 173	1 607	952	531	52
湖 北	2 556 823	39 871	57 245	10 533	5 292	807	471	569	28
湖 南	3 669 969	167 984	77 428	19 825	5 483	1 281	644	257	21
广 东	631 926	42 391	33 718	8 057	3 525	800	498	316	22
广 西	2 284 365	49 671	21 890	5 058	2 160	511	247	137	11
海 南	428 410	7 189	3 637	695	347	105	57	58	3
重 庆	3 249 244	27 956	11 973	2 597	1 021	167	76	46	2
四 川	6 767 155	219 538	56 901	12 159	3 717	737	355	248	4
贵 州	5 037 196	21 895	6 689	1 078	373	105	65	48	1
云 南	7 596 748	114 067	16 428	3 358	1 228	222	144	88	2
西 藏	10 035	140	13	2	3	0	0	1	0
陕 西	966 986	42 006	21 071	3 623	1 472	465	213	161	2
甘 肃	1 415 024	24 708	10 950	1 523	584	147	57	24	0
青 海	262 404	1 739	431	74	40	6	9	4	1
宁 夏	188 988	3 646	2 061	234	139	16	9	3	0
新 疆	58 354	11 183	5 439	1 406	665	146	120	71	9

各地区蛋鸡饲养规模场(户)数情况

单位:个

地区	年存栏 1~499只 场(户)数	年存栏 500~1 999只 场(户)数	年存栏 2 000~9 999只 场(户)数	年存栏 10 000~49 999只 场(户)数	年存栏 50 000~99 999只 场(户)数	年存栏 100 000~499 999只 场(户)数	年存栏 500 000只以上 场(户)数
全　国	**13 392 286**	**294 389**	**204 607**	**38 138**	**2 405**	**901**	**36**
北　京	7 044	810	369	128	27	12	4
天　津	11 291	1 195	973	315	27	0	0
河　北	918 541	53 456	30 853	3 482	156	42	2
山　西	155 232	10 294	11 610	1 554	107	58	7
内蒙古	389 964	5 188	3 293	530	31	7	0
辽　宁	1 079 052	35 234	24 346	2 908	207	47	2
吉　林	548 702	14 374	7 029	1 026	80	12	3
黑龙江	223 187	19 135	7 032	652	29	14	0
上　海	37 893	45	20	10	9	8	0
江　苏	212 251	8 027	16 355	3 608	213	82	1
浙　江	64 501	756	647	369	31	14	0
安　徽	571 541	11 003	8 195	1 078	75	26	1
福　建	66 577	379	120	288	48	38	0
江　西	486 852	3 864	1 295	392	28	25	1
山　东	489 176	34 478	29 836	5 260	260	72	1
河　南	1 191 704	41 520	25 797	4 897	223	66	1
湖　北	755 612	4 522	11 119	5 497	319	106	2
湖　南	656 261	12 219	4 738	1 176	70	17	0
广　东	291 778	493	197	112	48	24	1
广　西	199 924	368	94	47	12	15	2
海　南	159 402	58	45	37	15	10	0
重　庆	565 544	3 309	1 965	444	25	12	0
四　川	1 779 858	11 267	3 617	1 071	108	43	2
贵　州	231 138	1 133	883	315	36	50	1
云　南	504 764	1 568	2 502	1 015	80	43	1
陕　西	630 189	9 852	6 260	872	36	13	2
甘　肃	580 673	4 619	2 319	353	37	6	0
青　海	10 009	146	39	29	6	3	0
宁　夏	146 090	674	938	112	11	7	0
新　疆	427 536	4 403	2 121	561	51	29	2

注:不含西藏。

各地区肉鸡饲养规模场(户)数情况

单位:个

地　区	年出栏 1~1 999 只场(户)数	年出栏 2 000~9 999 只场(户)数	年出栏 10 000~29 999 只场(户)数	年出栏 30 000~49 999 只场(户)数	年出栏 50 000~99 999 只场(户)数	年出栏 100 000~499 999 只场(户)数	年出栏 500 000~999 999 只场(户)数	年出栏 100 万只以上场(户)数
全　国	**20 814 808**	**240 841**	**99 774**	**34 472**	**19 532**	**6 695**	**931**	**789**
北　京	630	810	915	187	158	28	13	1
天　津	642	877	512	555	273	90	10	0
河　北	133 222	9 390	4 198	2 003	977	435	47	28
山　西	13 857	1 069	1 377	677	454	233	26	32
内蒙古	162 768	4 927	331	85	139	63	2	2
辽　宁	199 530	34 329	10 945	5 092	1 886	556	45	24
吉　林	160 030	17 868	9 038	1 424	711	154	8	14
黑龙江	196 191	10 822	2 035	518	244	57	22	15
上　海	57 404	269	87	24	41	12	2	1
江　苏	196 497	4 152	4 642	2 109	971	442	136	61
浙　江	228 899	2 851	2 304	738	361	51	2	3
安　徽	720 111	9 845	3 829	2 138	1 682	415	23	29
福　建	295 062	1 802	483	197	182	127	8	180
江　西	626 664	5 672	3 549	796	254	88	12	6
山　东	126 211	23 386	14 007	7 836	5 711	1 645	410	179
河　南	280 946	9 354	6 791	1 719	1 159	637	52	64
湖　北	324 012	3 065	4 304	930	907	668	34	58
湖　南	2 000 071	15 683	2 114	503	254	40	4	14
广　东	2 107 087	20 015	10 060	3 279	1 360	347	23	12
广　西	3 041 109	23 609	5 709	959	501	153	20	31
海　南	1 317 702	2 222	1 306	465	141	51	6	5
重　庆	543 958	4 255	1 484	251	137	22	1	1
四　川	3 209 722	15 311	2 970	828	303	73	2	0
贵　州	1 496 018	2 055	1 656	85	31	15	1	1
云　南	1 577 587	4 892	2 765	462	166	79	3	3
陕　西	356 816	2 420	590	241	399	179	15	1
甘　肃	666 871	1 469	288	19	17	1	0	16
青　海	12 703	35	11	3	1	3	0	0
宁　夏	72 469	721	108	18	8	2	0	0
新　疆	690 019	7 666	1 366	331	104	29	4	8

注:1. 不含西藏。

2. 2015 年将 10 000~49 999 只规模档拆分为 10 000~29 999 只规模档和 30 000~49 999 只规模档。

各地区奶牛饲养规模场(户)数情况

单位:个

地 区	年存栏 1~4头 场(户)数	年存栏 5~9头 场(户)数	年存栏 10~19头 场(户)数	年存栏 20~49头 场(户)数	年存栏 50~99头 场(户)数	年存栏 100~199头 场(户)数	年存栏 200~499头 场(户)数	年存栏 500~999头 场(户)数	年存栏 1 000头以上 场(户)数
全 国	**1 203 907**	**199 713**	**84 121**	**40 315**	**12 981**	**6 167**	**3 775**	**2 171**	**1 478**
北 京	308	270	247	129	53	101	99	40	28
天 津	634	340	225	280	100	43	47	47	27
河 北	72 032	4 057	2 094	1 166	381	488	406	701	389
山 西	28 563	4 910	2 349	909	263	112	210	105	31
内蒙古	19 491	12 671	7 619	4 714	3 289	2 776	637	228	200
辽 宁	10 854	5 185	3 477	1 342	374	107	112	32	81
吉 林	27 670	6 142	3 753	1 223	408	141	86	31	12
黑龙江	106 327	42 990	21 695	10 399	1 470	521	326	100	64
上 海	0	0	0	0	1	12	37	25	21
江 苏	177	132	123	147	48	62	109	64	42
浙 江	137	151	105	142	125	35	28	9	11
安 徽	625	223	131	101	64	42	34	11	15
福 建	1 441	318	162	17	1	1	3	11	14
江 西	258	141	76	154	99	29	15	4	1
山 东	19 053	5 476	3 527	3 713	2 149	725	585	288	139
河 南	64 123	6 439	3 576	1 597	531	159	294	174	89
湖 北	117	17	11	30	15	5	8	10	18
湖 南	742	802	107	79	20	6	6	0	3
广 东	524	107	33	37	58	23	18	6	14
广 西	129	76	144	65	5	4	22	4	4
海 南	0	0	0	0	0	0	2	0	0
重 庆	424	155	50	26	10	10	5	6	2
四 川	18 710	2 979	1 423	499	113	27	46	20	9
贵 州	141	38	10	12	0	2	2	2	5
云 南	48 715	6 187	710	394	78	22	30	7	12
西 藏	59 105	5 034	36	2	0	0	2	3	0
陕 西	72 569	7 106	2 920	1 570	771	322	316	85	47
甘 肃	20 766	4 680	1 987	681	197	81	48	22	35
青 海	86 309	5 666	791	199	34	25	16	4	3
宁 夏	1 781	2 367	1 958	836	158	72	77	81	90
新 疆	542 182	75 054	24 782	9 852	2 166	214	149	51	72

各地区肉牛饲养规模场(户)数情况

单位:个

地 区	年出栏 1~9头 场(户)数	年出栏 10~49头 场(户)数	年出栏 50~99头 场(户)数	年出栏 100~499头 场(户)数	年出栏 500~999头 场(户)数	年出栏 1 000头以上 场(户)数
全 国	**10 490 202**	**424 756**	**92 860**	**25 943**	**3 328**	**1 025**
北 京	463	413	164	88	15	9
天 津	2 341	1 411	318	125	4	0
河 北	519 461	26 027	3 408	1 168	129	58
山 西	119 526	7 937	1 122	448	48	21
内蒙古	249 528	40 557	9 120	2 122	337	81
辽 宁	354 400	44 149	11 853	2 051	202	41
吉 林	366 371	49 121	10 329	2 325	409	104
黑龙江	188 766	33 923	14 352	1 622	261	49
上 海	0	0	0	0	0	0
江 苏	69 425	2 255	530	190	36	16
浙 江	20 751	701	97	25	1	0
安 徽	279 680	6 446	1 875	727	100	29
福 建	60 778	1 095	85	53	10	7
江 西	504 790	7 571	1 692	426	43	10
山 东	411 086	31 460	8 648	2 427	331	97
河 南	1 142 358	19 657	3 346	2 845	491	171
湖 北	397 920	8 982	3 402	2 544	207	87
湖 南	559 941	23 339	4 416	934	53	9
广 东	229 635	2 441	348	107	5	1
广 西	683 515	5 890	676	162	5	4
海 南	101 375	1 661	203	28	1	0
重 庆	196 371	6 797	835	269	28	10
四 川	618 588	18 575	2 703	877	88	19
贵 州	620 523	5 773	882	192	25	4
云 南	1 420 820	16 106	2 039	618	56	17
西 藏	24 850	0	0	0	0	0
陕 西	219 517	4 204	983	256	14	7
甘 肃	481 006	14 259	2 399	1 063	196	70
青 海	38 903	1 819	173	113	29	10
宁 夏	257 146	13 648	1 145	311	31	15
新 疆	350 368	28 539	5 717	1 827	173	79

各地区羊饲养规模场(户)数情况

单位:个

地　区	年出栏 1～29只 场(户)数	年出栏 30～99只 场(户)数	年出栏 100～199只 场(户)数	年出栏 200～499只 场(户)数	年出栏 500～999只 场(户)数	年出栏 1 000～2 999只 场(户)数	年出栏 3 000只以上 场(户)数
全　国	**14 534 918**	**1 624 592**	**315 507**	**133 939**	**35 658**	**9 009**	**1 291**
北　京	4 417	4 013	906	307	136	17	7
天　津	3 620	3 652	929	443	36	7	1
河　北	513 639	118 652	13 210	7 599	2 368	1 052	70
山　西	196 938	63 445	18 212	7 111	1 801	630	188
内蒙古	636 281	227 695	87 737	41 119	10 028	1 449	206
辽　宁	242 633	70 078	12 168	3 962	1 062	190	27
吉　林	58 710	47 581	3 970	1 802	549	76	13
黑龙江	87 356	41 075	8 097	1 842	433	90	7
上　海	41 634	818	138	71	22	6	5
江　苏	987 448	29 852	5 810	2 936	956	406	74
浙　江	131 558	6 092	1 357	733	197	119	13
安　徽	554 215	55 274	6 868	4 010	1 352	245	37
福　建	58 447	5 287	653	364	57	25	2
江　西	79 603	4 815	1 183	153	57	13	0
山　东	1 221 934	189 469	22 240	11 510	3 328	1 427	24
河　南	1 722 477	63 527	10 054	5 487	1 674	626	84
湖　北	533 875	21 577	9 038	4 117	850	189	31
湖　南	503 781	34 425	6 370	3 816	394	18	0
广　东	15 359	2 928	531	204	29	10	0
广　西	163 361	13 297	2 077	501	31	5	0
海　南	52 400	2 862	404	78	18	6	0
重　庆	377 500	28 071	3 086	1 108	206	33	1
四　川	1 962 840	85 543	8 437	2 717	686	84	13
贵　州	539 300	19 191	2 069	615	184	72	5
云　南	680 142	38 459	3 808	680	184	33	2
西　藏	341 193	37 290	0	0	0	0	0
陕　西	488 233	58 415	4 587	1 519	577	146	6
甘　肃	709 305	64 471	12 202	5 171	1 130	283	42
青　海	163 720	48 426	13 134	4 890	385	121	16
宁　夏	277 433	26 212	11 646	4 056	1 404	351	179
新　疆	1 185 566	212 100	44 586	15 018	5 524	1 280	238

注:2015年将100～499只规模档拆分为100～199只规模档和200～499只规模档,同时新增年出栏3 000只以上规模档。

各地区2015年1月畜产品及饲料集市价格(一)

单位:元/千克、元/只

地 区	仔猪	活猪	猪肉	鸡蛋	商品代蛋雏鸡	商品代肉雏鸡	活鸡	白条鸡	牛肉
全国均价	**19.29**	**13.38**	**22.37**	**10.97**	**3.16**	**2.49**	**18.91**	**19.09**	**63.99**
北 京	14.95	12.82	20.14	9.55	3.38	3.60		14.95	54.40
天 津	21.50	12.72	21.68	9.46	2.88	2.27	10.86	15.00	58.03
河 北	14.50	12.70	20.75	9.32	2.86	2.02	10.05	14.67	54.94
山 西	21.15	12.92	21.50	9.12	3.29	3.19	12.93	16.80	52.82
内蒙古	29.17	13.64	22.28	10.24	4.44	4.55	17.04	17.52	56.32
辽 宁	21.28	12.18	20.47	9.27	2.49	1.42	26.49	15.16	59.36
吉 林	21.04	12.09	20.28	9.38	2.60	1.37	18.36	14.29	60.83
黑龙江	19.62	11.69	18.56	9.02	2.69	2.33	11.03	13.09	59.33
上 海	22.27	13.84	24.82	11.31	3.09	1.54	19.43	23.00	76.04
江 苏	11.24	12.57	21.95	9.73	3.07	1.71	16.57	15.20	62.14
浙 江	16.01	13.90	23.71	11.93	2.64	1.92	17.79	20.39	78.39
安 徽	17.32	13.32	22.85	10.38	2.77	1.53	17.73	15.90	64.92
福 建	22.88	13.28	20.18	11.37	3.29	2.02	19.58	20.06	76.63
江 西	22.05	13.69	23.11	12.31	3.06	2.45	24.62	21.97	79.13
山 东	14.31	12.72	22.05	9.14	2.90	1.26	9.37	14.79	58.68
河 南	17.83	13.04	21.95	9.22	2.70	1.99	12.37	14.16	57.89
湖 北	19.71	13.53	23.18	10.68	3.28	2.53	17.98	15.93	68.93
湖 南	21.61	13.82	23.28	12.34	3.66	3.28	25.82	22.98	74.10
广 东	22.27	13.49	21.23	12.41	2.52	2.23	24.18	27.88	75.30
广 西	16.10	13.44	21.89	13.96	2.95	1.58	27.16	30.73	72.34
海 南	19.33	14.83	27.10	14.14	3.95	3.34	29.00	31.93	88.10
重 庆	16.12	13.75	22.74	11.94	3.00	2.66	23.22	17.38	64.22
四 川	15.65	13.91	23.37	13.41	3.92	3.60	26.55	24.25	62.15
贵 州	16.71	14.78	24.51	13.55	4.07	4.16	22.06	21.87	67.50
云 南	21.08	14.06	24.62	12.35	3.69	3.85	19.03	21.65	62.49
西 藏									
陕 西	17.21	13.17	22.56	9.73	3.25	2.10	14.50	16.96	57.30
甘 肃	26.87	14.33	23.31	10.60	3.97	3.82	19.13	21.33	57.88
青 海	31.61	14.66	23.56	11.16	3.18	2.75	22.55	23.92	56.60
宁 夏	24.99	14.80	23.91	10.05	3.13	2.91	18.34	17.90	57.67
新 疆	23.00	13.51	22.97	10.42	3.52	3.31	17.96	20.20	59.28

注:1. 全国均价为各定点集贸市场的平均价。

2. “空格”表示数据不详或无该项指标。

各地区2015年1月畜产品及饲料集市价格(二)

单位:元/千克

地 区	生鲜乳	羊肉	玉米	豆粕	小麦麸	进口鱼粉	育肥猪配合饲料	肉鸡配合饲料	蛋鸡配合饲料
全国均价	3.56	64.83	2.43	3.73	2.08	12.67	3.31	3.40	3.12
北 京	3.89	61.70	2.36	3.53	2.02	14.00	3.10	3.59	3.04
天 津	3.90	61.15	2.19	3.27	1.86	9.95	2.96	3.54	2.79
河 北	3.39	57.33	2.20	3.44	1.85	11.53	3.10	3.53	2.86
山 西	4.07	61.77	2.25	3.67	1.99	11.70	3.41	3.52	3.00
内蒙古	3.99	53.34	2.38	4.07	2.06	9.38	3.44	3.41	3.27
辽 宁	3.80	65.09	2.30	3.49	2.02	13.03	3.25	3.22	2.90
吉 林	4.07	64.73	2.28	3.93	2.00	14.67	3.09	3.02	2.73
黑龙江	3.29	65.27	2.16	3.90	2.11	11.37	3.05	3.10	2.85
上 海	4.82	68.06	2.53	3.25	1.97	14.08	3.43	3.45	3.13
江 苏	4.03	62.23	2.37	3.47	1.90	13.50	3.02	3.40	2.93
浙 江	4.77	73.27	2.56	3.42	1.99	13.20	3.13	3.14	3.01
安 徽	3.95	61.90	2.41	3.56	1.96	11.32	2.99	3.18	2.97
福 建	4.83	80.20	2.57	3.28	2.12	13.61	3.14	3.26	3.14
江 西	4.22	71.72	2.72	3.81	2.26	13.03	3.37	3.38	3.30
山 东	3.13	67.19	2.17	3.30	1.81	11.20	3.12	3.39	2.80
河 南	3.75	59.59	2.27	3.44	1.90	12.85	3.05	3.15	2.82
湖 北	4.31	63.37	2.55	3.64	2.06	12.04	3.26	3.27	3.09
湖 南		66.87	2.74	4.15	2.25	11.60	3.54	3.55	3.42
广 东	4.93	69.75	2.63	3.46	2.17	13.29	3.27	3.39	3.37
广 西	4.88	78.51	2.75	4.00	2.37	14.31	3.56	3.52	3.37
海 南		93.40	2.71	3.86	2.35		3.60	3.58	3.29
重 庆	4.86	63.27	2.57	3.75	2.26	12.85	3.59	3.52	3.41
四 川	4.50	68.00	2.58	4.18	2.26	13.06	3.59	3.51	3.36
贵 州	3.79	77.08	2.61	3.98	2.33	13.12	3.60	3.72	3.60
云 南	3.48	73.33	2.38	4.02	2.43	12.05	3.45	3.73	3.51
西 藏									
陕 西	3.02	60.04	2.22	3.87	1.99	11.25	3.35	3.39	2.96
甘 肃	4.42	50.44	2.27	3.97	2.05	11.72	3.65	3.59	3.49
青 海	4.90	50.11	2.44	4.16	2.10		3.42	3.41	3.19
宁 夏	3.65	48.00	2.34	3.94	2.07	13.35	3.38	3.49	3.23
新 疆	3.86	54.18	2.28	4.50	2.03	14.32	3.37	3.32	3.06

各地区2015年2月畜产品及饲料集市价格(一)

单位:元/千克、元/只

地　区	仔猪	活猪	猪肉	鸡蛋	商品代蛋雏鸡	商品代肉雏鸡	活鸡	白条鸡	牛肉
全国均价	19.21	12.71	22.02	10.89	3.12	2.58	19.21	19.28	64.75
北　京	14.50	12.01	19.80	9.67	3.21	3.60		15.35	54.10
天　津	21.25	11.96	21.25	9.69	2.75	2.01	10.70	15.27	57.68
河　北	15.39	12.05	19.90	9.38	2.84	2.18	9.83	14.63	54.98
山　西	20.62	12.40	20.91	8.99	3.19	3.14	12.55	16.60	52.94
内蒙古	28.07	13.46	21.78	10.11	4.35	4.49	17.21	17.22	56.48
辽　宁	22.22	11.69	20.24	9.10	2.49	1.63	27.93	15.35	60.06
吉　林	20.60	11.71	19.17	9.01	2.63	1.52	18.61	14.30	61.78
黑龙江	18.61	11.23	18.08	8.88	2.66	2.23	10.91	13.05	59.38
上　海	21.41	12.56	25.30	10.66			19.70	23.72	78.67
江　苏	11.48	11.62	21.41	9.44	2.93	2.13	16.55	15.60	63.54
浙　江	15.77	12.80	23.39	11.41	2.60	2.16	16.70	20.51	79.03
安　徽	17.33	12.74	22.63	10.20	2.82	1.88	18.37	16.13	65.89
福　建	22.90	12.46	20.63	11.21	3.27	1.96	19.94	20.38	78.01
江　西	21.53	12.85	22.91	12.25	2.97	2.40	25.41	22.37	80.99
山　东	13.63	11.92	21.27	9.24	2.85	2.04	9.32	14.91	58.98
河　南	17.43	11.87	21.44	9.25	2.66	1.98	12.46	14.31	58.18
湖　北	19.62	12.41	22.90	10.59	3.27	2.39	18.13	16.15	70.16
湖　南	21.38	12.89	22.74	12.23	3.68	3.30	26.41	23.48	78.62
广　东	23.27	12.86	21.08	12.42	2.58	2.35	23.82	27.80	75.96
广　西	16.04	12.79	21.49	13.80	2.91	1.59	27.62	31.12	73.51
海　南	19.27	14.01	27.53	15.22	3.88	3.39	30.29	34.40	89.90
重　庆	16.38	13.15	22.13	11.92	3.01	2.76	23.81	17.66	65.14
四　川	15.75	13.51	23.29	13.41	3.87	3.61	27.43	24.42	62.41
贵　州	16.81	14.89	24.59	13.70	3.84	4.07	22.50	22.40	68.63
云　南	20.84	13.84	24.82	12.25	3.69	3.90	19.30	21.91	63.92
西　藏									
陕　西	19.15	12.53	22.25	9.54	3.17	1.99	14.80	17.21	57.14
甘　肃	25.60	13.63	22.97	10.39	3.88	3.78	19.09	21.27	58.31
青　海	30.47	13.72	23.17	11.12	3.10	2.53	22.82	23.97	56.08
宁　夏	25.48	14.03	23.39	9.77	3.02	2.77	18.13	17.56	57.17
新　疆	22.27	13.23	22.54	10.13	3.50	3.29	18.19	20.52	58.41

各地区2015年2月畜产品及饲料集市价格(二)

单位:元/千克

地区	生鲜乳	羊肉	玉米	豆粕	小麦麸	进口鱼粉	育肥猪配合饲料	肉鸡配合饲料	蛋鸡配合饲料
全国均价	**3.44**	**64.99**	**2.41**	**3.60**	**2.07**	**12.74**	**3.29**	**3.38**	**3.09**
北京	3.82	61.00	2.32	3.28	2.01	14.50	3.05	3.51	3.03
天津	3.88	61.00	2.13	3.09	1.80	9.68	2.84	3.51	2.67
河北	3.28	56.85	2.18	3.26	1.83	11.30	3.06	3.50	2.82
山西	3.90	59.89	2.19	3.54	1.97	11.72	3.36	3.47	2.99
内蒙古	3.86	53.35	2.38	4.02	2.05	9.38	3.40	3.38	3.24
辽宁	3.55	65.49	2.30	3.40	2.03	13.07	3.25	3.22	2.88
吉林	4.05	65.50	2.27	3.88	2.04	14.76	3.09	3.02	2.73
黑龙江	3.23	64.24	2.16	3.87	2.11	11.51	3.05	3.11	2.85
上海	4.59	68.06	2.50	3.04	1.94	14.21	3.39	3.41	3.07
江苏	4.03	63.56	2.33	3.25	1.88	14.07	2.95	3.32	2.85
浙江	4.65	74.50	2.56	3.24	1.96	13.15	3.11	3.10	2.97
安徽	3.84	62.38	2.40	3.47	1.96	11.22	2.98	3.19	2.97
福建	4.80	81.74	2.53	3.05	2.09	13.75	3.10	3.20	3.10
江西	4.24	73.25	2.69	3.72	2.24	12.99	3.36	3.37	3.28
山东	3.04	66.75	2.14	3.08	1.81	11.70	3.10	3.35	2.75
河南	3.65	59.49	2.22	3.23	1.88	12.96	3.00	3.11	2.79
湖北	4.21	63.68	2.53	3.47	2.02	12.07	3.24	3.24	3.05
湖南		70.19	2.70	4.02	2.24	11.69	3.51	3.55	3.40
广东	5.01	69.86	2.61	3.29	2.16	13.29	3.26	3.35	3.33
广西	4.84	79.96	2.73	3.88	2.36	14.31	3.54	3.51	3.36
海南		95.50	2.69	3.66	2.34		3.58	3.51	3.21
重庆	4.88	62.96	2.57	3.67	2.20	12.69	3.58	3.52	3.40
四川	4.45	68.54	2.57	4.11	2.24	13.21	3.59	3.50	3.35
贵州	3.80	76.76	2.61	3.93	2.35	13.30	3.60	3.70	3.59
云南	3.50	74.04	2.41	3.95	2.42	12.28	3.49	3.75	3.54
西藏									
陕西	2.65	58.68	2.18	3.70	1.99	11.04	3.32	3.33	2.90
甘肃	4.33	49.04	2.27	3.93	2.06	11.82	3.63	3.58	3.49
青海	4.78	48.62	2.43	4.08	2.12		3.46	3.47	3.28
宁夏	3.61	47.73	2.29	3.80	2.08	13.79	3.36	3.52	3.18
新疆	3.84	53.75	2.30	4.24	2.02	14.34	3.38	3.35	3.08

各地区2015年3月畜产品及饲料集市价格(一)

单位:元/千克、元/只

地区	仔猪	活猪	猪肉	鸡蛋	商品代蛋雏鸡	商品代肉雏鸡	活鸡	白条鸡	牛肉
全国均价	**20.09**	**12.27**	**21.44**	**10.35**	**3.19**	**2.81**	**18.94**	**19.08**	**63.97**
北京	15.25	11.78	19.49	8.68	3.15	3.60		14.94	53.80
天津	20.00	11.67	20.78	8.75	2.79	2.18	10.68	15.37	58.73
河北	17.80	11.60	19.30	8.62	2.88	2.40	10.01	14.56	54.47
山西	21.26	11.87	20.46	8.44	3.22	3.28	12.68	16.55	52.00
内蒙古	28.02	13.13	21.18	9.88	4.47	4.55	17.07	16.97	56.10
辽宁	25.88	11.65	20.08	8.51	2.68	2.07	27.43	15.21	59.23
吉林	23.74	11.66	18.62	8.42	2.86	1.85	18.24	14.31	60.75
黑龙江	19.27	11.05	18.08	8.27	2.70	2.33	10.96	13.04	59.16
上海	21.11	12.22	24.53	10.07				23.50	76.83
江苏	11.87	11.23	20.63	8.44	2.86	2.40	15.89	15.35	62.47
浙江	15.85	12.36	22.75	11.01	2.64	2.54	16.17	20.07	78.57
安徽	17.60	12.02	21.71	9.54	2.88	2.16	18.18	15.99	63.69
福建	24.35	12.11	20.44	10.68	3.29	2.10	20.07	20.25	78.28
江西	22.19	12.30	22.56	11.99	3.00	2.45	24.92	22.07	80.16
山东	14.44	11.37	20.49	8.10	2.85	2.31	9.32	14.86	57.82
河南	18.19	11.44	20.76	8.39	2.73	2.39	12.51	14.17	57.20
湖北	21.40	11.74	22.49	10.01	3.44	3.19	17.71	15.29	67.83
湖南	21.44	12.53	22.04	11.84	4.01	3.73	25.85	23.21	76.74
广东	24.37	12.47	20.64	12.30	2.59	2.60	24.03	28.11	75.38
广西	16.81	12.33	20.88	13.84	3.05	1.72	27.56	30.99	73.34
海南	20.02	13.30	27.40	14.64	3.88	3.37	28.19	32.73	88.93
重庆	16.74	12.40	20.90	11.24	3.12	2.86	23.10	17.32	63.41
四川	16.33	13.02	22.84	12.97	3.91	3.82	26.80	24.17	62.41
贵州	17.27	14.59	24.29	13.47	3.92	4.31	22.02	22.28	68.25
云南	21.19	13.29	23.57	11.57	3.73	4.01	18.40	21.15	63.16
西藏									
陕西	21.17	11.94	21.53	9.06	3.19	2.28	14.38	17.08	56.18
甘肃	25.55	13.09	22.09	10.13	3.99	3.70	19.10	21.15	58.12
青海	30.58	13.31	22.70	10.78	3.10	2.60	23.41	24.18	55.86
宁夏	26.09	13.56	22.91	9.28	3.11	2.84	17.42	17.52	56.84
新疆	21.80	12.86	21.87	9.67	3.50	3.26	18.45	20.34	57.29

各地区2015年3月畜产品及饲料集市价格(二)

单位:元/千克

地区	生鲜乳	羊肉	玉米	豆粕	小麦麸	进口鱼粉	育肥猪配合饲料	肉鸡配合饲料	蛋鸡配合饲料
全国均价	**3.42**	**63.92**	**2.42**	**3.59**	**2.06**	**12.77**	**3.28**	**3.37**	**3.09**
北京	3.83	60.60	2.34	3.29	2.01	14.50	3.04	3.47	2.99
天津	3.87	62.75	2.24	3.11	1.77	10.13	2.83	3.52	2.68
河北	3.27	55.68	2.20	3.21	1.80	11.21	3.06	3.50	2.81
山西	3.82	57.16	2.20	3.50	1.97	11.70	3.35	3.44	3.00
内蒙古	3.77	52.93	2.38	4.01	2.03	9.38	3.36	3.32	3.17
辽宁	3.59	64.95	2.33	3.43	2.01	12.87	3.26	3.22	2.89
吉林	3.94	64.63	2.27	3.85	2.04	14.76	3.08	3.02	2.74
黑龙江	3.18	63.42	2.17	3.84	2.11	11.72	3.04	3.11	2.84
上海	4.58	66.81	2.54	3.12	1.95	14.16	3.42	3.44	3.09
江苏	4.00	63.16	2.34	3.27	1.85	14.08	2.93	3.30	2.84
浙江	4.60	73.88	2.59	3.28	2.00	13.29	3.11	3.11	2.97
安徽	3.78	59.49	2.37	3.42	1.94	11.10	2.95	3.16	2.94
福建	4.80	81.23	2.57	3.15	2.07	13.89	3.11	3.18	3.09
江西	4.22	72.17	2.70	3.72	2.25	13.24	3.33	3.35	3.28
山东	2.97	65.18	2.18	3.15	1.79	11.74	3.09	3.33	2.73
河南	3.63	58.30	2.23	3.25	1.85	12.95	3.00	3.11	2.80
湖北	4.15	60.65	2.54	3.44	2.02	12.09	3.18	3.21	3.03
湖南		69.52	2.70	3.99	2.22	11.74	3.48	3.52	3.38
广东	5.24	69.38	2.64	3.36	2.12	13.28	3.26	3.36	3.33
广西	4.86	79.63	2.73	3.89	2.37	14.33	3.52	3.49	3.36
海南		94.00	2.68	3.67	2.29		3.53	3.52	3.22
重庆	4.89	61.53	2.55	3.66	2.19	12.87	3.57	3.52	3.38
四川	4.40	67.63	2.55	4.06	2.22	13.12	3.58	3.50	3.34
贵州	3.81	75.14	2.62	3.85	2.36	13.28	3.59	3.71	3.58
云南	3.53	73.89	2.41	3.95	2.40	12.34	3.51	3.78	3.55
西藏									
陕西	2.71	57.46	2.19	3.66	1.98	11.02	3.34	3.34	2.92
甘肃	4.34	47.94	2.28	3.85	2.07	12.01	3.62	3.58	3.48
青海	4.71	48.45	2.43	4.06	2.13		3.49	3.51	3.27
宁夏	3.73	46.94	2.26	3.72	2.07	13.92	3.36	3.53	3.17
新疆	3.80	52.31	2.29	4.13	2.00	14.24	3.41	3.34	3.09

各地区2015年4月畜产品及饲料集市价格(一)

单位:元/千克、元/只

地 区	仔猪	活猪	猪肉	鸡蛋	商品代蛋雏鸡	商品代肉雏鸡	活鸡	白条鸡	牛肉
全国均价	**23.07**	**12.91**	**21.54**	**9.54**	**3.21**	**2.73**	**18.46**	**18.73**	**63.02**
北 京	20.10	12.80	20.33	7.91	3.20	3.60		14.35	53.32
天 津	24.90	13.06	21.48	7.93	2.79	2.32	10.90	16.23	58.12
河 北	23.12	12.59	19.97	7.66	2.90	2.25	9.99	14.50	53.83
山 西	24.00	12.50	20.62	7.53	3.31	3.20	12.53	16.51	50.90
内蒙古	27.99	12.90	20.70	8.80	4.53	4.65	16.68	16.67	55.15
辽 宁	31.39	12.70	20.94	7.53	2.63	1.78	26.67	15.01	59.05
吉 林	28.48	12.47	19.12	7.79	3.02	1.74	17.15	14.21	60.19
黑龙江	20.67	11.95	18.59	7.40	2.66	2.38	10.76	12.80	59.03
上 海	23.17	13.38	24.60	9.34				23.60	76.27
江 苏	15.64	12.33	21.16	7.78	2.80	1.98	15.38	15.20	61.07
浙 江	17.33	13.46	23.09	10.41	2.70	2.30	16.35	19.24	77.70
安 徽	20.17	12.98	22.11	8.73	2.78	1.86	16.96	15.21	61.62
福 建	29.31	13.50	20.78	9.77	3.46	2.34	20.00	19.03	76.90
江 西	25.65	13.02	22.48	11.39	3.13	2.52	23.85	21.60	78.29
山 东	18.71	12.60	21.49	7.43	2.78	1.73	9.46	14.88	57.54
河 南	22.67	12.61	21.14	7.50	2.70	2.24	12.15	13.91	56.72
湖 北	25.64	12.63	22.33	9.05	3.37	3.11	17.42	14.54	65.33
湖 南	24.59	13.30	22.39	10.95	4.04	3.86	25.54	23.12	74.27
广 东	27.83	13.24	20.45	11.91	2.55	2.64	23.91	28.11	74.09
广 西	18.33	12.46	20.28	13.35	3.09	1.80	27.01	30.72	72.20
海 南	21.57	13.35	27.04	13.71	3.20	3.14	27.04	31.16	86.60
重 庆	17.84	12.62	20.46	10.01	3.12	2.83	22.02	17.02	62.06
四 川	17.79	13.27	22.34	12.16	3.89	3.56	25.33	23.45	61.71
贵 州	18.61	14.36	24.12	12.88	3.93	4.34	21.68	21.76	67.59
云 南	22.71	13.18	23.22	10.93	3.80	4.13	17.77	20.39	63.04
西 藏									
陕 西	26.37	12.34	21.62	7.84	3.10	2.38	14.01	16.84	55.98
甘 肃	27.31	13.16	21.66	9.30	4.20	3.87	18.84	20.53	57.59
青 海	32.65	13.49	22.15	9.68	3.53	2.78	23.94	23.86	55.13
宁 夏	27.22	13.37	22.39	8.87	3.10	2.88	17.17	17.12	56.81
新 疆	22.24	12.84	21.62	9.13	3.63	3.41	17.85	19.67	55.95

各地区2015年4月畜产品及饲料集市价格(二)

单位:元/千克

地区	生鲜乳	羊肉	玉米	豆粕	小麦麸	进口鱼粉	育肥猪配合饲料	肉鸡配合饲料	蛋鸡配合饲料
全国均价	3.40	62.33	2.44	3.54	2.00	12.82	3.28	3.36	3.08
北京	3.79	59.44	2.42	3.21	1.84	14.50	3.07	3.52	2.99
天津	3.89	63.22	2.37	3.10	1.68	9.56	2.81	3.52	2.69
河北	3.24	54.62	2.27	3.16	1.74	11.17	3.05	3.51	2.80
山西	3.84	54.92	2.24	3.49	1.97	11.94	3.39	3.38	2.93
内蒙古	3.65	51.15	2.38	3.98	1.98	8.89	3.34	3.29	3.13
辽宁	3.69	64.21	2.38	3.35	1.91	12.73	3.26	3.21	2.88
吉林	3.93	62.98	2.28	3.87	2.06	14.79	3.10	3.04	2.75
黑龙江	3.12	62.71	2.19	3.83	2.10	11.84	3.04	3.10	2.84
上海	4.57	65.30	2.58	3.03	1.87	14.10	3.42	3.41	3.08
江苏	3.99	61.59	2.38	3.25	1.78	14.12	2.95	3.31	2.87
浙江	4.52	71.13	2.62	3.20	1.94	13.26	3.12	3.12	2.98
安徽	3.59	56.28	2.40	3.34	1.87	11.16	2.95	3.15	2.94
福建	4.72	78.48	2.60	3.08	1.93	13.83	3.12	3.15	3.06
江西	4.14	70.55	2.71	3.64	2.20	13.48	3.29	3.33	3.27
山东	2.96	63.91	2.28	3.13	1.69	11.77	3.11	3.33	2.75
河南	3.66	57.43	2.27	3.24	1.75	12.89	3.00	3.10	2.80
湖北	4.13	58.43	2.57	3.43	1.94	12.06	3.18	3.22	3.04
湖南		67.44	2.70	3.89	2.17	11.89	3.46	3.49	3.37
广东	5.47	67.40	2.65	3.29	1.97	13.85	3.24	3.35	3.36
广西	4.87	78.02	2.73	3.87	2.34	14.10	3.49	3.47	3.32
海南		92.40	2.61	3.56	2.18		3.52	3.51	3.23
重庆	4.80	59.34	2.56	3.60	2.16	12.82	3.58	3.55	3.40
四川	4.37	65.68	2.54	4.02	2.15	13.20	3.56	3.48	3.32
贵州	4.04	73.81	2.57	3.83	2.34	13.38	3.59	3.69	3.57
云南	3.55	72.87	2.42	3.93	2.40	12.46	3.54	3.77	3.54
西藏									
陕西	2.88	57.05	2.20	3.56	1.91	10.95	3.32	3.33	2.91
甘肃	4.39	46.09	2.30	3.81	2.09	12.20	3.62	3.62	3.52
青海	4.38	47.15	2.44	3.94	2.12		3.50	3.51	3.29
宁夏	3.75	43.73	2.26	3.67	2.07	14.05	3.36	3.52	3.17
新疆	3.62	49.81	2.26	4.07	1.94	14.66	3.38	3.33	3.07

各地区2015年5月畜产品及饲料集市价格(一)

单位:元/千克、元/只

地　区	仔猪	活猪	猪肉	鸡蛋	商品代蛋雏鸡	商品代肉雏鸡	活鸡	白条鸡	牛肉
全国均价	**25.75**	**13.92**	**22.33**	**9.28**	**3.14**	**2.51**	**18.26**	**18.56**	**62.61**
北　京	22.13	13.99	21.87	7.79	3.12	3.60		14.19	53.00
天　津	25.75	14.20	22.40	7.92	2.66	1.89	10.26	15.51	57.18
河　北	27.52	13.90	21.47	7.38	2.79	1.88	9.68	14.36	53.36
山　西	26.72	13.44	21.71	7.26	3.17	3.05	12.31	16.23	50.56
内蒙古	28.58	13.27	21.19	8.37	4.81	5.08	16.57	16.37	54.42
辽　宁	36.96	13.77	22.27	7.43	2.42	1.35	26.36	14.90	58.58
吉　林	32.22	13.92	20.54	7.57	2.86	1.25	16.38	14.07	60.20
黑龙江	22.18	13.49	20.13	7.50	2.62	2.35	10.94	12.91	58.98
上　海	26.21	14.79	25.01	9.05			22.70	23.79	76.67
江　苏	19.55	13.31	22.07	7.73	2.73	1.53	16.01	15.37	60.45
浙　江	18.95	14.62	23.95	9.94	2.64	2.06	16.17	18.94	76.61
安　徽	23.82	13.99	23.00	8.29	2.71	1.50	16.14	14.77	61.29
福　建	32.66	14.93	21.63	9.62	3.54	2.36	20.31	19.71	76.59
江　西	28.62	14.31	23.40	11.04	3.30	2.65	23.57	21.48	77.76
山　东	21.54	13.67	22.67	7.25	2.58	0.95	8.77	14.39	57.35
河　南	25.81	13.77	21.94	7.26	2.51	1.85	11.69	13.70	56.75
湖　北	28.91	13.67	23.15	8.81	3.18	2.48	17.16	14.27	64.01
湖　南	28.18	14.35	23.10	10.61	4.01	3.83	25.76	23.12	73.35
广　东	31.25	14.70	21.08	11.55	2.46	2.52	23.68	28.09	73.72
广　西	20.33	13.68	21.01	13.29	3.17	1.83	27.26	30.84	71.91
海　南	25.03	14.93	27.40	13.66	3.13	3.07	27.30	31.38	87.10
重　庆	18.91	13.50	21.22	9.83	2.88	2.46	21.70	17.52	62.33
四　川	19.29	13.92	22.65	11.78	3.92	3.29	25.03	23.29	61.11
贵　州	20.12	14.69	24.64	12.71	3.95	4.31	21.63	21.39	67.80
云　南	23.57	13.60	23.56	10.54	3.75	4.04	17.23	19.94	63.03
西　藏									
陕　西	31.10	13.44	22.22	7.55	3.06	1.95	14.10	16.95	55.86
甘　肃	28.49	13.68	21.96	8.76	4.19	3.89	18.19	20.07	57.52
青　海	33.75	14.73	22.66	9.45	3.58	2.55	23.98	23.66	54.57
宁　夏	28.40	13.98	22.70	8.41	3.05	2.70	16.61	16.36	56.34
新　疆	23.44	13.38	21.55	8.94	3.62	3.45	17.34	18.93	55.03

各地区2015年5月畜产品及饲料集市价格(二)

单位:元/千克

地 区	生鲜乳	羊肉	玉米	豆粕	小麦麸	进口鱼粉	育肥猪配合饲料	肉鸡配合饲料	蛋鸡配合饲料
全国均价	3.40	61.18	2.46	3.47	1.94	12.75	3.27	3.35	3.07
北 京	3.79	58.10	2.46	3.07	1.64	14.50	3.07	3.53	3.00
天 津	3.88	62.75	2.36	2.96	1.64	9.27	2.74	3.49	2.64
河 北	3.21	53.62	2.29	3.09	1.70	11.26	3.03	3.50	2.78
山 西	3.92	53.81	2.28	3.45	1.93	12.02	3.40	3.38	2.91
内蒙古	3.56	49.17	2.40	3.97	1.93	9.39	3.33	3.29	3.12
辽 宁	3.80	60.77	2.41	3.27	1.88	12.46	3.25	3.20	2.87
吉 林	3.91	61.10	2.29	3.81	2.09	14.61	3.11	3.04	2.74
黑龙江	3.07	62.12	2.21	3.78	2.11	11.90	3.05	3.10	2.85
上 海	4.57	64.92	2.61	2.94	1.72	13.78	3.35	3.35	3.03
江 苏	3.97	59.25	2.42	3.12	1.64	14.02	2.93	3.29	2.86
浙 江	4.55	69.68	2.63	3.12	1.86	12.92	3.11	3.11	2.97
安 徽	3.66	54.75	2.42	3.24	1.78	11.06	2.94	3.13	2.93
福 建	4.68	78.26	2.62	2.98	1.79	13.69	3.11	3.15	3.09
江 西	4.05	69.71	2.71	3.55	2.18	13.67	3.27	3.33	3.26
山 东	2.99	62.59	2.31	3.03	1.58	11.60	3.12	3.32	2.75
河 南	3.66	56.53	2.29	3.16	1.63	12.69	2.98	3.07	2.78
湖 北	4.16	57.98	2.58	3.37	1.91	11.89	3.20	3.22	3.03
湖 南		66.11	2.71	3.82	2.16	11.90	3.44	3.47	3.34
广 东	5.53	66.80	2.68	3.21	1.88	13.86	3.21	3.33	3.34
广 西	4.83	77.53	2.73	3.82	2.26	13.84	3.45	3.44	3.27
海 南		92.20	2.60	3.53	2.15		3.56	3.57	3.25
重 庆	4.75	57.33	2.56	3.50	2.14	12.42	3.58	3.55	3.40
四 川	4.37	64.87	2.53	3.96	2.09	13.12	3.55	3.47	3.33
贵 州	4.06	72.51	2.58	3.79	2.34	13.32	3.59	3.69	3.57
云 南	3.51	72.28	2.44	3.85	2.32	12.61	3.52	3.76	3.53
西 藏									
陕 西	2.90	56.47	2.25	3.44	1.87	10.90	3.31	3.32	2.89
甘 肃	4.43	45.09	2.36	3.79	2.09	12.10	3.61	3.63	3.52
青 海	4.24	45.60	2.55	3.92	2.09		3.52	3.51	3.28
宁 夏	3.76	40.84	2.37	3.65	2.11	13.72	3.39	3.56	3.19
新 疆	3.56	48.47	2.26	3.94	1.95	15.11	3.42	3.33	3.07

各地区2015年6月畜产品及饲料集市价格(一)

单位:元/千克、元/只

地区	仔猪	活猪	猪肉	鸡蛋	商品代蛋雏鸡	商品代肉雏鸡	活鸡	白条鸡	牛肉
全国均价	27.54	14.72	23.13	9.11	3.04	2.41	18.10	18.44	62.46
北京	25.38	14.86	22.53	7.64	3.12	3.60		13.97	52.30
天津	25.05	14.93	22.70	7.68	2.40	1.49	9.65	14.32	57.53
河北	28.47	14.43	22.17	7.12	2.64	1.74	9.02	14.15	53.11
山西	28.91	14.12	22.09	7.02	2.96	2.94	11.87	15.94	50.72
内蒙古	29.39	13.53	21.59	8.30	5.10	5.34	16.58	16.34	54.24
辽宁	39.65	14.49	22.94	7.21	2.15	1.12	26.01	14.70	58.37
吉林	34.27	14.53	21.38	7.43	2.65	1.12	16.09	13.70	60.14
黑龙江	22.98	14.11	21.15	7.28	2.58	2.17	10.90	12.81	58.91
上海	27.27	15.48	25.43	8.95	2.84	1.25	22.53	23.53	75.17
江苏	19.95	13.70	22.59	7.43	2.53	1.47	16.02	15.19	60.14
浙江	20.13	15.20	24.62	9.53	2.57	1.86	16.07	18.67	76.32
安徽	25.79	14.69	23.46	7.94	2.55	1.34	15.68	14.83	60.40
福建	34.65	15.52	22.42	9.54	3.52	2.35	20.44	19.09	77.02
江西	30.72	15.22	24.30	10.79	3.31	2.64	23.50	21.57	78.04
山东	22.00	14.47	23.33	7.07	2.47	1.00	8.34	13.83	57.01
河南	28.43	14.69	22.76	6.88	2.32	1.65	11.37	13.58	56.44
湖北	31.16	14.54	24.13	8.66	3.05	2.37	16.96	14.54	63.01
湖南	30.94	15.24	23.84	10.46	3.94	3.66	25.86	22.90	73.17
广东	34.26	15.61	21.61	11.52	2.44	2.28	23.41	28.38	73.75
广西	22.23	14.74	22.43	13.22	3.14	1.77	27.08	30.70	71.65
海南	26.42	15.61	27.90	13.81	3.13	3.06	28.00	32.45	87.70
重庆	20.44	14.58	22.59	9.72	2.83	2.45	21.93	17.47	62.51
四川	21.13	14.85	23.68	11.64	3.97	3.35	25.21	22.93	60.84
贵州	21.58	15.30	25.06	12.74	3.94	4.37	21.35	21.46	67.48
云南	24.61	14.26	24.01	10.48	3.68	3.96	17.35	20.10	63.52
西藏									
陕西	34.92	14.49	23.35	7.40	2.89	1.68	14.02	16.78	55.78
甘肃	29.79	14.90	23.30	8.82	4.11	3.86	18.22	20.10	58.06
青海	35.43	15.72	23.39	9.48	3.67	2.44	23.67	23.31	55.11
宁夏	29.59	14.82	23.67	8.16	2.99	2.73	16.89	16.31	56.25
新疆	24.99	14.30	22.30	8.44	3.54	3.29	17.07	18.60	54.61

各地区2015年6月畜产品及饲料集市价格(二)

单位:元/千克

地　区	生鲜乳	羊肉	玉米	豆粕	小麦麸	进口鱼粉	育肥猪配合饲料	肉鸡配合饲料	蛋鸡配合饲料
全国均价	**3.41**	**60.54**	**2.47**	**3.33**	**1.88**	**12.69**	**3.25**	**3.34**	**3.05**
北　京	3.80	56.80	2.48	2.81	1.44	14.38	3.05	3.49	2.95
天　津	3.92	63.55	2.37	2.78	1.50	8.98	2.66	3.41	2.57
河　北	3.23	53.17	2.30	2.89	1.57	11.35	2.96	3.42	2.72
山　西	3.90	53.94	2.32	3.26	1.86	12.50	3.36	3.38	2.88
内蒙古	3.53	48.30	2.39	3.87	1.86	9.39	3.31	3.29	3.10
辽　宁	3.84	59.11	2.40	3.08	1.81	12.33	3.26	3.18	2.83
吉　林	3.98	59.94	2.33	3.73	2.08	14.69	3.11	3.04	2.74
黑龙江	3.04	60.49	2.22	3.72	2.09	11.91	3.05	3.10	2.84
上　海	4.56	64.42	2.62	2.76	1.64	13.69	3.28	3.33	3.00
江　苏	3.90	57.17	2.45	2.94	1.53	13.78	2.89	3.25	2.80
浙　江	4.57	70.68	2.64	2.97	1.75	12.67	3.08	3.08	2.93
安　徽	3.68	52.90	2.41	3.10	1.71	10.95	2.88	3.09	2.88
福　建	4.68	78.38	2.63	2.81	1.68	13.46	3.09	3.13	3.07
江　西	4.09	69.04	2.70	3.47	2.15	13.81	3.26	3.31	3.25
山　东	3.06	60.70	2.30	2.83	1.47	11.28	3.10	3.27	2.71
河　南	3.66	55.76	2.28	2.98	1.52	12.61	2.94	3.04	2.75
湖　北	4.23	59.36	2.57	3.22	1.86	11.83	3.15	3.20	3.01
湖　南		65.67	2.70	3.71	2.13	11.63	3.43	3.45	3.33
广　东	5.54	66.23	2.66	3.05	1.82	13.79	3.18	3.30	3.31
广　西	4.84	76.81	2.72	3.72	2.22	13.77	3.44	3.40	3.26
海　南		93.10	2.69	3.46	2.09		3.53	3.56	3.22
重　庆	4.80	56.50	2.59	3.36	2.08	12.06	3.59	3.54	3.37
四　川	4.30	64.24	2.56	3.89	2.05	13.07	3.55	3.48	3.33
贵　州	4.08	72.22	2.59	3.67	2.34	13.12	3.60	3.70	3.58
云　南	3.50	72.24	2.47	3.71	2.29	12.71	3.53	3.78	3.54
西　藏									
陕　西	2.91	55.80	2.31	3.22	1.79	10.97	3.29	3.33	2.88
甘　肃	4.41	44.96	2.40	3.78	2.10	12.21	3.59	3.63	3.52
青　海	4.32	44.71	2.56	3.85	2.05		3.52	3.52	3.28
宁　夏	3.77	40.73	2.39	3.58	2.08	13.77	3.40	3.56	3.26
新　疆	3.57	47.85	2.26	3.93	1.93	15.32	3.44	3.35	3.09

各地区2015年7月畜产品及饲料集市价格(一)

单位:元/千克、元/只

地区	仔猪	活猪	猪肉	鸡蛋	商品代蛋雏鸡	商品代肉雏鸡	活鸡	白条鸡	牛肉
全国均价	30.65	16.59	25.44	9.11	2.99	2.71	18.24	18.61	62.42
北京	28.00	17.08	25.54	7.74	3.05	3.60		13.55	52.06
天津	26.84	17.60	26.06	7.55	2.40	2.20	10.37	14.67	58.90
河北	31.82	17.05	25.92	7.32	2.58	2.34	9.04	14.06	52.55
山西	33.04	16.28	24.83	7.08	2.77	3.00	11.53	15.53	51.90
内蒙古	30.72	15.11	24.08	8.16	4.98	5.18	16.77	16.51	54.15
辽宁	46.52	17.37	26.91	7.21	2.27	1.94	25.87	15.09	58.27
吉林	38.48	17.41	25.71	7.28	2.83	1.90	16.50	13.91	59.80
黑龙江	25.73	17.00	25.84	6.99	2.43	2.16	11.12	12.92	58.67
上海	30.09	17.90	27.34	9.07	3.07	1.20	22.90	23.13	74.87
江苏	23.76	15.79	25.34	7.61	2.44	2.18	16.44	15.82	60.35
浙江	22.26	17.48	26.62	9.39	2.54	2.09	16.38	18.85	75.90
安徽	28.92	16.61	25.22	7.91	2.54	1.64	16.06	15.29	60.02
福建	36.94	17.54	23.96	9.73	3.45	2.35	21.06	19.17	77.31
江西	33.87	16.80	25.79	10.75	3.23	2.55	23.52	21.81	77.01
山东	25.94	17.03	27.05	7.27	2.36	2.16	9.04	14.22	57.48
河南	33.03	16.94	25.40	7.04	2.31	2.11	11.56	13.88	56.40
湖北	34.31	16.40	25.84	8.84	2.83	2.71	17.16	14.65	62.45
湖南	34.08	16.84	26.04	10.58	3.87	3.66	26.04	23.25	73.48
广东	37.54	17.30	22.86	11.37	2.49	2.24	23.49	28.64	73.89
广西	24.92	16.36	24.30	13.02	2.73	1.71	26.38	30.51	71.21
海南	27.70	16.66	27.76	13.34	2.72	2.85	27.50	31.82	88.84
重庆	22.48	15.70	24.12	9.64	2.79	2.64	21.63	17.28	62.57
四川	23.20	16.23	25.41	11.48	4.03	3.61	25.46	23.07	60.60
贵州	23.79	16.24	25.93	12.49	4.01	4.52	21.42	21.68	67.30
云南	26.52	15.35	25.04	10.65	3.59	3.94	17.59	20.28	63.67
西藏									
陕西	38.92	16.51	26.02	7.40	2.78	2.01	14.14	16.92	55.88
甘肃	32.80	16.22	25.23	8.88	4.16	4.02	18.55	20.39	58.24
青海	37.40	16.79	25.77	9.65	3.99	2.55	24.08	23.63	56.72
宁夏	31.09	16.08	25.05	8.17	2.86	2.67	16.48	16.39	56.29
新疆	26.96	15.05	23.59	8.31	3.32	3.07	17.10	18.96	54.63

各地区2015年7月畜产品及饲料集市价格(二)

单位:元/千克

地区	生鲜乳	羊肉	玉米	豆粕	小麦麸	进口鱼粉	育肥猪配合饲料	肉鸡配合饲料	蛋鸡配合饲料
全国均价	3.41	60.07	2.47	3.31	1.84	12.54	3.24	3.32	3.04
北京	3.75	56.40	2.44	2.82	1.39	14.26	3.02	3.41	2.93
天津	3.98	63.84	2.38	2.77	1.46	9.44	2.65	3.46	2.59
河北	3.23	51.55	2.31	2.88	1.48	11.17	2.92	3.38	2.69
山西	3.84	53.20	2.33	3.23	1.75	13.08	3.32	3.39	2.84
内蒙古	3.47	48.95	2.41	3.79	1.83	9.38	3.33	3.32	3.15
辽宁	4.00	58.65	2.36	3.05	1.83	12.01	3.28	3.13	2.81
吉林	4.12	58.32	2.33	3.70	2.09	14.65	3.10	3.04	2.75
黑龙江	2.98	59.14	2.21	3.64	2.06	11.88	3.05	3.09	2.83
上海	4.55	63.20	2.61	2.83	1.57	13.31	3.28	3.33	3.00
江苏	3.90	56.82	2.48	2.98	1.51	13.62	2.88	3.23	2.81
浙江	4.56	69.84	2.60	3.00	1.74	12.53	3.09	3.06	2.91
安徽	3.69	53.09	2.44	3.13	1.66	11.01	2.88	3.11	2.87
福建	4.71	78.11	2.62	2.89	1.73	13.34	3.09	3.13	3.09
江西	4.16	68.13	2.71	3.47	2.16	13.86	3.23	3.31	3.25
山东	3.08	59.36	2.31	2.84	1.42	10.85	3.08	3.23	2.68
河南	3.65	55.28	2.32	2.99	1.45	12.34	2.93	3.03	2.74
湖北	4.25	58.27	2.55	3.17	1.80	11.85	3.10	3.13	2.95
湖南		66.06	2.69	3.61	2.04	11.39	3.39	3.43	3.30
广东	5.53	66.16	2.63	2.99	1.81	13.50	3.13	3.27	3.26
广西	4.83	75.78	2.70	3.69	2.20	13.79	3.43	3.39	3.26
海南		94.92	2.69	3.50	2.11		3.52	3.54	3.25
重庆	4.77	55.27	2.56	3.25	2.01	11.78	3.56	3.53	3.36
四川	4.25	63.70	2.57	3.80	2.02	12.86	3.56	3.49	3.34
贵州	4.10	71.63	2.61	3.58	2.33	12.90	3.61	3.71	3.58
云南	3.39	72.06	2.52	3.72	2.27	12.66	3.57	3.78	3.56
西藏									
陕西	2.90	55.62	2.31	3.11	1.77	10.97	3.27	3.32	2.86
甘肃	4.40	44.92	2.40	3.71	2.03	12.11	3.55	3.57	3.46
青海	4.43	46.54	2.58	3.84	2.06		3.53	3.54	3.29
宁夏	3.80	41.21	2.37	3.51	1.93	13.52	3.36	3.53	3.23
新疆	3.55	48.67	2.24	4.04	1.91	15.00	3.42	3.34	3.11

各地区2015年8月畜产品及饲料集市价格(一)

单位:元/千克、元/只

地区	仔猪	活猪	猪肉	鸡蛋	商品代蛋雏鸡	商品代肉雏鸡	活鸡	白条鸡	牛肉
全国均价	34.22	18.12	27.96	10.04	3.12	2.78	18.81	19.06	62.74
北　京	32.19	18.30	27.09	9.15	3.25	3.60		13.63	52.65
天　津	30.94	18.15	27.88	8.70	2.58	2.32	10.45	14.54	59.33
河　北	34.68	18.03	28.05	8.68	2.65	2.35	9.99	14.63	52.09
山　西	38.52	17.66	27.32	8.58	2.96	3.19	11.87	15.87	53.28
内蒙古	32.48	16.61	26.75	9.05	4.93	5.10	16.98	16.68	54.47
辽　宁	49.78	18.04	28.69	8.31	2.54	1.77	25.60	15.05	58.48
吉　林	42.52	18.13	27.56	8.30	2.81	1.66	16.40	13.83	59.30
黑龙江	29.57	17.91	27.72	8.39	2.46	2.23	11.23	13.20	58.40
上　海	33.12	18.93	29.58	10.03	3.96	1.64	23.35	23.97	75.84
江　苏	27.79	17.53	27.38	8.91	2.66	2.15	17.09	16.56	61.80
浙　江	26.02	19.04	29.27	10.28	2.59	2.32	16.82	19.52	75.60
安　徽	32.93	18.12	27.48	9.16	2.80	1.78	17.28	16.05	60.83
福　建	40.85	19.03	26.10	10.58	3.42	2.50	21.80	20.12	77.51
江　西	37.84	18.62	28.29	11.16	3.36	2.69	24.13	22.25	76.89
山　东	28.76	17.69	28.46	8.67	2.53	1.86	9.09	14.37	57.68
河　南	36.56	18.04	27.65	8.60	2.62	2.21	12.16	14.36	56.61
湖　北	37.75	18.24	28.44	9.57	2.99	2.70	18.29	15.30	62.77
湖　南	37.74	18.91	29.31	11.28	3.86	3.69	26.71	23.80	74.41
广　东	43.45	18.82	25.25	12.14	2.67	2.62	24.54	29.37	74.28
广　西	29.42	18.22	27.45	13.55	3.14	2.01	27.29	31.48	71.84
海　南	30.90	18.50	29.70	12.79	2.75	2.84	27.29	32.08	88.25
重　庆	25.23	18.09	28.03	10.35	2.95	2.83	22.05	17.35	62.65
四　川	25.66	18.19	28.38	12.05	4.09	3.89	26.22	23.40	60.79
贵　州	27.10	18.81	29.10	12.89	4.05	4.67	22.06	22.26	69.17
云　南	29.43	17.39	28.52	11.22	3.75	4.20	18.52	21.30	63.91
西　藏									
陕　西	44.88	18.25	28.57	9.05	3.07	2.44	14.67	17.34	56.52
甘　肃	36.57	18.16	28.08	9.26	4.20	4.07	18.79	20.77	58.31
青　海	39.95	18.37	28.44	10.10	4.05	2.80	24.22	23.57	56.86
宁　夏	33.40	17.62	27.29	8.67	2.89	2.80	16.94	16.84	55.69
新　疆	29.72	16.51	26.41	8.86	3.10	3.01	17.46	19.42	55.07

各地区2015年8月畜产品及饲料集市价格(二)

单位:元/千克

地区	生鲜乳	羊肉	玉米	豆粕	小麦麸	进口鱼粉	育肥猪配合饲料	肉鸡配合饲料	蛋鸡配合饲料
全国均价	3.41	59.99	2.46	3.30	1.84	12.41	3.24	3.32	3.04
北京	3.76	57.05	2.39	2.91	1.40	14.30	3.01	3.35	3.00
天津	3.93	63.55	2.35	2.81	1.48	9.20	2.67	3.53	2.61
河北	3.21	50.89	2.31	2.94	1.53	11.12	2.93	3.40	2.70
山西	3.83	53.72	2.32	3.33	1.72	13.68	3.31	3.44	2.83
内蒙古	3.46	49.40	2.40	3.79	1.81	9.42	3.35	3.33	3.18
辽宁	4.15	58.43	2.35	3.06	1.85	11.77	3.27	3.14	2.80
吉林	4.17	57.41	2.28	3.69	2.10	14.25	3.09	3.02	2.74
黑龙江	2.96	57.27	2.20	3.59	2.07	11.73	3.06	3.10	2.84
上海	4.49	63.46	2.57	2.81	1.62	12.84	3.24	3.29	2.98
江苏	3.91	57.66	2.46	2.93	1.52	13.43	2.86	3.21	2.77
浙江	4.56	69.00	2.57	3.00	1.71	12.36	3.10	3.06	2.91
安徽	3.71	54.89	2.43	3.14	1.64	10.97	2.89	3.11	2.86
福建	4.83	77.73	2.62	2.88	1.73	13.03	3.08	3.14	3.10
江西	4.20	67.60	2.73	3.46	2.15	13.92	3.22	3.29	3.26
山东	3.10	58.52	2.27	2.87	1.41	10.65	3.08	3.22	2.66
河南	3.67	55.17	2.29	3.00	1.49	12.08	2.94	3.03	2.74
湖北	4.11	57.98	2.54	3.17	1.78	11.83	3.13	3.15	2.94
湖南		67.43	2.68	3.53	2.01	11.29	3.37	3.41	3.28
广东	5.52	65.93	2.62	3.00	1.79	13.10	3.14	3.26	3.25
广西	4.84	76.28	2.69	3.68	2.22	13.87	3.43	3.40	3.27
海南		94.70	2.73	3.50	2.09		3.51	3.52	3.28
重庆	4.82	54.65	2.55	3.22	2.00	11.49	3.46	3.44	3.28
四川	4.27	63.42	2.55	3.76	2.02	12.61	3.58	3.50	3.36
贵州	4.12	73.08	2.63	3.57	2.36	12.90	3.70	3.75	3.62
云南	3.45	72.51	2.57	3.67	2.27	12.80	3.62	3.79	3.58
西藏									
陕西	2.85	55.32	2.31	3.10	1.74	10.58	3.32	3.37	2.89
甘肃	4.35	45.43	2.38	3.72	1.95	12.22	3.54	3.57	3.44
青海	4.40	46.17	2.56	3.78	2.05		3.52	3.51	3.31
宁夏	3.75	39.33	2.34	3.54	1.85	13.55	3.31	3.47	3.13
新疆	3.53	48.50	2.25	4.04	1.89	14.81	3.43	3.35	3.13

各地区2015年9月畜产品及饲料集市价格(一)

单位:元/千克、元/只

地区	仔猪	活猪	猪肉	鸡蛋	商品代蛋雏鸡	商品代肉雏鸡	活鸡	白条鸡	牛肉
全国均价	**34.29**	**17.94**	**28.30**	**10.61**	**3.19**	**2.58**	**19.04**	**19.25**	**63.00**
北京	36.65	17.90	27.69	9.51	3.40	3.60		13.93	53.84
天津	32.30	17.64	28.36	9.24	2.66	1.85	10.50	15.32	58.00
河北	34.46	17.73	28.05	9.03	2.72	1.95	10.29	14.75	52.23
山西	38.86	17.67	28.15	9.16	3.18	2.80	12.17	16.04	55.26
内蒙古	34.21	17.28	27.57	10.00	4.75	4.88	17.07	16.96	54.27
辽宁	49.19	17.58	29.26	9.10	2.61	1.22	26.04	15.03	58.88
吉林	42.47	17.87	27.88	9.36	2.83	1.34	16.37	13.83	59.28
黑龙江	31.34	17.23	27.03	9.21	2.52	2.12	11.13	13.25	58.58
上海	32.66	18.21	30.24	10.86	4.40	2.39	23.23	24.03	75.07
江苏	28.15	17.62	27.58	9.67	2.69	1.62	17.16	16.44	62.32
浙江	26.55	18.20	29.38	11.00	2.72	2.19	17.08	19.81	75.93
安徽	33.98	18.10	27.71	9.81	2.80	1.51	17.61	16.48	62.43
福建	37.40	17.83	25.92	10.87	3.39	2.49	22.18	20.66	77.20
江西	37.76	18.23	28.28	11.53	3.48	2.78	24.38	22.53	77.37
山东	29.02	17.33	28.84	9.15	2.71	1.02	8.40	13.99	58.11
河南	36.51	17.50	27.81	9.06	2.71	1.92	12.17	14.40	56.61
湖北	36.58	17.79	28.80	9.93	3.14	2.46	18.39	15.59	63.84
湖南	36.61	18.37	29.56	11.55	3.80	3.61	26.89	23.97	74.73
广东	41.66	18.27	25.55	12.60	2.79	2.76	24.84	29.61	74.58
广西	29.63	17.81	27.25	13.78	3.28	1.94	27.10	31.54	72.00
海南	30.59	18.23	29.36	12.96	2.80	2.88	27.26	31.64	89.52
重庆	25.50	18.16	27.84	11.36	3.06	2.81	22.26	18.39	62.80
四川	25.53	18.32	28.62	12.48	4.14	3.91	26.74	23.75	61.07
贵州	27.74	19.51	30.02	13.20	4.16	4.90	22.46	22.71	69.53
云南	30.28	17.62	29.26	11.79	3.79	4.26	19.13	21.50	63.44
西藏									
陕西	44.74	17.98	28.89	9.77	3.24	2.22	15.46	17.66	56.90
甘肃	38.51	18.82	29.43	10.48	4.36	4.26	19.23	21.11	58.57
青海	41.03	18.91	29.22	10.92	3.38	2.64	24.30	23.18	55.23
宁夏	34.53	18.44	28.29	10.08	3.07	2.49	17.90	17.38	55.52
新疆	30.68	17.02	27.98	9.89	3.14	3.12	18.32	20.33	54.91

各地区2015年9月畜产品及饲料集市价格(二)

单位:元/千克

地　区	生鲜乳	羊肉	玉米	豆粕	小麦麸	进口鱼粉	育肥猪配合饲料	肉鸡配合饲料	蛋鸡配合饲料
全国均价	3.44	59.93	2.37	3.25	1.79	12.33	3.22	3.30	3.02
北　京	3.73	58.00	2.24	2.94	1.36	14.30	2.93	3.27	2.95
天　津	3.86	62.80	2.28	2.82	1.42	9.14	2.61	3.54	2.55
河　北	3.21	50.77	2.17	2.87	1.48	10.98	2.90	3.35	2.66
山　西	3.87	55.36	2.19	3.29	1.72	13.60	3.26	3.40	2.81
内蒙古	3.41	48.67	2.35	3.73	1.76	9.62	3.33	3.30	3.15
辽　宁	4.24	58.98	2.30	3.00	1.81	11.66	3.20	3.13	2.78
吉　林	4.16	56.82	2.25	3.49	2.02	13.56	3.07	3.00	2.72
黑龙江	2.94	56.85	2.18	3.49	2.03	11.78	3.02	3.07	2.80
上　海	4.51	63.67	2.47	2.79	1.44	12.50	3.13	3.17	2.91
江　苏	3.91	59.04	2.27	2.88	1.43	13.21	2.79	3.14	2.69
浙　江	4.54	67.95	2.51	2.93	1.62	12.28	3.05	3.02	2.88
安　徽	3.69	55.82	2.33	3.06	1.61	10.93	2.84	3.07	2.80
福　建	4.90	77.82	2.57	2.89	1.64	12.93	3.04	3.12	3.08
江　西	4.21	68.31	2.65	3.39	2.13	14.07	3.19	3.26	3.23
山　东	3.21	58.35	2.07	2.83	1.32	10.54	3.01	3.14	2.60
河　南	3.68	55.19	2.11	2.97	1.44	12.03	2.90	3.01	2.71
湖　北	4.04	57.17	2.43	3.09	1.72	11.79	3.08	3.08	2.88
湖　南		67.55	2.63	3.48	2.00	11.32	3.35	3.39	3.27
广　东	5.54	65.89	2.58	2.98	1.71	13.00	3.13	3.25	3.26
广　西	4.89	76.68	2.67	3.62	2.17	13.77	3.43	3.39	3.24
海　南		95.28	2.65	3.36	2.09		3.46	3.47	3.24
重　庆	4.80	53.79	2.44	3.16	1.96	11.40	3.42	3.41	3.24
四　川	4.32	63.95	2.50	3.71	1.97	12.45	3.56	3.49	3.36
贵　州	4.12	74.40	2.61	3.57	2.34	12.87	3.76	3.77	3.63
云　南	3.49	72.08	2.57	3.60	2.29	12.65	3.61	3.79	3.58
西　藏									
陕　西	2.88	55.14	2.17	3.10	1.62	10.43	3.31	3.35	2.89
甘　肃	4.50	45.38	2.36	3.74	1.94	12.20	3.57	3.57	3.47
青　海	4.39	42.85	2.52	3.73	2.05		3.51	3.51	3.31
宁　夏	3.85	39.43	2.24	3.52	1.84	13.27	3.28	3.42	3.10
新　疆	3.47	46.11	2.18	3.97	1.89	14.68	3.43	3.35	3.11

各地区2015年10月畜产品及饲料集市价格(一)

单位:元/千克、元/只

地区	仔猪	活猪	猪肉	鸡蛋	商品代蛋雏鸡	商品代肉雏鸡	活鸡	白条鸡	牛肉
全国均价	**31.99**	**17.10**	**27.54**	**9.97**	**3.12**	**2.43**	**18.79**	**18.95**	**63.20**
北京	32.19	16.76	26.21	8.46	3.38	3.60		13.79	53.20
天津	31.50	16.25	27.40	8.01	2.52	1.16	9.17	15.27	57.78
河北	30.39	16.21	26.41	7.87	2.65	1.73	9.98	14.36	52.74
山西	36.38	16.84	27.12	7.99	3.17	2.71	12.04	15.92	54.00
内蒙古	35.00	16.90	27.11	9.28	4.77	4.91	16.74	16.70	54.15
辽宁	43.75	16.42	27.95	8.12	2.41	1.03	25.87	14.76	58.91
吉林	37.83	16.62	27.01	8.37	3.02	1.15	16.19	13.68	59.38
黑龙江	29.70	16.06	25.70	7.88	2.54	2.06	11.01	12.97	58.17
上海	31.78	17.24	29.00	9.83	3.70	1.60	23.33	24.14	75.17
江苏	24.77	16.42	26.63	8.48	2.73	1.28	17.35	15.62	62.45
浙江	25.43	17.60	28.88	10.61	2.66	1.94	16.86	19.82	76.45
安徽	32.57	17.24	26.98	9.02	2.56	1.22	16.60	15.84	63.24
福建	34.73	17.04	25.68	10.28	3.30	2.34	21.89	19.96	77.15
江西	35.47	17.38	27.45	11.38	3.50	2.82	24.10	22.48	78.17
山东	25.37	16.17	27.49	7.60	2.56	0.83	7.68	13.15	57.84
河南	34.17	16.47	27.11	7.68	2.65	1.86	11.80	14.04	56.72
湖北	34.45	17.09	28.10	9.52	2.98	2.25	18.00	15.43	64.86
湖南	34.43	17.67	28.96	11.40	3.72	3.56	26.91	23.75	75.19
广东	37.30	17.35	25.45	12.44	2.72	2.42	23.83	28.92	75.02
广西	27.66	17.23	26.93	13.69	3.09	1.76	26.49	31.01	72.56
海南	28.11	17.52	28.55	13.25	2.75	2.91	27.12	31.43	89.85
重庆	24.06	17.59	27.21	11.02	3.01	2.74	22.37	18.52	63.07
四川	24.33	17.94	28.34	12.44	4.22	3.78	26.82	23.58	61.40
贵州	26.81	18.99	29.80	13.20	4.12	4.99	22.70	22.71	69.84
云南	29.04	17.12	28.56	11.57	3.72	4.08	18.79	21.21	63.31
西藏									
陕西	39.73	16.68	27.46	8.47	2.98	1.87	14.71	16.94	57.05
甘肃	38.31	18.02	28.98	10.41	4.33	4.13	19.47	21.32	58.52
青海	40.57	18.80	28.77	10.67	3.19	2.39	24.66	23.19	54.03
宁夏	33.93	17.77	28.33	9.19	3.02	2.66	17.68	16.96	56.34
新疆	29.55	16.67	27.32	9.78	3.22	3.27	18.70	20.52	54.76

各地区2015年10月畜产品及饲料集市价格(二)

单位:元/千克

地区	生鲜乳	羊肉	玉米	豆粕	小麦麸	进口鱼粉	育肥猪配合饲料	肉鸡配合饲料	蛋鸡配合饲料
全国均价	3.47	59.66	2.23	3.24	1.74	12.37	3.16	3.25	2.97
北京	3.74	56.40	2.04	2.94	1.28	14.30	2.87	3.23	2.88
天津	3.84	62.98	2.12	2.82	1.28	8.95	2.50	3.45	2.42
河北	3.24	50.39	1.96	2.86	1.41	11.16	2.81	3.25	2.57
山西	3.84	54.37	2.09	3.32	1.67	13.74	3.22	3.33	2.76
内蒙古	3.47	47.34	2.27	3.70	1.75	9.73	3.35	3.29	3.15
辽宁	4.34	59.07	2.15	3.00	1.78	11.79	3.15	3.07	2.75
吉林	4.07	56.27	2.10	3.41	1.94	13.41	3.02	2.95	2.69
黑龙江	2.93	56.65	2.13	3.43	2.00	11.81	3.00	3.05	2.77
上海	4.54	63.84	2.29	2.81	1.36	12.83	3.07	3.10	2.85
江苏	3.91	58.05	1.94	2.86	1.32	13.33	2.64	2.98	2.51
浙江	4.56	67.16	2.39	2.93	1.57	12.54	2.99	2.98	2.85
安徽	3.67	57.69	2.15	3.00	1.53	11.06	2.78	2.97	2.75
福建	4.91	77.78	2.39	2.96	1.57	13.04	2.99	3.10	3.03
江西	4.20	69.02	2.54	3.35	2.10	13.99	3.16	3.25	3.20
山东	3.27	57.87	1.78	2.88	1.28	10.63	2.89	3.03	2.50
河南	3.72	54.53	1.86	2.97	1.38	11.98	2.83	2.97	2.64
湖北	4.10	57.41	2.24	3.07	1.68	11.84	3.01	2.99	2.79
湖南		67.99	2.54	3.44	1.96	11.10	3.31	3.36	3.24
广东	5.54	65.76	2.47	3.00	1.67	13.22	3.13	3.22	3.24
广西	4.88	77.46	2.60	3.59	2.11	13.72	3.39	3.36	3.19
海南		96.15	2.54	3.31	2.03		3.40	3.39	3.19
重庆	4.75	54.71	2.35	3.12	1.92	11.68	3.38	3.39	3.23
四川	4.40	64.98	2.41	3.66	1.93	12.34	3.54	3.46	3.33
贵州	4.12	74.02	2.58	3.55	2.28	12.85	3.73	3.74	3.60
云南	3.49	71.90	2.50	3.60	2.26	12.59	3.58	3.77	3.57
西藏									
陕西	2.99	55.12	1.99	3.12	1.58	10.35	3.24	3.30	2.85
甘肃	4.55	44.28	2.28	3.72	1.90	12.28	3.58	3.56	3.46
青海	4.40	38.71	2.43	3.60	2.02		3.47	3.49	3.29
宁夏	3.99	39.41	2.10	3.49	1.80	13.15	3.18	3.33	2.97
新疆	3.51	43.85	2.04	3.93	1.88	14.69	3.39	3.32	3.08

各地区2015年11月畜产品及饲料集市价格(一)

单位:元/千克、元/只

地 区	仔猪	活猪	猪肉	鸡蛋	商品代蛋雏鸡	商品代肉雏鸡	活鸡	白条鸡	牛肉
全国均价	29.84	16.43	26.70	9.73	3.08	2.41	18.70	18.82	63.27
北 京	23.65	16.04	25.47	8.13	3.41	3.70		13.78	53.60
天 津	31.00	16.06	26.60	7.95	2.47	1.21	9.09	14.50	57.60
河 北	27.76	15.64	25.27	7.68	2.63	1.66	10.18	14.35	52.14
山 西	34.26	16.04	26.26	7.61	3.11	2.71	12.31	15.88	53.42
内蒙古	34.44	16.20	26.34	8.99	4.76	4.91	16.58	16.44	53.79
辽 宁	38.82	16.05	26.90	7.95	2.30	1.21	25.71	14.74	58.56
吉 林	33.58	15.96	26.15	7.91	3.75	1.17	16.07	13.62	59.20
黑龙江	27.87	15.58	25.05	7.72	2.48	2.06	10.89	12.89	58.05
上 海	29.53	16.46	27.88	9.51	3.78	1.43	22.59	24.10	73.25
江 苏	23.20	15.80	25.94	8.54	2.82	1.44	17.70	16.16	63.11
浙 江	24.38	16.66	28.50	10.52	2.75	2.04	16.58	19.81	77.57
安 徽	31.92	16.37	26.12	8.75	2.51	1.42	16.21	15.44	63.76
福 建	32.61	16.37	25.35	10.10	3.32	2.18	21.60	19.74	76.83
江 西	33.03	16.59	26.66	11.10	3.47	2.79	23.93	22.39	77.95
山 东	23.85	15.69	26.56	7.73	2.57	1.04	8.26	13.33	58.15
河 南	32.00	15.98	26.48	7.60	2.61	1.84	11.86	13.75	56.83
湖 北	32.07	16.40	27.46	9.32	2.93	2.03	18.59	15.77	66.03
湖 南	32.81	16.83	28.24	11.12	3.61	3.48	26.72	23.66	75.53
广 东	33.89	16.57	24.89	12.24	2.69	2.10	23.42	28.72	75.67
广 西	25.37	16.52	26.01	13.40	3.05	1.65	25.89	30.40	72.57
海 南	25.60	17.59	28.35	13.30	2.75	2.95	28.01	31.80	90.15
重 庆	22.21	16.70	26.04	10.72	2.74	2.68	21.60	18.69	64.36
四 川	22.75	17.22	27.42	12.27	4.20	3.82	26.61	23.44	61.47
贵 州	24.88	18.16	29.08	12.84	3.99	5.00	22.64	22.52	69.83
云 南	28.04	16.97	28.30	11.41	3.65	3.98	18.51	20.95	63.54
西 藏									
陕 西	35.44	15.94	26.51	7.99	2.86	1.60	14.71	16.66	56.57
甘 肃	36.67	17.15	27.73	9.72	4.28	4.00	18.96	21.12	58.04
青 海	39.31	17.64	27.23	10.17	3.13	2.35	24.01	22.68	53.73
宁 夏	32.07	16.61	26.89	8.40	2.92	2.60	17.40	16.68	56.29
新 疆	28.04	15.96	25.66	9.21	3.18	3.24	18.75	20.43	54.27

各地区2015年11月畜产品及饲料集市价格(二)

单位:元/千克

地　区	生鲜乳	羊肉	玉米	豆粕	小麦麸	进口鱼粉	育肥猪配合饲料	肉鸡配合饲料	蛋鸡配合饲料
全国均价	3.50	59.31	2.13	3.18	1.69	12.37	3.11	3.19	2.92
北　京	3.80	56.30	2.02	2.87	1.26	14.30	2.82	3.15	2.80
天　津	3.80	60.53	1.86	2.81	1.22	8.98	2.47	3.33	2.37
河　北	3.24	49.57	1.86	2.82	1.35	11.35	2.76	3.20	2.53
山　西	3.85	52.87	1.97	3.27	1.63	13.71	3.13	3.30	2.68
内蒙古	3.49	46.55	2.20	3.60	1.72	9.75	3.37	3.27	3.14
辽　宁	4.32	57.59	2.03	2.93	1.74	12.04	3.08	3.01	2.67
吉　林	4.15	55.85	2.00	3.36	1.88	13.23	3.00	2.92	2.67
黑龙江	2.96	55.08	2.06	3.42	1.97	11.75	2.98	3.03	2.73
上　海	4.52	64.42	2.19	2.72	1.35	13.12	3.06	3.09	2.86
江　苏	3.92	58.51	1.84	2.83	1.28	13.40	2.56	2.91	2.46
浙　江	4.54	67.58	2.27	2.85	1.53	12.56	2.93	2.92	2.79
安　徽	3.66	58.23	2.07	2.96	1.47	11.22	2.70	2.90	2.68
福　建	4.94	76.68	2.25	2.82	1.55	13.08	2.88	2.99	2.95
江　西	4.19	69.09	2.48	3.32	2.06	13.83	3.11	3.21	3.18
山　东	3.34	58.00	1.77	2.84	1.26	10.74	2.85	2.95	2.46
河　南	3.74	54.51	1.76	2.94	1.33	12.19	2.78	2.94	2.60
湖　北	4.12	58.95	2.16	3.06	1.68	11.48	2.95	2.94	2.73
湖　南		68.09	2.38	3.36	1.93	10.91	3.22	3.28	3.18
广　东	5.52	65.55	2.34	2.90	1.64	13.09	3.06	3.14	3.15
广　西	4.91	76.75	2.49	3.52	2.06	13.64	3.32	3.29	3.08
海　南		98.25	2.43	3.23	1.95		3.35	3.30	3.14
重　庆	4.84	54.99	2.27	3.04	1.87	11.98	3.33	3.36	3.20
四　川	4.30	64.90	2.32	3.58	1.87	12.34	3.50	3.42	3.29
贵　州	4.11	74.43	2.49	3.50	2.25	12.83	3.70	3.71	3.57
云　南	3.43	72.26	2.41	3.58	2.21	12.63	3.56	3.72	3.55
西　藏									
陕　西	3.01	54.22	1.78	3.03	1.48	10.19	3.10	3.21	2.74
甘　肃	4.57	42.60	2.14	3.63	1.82	12.19	3.51	3.48	3.39
青　海	4.39	37.95	2.39	3.58	1.95		3.42	3.47	3.27
宁　夏	4.02	38.73	1.87	3.44	1.69	12.98	3.01	3.09	2.77
新　疆	3.56	42.49	1.97	3.90	1.82	14.73	3.35	3.28	3.05

各地区2015年12月畜产品及饲料集市价格(一)

单位:元/千克、元/只

地　区	仔猪	活猪	猪肉	鸡蛋	商品代蛋雏鸡	商品代肉雏鸡	活鸡	白条鸡	牛肉
全国均价	**29.55**	**16.68**	**26.73**	**9.86**	**3.09**	**2.48**	**18.81**	**18.93**	**63.44**
北　京	22.73	16.66	26.03	8.40	3.38	3.60		13.93	54.60
天　津	31.00	16.61	27.30	8.09	2.47	1.52	9.06	14.67	57.36
河　北	27.64	16.32	25.61	8.06	2.63	1.79	10.60	14.58	51.98
山　西	32.58	16.05	26.09	7.93	3.22	2.84	12.43	15.69	54.24
内蒙古	33.76	16.37	26.21	8.99	4.80	4.95	16.53	16.64	54.40
辽　宁	39.47	16.60	26.93	8.09	2.33	1.47	26.08	15.01	58.10
吉　林	33.14	16.48	26.01	8.18	3.78	1.37	16.18	13.52	59.47
黑龙江	27.73	15.96	25.09	7.86	2.44	2.10	10.94	12.78	57.97
上　海	29.58	16.94	28.34	9.81	3.27	0.99	22.38	23.85	72.40
江　苏	23.16	15.96	26.10	8.66	2.88	1.92	17.95	16.66	63.71
浙　江	23.75	16.91	28.60	10.73	2.71	2.06	16.21	19.70	78.19
安　徽	31.57	16.53	26.78	9.01	2.51	1.48	16.23	15.57	64.27
福　建	33.98	16.84	25.71	10.33	3.31	2.05	21.42	19.87	77.04
江　西	33.02	16.68	26.66	11.31	3.37	2.73	24.23	22.58	78.20
山　东	23.60	16.11	26.93	7.98	2.66	1.55	8.59	13.67	58.05
河　南	31.68	16.32	26.52	7.96	2.63	1.94	11.93	13.60	57.21
湖　北	32.14	16.53	27.52	9.57	3.00	2.13	18.99	15.96	66.06
湖　南	32.49	16.93	27.88	11.15	3.34	3.19	26.73	23.65	76.44
广　东	34.91	16.96	25.23	12.19	2.66	1.85	23.51	28.88	76.13
广　西	24.85	16.52	25.84	13.41	3.20	1.58	25.82	30.46	72.57
海　南	27.68	18.18	29.56	13.11	3.90	3.06	29.07	33.10	90.96
重　庆	21.76	16.96	25.88	10.86	2.73	2.71	21.47	18.87	64.14
四　川	22.14	17.33	27.30	12.31	4.15	3.83	26.63	23.56	61.96
贵　州	24.12	17.95	28.99	12.76	4.03	4.93	22.87	22.78	70.09
云　南	28.24	17.18	28.43	11.36	3.60	3.82	18.31	20.73	63.64
西　藏									
陕　西	35.47	16.60	26.74	8.51	3.03	1.61	15.01	17.04	55.86
甘　肃	34.87	17.05	27.35	9.46	4.23	3.91	19.03	20.84	58.10
青　海	36.77	17.62	26.63	10.12	3.10	2.46	23.83	23.00	53.58
宁　夏	30.26	16.60	26.68	8.68	2.97	2.59	17.11	16.41	56.51
新　疆	27.89	15.90	24.93	8.77	3.16	3.21	18.40	20.41	53.55

各地区2015年12月畜产品及饲料集市价格(二)

单位:元/千克

地区	生鲜乳	羊肉	玉米	豆粕	小麦麸	进口鱼粉	育肥猪配合饲料	肉鸡配合饲料	蛋鸡配合饲料
全国均价	3.54	58.50	2.14	3.10	1.70	12.30	3.09	3.17	2.90
北京	3.85	55.76	2.09	2.72	1.26	14.30	2.80	3.15	2.83
天津	3.85	60.20	1.98	2.72	1.21	8.96	2.51	3.34	2.39
河北	3.26	48.98	1.91	2.73	1.31	11.37	2.76	3.20	2.51
山西	3.86	52.52	1.88	3.15	1.61	13.76	3.04	3.19	2.60
内蒙古	3.48	44.97	2.13	3.50	1.69	9.77	3.34	3.24	3.11
辽宁	4.42	55.62	2.04	2.86	1.73	12.01	3.08	2.99	2.65
吉林	4.18	54.66	1.98	3.32	1.87	13.32	2.94	2.84	2.60
黑龙江	3.07	52.60	2.06	3.37	1.96	11.73	2.99	3.05	2.71
上海	4.52	65.21	2.26	2.64	1.42	13.07	3.09	3.11	2.89
江苏	3.97	57.93	1.94	2.79	1.36	13.45	2.60	2.93	2.49
浙江	4.44	67.79	2.28	2.77	1.60	12.41	2.93	2.92	2.78
安徽	3.69	57.66	2.12	2.88	1.50	11.17	2.71	2.89	2.69
福建	4.92	74.71	2.31	2.72	1.58	13.03	2.86	2.94	2.91
江西	4.21	70.29	2.44	3.24	2.06	13.79	3.09	3.20	3.17
山东	3.37	57.06	1.89	2.75	1.31	10.83	2.87	2.89	2.47
河南	3.79	54.20	1.87	2.90	1.38	12.26	2.79	2.96	2.62
湖北	4.16	58.92	2.21	3.01	1.70	11.31	2.93	2.92	2.70
湖南		67.38	2.31	3.24	1.93	10.92	3.17	3.24	3.14
广东	5.53	65.45	2.35	2.83	1.66	12.91	3.05	3.11	3.12
广西	4.93	73.83	2.48	3.42	2.01	13.44	3.27	3.24	3.00
海南		99.20	2.41	3.18	1.93		3.27	3.22	3.12
重庆	4.90	52.54	2.24	2.96	1.84	11.57	3.29	3.30	3.17
四川	4.17	64.09	2.31	3.51	1.85	12.27	3.48	3.39	3.27
贵州	4.15	74.90	2.49	3.42	2.26	12.78	3.71	3.72	3.58
云南	3.48	71.67	2.36	3.54	2.19	12.74	3.54	3.72	3.54
西藏									
陕西	2.94	51.46	1.74	2.96	1.48	9.96	3.05	3.18	2.68
甘肃	4.56	42.31	2.08	3.56	1.77	11.87	3.46	3.44	3.36
青海	4.42	38.85	2.34	3.48	1.93		3.40	3.46	3.25
宁夏	4.04	38.04	1.71	3.30	1.62	12.75	2.99	3.02	2.73
新疆	3.62	42.29	1.94	3.86	1.75	14.71	3.33	3.26	3.03

(农业部畜牧业司　全国畜牧总站)

全国规模以上生猪定点屠宰企业2015年生猪及白条肉价格基本情况(一)

周 数	日 期	生猪收购价格（元/千克）	环比涨跌	白条肉出厂价格（元/千克）	环比涨跌
第1周	12月29日至1月4日	14.03	-0.85%	18.74	-0.74%
第2周	1月5~11日	13.96	-0.50%	18.59	-0.80%
第3周	1月12~18日	13.93	-0.21%	18.55	-0.22%
第4周	1月19~5日	13.83	-0.72%	18.47	-0.43%
第5周	1月26日至2月1日	13.7	-0.94%	18.31	-0.87%
第6周	2月2~8日	13.5	-1.46%	18.11	-1.09%
第7周	2月9~15日	13.32	-1.33%	17.95	-0.88%
第8周	2月16~22日	13.3	-0.15%	17.91	-0.22%
第9周	2月23日至3月1日	13.18	-0.90%	17.8	-0.61%
第10周	3月2~8日	13.01	-1.29%	17.58	-1.24%
第11周	3月9~15日	12.83	-1.38%	17.3	-1.59%
第12周	3月16~22日	12.74	-0.70%	17.17	-0.75%
第13周	3月23~29日	12.89	1.18%	17.29	0.70%
第14周	3月30日至4月5日	13.1	1.63%	17.52	1.33%
第15周	4月6~12日	13.2	0.76%	17.62	0.57%
第16周	4月13~19日	13.32	0.91%	17.72	0.57%
第17周	4月20~26日	13.7	2.85%	18.16	2.48%
第18周	4月27日至5月3日	13.91	1.53%	18.4	1.32%
第19周	5月4~10日	14.07	1.15%	18.57	0.92%
第20周	5月11~17日	14.29	1.56%	18.82	1.35%
第21周	5月18~24日	14.47	1.26%	19.04	1.17%
第22周	5月25~31日	14.64	1.17%	19.23	1.00%
第23周	6月1~7日	14.78	0.96%	19.39	0.83%
第24周	6月8~14日	14.99	1.42%	19.63	1.24%
第25周	6月15~21日	15.2	1.40%	19.9	1.38%
第26周	6月22~28日	15.48	1.84%	20.26	1.81%

全国规模以上生猪定点屠宰企业2015年生猪及白条肉价格基本情况（二）

周 数	日 期	生猪收购价格（元/千克）	环比涨跌	白条肉出厂价格（元/千克）	环比涨跌
第27周	6月29日至7月5日	15.97	3.17%	20.82	2.76%
第28周	7月6～12日	16.64	4.20%	21.6	3.75%
第29周	7月13～19日	17.01	2.22%	22.03	1.99%
第30周	7月20～26日	17.35	2.00%	22.46	1.95%
第31周	7月27日至8月2日	17.78	2.48%	23	2.40%
第32周	8月3～9日	18.14	2.02%	23.48	2.09%
第33周	8月10～16日	18.32	0.99%	23.73	1.06%
第34周	8月17～23日	18.3	-0.11%	23.74	0.04%
第35周	8月24～30日	18.46	0.87%	23.95	0.88%
第36周	8月31日至9月6日	18.42	-0.22%	23.83	-0.50%
第37周	9月7～13日	18.37	-0.27%	23.77	-0.25%
第38周	9月14～20日	18.11	-1.42%	23.53	-1.01%
第39周	9月21～27日	17.88	-1.27%	23.33	-0.85%
第40周	9月28日至10月4日	17.66	-1.23%	23.06	-1.16%
第41周	10月5～11日	17.61	-0.28%	23.03	-0.13%
第42周	10月12～18日	17.4	-1.19%	22.8	-1.00%
第43周	10月19～25日	17.14	-1.49%	22.52	-1.23%
第44周	10月26日至11月1日	16.98	-0.93%	22.3	-0.98%
第45周	11月2～8日	16.83	-0.88%	22.12	-0.81%
第46周	11月9～15日	16.69	-0.83%	21.95	-0.77%
第47周	11月16～22日	16.67	-0.12%	21.89	-0.27%
第48周	11月23～29日	16.78	0.66%	22.02	0.59%
第49周	11月30日至12月6日	16.89	0.66%	22.15	0.59%
第50周	12月7～13日	17	0.65%	22.27	0.54%
第51周	12月14～20日	17.04	0.24%	22.34	0.31%
第52周	12月21～27日	17.03	-0.06%	22.28	-0.27%

全国规模以上生猪定点屠宰企业2015年屠宰量情况

月份	屠宰量(万头)	环比增减	同比增减
1月	2 198.37	-4.94%	-7.90%
2月	1 809.29	-17.70%	29.95%
3月	1 658.33	-8.34%	-19.05%
4月	1 735.06	4.63%	-20.69%
5月	1 695.06	-2.31%	-14.87%
6月	1 589.91	-6.20%	-14.84%
7月	1 491.95	-6.16%	-18.24%
8月	1 500.26	0.56%	-19.03%
9月	1 703.22	13.53%	-9.03%
10月	1 817.34	6.70%	-4.84%
11月	1 891.51	4.08%	-4.06%
12月	2 293.16	21.23%	-0.84%

各地区规模以上生猪定点屠宰企业基本情况

地　区	企业数(家)	屠宰量(头)
全国合计	**2 937**	**21 383.5**
北　京	11	712.4
天　津	29	294.2
河　北	99	686.3
山　西	70	136.8
内蒙古	27	659.5
辽　宁	69	612.2
吉　林	64	360
黑龙江	27	789.3
上　海	11	309.3
江　苏	134	1 179.1
浙　江	117	1 346
安　徽	126	616
福　建	86	572
江　西	119	608.6
山　东	216	2 616.9
河　南	226	1 186.7
湖　北	106	573.6
湖　南	121	921.5
广　东	311	2 310.9
广　西	140	872.4
海　南	23	129.3
重　庆	105	494.5
四　川	254	2 032.6
贵　州	84	264.4
云　南	107	462.4
西　藏	4	10
陕　西	120	212.8
甘　肃	73	173.5
青　海	15	31
宁　夏	19	46.6
新　疆	13	95.8
新疆生产建设兵团	11	67.2

（农业部兽医局）

（本栏目主编　辛国昌　田建华　周荣柱）

政 策 法 规

中共中央　国务院
关于落实发展新理念加快农业现代化
实现全面小康目标的若干意见

（2015 年 12 月 31 日）

党的十八届五中全会通过的《中共中央关于制定国民经济和社会发展第十三个五年规划的建议》，对做好新时期农业农村工作作出了重要部署。各地区各部门要牢固树立和深入贯彻落实创新、协调、绿色、开放、共享的发展理念，大力推进农业现代化，确保亿万农民与全国人民一道迈入全面小康社会。

“十二五”时期，是农业农村发展的又一个黄金期。粮食连年高位增产，实现了农业综合生产能力质的飞跃；农民收入持续较快增长，扭转了城乡居民收入差距扩大的态势；农村基础设施和公共服务明显改善，提高了农民群众的民生保障水平；农村社会和谐稳定，夯实了党在农村的执政基础。实践证明，党的“三农”政策是完全正确的，亿万农民是衷心拥护的。

当前，我国农业农村发展环境发生重大变化，既面临诸多有利条件，又必须加快破解各种难题。一方面，加快补齐农业农村短板成为全党共识，为开创“三农”工作新局面汇聚强大推动力；新型城镇化加快推进，为以工促农、以城带乡带来持续牵引力；城乡居民消费结构加快升级，为拓展农业农村发展空间增添巨大带动力；新一轮科技革命和产业变革正在孕育兴起，为农业转型升级注入强劲驱动力；农村各项改革全面展开，为农业农村现代化提供不竭源动力。另一方面，在经济发展新常态背景下，如何促进农民收入稳定较快增长，加快缩小城乡差距，确保如期实现全面小康，是必须完成的历史任务；在资源环境约束趋紧背景下，如何加快转变农业发展方式，确保粮食等重要农产品有效供给，实现绿色发展和资源永续利用，是必须破解的现实难题；在受国际农产品市场影响加深背景下，如何统筹利用国际国内两个市场、两种资源，提升我国农业竞争力，赢得参与国际市场竞争的主动权，是必须应对的重大挑战。农业是全面建成小康社会、实现现代化的基础。我们一定要切实增强做好“三农”工作的责任感、使命感、紧迫感，任何时候都不能忽视农业、忘记农民、淡漠农村，在认识的高度、重视的程度、投入的力度上保持好势头，始终把解决好“三农”问题作为全党工作重中之重，坚持强农惠农富农政策不减弱，推进农村全面小康建设不松劲，加快发展现代农业，加快促进农民增收，加快建设社会主义新农村，不断巩固和发展农业农村好形势。

“十三五”时期推进农村改革发展，要高举中国特色社会主义伟大旗帜，全面贯彻党的十八大和十八届三中、四中、五中全会精神，以邓小平理论、“三个代表”重要思想、科学发展观为指导，深入贯彻习近平总书记系列重要讲话精神，坚持全面建成小康社会、全面深化改革、全面依法治国、全面从严治党的战略布局，把坚持农民主体地位、增进农民福祉作为农村一切工作的出发点和落脚点，用发展新理念破解“三农”新难题，厚植农业农村发展优势，加大创新驱动力度，推进农业供给侧结构性改革，加快转变农业发展方式，保持农业稳定发展和农民持续增收，走产出高效、产品安全、资源节约、环境友好的农业现代化道路，推动新型城镇化与新农村建设双轮驱动、互促共进，让广大农民平等参与现代化进程、共同分享现代化成果。

到 2020 年，现代农业建设取得明显进展，粮食产能进一步巩固提升，国家粮食安全和重要农产品供给得到有效保障，农产品供给体系的质量和效率显著提高；农民生活达到全面小康水平，农村居民人均收入比 2010 年翻一番，城乡居民收入差距继续缩小；我国现行标准下农村贫困人口实现脱贫，贫困县全部摘帽，解决区域性整体贫困；农民素质和农村社会文明程度显著提升，社会主义新农村建设水平进一步提高；农村基本经济制度、农业支持保护制度、农村社会治理制度、城乡发展一体化体制机制进一步完善。

一、持续夯实现代农业基础，
提高农业质量效益和竞争力

大力推进农业现代化，必须着力强化物质装备和技术支撑，着力构建现代农业产业体系、生产体系、经营体系，实施藏粮于地、藏粮于技战略，推动粮经饲统

筹、农林牧渔结合、种养加一体、一二三产业融合发展，让农业成为充满希望的朝阳产业。

1. 大规模推进高标准农田建设。加大投入力度，整合建设资金，创新投融资机制，加快建设步伐，到2020年确保建成8亿亩*、力争建成10亿亩集中连片、旱涝保收、稳产高产、生态友好的高标准农田。整合完善建设规划，统一建设标准、统一监管考核、统一上图入库。提高建设标准，充实建设内容，完善配套设施。优化建设布局，优先在粮食主产区建设确保口粮安全的高标准农田。健全管护监督机制，明确管护责任主体。将高标准农田划为永久基本农田，实行特殊保护。将高标准农田建设情况纳入地方各级政府耕地保护责任目标考核内容。

2. 大规模推进农田水利建设。把农田水利作为农业基础设施建设的重点，到2020年农田有效灌溉面积达到10亿亩以上，农田灌溉水有效利用系数提高到0.55以上。加快重大水利工程建设。积极推进江河湖库水系连通工程建设，优化水资源空间格局，增加水环境容量。加快大中型灌区建设及续建配套与节水改造、大型灌排泵站更新改造。完善小型农田水利设施，加强农村河塘清淤整治、山丘区"五小水利"、田间渠系配套、雨水集蓄利用、牧区节水灌溉饲草料地建设。大力开展区域规模化高效节水灌溉行动，积极推广先进适用节水灌溉技术。继续实施中小河流治理和山洪、地质灾害防治。扩大开发性金融支持水利工程建设的规模和范围。稳步推进农业水价综合改革，实行农业用水总量控制和定额管理，合理确定农业水价，建立节水奖励和精准补贴机制，提高农业用水效率。完善用水权初始分配制度，培育水权交易市场。深化小型农田水利工程产权制度改革，创新运行管护机制。鼓励社会资本参与小型农田水利工程建设与管护。

3. 强化现代农业科技创新推广体系建设。农业科技创新能力总体上达到发展中国家领先水平，力争在农业重大基础理论、前沿核心技术方面取得一批达到世界先进水平的成果。统筹协调各类农业科技资源，建设现代农业产业科技创新中心，实施农业科技创新重点专项和工程，重点突破生物育种、农机装备、智能农业、生态环保等领域关键技术。强化现代农业产业技术体系建设。加强农业转基因技术研发和监管，在确保安全的基础上慎重推广。加快研发高端农机装备及关键核心零部件，提升主要农作物生产全程机械化水平，推进林业装备现代化。大力推进"互联网+"现代农业，应用物联网、云计算、大数据、移动互联等现代信息技术，推动农业全产业链改造升级。大力发展智慧气象和农业遥感技术应用。深化农业科技体制改革，完善成果转化激励机制，制定促进协同创新的人才流动政策。加强农业知识产权保护，严厉打击侵权行为。深入开展粮食绿色高产高效创建。健全适应现代农业发展要求的农业科技推广体系，对基层农技推广公益性与经营性服务机构提供精准支持，引导高等学校、科研院所开展农技服务。推行科技特派员制度，鼓励支持科技特派员深入一线创新创业。发挥农村专业技术协会的作用。鼓励发展农业高新技术企业。深化国家现代农业示范区、国家农业科技园区建设。

4. 加快推进现代种业发展。大力推进育繁推一体化，提升种业自主创新能力，保障国家种业安全。深入推进种业领域科研成果权益分配改革，探索成果权益分享、转移转化和科研人员分类管理机制。实施现代种业建设工程和种业自主创新重大工程。全面推进良种重大科研联合攻关，培育和推广适应机械化生产、优质高产多抗广适新品种，加快主要粮食作物新一轮品种更新换代。加快推进海南、甘肃、四川国家级育种制种基地和区域性良种繁育基地建设。强化企业育种创新主体地位，加快培育具有国际竞争力的现代种业企业。实施畜禽遗传改良计划，加快培育优异畜禽新品种。开展种质资源普查，加大保护利用力度。贯彻落实种子法，全面推进依法治种。加大种子打假护权力度。

5. 发挥多种形式农业适度规模经营引领作用。坚持以农户家庭经营为基础，支持新型农业经营主体和新型农业服务主体成为建设现代农业的骨干力量，充分发挥多种形式适度规模经营在农业机械和科技成果应用、绿色发展、市场开拓等方面的引领功能。完善财税、信贷保险、用地用电、项目支持等政策，加快形成培育新型农业经营主体的政策体系，进一步发挥财政资金引导作用，撬动规模化经营主体增加生产性投入。适应新型农业经营主体和服务主体发展需要，允许将集中连片整治后新增加的部分耕地，按规定用于完善农田配套设施。探索开展粮食生产规模经营主体营销贷款改革试点。积极培育家庭农场、专业大户、农民合作社、农业产业化龙头企业等新型农业经营主体。支持多种类型的新型农业服务主体开展代耕代种、联耕联种、土地托管等专业化规模化服务。加强气象为农服务体系建设。实施农业社会化服务支撑工程，扩大政府购买农业公益性服务机制创新试点。加快发展农业生产性服务业。完善工商资本租赁农地准入、监管和风险防范机制。健全县乡农村经营管理体系，加强对土地流转和规模经营的管理服务。

6. 加快培育新型职业农民。将职业农民培育纳入国家教育培训发展规划，基本形成职业农民教育培训体系，把职业农民培养成建设现代农业的主导力量。办好农业职业教育，将全日制农业中等职业教育纳入国家资助政策范围。依托高等教育、中等职业教育资源，鼓励农民通过"半农半读"等方式就地就近接受职业教育。开展新型农业经营主体带头人培育行动，通过5年努力使他们基本得到培训。加强涉农专业全日制学历教育，支持农业院校办好涉农专业，健全农业广播电视学校体系，定向培养职业农民。引导有志投身现代农业建设的农村青年、返乡农民工、农技推广人员、农村大中专毕业生和退役军人等加入职业农民队伍。优化财政支农资金使用，把一部分资金用于培养职业农民。总结各地经验，建立健全职业农民扶持制度，相关政策向符合条件的职业农民倾斜。鼓励有条件的地方探索职业农民养老保险办法。

7.优化农业生产结构和区域布局。树立大食物观，面向整个国土资源，全方位、多途径开发食物资源，满足日益多元化的食物消费需求。在确保谷物基本自给、口粮绝对安全的前提下，基本形成与市场需求相适应、与资源禀赋相匹配的现代农业生产结构和区域布局，提高农业综合效益。启动实施种植业结构调整规划，稳定水稻和小麦生产，适当调减非优势区玉米种植。支持粮食主产区建设粮食生产核心区。扩大粮改饲试点，加快建设现代饲草料产业体系。合理调整粮食统计口径。制定划定粮食生产功能区和大豆、棉花、油料、糖料蔗等重要农产品生产保护区的指导意见。积极推进马铃薯主食开发。加快现代畜牧业建设，根据环境容量调整区域养殖布局，优化畜禽养殖结构，发展草食畜牧业，形成规模化生产、集约化经营为主导的产业发展格局。启动实施种养结合循环农业示范工程，推动种养结合、农牧循环发展。加强渔政渔港建设。大力发展旱作农业、热作农业、优质特色杂粮、特色经济林、木本油料、竹藤花卉、林下经济。

8.统筹用好国际国内两个市场、两种资源。完善农业对外开放战略布局，统筹农产品进出口，加快形成农业对外贸易与国内农业发展相互促进的政策体系，实现补充国内市场需求、促进结构调整、保护国内产业和农民利益的有机统一。加大对农产品出口支持力度，巩固农产品出口传统优势，培育新的竞争优势，扩大特色和高附加值农产品出口。确保口粮绝对安全，利用国际资源和市场，优化国内农业结构，缓解资源环境压力。优化重要农产品进口的全球布局，推进进口来源多元化，加快形成互利共赢的稳定经贸关系。健全贸易救济和产业损害补偿机制。强化边境管理，深入开展综合治理，打击农产品走私。统筹制定和实施农业对外合作规划。加强与"一带一路"沿线国家和地区及周边国家和地区的农业投资、贸易、科技、动植物检疫合作。支持我国企业开展多种形式的跨国经营，加强农产品加工、储运、贸易等环节合作，培育具有国际竞争力的粮商和农业企业集团。

二、加强资源保护和生态修复，推动农业绿色发展

推动农业可持续发展，必须确立发展绿色农业就是保护生态的观念，加快形成资源利用高效、生态系统稳定、产地环境良好、产品质量安全的农业发展新格局。

9.加强农业资源保护和高效利用。基本建立农业资源有效保护、高效利用的政策和技术支撑体系，从根本上改变开发强度过大、利用方式粗放的状况。坚持最严格的耕地保护制度，坚守耕地红线，全面划定永久基本农田，大力实施农村土地整治，推进耕地数量、质量、生态"三位一体"保护。落实和完善耕地占补平衡制度，坚决防止占多补少、占优补劣、占水田补旱地，严禁毁林开垦。全面推进建设占用耕地耕作层剥离再利用。实行建设用地总量和强度双控行动，严格控制农村集体建设用地规模。完善耕地保护补偿机制。实施耕地质量保护与提升行动，加强耕地质量调查评价与监测，扩大东北黑土地保护利用试点规模。实施渤海粮仓科技示范工程，加大科技支撑力度，加快改造盐碱地。创建农业可持续发展试验示范区。划定农业空间和生态空间保护红线。落实最严格的水资源管理制度，强化水资源管理"三条红线"刚性约束，实行水资源消耗总量和强度双控行动。加强地下水监测，开展超采区综合治理。落实河湖水域岸线用途管制制度。加强自然保护区建设与管理，对重要生态系统和物种资源实行强制性保护。实施濒危野生动植物抢救性保护工程，建设救护繁育中心和基因库。强化野生动植物进出口管理，严厉打击象牙等濒危野生动植物及其制品非法交易。

10.加快农业环境突出问题治理。基本形成改善农业环境的政策法规制度和技术路径，确保农业生态环境恶化趋势总体得到遏制，治理明显见到成效。实施并完善农业环境突出问题治理总体规划。加大农业面源污染防治力度，实施化肥农药零增长行动，实施种养业废弃物资源化利用、无害化处理区域示范工程。积极推广高效生态循环农业模式。探索实行耕地轮作休耕制度试点，通过轮作、休耕、退耕、替代种植等多种方式，对地下水漏斗区、重金属污染区、生态严重退化地区开展综合治理。实施全国水土保持规划。推进荒漠化、石漠化、水土流失综合治理。

11.加强农业生态保护和修复。实施山水林田湖生态保护和修复工程，进行整体保护、系统修复、综合治理。到2020年森林覆盖率提高到23%以上，湿地面积不低于8亿亩。扩大新一轮退耕还林还草规模。扩大退牧还草工程实施范围。实施新一轮草原生态保护补助奖励政策，适当提高补奖标准。实施湿地保护与恢复工程，开展退耕还湿。建立沙化土地封禁保护制度。加强历史遗留工矿废弃和自然灾害损毁土地复垦利用。开展大规模国土绿化行动，增加森林面积和蓄积量。加强三北、长江、珠江、沿海防护林体系等林业重点工程建设。继续推进京津风沙源治理。完善天然林保护制度，全面停止天然林商业性采伐。完善海

洋渔业资源总量管理制度，严格实行休渔禁渔制度，开展近海捕捞限额管理试点，按规划实行退养还滩。加快推进水生态修复工程建设。建立健全生态保护补偿机制，开展跨地区跨流域生态保护补偿试点。编制实施耕地、草原、河湖休养生息规划。

12. 实施食品安全战略。加快完善食品安全国家标准，到2020年农兽药残留限量指标基本与国际食品法典标准接轨。加强产地环境保护和源头治理，实行严格的农业投入品使用管理制度。推广高效低毒低残留农药，实施兽用抗菌药治理行动。创建优质农产品和食品品牌。继续推进农业标准化示范区、园艺作物标准园、标准化规模养殖场（小区）、水产健康养殖场建设。实施动植物保护能力提升工程。加快健全从农田到餐桌的农产品质量和食品安全监管体系，建立全程可追溯、互联共享的信息平台，加强标准体系建设，健全风险监测评估和检验检测体系。落实生产经营主体责任，严惩各类食品安全违法犯罪。实施食品安全创新工程。加强基层监管机构能力建设，培育职业化检查员，扩大抽检覆盖面，加强日常检查。加快推进病死畜禽无害化处理与养殖业保险联动机制建设。规范畜禽屠宰管理，加强人畜共患传染病防治。强化动植物疫情疫病监测防控和边境、口岸及主要物流通道检验检疫能力建设，严防外来有害物种入侵。深入开展食品安全城市和农产品质量安全县创建，开展农村食品安全治理行动。强化食品安全责任制，把保障农产品质量和食品安全作为衡量党政领导班子政绩的重要考核指标。

三、推进农村产业融合，促进农民收入持续较快增长

大力推进农民奔小康，必须充分发挥农村的独特优势，深度挖掘农业的多种功能，培育壮大农村新产业新业态，推动产业融合发展成为农民增收的重要支撑，让农村成为可以大有作为的广阔天地。

13. 推动农产品加工业转型升级。加强农产品加工技术创新，促进农产品初加工、精深加工及综合利用加工协调发展，提高农产品加工转化率和附加值，增强对农民增收的带动能力。加强规划和政策引导，促进主产区农产品加工业加快发展，支持粮食主产区发展粮食深加工，形成一批优势产业集群。开发拥有自主知识产权的技术装备，支持农产品加工设备改造提升，建设农产品加工技术集成基地。培育一批农产品精深加工领军企业和国内外知名品牌。强化环保、能耗、质量、安全等标准作用，促进农产品加工企业优胜劣汰。完善农产品产地初加工补助政策。研究制定促进农产品加工业发展的意见。

14. 加强农产品流通设施和市场建设。健全统一开放、布局合理、竞争有序的现代农产品市场体系，在搞活流通中促进农民增收。加快农产品批发市场升级改造，完善流通骨干网络，加强粮食等重要农产品仓储物流设施建设。完善跨区域农产品冷链物流体系，开展冷链标准化示范，实施特色农产品产区预冷工程。推动公益性农产品市场建设。支持农产品营销公共服务平台建设。开展降低农产品物流成本行动。促进农村电子商务加快发展，形成线上线下融合、农产品进城与农资和消费品下乡双向流通格局。加快实现行政村宽带全覆盖，创新电信普遍服务补偿机制，推进农村互联网提速降费。加强商贸流通、供销、邮政等系统物流服务网络和设施建设与衔接，加快完善县乡村物流体系。实施“快递下乡”工程。鼓励大型电商平台企业开展农村电商服务，支持地方和行业健全农村电商服务体系。建立健全适应农村电商发展的农产品质量分级、采后处理、包装配送等标准体系。深入开展电子商务进农村综合示范。加大信息进村入户试点力度。

15. 大力发展休闲农业和乡村旅游。依托农村绿水青山、田园风光、乡土文化等资源，大力发展休闲度假、旅游观光、养生养老、创意农业、农耕体验、乡村手工艺等，使之成为繁荣农村、富裕农民的新兴支柱产业。强化规划引导，采取以奖代补、先建后补、财政贴息、设立产业投资基金等方式扶持休闲农业与乡村旅游业发展，着力改善休闲旅游重点村进村道路、宽带、停车场、厕所、垃圾污水处理等基础服务设施。积极扶持农民发展休闲旅游业合作社。引导和支持社会资本开发农民参与度高、受益面广的休闲旅游项目。加强乡村生态环境和文化遗存保护，发展具有历史记忆、地域特点、民族风情的特色小镇，建设一村一品、一村一景、一村一韵的魅力村庄和宜游宜养的森林景区。依据各地具体条件，有规划地开发休闲农庄、乡村酒店、特色民宿、自驾露营、户外运动等乡村休闲度假产品。实施休闲农业和乡村旅游提升工程、振兴中国传统手工艺计划。开展农业文化遗产普查与保护。支持有条件的地方通过盘活农村闲置房屋、集体建设用地、“四荒地”、可用林场和水面等资产资源发展休闲农业和乡村旅游。将休闲农业和乡村旅游项目建设用地纳入土地利用总体规划和年度计划合理安排。

16. 完善农业产业链与农民的利益联结机制。促进农业产加销紧密衔接、农村一二三产业深度融合，推进农业产业链整合和价值链提升，让农民共享产业融合发展的增值收益，培育农民增收新模式。支持供销合作社创办领办农民合作社，引领农民参与农村产业融合发展、分享产业链收益。创新发展订单农业，支持农业产业化龙头企业建设稳定的原料生产基地、为农户提供贷款担保和资助订单农户参加农业保险。鼓励发展股份合作，引导农户自愿以土地经营权等入股龙头企业和农民合作社，采取“保底收益＋按股分红”等

方式，让农户分享加工销售环节收益，建立健全风险防范机制。加强农民合作社示范社建设，支持合作社发展农产品加工流通和直供直销。通过政府与社会资本合作、贴息、设立基金等方式，带动社会资本投向农村新产业新业态。实施农村产业融合发展试点示范工程。财政支农资金使用要与建立农民分享产业链利益机制相联系。巩固和完善"合同帮农"机制，为农民和涉农企业提供法律咨询、合同示范文本、纠纷调处等服务。

四、推动城乡协调发展，提高新农村建设水平

加快补齐农业农村短板，必须坚持工业反哺农业、城市支持农村，促进城乡公共资源均衡配置、城乡要素平等交换，稳步提高城乡基本公共服务均等化水平。

17. 加快农村基础设施建设。把国家财政支持的基础设施建设重点放在农村，建好、管好、护好、运营好农村基础设施，实现城乡差距显著缩小。健全农村基础设施投入长效机制，促进城乡基础设施互联互通、共建共享。强化农村饮用水水源保护。实施农村饮水安全巩固提升工程。推动城镇供水设施向周边农村延伸。加快实施农村电网改造升级工程，开展农村"低电压"综合治理，发展绿色小水电。加快实现所有具备条件的乡镇和建制村通硬化路、通班车，推动一定人口规模的自然村通公路。创造条件推进城乡客运一体化。加快国有林区防火应急道路建设。将农村公路养护资金逐步纳入地方财政预算。发展农村规模化沼气。加大农村危房改造力度，统筹搞好农房抗震改造，通过贷款贴息、集中建设公租房等方式，加快解决农村困难家庭的住房安全问题。加强农村防灾减灾体系建设。研究出台创新农村基础设施投融资体制机制的政策意见。

18. 提高农村公共服务水平。把社会事业发展的重点放在农村和接纳农业转移人口较多的城镇，加快推动城镇公共服务向农村延伸。加快发展农村学前教育，坚持公办民办并举，扩大农村普惠性学前教育资源。建立城乡统一、重在农村的义务教育经费保障机制。全面改善贫困地区义务教育薄弱学校基本办学条件，改善农村学校寄宿条件，办好乡村小规模学校，推进学校标准化建设。加快普及高中阶段教育，逐步分类推进中等职业教育免除学杂费，率先从建档立卡的家庭经济困难学生实施普通高中免除学杂费，实现家庭经济困难学生资助全覆盖。深入实施农村贫困地区定向招生等专项计划，对民族自治县实现全覆盖。加强乡村教师队伍建设，拓展教师补充渠道，推动城镇优秀教师向乡村学校流动。办好农村特殊教育。整合城乡居民基本医疗保险制度，适当提高政府补助标准、个人缴费和受益水平。全面实施城乡居民大病保险制度。健全城乡医疗救助制度。完善城乡居民养老保险参保缴费激励约束机制，引导参保人员选择较高档次缴费。改进农村低保申请家庭经济状况核查机制，实现农村低保制度与扶贫开发政策有效衔接。建立健全农村留守儿童和妇女、老人关爱服务体系。建立健全农村困境儿童福利保障和未成年人社会保护制度。积极发展农村社会工作和志愿服务。切实维护农村妇女在财产分配、婚姻生育、政治参与等方面的合法权益，让女性获得公平的教育机会、就业机会、财产性收入、金融资源。加强农村养老服务体系、残疾人康复和供养托养设施建设。深化农村殡葬改革，依法管理、改进服务。推进农村基层综合公共服务资源优化整合。全面加强农村公共文化服务体系建设，继续实施文化惠民项目。在农村建设基层综合性文化服务中心，整合基层宣传文化、党员教育、科学普及、体育健身等设施，整合文化信息资源共享、农村电影放映、农家书屋等项目，发挥基层文化公共设施整体效应。

19. 开展农村人居环境整治行动和美丽宜居乡村建设。遵循乡村自身发展规律，体现农村特点，注重乡土味道，保留乡村风貌，努力建设农民幸福家园。科学编制县域乡村建设规划和村庄规划，提升民居设计水平，强化乡村建设规划许可管理。继续推进农村环境综合整治，完善以奖促治政策，扩大连片整治范围。实施农村生活垃圾治理5年专项行动。采取城镇管网延伸、集中处理和分散处理等多种方式，加快农村生活污水治理和改厕。全面启动村庄绿化工程，开展生态乡村建设，推广绿色建材，建设节能农房。开展农村宜居水环境建设，实施农村清洁河道行动，建设生态清洁型小流域。发挥好村级公益事业一事一议财政奖补资金作用，支持改善村内公共设施和人居环境。普遍建立村庄保洁制度。坚持城乡环境治理并重，逐步把农村环境整治支出纳入地方财政预算，中央财政给予差异化奖补，政策性金融机构提供长期低息贷款，探索政府购买服务、专业公司一体化建设运营机制。加大传统村落、民居和历史文化名村名镇保护力度。开展生态文明示范村镇建设。鼓励各地因地制宜探索各具特色的美丽宜居乡村建设模式。

20. 推进农村劳动力转移就业创业和农民工市民化。健全农村劳动力转移就业服务体系，大力促进就地就近转移就业创业，稳定并扩大外出农民工规模，支持农民工返乡创业。大力发展特色县域经济和农村服务业，加快培育中小城市和特色小城镇，增强吸纳农业转移人口能力。加大对农村灵活就业、新就业形态的支持。鼓励各地设立农村妇女就业创业基金，加大妇女小额担保贷款实施力度，加强妇女技能培训，支持农村妇女发展家庭手工业。实施新生代农民工职业技能提升计划，开展农村贫困家庭子女、未升学初高中毕业生、农民工、退役军人免费接受职业培训行动。依法维

护农民工合法劳动权益,完善城乡劳动者平等就业制度,建立健全农民工工资支付保障长效机制。进一步推进户籍制度改革,落实1亿左右农民工和其他常住人口在城镇定居落户的目标,保障进城落户农民工与城镇居民有同等权利和义务,加快提高户籍人口城镇化率。全面实施居住证制度,建立健全与居住年限等条件相挂钩的基本公共服务提供机制,努力实现基本公共服务常住人口全覆盖。落实和完善农民工随迁子女在当地参加中考、高考政策。将符合条件的农民工纳入城镇社会保障和城镇住房保障实施范围。健全财政转移支付同农业转移人口市民化挂钩机制,建立城镇建设用地增加规模同吸纳农业转移人口落户数量挂钩机制。维护进城落户农民土地承包权、宅基地使用权、集体收益分配权,支持引导其依法自愿有偿转让上述权益。

21. 实施脱贫攻坚工程。实施精准扶贫、精准脱贫,因人因地施策,分类扶持贫困家庭,坚决打赢脱贫攻坚战。通过产业扶持、转移就业、易地搬迁等措施解决5 000万左右贫困人口脱贫;对完全或部分丧失劳动能力的2 000多万贫困人口,全部纳入低保覆盖范围,实行社保政策兜底脱贫。实行脱贫工作责任制,进一步完善中央统筹、省(自治区、直辖市)负总责、市(地)县抓落实的工作机制。各级党委和政府要把脱贫攻坚作为重大政治任务扛在肩上,各部门要步调一致、协同作战、履职尽责,切实把民生项目、惠民政策最大限度向贫困地区倾斜。广泛动员社会各方面力量积极参与扶贫开发。实行最严格的脱贫攻坚考核督查问责。

五、深入推进农村改革,增强农村发展内生动力

破解"三农"难题,必须坚持不懈推进体制机制创新,着力破除城乡二元结构的体制障碍,激发亿万农民创新创业活力,释放农业农村发展新动能。

22. 改革完善粮食等重要农产品价格形成机制和收储制度。坚持市场化改革取向与保护农民利益并重,采取"分品种施策、渐进式推进"的办法,完善农产品市场调控制度。继续执行并完善稻谷、小麦最低收购价政策。深入推进新疆棉花、东北地区大豆目标价格改革试点。按照市场定价、价补分离的原则,积极稳妥推进玉米收储制度改革,在使玉米价格反映市场供求关系的同时,综合考虑农民合理收益、财政承受能力、产业链协调发展等因素,建立玉米生产者补贴制度。按照政策性职能和经营性职能分离的原则,改革完善中央储备粮管理体制。深化国有粮食企业改革,发展多元化市场购销主体。科学确定粮食等重要农产品国家储备规模,完善吞吐调节机制。

23. 健全农业农村投入持续增长机制。优先保障财政对农业农村的投入,坚持将农业农村作为国家固定资产投资的重点领域,确保力度不减弱、总量有增加。充分发挥财政政策导向功能和财政资金杠杆作用,鼓励和引导金融资本、工商资本更多投向农业农村。加大专项建设基金对扶贫、水利、农村产业融合、农产品批发市场等"三农"领域重点项目和工程支持力度。发挥规划引领作用,完善资金使用和项目管理办法,多层级深入推进涉农资金整合统筹,实施省级涉农资金管理改革和市县涉农资金整合试点,改进资金使用绩效考核办法。将种粮农民直接补贴、良种补贴、农资综合补贴合并为农业支持保护补贴,重点支持耕地地力保护和粮食产能提升。完善农机购置补贴政策。用3年左右时间建立健全全国农业信贷担保体系,2016年推动省级农业信贷担保机构正式建立并开始运营。加大对农产品主产区和重点生态功能区的转移支付力度。完善主产区利益补偿机制。逐步将农垦系统纳入国家农业支持和民生改善政策覆盖范围。研究出台完善农民收入增长支持政策体系的指导意见。

24. 推动金融资源更多向农村倾斜。加快构建多层次、广覆盖、可持续的农村金融服务体系,发展农村普惠金融,降低融资成本,全面激活农村金融服务链条。进一步改善存取款、支付等基本金融服务。稳定农村信用社县域法人地位,提高治理水平和服务能力。开展农村信用社省联社改革试点,逐步淡出行政管理,强化服务职能。鼓励国有和股份制金融机构拓展"三农"业务。深化中国农业银行三农金融事业部改革,加大"三农"金融产品创新和重点领域信贷投入力度。发挥国家开发银行优势和作用,加强服务"三农"融资模式创新。强化中国农业发展银行政策性职能,加大中长期"三农"信贷投放力度。支持中国邮政储蓄银行建立三农金融事业部,打造专业化为农服务体系。创新村镇银行设立模式,扩大覆盖面。引导互联网金融、移动金融在农村规范发展。扩大在农民合作社内部开展信用合作试点的范围,健全风险防范化解机制,落实地方政府监管责任。开展农村金融综合改革试验,探索创新农村金融组织和服务。发展农村金融租赁业务。在风险可控前提下,稳妥有序推进农村承包土地的经营权和农民住房财产权抵押贷款试点。积极发展林权抵押贷款。创设农产品期货品种,开展农产品期权试点。支持涉农企业依托多层次资本市场融资,加大债券市场服务"三农"力度。全面推进农村信用体系建设。加快建立"三农"融资担保体系。完善中央与地方双层金融监管机制,切实防范农村金融风险。强化农村金融消费者风险教育和保护。完善"三农"贷款统计,突出农户贷款、新型农业经营主体贷款、扶贫贴息贷款等。

25. 完善农业保险制度。把农业保险作为支持

农业的重要手段,扩大农业保险覆盖面、增加保险品种、提高风险保障水平。积极开发适应新型农业经营主体需求的保险品种。探索开展重要农产品目标价格保险,以及收入保险、天气指数保险试点。支持地方发展特色优势农产品保险、渔业保险、设施农业保险。完善森林保险制度。探索建立农业补贴、涉农信贷、农产品期货和农业保险联动机制。积极探索农业保险保单质押贷款和农户信用保证保险。稳步扩大"保险+期货"试点。鼓励和支持保险资金开展支农融资业务创新试点。进一步完善农业保险大灾风险分散机制。

26. 深化农村集体产权制度改革。到2020年基本完成土地等农村集体资源性资产确权登记颁证、经营性资产折股量化到本集体经济组织成员,健全非经营性资产集体统一运营管理机制。稳定农村土地承包关系,落实集体所有权,稳定农户承包权,放活土地经营权,完善"三权分置"办法,明确农村土地承包关系长久不变的具体规定。继续扩大农村承包地确权登记颁证整省推进试点。依法推进土地经营权有序流转,鼓励和引导农户自愿互换承包地块实现连片耕种。研究制定稳定和完善农村基本经营制度的指导意见。加快推进房地一体的农村集体建设用地和宅基地使用权确权登记颁证,所需工作经费纳入地方财政预算。推进农村土地征收、集体经营性建设用地入市、宅基地制度改革试点。完善宅基地权益保障和取得方式,探索农民住房保障新机制。总结农村集体经营性建设用地入市改革试点经验,适当提高农民集体和个人分享的增值收益,抓紧出台土地增值收益调节金征管办法。完善和拓展城乡建设用地增减挂钩试点,将指标交易收益用于改善农民生产生活条件。探索将通过土地整治增加的耕地作为占补平衡补充耕地的指标,按照谁投入、谁受益的原则返还指标交易收益。研究国家重大工程建设补充耕地由国家统筹的具体办法。加快编制村级土地利用规划。探索将财政资金投入农业农村形成的经营性资产,通过股权量化到户,让集体组织成员长期分享资产收益。制定促进农村集体产权制度改革的税收优惠政策。开展扶持村级集体经济发展试点。深入推进供销合作社综合改革,提升为农服务能力。完善集体林权制度,引导林权规范有序流转,鼓励发展家庭林场、股份合作林场。完善草原承包经营制度。

六、加强和改善党对"三农"工作领导

加快农业现代化和农民奔小康,必须坚持党总揽全局、协调各方的领导核心作用,改进农村工作体制机制和方式方法,不断强化政治和组织保障。

27. 提高党领导农村工作水平。坚持把解决好"三农"问题作为全党工作重中之重不动摇,以更大的决心、下更大的气力加快补齐农业农村这块全面小康的短板。不断健全党委统一领导、党政齐抓共管、党委农村工作综合部门统筹协调、各部门各负其责的农村工作领导体制和工作机制。注重选派熟悉"三农"工作的干部进省市县党委和政府领导班子。各级党委和政府要把握好"三农"战略地位、农业农村发展新特点,顺应农民新期盼,关心群众诉求,解决突出问题,提高做好"三农"工作本领。巩固和拓展党的群众路线教育实践活动和"三严三实"专题教育成果。进一步减少和下放涉农行政审批事项。加强"三农"前瞻性、全局性、储备性政策研究,健全决策咨询机制。扎实推进农村各项改革,鼓励和允许不同地方实行差别化探索。对批准开展的农村改革试点,要不断总结可复制、可推广的经验,推动相关政策出台和法律法规立改废释。深入推进农村改革试验区工作。全面提升农村经济社会发展调查统计水平,扎实做好第三次全国农业普查。加快建立全球农业数据调查分析系统。加强农村法治建设,完善农村产权保护、农业市场规范运行、农业支持保护、农业资源环境等方面的法律法规。

28. 加强农村基层党组织建设。始终坚持农村基层党组织领导核心地位不动摇,充分发挥农村基层党组织的战斗堡垒作用和党员的先锋模范作用,不断夯实党在农村基层执政的组织基础。严格落实各级党委抓农村基层党建工作责任制,发挥县级党委"一线指挥部"作用,实现整乡推进、整县提升。建立市县乡党委书记抓农村基层党建问题清单、任务清单、责任清单,坚持开展市县乡党委书记抓基层党建述职评议考核。选优配强乡镇领导班子尤其是党委书记,切实加强乡镇党委思想、作风、能力建设。选好用好管好农村基层党组织带头人,从严加强农村党员队伍建设,持续整顿软弱涣散村党组织,认真抓好选派"第一书记"工作。创新完善基层党组织设置,确保党的组织和党的工作全面覆盖、有效覆盖。健全以财政投入为主的经费保障制度,落实村级组织运转经费和村干部报酬待遇。进一步加强和改进大学生村官工作。各级党委特别是县级党委要切实履行农村基层党风廉政建设的主体责任,纪委要履行好监督责任,将全面从严治党的要求落实到农村基层,对责任不落实和不履行监管职责的要严肃问责。着力转变基层干部作风,解决不作为、乱作为问题,加大对农民群众身边腐败问题的监督审查力度,重点查处土地征收、涉农资金、扶贫开发、"三资"管理等领域虚报冒领、截留私分、贪污挪用等侵犯农民群众权益的问题。加强农民负担监管工作。

29. 创新和完善乡村治理机制。加强乡镇服务型政府建设。研究提出深化经济发达镇行政管理体制改革指导意见。依法开展村民自治实践,探索村党组织

领导的村民自治有效实现形式。深化农村社区建设试点工作，完善多元共治的农村社区治理结构。在有实际需要的地方开展以村民小组或自然村为基本单元的村民自治试点。建立健全务实管用的村务监督委员会或其他形式的村务监督机构。发挥好村规民约在乡村治理中的积极作用。深入开展涉农信访突出问题专项治理。加强农村法律服务和法律援助。推进县乡村三级综治中心建设，完善农村治安防控体系。开展农村不良风气专项治理，整治农村黄赌毒、非法宗教活动等突出问题。依法打击扰乱农村生产生活秩序、危害农民生命财产安全的犯罪活动。

30. 深化农村精神文明建设。深入开展中国特色社会主义和中国梦宣传教育，加强农村思想道德建设，大力培育和弘扬社会主义核心价值观，增强农民的国家意识、法治意识、社会责任意识，加强诚信教育，倡导契约精神、科学精神，提高农民文明素质和农村社会文明程度。深入开展文明村镇、“星级文明户”、“五好文明家庭”创建，培育文明乡风、优良家风、新乡贤文化。广泛宣传优秀基层干部、道德模范、身边好人等先进事迹。弘扬优秀传统文化，抓好移风易俗，树立健康文明新风尚。

让我们更加紧密地团结在以习近平同志为总书记的党中央周围，艰苦奋斗，真抓实干，攻坚克难，努力开创农业农村工作新局面，为夺取全面建成小康社会决胜阶段的伟大胜利作出更大贡献！

中华人民共和国畜牧法

（2005年12月29日第十届全国人民代表大会
常务委员会第十九次会议通过
根据2015年4月24日第十二届全国人民代表大会
常务委员会第十四次会议
全国人民代表大会常务委员会
《关于修改〈中华人民共和国计量法〉
等五部法律的决定》修正）

第一章 总　　则

第一条　为了规范畜牧业生产经营行为，保障畜禽产品质量安全，保护和合理利用畜禽遗传资源，维护畜牧业生产经营者的合法权益，促进畜牧业持续健康发展，制定本法。

第二条　在中华人民共和国境内从事畜禽的遗传资源保护利用、繁育、饲养、经营、运输等活动，适用本法。

本法所称畜禽，是指列入依照本法第十一条规定公布的畜禽遗传资源目录的畜禽。

蜂、蚕的资源保护利用和生产经营，适用本法有关规定。

第三条　国家支持畜牧业发展，发挥畜牧业在发展农业、农村经济和增加农民收入中的作用。县级以上人民政府应当采取措施，加强畜牧业基础设施建设，鼓励和扶持发展规模化养殖，推进畜牧产业化经营，提高畜牧业综合生产能力，发展优质、高效、生态、安全的畜牧业。

国家帮助和扶持少数民族地区、贫困地区畜牧业的发展，保护和合理利用草原，改善畜牧业生产条件。

第四条　国家采取措施，培养畜牧兽医专业人才，发展畜牧兽医科学技术研究和推广事业，开展畜牧兽医科学技术知识的教育宣传工作和畜牧兽医信息服务，推进畜牧业科技进步。

第五条　畜牧业生产经营者可以依法自愿成立行业协会，为成员提供信息、技术、营销、培训等服务，加强行业自律，维护成员和行业利益。

第六条　畜牧业生产经营者应当依法履行动物防疫和环境保护义务，接受有关主管部门依法实施的监督检查。

第七条　国务院畜牧兽医行政主管部门负责全国畜牧业的监督管理工作。县级以上地方人民政府畜牧兽医行政主管部门负责本行政区域内的畜牧业监督管理工作。

县级以上人民政府有关主管部门在各自的职责范围内，负责有关促进畜牧业发展的工作。

第八条　国务院畜牧兽医行政主管部门应当指导畜牧业生产经营者改善畜禽繁育、饲养、运输的条件和环境。

第二章 畜禽遗传资源保护

第九条　国家建立畜禽遗传资源保护制度。各级人民政府应当采取措施，加强畜禽遗传资源保护，畜禽遗传资源保护经费列入财政预算。

畜禽遗传资源保护以国家为主，鼓励和支持有关单位、个人依法发展畜禽遗传资源保护事业。

第十条　国务院畜牧兽医行政主管部门设立由专业人员组成的国家畜禽遗传资源委员会，负责畜禽遗传资源的鉴定、评估和畜禽新品种、配套系的审定，承担畜禽遗传资源保护和利用规划论证及有关畜禽遗传资源保护的咨询工作。

第十一条　国务院畜牧兽医行政主管部门负责组织畜禽遗传资源的调查工作，发布国家畜禽遗传资源状况报告，公布经国务院批准的畜禽遗传资源目录。

第十二条　国务院畜牧兽医行政主管部门根据畜禽遗传资源分布状况，制定全国畜禽遗传资源保护和利用规划，制定并公布国家级畜禽遗传资源保护名录，对原产我国的珍贵、稀有、濒危的畜禽遗传资源实行重点保护。

省级人民政府畜牧兽医行政主管部门根据全国畜

禽遗传资源保护和利用规划及本行政区域内畜禽遗传资源状况，制定和公布省级畜禽遗传资源保护名录，并报国务院畜牧兽医行政主管部门备案。

第十三条　国务院畜牧兽医行政主管部门根据全国畜禽遗传资源保护和利用规划及国家级畜禽遗传资源保护名录，省级人民政府畜牧兽医行政主管部门根据省级畜禽遗传资源保护名录，分别建立或者确定畜禽遗传资源保种场、保护区和基因库，承担畜禽遗传资源保护任务。

享受中央和省级财政资金支持的畜禽遗传资源保种场、保护区和基因库，未经国务院畜牧兽医行政主管部门或者省级人民政府畜牧兽医行政主管部门批准，不得擅自处理受保护的畜禽遗传资源。

畜禽遗传资源基因库应当按照国务院畜牧兽医行政主管部门或者省级人民政府畜牧兽医行政主管部门的规定，定期采集和更新畜禽遗传材料。有关单位、个人应当配合畜禽遗传资源基因库采集畜禽遗传材料，并有权获得适当的经济补偿。

畜禽遗传资源保种场、保护区和基因库的管理办法由国务院畜牧兽医行政主管部门制定。

第十四条　新发现的畜禽遗传资源在国家畜禽遗传资源委员会鉴定前，省级人民政府畜牧兽医行政主管部门应当制定保护方案，采取临时保护措施，并报国务院畜牧兽医行政主管部门备案。

第十五条　从境外引进畜禽遗传资源的，应当向省级人民政府畜牧兽医行政主管部门提出申请；受理申请的畜牧兽医行政主管部门经审核，报国务院畜牧兽医行政主管部门经评估论证后批准。经批准的，依照《中华人民共和国进出境动植物检疫法》的规定办理相关手续并实施检疫。

从境外引进的畜禽遗传资源被发现对境内畜禽遗传资源、生态环境有危害或者可能产生危害的，国务院畜牧兽医行政主管部门应当商有关主管部门，采取相应的安全控制措施。

第十六条　向境外输出或者在境内与境外机构、个人合作研究利用列入保护名录的畜禽遗传资源的，应当向省级人民政府畜牧兽医行政主管部门提出申请，同时提出国家共享惠益的方案；受理申请的畜牧兽医行政主管部门经审核，报国务院畜牧兽医行政主管部门批准。

向境外输出畜禽遗传资源的，还应当依照《中华人民共和国进出境动植物检疫法》的规定办理相关手续并实施检疫。

新发现的畜禽遗传资源在国家畜禽遗传资源委员会鉴定前，不得向境外输出，不得与境外机构、个人合作研究利用。

第十七条　畜禽遗传资源的进出境和对外合作研究利用的审批办法由国务院规定。

第三章　种畜禽品种选育与生产经营

第十八条　国家扶持畜禽品种的选育和优良品种的推广使用，支持企业、院校、科研机构和技术推广单位开展联合育种，建立畜禽良种繁育体系。

第十九条　培育的畜禽新品种、配套系和新发现的畜禽遗传资源在推广前，应当通过国家畜禽遗传资源委员会审定或者鉴定，并由国务院畜牧兽医行政主管部门公告。畜禽新品种、配套系的审定办法和畜禽遗传资源的鉴定办法，由国务院畜牧兽医行政主管部门制定。审定或者鉴定所需的试验、检测等费用由申请者承担，收费办法由国务院财政、价格部门会同国务院畜牧兽医行政主管部门制定。

培育新的畜禽品种、配套系进行中间试验，应当经试验所在地省级人民政府畜牧兽医行政主管部门批准。

畜禽新品种、配套系培育者的合法权益受法律保护。

第二十条　转基因畜禽品种的培育、试验、审定和推广，应当符合国家有关农业转基因生物管理的规定。

第二十一条　省级以上畜牧兽医技术推广机构可以组织开展种畜优良个体登记，向社会推荐优良种畜。优良种畜登记规则由国务院畜牧兽医行政主管部门制定。

第二十二条　从事种畜禽生产经营或者生产商品代仔畜、雏禽的单位、个人，应当取得种畜禽生产经营许可证。

申请取得种畜禽生产经营许可证，应当具备下列条件：

（一）生产经营的种畜禽必须是通过国家畜禽遗传资源委员会审定或者鉴定的品种、配套系，或者是经批准引进的境外品种、配套系；

（二）有与生产经营规模相适应的畜牧兽医技术人员；

（三）有与生产经营规模相适应的繁育设施设备；

（四）具备法律、行政法规和国务院畜牧兽医行政主管部门规定的种畜禽防疫条件；

（五）有完善的质量管理和育种记录制度；

（六）具备法律、行政法规规定的其他条件。

第二十三条　申请取得生产家畜卵子、冷冻精液、胚胎等遗传材料的生产经营许可证，除应当符合本法第二十二条第二款规定的条件外，还应当具备下列条件：

（一）符合国务院畜牧兽医行政主管部门规定的实验室、保存和运输条件；

（二）符合国务院畜牧兽医行政主管部门规定的种畜数量和质量要求；

（三）体外授精取得的胚胎、使用的卵子来源明确，供体畜符合国家规定的种畜健康标准和质量要求；

（四）符合国务院畜牧兽医行政主管部门规定的其他技术要求。

第二十四条　申请取得生产家畜卵子、冷冻精液、胚胎等遗传材料的生产经营许可证，应当向省级人民政府畜牧兽医行政主管部门提出申请。受理申请的畜牧兽医行政主管部门应当自收到申请之日起六十个工作日内依法决定是否发给生产经营许可证。

其他种畜禽的生产经营许可证由县级以上地方人民政府畜牧兽医行政主管部门审核发放，具体审核发放办法由省级人民政府规定。

种畜禽生产经营许可证样式由国务院畜牧兽医行政主管部门制定，许可证有效期为三年。发放种畜禽生产经营许可证可以收取工本费，具体收费管理办法由国务院财政、价格部门制定。

第二十五条　种畜禽生产经营许可证应当注明生产经营者名称、场（厂）址、生产经营范围及许可证有效期的起止日期等。

禁止任何单位、个人无种畜禽生产经营许可证或者违反种畜禽生产经营许可证的规定生产经营种畜禽。禁止伪造、变造、转让、租借种畜禽生产经营许可证。

第二十六条　农户饲养的种畜禽用于自繁自养和有少量剩余仔畜、雏禽出售的，农户饲养种公畜进行互助配种的，不需要办理种畜禽生产经营许可证。

第二十七条　专门从事家畜人工授精、胚胎移植等繁殖工作的人员，应当取得相应的国家职业资格证书。

第二十八条　发布种畜禽广告的，广告主应当提供种畜禽生产经营许可证和营业执照。广告内容应当符合有关法律、行政法规的规定，并注明种畜禽品种、配套系的审定或者鉴定名称；对主要性状的描述应当符合该品种、配套系的标准。

第二十九条　销售的种畜禽和家畜配种站（点）使用的种公畜，必须符合种用标准。销售种畜禽时，应当附具种畜禽场出具的种畜禽合格证明、动物防疫监督机构出具的检疫合格证明，销售的种畜还应当附具种畜禽场出具的家畜系谱。

生产家畜卵子、冷冻精液、胚胎等遗传材料，应当有完整的采集、销售、移植等记录，记录应当保存二年。

第三十条　销售种畜禽，不得有下列行为：

（一）以其他畜禽品种、配套系冒充所销售的种畜禽品种、配套系；

（二）以低代别种畜禽冒充高代别种畜禽；

（三）以不符合种用标准的畜禽冒充种畜禽；

（四）销售未经批准进口的种畜禽；

（五）销售未附具本法第二十九条规定的种畜禽合格证明、检疫合格证明的种畜禽或者未附具家畜系谱的种畜；

（六）销售未经审定或者鉴定的种畜禽品种、配套系。

第三十一条　申请进口种畜禽的，应当持有种畜禽生产经营许可证。进口种畜禽的批准文件有效期为六个月。

进口的种畜禽应当符合国务院畜牧兽医行政主管部门规定的技术要求。首次进口的种畜禽还应当由国家畜禽遗传资源委员会进行种用性能的评估。

种畜禽的进出口管理除适用前两款的规定外，还适用本法第十五条和第十六条的相关规定。

国家鼓励畜禽养殖者对进口的畜禽进行新品种、配套系的选育；选育的新品种、配套系在推广前，应当经国家畜禽遗传资源委员会审定。

第三十二条　种畜禽场和孵化场（厂）销售商品代仔畜、雏禽的，应当向购买者提供其销售的商品代仔畜、雏禽的主要生产性能指标、免疫情况、饲养技术要求和有关咨询服务，并附具动物防疫监督机构出具的检疫合格证明。

销售种畜禽和商品代仔畜、雏禽，因质量问题给畜禽养殖者造成损失的，应当依法赔偿损失。

第三十三条　县级以上人民政府畜牧兽医行政主管部门负责种畜禽质量安全的监督管理工作。种畜禽质量安全的监督检验应当委托具有法定资质的种畜禽质量检验机构进行；所需检验费用按照国务院规定列支，不得向被检验人收取。

第三十四条　蚕种的资源保护、新品种选育、生产经营和推广适用本法有关规定，具体管理办法由国务院农业行政主管部门制定。

第四章　畜禽养殖

第三十五条　县级以上人民政府畜牧兽医行政主管部门应当根据畜牧业发展规划和市场需求，引导和支持畜牧业结构调整，发展优势畜禽生产，提高畜禽产品市场竞争力。

国家支持草原牧区开展草原围栏、草原水利、草原改良、饲草饲料基地等草原基本建设，优化畜群结构，改良牲畜品种，转变生产方式，发展舍饲圈养、划区轮牧，逐步实现畜草平衡，改善草原生态环境。

第三十六条　国务院和省级人民政府应当在其财政预算内安排支持畜牧业发展的良种补贴、贴息补助等资金，并鼓励有关金融机构通过提供贷款、保险服务等形式，支持畜禽养殖者购买优良畜禽、繁育良种、改善生产设施、扩大养殖规模，提高养殖效益。

第三十七条　国家支持农村集体经济组织、农民和畜牧业合作经济组织建立畜禽养殖场、养殖小区，发展规模化、标准化养殖。乡（镇）土地利用总体规划应当根据本地实际情况安排畜禽养殖用地。农村集体经济组织、农民、畜牧业合作经济组织按照乡(镇)土地利用总体规划建立的畜禽养殖场、养殖小区用地按农业用地管理。畜禽养殖场、养殖小区用地使用权期限届满,需要恢复为原用途的,由畜禽养殖场、养殖小区土地使用权人负责恢复。在畜禽养殖场、养殖小区用地范围内需要兴建永久性建(构)筑物,涉及农用地转用的,依照《中华人民共和国土地管理法》的规定办理。

第三十八条 国家设立的畜牧兽医技术推广机构,应当向农民提供畜禽养殖技术培训、良种推广、疫病防治等服务。县级以上人民政府应当保障国家设立的畜牧兽医技术推广机构从事公益性技术服务的工作经费。

国家鼓励畜禽产品加工企业和其他相关生产经营者为畜禽养殖者提供所需的服务。

第三十九条 畜禽养殖场、养殖小区应当具备下列条件:

(一)有与其饲养规模相适应的生产场所和配套的生产设施;

(二)有为其服务的畜牧兽医技术人员;

(三)具备法律、行政法规和国务院畜牧兽医行政主管部门规定的防疫条件;

(四)有对畜禽粪便、废水和其他固体废弃物进行综合利用的沼气池等设施或者其他无害化处理设施;

(五)具备法律、行政法规规定的其他条件。

养殖场、养殖小区兴办者应当将养殖场、养殖小区的名称、养殖地址、畜禽品种和养殖规模,向养殖场、养殖小区所在地县级人民政府畜牧兽医行政主管部门备案,取得畜禽标识代码。

省级人民政府根据本行政区域畜牧业发展状况制定畜禽养殖场、养殖小区的规模标准和备案程序。

第四十条 禁止在下列区域内建设畜禽养殖场、养殖小区:

(一)生活饮用水的水源保护区,风景名胜区,以及自然保护区的核心区和缓冲区;

(二)城镇居民区、文化教育科学研究区等人口集中区域;

(三)法律、法规规定的其他禁养区域。

第四十一条 畜禽养殖场应当建立养殖档案,载明以下内容:

(一)畜禽的品种、数量、繁殖记录、标识情况、来源和进出场日期;

(二)饲料、饲料添加剂、兽药等投入品的来源、名称、使用对象、时间和用量;

(三)检疫、免疫、消毒情况;

(四)畜禽发病、死亡和无害化处理情况;

(五)国务院畜牧兽医行政主管部门规定的其他内容。

第四十二条 畜禽养殖场应当为其饲养的畜禽提供适当的繁殖条件和生存、生长环境。

第四十三条 从事畜禽养殖,不得有下列行为:

(一)违反法律、行政法规的规定和国家技术规范的强制性要求使用饲料、饲料添加剂、兽药;

(二)使用未经高温处理的餐馆、食堂的泔水饲喂家畜;

(三)在垃圾场或者使用垃圾场中的物质饲养畜禽;

(四)法律、行政法规和国务院畜牧兽医行政主管部门规定的危害人和畜禽健康的其他行为。

第四十四条 从事畜禽养殖,应当依照《中华人民共和国动物防疫法》的规定,做好畜禽疫病的防治工作。

第四十五条 畜禽养殖者应当按照国家关于畜禽标识管理的规定,在应当加施标识的畜禽的指定部位加施标识。畜牧兽医行政主管部门提供标识不得收费,所需费用列入省级人民政府财政预算。

畜禽标识不得重复使用。

第四十六条 畜禽养殖场、养殖小区应当保证畜禽粪便、废水及其他固体废弃物综合利用或者无害化处理设施的正常运转,保证污染物达标排放,防止污染环境。

畜禽养殖场、养殖小区违法排放畜禽粪便、废水及其他固体废弃物,造成环境污染危害的,应当排除危害,依法赔偿损失。

国家支持畜禽养殖场、养殖小区建设畜禽粪便、废水及其他固体废弃物的综合利用设施。

第四十七条 国家鼓励发展养蜂业,维护养蜂生产者的合法权益。

有关部门应当积极宣传和推广蜜蜂授粉农艺措施。

第四十八条 养蜂生产者在生产过程中,不得使用危害蜂产品质量安全的药品和容器,确保蜂产品质量。养蜂器具应当符合国家技术规范的强制性要求。

第四十九条 养蜂生产者在转地放蜂时,当地公安、交通运输、畜牧兽医等有关部门应当为其提供必要的便利。

养蜂生产者在国内转地放蜂,凭国务院畜牧兽医行政主管部门统一格式印制的检疫合格证明运输蜂群,在检疫合格证明有效期内不得重复检疫。

第五章 畜禽交易与运输

第五十条 县级以上人民政府应当促进开放统一、竞争有序的畜禽交易市场建设。

县级以上人民政府畜牧兽医行政主管部门和其他有关主管部门应当组织搜集、整理、发布畜禽产销信息，为生产者提供信息服务。

第五十一条　县级以上地方人民政府根据农产品批发市场发展规划，对在畜禽集散地建立畜禽批发市场给予扶持。

畜禽批发市场选址，应当符合法律、行政法规和国务院畜牧兽医行政主管部门规定的动物防疫条件，并距离种畜禽场和大型畜禽养殖场三公里以外。

第五十二条　进行交易的畜禽必须符合国家技术规范的强制性要求。

国务院畜牧兽医行政主管部门规定应当加施标识而没有标识的畜禽，不得销售和收购。

第五十三条　运输畜禽，必须符合法律、行政法规和国务院畜牧兽医行政主管部门规定的动物防疫条件，采取措施保护畜禽安全，并为运输的畜禽提供必要的空间和饲喂饮水条件。

有关部门对运输中的畜禽进行检查，应当有法律、行政法规的依据。

第六章　质量安全保障

第五十四条　县级以上人民政府应当组织畜牧兽医行政主管部门和其他有关主管部门，依照本法和有关法律、行政法规的规定，加强对畜禽饲养环境、种畜禽质量、饲料和兽药等投入品的使用以及畜禽交易与运输的监督管理。

第五十五条　国务院畜牧兽医行政主管部门应当制定畜禽标识和养殖档案管理办法，采取措施落实畜禽产品质量责任追究制度。

第五十六条　县级以上人民政府畜牧兽医行政主管部门应当制定畜禽质量安全监督检查计划，按计划开展监督抽查工作。

第五十七条　省级以上人民政府畜牧兽医行政主管部门应当组织制定畜禽生产规范，指导畜禽的安全生产。

第七章　法律责任

第五十八条　违反本法第十三条第二款规定，擅自处理受保护的畜禽遗传资源，造成畜禽遗传资源损失的，由省级以上人民政府畜牧兽医行政主管部门处五万元以上五十万元以下罚款。

第五十九条　违反本法有关规定，有下列行为之一的，由省级以上人民政府畜牧兽医行政主管部门责令停止违法行为，没收畜禽遗传资源和违法所得，并处一万元以上五万元以下罚款：

（一）未经审核批准，从境外引进畜禽遗传资源的；

（二）未经审核批准，在境内与境外机构、个人合作研究利用列入保护名录的畜禽遗传资源的；

（三）在境内与境外机构、个人合作研究利用未经国家畜禽遗传资源委员会鉴定的新发现的畜禽遗传资源的。

第六十条　未经国务院畜牧兽医行政主管部门批准，向境外输出畜禽遗传资源的，依照《中华人民共和国海关法》的有关规定追究法律责任。海关应当将扣留的畜禽遗传资源移送省级人民政府畜牧兽医行政主管部门处理。

第六十一条　违反本法有关规定，销售、推广未经审定或者鉴定的畜禽品种的，由县级以上人民政府畜牧兽医行政主管部门责令停止违法行为，没收畜禽和违法所得；违法所得在五万元以上的，并处违法所得一倍以上三倍以下罚款；没有违法所得或者违法所得不足五万元的，并处五千元以上五万元以下罚款。

第六十二条　违反本法有关规定，无种畜禽生产经营许可证或者违反种畜禽生产经营许可证的规定生产经营种畜禽的，转让、租借种畜禽生产经营许可证的，由县级以上人民政府畜牧兽医行政主管部门责令停止违法行为，没收违法所得；违法所得在三万元以上的，并处违法所得一倍以上三倍以下罚款；没有违法所得或者违法所得不足三万元的，并处三千元以上三万元以下罚款。违反种畜禽生产经营许可证的规定生产经营种畜禽或者转让、租借种畜禽生产经营许可证，情节严重的，并处吊销种畜禽生产经营许可证。

第六十三条　违反本法第二十八条规定的，依照《中华人民共和国广告法》的有关规定追究法律责任。

第六十四条　违反本法有关规定，使用的种畜禽不符合种用标准的，由县级以上地方人民政府畜牧兽医行政主管部门责令停止违法行为，没收违法所得；违法所得在五千元以上的，并处违法所得一倍以上二倍以下罚款；没有违法所得或者违法所得不足五千元的，并处一千元以上五千元以下罚款。

第六十五条　销售种畜禽有本法第三十条第一项至第四项违法行为之一的，由县级以上人民政府畜牧兽医行政主管部门或者工商行政管理部门责令停止销售，没收违法销售的畜禽和违法所得；违法所得在五万元以上的，并处违法所得一倍以上五倍以下罚款；没有违法所得或者违法所得不足五万元的，并处五千元以上五万元以下罚款；情节严重的，并处吊销种畜禽生产经营许可证或者营业执照。

第六十六条　违反本法第四十一条规定，畜禽养殖场未建立养殖档案的，或者未按照规定保存养殖档案的，由县级以上人民政府畜牧兽医行政主管部门责令限期改正，可以处一万元以下罚款。

第六十七条　违反本法第四十三条规定养殖畜禽的，依照有关法律、行政法规的规定处罚。

第六十八条　违反本法有关规定，销售的种畜禽未附具种畜禽合格证明、检疫合格证明、家畜系谱的，销售、收购国务院畜牧兽医行政主管部门规定应当加施标识而没有标识的畜禽的,或者重复使用畜禽标识的,由县级以上地方人民政府畜牧兽医行政主管部门或者工商行政管理部门责令改正,可以处二千元以下罚款。

违反本法有关规定,使用伪造、变造的畜禽标识的,由县级以上人民政府畜牧兽医行政主管部门没收伪造、变造的畜禽标识和违法所得,并处三千元以上三万元以下罚款。

第六十九条 销售不符合国家技术规范的强制性要求的畜禽的,由县级以上地方人民政府畜牧兽医行政主管部门或者工商行政管理部门责令停止违法行为,没收违法销售的畜禽和违法所得,并处违法所得一倍以上三倍以下罚款;情节严重的,由工商行政管理部门并处吊销营业执照。

第七十条 畜牧兽医行政主管部门的工作人员利用职务上的便利,收受他人财物或者谋取其他利益,对不符合法定条件的单位、个人核发许可证或者有关批准文件,不履行监督职责,或者发现违法行为不予查处的,依法给予行政处分。

第七十一条 违反本法规定,构成犯罪的,依法追究刑事责任。

第八章 附 则

第七十二条 本法所称畜禽遗传资源,是指畜禽及其卵子(蛋)、胚胎、精液、基因物质等遗传材料。

本法所称种畜禽,是指经过选育、具有种用价值、适于繁殖后代的畜禽及其卵子(蛋)、胚胎、精液等。

第七十三条 本法自2006年7月1日起施行。

中华人民共和国动物防疫法

(1997年7月3日第八届全国人民代表大会常务委员会第二十六次会议通过
2007年8月30日第十届全国人民代表大会常务委员会第二十九次会议修订
根据2013年6月29日第十二届全国人民代表大会常务委员会第三次会议《关于修改〈中华人民共和国文物保护法〉等十二部法律的决定》修正
根据2015年4月24日第十二届全国人民代表大会常务委员会第十四次会议通过全国人民代表大会常务委员会《关于修改〈中华人民共和国电力法〉等六部法律的决定》修正)

第一章 总 则

第一条 为了加强对动物防疫活动的管理,预防、控制和扑灭动物疫病,促进养殖业发展,保护人体健康,维护公共卫生安全,制定本法。

第二条 本法适用于在中华人民共和国领域内的动物防疫及其监督管理活动。

进出境动物、动物产品的检疫,适用《中华人民共和国进出境动植物检疫法》。

第三条 本法所称动物,是指家畜家禽和人工饲养、合法捕获的其他动物。

本法所称动物产品,是指动物的肉、生皮、原毛、绒、脏器、脂、血液、精液、卵、胚胎、骨、蹄、头、角、筋以及可能传播动物疫病的奶、蛋等。

本法所称动物疫病,是指动物传染病、寄生虫病。

本法所称动物防疫,是指动物疫病的预防、控制、扑灭和动物、动物产品的检疫。

第四条 根据动物疫病对养殖业生产和人体健康的危害程度,本法规定管理的动物疫病分为下列三类:

(一)一类疫病,是指对人与动物危害严重,需要采取紧急、严厉的强制预防、控制、扑灭等措施的;

(二)二类疫病,是指可能造成重大经济损失,需要采取严格控制、扑灭等措施,防止扩散的;

(三)三类疫病,是指常见多发、可能造成重大经济损失,需要控制和净化的。

前款一、二、三类动物疫病具体病种名录由国务院兽医主管部门制定并公布。

第五条 国家对动物疫病实行预防为主的方针。

第六条 县级以上人民政府应当加强对动物防疫工作的统一领导,加强基层动物防疫队伍建设,建立健全动物防疫体系,制定并组织实施动物疫病防治规划。

乡级人民政府、城市街道办事处应当组织群众协助做好本管辖区域内的动物疫病预防与控制工作。

第七条 国务院兽医主管部门主管全国的动物防疫工作。

县级以上地方人民政府兽医主管部门主管本行政区域内的动物防疫工作。

县级以上人民政府其他部门在各自的职责范围内做好动物防疫工作。

军队和武装警察部队动物卫生监督职能部门分别负责军队和武装警察部队现役动物及饲养自用动物的防疫工作。

第八条 县级以上地方人民政府设立的动物卫生监督机构依照本法规定,负责动物、动物产品的检疫工作和其他有关动物防疫的监督管理执法工作。

第九条 县级以上人民政府按照国务院的规定,根据统筹规划、合理布局、综合设置的原则建立动物疫病预防控制机构,承担动物疫病的监测、检测、诊断、流行病学调查、疫情报告以及其他预防、控制等技术工作。

第十条　国家支持和鼓励开展动物疫病的科学研究以及国际合作与交流，推广先进适用的科学研究成果，普及动物防疫科学知识，提高动物疫病防治的科学技术水平。

第十一条　对在动物防疫工作、动物防疫科学研究中做出成绩和贡献的单位和个人，各级人民政府及有关部门给予奖励。

第二章　动物疫病的预防

第十二条　国务院兽医主管部门对动物疫病状况进行风险评估，根据评估结果制定相应的动物疫病预防、控制措施。

国务院兽医主管部门根据国内外动物疫情和保护养殖业生产及人体健康的需要，及时制定并公布动物疫病预防、控制技术规范。

第十三条　国家对严重危害养殖业生产和人体健康的动物疫病实施强制免疫。国务院兽医主管部门确定强制免疫的动物疫病病种和区域，并会同国务院有关部门制定国家动物疫病强制免疫计划。

省、自治区、直辖市人民政府兽医主管部门根据国家动物疫病强制免疫计划，制订本行政区域的强制免疫计划；并可以根据本行政区域内动物疫病流行情况增加实施强制免疫的动物疫病病种和区域，报本级人民政府批准后执行，并报国务院兽医主管部门备案。

第十四条　县级以上地方人民政府兽医主管部门组织实施动物疫病强制免疫计划。乡级人民政府、城市街道办事处应当组织本管辖区域内饲养动物的单位和个人做好强制免疫工作。

饲养动物的单位和个人应当依法履行动物疫病强制免疫义务，按照兽医主管部门的要求做好强制免疫工作。

经强制免疫的动物，应当按照国务院兽医主管部门的规定建立免疫档案，加施畜禽标识，实施可追溯管理。

第十五条　县级以上人民政府应当建立健全动物疫情监测网络，加强动物疫情监测。

国务院兽医主管部门应当制定国家动物疫病监测计划。省、自治区、直辖市人民政府兽医主管部门应当根据国家动物疫病监测计划，制定本行政区域的动物疫病监测计划。

动物疫病预防控制机构应当按照国务院兽医主管部门的规定，对动物疫病的发生、流行等情况进行监测；从事动物饲养、屠宰、经营、隔离、运输以及动物产品生产、经营、加工、贮藏等活动的单位和个人不得拒绝或者阻碍。

第十六条　国务院兽医主管部门和省、自治区、直辖市人民政府兽医主管部门应当根据对动物疫病发生、流行趋势的预测，及时发出动物疫情预警。地方各级人民政府接到动物疫情预警后，应当采取相应的预防、控制措施。

第十七条　从事动物饲养、屠宰、经营、隔离、运输以及动物产品生产、经营、加工、贮藏等活动的单位和个人，应当依照本法和国务院兽医主管部门的规定，做好免疫、消毒等动物疫病预防工作。

第十八条　种用、乳用动物和宠物应当符合国务院兽医主管部门规定的健康标准。

种用、乳用动物应当接受动物疫病预防控制机构的定期检测；检测不合格的，应当按照国务院兽医主管部门的规定予以处理。

第十九条　动物饲养场（养殖小区）和隔离场所，动物屠宰加工场所，以及动物和动物产品无害化处理场所，应当符合下列动物防疫条件：

（一）场所的位置与居民生活区、生活饮用水源地、学校、医院等公共场所的距离符合国务院兽医主管部门规定的标准；

（二）生产区封闭隔离，工程设计和工艺流程符合动物防疫要求；

（三）有相应的污水、污物、病死动物、染疫动物产品的无害化处理设施设备和清洗消毒设施设备；

（四）有为其服务的动物防疫技术人员；

（五）有完善的动物防疫制度；

（六）具备国务院兽医主管部门规定的其他动物防疫条件。

第二十条　兴办动物饲养场（养殖小区）和隔离场所，动物屠宰加工场所，以及动物和动物产品无害化处理场所，应当向县级以上地方人民政府兽医主管部门提出申请，并附具相关材料。受理申请的兽医主管部门应当依照本法和《中华人民共和国行政许可法》的规定进行审查。经审查合格的，发给动物防疫条件合格证；不合格的，应当通知申请人并说明理由。

动物防疫条件合格证应当载明申请人的名称、场（厂）址等事项。

经营动物、动物产品的集贸市场应当具备国务院兽医主管部门规定的动物防疫条件，并接受动物卫生监督机构的监督检查。

第二十一条　动物、动物产品的运载工具、垫料、包装物、容器等应当符合国务院兽医主管部门规定的动物防疫要求。

染疫动物及其排泄物、染疫动物产品，病死或者死因不明的动物尸体，运载工具中的动物排泄物以及垫料、包装物、容器等污染物，应当按照国务院兽医主管部门的规定处理，不得随意处置。

第二十二条　采集、保存、运输动物病料或者病原微生物以及从事病原微生物研究、教学、检测、诊断等活动，应当遵守国家有关病原微生物实验室管理的规定。

第二十三条　患有人畜共患传染病的人员不得直接从事动物诊疗以及易感染动物的饲养、屠宰、经营、隔离、运输等活动。

人畜共患传染病名录由国务院兽医主管部门会同国务院卫生主管部门制定并公布。

第二十四条　国家对动物疫病实行区域化管理，逐步建立无规定动物疫病区。无规定动物疫病区应当符合国务院兽医主管部门规定的标准，经国务院兽医主管部门验收合格予以公布。

本法所称无规定动物疫病区，是指具有天然屏障或者采取人工措施，在一定期限内没有发生规定的一种或者几种动物疫病，并经验收合格的区域。

第二十五条　禁止屠宰、经营、运输下列动物和生产、经营、加工、贮藏、运输下列动物产品：

（一）封锁疫区内与所发生动物疫病有关的；

（二）疫区内易感染的；

（三）依法应当检疫而未经检疫或者检疫不合格的；

（四）染疫或者疑似染疫的；

（五）病死或者死因不明的；

（六）其他不符合国务院兽医主管部门有关动物防疫规定的。

第三章　动物疫情的报告、通报和公布

第二十六条　从事动物疫情监测、检验检疫、疫病研究与诊疗以及动物饲养、屠宰、经营、隔离、运输等活动的单位和个人，发现动物染疫或者疑似染疫的，应当立即向当地兽医主管部门、动物卫生监督机构或者动物疫病预防控制机构报告，并采取隔离等控制措施，防止动物疫情扩散。其他单位和个人发现动物染疫或者疑似染疫的，应当及时报告。

接到动物疫情报告的单位，应当及时采取必要的控制处理措施，并按照国家规定的程序上报。

第二十七条　动物疫情由县级以上人民政府兽医主管部门认定；其中重大动物疫情由省、自治区、直辖市人民政府兽医主管部门认定，必要时报国务院兽医主管部门认定。

第二十八条　国务院兽医主管部门应当及时向国务院有关部门和军队有关部门以及省、自治区、直辖市人民政府兽医主管部门通报重大动物疫情的发生和处理情况；发生人畜共患传染病的，县级以上人民政府兽医主管部门与同级卫生主管部门应当及时相互通报。

国务院兽医主管部门应当依照我国缔结或者参加的条约、协定，及时向有关国际组织或者贸易方通报重大动物疫情的发生和处理情况。

第二十九条　国务院兽医主管部门负责向社会及时公布全国动物疫情，也可以根据需要授权省、自治区、直辖市人民政府兽医主管部门公布本行政区域内的动物疫情。其他单位和个人不得发布动物疫情。

第三十条　任何单位和个人不得瞒报、谎报、迟报、漏报动物疫情，不得授意他人瞒报、谎报、迟报动物疫情，不得阻碍他人报告动物疫情。

第四章　动物疫病的控制和扑灭

第三十一条　发生一类动物疫病时，应当采取下列控制和扑灭措施：

（一）当地县级以上地方人民政府兽医主管部门应当立即派人到现场，划定疫点、疫区、受威胁区，调查疫源，及时报请本级人民政府对疫区实行封锁。疫区范围涉及两个以上行政区域的，由有关行政区域共同的上一级人民政府对疫区实行封锁，或者由各有关行政区域的上一级人民政府共同对疫区实行封锁。必要时，上级人民政府可以责成下级人民政府对疫区实行封锁。

（二）县级以上地方人民政府应当立即组织有关部门和单位采取封锁、隔离、扑杀、销毁、消毒、无害化处理、紧急免疫接种等强制性措施，迅速扑灭疫病。

（三）在封锁期间，禁止染疫、疑似染疫和易感染的动物、动物产品流出疫区，禁止非疫区的易感染动物进入疫区，并根据扑灭动物疫病的需要对出入疫区的人员、运输工具及有关物品采取消毒和其他限制性措施。

第三十二条　发生二类动物疫病时，应当采取下列控制和扑灭措施：

（一）当地县级以上地方人民政府兽医主管部门应当划定疫点、疫区、受威胁区。

（二）县级以上地方人民政府根据需要组织有关部门和单位采取隔离、扑杀、销毁、消毒、无害化处理、紧急免疫接种、限制易感染的动物和动物产品及有关物品出入等控制、扑灭措施。

第三十三条　疫点、疫区、受威胁区的撤销和疫区封锁的解除，按照国务院兽医主管部门规定的标准和程序评估后，由原决定机关决定并宣布。

第三十四条　发生三类动物疫病时，当地县级、乡级人民政府应当按照国务院兽医主管部门的规定组织防治和净化。

第三十五条　二、三类动物疫病呈暴发性流行时，按照一类动物疫病处理。

第三十六条　为控制、扑灭动物疫病，动物卫生监督机构应当派人在当地依法设立的现有检查站执行监督检查任务；必要时，经省、自治区、直辖市人民政府批准，可以设立临时性的动物卫生监督检查站，执行监督检查任务。

第三十七条　发生人畜共患传染病时，卫生主管部门应当组织对疫区易感染的人群进行监测，并采取相应的预防、控制措施。

第三十八条　疫区内有关单位和个人，应当遵守县级以上人民政府及其兽医主管部门依法作出的有关控制、扑灭动物疫病的规定。

任何单位和个人不得藏匿、转移、盗掘已被依法隔离、封存、处理的动物和动物产品。

第三十九条　发生动物疫情时，航空、铁路、公路、水路等运输部门应当优先组织运送控制、扑灭疫病的人员和有关物资。

第四十条　一、二、三类动物疫病突然发生，迅速传播，给养殖业生产安全造成严重威胁、危害，以及可能对公众身体健康与生命安全造成危害，构成重大动物疫情的，依照法律和国务院的规定采取应急处理措施。

第五章　动物和动物产品的检疫

第四十一条　动物卫生监督机构依照本法和国务院兽医主管部门的规定对动物、动物产品实施检疫。

动物卫生监督机构的官方兽医具体实施动物、动物产品检疫。官方兽医应当具备规定的资格条件，取得国务院兽医主管部门颁发的资格证书，具体办法由国务院兽医主管部门会同国务院人事行政部门制定。

本法所称官方兽医，是指具备规定的资格条件并经兽医主管部门任命的，负责出具检疫等证明的国家兽医工作人员。

第四十二条　屠宰、出售或者运输动物以及出售或者运输动物产品前，货主应当按照国务院兽医主管部门的规定向当地动物卫生监督机构申报检疫。

动物卫生监督机构接到检疫申报后，应当及时指派官方兽医对动物、动物产品实施现场检疫；检疫合格的，出具检疫证明、加施检疫标志。实施现场检疫的官方兽医应当在检疫证明、检疫标志上签字或者盖章，并对检疫结论负责。

第四十三条　屠宰、经营、运输以及参加展览、演出和比赛的动物，应当附有检疫证明；经营和运输的动物产品，应当附有检疫证明、检疫标志。

对前款规定的动物、动物产品，动物卫生监督机构可以查验检疫证明、检疫标志，进行监督抽查，但不得重复检疫收费。

第四十四条　经铁路、公路、水路、航空运输动物和动物产品的，托运人托运时应当提供检疫证明；没有检疫证明的，承运人不得承运。

运载工具在装载前和卸载后应当及时清洗、消毒。

第四十五条　输入到无规定动物疫病区的动物、动物产品，货主应当按照国务院兽医主管部门的规定向无规定动物疫病区所在地动物卫生监督机构申报检疫，经检疫合格的，方可进入；检疫所需费用纳入无规定动物疫病区所在地地方人民政府财政预算。

第四十六条　跨省、自治区、直辖市引进乳用动物、种用动物及其精液、胚胎、种蛋的，应当向输入地省、自治区、直辖市动物卫生监督机构申请办理审批手续，并依照本法第四十二条的规定取得检疫证明。

跨省、自治区、直辖市引进的乳用动物、种用动物到达输入地后，货主应当按照国务院兽医主管部门的规定对引进的乳用动物、种用动物进行隔离观察。

第四十七条　人工捕获的可能传播动物疫病的野生动物，应当报经捕获地动物卫生监督机构检疫，经检疫合格的，方可饲养、经营和运输。

第四十八条　经检疫不合格的动物、动物产品，货主应当在动物卫生监督机构监督下按照国务院兽医主管部门的规定处理，处理费用由货主承担。

第四十九条　依法进行检疫需要收取费用的，其项目和标准由国务院财政部门、物价主管部门规定。

第六章　动物诊疗

第五十条　从事动物诊疗活动的机构，应当具备下列条件：

（一）有与动物诊疗活动相适应并符合动物防疫条件的场所；

（二）有与动物诊疗活动相适应的执业兽医；

（三）有与动物诊疗活动相适应的兽医器械和设备；

（四）有完善的管理制度。

第五十一条　设立从事动物诊疗活动的机构，应当向县级以上地方人民政府兽医主管部门申请动物诊疗许可证。受理申请的兽医主管部门应当依照本法和《中华人民共和国行政许可法》的规定进行审查。经审查合格的，发给动物诊疗许可证；不合格的，应当通知申请人并说明理由。

第五十二条　动物诊疗许可证应当载明诊疗机构名称、诊疗活动范围、从业地点和法定代表人（负责人）等事项。

动物诊疗许可证载明事项变更的，应当申请变更或者换发动物诊疗许可证。

第五十三条　动物诊疗机构应当按照国务院兽医主管部门的规定，做好诊疗活动中的卫生安全防护、消毒、隔离和诊疗废弃物处置等工作。

第五十四条　国家实行执业兽医资格考试制度。具有兽医相关专业大学专科以上学历的，可以申请参加执业兽医资格考试；考试合格的，由省、自治区、直辖市人民政府兽医主管部门颁发执业兽医资格证书；从事动物诊疗的，还应当向当地县级人民政府兽医主管部门申请注册。执业兽医资格考试和注册办法由国务院兽医主管部门商国务院人事行政部门制定。

本法所称执业兽医，是指从事动物诊疗和动物保健等经营活动的兽医。

第五十五条　经注册的执业兽医，方可从事动物诊疗、开具兽药处方等活动。但是,本法第五十七条对乡村兽医服务人员另有规定的,从其规定。

执业兽医、乡村兽医服务人员应当按照当地人民政府或者兽医主管部门的要求,参加预防、控制和扑灭动物疫病的活动。

第五十六条　从事动物诊疗活动,应当遵守有关动物诊疗的操作技术规范,使用符合国家规定的兽药和兽医器械。

第五十七条　乡村兽医服务人员可以在乡村从事动物诊疗服务活动,具体管理办法由国务院兽医主管部门制定。

第七章　监督管理

第五十八条　动物卫生监督机构依照本法规定,对动物饲养、屠宰、经营、隔离、运输以及动物产品生产、经营、加工、贮藏、运输等活动中的动物防疫实施监督管理。

第五十九条　动物卫生监督机构执行监督检查任务,可以采取下列措施,有关单位和个人不得拒绝或者阻碍:

(一)对动物、动物产品按照规定采样、留验、抽检;

(二)对染疫或者疑似染疫的动物、动物产品及相关物品进行隔离、查封、扣押和处理;

(三)对依法应当检疫而未经检疫的动物实施补检;

(四)对依法应当检疫而未经检疫的动物产品,具备补检条件的实施补检,不具备补检条件的予以没收销毁;

(五)查验检疫证明、检疫标志和畜禽标识;

(六)进入有关场所调查取证,查阅、复制与动物防疫有关的资料。

动物卫生监督机构根据动物疫病预防、控制需要,经当地县级以上地方人民政府批准,可以在车站、港口、机场等相关场所派驻官方兽医。

第六十条　官方兽医执行动物防疫监督检查任务,应当出示行政执法证件,佩带统一标志。

动物卫生监督机构及其工作人员不得从事与动物防疫有关的经营性活动,进行监督检查不得收取任何费用。

第六十一条　禁止转让、伪造或者变造检疫证明、检疫标志或者畜禽标识。

检疫证明、检疫标志的管理办法,由国务院兽医主管部门制定。

第八章　保障措施

第六十二条　县级以上人民政府应当将动物防疫纳入本级国民经济和社会发展规划及年度计划。

第六十三条　县级人民政府和乡级人民政府应当采取有效措施,加强村级防疫员队伍建设。

县级人民政府兽医主管部门可以根据动物防疫工作需要,向乡、镇或者特定区域派驻兽医机构。

第六十四条　县级以上人民政府按照本级政府职责,将动物疫病预防、控制、扑灭、检疫和监督管理所需经费纳入本级财政预算。

第六十五条　县级以上人民政府应当储备动物疫情应急处理工作所需的防疫物资。

第六十六条　对在动物疫病预防和控制、扑灭过程中强制扑杀的动物、销毁的动物产品和相关物品,县级以上人民政府应当给予补偿。具体补偿标准和办法由国务院财政部门会同有关部门制定。

因依法实施强制免疫造成动物应激死亡的,给予补偿。具体补偿标准和办法由国务院财政部门会同有关部门制定。

第六十七条　对从事动物疫病预防、检疫、监督检查、现场处理疫情以及在工作中接触动物疫病病原体的人员,有关单位应当按照国家规定采取有效的卫生防护措施和医疗保健措施。

第九章　法律责任

第六十八条　地方各级人民政府及其工作人员未依照本法规定履行职责的,对直接负责的主管人员和其他直接责任人员依法给予处分。

第六十九条　县级以上人民政府兽医主管部门及其工作人员违反本法规定,有下列行为之一的,由本级人民政府责令改正,通报批评;对直接负责的主管人员和其他直接责任人员依法给予处分:

(一)未及时采取预防、控制、扑灭等措施的;

(二)对不符合条件的颁发动物防疫条件合格证、动物诊疗许可证,或者对符合条件的拒不颁发动物防疫条件合格证、动物诊疗许可证的;

(三)其他未依照本法规定履行职责的行为。

第七十条　动物卫生监督机构及其工作人员违反本法规定,有下列行为之一的,由本级人民政府或者兽医主管部门责令改正,通报批评;对直接负责的主管人员和其他直接责任人员依法给予处分:

(一)对未经现场检疫或者检疫不合格的动物、动物产品出具检疫证明、加施检疫标志,或者对检疫合格的动物、动物产品拒不出具检疫证明、加施检疫标志的;

(二)对附有检疫证明、检疫标志的动物、动物产品重复检疫的;

(三)从事与动物防疫有关的经营性活动,或者在国务院财政部门、物价主管部门规定外加收费用、重复收费的;

(四)其他未依照本法规定履行职责的行为。

第七十一条　动物疫病预防控制机构及其工作人员违反本法规定，有下列行为之一的，由本级人民政府或者兽医主管部门责令改正，通报批评；对直接负责的主管人员和其他直接责任人员依法给予处分：

（一）未履行动物疫病监测、检测职责或者伪造监测、检测结果的；

（二）发生动物疫情时未及时进行诊断、调查的；

（三）其他未依照本法规定履行职责的行为。

第七十二条　地方各级人民政府、有关部门及其工作人员瞒报、谎报、迟报、漏报或者授意他人瞒报、谎报、迟报动物疫情，或者阻碍他人报告动物疫情的，由上级人民政府或者有关部门责令改正，通报批评；对直接负责的主管人员和其他直接责任人员依法给予处分。

第七十三条　违反本法规定，有下列行为之一的，由动物卫生监督机构责令改正，给予警告；拒不改正的，由动物卫生监督机构代作处理，所需处理费用由违法行为人承担，可以处一千元以下罚款：

（一）对饲养的动物不按照动物疫病强制免疫计划进行免疫接种的；

（二）种用、乳用动物未经检测或者经检测不合格而不按照规定处理的；

（三）动物、动物产品的运载工具在装载前和卸载后没有及时清洗、消毒的。

第七十四条　违反本法规定，对经强制免疫的动物未按照国务院兽医主管部门规定建立免疫档案、加施畜禽标识的，依照《中华人民共和国畜牧法》的有关规定处罚。

第七十五条　违反本法规定，不按照国务院兽医主管部门规定处置染疫动物及其排泄物，染疫动物产品，病死或者死因不明的动物尸体，运载工具中的动物排泄物以及垫料、包装物、容器等污染物以及其他经检疫不合格的动物、动物产品的，由动物卫生监督机构责令无害化处理，所需处理费用由违法行为人承担，可以处三千元以下罚款。

第七十六条　违反本法第二十五条规定，屠宰、经营、运输动物或者生产、经营、加工、贮藏、运输动物产品的，由动物卫生监督机构责令改正、采取补救措施，没收违法所得和动物、动物产品，并处同类检疫合格动物、动物产品货值金额一倍以上五倍以下罚款；其中依法应当检疫而未检疫的，依照本法第七十八条的规定处罚。

第七十七条　违反本法规定，有下列行为之一的，由动物卫生监督机构责令改正，处一千元以上一万元以下罚款；情节严重的，处一万元以上十万元以下罚款：

（一）兴办动物饲养场（养殖小区）和隔离场所，动物屠宰加工场所，以及动物和动物产品无害化处理场所，未取得动物防疫条件合格证的；

（二）未办理审批手续，跨省、自治区、直辖市引进乳用动物、种用动物及其精液、胚胎、种蛋的；

（三）未经检疫，向无规定动物疫病区输入动物、动物产品的。

第七十八条　违反本法规定，屠宰、经营、运输的动物未附有检疫证明，经营和运输的动物产品未附有检疫证明、检疫标志的，由动物卫生监督机构责令改正，处同类检疫合格动物、动物产品货值金额百分之十以上百分之五十以下罚款；对货主以外的承运人处运输费用一倍以上三倍以下罚款。

违反本法规定，参加展览、演出和比赛的动物未附有检疫证明的，由动物卫生监督机构责令改正，处一千元以上三千元以下罚款。

第七十九条　违反本法规定，转让、伪造或者变造检疫证明、检疫标志或者畜禽标识的，由动物卫生监督机构没收违法所得，收缴检疫证明、检疫标志或者畜禽标识，并处三千元以上三万元以下罚款。

第八十条　违反本法规定，有下列行为之一的，由动物卫生监督机构责令改正，处一千元以上一万元以下罚款：

（一）不遵守县级以上人民政府及其兽医主管部门依法作出的有关控制、扑灭动物疫病规定的；

（二）藏匿、转移、盗掘已被依法隔离、封存、处理的动物和动物产品的；

（三）发布动物疫情的。

第八十一条　违反本法规定，未取得动物诊疗许可证从事动物诊疗活动的，由动物卫生监督机构责令停止诊疗活动，没收违法所得；违法所得在三万元以上的，并处违法所得一倍以上三倍以下罚款；没有违法所得或者违法所得不足三万元的，并处三千元以上三万元以下罚款。

动物诊疗机构违反本法规定，造成动物疫病扩散的，由动物卫生监督机构责令改正，处一万元以上五万元以下罚款；情节严重的，由发证机关吊销动物诊疗许可证。

第八十二条　违反本法规定，未经兽医执业注册从事动物诊疗活动的，由动物卫生监督机构责令停止动物诊疗活动，没收违法所得，并处一千元以上一万元以下罚款。

执业兽医有下列行为之一的，由动物卫生监督机构给予警告，责令暂停六个月以上一年以下动物诊疗活动；情节严重的，由发证机关吊销注册证书：

（一）违反有关动物诊疗的操作技术规范，造成或者可能造成动物疫病传播、流行的；

（二）使用不符合国家规定的兽药和兽医器械的；

（三）不按照当地人民政府或者兽医主管部门要求参加动物疫病预防、控制和扑灭活动的。

第八十三条　违反本法规定，从事动物疫病研究与诊疗和动物饲养、屠宰、经营、隔离、运输，以及动物产品生产、经营、加工、贮藏等活动的单位和个人，有下列行为之一的，由动物卫生监督机构责令改正；拒不改正的，对违法行为单位处一千元以上一万元以下罚款，对违法行为个人可以处五百元以下罚款：

（一）不履行动物疫情报告义务的；

（二）不如实提供与动物防疫活动有关资料的；

（三）拒绝动物卫生监督机构进行监督检查的；

（四）拒绝动物疫病预防控制机构进行动物疫病监测、检测的。

第八十四条　违反本法规定，构成犯罪的，依法追究刑事责任。

违反本法规定，导致动物疫病传播、流行等，给他人人身、财产造成损害的，依法承担民事责任。

第十章　附　　则

第八十五条　本法自2008年1月1日起施行。

缓解生猪市场价格周期性波动调控预案

中华人民共和国国家发展和改革委员会
中华人民共和国财政部
中华人民共和国农业部
中华人民共和国商务部
公告

（2015年 第24号）

为健全生猪市场调控机制，缓解生猪生产和市场价格周期性波动，促进生猪生产平稳健康发展，制定本预案。

一、基本原则

（一）市场形成、政府调控。遵循市场经济规律，充分发挥市场形成价格作用。同时，更好发挥政府调控作用，合理引导市场预期，调节市场供求，促进生产稳定。

（二）统一领导、分级负责。在国务院统一领导下，强化“菜篮子”市长负责制，健全中央、地方分级负责的市场调控管理体系。

（三）分工协作、密切配合。各地区、各有关部门加强协调配合，形成职责明确、信息共享、齐抓共管、综合调控的工作格局。

二、预警指标

在判断生猪生产和市场情况时，将猪粮比价作为核心指标，将能繁母猪存栏量变化作为辅助指标，同时参考猪料比价、能繁母猪出场价格等其他指标，并根据生猪生产方式、成本和市场需求变化等因素适时调整预警指标及具体标准。

猪粮比价是指生猪出场价格与玉米（1816，-2.00，-0.11%）批发价格的比值（猪粮比价＝生猪出场价格/玉米批发价格）。其中，生猪出场价格、玉米批发价格是指发展改革委监测统计的全国平均生猪出场价格和全国主要批发市场二等玉米平均批发价格。为更加准确反映实际情况，对生猪生产盈亏平衡点对应的猪粮比价采取区间设置，根据2012—2014年生产成本数据测算，合理的水平在5.5：1至5.8：1之间。能繁母猪存栏量变化率是指农业部动态监测点的母猪存栏量月同比变化率。根据历史资料测算，月同比变化率在-5%～5%之间属正常水平，超出上述范围则表明生猪生产出现异常波动。猪料比价是指生猪出场价格与饲料平均价格的比值（猪料比价＝生猪出场价格/饲料平均价格）。

三、调控目标

国家加强对生猪等畜禽产品价格监测，采取综合调控措施，主要目标是促进猪粮比价处于绿色区域（5.5：1至8.5：1），防止价格出现大幅波动。

四、预警区域

将猪粮比价5.5：1和8.5：1作为预警点，低于5.5：1进入防止价格过度下跌调控区域，高于8.5：1进入防止价格过度上涨调控区域。具体划分为以下五种情况：（一）绿色区域（价格正常），猪粮比价在5.5：1至8.5：1之间；（二）蓝色区域（价格轻度上涨或轻度下跌），猪粮比价在8.5：1～9：1或5.5：1～5：1之间；（三）黄色区域（价格中度上涨或中度下跌），猪粮比价在9：1～9.5：1或5：1～4.5：1之间；（四）红色区域（价格重度上涨或重度下跌），猪粮比价高于9.5：1或低于4.5：1；（五）其他情况，生猪价格异常上涨或下跌的其他情况。

五、响应机制

国家加强监测和统计报告工作，根据猪粮比价的变动情况，在充分发挥市场调节作用的基础上，分别或同时启动发布预警信息、储备吞吐、进出口调节等措施。

（一）正常情况。当猪粮比价处于5.5：1至8.5：1之间（绿色区域）时，做好市场监测工作，密切关注生猪生产和市场价格变化情况。各部门根据职责定期发布生猪生产和市场价格信息。中央正常冻猪肉储备规模保持1万吨，主要用于应急救灾需要。如预计后期生猪供给可能出现缺口，猪粮比价可能出现过度上涨，可择机适当增加储备规模，以增强后期调控能力。当猪粮比价回归绿色区域后三个月内，由商务部牵头组织将中央冻猪肉储备规模调整至正常水平。商务部要加强监管，确保中央冻猪肉储备数量完整、质量完好。

（二）三级响应。

1. 防止价格过度上涨方面。

（1）当猪粮比价高于8.5∶1时，发展改革委及时通过中国政府网等媒体向社会发布预警信息。

（2）在充分发挥市场调节作用的同时，着手做好启动二级响应机制的准备。

2. 防止价格过度下跌方面。

（1）当猪粮比价低于5.5∶1时，发展改革委及时通过中国政府网等媒体向社会发布预警信息，引导养殖户合理调整生产，避免出现大的亏损。

（2）在充分发挥市场调节作用的同时，着手做好启动二级响应机制的准备。

（三）二级响应。

1. 防止价格过度上涨方面。

（1）当猪粮比价连续一段时间（通常为一个月，下同）处于9∶1至9.5∶1之间（黄色区域）时，由发展改革委牵头会商，提出中央冻猪肉储备投放计划，由商务部牵头组织实施。

（2）着手做好启动一级响应机制的准备。

2. 防止价格过度下跌方面。

（1）当猪粮比价连续一段时间处于5∶1至4.5∶1之间（黄色区域）时，由发展改革委牵头会商，提出中央冻猪肉储备收储计划，由商务部牵头组织实施。

（2）着手做好启动一级响应机制的准备。

（四）一级响应。

1. 防止价格过度上涨方面。

（1）当猪粮比价高于9.5∶1（红色区域）时，由发展改革委牵头会商，提出增加中央冻猪肉储备投放计划，由商务部牵头组织实施。

（2）研究采取其他调控措施。

2. 防止价格过度下跌方面。

（1）当猪粮比价低于4.5∶1（红色区域）时，由发展改革委牵头会商，提出增加中央冻猪肉储备收储计划，由商务部牵头组织实施，最高可增加至25万吨。如有需要，由发展改革委会同商务部、财政部报请国务院同意，继续增加储备规模，具体数量根据当时市场情况确定。

（2）研究采取临时性措施，加强猪肉进口管理，鼓励猪肉及其制品出口，减少当期市场供应。

（3）研究采取其他调控措施。

（五）其他异常情况。

受疫情或自然灾害等影响，当出现生猪价格异常上涨或下跌的其他情况时，由发展改革委牵头，及时研究提出调控生猪市场的相应措施。

六、配套措施

（一）信息发布。完善生猪信息统计监测制度，健全生猪市场价格调控统一信息发布平台，各有关部门根据职责定期在中国政府网和中央电视台财经频道信息发布平台发布相关信息，提醒养殖户、经营者防范市场和疫病风险，引导养殖户适时调整养殖规模和结构。

（二）市场监管。农业部门负责加强饲料安全、生猪疫病防控及检疫工作；加强疫情监测，建立健全重大动物疫情预警机制；按照《国家突发重大动物疫情应急预案》要求及时处理疫情；加强屠宰环节病害猪（肉）无害化处理的监管。价格部门会同财政部门清理整顿在生猪饲养、运输、屠宰和猪肉运输、销售等环节的不合理税费。价格部门加强生猪市场价格监督检查，维护正常市场价格秩序。有关部门依法加强对猪肉市场流通环节食品安全的监管。

七、组织体系

（一）组织协调。由发展改革委会同财政部、商务部、农业部等部门组织预案执行，各有关部门按预案规定的职责分工做好日常工作，并按国务院的统一部署，落实各自职责范围内的相关政策。

（二）会商机制。由发展改革委会同财政部、商务部、农业部等部门密切关注预案设定的预警指标变动情况。当猪粮比价进入预警区域时，及时启动响应机制，调控生猪市场。当生猪市场出现其他异常波动时，及时会商，向国务院提出政策建议。

（三）地方责任。按照国务院要求，各地要切实落实好“菜篮子”市长负责制，建立健全当地生猪市场价格调控机制，完善地方冻猪肉储备制度，组织好调控工作。

（四）经费保障。中央冻猪肉储备相关补贴资金，如冷藏保管费、公正检验费、利息费用、价差亏损等由中央财政负担。地方开展冻猪肉储备相关补贴资金由地方财政负担。中央冻猪肉储备由承储企业在保质期内自行轮换，其中中央正常冻猪肉

储备规模以内的轮换费用由中央财政负担，超出中央正常冻猪肉储备规模以外的轮换费用由承储企业自行负担。

八、附　　则

（一）实际情况发生变化时，由发展改革委会同有关部门适时修订本预案，报国务院批准后执行。

（二）本预案自发布之日起实施，由发展改革委负责解释，《缓解生猪市场价格周期性波动调控预案》（2012年第9号公告）同时废止。

（三）以往相关制度条款如有与此预案相抵触，以此预案为准。

关于进一步完善中央财政保费补贴型农业保险产品条款拟订工作的通知

中国保监会 财政部 农业部

保监发〔2015〕25 号

（2015 年 2 月 15 日）

各保监局，各省、自治区、直辖市、计划单列市财政厅（局）、农业（农牧、畜牧兽医、渔业）厅（局、委、办），新疆生产建设兵团财务局，黑龙江省农垦总局，广东省农垦总局，中国储备粮管理总公司，中国农业发展集团总公司，各财产保险公司，中国保险行业协会：

为贯彻落实 2015 年中央一号文件有关精神，进一步保护投保农户合法权益，确保国家强农惠农富农政策落实效果，现就中央财政保费补贴型农业保险产品条款拟定有关事项通知如下：

一、保险公司拟订条款应遵循以下基本原则：

（一）依法合规、公开公正、公平合理；

（二）要素完备、通俗易懂、表述严谨；

（三）不侵害农民合法权益、不妨碍市场公平竞争、不影响行业健康发展。

二、保险公司应当在充分听取省、自治区、直辖市人民政府财政、农业、保险监管部门和农民代表意见的基础上，拟订条款。

三、保险责任应列明保险标的所在区域内的主要风险，切实保障投保农户的风险需求。其中：

种植业保险主险的保险责任包括但不限于暴雨、洪水（政府行蓄洪除外）、内涝、风灾、雹灾、冻灾、旱灾、地震等自然灾害，泥石流、山体滑坡等意外事故，以及病虫草鼠害等。

养殖业保险主险的保险责任包括但不限于主要疾病和疫病、自然灾害〔暴雨、洪水（政府行蓄洪除外）、风灾、雷击、地震、冰雹、冻灾〕、意外事故（泥石流、山体滑坡、火灾、爆炸、建筑物倒塌、空中运行物体坠落）、政府扑杀等。当发生高传染性疫病政府实施强制扑杀时，保险公司应对投保农户进行赔偿，并可从赔偿金额中相应扣减政府扑杀专项补贴金额。

四、保险金额应覆盖直接物化成本或饲养成本。鼓励各公司开发满足农业生产者特别是新型农业生产经营主体风险需求的多层次、高保障的保险产品。鼓励各级地方政府提供保费补贴。

五、种植业保险及能繁母猪、生猪、奶牛等按头（只）保险的大牲畜保险条款中不得设置绝对免赔。同时，要依据不同品种的风险状况及民政、农业部门的相关规定，科学合理地设置相对免赔。

六、种植业保险条款应根据农作物生长期间物化成本分布比例，科学合理设定不同生长期的赔偿标准。原则上，当发生全部损失时，三大口粮作物苗期赔偿标准不得低于保险金额的 40%。

七、种植业保险条款应明确全部损失标准。原则上，投保农作物损失率在 80%（含）以上应视为全部损失。

八、养殖业保险条款应将病死畜禽无害化处理作为保险理赔的前提条件，不能确认无害化处理的，保险公司不予赔偿。

九、保险公司不得主张对受损的保险标的残余价值的权利，农业保险合同另有约定的除外。

十、条款中不得有封顶赔付、平均赔付、协议赔付等约定。

十一、价格保险和指数保险等创新型产品、森林保险、相互制保险条款拟订事项另行规定。

十二、各公司要高度重视条款拟订工作，严格按照本通知要求，对已报备的条款进行全面清理，并于 2015 年 4 月 30 日前完成修订并重新报备。凡有不符合上述规定的产品，保险监管部门不予备案；情节严重的，依法予以处罚，并将相关情况通报财政部和农业部。

十三、本通知自下发之日起施行。

草种管理办法

（2006 年 1 月 12 日农业部令第 56 号公布，
2013 年 12 月 31 日农业部令 2013 年第 5 号、
2014 年 4 月 25 日农业部令 2014 年第 3 号、
2015 年 4 月 29 日农业部令 2015 年第 1 号修订）

第一章 总 则

第一条 为了规范和加强草种管理，提高草种质量，维护草品种选育者和草种生产者、经营者、使用者的合法权益，促进草业的健康发展，根据《中华人民共和国种子法》和《中华人民共和国草原法》，制定本办法。

第二条 在中华人民共和国境内从事草品种选育和草种生产、经营、使用、管理等活动，应当遵守本办法。

第三条 本办法所称草种，是指用于动物饲养、生态建设、绿化美化等用途的草本植物及饲用灌木的籽粒、果实、根、茎、苗、叶、芽等种植材料或者繁殖材料。

第四条 农业部主管全国草种管理工作。

县级以上地方人民政府草原行政主管部门主管本行政区域内的草种管理工作。

第五条 草原行政主管部门及其工作人员不得参与和从事草种生产、经营活动；草种生产经营机构不得参与和从事草种行政管理工作。草种的行政主管部门与生产经营机构在人员和财务上必须分开。

第六条 县级以上地方人民政府草原行政主管部

门应当加强草种质资源保护和良种选育、生产、更新、推广工作,鼓励选育、生产、经营相结合,奖励在草种质资源保护和良种选育、推广等工作中成绩显著的单位和个人。

第二章　草种质资源保护

第七条　国家保护草种质资源,任何单位和个人不得侵占和破坏。

第八条　农业部根据需要编制国家重点保护草种质资源名录。

第九条　农业部组织有关单位收集、整理、鉴定、登记、保存、交流和利用草种质资源,建立草种质资源库,并定期公布可供利用的草种质资源名录。

第十条　农业部和省级人民政府草原行政主管部门根据需要建立国家和地方草种质资源保护区或者保护地。

第十一条　禁止采集、采挖国家重点保护的天然草种质资源。确因科研等特殊情况需要采集、采挖的,应当经省级人民政府草原行政主管部门审核,报农业部审批。

第十二条　从境外引进的草种质资源,应当依法进行检疫。

对首次引进的草种,应当进行隔离试种,并进行风险评估,经确认安全后方可使用。

第十三条　国家对草种质资源享有主权,任何单位和个人向境外提供草种质资源的,应当经所在地省、自治区、直辖市人民政府草原行政主管部门审核,报农业部审批。

第三章　草品种选育与审定

第十四条　国家鼓励单位和个人从事草品种选育,鼓励科研单位与企业相结合选育草品种,鼓励企业投资选育草品种。

第十五条　国家实行新草品种审定制度。新草品种未经审定通过的,不得发布广告,不得经营、推广。

第十六条　农业部设立全国草品种审定委员会,负责新草品种审定工作。

全国草品种审定委员会由相关的科研、教学、技术推广、行政管理等方面具有高级专业技术职称或处级以上职务的专业人员组成。

全国草品种审定委员会主任、副主任、委员由农业部聘任。

第十七条　审定通过的新草品种,由全国草品种审定委员会颁发证书,农业部公告。

审定公告应当包括审定通过的品种名称、选育者、适应地区等内容。

审定未通过的,由全国草品种审定委员会书面通知申请人并说明理由。

第十八条　在中国没有经常居所或者营业场所的外国公民、外国企业或外国其他组织在中国申请新草品种审定的,应当委托具有法人资格的中国草种科研、生产、经营机构代理。

第四章　草种生产

第十九条　主要草种的商品生产实行许可制度。

草种生产许可证由草种生产单位或个人所在地省级人民政府草原行政主管部门核发。

第二十条　申请领取草种生产许可证的单位和个人应当具备以下条件:

(一)具有繁殖草种的隔离和培育条件;

(二)具有无国家规定检疫对象的草种生产地点;

(三)具有与草种生产相适应的资金和生产、检验设施;

(四)具有相应的专业生产和检验技术人员;

(五)法律、法规规定的其他条件。

第二十一条　申请领取草种生产许可证的,应当提交以下材料:

(一)草种生产许可证申请表;

(二)专业生产和检验技术人员资格证明;

(三)营业执照复印件;

(四)检验设施和仪器设备清单、照片和产权或合法使用权证明;

(五)草种晒场情况介绍或草种烘干设备照片及产权或合法使用权证明;

(六)草种仓储设施照片及产权或合法使用权证明;

(七)草种生产地点的检疫证明和情况介绍;

(八)草种生产质量保证制度;

(九)品种特性介绍。

品种为授权品种的,还应当提供品种权人同意的书面证明或品种转让合同;生产草种是转基因品种的,还应当提供农业转基因生物安全证书。

第二十二条　审批机关应当自受理申请之日起20日内完成审查,作出是否核发草种生产许可证的决定。不予批准的,书面通知申请人并说明理由。

必要时,审批机关可以对生产地点、晾晒烘干设施、仓储设施、检验设施和仪器设备进行实地考察。

第二十三条　草种生产许可证式样由农业部统一规定。

草种生产许可证有效期为3年,期满后需继续生产的,被许可人应当在期满3个月前持原证按原申请程序重新申领。

在草种生产许可证有效期内,许可证注明项目变更的,被许可人应当向原审批机关办理变更手续,并提供相应证明材料。

第二十四条　禁止任何单位和个人无证从事主要

草种的商品生产。

禁止伪造、变造、买卖、租借草种生产许可证。

第二十五条　草种生产单位和个人应当按照《草种生产技术规程》生产草种,并建立草种生产档案,载明生产地点、生产地块环境、前茬作物、亲本种子来源和质量、技术负责人、田间检验记录、产地气象记录、种子流向等内容。生产档案应当保存至草种生产后2年。

第五章　草种经营

第二十六条　草种经营实行许可制度。草种经营单位和个人应当先取得草种经营许可证后,凭草种经营许可证向工商行政管理机关申请办理或者变更营业执照,但依照《种子法》规定不需要办理草种经营许可证的除外。

主要草种杂交种子及其亲本种子、常规原种种子的经营许可证,由草种经营单位和个人所在地县级人民政府草原行政主管部门审核,省级人民政府草原行政主管部门核发。

从事草种进出口业务的,草种经营许可证由草种经营单位或个人所在地省级人民政府草原行政主管部门审核,农业部核发。

其他草种经营许可证,由草种经营单位或个人所在地县级人民政府草原行政主管部门核发。

第二十七条　申请领取草种经营许可证的单位和个人,应当具备下列条件:

(一)具有与经营草种种类和数量相适应的资金及独立承担民事责任的能力;

(二)具有能够正确识别所经营的草种、检验草种质量、掌握草种贮藏和保管技术的人员;

(三)具有与经营草种的种类、数量相适应的经营场所及仓储设施;

(四)法律、法规规定的其他条件。

第二十八条　申请领取草种经营许可证的,应当提交以下材料:

(一)草种经营许可证申请表;

(二)经营场所照片、产权或合法使用权证明;

(三)草种仓储设施清单、照片及产权或合法使用权的证明。

第二十九条　审批机关应当自受理申请之日起20日内完成审查,作出是否核发草种经营许可证的决定。不予核发的,书面通知申请人并说明理由。

必要时,审批机关可以对营业场所及加工、包装、贮藏保管设施和检验草种质量的仪器设备进行实地考察。

第三十条　草种经营许可证式样由农业部统一规定。

草种经营许可证有效期为5年,期满后需继续经营的,经营者应当在期满3个月前持原证按原申请程序重新申领。

在草种经营许可证有效期内,许可证注明项目变更的,被许可人应当向原审批机关办理变更手续,并提供相应证明材料。

第三十一条　禁止任何单位和个人无证经营草种。

禁止伪造、变造、买卖、租借草种经营许可证。

第三十二条　草种经营者应当对所经营草种的质量负责,并遵守有关法律、法规的规定,向草种使用者提供草种的特性、栽培技术等咨询服务。

第三十三条　销售的草种应当包装。实行分装的,应当注明分装单位、原草种或草品种名、原产地。

第三十四条　销售的草种应当附有标签。标签应当注明草种类别、品种名称、种子批号、产地、生产时间、生产单位名称和质量指标等事项。

标签注明的内容应当与销售的草种相符。

销售进口草种的,应当附有中文标签。

第三十五条　草种经营者应当建立草种经营档案,载明草种来源、加工、贮藏、运输和质量检测各环节的简要说明及责任人、销售去向等内容。

经营档案应当保存至草种销售后2年。

第三十六条　县级以上草原行政主管部门要加强当地草种广告的监督管理。草种广告的内容应当符合有关法律、法规,主要性状描述应当与审定公告一致,不得进行虚假、误导宣传。

第六章　草种质量

第三十七条　农业部负责制定全国草种质量监督抽查规划和本级草种质量监督抽查计划,县级以上地方人民政府草原行政主管部门根据全国规划和当地实际情况制定相应的监督抽查计划。

监督抽查所需费用列入草原行政主管部门的预算,不得向被抽查企业收取费用。

草原行政主管部门已经实施监督抽查的企业,自扦样之日起6个月内,本级或下级草原行政主管部门对该企业的同一作物种子不得重复进行监督抽查。

第三十八条　草原行政主管部门可以委托草种质量检验机构对草种质量进行检验。

承担草种质量检验的机构应当具备相应的检测条件和能力,并经省级人民政府有关主管部门考核合格。

第三十九条　草种质量检验机构的草种检验员应当符合下列条件:

(一)具有相关专业大专以上文化水平或具有中级以上技术职称;

(二)从事草种检验技术工作3年以上;

(三)经省级人民政府草原行政主管部门考核合格。

第四十条　监督抽查的草种应当依据《国家牧草

种子检验规程》进行质量检验。《国家牧草种子检验规程》中未规定的，依据《国际种子检验规程》进行质量检验。

第四十一条 《草种质量检验报告》应当标明草种名称、扦样日期、被检草种的数量、种子批号、检验结果等有关内容。

《草种质量检验报告》由持证上岗的草种检验员填写，检验机构负责人签发，加盖检验机构检验专用章。

第四十二条 被抽查人对检验结果有异议的，应当在接到检验结果通知之日起15日内，向下达任务的草原行政主管部门提出书面的复检申请。逾期未申请的，视为认可检验结果。

收到复检申请的草原行政主管部门应当进行审查，需要复检的，应当及时安排。

第四十三条 禁止生产和经营假、劣草种。

下列草种为假草种：

（一）以非草种冒充草种或者以此品种草种冒充他品种草种的；

（二）草种种类、品种、产地与标签标注的内容不符的。

下列草种为劣草种：

（一）质量低于国家规定的种用标准的；

（二）质量低于标签标注指标的；

（三）因变质不能作草种使用的；

（四）杂草种子的比率超过规定的；

（五）带有国家规定检疫对象的。

第四十四条 生产、经营的草种应当按照有关植物检疫法律、法规的规定进行检疫，防止植物危险性病、虫、杂草及其他有害生物的传播和蔓延。

禁止任何单位和个人在草种生产基地从事病虫害接种试验。

第七章 进出口管理

第四十五条 从事草种进出口业务的单位，除具备草种经营许可证以外，还应当依照国家外贸法律、法规的有关规定取得从事草种进出口贸易的资格。

第四十六条 草种进出口实行审批制度。

申请进出口草种的单位和个人，应当填写《进（出）口草种审批表》，经省级人民政府草原行政主管部门批准后，依法办理进出口手续。

草种进出口审批单有效期为3个月。

第四十七条 进出口草种应当符合下列条件：

（一）草种质量达到国家标准；

（二）草种名称、数量、原产地等相关证明真实完备；

（三）不属于国家禁止进出口的草种。

申请进出口草种的单位和个人应当提供以下材料：

（一）《草种经营许可证》、营业执照副本和进出口贸易资格证明；

（二）草种名称、数量、原产地证明材料；

（三）引进草品种的国外审定证书或品种登记名录。

第四十八条 为境外制种进口草种的，可以不受本办法第四十五条限制，但应当具有对外制种合同。进口的种子只能用于制种，其产品不得在国内销售。

从境外引进试验用草种，应当隔离栽培，收获的种子不得作为商品出售。

第八章 附 则

第四十九条 违反本办法规定的，依照《中华人民共和国种子法》和《中华人民共和国草原法》的有关规定予以处罚。

第五十条 转基因草品种的选育、试验、推广、生产、加工、经营和进出口活动的管理，还应当遵守《农业转基因生物安全管理条例》的规定。

第五十一条 采集、采挖、向境外提供以及从境外引进属于列入国家重点保护野生植物名录的草种质资源，除按本办法办理审批手续外，还应按照《中华人民共和国野生植物保护条例》和《农业野生植物保护办法》的规定，办理相关审批手续。

第五十二条 本办法所称主要草种，是指苜蓿、沙打旺、锦鸡儿、红豆草、三叶草、岩黄芪、柱花草、狼尾草、老芒麦、冰草、羊草、羊茅、鸭茅、碱茅、披碱草、胡枝子、小冠花、无芒雀麦、燕麦、小黑麦、黑麦草、苏丹草、草木樨、早熟禾等以及各省、自治区、直辖市人民政府草原行政主管部门分别确定的其他2至3种草种。

本办法所称草种不含饲用玉米、饲用高粱等大田农作物。第五十三条 本办法自2006年3月1日起施行。1984年10月25日农牧渔业部颁发的《牧草种子暂行管理办法（试行）》同时废止。

家畜遗传材料生产许可办法

（2010年1月21日农业部令2010年第5号公布，2015年10月30日农业部令2015年第3号修订）

第一章 总 则

第一条 为加强家畜冷冻精液、胚胎、卵子等遗传材料（以下简称家畜遗传材料）生产的管理，根据《中华人民共和国畜牧法》，制定本办法。

第二条 本办法所称冷冻精液，是指经超低温冷冻保存的家畜精液。本办法所称胚胎，是指用人工方法获得的家畜早期胚胎，包括体内受精胚胎和体外受精胚胎。

本办法所称卵子，是指母畜卵巢所产生的卵母细胞，包括体外培养卵母细胞。

第三条 从事家畜遗传材料生产的单位和个人，应当依照本办法取得省级人民政府畜牧兽医行政主管部门核发的《种畜禽生产经营许可证》。

第二章 申 报

第四条 从事家畜遗传材料生产的单位和个人，应当具备下列条件：

（一）与生产规模相适应的家畜饲养、繁育、治疗场地和家畜遗传材料生产、质量检测、产品储存、档案管理场所；

（二）与生产规模相适应的家畜饲养和遗传材料生产、检测、保存、运输等设施设备。其中，生产冷冻精液应当配备精子密度测定仪、相差显微镜、分析天平、细管精液分装机、细管印字机、精液冷冻程控仪、低温平衡柜、超低温贮存设备等仪器设备；生产胚胎和卵子应当配备超净台或洁净间、体视显微镜、超低温贮存设备等，生产体外胚胎还应当配备二氧化碳培养箱等仪器设备；

（三）种畜为通过国家畜禽遗传资源委员会审定或者鉴定的品种，或者为农业部批准引进的境外品种，并符合种用标准；

（四）体外受精取得的胚胎、使用的卵子来源明确，三代系谱清楚，供体畜符合国家规定的种畜健康标准和质量要求；

（五）饲养的种畜达到农业部规定的数量。其中，生产牛冷冻精液的合格采精种公牛数量不少于50头，生产羊冷冻精液的合格采精种公羊数量不少于100只；生产牛胚胎的一级以上基础母牛不少于200头，生产羊胚胎的一级以上基础母羊不少于300只；生产牛卵子的一级以上基础母牛不少于100头，生产羊卵子的一级以上基础母羊不少于200只；其他家畜品种的种畜饲养数量由农业部另行规定；

（六）有5名以上畜牧兽医技术人员。其中，主要技术负责人应当具有畜牧兽医类高级技术职称或者本科以上学历，并在本专业工作5年以上；产品质量检验人员应当在本专业工作2年以上，并经培训合格；初级以上技术职称或者大专以上学历的技术人员数量应当占技术人员总数的80%以上；具有提供诊疗服务的执业兽医；

（七）具备法律、行政法规和农业部规定的防疫条件；

（八）建立相应的管理规章制度，包括岗位责任制、产品质量控制和保障措施、生产销售记录制度等。

第五条 申请取得家畜遗传材料生产许可的，应当向所在地省级人民政府畜牧兽医行政主管部门提出，并提交以下材料：

（一）申请表；

（二）生产条件说明材料；

（三）家畜遗传材料供体畜的原始系谱复印件；优良种畜证书复印件；从国内引进的种畜及遗传材料提供引种场的《种畜禽生产经营许可证》复印件，从境外引进的种畜及遗传材料提供农业部审批复印件；生产卵子、胚胎的提供供体畜来源证明；

（四）仪器设备检定报告复印件；

（五）技术人员资格证书或者学历证书及培训合格证明的复印件；

（六）动物防疫条件合格证复印件；

（七）饲养、繁育、生产、质量检测、储存等管理制度；

（八）申请换发家畜遗传材料生产许可证的，应当提供近三年内家畜遗传材料的生产和销售情况；

（九）农业部规定的其他技术材料。

申请材料不齐全，或者不符合法定形式的，省级人民政府畜牧兽医行政主管部门应当当场或者自收到申请材料之日起5个工作日内，一次告知申请人需要补正的全部内容。

第六条 省级人民政府畜牧兽医行政主管部门自受理申请之日起10个工作日内完成书面审查。对通过书面审查的，组织专家现场评审。

第七条 农业部设立家畜遗传材料生产许可专家库，负责家畜遗传材料生产许可的技术支撑工作。

第三章 现场评审

第八条 现场评审实行专家组负责制。专家组由省级人民政府畜牧兽医行政主管部门指定的5名以上畜牧兽医专业高级技术职称人员组成，人数为单数，可以从农业部家畜遗传材料生产许可专家库中选取。

专家组组长负责现场评审的召集、组织和汇总现场评审意见等工作。

第九条 专家组应当对家畜遗传材料生产场所及布局、仪器设备、防疫等基本条件进行审查。

第十条 专家组应当根据家畜种用标准和全国畜牧总站公布的种公牛育种值，对家畜冷冻精液、胚胎、卵子的供体畜逐一进行评定。

第十一条 专家组应当对技术人员的相关法律法规、生产规程、产品技术标准等知识进行理论考核；对家畜冷冻精液、胚胎、卵子的完整生产流程进行考核，并随机抽取3个以上关键环节，对相关技术人员进行实际操作考核。

第十二条 专家组应当抽查30%以上的仪器设备，对设备的性能与分辨率、完好率、操作规程、使用记录、检测情况等内容进行核查。

第十三条 申请人应当在专家组的监督下，对每头供体畜生产的冷冻精液、3%供体畜生产的胚胎和卵子进行现场随机取样封存，送具有法定资质的种畜禽质量检验机构检测。

第十四条　现场评审完成后，专家组应当形成书面评审意见，由专家组成员签字确认。

评审意见书包括以下内容：

（一）申报材料核查情况；

（二）生产基本条件审查结论；

（三）家畜遗传材料供体评定结果；

（四）技术人员理论和实际操作考核结果；

（五）家畜饲养、繁育和遗传材料生产、产品质量控制、质量检测等规章制度落实情况。

评审意见一式三份，一份交申请人保存，两份报省级人民政府畜牧兽医行政主管部门。

第十五条　现场评审应当自书面审查通过之日起40个工作日内完成。

第四章　审批及监督管理

第十六条　省级人民政府畜牧兽医行政主管部门自收到现场评审意见和家畜遗传材料质量检测报告后10个工作日内，决定是否发放《种畜禽生产经营许可证》。不予发放的，书面通知申请人，并说明理由。

第十七条　有下列情形之一的，不予发放《种畜禽生产经营许可证》：

（一）现场评审不合格的；

（二）冷冻精液质量检测合格的供体畜数量低于本办法第四条第五项规定的；

（三）送检的胚胎或者卵子质量检测不合格的。

第十八条　省级人民政府畜牧兽医行政主管部门在核发生产家畜冷冻精液的《种畜禽生产经营许可证》的同时，公布合格供体畜的编号。

家畜冷冻精液生产单位和个人在许可证有效期内新增供体畜的，应当及时向省级人民政府畜牧兽医行政主管部门申报。省级人民政府畜牧兽医行政主管部门按照本办法的规定组织对供体畜进行现场评审及冷冻精液质量检测，符合规定条件的，公布供体畜编号。

未经公布编号的供体畜，不得投入生产。

生产单位和个人应当及时淘汰冷冻精液不合格的供体畜。拒不淘汰的，由省级人民政府畜牧兽医行政主管部门公布不合格供体畜的编号，并依法予以处罚。

第十九条　省级人民政府畜牧兽医行政主管部门核发的家畜遗传材料《种畜禽生产经营许可证》有效期3年。期满继续从事家畜遗传材料生产的，申请人应当在许可证有效期满5个月前，依照本办法规定重新提出申请。

第二十条　已取得家畜遗传材料《种畜禽生产经营许可证》的单位和个人，申请扩大家畜遗传材料生产范围时，省级人民政府畜牧兽医行政主管部门可在组织现场评审环节适当简化相关程序。

第二十一条　省级人民政府畜牧兽医行政主管部门应当自发放家畜遗传材料《种畜禽生产经营许可证》起20个工作日内，将现场评审、质量检测报告、批准发放家畜遗传材料《种畜禽生产经营许可证》公告等有关材料报农业部备案。

第二十二条　农业部可以对取得家畜遗传材料《种畜禽生产经营许可证》的单位和个人实施监督检查和质量抽查，对不符合要求的，通报所在地省级人民政府畜牧兽医行政主管部门处理，必要时由农业部依法处理。

第二十三条　县级以上人民政府畜牧兽医行政主管部门依法对家畜遗传材料生产活动实施监督检查和质量抽查，对违反本办法从事家畜遗传材料生产活动的，依照《中华人民共和国畜牧法》的有关规定处罚。

第五章　附　　则

第二十四条　不从事家畜遗传材料生产、只从事经营活动的单位和个人，应当依照省级人民政府的规定取得《种畜禽生产经营许可证》。

第二十五条　本办法自2010年3月1日起施行。1998年11月5日农业部发布的《〈种畜禽生产经营许可证〉管理办法》（农业部令第4号）同时废止。

中华人民共和国农业部令

2015年第4号

《兽药产品批准文号管理办法》已于2015年11月17日经农业部2015年第11次常务会议审议通过，现予发布，自2016年5月1日起施行。

部长　韩长赋

2015年12月3日

兽药产品批准文号管理办法

第一章　总　　则

第一条　为加强兽药产品批准文号的管理，根据《兽药管理条例》，制定本办法。

第二条　兽药产品批准文号的申请、核发和监督管理适用本办法。

第三条　兽药生产企业生产兽药，应当取得农业部核发的兽药产品批准文号。

兽药产品批准文号是农业部根据兽药国家标准、生产工艺和生产条件批准特定兽药生产企业生产特定兽药产品时核发的兽药批准证明文件。

第四条　农业部负责全国兽药产品批准文号的核发和监督管理工作。

县级以上地方人民政府兽医行政管理部门负责本

行政区域内的兽药产品批准文号的监督管理工作。

第二章 兽药产品批准文号的申请和核发

第五条 申请兽药产品批准文号的兽药,应当符合以下条件:

(一)在《兽药生产许可证》载明的生产范围内;

(二)申请前三年内无被撤销该产品批准文号的记录。

申请兽药产品批准文号连续2次复核检验结果不符合规定的,1年内不再受理该兽药产品批准文号的申请。

第六条 申请本企业研制的已获得《新兽药注册证书》的兽药产品批准文号,且新兽药注册时的复核样品系申请人生产的,申请人应当向农业部提交下列资料:

(一)《兽药产品批准文号申请表》一式一份;

(二)《兽药生产许可证》复印件一式一份;

(三)《兽药GMP证书》复印件一式一份;

(四)《新兽药注册证书》复印件一式一份;

(五)复核检验报告复印件一式一份;

(六)标签和说明书样本一式二份;

(七)产品的生产工艺、配方等资料一式一份。

农业部自受理之日起5个工作日内将申请资料送中国兽医药品监察所进行专家评审,并自收到评审意见之日起15个工作日内作出审批决定。符合规定的,核发兽药产品批准文号,批准标签和说明书;不符合规定的,书面通知申请人,并说明理由。

申请本企业研制的已获得《新兽药注册证书》的兽药产品批准文号,但新兽药注册时的复核样品非申请人生产的,分别按照本办法第七条、第九条规定办理,申请人无需提交知识产权转让合同或授权书复印件。

第七条 申请他人转让的已获得《新兽药注册证书》或《进口兽药注册证书》的生物制品类兽药产品批准文号的,申请人应当向农业部提交本企业生产的连续三个批次的样品和下列资料:

(一)《兽药产品批准文号申请表》一式一份;

(二)《兽药生产许可证》复印件一式一份;

(三)《兽药GMP证书》复印件一式一份;

(四)《新兽药注册证书》或《进口兽药注册证书》复印件一式一份;

(五)标签和说明书样本一式二份;

(六)所提交样品的自检报告一式一份;

(七)产品的生产工艺、配方等资料一式一份;

(八)知识产权转让合同或授权书一式一份(首次申请提供原件,换发申请提供复印件并加盖申请人公章)。

提交的样品应当由省级兽药检验机构现场抽取,并加贴封签。

农业部自受理之日起5个工作日内将样品及申请资料送中国兽医药品监察所按规定进行复核检验和专家评审,并自收到检验结论和评审意见之日起15个工作日内作出审批决定。符合规定的,核发兽药产品批准文号,批准标签和说明书;不符合规定的,书面通知申请人,并说明理由。

第八条 申请第六条、第七条规定之外的生物制品类兽药产品批准文号的,申请人应当向农业部提交本企业生产的连续三个批次的样品和下列资料:

(一)《兽药产品批准文号申请表》一式一份;

(二)《兽药生产许可证》复印件一式一份;

(三)《兽药GMP证书》复印件一式一份;

(四)标签和说明书样本一式二份;

(五)所提交样品的自检报告一式一份;

(六)产品的生产工艺、配方等资料一式一份;

(七)菌(毒、虫)种合法来源证明复印件(加盖申请人公章)一式一份。

提交的样品应当由省级兽药检验机构现场抽取,并加贴封签。

农业部自受理之日起5个工作日内将样品及申请资料送中国兽医药品监察所按规定进行复核检验和专家评审,并自收到检验结论和评审意见之日起15个工作日内作出审批决定。符合规定的,核发兽药产品批准文号,批准标签和说明书;不符合规定的,书面通知申请人,并说明理由。

第九条 申请他人转让的已获得《新兽药注册证书》或《进口兽药注册证书》的非生物制品类的兽药产品批准文号的,申请人应当向所在地省级人民政府兽医行政管理部门提交本企业生产的连续三个批次的样品和下列资料:

(一)《兽药产品批准文号申请表》一式二份;

(二)《兽药生产许可证》复印件一式二份;

(三)《兽药GMP证书》复印件一式二份;

(四)《新兽药注册证书》或《进口兽药注册证书》复印件一式二份;

(五)标签和说明书样本一式二份;

(六)所提交样品的批生产、批检验原始记录复印件及自检报告一式二份;

(七)产品的生产工艺、配方等资料一式二份;

(八)知识产权转让合同或授权书一式二份(首次申请提供原件,换发申请提供复印件并加盖申请人公章)。

省级人民政府兽医行政管理部门自收到有关资料和样品之日起5个工作日内将样品送省级兽药检验机构进行复核检验,并自收到复核检验结论之日起10个工作日内完成初步审查,将审查意见和复核检验报告及全部申请材料一式一份报送农业部。

农业部自收到省级人民政府兽医行政管理部门审查意见之日起5个工作日内送中国兽医药品监察所进行专家评审,并自收到评审意见之日起10个工作日内作出审批决定。符合规定的,核发兽药产品批准文号,批准标签和说明书;不符合规定的,书面通知申请人,并说明理由。

第十条　申请第六条、第九条规定之外的非生物制品类兽药产品批准文号的,农业部逐步实行比对试验管理。

实行比对试验管理的兽药品种目录及比对试验的要求由农业部制定。开展比对试验的检验机构应当遵守兽药非临床研究质量管理规范和兽药临床试验质量管理规范,其名单由农业部公布。

第十一条　第十条规定的兽药尚未列入比对试验品种目录的,申请人应当向所在地省级人民政府兽医行政管理部门提交下列资料:

(一)《兽药产品批准文号申请表》一式二份;

(二)《兽药生产许可证》复印件一式二份;

(三)《兽药GMP证书》复印件一式二份;

(四)标签和说明书样本一式二份;

(五)产品的生产工艺、配方等资料一式二份;

(六)《现场核查申请单》一式二份。

省级人民政府兽医行政管理部门应当自收到有关资料之日起5个工作日内组织对申请资料进行审查。符合规定的,应当与申请人商定现场核查时间,组织现场核查;核查结果符合要求的,当场抽取三批样品,加贴封签后送省级兽药检验机构进行复核检验。

省级人民政府兽医行政管理部门自资料审查、现场核查或复核检验完成之日起10个工作日内将上述有关审查意见、复核检验报告及全部申请材料一式一份报送农业部。

农业部自收到省级人民政府兽医行政管理部门审查意见之日起5个工作日内,将申请资料送中国兽医药品监察所进行专家评审,并自收到评审意见之日起10个工作日内作出审批决定。符合规定的,核发兽药产品批准文号,批准标签和说明书;不符合规定的,书面通知申请人,并说明理由。

第十二条　第十条规定的兽药已列入比对试验品种目录的,按照第十一条规定提交申请资料、进行现场核查、抽样和复核检验,但抽取的三批样品中应当有一批在线抽样。

省级人民政府兽医行政管理部门自收到复核检验结论之日起10个工作日内完成初步审查。通过初步审查的,通知申请人将相关药学研究资料及加贴封签的在线抽样样品送至其自主选定的比对试验机构。比对试验机构应当严格按照药物比对试验指导原则开展比对试验,并将比对试验报告分送省级人民政府兽医行政管理部门和申请人。

省级人民政府兽医行政管理部门将现场核查报告、复核检验报告、比对试验方案、比对试验协议、比对试验报告、相关药学研究资料及全部申请资料一式一份报农业部。

农业部自收到申请资料之日起5个工作日内送中国兽医药品监察所进行专家评审,并自收到评审意见之日起10个工作日内作出审批决定。符合规定的,核发兽药产品批准文号,批准标签和说明书;不符合规定的,书面通知申请人,并说明理由。

第十三条　资料审查、现场核查、复核检验或比对试验不符合要求的,省级人民政府兽医行政管理部门可根据申请人意愿将申请资料退回申请人。

第十四条　实行比对试验管理的兽药品种目录发布前已获得兽药产品批准文号的兽药,应当在规定期限内按照本办法第十二条规定补充比对试验并提供相关材料,未在规定期限内通过审查的,依照《兽药管理条例》第六十九条第一款第二项规定撤销该产品批准文号。

第十五条　农业部在核发新兽药的兽药产品批准文号时,可以设立不超过5年的监测期。在监测期内,不批准其他企业生产或者进口该新兽药。

生产企业应当在监测期内收集该新兽药的疗效、不良反应等资料,并及时报送农业部。

兽药监测期届满后,其他兽药生产企业可根据本办法第七、九或十二条的规定申请兽药产品批准文号,但应当提交与知识产权人签订的转让合同或授权书,或者对他人专利权不构成侵权的声明。

第十六条　有下列情形之一的,兽药生产企业应当按照本办法第八条或第十一条规定重新申请兽药产品批准文号,兽药产品已进行过比对试验且结果符合规定的,不再进行比对试验:

(一)迁址重建的;

(二)异地新建车间的;

(三)其他改变生产场地的情形。

第十七条　兽药产品批准文号有效期届满需要继续生产的,兽药生产企业应当在有效期届满6个月前按原批准程序申请兽药产品批准文号的换发。

在兽药产品批准文号有效期内,生物制品类1批次以上或非生物制品类3批次以上经省级以上人民政府兽医行政管理部门监督抽检且全部合格的,兽药产品批准文号换发时不再做复核检验。

已进行过比对试验且结果符合规定的兽药产品,兽药产品批准文号换发时不再进行比对试验。

第十八条　对有证据表明存在安全性隐患的兽药产品,农业部暂停受理该兽药产品批准文号的申请;已受理的,中止该兽药产品批准文号的核发。

第十九条　对国内突发重大动物疫病防控急需的兽药产品,必要时农业部可以核发临时兽药产品批准文号。

临时兽药产品批准文号有效期不超过2年。

第二十条 兽药检验机构应当自收到样品之日起90个工作日内完成检验，对样品应当根据规定留样观察。样品属于生物制品的，检验期限不得超过120个工作日。

中国兽医药品监察所专家评审时限不得超过30个工作日；实行比对试验的，专家评审时限不得超过90个工作日。

第三章 兽药现场核查和抽样

第二十一条 省级人民政府兽医行政管理部门负责组织现场核查和抽样工作，应当根据工作需要成立2~4人组成的现场核查抽样组。

第二十二条 现场核查抽样人员进行现场抽样，应当按照兽药抽样相关规定进行，保证抽样的科学性和公正性。

样品应当按检验用量和比对试验方案载明数量的3~5倍抽取，并单独封签。《兽药封签》由抽样人员和被抽样单位有关人员签名，并加盖抽样单位兽药检验抽样专用章和被抽样单位公章。

第二十三条 现场核查应当包括以下内容：

（一）管理制度制定与执行情况；

（二）研制、生产、检验人员相关情况；

（三）原料购进和使用情况；

（四）研制、生产、检验设备和仪器状况是否符合要求；

（五）研制、生产、检验条件是否符合有关要求；

（六）相关生产、检验记录；

（七）其他需要现场核查的内容。

现场核查人员可以对研制、生产、检验现场场地、设备、仪器情况和原料、中间体、成品、研制记录等照相或者复制，作为现场核查报告的附件。

第四章 监督管理

第二十四条 县级以上地方人民政府兽医行政管理部门应当对辖区内兽药生产企业进行现场检查。

现场检查中，发现兽药生产企业有下列情形之一的，由县级以上地方人民政府兽医行政管理部门依法作出处理决定，应当撤销、吊销、注销兽药产品批准文号或者兽药生产许可证的，及时报发证机关处理：

（一）生产条件发生重大变化的；

（二）没有按照《兽药生产质量管理规范》的要求组织生产的；

（三）产品质量存在隐患的；

（四）其他违反《兽药管理条例》及本办法规定情形的。

第二十五条 县级以上地方人民政府兽医行政管理部门应当对上市兽药产品进行监督检查，发现有违反本办法规定情形的，依法作出处理决定，应当撤销、吊销、注销兽药产品批准文号或者兽药生产许可证的，及时报发证机关处理。

第二十六条 买卖、出租、出借兽药产品批准文号的，按照《兽药管理条例》第五十八条规定处罚。

第二十七条 有下列情形之一的，由农业部注销兽药产品批准文号，并予以公告：

（一）兽药生产许可证有效期届满未申请延续或者申请后未获得批准的；

（二）兽药生产企业停止生产超过6个月或者关闭的；

（三）核发兽药产品批准文号所依据的兽药国家质量标准被废止的；

（四）应当注销的其他情形。

第二十八条 生产的兽药有下列情形之一的，按照《兽药管理条例》第六十九条第一款第二项的规定撤销兽药产品批准文号：

（一）改变组方添加其他成分的；

（二）除生物制品以及未规定上限的中药类产品外，主要成分含量在兽药国家标准150%以上，或主要成分含量在兽药国家标准120%以上且累计2批次的；

（三）主要成分含量在兽药国家标准50%以下，或主要成分含量在兽药国家标准80%以下且累计2批次以上的；

（四）其他药效不确定、不良反应大以及可能对养殖业、人体健康造成危害或者存在潜在风险的情形。

第二十九条 申请人隐瞒有关情况或者提供虚假材料、样品申请兽药产品批准文号的，农业部不予受理或者不予核发兽药产品批准文号；申请人1年内不得再次申请该兽药产品批准文号。

第三十条 申请人提供虚假资料、样品或者采取其他欺骗手段取得兽药产品批准文号的，根据《兽药管理条例》第五十七条的规定予以处罚，申请人3年内不得再次申请该兽药产品批准文号。

第三十一条 发生兽药知识产权纠纷的，由当事人按照有关知识产权法律法规解决。知识产权管理部门生效决定或人民法院生效判决认定侵权行为成立的，由农业部依法注销已核发的兽药产品批准文号。

第五章 附 则

第三十二条 兽药产品批准文号的编制格式为兽药类别简称+企业所在地省（自治区、直辖市）序号+企业序号+兽药品种编号。

格式如下：

（一）兽药类别简称。药物饲料添加剂的类别简称为“兽药添字”；血清制品、疫苗、诊断制品、微生态制品等类别简称为“兽药生字”;中药材、中成药、化学药品、抗生素、生化药品、放射性药品、外用杀虫剂和消毒剂等类别简称为“兽药字”;原料药简称为“兽药原字”;农业部核发的临时兽药产品批准文号简称为“兽药临字”。

(二)企业所在地省(自治区、直辖市)序号用2位阿拉伯数字表示,由农业部规定并公告。

(三)企业序号按省排序,用3位阿拉伯数字表示,由省级人民政府兽医行政管理部门发布。

(四)兽药品种编号用4位阿拉伯数字表示,由农业部规定并公告。

第三十三条　本办法自2016年5月1日起施行,2004年11月24日农业部公布的《兽药产品批准文号管理办法》(农业部令第45号)同时废止。

地方性法规

内蒙古自治区人民政府关于印发《内蒙古自治区森林草原防火工作责任追究办法》的通知

内政发〔2015〕66号

各盟行政公署、市人民政府,满洲里市、二连浩特市人民政府,各旗县人民政府,自治区各委、办、厅、局,各大企业、事业单位:

现将《内蒙古自治区森林草原防火工作责任追究办法》印发给你们,请认真遵照执行。

内蒙古自治区人民政府

2015年6月15日

内蒙古自治区森林草原防火工作责任追究办法

第一章　总　　则

第一条　为建立健全全区森林草原防火工作责任机制,保护森林草原资源和人民群众生命财产安全,推动生态文明建设,促进自治区经济社会可持续发展,根据《中华人民共和国森林法》、《中华人民共和国草原法》、《中华人民共和国公务员法》、《中华人民共和国行政监察法》、《森林防火条例》、《草原防火条例》、《国务院关于特大安全事故行政责任追究的规定》和《内蒙古自治区森林草原防火条例》等有关法律法规,结合自治区实际,制定本办法。

第二条　本办法适用于各级人民政府、有关行政机关、企业事业单位及其领导干部和工作人员,以及嘎查村(村民委员会)的负责人员。

第三条　森林草原防火工作实行地方各级人民政府行政首长负责制。各级人民政府及其有关行政部门、单位法定代表人或者主要负责人是本行政区、本部门或本单位森林草原防火工作的第一责任人,对森林草原防火工作负主要领导责任;各级人民政府及其有关行政部门分管领导和有关单位明确的森林草原防火责任人,对森林草原防火工作负直接责任。

第四条　各级人民政府落实森林草原防火责任制情况,应当纳入政府目标管理体系,定期进行考核。上级人民政府对下级人民政府实行量化考核,考核认定工作由上级人民政府森林草原防火指挥部办公室负责,考核认定结果上报同级人民政府。各单位落实森林草原防火责任制情况应当纳入本单位年度考核内容。根据各级人民政府及单位考核结果,应当按照森林草原防火法律、法规和责任制的规定,予以奖惩。

第五条　各级人民政府及有关单位应当逐级签订森林草原防火责任状;苏木乡镇要与本行政区域的嘎查村(村民委员会)签订森林草原防火责任状。

第六条　森林草原防火工作责任追究工作应本着实事求是、客观公正、有责必究及教育与惩戒相结合的原则,实行属地管理、分级负责,谁主管、谁负责。对各盟市、旗县(市、区)、苏木乡镇和部门有关责任人及嘎查村(村民委员会)负责人的责任追究,由上一级森林草原防火指挥部及相关部门配合行政监察机关调查处理。各级行政监察机关依照《中华人民共和国行政监察法》的规定,对各级人民政府和有关部门及其工作人员履行森林草原防火管理职责和义务的情况实施监察,并按照干部管理权限,对森林草原火灾相关责任人进行责任追究。对非行政监察对象的责任人员,由其主管部门进行责任追究。

第二章　主要职责

第七条　盟市、旗县(市、区)负责本行政区域内的森林草原防火工作,应当履行下列森林草原防火职责:

(一)贯彻实施国家、自治区森林草原防火法律、法规,宣传森林草原防火知识,增强公民的森林草原防火意识;

(二)建立健全森林草原防火机构,核定编制并配备专职人员负责日常工作;

(三)将森林草原防火基础设施建设纳入当地国民经济和社会发展规划,纳入当地林业、草原发展总体规划,使森林草原防火工作与维护生态安全和经济社会发展相适应;

（四）将森林草原火灾预防和扑救经费纳入当地年度公共财政预算，保障森林草原防火经费满足实际工作需要；

（五）凡划入国家一级、二级和自治区重点森林、草原火险区的旗县（市、区）和国有企业事业单位，至少建立1支专业森林草原消防队伍，队伍数量和人员应当以满足当地森林草原防火工作需要为准（建议每超过20万亩森林面积或50万亩草原面积增建1支20人以上的森林草原消防队伍），苏木乡镇应当组建半专业森林草原消防队伍（建议每10至20万亩森林面积或25至50万亩草原面积建立1支10至15人的半专业森林草原消防队伍），各级人民政府及有关部门对专业、半专业的森林草原消防队伍定期进行培训和演练；

（六）凡有森林草原防火任务的旗县（市、区），应当建立森林草原防火预警监测和信息指挥系统，配备满足森林草原防火任务需要的森林草原防火指挥、扑火、运兵等车辆和现代化防扑火机具、装备，储备足够的防扑火物资；

（七）将森林草原防火工作纳入各级人民政府主要议事日程，及时分析森林草原防火工作情况，研究解决森林草原防火工作中存在的重大问题；

（八）防火期内，加强野外火源管控，组织开展森林草原防火检查，重大节假日以及森林草原火灾多发季节，要加大检查力度，采取有效措施，消除火灾隐患；

（九）对森林草原防火机构因存在重大火灾隐患报请停产停业处理的请示事项，依法依规及时做出同意与否的决定；

（十）制定本地区森林草原火灾应急预案及应急处置办法，边境地区还应制定堵截扑救境外火专项应急预案；

（十一）组织森林草原火灾扑救及灾后处置工作。

第八条　苏木乡镇、林场、农牧场等成立森林草原防火办事机构，履行前款第（一）、（二）、（七）、（八）、（九）、（十）、（十一）等项职责。

第九条　嘎查村（村民委员会）履行下列森林草原防火职责：

（一）成立嘎查村森林草原防火组织，做好本嘎查村群众性的森林草原防火工作，维护当地森林草原安全；

（二）督促嘎查村所属经济组织做好森林草原防火工作；

（三）制定森林草原防火公约，开展森林草原防火宣传教育；

（四）根据生产季节，组织开展森林草原防火工作检查，消除火灾隐患；

（五）建立群众性扑火队伍，进行安全扑火及技能培训；

（六）发现森林草原火情时，及时向上级森林草原防火部门报告，并按照本苏木乡镇森林草原火灾应急处置办法组织人员进行扑救。

第十条　林区、农牧区的风景名胜区、旅游景区、自然保护区、居民区、军事管理区、森林公园、生态建设项目区、铁路、电力、电信、石油天然气等经营、施工单位及其他厂矿企业，都应当建立森林草原防火责任制度，履行下列森林草原防火职责：

（一）建立本单位的森林草原防火组织，确定本单位森林草原防火责任人和责任区；

（二）制定本单位森林草原防火安全制度；

（三）定期进行森林草原防火宣传和安全检查，及时消除火灾隐患；

（四）按照森林草原防火技术规范，配备必要的森林草原防扑火装备器材，设置森林草原防火宣传警示标志，并定期进行检查、维护，确保设施和器材完好、有效。

第十一条　各级人民政府森林草原防火指挥部负责组织、管理、协调和指导本行政区域内的森林草原防火工作，按照森林草原防火法律、法规及火灾应急预案规定履行好各自的职责；各级森林草原防火指挥部各成员单位以及相关部门，应当按照各自的职责分工，做好森林草原防火工作。

第十二条　各级人民政府森林草原防火指挥部接到森林草原火灾报告后，应当立即启动相应的森林草原火灾应急预案，组织人员进行扑救。初判为一般火灾，火灾发生地的苏木乡镇主要领导必须立即到达火灾现场组织指挥扑救，并成立扑火前线指挥部；初判为较大火灾，旗县（市、区）主要领导必须赶赴火灾现场组织指挥扑救；初判为重大、特别重大火灾，盟市主要领导必须赶赴火灾现场组织指挥扑救。同时及时上报火情，不得瞒报、谎报或者故意拖延报告；发生边界火灾时，应当按规定向毗邻地区森林草原防火指挥部通报火情。

第十三条　扑救森林草原火灾工作必须坚持“以人为本、科学扑救”的原则，以武警森林部队和地方专业扑火队为主要力量；组织群众性扑火队扑救森林草原火灾的，必须是参加过组织培训并具备一定防扑火知识、技能和自我避险能力的人员，残疾人员、孕妇、未成年人、老年人和其他不适宜参加火灾扑救的人员一律禁止参加火灾扑救任务，严防人员伤亡事故发生。明火扑灭后，必须留足看守火场人员，明确责任，彻底消除隐患，严防死灰复燃。

第三章　责任追究

第十四条　对违反本办法的单位和个人，视情节轻重给予下列责任追究；受到责任追究的，取消年度评优评先资格：

（一）依法给予行政纪律处分；

（二）依法给予行政处罚；

（三）依法追究刑事责任。

第十五条　违反本办法规定，各级人民政府及其森林草原防火指挥部、林业、草原行政管理部门或者其他部门及其工作人员，有下列行为之一的，由上级行政主管部门或者监察机关责令改正；情节严重的，对直接负责的主管人员和其他直接责任人依法给予行政处分；构成犯罪的，依法追究刑事责任。

（一）森林草原防火责任制不落实，措施不得力，监督检查工作不到位，造成森林草原火灾的；

（二）未按照有关规定编制森林草原火灾应急预案的；

（三）发现森林草原火灾隐患未及时下达森林草原火灾隐患整改通知书的；

（四）对不符合森林草原防火要求的野外用火或者实弹演习、爆破等活动予以批准的；

（五）对不符合条件的车辆发放防火通行证的；

（六）发生森林草原火灾后，瞒报、谎报或者故意拖延报告森林草原火灾的；

（七）发生森林草原火灾后，未及时采取森林草原火灾扑救措施的；

（八）指挥扑救不力，造成人员伤亡和重大财产损失的；

（九）未按照规定检查、清理、看守火场，造成复燃的；

（十）不依法履行职责的其他行为。

第十六条　违反本办法规定，有下列情形之一的，由旗县（市、区）以上人民政府林业、草原行政管理部门及授权部门依照国家和自治区森林草原防火行政法规的规定给予行政处罚；构成犯罪的，依法追究刑事责任：

（一）贪污、截留、挪用或占用中央和自治区防火项目资金、设施设备、物资的；

（二）拒绝、阻碍森林草原防火监督检查人员实施防火检查的；

（三）森林草原防火设施和措施不落实，消防安全检查不合格，有火灾隐患，未按照旗县级以上人民政府森林草原防火指挥部下达的森林草原火灾隐患整改通知规定期限进行改正和消除的；

（四）拒绝、阻碍各级人民政府或者森林草原防火指挥部统一指挥，延误扑火的；

（五）过失引起森林草原火灾的；

（六）不依法履行职责的其他行为。

第十七条　各级人民政府森林草原防火指挥部各成员单位未履行森林草原防火职责，致使森林草原防火工作受到影响的，各级人民政府或上一级森林草原防火指挥部责令其作出书面检查或通报批评，行政监察部门依法追究其责任人的责任。

第十八条　林区、农牧区的风景名胜区、旅游景区、自然保护区、居民区、军事管理区、森林公园、生态建设项目区、铁路、电力、电信、石油天然气等经营、施工单位及其他厂矿企业违反本办法之规定，由旗县（市、区）及相关部门依照有关法律法规和规定给予行政处罚，并按照管理权限对有关责任人员给予行政处分；构成犯罪的，依法追究其刑事责任。

第四章　附　　则

第十九条　内蒙古大兴安岭林管局及直属林业局参照本办法执行。第二十条　本办法自2015年8月1日起施行。

浙江省种畜禽管理办法

（2012年4月2日浙江省人民政府令第298号公布
根据2015年12月28日浙江省人民政府令第341号
公布的《浙江省人民政府关于修改
〈浙江省烟草专卖管理办法〉
等23件规章的决定》修正）

第一章　总　　则

第一条　为了加强畜禽遗传资源保护和种畜禽生产经营管理，提高种畜禽质量，促进畜牧业持续健康发展，根据《中华人民共和国畜牧法》等法律、法规，结合本省实际，制定本办法。

第二条　在本省行政区域内从事畜禽遗传资源保护，种畜禽品种选育、生产经营和管理等活动，适用本办法。

第三条　本办法所称的种畜禽，是指在畜牧业生产中作种用的家畜家禽，包括家养的猪、牛、羊、兔、鸡、鸭、鹅、鸽、鹌鹑、火鸡、蜜蜂等及其卵子（蛋）、胚胎、精液，以及在舍饲条件下能正常繁殖并已形成商品化生产的野鸭、杂交野猪等经济动物。

第四条　县级以上人民政府应当按照畜禽遗传资源保护和利用规划的要求，加强畜禽遗传资源保护，将畜禽遗传资源保护经费列入财政预算，扶持种畜禽品种的选育和使用，督促有关部门加强对种畜禽品种选育、生产经营活动的监督管理。

第五条　县级以上人民政府农业行政主管部门负责本行政区域内种畜禽管理工作。

发展和改革、财政、工商行政管理、科学技术、国土资源、环境保护、质量技术监督等有关部门按照各自职责，做好种畜禽管理的相关工作。

第六条　从事种畜禽生产经营的单位和个人应当依法履行动物防疫和环境保护义务，接受并配合有关部门依法实施的监督检查。

第二章 畜禽遗传资源保护

第七条 国家级畜禽遗传资源保护名录由国务院畜牧兽医行政主管部门确定、公布;省级畜禽遗传资源保护名录由省农业行政主管部门确定、公布,并报国务院畜牧兽医行政主管部门备案。

第八条 省农业行政主管部门设立由有关科研、教学、生产单位和农业行政主管部门相关专家组成的省畜禽遗传资源委员会,负责畜禽遗传资源的鉴定、评估和相关咨询。

第九条 省农业行政主管部门应当组织开展畜禽遗传资源调查,建立本省畜禽遗传资源档案,将原产本省的畜禽遗传资源全部纳入省级畜禽遗传资源保护名录。

纳入省级畜禽遗传资源保护名录的畜禽遗传资源,由省农业行政主管部门分别组织建立或者确定畜禽遗传资源保种场、保护区、基因库,对畜禽遗传资源实行保护。

第十条 省农业行政主管部门或者其授权的农业行政主管部门应当与承担畜禽遗传资源保护任务的单位和个人签订畜禽遗传资源保护协议(以下简称保护协议)。保护协议应当包括下列内容:

(一)畜禽遗传资源的名称、基本特性;

(二)最小有效保护数量和群体结构;

(三)饲养管理方式、舍饲条件、保护措施等;

(四)资金补贴方式、数额和用途;

(五)畜禽遗传资源的利用要求;

(六)承担畜禽遗传资源保护任务的单位和个人发生变化时,对畜禽遗传资源的处理;

(七)保护期限;

(八)违约责任;

(九)其他权利和义务。

第十一条 承担畜禽遗传资源保护任务的单位和个人应当按照保护协议的规定,加强种畜禽饲养管理和疫病防疫。饲养管理方式、舍饲条件、保护措施等应当符合畜禽生长的自然习性,有利于种畜禽自然性状的保护。

县级以上人民政府农业行政主管部门应当按照保护协议的规定,及时足额拨付补贴资金,并对畜禽遗传资源保护予以技术指导。

任何单位和个人不得截留、挪用、移用畜禽遗传资源保护补贴资金。

第十二条 任何单位和个人不得擅自在保种群和品种保护区内开展经济杂交、品种试验;确因育种需要导入少量外来血统的,应当按照国家规定的管理权限,经批准后按照有关规定进行。

禁止违反保护协议的约定利用畜禽遗传资源。

第十三条 有财政资金支持的畜禽遗传资源保种场、保护区和基因库,未经国务院畜牧兽医行政主管部门或者省农业行政主管部门批准,不得处理受保护的畜禽遗传资源。

保种场、保护区和基因库不再承担畜禽遗传资源保护任务时,省农业行政主管部门应当收回最小有效保护数量的畜禽遗传资源,并按照保护协议约定给予补偿;协议没有约定的,参照市场价格给予相应的补偿。

第十四条 从境外引进畜禽遗传资源,向境外输出或者在与境外机构、个人合作研究利用列入保护名录的畜禽遗传资源的,按照《中华人民共和国畜禽遗传资源进出境和对外合作研究利用审批办法》的规定执行。

第三章 种畜禽品种选育与生产经营

第十五条 鼓励和支持企业、院校、科研机构、技术推广机构开展联合育种,促进畜禽新品种、配套系选育和利用。

鼓励采用新技术、新方法繁育珍贵、稀有、濒危和具有较高经济价值的畜禽品种。对具有自主知识产权的优良种畜禽品种,农业、科学技术行政主管部门应当在实验设施设备及种畜禽场的建设等方面,予以重点支持。

第十六条 培育的畜禽新品种、配套系和新发现的畜禽遗传资源在推广前,应当通过国家畜禽遗传资源委员会审定或者鉴定。

第十七条 畜禽新品种、配套系申请审定前进行中间试验的,应当按照《中华人民共和国畜牧法》的规定,由省农业行政主管部门批准。省农业行政主管部门应当自收到申请之日起15日内作出是否批准的决定。予以批准的,批准文件应当明确中间试验地点、期限、规模及培育者承担的责任等内容;不予批准的,应当说明理由并告知申请人。

培育者不得擅自改变中间试验地点、期限和规模;确需改变的,应当报原批准机关批准。中间试验结束后,培育者应当向批准机关提交书面报告。

第十八条 省畜牧兽医技术推广机构应当开展生猪、家禽等种畜禽生产性能测定工作,建立性能测定数据库。

第十九条 省畜牧兽医技术推广机构可以组织开展种畜优良个体登记,并将登记的优良种畜向社会公布。

生猪、奶牛等畜牧业行业协会应当配合省畜牧兽医技术推广机构做好种畜优良个体登记工作。

第二十条 种畜禽生产经营实行许可证制度。

从事种畜禽生产经营或者生产商品代仔畜、雏禽的单位和个人,应当取得种畜禽生产经营许可证。

第二十一条 申请取得生产家畜卵子、冷冻精液、胚胎等遗传材料的生产经营许可证，应当向省农业行政主管部门提出申请。省农业行政主管部门应当自收到申请之日起六十个工作日内依法决定是否发给生产经营许可证。

第二十二条　原种场、祖代场、一级良种繁育场、一级供精站的生产经营许可证，由县（市、区）农业行政主管部门审核后，报设区的市农业行政主管部门审批。其他种畜禽的生产经营许可证，由县（市、区）农业行政主管部门负责审批，并报设区的市农业行政主管部门备案。

审核机关应当自收到申请之日起10日内提出审核意见。审批机关应当自收到申请或者上报的审核材料之日起20日内依法作出是否核发生产经营许可证的决定。

第二十三条　申请种畜禽生产经营许可证，应当符合《中华人民共和国畜牧法》第二十二条规定的条件，并提交下列材料：

（一）现有群体规模、品种来源证明或者新品种证书，品种标准及相关技术资料。

（二）畜牧兽医技术人员专业资格证明。申请原种场、祖代场、一级良种繁育场和一级供精站生产经营许可证的，需要提供1名中级以上技术职称的畜牧兽医技术人员证明；申请二级良种繁育场、父母代场、二级供精站生产经营许可证的，需要提供1名初级以上技术职称或者相应专业技能的畜牧兽医技术人员证明。

（三）种畜禽场区平面图、设施设备清单以及周围环境示意图。

（四）动物防疫条件合格证书。

（五）完整的育种或者制种记录等生产管理制度；兽药、饲料和饲料添加剂使用，疫病监测防治、无害化处理等管理制度。

（六）法律、法规规定的其他材料。

第二十四条　种畜禽生产经营许可证有效期为三年。有效期届满需要延续的，种畜禽生产经营单位和个人应当在有效期届满30日前向原发证机关提出申请。原发证机关应当在有效期届满前作出是否准予延续的决定；逾期未作出决定的，视为准予延续。

第二十五条　种畜禽生产经营许可证核定的品种、地址发生变更的，持证人应当按照本办法规定的发证程序和要求重新申请种畜禽生产经营许可证。

第二十六条　从事种畜禽生产经营的单位和个人，应当按照种畜禽生产经营许可证核定的范围、品种、代别、生产标准从事生产经营。

第二十七条　种畜禽生产经营单位和个人应当对种畜禽选育、配种、性能测定、免疫防疫以及疫病监测等内容进行记录，建立种畜禽生产经营档案。

种畜禽的选育、配种和性能测定记录应当长期保存。

第二十八条　销售种畜禽，不得违反《中华人民共和国畜牧法》第三十条的规定。

销售种畜禽时，应当附具生产单位出具的《种畜禽合格证》、动物防疫监督机构出具的检疫合格证明；销售种畜的，还应当附具种畜禽场出具的种畜系谱。

《种畜禽合格证》应当由种畜禽质量鉴定员签字、生产单位盖章。种兔、种禽、种蛋每批一证，其他种畜每头一证。

第二十九条　种畜禽生产经营单位和个人销售商品代仔畜、雏禽时，应当向购买者提供其销售的商品代仔畜、雏禽的主要生产性能指标、免疫情况、饲养技术要求和有关咨询服务，并附具动物防疫监督机构出具的检疫合格证明。

第三十条　发布种畜禽广告的，广告主应当提供种畜禽生产经营许可证和营业执照，按照生产经营许可证的内容注明种畜禽品种、配套系名称，如实描述种畜禽的主要性状、生产性能和健康状况，并对广告内容的真实性负责。

广告经营者、广告发布者应当依法核实有关材料，并按照种畜禽生产经营许可证规定的内容设计、制作、发布种畜禽广告。

第三十一条　农户饲养的种畜禽用于自繁自养和有少量剩余仔畜、雏禽出售的，农户饲养种公畜进行互助配种的，不需要办理种畜禽生产经营许可证，但应当符合动物防疫的有关规定。

第四章　监督检查

第三十二条　县级以上人民政府及其有关部门应当加强对畜禽遗传资源保护的监督，建立畜禽遗传资源保护考核制度，对畜禽遗传资源保护措施、保护效果等情况进行考核。

第三十三条　县级以上人民政府农业行政主管部门负责种畜禽质量安全的监督管理工作，对畜禽遗传资源保护以及种畜禽生产、经营、使用等活动实施监督检查。

县级以上人民政府农业行政主管部门委托具有法定资质的种畜禽质量检验机构对种畜禽的生产性能和健康状况进行检验。检验所需费用按照《中华人民共和国畜牧法》的规定列支，不得向被检验人收取。

第三十四条　县级以上人民政府农业行政主管部门在监督检查中发现有关单位和个人违反本办法第三十条规定的，应当将相关材料及时移送工商行政管理部门处理。工商行政管理部门应当向移送机关通报处理结果。

第五章　法律责任

第三十五条　违反本办法规定的行为，法律、法规已有法律责任规定的，从其规定。

第三十六条　违反本办法规定，擅自处理受保护的畜禽遗传资源，造成畜禽遗传资源损失的，由省农业行政主管部门按照《中华人民共和国畜牧法》第五十八条的规定予以处罚；构成犯罪的，依法追究刑事责任。

第三十七条　违反本办法规定，未经批准在保种群、品种保护区内开展经济杂交或者品种试验的，由县级以上人民政府农业行政主管部门责令限期改正，可以处1 000元以上1万元以下的罚款。

第三十八条　违反本办法规定，未按照指定的地点、期限和规模进行畜禽品种中间试验的，由县级以上人民政府农业行政主管部门责令限期改正，可以处1 000元以上5 000元以下的罚款。

第三十九条　违反本办法规定，未建立或者保存种畜禽生产经营档案的，由县级以上人民政府农业行政主管部门责令限期改正，可以处1 000元以上5 000元以下的罚款。

第四十条　县级以上人民政府农业行政等部门及其工作人员有下列行为之一的，对直接负责的主管人员和其他直接责任人员，由有权机关按照管理权限给予处分：

（一）未按照本办法规定建立省级畜禽遗传资源保护名录，建立或者确定畜禽遗传资源保护单位的；

（二）未按照本办法规定拨付畜禽遗传资源保护补贴资金，或者截留、挪用、移用补贴资金的；

（三）未按照本办法规定的权限、程序和期限等核发种畜禽生产经营许可证的；

（四）未依法实施监督管理，造成本行政区域种畜禽生产经营秩序混乱，并产生不良后果的；

（五）有其他滥用职权、玩忽职守、徇私舞弊的行为。

第六章　附　　则

第四十一条　《种畜禽合格证》由省农业行政主管部门统一印制，不得收取费用，所需经费列入财政预算。

第四十二条　本办法自2012年6月1日起施行。

湖南省实施《中华人民共和国动物防疫法》办法

（2015年5月22日湖南省第十二届人民代表大会常务委员会第十六次会议通过）

第一条　根据《中华人民共和国动物防疫法》和其他有关法律、行政法规，结合本省实际，制定本办法。

第二条　县级以上人民政府应当根据上一级动物疫病防治规划制定年度防治计划，明确政府相关部门在动物防疫中的工作职责，实行动物防疫管理目标责任制。

乡镇人民政府、街道办事处应当建立动物防疫责任制度，明确和督促相关机构及人员做好动物防疫知识宣传、动物饲养情况调查、动物疫病强制免疫服务工作，并协助做好动物疫病监测、检疫、重大动物疫情控制和扑灭等工作。

村（居）民委员会应当协助乡镇人民政府、街道办事处开展免疫、消毒、应急处置等动物防疫工作，引导和督促村民、居民履行动物防疫义务。

第三条　县级人民政府兽医主管部门和乡镇人民政府、街道办事处，应当根据动物防疫的需要，采用便民方式，向社会尤其是动物饲养者宣传动物防疫方面的法律、法规、政策和其他相关知识，依法提供动物疫情预警信息等。

第四条　县级以上人民政府兽医主管部门应当建立健全动物防疫信息管理系统和溯源体系。

从事动物、动物产品经营的单位和个人应当配合做好动物防疫信息采集工作，不得拒绝、阻碍。

动物饲养场应当及时将养殖、免疫、检测、疫病、消毒、无害化处理、检疫申报等相关信息传送至动物防疫信息管理系统。

第五条　动物饲养者应当依法履行动物疫病强制免疫义务。

动物饲养场应当建立健全动物防疫制度，配备（或者聘请）执业兽医或者乡村兽医，按照国家和省的规定对饲养动物进行强制免疫接种、加施标识，建立养殖、免疫档案。

犬只饲养者应当履行狂犬病疫苗的免疫接种义务，对犬只进行免疫接种，办理动物狂犬病免疫证明，加施免疫标识。

经过强制免疫的动物方可上市交易。

第六条　县级以上人民政府兽医主管部门应当建立健全动物疫病强制免疫评估机制。动物疫病预防控制机构应当对免疫的密度和质量进行评估，提出免疫效果评估报告。

免疫的密度和质量未达到规定要求的，县级人民政府及其兽医主管部门和乡镇人民政府、街道办事处应当按照职责督促动物饲养单位和个人履行强制免疫义务。

第七条　动物饲养场、隔离场、屠宰加工场所、畜禽交易市场及动物和动物产品无害化处理场所，应当具备无害化处理动物排泄物和其他污物的设施设备以及国家规定的其他动物防疫条件，向所在地兽医主管部门报告防疫制度年度执行情况和动物防疫条件变化情况，并接受动物卫生监督机构的监督检查。

第八条　从本省行政区域外引进用于饲养、销售非种用、非乳用动物，货主或者承运人应当在动物到达输入地前一日向输入地动物卫生监督机构报告；在到达输入地后接受动物卫生监督机构的监督检查，出示动物检疫证明。

第九条 畜禽交易市场按照国家规定实施休市消毒制度。市场开办者和经营者应当根据制度要求休市清洗和消毒，并在休市之日前三日向社会公告。

承运人应当对运输动物的车辆及装载用具进行清洗和消毒；未经清洗和消毒的，运输车辆不得驶离畜禽交易市场。

动物屠宰加工场所应当每日清空活体动物及其排泄物，并对场地清洗、消毒。

第十条 动物饲养场应当按照动物疫病净化计划和净化方案进行动物疫病净化。

第十一条 县级以上人民政府兽医主管部门和卫生主管部门应当建立健全人畜共患疫病防控协作机制，共同制定人畜共患疫病防控方案，及时通报疫情等相关信息，并按照各自职责采取预防、控制措施，重点监测易感染动物和相关职业人群。

第十二条 发生重大动物疫情和人畜共患病疫情时，县级以上人民政府应当启动应急预案，由防治重大动物疫病指挥机构统一领导、指挥应急处置工作。

县级以上人民政府及其有关部门应当根据重大动物疫情应急预案或者专项方案，采取措施控制和扑灭动物疫病，并做好社会治安维护、人群的疫病防治、肉食品供应以及动物、动物产品市场监管等工作。

发现动物携带人类传染病病原体的，县级以上人民政府兽医主管部门应当制定相应动物处置方案，报本级人民政府批准实施；必要时，省人民政府可以决定采取暂停调运相关易感染动物等应急控制措施。

第十三条 省人民政府兽医主管部门应当根据本行政区域畜禽养殖、疫病发生和畜禽死亡情况，按照合理布局的原则，制定本省动物尸体无害化处理中心布局规划。

县级人民政府应当按照无害化处理中心布局规划，组织建设无害化处理中心，配置无害化处理设施，在养殖密集的乡镇设置病死动物尸体收储点，并向社会公布设施运营服务区域。

鼓励社会力量投资建设无害化处理中心。

无害化处理中心应当将动物尸体的来源、数量、无害化处理方式和无害化处理后产品的处置情况详细记录，并建档保存五年以上。

第十四条 鼓励采用科学方式对动物尸体进行无害化处理和资源性利用。对动物尸体进行无害化处理的，按照国家相关规定予以补贴。

禁止将无害化处理后的产品作为食品销售或者用于食品生产。禁止虚报、谎报动物尸体的无害化处理数量，骗取补贴资金。

第十五条 动物饲养场、隔离场、屠宰加工场所、畜禽交易市场等具备无害化处理设施设备的，应当按照国家规定对病死动物、染疫动物进行无害化处理。

前款单位和动物诊疗机构、动物园、科研教学等单位不具备无害化处理设施设备的，应当配置收集设备，将需要无害化处理的动物尸体、动物产品和其他染疫物品送至无害化处理中心处理。

动物散养户应当将病死或者死因不明的动物尸体在远离住宅、水源、道路的高燥荒地采取深埋、焚烧等方式进行无害化处理；不具备处理条件的，向当地无害化处理中心或者病死动物尸体收储点报告，并协助其做好运送工作。

禁止弃置动物尸体。

第十六条 对发现来历不明的动物尸体按照下列规定收集清理，并由县级人民政府组织兽医主管部门和其他相关部门进行无害化处理：

（一）在乡村或者城市非公共区域发现的，由发现地乡镇人民政府或者街道办事处组织收集清理。

（二）在城市公共区域发现的，由发现地市容环境卫生主管部门组织收集清理。

（三）在江河、湖泊和大中型水库等水域发现的，由发现地县级人民政府水行政主管部门组织收集清理。

第十七条 鼓励单位和个人举报非法处置动物尸体的违法行为。县级以上人民政府相关部门和乡镇人民政府、街道办事处应当公布举报方式。相关部门和单位收到举报，应当及时查处。举报属实的，予以奖励。

第十八条 县级以上人民政府应当及时将有下列行为的单位和个人向社会公布：

（一）非法生产经营病死或者染疫动物及动物产品的。

（二）大量弃置动物尸体的。

（三）将无害化处理后的产品作为食品销售或者用于食品生产的。

第十九条 县级人民政府根据本行政区域的养殖情况和兽医主管部门提出的动物检疫申报点建设方案，有计划地进行动物检疫申报点建设；其动物卫生监督机构具体 负责动物检疫申报点的运行与管理，向社会公布动物检疫申报点、检疫范围和检疫对象等事项。

第二十条 县级以上人民政府应当按照本级政府职责，将动物疫病预防、控制、扑灭、净化、检疫，防疫信息化和其他监督管理所需经费以及强制免疫应激死亡和扑杀补偿资金，无害化处理补贴资金，本办法规定的举报奖励资金纳入本级财政预算。

对在动物防疫工作中接触动物疫病病原体的人员，其所在单位应当按照国家规定采取有效的免疫预防、医学观察和定期体检等卫生防护、医疗保健措施，并给予适当补助。

第二十一条 县级以上人民政府应当完善冷链、检测、交通运输、消毒、监督等方面的动物防疫基础设施，并根据动物疫情应急预案的要求，建立健全动物疫病防控物资储备制度，做好动物防疫物资的应急储备和保障供给工作。

第二十二条 违反本办法规定，有下列行为之一的，由动物卫生监督机构责令改正；拒不改正的，按照下列规定予以处理：

（一）未对犬只接种兽用狂犬病疫苗的，处二百元以上一千元以下罚款。

（二）畜禽交易市场没有按照本办法要求休市清洗、消毒的，处五千元以上二万元以下罚款；情节严重的，处二万元以上五万元以下罚款。

（三）弃置动物尸体的，由县级人民政府组织有关部门对动物尸体进行无害化处理，处理费用由违法行为人承担；对弃置家禽尸体的，处每只二十元以上五十元以下罚款；对弃置家畜尸体的，处每头（只）五十元以上二百元以下罚款；但最高罚款不超过三千元。

（四）拒绝、阻碍动物防疫信息采集的，对个人处五百元罚款，对单位处三千元以上一万元以下罚款。

（五）从本省行政区域外引进用于饲养、销售非种用、非乳用动物，未向输入地动物卫生监督机构报告、拒绝接受监督检查的，对个人处五百元罚款，对单位处五千元以上一万元以下罚款。

动物卫生监督机构可以将前款第三项规定的行政处罚委托乡镇人民政府或者街道办事处实施。

第二十三条 违反本办法规定，将无害化处理后的产品作为食品销售或者用于食品生产的，由食品药品监督管理部门没收违法所得、违法生产经营的食品用于违法生产经营的工具、设备、原料等物品；违法生产经营的食品货值金额不足一万元的，并处十万元以上十五万元以下罚款；货值金额一万元以上的，并处货值金额十五倍以上三十倍以下罚款；情节严重的，吊销许可证，并由公安机关对其直接负责的主管人员和其他直接责任人员处五日以上十五日以下拘留。

第二十四条 违反本办法规定，县级以上人民政府兽医主管部门、动物卫生监督机构、动物疫病预防控制机构和乡镇动物防疫机构有下列行为之一的，由本级人民政府或者上一级兽医主管部门责令改正，依法作出处理；对直接负责的主管人员和其他直接责任人员依法给予行政处分：

（一）不依法审查动物防疫条件的。

（二）不及时查处弃置动物尸体举报事项的。

（三）未向社会公布动物检疫申报事项或者不依法实施检疫的。

（四）对未经检疫或者检疫不合格的动物、动物产品出具检疫合格证明的。

（五）未依法实施动物防疫监督检查和动物疫病可追溯管理的。

（六）其他未依照本办法规定履行职责的行为。

第二十五条 本办法自2015年8月1日起施行。2002年1月24日湖南省第九届人民代表大会常务委员会第二十七次会议通过的《湖南省实施〈中华人民共和国动物防疫法〉办法》同时废止。

重庆市无规定动物疫病区管理办法

《重庆市无规定动物疫病区管理办法》已经2015年1月23日市人民政府第77次常务会议通过，现予公布，自2015年4月1日起施行。

市 长 黄奇帆

2015年2月16日

重庆市无规定动物疫病区管理办法

第一章 总 则

第一条 为了加强无规定动物疫病区建设和管理，有效预防、控制和扑灭规定动物疫病，促进养殖业健康发展，维护公共卫生安全，保护人体健康，根据《中华人民共和国动物防疫法》《重庆市动物防疫条例》等有关法律、法规，制定本办法。

第二条 本市对动物疫病实行区域化管理，建立全市行政区域的无规定动物疫病区。

本办法所称无规定动物疫病区（以下简称无疫区），是指按照国家无疫区建设规范进行建设和管理，通过对动物疫病采取预防、控制等措施，使规定动物疫病达到国家控制标准的区域。

本办法所称规定动物疫病，是指牲畜口蹄疫、高致病性禽流感、高致病性猪蓝耳病、猪瘟、牛羊布鲁氏菌病、牛结核病，以及市人民政府规定的其他动物疫病。

第三条 无疫区内规定动物疫病实行预防为主、防治结合、依法治理的原则。

无疫区内对规定动物疫病采取免疫、检疫、监测、净化，以及对染疫动物采取隔离、封锁、扑杀、无害化处理等措施进行控制。

第四条 市人民政府领导全市无疫区的建设和管理工作。

区县（自治县）人民政府领导本行政区域内无疫区的建设和管理工作。

乡（镇）人民政府、街道办事处应当组织群众做好本辖区内的规定动物疫病预防、控制工作。

第五条　市兽医主管部门负责全市无疫区的建设和管理工作。

区县(自治县)兽医主管部门负责本行政区域内无疫区的建设和管理工作。

市、区县(自治县)卫生计生、林业、公安、交通、食品药品监管等部门,动物卫生监督机构、动物疫病预防控制机构,乡(镇)、街道和特定区域的兽医机构按照各自职责做好无疫区建设和管理工作。

第六条　无疫区建设和管理所需经费纳入本级财政预算。

第二章　无疫区建设

第七条　市兽医主管部门应当根据无疫区建设标准和国家相关规定,制定全市无疫区建设方案,经市人民政府批准后组织实施。

区县(自治县)人民政府应当根据全市无疫区建设方案,制定本地区无疫区建设实施方案并组织实施。区县(自治县)无疫区建设实施方案应当报市兽医主管部门备案。

第八条　无疫区建设应当达到下列标准:

(一)动物防疫屏障体系完善,动物和动物产品进入本市的指定道口、指定道口动物卫生监督检查站、动物隔离场所等设施建设符合国家动物防疫屏障体系建设要求,具备防控市外疫病传入的能力;

(二)动物防疫监督体系完善,各级动物卫生监督机构及其检疫、执法、监察等设施设备符合国家动物防疫监督体系建设要求,具备对动物饲养、屠宰、经营、隔离、运输以及动物产品生产、经营、加工、贮藏、运输等环节实施有效监控的能力;

(三)动物疫情监测体系和动物疫病控制体系完善,各级冷链系统、动物疫病防控信息系统、无害化处理场所等设施设备建设符合国家有关建设要求,动物疫病预防控制机构、基层兽医机构、动物疫情监测和流行病学调查实验室(以下简称兽医实验室)、规定动物疫病应急处置预案健全,疫情应急处置物资、交通工具配置符合国家要求,具备有效监测预防规定动物疫病以及对动物疫情迅速反应和及时扑灭的能力;

(四)全市强制免疫动物疫病的免疫效果达到国家规定的标准,动物疫病监测符合国家要求,在规定的时期内没有发生规定动物疫病;

(五)国务院兽医主管部门规定的其他条件。

第九条　动物、动物产品进入本市的指定道口由市人民政府发布。指定道口的动物卫生监督检查站由所在地区县(自治县)人民政府负责建设,指定道口引导标志由区县(自治县)兽医主管部门负责安装,交通行政管理部门应当协助做好标志的选址及安装工作。

指定道口所在机场、车站、码头的管理机构应当支持和协助动物卫生监督检查工作,为动物卫生监督检查提供必要的工作场所。

第十条　动物隔离场所由市人民政府统一规划建设。

第十一条　各级冷链系统、动物疫病防控信息系统由市兽医主管部门和区县(自治县)人民政府根据全市无疫区建设方案负责建设。

动物、动物产品无害化处理场所由市政府确定的部门、有关区县(自治县)人民政府按照有关规划组织建设,并确定主管部门或者运营单位。

鼓励和支持社会单位和个人投资建设和运营动物、动物产品无害化处理场所。

第十二条　市级兽医实验室应当具备细菌学、血清学、分子生物学检测和生物信息学分析能力并通过国务院兽医主管部门考核。区县(自治县)兽医实验室应当具备细菌学、血清学和分子生物学检测能力并通过市兽医主管部门考核。

兽医实验室应当承担区域内规定动物疫病及其他动物疫病的动物疫情监测和流行病学调查工作,提供与检测能力相适应的动物疫病检测与诊断服务。

第十三条　无疫区边界应设置标志。无疫区边界标志由市兽医主管部门统一设置,由区县(自治县)兽医主管部门管理,交通行政管理部门应当协助做好无疫区边界标志的选址及安装工作。

第十四条　市兽医主管部门负责对区县(自治县)的无疫区建设工作进行指导,并组织检查评估。

全市无疫区建设达到标准后,按规定报国务院兽医主管部门评估验收。

第三章　规定动物疫病的预防

第十五条　无疫区内动物疫病应当达到国家规定的控制净化标准。

国家尚未制定控制净化标准的,按本市控制净化标准执行。本市控制净化标准由市兽医主管部门制定并公布。

第十六条　无疫区内对规定动物疫病实行强制免疫或者禁止免疫。

无疫区内对牲畜口蹄疫、高致病性禽流感、高致病性猪蓝耳病、猪瘟等规定动物疫病实行强制免疫。市人民政府可以根据无疫区内动物疫病流行情况增加强制免疫病种,并向社会公布。

强制免疫由政府免费提供强制免疫疫苗、畜禽标志,由兽医主管部门组织实施,兽医机构应当提供免疫技术服务。

强制免疫应当采取季节免疫与常年免疫相结合的措施,免疫密度和质量应当达到国家和本市规定要求。

第十七条　无疫区内对牛羊布鲁氏菌病、牛结核病等规定动物疫病实行禁止免疫。市人民政府根据国家规定和本市动物疫病控制要求,可以调整无疫区内禁止免疫病种,并向社会公布。

任何单位和个人不得实施市人民政府规定禁止免疫病种的免疫。

禁止免疫的病种采取定期检测、强制扑杀等措施进行预防控制。

第十八条 从事动物饲养、屠宰、经营、隔离、运输以及动物产品生产、经营、加工、运输、贮藏等活动的单位和个人,应当按照有关规定做好免疫、检测、控制、净化、消毒、无害化处理等规定动物疫病防控工作。

第十九条 无疫区内的动物疫病预防控制机构应当开展动物疫病免疫效果监测、动物疫病诊断、疫情监测和流行病学调查及分析工作,并向本级兽医主管部门提出风险评估报告。

从事动物饲养以及动物产品生产、加工、贮藏、经营的单位和个人,应当接受动物疫病预防控制机构对其动物及动物产品实施的疫病监测,并协助做好抽样、采样等工作。

第二十条 市外调入和市内跨区县(自治县)调运非屠宰用动物的,应当随货携带输出地兽医机构出具的强制免疫病种强化免疫凭证和有关动物疫病监(检)测资料供查验。

调运的非屠宰用动物到达目的地后,货主应当在24小时内向当地区县(自治县)动物卫生监督机构报告,并在动物卫生监督机构的监督下,按照有关法规、规章和技术规范进行隔离检疫和隔离观察。

第二十一条 区县(自治县)动物卫生监督机构应当对动物收购、贩运活动实施监管,建立有关档案。从事动物收购、贩运活动的单位和个人,应当在当地动物卫生监督机构备案。

第二十二条 动物饲养场(养殖小区)、动物屠宰加工场应当符合法律、法规规定的动物防疫条件,依法取得动物防疫条件合格证。

活禽市场(含经营活禽的超市)应当符合下列条件:

(一)禽类产品与其他产品的经营区域分开;

(二)水禽经营区域与其他活禽经营区域相对隔离;

(三)宰杀区域实行封闭管理,并与销售区域实行物理隔离;

(四)建立并实施定期休市消毒等制度。

第四章 规定动物疫病的控制和扑灭

第二十三条 市兽医主管部门应当适时修订完善市级重大动物疫情应急预案,报市人民政府批准后执行。区县(自治县)兽医主管部门应当适时修订完善本级重大动物疫情应急预案,报本级人民政府批准后执行。区县(自治县)重大动物疫情应急预案应当报市兽医主管部门备案。

市兽医主管部门应当制定全市牛羊布鲁氏菌病、牛结核病防治方案,区县(自治县)兽医主管部门按照全市牛羊布鲁氏菌病、牛结核病防治方案,制定本地区的防治方案。

第二十四条 规定动物疫病中的重大动物疫情应急预案应当包括下列内容:

(一)应急处理指挥机构的组成和相关部门的职责;

(二)疫情的监测、信息收集、预警、报告和通报制度;

(三)疫情的确认、分级、应急处理技术和处理工作方案;

(四)疫情应急的人员、技术、物资、设施、资金保障等。

第二十五条 从事动物疫情监测、检验检疫、疫病研究与诊疗以及动物饲养、屠宰、经营、隔离、运输等活动的单位和个人,发现动物染疫或者疑似染疫的,应当立即向当地兽医主管部门、动物卫生监督机构或者动物疫病预防控制机构报告,并采取隔离等控制措施,防止动物疫情扩散。其他单位和个人发现动物染疫或者疑似染疫的,应当及时报告。

接到动物疫情报告的单位,应当及时采取必要的控制处理措施,并按照国家规定的程序上报。

任何单位和个人不得瞒报、谎报、迟报或者阻碍他人报告动物疫情。

第二十六条 发生规定动物疫病时,应当按照相关规定,迅速采取措施,作出应急响应。

第二十七条 指定道口动物卫生监督检查站检查发现染疫或者疑似染疫的动物及动物产品,依照有关规定进行处置;对涉及重大动物疫情的,由所在地区县(自治县)人民政府组织有关部门实施处置。

第二十八条 对无疫区内发生规定动物疫病的动物,应当实行强制扑杀、销毁,并按照规定给予补偿。

有下列情形之一,发生规定动物疫病被强制扑杀销毁的,不予补偿,并依法追究法律责任:

(一)拒绝实施强制免疫的;

(二)违反动物检疫规定的;

(三)拒绝动物疫病监测的;

(四)违反我市动物调运相关规定的。

第五章 监督管理

第二十九条 动物卫生监督机构依照有关法律法规和本办法规定,对无疫区内动物饲养、屠宰、经营、隔离、运输以及动物产品生产、经营、加工、贮藏、运输等活动中的动物防疫实施监督管理。

食品药品监管部门根据职责对餐饮环节和市场、冻库等流通环节动物产品的质量安全实施监督管理。

第三十条　动物卫生监督机构执行监督检查任务，可以采取下列措施，有关单位和个人不得拒绝或者阻碍：

（一）对动物、动物产品按照规定采样、留验、抽检；

（二）对感染规定动物疫病或者疑似感染规定动物疫病的动物、动物产品及相关物品进行隔离、查封、扣押和处理；

（三）对依法应当检疫而未经检疫的动物实施补检；

（四）对依法应当检疫而未经检疫的动物产品，具备补检条件的实施补检，不具备补检条件的予以没收销毁；

（五）查验检疫证明、检疫标志和畜禽标识；

（六）进入有关场所调查取证，查阅、复制与动物防疫有关的资料。

对检查中发现应当进行无害化处理的动物、动物产品进行无害化处理，所需费用由货主承担；当事人不提供货主的，由当事人承担。

第三十一条　高速公路营运单位和机场、车站、码头的货运机构应当配合做好动物防疫监督工作。

机场、车站、码头的货运机构对不能出示检疫证明或证物不符的动物及动物产品，不得承运。向本市输入的动物及动物产品没有检疫证明或者证物不符的，机场、车站、码头的货运机构应当立即向派驻的动物卫生监督检查站报告，配合做好处置工作。

第三十二条　无疫区应建立动物及动物产品追溯管理制度。

动物卫生监督机构和食品药品监管部门应当按照各自职责监督动物及动物产品生产者、经营者建立和保存动物及动物产品的生产、销售记录档案台账。

第六章　法律责任

第三十三条　各级人民政府、有关主管部门和单位的工作人员在无疫区建设和管理工作中滥用职权、玩忽职守或者徇私舞弊的，依法给予处分；构成犯罪的，依法追究刑事责任。

第三十四条　饲养动物的单位和个人实施市人民政府规定禁止免疫病种免疫的，由动物卫生监督机构责令改正，并处200元以上1 000元以下罚款。

第三十五条　活禽市场（含经营活禽的超市），有下列行为之一的，由区县（自治县）人民政府确定的部门责令改正，可以处1 000元以上10 000元以下罚款：

（一）未将禽类产品与其他产品的经营区域分开的；

（二）未将水禽经营区域与其他活禽经营区域相对隔离的；

（三）宰杀区域未实行封闭管理，并与销售区域实行物理隔离的；

（四）未建立并实施定期休市消毒等制度的。

第七章　附　　则

第三十六条　本办法自2015年4月1日起施行。

（本栏目主编　王晓红　刘占江　冯葆昌）

农业部部长韩长赋在全国现代畜牧业建设工作会议上的讲话

（2015 年 6 月 15 日）

同志们：

这次会议是农业部党组决定召开的一次重要会议。汪洋副总理对开好这次会议专门作出重要批示，体现了中央对发展现代畜牧业的高度重视，我们要认真学习领会，抓好贯彻落实。会议的主要任务是，总结交流近年来我国建设现代畜牧业的实践探索和经验，深入分析畜牧业发展面临的新形势新任务，明确今后一个时期现代畜牧业建设的总体思路和工作重点。刚才，八位同志作了典型发言，讲得都很好，大家要相互学习借鉴。

下面，我讲四点意见。

一、深刻认识加快建设现代畜牧业的重要意义

畜牧业是农业农村经济的重要支柱产业，也是保供给惠民生促稳定的大产业。改革开放以来，我国畜牧业发展步入快车道，取得了巨大成就。畜牧业大发展，彻底扭转了肉蛋奶短缺的局面。我们从 20 世纪五六十年代过来的人，都经历过“吃粮瓜菜代，吃肉等过节”的日子，那时候能吃上一顿肉是一种奢望！现在情况完全不同了。2014 年全国肉类产量 8 707 万吨，比 1978 年增长了 9.2 倍，人均肉类占有量从不足 9 千克增加到近 64 千克。这为改善居民膳食营养和保障国家食物安全作出了重要贡献，可以说是一个了不起的成就。畜牧业大发展，开辟了农民就业增收的新渠道。1978 年畜牧业产值只有 209 亿元，占农业总产值的 15%；2014 年畜牧业产值超过 2.9 万亿元，约占农业总产值的 1/3。目前，直接从事畜禽养殖的收入占家庭农业经营现金收入的 1/6，饲料、畜产品加工等相关产业吸纳了大量农村劳动力。畜牧业大发展，闯出了现代农业建设的新路子。在农村改革中，畜牧业一直是先行者，通过引进外资、探索牧工商联合发展，比较早地步入了市场化轨道。特别是近年来，畜牧业规模化进程加快，产业化水平快速提升。生猪等主要畜禽规模化养殖水平比 2000 年提高了 30 多个百分点，畜牧业国家级农业产业化龙头企业达 583 家，占比 47%。

现在看，畜牧业已经从家庭副业发展成为一个大产业。随着城镇化的到来，我国畜牧业迎来了大发展的新机遇，随着农业现代化的到来，我国畜牧业进入现代化建设的新阶段，随着国际化的到来，我国畜牧业面临全球竞争的新挑战。各级农牧部门要提高认识、抢抓机遇，坚定信心、迎难而上，切实增强工作的责任感使命感紧迫感。

第一，满足人民群众不断增长的肉蛋奶消费需求，迫切要求加快推进现代畜牧业建设。保障肉蛋奶有效供给，是保障国家食物安全的重要任务。中国人的饭碗要端在自己手里，菜篮子也不能拎在别人手里。我国是人口大国，肉蛋奶作为重要的菜篮子产品，也必须坚持立足国内基本自给的方针。随着人口总量增长、收入水平提升、城镇化加快推进，肉蛋奶消费需求还在刚性增长。据测算，每年新增肉类需求超过 80 万吨。目前，我国人均动物蛋白日摄取量 33 克，超过了世界平均水平，但仍远低于发达国家水平。人均奶类占有量不到世界平均水平的 1/3，牛羊肉消费需求快速上升，生产能力不足，供求矛盾突出。更为重要的是，消费结构还在升级，不仅要吃饱，还要吃好吃得安全放心；不仅要有数量，还要上档次。前几年发生的三聚氰胺、“瘦肉精”等事件，不仅威胁到人民群众身体健康，也给产业发展造成巨大损失，甚至损害到政府的公信力。努力确保产业发展和产品质量双安全、生产者和消费者都放心，迫切需要加快建设现代畜牧业，实现产业平稳发展、产品有效供给和质量安全。

第二，促进农牧民同步进入全面小康，迫切要求加快推进现代畜牧业建设。目前，我国已经进入全面建

成小康社会的决定性阶段。全面建成小康社会，核心在全面，就是不分地域、不让一个人一个民族掉队、覆盖全领域的小康。习近平总书记多次强调，“小康不小康，关键看老乡”。全面建成小康社会，最艰巨最繁重的任务在农村，特别是牧区。我国草原约占国土面积的2/5，分布着全国70%以上的少数民族和70%以上的国家扶贫开发重点县，畜牧业是广大牧民就业增收的主渠道。牧区生产条件总体滞后，面临着发展生产、增加收入与保护环境、修复生态的双重压力，牧民收入水平普遍不高。这几年受畜牧业生产成本上升、比较效益下降和疫病风险、市场风险不断加大的影响，畜禽养殖收入波动很大。2009年以来，养殖成本增加了将近40%，许多养殖户增产不增收。2013年的H7N9使家禽行业遭受重创，损失过千亿元。生猪价格连续3年低迷，2014年每头肥猪亏损110元。加快建设现代畜牧业，可以拓宽农牧民就业增收渠道，提升畜牧业发展质量和效益，尽快让广大农牧民富裕起来，过上全面小康的生活。

第三，推动现代农业转型升级，迫切要求加快推进现代畜牧业建设。畜牧业发展水平是农业现代化的重要标志。纵观全球，农业发达的国家，畜牧业都很发达。目前，我国畜牧业发展仍然粗放，占农业产值的比重还不高，粮经饲结构不合理，种养加比例不协调，农业产业结构不平衡，制约着我国传统农业向现代农业转变。我国人均耕地面积小，种植业受经营规模的限制比较突出。相对而言，畜牧业资本密集程度更高，技术集约化优势更明显，在经营规模上更容易突破，可以在农业中率先实现现代化。加快建设现代畜牧业，促进种养循环、产加配套、粮饲兼顾、农牧结合，有利于优化调整农业产业结构、转变农业发展方式、实现农业转型升级。

第四，加强农村牧区生态文明建设，迫切要求加快推进现代畜牧业建设。党的十八大将生态文明建设与政治建设、经济建设、文化建设和社会建设提到同等高度，作出了五位一体的战略部署。中共中央、国务院印发了《关于加快推进生态文明建设的意见》，对加强农村牧区生态文明建设提出了明确要求。近年来，国家推进农区养殖畜禽粪污综合利用，加大草原保护建设力度，农村牧区人居环境得到改善。随着畜牧业快速发展，一些地区呈现污染加重、生态恶化的趋势。有的农区粪污随意排放，造成面源污染；有的牧区超载过牧，带来草原退化、沙化、碱化。据统计，全国每年产生30亿吨畜禽粪尿，相当部分没有得到综合利用；退化、沙化、碱化草原面积近20亿亩。我国畜禽养殖业生态瓶颈约束日益趋紧，草原畜牧业也必须生产生态兼顾、生态优先，这对产业与环境协调发展要求更高、难度更大。加快推进现代畜牧业建设，有利于发展资源节约、环境友好农牧业，治理畜禽粪便污染，改善草原生态环境，尽量不欠新账，逐步偿还旧账，实现生产、生活、生态和谐发展。

二、准确把握推进现代畜牧业建设的重点任务

推进现代畜牧业建设，要按照中央深化农村改革和推进农业转方式调结构的总体部署，坚持“产出高效、产品安全、资源节约、环境友好”的发展方向，以建设现代畜牧强国为目标，以加快转变发展方式为主线，以提高质量效益和竞争力为重点，强化政策、科技、设施装备、人才和体制机制支撑，建立以布局区域化、养殖规模化、生产标准化、经营产业化、服务社会化为基本特征的现代畜牧业生产体系。力争到“十三五”末，全国肉、蛋、奶产量分别达到9 220万吨、3 050万吨、4 080万吨，年均增加85万吨、26万吨、40万吨；生猪年出栏500头以上、奶牛存栏100头以上的规模养殖比重分别达到52%和60%，分别比现在提高10个和15个百分点，使规模养殖真正成为畜牧业生产主导力量；畜牧业生产标准化水平显著提高，质量安全基础更加扎实，努力确保不发生重大畜产品质量安全事件；草原综合植被覆盖度达到56%以上，草原生态保护建设成果不断巩固。在此基础上，再用五到十年的时间，东部沿海地区畜牧业率先实现现代化，中西部畜牧业主产区基本实现现代化。

推进现代畜牧业建设，要立足各地资源禀赋，充分发挥比较优势，不断优化区域布局，推动重点地区加快发展。北方牧区，是我国重要的生态屏障，要坚持生产生态有机结合、生态优先的基本方针，通过转变生产经营方式，推行舍饲半舍饲，加快牛羊品种改良，提高生产效率。传统农区，粮食和秸秆资源丰富，品种改良基础好，养殖技术普及程度高，但部分地区养殖密度过大，要加快发展标准化规模养殖，推进粮食就地过腹转化，实现粮仓变肉库，其中南方水网地区要适当降低养殖密度，提升畜牧业发展质量。农牧交错带，既有充裕的秸秆资源，又有一定的放牧条件，要合理调整种植结构，积极稳妥推进粮改饲，以养带种，种养结合，带动牧区牲畜繁育和农区架子牛羊育肥，促进牛羊产业大发展。南方草山草地，开发利用潜力大，冬闲田面积广阔，草食畜牧业发展空间很大，要坚持草种改良、综合利用，石漠化地区要合理退耕还草，把草牧业发展成一个新的产业。

今后一个时期，重点是推进六个方面工作。

一是加强畜牧业产能建设。畜牧业要持续发展、保障均衡供给，巩固提高产能是基础，抓好基础母畜是关键，加快科技进步是保障。我国每天要消耗2.3亿千克肉、8 000万千克禽蛋、1亿千克牛奶。这么大的消费量，保证供给不出问题，最根本的是要维持基础母畜的存栏量，保护农牧民养殖母畜的积极性。2014年以来，农业部和财政部实施了肉牛基础母畜扩群补贴，

收到了良好效果,今后要继续完善扩展这些政策。有了基础母畜,还要靠良种良法配套。畜禽良种选育是关系畜牧业发展的长远大计,要锲而不舍实施好生猪、奶牛等主要畜种遗传改良计划,念好"育繁推养"四字诀,做大做强良种繁育体系,逐步减少对进口种畜禽的依赖。要着力转变粗放的畜禽养殖方式,推广和普及先进适用的饲养管理技术。建成现代畜牧业,畜牧科技进步贡献率至少要达到70%左右,目前只有55%。今后要争取在畜禽种业自主创新、标准化饲养管理、饲草料资源转化利用、动物疫病防控等方面取得重大突破。

二是加快发展规模化养殖。现代畜牧业应该是资本、技术和人才密集型产业。只有加快规模化,才能走向现代化。要加快推动分散养殖向规模养殖转变,畜禽规模养殖水平每年争取提高2~3个百分点。要支持建设一批畜禽规模化标准化养殖场,促进产业转型升级、提质增效,解决好"如何养"的问题。要加快培育新型经营主体,对养殖大户、家庭牧场、合作社、产业化龙头企业等,在项目资金、金融保险、技术推广等方面给予支持,形成主体多元、协调互补的新型经营体系,解决好"谁来养"的问题。北方人均土地面积大,发展家庭牧场有条件;南方人多地少,要依靠龙头企业,发展养殖大户。家禽生猪产业化程度高,推进工厂化集约养殖路径清晰,要坚持下去;牛羊生产周期长,可通过分户繁育、集中育肥模式,让加工企业带动更有效益。

三是大力推进产业化发展。畜牧产业链条长,可以前拉后带,适合工商企业进入。畜产品从生产到上市,涉及种养加销等多个环节,还有饲料、兽药等支撑行业。建设现代畜牧业,要在前伸后延、流通加工、社会化服务等方面综合发力。要完善利益联结机制,通过龙头企业带动、兼并、合资、联营等多种方式,鼓励企业向养殖、种植、加工纵深发展,打造全产业链,延伸价值链,加强品牌培育。要大力推进电商与实体结合、互联网与产业融合、生产者与消费者直接对接等新业态,创新流通方式,减少流通环节,加强畜产品冷链物流建设,使养殖环节分享更多收益。要发挥畜牧业大企业多、产业化程度高的优势,强化企业在科技创新与推广应用中的主体作用,运用牧场托管、"公司+农户""公司+合作社"等形式,推进畜牧科技成果转化,解决好社会化服务的问题。

四是加强标准化生产和质量安全监管。现代畜牧业必须是质量安全的产业。一个质量安全事件可以打垮一家企业,甚至一条不实信息可以打垮一个行业。畜牧业一定要把畜产品质量安全作为重中之重,视质量安全为生命。保障畜产品质量安全,要坚持产管结合、源头治理。生产方面,要按照"畜禽良种化、养殖设施化、生产规范化、防疫制度化"的要求,进一步完善相关标准和规范,建立健全畜禽标准化生产体系,强化生产过程管控,在畜禽养殖企业和规模化家庭牧场、合作社全面推行标准化养殖,不断提高"产出来"的水平。监管方面,要按照"风险预警、应急处置、检打联动、联防联控"的思路,建立各环节无缝对接的监管制度,针对"瘦肉精"、生鲜乳违法添加、滥用抗生素、注水肉、私屠滥宰等突出问题,加大专项整治力度,保持高压态势,不断完善"管出来"的办法。要加强养殖投入品生产和日常使用管理,强化饲料和兽药监管,严格执行准入制度,努力消除源头隐患。落实畜产品质量安全主体责任,关键是健全质量安全追溯体系,实现生产记录可存储、产品流向可追踪、储运信息可查询,这是一项最根本的制度措施,要切实抓紧抓好、抓出成效。要从主产区和大企业入手,完善耳标和二维码等追溯手段,重点突破、以点带面。

五是抓好重大动物疫病防控。重大动物疫病防控关系现代畜牧业建设的成败。要认真贯彻落实《动物防疫法》《国家中长期动物疫病防治规划》,采取"养、防、检、治"综合措施,坚持免疫与扑杀相结合,做好动物疫病监测、流行病学调查、强制性免疫等基础工作,严格执行疫情报告制度,完善应急处置工作机制。要实施优先防治病种防治计划,重点疫病逐步实现从有效控制向净化消灭转变。加大病死畜禽无害化处理力度,支持养殖大县建设无害化处理厂,推广无害化处理与保险挂钩。要加强动物卫生监督工作,严格落实"六项禁令",强化执法能力建设,坚决杜绝隔山开证、收费放行等现象,坚决惩治脱岗渎职行为。

六是加强畜禽养殖粪污处理利用。畜禽养殖粪污已成为危及产业发展和产品安全的瓶颈。农业部近期印发了《关于打好农业面源污染防治攻坚战的实施意见》,提出到2020年实现"一控两减三基本"的目标,其中"三基本"之一就是实现畜禽粪便基本资源化利用。要按照农牧结合、种养平衡的原则,坚持科学布局畜禽养殖,该减的减到位,该禁的坚决禁,不超量不超限,努力实现畜禽养殖与环境容量相匹配。要推进清洁养殖,推动规模养殖场率先落实企业主体责任,加快完善粪污处理利用设施,推广清洁生产工艺和精准饲料配方技术,最大限度减少粪污产生量。要大力推行种养结合的循环农业,打通种养业协调发展通道,促进循环利用、变废为宝,既解决畜禽"吃"的饲料问题,又解决"排"的粪尿问题。要研究补贴政策,把畜禽粪便处理利用与沼气工程紧密结合起来,积极推广有机肥生产加工利用。2014年,中央财政安排1.8亿元资金开展粪污资源化利用试点,各地要结合实际积极探索可复制可推广的模式。

三、突出抓好草牧业发展

草牧业既包括牛羊等草食畜牧业,也包括饲草料产业和草原生态保护建设，是畜牧业发展的薄弱环节。2014 年 10 月，汪洋副总理主持召开专题会议研究促进草牧业发展的政策措施，2015 年中央 1 号文件又对加快发展草牧业提出明确要求。农业部近期印发了《关于进一步调整优化农业结构的指导意见》和《关于促进草食畜牧业发展的指导意见》，对草牧业发展作出了安排部署。我们要认真贯彻落实中央要求，抓住难得机遇，加大工作力度，开创草牧业发展新局面。

一是大力发展牛羊肉生产。新世纪以来，我国牛羊肉消费快速增加、价格连续多年上涨，人们戏称"牛魔王""羊贵妃"。早在 20 世纪 80 年代，从国外回来的同志讲，发达国家鸡肉最便宜，牛肉最贵，猪肉价格居中，我感到很不理解。当时，中国人都喜欢吃鸡肉、猪肉，有"无猪不成席、无鸡不成宴"的说法。近年来，我国人民群众的生活方式、消费习惯发生了很大改变，牛羊肉逐渐成为肉类消费的首选，从少数民族消费为主变为全民性消费，从秋冬季节性消费为主变为全年性消费，消费需求快速增长。2012 年全国城乡居民家庭购买牛羊肉 385 万吨，而 2000 年仅为 240 万吨，短短十几年增长 60%。如果加上城乡居民户外餐饮消费，需求量还会更大，远高于牛羊肉生产增长速度。我国已经到了大力发展草食畜牧业、增加牛羊肉供给的新阶段。我们有 13 亿人，这么大的市场，不能拱手让人，更不能受制于人。经国务院审定同意，国家发改委、财政部、农业部联合印发了《全国牛羊肉生产发展规划》。我们要借市场之力，行政策之功，积极作为，把牛羊肉生产提高到一个新水平。要牵住母畜扩繁这个"牛鼻子"，母畜生产力水平低是主要瓶颈制约，平均下来，一头母牛每年产不了一个犊，一只母羊每年最多产两个羔。稳定增加母畜，既是当务之急，也是治本之策。要用好基础母畜补贴政策，按照"见犊补母"的方式，支持适度规模养殖场母畜扩群增量，夯实生产基础。要培育好养殖大县这支主力军，2015 年中央财政安排 5 亿元资金，对内蒙古、西藏、青海、宁夏、新疆 5 省份的 100 个牛羊大县实施奖励政策，要抓紧制定好实施方案，调动地方发展牛羊生产的积极性。要发挥好试验示范的引领带动作用，北方牧区、传统农区、南方草山草地和农牧交错带是牛羊肉生产的四大区域，部里将分区域开展现代草食畜牧业发展试验示范。各地要周密谋划，开拓思路，在实践中不断探索效率高、效益好、可复制、易推广的发展模式。

二是大力振兴中国奶业。奶业最能体现畜牧业现代化水平，也是最受社会关注的产业。奶业持续稳定发展，关系婴幼儿健康成长，关系全民族体质提升，甚至关系到国家形象，振兴中国奶业责任重大。中国奶业发展到今天，方向已经十分明确，就是调整优化结构、创新发展模式、实现转型升级，全面迈进现代化发展轨道。现在，有市场、有资源、也有基础，我们还要有点雄心壮志。打好奶业翻身仗、振兴中国奶业，总的考虑是抓好"三品"、推进"四化"、实现"三大目标"。"三品"，就是抓好品种改良、品质提升、品牌创建；"四化"，就是推进规模化、集约化、标准化、产业化；"三大目标"，就是全面提高生鲜乳质量安全水平，重塑中国奶业信誉和形象；稳定发展数量，优化产业结构；培育出具有国际竞争力的大企业、大品牌。实现上述目标，既要立足当前，又着眼长远。

立足当前，主要是解困，重塑国人对民族奶业的信心。最近个别地区出现倒奶杀牛现象，根本原因是国内消费者对国产奶制品信任度不高。为什么不信任？说到底还是担心质量安全问题。如果质量上不去，即使有市场空间，这个空间也要被国外占领。2008 年婴幼儿奶粉事件是我们永远的"心痛"，直到现在消费者还在纷纷直购、代购、网购和邮购洋奶粉。经过近几年的整顿和发展，我国奶业转型升级迈出了坚实步伐，100 头以上规模养殖比重超过 40%，生鲜乳抽检合格率连续 6 年保持 100%。举旗亮剑、重塑信心的时候到了！核心问题、根本途径是确保质量安全。我们计划今年举办一次"中国奶业 D20 峰会"，邀请中国奶业企业 20 强，介绍奶业发展新理念、新成果、新经验，展示中国奶业的发展成就。各地要大力开展饮奶科普和公益宣传，落实液态奶标识制度，把生鲜乳质量安全的良好状况，实事求是告诉消费者，引导消费者购买国产奶。

着眼长远，主要是发展，大力推进奶业一体化经营。牛奶生鲜易腐，养殖生产加工不可脱节，这决定了奶业最应该实行一体化经营。2014 年以来，我先后考察了辽宁辉山乳业和石家庄君乐宝乳业，他们都是种养加一体化的全产业链模式，奶牛生产水平高，乳品质量好，企业经营效益稳定，奶农收益有保障，值得借鉴。规模奶农、家庭牧场联合起来组建奶业合作社，兴办乳制品加工企业，形成利益共同体，也是一种模式。丹麦阿拉食品公司和新西兰恒天然公司，就是由全国性奶业合作社兴办的乳品公司。我们国家大，不可能全国的奶农组成一个奶业合作社，但可以分区域组建。各地要大力培育奶业新型经营主体，健全乳品企业与奶农的利益联结机制，不断提高奶业组织化程度。

三是挖掘饲草料资源潜力。饲草料占养殖成本的 70%。没有优质饲草料，牛羊养殖水平上不去，生产成本下不来，产业不可能发展好。要面向整个国土资源，统筹考虑天然草原适度利用、人工种草、秸秆饲料化等措施，加快建设现代饲草料生产体系，为草食畜牧业发展奠定坚实物质基础。抓好天然牧草利用。草原补奖政策实施以来，我国草原植被加快恢复，天然草原鲜草总产量已连续 4 年突破 10 亿吨，这是一笔宝贵的财富。在保护草原生态的前提下，要发挥天然牧草最经济的优势，以草定畜，科学利用，为生产绿色畜产品提供物质保障。抓好人工种草。这几年,内蒙古、宁夏等地在天然草原种植燕麦草、披碱草、苜蓿等,有效增加了饲草料。2015 年,中央财政专门安排 7.2 亿元资金,支持有条件的省份发展草牧业,建设一批标准化草种和牧草生产基地。推进人工种草,配套服务得跟上,要建立健全牧草良种繁育体系,积极培育推广优良品种,开发推广种植和加工配套的农机具,扩大优质牧草种植面积,推进苜蓿产业化。抓好秸秆资源利用。我国各类秸秆产量约 8 亿吨,目前饲料化利用比例不足 30%,大有潜力可挖。要抓好秸秆收储运体系建设,推广秸秆青贮、黄贮、微贮、压块、膨化等利用方式,促进农副资源综合利用,不断提高秸秆饲料化利用的效率。

四是积极推进粮改饲试点工作。解决饲草料问题,总的考虑是促进粮食、经济作物、饲草料三元种植结构协调发展。近年来农业连年丰收、主要农产品供给充足,这为进一步调整优化农业结构、扩大种植饲草料提供了有利条件。2015 年中央 1 号文件明确提出,支持青贮玉米和苜蓿等饲草料种植,开展粮改饲和种养结合模式试点。2014 年,我到甘肃调研时专程拜访了任继周院士,他也建议,在西北干旱半干旱地区,积极发展"粮草兼顾型"农业,实行牧草和粮食轮作。今后要在后备耕地资源丰富的地区和部分退耕还林还草地区,调整部分耕地种植专用青贮玉米和优质牧草,实行农牧结合、种养循环、草畜配套。2015 年,中央财政安排了 3 亿元资金开展粮改饲试点,我们已在北方干旱半干旱地区和农牧交错区,选择了 30 个县级区域率先开展粮改饲发展草食畜牧业试点示范。试点项目以 3 年为实施周期,每年每个试点县平均补助资金 1 000 万元。这件事已写入 2015 年中央 1 号文件和政府工作报告,一定要抓好落实。粮改饲一定要根据当地的条件选择适宜种植的饲料作物或牧草品种,以畜定草,根据当地养殖需求确定发展规模,还要培育加工配送企业和专业服务组织,解决个体农户难以大规模开发利用的问题。粮改饲的重点是玉米,要把粮改饲试点与种植业结构调整紧密结合起来,东北玉米主产区要选择一部分县开展玉米、大豆轮作试点,黄淮海夏玉米主产区要选择一部分县开展青贮玉米种植试点,西北干旱半干旱地区要科学规划,推广玉米改饲草种植。

五是切实做好草原这篇大文章。这几年,国家大力实施草原生态保护补助奖励政策和草原生态保护建设工程,对草原生态恢复发挥了重要作用。行百里者半九十,要瞄准草原生态环境持续改善这一目标,因地制宜,综合施策,把每一亩该保护的草原坚决保护好,把该建设的草原切实建设好。要加快草原确权承包登记,依法赋予广大牧民长期稳定的草原承包经营权,进一步激发牧民保护和建设草原的积极性,抓紧开展基本草原划定,严守草原生态红线,夯实牧区改革的基础。要实施好草原生态补奖政策,2011 年以来中央财政累计投入 763 亿元,取得了良好效果。今年是争取第二阶段补奖政策的关键之年,要及时总结评估前期项目,提出稳定完善政策的意见建议,争取在"十三五"政策创设上取得新突破。要实施好重大生态工程,加强退牧还草、京津风沙源草原治理和新一轮退耕还林还草等重大生态工程建设,推动实施农牧交错带已垦草原治理等工程,坚持工程措施与自然修复相结合,加快草原生态环境恢复。要强化草原监理,加强草原监理体系和村级草原管护员队伍建设,充实执法人员,改善装备条件,加大草原违法案件查处力度,强化与司法机关的沟通协调,严厉打击和曝光破坏草原的犯罪行为,保护草原生态建设成果。

四、健全完善建设现代畜牧业的政策体系

当前我国经济进入新常态,农业发展的内外环境正在发生深刻变化,建设现代畜牧业面临的问题和挑战也更复杂,迫切要求我们不断创新思路、创新机制、创新方法、创新制度,强化政策支持和法制保障。

一是推动财政支持稳定增加。这几年,中央财政不断加大畜牧业支持力度,初步建立了比较完善的政策扶持体系。今后要围绕薄弱环节、针对发展瓶颈,加强政策谋划,在转方式上突出育种能力建设和畜禽种业创新,在调结构上突出草牧业发展和畜禽粪便资源化利用,在疫病防控上突出种畜禽疫病净化和病死畜禽无害化处理,力争政策创设取得新突破。

二是创新机制撬动金融支持。金融是经济发展的血液,发展畜牧业更离不开金融,金融问题不解决,现代畜牧业建设就短了一条腿。2014 年,农业部与金融部门合作,支持山东、河南、河北 3 省开展了财政资金撬动金融资本支持畜禽规模化养殖试点,今后要积极探索采用信贷担保、贴息等方式,引导金融资本支持畜牧业发展。要及时总结财政促进金融支农创新试点成效,逐步扩大试点范围,推动解决规模养殖场户贷款难题。"家财万贯,带毛的不算",畜牧业风险大,保险覆盖面还不够。要完善畜牧业保险保费补贴政策,在实施好生猪、奶牛政策性保险的基础上,逐步扩大范围,开展肉牛肉羊政策性保险试点,为金融支持畜牧业发展解除后顾之忧。

三是积极探索价格支持。促进畜牧业持续稳定发展,稳定市场价格很重要。畜产品价格关系到生产者和消费者两个方面的利益,政府在稳定价格上既不能越位,也不能缺位。现在畜牧业的市场调控是"少了办法多,多了办法少"。新形势下要深入研究"多了怎么办"的问题,把畜禽养殖的市场风险降到最低。要借鉴发达国家经验,针对生猪、奶牛等主要品种,制定防止生产和价格大幅波动调控预案,完善产品临时收储等市场调控措施。要进一步总结地方开展生猪目标价格保险试点经验,争取在生猪大县尽快推广实施。

四是全面加强依法治牧。建设现代畜牧业，法治建设得跟上。要与时俱进推动完善畜牧业法律法规体系，积极推动《基本草原保护条例》等法律法规立法进程，抓紧梳理现行畜牧兽医部门规章和规范性文件，凡是不适应新形势新要求的，要及时修订、增补或废止。要贯彻落实中央关于加快政府职能转变、深化行政审批制度改革的决策部署，确保行政审批取消下放工作无缝衔接、平稳过渡。要全面推进畜牧兽医综合执法，认真履行监管职责，坚决惩治不作为、乱作为。要广泛开展学法普法活动，增强法治意识，推动全行业运用法治方式开展工作，切实提高依法治牧水平。

同志们，做好新时期现代畜牧业建设工作，关系农业现代化和全面建成小康社会的战略全局。让我们紧密团结在以习近平同志为总书记的党中央周围，开拓创新，扎实工作，努力推动现代畜牧业建设率先取得新突破，引领带动农业现代化建设迈上新台阶，为经济社会发展全局作出新的更大贡献！

（农业部畜牧业司）

国家首席兽医师张仲秋
在2015年全国动物疫病防控和卫生监督工作座谈会上的讲话

（2015年6月18日）

今天，我们齐聚“渝西明珠”重庆荣昌，召开2015年全国动物疫病防控和卫生监督工作座谈会。上午，我们实地考察了荣昌的动物疫病防控和卫生监督工作；刚才，重庆、湖北、广西、新疆、北京和辽宁等6个省份相关单位负责人做了典型发言，这些单位的经验和做法，值得各地学习借鉴。

近年来兽医工作形势总体良好，重大动物疫情持续稳定，动物卫生监管水平明显提高，屠宰职能交接逐步到位，兽医体系建设稳步推进，这些成绩是全体兽医工作者共同努力取得的。特别是在动物疫情形势严峻、动物卫生监管压力巨大的情况下，各级动物疫病预防控制机构和动物卫生监督机构积极发挥作用，为完成部党组提出的“两个千方百计、两个努力确保、两个持续提高”工作目标做出了重要贡献。在此，我代表农业部向在座的各位，并通过你们向动物防疫和动物卫生监督战线上的同志们表示衷心的感谢！下面，我谈三点意见。

一、科学把握新时期兽医工作的新形势

在肯定成绩的同时，我们应该客观分析当前我国兽医工作面临的新形势，更好顺应形势变化，谋划下一步工作。

从国内形势看。动物疫病防治目标任务有了新转变。2012年5月，国务院办公厅出台了《国家中长期动物疫病防治规划（2012—2020年）》（以下简称《规划》），明确我国动物疫病防治从“有效控制”向“净化消灭”转变的目标任务。《规划》实施至今已有3年，我们在动物疫病防治上不断探索理论创新、实践创新和政策创新，取得了一些成绩。今后一个时期，仍然需要以发展的眼光看待有中国特色动物疫病防控工作，紧紧围绕《规划》目标任务抓好贯彻落实。动物源性食品安全上升到全新高度。动物源性食品是人类食物的重要组成部分，在我国居民食品结构中占有举足轻重的位置。习近平总书记在2013年全国农村工作会议上强调指出，“能不能在食品安全上给老百姓一个满意的交代，是对我们党执政能力的重大考验”。这对我们兽医系统提出了更高要求。兽医工作要怎么做，才能解决动物源性食品安全，才能有效解决三聚氰胺、瘦肉精、抗生素等一系列问题，重振国人对中国动物产品安全的信心，值得我们每个兽医工作者深思。深化改革一系列措施带来了新变化。党的十八大以来，新一届中央领导集体提出一系列治国理政新思路，将简政放权、放管结合作为改革重头戏。对我们兽医工作而言，如何在深化改革的大背景下，及时调整工作思路，释放体制机制活力，发挥市场在资源配置中的决定性作用，值得认真思考。兽医管理部门要适应这些新变化，发挥好监管作用，妥善解决资格审查、市场准入、审批后监管、事中和事后监管等问题，兽医技术部门要发挥好技术支撑作用，用市场的力量合力推进兽医事业。兽医工作新常态产生的新影响。当前兽医工作常态是以免疫为主的综合防控措施，如何实现疫病向“净化消灭”质的转变，需要我们寻求新的思路和方向。习近平总书记提出的“一带一路”战略计划，为国内产品“走出去”、国外产品“请进来”、民族畜牧业的保护和现代畜牧业的发展带来了新机遇。从兽医新常态的转变到支持服务好“一带一路”战略布局，兽医工作必须跟上现代农业和现代畜牧业的发展步伐，发挥新的更大作用。

从国际形势来看。自贸区建设带来了新的机遇和挑战。目前，我国在建自贸区20个，其中已签署自贸协定12个。6月17日，中澳自贸协定正式签署，我国自贸区“朋友圈”再次扩容。自贸区的建设在提供更多贸易和投资机会、增加消费者实际利益的同时，对我国农产品也带来诸多影响，特别是我们的动物产品面临着自贸区双边认可的压力。随着国际农产品贸易格局的新变化，世贸协定保护到期，保护性措施逐步消

除,动物疫病对动物产品国际贸易的制约更加突出,这给我们兽医工作提出了新的挑战。世界动物卫生组织标准规则变化带来了新压力。当前,全球兽医工作定位发生深刻变化,正在向以动物、人类和自然和谐发展为主的现代兽医阶段过渡,世界动物卫生组织(OIE)制定的动物及动物产品国际贸易中的动物卫生标准和规则也随之发生转变,这些都对我们兽医工作带来新的影响,需要我国不断提升与国际兽医规则相协调的动物卫生保护能力和水平。如2014年5月,我国经过多方努力,用了十余年时间,获得OIE“疯牛病风险可忽略”认证。之所以要努力争取这个认证,是因为只有我们达到风险可忽略控制水平,才能在牛及其制品国际贸易上有话语权,才能提升国人对中国牛肉的信心,这对保障中国动物源性食品安全和公共卫生安全具有重要意义。疫病防控目标全球同步化带来了新思路。当前,我国动物疫病形势仍处于复杂阶段,呈现出一些老病复发、新病传入,内在病原变异、外来疫病威胁等新特点,特别是我国陆路边境线长,非口岸通道多,边民过境频繁,周边国家动物疫病复杂,时刻威胁着畜牧业生产和公共卫生安全,时刻考验着我们这道防线。中国作为一个负责任的大国,在区域内和全球动物疫病控制中,特别是单项病防治上要发挥作用,必须做到防控目标全球同步。比如在全球性和区域性口蹄疫项目上,OIE确定的目标是全球消灭口蹄疫,中国要在区域内发挥引领作用,需要边行边试,探索建立从免疫无疫逐步向非免疫无疫过渡的模式,通过阶段目标的实现逐步达到最终消灭的目的。

二、扎实做好基层兽医队伍建设和基础性工作

面对新形势新任务,当前的兽医工作还有很多方面没有跟上形势任务变化。一是法律法规不适应。党的十八届四中全会提出全面依法治国,建立法治社会。我们兽医工作所遵循的法律法规,包括《动物防疫法》《兽药管理条例》《病原微生物实验室生物安全管理条例》《重大动物疫情应急条例》,以及现在正在修订的《生猪屠宰管理条例》等,有些方面与当前深化改革的要求已有一些不适应的地方。这其中哪些法律法规需要修改,需要修改哪些内容,都需要研究。二是体制机制不适应。《国务院关于推进兽医管理体制改革的若干意见》出台至今已有10年。10年来,各省在构建兽医管理体制机制上花费了大量精力,但仍存在着防疫主体的重塑、市场在兽医工作中作用的发挥、防控策略与检疫机制的调整、基层兽医机构的激活等问题亟待破题。三是队伍能力不适应。这些年,有些省份基层队伍能力有了很大提高,但总体来说,基层队伍能力仍然较弱。如相当大比例的乡村兽医和村级防疫员只有小学或初中文化水平、乡镇兽医站人员多数未接受过专门的兽医专业教育;有的检疫员法律意识不强,对可能存在的职业风险点预估不足。四是治理理念不适应。兽医工作要实行良性治理需要社会力量积极参与,政府管理只是其中一个方面,非政府组织、企业、养殖者、消费者等要共同参与治理,并在其中发挥作用,从而建立起社会各方面力量广泛参与的动物卫生治理体系。

当前,对我们动物疫病防控和动物卫生监督两个系统来说,重中之重是要夯实队伍基础和基础性工作,因为它是兽医工作的根基。我在多个场合都强调过,一个国家的兽医水平表现在三个方面:一是执业兽医水平。某种意义上讲,一个国家的执业兽医水平代表一个国家的兽医水平,因为他们直接服务于基层诊疗。我们从2009年开展执业兽医资格准入考试试点,到现在全面实行执业兽医资格准入,就是要提高执业兽医人员素质。二是官方兽医水平。即政府兽医行政管理和技术支撑机构,在国家兽医公共事务管理中发挥的重要作用和效能。三是兽医科学研究水平。即兽医基础、应用基础和应用性研究水平。

上午,大家现场观摩了荣昌的兽医工作,其创新推动的基层“三项制度”很有特色。下面,我就如何加强基层队伍和基础性工作强调两点。

对县级动物疫病预防控制机构,重点是重心下移、服务养殖者。对于县级疫控机构,要下大力气重点激活县级实验室活力。县级实验室如果搞不好,就不可能获得具有地理信息的流行病学数据。对于其功能定位,可以是采样、临床初筛、初步诊断,也可以做病理、血清学的工作。在当前血清学免疫效果评定的基础上,要逐步转向病原学工作,并为乡镇站疫病诊断提供技术支撑。现阶段县级实验室的技术能力不够,可以利用大专院校、科研单位的专家资源,通过合作协作,带动县级实验室工作。以口蹄疫防控消灭为例,我们需要掌握家畜免疫带毒的状况,我以前说过,所有的大型养殖场都要设非免疫的哨兵动物,通过哨兵动物和实验室检测,才能知道免疫情况下是否带毒,才能决定什么时候实行由免疫无疫到非免疫无疫。只有基层实验室发挥作用,形成实验室网络,才能为下一步消灭口蹄疫打下基础。

对县级动物卫生监督机构,核心是机制创新、抓好监管。原来的检疫监管工作本来就千头万绪,这几年新增加的很多工作又都压在了这支队伍身上,如新增的屠宰监管职能任务十分繁重。因此,重点就是要减负,要梳理职能,创新工作机制,提高工作质量和效能,特别是要抓住关键职责。卫生监督机构的法定职责就是要依法做好监管执法工作,基层动物卫生监督机构现在和未来工作重点就是加强执法监管,对守法的加以保障,对违法的严格执法。要创新工作机制,把该做的事做好,把能放给社会的放给社会,把能放给市场的放给市场,创新工作机制,利用科技手段实现规范化、

标准化的监管与执法。

三、努力开创疫控与监督工作新局面

做好动物疫病防控和卫生监督工作，按照深化改革的要求和兽医工作特点，重点把握好三个方面。

一要在深化改革中合理划清中央和地方事权。当前，国家已经明确了动物源性产品质量控制是地方政府负责制，但在动物疫病控制方面，我认为从管理角度来看，还要理清中央和地方事权。比如《国家中长期动物疫病防治规划（2012—2020 年）》中对口蹄疫和禽流感的扑灭计划，要按照控制疫病的阶段性来组织和开展。当疫病流行控制到一定程度的时候需要中央政府统一组织，疫控机构是国家扑灭计划的具体组织者。对于暂未列入扑灭计划的动物传染病，每个省的具体状况不一样，要发挥省级兽医机构作用，组建自己的专家组，形成一套自己的东西，根据自身情况解决自身特殊的问题。对于常规的动物疫病，应社会化力量去解决。政府可以组织，可以制定规则。因此，中央和地方事权要划分清楚。

二要把区域化管理作为控制疫病的一个手段。农业部兽医局在动物疫病区域化管理上做了深入的探讨，中国动物疫病预防控制中心在具体推动规模养殖场主要动物疫病净化工作。当一个区域的所有养殖场实现了疫病净化，就可以在这个区域实行疫病区域化管理，因此，养殖场净化是根本。如果能把养殖场净化和安全用药结合起来，把综合防控和化学安全结合起来，就能真正创中国畜牧业品牌。

三要在兽医工作中充分利用信息化手段。信息化手段在畜牧兽医方面应用较多，如电子出证、兽药二维码追溯等，我们兽医系统要学会充分利用信息化手段。当前，“互联网 +”正在与兽医工作加快融合，希望各地用好信息化手段，在下一步疫病防控和动物卫生监督方面真正发挥作用。

在这个大框架下，下一步我们要具体做好以下几方面工作：

一是加强法规调研，做好顶层设计。部兽医局正在牵头对《动物防疫法》进行评估，对《重大动物疫情应急条例》《生猪屠宰管理条例》和《病原微生物实验室生物安全管理条例》等开展修订工作，并启动了《兽医法》《动物卫生法》和《兽医药品法》的立法调研工作。希望各级疫控和监督机构积极配合、集思广益、凝聚智慧，特别是要摸清基层人员对当前法律法规的意见建议以及实际执行情况，找准法律法规衔接不到位、执行有偏差的关键点，收集相关数据资料，为立法、修法提供有力支撑，为未来兽医法律法规顶层设计提供依据。

二是强化体系建设，构建新型兽医队伍。在政府职能转变、事业单位改革的背景下，各地要超前谋划，结合本地实际，研究疫控和监督机构队伍建设发展方向，推进新型兽医队伍建设。要重点开展县级疫控机构标准化建设，梳理县级疫控的工作任务、管理机制、保障机制等，进一步理清其功能定位。要把加强基层兽医队伍建设作为着力点，推动乡级畜牧兽医站、村级兽医服务站点的建设，实现韩部长提出的“普遍健全乡镇或者区域动物防疫机构”的要求，保持基层队伍稳定；要把执业兽医队伍作为兽医服务体系的主要依托，大力推进执业兽医队伍建设，加快培育兽医社会化服务机构，引导基层兽医由兼业式向执业式发展；以明确官方兽医身份为基础，逐步研究和探索官方兽医管理体制和改革方向，稳步推进官方兽医资格制度建设，逐步构建起多层次、多种所有制方式并存的新型兽医队伍。

三是勇于探索创新，以点带面推动疫病净化。重点要探索疫病净化推动机制，从“种、场、区”三个层次入手，从种畜禽场、规模养殖场，从有条件的县抓起，研究净化技术的集成应用和示范推广的模式，研究净化联动机制的建立，争取政策支持。同时，也希望像重庆这样，从有条件的养殖企业做起，搞好疫病净化，逐步扩大至区域。对于天然条件比较好的地方，如已经成为免疫无疫区的海南，下一步可以试点非免疫无疫区；吉林、辽宁等地，在无疫区建设上要迈出实质性步伐。

四是加强疫控和监督两个系统协作，形成工作合力。畜牧和兽医是一家，疫控和监督也是一家。兽医很多工作涉及部门多、环节多，理顺关系、加强合作更为重要。对内，疫控和监督不管是相互之间，还是与行政主管部门之间，要多沟通少推责，多协调少争权；对外，要打破内循环，争取其他部门的理解和支持，为兽医工作争取一个好的外部环境。特别是基层疫控与监督部门，在当前执法手段不完备、疫病复杂的情况下，更要加强合作。疫控必须依靠严格的监督执法保障防控效果，监督必须依靠实验室检测实现科学、规范执法。因此要找准技术支撑和监督执法结合点，建立协作联动机制，形成工作合力。

五是强化新技术应用，提高兽医工作成效。新技术应用是破解基层人员少、工作量大等问题的重要手段。要从技术进步与应用推广的协同互动入手，从技术创新、管理创新两个方面进行系统设计，以实用性为核心加快技术创新、以信息化为载体加快管理创新，重点加快兽医应用技术、集成示范技术和管理措施等方面的研究，特别要加快现场快速诊断等实际工作迫切需要的技术研发和“互联网 +”在疫病防控、检疫监督等各领域、各环节的应用，推动兽医行业高效管理和科学决策。

六是增强工作责任感，树立真抓实干新形象。兽医工作的根本任务是要保障四个安全，根本目标是满足社会基本需求，因此来不得半点虚假。疫控与监督两系统的同志,特别是基层的同志,与企业、养殖户打交道多,代表着全国兽医的形象、更代表着政府的形象。要不断提高自己的技术水平和职业道德水平,为社会提供优质的兽医服务;要牢记职责与使命,真抓实干,确保各项工作落到实处;要持续不懈纠正“四风”问题,始终践行“三严三实”。通过良好的职业形象、内在的专业素养和在社会公共事务管理中的重要作用来赢得社会尊重,树立疫控和监督队伍的良好形象,树立兽医行业的良好形象。

(农业部兽医局)

农业部副部长于康震在全国畜牧(草原)站长会上的讲话

(2015年7月8日)

同志们:

全国现代畜牧业建设工作会议上月刚结束,会议明确提出,畜牧业要在建设现代农业进程中率先实现现代化,引领带动现代农业建设迈上新台阶,这是当前和今后一个时期畜牧业发展新的目标任务。会上,韩长赋部长就现代畜牧业建设及加快草牧业发展作出了部署,我们要深刻领会,贯彻落实。下面,我讲三点意见。

一、深刻理解加快发展草牧业的重要意义

2014年,我国粮食生产实现历史性的“十一连增”,农民增收实现“十一连快”,主要农产品生产全面发展、供给充裕。这为农业“转方式、调结构”提供了支撑、增添了底气。草牧业是现代农业的重要组成部分,也是畜牧业率先实现现代化的短板。加快发展草牧业既是调整种植业结构的重要切入点,也是优化畜牧业结构重要抓手;既是农牧结合的现实路径,又是促进农业可持续发展的战略选择。我们要深刻理解发展草牧业的重要意义,进一步提高认识,凝聚共识,切实增强工作的责任感和紧迫感。

(一)贯彻落实中央部署,迫切需要加快发展草牧业。2015年中央1号文件提出,加快发展草牧业,支持青贮玉米和苜蓿等饲草料种植,开展粮改饲和种养结合模式试点,促进粮食、经济作物、饲草料三元种植结构协调发展。这充分说明,加快发展草牧业,促进建立三元种植业结构,已成为深入推进农业结构调整的重要方向。2014年10月,汪洋副总理主持召开会议,专题研究促进草牧业发展有关问题,明确指出,发展草牧业对于转变农业发展方式、促进农业可持续发展、保障国家粮食和生态安全具有十分重要的意义,各有关部门和地区要站在全局和战略的高度,树立生产生态有机结合、生态优先的基本方针,充分发挥市场配置资源的决定性作用和更好地发挥政府作用,不断改革创新,积极探索试验,选择正确的发展途径,统筹谋划好草牧业的发展。为贯彻落实中央的部署,农业部先后印发了《关于进一步调整优化农业结构的指导意见》和《关于促进草食畜牧业加快发展的指导意见》,分别就调结构和发展草牧业作出了安排,为我们进一步做好草牧业发展工作明确了方向。可以说,加快发展草牧业事关农业“转方式、调结构”大局,我们一定要把认识统一到中央的要求和部里的部署上来,以只争朝夕的精神,大力推进草牧业持续健康发展。

(二)促进农业可持续发展,迫切需要加快发展草牧业。农业是“稳民心、安天下”的产业,没有农业可持续发展就没有国家“五位一体”战略布局的实现。早在1959年,毛泽东主席就提出了种养结合的农业发展思想,“所谓农者,指的是农林牧副渔五业综合平衡。蔬菜是农,猪牛羊鸡鸭鹅兔是牧,水产是渔,畜类禽类要吃饱,才能长起来,于是需要生产大量精粗两类饲料,这又是农业,牧放牲口需要林地、草地,又要注重林业、草业。由此观之,农林牧副渔五大业都牵动了,互相联系,缺一不可。”2014年,习近平同志在福建调研时强调,要在优化农业结构上开辟新途径,在转变农业发展方式上寻求新突破。国务院批复的《全国农业可持续发展规划》(2015—2020年),要求优化调整种养业结构,促进种养循环,农牧结合,农林结合。支持粮食主产区发展畜牧业,推进“过腹还田”等生态循环农业模式。规划从优化发展、适度发展和保护发展的三大“功能区”布局上,对如何加快发展草牧业做出了部署。当前和今后一个时期,我们要坚持规划指导,顺应食物消费结构的转型升级,深入推进农业结构调整,把发展草牧业、促进农牧业增效、增加农牧民收入作为建设现代农业的重要方面,抓实抓好,抓出成效,推进我国农业全面协调可持续发展。

(三)建设生态文明,迫切需要加快发展草牧业。以习近平同志为总书记的新一届中央领导集体从新的历史起点出发,提出“保护生态环境就是保护生产力,改善生态环境就是发展生产力”的发展理念。习近平总书记视察内蒙古时强调要加强生态环境保护,实施重大生态工程,建立生态文明制度,实现生态建设与牧民增收双赢;在云南考察期间再次强调,“要把生态环境保护放在更加突出位置,像保护眼睛一样保护生态环境,像对待生命一样对待生态环境,在生态环境保护上一定要算大账、算长远账、算整体账、算综合账”。党中央国务院近期印发了《关于加快推进生态文明建设的意见》,要求把生态文明建设放在突出的战略位

置，协同推进新型工业化、信息化、城镇化、农业现代化和绿色化。这些重要论述和要求，对于草原生态保护具有很强的针对性，对于发展草牧业具有深远的指导意义。一方面，我们要在牧区继续坚持生产生态有机结合、生态优先的方针；另一方面，要在农区和农牧交错带推广农牧结合，加快发展草牧业，充分发挥气候和土地资源潜力，培肥地力，节约水资源，大力推广生物有机肥，减少资源浪费和环境污染，促进“一控两减三基本”如期实现，为生态文明建设做出更大贡献。

（四）全面建成小康社会，迫切需要加快发展草牧业。全面建成小康社会，核心是“全面”，就是不分地域、不分群体、覆盖全民的小康。习近平总书记多次强调，“小康不小康，关键看老乡”。由此可见，衡量全面建成小康社会的根本标准是看农牧民这些“老乡”的生活是否达到了小康。我国草原占国土面积的2/5，分布着全国70%以上的少数民族、70%以上的国家扶贫开发重点县，这两个70%充分说明了草原牧区更是我国全面建成小康社会的重点和难点。这些地区与沿海经济发达地区相比，与传统农区相比，经济社会发展和人均收入水平都存在较大差距。牧区如果没有发达的草牧业作支撑，就没有经济的全面繁荣，没有实现全面小康的物质基础；没有农村牧区的普遍小康，就没有全国的全面小康。畜牧业是农民收入的重要来源，约占农民现金收入的1/6；草原畜牧业是牧民收入的主要来源，约占牧民纯收入的80%。加快发展草牧业，实现农牧结合，可以挖潜力、提质量、增效益，较大幅度增加农牧民收入，为全面建成小康社会做出贡献。

二、进一步明确加快发展草牧业的重大任务

“十二五”是我国草原保护建设力度最大的时期，也是畜牧业转型发展最快的时期。但由于自然历史等多方面原因，草原生态依然脆弱，生态环境总体恶化局面尚未根本扭转；畜牧业发展与“产出高效、产品安全、资源节约、环境友好”的现代化目标还有差距，特别是草牧业基础设施建设滞后，优质饲草供应短缺，发展方式粗放，成为现代农业和现代畜牧业发展的短板。面对新形势和新问题，我们要认真学习贯彻落实中央1号文件、中央农村工作会议和现代畜牧业建设工作会议的有关精神，抓住调结构、转方式的大好机遇，不断改革创新，突破薄弱环节，加大政策扶持，推动草牧业取得重大进展，为畜牧业现代化建设奠定坚实基础。

（一）加快建设现代饲草料生产体系。饲草料是畜牧业发展的物质基础，没有优质的饲草料，就没有优质的畜产品。我们要面向国土资源，挖掘各种潜力，加快建设现代饲草料生产体系。一要抓天然草原科学利用。近几年，天然草原每年鲜草总产量都超过10亿吨，草畜矛盾有所缓解。要在保护生态环境的前提下，进一步强化综合改良措施，提高天然草原生产能力；同时要充分发挥天然牧草最经济的优势，推进草畜平衡，推广划区轮牧和舍饲圈养，以草定畜，科学利用。二是抓人工种草。人工种草是草牧业产业化发展的基础，是解决草畜矛盾的有效途径，要综合考虑各地的自然禀赋，因地制宜，分区施策。草原牧区要在水热条件适宜的地区，开展人工种草，为养而种，推进草牧业一体化发展；农牧交错区要通过坡耕地退耕种草，粮草兼顾，大力发展优质高产奶业和肉牛肉羊产业；传统农区要坚持以畜定草，适度发展粮草轮作、粮豆轮作，努力实现畜多、草多、粮多的生态循环模式；南方草山草地要充分利用水热资源，开展草地改良，推广人工草地放牧，发展生态畜牧业。要加快饲草产地加工专用设备研制与推广，改善设施装备，提高劳动生产率和集约化水平。三要抓粮改饲试点。2015年，中央财政安排3亿元资金，率先在东北、雁北、陕北和西北等地区30个县级区域开展粮改饲发展草牧业试点，推动种植结构调整，扩大青贮玉米、燕麦、甜高粱和豆类等饲料作物种植面积，推广全株青贮饲喂模式。各地要按照试点工作指导意见，结合本地实际，扎实做好试点工作，为其他地区提供经验。四要抓农作物秸秆饲料化处理和利用。我国秸秆资源丰富，但目前饲料化利用率不足30%，大有潜力可挖。要加强秸秆收储运能力建设，推广秸秆青黄贮、微贮、压块、膨化和TMR等技术，提高秸秆饲料化利用效率，促进秸秆等农副资源综合利用。五要加快草业产值研究。要清晰界定草业产值的内涵，确定核算标准，完善统计指标和计算方法，积极协调配合将草业纳入国民经济核算体系。

（二）加快发展草食畜牧业。近年来，随着我国城乡居民膳食结构的调整和消费习惯的变化，牛羊肉消费快速增加，乳制品消费潜力也很大。我们要借市场之力、行政策之功，积极作为，把奶业和牛羊肉生产提高到一个新水平。一是加快发展标准化规模养殖。支持建设一批牛羊标准化适度规模养殖场，着力提高养殖生产效率和水平，促进牛羊产业发展提质增效。组织实施好肉牛基础母牛扩群增量项目，逐步突破肉牛养殖的瓶颈制约，稳固肉牛产业发展基础。继续深入开展标准化示范创建活动，推广肉牛肉羊养殖先进技术和模式。二是加强质量安全监管。健全畜产品质量安全追溯体系，建立各环节无缝对接的监管制度，对“瘦肉精”、生鲜乳违法添加等突出问题，加大专项整治力度。加强对养殖投入品生产和日常使用管理，全面加强饲料和兽药监管，消除源头隐患。三是加快培育新型经营主体。对专业大户、家庭牧场、合作社等新型经营主体，要在项目资金、金融保险、技术推广等方面给予支持，形成主体多元、协调互补的新型经营体系，提高养殖水平和效益，促进农牧循环发展。四是促进粪便资源化利用。加强养殖粪便无害化处理和资源化利用，按照农牧结合、循环发展的原则，科学布局，实

现养殖规模与环境容量相匹配。因地制宜，推广粪便综合利用技术，推行生态循环种养模式。这次会议安排大家参观学习的现代牧业公司实行种草养牛、粪便发酵、沼气发电、沼渣还田、沼液灌溉，就是一个很好的循环农业例子。同时，要认真贯彻落实《动物防疫法》，扎实做好重大动物疫病防控工作，加强人畜共患病防控，指导开展种畜场疫病监测净化。强化环境消毒和病死畜无害化处理，不断提高生物安全水平。

（三）加快草原生态保护建设步伐。近几年，国家实施草原生态保护补助奖励机制和草原生态保护工程建设，对草原生态恢复发挥了重要作用。我们要继续坚持“生态生产有机结合、生态优先”的方针，综合施策，把草原保护好、建设好。一是实施好草原生态补助奖励机制政策。落实好禁牧休牧和草畜平衡制度，确保任务资金落实到草场和牧户，牧民得到实惠。做好草原生态补助奖励机制政策的总结评估，科学、客观地评估项目成效及存在的问题，提出完善政策的意见，争取在“十三五”政策创设上取得新突破。二是实施好草原生态保护工程项目。加强退牧还草、京津风沙源草原治理和新一轮退耕还林还草等重大生态工程建设，推动实施农牧交错带已垦草原治理等工程，坚持工程措施与自然修复相结合，加快草原生态环境恢复。三是加强草原防灾减灾。按照“属地管理，分级负责”的要求，加强草原鼠虫等生物灾害防控工作，扩大防治面积，提高生物防治比例，做好草原火灾、雪灾等自然灾害防控，最大程度降低因灾损失，保护农牧民财产和生产安全。四是加强草原监理监测。加强草原监理体系和村级草原管护员队伍建设，加大草原违法案件查处力度，严厉打击和曝光破坏草原的犯罪行为，保护草原生态建设成果。加强草原资源、生态、灾害监测预警和生态工程实施效果评价，分析评价草畜平衡、经济生态效益，指导草原保护与建设。

（四）加大畜禽牧草良种选育推广力度。良种是最能体现科技含量的要素，是畜牧业提质增效的根本支撑，事关现代畜牧业发展全局和长远，必须下大气力做大做强畜禽牧草种业，逐步减少对进口种畜禽和牧草品种的依赖。一是要组织好联合攻关。要规划好长期目标，利用有利的政策导向和良好的利益协调机制，凝聚行政部门、技术机构以及专家队伍、育种企业等多方面力量，锲而不舍实施好生猪、奶牛等主要畜种遗传改良计划。本着扶优、扶强的原则，探索建立以市场竞争为基础、稳定合理的投入机制，鼓励和引导社会力量培育新品种、新品系。二是要夯实良种选育工作基础。要积极争取财政支持，逐步增加投入，统筹抓好生产性能测定、遗传评估、良种登记等基础性公益性工作，建设好畜禽种业发展的公益性平台。组织开展牧草品种区域试验，完善牧草新品种评价体系。三是要进一步加强种质资源保护。继续加强家畜家禽基因库建设，完善畜禽品种资源保护机制，充分挖掘优良地方品种资源特性，加快推进优良资源的产业化利用。加强牧草种质资源收集保存，筛选培育一批优良新品种。四是加强畜禽牧草良种的推广。继续实施畜牧良种补贴项目，有计划地组织开展杂交改良，提高商品牛羊肉用性能。充分调动基层技术推广机构的积极性，探索建立良种推广的激励机制，不断扩大良种覆盖面，让畜禽优良品种变成实实在在的效益。抓好强化牧草种子繁育基地建设，扶持发展一批育种能力强、加工技术先进、产销服务到位的草种企业，培育一批专业化的优势牧草种子繁育推广基地。加快草种“保育扩繁推”一体化进程，不断提升牧草良种覆盖率和市场占有率。

（五）大力推进改革创新。发展草牧业是深入推进农业结构调整的重要着力点。我们要坚持以改革为动力，以科技为引领，以法治为保障，推进草牧业发展。一是加快草原确权承包登记。积极稳妥推进草原确权和承包工作，规范承包经营权流转。加快划定基本草原，严守草原生态红线，像保护耕地一样，保护草原生态环境，夯实牧区改革的基础。二是建立生态文明考核问责制度。《中共中央国务院关于加快推进生态文明建设的意见》确立了体现生态文明要求的目标体系、考核办法、奖惩机制，把资源消耗、环境损害、生态效益等指标纳入经济社会发展综合评价体系。我们要结合草牧业实际，细化考核指标，纳入领导干部任期生态文明建设责任制。三是推进现代草牧业试验示范。2015 年农业部计划在河北、新疆等 10 个省（自治区）选择部分市县团场开展草牧业发展试点试验，推进种养结合，发展草食畜牧业适度规模经营，探索金融扶持等政策，这些试点包括了牧区、农区、垦区和农村改革试验区。有关省（自治区）一定要结合本地实际情况，按照“草牧业发展试验总体方案”要求，打通种养业协调发展的通道，形成粮饲兼顾、农牧结合的新型农业结构。

（六）强化政策法规支持。近年来，党中央、国务院高度重视草牧业发展，出台了一系列推动扶持草原生态保护建设和畜牧业发展的政策措施。我们既要抓好既有政策落实，还要围绕薄弱环节、重点任务争取新的政策支持。一是推动财政支持稳定增加。在转方式上突出畜禽牧草育种能力建设和种业创新、人工草地建设和天然草原综合改良；在调结构上突出草食畜牧业发展和畜禽粪便资源化利用，在疫病防控上突出种畜疫病净化和病死畜无害化处理，争取政策创设取得新突破。二是创新机制撬动金融支持。在积极发挥财政资金引导作用的基础上，探索采用信贷担保、贴息等方式撬动金融资本支持草牧业发展。逐步扩大金融支农创新试点范围，推动解决规模养殖场户贷款难题。完善草食畜牧业保险保费补贴政策，推动实施肉牛肉羊政策性保险，积极探索牛羊目标价格保险。三是完善草牧业发展政策体系。要与时俱进，完善畜牧业法律法规体系，推动《基本草原保护条例》等法律法规立法进程，认真梳理现有规章和规范性文件，适应新形势要求，及时进行修订、增补或废止。落实好行政审批制度改革的决策部署，确保行政审批下放工作无缝衔接、平稳过渡。

三、努力开创草牧业发展新局面

现在看，加快草牧业发展有政策、有投入、有技术、也有基础，关键就看我们的工作了。各地畜牧草原技术推广体系一定要认真贯彻中央精神，落实农业部要求，以推动和支撑产业发展为己任，锐意进取、努力拼搏，为草牧业持续健康发展做出新的贡献。

（一）积极入位，强化支撑与保障。多年来，畜牧业技术推广体系在草原保护、良种繁育、技术推广、质量安全监管等方面做出了巨大努力，发挥了不可替代的作用，成为草原保护和畜牧业发展的重要支撑和保障力量。当前我国正处于建设现代畜牧业的关键时期，发挥好技术支撑体系的作用至关重要。各地畜牧部门要高度重视技术推广体系的建设工作，积极协调落实中央提出的“一个衔接”“两个覆盖”政策，加大经费支持力度，进一步推进体制机制改革，完善基层推广机构基础设施和装备条件建设，提高支撑与保障能力。必须坚持以转方式、调结构为主线，既要立足现有基础，落实现有政策，又要围绕薄弱环节和重点任务，强化新政创设，主动争取当地政府和相关部门支持，多渠道筹措资金，为草牧业发展提供支持。

（二）苦练内功，提高能力和水平。打铁还需自身硬。技术推广体系要真正发挥好支撑保障作用，首要是练好内功。我们应当在畜牧业转型升级和草牧业加快发展的关键时期，针对体系人员素质不高、专业技术力量缺乏、年龄偏大、知识老化等问题，以及经费不足、手段薄弱等困难，一方面顺应事业单位分类改革潮流，准确把握改革方向，做好顶层设计和发展规划，从源头上把好进人关口，解决新老更替问题；另一方面要建立科学的人才评价激励机制，提高现有技术人员的水平和能力。还要积极协调，主动沟通，多渠道筹集资金，完善基础设施，改善工作条件，创新工作手段，努力打造一支锐意创新、适应现代草牧业发展的专业人才队伍，提升技术支撑能力，提高服务水平。

（三）认真履职，发挥主渠道和主力军作用。《国务院关于深化改革加强基层农业技术推广体系建设的意见》、新颁布的《农业技术推广法》和最近召开的全国现代畜牧业建设工作会议，都对技术支撑工作提出了明确要求。我们要切实抓好关键技术引进、试验、示范的组织实施，坚持“重大、重点、集成、集中”的原则，组织开展关键技术的集成与推广，发挥在技术推广工作中的主导作用，推进畜牧业科技进步。要着力构建“一主多元”的新型畜牧业社会服务体系，打通技术服务“最后一公里”。要抓好重点课题的调查研究，取得一些能解决实际问题、能在生产和行业管理方面发挥显著作用的调研成果。还要注重上下同步和左右协调，发挥引领带动作用，强化系统联动，凝聚体系力量，形成工作合力，发挥主渠道和主力军作用，共同推进草牧业持续健康发展。

（四）锤炼作风，以“三严三实”专题教育的最新成果取信于农牧民。党的十八大以来，新一届中央领导集体高度重视作风建设，开展了党的群众路线教育实践活动，当前正在开展“三严三实”专题教育。我们草牧业技术推广机构处在生产第一线，与农牧民群众关系最为紧密，一言一行都代表着行业形象。我们要继续巩固和发挥教育实践活动成果，进一步密切与群众关系，大兴勤政为民之风，深入农村调查研究，向基层学习，向群众学习，千方百计为农牧民排忧解难。要按照“三严三实”要求，在工作实践中从“严”要求，往“实”处着力，把忠诚、规矩、担当、务实、干净的要求融入我们干部队伍的血脉，推动全系统更好地履行职责。要积极组织开展进村入户，宣讲惠民政策，普及农业科技知识，与农牧民群众共寻发展之道、共商致富之策，进一步推进政风和行风建设，树立畜牧系统为民务实清廉的良好形象。

同志们，加快发展草牧业关系着农业可持续发展和生态文明建设，关系着农业现代化和全面建成小康社会的战略全局。加快发展草牧业的号角已经吹响，目标任务已经明确，我们一定要按照中央的要求和农业部的部署，开拓创新，扎实工作，努力开创草牧业发展的新局面，为经济社会发展全局做出新的更大贡献！

（农业部畜牧业司）

国务院副总理汪洋在中国奶业 D20 峰会上的致辞

（2015 年 8 月 18 日）

各位来宾，女士们，先生们：

在我国奶业转型升级的重要关口，举办这次奶业 D20 峰会，大家汇聚一堂，共同探讨奶业发展的重大问题，这对凝聚共识、汇聚力量、促进奶业持续健康发展具有重大意义。在此，谨对会议的召开表示热烈的祝贺，对长期关心、支持和致力于奶业发展的各界人士表示衷心的感谢！

乳品是大自然赐予人类“最接近完美的食物”，一杯牛奶,能够哺育一个生命,强壮一个民族。奶业是农业和食品工业的重要组成部分,在改善膳食结构、增强国民体质、优化农业结构、促进农牧民增收等方面,发挥着重大作用。近些年来,我国奶业发展取得巨大成就,刚才韩长赋同志的发言和奶业宣传片中都提到,我国奶类产量跨越了3个千万吨大关,已经跃居世界第三大奶类主产国。现在市场上每天奶的销售量达2亿多斤,学生饮用奶每天2 100多万份。我们用30多年的时间,走过发达国家上百年历程,成绩来之不易,应该充分肯定。

当前,我国奶业仍处在大有可为的重要阶段。我国人均乳品消费只有33千克,仅为世界平均水平的1/3,只有发展中国家平均水平的1/2,随着人口增长、城镇化推进、人民生活水平提高,奶类消费增长空间巨大,这会为产业带来十分广阔的前景。但也必须看到,奶业也面临转型升级的"阵痛",突出表现在:部分消费者信心不足,生产成本越来越高,原奶价格波动频繁,奶牛养殖效益降低,乳品进口越来越多。一些企业效益下滑、经营困难,个别地方甚至出现倒奶杀牛的现象。因此,加快转变奶业发展方式,大力推进现代奶业建设,已经成为摆在我们面前现实而又紧迫的重大课题。

成熟发达的奶业是农业现代化的重要标志之一。党中央、国务院高度重视奶业发展,习近平总书记多次作出重要指示,对发展民族奶业寄予殷切希望,李克强总理也对保障乳品特别是婴幼儿奶粉质量安全等提出明确要求,为我们建设现代奶业指明了方向。我们要按照中央决策部署,以提高乳品质量为核心,加快用现代物质装备、现代科学技术、现代产业体系、现代发展理念改造和提升我国传统奶业,不断增强奶业综合生产能力和国际竞争力。要特别注意抓好以下几个方面:

一要强化质量至上意识,重塑消费信心。质量是企业的生命,没有质量就没有一切,这方面奶业有深刻的教训。中国奶业企业要像这次北京宣言所承诺的那样,坚决执行质量至上的原则,把质量安全放到生产经营的首位,像鸟儿爱惜羽毛一样,培育产品品牌,树立企业声誉。各级政府要按照最严谨的标准、最严格的监管、最严厉的打击、最严肃的问责这"四个最严"要求,落实监管责任,加大执法力度,营造公平规范的市场环境。要继续推进社会共治,加大奶业质量安全宣传,引导大家放心消费、健康消费,把国产乳品优质安全的品牌竖起来,把消费者的信心提上去,用质量转型开启中国奶业新未来。

二要坚持市场导向,创新驱动发展。随着乳品消费的逐步普及,市场细分化、多元化趋势日益明显,传统粗放式扩张已难以为继,必须深入研究、积极适应市场需求的变化,加快推进产品创新、技术创新、经营理念和经营模式创新。要推进规模化、标准化、设施化、集约化生产,加强品种选育、疫病防控、生态环保等科技支撑,调整优化生产布局,丰富完善产品结构,提高牛奶单产和品质。要积极采用电子商务等新型流通业态,加快冷链物流体系建设,改进企业经营管理,提高流通效率、降低流通成本。要充分发挥市场机制作用,鼓励企业通过兼并、重组等方式整合资源,加快淘汰落后产能,增强抵御风险的能力。

三要推进农牧结合,延伸产业链条。奶业涵盖饲草料种植、奶牛养殖、乳品加工等多个产业,适宜全产业链经营。从奶业发达国家经验看,一、二、三产业融合是奶业健康发展的重要途径和内在要求。"好草养好牛,好牛产好奶"。要抓好饲草、饲料基地建设,推进粪污还田肥地,探索农牧结合的发展模式,打通种养业协调发展通道,促进生产生态和谐发展。奶源基地是奶业发展的基础,要通过组建奶农合作社、土地和草场入股、实行牧场托管等,创新产业组织模式,加快种养加纵向一体化建设。农牧民与奶业企业是命运共同体,要建立企业与农牧民间合理的利益联结机制,让农牧民分享奶业发展成果。

四要深化对外合作,实现互利共赢。我国奶业对外开放程度已经很高,在全球经济一体化和党自贸区建设的大背景下,今后必将更加开放、更深融入国际市场,这是大势所趋、不可逆转。推进奶业现代化,必须积极主动的参与奶业国际竞争,学习先进技术和管理经验,练好产业内功,壮大自身实力。奶业的开发,一方面,要适度进口乳制品,满足国内消费者多样化需求;另一方面,要积极利用境外资源,增强企业生产能力和国际竞争力,也就是说我们中国奶业要用外国的草和牛为中国人生产奶。

企业是奶业发展的主体。做大做强中国奶业,根本上要靠一批有创新能力、竞争实力的奶业企业,靠整个行业携起手来共同努力。中国奶业D20企业联盟的成立,是一个积极的探索。希望联盟以沟通、服务、自律、发展为宗旨,做企业与政府的联系者、企业相互合作的促进者、规范行业发展的主导者、维护企业合法权益的组织者。希望联盟强化自身建设,提高服务水平,不断增强凝聚力。

参与D20联盟的企业,是奶业领域的领军者。今天,大家签署了D20企业北京宣言,在质量安全、品牌建设、诚信自律、一体化发展等四个方面,对社会做出了四个方面的庄严郑重承诺,体现了企业的社会责任意识和建设民族奶业的使命担当。希望大家言必行、行必果,敢于担当,勇于落实,为推进奶业现代化做出新贡献。也希望通过峰会这个平台,把我国奶业这些年取得的巨大进步展示给消费者,把乳品企业的质量安全承诺告诉消费者,把全行业齐心协力建设现代奶业的信心和决心传递给消费者。要通过我们的实际行动使中国的消费者认识到，中国奶业 D20 企业联盟是中国良心的标准！

（农业部畜牧业司）

优质安全发展　振兴中国奶业

农业部部长　韩长赋

（2015 年 8 月 18 日）

奶业是中国的新兴产业，也是社会高度关注的产业。近年来，中国奶业加快发展，已成为现代农业和食品工业发展中最具活力、增长最快的产业之一。

一是生产能力跃上新台阶。目前，我国奶牛存栏达到 1 400 万头，牛奶产量稳定在 3 500 ~ 3 800 万吨的水平上，位居世界第三位，人均奶类占有量从 1978 年不足 1 千克提高到 2014 年的 33.8 千克。现在市场上乳制品种类齐全、供应充足，已成为人们的日常消费品。

二是生产方式实现新转变。2014 年，全国 100 头以上奶牛规模养殖比重达到 45%，机械化挤奶率达到 90%，分别比 2008 年提高 25 个和 39 个百分点，年产 9 吨以上的高产奶牛超过 130 万头，养殖“小散低”的局面得到扭转。种养加一体化经营加快推进，全国已有 1.3 万个奶农专业合作社，乳品企业自建和参股奶源基地比重超过 20%。伊利、蒙牛、光明等企业率先“走出去”，开始在大洋洲、欧洲、美洲布局奶源基地。

三是质量安全实现新提升。农业部连续 7 年实施生鲜乳质量监测计划，三聚氰胺等违禁添加物抽检合格率保持在 100%，规模牧场生鲜乳的乳蛋白、乳脂肪含量均大幅高于国家标准。近年来，我国多个乳品企业的多款产品在国际乳制品质量评比中获奖，或通过国际权威机构认证。这些充分说明，我们完全有能力生产出安全优质的乳制品。

四是法规制度建设取得新进展。国务院及各有关部委先后颁布实施了《奶业整顿和振兴规划纲要》《乳品质量安全监督管理条例》等 20 余项规章制度，公布了《生乳》国标等 66 项乳品质量新标准，出台了促进奶牛标准化规模养殖和振兴奶业苜蓿发展行动等 6 项重大政策，初步构建起涵盖饲草料、良种、牧场建设的政策体系。

在看到我国奶业发展成绩的同时，我们也要清醒地认识到，当前奶业发展也面临着不少困难和挑战。个别乳品企业产品质量不高，消费者对国产乳制品信心依然不足，国内外乳制品价格倒挂导致进口冲击加大，资源环境约束趋紧，等等。战胜这些困难和挑战，必须高举“优质安全发展”这杆大旗。我们既要有压力，更要有担当，下决心举旗亮剑，振兴中国奶业，重塑国人信心。

中国奶业必须走优质安全发展道路，坚持一手抓生产发展，一手抓质量安全监管，质量第一，安全至上。要强化品种改良、品质提升、品牌创建，推进规模化、集约化、标准化、产业化，构建种养加一体化发展模式。围绕发展现代奶业，重点建好五大体系：

第一，加快建设现代奶业质量监管体系。质量是奶业的生命线。坚持“产管并重、企业为主、部门联动”，落实乳品企业的第一责任，把好乳制品生产、加工、流通等每一道关口，确保上市的每一滴牛奶都安全放心。同时，农业部门将加强与食药、工信、质检等部门协作配合，无缝衔接，齐抓共管，形成保障乳制品质量安全的强大合力。

第二，加快建设现代奶业产业体系。加强规划指导，优化生产布局，稳定北方主产区，发展南方新兴产区，促进奶源与加工合理布局、协调发展。优化调整乳制品结构，稳定高温奶生产，大力发展巴氏奶、酸奶等本土优势产品，开发奶酪等高附加值产品。不断创新流通方式，积极发展“互联网 +”等新型营销模式，满足群众方便、快捷的乳制品消费需求。

第三，加快建设现代奶业生产体系。积极推进奶畜良种化、饲草优质化、养殖设施化、生产规范化，深入实施奶牛遗传改良计划，继续开展振兴奶业苜蓿发展行动，大力推进青贮专用玉米生产和粮改饲试点，加快养殖小区改造升级。力争到 2020 年，全国优质苜蓿产量达到 300 万吨，高产奶牛群超过 300 万头，100 头以上的奶牛规模养殖比例超过 60%。

第四，加快建设现代奶业经营体系。大力提高奶业组织化程度，支持规模牧场、家庭牧场和奶农合作社联合发展，鼓励乳品企业自建、参股、收购、托管牧场和养殖小区，从原料奶定价、产加销利益共享、风险共担等方面，健全乳企与奶农的利益联结机制。

第五，加快建设现代奶业支持保护体系。进一步完善奶业扶持政策，加大财政、金融和保险等方面支持力度，努力培育大企业、大品牌。完善生产消费预警机制，防止生产和价格大起大落。广泛开展“饮奶有益健康”科普宣传，落实液态奶标识制度，营造公平有序的市场环境。

乳品企业是奶业发展的细胞，是奶业优质安全发展的推动者和实践者，特别是参加峰会的中国乳品企业 20 强，更是带动奶业优质安全发展的排头兵和领头羊。今天，这 20 家企业将共同签署北京宣言，这是乳品企业加强行业自律的重要举措,也是对振兴中国奶业的庄严承诺,我们很高兴看到企业有这样的雄心壮志和责任担当。农业部门将一如既往地为乳品企业搞好服务,借此机会,也对乳品企业提几点希望:

一是坚决把好质量安全关,增强竞争力。乳品企业要把确保乳制品质量安全作为关系企业生死存亡的头等大事,严格按标准生产,强化质量管控,提高企业管理水平,生产优质安全产品,积极创建一流品牌,形成以技术、品牌、质量、服务为核心的综合竞争新优势。

二是切实加强行业自律,建立和谐乳业。践行"合作、和谐、共赢"的行业发展理念,加强行业自律机制建设,进一步完善行规行约,努力把这次峰会上发布的共同宣言落实到具体行动中,自觉接受政府、社会、消费者的监督。

三是勇于承担社会责任,引领行业发展。践行服务行业、回报消费者的社会责任,完善利益联结机制,带动奶农共同增收致富。特别是针对当前一些地方"卖奶难",希望乳品企业按照合同保证收购,善待奶农,不再发生企业拒收鲜奶、奶农倒奶杀牛事件。

众人拾柴火焰高,团结奋进奶业兴。让我们携起手来,凝聚共识,坚定信心,奋发进取,促进奶业优质安全发展,为振兴中国奶业做出新的更大贡献。

(农业部畜牧业司)

农业部副部长于康震在2015中国草原论坛上的讲话

(2015年8月26日)

下面,我就"十二五"草原政策实施和"十三五"草原工作思路和重点工作,报告四方面情况。

一、"十二五"草原工作具有里程碑意义

我国草原近60亿亩,约占国土面积的2/5。草原是我国面积最大的陆地生态系统,也是草原畜牧业发展的重要物质基础和牧民增收的主要依靠,在生态文明建设、经济社会发展及维持边疆稳定维护民族团结等方面具有举足轻重的作用。但由于自然、地理、历史等原因,草原牧区发展面临着不少特殊的困难和问题。主要表现在:草畜不平衡,草原灾害多发,生态总体恶化趋势尚未根本遏制;基础设施薄弱,产业结构单一,经济发展方式粗放,调结构任务艰巨;专门扶持政策不多,与中央对生态文明建设的要求和群众对生产发展、收入提高的期待存在明显差距,亟待进一步解决和完善。正是在这样的背景下,"十二五"草原政策紧紧围绕"三生"和"三牧"工作大局,持续发力,不断健全完善政策措施,形成了具有里程碑意义的草原新方针、新政策和新法规。

第一,确立了"生产生态有机结合、生态优先"的新方针。2011年,国务院印发了《关于促进牧区又好又快发展的若干意见》,时隔24年再度召开全国牧区工作会议,明确了新时期牧区发展"生产生态有机结合、生态优先"的基本方针,为做好草原工作定下了基调。2012年,党的十八大首次将生态文明建设与经济建设、政治建设、文化建设、社会建设一道纳入中国特色社会主义事业"五位一体"总体布局,提出"树立尊重自然、顺应自然、保护自然的生态文明理念"和"坚持节约优先、保护优先、自然恢复为主的方针"。2013年,党的十八届三中全会进一步提出全面建立生态文明制度。2015年,《中共中央国务院关于加快推进生态文明建设的意见》提出,坚持节约资源和保护环境的基本国策,把生态文明建设放在突出的战略位置,协同推进新型工业化、信息化、城镇化、农业现代化和绿色化,草原综合植被盖度作为约束性指标写入文件。党中央、国务院对生态文明建设的系列战略部署,为我们做好新时期草原生态文明建设提供了重要遵循。草原作为生态文明建设的主战场,必须主动作为,发挥更大作用。同时,由于草原兼备生态生产功能,必须两手抓,通过促生产来巩固保护成果。2014年10月,汪洋副总理主持召开国务院会议专题研究促进草牧业发展,提出发展草牧业是农业生产结构调整的重要内容,是保障国家粮食安全的重要途径,要将草业纳入国民经济核算体系,推进种养结构调整,开展草牧业试验试点。正是在这一系列正确方针的引领下,草原生态保护和草牧业发展迎来了全新的历史机遇,草原事业进入了快速发展的黄金时期。

第二,实施了以草原生态保护补奖为核心的一系列草原新政策。2011年起,国家在内蒙古、新疆、西藏等8个主要草原牧区省份,全面建立草原生态保护补助奖励机制,在保护草原生态环境的同时,逐步转变草原畜牧业发展方式,促进牧民增收。当年中央财政投入资金136亿元,2012年增加到150亿元,并将政策实施范围扩大到黑龙江等5省份的所有牧区半牧区县,2013—2015年,草原补奖资金也逐年增加。5年间,中央累计投入资金775.64亿元,实施草原禁牧面积12.33亿亩,草畜平衡面积26.05亿亩,牧草良种补贴面积1.2亿亩,牧民生产资料综合补贴284万户。作为新中国成立以来我国草原牧区实施的投入规模大、覆盖面积广、受益牧民多的一项大政策,补奖政策已成为强农惠农富农政策的重要组成,充分体现了党中央、国务院对"三牧"工作的高度重视和亲切关怀。与此

同时,国家大力实施草原生态保护建设重大工程,退牧还草工程重点治理退化严重的草原,京津风沙源草原治理工程重点治理沙化草原,岩溶地区草地治理工程重点治理石漠化草地,新一轮退耕还林还草工程重点治理生态脆弱的陡坡地,四大工程指向明确,综合治理,与补奖政策相互配套,草原生态保护建设成效更加显著。此外,推进草原畜牧业生产方式转型的政策也陆续出台。2011 年起,在补奖政策中安排资金启动“振兴奶业苜蓿发展行动”,大力推进苜蓿等高效人工饲草基地建设,并且支持地方统筹年度绩效考核奖励资金,用于巩固草原生态保护和扶持草原畜牧业发展。2012 年,在退牧还草工程中增加舍饲棚圈、人工饲草地等转方式生产性基础设施的建设内容。2014 年,中央投资 3 亿元在南方十省区启动实施“南方现代草地畜牧业推进行动”,开展南方地区草地资源化利用,发展牛羊产业。2015 年,草牧业试验试点政策出台,中央对草种基地建设、人工草地建植、天然草地改良、草产品生产加工和金融服务等方面进行扶持,提升草牧业发展水平。这一系列政策围绕基本方针,相互衔接、相互配合,形成了新时期我国草原保护建设的政策体系,被称为“草原新政”。

第三,出台施行了以司法解释为代表的草原新法规。法规制度建设是管根本、管长远的大事。我们加强草原法制建设的决心从未动摇,脚步从未停歇。经过长期不懈努力,2012 年,《最高人民法院关于审理破坏草原资源刑事案件应用法律若干问题的解释》颁布施行,明确了破坏草原资源犯罪行为的定罪量刑标准,实现了《草原法》与《刑法》的有效衔接,为依法追究破坏草原资源犯罪行为的刑事责任提供了重要依据。我们认真贯彻党的十八届四中全会精神,依法治草,积极推进《草原法》修订工作,加快《基本草原保护条例》立法进程。结合行政审批制度改革,修订了《草种管理办法》和《草原征占用审核审批管理办法》。目前,我国已初步形成了由 1 部法律、1 部司法解释、1 部行政法规、13 部省级地方性法规、5 部农业部规章和 10 余部地方政府规章组成的草原法律法规体系。

与此同时,我国草原执法监督工作也迈上新台阶,草原执法监督能力建设不断提升,草原违法案件查处力度不断加大。目前,全国共成立县级以上草原监理机构近 1 000 个,在编草原监理人员 9 200 余人,草管员近 9 万人,全国每年查处各类草原违法案件 1.8 万起左右。各级草原监理部门积极与司法机关的沟通协调,推动建立草原行政执法与刑事司法衔接机制。着力创新草原执法方式,采取省、地、县纵向联合执法和与公安、国土、环保等部门横向联合执法等方式,集中各方面力量加大对重大案件和高发案件的打击查处力度。2014 年,各地共向司法机关移送涉嫌犯罪案件 621 起,是 2013 年的 2.23 倍。先后通报曝光了 17 起破坏草原资源重大案件的查处情况。草原新规的贯彻施行,不仅对违法者产生有效的震慑警示作用,也对社会大众发挥了很好的教育作用,营造了良好的依法治草氛围。

昨天,部里组织召开了全国草原监理工作会议,总结近年来草原监理工作取得的成绩,分析当前面临的新形势和新任务,部署今后一段时期草原监理重点工作,会议开得很成功。今天,草原监理系统的很多同志们也来参加论坛。我在这里,对全国草原监理工作会议的成功召开表示祝贺,也向草原监理系统的同志们道一句辛苦!

二、“十二五”草原工作成效显著、亮点突出

“十二五”以来的几年,是我国草原生态保护建设力度最大的时期,是草原畜牧业转型发展最快的时期,也是牧民收入增加最多的时期。“政策好、人努力、天帮忙”,牧区生态、牧业生产和牧民生活发生可喜变化,全国草原牧区呈现欣欣向荣的景象,主要表现在 4 个方面。

一是草原各项制度加快落实。在草原新政的推动下,草原承包、基本草原保护、草畜平衡、禁牧休牧等各项制度落实步伐明显加快。截至目前,全国累计承包草原 42.5 亿亩,占全国草原面积的 72.3%。草原承包到户后,广大农牧民实行禁牧和草畜平衡制度,保护草原生态环境的热情高涨。目前,全国共落实草原禁牧面积 14.7 亿亩,草畜平衡面积 26.1 亿亩。同时,牧区各地加快划定基本草原,对基本草原实行最严格的保护,目前全国已划定基本草原 22.5 亿亩,为划定草原生态红线奠定了坚实的基础。

二是草原生态环境加快恢复。2014 年,全国重点天然草原牲畜超载率为 15.2%,较 2010 年下降了14.8 个百分点。牲畜承载量的下降,使大部分草原得以休养生息。2014 年,全国草原综合植被覆盖度为 53.6%,连续 4 年保持在 50% 以上。全国天然草原鲜草总产量 10.2 亿吨,连续 4 年超过 10 亿吨大关。草原生态的向好,使草原涵养水源等生态功能逐步得到恢复。中华水塔三江源地区草原生态持续好转,水源涵养功能初步恢复,近年来年均出境水增加量超过 100 亿立方米,接近历史最大值,而且水质基本保持天然本底水平。

三是草原畜牧业发展方式加快转变。牧区各地按照“以草定畜、增草增畜,舍饲圈养、依靠科技,加快出栏、保障供给”的思路,在保护草原生态的前提下,大力发展现代草原畜牧业。2014 年,13 省区新建人工饲草地 1.2 亿亩,新建牲畜棚圈 8 500 万平方米。随着人工饲草地种植规模的扩大和舍饲半舍饲圈养的推行,牧区适度规模标准化养殖快速发展。2014 年,牧区牲畜改良率和舍饲比例超过 50%,出栏 50 头牛和

100 只羊的规模化比重超过 30%，13 省（自治区）牛肉、羊肉和奶类总产量 401.8 万吨、296 万吨和2 667.9 万吨，分别占全国总产量的 58.3%、69.1% 和 69.5%，为保障全国草食畜产品生产供给做出了突出贡献。

四是牧民收入稳定增长。草原可持续利用的关键是“人草畜”三者之间的协调发展。草原新政在设计之初就充分考虑牧民生产生活协调发展问题，通过中央财政对牧民的直接补贴和生产性扶持等措施，弥补牧民实施禁牧和草畜平衡而减少牲畜的部分损失，调动农牧民保护草原和发展生产的积极性，发展草原畜牧业实现增收。“十二五”期间，草原补奖政策平均每年有 139.3 亿元资金直补到牧户，已成为牧民人均收入中转移性收入的主要来源。据统计，2014 年牧民人均纯收入达到 6 287.7 元，比 2010 年增加 1 793.3 元，增幅达 39.9%。其中，牧民每年人均草原补奖政策性收入近 700 元，占牧民人均纯收入的比重超 10%。

三、“十三五”草原工作面临的新形势、新任务

“十三五”是建设生态文明、建成小康社会的关键五年，也是攻坚的五年。近年来，草原生态总体向好，但全国草原生态总体恶化局面尚未根本扭转，中度和重度退化草原面积仍占 1/3 以上，草原生态系统整体仍不稳定，已经恢复的草原生态环境仍较脆弱。要如期完成草原保护建设目标任务，时间紧，任务重，压力大。

其一，提升草原资源管理利用水平任务艰巨。我国是草原面积大国，但不是草原资源利用强国。从人均资源量看，我国人均占有草原资源量 4.3 亩，仅相当于世界平均水平的 3/5、澳大利亚的 1/50，人均占有资源严重不足。从资源分布利用看，我国草原存在地区间不平衡、季节性不平衡、生产力不平衡和年际不平衡等情况，资源效益得不到充分发挥。从利用方式看，我国草原主要利用方式仍以传统草原畜牧业为主，生产方式较为粗放，与欧美等国外先进的集约化、精细化的生产相比差距明显。从承载力水平看，我国北方天然草原平均每 50 亩承载一个羊单位，改良后的天然草原平均 8 亩才能承载一个羊单位，这与加拿大等国平均 5.3 亩一个羊单位的先进水平比仍有较大差距。从管理方式看，我国草原管理较为粗放，监测体系不健全，尚未形成定期的草原资源普查机制，固定监测点建设滞后，国家级固定监测点目前仅建成 162 个，这与美国设立 80 万个草原遥感监测点和 4 万个固定监测点等精细化管理相比，差距明显。

其二，巩固草原生态环境建设成果任务艰巨。随着工业化、城镇化的推进，草原资源和环境承受的压力将越来越大，草原过度利用、保护不足，牲畜超载率仍在 15% 以上，近 1/7 的草原未得到休养生息，草原退化沙化和水土流失依然严重，沙尘暴等自然灾害和鼠虫生物灾害频繁发生，部分地区超载过牧、乱开滥垦、乱采滥挖等破坏草原现象屡禁不止，草原生态环境问题对国家生态安全构成巨大威胁。特别是《全国土地利用总体规划纲要（2006—2020 年）》发布以来，在中东部地区禁养区范围不断扩大，畜禽养殖用地向草原地区扩展的冲动强烈，造成侵占草原修建规模养殖场的趋势越来越突出。此外，草原管理层级低、机构少、人手不足等问题突出，也难以适应新时期草原管护需求，巩固保护草原生态建设成果任务依然艰巨。

其三，推动草原畜牧业转型发展、促进牧民增收任务艰巨。草原地区分布着全国 70% 以上的少数民族、70% 以上国家扶贫开发重点县，牧区经济结构单一，牧民增收渠道狭窄，牧民人均年收入水平还不到农民平均水平的 80%。草原畜牧业作为牧民收入的主要来源，发展面临双重挑战。一方面，草料缺。饲草料占养殖成本的 70%，是降低畜牧业生产成本的关键要素。如何在保护好生态的前提下、充分发挥天然饲草资源绿色经济的优势，抓好优质人工饲草基地建设，抓好秸秆等其他饲草资源的转化利用，为草牧业发展提供稳定的物质基础，难度很大。另一方面，水平低。草原牧区面积大、底子薄、基础差，生产经营方式粗放，发展水平落后，牧民增收始终没有摆脱“人口增长 - 牲畜扩增 - 草原退化 - 效益低下 - 牧民增收难”的困境，一些高寒易灾牧区牲畜“夏饱、秋肥、冬瘦、春亡”的局面尚未根本扭转。如何完善并创设草原政策，实施草原重大工程，提升草原畜牧业抵御风险能力，实现发展方式转变，难度也很大。

其四，大力推进依法治草任务艰巨。我国草原法律法规体系还不健全，配套的部门规章不完善，地方性配套法规地区间更是很不平衡，多集中在牧区省区，南方省区很少。《草原法》第二次修订颁布距今已逾十年，已不能适应当前形势，需要修订完善。特别十八大以来，中共中央国务院关于生态文明建设的一系列制度安排，包括草原生态红线制度、草原资源资产产权和用途管制制度、草原资源资产离任审计制度、草原资源损害责任追究制度、草原生态补偿制度等，都亟需通过法律予以规定和健全。同时，《基本草原保护条例》已列入 2015 年国务院二类立法计划，也亟需加快推进。此外，草原监理人员少、素质不高、装备差，进一步巩固提升依法治草水平任重道远。

四、“十三五”草原工作的基本思路和重点工作打算

“十三五”草原工作的基本思路是继续按照“保护生态环境就是保护生产力，改善生态环境就是发展生产力”的要求，遵循“生产生态有机结合、生态优先”的基本方针，坚持保护为先、预防为主、制度管控、重点治理和底线思维。全面落实草原生态保护补助奖励机制政策，深入实施草原保护建设工程，建立健全草原经营

管护制度，着力保护和恢复草原生态环境，全面推进草牧业发展。

力争到2020年，草原植被综合盖度达到56%以上，天然草原鲜草总产量稳定在10亿吨以上，优质人工草地留床面积达到1.7亿亩，草原承包、禁牧休牧和草畜平衡制度基本落实，草原生态步入良性循环轨道；牧区牛羊肉产量达到650万吨，占全国总产量比重达到50%，肉牛肉羊规模养殖比重超过40%，草原畜牧业良种覆盖率、牲畜出栏率和防灾减灾能力明显提高，现代草原畜牧业建设取得重大进展。重点抓好以下五方面工作。

（一）稳定和完善草原补奖政策。“十三五”期间，我们将继续实施并强化草原补奖政策，按照“对生态保护的力度不降低、对牧民的补奖水平不降低、加强对草原管护和草原畜牧业转型的支持力度、加大绩效评价的力度”的要求，综合考量草原面积、牧草产量和牛羊肉价格增幅等因素，适当提高补奖标准，加大对草牧业转型升级支持力度，提高牧民的政策性收入。继续抓好禁牧休牧和草畜平衡制度的落实，各地可根据草原植被恢复情况，合理调整草原禁牧、草畜平衡的范围和面积，确保禁牧封育成效，有序实现草原休养生息。

（二）继续实施草原生态修复工程。坚持工程措施与自然修复相结合、重点突破与面上治理相结合，加大退牧还草、京津风沙源草原治理、岩溶地区石漠化草地治理和新一轮退耕还林还草等工程建设力度，并争取不断完善建设内容，提高建设标准。综合运用“退、围、种、管”等手段，加大草原“黑土滩”和退化草地治理力度，促进草原生态修复，丰富天然草原生物多样性，稳定鲜草总产量，不断提高草原生态产品生产能力。要积极谋划创设新项目，争取在“十三五”期间启动牧区草原畜牧业转型示范和防灾减灾工程，加强畜牧业基础设施建设，增强草原灾害防控能力，提升草原畜牧业转型发展水平。

（三）扎实推进草牧业发展。按照“生态优先、草畜配套，优化布局、突出重点，政府引导、多方参与和权责到省、统筹协调”的原则，积极协调资金，组织各地开展好草牧业试验试点区建设工作。加强草牧业基础设施建设，大力发展人工种草，强化基础母畜扩繁，推广良种良法配套，加快周转出栏，发展适度规模经营，因地制宜创新草牧业发展模式。积极培育新型经营主体，充分发挥行业协会等社会组织的桥梁纽带作用，提升产、加、销一体化程度，促进养殖、加工、流通等环节利益合理分配。支持发展直销、配送、电子商务等农产品流通业态，引领草牧业品牌培育与产业升级，鼓励经营主体发展体现草原文化、民族风情的特色产业，实现产业发展和牧民增收双赢。

（四）积极稳妥推进草原承包确权。进一步稳定和完善草原承包经营制度，依法赋予广大牧民长期稳定的草原承包经营权。农业部已组织在16个省（自治区）开展了草原确权承包登记试点。要抓紧认真总结提炼试点经验，探索建立健全信息化规范化的草原确权承包管理模式和运行机制，规范草原承包经营权流转，建立健全草原承包经营权流转市场，鼓励草原承包经营权在公开市场上向专业大户、家庭牧场、牧民合作社、牧业企业流转，允许牧民以承包经营权入股发展牧业产业化经营，保障牧民的集体经济组织成员权利。推进征地制度改革，完善对被征占草原牧民合理、规范、多元化的保障体制，提高牧民在土地增值收益中的分配比例，保障牧民集体经济收益分配权，提高牧民的财产性收入。

（五）继续强化依法治草。抓紧修订《草原法》，增设草原生态红线保护、草原资源资产产权和用途管制、草原资源资产离任审计、草原资源损害责任追究和草原生态补偿等制，解决现有草原执法主体资格不明确、处罚依据不充分、处罚偏轻等问题，以适应新时期依法治草的需要。推进《基本草原保护条例》立法进程，全面建立基本草原保护制度，将基本草原作为草原生态红线的基线，确保基本草原面积不减少、质量不下降、用途不改变。加强草原监理体系和村级草原管护员队伍建设，充实执法人员，改善装备条件，大幅提升执法监督水平，加大草原违法案件查处力度，严厉打击和曝光破坏草原的犯罪行为。

同志们，草原是我国生态文明建设的主战场，牧区又是维稳和谐的主阵地。在推进草原事业不断向前的道路上，只有进行时，没有完成时。草原工作的成绩属于过去，“十三五”加强草原保护、建设美丽中国的任务十分艰巨。广大草原人一定要进一步增强进取意识、机遇意识、责任意识，牢记使命担当，坚决把每一块该保护的草原保护好，切实把每一块该建设的草原建设好，推进草原保护建设再上新台阶。

（农业部畜牧业司）

农业部副部长于康震在全国畜禽标准化规模养殖暨粪污综合利用现场会上的讲话

（2015年10月15日）

同志们：

这次会议的主要任务是深入贯彻落实现代畜牧业

建设工作会议和全国农业生态环境保护与治理工作会议精神，总结畜禽标准化规模养殖发展取得的成效和经验，主动适应推进标准化规模养殖和粪污综合利用的新形势、新任务和新要求，部署今后一段时期重点工作。昨天，大家参观学习了仙桃市和江夏区畜禽规模养殖场和粪污综合利用的典型模式，4 个现场参观点各具特色，均有一定的代表性，不仅展示了生猪规模养殖场的现代化装备水平，而且还展现了 PPP(政府和社会资本合作)集中处理中心、规模养殖企业和蔬菜水果种植基地三种类型的粪污综合利用有效模式，看了很受启发。刚才，湖北、上海、福建和浙江龙游县、河南牧原食品股份有限公司分别从不同角度介绍了标准化规模养殖发展和粪污综合利用的经验与做法，讲得都很好，值得大家学习借鉴。下面，我讲四点意见。

一、畜禽标准化规模养殖发展成效显著

发展畜禽标准化规模养殖，是建设现代畜牧业的必由之路，也是农业部推进畜牧业发展方式转变的主要举措。这些年来，我们坚持以发展标准化规模养殖为着力点，工作中突出“四抓”，全面提升畜牧业综合生产能力。一抓组织动员。制定发布《农业部关于加快推进畜禽标准化规模养殖的意见》，组织召开全国现场会，相互学习、借鉴交流，进一步统一思想，凝聚共识，推动工作。二抓政策落实。积极争取并实施了生猪、奶牛、肉牛肉羊标准化规模养殖场(小区)建设、畜禽标准化养殖项目，中央累计投入 310 亿元，支持超过 9 万个规模养殖场建设，有力提升了规模养殖现代化装备水平。三抓示范带动。通过组织实施畜禽养殖标准化示范创建活动，累计创建国家级畜禽标准化示范场 3 694 家，在全国范围内形成了“部省市县四级联创、层层递进”的互动氛围，打造了一大批标准化规模养殖发展的标杆，放大示范效应。四抓技术推广。通过总结提炼成熟模式、现场指导和集中培训，在生产中推广了一批高效、实用技术，进一步夯实了规模养殖发展的科技基础。

目前，发展标准化规模养殖已成为全行业的普遍共识，规模化、标准化、产业化理念深入人心，通过各级畜牧兽医部门上下联动，科研院所、产业体系、养殖场户横向互动，市场和政策共同推动，标准化规模养殖发展取得了显著成效。

第一，畜禽标准化规模养殖发展，提升了畜牧业综合生产能力。通过持续推进标准化规模养殖，畜牧业发展的规模化水平、设施化装备水平和生产水平明显提高。规模化发展上，2014 年生猪年出栏 500 头以上规模养殖比重达到 42%，蛋鸡年存栏 2 000 只以上规模养殖比重达到 69%，奶牛年存栏 100 头以上规模养殖比重达到 45%，分别比 2010 年提高 7 个、6 个和 14 个百分点。设施化装备上，自动化喂料饮水、圈舍环境控制、空气净化、自动清粪等先进设施设备得到广泛推广应用。目前，一个自动化的蛋鸡养殖场人均饲养蛋鸡在 1 万只左右，比传统条件下劳动生产率提高 1 倍以上。生产水平上，规模养殖场饲养的畜禽，在饲料转化率、生长速度、饲养周期和成活率等综合生产性能方面明显高于散养户。从全国平均水平看，一头能繁母猪年提供上市育肥猪约 14 头，管理水平较高的规模养殖场已经超过 20 头，接近或达到发达国家水平；荷斯坦奶牛年平均产奶量约 6 吨，规模牧场奶牛单产水平不断提高，年产 9 吨以上的高产奶牛超过 130 万头。

第二，畜禽标准化规模养殖发展，保障了畜产品市场有效供给。当前规模养殖场户具备规模、技术、资金和管理等多方面的优势，抗市场风险和疫病风险能力强，弃养退市的可能性小，收益相对稳定。实践表明，规模养殖比重越高，生产波动的风险就越小，保障市场供给的基础就越稳固。据行业统计，2014 年底全国生猪养殖场户总数约 4 000 万个，比 2010 年(6 170 万)减少了 2 000 多万户，与此同时年出栏 500 头以上的规模养殖场发展到 26 万个，比 2010 年增加了 2.2 万个。可以说，正是生猪规模养殖的快速发展，填补了散户退出形成的产能缺口，即便是在近三年生猪市场持续低迷的情况下，部分养殖企业仍然逆势扩张，猪肉市场供给基本有保障，没有发生断档现象。2013—2014 年，家禽行业遭受了 H7N9 流感严重冲击，许多小规模养殖场户倒闭停产，全行业累计损失超过 1 000 亿元，但大部分规模养殖企业顶住了压力，度过了“寒冬”，种鸡生产能力得到有效保护，保证了禽产品市场的稳定供给。因此，规模养殖发展已逐步成为畜产品市场稳定供应的重要支撑，是保供给的“压舱石”。

第三，畜禽标准化规模养殖发展，提高了畜产品质量安全水平。随着规模养殖发展，畜禽粪污综合利用水平逐步提升，养殖环境条件不断改善，为保障畜产品质量安全奠定了良好的环境基础。同时，标准化规模养殖场质量安全风险管控的意识不断增强，在现代化装备条件基础上，严格按照《畜牧法》《农产品质量安全法》《兽药管理条例》《饲料和饲料添加剂管理条例》等法律法规的规定，建立养殖档案、健全防疫制度、规范投入品使用，生产管理突出标准化，有力地保障了畜产品质量安全水平。据农业部抽检，2014 年养殖环节“瘦肉精”监测合格率达 99.6%，生鲜乳三聚氰胺检测合格率连续 6 年保持 100%。

第四，畜禽标准化规模养殖发展，夯实了一、二、三产业融合发展的基础。规模化是基础，产业化是方向。生产环节作为第一车间，标准化、规模化水平提高了，畜产品的品质和质量就有了保障，为全产业链融合发展创造了条件、提供了载体。近年来，随着畜禽规模养殖水平的不断提升，在产业化龙头企业的引领和带动下，通过订单合同、要素入股等形式，催生出一大批

"公司+规模户""公司+基地""公司+合作社"等产加销融合发展的经营模式，已成为提升我国畜牧业组织化程度的重要路径。目前，全国共有国家级畜牧业产业化龙头企业583家，占农业产业化龙头企业的47%；畜牧类合作经济组织17万个，占农业合作经济组织的28%。

二、要把畜禽粪污综合利用工作摆在现代畜牧业建设更加重要的位置

长期以来，畜牧业加快发展，对满足城乡居民畜产品消费需求、改善营养膳食结构、促进农民增收做出了重要贡献。但是，在畜产品市场供给基本得到保障之后，畜禽养殖带来的环境污染问题越来越突出，个别地区甚至触目惊心，生产问题解决了，环境问题出现了。随着畜禽养殖总量和养殖场户规模的不断扩大，畜禽粪污的产生量不断增加。据行业统计，全国每年产生38亿吨畜禽粪污，综合利用率不到60%。2014年规模畜禽养殖化学需氧量和氨氮排放量分别为1 049万吨和58万吨，占当年全国总排放量的45%和25%，占农业源排污总量的95%和76%，全国共有24个省份的畜禽养殖场（小区）和养殖专业户化学需氧量排放量占到本省农业源排放总量的90%以上。综合分析，造成畜禽养殖污染的原因是多方面的。

从发展阶段看，相当长一段时期以来，我国畜牧业发展的主要目标是满足日益增长的畜产品消费需求，产业发展环境整体宽松，环境容量问题一直没有得到足够的重视，粪污处理的标准和要求也不统一。随着畜禽养殖总量的不断增加，粪污的产生量也不断累积增加。特别是近年来全社会环境意识不断增强，法律法规等硬约束相继出台，长期积累的畜禽养殖污染问题越发凸显出来。

从畜禽生产方式看，当前畜牧业传统分散的养殖方式仍占主体，生猪散养比重接近60%，散养户大多在房前屋后饲养畜禽，散养密集区是形成面源污染的重要隐患；相当一部分规模养殖场户设施化装备水平低，粪污处理基础设施设备和工艺技术缺乏，环保意识不强，也是畜禽养殖污染的重要来源。

从粪污处理水平看，近年来，各地涌现出多种针对不同畜种、不同养殖规模的粪污处理模式，形式多样，但真正大面积推广的经济高效的处理模式不多。一方面原因是技术模式不成熟、不完备。干粪好利用，污水难处理，沼气、沼渣、沼液利用技术工艺不配套，技术上的缺陷往往容易造成二次污染。另一方面原因是经济上不可行。不仅固定资产投入大，而且运行成本昂贵，让一些养殖场户望而却步。

当前畜禽养殖污染已经成为农业面源污染的重要来源，不容忽视、不可回避，破解粪污综合利用难题迫在眉睫、必须正视。在当前中央关注、群众关心、行业关切的大背景下，各级畜牧兽医部门务必迎难而上、主动作为，深刻认识加强畜禽粪污综合利用的重大意义，切实增强紧迫感、责任感和使命感。

第一，这是贯彻中央有关生态文明建设决策部署的需要。党的十八大把生态文明建设纳入中国特色社会主义事业"五位一体"总体布局，提出大力推进生态文明建设。《中共中央国务院关于加快推进生态文明建设的意见》对加大规模化畜禽养殖污染防治力度提出明确要求。习近平总书记对生态文明建设提出了一系列新思想、新论断、新要求，强调"保护生态环境就是保护生产力，改善生态环境就是发展生产力"。中央的决策部署、习近平总书记系列重要讲话精神，为加强畜禽粪污综合利用指明了方向、提供了遵循。

第二，这是落实《畜禽规模养殖污染防治条例》等法规政策的需要。2014年1月1日施行的《畜禽规模养殖污染防治条例》赋予农牧部门"畜禽养殖废弃物综合利用的指导和服务"的职责，明确了一系列畜禽养殖废弃物综合利用政策扶持和激励引导措施。国务院《水污染防治行动计划》对畜禽养殖污染防治工作提出了明确的任务和时间要求。"十二五"开始，国家把畜禽养殖污染纳入主要污染物总量减排范畴，并将规模化养殖场（小区）作为减排重点。农业部党组对畜禽粪污综合利用问题高度重视，韩长赋部长多次作出重要批示。《农业部关于打好农业面源污染防治攻坚战的实施意见》将畜禽粪污基本实现资源化利用纳入"一控两减三基本"的目标框架体系，成立了工作领导小组，专门制定了推进畜禽粪污综合利用的工作方案和行动方案，合力推进畜禽粪污治理。

第三，这是顺应人民群众热切期盼的需要。随着经济的发展和人民生活水平的提高，社会公众生态环保意识不断增强，人民群众过去"盼温饱"现在"盼环保"，过去"求生存"现在"求生态"。加强畜禽粪污治理与人民群众生活息息相关，是重大民生问题。一方面，由于粪污处理不到位，一些养殖场周边村民生产生活环境受到污染，群众日常生活受到影响，反映强烈，这类报道屡见不鲜；另一方面，广大消费者从动物福利、健康消费等不同角度，也对畜禽养殖环境控制提出越来越高的要求。顺应人民群众对畜禽粪污治理的新期待，以更加务实高效的作风维护人民群众的环境权益，既是我们行业管理部门的新任务，也是我们行业管理部门拓展工作的新领域。

第四，这是畜牧业实现可持续发展的需要。畜禽粪污综合利用是破解畜牧业资源环境约束，推进现代畜牧业建设的现实需要和战略选择。在全国大力推进畜禽标准化规模养殖发展、加快转变畜牧业发展方式的关键阶段，畜禽养殖污染已成为制约现代畜牧业发展的重要瓶颈，这种局面若不彻底加以改变，畜牧业持

续健康发展的根基就将动摇。因此，必须举全行业之力，积极探索多种形式的畜禽粪污综合利用模式，努力走出一条与生态文明建设要求相适应的现代畜牧业可持续发展道路。

三、推进畜禽粪污综合利用应把握好几个重点问题

近年来，畜产品总量稳定增长，规模养殖比重持续提高，畜牧业规模化、标准化、产业化水平不断提升，综合生产能力和自我发展能力显著增强，解决畜禽粪污处理问题，时机已经成熟，条件已经具备。我们要认真贯彻落实党中央、国务院的部署，坚持辩证法、坚持两点论，统筹兼顾生产生态两大目标，以粪污综合利用为核心强化畜禽养殖污染治理，以产业转型升级为手段破解产业发展困局，促进畜牧业生产与环境保护协调发展。（此外，病死畜禽和畜禽粪污都是畜禽废弃物的主要来源，工作中要因地制宜，把病死畜禽无害化处理和畜禽粪污综合利用结合起来统筹考虑。）推进畜禽粪污综合利用，重点要把握好四个方面问题。

第一，要始终坚持保供给、保生态的根本任务不动摇。吃饭问题始终是关系人民群众生存和发展的头等大事。保障肉蛋奶等畜产品市场有效供给，始终是畜牧业发展的根本任务。随着经济发展和城镇化水平的提高，未来一段时期畜产品消费需求仍将刚性增长，畜牧业保供给的压力将长期存在。但是，我国畜禽养殖业规模比重低，大部分中小规模养殖场设施水平不高，畜牧业综合生产能力的基础仍不稳固，一旦出现滑坡短期内难以恢复。近几个月生猪价格恢复性上涨，既是价格规律周期性波动的体现，也与个别地区大幅调减养殖规模、禁养限养有一定的关系。当前及今后一段时期，推进畜禽标准化规模养殖发展的方向不能改变，保护畜牧业综合生产能力的基调不能偏离。要准确、科学把握畜禽养殖污染防治工作推进的力度和节奏，畜牧业发展不能以牺牲生态环境为代价，但更不能片面强调畜禽养殖污染治理，超越现阶段畜牧业发展实际，提出过高的标准和要求，从而影响畜产品供给。目前，个别地区片面强调生态环境保护，简单限制甚至禁止畜牧业发展，畜禽养殖量大幅下滑，猪肉等主要畜产品自给率显著下降，应当引起各地高度重视。

特别是那些作为生猪主产区和调出区的水网地区，承担着主要大中城市的猪肉供给任务。针对水网地区的特殊性，我们要坚持发展生产和保护环境并重、环境优先的基本思路，工作中要避免简单化“一刀切”。据了解，有的地方生猪养殖快速萎缩，总量调减超过50%。对这些环境敏感区域，划定禁养区，调减养殖规模，对保护环境有重要意义，但不能简单化，更不能一禁了之、一减了之，还要科学规划重点发展区域，确保畜产品自给率保持在合理水平。

第二，要始终坚持种养一体、农牧结合的根本出路不动摇。养殖污染不同于工业污染，前者往往是可逆、可转化的过程；畜禽粪污不同于工业污染物，是可降解、可利用的宝贵资源，不能简单套用治理工业污染的思路和方法来治理畜禽养殖污染。实践表明，一些大型养殖企业投入大量资金，按工业化模式建设污水处理设施，期望实现达标排放，最后因投入和运行成本太高，最终不得不放弃。目前，我国畜禽粪污综合利用率低与土壤有机质持续下降并存，养殖有肥料，种植有需求，要把农牧结合、循环发展作为破解畜禽养殖污染难题的重要手段，努力打通畜禽粪污还田利用通道，促进粪污综合利用，实现变废为宝。昨天，我们参观的金林原种畜牧有限公司就是一家集生猪养殖、饲料加工、茶叶生产、水产养殖、苗木培育于一体的科技环保型农牧结合的现代农业企业。从我们了解的情况看，河南作为畜牧业主产区在这方面处理得就比较好，起到了很好的表率作用。他们立足畜禽粪污综合利用，大力发展生态循环畜牧业，既解决了环境污染问题，又推动了产业转型升级，全省畜产品产量保持稳定增长。

第三，要始终坚持扶持引导、疏堵结合的政策导向不动摇。我国畜禽规模养殖场发展水平参差不齐，大型产业化龙头企业落实畜禽养殖污染治理主体责任有实力、有条件，中小规模养殖场粪污处理利用设施建设能力不足，改造升级需要经过一个相当长的过程。总体看，畜牧业是一个弱质产业，畜禽养殖场户是弱势群体，迫切需要政府进行必要的扶持和引导，保护其发展畜牧业生产的积极性，切忌操之过急、简单粗暴、一禁了之、一关了之。既要认真贯彻《畜禽规模养殖污染防治条例》，督促大型畜禽养殖企业履行主体责任，切实做到粪污综合利用；又要探索建立企业、政府、社会多元化投入机制，积极推动出台以奖代补等激励措施，强化政策引导，加强技术指导服务，循序渐进，持之以恒，构建长效机制，为促进畜禽粪污综合利用提供有力支撑。

第四，要始终坚持重点突破、试点先行的工作方法不动摇。畜牧业发展到目前的规模不是一朝一夕的事情，解决畜禽养殖污染问题也不可能一蹴而就。因此，针对我国畜禽养殖污染防治面临的严峻形势，要坚持问题导向，抓住主要矛盾和矛盾的主要方面，突出主要任务和关键环节，分门别类研究解决问题的路径，开展试点示范，以点带面，推动全行业养殖污染问题逐步得到解决。各地要坚持因地制宜，积极探索与本地区经济社会发展水平相适应的畜禽粪污处理有效模式、实用技术和体制机制，在养殖主体上要突出中小规模养殖场，在畜种上要突出生猪和奶牛，在区域上要突出养殖密集区和重点水网地区，在技术研发集成上要突出污水的无害化处理。

四、努力实现畜牧业生产发展与生态环境保护“双赢”

全国现代畜牧业建设工作会议提出，畜牧业要在

现代农业建设中率先实现现代化。治理畜禽养殖污染，提升标准化规模养殖水平，促进畜禽规模养殖与环境保护协调发展，是建设现代畜牧业的基本要求。今后一个时期的工作思路和目标是：立足生态文明建设和现代畜牧业建设的总体部署，全面贯彻《畜禽规模养殖污染防治条例》，以畜禽养殖标准化示范创建活动为抓手，以畜禽粪污综合利用为核心，以农牧结合、种养平衡、生态循环为基本要求，持续推进规模化、标准化、生态化畜禽养殖，加快推进畜牧业转型升级，走产出高效、产品安全、资源节约、环境友好的现代畜牧业发展道路。经过全行业共同努力，力争2020年规模养殖场配套建设粪污处理设施比例达75%以上，畜禽粪污基本实现资源化利用。

为此，要全力以赴抓好六项重点工作。

一是调整优化畜牧业生产布局。推进农业结构调整，优化畜牧业区域布局，要重点抓好三个调整。首先，要根据消费需求变化，推进畜产品结构调整。从消费趋势看，猪肉消费增速下降，牛羊肉和奶类消费仍将保持较快增长。各地在编制"十三五"畜牧业规划的过程中，要认真分析畜产品消费需求变化趋势，按照稳生猪促牛羊的思路加快畜牧业结构调整。其次，要根据土地承载能力和环境容量，推进生猪区域布局调整。目前，农业部正在组织编制《重点水网地区生猪区域布局规划》，水网地区生猪主产县要以规划为指导，超过环境容量的要坚决调减。其他地区也要按照生产生态统筹兼顾的总体要求，根据环境承载能力和土地消纳能力，科学布局生猪生产，引导生猪养殖向东北、西北地区转移。第三，要根据饲草料需求，推进粮饲结构调整。要按照种养结合、粮饲兼顾的思路，重点调整高纬度、干旱区的籽粒玉米种植面积，发展青贮玉米，把"粮仓"变为"肉库"和"奶罐"。2015年，中央财政安排3亿元资金，在30个县开展粮改饲发展草食畜牧业试点示范，各地要切实抓好落实。

二是持续推进标准化规模养殖。畜牧业加快转型升级，必须坚持发展畜禽标准化规模养殖的工作重心不动摇，使标准化规模养殖发展水平在现有"量增"的基础上实现"质变"的飞跃，在发展内涵上体现"四个"更加注重：更加注重标准化。在继续提升规模化比重的同时，重点支持发展种养结合的适度规模养殖，在设施工艺的科学化和经营管理的精细化方面下功夫，提升标准化生产水平。更加注重集约化。加大智能化、精准化、网络化设施装备的研发推广，在节约土地、饲料等资源上下功夫，强化科技支撑，降低养殖成本，提高生产效率。更加注重产业化。加快推进畜牧业全产业链发展，大力培育养殖大户、家庭农场、农民专业合作社、龙头企业等新型经营主体，在屠宰加工企业与规模养殖场对接上下功夫，完善产加销各环节利益联结机制，实现互利共赢融合发展。更加注重生态化。鼓励发展生态循环养殖，引导规模养殖场配套粪污消纳用地，在畜禽粪污综合利用方面下功夫，打通资源循环利用的通道，促进生产生态协调发展。

三是探索改进养殖工艺和粪污处理技术。围绕源头减量，重点是支持开展标准化规模养殖场改造，推广干清粪方式和节水工艺，推进畜禽清洁养殖，实行固液分离、雨污分离，最大限度减少粪污特别是污水产生量，降低后端粪污综合利用难度。围绕过程控制，重点是支持规模养殖场配套建设粪污无害化处理和综合利用设施，加快研发畜禽粪污肥料化、能源化利用技术，全面总结提炼投资少、处理效果好、运行费用低的畜禽粪污综合利用模式。围绕末端循环利用，重点是加强典型示范，提高有机肥使用的积极性，推行农牧结合、循环利用。同时积极探索养殖废水深度处理、安全回用技术，节约养殖用水量。2015年年初我在广西调研时，专门了解了玉林市奇昌种猪养殖有限公司的高架网床生态循环养殖模式，企业自主研发节水养殖工艺和微生物菌剂，推行养殖全程免冲水，底层粪污自动堆积发酵，用水量减少90%，生猪抗病力提高，育肥猪提前10～15天出栏，实现了养殖效益和生态效益双提升。

四是加强试点示范引领。试点示范是推进标准化规模养殖和畜禽粪污综合利用的重要抓手。要深入开展畜禽养殖标准化示范创建活动，以"五化"为核心，继续遴选一批高质量的标准化示范场，发挥示范场辐射引领作用，引导广大养殖场户发展适度规模标准化养殖，以点带面提升规模化、标准化水平。继续实施畜禽粪污资源化利用试点项目，积极争取扩大项目实施区域，围绕生猪、奶牛等主要畜种，加强典型示范引导，总结推广一批可复制的商业化畜禽粪污综合利用模式，形成一批在清洁生产、无害化处理、综合利用方面有特色、有亮点的示范点，探索建立布局合理、规模适度、农牧结合、循环发展的畜禽粪污综合利用机制。比如，前段时间，人民日报报道了福建南平市延平区创新机制，推行生猪养殖面源污染第三方治理的做法，延平区支持第三方企业对区域内重点流域畜禽粪污进行集中处理，流转周边土地建设生态农业示范基地，畜禽养殖粪污全部还田利用，现代特色农业加快发展，流域水质明显改善。

五是强化政策扶持力度。今后一段时期，政策支持要从单纯注重产量增长向生产生态并重转变，突出稳定畜产品有效供给和促进畜禽粪污综合利用两个主攻方向。一方面，要加大对畜禽标准化规模养殖的支持力度，持续提升规模养殖场的市场竞争力。继续实施标准化规模养殖扶持项目，逐步完善项目支持重点和实施方式，支持生猪、奶牛、肉牛肉羊规模养殖场改造和重建。同时，进一步创新投入方式，充分发挥财政资金的撬动和引导作用,吸引金融和社会资本投资建设标准化规模养殖场。另一方面,要加强政策顶层设计,努力构建畜禽粪污综合利用政策框架体系。探索通过基础设施建设、财政补贴、金融扶持等手段,支持养殖场户开展畜禽粪污综合利用。以水网地区畜禽养殖密集区为重点,积极探索采取 PPP 模式,建立专业化生产、公司化运营的畜禽粪污集中处理中心,引导社会资本参与粪污综合利用。加大畜禽粪污处理设施设备农机购置补贴力度,提高畜禽粪污处理利用的设施化水平。要推动建立有机肥生产和使用补贴制度,激励引导农民使用有机肥,既解决畜禽粪污的出路问题,又提升耕地有机质含量。

六是创新工作方式方法。一要加强部门合作。探索建立环境保护、畜牧等多部门协调联动机制,形成工作合力,共同推进畜禽养殖污染防治。要积极主动加强与财政、发改、国土、税务等部门的沟通协作,推动《畜禽规模养殖污染防治条例》规定的各项激励政策措施尽快落地见效。二要加强技术指导。针对影响畜禽养殖效益的良种选择、饲料营养、科学管理、设施装备、疾病控制等关键环节,以中小规模养殖场户为重点,加强技术服务指导,采用养殖场户能够听得懂、学得会的方式,推广普及先进适用技术,提高畜禽标准化规模养殖生产水平,提升畜牧业生产效率。三要加强舆论引导。充分利用电视、报刊、网络等多种媒体,大力宣传畜禽标准化规模养殖取得的成效,大力宣传粪污综合利用的有效模式和典型经验,加强《畜禽规模养殖污染防治条例》等法律法规宣传,进场入户开展宣讲,提高养殖场户守法意识和环境保护意识,督促养殖企业落实主体责任,共同营造推进畜禽粪污综合利用的良好工作氛围。

同志们!解决好畜禽养殖污染问题,事关生态文明建设,事关打好农业面源污染防治攻坚战,事关畜牧业可持续发展。统筹推进畜禽标准化规模养殖和粪污综合利用,任务艰巨,使命光荣。各级畜牧兽医部门要进一步统一思想,提高认识,科学谋划,务实进取,努力实现现代畜牧业建设和畜禽规模养殖污染治理的“双赢”。

(农业部畜牧业司)

农业部副部长于康震在全国兽医卫生监督执法工作座谈会上的讲话

(2015 年 10 月 22 日)

这次会议的主要任务是,总结兽医卫生监督执法工作经验,分析当前形势和任务,明确今后一个时期的工作思路和重点。部党组对这次会议高度重视,韩长赋部长明确批示“兽医卫生监督执法要切实加强,坚决杜绝不作为、乱作为,要严起来,实起来,确保动物类农产品质量安全”,要求我们通过这次会议,进一步统一思想、提高认识,强化工作措施落实,推动兽医卫生监督执法能力和水平全面提升。下面,我讲三点意见。

一、强基固本,兽医卫生监督执法工作取得显著成效

近年来,各级兽医主管部门、动物卫生监督机构紧紧围绕农业部党组提出的“两个努力确保”目标任务,一手抓顶层设计、制度建设,一手抓责任落实、措施强化,兽医卫生监督执法工作取得了可喜成绩,为促进兽医事业发展、保障养殖业安全做出了突出贡献。

(一)法律制度体系基本形成,夯实了兽医卫生工作法制基础。健全兽医卫生法律制度,是推进兽医卫生法治建设的一项战略任务。改革开放以来特别是近年来,经过各方面的不懈努力,我国兽医法制建设取得显著成效。国家颁布实施了《动物防疫法》《进出境动植物检疫法》《兽药管理条例》《重大动物疫情应急条例》《病原微生物实验室生物安全管理条例》等法律法规,《畜牧法》《渔业法》《农产品质量安全法》《食品安全法》《生鲜乳质量安全管理条例》《实验动物管理条例》等法律法规也对有关兽医工作做出了规定;农业部制定了《动物防疫条件审查办法》《动物检疫管理办法》《执业兽医管理办法》《兽药注册办法》《兽药产品批准文号管理办法》等 20 多个配套规章;出台了《饲料药物添加剂使用规范》《兽用生物制品生产检验原料监督管理》等规范性文件 40 多个,禽流感、口蹄疫等重大动物疫病应急预案和禽流感等动物疫病防治技术规范 20 多项;发布了动物防疫国家标准 122 项、行业标准 98 项。各省、自治区、直辖市根据实际情况,遵循不抵触原则,积极制定地方法规和有关规章制度。北京、内蒙古、浙江等省(自治区、直辖市)通过修订完善地方动物防疫法规,探索实施病死畜禽无害化处理、指定通道管理、畜禽交易经纪人登记、跨省调运动物监管和无疫区管理等制度。上海、浙江、广东出台政府规章,强化活禽交易管理,推进家禽“规模养殖、集中屠宰、冷链配送、冰鲜上市”制度。一个立足中国国情,借鉴国际经验,以《动物防疫法》为核心,以国务院行政法规和地方法规为主干,以规范性文件和技术标准为补充的多层次、全方位法律制度体系已经基本形成,动物疫病控制和动物产品质量安全保障基本实现了有法可依。

(二)动物卫生监督机构不断健全,提高了兽医卫生监督执法能力。2005 年《国务院关于推进兽医管理体制改革的若干意见》出台以后,各地积极推进兽医

体制改革，设立、完善动物卫生监督机构。截至目前，全国共设立省级动物卫生监督所32个、市级358个、县级3 162个，县级动物卫生监督机构派出机构22 681个。动物卫生监督机构总人数接近15万人，其中执法人员14.3万人，兽医卫生监督执法能力得到了明显增强。2013年以来，全国产地检疫动物310亿头（只、羽），查处各类违反《动物防疫法》案件7万余件。动物检疫合格证明电子出证试点工作在21个省份开展。病死猪无害化处理长效机制建设工作稳步推进。2014年、2015年连续组织开展生猪屠宰专项整治行动，全国共清理关闭4 188个不符合条件的生猪定点屠宰场（点），查处屠宰违法案件1.27万件，罚款4 518万元。农业部组织开展假兽药查处活动26次，通报假兽药3 804批次，通报非法企业172家，调查核实率和追溯监管率均达到100%，制售假劣兽药违法活动得到有效遏制。查处诊疗机构违法案件410件，注销、关闭动物医院124家、动物诊所1 096家，注销兽医师执业证书486个，有力打击了违法从业行为，促进了动物诊疗行业的健康发展。

（三）监督执法人员素质不断提升，树立了良好的兽医卫生安全监管卫士形象。2013年，我们在全国动物卫生监督系统开展执法行风规范行动。2014年，启动全国动物卫生监督"提素质 强能力"行动。2015年，开展系统联动提升动物源性食品安全保障能力行动。农业部先后2次通报动物卫生监督系统典型违法违规案件，督促地方严格落实畜牧兽医行政执法"六条禁令"，规范监督执法行为。严格落实屠宰检疫制度，明确"五个不得"。通报表扬河南、广西、四川、重庆、浙江5个省（自治区、直辖市）2013—2014年兽药违法案件查处情况。各地以开展上述行动为契机，采取多种措施，加强动物卫生监督执法队伍建设，强化执法能力，规范执法行为，全面提升了基层兽医执法人员的整体形象。

二、抢抓机遇，齐心协力
解决兽医卫生监督执法工作的深层次难题

总体上讲，兽医卫生监督执法工作为促进兽医卫生事业又好又快发展发挥了至关重要的作用。但是，也要看到，我们工作中还存在一些问题。比如，2013年底传入的小反刍兽疫疫情，在半年内波及了22个省（自治区、直辖市），集中反映出动物防疫监督和疫情预警报告等方面存在漏洞。2015年农业部通报的两批动物卫生监督系统违法违规典型案件，基本上都是"只收费不检疫""不检疫就出证""倒卖动物卫生证章标识"之类的问题，一定程度上说明一些地方动物卫生监督执法队伍在执行法律法规制度上还存在认识不到位、知法犯法的问题。部分地区私屠滥宰、屠宰加工病死猪、乱抛病死猪、生产销售假劣兽药、违规开展动物病原微生物实验活动等违法违规现象还在发生，也客观反映出监督管理对象法律意识淡薄、管理部门监管措施缺位的问题。分析这些现象不难发现，现阶段我们在开展兽医卫生监督执法工作方面还存在一些深层次的难题。

（一）现行法律制度与新的工作要求不匹配问题。第一个突出表现是，法律体系还存在空白地带。到目前为止，我们还缺少管理兽医队伍的专门法律，一些法律法规还存在配套不够、衔接不畅的现象。2007年修订的《动物防疫法》仅对官方兽医、执业兽医和乡村兽医这三类兽医人员管理作了原则规定。农业部虽然陆续制定了一些配套规章，但与实际工作需求相比，仍存在一些空白。第二个突出表现是，法律制度还不完全适应形势发展需要。比如，《生猪屠宰管理条例》的调整范围应根据形势变化做出相应调整，生猪定点屠宰场设立条件应根据生猪屠宰转型升级的需要进一步细化实化。第三个突出表现是，法律执行还有不到位的问题。比如，《动物防疫法》第十四条、第十七条和第七十三条明确规定，养殖者是强制免疫的责任主体。但是，由于我国散养动物比例较大等原因，政府兽医部门在执行过程中实际上承担了散养动物、甚至是规模养殖场动物的免疫任务。又如，我们设计动物防疫条件审查制度的初衷是前移防疫关口，使养殖场建场之初即符合防疫条件要求。但从实际情况看，执行效果并不理想，很多不符合条件的养殖场仍在开办、无法关停；有的新建养殖场也没有严格按照动物防疫条件要求建设，这其中既有制度规定的合理性问题，也有各地执行规定时避重就轻的原因。

（二）机构队伍与繁重的执法任务不适应问题。主要表现：一是屠宰监管职责调整质量不高。有的地方仅在农业部门加挂生猪屠宰管理办公室牌子，"编不随事走、人不随事走"的问题突出；有的地方部门间对人员编制、项目划转等事项迟迟达不成一致；部分市县屠宰管理部门执法专项经费没有列入当地财政预算；大部分地区没有建立省级屠宰监督执法和技术支撑机构。二是基层执法力量不足。目前，动物卫生监督机构队伍不健全、保障能力不足问题异常突出，不少省级动物卫生监督机构只有10人左右，直接从事监督执法的县级人员则更少。全国平均每个县执法人员不到10人，每个县级派出机构不到3人。根据《兽药管理条例》规定，兽药监管职责由行政主管部门承担，而行政主管部门普遍存在工作人员少、工作任务重的问题，远不能适应兽药质量安全监管工作的实际需要。三是执法人员能力素质不高。全国县级动物卫生监督机构执法人员具有大专以上学历的不到25%，在地市级这一比例也不超过60%。一些地方县级动物卫生监督机构乡镇分所的执法人员老龄化问题严重。一些

基层执法人员缺少必备的法律和专业素养，并且职业道德水准不高。四是法律制度和纪律规范执行不严。基层动物卫生监督机构，特别是乡镇派出机构执行相关法律法规不到位，违规出具检疫证明、违规补检、违规处罚等现象还时有发生。据统计，2014年，全国查处动物卫生监督执法人员违法违纪案件126件，处理涉案人员153人。这些违法违纪行为大多都是“不按规程检疫”和“未做检疫而出具检疫证明”，部分执法人员还因此被追究了刑事责任。

（三）装备条件与严格的执法要求不相配套问题。近年来，通过实施《全国动物防疫体系建设规划》，动物卫生监督和兽药监察系统基础设施有了明显的改善。但是，相对于兽医卫生监管执法工作的实际需要，基层执法机构普遍缺乏先进、便捷的监督执法手段，信息采集、分析、运用能力明显不足。目前，部分县级动物卫生监督机构派出机构还在租房办公，不少县级动物卫生监督机构仅有一台执法车、平均2～3人才有1台电脑，取证设备、执法设备严重缺乏，工作条件无法满足要求，严重影响了兽医卫生监督执法工作的时效性、科学性和权威性。

要解决以上这些问题，我们必须站在战略全局的高度来谋划兽医法制建设，必须按照全面依法治国的要求认真履行执法职责。2015年是“十二五”收官之年。2016年，“十三五”将全面开局，全国上下都将为全面建成小康社会，实现中华民族伟大复兴的“中国梦”而努力奋斗。相信大家和我一样，既期待着抓住机遇，创造兽医卫生工作新局面，又预见到了未来工作的复杂形势和繁重任务。我想，承担起、履行好兽医工作的历史责任，整个兽医系统必须更加自觉地把思想和行动统一到中央提出的“四个全面”战略布局上来，更加牢固地树立“动物产品质量安全不仅是产出来的，还是管出来的”工作理念，认真谋划和推动兽医卫生监督执法工作，不断强化对动物养殖、移动、屠宰等各环节的风险监管。必须切实发挥好兽医卫生监督执法工作对优化养殖屠宰资源要素配置的促进作用，加快建立健全科学高效的兽医卫生标准，大力提升我国动物产品的竞争力，努力“让老百姓吃上放心肉、喝上放心奶”。必须站在兽医工作全局的高度，树立新的兽医卫生监督执法观念，突出兽医卫生措施的整体性，大力推进兽医卫生监督执法工作全面协调深入开展。

当前和今后一个时期，要重点加强以下几方面的基础性工作。一要完善兽医卫生法律规范体系。要遵循兽医队伍建设规律、动物疫病和人畜共患病防治规律、养殖屠宰加工业发展规律，立足中国实际、借鉴国际经验，加快兽医人员管理立法，开展《动物防疫法》《兽药管理条例》修订和《畜禽屠宰管理条例》制订工作。健全法律法规配套标准，完善技术规程和标准体系，为规范开展兽医卫生公共管理和社会化服务工作提供法律保障。二要深化兽医行政执法体制改革。要按照整合队伍、提高效率的原则，完善制度、健全机制，搭建平台、强化保障，明确细化综合执法机构职能，完善执法委托手续，加强基层执法管理，严格实行行政执法人员持证上岗和资格管理制度，未经执法考试合格，不得从事执法活动，确保执法行为合法有效。要合理配置执法力量，提高执法装备水平，建立条件能力与执法任务相匹配的保障机制。要健全行政执法和刑事司法衔接机制，完善案件查办、移送标准和程序，建立与公安机关、检察机关、审判机关信息共享、联合办案制度，推动实现行政处罚和刑事处罚无缝衔接。三要强化兽医普法宣传教育。要增强权力法定、权责一致意识。落实“谁执法谁普法”的普法责任制，切实加强对管理相对人的法制宣传，督促其履行动物防疫、动物产品质量安全主体责任。健全普法工作机制，综合运用传统媒体和新媒体等多种方式，定期开展兽医法制宣讲和主题教育活动，扩大宣传教育的覆盖面，形成管理、服务对象和相关利益方积极参与兽医法治建设的良好氛围。

三、突出重点，扎实做好
今后一个时期兽医卫生监督执法工作

可以说，做好兽医卫生监督执法工作是保障“四个安全”的重要举措，甚至是决定成败的关键一招。各地务必要将思想统一到中央关于全面提高农产品质量和食品安全水平的决策部署上来，统一到农业部党组“两个努力确保”的目标任务上来，结合本地实际情况，以改革精神和法治思维统筹推进兽医卫生监督执法工作。

（一）推进畜牧兽医综合执法。实行综合执法是适应兽医工作发展的必然要求。各地要深刻领会党的十八届四中全会精神，按照《农业部关于贯彻落实党的十八届四中全会精神深入推进农业法制建设的意见》（农政发〔2015〕1号）的部署要求，深入推进畜牧兽医综合执法（也鼓励有条件的地方探索更大范围的综合执法），全面履行兽医部门法定监管职责。要以动物卫生监督机构为依托，整合动物防疫检疫、畜禽屠宰、兽药、种畜禽鱼生产、饲料、动物产品质量安全、兽医实验室生物安全和动物诊疗机构监管等职责。要充实县级及其派出机构执法编制，推动执法力量重心下移。要加强畜牧兽医行政管理、执法监督和技术支撑等机构的衔接配合，特别是健全基层动物疫病防控和监督执法工作的沟通协调机制，确保信息互通、资源共享、协调联动、相互促进。严格执行委托程序，按照谁委托、谁负责、谁指导的原则，加强对畜牧兽医综合执法工作的组织领导，创新畜牧兽医执法体制机制，着力解决畜牧兽医综合执法工作中存在的困难问题。要积

极协调机构编制、组织人事、计划财政等部门,健全执法队伍,加大投入力度,配备必要的装备设施,提高人财物综合保障能力。2015 年 9 月 29 日,财政部、国家发展和改革委联合印发《关于取消和暂停征收一批行政事业性收费有关问题的通知》,要求自 11 月 1 日起,在全国范围内暂停征收动物和动物产品检疫费。面对这一新情况,各地要统筹考虑、谋划长远,积极落实、争取主动。要按规定暂停征收动物和动物产品检疫费;要深入调研,掌握实际情况,全面分析暂停征收动物和动物产品检疫收费后出现的问题,主动向同级人民政府汇报,主动协调财政、发改等部门妥善解决检疫监管工作所需的工作和人员经费等问题。

(二)加大监督执法工作力度。再周全的法律、再严密的制度,如果不执行或者执行不到位,都会成为摆设、产生"破窗效应"。对此,各地务必要有清醒认识,牢固树立责任意识。省级畜牧兽医主管部门和动物卫生监督机构要加强跨区域、跨部门执法的协调力度,严格查处违法案件,加强对基层执法的监督指导。基层动物卫生监督机构要加大畜牧兽医监督执法工作力度,严厉打击动物养殖、运输、屠宰等各环节违法行为。要强化行政执法与刑事司法衔接,严格执行《行政执法机关移送涉嫌犯罪案件的规定》《农业部关于加强农业行政执法与刑事司法衔接工作的实施意见》,达到移送标准的一律移送司法机关追究刑事责任,坚决杜绝有案不移、以罚代刑现象。要集中力量查办一批大案要案,严惩一批违法犯罪分子,公布一批典型案例。加大对城乡结合部、私屠滥宰专业村(户)的集中排查和日常巡查。要建立健全举报核查制度,公布举报投诉电话,及时调查处理群众反映的突出问题。

(三)以信息化为抓手强化条件能力建设。充分运用信息化手段是提升兽医卫生监督执法工作能力的关键举措。我们要推动"互联网 +"与动物卫生监督、兽药生产经营、畜禽屠宰加工的深度融合,将大数据、云存储等运用到从养殖到屠宰全链条兽医卫生风险追溯监管工作中,全面提高信息收集、信息整合、信息分析和信息反馈能力,切实增强行政决策的科学性、及时性、准确性和合理性。各地要加快推进动物检疫合格证明电子出证,2016 年 6 月底前要在全国范围内实现跨省调运畜禽电子出证,完成与中央数据平台对接,实现检疫证明关键数据信息的互联互通。要加强畜禽屠宰行业运行监测,整合畜禽屠宰统计监测系统,优化统计样本企业,健全统计信息员队伍,进一步强化统计监测信息运用。要按计划推进国家兽药产品追溯系统建设,2016 年 6 月底前,将所有兽药生产企业和产品纳入追溯系统,实现对所有企业全覆盖、对所有产品全覆盖,实现所有产品赋二维码上市。

(四)大力加强畜牧兽医执法规范化建设。坚持严格规范公正文明执法,既是兽医卫生监督执法队伍深入贯彻十八届四中全会精神的具体体现,也是加强畜牧兽医执法队伍建设的内在要求。各地要加快梳理明确监督执法权力清单,完善执法程序,建立畜牧兽医行政执法全过程记录制度,明确具体操作流程,重点规范畜牧兽医有关行政许可、行政处罚、行政强制、行政检查等执法行为。建立健全畜牧兽医行政裁量权基准制度,细化、量化行政裁量标准,规范裁量范围、种类、幅度。全面落实属地行政执法责任制,确定各级执法机构和岗位的执法责任和责任追究机制,加强执法监督,落实《农业部畜牧兽医行政执法六条禁令》,坚决惩治不作为、乱作为和执法腐败现象。严格落实《农业行政处罚信息公开办法》,及时公开畜牧兽医有关行政处罚案件信息,接受社会监督。以法律法规和执法实务为重点,加强执法人员培训考核,按照分级培训的原则,在 3 年内对畜牧兽医行政执法人员轮训一遍,加快提高执法人员的政治素质和业务素质。对于前一阶段引起社会广泛关注的犬只检疫问题,各地务必按照"依规出证、凭证移动、严处疫情,属地管理、依法行政、恪尽职守"的原则开展执法监督工作,严格按照检疫规程实施检疫,严禁违规出证。对于发病的犬和同群犬,要严格按照相关技术规范进行处置。农业部将尽快发文,进一步明确相关要求,提高犬只检疫的可操作性。各地要根据实际情况,建立完善地方法规和规章,更好地落实属地责任。依法依规做好犬只检疫监督工作。

(五)切实把好畜禽养殖移动屠宰三道监管关。强化养殖、移动、屠宰等环节监管是有效管理从养殖到屠宰全链条兽医卫生风险的有效手段。在养殖屠宰产业结构复杂、流通消费方式落后的特殊国情下,我们必须集中资源、科学实施基于风险分析的兽医卫生措施。今后一段时间,要下大力气严格管理几个关键风险点。一是严把养殖监管关。要以强化养殖档案管理为突破口,全面掌握辖区内动物疫病防控、动物出栏补栏、病死动物无害化处理等方面的动态情况。从源头控制兽药残留风险,加大对风险大、隐患高的兽药监督抽查力度,重点打击兽药违法添加、制假售假、违规使用等违法违规行为。全面系统开展全国兽用抗菌药综合治理五年行动,采取多种形式宣传畜禽特别是草食动物的安全用药规定,引导养殖户自觉规范兽药使用行为。要严格日常监管,严控薄弱环节、问题场所,通过实行网格化监管、建立黑名单制度,推动落实养殖企业主体责任。要严格按照产地检疫规程和报检制度实施检疫,严禁未经检疫或检疫不合格的动物离开饲养地。二是严把移动监管关。要完善原产地、目的地检疫监管信息共享机制,严格落实跨省调运种用动物、乳用动物检疫审批制度,逐步建立以动物防疫条件、动物疫病区域化管理和动物疫病监测结果为前提的活畜禽跨省调运产地准出制度。要统筹规划设置省际间公路动物卫生监督检查站，严禁未经省级人民政府批准设置公路动物卫生监督检查站、严禁擅自调整公路动物卫生监督检查站位置。严格实施运输动物及动物产品监督检查，严防动物疫情跨区域传播。三是严把屠宰监管关。要继续做好生猪定点屠宰资格审核清理工作。从严掌握生猪定点屠宰企业清理标准，符合生猪定点屠宰企业法定设立条件的，及时核发新证；不符合法定设立条件的，限期整改，整改仍达不到要求的，坚决依法取缔。对新设立的畜禽屠宰企业，要严格审核把关，不得擅自降低标准、违反审批程序进行畜禽屠宰企业许可。要加强对屠宰废弃物处置的监管，防止非食用组织进入食物链或被不法分子用于炼制"地沟油"。要严格落实屠宰检疫制度，继续组织开展生猪屠宰专项整治行动，围绕重要时节、重点区域和薄弱环节，持续保持高压态势，严厉打击私屠滥宰、添加"瘦肉精"、注水或注入其他物质等各类违法犯罪行为，严防检疫不合格动物产品进入流通环节。对以上各个环节产生的病死畜禽，要严格进行无害化处理，要按照《国务院办公厅关于建立病死畜禽无害化处理机制的意见》要求，推进无害化处理体系建设，努力确保不出现大规模乱抛病死畜禽危害环境和食品安全的现象。

利用这次会议机会，我要再强调一下动物疫病防控工作。坦率地讲，当前的动物疫病防控形势相当严峻。结合国内外疫情状况分析，今年完成"两个努力确保"目标任务，并没有十足的把握。我们务必要保持清醒头脑，切不可掉以轻心，要动员整个系统力量，努力做好以下几项工作。一是着力抓好重大动物疫病防控。各地要根据免疫监测结果，及时查漏补缺。要加强免疫效果监测评价，确保免疫密度和质量。要继续围绕口蹄疫、禽流感、布病等优先防治病种开展监测与流行病学调查，全面掌握病原分布状况，及时采取有力措施防范疫情风险。二是着力抓好重点人畜共患病防控。近年来，人间布鲁氏菌病病例数持续上升，家畜感染率居高不下。包虫病在西部牧区特别是藏区持续流行，个别疫区的牛羊感染率超过30%。国家对此高度重视。最近，中央财政安排了5.67亿元的布鲁氏菌病、包虫病防治专项经费，各有关省份要利用好这笔资金，实施综合防控措施，尽快遏制布鲁氏菌病、包虫病的流行趋势。三是着力防范外来动物疫病风险。非洲猪瘟仍然是外来动物疫病防范的重点，各地要进一步加大防范力度，不能放松警惕。上个月，农业部在黑龙江省牡丹江市举办跨部门非洲猪瘟应急演练，检验了非洲猪瘟防控应急预案。各地要加强交流学习，强化基层兽医人员培训，提高准确识别、快速诊断和规范处置的能力。四是着力抓好H7N9流感和小反刍兽疫防控。对于H7N9流感，各地要以实施剔除计划为抓手，继续加大防控力度。在做好监测的同时，继续指导养殖户加强防疫管理，提高生物安全水平，降低病毒传播风险。对于小反刍兽疫，要继续加强监测，及时发现和排除隐患。实施免疫的省份要做到应免尽免，确保免疫密度和质量。不免疫的省份，要把好检疫关，对调入的羊只严格监管。此外，各地还要统筹做好生猪流行性腹泻、猪伪狂犬病等常见病防控，降低疫病发生风险，减少经济损失。

同志们，抓好兽医卫生监督执法工作，关系动物疫病防治和养殖业发展，关系动物产品质量和公共卫生安全，任务艰巨、使命光荣。我们要认真贯彻党中央、国务院的决策部署，振奋精神、真抓实干，用实际行动向全社会展现畜牧兽医系统"三严三实"主题教育成效，为保障畜禽产品有效供给和质量安全履职尽责，为促进农业农村经济平稳较快发展作出应有贡献。

（农业部兽医局）

（本栏目主编 张智山 孙 研）

2015年大事记

全国大事记

1月

❀ 7日和23日，农业部兽医局分别组织完成世界动物卫生组织(OIE)《陆生动物卫生法典》《水生动物卫生法典》修订标准评议工作，并将评议意见反馈OIE。

❀ 12日，农业部与国家质检总局发布联合公告，禁止从美国输入禽类及其产品，防止高致病性禽流感传入我国。

❀ 13日，国务院副秘书长毕井泉主持召开会议，研究控制乳制品进口问题，农业部副部长于康震参加并介绍相关情况和政策建议。会上部署了适当把握乳制品进口节奏、加大复原乳检测力度、推广有本土优势的巴氏杀菌乳、加强兽药使用监管、妥善解决"卖奶难"、加强奶源基地建设等政策措施。

❀ 14日，农业部副部长于康震主持召开会议，研究促进草牧业发展有关问题。

❀ 14日，农业部印发《农业部办公厅关于通报2014年生鲜乳质量安全监测结果的函》。通报显示，2014年共抽检生鲜乳样品24 557批次，三聚氰胺抽检全部符合国家管理限量值规定，未检出碱类物质等违禁添加物，生鲜乳质量安全状况总体持续向好。奶站和运输车标准化管理达标率分别为99.86%和99.94%，比上年提高0.12和0.01个百分点，奶站标准化建设和管理水平进一步提升。

❀ 15日，农业部畜牧业司、国家奶牛产业技术体系联合召集现代牧业、辉山、蒙牛等20多家国内主要奶牛养殖企业进行座谈，分析当前奶业形势，研究节本增效的有效措施。

❀ 19日，农业部兽医局在北京组织召开《兽医法》立法研讨会，就法律调整对象、基本框架和主要制度等进行研讨。

❀ 21日，农业部发布国家兽药产品追溯管理公告，逐步实施兽药生产、经营和使用等环节的全程追溯管理。

❀ 22日，农业部在山东济南召开2015年农产品质量安全监管工作会议，农业部副部长陈晓华在讲话中要求切实加强畜禽屠宰行业管理，组织开展生猪屠宰专项整治行动。

❀ 27日，农业部畜牧业司会同工信部消费品工业司，派出督导组赴辽宁、黑龙江、河南、广东等省份，开展生鲜乳购销合同履行情况督查，重点查看乳品企业和奶农生鲜乳购销合同履行情况，了解购销合同条款存在的问题以及征求完善合同条款的建议。

❀ 27日，农业部组织开展2015年第一批假兽药查处活动，要求各地对4家非法兽药生产企业和227批假兽药实施查处。

❀ 29日，农业部印发《关于做好2015年畜禽屠宰行业管理工作的通知》，从大力推进市县畜禽屠宰监管职责调整、加快屠宰法规标准体系建设、加强畜禽屠宰行业管理、推进畜禽屠宰行业转型升级和提升畜禽屠宰行业管理能力等5个方面对畜禽屠宰监管工作做出部署和安排。

❀ 29日，农业部兽医局与联合国粮食及农业组织北京跨境动物疫病防控办公室举行会谈，审议通过了兽医现场流行病学三期培训计划。

2月

❀ 3日，农业部兽医局与联合国粮食及农业组织跨境动物疫病应急中心亚太区代表处磋商跨境动物疫病防控。

❀ 3～4日，农业部举办畜牧业标准化技术委员会换届会议暨畜牧业标准化知识培训班，会议对第一届标委会工作进行总结，研究探讨新形势下畜牧业标准化的思路、方向和工作重点，部署本届标委会工作，并对全体委员进行标准化技术培训。

❀ 6日，农业部发布《2015年动物及动物产品兽药残留监控计划》，部署畜禽产品、水产品和蜂蜜中兽药残留监测工作。

❀ 6日，农业部发布《2015年兽药质量监督抽检计划》，部署兽药监督抽检工作，深入实施"检打联动"。

❀ 6日，农业部印发《2015年动物源细菌耐药性监测计划》，组织开展养殖和屠宰环节细菌耐药性监测工作。

✾ 6日，农业部组织开展2015年第二批假兽药查处活动，要求各地兽医行政管理部门对15家非法兽药生产企业和191批假兽药实施查处。

✾ 2～6日，农业部畜牧业司会同国家食品药品监督管理总局食品监管一司，派出督导组赴陕西省和河北省开展复原乳飞行检查，重点检查乳制品企业生鲜乳和奶粉等原料采购与使用情况，以及执行复原乳标识标注的情况。

✾ 9日，农业部公布《第十五批中药提取物兽药集团内部调剂企业目录》，继续支持中兽药产业发展，强化中兽药产品质量安全监管。

✾ 11日，农业部与国家质检总局发布联合公告，解除爱尔兰30月龄以下剔骨牛肉禁令。

✾ 12日，农业部印发《关于对10起破坏草原资源犯罪案件的通报》，进一步增强草原执法的威慑力，充分发挥典型案件的警示教育作用。

✾ 15日，农业部办公厅下发《关于做好2015年春季集中免疫工作的通知》。

✾ 16日，农业部与国家质检总局将挪威列入发生疯牛病国家名单，严防疯牛病传入我国。

✾ 27日，农业部印发《2015年畜禽养殖标准化示范创建活动工作方案》。计划新创建国家级畜禽标准化示范场350个。

✾ 28日，农业部在浙江省嘉兴市召开全国病死畜禽无害化处理机制建设现场会议，总结病死猪无害化处理长效机制试点工作，分析当前形势，研究部署病死畜禽无害化处理机制建设有关工作。农业部副部长于康震出席会议并讲话。

3月

✾ 2日，农业部发布食品动物用兽药注册要求补充规定，强化新兽药注册中兽药残留限量管理，完善我国兽药注册管理体系。

✾ 2日，农业部印发《关于深化兽药产品标签和说明书规范行动的通知》，严厉打击标签和说明书违法行为。

✾ 3日，农业部畜牧业司召开2015年畜牧业发展重大战略研究启动会议，对2014年启动实施的5个战略研究课题工作进行了总结，部署启动2015年4个战略研究课题工作。

✾ 3～4日，第一届亚太区蓝舌病监测与研究合作会议在云南昆明召开，来自澳大利亚、印度、缅甸、泰国、日本、韩国及我国相关单位的代表参加了会议，共同交流疫情情况，研究联合建设区域蓝舌病监测和研究网络问题。

✾ 6日，农业部畜牧业司组织召开2015年生鲜乳质量安全监测会商会，对2015年婴幼儿配方乳粉奶源基地专项监测等6项工作进行细化和责任落实，对快检试剂盒评价、质检单位复核和能力验证比对考核工作进行布置。

✾ 6日，农业部组织召开全国春季重大动物疫病防控工作视频会议，农业部副部长于康震出席会议并讲话，国家首席兽医师张仲秋主持会议。

✾ 9日，农业部兽医局派员参加在阿根廷召开的中阿动物卫生工作组第一次会议，双方就口蹄疫防控等共同的关注议题进行交流。

✾ 13日，农业部畜牧业司会同工信部消费品司，组织中国乳制品工业协会、中国奶业协会和中国农业大学等单位的专家召开生鲜乳购销合同修订工作研讨会，听取各督导组关于辽宁、黑龙江、河南和广东等地合同履行情况的汇报，研究完善合同具体建议。

✾ 13日，农业部畜牧业司、发展计划司联合印发《2015年草牧业试验试点工作方案》，将在河北等10个省份和相关垦区、农村改革试验区、现代农业示范区选择部分旗县团场，开展草牧业试验试点工作，为推进草牧业发展提供可学、可推广的经验和模式。

✾ 13日，农业部办公厅印发《关于征求〈生猪定点屠宰厂（场）病害猪无害化处理管理办法（征求意见稿）〉等四个文件意见的函》，征求省级农牧部门对《生猪定点屠宰厂（场）病害猪无害化处理管理办法（征求意见稿）》《生猪定点屠宰厂（场）病害猪无害化处理补贴经费管理办法（征求意见稿）》《生猪定点屠宰厂（场）监督检查规范（征求意见稿）》《生猪定点屠宰厂（场）监督检查细则（征求意见稿）》4个文件的意见。

✾ 17日，农业部办公厅印发《关于进一步做好畜禽屠宰统计监测工作的通知》，加强畜禽屠宰统计监测工作力度。

✾ 19日，农业部畜牧业司印发《关于开展2015年全国草种质量监督抽查工作的通知》，抽检河北、陕西、内蒙古等18个省份企业生产草种质量和草原补奖政策、退牧还草、京津风沙源治理、岩溶草地治理、南方现代草地畜牧业推进行动等项目用草种质量。

✾ 19日，农业部办公厅印发《关于进一步加强动物卫生监督执法工作的紧急通知》，要求各地进一步严格动物卫生监督执法工作，切实保障动物源性食品安全和养殖业健康发展。

✾ 20日，农业部兽医局与联合国粮农组织按照“结合实际、择优录用”的原则，聘任12名国内专家参与中国现场流行病学培训项目。

✾ 21日，农业部印发《关于切实做好2015年草原火灾防控工作的通知》，要求各地做好动员部署和火灾隐患排查工作，对火灾火情切实做到早发现早处置，确保人民生命和财产安全。

❃ 25 日，农业部畜牧业司组织中国奶业协会、国家奶牛产业技术体系、中国农业科学院等单位专家及伊利、蒙牛、光明、三元等企业奶源部负责人进行了座谈研讨。

❃ 24 日至 3 月底，按照《中国－新西兰动物健康和营养领域合作项目计划》第二阶段计划，农业部兽医局和国际合作司邀请新西兰初级产业部两名专家考察访问了农业部、中国动物疫病预防控制中心、中国动物卫生与流行病学中心、内蒙古自治区农牧厅、中国兽医协会、中国农业大学和部分奶牛养殖企业等，并根据考察情况，初步确定了中新合作具体内容。

❃ 30 日，农业部组织开展 2015 年第三批假兽药查处活动，要求各地对 1 家非法兽药生产企业和 10 批假兽药实施查处。

❃ 30 日，农业部发布 2015 年第一期兽药质量监督抽检通报，要求各地对 237 批质量检测不合格的兽药产品实施查处。

❃ 30 日，由农业部兽医局、联合国粮农组织联合组织，中国动物卫生与流行病学中心承办的第三期中国兽医现场流行病学培训在青岛正式启动。

❃ 31 日，农业部办公厅下发《关于开展 2015 年种禽场和重点原种猪场主要疫病监测工作的通知》。

4 月

❃ 1 日，农业部畜牧业司在河北省衡水市举行青贮专用玉米推广应用示范项目启动培训班。

❃ 1 日，农业部下发《2015 年国家动物疫病监测与流行病学调查计划》。

❃ 1 日，农业部办公厅印发《关于开展动物诊疗专项整治行动的通知》，要求针对近两年动物诊疗机构管理以及兽用处方药制度推进过程中存在的突出问题，对城市动物诊疗机构、乡村动物诊疗市场以及兽药经营场所进行为期 6 个月的专项整治。

❃ 2 日，国家首席兽医师张仲秋在科特迪瓦首都阿比让，出席由世界动物卫生组织（OIE）和联合国粮农组织（FAO）联合举办的全球小反刍兽疫防控部长级会议。来自非洲、亚洲等 20 多个国家的农业部部长、副部长参加了会议。

❃ 2 日，农业部兽医局在广西南宁组织召开 2015 年全国畜禽屠宰监管工作座谈会，总结 2014 年屠宰行业管理工作情况，全面部署 2015 年屠宰监管工作。

❃ 7 日，农业部通报了 2014 年下半年畜禽产品及蜂产品兽药残留监测情况，共监测猪肉等 9 类产品样品 7 087 批次，检测包括抗菌药物在内的 24 种（类）有害物质残留，合格率 99.97%。

❃ 13～17 日，农业部兽医局与世界动物卫生组织（OIE）联合在北京举办"亚洲猪病防控技术培训班"。国家首席兽医师张仲秋出席会议并致辞，来自 OIE 亚太区代表处、东南亚 9 个国家和地区的代表参加了培训。

❃ 14 日，农业部兽医局与荷兰经济事务部动物供应链及动物福利司、荷兰使馆举行会谈，就兽医流行病学培训、施马伦贝格解禁和兽医国际合作等内容进行磋商。

❃ 14 日，中德施马伦贝格病技术研讨会在山东省青岛市召开，参会人员就德国牛育种及精液采集管理、施马伦贝格病诊断和流行病学情况以及施马伦贝格病评估方法等进行深入交流。

❃ 14 日，农业部兽医局组织召开 2015 年全国动物疫病流行病学调查工作会。

❃ 17 日，农业部办公厅印发《关于组织开展 2015 年度兽药残留检测能力验证活动的通知》，持续加强兽药残留检测能力建设，提升兽药残留监控水平。

❃ 18 日，农业部印发《关于下达 2015 年甘草和麻黄草等草原野生植物采集计划的通知》。

❃ 27～28 日，农业部组织开展兽药生产许可证核发事项下放衔接培训，对资料审核、现场检查验收等内容进行技术指导。

❃ 28 日，农业部办公厅印发《关于开展〈动物检疫管理办法〉〈动物防疫条件审查办法〉立法后评估工作的通知》，组织开展《动物检疫管理办法》《动物防疫条件审查办法》立法后评估工作。

5 月

❃ 4 日，农业部畜牧业司组织中国奶业协会、全国畜牧总站、国家奶牛产业技术体系、中国农业科学院等单位，召开 2015 中国奶业 D20 峰会筹备会，讨论峰会筹备方案，细化工作措施，研究部署下一步工作。

❃ 4 日，农业部办公厅印发《关于组织开展 2015 年兽医器械质量安全监督抽检工作的通知》，部署在 10 个省份开展兽医注射器等 5 种兽医器械质量抽样检测工作。

❃ 5 日，农业部畜牧业司赴国家食品药品监督管理总局就液态奶标识、不合格生鲜乳处理办法、控制乳制品进口等问题，与相关部门负责同志进行沟通交流，达成下一步推进相关工作的意见。

❃ 6～7 日，农业部畜牧业司赴工信部和海关总署就加强奶源基地建设、完善生鲜乳购销合同、奶粉海外代购、邮购监管等问题，与相关部门负责同志进行沟通交流，达成推进相关工作的意见。

✽ 14 日，农业部制定《香港和澳门特别行政区居民参加全国执业兽医资格考试实施细则（试行）》，对香港和澳门特别行政区居民中的中国公民参加全国执业兽医资格考试做出了具体规定。

✽ 15 日，全国执业兽医资格考试委员会印发《全国执业兽医资格考试委员会公告 第 14 号》，公告 2015 年全国执业兽医资格考试有关事项。2015 年执业兽医资格考试类别为兽医全科类和水生动物类，允许香港和澳门特别行政区的考生在广东省报名参加考试。

✽ 15 日，农业部印发《关于做好 2015 年全国执业兽医资格考试工作的通知》，部署 2015 年全国执业兽医资格考试工作。

✽ 15 日，农业部印发《关于印发〈2015 年生猪屠宰专项整治行动实施方案〉的通知》，组织开展 2015 年生猪屠宰专项整治行动，打击私屠滥宰、添加“瘦肉精”、注水或注入其他物质、销售及屠宰病死猪等违法犯罪行为，保障猪肉产品质量安全。

✽ 19 日，第十三届中国畜牧业博览会暨 2015 中国国际畜牧业博览会在重庆开幕，农业部副部长于康震出席会议。

✽ 21 日，农业部办公厅印发《关于开展 2015 年生猪屠宰环节“瘦肉精”监督检测工作的通知》，组织开展生猪屠宰环节“瘦肉精”监督检测活动。

✽ 24～30 日，世界动物卫生组织（OIE）第 83 届国际代表大会在法国巴黎召开，国家首席兽医师张仲秋率领中国代表团参会，并以 OIE 亚太区主席身份主持亚太区分组会议。

✽ 25 日，农业部修订发布《兽药生产质量管理规范检查验收办法》，明确农业部和省级兽医行政主管部门职责，细化申请验收情形和整改报告审核流程。

✽ 27 日，世界动物卫生组织（OIE）第 83 届国际代表大会期间，国家首席兽医师张仲秋与 OIE 总干事瓦拉特在巴黎签署《翻译出版发行 OIE 出版物谅解备忘录》。

✽ 28 日，农业部副部长于康震带队赴山东东营市、淄博市调研，实地走访大地乳业、得益乳业的加工厂及其奶源基地。

✽ 28 日，世界动物卫生组织（OIE）第 83 届国际代表大会第 7 次全体会议上，我国口蹄疫国家控制策略通过 OIE 认证。

✽ 28 日，农业部组织开展 2015 年第四批假兽药查处活动，要求各地兽医行政管理部门对 5 家非法兽药生产企业和 81 批假兽药实施查处。

✽ 29 日，世界动物卫生组织（OIE）第 83 届国际代表大会通过决议，我国驻 OIE 代表、国家首席兽医师张仲秋再次当选 OIE 亚洲、远东和大洋洲区域委员会主席，中国农业科学院哈尔滨兽医研究所陈化兰博士当选 OIE 生物标准委员会副主席。

✽ 29 日，农业部办公厅印发《关于开展 2015 年全国加强重大动物疫病防控延伸绩效管理暨春季重大动物疫病防控情况检查的通知》。

6 月

✽ 1 日，农业部印发《全国肉羊遗传改良计划（2015—2025）》。

✽ 1～3 日，农业部畜牧业司、财务司会同财政部农业司赴辽宁省就草原补奖政策落实及完善开展调研，并组织召开东三省草原补奖政策落实及完善座谈会。

✽ 2 日，农业部组织开展 2015 年第五批假兽药查处活动，要求各地兽医行政管理部门对 1 家非法兽药生产企业和 73 批假兽药实施查处。

✽ 4 日，第六届中国－新西兰奶业对话会在北京召开，双方就奶业生产、投资和贸易、奶业科技、生鲜乳质量安全监管等多项议题开展对话，在加强奶农培训、质量安全监管、高效养殖等方面合作达成了共识，并一致同意 2017 年在新西兰召开第七届对话会。

✽ 4 日，农业部兽医局发布《2015 年 5 月全国动物 H7N9 流感监测情况》，并通报国家卫生计生委应急办、国家食品药品监管总局应急司。

✽ 9 日，农业部印发《关于进一步做好兽医实验室考核工作的通知》，就规范兽医实验室考核工作做出部署。

✽ 9 日，农业部发布 2015 年第二期兽药质量监督抽检通报，要求各地对 120 批质量检测不合格的兽药产品实施查处。

✽ 15 日，全国现代畜牧业建设工作会议在山东聊城召开，农业部部长韩长赋、副部长于康震、国家首席兽医师张仲秋出席会议。农业部部长韩长赋做重要讲话，山东省省长、省委副书记郭树清出席并致辞。

✽ 23 日，中国兽医药品监察所组织完成 2015 年全国春季重大动物疫病疫苗生产监督检查工作，共派出飞行检查组 60 人次对 48 家兽用生物制品生产企业进行春季集中监督检查。

✽ 28 日，第四届动物源性食品安全高峰论坛在内蒙古自治区呼和浩特市召开。

7 月

✽ 3 日，《焦点访谈》播出黑龙江省五大连池乳品企业拖欠奶农奶资一事后，农业部畜牧业司立即派出督导组赴黑龙江五大连池市实地调查，指导当地主管部门妥善解决纠纷，维护奶农利益和奶业生产秩序。

✽ 6 日，农业部办公厅印发《执业兽医资格考试考务工作规则》，进一步规范执业兽医资格考试考务工作。

❋ 7 日，农业部发布公告第 2273 号，决定 2015 年 7 月 20 日启动实施第二批兽药行政许可项目网上审批工作。

❋ 8～9 日，全国畜牧（草原）站长工作会议在安徽省蚌埠市召开，会议以"加快发展草牧业"为主题，传达贯彻全国现代畜牧业建设工作会议精神，研究讨论新形势下发展草牧业的任务和措施，总结交流畜牧业技术推广工作情况。

❋ 14 日，农业部和食品药品监管总局印发《关于进一步加强畜禽屠宰检验检疫和畜禽产品进入市场或者生产加工企业后监管工作的意见》，明确地方各级畜牧兽医、食品药品监管部门监管职责，切实做好畜禽屠宰检验检疫和畜禽产品监管工作。

❋ 15 日，2015 年全国执业兽医资格考试报名工作结束。考试报名人数共计 58 394 人，其中 54 729 人报考兽医全科类，3 665 人报考水生动物类，共有 36 名港澳考生报名。

❋ 17～18 日，全国畜牧工作座谈会在福建省福州市召开，会议就针对加强畜牧业宏观调控、突破资源环境瓶颈、加强畜禽种业建设、强化金融保险支撑等问题进行研究，分析 2015 年上半年畜牧业生产新情况和新问题，并组织相关专家讨论修改生猪产业发展规划。

❋ 22 日，农业部畜牧业司派出调研组赴河北、山东、内蒙古开展调研，了解当前奶业生产现状，剖析问题和原因，指导地方帮助奶农解决"卖奶难"。

❋ 27 日，农业部办公厅印发文件，将兽药生产许可证的吊销、注销和撤销等监管权下移至省级兽医行政管理部门。

❋ 30 日，农业部办公厅印发《关于生猪定点屠宰证章标志印制和使用管理有关事项的通知》，规范生猪定点屠宰监管职责调整过渡期生猪屠宰证章标志管理工作。

8 月

❋ 12 日，第十届（2015）中国牛业发展大会在宁夏回族自治区固原市召开。会议以"推广适度规模化养牛模式，倡导环境友好型肉牛产业"为主题，邀请国内外牛业领域影响力较大或有丰富经验的企业代表做主题发言。农业部总畜牧师王智才参加会议并讲话。

❋ 18 日，中国奶业 D20 峰会（D 是奶业英文 Dairy 的缩写，D20 是指中国奶业前 20 强企业）在北京召开。国务院副总理汪洋出席开幕式并做重要讲话，农业部部长韩长赋介绍我国奶业发展情况，中国奶业 D20 企业联盟签署北京宣言，6 家乳品企业做了情况介绍。

❋ 19 日，经全国生猪遗传改良计划工作领导小组办公室和专家组形式审查和现场评审，农业部公布天津恒泰牧业有限公司等 22 家企业为国家生猪核心育种场。

❋ 19 日，农业部印发《农业部草原防火指挥部关于加强 2015 年秋冬季草原防火工作的通知》，要求各级草原防火机构要高度重视，及早安排，认真落实有关措施。从 9 月 1 日起，启动 24 小时值班制度。

❋ 23 日，农业部组织召开草原生态保护补助奖励政策评估座谈会，承担政策实施效果第三方评估的 6 家科研、教学和技术推广单位有关人员介绍政策实施评估结果。农业部副部长于康震出席会议并讲话。

❋ 24 日，农业部副部长于康震赴青海省共和县拉乙亥麻村调研，座谈讨论"十三五"农牧业发展、生态保护和民生改善等工作，并部署安排智力服务周活动。

❋ 25 日，农业部畜牧业司、草原防火办负责同志赴草原防火重点地区锡林郭勒盟检查督导草原防火工作。

❋ 26～27 日，2015 中国草原论坛在内蒙古自治区锡林郭勒盟召开。农业部副部长于康震出席论坛并做主旨报告。

❋ 26～28 日，农业部兽医局与世界动物卫生组织（OIE）东南亚次区域代表处在青岛联合召开东南亚－中国口蹄疫防控项目（SEACFMD）国家协调员会议，分析本地区口蹄疫防控形势，研究下一年度工作，来自联合国粮农组织（FAO）、OIE 等国际组织以及澳大利亚、新西兰、缅甸、新加坡等 11 个国家和地区的代表参加了会议。

9 月

❋ 1 日，农业部在山西省太原市召开粮改饲发展草食畜牧业试点工作部署会，10 个试点省份交流粮改饲试点工作的总体思路和实施方案。农业部总畜牧师王智才出席会议并讲话。

❋ 2 日，农业部发布公告，废止 81 个兽用生物制品标准。

❋ 10 日，农业部办公厅印发《关于开展生猪屠宰专项整治行动省际交叉互查活动的通知》，组织开展生猪屠宰专项整治行动省际交叉互查活动。

❋ 11～12 日，第五届中蒙俄跨境动物疫病防控研讨会在蒙古国乌兰巴托召开。来自中国、蒙古、俄罗斯三国的兽医部门及联合国粮农组织、世界动物卫生组织等 60 余名代表参加了会议。

❋ 15～18 日，世界动物卫生组织（OIE）第 29 届亚太区区域大会在蒙古召开，会议由国家首席兽医师、OIE 亚太区主席张仲秋主持。

❋ 16～17 日，农业部总畜牧师王智才一行赴福建省南平市调研畜禽粪污处理 PPP 模式，详细了解该模式的运行机制和成效。

❋ 18～20 日，首届中国猪业科技大会暨中国畜牧兽医学会 2015 年学术年会在福建省厦门市召开。农业部副部长于康震出席会议并致辞，国家首席兽医师张仲秋和农业部总畜牧师王智才出席会议。

❃ 22日，农业部启用新版兽药产品批准文号批件。

❃ 23日，农业部畜牧业司组织蒙牛集团、国家奶牛产业技术体系等单位召开座谈会，研究推动建立奶业生产圈互助联盟。

❃ 28日，全国草原防火实战演练在河北省承德市举办，农业部草原防火指挥部总指挥于康震通过卫星实时视频对火场扑救工作进行指挥。公安部、林业局、气象局、武警森林指挥部有关负责同志，农业部草原防火指挥部成员单位有关负责人，全国14个重点省份、新疆生产建设兵团及黑龙江农垦草原防火办主要负责人通过视频会议形式观摩演练。

❃ 29日，农业部在黑龙江省牡丹江市宁安市举办2015年全国非洲猪瘟防控应急演练。

10月

❃ 14～15日，农业部在湖北省仙桃市召开全国畜禽标准化规模养殖暨粪污综合利用现场会。会议总结畜禽标准化规模养殖发展取得的成效和经验，分析当前畜禽粪污综合利用面临的新形势和新要求，部署今后一段时期重点工作。农业部副部长于康震出席会议并讲话。

❃ 19日，农业部发布农业部第2313号公告，发布历史上从未发生过马鼻疽、马传染性贫血的省份和消灭验收达标的省份。

❃ 20日，农业部印发《马传染性贫血消灭工作实施方案》。

❃ 24日，全国人大常委会第十四次会议决定修改《中华人民共和国畜牧法》有关条款，将家畜遗传材料生产许可审批事项下放省级人民政府畜牧兽医行政主管部门。

❃ 29日，农业部办公厅印发《关于加强草原畜牧业寒潮冰雪灾害防范应对工作的通知》，部署草原畜牧业寒潮冰雪灾害防范应对工作。

❃ 30日，农业部畜牧业司召集全国各省份畜牧部门负责人，在天津市召开"十三五"现代畜牧业发展座谈会，会议围绕落实党的十八届五中全会精神，交流研讨"十三五"现代畜牧业发展思路、重点任务和重大举措，为谋划未来五年现代畜牧业发展规划征集意见和建议。

❃ 30日，农业部发布中华人民共和国农业部令2015年第3号，修订《家畜遗传材料生产许可办法》，相应调整审批主体、审批程序及审批条件等有关条款。

11月

❃ 5日，农业部畜牧业司在北京市召开生鲜乳质量安全专项整治工作总结交流会。会议总结了2015年生鲜乳违禁物质专项整治工作，分析研判当前及今后一个时期奶业生产形势，并对2016年重点工作进行部署。

❃ 17日，农业部畜牧业司应邀与新西兰恒天然集团大中华区管理层进行工作磋商，就恒天然奶牛养殖的种养结合、粪污处理利用、保护农民利益等方面提出意见建议。

❃ 19～20日，农业部召开"十三五"全国草原防火基础设施建设规划编制会，总结交流"十二五"草原防火基础设施建设项目执行情况，研究讨论完善"十三五"全国草原防火基础设施建设规划。

❃ 22～23日，首届中国驴业发展大会在山东省聊城市东阿县成功举行。农业部总畜牧师王智才参加会议并致辞。

❃ 24日，农业部发布公告调整兽用生物制品临床试验靶动物数量，鼓励兽用生物制品研发创新。

❃ 24日，农业部印发《非洲猪瘟防治技术规范（试行）》。

12月

❃1日，农业部印发《亚洲I型口蹄疫退出免疫监测评估工作方案》。

❃ 1日，农业部发布新修订的《兽药产品批准文号管理办法》，该办法于2016年5月1日起施行。

❃ 2日，农业部总畜牧师王智才主持召开专题会议，研究《农业部关于促进南方水网地区生猪养殖布局调整优化的指导意见》宣传工作。

❃ 9日，农业部发布《兽药临床试验质量管理规范》和《兽药非临床研究质量管理规范》，规范兽药研究活动，确保兽药安全有效。

❃ 9日，农业部发布《兽医诊断制品生产质量管理规范》及其检查验收评定标准。

❃ 15日，农业部畜牧业司在北京市组织召开畜牧业信息化工作座谈会。会议研讨了畜牧行业管理信息化的推进手段和方向，交流"畜牧业＋互（物）联网""互（物）联网＋畜牧业"等新型业态发展情况，听取地方和企业对推进畜牧业信息化的意见和建议。

❃ 17日，农业部与国家质量监督检验检疫总局发布联合公告2015年第150号，为防止法国高致病性禽流感传入我国，禁止从法国输入禽类及其相关产品。

❃ 17日，农业部发布第2339号公告，为保障生物安全，履行国际义务，决定自2016年3月1日起，除指定保藏机构外，其他任何机构和个人不得保藏牛瘟病毒材料，不得开展牛瘟全长基因感染性克隆合成等活动。

❃ 22日，农业部副部长于康震、国家首席兽医师张仲秋、农业部总畜牧师王智才组织召开座谈会，研究部署奶业振兴事宜。

❃ 22日，全国执业兽医资格考试

委员会发布公告,2015 年全国兽医全科类执业兽医师和执业助理兽医师合格分数线分别是 215 分和 191 分,其中西藏自治区分数线分别是 182 分和 140 分;全国水生动物类执业兽医师和执业助理兽医师合格分数线分别是 159 分和 146 分,其中西藏自治区合格分数线分别是 135 分和 109 分。

❋ 23 日,农业部印发《全国小反刍兽疫消灭计划(2016—2020 年)》。

❋ 31 日,农业部下发《关于成立第二届全国动物防疫专家委员会的通知》。

(农业部畜牧业司
农业部兽医局)

北京市大事记

❋ 1 月,北京市畜禽种质资源管理中心项目实验室建设已经全面完成并开始运行,绩效考评获得优秀等级。畜禽种质资源库建设运行,实现了从"超低温 - 低温"的全覆盖运行。

❋ 5 月,家禽团队联合京津冀三地相关部门,在河北廊坊召开"首届京津冀肉鸡产业科技创新协同发展峰会"。围绕疾病诊断、饲料营养配方、肉鸡饲养管理、生物安全、废污处理、环境控制以及新型养殖设备引进推广等方面展开研讨,围绕家禽产业急需解决关键问题达成技术对接 6 项。

❋ 9 月 28 日,北京市农业局与市养犬协会共同举办"世界狂犬病日"主题宣传活动,以新闻发布会和社区现场宣传活动相结合的方式,面向新闻媒体和群众系统地介绍本市实行犬只狂犬病强制免疫工作制度以来取得的工作进展和显著成效,同时发布 2016 年狂犬病免疫标识样式。

❋ 2015 年,北京市共有 4 家饲料生产企业获得农业部饲料质量安全管理规范示范企业称号,分别是:北京大北农科技集团股份有限公司、泰高营养科技(北京)有限公司、北京英惠尔生物技术有限公司、北京伟嘉人生物技术有限公司。

(北京市农业局畜牧处 张保延)

天津市大事记

❋ 1 月 21 日,天津市农委、市商务委组织召开天津市生猪屠宰监管职责移交工作会议,市农委副主任沈欣和市商务委副巡视员李宏分别对全市生猪屠宰监管职责移交工作进行了安排部署。

❋ 1 月 29 日,天津市农委召开天津市畜禽屠宰行业管理工作会,将天津市生猪定点屠宰监管职责由市商务委正式移交到市农委。

❋ 3 月 9 日,天津市畜牧兽医局组织召开全市畜牧兽医工作会议。全面总结 2014 年畜牧兽医工作,分析当前面临的形势和任务,对 2015 年重点工作进行部署。

❋ 3 月 27 日,天津市畜牧兽医局召开屠宰管理工作部署和生猪注水专项整治工作会议,安排部署重点整治生猪注水的工作。

❋ 5 月 18 ~ 20 日,天津市首批克拉斯青贮收割机驾驶员培训班在天津克拉斯售后技术服务中心举办,全市苜蓿种植企业农机驾驶员共计 30 人参加培训。

❋ 7 月 5 日,农业部畜牧业司副司长王俊勋考察天津奥群牧业有限公司。

❋ 7 月 14 日,天津市畜牧兽医局举办贯彻落实《饲料质量安全管理规范》培训班,全市 137 家饲料生产企业负责人、品控负责人,各区(县)饲料监管部门负责人、饲料监督执法人员约 350 余人参加了培训。

❋ 7 月 24 日,天津召开全市高产优质苜蓿青贮制作示范推动现场会。

❋ 8 月 14 日,天津市畜牧兽医局组织召开全市生猪屠宰肉品品质检验管理工作会议,就全市生猪定点屠宰企业落实肉品品质检验管理制度,全面加强生猪屠宰肉品品质检验工作进行安排部署。

❋ 9 月 13 ~ 15 日,由生物饲料开发国家工程研究中心主办,天津市畜牧兽医局、天津市饲料工业协会等单位协办的第三届中国生物饲料科技大会在天津市召开,会议主题为"让生物饲料科技改善人类生活"。

❋ 10 月 11 日,2015 年全国执业兽医资格考试天津考区考试在天津铁道职业技术学院举行,全市报名缴费参考人数 765 人,实际参加考试人数 621 人。

❋ 10 月 18 日,天津市饲草饲料工作站组织召开 2015 年高产优质苜蓿示范建设项目专题技术培训班。

❋ 10 月 23 日,2015 年第三季度全国猪群疫病流行动态分析研讨会在天津召开。天津、河北、湖南等 16 个省(自治区、市)动物疫病防控系统的领导和专家以及天津市部分区(县)疫控中心主任参加了研讨会。

❋ 11 月 2 ~ 4 日,以"转型升级,节本增效,突破发展"为主题的"2015 年(第四届)中国乳业技术创新与可持续发展大会暨中韩乳业交流会"在天津市召开。

❋ 11 月 10 日,农业部华北片区重大动物疫病定点联防工作会议在天津市召开。华北片区定点联系组组长、中国动物疫病预防控制中心书记张弘到会并讲话。

❋ 11 月 15 日,由天津市畜牧兽医局和蓟县人民政府共同主办的"2015 年天津市突发重大动物疫情应急演练"在蓟县举行。

❋ 11 月 30 日,农业部畜牧业司"十三五"现代畜牧业发展座谈会在津召开,研讨"十三五"畜牧业发展趋势。

❋ 12 月 7 日,天津市农委党委书

记、主任沈欣,副主任毛科军一行到市畜牧兽医局调研,市畜牧兽医局分别就党建工作、"三严三实"专题教育和业务工作进行了汇报。

(天津市畜牧兽医局 肖建国)

河北省大事记

❀ 1月28日,河北省畜牧兽医局在石家庄市召开全省畜牧兽医工作会议,河北省农业厅厅长魏百刚、巡视员张钰出席会议并讲话。

❀ 2月11日,河北省人民政府任命张强为河北省农业厅副厅长、河北省畜牧兽医局局长。

❀ 2月28日,唐山市畜牧水产品质量监测中心郑百芹等人完成的《生鲜乳质量安全控制关键技术及应用》获得2014年河北省科学技术进步一等奖。

❀ 3月17~19日,2015河北省饲料工业发展峰会在石家庄成功举办。省农业厅副厅长、省畜牧兽医局局长张强,副局长顾传学以及农业部、中国饲料工业协会、河北省工经联、北京市饲料工业协会等领导出席峰会,省内外700余家企业代表人也参加了峰会。

❀ 4月1日,河北省畜牧兽医局在保定市组织召开京津冀畜牧产业发展研讨会,农业部畜牧业司副司长王宗礼出席会议并讲话,京津冀三地畜牧兽医部门畜牧处主要负责同志和部分大型畜禽养殖、畜产品加工、市场营销等企业负责人也参加了会议。

❀ 4月28日,河北省畜牧兽医局举办河北省第十届种猪拍卖会。农业部畜牧业司副巡视员王锋、全国畜牧总站副站长郑友民、农业部畜牧业司奶业处调研员邓荣臻,省农业厅厅长魏百刚、省畜牧兽医局副局长顾传学等有关领导出席了大会。

❀ 5月28日,河北省政府办公厅印发了《关于建立病死畜禽无害化处理机制的实施意见》。

❀ 6月6日,河北省畜牧兽医局组织召开河北省畜牧兽医科技发展大会,中国工程院院士夏咸柱、中国畜牧兽医学会常务副理事长阎汉平、国家肉鸡产业技术体系首席科学家文杰等国内知名专家出席大会并做报告,省科协副主席许顺斗,省农业厅副厅长、省畜牧兽医局局长张强出席并讲话。

❀ 6月9日,河北省农业厅党组决定马利民任农业厅总畜牧师。

❀ 7月15日,河北省农业厅、食品药品监管局、卫生计生委、出入境检验检疫局、公安厅、财政厅联合召开全省"瘦肉精"专项整治工作视频会议,决定自7月20日至10月底在全省范围内开展2015年"瘦肉精"专项整治百日会战行动。

❀ 7月9日,河北省畜牧兽医局举办河北奶业高峰论坛,原农业部副部长、中国奶业协会会长高鸿宾出席会议并讲话。

❀ 7月22日,河北省畜牧兽医局在邢台市威县召开全省畜牧兽医工作座谈会。

❀ 8月20日,农业部畜牧业司副司长杨振海到张家口市调研草原生态建设情况。

❀ 8月24日,河北省畜牧兽医局印发《河北省畜牧技术推广指导意见(2015—2017年)》,首次提出将畜牧技术模块化的概念。

❀ 9月2日,河北省政府办公厅印发《关于进一步加强动物防疫工作的通知》。

❀ 9月23日,由河北省农业厅、人力资源和社会保障厅主办,河北省畜牧良种工作站承办的河北省首届牛人工授精技术大比武在石家庄市举办,有20个代表队56人参加大比武。

❀ 9月28日,美国兽药残留交流团到河北省兽药监察所参观考察。

❀ 9月28日,由农业部草原防火指挥部主办,河北省草原防火办承办的2015年全国草原防火实战演练在河北省国营御道口牧场举办。农业部副部长于康震、畜牧业司司长马有祥、农业部草原防火指挥部成员单位主要负责人出席主会场。

❀ 10月20日,中国动物疫病预防控制中心主任陈伟生到河北省动物卫生监督所调研,现场指导河北省畜牧兽医信息平台和河北省动物卫生监督管理平台建设工作。

❀ 11月15日,河北省畜牧兽医局在石家庄市召开河北省生鲜乳价格协调委员会首次会议,确定并发布2016年第一季度生鲜乳交易参考价。

(河北省畜牧兽医局
李洪汇 杨 波)

内蒙古自治区大事记

❀ 1月5日,内蒙古自治区畜禽屠宰监管职能从商务部门正式划转到农牧部门,各级农牧主管部门按照职责积极开展畜禽屠宰监管工作。

❀ 1月,编制《内蒙古自治区肉羊良种发展规划》和《内蒙古自治区肉羊良种发展实施方案》。

❀ 3月4~6日,农业部畜牧业司副司长杨振海带队的农业部、财政部联合调研组,对内蒙古草原生态保护补助奖励机制政策落实情况进行调研。

❀ 5月8日,下发《内蒙古自治区生猪定点屠宰厂(场)监督检查操作规范(试行)》《关于过渡期内全区畜禽定点屠宰证书申领换证等相关事宜的通知》《内蒙古自治区牛羊屠宰场设立验收程序和验收标准》和《内蒙古自治区畜禽屠宰环节"瘦肉精"监督检测工作实施方案》4个规范性文件,保障各项管理制度的有效衔接和规范开展。

❀ 5月,内蒙古自治区人民政府出

台《内蒙古自治区病死畜禽无害化处理工作的实施意见》，提出病死畜禽无害化处理工作目标任务，明确属地和部门职责及责任主体，并要求各级加强无害化处理体系机制建设，进一步建立完善区域和部门联防联动机制，强化落实各项保障条件。

✻ 7月16日，根据《农业部关于全面实施〈饲料质量安全管理规范〉的意见》要求，结合全区实际和年度工作安排，下发关于全面贯彻《农业部关于全面实施〈饲料质量安全管理规范〉的意见》的通知。

✻ 7月，在全区范围内开展以兽药质量追溯体系建设、兽药检查及生物安全为重点的盟市间交叉互检工作。

✻ 8月6~9日，农业部畜牧业司司长、草原监理中心主任马有祥赴内蒙古自治区乌兰察布市和锡林郭勒盟，就草牧业发展情况进行专题调研。

✻ 8月20~24日，内蒙古农牧业厅分别在通辽市、包头市举办了《饲料质量安全管理规范》培训班。

✻ 9月18日，组织召开了全区畜间包虫病防控培训座谈会，对12个盟(市)及34个重点旗(县)兽医局长、中心主任和监督所长进行培训，全面部署防治工作，并制定实施《内蒙古畜间包虫病防治技术方案(试行)》。

✻ 10月，顺利完成1 350名考生参加的全国执业兽医资格考试工作。

✻ 10月30日至11月5日，根据内蒙古自治区人民政府的安排，自治区农牧业厅派出3个督察组，对全区基本草原划定和草原确权承包工作开展情况进行督导检查。

✻ 11月，内蒙古自治区人民政府印发《关于全区指定通道公路动物卫生监督检查站建设与管理的通知》。

(内蒙古自治区农牧业厅 张 洁 刘丽娜 李志峰)

辽宁省大事记

✻ 1月1日起，辽宁省将奶牛、黄牛和羊的染疫扑杀补贴标准调整提高到奶牛10 000元/头、黄牛6 000元/头、羊800元/只。

✻ 1月12日，辽宁省畜牧兽医局会同省环保厅、省财政厅、省发展改革委员会联合制定印发了《辽宁省2015—2017年畜禽规模养殖场(小区)标准化生态建设项目实施方案》，连续3年安排省级补助资金用于畜禽规模养殖场粪污处理设施升级改造建设。

✻ 1月14日，辽宁省人民政府印发《关于严厉打击非法加工贩卖病死动物及其产品的通告》，开展了打击“三种违法犯罪”专项行动，有效遏制贩卖、加工病死动物及其产品的违法行为。

✻ 3月，辽宁省畜牧兽医局开展乡镇动物卫生监督所标准化管理示范创建活动。

✻ 4月24日，辽宁省畜牧兽医局承接农业部下放至省的生产家畜卵子、冷冻精液、胚胎等遗传材料的生产经营许可证审批权。

✻ 4月30日，辽宁省人民政府办公厅印发《关于建立病死畜禽无害化处理机制的实施意见》，建立了“政府主导、部门监管、政策扶持、保险联动”的病死畜禽无害化处理机制。

✻ 7月1日，辽宁省畜牧兽医局会同省财政厅、省发展改革委员会联合制定《辽宁省2015—2017年病死畜禽无害化处理设施建设项目实施方案》，连续3年安排省级补助资金用于病死畜禽无害化处理设施项目建设。

✻ 8月30日，辽宁省种猪质量检验测试中心完成了对145头种公猪的生产性能测定工作，并于9月8日成功举办了第三届集中测定种猪竞卖会。

(辽宁省畜牧兽医局 李 楠)

吉林省大事记

✻ 1月14日，吉林省副省长隋忠诚到长春皓月、农安众品等企业就肉牛、生猪全产业链建设进行调研。吉林省畜牧业管理局局长裴中、副局长鲁俊陪同。

✻ 1月26日，吉林省畜牧工作会议在长春市召开，吉林省畜牧业管理局局长裴中到会并做重要讲话，副局长鲁俊主持会议。

✻ 4月28日，吉林省暨前郭县2015年春季草原防扑火实战演练现场会在前郭县召开。省森林草原防火指挥部副总指挥、省畜牧业管理局局长裴中和省森林草原防火指挥部草原防火专职指挥、省畜牧业管理局副局长李南钟及全省各级草原防火部门负责人参加会议。

✻ 5月28日，吉林省亿元以上畜牧业大项目建设进展情况调度会在长春市召开，会议全面分析了亿元以上畜牧业大项目建设进展情况。省畜牧业管理局局长裴中到会并做重要讲话，副局长鲁俊主持会议。公主岭市温氏、梨树县新希望、长岭县中粮、扶余县正邦、洮南市雏鹰等23个项目建设单位(企业)负责人和项目所在市(州)、县(市、区)畜牧局局长参加了会议。

✻ 8月4日，吉林省免疫无口蹄疫区建设强化培训班在长春市举办。省畜牧业管理局局长裴中到会并做重要讲话，副局长鲁俊主持会议，长春市无疫区建设相关业务人员参加开班仪式。

✻ 9月14日，吉林省畜牧兽医工作会议在白城市镇赉县召开，会议全面总结了2015年前3个季度全省畜牧业工作，安排部署了四季度重点工作任务。省畜牧业管理局局长裴中到会并作重要讲话，副局长鲁俊主持会议。各市州、县(市、区)畜牧兽医主管部门、动物疫控机构、动物卫生监督机构负责人参加了会议。

❀ 9月14日,吉林省突发重大动物疫情应急演练在白城市镇赉县举办。省政府应急办副主任沈立新亲临演练现场观摩指导。各市州、县(市、区)畜牧兽医主管部门、动物疫控机构、动物卫生监督机构负责人观摩了应急演练。

❀ 10月21日,全国兽医卫生监督执法工作座谈会在长春市召开。农业部副部长于康震到会并做讲话。各省、区、市及计划单列市和新疆生产建设兵团畜牧兽医主管部门负责同志,动物卫生监督所所长,农业部各有关司局和事业单位负责同志参加了会议。

❀ 11月20日,经吉林省政府同意,任命孙晓峰为省畜牧业管理局副局长。

(吉林省畜牧业管理局 赵伯铭)

黑龙江省大事记

❀ 1月29~30日,农业部奶业管理办公室、工信部消费品工业司、中国奶业协会和中国乳制品工业协会一行到黑龙江调研奶业生产和生鲜乳收购情况。

❀ 3月11日,黑龙江省畜牧工作会议在哈尔滨召开。4月24日,第十三届中国国际奶业博览会在哈尔滨召开。

❀ 6月15日,黑龙江省副省长吕维峰深入到龙江县,检查指导农牧产业建设工作。

❀ 8月25~26日,黑龙江省副省长吕维峰深入到黑河,对现代畜牧业发展等情况进行调研。

❀ 8月30日,黑龙江省人民政府出台《关于加快现代畜牧产业发展的意见》。

❀ 9月1日,黑龙江省人民政府在哈尔滨市召开全省加快畜牧业发展工作电视电话会议,省长陆昊做重要讲话。

(黑龙江省畜牧兽医局 孙铁矛)

上海市大事记

❀ 1月14日,印发《关于切实加强春节期间重大动物疫病防控和畜牧业安全监管工作的通知》,要求各区(县)切实抓好重大动物疫病防控、病死畜禽无害化处理监管、养殖环节监督执法、生猪屠宰行业管理、畜牧业质量安全监管、行业安全生产和兽医实验室生物安全管理等工作,努力确保春节期间不发生重大动物疫病和畜产品质量安全事件。

❀ 1月15日,召开上海市兽药产品追溯系统培训班。全市各兽药生产企业负责人及项目推进人,市、区两级监管部门分管负责人等共计100余人参加培训。全市24家兽药生产企业参加了培训。

❀ 2月10日,上海市农业委员会、市规划和国土资源管理局、市环保局共同印发《关于开展上海市养殖业发展布局规划(2014—2040年)编制工作的通知》,部署区(县)规划编制工作。

❀ 2月13日,印发《关于做好2015年畜禽屠宰行业管理重点工作的通知》,要求区(县)切实履行畜禽屠宰行业管理职责。

❀ 2月28日,农业部在浙江省嘉兴市召开病死畜禽无害化处理机制建设现场会议,上海市农委副主任邵林初带队参加会议,并做了书面材料交流。

❀ 3月11日,召开全市畜禽屠宰监管工作座谈会,组织区(县)参观先进的生猪定点屠宰企业,会议明确了行业管理总体思路,解读现行法律法规,部署安排2015年重点工作。上海市农委副主任邵林初、区(县)农委分管领导、畜牧兽医主管部门、动物卫生监督机构参加会议,市法制办、市财政局、市食药监、市商务委和相关行业协会负责人共40多人出席会议。

❀ 5月19日,全国执业兽医资格考试委员会在上海举办考务培训班,市农委副主任邵林初出席培训班并致辞。

❀ 5月22日,根据全国执业兽医资格考试委员会公告,发布上海考区考试公告,启动2015年全国执业兽医考试上海考区的报名工作。

❀ 6月26日,上海市农业委员会组织召开上海市农业委员会、市规划和国土资源管理局、市环保局三部门联合会审会议,规划方案通过了联合审议,形成了上海市养殖业布局规划编制成果。

❀ 8月17日,下发《关于实施不规范畜禽养殖整治情况双月报送和农户畜禽养殖排查工作的通知》,对于不规范畜禽养殖场户整治工作,建立双月报送制度。

❀ 8月19日,上海市副市长时光辉召开上海市养殖业布局规划专题会议,听取规划编制情况,对下一步工作提出具体要求。

❀ 9月1日,上海市崇明动物无害化处理中心建设项目获得建设工程施工许可证,并于9月6日在崇明县港沿镇堡镇港北闸东侧港沿垦区正式开工。

❀ 9月9日,上海市农委副主任邵林初主持召开全市畜禽场整治与退养工作座谈会,听取相关区(县)关于畜禽场整治与退养的意见建议,并再次对不规范畜禽养殖场的整治工作提出具体要求。

❀ 9月15日,上海市农委主任孙雷主持召开养殖业布局规划编制协调会,市环保局、市规划和国土资源管理局负责同志出席了会议。

❀ 10月16日,上海市市农委印发《关于下达本市农业生态环境保护与专项整治工作目标任务的通知》,将各项目标任务下发至区县和有关单位。

✽ 11 月 17 ~ 18 日，上海市农委举办 2015 年上海市兽药经营企业专业法规培训班，宣传贯彻了农业部相关法律法规，介绍国家兽药追溯管理系统的相关内容。全市兽药经营企业负责人、质量管理人员、兽药经营人员共 180 余人参加培训班。

✽ 11 月 26 ~ 27 日，上海市农委举办 2015 年上海市饲料生产企业管理人员培训班，全市各饲料生产企业负责人近 200 人参加此次培训，考试合格的颁发《上海市饲料法规培训证书》。

（上海市畜牧兽医办公室　祁　兵）

浙江省大事记

✽ 2 月 28 日，农业部在浙江省嘉兴市召开病死畜禽无害化处理机制建设现场会议，各省（自治区、直辖市）畜牧兽医部门、动物卫生监督机构负责人参加会议。与会代表现场考察了嘉兴市海盐县和桐乡市病死畜禽无害化收集处理体系。农业部副部长于康震出席并讲话。

✽ 3 月 18 日，浙江省农业厅召开全省畜牧兽医工作视频会议。会议总结交流了近两年畜牧业转型升级工作，分析新常态下畜牧业发展面临的形势和任务，全面部署 2015 年度畜牧兽医主要工作任务。

✽ 5 月 29 日，浙江省发改委、财政厅、农业厅、保监局联合印发《关于加快推进生猪保险和无害化联动的指导意见》。

✽ 6 月 29 日，浙江省农业厅发布《湖羊、兔、蜜蜂等特色优势畜牧业提升发展三年行动计划（2015—2017 年）》。

✽ 7 月 22 日，浙江省委组织部到省畜牧兽医局宣布干部任免决定：张火法不再担任省畜牧兽医局党委书记、局长职务，刘嫔珺任省畜牧兽医局党委书记、局长。

✽ 7 月 27 日，“大咯大”品牌鸡蛋在浙江舟山大宗商品交易所（简称“浙商所”）挂牌上市，成为中国首个在大宗商品市场正式挂牌交易的鸡蛋现货产品。

✽ 9 月 16 日，浙江省蜜蜂产业振兴计划启动仪式在江山召开。启动仪式发布了浙江省蜂业振兴三年行动计划，并举行蜂商对接签约仪式。

✽ 10 月 13 日，浙江省畜牧产业协会兔业分会成立大会在慈溪召开。

✽ 10 月 27 日，浙江省畜禽遗传资源保护和种畜禽管理工作会议在杭州召开。成立了浙江省畜禽遗传资源委员会，审议确定第一批省级畜禽遗传资源保种场，省农业厅与浙江加华种猪有限公司、诸暨市国伟禽业发展有限公司、杭州德兴蜂业有限公司等 10 家单位正式签署第一批畜禽遗传资源保种协议，

✽ 11 月 10 日，浙江省畜牧业领域外国专家、诸暨市国伟禽业发展有限公司乌克兰籍技术顾问 Oksana 博士获得 2015 浙江省“西湖友谊奖”。

✽ 11 月 10 日，第六届中国兽医大会上，杭州市萧山区乐生兽医研究所高级兽医师曹生福荣获 2015 年度十大“中国杰出兽医”称号，省动物疫病预防控制中心获得中国兽医协会颁发的“优秀组织奖”。

✽ 11 月 19 日，浙江省政府召开畜禽屠宰管理工作联席会议第二次会议，副省长黄旭明出席会议并讲话。会议决定，增补各设区市政府为省畜禽屠宰管理工作联席会议成员单位。

✽ 12 月 21 日，浙江省防控重大动物疫情应急演习在安吉县举行，浙江省副省长、省防治动物疫病指挥部指挥长黄旭明出席并部署全省冬季重大动物疫病防控工作。

（浙江省畜牧兽医局　李玲飞）

安徽省大事记

✽ 1 月 6 日，安徽省农业委员会印发《安徽省级畜禽遗传资源保种场、保护区和基因库管理办法》。

✽ 5 月 20 ~ 21 日，安徽省农业委员会在芜湖市召开全省动物卫生监督暨动物屠宰监管工作现场会，总结工作并部署 2015 年动物卫生监督和屠宰监管工作。

✽ 9 月 29 日，安徽省农业委员会发布第 42 号公告，公布第一批 28 个省级畜禽遗传资源保种场和保护区。

✽ 9 月 12 ~ 14 日，2015 年中国安徽（合肥）农业产业化交易会在合肥市隆重举行。交易会设畜牧绿色低碳循环模式攻关展览，现场观摩人数达 2 万多人，达成意向贸易 1 672 万元。

✽ 10 月 31 日，安徽省农业委员会印发《安徽省畜牧业绿色低碳循环模式攻关实施方案》。从 2015 年起通过重点开展 7 个专项行动，加快发展资源节约型、环境友好型和生态保育型的现代畜牧业。

✽ 12 月 29 日，安徽省人民政府办公厅印发《关于加强畜禽遗传资源保护利用促进畜禽种业发展的意见》。

✽ 2015 年，“皖东牛”通过了国家畜禽遗传资源鉴定。

（安徽省畜牧兽医局）

福建省大事记

✽ 4 月 8 日，福建省政府向设区市政府、平潭综合实验区下达《全省生猪养殖污染防治目标责任书》。

✽ 6 月 26 日，制定出台《福建省打好农业面源污染防治攻坚站行动计划实施方案》。

✽ 6 月 30 日，2015 年度基层农技推广（畜牧兽医）体系改革与建设补助项目工作在全国考核排名第三，得到农业部的通报表彰，被评为农业部延伸绩效管理优秀单位。

✽ 7 月 31 日，出台《福建省基层畜牧兽医站房建设规划（2014—2018

年)》,明确2018年之前在全省新建或改造基层畜牧兽医站站房249个,总投资12 780万元。

✽ 7月31日,福建省安排首批20个重点县病原学监测基础设施建设项目启动,下达省财政专项经费900万元,县级配套100万元。

✽ 8月20日,福清永诚华多种猪有限公司、福建一春农业发展有限公司分别取得农业部首批动物疫病净化"示范场"和"创建场"认证证书。

✽ 11月7~10日,第六届中国兽医大会在福州市海峡国际会展中心举办,大会主题为"执业兽医的作用"。农业部副部长于康震、福建省副省长黄琪玉出席。

(福建省农业厅 高新榕)

江西省大事记

✽ 3月10日,江西省农业厅在南昌组织召开全省畜牧业工作会,总结2014年全省畜牧业工作,研究部署2015年工作。江西省农业厅党委书记陈日武出席会议并讲话,副厅长程关怀做总结讲话。

✽ 11月3~5日,由江西省畜牧兽医学会养猪专业委员会和江西省生猪产业技术体系联合主办的"2015江西猪业博览会暨高效养猪高峰论坛"在南昌召开。中国科学院院士、江西农业大学校长、省部共建猪遗传改良与养殖技术国家重点实验室主任黄路生,江西省科协副主席孙卫民,江西省农科院副院长谢金防等出席。

✽ 11月12日,由农业部巡视组组长、国家畜禽遗传资源委员会办公室主任郑友民带队的专家组,对东乡县欣荣农牧发展有限公司申报的国家级乐平猪(东乡花猪)保种场进行现场审验。江西省农业厅党委委员、省畜牧兽医局局长吴国昌出席审验会并陪同现场考察。专家组认为江西省东乡县欣荣农牧发展有限公司达到了国家级保种场要求,同意通过现场审验。

✽ 11月14日,由中国畜牧兽医学会动物遗传育种学分会主办的第十八次全国动物遗传育种学术会议在南昌召开。江西省政协副主席李华栋出席会议,中国科学院院士、江西农业大学校长黄路生等动物遗传育种学专家也出席了会议。江西省农业厅党委委员、省畜牧兽医局局长吴国昌在会上致辞。

✽ 11月19日,江西省农业厅、省食品药品监督管理局、省社会治安综合治理委员会办公室、省公安厅4个部门联合召开全省加强生猪屠宰监管、维护猪肉市场秩序"百日严打"行动部署视频会议。江西省农业厅党委委员、省畜牧兽医局局长吴国昌及相关部门负责人出席会议并讲话。

(江西省畜牧兽医局 徐轩郴)

山东省大事记

✽ 1月21日,山东省畜牧兽医工作会议在济南召开。会议传达了全国和全省农村农业系列会议精神,总结2014年畜牧兽医工作,对当前畜牧业发展形势进行分析研判,确立2015年山东畜牧业发展思路和重点工作。

✽ 2月6日,山东省畜牧兽医局在济南召开"推进饲料作物产业化发展方案"专家论证会,与会专家学者就如何贯彻中央和省农村工作会议精神,促进山东畜牧业转型升级,扎实推进"粮改饲"和饲料作物产业化工作进行了论证座谈。

✽ 3月6日,山东省春季重大动物疫病防控工作视频会议在济南召开,全面启动春季重大动物疫病防控工作。

✽ 4月7~8日,农业部副部长于康震一行来山东调研畜牧业生产形势和现代畜牧业发展情况,山东省副省长赵润田陪同调研。

✽ 4月20日,山东省生鲜乳价格协调委员会第一次会议在济南召开。经与会委员集体讨论,确定山东省2015年第二季度生鲜乳交易参考价为3.50元/千克,这是山东省首次发布全省生鲜乳交易参考价。

✽ 4月29日,山东省畜牧兽医局在济南组织召开全省畜牧业提质增效转型升级实施方案编制启动会议,安排部署省政府确定的两大类、8个专题方案的编制工作。

✽ 5月28~30日,农业部副部长于康震赴山东视察奶业发展情况。

✽ 6月15日,全国现代畜牧业建设工作会议在聊城召开。农业部部长韩长赋出席会议并做主旨讲话,山东省省长郭树清出席会议并致辞。

✽ 9月1日,山东省秋季重大动物疫病防控工作视频会议在济南召开,正式启动全省秋季重大动物疫病防控工作。

✽ 10月28~29日,首届山东肉鸡产业发展大会在济南举办。本次大会以"创新驱动,转型升级,融合突破"为主题,围绕全球肉鸡产业发展现状及我国国内肉鸡产业的形势,产业的转型升级与可持续发展等内容进行了深入的探讨和交流。

✽ 10月29日,山东省畜牧兽医局与中国农业银行山东省分行、邮政储蓄银行山东省分行、中国人民保险集团股份有限公司山东分公司签订《山东省银行保险支持现代畜牧业发展和兽医卫生监管服务合作协议》,加强三方合作,发挥各自优势,建立完善财政支农政策与金融保险政策的有效衔接机制。

✽ 10月30~31日,以"新常态、新转变、新作为、新成效"为主题的第30届(2015)山东畜牧业博览会在济南国际会展中心召开。

✽ 12月1日,由山东省畜牧兽医局、省总工会、省人力资源和社会保障厅共同组织的“2015 年全省动物检疫检验技能竞赛”活动在潍坊举办。

✽ 12 月 21 日，由山东省畜牧兽医局、省总工会联合举办的“2015 年全省家畜繁殖工技能竞赛”决赛在济南举行。

✽ 12 月 27～28 日，山东蛋鸡产业发展大会在济南召开。本次大会是山东省蛋鸡产业发展史上召开的首次产业发展大会。

（山东省畜牧兽医局 刘国华 胡智胜）

河南省大事记

✽ 1 月 15 日，河南省畜牧工作会议在郑州召开。会议提出，2015 年全省畜牧系统要以提高畜牧业发展质量和效益为中心，以深化改革为动力，以依法治牧为准则，坚持集聚发展、集约经营、产业融合、高效安全的发展方向，着力在“调结构、强带动，提质量、增效益，破瓶颈、控风险”上下功夫，加快畜牧产业转型升级。

✽ 4 月 30 日，印发《河南省机构编制委员会办公室关于印发河南省畜牧局行政职权目录的通知》，规定河南省畜牧局行政职权共 47 项。

✽ 5 月 8 日，河南省生态畜牧业发展现场会在漯河市舞阳县召开。会议提出，2015 年全省创建 200 个生态畜牧业示范场。

✽ 5 月 12 日，河南省奶牛单产层级提升动员会和高产奶牛示范场观摩会在新乡市召开。

✽ 5 月 19 日，在重庆第十五届中国畜牧业博览会上，方城福葵农牧、禹州汉元家禽、林州源康农牧、西平海蓝牧业 4 家河南畜牧企业签约北京德青源“云养殖”项目。该项目总投资 3 亿元，计划形成总存栏 150 万只的蛋鸡产业集群。

✽ 5 月 18 日，普莱柯生物工程股份有限公司在上海证券交易所成功挂牌上市，成为河南省首家上市的兽药生产企业。

✽ 6 月 29 日，下发《河南省机构编制委员会办公室关于印发河南省畜牧局责任清单（行政职权运行流程图）的通知》，进一步推动行政审批制度改革和政府职能转变。

✽ 6 月 30 日，河南科迪乳业股份有限公司成功挂牌上市。

✽ 7 月 2 日，河南省病死畜禽无害化处理暨畜禽屠宰监管体制改革工作现场会在南阳市内乡县召开。

✽ 7 月 9 日，河南省历时 14 年培育的土种蛋鸡配套系“豫粉 1 号”通过国家新品种审定。

✽ 8 月 11～14 日，河南省生鲜乳收购站运输车监督管理系统在线出证培训在郑州举办，标志着河南作为全国 3 个试点省份之一率先启动生鲜乳收购站、运输车在线出证工作。

✽ 9 月 17 日，全国兽药行业发展暨畜产品安全高层论坛在洛阳举行。农业部副部长于康震出席，全国大型兽药生产、经营企业高层管理人员，大专院校、科研机构专家共 350 人参会。

✽ 9 月 17～18 日，河南省奶牛单产提升技术论坛及首届（2015）高产荷斯坦奶牛“十大状元”颁奖典礼在郑州成功举办。

✽ 9 月 18～20 日，第二十七届河南畜牧业交易会在郑州国际会展中心隆重举行。

✽ 9 月 18 日，河南省畜牧局主办的中外畜牧企业交流合作洽谈会在郑州召开。

✽ 9 月 18 日，由中国畜牧业协会主办，河南省畜牧局、驻马店市人民政府承办，泌阳县人民政府、河南恒都食品有限公司协办的中国肉牛（夏南牛）发展战略研讨会在郑州召开。

✽ 9 月 20 日，雏鹰农牧集团子公司东元食品公司与意大利德拉瓦义公司合作建设的高端发酵火腿生产线项目投产仪式在郑州举行，河南省副省长王铁现场考察高端发酵火腿生产线。

✽ 10 月 11 日，2015 年全国执业兽医资格考试统一举行。河南考区设置郑州、鹤壁、驻马店 3 个考点，报名人数 3 741 名，实际参加考试人数为 3 217 名，应试率 86%。

✽ 10 月 13 日，河南省畜牧总站牵头制定的《家禽健康养殖规范》国家标准（GB/T32148－2015）由国家质量监督检验检疫总局、国家标准化管理委员会发布，2016 年 5 月 1 日起正式实施。

✽ 11 月 2 日，由国家人力资源和社会保障部主办，河南省人力资源和社会保障厅、河南省畜牧局承办的“国家肉牛奶牛产业化新模式及技术应用机制研究高级研修班”在郑州开班。

✽ 11 月 16 日，河南省畜牧局、河南省公安厅联合印发《关于进一步加强畜牧行政执法与刑事司法衔接工作的通知》，就关于涉嫌犯罪案件的移送、涉案物品的处置、案件信息共享等 10 个方面进行进一步明确。

✽ 11 月 27 日，河南省世行贷款生态畜牧业项目通过世行检查团完工验收。经过 5 年实施，项目完成投资 10.7 亿元，占评估目标的 103.11%。

✽ 12 月 5 日，装载 88.3 吨澳大利亚冰鲜牛肉的澳洲航空公司包机抵达郑州，这是全国首次大批量进口冰鲜肉，也是我国首次整机进口肉类。

✽ 12 月 9 日，河南科迪乳业股份有限公司以 1.76 亿元全资收购洛阳巨尔乳业。

（河南省畜牧局 雷 蕾）

湖北省大事记

✽ 3 月 17 日，湖北省召开 2015 年全省春防工作暨重大动物疫病防控技术培训会。

✻ 4月13~14日，湖北省在钟祥、宜城两地举行全省南方现代草地畜牧业推进行动项目建设观摩学习活动。进一步强化“养畜种草，畜草配套”理念，加快推进全省草食畜牧业健康发展。

✻ 4月28日，湖北省“控温牛舍”推广现场会在潜江召开。“360控温牛舍”能保证肉牛不受季节的影响掉膘减重，养殖业主有更大的利润空间，有助于大力发展肉牛养殖。

✻ 5月8日，农业部副部长于康震调研湖北省宜昌市动物无害化处理工作情况，对湖北省病死动物无害化处理创新，建设区域性处理中心表示肯定。

✻ 5月27日，2015年湖北省重点地区羊布鲁氏菌病净化行动启动会在罗田召开。

✻ 6月12日，湖北省公安县召开省内第一单生猪价格指数保险赔付及续保仪式。此次对于公安县养殖户的生猪价格指数保险的赔付，象征着湖北省生猪价格指数保险试点工作经过了完整的承保周期。

✻ 6月23~25日，全国畜牧总站在武汉市举办肉鸡固定监测县统计员培训班，来自全国14个省份的60个肉鸡固定监测县统计员参加了培训。

✻ 6月29日，湖北省2015年退耕还草工程建设工作会议在长阳土家族自治县召开。

✻ 6月29日，湖北省动物血防工作暨技术培训会议顺利召开。

✻ 7月16日，湖北省召开2015年夏秋季重大动物疫情风险评估会。

✻ 7月26日，湖北省政府办公厅印发《关于加快建立病死畜禽无害化处理机制的实施意见》，全面推进病死畜禽无害化处理工作，保障食品安全和生态环境安全。

✻ 7月30日，在武汉召开湖北省生猪屠宰专项整治行动部署暨两个责任清单推行现场会。

✻ 7月30~31日，由中国动物疫病预防控制中心主办、湖北省疫控中心协办的全国兽医系统实验室省级考核专家组长研讨会在湖北宜昌召开，来自湖北、上海、天津等10个省级疫控中心考核专家组长参加了研讨会。

✻ 8月6日，柬埔寨副首相兼内阁大臣索安及其夫人安妮·索安来湖北宜城襄大集团，就养殖业交流与合作事宜进行参观考察。

✻ 9月16~17日，国家肉牛牦牛产业技术体系第五届技术交流大会在随州召开。随州综合试验站是国家肉牛牦牛产业技术体系在湖北省的唯一试验站。

✻ 9月18日，2015年全国蜂蜜质量感官检验技能大赛在湖北举行，大赛由中国蜂产品协会主办，中国蜂产品协会蜂蜜专业委员会协办，是全国蜂业大会暨蜂产品市场规范与发展高峰论坛的一部分。

✻ 10月30日，湖北省第三届地方鸡产业发展大会在武汉市黄陂区召开。

✻ 12月12日，湖北省“病死畜禽无害化处理工作推进现场会”在监利县召开。

（湖北省畜牧兽医局　王　静）

广东省大事记

✻ 1月30日，广东省饲料标准化技术委员会成立大会暨第一次工作会议在广州召开。广东省质量技术监督局、畜牧兽医局有关领导及来自教学科研单位、企业的有关领导和标委委员约30人参加了会议。

✻ 2月16日，广东省农业厅下发《关于做好家禽H7N9流感防控和家禽集中屠宰有关工作的通知》。

✻ 3月6日，广东省畜牧兽医局召开全省春季重大动物疫病防控工作视频会议。

✻ 4月16日，广东省农业厅、省食品药品监督管理局联合印发《关于进一步做好生鲜上市家禽产品检疫监管工作的通知》，加强生鲜上市家禽产品检疫监管工作。

✻ 4月20日，印发《关于开展全省动物诊疗专项整治行动的通知》，加强动物诊疗活动管理，严厉打击动物诊疗机构、执业兽医和乡村兽医违法从业行为，规范动物诊疗市场秩序，促进动物诊疗行业健康发展。

✻ 4月24~25日，广东省40多家饲料企业参加2015中国饲料工业展览会暨畜牧业科技成果推介会，进行企业展示，展位200多个。

✻ 5月14日，在广州举办全省饲料质量安全管理规范培训班，各市饲料负责人、饲料生产许可现场评审专家及饲料企业代表共140多人参会，进一步贯彻实施《规范》及推进示范企业创建工作。

✻ 6月4日，广东省政府经对省农业厅送审稿修改审定，正式印发了《关于建立病死畜禽无害化处理机制的实施意见》。9月28日，省财政下达2亿元资金，重点支持建设10个病死畜禽无害化处理中心示范项目建设。

✻ 6月16~18日，第39届养猪产业博览会在广州举办，此次养猪产业博览会共设企业展位320多个，吸引了近300家优秀的中外畜牧相关企业前来参展，每天参会人员超过5 000人。

✻ 6月23日，广东省农业厅、公安厅、食品药品监督管理局向各市发出《关于打击私屠滥宰等危害肉品质量安全违法犯罪活动公告的通知》。

✻ 6月24~25日，广东省农业厅举办全省动物疫病净化工作培训班，副厅长（局长）郑惠典出席会议并作讲话，全面启动全省动物疫病净化工作。

✽ 6月30日，农业部印发《关于表扬2014年专项工作延伸绩效管理试点工作优秀单位的通报》，广东省获评“2014年加强重大动物疫病防控延伸绩效管理优秀单位”，广东省已连续第三年被农业部绩效考核评为优秀。

✽ 7月21日，广东省畜牧兽医局在广州召开生猪屠宰专项整治暨“瘦肉精”监管工作座谈会，各地及以上市和顺德区负责畜禽屠宰管理工作的科（处）室科长（处长）及业务骨干参加座谈会。

✽ 8月，按照国家、广东省关于防范粉尘爆炸的文件精神，开展饲料生产粉尘作业和使用场所防范粉尘爆炸的专项督查，确保安全生产。

✽ 8月13日，印发《关于开展广东省重大动物疫病防控延伸绩效管理考核工作的通知》，定于9月7～17日对各地级以上市重大动物疫病防控工作进行交叉检查。

✽ 9月1日，广东省农业厅召开全省秋季重大动物疫病防控工作视频会议，贯彻落实全国秋防视频会议精神，全面部署广东省秋防工作。副厅长（局长）郑惠典出席会议并作讲话。

✽ 9月6～12日，广东省饲料行业考察团一行赴山东考察学习。

✽ 9月15日，由广东省饲料行业协会、大连商品交易所主办，南华期货协办的“大饲粮　首届饲料原料采购暨风险管控论坛”在广州成功举办。来自省内外饲料企业、规模养殖企业、原料贸易商、金融机构等相关人员250多人出席活动。

✽ 9月20～24日，全国生猪屠宰专项整治行动省际交叉互查检查组到广东检查。检查组对农业部随机抽取的肇庆、佛山2个市和高要、南海2个县（区）以及4家屠宰厂进行实地检查。

✽ 10月11日，执业兽医资格考试在华南农业大学开考，农业部副部长于康震在副厅长（局长）郑惠典等的陪同下亲临考场监督巡查。

✽ 10月20日，广东省农业厅组织召开病死畜禽无害化处理体系建设工作推进会，通过实地考察、技术讲解、研讨交流等形式，拓宽工作思路，推进病死畜禽无害化处理体系建设。副厅长（局长）郑惠典出席会议并作讲话，各地级以上市、有关县农业（畜牧兽医）局负责人等70余人参加了会议。

✽ 10月26～30日，农业部检查组到广东省开展饲料行业管理监督检查，抽查饲料日常管理、推进饲料质量安全管理规范、安全生产等方面工作。

✽ 11月24日，广东省畜牧兽医局在佛山市召开全省兽药管理工作座谈会，省农业厅副厅长、省畜牧兽医局局长郑惠典出席会议并作重要讲话。

✽ 12月6日，“2015年广东省饲料行业年会”成功举办。年会以“科技助力转型”为主题，重点推出《第四届广东饲料科学技术论坛》，汇集产学研精英和广大会员代表约1 300余人，面向“十三五”饲料业转型升级谋发展，促进广东饲料强省建设。

✽ 12月16～18日，由广东省养猪行业协会、广东省畜牧技术推广总站、农业部种猪质量监督检验测试中心（广州）联合举办的第40届养猪产业博览会在广州成功举办。本届参展企业200多家共有300多个展位，参观博览会的规模猪场人数比上一届较多。

✽ 12月28日，广东省农业厅组织开展全省动物防疫“消毒灭原日”活动，分发各地消毒药155吨、防护服25 000套，全省统一行动，开展动物防疫消毒灭原活动。

✽ 12月21日，召开全省畜牧兽医暨草食畜牧业工作现场会。

（广东省畜牧兽医局）

海南省大事记

✽ 2月11日，海南省农业厅与省食品药品监督管理局就确保畜产品质量安全达成三点合作共识。

✽ 3月19日，海南省农业厅到琼海、万宁、海口、澄迈等市、县开展畜禽养殖场和屠宰厂质量安全监管检查工作。

✽ 4月20日，海南畜牧技术推广网上线运行。

✽ 5月22日，第二届海南省畜产品擂台赛在屯昌县举行。

✽ 6月9日，海南省农业厅在全省范围内开展动物源食品安全监管专项整治行动。

✽ 6月13日，海南省畜牧技术推广站荣获海南省第六次全省民族团结进步模范集体。

✽ 8月6日，海南省4名基层畜牧技术推广人员及养殖户荣获2015年度神内基金农技推广奖。

✽ 8月20日，全国畜牧总站组织专家组来海南调研畜禽养殖粪污循环利用技术模式。

✽ 8月26～28日，海南省农业厅副厅长、省畜牧兽医局局长朱清敏带领考察团深入福建省龙岩市考察生态循环农业。

✽ 9月23～25日，农业部核查组来海南省开展生猪等主要畜禽生产监测数据质量核查工作。

✽ 10月19日，海南省农业厅在海口召开全省鸡蛋质量安全监管情况通报会。

✽ 10月28日，海南省农业厅会同省生态环保厅在屯昌召开海南省畜禽规模养殖场污染治理暨生态循环农业现场会。

✽ 11月13日，举办海南省生鲜乳

收购站统计员培训班。

✻ 11月24日,海南省畜牧兽医学会2015年学术年会举行。

（海南省农业厅 程文科）

重庆市大事记

✻ 1月1日起,全市执行小微企业免征检疫费政策。

✻ 1月23日,《重庆市无规定动物疫病区管理办法》经市人民政府第77次常务会议通过,自2015年4月1日起施行。

✻ 1月30日,重庆市畜禽养殖场精细化动物卫生监督现场会在垫江县顺利召开。

✻ 2月,重庆天友乳业两江牧场成为西南地区首个有机牧场。

✻ 2月3日,重庆市家兔健康养殖工程技术研究中心在重庆市畜牧技术推广总站正式成立。

✻ 3月4日,重庆市委常委、组织部部长曾庆红到市动物疫病预防控制中心就动物疫病防控和畜产品质量安全工作进行专题调研。

✻ 3月23日,重庆市委常委、市纪委书记徐松南视察重庆动监110指挥中心。

✻ 4月24日,中国动物疫病预防控制中心主任陈伟生一行3人,在重庆市农委总畜牧兽医师岳发强的陪同下,到重庆市动物疫控中心调研指导动物疫病防控工作。

✻ 5月4~6日,国家草产品质量监督检验测试中心调研组到重庆调研我国南方地区草种生产现状及有关情况。

✻ 5月18~20日,第十三届(2015)中国畜牧业博览会在重庆国际博览中心举办。

✻ 5月18~23日,全国草原统计监测技术培训会在重庆召开。

✻ 6月18~19日,全国动物疫病防控和卫生监督工作座谈会在重庆市荣昌区召开。国家首席兽医师张仲秋出席会议并讲话,重庆市副市长刘强出席会议并致辞。

✻ 8月5~7日,重庆市畜牧业协会羊业分会成立暨第一届羊业发展大会在重庆市酉阳县顺利召开。

✻ 8月18日,由重庆市动物疫病预防控制中心和重庆市动物卫生监督所联合主办的《重庆市第七届人畜共患病防控论坛》在渝隆重开幕。

✻ 9月10日,由重庆市畜牧技术推广总站制定的《渝东黑山羊种母羊饲养管理技术规范》《肉用山羊种公羊饲养管理技术规范》《奶牛抗热应激饲养管理技术规范》《青贮饲料品质鉴定》4个地方标准通过重庆市质量技术监督局组织的专家评审。

✻ 9月18日,重庆市山羊、柑橘、榨菜和生态渔业现代特色效益农业技术创新团队启动仪式在市农委顺利举办。市委农工委委员、市农委总经济师颜其勇到会并做讲话。

✻ 10月21日,重庆市采取空运的方式,成功从澳大利亚引入150头屠宰用肉牛,这是落实中澳自贸协定澳牛进口的"第一单",也是我国进口屠宰用商品活畜的破冰之旅。

✻ 10月30日,重庆市"南川鸡"荣获"2015年最受消费者喜爱中国农产品区域公用品牌"称号,也是重庆市唯一获殊荣的畜牧产品。

✻ 11月1日起,重庆市全面执行暂停征收动物及动物产品检疫费政策。

✻ 11月11~13日,中国草学会草地生态专业委员会第七届全国代表大会、中国草学会草地资源与利用专业委员会第九次全国学术研讨会暨第五届全国草业科学研究生论坛在重庆召开。

✻ 11月18~20日,由中国动物疫病预防控制中心组织现场考核专家组,对重庆市动物疫病预防控制中心兽医实验室进行现场考核。

（重庆市农业委员会 向品居）

四川省大事记

✻ 5月12日,四川省农业厅在成都龙泉驿区召开全省生猪定点屠宰监管工作现场会,对生猪定点屠宰专项整治和定点资格审核清理工作进行安排部署。

✻ 6月28~30日,国家肉牛牦牛产业技术体系、四川省宜宾市人民政府主办的中国南方肉牛产业发展研讨会在宜宾市筠连县召开,会议总结以"山繁川育-藏牛于户"筠连庭院养牛为模式的南方山地肉牛产业发展经验,探讨了中国南方肉牛产业发展的路线与策略。

✻ 10月22日,四川省农业厅在泸州市纳溪区举行全省突发重大动物疫情应急演练,此次演练模拟纳溪区某养鸡场发生家禽大规模死亡为背景,组织了农业、公安、卫生等多个部门,按照《重大动物疫情应急条例》规定及相关预案要求,对疫情报告与先期处置,应急响应与应急处置,应急响应终止与善后处置等各个环节进行全程演示,并首次采用视频直播形式,详尽展现突发重大动物疫情应急处置的规范要点。

✻ 11月9日,四川省委省政府联合转发《四川省甘孜州石渠县包虫病综合防治试点工作方案(2016—2020年)》,成立试点工作领导小组,全面启动石渠县包虫病综合防治试点工作。省农业厅印发《甘孜州石渠县动物包虫病综合防控试点工作实施方案(2016—2020年)》及动物卫生监督、草原鼠害控制、防控技术实施方案,全面加强畜间包虫病源头防控。

✻ 12月23~25日,四川省饲料工作总站承建的农业部饲料质量监督检验测试中心(成都)和农业部畜禽产品质量安全监督检验测试中心(成都)顺利通过农业部"2+1"认证复查现场评审。

（四川省农业厅　李　明）

西藏自治区大事记

❋ 1 月 8 日，经自治区农牧业防抗灾指挥部批准，紧急向阿里地区调拨 600 吨抗灾饲料。

❋ 4 月 2 日，冬虫夏草采集工作最早开始于山南市加查县，比上年提前 11 天。

❋ 4 月 3 日，拉萨市政府常务会议研究通过《拉萨市村级动物防疫员管理办法》，进一步细化对辖区内村级动物防疫员的管理，明确村级动物防疫员的选用和辞退、工作职责、教育培训、报酬待遇等。

❋ 4 月 9 日，《西藏草业发展规划（2015—2020 年）》通过了区内外专家的终审。

❋ 4 月 10 日，自治区农牧厅召开西藏草原畜牧业座谈会议。邀请西北农林科技大学、中国科学院地理信息研究所等区内外专家就西藏草原可持续发展进行交流。

❋ 4 月 10 ~ 12 日，全区基本草原划定、生态监测及草原生态补奖信息录入技术培训班在拉萨举办。培训班邀请了全国畜牧总站两位专家进藏授课。

❋ 4 月 12 日，全区动物卫生及植物检疫、兽药和饲料监察工作会议在拉萨召开。

❋ 4 月 26 日，农业部会同西藏自治区人民政府在北京共同组织召开《西藏高原特色农产品基地发展规划（2015—2020 年）》专家评审会。农业部副部长余欣荣主持会议。

❋ 5 月 12 ~ 15 日，农业部畜牧业司、全国畜牧总站在拉萨市举办了草原生态补奖信息管理师资培训班。来自 13 个牧区省（自治区）、新疆生产建设兵团和黑龙江农垦局等补奖信息管理人员参加了培训。

❋ 5 月 24 日，西藏自治区第一期动物卫生、兽药、饲料监管信息化暨动物卫生检疫电子出证培训班在拉萨举办。

❋ 7 月 19 日，全区兽医队伍信息化管理系统暨 2015 年度执业兽医资格考试考务培训班在拉萨举行。

❋ 7 月 29 日，《西藏自治区第三次动物疫病普查资料汇编》通过了区内外专家的评审。

❋ 9 月 6 日，农业部党组副书记、副部长余欣荣到西藏考察调研，到西藏农牧厅看望厅系统干部职工，并与进行座谈。

❋ 10 月 9 日，农业部支持西藏农牧业发展座谈会在北京市西藏大厦召开。

❋ 10 月 13 日，农业部 GMP 检查组对自治区兽医生物药品制造厂小反刍兽疫苗等生物疫苗生产和管理情况进行了检查。

❋ 12 月 21 ~ 22 日，全区第二次草原普查成果验收会在四川省成都市召开。

（西藏自治区农牧厅　曹仲华）

甘肃省大事记

❋ 1 月 31 日，甘肃省农牧厅与甘肃农民报社合作发行了以牛羊产业和现代畜牧业全产业链建设为主题的“农牧特刊”，对全省现代畜牧业建设情况开展宣传报道。

❋ 3 月 5 日，甘肃省农牧厅印发《关于下达 2015 年畜牧良种补贴项目指标任务的通知》，共安排下达 2015 年国家畜牧良种补贴资金 3 090万元。

❋ 5 月 27 日，甘肃省农牧厅印发《关于做好 2015 年现代畜牧业全产业链建设项目申报工作的通知》，继续筹措资金 1.1 亿实施现代畜牧业全产业链建设项目，并于 2015 年 9 月 2 日批复实施，共扶持建设种畜禽场 19 个，新（改）建标准化养殖场（小区）289 个，扶持建设畜产品加工企业 22 家。

❋ 6 月 23 日，甘肃省财政厅、农牧厅印发了《关于做好 2015 年中央财政现代农业生产发展资金牛羊产业项目申报工作的通知》，共安排下达中央现代农业生产发展资金牛羊产业项目资金 2.3 亿元，并于 2015 年 10 月批复实施。

❋ 7 月 1 日，甘肃省农牧厅在天祝藏族自治县组织召开了 2015 年上半年全省畜牧业生产形势分析座谈会议，各市（州）、有关县（区）农牧部门负责人共 70 多人参加会议。

❋ 8 月 13 日，甘肃省农牧厅印发了《关于批复 2015 年生猪家禽奶牛标准化规模养殖项目的通知》，下达 2015 年生猪家禽奶牛标准化养殖项目资金 3 540 万元，新（扩）建标准化规模养殖场（小区、合作社）236 个。

❋ 8 月 21 日，按照农业部安排部署，印发了《甘肃省农牧厅关于开展粮改饲试点工作的通知》，确定在甘州区、凉州区、环县开展粮改饲试点工作，并于 2015 年 11 月 4 日批复实施。

❋ 9 月 2 日，印发《关于下达 2015 年畜禽标准化养殖项目补助资金的通知》，共下达 2015 年畜禽标准化养殖项目补助资金 3 500 万元，并委托市（州）开展了项目考核、验收及公示。项目共安排畜禽标准化养殖项目 78 个，安排资金 2 080 万元，其中生猪养殖场 14 个，蛋鸡 3 个，肉鸡 5 个，肉牛 18 个，肉羊 38 个；安排财政促进金融支农试点创新 1 420 万元，为 69 个规模养殖场（户）提供贷款贴息。

（甘肃省农牧厅畜牧处　张　力）

青海省大事记

❋ 1 月 15 日，青海省重大动物疫病暨农产品质量安全监管工作会议在西宁市召开。

❋ 3 月 27 ~ 31 日，国家发改委组织调研组赴青海省黄南藏族自治州、果洛藏族自治州、海西蒙古族藏族自治州、海北藏族自治州调研青海藏区经济社会发展工作。

❀ 5月15～18日，2015中国（青海）国际清真食品用品展览会暨“一带一路”绿色食品用品展览会在青海国际会展中心举办。

❀ 6月16～19日，2015中国·青海绿色发展投资贸易洽谈会在青海国际会展中心举办。

❀ 8月20～21日，农业部在青海省召开全国渔业厅局长座谈会。农业部副部长于康震出席会议并做讲话，

（青海省畜牧总站 张惠萍）

新疆维吾尔自治区大事记

❀ 1月12日，新疆大唐盛汇农牧业科技有限公司从澳大利亚引进1438只杜泊羊空运至乌鲁木齐市。这批杜泊羊将作为种羊，与新疆本地羊杂交繁育，以提高新疆本地羊的产肉性能和繁殖能力。

❀ 2月10日，新疆“呼图壁奶牛”获国家农产品地理标志登记证书。

❀ 2月12日，自治区畜牧厅在乌鲁木齐市召开畜牧兽医局长会议。畜牧厅领导、15个地（州、市）畜牧兽医局主要领导及相关业务站所负责人、厅机关和兽医局各处室主要负责人参加会议。

❀ 2月13日，自治区畜牧厅召开《畜禽规模养殖场服务手册》与《畜禽品种区域规划》编制工作启动会议。各地（州、市）畜牧兽医局、畜牧技术推广部门主要领导，自治区畜牧科学院、自治区畜牧总站、新疆农业大学领导和专家共40余人参加了会议。

❀ 2月27日，自治区科学技术奖励大会暨首届专利奖励大会在乌鲁木齐举行。阿克苏地区山羊研究中心主任张富全获得2014年度自治区科技进步奖突出贡献奖，并代表获奖人员发言。

❀ 3月30日，自治区财政厅、自治区畜牧厅、中国人民银行乌鲁木齐中心支行印发《自治区肉羊肉牛生产发展贷款财政贴息管理办法（试行）》。

❀ 4月7日，新疆野马国际集团有限公司从哈萨克斯坦引进的40匹汗血宝马，经汽车长途运输，抵达新疆霍尔果斯口岸。

❀ 5月14日，自治区食品药品监督管理局出台实施《新疆维吾尔自治区乳制品生产企业风险清单》报告制度。

❀ 5月22日，新疆畜牧科学院、俄罗斯联邦国家畜牧科学院及哈萨克斯坦共和国农业部阿斯勒土里克种畜场签订共建中俄哈畜牧科技合作研究中心合作协议书。

❀ 5月25日，由自治区畜牧厅、新疆畜牧兽医学会主办，昌吉回族自治州畜牧兽医局协办，奇台县畜牧兽医局承办的2015年新疆畜牧科技周活动启动仪式在奇台县举行。共举办科普专题讲座两场，为农牧民提供科技咨询1 000余人次、免费发放各类科普读物1 000余份（本）。

❀ 6月3～4日，自治区北疆及东疆畜牧业生产“四良一规范”（良种、良舍、良料和规范化防疫）观摩培训班在塔城市和博乐市举行。

❀ 6月13日，自治区畜牧厅、新疆畜牧兽医学会组织畜牧、兽医、草原方面的专家在巴楚县恰尔巴格乡举办扶贫帮困畜牧科技培训活动。

❀ 6月23日至6月30日，哈萨克斯坦共和国7名专家和中方专家，在伊犁哈萨克自治州、博尔塔拉蒙古自治州、塔城地区和阿勒泰地区两国边境县市的蝗虫发生区域现场和生物灾害综合治理示范区，一起开展为期8天的中哈两国边境地区蝗虫联合调查工作。

❀ 7月7日，由自治区畜牧厅与新疆农业职业技术学院共同举办首届现代马产业技术大专班毕业汇报会。

❀ 7月12～14日，以“马与丝绸之路”为主题的2015新疆伊犁天马国际旅游节在昭苏县举办。节庆期间举办了大型实景演出、马与丝绸之路书画展、中国马业协会一级赛“丝绸之路·中国杯”速度赛、新疆马业协会一级赛“育马者杯”速度赛马等多项大型活动。

❀ 7月22日，新疆“木垒羊肉”“尉犁罗布羊肉”“昭苏天马”获国家农产品地理标志登记证书。

❀ 7月24日，自治区畜牧厅会同自治区发展和改革委员会，在阿克苏市举办南疆肉羊良种繁育体系建设项目观摩培训会议，正式启动实施首批27个南疆肉羊良种繁育体系建设项目。南疆5地（州）发展改革委分管领导，畜牧兽医局主要领导及业务科科长，南疆肉羊良种繁育体系建设第一批项目所在地的24个项目县（市）畜牧兽医局局长及27个项目建设单位法人代表约80人参加会议。

❀ 8月10～11日，首届亚欧牛羊产业经济及技术研讨会暨中国现代化畜牧业职教集团（校企联盟）一届二次理事会在奇台县召开。会议由中国现代畜牧业职教集团（校企联盟）、昌吉回族自治州人民政府主办，奇台县人民政府协办。

❀ 8月12～16日，在2015亚欧商品贸易博览会上，自治区畜牧厅组织西域春乳业等15家畜牧企业参加了博览会展示活动，与35家客商签署合作协议，购销意向价值1 090万元。参展产品主要包括肉制品、乳制品、禽蛋产品、保健品。

❀ 8月24～26日，由新疆畜牧科学院主办，中国农业科学院协办的国际绵羊遗传与基因组学研讨会在新疆乌鲁木齐市举行。会议邀请了来自美国、澳大利亚、新西兰、英国、

荷兰、芬兰等国家的10位专家和来自中国科学院动物所、中国科学院昆明动物所、中国农业大学、中国农业科学院北京畜牧兽医研究所、西北农林科技大学、内蒙古农牧大学、河北农业大学等单位的14位专家作学术报告。

✽ 8月26日，中国细毛羊研究进展研讨会暨苏博美利奴羊新品种良种扩繁推介交流会在拜城县召开，来自全国的60多名细毛羊领域的专家参加了会议。

✽ 9月2日，自治区畜牧厅信息化领导小组在厅应急指挥中心组织召开"新疆畜牧业综合管理信息平台"指挥系统、畜牧系统、兽医系统验收评审会。

✽ 9月7~8日，第四届（2015）中国驼业大会在昌吉回族自治州木垒县隆重召开。会议由中国畜牧业协会、昌吉回族自治州人民政府主办，昌吉回族自治州畜牧兽医局协办。来自农业部、中国畜牧业协会、内蒙古自治区阿拉善盟领导、区、州各相关厅局及县市领导等200余人参加会议。开幕式上全国畜牧总站书记何新天为木垒县授予"中国长眉驼之乡"和木垒羊肉农产品地理标志登记证书。

✽ 10月20日，自治区畜牧厅在乌鲁木齐市举办了首次全疆畜产品质量安全监管工作培训班。来自全疆各地（州、市）、县（市、区）畜牧兽医局负责畜产品质量安全监管工作分管领导和具体负责畜产品质量安全监管部门负责人共计220人参加了培训。

✽ 10月21~22日，自治区畜牧厅于在哈密地区举办了现代畜牧业建设观摩培训班。来自全疆的30个重点县（市）畜牧兽医局专家和30家涉牧企业（合作社）负责人参加了培训。

✽ 11月3日，自治区机构编制委员会批复同意自治区畜牧厅设立畜产品质量安全监管处（自治区屠宰管理办公室），核定行政编制5名。

✽ 11月3~4日，农业部在乌鲁木齐市召开全国兽药监管工作座谈会，农业部兽医局、农业部政策法规司、中国兽医药品监察所的领导和来自全国30个省、市、自治区和新疆生产建设兵团的兽药行政管理人员50余人参加了会议。

（新疆维吾尔自治区畜牧厅　朱爱新）

深圳市大事记

✽ 3月6日，深圳市生猪屠宰环节使用激光灼刻式检疫验讫印章获农业部批准，并可在全国范围流通。

✽ 3月16日，启用激光灼刻检疫验讫印章，取代原来红色条状检疫标识进入流通环节，成为全省率先使用激光灼刻动物检疫标识的城市。

（深圳市经济贸易和信息化委员会　徐名能）

（本栏目主编　马　莹　胡翊坤　张立志　于福清）

附 录

2015 年进口饲料和饲料添加剂产品登记证目录(外文略)

登记证号	通用名称	商品名称	产品类别	使用范围	生产厂家	有效期限
(2015)外饲准字001号	DL-蛋氨酸	饲料级蛋氨酸		养殖动物	赢创蛋氨酸(新加坡)有限公司	2015.01-2020.01
(2015)外饲准字002号	DL-蛋氨酸	过瘤胃蛋氨酸		奶牛	克罗地亚 Genera Inc.公司	2015.01-2020.01
(2015)外饲准字003号	酿酒酵母	丰长肽		猪 鸡 牛	中国台湾丰展生物科技股份有限公司	2015.01-2020.01
(2015)外饲准字004号	酿酒酵母	益生酵母(浓缩物)		养殖动物	美国奥特奇公司	2015.01-2020.01
(2015)外饲准字005号	天然类固醇萨洒皂角苷(源自丝兰)	除臭灵		畜禽 水产动物 宠物 马	美国奥特奇公司	2015.01-2020.01
(2015)外饲准字006号	尿素	纽舒		奶牛	美国百尔康公司	2015.01-2020.01
(2015)外饲准字007号	包被烟酸	耐信		奶牛	美国百尔康公司	2015.01-2020.01
(2015)外饲准字008号	混合型饲料添加剂 微生物 酶制剂	宜生贮宝		青贮饲料	美国瑞科营养公司	2015.01-2020.01
(2015)外饲准字009号	混合型饲料添加剂 微生物 酶制剂 矿物元素 稳定剂 乳酸	宜生贮康		青贮饲料	美国瑞科营养公司	2015.01-2020.01
(2015)外饲准字010号	混合型饲料添加剂 防霉剂 抗结块剂	纽埃特立霉净		青贮饲料	比利时纽埃特国际营养公司(Waas 工厂)	2015.01-2020.01
(2015)外饲准字011号	混合型饲料添加剂 防霉剂 抗结块剂	纽埃特克霉宝		青贮饲料	比利时纽埃特国际营养公司(Waas 工厂)	2015.01-2020.01
(2015)外饲准字012号	混合型饲料添加剂 酸度调节剂	乐力酸		猪 家禽 兔 犊牛	德国 Dr. Eckel GmbH 公司	2015.01-2020.01
(2015)外饲准字013号	奶牛维生素预混合饲料	维产康		奶牛	加拿大 Jefagro 科技有限公司	2015.01-2020.01

注:本表内登记证号所标上角标含义如下:1 为续展;2 为重新登记;3 为续展登记;4 为新办。

（续）

登记证号	通用名称	商品名称	产品类别	使用范围	生产厂家	有效期限
(2015)外饲准字014号	奶牛维生素预混合饲料	维奶康		奶牛	加拿大Jefagro科技有限公司	2015.01-2020.01
(2015)外饲准字015号	母猪微量元素预混合饲料	优知乐MZ		母猪	美国奥特奇公司	2015.01-2020.01
(2015)外饲准字016号	猫犬复合预混合饲料	新生宠物能量增强剂		猫犬	法国Synergie Prod公司	2015.01-2020.01
(2015)外饲准字017号	猫配合饲料	冠能成猫均衡营养配方猫粮		猫	澳大利亚雀巢普瑞纳宠物食品有限公司	2015.01-2020.01
(2015)外饲准字018号	猫配合饲料	冠能绝育猫配方猫粮		猫	澳大利亚雀巢普瑞纳宠物食品有限公司	2015.01-2020.01
(2015)外饲准字019号	猫配合饲料	冠能控制毛球配方猫粮		猫	澳大利亚雀巢普瑞纳宠物食品有限公司	2015.01-2020.01
(2015)外饲准字020号	猫配合饲料	冠能体重管理配方猫粮		猫	澳大利亚雀巢普瑞纳宠物食品有限公司	2015.01-2020.01
(2015)外饲准字021号	猫配合饲料	冠能老年猫配方猫粮		猫	澳大利亚雀巢普瑞纳宠物食品有限公司	2015.01-2020.01
(2015)外饲准字022号	猫配合饲料	冠能胃肠及皮肤敏感配方猫粮		猫	澳大利亚雀巢普瑞纳宠物食品有限公司	2015.01-2020.01
(2015)外饲准字023号	犬配合饲料	善陪金牌超越干狗粮		犬	塞浦路斯An Animal Fodder Mill公司	2015.01-2020.01
(2015)外饲准字024号	犬配合饲料	善陪幼犬干狗粮		犬	塞浦路斯An Animal Fodder Mill公司	2015.01-2020.01
(2015)外饲准字025号	犬配合饲料	善陪优越成犬干狗粮		犬	塞浦路斯An Animal Fodder Mill公司	2015.01-2020.01
(2015)外饲准字026号	犬配合饲料	善陪倍跃成犬干狗粮		犬	塞浦路斯An Animal Fodder Mill公司	2015.01-2020.01
(2015)外饲准字027号	白鱼粉	白鱼粉(Ⅰ)		畜禽水产动物	俄罗斯"OKEAN-RYBFLOT"JSC(工船加工，工船名："Mys Olyutorskiy"，工船号：CH-38N)	2015.01-2020.01
(2015)外饲准字028号	鱼粉	红鱼粉(三级)		畜禽水产动物	印度莎瑞福海产品私人有限公司	2015.01-2020.01
(2015)外饲准字029号	鱼粉	秘鲁红鱼粉(三级)		畜禽水产动物	秘鲁Pesquera Diamante S. A.公司Pisco工厂	2015.01-2020.01
(2015)外饲准字030号	含可溶物干玉米酒糟	舶莱欣乙醇		猪 牛 家禽	美国舶莱欣乙醇有限公司	2015.01-2020.01

（续）

登记证号	通用名称	商品名称	产品类别	使用范围	生产厂家	有效期限
(2015)外饲准字031号	大豆酶解蛋白	哈姆雷特蛋白HP300		仔猪	丹麦哈姆雷特蛋白质公司	2015.01-2020.01
(2015)外饲准字032号[1]	叶酸	罗维素® 叶酸80 SD		养殖动物	帝斯曼营养产品法国有限公司	2015.01-2020.01
(2015)外饲准字033号[1]	D-泛酸钙	露他维 泛酸钙		养殖动物	巴斯夫欧洲公司	2015.01-2020.01
(2015)外饲准字034号[1]	氯化胆碱	75%氯化胆碱		养殖动物	比利时特胺有限公司	2015.01-2020.01
(2015)外饲准字035号[1]	蛋氨酸羟基类似物	速牧美® - L		猪 牛 家禽	日本住友化学株式会社	2015.01-2020.01
(2015)外饲准字036号[1]	甜菜碱	芬莱碱® S4		养殖动物	芬兰饲料国际有限公司	2015.01-2020.01
(2015)外饲准字037号[1]	甜菜碱	芬莱碱® S1		养殖动物	芬兰饲料国际有限公司	2015.01-2020.01
(2015)外饲准字038号[1]	混合型饲料添加剂 碳酸钠 碳酸氢钠 氯化钾柠檬酸	快补		犊牛 仔猪	荷兰纽维德公司	2015.01-2020.01
(2015)外饲准字039号[1]	混合型饲料添加剂 酶制剂	速美肥SB UP		猪 牛	西班牙埃特亚公司	2015.01-2020.01
(2015)外饲准字040号[1]	混合型饲料添加剂 酶制剂	钮莱思酶-木聚糖酶(产自枯草芽孢杆菌)		单胃动物	比利时Beldem公司	2015.01-2020.01
(2015)外饲准字041号[1]	混合型饲料添加剂 酶制剂	艾克拿斯-木聚糖酶和β-葡聚糖酶(源自长柄木霉)		单胃动物	芬兰罗尔公司	2015.01-2020.01
(2015)外饲准字042号[1]	混合型饲料添加剂 酶制剂	钻石强力酵素特配		养殖动物	新加坡大祥资源有限公司	2015.01-2020.01
(2015)外饲准字043号[1]	混合型饲料添加剂 维生素 矿物元素 酸度调节剂	赐益		猪 家禽	新加坡大祥资源有限公司	2015.01-2020.01
(2015)外饲准字044号[1]	混合型饲料添加剂 酸度调节剂 矿物元素	活力健		养殖动物	中国派斯德股份有限公司	2015.01-2020.01
(2015)外饲准字045号[1]	牛羊精料补充料	黄洛奇		牛 羊	英国泰邦公司	2015.01-2020.01
(2015)外饲准字046号[1]	牛羊精料补充料	5%富磷洛奇		牛 羊	英国泰邦公司	2015.01-2020.01

（续）

登记证号	通用名称	商品名称	产品类别	使用范围	生产厂家	有效期限
(2015)外饲准字047号[1]	牛羊精料补充料	红洛奇		牛羊	英国泰邦公司	2015.01-2020.01
(2015)外饲准字048号[1]	牛羊精料补充料	富磷洛奇		牛羊	英国泰邦公司	2015.01-2020.01
(2015)外饲准字049号[1]	牛羊精料补充料	KNZ牛羊盐添块		牛羊	荷兰阿克苏诺贝尔功能化学品公司	2015.01-2020.01
(2015)外饲准字050号[1]	牛精料补充料	KNZ传统盐添块		牛	荷兰阿克苏诺贝尔功能化学品公司	2015.01-2020.01
(2015)外饲准字051号[1]	牛精料补充料	KNZ生物素盐添块		牛	荷兰阿克苏诺贝尔功能化学品公司	2015.01-2020.01
(2015)外饲准字052号[1]	犬配合饲料	沛克乐牌养身五谷活力餐（成犬）		犬	中国台湾富崴饲料有限公司	2015.01-2020.01
(2015)外饲准字053号[1]	犬配合饲料	沛克乐牌保护皮肤低敏餐（成犬）		犬	中国台湾富崴饲料有限公司	2015.01-2020.01
(2015)外饲准字054号[1]	虾配合饲料	兰西－PL		虾苗	英伟（泰国）饲料有限公司	2015.01-2020.01
(2015)外饲准字055号[1]	虾配合饲料	兰西－ZM		虾苗	英伟（泰国）饲料有限公司	2015.01-2020.01
(2015)外饲准字056号[1]	海水鱼苗配合饲料	NRD鱼苗饲料（1/2,2/3,3/5,5/8,G8,G12）		鱼苗	英伟（泰国）饲料有限公司	2015.01-2020.01
(2015)外饲准字057号	混合型饲料添加剂 大茴香脑 糖精钠	潘康乐		猪 牛 羊 马	瑞士潘可士玛公司	2015.01-2020.01
(2015)外饲准字058号[1]	喷雾干燥猪血球蛋白粉	喷雾干燥猪血球蛋白（粉剂）		猪 家禽 水产动物	加拿大APC营养公司	2015.01-2020.01
(2015)外饲准字059号[1]	喷雾干燥猪血浆蛋白粉	喷雾干燥猪血浆蛋白粉		猪 家禽 水产动物	加拿大APC营养公司	2015.01-2020.01
(2015)外饲准字060号[1]	鸡肉粉	TBP鸡肉粉		鸡 猪 水产动物 宠物	新西兰塔拉纳奇副产品公司	2015.01-2020.01
(2015)外饲准字061号[1]	鱼粉	鲶鱼鱼粉（三级）		畜禽 水产动物	越南顺安劳务生产商贸责任有限公司	2015.01-2020.01
(2015)外饲准字062号[1]	鱼粉	秘鲁红鱼粉（三级）		畜禽 水产动物	秘鲁Tecnologica De Alimentos S. A.公司Atico工厂	2015.01-2020.01

（续）

登记证号	通用名称	商品名称	产品类别	使用范围	生产厂家	有效期限
(2015)外饲准字063号[1]	鱼粉	秘鲁红鱼粉(三级)		畜禽水产动物	秘鲁 Corporacion Pesquera Inca S. A. C. 公司 Chimbote 工厂	2015.01-2020.01
(2015)外饲准字064号	尿素	胜利佳		反刍动物	德国 Palital GmbH & Co. KG 公司	2015.03-2020.03
(2015)外饲准字065号	氯化胆碱	派乳高		奶牛	德国 Palital GmbH & Co. KG 公司	2015.03-2020.03
(2015)外饲准字066号	DL-蛋氨酸	派乳安		奶牛	德国 Palital GmbH & Co. KG 公司	2015.03-2020.03
(2015)外饲准字067号	甜菜碱	爱它勇		家禽	法国亚帝门公司	2015.03-2020.03
(2015)外饲准字068号	混合型饲料添加剂 微生物	拉曼优贮 CL HC		青贮饲料	拉曼特种益生菌公司	2015.03-2020.03
(2015)外饲准字069号	混合型饲料添加剂 BHT 维生素E	脱霉素-XXL		猪 家禽	荷兰赛尔可公司	2015.03-2020.03
(2015)外饲准字070号	混合型饲料添加剂 己酸 辛酸 癸酸 月桂酸 乙酸异戊酯	抑菌宝		猪	比利时维他麦公司	2015.03-2020.03
(2015)外饲准字071号	混合型饲料添加剂 香味物质 天然三萜烯皂角苷(源自可来雅皂角树)	爱吉福		反刍动物	地绿康(奥地利)有限公司	2015.03-2020.03
(2015)外饲准字072号	混合型饲料添加剂 着色剂 抗氧化剂	埃特红		肉鸡 蛋鸡	西班牙埃特亚公司	2015.03-2020.03
(2015)外饲准字073号	混合型饲料添加剂 酶制剂	速美肥 SB		猪 家禽	西班牙埃特亚公司	2015.03-2020.03
(2015)外饲准字074号	混合型饲料添加剂 酶制剂	乐多仙 Multi-Grain(GT)		家禽 仔猪	丹麦诺维信公司	2015.03-2020.03
(2015)外饲准字075号	蛋粉	兰博46		养殖动物	美国 IsoNova 科技有限责任公司 Verona 工厂	2015.03-2020.03
(2015)外饲准字076号	鱼油	鱼油		畜禽水产养殖动物	槟榔鹅堂一成员有限公司	2015.03-2020.03
(2015)外饲准字077号	鱼粉	红鱼粉(三级)		畜禽水产养殖动物	槟榔鹅堂一成员有限公司	2015.03-2020.03

（续）

登记证号	通用名称	商品名称	产品类别	使用范围	生产厂家	有效期限
(2015)外饲准字078号	白鱼粉	白鱼粉(三级)		畜禽水产养殖动物	纳米比亚Exigrade饲料有限公司	2015.03-2020.03
(2015)外饲准字079号	猪维生素预混合饲料	必安宁		猪	中国台湾凯迈化学制药股份有限公司	2015.03-2020.03
(2015)外饲准字080号	鱼粉	金枪鱼粉(60)(三级)		畜禽水产养殖动物	泰国T.C.联合农业技术有限公司	2015.03-2020.03
(2015)外饲准字081号	鱼粉	金枪鱼粉(50)(三级)		畜禽水产养殖动物	泰国T.C.联合农业技术有限公司	2015.03-2020.03
(2015)外饲准字082号	仔猪配合饲料	妙可味 优格		仔猪	荷兰司劳特公司	2015.03-2020.03
(2015)外饲准字083号[2]	仔猪配合饲料	速补猪奶		仔猪	荷兰司劳特公司	2015.03-2020.03
(2015)外饲准字084号[2]	犊牛配合饲料	普瑞福 一号		犊牛	荷兰司劳特公司	2015.03-2020.03
(2015)外饲准字085号[2]	犊牛配合饲料	普瑞福 二号		犊牛	荷兰司劳特公司	2015.03-2020.03
(2015)外饲准字086号	犊牛配合饲料	普瑞福 三号		犊牛	荷兰司劳特公司	2015.03-2020.03
(2015)外饲准字087号	犊牛配合饲料	福克美$^+$		犊牛	荷兰Nukamel Productions B.V.公司	2015.03-2020.03
(2015)外饲准字088号	仔猪配合饲料	普特美		仔猪	荷兰Nukamel Productions B.V.公司	2015.03-2020.03
(2015)外饲准字089号	虾苗配合饲料	金丰牌草虾－虾苗前期用饲料		虾苗	中国台湾富崴饲料有限公司	2015.03-2020.03
(2015)外饲准字090号[1]	虾青素	露康定 粉红		三文鱼 鳟鱼 观赏鱼	巴斯夫欧洲公司	2015.03-2020.03
(2015)外饲准字091号	α－生育酚乙酸酯	露他维E50		养殖动物	巴斯夫欧洲公司	2015.03-2020.03
(2015)外饲准字092号[1]	酵母硒	阿富硒2000		养殖动物	美国达农威公司	2015.03-2020.03
(2015)外饲准字093号[1]	嗜酸乳杆菌	优福素		猪 家禽	韩国ELT药业公司	2015.03-2020.03

（续）

登记证号	通用名称	商品名称	产品类别	使用范围	生产厂家	有效期限
(2015)外饲准字094号[1]	蛋白酶（源自黑曲霉）	多喜福		猪 家禽	中国台湾生百兴业有限公司	2015.03-2020.03
(2015)外饲准字095号[1]	混合型饲料添加剂 木聚糖酶 β－葡聚糖酶(产自长柄木霉)	速美肥 T/2		肉鸡	西班牙埃特亚公司	2015.03-2020.03
(2015)外饲准字096号	鱼粉	红鱼粉(三级)		畜禽 水产 养殖动物	南非先锋渔业(西海岸)有限公司	2015.03-2020.03
(2015)外饲准字098号	混合型饲料添加剂 酸度调节剂 丙二醇	露保卫 NC		养殖动物	巴斯夫欧洲公司	2015.04-2020.04
(2015)外饲准字099号	混合型饲料添加剂 酸度调节剂	加强肥酸宝		猪 家禽 兔	荷兰赛尔可公司	2015.04-2020.04
(2015)外饲准字100号	混合型饲料添加剂 微生物	保时青(玉米)		青贮饲料	奥地利力多生有限责任公司	2015.04-2020.04
(2015)外饲准字101号	混合型饲料添加剂 微生物	保时青(牧草)		青贮饲料	奥地利力多生有限责任公司	2015.04-2020.04
(2015)外饲准字102号	混合型饲料添加剂 微生物	保时青(加强型C)		青贮饲料	奥地利力多生有限责任公司	2015.04-2020.04
(2015)外饲准字103号	混合型饲料添加剂 微生物	拉曼优贮		青贮饲料	美国拉曼特种益生菌公司	2015.04-2020.04
(2015)外饲准字104号	混合型饲料添加剂 微生物	青贮宝 AS 200		青贮饲料	捷克科汉森捷克有限公司	2015.04-2020.04
(2015)外饲准字105号	维生素预混合饲料	强力维		家禽 猪 兔 牛 羊	德国 Biochem 添加剂贸易和生产有限公司	2015.04-2020.04
(2015)外饲准字106号	饲料添加剂 枯草芽孢杆菌	必优素		家禽 猪 牛 水产动物	中国台湾信逢股份有限公司	2015.04-2020.04
(2015)外饲准字107号	犬配合饲料	加卉手工制作犬粮鸡肉味		犬	加拿大贝儿脆宠物食品有限公司	2015.04-2020.04
(2015)外饲准字108号	犬配合饲料	加卉手工制作犬粮鸭肉味		犬	加拿大贝儿脆宠物食品有限公司	2015.04-2020.04
(2015)外饲准字109号	猫配合饲料	加卉手工制作猫粮鸡肉味		猫	加拿大贝儿脆宠物食品有限公司	2015.04-2020.04
(2015)外饲准字110号	白鱼粉	白鱼粉(一级)		鱼 猪 家禽	俄罗斯 Poronay 有限公司(工船名“Langusta”,工船号 CH－72H)	2015.04-2020.04

（续）

登记证号	通用名称	商品名称	产品类别	使用范围	生产厂家	有效期限
(2015)外饲准字111号	白鱼粉	白鱼粉(一级)		鱼 猪 家禽	俄罗斯Poronay有限公司(工船名"Vasily Kalenov",工船号CH-V17)	2015.04-2020.04
(2015)外饲准字112号	白鱼粉	白鱼粉(一级)		鱼 猪 家禽	俄罗斯P. A. Sakhalinrybaksoyuz有限公司(工船名"Iolanta",CH-83A)	2015.04-2020.04
(2015)外饲准字113号	鸡肉粉	宠物级鸡肉粉		猪 鸡 鱼 宠物	美国贵芬有限责任公司	2015.04-2020.04
(2015)外饲准字114号	猪肠膜蛋白粉	猪肠膜蛋白粉		猪 鸡 鱼 宠物	美国国际营养公司	2015.04-2020.04
(2015)外饲准字115号	菜籽粕	菜籽粕		鱼 猪 家禽	巴基斯坦A&Z Agro Industries (Private)有限公司	2015.04-2020.04
(2015)外饲准字116号	菜籽粕	菜籽粕(菜籽来源加拿大)		鱼 猪 家禽	巴基斯坦A&Z Agro Industries (Private)有限公司	2015.04-2020.04
(2015)外饲准字117号[3]	鱼粉	秘鲁红鱼粉(三级)		鱼 猪 家禽	秘鲁Corporacion Pesquera Inca S. A. C.公司Ilo工厂	2015.04-2020.04
(2015)外饲准字118号[3]	鱼粉	秘鲁红鱼粉(三级)		鱼 猪 家禽	秘鲁Corporacion Pesquera Inca S. A. C.公司Chancay工厂	2015.04-2020.04
(2015)外饲准字119号[3]	猴配合饲料	5C48C优质灵长类动物饲料		猴	美国PMI营养国际有限责任公司	2015.04-2020.04
(2015)外饲准字120号[3]	猴配合饲料	5K9C 12G高纤维灵长类动物饲料		猴	美国PMI营养国际有限责任公司	2015.04-2020.04
(2015)外饲准字121号[3]	鸡肉粉	宠物级鸡肉粉		猪 鸡 水产动物 宠物	美国贵芬有限责任公司	2015.04-2020.04
(2015)外饲准字122号[3]	混合型饲料添加剂 抗氧化剂 防腐剂	克氧E2		养殖动物	西班牙埃特亚公司	2015.04-2020.04
(2015)外饲准字123号[3]	混合型饲料添加剂 防霉剂	克霉N CH		养殖动物	西班牙埃特亚公司	2015.04-2020.04
(2015)外饲准字124号[3]	饲料添加剂 天然类固醇萨洒皂角苷(源自丝兰)	富兰宝		养殖动物	美国DPI配送加工有限公司	2015.04-2020.04

（续）

登记证号	通用名称	商品名称	产品类别	使用范围	生产厂家	有效期限
(2015)外饲准字125号[3]	饲料添加剂25－羟基维生素D3	罗维素Hy. D® 1.25%		养殖动物	帝斯曼营养产品美国有限公司	2015.04-2020.04
(2015)外饲准字126号	甜菜碱	肠益素		仔猪	韩国西梯茜公司	2015.06-2020.06
(2015)外饲准字127号	甜菜碱	Vista甜菜碱96		养殖动物	美国Amalgamated Sugar有限责任公司	2015.06-2020.06
(2015)外饲准字128号	枯草芽孢杆菌	霍曼特		发酵豆粕	信逢股份有限公司	2015.06-2020.06
(2015)外饲准字129号	植酸酶(产自黑曲霉)	特威宝SSF		畜禽水产养殖动物宠物	美国奥特奇公司	2015.06-2020.06
(2015)外饲准字130号	混合型饲料添加剂丙酸铬	微生康™铬04粉剂		奶牛	美国建明工业有限公司	2015.06-2020.06
(2015)外饲准字131号	混合型饲料添加剂微生物	利生素(浓缩物)		养殖动物	美国奥特奇公司	2015.06-2020.06
(2015)外饲准字132号	混合型饲料添加剂屎肠球菌	普乐高宁		犬	英国普碧欧堤丝国际有限公司	2015.06-2020.06
(2015)外饲准字133号	混合型饲料添加剂屎肠球菌	施百科狄		犬	英国普碧欧堤丝国际有限公司	2015.06-2020.06
(2015)外饲准字134号	混合饲料添加剂酸度调节剂	克沙净－SP		养殖动物	荷兰赛尔可公司	2015.06-2020.06
(2015)外饲准字135号	混合饲料添加剂酸度调节剂	克沙净－液体		养殖动物	荷兰赛尔可公司	2015.06-2020.06
(2015)外饲准字136号	混合饲料添加剂甲酸甲酸铵	荷必福		养殖动物	荷兰赛尔可公司	2015.06-2020.06
(2015)外饲准字137号	混合饲料添加剂酸度调节剂	利多百		养殖动物	西班牙Lipidos Toledo有限公司	2015.06-2020.06
(2015)外饲准字138号	混合饲料添加剂酸度调节剂	利多安		养殖动物	西班牙Lipidos Toledo有限公司	2015.06-2020.06
(2015)外饲准字139号	混合型饲料添加剂防腐剂丙二醇	沙门克星		养殖动物	比利时英派克斯有限公司	2015.06-2020.06
(2015)外饲准字140号	混合饲料添加剂酸度调节剂	福适		猪家禽	英国Kiotechagil公司	2015.06-2020.06
(2015)外饲准字141号	混合型饲料添加剂香味剂	潘牛乐		反刍动物	瑞士潘可士玛公司	2015.06-2020.06

（续）

登记证号	通用名称	商品名称	产品类别	使用范围	生产厂家	有效期限
(2015)外饲准字142号	混合型饲料添加剂酶制剂	饲乐酶		畜禽	日本新水株式会社	2015.06-2020.06
(2015)外饲准字143号	混合型饲料添加剂酶制剂	新乐酶		畜禽	日本新水株式会社	2015.06-2020.06
(2015)外饲准字144号	仔猪浓缩饲料	优口料2.5		仔猪	创荷美营养－泰高比利时有限公司	2015.06-2020.06
(2015)外饲准字145号	仔猪浓缩饲料	优口料4.0		仔猪	创荷美营养－泰高比利时有限公司	2015.06-2020.06
(2015)外饲准字146号	仔猪配合饲料	妙可味 哺力快		仔猪	创荷美营养－泰高比利时有限公司	2015.06-2020.06
(2015)外饲准字147号	犬配合饲料	耐吉斯火鸡肉米离乳犬干粮		犬	加拿大艾尔麦乐宠物食品公司	2015.06-2020.06
(2015)外饲准字148号	犬配合饲料	耐吉斯火鸡肉米玩赏犬干粮		犬	加拿大艾尔麦乐宠物食品公司	2015.06-2020.06
(2015)外饲准字149号	虾苗配合饲料	白虎		虾苗	创荷美法国有限公司	2015.06-2020.06
(2015)外饲准字150号	牛肉骨粉	牛肉骨粉		猪家禽鱼	阿根廷JBS公司(工厂位于Rosario)	2015.06-2020.06
(2015)外饲准字151号	牛肉骨粉	牛肉骨粉		猪家禽鱼	巴西Industria de Racoes Patense Ltda有限公司(Itauna工厂)	2015.06-2020.06
(2015)外饲准字152号	牛肉骨粉	牛肉骨粉		猪家禽鱼	巴西Industria de Racoes Patense Ltda有限公司(Patos de Minas工厂)	2015.06-2020.06
(2015)外饲准字153号	羊肉骨粉	FB羊肉骨粉		猪家禽宠物水产养殖动物	新西兰南坎特伯雷副产品(2009)有限公司	2015.06-2020.06
(2015)外饲准字154号	菜籽粕	菜籽粕		猪家禽鱼	巴基斯坦M. M. Oil Mills(私人)有限公司	2015.06-2020.06
(2015)外饲准字155号	鱼油	金枪鱼油		猪家禽宠物水产养殖动物	泰国T. C. 联合农业技术有限公司	2015.06-2020.06
(2015)外饲准字156号	鱼油	鱼油(饲料级)		猪家禽鱼虾	印度BAWA鱼粉鱼油公司	2015.06-2020.06
(2015)外饲准字157号	鱼粉	毛里塔尼亚红鱼粉		畜禽水产养殖动物	毛里塔尼亚祥和顺海洋渔业开发有限公司	2015.06-2020.06

（续）

登记证号	通用名称	商品名称	产品类别	使用范围	生产厂家	有效期限
(2015)外饲准字158号	鱼溶浆	金枪鱼溶蛋白		猪 家禽 鱼	泰国T.C.联合农业技术有限公司	2015.06-2020.06
(2015)外饲准字159号	花生粕	花生粕		家畜 水产 养殖动物	苏丹K.C.C进出口公司	2015.06-2020.06
(2015)外饲准字160号[1]	DL－蛋氨酸	百佳美		奶牛	马来西亚百事美有限公司	2015.06-2020.06
(2015)外饲准字161号[1]	枯草芽孢杆菌	枯草芽孢杆菌PB6粉剂		养殖动物	金颖生物科技股份有限公司	2015.06-2020.06
(2015)外饲准字162号[1]	酿酒酵母	威灵赐康		养殖动物	艾立生物股份有限公司	2015.06-2020.06
(2015)外饲准字163号[1]	天然类固醇萨洒皂角苷(源自丝兰)	惠康宝－30		养殖动物	Desert King墨西哥	2015.06-2020.06
(2015)外饲准字164号[1]	混合型饲料添加剂防腐剂 丙二醇	康富鲜全混日粮防腐剂		养殖动物	德国爱德康欧洲有限公司	2015.06-2020.06
(2015)外饲准字165号[1]	混合型饲料添加剂防腐剂	康富鲜谷物防腐剂－pH 5		养殖动物	德国爱德康欧洲有限公司	2015.06-2020.06
(2015)外饲准字166号[1]	混合型饲料添加剂硫酸亚铁 甘氨酸	爱铁旺－100		猪鸡	中国派斯德股份有限公司	2015.06-2020.06
(2015)外饲准字167号[1]	混合型饲料添加剂维生素 矿物元素	易普威		畜禽	威隆(意大利)大药厂	2015.06-2020.06
(2015)外饲准字168号[1]	混合型饲料添加剂维生素 氨基酸	艾佳力		畜禽	威隆(意大利)大药厂	2015.06-2020.06
(2015)外饲准字169号[1]	犬配合饲料	5C07C优质犬类动物饲料		犬	美国PMI营养国际有限责任公司	2015.06-2020.06
(2015)外饲准字170号[1]	鼠配合饲料	5C02C优质啮齿类动物饲料		啮齿类动物	美国PMI营养国际有限责任公司	2015.06-2020.06
(2015)外饲准字171号[1]	鱼粉	红鱼粉(二级)		畜禽 水产 养殖动物	美国Daybrook渔业有限公司	2015.06-2020.06
(2015)外饲准字172号[1]	鱼粉	丹麦红鱼粉(三级至一级)		畜禽 水产 养殖动物	丹麦三九鱼蛋白有限公司Thybor？n工厂	2015.06-2020.06
(2015)外饲准字173号[1]	鱼粉	999LT鱼粉(三级至一级)		畜禽 水产 养殖动物	丹麦三九鱼蛋白有限公司Thybor？n工厂	2015.06-2020.06

（续）

登记证号	通用名称	商品名称	产品类别	使用范围	生产厂家	有效期限
(2015)外饲准字174号	木聚糖酶(产自长柄木霉)	艾克拿斯木聚糖酶 XCP	饲料添加剂	猪 家禽	芬兰罗尔公司	2015.07-2020.07
(2015)外饲准字175号	禽维生素预混合饲料	Glife 维宝	添加剂预混合饲料	家禽	加拿大 Glife 生物技术有限公司	2015.07-2020.07
(2015)外饲准字176号	猪禽维生素预混合饲料	Glife 维康	添加剂预混合饲料	猪 家禽	加拿大 Glife 生物技术有限公司	2015.07-2020.07
(2015)外饲准字177号	仔猪浓缩饲料	娃立昂	浓缩饲料	仔猪	创荷美营养－泰高比利时有限公司	2015.07-2020.07
(2015)外饲准字178号	犬配合饲料	灵动幼狗粮	配合饲料	犬	澳大利亚 Grainfeeds 有限公司	2015.07-2020.07
(2015)外饲准字179号	犬配合饲料	灵动成狗粮	配合饲料	犬	澳大利亚 Grainfeeds 有限公司	2015.07-2020.07
(2015)外饲准字180号	犬配合饲料	深海鱼幼犬配方	配合饲料	犬	挪威 AM Nutrition AS 公司	2015.07-2020.07
(2015)外饲准字181号	犬配合饲料	深海鱼成犬配方	配合饲料	犬	挪威 AM Nutrition AS 公司	2015.07-2020.07
(2015)外饲准字182号	犬配合饲料	三文鱼成犬配方	配合饲料	犬	挪威 AM Nutrition AS 公司	2015.07-2020.07
(2015)外饲准字183号	犬配合饲料	爱诺幼犬粮	配合饲料	犬	捷克泰可欧有限公司	2015.07-2020.07
(2015)外饲准字184号	犬配合饲料	爱诺成犬粮	配合饲料	犬	捷克泰可欧有限公司	2015.07-2020.07
(2015)外饲准字185号	犬配合饲料	爱诺大型犬幼犬粮	配合饲料	犬	捷克泰可欧有限公司	2015.07-2020.07
(2015)外饲准字186号	犬配合饲料	爱诺大型犬成犬粮	配合饲料	犬	捷克泰可欧有限公司	2015.07-2020.07
(2015)外饲准字187号	肉牛精料补充料	KMS 肉牛全价精料	精料补充料	肉牛	印度尼西亚 PT Kerta Mulya Saripakan 公司	2015.07-2020.07
(2015)外饲准字188号	双低菜籽粕	加拿大菜籽粕颗粒(加拿大双低菜籽)	单一饲料	猪 家禽 肉牛 奶牛 水产养殖动物	嘉吉有限公司	2015.07-2020.07
(2015)外饲准字189号	双低菜籽粕	双低菜籽粕	单一饲料	猪 家禽 肉牛 奶牛 水产养殖动物	嘉吉公司澳大利亚有限公司	2015.07-2020.07

（续）

登记证号	通用名称	商品名称	产品类别	使用范围	生产厂家	有效期限
(2015)外饲准字190号	鱼粉	秘鲁红鱼粉(三级)	单一饲料	畜禽水产养殖动物	秘鲁 Pesquera Pelayo S. A. C. 公司 Supe 工厂	2015.07-2020.07
(2015)外饲准字191号	鱼粉	秘鲁红鱼粉(三级)	单一饲料	畜禽水产养殖动物	秘鲁 Procesadora de Productos Marinos S. A. 公司 Chimbote 工厂	2015.07-2020.07
(2015)外饲准字192号	鱼粉	秘鲁红鱼粉(三级)	单一饲料	畜禽水产养殖动物	秘鲁 Procesadora de Productos Marinos S. A. 公司 Huacho 工厂	2015.07-2020.07
(2015)外饲准字193号	鱼粉	秘鲁红鱼粉(三级)	单一饲料	畜禽水产养殖动物	秘鲁 Langostinera Caleta Dorada S. A. C. 公司 Razuri 工厂	2015.07-2020.07
(2015)外饲准字194号	鱼粉	红鱼粉(三级)	单一饲料	畜禽水产养殖动物	智利 Corpesca S. A. 公司 Arica 北厂	2015.07-2020.07
(2015)外饲准字195号	鱼粉	红鱼粉(三级)	单一饲料	畜禽水产养殖动物	智利 Corpesca S. A. 公司 Iquique 南厂	2015.07-2020.07
(2015)外饲准字196号	鱼粉	红鱼粉(三级)	单一饲料	畜禽水产养殖动物	智利 Corpesca S. A. 公司 Mejillones 工厂	2015.07-2020.07
(2015)外饲准字197号	鱼粉	红鱼粉(三级)	单一饲料	畜禽水产养殖动物	厄瓜多尔 URISA S. A. 公司	2015.07-2020.07
(2015)外饲准字198号	鱼粉	红鱼粉(三级)	单一饲料	畜禽水产养殖动物	巴基斯坦 Shamsi Industries 公司	2015.07-2020.07
(2015)外饲准字199号	鱼粉	红鱼粉(三级)	单一饲料	畜禽水产养殖动物	泰国黄镇源鱼粉厂有限公司	2015.07-2020.07
(2015)外饲准字200号	鱼粉	东风红鱼粉(二级)	单一饲料	畜禽水产养殖动物	越南东风鱼粉有限公司	2015.07-2020.07
(2015)外饲准字201号	鱼油	鱼油(饲料级)	单一饲料	鱼 家禽 猪	墨西哥 Guaymas Protein Company, S. A. de C. V. 公司	2015.07-2020.07
(2015)外饲准字202号	磷虾粉	Qrill 牌，南极磷虾粉	单一饲料	鱼 虾	挪威 Aker 生物海产南极公司(工船加工，工船名 Saga Sea，工船号 N－301－VV)	2015.07-2020.07

（续）

登记证号	通用名称	商品名称	产品类别	使用范围	生产厂家	有效期限
(2015) 外饲准字 203 号[1]	叶酸	富尔玛柏噢米斯 2	饲料添加剂	家禽	日本富士化学工业株式会社	2015.07-2020.07
(2015) 外饲准字 204 号[1]	β-葡聚糖酶(产自长柄木霉)	艾克拿斯 BP 700	饲料添加剂	仔猪 育肥鸡	芬兰罗尔公司	2015.07-2020.07
(2015) 外饲准字 205 号[1]	α-淀粉酶(产自米曲霉)	艾美福	饲料添加剂	养殖动物	美国 BioZyme 公司	2015.07-2020.07
(2015) 外饲准字 206 号[1]	混合型饲料添加剂 BHA 乙氧基喹啉 柠檬酸 磷酸	抗氧灵	混合型饲料添加剂	养殖动物	比利时英派克斯国际有限公司	2015.07-2020.07
(2015) 外饲准字 207 号[1]	混合型饲料添加剂 硫酸亚铁 甘氨酸	乳铁素	混合型饲料添加剂	仔猪	中国派斯德股份有限公司	2015.07-2020.07
(2015) 外饲准字 208 号[1]	混合型饲料添加剂 维生素 葡萄糖酸钙	科能优	混合型饲料添加剂	养殖动物	威隆(意大利)大药厂	2015.07-2020.07
(2015) 外饲准字 209 号[1]	猪鸡复合预混合饲料	氨基维他	添加剂预混合饲料	猪鸡	中国派斯德股份有限公司	2015.07-2020.07
(2015) 外饲准字 210 号[1]	犊牛精料补充料	优乳代	精料补充料	犊牛	荷兰希尔斯公司	2015.07-2020.07
(2015) 外饲准字 211 号[1]	马配合饲料	10% 温和型混合马饲料	配合饲料	马	爱尔兰康诺利红磨坊动物饲料有限公司	2015.07-2020.07
(2015) 外饲准字 212 号[1]	虾浓缩饲料	草虾成虾浓缩饲料	浓缩饲料	虾	英伟(泰国)饲料有限公司	2015.07-2020.07
(2015) 外饲准字 213 号[1]	鱼粉	秘鲁红鱼粉(三级至一级)	单一饲料	畜禽水产养殖动物	秘鲁 Pesquera Diamante S. A. 公司 Callao 工厂	2015.07-2020.07
(2015) 外饲准字 214 号[1]	鱼粉	秘鲁红鱼粉(三级至一级)	单一饲料	畜禽水产养殖动物	秘鲁 Pesquera Diamante S. A. 公司 Samanco 工厂	2015.07-2020.07
(2015) 外饲准字 215 号[1]	鱼粉	秘鲁红鱼粉(三级至一级)	单一饲料	畜禽水产养殖动物	秘鲁 Pesquera Rubi S. A. 公司 Ilo 工厂	2015.07-2020.07
(2015) 外饲准字 216 号[1]	鱼粉	秘鲁红鱼粉(三级至一级)	单一饲料	畜禽水产养殖动物	秘鲁 Pesquera Diamante S. A. 公司 Mollendo 工厂	2015.07-2020.07

（续）

登记证号	通用名称	商品名称	产品类别	使用范围	生产厂家	有效期限
(2015)外饲准字217号[1]	鱼粉	秘鲁红鱼粉(三级至一级)	单一饲料	畜禽水产养殖动物	秘鲁 Pesquera Diamante S. A. 公司 Supe 工厂	2015.07-2020.07
(2015)外饲准字218号[1]	鱼粉	红鱼粉(三级至一级)	单一饲料	畜禽水产养殖动物	墨西哥 Heras 有限公司	2015.07-2020.07
(2015)外饲准字219号[1]	鱼粉	红鱼粉(三级至二级)	单一饲料	畜禽水产养殖动物	厄瓜多尔 Fortidex S. A. 公司 Data de Posorja 工厂	2015.07-2020.07
(2015)外饲准字220号[1]	白鱼粉	白鱼粉(三级至特级)	单一饲料	畜禽水产养殖动物	美国冰川渔业有限公司(工船加工,工船名: Alaska Ocean,工船号1499)	2015.07-2020.07
(2015)外饲准字221号[1]	鱼油	鱼油(饲料级)	单一饲料	虾鱼猪	厄瓜多尔 Polar 渔业公司	2015.07-2020.07
(2015)外饲准字222号[1]	鱼油	鱼油(饲料级)	单一饲料	畜禽水产养殖动物	智利 Orizon S. A. 公司 Coronel 工厂(注册号8313)	2015.07-2020.07
(2015)外饲准字223号	碱式氯化锌	泰棒锌	饲料添加剂	养殖动物	美国微营养公司	2015.08-2020.08
(2015)外饲准字224号	混合型饲料添加剂 枯草芽孢杆菌 嗜酸乳杆菌	生菌剂1号	混合型饲料添加剂	畜禽	韩国浦项发酵饲料公司	2015.08-2020.08
(2015)外饲准字225号	酵母硒	莱硒乐®	饲料添加剂	养殖动物	巴西库塔糖业公司(Quatá 工厂)	2015.08-2020.08
(2015)外饲准字226号	混合型饲料添加剂 辛酸 香芹酚	利多康消食	混合型饲料添加剂	鱼虾	西班牙利多赛公司	2015.08-2020.08
(2015)外饲准字227号	混合型饲料添加剂 香味剂	创荷美阿欧米克斯单胃动物100C	混合型饲料添加剂	猪兔家禽	法国 Phytosynthese 有限公司	2015.08-2020.08
(2015)外饲准字228号	混合型饲料添加剂 微生物	芯来旺 II - 饲用益生菌	混合型饲料添加剂	畜禽	中国台湾生合生物科技股份有限公司	2015.08-2020.08
(2015)外饲准字229号	猪牛微量元素预混合饲料	泌乐多	添加剂预混合饲料	猪牛	美国 PharmTech 国际公司	2015.08-2020.08

（续）

登记证号	通用名称	商品名称	产品类别	使用范围	生产厂家	有效期限
(2015)外饲准字230号	大豆酶解蛋白	环永泰大豆酶解蛋白	单一饲料	畜禽水产养殖动物	中国台湾环球胜肽股份有限公司	2015.08-2020.08
(2015)外饲准字231号	鱼油	秘鲁鱼油(饲料级)	单一饲料	猪水产养殖动物	秘鲁 Pesquera Exalmar S. A. A. 公司 Huacho 工厂	2015.08-2020.08
(2015)外饲准字232号	鱼油	秘鲁鱼油(饲料级)	单一饲料	猪水产养殖动物	秘鲁 Pesquera Exalmar S. A. A. 公司 Callao 工厂	2015.08-2020.08
(2015)外饲准字233号[1]	枯草芽孢杆菌	可速必宁	饲料添加剂	畜禽	可尔必思株式会社(日本)群马工厂	2015.08-2020.08
(2015)外饲准字234号[1]	可食脂肪酸钙盐	营大哥	饲料添加剂	奶牛 羊	马来西亚万山宝有限公司	2015.08-2020.08
(2015)外饲准字235号[1]	蛋氨酸羟基类似物钙盐	艾全美	饲料添加剂	猪鸡牛水产养殖动物	诺伟司国际有限公司	2015.08-2020.08
(2015)外饲准字236号[1]	鱼油	鱼油(饲料级)	单一饲料	猪水产养殖动物	智利 Orizon S. A. 公司 Coronel 工厂(注册号:08309)	2015.08-2020.08
(2015)外饲准字237号[1]	鱼粉	秘鲁红鱼粉(三级)	单一饲料	畜禽水产养殖动物	秘鲁 Tecnologica De Alimentos S. A. 公司 Chimbote 工厂	2015.08-2020.08
(2015)外饲准字238号[1]	鱼粉	红鱼粉(三级至特级)	单一饲料	畜禽水产养殖动物	智利苟尔贝斯卡股份有限公司 Iquique 东厂(注册号:01101)	2015.08-2020.08
(2015)外饲准字239号[1]	鱼粉	红鱼粉(三级至特级)	单一饲料	畜禽水产养殖动物	智利苟尔贝斯卡股份有限公司 Arica 南厂(注册号:01095)	2015.08-2020.08
(2015)外饲准字240号[1]	鱼粉	红鱼粉(三级)	单一饲料	畜禽水产养殖动物	智利 Orizon S. A. 公司 Coronel 工厂(注册号:08309)	2015.08-2020.08
(2015)外饲准字241号[1]	鱼粉	红鱼粉(三级至一级)	单一饲料	畜禽水产养殖动物	厄瓜多尔 Junin S. A. 渔业公司(JUNSA)	2015.08-2020.08
(2015)外饲准字242号[1]	鱼粉	红鱼粉(二级)	单一饲料	畜禽水产养殖动物	巴基斯坦 M/S 俾路支省海产品公司	2015.08-2020.08

（续）

登记证号	通用名称	商品名称	产品类别	使用范围	生产厂家	有效期限
(2015)外饲准字243号[1]	猪油	饲料用热炸猪油	单一饲料	家禽	香港权丰猪油有限公司	2015.08-2020.08
(2015)外饲准字244号[1]	猪油渣	饲料用热炸猪油渣	单一饲料	家禽	香港权丰猪油有限公司	2015.08-2020.08
(2015)外饲准字245号[4]	枯草芽孢杆菌	旺能	饲料添加剂	养殖动物	成胜生物科技有限公司	2015.09-2020.09
(2015)外饲准字246号[4]	植物乳杆菌	先锋先牧®1152青贮接种剂	饲料添加剂	反刍动物	丹尼斯克美国有限公司	2015.09-2020.09
(2015)外饲准字247号[4]	混合型饲料添加剂微生物	先锋先牧®1168青贮接种剂	混合型饲料添加剂	反刍动物	丹尼斯克美国有限公司	2015.09-2020.09
(2015)外饲准字248号[4]	混合型饲料添加剂微生物	农秘－F	混合型饲料添加剂	肉鸡生长育肥猪	韩国农协饲料株式会社	2015.09-2020.09
(2015)外饲准字249号[4]	混合型饲料添加剂微生物	农秘－S	混合型饲料添加剂	养殖动物	韩国农协饲料株式会社	2015.09-2020.09
(2015)外饲准字250号[4]	混合型饲料添加剂地衣芽孢杆菌	保卫菌	混合型饲料添加剂	猪家禽	保加利亚标伟特股份有限公司	2015.09-2020.09
(2015)外饲准字251号[4]	混合型饲料添加剂植酸酶(产自毕赤酵母)	好特美P 5000 PF	混合型饲料添加剂	猪家禽	保加利亚标伟特股份有限公司	2015.09-2020.09
(2015)外饲准字252号[4]	混合型饲料添加剂植酸酶(产自毕赤酵母)	好特美P 10000 PF	混合型饲料添加剂	猪家禽	保加利亚标伟特股份有限公司	2015.09-2020.09
(2015)外饲准字253号[4]	混合型饲料添加剂酶制剂	特威宝V(浓缩物)	混合型饲料添加剂	猪家禽	美国奥特奇公司	2015.09-2020.09
(2015)外饲准字254号[4]	混合型饲料添加剂二十二碳六烯酸	奥奇喜	混合型饲料添加剂	养殖动物	美国奥特奇公司	2015.09-2020.09
(2015)外饲准字255号[4]	混合型饲料添加剂酸度调节剂 香味剂	普瑞沙FX	混合型饲料添加剂	猪兔	荷兰赛尔可公司	2015.09-2020.09
(2015)外饲准字256号[4]	混合型饲料添加剂酸度调节剂 香味剂	普瑞沙FY	混合型饲料添加剂	家禽	荷兰赛尔可公司	2015.09-2020.09

（续）

登记证号	通用名称	商品名称	产品类别	使用范围	生产厂家	有效期限
(2015)外饲准字257号[4]	混合型饲料添加剂 矿物质 香味剂	宜生饲宝	混合型饲料添加剂	奶牛	美国瑞科动物营养公司	2015.09-2020.09
(2015)外饲准字258号[4]	混合饲料添加剂 酸度调节剂 香味剂	猪利康+™	混合型饲料添加剂	猪	加拿大Jefagro科技有限公司	2015.09-2020.09
(2015)外饲准字259号[4]	混合饲料添加剂 酸度调节剂 香味剂	欧乐宝+™	混合型饲料添加剂	家禽	加拿大Jefagro科技有限公司	2015.09-2020.09
(2015)外饲准字260号[4]	混合型饲料添加剂 酸度调节剂	特明科蓝酸宝LF1	混合型饲料添加剂	猪 家禽 兔	荷兰Vendrig Verhuur B.V. 公司	2015.09-2020.09
(2015)外饲准字261号[4]	混合型饲料添加剂 酸度调节剂	特明科胃肠益生剂SF2	混合型饲料添加剂	养殖动物	荷兰Peti B.V.公司	2015.09-2020.09
(2015)外饲准字262号[4]	混合型饲料添加剂 氨基酸 维生素 卵磷脂	诺维佳	混合型饲料添加剂	反刍动物	比利时INNOV AD NV公司	2015.09-2020.09
(2015)外饲准字263号[4]	混合型饲料添加剂 氯化胆碱 卵磷脂	诺维宝	混合型饲料添加剂	牛	比利时INNOV AD NV公司	2015.09-2020.09
(2015)外饲准字264号[4]	混合型饲料添加剂 DL-蛋氨酸 卵磷脂	诺维美	混合型饲料添加剂	牛 羊	比利时INNOV AD NV公司	2015.09-2020.09
(2015)外饲准字265号[4]	混合型饲料添加剂 dl-α-生育酚 虾青素	美尼旺Eye	混合型饲料添加剂	犬	中央药品株式会社西部工厂	2015.09-2020.09
(2015)外饲准字266号[4]	鱼浓缩饲料	鱼佳宝	浓缩饲料	鱼	鸿福生态生技股份有限公司	2015.09-2020.09
(2015)外饲准字267号[4]	犬配合饲料	小型犬挑嘴美毛成犬粮	配合饲料	犬	法国皇家宠物食品有限公司康布雷工厂	2015.09-2020.09
(2015)外饲准字268号[4]	仔猪配合饲料	猪宝布斯特	配合饲料	仔猪	法国Synergie Prod公司	2015.09-2020.09
(2015)外饲准字269号[4]	犊牛复合预混合饲料	犊康宝	添加剂预混合饲料	犊牛	美国福蓝迪他生物集团有限公司	2015.09-2020.09
(2015)外饲准字270号[4]	牛肉骨粉	牛肉骨粉	单一饲料	家禽 宠物 鱼	阿根廷Marfrig S.A.有限公司（注册号1113）	2015.09-2020.09

（续）

登记证号	通用名称	商品名称	产品类别	使用范围	生产厂家	有效期限
(2015)外饲准字271号[4]	双低菜粕	Bunge 双低菜粕——颗粒（4级）	单一饲料	养殖动物	邦基加拿大	2015.09-2020.09
(2015)外饲准字272号[4]	双低菜籽粕	ADM 双低菜籽粕	单一饲料	养殖动物	加拿大 ADM 农产公司	2015.09-2020.09
(2015)外饲准字273号[4]	白鱼粉	白鱼粉（三级）	单一饲料	畜禽水产养殖动物	俄罗斯"BLAF"有限公司(工船加工,工船名"PETROPAVLOVSK",工船号:CH-174)	2015.09-2020.09
(2015)外饲准字274号[1]	混合型饲料添加剂香味剂	新德吉	混合型饲料添加剂	仔猪	法国普乐维美公司	2015.09-2020.09
(2015)外饲准字275号[1]	混合型饲料添加剂维生素 氨基酸	海博莱新胺基维他	混合型饲料添加剂	猪 家禽 牛	西班牙海博莱生物大药厂	2015.09-2020.09
(2015)外饲准字276号[1]	混合型饲料添加剂α-淀粉酶和β-葡聚糖酶(均源自解淀粉芽孢杆菌)	乐多仙 A(包被颗粒)	混合型饲料添加剂	猪 家禽	丹麦诺维信公司	2015.09-2020.09
(2015)外饲准字277号[1]	混合型饲料添加剂矿物元素	鱼用矿物精	混合型饲料添加剂	鱼	中国台湾全兴国际水产股份有限公司桃园厂	2015.09-2020.09
(2015)外饲准字278号[1]	鱼微量元素预混合饲料	健鳗矿	添加剂预混合饲料	鳗鱼	中国台湾全兴国际水产股份有限公司桃园厂	2015.09-2020.09
(2015)外饲准字279号[1]	仔猪复合预混合饲料	天梭预混料	添加剂预混合饲料	仔猪	比利时英伟公司	2015.09-2020.09
(2015)外饲准字280号[1]	鱼油	鱼油(饲料级)	单一饲料	猪 水产养殖动物	智利 Blumar S. A. 公司 Talcahuano 工厂	2015.09-2020.09
(2015)外饲准字281号[4]	甲酸	甲酸 85% F	饲料添加剂	养殖动物	巴斯夫欧洲公司	2015.11-2020.11
(2015)外饲准字282号[4]	丙酸	丙酸 F	饲料添加剂	养殖动物	巴斯夫欧洲公司	2015.11-2020.11
(2015)外饲准字283号[4]	液体L-赖氨酸	液体赖氨酸	饲料添加剂	养殖动物	希杰印度尼西亚有限公司	2015.11-2020.11

（续）

登记证号	通用名称	商品名称	产品类别	使用范围	生产厂家	有效期限
(2015)外饲准字284号[4]	赖氨酸渣	普乐金	单一饲料	养殖动物	希杰印度尼西亚有限公司	2015.11-2020.11
(2015)外饲准字285号[4]	枯草芽孢杆菌	效益密码	饲料添加剂	畜禽水产养殖动物	得荣生物科技股份有限公司	2015.11-2020.11
(2015)外饲准字286号[4]	蛋白酶(源自米曲霉)	六畜旺®(粉末)	饲料添加剂	猪家禽	中国台湾生百兴业有限公司	2015.11-2020.11
(2015)外饲准字287号[4]	氯化钠	SP尚品-矿物盐舔砖	饲料添加剂	养殖动物	瑞典汉森莫宁公司	2015.11-2020.11
(2015)外饲准字288号[4]	牛微量元素预混合饲料	SP尚品-牛矿物舔砖	添加剂预混合饲料	牛	瑞典汉森莫宁公司	2015.11-2020.11
(2015)外饲准字289号[4]	牛羊微量元素预混合饲料	SP尚品-牛羊矿物舔砖	添加剂预混合饲料	牛羊	瑞典汉森莫宁公司	2015.11-2020.11
(2015)外饲准字290号[4]	复合预混合饲料	菲图电解多维	添加剂预混合饲料	养殖动物	意大利菲图公司	2015.11-2020.11
(2015)外饲准字291号[4]	畜禽复合预混合饲料	奥茵美	添加剂预混合饲料	畜禽	德国Biochem添加剂贸易和生产有限公司	2015.11-2020.11
(2015)外饲准字292号[4]	赛鸽复合预混合饲料	比尔佳液体维矿预混剂	添加剂预混合饲料	赛鸽	荷兰比尔佳迪威德公司	2015.11-2020.11
(2015)外饲准字293号[1]	鱼粉	Special Select牌鲱鱼红鱼粉(三级至二级)	单一饲料	畜禽水产养殖动物	美国欧米茄蛋白公司	2015.11-2020.11
(2015)外饲准字294号[1]	鱼粉	Special Select牌鲱鱼红鱼粉(三级至二级)	单一饲料	畜禽水产养殖动物	美国欧米茄蛋白公司Moss Point工厂	2015.11-2020.11
(2015)外饲准字295号[4]	混合型饲料添加剂酶制剂	耐得酵素G50	混合型饲料添加剂	猪家禽牛兔	澳大利亚普乐腾生物化学公司	2015.11-2020.11
(2015)外饲准字296号[4]	混合型饲料添加剂调味剂	果香宝	混合型饲料添加剂	养殖动物	中国台湾信逢股份有限公司	2015.11-2020.11

(续)

登记证号	通用名称	商品名称	产品类别	使用范围	生产厂家	有效期限
(2015)外饲准字297号[4]	混合型饲料添加剂 调味剂	艾可替	混合型饲料添加剂	养殖动物	益威益营养科技(巴西)有限公司	2015.11-2020.11
(2015)外饲准字298号[4]	混合型饲料添加剂 香味剂	普乐E 50	混合型饲料添加剂	养殖动物	荷兰普乐维美公司	2015.11-2020.11
(2015)外饲准字299号[4]	混合型饲料添加剂 防腐剂	爱德康超纯酸化剂	混合型饲料添加剂	养殖动物	爱德康欧洲有限公司	2015.11-2020.11
(2015)外饲准字300号[4]	混合型饲料添加剂 烟酰胺 碳酸钴 丙二醇	强能宝	混合型饲料添加剂	奶牛	美国斯图尔企业有限责任公司	2015.11-2020.11
(2015)外饲准字301号[4]	混合型饲料添加剂 酿酒酵母 香味物质	助消化营养补充剂	混合型饲料添加剂	马	法国萨尔蒂伊工业有限责任公司	2015.11-2020.11
(2015)外饲准字302号[4]	混合型饲料添加剂 矿物元素 维生素 酸度调节剂 甘氨酸	电解质营养补充剂	混合型饲料添加剂	马	法国萨尔蒂伊工业有限责任公司	2015.11-2020.11
(2015)外饲准字303号[4]	混合型饲料添加剂 果寡糖 谷氨酰胺 调味剂	养肠胃营养补充剂	混合型饲料添加剂	马	法国萨尔蒂伊工业有限责任公司	2015.11-2020.11
(2015)外饲准字304号[4]	混合型饲料添加剂 氨基酸 维生素 矿物质螯合物	生物素营养补充剂	混合型饲料添加剂	马	法国萨尔蒂伊工业有限责任公司	2015.11-2020.11
(2015)外饲准字305号[4]	混合型饲料添加剂 维生素 矿物元素及其螯合物	能量棒营养补充剂	混合型饲料添加剂	马	法国萨尔蒂伊工业有限责任公司	2015.11-2020.11
(2015)外饲准字306号[4]	混合型饲料添加剂 维生素 矿物元素	维生素矿物微量元素营养补充剂	混合型饲料添加剂	马	法国萨尔蒂伊工业有限责任公司	2015.11-2020.11
(2015)外饲准字307号[4]	混合型饲料添加剂 柠檬酸 硫酸镁 维生素C	斯力特(泡腾片)	混合型饲料添加剂	猪 犊牛 鸡 马	法国协同生产公司	2015.11-2020.11
(2015)外饲准字308号[4]	混合型饲料添加剂 微生物	运宝	混合型饲料添加剂	畜禽水产养殖动物	马来西亚极品营养生技有限公司	2015.11-2020.11
(2015)外饲准字309号[4]	犬配合饲料	GO!抗敏美毛系列三文鱼全犬粮	配合饲料	犬	埃尔迈拉宠物产品有限公司	2015.11-2020.11

（续）

登记证号	通用名称	商品名称	产品类别	使用范围	生产厂家	有效期限
(2015)外饲准字 310 号[4]	犬配合饲料	GO！健康无限系列无谷七种肉全犬粮	配合饲料	犬	埃尔迈拉宠物产品有限公司	2015.11-2020.11
(2015)外饲准字 311 号[4]	犬配合饲料	GO！生命防护系列羊肉全犬粮	配合饲料	犬	埃尔迈拉宠物产品有限公司	2015.11-2020.11
(2015)外饲准字 312 号[4]	犬配合饲料	GO！生命防护系列鸡肉全犬粮	配合饲料	犬	埃尔迈拉宠物产品有限公司	2015.11-2020.11
(2015)外饲准字 313 号[4]	犬配合饲料	NOW FRESH 无谷全年龄小型犬粮	配合饲料	犬	埃尔迈拉宠物产品有限公司	2015.11-2020.11
(2015)外饲准字 314 号[4]	犬配合饲料	NOW FRESH 无谷全犬种幼犬粮	配合饲料	犬	埃尔迈拉宠物产品有限公司	2015.11-2020.11
(2015)外饲准字 315 号[4]	犬配合饲料	NOW FRESH 无谷全犬种成犬粮	配合饲料	犬	埃尔迈拉宠物产品有限公司	2015.11-2020.11
(2015)外饲准字 316 号[4]	犬配合饲料	NOW FRESH 无谷全犬种老犬粮	配合饲料	犬	埃尔迈拉宠物产品有限公司	2015.11-2020.11
(2015)外饲准字 317 号[4]	猫配合饲料	NOW FRESH 无谷幼猫粮	配合饲料	猫	埃尔迈拉宠物产品有限公司	2015.11-2020.11
(2015)外饲准字 318 号[4]	猫配合饲料	NOW FRESH 无谷成猫粮	配合饲料	猫	埃尔迈拉宠物产品有限公司	2015.11-2020.11
(2015)外饲准字 319 号[4]	猫配合饲料	NOW FRESH 无谷老猫粮	配合饲料	猫	埃尔迈拉宠物产品有限公司	2015.11-2020.11
(2015)外饲准字 320 号[4]	猫配合饲料	GO！生命防护系列鸡肉全猫粮	配合饲料	猫	埃尔迈拉宠物产品有限公司	2015.11-2020.11
(2015)外饲准字 321 号[4]	猫配合饲料	GO！健康无限系列无谷九种肉全猫粮	配合饲料	猫	埃尔迈拉宠物产品有限公司	2015.11-2020.11
(2015)外饲准字 322 号[4]	猫配合饲料	GO！抗敏美毛系列无谷三种鱼全猫粮	配合饲料	猫	埃尔迈拉宠物产品有限公司	2015.11-2020.11
(2015)外饲准字 323 号[4]	马配合饲料	马驹饲料	配合饲料	马	法国萨尔蒂伊工业有限责任公司	2015.11-2020.11
(2015)外饲准字 324 号[4]	马配合饲料	成年马饲料	配合饲料	马	法国萨尔蒂伊工业有限责任公司	2015.11-2020.11
(2015)外饲准字 325 号[4]	马配合饲料	谷物平衡补充饲料	配合饲料	马	法国萨尔蒂伊工业有限责任公司	2015.11-2020.11

（续）

登记证号	通用名称	商品名称	产品类别	使用范围	生产厂家	有效期限
(2015)外饲准字326号[4]	马配合饲料	成年马能量饲料	配合饲料	马	法国萨尔蒂伊工业有限责任公司	2015.11-2020.11
(2015)外饲准字327号[4]	马配合饲料	成年马科学能量饲料	配合饲料	马	法国萨尔蒂伊工业有限责任公司	2015.11-2020.11
(2015)外饲准字328号[4]	马配合饲料	成年马混合能量饲料	配合饲料	马	法国萨尔蒂伊工业有限责任公司	2015.11-2020.11
(2015)外饲准字329号[4]	虾苗配合饲料	福星初期虾苗饲料(粉状)	配合饲料	虾苗	洪国实业股份有限公司	2015.11-2020.11
(2015)外饲准字330号[4]	鱼苗配合饲料	福星初期鱼苗饲料(粉状)	配合饲料	鱼苗	洪国实业股份有限公司	2015.11-2020.11
(2015)外饲准字331号[4]	仔猪配合饲料	猪奶优	配合饲料	仔猪	荷兰希尔斯公司	2015.11-2020.11
(2015)外饲准字332号[4]	犊牛配合饲料	优乳佳1号	配合饲料	犊牛	荷兰希尔斯公司	2015.11-2020.11
(2015)外饲准字333号[4]	犊牛配合饲料	优乳佳2号	配合饲料	犊牛	荷兰希尔斯公司	2015.11-2020.11
(2015)外饲准字334号[4]	犊牛配合饲料	优乳优	配合饲料	犊牛	荷兰希尔斯公司	2015.11-2020.11
(2015)外饲准字335号[4]	犊牛配合饲料	元亨1号	配合饲料	犊牛	荷兰希尔斯公司	2015.11-2020.11
(2015)外饲准字336号[4]	鱼粉	红鱼粉(三级至二级)	单一饲料	畜禽水产养殖动物	厄瓜多尔皇家贸易公司(简称N.I.R.S.A.)	2015.11-2020.11
(2015)外饲准字337号[4]	水解羽毛粉	水解解羽毛粉	单一饲料	猪家禽水产养殖动物	美国全球原料公司	2015.11-2020.11
(2015)外饲准字338号[4]	鸡肉粉	鸡肉粉GIC－P65	单一饲料	猪家禽水产养殖动物	美国全球原料公司	2015.11-2020.11
(2015)外饲准字339号[4]	棉粕	棉粕GIC－HiPro	单一饲料	奶牛肉牛	美国全球原料公司	2015.11-2020.11
(2015)外饲准字340号[4]	酵母培养物	犊牛益康	单一饲料	犊牛	美国达农威公司	2015.11-2020.11
(2015)外饲准字341号[4]	酿酒酵母提取物	成胜牧宝	单一饲料	家畜水产养殖动物	成胜生物科技有限公司	2015.11-2020.11

（续）

登记证号	通用名称	商品名称	产品类别	使用范围	生产厂家	有效期限
(2015)外饲准字342号[1]	混合型饲料添加剂植酸酶(产自黑曲霉)	酶他富®10000G	混合型饲料添加剂	猪肉鸡	巴斯夫欧洲公司	2015.11-2020.11
(2015)外饲准字343号[1]	L-色氨酸	L-色氨酸	饲料添加剂	畜禽	希杰印度尼西亚有限公司	2015.11-2020.11
(2015)外饲准字344号[1]	混合型饲料添加剂木聚糖酶(产自长柄木霉)	毒排清	混合型饲料添加剂	畜禽	比利时英派克斯有限公司	2015.11-2020.11
(2015)外饲准字345号[1]	混合型饲料添加剂微生物	优比-他	混合型饲料添加剂	猪牛家禽马	韩国柳柅生物科技有限公司	2015.11-2020.11
(2015)外饲准字346号[1]	混合型饲料添加剂酸度调节剂	艾维康PRO	混合型饲料添加剂	猪家禽	诺伟司德国公司	2015.11-2020.11
(2015)外饲准字347号[1]	仔猪维生素预混合饲料	补能佳	添加剂预混合饲料	仔猪	美国ACG产品有限公司	2015.11-2020.11
(2015)外饲准字348号[1]	鱼油	鲶鱼鱼油	单一饲料	猪家禽水产养殖动物	越南顺安劳务生产商贸责任有限公司	2015.11-2020.11
(2015)外饲准字349号[1]	牛肉骨粉	艾菲科501牛肉骨粉	单一饲料	猪	新西兰艾菲科有限公司	2015.11-2020.11
(2015)外饲准字350号[4]	烟酸铬	烟酸铬	饲料添加剂	猪	印度Harkia Drugs Private Limited	2015.12-2020.12
(2015)外饲准字351号[4]	吡啶甲酸铬	吡啶甲酸铬	饲料添加剂	猪	印度Harkia Drugs Private Limited	2015.12-2020.12
(2015)外饲准字352号[4]	丁基羟基茴香醚	丁基羟基茴香醚	饲料添加剂	养殖动物	印度Camlin Fine Sciences有限公司	2015.12-2020.12
(2015)外饲准字353号[4]	L-赖氨酸硫酸盐及其发酵副产物	赖氨酸70	饲料添加剂	养殖动物	希杰印度尼西亚有限公司	2015.12-2020.12
(2015)外饲准字354号[4]	混合型饲料添加剂抗氧化剂	宠鲜液剂	混合型饲料添加剂	养殖动物	新加坡建明工业(亚洲)私人有限公司	2015.12-2020.12
(2015)外饲准字355号[4]	混合型饲料添加剂抗氧化剂	宠鲜粉剂	混合型饲料添加剂	宠物	新加坡建明工业(亚洲)私人有限公司	2015.12-2020.12

（续）

登记证号	通用名称	商品名称	产品类别	使用范围	生产厂家	有效期限
（2015）外饲准字356号[4]	混合型饲料添加剂 抗氧化剂	宠鲜－OX液剂	混合型饲料添加剂	宠物	新加坡建明工业（亚洲）私人有限公司	2015.12-2020.12
（2015）外饲准字357号[4]	混合型饲料添加剂 卵磷脂 单硬脂酸甘油酯	百佳宝	混合型饲料添加剂	养殖动物	新加坡 CAROTINO BIOCHEM PTE LTD 公司	2015.12-2020.12
（2015）外饲准字358号[4]	混合型饲料添加剂 丝兰提取物 磷酸氢二钠	舒肝保	混合型饲料添加剂	养殖动物	西班牙 Industrial Tecnica Pecuaria S. A. 公司	2015.12-2020.12
（2015）外饲准字359号[4]	混合型饲料添加剂 酶制剂	英威02CS液体复合酶	混合型饲料添加剂	单胃动物	比利时艾威有限公司	2015.12-2020.12
（2015）外饲准字360号[4]	混合型饲料添加剂 酶制剂	英威XG10液体复合酶	混合型饲料添加剂	单胃动物	比利时艾威有限公司	2015.12-2020.12
（2015）外饲准字361号[4]	混合型饲料添加剂 酶制剂	英威02CS复合酶	混合型饲料添加剂	单胃动物	比利时艾威有限公司	2015.12-2020.12
（2015）外饲准字362号[4]	混合型饲料添加剂 酶制剂	英威XG10复合酶	混合型饲料添加剂	单胃动物	比利时艾威有限公司	2015.12-2020.12
（2015）外饲准字363号[4]	混合型饲料添加剂 硫酸锌 DL－蛋氨酸	锌旺	混合型饲料添加剂	猪肉鸡蛋鸡水产养殖动物	贸立实业股份有限公司	2015.12-2020.12
（2015）外饲准字364号[4]	混合型饲料添加剂 木聚糖酶（产自李氏木霉）	小肽宝	混合型饲料添加剂	猪	中国台湾农鹤企业有限公司	2015.12-2020.12
（2015）外饲准字365号[4]	混合型饲料添加剂 维生素 甲酸	斯诺补（液）	混合型饲料添加剂	鸡猪牛马	法国协同生产公司	2015.12-2020.12
（2015）外饲准字366号[4]	混合型饲料添加剂 维生素 柠檬酸	斯诺补（泡腾片）	混合型饲料添加剂	鸡猪牛马	法国协同生产公司	2015.12-2020.12
（2015）外饲准字367号[4]	牛用复合预混合饲料	爱牧益	添加剂预混合饲料	牛	意大利艾格威公司	2015.12-2020.12
（2015）外饲准字368号[4]	犬配合饲料	小型犬幼犬粮鸡肉	配合饲料	犬	比利时联合宠物食品公司	2015.12-2020.12

（续）

登记证号	通用名称	商品名称	产品类别	使用范围	生产厂家	有效期限
(2015)外饲准字369号[4]	犬配合饲料	大型犬幼犬粮鸡肉	配合饲料	犬	比利时联合宠物食品公司	2015.12-2020.12
(2015)外饲准字370号[4]	犬配合饲料	小型犬成犬粮鸡肉	配合饲料	犬	比利时联合宠物食品公司	2015.12-2020.12
(2015)外饲准字371号[4]	犬配合饲料	成犬三文鱼无谷粮	配合饲料	犬	比利时联合宠物食品公司	2015.12-2020.12
(2015)外饲准字372号[4]	犬配合饲料	大型犬成犬粮鸡肉	配合饲料	犬	比利时联合宠物食品公司	2015.12-2020.12
(2015)外饲准字373号[4]	鱼粉	红鱼粉(三级)	单一饲料	畜禽水产养殖动物	秘鲁 Pesquera Jada S. A. 公司 Chimbote 工厂	2015.12-2020.12
(2015)外饲准字374号[4]	啤酒酵母粉	康畜美	单一饲料	畜禽水产养殖动物	中国台湾玉众实业有限公司	2015.12-2020.12
(2015)外饲准字375号[1]	β-甘露聚糖酶(产自迟缓芽孢杆菌)	和美酵素®-强效型	饲料添加剂	猪 家禽	美国礼来公司印第安纳州工厂	2015.12-2020.12
(2015)外饲准字376号[1]	蛋氨酸羟基类似物	艾丽美	饲料添加剂	鸡 猪 牛 水产养殖动物	诺伟司国际公司	2015.12-2020.12
(2015)外饲准字377号[1]	混合型饲料添加剂 糖精钠	诸味美	混合型饲料添加剂	猪	韩国 Eunjin 国际生物技术株式会社	2015.12-2020.12
(2015)外饲准字378号[1]	混合型饲料添加剂 维生素 磷酸氢钙 淀粉酶(产自解淀粉芽孢杆菌)	发育宝-S(猫用)	混合型饲料添加剂	猫	信元制药厂	2015.12-2020.12
(2015)外饲准字379号[1]	混合型饲料添加剂 维生素 磷酸氢钙 淀粉酶(产自解淀粉芽孢杆菌)	发育宝-S(犬用)	混合型饲料添加剂	犬	信元制药厂	2015.12-2020.12
(2015)外饲准字380号[1]	混合型饲料添加剂 磷酸氢钙 维生素 D3 嗜酸乳杆菌	钙胃能	混合型饲料添加剂	猫 犬	信元制药厂	2015.12-2020.12
(2015)外饲准字381号[1]	鱼粉	秘鲁红鱼粉(三级)	单一饲料	畜禽水产养殖动物	秘鲁 Tecnologica De Alimentos S. A. 公司	2015.12-2020.12
(2015)外饲准字382号[1]	鱼粉	毕尔福红鱼粉(二级)	单一饲料	畜禽水产养殖动物	巴基斯坦英特玛克国际公司	2015.12-2020.12

（续）

登记证号	通用名称	商品名称	产品类别	使用范围	生产厂家	有效期限
(2015)外饲准字383号[4]	马骨粉	马骨粉	单一饲料	鸡猪水产养殖动物	蒙古恒生实业公司	2015.12-2020.12
(2015)外饲准字384号[1]	木聚糖酶和β-葡聚糖酶(产自长柄木霉)	艾克拿斯L	饲料添加剂	鸡仔猪	芬兰罗尔公司	2015.12-2020.12

2015年换发进口饲料和饲料添加剂产品登记证目录(外文略)

登记证号	产品名称	生产厂家名称	变更内容	原名称	变更名称
(2014)外饲准字188号	特明科防霉剂SP1	荷兰耐赛特有限公司	产品名称	凯米拉防霉剂SP1	特明科防霉剂SP1
			申请企业名称	芬兰凯米拉有限公司	芬兰特明科有限公司
(2012)外饲准字258号	肉骨粉(牛和绵羊)	澳大利亚Thomas Foods International Murray Bridge Pty有限公司	申请企业名称	澳大利亚T&R(Murray Bridge) Pty Ltd	澳大利亚Thomas Foods International Murray Bridge Pty有限公司
			生产企业名称	澳大利亚T&R(Murray Bridge) Pty Ltd	澳大利亚Thomas Foods International Murray Bridge Pty有限公司
(2015)外饲准字063号	秘鲁红鱼粉(三级)	秘鲁Corporacion Pesquera Inca S. A. C.公司Chimbote工厂	生产地址	Calle El Milagro S/N, Zona Industrial 27 De Octubre, Distrito De Chimbote, Provincia De Santa, Departamento De Ancash, Peru	Calle 2 (Calle El Milagro) N° 101, Mza. E, Lote O, Zona Lotizacion Industrial Gran Trapecio, Distrito de Chimbote, Provincia Del Santa, Departamento de Ancash, Peru
(2011)外饲准字179号	和美酵素-强效型	美国礼来公司印第安纳州工厂	申请企业名称	美国ChemGen公司	美国礼来公司
			生产厂家名称	美国ChemGen公司	美国礼来公司印第安纳州工厂
(2012)外饲准字263号	安佑牌人工乳(好离奶)	中国台湾隆佑兴业股份有限公司	申请企业名称	中国台湾昆昌企业股份有限公司	中国台湾隆佑兴业股份有限公司
			生产厂家名称	中国台湾昆昌企业股份有限公司	中国台湾隆佑兴业股份有限公司

（续）

登记证号	产品名称	生产厂家名称	变更内容	原名称	变更名称
(2012)外饲准字264号	安佑牌哺乳猪100	中国台湾隆佑兴业股份有限公司.	申请企业名称	中国台湾昆昌企业股份有限公司	中国台湾隆佑兴业股份有限公司
			生产厂家名称	中国台湾昆昌企业股份有限公司	中国台湾隆佑兴业股份有限公司
(2015)外饲准字223号	泰棒锌	美国微营养公司	申请企业名称	美国微营养公司	美国微营养公司
			生产厂家名称	美国微营养公司	美国微营养公司
(2015)外饲准字227号	赛尔可阿欧米克斯单胃动物100C	法国 Phytosynthese 有限公司	产品的中文及外文商品名称	创荷美阿欧米克斯单胃动物100C	赛尔可阿欧米克斯单胃动物100C
(2015)外饲准字194号	红鱼粉(三级至特级)	智利 Corpesca S. A. 公司 Arica 北厂(注册号:01096)	产品的中文及外文商品名称	红鱼粉(三级)	红鱼粉(三级至特级)
(2015)外饲准字195号	红鱼粉(三级至特级)	智利 Corpesca S. A. 公司 Iquique 南厂(注册号:01102)	产品的中文及外文商品名称	红鱼粉(三级)	红鱼粉(三级至特级)
(2015)外饲准字196号	红鱼粉(三级至特级)	智利 Corpesca S. A. 公司 Mejillones 工厂(注册号:02092)	产品的中文及外文商品名称	红鱼粉(三级)	红鱼粉(三级至特级)
(2013)外饲准字069号	奥优藻	美国奥特奇公司	产品的中文或外文商品名称	绿为乐	奥优藻
(2015)外饲准字012号	卫常酸	德国 Dr. Eckel GmbH 公司	产品的中文商品名称	乐力酸	卫常酸
登记证号	**商品名称**	**产品类别**	**变更内容**	**原名称**	**变更名称**
(2011)外饲准字257号	益宁易 SCP NC	饲料添加剂	生产厂家和申请企业名称	美国伟克公司	美国切迟－杜威公司
(2012)外饲准字285号	益宁易 NC	饲料添加剂	生产厂家和申请企业名称	美国伟克公司	美国切迟－杜威公司
(2013)外饲准字142号	麦可食超浓缩型 A－MAX	饲料添加剂	生产厂家和申请企业名称	美国伟克公司	美国切迟－杜威公司

（续）

登记证号	商品名称	产品类别	变更内容	原名称	变更名称
(2013)外饲准字301号	倍吉美	饲料添加剂	生产厂家和申请企业名称	美国伟克公司	美国切迟－杜威公司
(2013)外饲准字302号	爱旺达	饲料添加剂	生产厂家和申请企业名称	美国伟克公司	美国切迟－杜威公司
(2013)外饲准字303号	爱旺达液体	饲料添加剂	生产厂家和申请企业名称	美国伟克公司	美国切迟－杜威公司
(2013)外饲准字304号	爱旺达 SCP	饲料添加剂	生产厂家和申请企业名称	美国伟克公司	美国切迟－杜威公司
(2013)外饲准字305号	益宁易液体 NC	饲料添加剂	生产厂家和申请企业名称	美国伟克公司	美国切迟－杜威公司
(2013)外饲准字342号	麦可食浓缩型	饲料添加剂	生产厂家和申请企业名称	美国伟克公司	美国切迟－杜威公司

2015年农业部《种畜禽生产经营许可证》颁发目录

许可证编号	单位名称	生产经营范围	有效期
(2015)001501	西安市奶牛育种中心	荷斯坦牛、西门塔尔牛、和牛冷冻精液	2015.01.22-2018.01.22
(2015)001502	甘肃省家畜繁育中心	西门塔尔牛、夏洛来牛、利木赞牛、皮埃蒙特牛冷冻精液	2015.01.22-2018.01.22
(2015)001503	大理五福畜禽良种有限责任公司	荷斯坦牛、西门塔尔牛、短角牛、摩拉水牛、尼里－拉菲水牛冷冻精液	2015.01.22-2018.01.22
(2015)001504	延边东兴种牛科技有限公司	西门塔尔牛、利木赞牛、夏洛来牛、延边牛、延黄牛、安格斯牛冷冻精液	2015.01.22-2018.01.22
(2015)001505	天津市奶牛发展中心	荷斯坦牛冷冻精液	2015.04.10-2018.04.10
(2015)001506	广西壮族自治区畜禽品种改良站	摩拉水牛、尼里－拉菲水牛冷冻精液	2015.04.22-2018.04.22
(2015)001507	武汉兴牧生物科技有限公司	西门塔尔牛、夏洛来牛、娟姗牛、槟榔江水牛、尼里－拉菲水牛、摩拉水牛冷冻精液	2015.05.25-2018.05.25
(2015)001508	四平市兴牛牧业服务有限公司	西门塔尔牛、夏洛来牛冷冻精液	2015.06.09-2018.06.09

2015年《种畜禽生产经营许可证》生产经营范围变更目录

单位名称	许可证编号	原生产经营范围	生产经营范围	有效期
成都汇丰动物育种有限公司	(2012)001513	荷斯坦牛、西门塔尔牛、娟姗牛冷冻精液	荷斯坦牛、西门塔尔牛、娟姗牛、蜀宣花牛冷冻精液	2012.09.29-2015.09.28

2015年《种畜禽生产经营许可证》法定代表人变更目录

原单位名称	单位名称	原法定代表人	变更后法定代表人	许可证编号	生产经营范围	有效期
山东奥克斯生物技术有限公司	山东奥克斯畜牧种业有限公司	仲跻峰	高运东	(2014)001505	荷斯坦牛冷冻精液	2014.04.16-2017.04.15

各有关单位验收合格种公牛名单

总序号	序号	品种	公牛号	来源	外貌等级	冻精检测	单　位
1	1	荷斯坦牛	61210001	西安草滩奶牛五场	特级	合格	西安市奶牛育种中心
2	2	荷斯坦牛	61210002	西安草滩奶牛五场	一级	合格	西安市奶牛育种中心
3	3	荷斯坦牛	61210003	西安草滩奶牛五场	一级	合格	西安市奶牛育种中心
4	4	荷斯坦牛	61210005	西安草滩奶牛五场	一级	合格	西安市奶牛育种中心
5	5	荷斯坦牛	61210006	西安草滩奶牛五场	特级	合格	西安市奶牛育种中心
6	6	荷斯坦牛	61210007	西安草滩奶牛五场	一级	合格	西安市奶牛育种中心
7	7	荷斯坦牛	61210010	西安草滩奶牛五场	特级	合格	西安市奶牛育种中心
8	8	荷斯坦牛	61211011	西安草滩奶牛三场	特级	合格	西安市奶牛育种中心
9	9	荷斯坦牛	61211012	西安草滩奶牛五场	特级	合格	西安市奶牛育种中心
10	10	荷斯坦牛	61211014	西安草滩奶牛三场	特级	合格	西安市奶牛育种中心
11	11	荷斯坦牛	61211015	西安草滩奶牛三场	特级	合格	西安市奶牛育种中心
12	12	荷斯坦牛	61211016	西安草滩奶牛三场	特级	合格	西安市奶牛育种中心
13	13	荷斯坦牛	61211017	西安草滩奶牛三场	特级	合格	西安市奶牛育种中心

（续）

总序号	序号	品种	公牛号	来源	外貌等级	冻精检测	单　　位
14	14	荷斯坦牛	61211018	杨凌科元	特级	合格	西安市奶牛育种中心
15	15	荷斯坦牛	61211019	杨凌科元	特级	合格	西安市奶牛育种中心
16	16	荷斯坦牛	61212020	西安草滩奶牛三场	特级	合格	西安市奶牛育种中心
17	17	荷斯坦牛	61212021	西安草滩奶牛三场	一级	合格	西安市奶牛育种中心
18	18	荷斯坦牛	61212022	西安草滩奶牛五场	特级	合格	西安市奶牛育种中心
19	19	荷斯坦牛	61212023	西安草滩奶牛五场	特级	合格	西安市奶牛育种中心
20	20	荷斯坦牛	61212024	西安草滩奶牛五场	特级	合格	西安市奶牛育种中心
21	21	荷斯坦牛	61212025	西安草滩奶牛三场	特级	合格	西安市奶牛育种中心
22	22	荷斯坦牛	61212026	西安草滩奶牛三场	一级	合格	西安市奶牛育种中心
23	23	荷斯坦牛	61212027	西安草滩奶牛三场	特级	合格	西安市奶牛育种中心
24	24	荷斯坦牛	61212028	西安草滩奶牛三场	特级	合格	西安市奶牛育种中心
25	25	和牛	61212H01	内蒙古大学良种场	特级	合格	西安市奶牛育种中心
26	26	和牛	61212H11	内蒙古大学良种场	特级	合格	西安市奶牛育种中心
27	27	和牛	61212H25	内蒙古大学良种场	一级	合格	西安市奶牛育种中心
28	28	和牛	61213H47	内蒙古大学良种场	一级	合格	西安市奶牛育种中心
29	29	西门塔尔牛	61212009	呼图壁种牛场	特级	合格	西安市奶牛育种中心
30	30	西门塔尔牛	61212017	呼图壁种牛场	一级	合格	西安市奶牛育种中心
31	31	西门塔尔牛	61212039	呼图壁种牛场	特级	合格	西安市奶牛育种中心
32	32	西门塔尔牛	61212011	呼图壁种牛场	一级	合格	西安市奶牛育种中心
33	33	西门塔尔牛	61211023	呼图壁种牛场	特级	合格	西安市奶牛育种中心
34	34	西门塔尔牛	61212063	呼图壁种牛场	特级	合格	西安市奶牛育种中心
35	35	西门塔尔牛	61212033	呼图壁种牛场	一级	合格	西安市奶牛育种中心
36	36	西门塔尔牛	61212097	呼图壁种牛场	一级	合格	西安市奶牛育种中心
37	1	西门塔尔牛	62103048	自繁	特级	合格	甘肃省家畜繁育中心

（续）

总序号	序号	品种	公牛号	来源	外貌等级	冻精检测	单　　位
38	2	西门塔尔牛	62105201	河南鼎元	一级	合格	甘肃省家畜繁育中心
39	3	西门塔尔牛	62106016	自繁	一级	合格	甘肃省家畜繁育中心
40	4	西门塔尔牛	62106113	自繁	特级	合格	甘肃省家畜繁育中心
41	5	西门塔尔牛	62106428	新疆呼图壁	特级	合格	甘肃省家畜繁育中心
42	6	西门塔尔牛	62106708	新疆呼图壁	特级	合格	甘肃省家畜繁育中心
43	7	西门塔尔牛	62106713	新疆呼图壁	特级	合格	甘肃省家畜繁育中心
44	8	西门塔尔牛	62106821	新疆呼图壁	一级	合格	甘肃省家畜繁育中心
45	9	西门塔尔牛	62107023	自繁	特级	合格	甘肃省家畜繁育中心
46	10	西门塔尔牛	62107028	自繁	特级	合格	甘肃省家畜繁育中心
47	11	西门塔尔牛	62107418	新疆呼图壁	特级	合格	甘肃省家畜繁育中心
48	12	西门塔尔牛	62107503	新疆呼图壁	特级	合格	甘肃省家畜繁育中心
49	13	西门塔尔牛	62107601	新疆呼图壁	特级	合格	甘肃省家畜繁育中心
50	14	西门塔尔牛	62108001	自繁	特级	合格	甘肃省家畜繁育中心
51	15	西门塔尔牛	62108033	新疆呼图壁	一级	合格	甘肃省家畜繁育中心
52	16	西门塔尔牛	62108035	新疆呼图壁	特级	合格	甘肃省家畜繁育中心
53	17	西门塔尔牛	62108037	新疆呼图壁	特级	合格	甘肃省家畜繁育中心
54	18	西门塔尔牛	62108039	新疆呼图壁	特级	合格	甘肃省家畜繁育中心
55	19	西门塔尔牛	62109009	自繁	特级	合格	甘肃省家畜繁育中心
56	20	西门塔尔牛	62109041	新疆呼图壁	特级	合格	甘肃省家畜繁育中心
57	21	西门塔尔牛	62109043	新疆呼图壁	特级	合格	甘肃省家畜繁育中心
58	22	西门塔尔牛	62110045	自繁	特级	合格	甘肃省家畜繁育中心
59	23	西门塔尔牛	62111059	自繁	特级	合格	甘肃省家畜繁育中心
60	24	西门塔尔牛	62111061	自繁	特级	合格	甘肃省家畜繁育中心
61	25	西门塔尔牛	62111067	自繁	特级	合格	甘肃省家畜繁育中心

（续）

总序号	序号	品种	公牛号	来源	外貌等级	冻精检测	单　　位
62	26	西门塔尔牛	62111149	澳大利亚	特级	合格	甘肃省家畜繁育中心
63	27	西门塔尔牛	62111150	澳大利亚	特级	合格	甘肃省家畜繁育中心
64	28	西门塔尔牛	62111151	澳大利亚	特级	合格	甘肃省家畜繁育中心
65	29	西门塔尔牛	62111153	澳大利亚	特级	合格	甘肃省家畜繁育中心
66	30	西门塔尔牛	62111154	澳大利亚	特级	合格	甘肃省家畜繁育中心
67	31	西门塔尔牛	62111157	澳大利亚	特级	合格	甘肃省家畜繁育中心
68	32	西门塔尔牛	62111159	澳大利亚	特级	合格	甘肃省家畜繁育中心
69	33	西门塔尔牛	62111160	澳大利亚	特级	合格	甘肃省家畜繁育中心
70	34	西门塔尔牛	62111161	澳大利亚	特级	合格	甘肃省家畜繁育中心
71	35	西门塔尔牛	62111163	澳大利亚	特级	合格	甘肃省家畜繁育中心
72	36	西门塔尔牛	62111165	澳大利亚	特级	合格	甘肃省家畜繁育中心
73	37	西门塔尔牛	62111166	澳大利亚	特级	合格	甘肃省家畜繁育中心
74	38	西门塔尔牛	62111167	澳大利亚	特级	合格	甘肃省家畜繁育中心
75	39	西门塔尔牛	62111169	澳大利亚	特级	合格	甘肃省家畜繁育中心
76	40	西门塔尔牛	62111170	澳大利亚	特级	合格	甘肃省家畜繁育中心
77	41	西门塔尔牛	62111171	澳大利亚	特级	合格	甘肃省家畜繁育中心
78	42	西门塔尔牛	62111172	澳大利亚	特级	合格	甘肃省家畜繁育中心
79	43	西门塔尔牛	62111173	澳大利亚	特级	合格	甘肃省家畜繁育中心
80	44	西门塔尔牛	62112079	自繁	特级	合格	甘肃省家畜繁育中心
81	45	西门塔尔牛	62113083	自繁	一级	合格	甘肃省家畜繁育中心
82	46	夏洛来牛	62110047	自繁	特级	合格	甘肃省家畜繁育中心
83	47	夏洛来牛	62113081	自繁	特级	合格	甘肃省家畜繁育中心
84	48	利木赞牛	62103051	加拿大胚胎	特级	合格	甘肃省家畜繁育中心
85	49	皮埃蒙特牛	62111063	自繁	特级	合格	甘肃省家畜繁育中心

（续）

总序号	序号	品种	公牛号	来源	外貌等级	冻精检测	单　　位
86	1	荷斯坦牛	53205063	澳大利亚	特级	87	大理五福畜禽良种有限责任公司
87	2	荷斯坦牛	53206066	澳大利亚	特级	87	大理五福畜禽良种有限责任公司
88	3	荷斯坦牛	53209098	加拿大胚胎移植	特级	86	大理五福畜禽良种有限责任公司
89	4	荷斯坦牛	53210106	美国胚胎移植	特级	85	大理五福畜禽良种有限责任公司
90	5	荷斯坦牛	53210107	美国胚胎移植	特级	85	大理五福畜禽良种有限责任公司
91	6	荷斯坦牛	53210108	美国胚胎移植	特级	87	大理五福畜禽良种有限责任公司
92	7	荷斯坦牛	53210111	美国胚胎移植	特级	85	大理五福畜禽良种有限责任公司
93	8	荷斯坦牛	53210112	美国胚胎移植	特级	86	大理五福畜禽良种有限责任公司
94	9	荷斯坦牛	53212128	美国胚胎移植	特级	86	大理五福畜禽良种有限责任公司
95	10	荷斯坦牛	53212129	美国胚胎移植	特级	85	大理五福畜禽良种有限责任公司
96	11	荷斯坦牛	53212130	美国胚胎移植	特级	87	大理五福畜禽良种有限责任公司
97	12	荷斯坦牛	53212131	美国胚胎移植	特级	87	大理五福畜禽良种有限责任公司
98	13	荷斯坦牛	53212132	美国胚胎移植	一级	84	大理五福畜禽良种有限责任公司
99	14	西门塔尔牛	53206070	澳大利亚	特级	88	大理五福畜禽良种有限责任公司
100	15	西门塔尔牛	53206072	澳大利亚	特级	87	大理五福畜禽良种有限责任公司
101	16	西门塔尔牛	53210115	新疆呼图壁	特级	86	大理五福畜禽良种有限责任公司
102	17	西门塔尔牛	53210116	新疆呼图壁	特级	86	大理五福畜禽良种有限责任公司
103	18	西门塔尔牛	53210117	新疆呼图壁	特级	87	大理五福畜禽良种有限责任公司
104	19	西门塔尔牛	53210118	新疆呼图壁	特级	87	大理五福畜禽良种有限责任公司
105	20	西门塔尔牛	53212133	云南种畜场	特级	85	大理五福畜禽良种有限责任公司
106	21	西门塔尔牛	53212134	云南种畜场	特级	85	大理五福畜禽良种有限责任公司
107	22	西门塔尔牛	53212135	云南种畜场	特级	85	大理五福畜禽良种有限责任公司
108	23	短角牛	53211122	云南寻甸种羊场	特级	85	大理五福畜禽良种有限责任公司
109	24	短角牛	53211123	云南寻甸种羊场	特级	86	大理五福畜禽良种有限责任公司

（续）

总序号	序号	品种	公牛号	来源	外貌等级	冻精检测	单　　位
110	25	尼里/拉菲水牛	53206060	广西水牛研究所	特级	86	大理五福畜禽良种有限责任公司
111	26	尼里/拉菲水牛	53206062	广西水牛研究所	特级	86	大理五福畜禽良种有限责任公司
112	27	尼里/拉菲水牛	53207083	广西水牛研究所	特级	87	大理五福畜禽良种有限责任公司
113	28	尼里/拉菲水牛	53207085	广西水牛研究所	特级	88	大理五福畜禽良种有限责任公司
114	29	尼里/拉菲水牛	53209124	广西水牛研究所	特级	85	大理五福畜禽良种有限责任公司
115	30	尼里/拉菲水牛	53210104	大理水牛原种场	特级	87	大理五福畜禽良种有限责任公司
116	31	摩拉水牛	53204050	广西水牛研究所	特级	87	大理五福畜禽良种有限责任公司
117	32	摩拉水牛	53204051	广西水牛研究所	特级	88	大理五福畜禽良种有限责任公司
118	33	摩拉水牛	53204055	广西水牛研究所	特级	86	大理五福畜禽良种有限责任公司
119	34	摩拉水牛	53206061	广西水牛研究所	特级	86	大理五福畜禽良种有限责任公司
120	35	摩拉水牛	53207086	广西水牛研究所	特级	87	大理五福畜禽良种有限责任公司
121	36	摩拉水牛	53207087	广西水牛研究所	特级	86	大理五福畜禽良种有限责任公司
122	37	摩拉水牛	53207088	广西水牛研究所	特级	87	大理五福畜禽良种有限责任公司
123	38	摩拉水牛	53210102	大理水牛原种场	特级	87	大理五福畜禽良种有限责任公司
124	1	西门塔尔牛	22305012	澳大利亚	特级	合格	延边东兴种牛科技有限公司
125	2	西门塔尔牛	22308015	通辽高林屯种畜场	特级	合格	延边东兴种牛科技有限公司
126	3	西门塔尔牛	22308019	通辽高林屯种畜场	特级	合格	延边东兴种牛科技有限公司
127	4	西门塔尔牛	22308023	通辽高林屯种畜场	特级	合格	延边东兴种牛科技有限公司
128	5	西门塔尔牛	22308025	通辽高林屯种畜场	特级	合格	延边东兴种牛科技有限公司
129	6	西门塔尔牛	22310083	澳大利亚	特级	合格	延边东兴种牛科技有限公司
130	7	西门塔尔牛	22311104	澳大利亚	特级	合格	延边东兴种牛科技有限公司
131	8	西门塔尔牛	22311286	延边资源保种场	特级	合格	延边东兴种牛科技有限公司
132	9	利木赞牛	22305080	澳大利亚	特级	合格	延边东兴种牛科技有限公司
133	10	利木赞牛	22305537	长春新牧科技有限公司	特级	合格	延边东兴种牛科技有限公司

（续）

总序号	序号	品种	公牛号	来源	外貌等级	冻精检测	单　　位
134	11	利木赞牛	22310115	澳大利亚	特级	合格	延边东兴种牛科技有限公司
135	12	利木赞牛	22310117	澳大利亚	特级	合格	延边东兴种牛科技有限公司
136	13	利木赞牛	22310120	澳大利亚	特级	合格	延边东兴种牛科技有限公司
137	14	利木赞牛	22310121	澳大利亚	特级	合格	延边东兴种牛科技有限公司
138	15	夏洛来牛	22311100	澳大利亚	特级	合格	延边东兴种牛科技有限公司
139	16	安格斯牛	22310127	澳大利亚	特级	合格	延边东兴种牛科技有限公司
140	17	安格斯牛	22310128	澳大利亚	特级	合格	延边东兴种牛科技有限公司
141	18	延边牛	22306008	延边种牛场	特级	合格	延边东兴种牛科技有限公司
142	19	延边牛	22306015	延边种牛场	特级	合格	延边东兴种牛科技有限公司
143	20	延边牛	22306070	延边种牛场	特级	合格	延边东兴种牛科技有限公司
144	21	延边牛	22307071	延边种牛场	特级	合格	延边东兴种牛科技有限公司
145	22	延边牛	22307072	延边种牛场	特级	合格	延边东兴种牛科技有限公司
146	23	延边牛	22307089	延边种牛场	一级	合格	延边东兴种牛科技有限公司
147	24	延边牛	22309001	延边种牛场	特级	合格	延边东兴种牛科技有限公司
148	25	延边牛	22309007	延边种牛场	特级	合格	延边东兴种牛科技有限公司
149	26	延边牛	22309013	延边种牛场	特级	合格	延边东兴种牛科技有限公司
150	27	延边牛	22310001	延边种牛场	特级	合格	延边东兴种牛科技有限公司
151	28	延边牛	22310005	延边种牛场	特级	合格	延边东兴种牛科技有限公司
152	29	延边牛	22310013	延边种牛场	特级	合格	延边东兴种牛科技有限公司
153	30	延边牛	22310039	延边种牛场	特级	合格	延边东兴种牛科技有限公司
154	31	延边牛	22310916	延边种牛场	特级	合格	延边东兴种牛科技有限公司
155	32	延边牛	22311134	延边种牛场	特级	合格	延边东兴种牛科技有限公司
156	33	延边牛	22311144	延边种牛场	特级	合格	延边东兴种牛科技有限公司
157	34	延黄牛	22306035	延边种牛场	特级	合格	延边东兴种牛科技有限公司

（续）

总序号	序号	品种	公牛号	来源	外貌等级	冻精检测	单　　位
158	35	延黄牛	22306074	延边种牛场	特级	合格	延边东兴种牛科技有限公司
159	36	延黄牛	22307001	延边种牛场	特级	合格	延边东兴种牛科技有限公司
160	37	延黄牛	22307062	延边种牛场	特级	合格	延边东兴种牛科技有限公司
161	38	延黄牛	22307073	延边种牛场	特级	合格	延边东兴种牛科技有限公司
162	39	延黄牛	22308033	延边种牛场	特级	合格	延边东兴种牛科技有限公司
163	40	延黄牛	22309004	延边资源保种场	特级	合格	延边东兴种牛科技有限公司
164	41	延黄牛	22309006	延边资源保种场	特级	合格	延边东兴种牛科技有限公司
165	42	延黄牛	22309010	延边种牛场	特级	合格	延边东兴种牛科技有限公司
166	43	延黄牛	22309024	延边种牛场	特级	合格	延边东兴种牛科技有限公司
167	44	延黄牛	22309063	延边种牛场	特级	合格	延边东兴种牛科技有限公司
168	1	荷斯坦牛	12105214	加拿大胚胎移植	特级	合格	天津市奶牛发展中心
169	2	荷斯坦牛	12105215	加拿大胚胎移植	特级	合格	天津市奶牛发展中心
170	3	荷斯坦牛	12105216	加拿大胚胎移植	特级	合格	天津市奶牛发展中心
171	4	荷斯坦牛	12105279	澳大利亚	特级	合格	天津市奶牛发展中心
172	5	荷斯坦牛	12105280	澳大利亚	特级	合格	天津市奶牛发展中心
173	6	荷斯坦牛	12105281	澳大利亚	特级	合格	天津市奶牛发展中心
174	7	荷斯坦牛	12106282	澳大利亚	特级	合格	天津市奶牛发展中心
175	8	荷斯坦牛	12107227	美国胚胎移植	特级	合格	天津市奶牛发展中心
176	9	荷斯坦牛	12107315	澳大利亚	特级	合格	天津市奶牛发展中心
177	10	荷斯坦牛	12107316	澳大利亚	特级	合格	天津市奶牛发展中心
178	11	荷斯坦牛	12108230	加拿大胚胎移植	特级	合格	天津市奶牛发展中心
179	12	荷斯坦牛	12108232	美国胚胎移植	特级	合格	天津市奶牛发展中心
180	13	荷斯坦牛	12108235	加拿大胚胎移植	特级	合格	天津市奶牛发展中心
181	14	荷斯坦牛	12108237	美国冻精自繁	特级	合格	天津市奶牛发展中心

（续）

总序号	序号	品种	公牛号	来源	外貌等级	冻精检测	单　　位
182	15	荷斯坦牛	12108240	美国冻精自繁	特级	合格	天津市奶牛发展中心
183	16	荷斯坦牛	12108242	美国冻精自繁	特级	合格	天津市奶牛发展中心
184	17	荷斯坦牛	12108243	德国冻精自繁	特级	合格	天津市奶牛发展中心
185	18	荷斯坦牛	12108244	德国冻精自繁	特级	合格	天津市奶牛发展中心
186	19	荷斯坦牛	12108248	美国冻精自繁	特级	合格	天津市奶牛发展中心
187	20	荷斯坦牛	12108317	澳大利亚	特级	合格	天津市奶牛发展中心
188	21	荷斯坦牛	12108318	澳大利亚	特级	合格	天津市奶牛发展中心
189	22	荷斯坦牛	12109253	美国胚胎移植	特级	合格	天津市奶牛发展中心
190	23	荷斯坦牛	12109254	美国胚胎移植	特级	合格	天津市奶牛发展中心
191	24	荷斯坦牛	12109258	加拿大胚胎移植	特级	合格	天津市奶牛发展中心
192	25	荷斯坦牛	12109260	美国胚胎移植	特级	合格	天津市奶牛发展中心
193	26	荷斯坦牛	12109263	加拿大胚胎移植	特级	合格	天津市奶牛发展中心
194	27	荷斯坦牛	12109264	加拿大胚胎移植	特级	合格	天津市奶牛发展中心
195	28	荷斯坦牛	12109267	加拿大胚胎移植	特级	合格	天津市奶牛发展中心
196	29	荷斯坦牛	12111268	美国胚胎移植	特级	合格	天津市奶牛发展中心
197	30	荷斯坦牛	12111271	美国胚胎移植	一级	合格	天津市奶牛发展中心
198	31	荷斯坦牛	12111273	美国胚胎移植	特级	合格	天津市奶牛发展中心
199	32	荷斯坦牛	12111274	美国胚胎移植	特级	合格	天津市奶牛发展中心
200	33	荷斯坦牛	12111275	美国胚胎移植	一级	合格	天津市奶牛发展中心
201	34	荷斯坦牛	12111277	美国胚胎移植	特级	合格	天津市奶牛发展中心
202	35	荷斯坦牛	12111278	美国胚胎移植	特级	合格	天津市奶牛发展中心
203	36	荷斯坦牛	12112283	加拿大胚胎移植	特级	合格	天津市奶牛发展中心
204	37	荷斯坦牛	12112284	加拿大胚胎移植	特级	合格	天津市奶牛发展中心
205	38	荷斯坦牛	12112285	加拿大胚胎移植	特级	合格	天津市奶牛发展中心

（续）

总序号	序号	品种	公牛号	来源	外貌等级	冻精检测	单　　位
206	39	荷斯坦牛	12113286	加拿大胚胎移植	一级	合格	天津市奶牛发展中心
207	40	荷斯坦牛	12113287	美国胚胎移植	一级	合格	天津市奶牛发展中心
208	41	荷斯坦牛	12113288	加拿大胚胎移植	特级	合格	天津市奶牛发展中心
209	42	荷斯坦牛	12113289	美国胚胎移植	特级	合格	天津市奶牛发展中心
210	43	荷斯坦牛	12113290	加拿大胚胎移植	特级	合格	天津市奶牛发展中心
211	44	荷斯坦牛	12113294	自繁	特级	合格	天津市奶牛发展中心
212	45	荷斯坦牛	12113301	加拿大胚胎移植	一级	合格	天津市奶牛发展中心
213	46	荷斯坦牛	12113302	加拿大胚胎移植	一级	合格	天津市奶牛发展中心
214	47	荷斯坦牛	12113303	自繁	特级	合格	天津市奶牛发展中心
215	48	荷斯坦牛	12113304	自繁	一级	合格	天津市奶牛发展中心
216	49	荷斯坦牛	12113305	自繁	一级	合格	天津市奶牛发展中心
217	50	荷斯坦牛	12113306	自繁	一级	合格	天津市奶牛发展中心
218	51	荷斯坦牛	12113307	自繁	一级	合格	天津市奶牛发展中心
219	52	荷斯坦牛	12113308	自繁	一级	合格	天津市奶牛发展中心
220	53	荷斯坦牛	12113309	加拿大胚胎移植	一级	合格	天津市奶牛发展中心
221	54	荷斯坦牛	12113310	自繁	一级	合格	天津市奶牛发展中心
222	55	荷斯坦牛	12113311	自繁	一级	合格	天津市奶牛发展中心
223	56	荷斯坦牛	12113312	自繁	一级	合格	天津市奶牛发展中心
224	57	荷斯坦牛	12113313	自繁	一级	合格	天津市奶牛发展中心
225	58	荷斯坦牛	12113319	自繁	一级	合格	天津市奶牛发展中心
226	59	荷斯坦牛	12113320	自繁	一级	合格	天津市奶牛发展中心
227	1	摩拉水牛	45100791	广西水牛研究所	特级	合格	广西壮族自治区畜禽品种改良站
228	2	摩拉水牛	45100795	广西水牛研究所	特级	合格	广西壮族自治区畜禽品种改良站
229	3	摩拉水牛	45101823	广西水牛研究所	特级	合格	广西壮族自治区畜禽品种改良站

（续）

总序号	序号	品种	公牛号	来源	外貌等级	冻精检测	单　　位
230	4	摩拉水牛	45102879	广西水牛研究所	特级	合格	广西壮族自治区畜禽品种改良站
231	5	摩拉水牛	45103917	广西水牛研究所	特级	合格	广西壮族自治区畜禽品种改良站
232	6	摩拉水牛	45103937	广西水牛研究所	特级	合格	广西壮族自治区畜禽品种改良站
233	7	摩拉水牛	45103951	广西水牛研究所	特级	合格	广西壮族自治区畜禽品种改良站
234	8	摩拉水牛	45104959	广西水牛研究所	特级	合格	广西壮族自治区畜禽品种改良站
235	9	摩拉水牛	45104967	广西水牛研究所	特级	合格	广西壮族自治区畜禽品种改良站
236	10	摩拉水牛	45104975	广西水牛研究所	特级	合格	广西壮族自治区畜禽品种改良站
237	11	摩拉水牛	45104977	广西水牛研究所	特级	合格	广西壮族自治区畜禽品种改良站
238	12	摩拉水牛	45105005	广西水牛研究所	特级	合格	广西壮族自治区畜禽品种改良站
239	13	摩拉水牛	45106091	广西水牛研究所	特级	合格	广西壮族自治区畜禽品种改良站
240	14	摩拉水牛	45106859	广西水牛研究所	特级	合格	广西壮族自治区畜禽品种改良站
241	15	摩拉水牛	45106863	广西水牛研究所	特级	合格	广西壮族自治区畜禽品种改良站
242	16	摩拉水牛	45108131	广西水牛研究所	特级	合格	广西壮族自治区畜禽品种改良站
243	17	摩拉水牛	45108929	广西水牛研究所	特级	合格	广西壮族自治区畜禽品种改良站
244	18	摩拉水牛	45108965	广西水牛研究所	特级	合格	广西壮族自治区畜禽品种改良站
245	19	摩拉水牛	45109139	广西水牛研究所	特级	合格	广西壮族自治区畜禽品种改良站
246	20	摩拉水牛	45109143	广西水牛研究所	特级	合格	广西壮族自治区畜禽品种改良站
247	21	摩拉水牛	45109147	广西水牛研究所	特级	合格	广西壮族自治区畜禽品种改良站
248	22	摩拉水牛	45109151	广西水牛研究所	特级	合格	广西壮族自治区畜禽品种改良站
249	23	摩拉水牛	45109347	广西水牛研究所	特级	合格	广西壮族自治区畜禽品种改良站
250	24	摩拉水牛	45109977	广西水牛研究所	特级	合格	广西壮族自治区畜禽品种改良站
251	25	摩拉水牛	45110207	广西水牛研究所	特级	合格	广西壮族自治区畜禽品种改良站
252	26	摩拉水牛	45112163	广西水牛研究所	特级	合格	广西壮族自治区畜禽品种改良站
253	27	摩拉水牛	45112267	广西水牛研究所	特级	合格	广西壮族自治区畜禽品种改良站

（续）

总序号	序号	品种	公牛号	来源	外貌等级	冻精检测	单　　位
254	28	摩拉水牛	45112273	广西水牛研究所	特级	合格	广西壮族自治区畜禽品种改良站
255	29	摩拉水牛	45112275	广西水牛研究所	特级	合格	广西壮族自治区畜禽品种改良站
256	30	摩拉水牛	45112277	广西水牛研究所	特级	合格	广西壮族自治区畜禽品种改良站
257	31	摩拉水牛	45112281	广西水牛研究所	特级	合格	广西壮族自治区畜禽品种改良站
258	32	摩拉水牛	45112283	广西水牛研究所	特级	合格	广西壮族自治区畜禽品种改良站
259	33	摩拉水牛	45112730	广西水牛研究所	特级	合格	广西壮族自治区畜禽品种改良站
260	34	摩拉水牛	45112770	广西水牛研究所	特级	合格	广西壮族自治区畜禽品种改良站
261	35	尼里-拉菲水牛	45100454	广西水牛研究所	特级	合格	广西壮族自治区畜禽品种改良站
262	36	尼里-拉菲水牛	45100456	广西水牛研究所	特级	合格	广西壮族自治区畜禽品种改良站
263	37	尼里-拉菲水牛	45101472	广西水牛研究所	特级	合格	广西壮族自治区畜禽品种改良站
264	38	尼里-拉菲水牛	45101478	广西水牛研究所	特级	合格	广西壮族自治区畜禽品种改良站
265	39	尼里-拉菲水牛	45101486	广西水牛研究所	特级	合格	广西壮族自治区畜禽品种改良站
266	40	尼里-拉菲水牛	45102520	广西水牛研究所	特级	合格	广西壮族自治区畜禽品种改良站
267	41	尼里-拉菲水牛	45103556	广西水牛研究所	特级	合格	广西壮族自治区畜禽品种改良站
268	42	尼里-拉菲水牛	45103558	广西水牛研究所	特级	合格	广西壮族自治区畜禽品种改良站
269	43	尼里-拉菲水牛	45103566	广西水牛研究所	特级	合格	广西壮族自治区畜禽品种改良站
270	44	尼里-拉菲水牛	45103572	广西水牛研究所	特级	合格	广西壮族自治区畜禽品种改良站
271	45	尼里-拉菲水牛	45103574	广西水牛研究所	特级	合格	广西壮族自治区畜禽品种改良站
272	46	尼里-拉菲水牛	45103576	广西水牛研究所	特级	合格	广西壮族自治区畜禽品种改良站
273	47	尼里-拉菲水牛	45103584	广西水牛研究所	特级	合格	广西壮族自治区畜禽品种改良站
274	48	尼里-拉菲水牛	45103619	广西水牛研究所	特级	合格	广西壮族自治区畜禽品种改良站
275	49	尼里-拉菲水牛	45104593	广西水牛研究所	特级	合格	广西壮族自治区畜禽品种改良站
276	50	尼里-拉菲水牛	45104624	广西水牛研究所	特级	合格	广西壮族自治区畜禽品种改良站
277	51	尼里-拉菲水牛	45107694	广西水牛研究所	特级	合格	广西壮族自治区畜禽品种改良站

（续）

总序号	序号	品种	公牛号	来源	外貌等级	冻精检测	单　　位
278	52	尼里-拉菲水牛	45107698	广西水牛研究所	特级	合格	广西壮族自治区畜禽品种改良站
279	53	尼里-拉菲水牛	45108744	广西水牛研究所	特级	合格	广西壮族自治区畜禽品种改良站
280	54	尼里-拉菲水牛	45108756	广西水牛研究所	特级	合格	广西壮族自治区畜禽品种改良站
281	55	尼里-拉菲水牛	45108758	广西水牛研究所	特级	合格	广西壮族自治区畜禽品种改良站
282	56	尼里-拉菲水牛	45108782	广西水牛研究所	特级	合格	广西壮族自治区畜禽品种改良站
283	57	尼里-拉菲水牛	45108786	广西水牛研究所	特级	合格	广西壮族自治区畜禽品种改良站
284	58	尼里-拉菲水牛	45108935	广西水牛研究所	特级	合格	广西壮族自治区畜禽品种改良站
285	59	尼里-拉菲水牛	45108955	广西水牛研究所	特级	合格	广西壮族自治区畜禽品种改良站
286	60	尼里-拉菲水牛	45108961	广西水牛研究所	特级	合格	广西壮族自治区畜禽品种改良站
287	61	尼里-拉菲水牛	45109156	广西水牛研究所	特级	合格	广西壮族自治区畜禽品种改良站
288	62	尼里-拉菲水牛	45109792	广西水牛研究所	特级	合格	广西壮族自治区畜禽品种改良站
289	63	尼里-拉菲水牛	45109798	广西水牛研究所	特级	合格	广西壮族自治区畜禽品种改良站
290	64	尼里-拉菲水牛	45109973	广西水牛研究所	特级	合格	广西壮族自治区畜禽品种改良站
291	65	尼里-拉菲水牛	45110213	广西水牛研究所	特级	合格	广西壮族自治区畜禽品种改良站
292	66	尼里-拉菲水牛	45110852	广西水牛研究所	特级	合格	广西壮族自治区畜禽品种改良站
293	67	尼里-拉菲水牛	45110858	广西水牛研究所	特级	合格	广西壮族自治区畜禽品种改良站
294	68	尼里-拉菲水牛	45110866	广西水牛研究所	特级	合格	广西壮族自治区畜禽品种改良站
295	69	尼里-拉菲水牛	45111872	广西水牛研究所	特级	合格	广西壮族自治区畜禽品种改良站
296	70	尼里-拉菲水牛	45111947	广西水牛研究所	特级	合格	广西壮族自治区畜禽品种改良站
297	71	尼里-拉菲水牛	45112153	广西水牛研究所	特级	合格	广西壮族自治区畜禽品种改良站
298	72	尼里-拉菲水牛	45112161	广西水牛研究所	特级	合格	广西壮族自治区畜禽品种改良站
299	73	尼里-拉菲水牛	45112165	广西水牛研究所	特级	合格	广西壮族自治区畜禽品种改良站
300	74	尼里-拉菲水牛	45112185	广西水牛研究所	特级	合格	广西壮族自治区畜禽品种改良站
301	75	尼里-拉菲水牛	45112480	广西水牛研究所	特级	合格	广西壮族自治区畜禽品种改良站

（续）

总序号	序号	品种	公牛号	来源	外貌等级	冻精检测	单　　位
302	76	尼里-拉菲水牛	45112768	广西水牛研究所	特级	合格	广西壮族自治区畜禽品种改良站
303	77	尼里-拉菲水牛	45112904	广西水牛研究所	特级	合格	广西壮族自治区畜禽品种改良站
304	78	尼里-拉菲水牛	45112936	广西水牛研究所	特级	合格	广西壮族自治区畜禽品种改良站
305	1	夏洛来牛	42109102	河南鼎元	特级	合格	武汉兴牧生物科技有限公司
306	2	夏洛来牛	42109106	河南鼎元	特级	合格	武汉兴牧生物科技有限公司
307	3	夏洛来牛	42109110	河南鼎元	特级	合格	武汉兴牧生物科技有限公司
308	4	夏洛来牛	42113078	澳大利亚	特级	合格	武汉兴牧生物科技有限公司
309	5	夏洛来牛	42113079	澳大利亚	特级	合格	武汉兴牧生物科技有限公司
310	6	夏洛来牛	42113080	澳大利亚	一级	合格	武汉兴牧生物科技有限公司
311	7	夏洛来牛	42113081	澳大利亚	特级	合格	武汉兴牧生物科技有限公司
312	8	夏洛来牛	42113082	澳大利亚	一级	合格	武汉兴牧生物科技有限公司
313	9	夏洛来牛	42113083	澳大利亚	特级	合格	武汉兴牧生物科技有限公司
314	10	夏洛来牛	42113086	澳大利亚	特级	合格	武汉兴牧生物科技有限公司
315	11	夏洛来牛	42113088	澳大利亚	特级	合格	武汉兴牧生物科技有限公司
316	12	西门塔尔牛	42104194	河南鼎元	特级	合格	武汉兴牧生物科技有限公司
317	13	西门塔尔牛	42106242	澳大利亚	特级	合格	武汉兴牧生物科技有限公司
318	14	西门塔尔牛	42106287	澳大利亚	特级	合格	武汉兴牧生物科技有限公司
319	15	西门塔尔牛	42111141	云南	特级	合格	武汉兴牧生物科技有限公司
320	16	西门塔尔牛	42111161	云南	特级	合格	武汉兴牧生物科技有限公司
321	17	西门塔尔牛	42113075	澳大利亚	特级	合格	武汉兴牧生物科技有限公司
322	18	西门塔尔牛	42113076	澳大利亚	一级	合格	武汉兴牧生物科技有限公司
323	19	西门塔尔牛	42113090	澳大利亚	特级	合格	武汉兴牧生物科技有限公司
324	20	西门塔尔牛	42113091	澳大利亚	特级	合格	武汉兴牧生物科技有限公司
325	21	西门塔尔牛	42113092	澳大利亚	特级	合格	武汉兴牧生物科技有限公司

（续）

总序号	序号	品种	公牛号	来源	外貌等级	冻精检测	单　　位
326	22	西门塔尔牛	42113093	澳大利亚	特级	合格	武汉兴牧生物科技有限公司
327	23	西门塔尔牛	42113095	澳大利亚	特级	合格	武汉兴牧生物科技有限公司
328	24	西门塔尔牛	42113096	澳大利亚	特级	合格	武汉兴牧生物科技有限公司
329	25	西门塔尔牛	42113097	澳大利亚	特级	合格	武汉兴牧生物科技有限公司
330	26	西门塔尔牛	42113098	澳大利亚	特级	合格	武汉兴牧生物科技有限公司
331	27	尼里-拉菲水牛	42111089	广西水牛研究所	特级	合格	武汉兴牧生物科技有限公司
332	28	尼里-拉菲水牛	42106684	广西水牛研究所	特级	合格	武汉兴牧生物科技有限公司
333	29	尼里-拉菲水牛	42107714	广西水牛研究所	特级	合格	武汉兴牧生物科技有限公司
334	30	尼里-拉菲水牛	42108939	广西水牛研究所	特级	合格	武汉兴牧生物科技有限公司
335	31	尼里-拉菲水牛	42110063	广西水牛研究所	特级	合格	武汉兴牧生物科技有限公司
336	32	尼里-拉菲水牛	42110075	广西水牛研究所	特级	合格	武汉兴牧生物科技有限公司
337	33	尼里-拉菲水牛	42110447	广西水牛研究所	特级	合格	武汉兴牧生物科技有限公司
338	34	尼里-拉菲水牛	42110604	广西水牛研究所	特级	合格	武汉兴牧生物科技有限公司
339	35	摩拉水牛	42106189	广西水牛研究所	特级	合格	武汉兴牧生物科技有限公司
340	36	摩拉水牛	42107103	广西水牛研究所	特级	合格	武汉兴牧生物科技有限公司
341	37	摩拉水牛	42108127	广西水牛研究所	特级	合格	武汉兴牧生物科技有限公司
342	38	摩拉水牛	42110209	广西水牛研究所	特级	合格	武汉兴牧生物科技有限公司
343	39	摩拉水牛	42110221	广西水牛研究所	特级	合格	武汉兴牧生物科技有限公司
344	40	摩拉水牛	42111081	广西水牛研究所	特级	合格	武汉兴牧生物科技有限公司
345	41	摩拉水牛	42111237	广西水牛研究所	特级	合格	武汉兴牧生物科技有限公司
346	42	摩拉水牛	42111239	广西水牛研究所	特级	合格	武汉兴牧生物科技有限公司
347	43	娟姗牛	42110020	广州奶牛研究所	特级	合格	武汉兴牧生物科技有限公司
348	44	娟姗牛	42110023	广州奶牛研究所	特级	合格	武汉兴牧生物科技有限公司
349	45	娟姗牛	42110024	广州奶牛研究所	特级	合格	武汉兴牧生物科技有限公司

（续）

总序号	序号	品种	公牛号	来源	外貌等级	冻精检测	单　　位
350	46	娟姗牛	42110027	广州奶牛研究所	特级	合格	武汉兴牧生物科技有限公司
351	47	娟姗牛	42110037	广州奶牛研究所	特级	合格	武汉兴牧生物科技有限公司
352	48	槟榔江水牛	42104089	云南腾冲	特级	合格	武汉兴牧生物科技有限公司
353	49	槟榔江水牛	42104095	云南腾冲	特级	合格	武汉兴牧生物科技有限公司
354	50	槟榔江水牛	42105101	云南腾冲	特级	合格	武汉兴牧生物科技有限公司
355	51	槟榔江水牛	42105228	云南腾冲	一级	合格	武汉兴牧生物科技有限公司
356	52	槟榔江水牛	42105250	云南腾冲	特级	合格	武汉兴牧生物科技有限公司
357	53	槟榔江水牛	42106071	云南腾冲	特级	合格	武汉兴牧生物科技有限公司
358	54	槟榔江水牛	42106090	云南腾冲	特级	合格	武汉兴牧生物科技有限公司
359	55	槟榔江水牛	42106255	云南腾冲	特级	合格	武汉兴牧生物科技有限公司
360	56	槟榔江水牛	42106491	云南腾冲	特级	合格	武汉兴牧生物科技有限公司
361	1	蜀宣花牛	51113170	四川宣汉锦宏牧业有限公司	特级	合格	成都汇丰动物育种有限公司
362	2	蜀宣花牛	51113171	四川宣汉锦宏牧业有限公司	特级	合格	成都汇丰动物育种有限公司
363	3	蜀宣花牛	51113172	四川宣汉锦宏牧业有限公司	特级	合格	成都汇丰动物育种有限公司
364	4	蜀宣花牛	51113173	四川宣汉锦宏牧业有限公司	特级	合格	成都汇丰动物育种有限公司
365	5	蜀宣花牛	51113174	四川宣汉锦宏牧业有限公司	特级	合格	成都汇丰动物育种有限公司
366	6	蜀宣花牛	51113175	四川宣汉锦宏牧业有限公司	特级	合格	成都汇丰动物育种有限公司
367	7	蜀宣花牛	51113176	四川宣汉锦宏牧业有限公司	特级	合格	成都汇丰动物育种有限公司
368	8	蜀宣花牛	51113177	四川宣汉锦宏牧业有限公司	特级	合格	成都汇丰动物育种有限公司

（续）

总序号	序号	品种	公牛号	来源	外貌等级	冻精检测	单　　位
369	9	蜀宣花牛	51113178	四川宣汉锦宏牧业有限公司	特级	合格	成都汇丰动物育种有限公司
370	10	蜀宣花牛	51113179	四川宣汉锦宏牧业有限公司	特级	合格	成都汇丰动物育种有限公司
371	1	西门塔尔	22407033	查干花种畜场	特级	合格	四平市兴牛牧业服务有限公司
372	2	西门塔尔	22408325	查干花种畜场	特级	合格	四平市兴牛牧业服务有限公司
373	3	西门塔尔	22408339	查干花种畜场	特级	合格	四平市兴牛牧业服务有限公司
374	4	西门塔尔	22408539	查干花种畜场	特级	合格	四平市兴牛牧业服务有限公司
375	5	西门塔尔	22409111	查干花种畜场	特级	合格	四平市兴牛牧业服务有限公司
376	6	西门塔尔	22409121	齐齐哈尔种畜场	一级	合格	四平市兴牛牧业服务有限公司
377	7	西门塔尔	22409125	齐齐哈尔种畜场	特级	合格	四平市兴牛牧业服务有限公司
378	8	西门塔尔	22409127	齐齐哈尔种畜场	特级	合格	四平市兴牛牧业服务有限公司
379	9	西门塔尔	22409297	查干花种畜场	特级	合格	四平市兴牛牧业服务有限公司
380	10	西门塔尔	22409315	查干花种畜场	一级	合格	四平市兴牛牧业服务有限公司
381	11	西门塔尔	22409393	查干花种畜场	特级	合格	四平市兴牛牧业服务有限公司
382	12	西门塔尔	22409435	查干花种畜场	特级	合格	四平市兴牛牧业服务有限公司
383	13	西门塔尔	22409439	齐齐哈尔种畜场	特级	合格	四平市兴牛牧业服务有限公司
384	14	西门塔尔	22410119	查干花种畜场	特级	合格	四平市兴牛牧业服务有限公司
385	15	西门塔尔	22410191	查干花种畜场	特级	合格	四平市兴牛牧业服务有限公司
386	16	西门塔尔	22410221	查干花种畜场	特级	合格	四平市兴牛牧业服务有限公司
387	17	西门塔尔	22410247	齐齐哈尔种畜场	特级	合格	四平市兴牛牧业服务有限公司
388	18	西门塔尔	22410327	查干花种畜场	特级	合格	四平市兴牛牧业服务有限公司
389	19	西门塔尔	22410339	查干花种畜场	特级	合格	四平市兴牛牧业服务有限公司
390	20	西门塔尔	22410673	查干花种畜场	特级	合格	四平市兴牛牧业服务有限公司

（续）

总序号	序号	品种	公牛号	来源	外貌等级	冻精检测	单位
391	21	西门塔尔	22410791	查干花种畜场	特级	合格	四平市兴牛牧业服务有限公司
392	22	西门塔尔	22411039	查干花种畜场	特级	合格	四平市兴牛牧业服务有限公司
393	23	西门塔尔	22411045	查干花种畜场	特级	合格	四平市兴牛牧业服务有限公司
394	24	西门塔尔	22411135	齐齐哈尔种畜场	特级	合格	四平市兴牛牧业服务有限公司
395	25	西门塔尔	22411137	齐齐哈尔种畜场	特级	合格	四平市兴牛牧业服务有限公司
396	26	西门塔尔	22411139	齐齐哈尔种畜场	特级	合格	四平市兴牛牧业服务有限公司
397	27	西门塔尔	22411395	黑龙江家畜胚胎移植中心	特级	合格	四平市兴牛牧业服务有限公司
398	28	西门塔尔	22411647	查干花种畜场	一级	合格	四平市兴牛牧业服务有限公司
399	29	西门塔尔	22411649	查干花种畜场	特级	合格	四平市兴牛牧业服务有限公司
400	30	西门塔尔	22412009	高林屯种畜场	一级	合格	四平市兴牛牧业服务有限公司
401	31	西门塔尔	22412011	高林屯种畜场	特级	合格	四平市兴牛牧业服务有限公司
402	32	西门塔尔	22412031	高林屯种畜场	一级	合格	四平市兴牛牧业服务有限公司
403	33	西门塔尔	22412041	高林屯种畜场	特级	合格	四平市兴牛牧业服务有限公司
404	34	西门塔尔	22412051	高林屯种畜场	特级	合格	四平市兴牛牧业服务有限公司
405	35	西门塔尔	22412061	高林屯种畜场	一级	合格	四平市兴牛牧业服务有限公司
406	36	西门塔尔	22412069	查干花种畜场	特级	合格	四平市兴牛牧业服务有限公司
407	37	西门塔尔	22412391	高林屯种畜场	特级	合格	四平市兴牛牧业服务有限公司
408	38	西门塔尔	22412530	黑龙江家畜胚胎移植中心	特级	合格	四平市兴牛牧业服务有限公司
409	39	西门塔尔	22412531	黑龙江家畜胚胎移植中心	特级	合格	四平市兴牛牧业服务有限公司
410	40	西门塔尔	22412533	黑龙江家畜胚胎移植中心	特级	合格	四平市兴牛牧业服务有限公司
411	41	西门塔尔	22412931	查干花种畜场	特级	合格	四平市兴牛牧业服务有限公司

（续）

总序号	序号	品种	公牛号	来源	外貌等级	冻精检测	单　　位
412	42	西门塔尔	22412939	查干花种畜场	特级	合格	四平市兴牛牧业服务有限公司
413	43	西门塔尔	22413003	高林屯种畜场	特级	合格	四平市兴牛牧业服务有限公司
414	44	西门塔尔	22413005	高林屯种畜场	特级	合格	四平市兴牛牧业服务有限公司
415	45	西门塔尔	22413007	高林屯种畜场	特级	合格	四平市兴牛牧业服务有限公司
416	46	西门塔尔	22413015	查干花种畜场	特级	合格	四平市兴牛牧业服务有限公司
417	47	西门塔尔	22413017	查干花种畜场	特级	合格	四平市兴牛牧业服务有限公司
418	48	西门塔尔	22413029	查干花种畜场	特级	合格	四平市兴牛牧业服务有限公司
419	49	西门塔尔	22413031	查干花种畜场	特级	合格	四平市兴牛牧业服务有限公司
420	50	西门塔尔	22413037	高林屯种畜场	特级	合格	四平市兴牛牧业服务有限公司
421	51	西门塔尔	22413041	高林屯种畜场	特级	合格	四平市兴牛牧业服务有限公司
422	52	西门塔尔	22413049	高林屯种畜场	特级	合格	四平市兴牛牧业服务有限公司
423	53	西门塔尔	22413057	高林屯种畜场	特级	合格	四平市兴牛牧业服务有限公司
424	54	西门塔尔	22413059	高林屯种畜场	特级	合格	四平市兴牛牧业服务有限公司
425	55	西门塔尔	22413065	高林屯种畜场	一级	合格	四平市兴牛牧业服务有限公司
426	56	西门塔尔	22413069	查干花种畜场	特级	合格	四平市兴牛牧业服务有限公司
427	57	西门塔尔	22413079	高林屯种畜场	特级	合格	四平市兴牛牧业服务有限公司
428	58	西门塔尔	22413081	高林屯种畜场	特级	合格	四平市兴牛牧业服务有限公司
429	59	西门塔尔	22413089	查干花种畜场	特级	合格	四平市兴牛牧业服务有限公司
430	60	西门塔尔	22413093	高林屯种畜场	一级	合格	四平市兴牛牧业服务有限公司
431	61	西门塔尔	22413099	查干花种畜场	特级	合格	四平市兴牛牧业服务有限公司
432	62	夏洛来	22407031	齐齐哈尔种畜场	特级	合格	四平市兴牛牧业服务有限公司
433	63	夏洛来	22410321	齐齐哈尔种畜场	特级	合格	四平市兴牛牧业服务有限公司
434	64	夏洛来	22413025	齐齐哈尔种畜场	特级	合格	四平市兴牛牧业服务有限公司

（续）

总序号	序号	品种	公牛号	来源	外貌等级	冻精检测	单　　位
435	1	辽育白牛	21114401	辽宁黑山	特级	合格	辽宁省牧经种牛繁育中心有限公司
436	2	辽育白牛	21114402	辽宁黑山	特级	合格	辽宁省牧经种牛繁育中心有限公司
437	3	辽育白牛	21114405	辽宁黑山	特级	合格	辽宁省牧经种牛繁育中心有限公司
438	4	辽育白牛	21114406	辽宁黑山	特级	合格	辽宁省牧经种牛繁育中心有限公司
439	5	辽育白牛	21114407	辽宁黑山	特级	合格	辽宁省牧经种牛繁育中心有限公司
440	6	辽育白牛	21114410	辽宁黑山	特级	合格	辽宁省牧经种牛繁育中心有限公司
441	7	乳肉兼用西门塔尔	21113724	呼图壁种牛场	特级	合格	辽宁省牧经种牛繁育中心有限公司
442	8	乳肉兼用西门塔尔	21113725	呼图壁种牛场	特级	合格	辽宁省牧经种牛繁育中心有限公司
443	9	乳肉兼用西门塔尔	21114733	呼图壁种牛场	特级	合格	辽宁省牧经种牛繁育中心有限公司
444	10	西门塔尔	21114728	昆明・小哨	特级	合格	辽宁省牧经种牛繁育中心有限公司
445	11	西门塔尔	21114729	昆明・小哨	特级	合格	辽宁省牧经种牛繁育中心有限公司
446	12	西门塔尔	21114730	昆明・小哨	一级	合格	辽宁省牧经种牛繁育中心有限公司
447	13	西门塔尔	21114731	昆明・小哨	特级	合格	辽宁省牧经种牛繁育中心有限公司
448	14	西门塔尔	21114732	昆明・小哨	特级	合格	辽宁省牧经种牛繁育中心有限公司
449	15	利木赞	21114958	天山畜牧	特级	合格	辽宁省牧经种牛繁育中心有限公司
450	16	利木赞	21114959	天山畜牧	一级	合格	辽宁省牧经种牛繁育中心有限公司
451	17	夏洛莱	21114503	天山畜牧	一级	合格	辽宁省牧经种牛繁育中心有限公司
452	18	瑞士褐牛	21214008ET	加拿大胚胎移植	特级	合格	大连金弘基种畜有限公司
453	19	瑞士褐牛	21214007ET	加拿大胚胎移植	特级	合格	大连金弘基种畜有限公司
454	20	瑞士褐牛	21214005ET	加拿大胚胎移植	特级	合格	大连金弘基种畜有限公司
455	21	安格斯	21214004ET	加拿大胚胎移植	特级	合格	大连金弘基种畜有限公司
456	22	安格斯	21214002ET	加拿大胚胎移植	特级	合格	大连金弘基种畜有限公司

（续）

总序号	序号	品种	公牛号	来源	外貌等级	冻精检测	单　　位
457	23	红安格斯	21214003ET	加拿大胚胎移植	特级	合格	大连金弘基种畜有限公司
458	24	西门塔尔	21214018ET	加拿大胚胎移植	特级	合格	大连金弘基种畜有限公司
459	25	娟姗	21214010ET	加拿大胚胎移植	特级	合格	大连金弘基种畜有限公司
460	26	娟姗	21214012ET	加拿大胚胎移植	特级	合格	大连金弘基种畜有限公司
461	27	娟姗	21214015ET	加拿大胚胎移植	特级	合格	大连金弘基种畜有限公司
462	28	荷斯坦	21214011ET	加拿大胚胎移植	特级	合格	大连金弘基种畜有限公司
463	29	荷斯坦	21213008ET	加拿大胚胎移植	特级	合格	大连金弘基种畜有限公司
464	30	荷斯坦	21214038ET	加拿大胚胎移植	特级	合格	大连金弘基种畜有限公司
465	31	荷斯坦	21214016ET	美国胚胎移植	特级	合格	大连金弘基种畜有限公司
466	32	荷斯坦	21214017ET	美国胚胎移植	特级	合格	大连金弘基种畜有限公司
467	33	荷斯坦	21214009ET	美国胚胎移植	特级	合格	大连金弘基种畜有限公司
468	34	荷斯坦	21214013ET	美国胚胎移植	特级	合格	大连金弘基种畜有限公司
469	35	荷斯坦	21214022ET	美国胚胎移植	特级	合格	大连金弘基种畜有限公司
470	36	荷斯坦	21214023ET	美国胚胎移植	特级	合格	大连金弘基种畜有限公司
471	37	荷斯坦	21214035ET	美国胚胎移植	特级	合格	大连金弘基种畜有限公司
472	38	荷斯坦	21214027ET	美国胚胎移植	特级	合格	大连金弘基种畜有限公司
473	39	荷斯坦	21214026ET	美国胚胎移植	特级	合格	大连金弘基种畜有限公司
474	40	荷斯坦	21214040ET	美国胚胎移植	特级	合格	大连金弘基种畜有限公司
475	41	荷斯坦	21214031ET	美国胚胎移植	特级	合格	大连金弘基种畜有限公司
476	42	荷斯坦	21214037ET	美国胚胎移植	特级	合格	大连金弘基种畜有限公司
477	43	荷斯坦	21214036ET	美国胚胎移植	特级	合格	大连金弘基种畜有限公司
478	44	荷斯坦	21214025ET	美国胚胎移植	特级	合格	大连金弘基种畜有限公司
479	45	荷斯坦	21213011ET	美国胚胎移植	特级	合格	大连金弘基种畜有限公司
480	46	荷斯坦	21213010ET	美国胚胎移植	特级	合格	大连金弘基种畜有限公司

（续）

总序号	序号	品种	公牛号	来源	外貌等级	冻精检测	单　位
481	47	荷斯坦	21213009ET	美国胚胎移植	特级	合格	大连金弘基种畜有限公司
482	48	荷斯坦	21214044ET	美国胚胎移植	特级	合格	大连金弘基种畜有限公司
483	49	荷斯坦	21214039ET	美国胚胎移植	特级	合格	大连金弘基种畜有限公司
484	50	荷斯坦	21214033ET	美国胚胎移植	特级	合格	大连金弘基种畜有限公司
485	51	荷斯坦	21214032ET	美国胚胎移植	特级	合格	大连金弘基种畜有限公司
486	52	荷斯坦	21214030ET	美国胚胎移植	特级	合格	大连金弘基种畜有限公司
487	53	荷斯坦	21214024ET	美国胚胎移植	特级	合格	大连金弘基种畜有限公司
488	54	荷斯坦	21214041ET	美国胚胎移植	特级	合格	大连金弘基种畜有限公司
489	55	荷斯坦	21214049ET	美国胚胎移植	特级	合格	大连金弘基种畜有限公司
490	56	荷斯坦	21214047ET	美国胚胎移植	特级	合格	大连金弘基种畜有限公司
491	57	荷斯坦	21214050ET	美国胚胎移植	特级	合格	大连金弘基种畜有限公司
492	58	荷斯坦	21214046ET	美国胚胎移植	特级	合格	大连金弘基种畜有限公司
493	59	荷斯坦	21214048ET	美国胚胎移植	特级	合格	大连金弘基种畜有限公司
494	60	荷斯坦	21214042ET	美国胚胎移植	特级	合格	大连金弘基种畜有限公司
495	61	荷斯坦	21214051ET	美国胚胎移植	特级	合格	大连金弘基种畜有限公司
496	62	荷斯坦	21214029ET	美国胚胎移植	特级	合格	大连金弘基种畜有限公司
497	63	荷斯坦	21214045ET	美国胚胎移植	特级	合格	大连金弘基种畜有限公司
498	80	荷斯坦牛	65106077		一级	合格	新疆天山畜牧生物工程股份有限公司
499	81	荷斯坦牛	65107021		特级	合格	新疆天山畜牧生物工程股份有限公司
500	82	荷斯坦牛	65106016		特级	合格	新疆天山畜牧生物工程股份有限公司
501	83	荷斯坦牛	65106014		特级	合格	新疆天山畜牧生物工程股份有限公司
502	84	荷斯坦牛	65107022		特级	合格	新疆天山畜牧生物工程股份有限公司
503	85	荷斯坦牛	65106013		一级	合格	新疆天山畜牧生物工程股份有限公司
504	159	荷斯坦牛	65106012		特级	合格	新疆天山畜牧生物工程股份有限公司

（续）

总序号	序号	品种	公牛号	来源	外貌等级	冻精检测	单　　位
505	160	荷斯坦牛	65107019		一级	合格	新疆天山畜牧生物工程股份有限公司
506	161	荷斯坦牛	65104045 *		特级	合格	新疆天山畜牧生物工程股份有限公司
507	162	荷斯坦牛	65104071		特级	合格	新疆天山畜牧生物工程股份有限公司
508	185	荷斯坦牛	65113185		特级	合格	新疆天山畜牧生物工程股份有限公司
509	186	荷斯坦牛	65110093		特级	合格	新疆天山畜牧生物工程股份有限公司
510	187	荷斯坦牛	65113163		一级	合格	新疆天山畜牧生物工程股份有限公司
511	188	荷斯坦牛	65112001		特级	合格	新疆天山畜牧生物工程股份有限公司
512	189	荷斯坦牛	65113205		一级	合格	新疆天山畜牧生物工程股份有限公司
513	190	荷斯坦牛	65113187		特级	合格	新疆天山畜牧生物工程股份有限公司
514	191	荷斯坦牛	65113188		特级	合格	新疆天山畜牧生物工程股份有限公司
515	192	荷斯坦牛	65113203		一级	合格	新疆天山畜牧生物工程股份有限公司
516	193	荷斯坦牛	65113175		特级	合格	新疆天山畜牧生物工程股份有限公司
517	194	荷斯坦牛	65113164		特级	合格	新疆天山畜牧生物工程股份有限公司
518	195	荷斯坦牛	65113210		一级	合格	新疆天山畜牧生物工程股份有限公司
519	196	荷斯坦牛	65113177		一级	合格	新疆天山畜牧生物工程股份有限公司
520	197	荷斯坦牛	65113151		特级	合格	新疆天山畜牧生物工程股份有限公司
521	198	荷斯坦牛	65113204		一级	合格	新疆天山畜牧生物工程股份有限公司
522	199	荷斯坦牛	65113066		一级	合格	新疆天山畜牧生物工程股份有限公司
523	200	荷斯坦牛	65113152		特级	合格	新疆天山畜牧生物工程股份有限公司
524	201	荷斯坦牛	65113196		特级	合格	新疆天山畜牧生物工程股份有限公司
525	202	荷斯坦牛	65112129		特级	合格	新疆天山畜牧生物工程股份有限公司
526	203	荷斯坦牛	65113194		一级	合格	新疆天山畜牧生物工程股份有限公司
527	204	荷斯坦牛	65113150		特级	合格	新疆天山畜牧生物工程股份有限公司
528	205	荷斯坦牛	65113189		一级	合格	新疆天山畜牧生物工程股份有限公司

（续）

总序号	序号	品种	公牛号	来源	外貌等级	冻精检测	单　　位
529	206	荷斯坦牛	65113159		一级	合格	新疆天山畜牧生物工程股份有限公司
530	396	荷斯坦牛	65107017		特级	合格	新疆天山畜牧生物工程股份有限公司
531	397	荷斯坦牛	65107038		特级	合格	新疆天山畜牧生物工程股份有限公司
532	398	荷斯坦牛	65107016		特级	合格	新疆天山畜牧生物工程股份有限公司
533	399	荷斯坦牛	65108022		特级	合格	新疆天山畜牧生物工程股份有限公司
534	400	荷斯坦牛	65106010		特级	合格	新疆天山畜牧生物工程股份有限公司
535	401	荷斯坦牛	65108023		特级	合格	新疆天山畜牧生物工程股份有限公司
536	402	荷斯坦牛	65109041		特级	合格	新疆天山畜牧生物工程股份有限公司
537	403	荷斯坦牛	65107036		特级	合格	新疆天山畜牧生物工程股份有限公司
538	404	荷斯坦牛	65106008		特级	合格	新疆天山畜牧生物工程股份有限公司
539	405	荷斯坦牛	65109058		特级	合格	新疆天山畜牧生物工程股份有限公司
540	406	荷斯坦牛	65106033		特级	合格	新疆天山畜牧生物工程股份有限公司
541	407	荷斯坦牛	65107037		特级	合格	新疆天山畜牧生物工程股份有限公司
542	408	荷斯坦牛	65109051		特级	合格	新疆天山畜牧生物工程股份有限公司
543	409	荷斯坦牛	65108020		特级	合格	新疆天山畜牧生物工程股份有限公司
544	410	荷斯坦牛	65106009		特级	合格	新疆天山畜牧生物工程股份有限公司
545	411	荷斯坦牛	65109057		特级	合格	新疆天山畜牧生物工程股份有限公司
546	412	荷斯坦牛	65106034		特级	合格	新疆天山畜牧生物工程股份有限公司
547	413	荷斯坦牛	65106035		特级	合格	新疆天山畜牧生物工程股份有限公司
548	414	荷斯坦牛	65109045		特级	合格	新疆天山畜牧生物工程股份有限公司
549	415	荷斯坦牛	65109046		特级	合格	新疆天山畜牧生物工程股份有限公司
550	416	荷斯坦牛	65109039		特级	合格	新疆天山畜牧生物工程股份有限公司
551	417	荷斯坦牛	65109054		特级	合格	新疆天山畜牧生物工程股份有限公司
552	418	荷斯坦牛	65109048		特级	合格	新疆天山畜牧生物工程股份有限公司

（续）

总序号	序号	品种	公牛号	来源	外貌等级	冻精检测	单位
553	419	荷斯坦牛	65109035		特级	合格	新疆天山畜牧生物工程股份有限公司
554	420	荷斯坦牛	65109053		特级	合格	新疆天山畜牧生物工程股份有限公司
555	421	荷斯坦牛	65109028		特级	合格	新疆天山畜牧生物工程股份有限公司
556	422	荷斯坦牛	65105006		特级	合格	新疆天山畜牧生物工程股份有限公司
557	423	荷斯坦牛	65109032		特级	合格	新疆天山畜牧生物工程股份有限公司
558	424	荷斯坦牛	65109049		特级	合格	新疆天山畜牧生物工程股份有限公司
559	425	荷斯坦牛	65105004		特级	合格	新疆天山畜牧生物工程股份有限公司
560	426	荷斯坦牛	65105002		特级	合格	新疆天山畜牧生物工程股份有限公司
561	427	荷斯坦牛	65109055		特级	合格	新疆天山畜牧生物工程股份有限公司
562	428	荷斯坦牛	65105003		特级	合格	新疆天山畜牧生物工程股份有限公司
563	429	荷斯坦牛	65104089		特级	合格	新疆天山畜牧生物工程股份有限公司
564	322	褐牛	65107859		特级	合格	新疆天山畜牧生物工程股份有限公司
565	323	褐牛	65107870		特级	合格	新疆天山畜牧生物工程股份有限公司
566	324	褐牛	65108826		特级	合格	新疆天山畜牧生物工程股份有限公司
567	325	褐牛	65108831		特级	合格	新疆天山畜牧生物工程股份有限公司
568	326	褐牛	65108883		特级	合格	新疆天山畜牧生物工程股份有限公司
569	327	褐牛	65109812		特级	合格	新疆天山畜牧生物工程股份有限公司
570	328	褐牛	65109813		特级	合格	新疆天山畜牧生物工程股份有限公司
571	329	褐牛	65110893		特级	合格	新疆天山畜牧生物工程股份有限公司
572	330	褐牛	65110895		特级	合格	新疆天山畜牧生物工程股份有限公司
573	331	褐牛	65111801		特级	合格	新疆天山畜牧生物工程股份有限公司
574	332	褐牛	65111802		特级	合格	新疆天山畜牧生物工程股份有限公司
575	333	褐牛	65111896		特级	合格	新疆天山畜牧生物工程股份有限公司
576	334	褐牛	65111897		特级	合格	新疆天山畜牧生物工程股份有限公司

（续）

总序号	序号	品种	公牛号	来源	外貌等级	冻精检测	单　　位
577	335	褐牛	65111898		特级	合格	新疆天山畜牧生物工程股份有限公司
578	336	褐牛	65111899		特级	合格	新疆天山畜牧生物工程股份有限公司
579	337	褐牛	65112803		特级	合格	新疆天山畜牧生物工程股份有限公司
580	338	褐牛	65113804		特级	合格	新疆天山畜牧生物工程股份有限公司
581	339	褐牛	65113805		特级	合格	新疆天山畜牧生物工程股份有限公司
582	340	褐牛	65113806		特级	合格	新疆天山畜牧生物工程股份有限公司
583	341	褐牛	65113807		特级	合格	新疆天山畜牧生物工程股份有限公司
584	342	褐牛	65113808		一级	合格	新疆天山畜牧生物工程股份有限公司
585	343	褐牛	65113809		一级	合格	新疆天山畜牧生物工程股份有限公司
586	344	西门塔尔牛	65104518		特级	合格	新疆天山畜牧生物工程股份有限公司
587	345	西门塔尔牛	65108535		特级	合格	新疆天山畜牧生物工程股份有限公司
588	346	西门塔尔牛	65111567		特级	合格	新疆天山畜牧生物工程股份有限公司
589	347	西门塔尔牛	65111568		特级	合格	新疆天山畜牧生物工程股份有限公司
590	348	西门塔尔牛	65111569		特级	合格	新疆天山畜牧生物工程股份有限公司
591	349	西门塔尔牛	65111570		特级	合格	新疆天山畜牧生物工程股份有限公司
592	350	西门塔尔牛	65111571		特级	合格	新疆天山畜牧生物工程股份有限公司
593	351	西门塔尔牛	65111572		特级	合格	新疆天山畜牧生物工程股份有限公司
594	352	西门塔尔牛	65111573		特级	合格	新疆天山畜牧生物工程股份有限公司
595	353	西门塔尔牛	65111574		特级	合格	新疆天山畜牧生物工程股份有限公司
596	354	西门塔尔牛	65111575		一级	合格	新疆天山畜牧生物工程股份有限公司
597	355	西门塔尔牛	65111576		特级	合格	新疆天山畜牧生物工程股份有限公司
598	356	西门塔尔牛	65111577		特级	合格	新疆天山畜牧生物工程股份有限公司
599	357	西门塔尔牛	65111578		特级	合格	新疆天山畜牧生物工程股份有限公司
600	358	西门塔尔牛	65111579		特级	合格	新疆天山畜牧生物工程股份有限公司

（续）

总序号	序号	品种	公牛号	来源	外貌等级	冻精检测	单　　位
601	359	西门塔尔牛	65111580		特级	合格	新疆天山畜牧生物工程股份有限公司
602	360	西门塔尔牛	65111581		特级	合格	新疆天山畜牧生物工程股份有限公司
603	361	西门塔尔牛	65112503		特级	合格	新疆天山畜牧生物工程股份有限公司
604	362	西门塔尔牛	65112506		特级	合格	新疆天山畜牧生物工程股份有限公司
605	363	西门塔尔牛	65112507		特级	合格	新疆天山畜牧生物工程股份有限公司
606	364	西门塔尔牛	65112508		特级	合格	新疆天山畜牧生物工程股份有限公司
607	365	西门塔尔牛	65112511		特级	合格	新疆天山畜牧生物工程股份有限公司
608	366	西门塔尔牛	65112513		特级	合格	新疆天山畜牧生物工程股份有限公司
609	367	西门塔尔牛	65112514		特级	合格	新疆天山畜牧生物工程股份有限公司
610	368	西门塔尔牛	65112516		一级	合格	新疆天山畜牧生物工程股份有限公司
611	369	西门塔尔牛	65112521		特级	合格	新疆天山畜牧生物工程股份有限公司
612	370	西门塔尔牛	65112522		特级	合格	新疆天山畜牧生物工程股份有限公司
613	371	西门塔尔牛	65112525		特级	合格	新疆天山畜牧生物工程股份有限公司
614	372	西门塔尔牛	65112527		特级	合格	新疆天山畜牧生物工程股份有限公司
615	373	西门塔尔牛	65112528		特级	合格	新疆天山畜牧生物工程股份有限公司
616	374	西门塔尔牛	65112531		特级	合格	新疆天山畜牧生物工程股份有限公司
617	375	西门塔尔牛	65112534		特级	合格	新疆天山畜牧生物工程股份有限公司
618	376	西门塔尔牛	65112545		特级	合格	新疆天山畜牧生物工程股份有限公司
619	377	西门塔尔牛	65112546		特级	合格	新疆天山畜牧生物工程股份有限公司
620	378	西门塔尔牛	65112582		特级	合格	新疆天山畜牧生物工程股份有限公司
621	379	西门塔尔牛	65112583		特级	合格	新疆天山畜牧生物工程股份有限公司
622	380	西门塔尔牛	65112584		特级	合格	新疆天山畜牧生物工程股份有限公司
623	381	西门塔尔牛	65112585		一级	合格	新疆天山畜牧生物工程股份有限公司
624	382	西门塔尔牛	65112586		特级	合格	新疆天山畜牧生物工程股份有限公司

（续）

总序号	序号	品种	公牛号	来源	外貌等级	冻精检测	单　　位
625	383	西门塔尔牛	65112587		特级	合格	新疆天山畜牧生物工程股份有限公司
626	384	西门塔尔牛	65112588		一级	合格	新疆天山畜牧生物工程股份有限公司
627	385	西门塔尔牛	65112589		特级	合格	新疆天山畜牧生物工程股份有限公司
628	386	西门塔尔牛	65112590		一级	合格	新疆天山畜牧生物工程股份有限公司
629	387	西门塔尔牛	65112591		特级	合格	新疆天山畜牧生物工程股份有限公司
630	388	西门塔尔牛	65112592		特级	合格	新疆天山畜牧生物工程股份有限公司
631	389	西门塔尔牛	65112593		特级	合格	新疆天山畜牧生物工程股份有限公司
632	390	西门塔尔牛	65113594		特级	合格	新疆天山畜牧生物工程股份有限公司
633	682	夏洛来牛	65110720		特级	合格	新疆天山畜牧生物工程股份有限公司
634	683	夏洛来牛	65110716		特级	合格	新疆天山畜牧生物工程股份有限公司
635	684	夏洛来牛	65107708		特级	合格	新疆天山畜牧生物工程股份有限公司
636	685	夏洛来牛	65107706		特级	合格	新疆天山畜牧生物工程股份有限公司
637	686	夏洛来牛	65110714		特级	合格	新疆天山畜牧生物工程股份有限公司
638	687	夏洛来牛	65110712		特级	合格	新疆天山畜牧生物工程股份有限公司
639	688	西门塔尔牛	65105523		特级	合格	新疆天山畜牧生物工程股份有限公司
640	689	西门塔尔牛	65106526		特级	合格	新疆天山畜牧生物工程股份有限公司
641	690	西门塔尔牛	65108538		特级	合格	新疆天山畜牧生物工程股份有限公司
642	691	西门塔尔牛	65111563		特级	合格	新疆天山畜牧生物工程股份有限公司
643	692	西门塔尔牛	65111550		特级	合格	新疆天山畜牧生物工程股份有限公司
644	693	西门塔尔牛	65111561		特级	合格	新疆天山畜牧生物工程股份有限公司
645	694	西门塔尔牛	65111562		特级	合格	新疆天山畜牧生物工程股份有限公司
646	695	西门塔尔牛	65111559		特级	合格	新疆天山畜牧生物工程股份有限公司
647	696	西门塔尔牛	65111565		特级	合格	新疆天山畜牧生物工程股份有限公司
648	697	西门塔尔牛	65108533		特级	合格	新疆天山畜牧生物工程股份有限公司

（续）

总序号	序号	品种	公牛号	来源	外貌等级	冻精检测	单　　位
649	698	西门塔尔牛	65107530		特级	合格	新疆天山畜牧生物工程股份有限公司
650	699	西门塔尔牛	65111552		特级	合格	新疆天山畜牧生物工程股份有限公司
651	700	西门塔尔牛	65111553		特级	合格	新疆天山畜牧生物工程股份有限公司
652	701	西门塔尔牛	65111564		特级	合格	新疆天山畜牧生物工程股份有限公司
653	702	西门塔尔牛	65111554		特级	合格	新疆天山畜牧生物工程股份有限公司
654	703	西门塔尔牛	65111558		特级	合格	新疆天山畜牧生物工程股份有限公司
655	704	西门塔尔牛	65111551		特级	合格	新疆天山畜牧生物工程股份有限公司
656	705	西门塔尔牛	65105520		特级	合格	新疆天山畜牧生物工程股份有限公司
657	706	西门塔尔牛	65111549		特级	合格	新疆天山畜牧生物工程股份有限公司
658	707	西门塔尔牛	65111557		特级	合格	新疆天山畜牧生物工程股份有限公司
659	708	西门塔尔牛	65111547		特级	合格	新疆天山畜牧生物工程股份有限公司
660	709	西门塔尔牛	65106524		特级	合格	新疆天山畜牧生物工程股份有限公司
661	710	西门塔尔牛	65111548		特级	合格	新疆天山畜牧生物工程股份有限公司
662	711	利木赞牛	65110906		特级	合格	新疆天山畜牧生物工程股份有限公司
663	712	利木赞牛	65110909		特级	合格	新疆天山畜牧生物工程股份有限公司
664	713	利木赞牛	65110903		特级	合格	新疆天山畜牧生物工程股份有限公司
665	714	利木赞牛	65110904		特级	合格	新疆天山畜牧生物工程股份有限公司
666	715	利木赞牛	65110907		特级	合格	新疆天山畜牧生物工程股份有限公司
667	716	利木赞牛	65110905		特级	合格	新疆天山畜牧生物工程股份有限公司
668	717	利木赞牛	65110901		特级	合格	新疆天山畜牧生物工程股份有限公司
669	718	利木赞牛	65110902		特级	合格	新疆天山畜牧生物工程股份有限公司
670	719	安格斯牛	65110405		特级	合格	新疆天山畜牧生物工程股份有限公司
671	720	安格斯牛	65110408		特级	合格	新疆天山畜牧生物工程股份有限公司
672	721	安格斯牛	65110406		特级	合格	新疆天山畜牧生物工程股份有限公司

（续）

总序号	序号	品种	公牛号	来源	外貌等级	冻精检测	单　位
673	722	安格斯牛	65110403		特级	合格	新疆天山畜牧生物工程股份有限公司
674	723	安格斯牛	65110410		特级	合格	新疆天山畜牧生物工程股份有限公司
675	724	安格斯牛	65110409		特级	合格	新疆天山畜牧生物工程股份有限公司
676	725	安格斯牛	65110404		特级	合格	新疆天山畜牧生物工程股份有限公司
677	726	安格斯牛	65110407		特级	合格	新疆天山畜牧生物工程股份有限公司

注:标注有“＊”的,为不在群验证牛。

2015 年全国草品种审定委员会审定通过草品种目录

序号	科	属	种	品种名称	登录号	品种类别	申报单位	申报者	适宜区域
1	豆科	苜蓿	紫花苜蓿	WL343HQ	476	引进品种	北京正道生态科技有限公司	邵进翚、齐丽娜、李鸿强、周思龙、朱雷	适于我国北京以南地区种植。
2	豆科	苜蓿	紫花苜蓿	草原 4 号	477	育成品种	内蒙古农业大学生态与环境学院	特木尔布和、米福贵、石凤翎、王建光、云锦凤	适宜在我国山东、河北、内蒙古中南部、陕西、山西等省份种植。
3	豆科	三叶草	红三叶	鄂牧 5 号	478	育成品种	湖北省农业科学院畜牧兽医研究所	张鹤山、刘洋、田宏、熊军波、陈明新	适宜淮河以南、长江流域及云贵高原地区推广应用。
4	豆科	爪哇大豆	爪哇大豆	提那罗	479	引进品种	云南省农业科学院热区生态农业研究所	龙会英、张德、史亮涛、朱红业、金杰	适宜在我国热带、亚热带地区的广东、广西、海南、福建、湖南及云南的大部分热区种植,尤其适宜在年降水量在 600 ~ 1 300 毫米的金沙江、红河等干热河谷地区种植。

（续）

序号	科	属	种	品种名称	登录号	品种类别	申报单位	申报者	适宜区域
5	豆科	硬皮豆	硬皮豆	崖州	480	地方品种	中国热带农业科学院热带作物品种资源研究所	虞道耿、刘国道、白昌军、钟声、罗丽娟	适宜在长江以南、亚热带中低海拔气候区，作为夏季短期性豆科牧草种植；在南亚热带及更热地区，常用于果园、经济林等地表覆盖作物种植或用作热带地区多年生草地先锋豆科牧草种植。
6	豆科	野豌豆	广布野豌豆	公农	481	野生栽培品种	吉林省农业科学院	周艳春、徐安凯、王志锋、于洪柱、任伟	适宜吉林省东部山区、中部平原地区，或同等条件北方较湿润地区种植。
7	豆科	野豌豆	箭筈豌豆	兰箭2号	482	育成品种	兰州大学	南志标、王彦荣、聂斌、张卫国、李春杰	适宜黄土高原和青藏高原海拔3 000米左右的地区种植。
8	豆科	野豌豆	箭筈豌豆	川北	483	地方品种	四川省农业科学院土壤肥料研究所、四川农业大学、四川省金种燎原种业科技有限责任公司	林超文、朱永群、彭建华、罗付香、黄琳凯	适宜于年降水量600毫米以上，海拔500～3 000米的亚热带地区作为饲草种植。
9	禾本科	鸭茅	鸭茅	阿索斯	484	引进品种	贵州省畜牧兽医研究所、贵州省草业研究所	尚以顺、谢彩云、陈燕萍、李鸿祥、宋明希	适宜华南地区海拔600～3 000米，降水量600～1 500毫米，年均温低于18℃的地区种植。
10	禾本科	鸭茅	鸭茅	皇冠	485	引进品种	北京克劳沃种业科技有限公司	苏爱莲、王跃栋、刘艺杉、刘昭明	我国温带至中亚热带地区。

（续）

序号	科	属	种	品种名称	登录号	品种类别	申报单位	申报者	适宜区域
11	禾本科	鸭茅	鸭茅	英都仕	486	引进品种	云南农业大学	马向丽、毕玉芬、任健、姜华、李鸿祥	南方海拔600～3 000米，降水量600～1 500毫米，年均气温＜18℃的温暖湿润山区及北方气候湿润温和地区。
12	禾本科	黑麦草	多花黑麦草	剑宝	487	引进品种	四川省畜牧科学研究院、百绿（天津）国际草业有限公司	梁小玉、季杨、易军、郃建辉、周思龙	适宜我国西南、华东、华中温暖湿润地区种植。
13	禾本科	黑麦草	多年生黑麦草	图兰朵	488	引进品种	凉山彝族自治州畜牧兽医研究所、四川省金种燎原种业科技有限责任公司	王同军、姚明久、傅平、卢寰宗、李鸿祥	适宜长江流域及以南地区，海拔800～2 500米，降水700～1 500毫米，年平均气温＜14℃的温暖湿润山区种植。
14	禾本科	黑麦草	多年生黑麦草	肯特	489	引进品种	贵州省草业研究所、贵州省畜牧兽医研究所	陈燕萍、尚以顺、杨菲、孔德顺、李鸿祥	适宜长江流域及以南，海拔800～2 500米，降水700～1 500毫米，年平均气温＜14℃的温暖湿润山区种植。
15	禾本科	黑麦草	多年生黑麦草	格兰丹迪	490	引进品种	北京克劳沃种业科技有限公司	苏爱莲、侯湃、刘昭明、王圣乾	适宜在我国南方山区种植，尤其在海拔600～1 500米，降水量1 000～1 500毫米的地区生长。
16	禾本科	鹅观草	鹅观草	川中	491	野生栽培品种	四川农业大学小麦研究所、西南大学荣昌校区	周永红、张海琴、凡星、曾兵、康厚扬	适宜长江流域亚热带降水量400～1 700毫米，海拔500～2 500米的丘陵、平坝、林下和山地种植。

（续）

序号	科	属	种	品种名称	登录号	品种类别	申报单位	申报者	适宜区域
17	禾本科	鹅观草	贫花鹅观草	同德	492	地方品种	青海省牧草良种繁殖场、青海省草原总站、青海省畜牧兽医科学院、中国科学院西北高原生物研究所	汪新川、周华坤、雷生春、乔安海、侯留飞	适宜在青藏高原海拔 2 200 ~ 3 200 米，年降水量 420 毫米以上的地区种植。
18	禾本科	异燕麦	变绿异燕麦	康巴	493	野生栽培品种	四川省草原工作总站、甘孜藏族自治州草原工作站、四川省金种燎原种业科技有限责任公司	何光武、张瑞珍、马涛、刘登锴、姚明久	适宜于在海拔 2 000 ~ 4 000 米，年降水量 400 毫米以上地区可以种植。
19	禾本科	碱茅	朝鲜碱茅	吉农 2 号	494	育成品种	吉林省农业科学院	徐安凯、刘卓、王志锋、齐宝林、任伟	适宜在我国东北、华北、西北地区盐碱地种植。
20	禾本科	结缕草	杂交结缕草	苏植 3 号	495	育成品种	江苏省中国科学院植物研究所	郭海林、宗俊勤、陈静波、刘建秀、郭爱桂	适宜北京及以南地区作为观赏草坪、公共绿地、运动场草坪以及水土保持草坪建植。
21	鸭跖草科	锦竹草	铺地锦竹草	华南	496	野生栽培品种	华南农业大学林学与风景园林学院、广州市黄谷环保科技有限公司	张巨明、黄爱平、黄韬翔、、解新明、黄永红	适宜在我国长江以南亚热带、热带地区种植。
22	蔷薇科	地榆	地榆	伊敏河	497	野生栽培品种	内蒙古和信园蒙草抗旱绿化股份有限公司	王召明、高秀梅、田志来、李晶晶、李彦飞	适宜在我国北方半干旱区种植。
23	满江红科	满江红	小叶萍	闽育 1 号	498	育成品种	福建省农业科学院农业生态研究所	徐国忠、郑向丽、王俊宏、黄毅斌、林永辉	适宜在温暖湿润的多水地区种植。

2015年新兽药注册目录

新兽药名称	研制单位	类别	新兽药注册证书号
猪流感病毒 H1N1 亚型灭活疫苗(TJ 株)	华中农业大学、武汉科前动物生物制品有限责任公司、武汉中博生物股份有限公司、中牧实业股份有限公司	二类	(2015)新兽药证字01号
硫酸头孢喹肟乳房注入剂(干乳期)	浙江海正药业股份有限公司、浙江海正动物保健品有限公司	五类	(2015)新兽药证字02号
鸭传染性浆膜炎三价灭活疫苗(1 型 YBRA01 株 + 2 型 YBRA02 株 + 4 型 YBRA04 株)	青岛易邦生物工程有限公司、云南省畜牧兽医科学院	三类	(2015)新兽药证字03号
参龙合剂	天津生机集团股份有限公司、天津市圣世莱科技有限公司、天津市天合力药物研发有限公司、天津市海纳德动物药业有限公司、天津市万格尔生物工程有限公司	三类	(2015)新兽药证字04号
盐酸氨丙啉乙氧酰胺苯甲酯磺胺喹噁啉可溶性粉	洛阳惠中兽药有限公司 普莱柯生物工程股份有限公司、河南新正好生物工程有限公司	四类	(2015)新兽药证字05号
兔病毒性出血症、多杀性巴氏杆菌病二联蜂胶灭活疫苗(YT 株 + JN 株)	山东华宏生物工程有限公司	三类	(2015)新兽药证字06号
仔猪副伤寒耐热保护剂活疫苗(CVCC79500 株)	北京中海生物科技有限公司、山东泰丰生物制品有限公司、瑞普(保定)生物药业有限公司	三类	(2015)新兽药证字07号
硫酸头孢喹肟乳房注入剂(干乳期)	河北远征药业有限公司	五类	(2015)新兽药证字08号
鸡新城疫、传染性法氏囊病二联灭活疫苗(La Sota 株 + HQ 株)	河南农业大学禽病研究所、辽宁益康生物股份有限公司、天津瑞普生物技术股份有限公司、浙江美保龙生物技术有限公司、乾元浩生物股份有限公司(南京生物药厂)	三类	(2015)新兽药证字09号
硫酸头孢喹肟子宫注入剂	河北远征药业有限公司	五类	(2015)新兽药证字10号
猪支原体肺炎灭活疫苗	北京生泰尔生物科技有限公司、北京华夏兴洋生物科技有限公司、齐鲁动物保健品有限公司、瑞普(保定)生物药业有限公司、北京市兽医生物药品厂、武汉科前动物生物制品有限责任公司、四川省华派生物制药有限公司、山东华宏生物工程有限公司	三类	(2015)新兽药证字11号

（续）

新兽药名称	研制单位	类别	新兽药注册证书号
马波沙星	武汉回盛生物科技有限公司、广东海纳川药业股份有限公司、湖北启达药业有限公司、湖北泱盛生物科技有限公司、长沙施比龙动物药业有限公司	二类	（2015）新兽药证字 12 号
马波沙星片	湖北泱盛生物科技有限公司、天津生机集团股份有限公司、广东海纳川药业股份有限公司、武汉回盛生物科技有限公司、长沙施比龙动物药业有限公司	二类	（2015）新兽药证字 13 号
水貂出血性肺炎二价灭活疫苗（G 型 WD005 株 + B 型 DL007 株）	齐鲁动物保健品有限公司	二类	（2015）新兽药证字 14 号
复合亚氯酸钠粉	新乡市康大消毒剂有限公司	三类	（2015）新兽药证字 15 号
高致病性猪繁殖与呼吸综合征活疫苗（GDr180 株）	中国兽医药品监察所、广东永顺生物制药股份有限公司、北京信得威特科技有限公司	三类	（2015）新兽药证字 16 号
射干地龙颗粒	中国农业科学院兰州畜牧与兽药研究所	三类	（2015）新兽药证字 17 号
葡萄糖酸氯己定碘溶液	上海利康生物高科有限公司	三类	（2015）新兽药证字 18 号
芪楂口服液	石家庄华骏动物药业有限公司、湖南圣雅凯生物科技有限公司、广州华农大实验兽药有限公司、河北农业大学	三类	（2015）新兽药证字 19 号
重组禽流感病毒 H5 亚型二价灭活疫苗（细胞源，Re－6 株 + Re－4 株）	中国农业科学院哈尔滨兽医研究所、山东信得动物疫苗有限公司、哈尔滨维科生物技术开发公司	三类	（2015）新兽药证字 20 号
聚维酮碘口服液	深圳市安多福动物药业有限公司、深圳市安多福消毒高科技股份有限公司	四类	（2015）新兽药证字 21 号
鸡新城疫、减蛋综合征、禽流感（H9 亚型）三联灭活疫苗（La Sota 株 + HSH23 株 + WD 株）	北京市农林科学院、云南生物制药有限公司、广西丽园生物股份有限公司、九江博美莱生物制品有限公司、北京信得威特科技有限公司	三类	（2015）新兽药证字 22 号
口蹄疫病毒非结构蛋白 2C3AB 抗体检测试纸条	中国农业科学院兰州兽医研究所、中农威特生物科技股份有限公司	二类	（2015）新兽药证字 23 号

（续）

新兽药名称	研制单位	类别	新兽药注册证书号
美洛昔康	青岛蔚蓝生物股份有限公司、山东鲁抗舍里乐药业有限公司、河北天象生物药业有限公司、青岛农业大学、潍坊康地恩生物制药有限公司	三类	（2015）新兽药证字24号
美洛昔康注射液	青岛蔚蓝生物股份有限公司、保定阳光本草药业有限公司、山东鲁抗舍里乐药业有限公司高新区分公司、青岛农业大学、青岛康地恩动物药业有限公司	三类	（2015）新兽药证字25号
磷酸替米考星	湖北龙翔药业有限公司	三类	（2015）新兽药证字26号
磷酸替米考星可溶性粉	湖北龙翔药业有限公司、瑞普（天津）生物药业有限公司、江西省特邦动物药业有限公司、北京中农华威制药有限公司	三类	（2015）新兽药证字27号
禽流感（H9亚型）灭活疫苗（SZ株）	普莱柯生物工程股份有限公司、洛阳惠中生物技术有限公司	三类	（2015）新兽药证字28号
高致病性猪繁殖与呼吸综合征、猪瘟二联活疫苗（TJM-F92株+C株）	华威特（北京）生物科技有限公司、中国兽医药品监察所、华威特（江苏）生物制药有限公司、吉林硕腾国原动物保健品有限公司、中牧实业股份有限公司	三类	（2015）新兽药证字29号
大菱鲆迟钝爱德华氏菌活疫苗（EIBAV1株）	华东理工大学、浙江诺倍威生物技术有限公司、广东永顺生物制药股份有限公司、上海纬胜海洋生物科技有限公司	一类	（2015）新兽药证字30号
米尔贝肟吡喹酮片	浙江海正动物保健品有限公司、浙江海正药业股份有限公司	五类	（2015）新兽药证字31号
苦参止痢颗粒	北京生泰尔生物科技有限公司、爱迪森（北京）生物科技有限公司	三类	（2015）新兽药证字32号
芪术增免合剂	湖南农大动物药业有限公司、青岛蔚蓝生物股份有限公司、福建中农牧生物药业有限公司、沈阳伟嘉牧业技术有限公司、菏泽普恩药业有限公司、青岛康地恩动物药业有限公司、潍坊诺达药业有限公司、山西康地恩恒远药业有限公司、潍坊大成生物工程有限公司	三类	（2015）新兽药证字33号
阿莫西林克拉维酸钾片	上海汉维生物医药科技有限公司	五类	（2015）新兽药证字34号

（续）

新兽药名称	研制单位	类别	新兽药注册证书号
山羊传染性胸膜肺炎间接血凝试验抗原、阳性血清与阴性血清	中国农业科学院兰州兽医研究所、中农威特生物科技股份有限公司	二类	（2015）新兽药证字35号
五加芪粉	洛阳惠中兽药有限公司、普莱柯生物工程股份有限公司、河南新正好生物工程有限公司	三类	（2015）新兽药证字36号
山羊传染性胸膜肺炎灭活疫苗（山羊支原体山羊肺炎亚种M1601株）	中国农业科学院兰州兽医研究所、山东泰丰生物制品有限公司、哈药集团生物疫苗有限公司、青岛易邦生物工程有限公司	二类	（2015）新兽药证字37号
重组溶葡萄球菌酶阴道泡腾片	上海高科联合生物技术研发有限公司、昆山博青生物科技有限公司	四类	（2015）新兽药证字38号
鸡新城疫、传染性支气管炎、减蛋综合征三联灭活疫苗（Clone30株＋M41株＋AV127株）	青岛蔚蓝生物制品有限公司、哈药集团生物疫苗有限公司、吉林正业生物制品股份有限公司、扬州优邦生物制药有限公司、青岛蔚蓝生物股份有限公司	三类	（2015）新兽药证字39号
盐酸头孢噻呋乳房注入剂（干乳期）	中国农业科学院饲料研究所、北京市畜牧总站、中牧实业股份有限公司、华秦源（北京）动物药业有限公司、北京中农劲腾生物技术有限公司	五类	（2015）新兽药证字40号
鸡新城疫、传染性支气管炎二联耐热保护剂活疫苗（La Sota株＋H120株）	南京天邦生物科技有限公司、国家兽用生物制品工程技术研究中心、江苏省农业科学院兽医研究所	三类	（2015）新兽药证字41号
禽流感（H9亚型）灭活疫苗（HN106株）	河南农业大学、山东滨州沃华生物工程有限公司、河南祺祥生物科技有限公司	三类	（2015）新兽药证字42号
狂犬病病毒巢式RT－PCR检测试剂盒	中国人民解放军军事医学科学院军事兽医研究所、北京世纪元亨动物防疫技术有限公司、武汉中博生物股份有限公司、吉林和元生物工程有限公司、武汉军科博源生物股份有限公司、北京万牧源农业科技有限公司	三类	（2015）新兽药证字43号
扶正解毒颗粒	北京大北农动物保健科技有限责任公司、韶山大北农动物药业有限公司、北京中农劲腾生物技术有限公司	四类	（2015）新兽药证字44号
金芩通肾口服液	北京生泰尔生物科技有限公司、爱迪森（北京）生物科技有限公司、北京普尔路威达兽药有限公司、北京华夏本草中药科技有限公司、西南民族大学	三类	（2015）新兽药证字45号

（续）

新兽药名称	研制单位	类别	新兽药注册证书号
金葛解毒口服液	北京生泰尔生物科技有限公司、爱迪森（北京）生物科技有限公司、北京普尔路威达兽药有限公司、北京华夏本草中药科技有限公司	三类	（2015）新兽药证字46号
五加芪口服液	洛阳惠中兽药有限公司、普莱柯生物工程股份有限公司、河南新正好生物工程有限公司	三类	（2015）新兽药证字47号
苍朴口服液	中国农业科学院兰州畜牧与兽药研究所	三类	（2015）新兽药证字48号
癸氧喹酯干混悬剂	广州华农大实验兽药有限公司、成都乾坤动物药业有限公司、广东大华农动物保健品股份有限公司动物保健品厂	四类	（2015）新兽药证字49号
副猪嗜血杆菌病二价灭活疫苗（1型LC株+5型LZ株）	山东省农业科学院畜牧兽医研究所、山东滨州沃华生物工程有限公司、青岛易邦生物工程有限公司、浙江诺倍威生物技术有限公司	三类	（2015）新兽药证字50号
北芪五加可溶性粉	江西中成中药原料有限公司	三类	（2015）新兽药证字51号
鸡新城疫、传染性支气管炎、禽流感（H9亚型）三联灭活疫苗（La Sota株+M41株+Re-9株）	普莱柯生物工程股份有限公司、中国农业科学院哈尔滨兽医研究所、哈尔滨维科生物技术开发公司	三类	（2015）新兽药证字52号
扶正解毒口服液	河南牧翔动物药业有限公司、西安市昌盛动物保健品有限公司、河南众翔百成兽药有限公司	四类	（2015）新兽药证字53号
蒲地蓝消炎颗粒	西安雨田农业科技有限公司、成都乾坤动物药业有限公司、河南牧翔动物药业有限公司、江西新世纪民星动物保健品有限公司、北京万牧源农业科技有限公司	三类	（2015）新兽药证字54号
马波沙星	河北远征药业有限公司、浙江凯胜生物药业有限公司	二类	（2015）新兽药证字55号
马波沙星注射液	河北远征药业有限公司、浙江凯胜生物药业有限公司	二类	（2015）新兽药证字56号

（续）

新兽药名称	研制单位	类别	新兽药注册证书号
猪传染性胃肠炎、猪流行性腹泻二联活疫苗（HB08 株 + ZJ08 株）	北京大北农科技集团股份有限公司、中牧实业股份有限公司、瑞普（保定）生物药业有限公司、福州大北农生物技术有限公司、武汉中博生物股份有限公司、北京科牧丰生物制药有限公司	三类	（2015）新兽药证字 57 号
猪支原体肺炎灭活疫苗（DJ－166 株）	北京大北农科技集团股份有限公司、中牧实业股份有限公司、福州大北农生物技术有限公司、北京科牧丰生物制药有限公司	三类	（2015）新兽药证字 58 号
小反刍兽疫活疫苗（Clone 9 株）	中国兽医药品监察所、北京中海生物科技有限公司、新疆天康畜牧生物技术股份有限公司、新疆畜牧科学院兽医研究所（新疆畜牧科学院动物临床医学研究中心）	二类	（2015）新兽药证字 59 号
亚甲基水杨酸杆菌肽	绿康生化股份有限公司	二类	（2015）新兽药证字 60 号
亚甲基水杨酸杆菌肽可溶性粉	绿康生化股份有限公司	二类	（2015）新兽药证字 61 号
硫酸头孢喹肟乳房注入剂（干乳期）	中国农业科学院饲料研究所、北京市畜牧总站、广东大华农动物保健品股份有限公司动物保健品厂、北京康牧生物科技有限公司、中牧实业股份有限公司、华秦源（北京）动物药业有限公司	五类	（2015）新兽药证字 62 号
硫酸头孢喹肟子宫注入剂	中国农业科学院饲料研究所、北京市畜牧总站、广东大华农动物保健品股份有限公司动物保健品厂、北京康牧生物科技有限公司、中牧实业股份有限公司、华秦源（北京）动物药业有限公司	五类	（2015）新兽药证字 63 号
北芪五加颗粒	郑州大学、商丘爱己爱牧生物科技股份有限公司、河南碧云天动物药业有限公司、瑞普（天津）生物药业有限公司、郑州百瑞动物药业有限公司、河南省兽药饲料监察所	三类	（2015）新兽药证字 64 号
硫酸头孢喹肟乳房注入剂（干乳期）	瑞普（天津）生物药业有限公司、佛山市南海东方澳龙制药有限公司、内蒙古瑞普大地生物药业有限责任公司	五类	（2015）新兽药证字 65 号
仔猪大肠杆菌病基因工程灭活疫苗（GE－3 株）	辽宁益康生物股份有限公司	三类	（2015）新兽药证字 66 号

（续）

新兽药名称	研制单位	类别	新兽药注册证书号
牛布鲁氏菌间接 ELISA 抗体检测试剂盒	中国兽医药品监察所、北京明日达科技发展有限责任公司、肇庆大华农生物药品有限公司、浙江迪恩生物科技股份有限公司、北京中海生物科技有限公司	三类	（2015）新兽药证字 67 号
高致病性猪繁殖与呼吸综合征耐热保护剂活疫苗（JXA1－R 株）	中国动物疫病预防控制中心、成都天邦生物制品有限公司、哈尔滨元亨生物药业有限公司	三类	（2015）新兽药证字 68 号
鸡新城疫、传染性支气管炎、传染性法氏囊病三联灭活疫苗（La Sota 株＋M41 株＋HQ 株）	河南农业大学、乾元浩生物股份有限公司南京生物药厂、肇庆大华农生物药品有限公司、哈药集团生物疫苗有限公司	三类	（2015）新兽药证字 69 号

2015 年进口兽药注册目录（外文略）

兽药名称	生产厂名称	进口兽药注册证书号	有效期限	备注
氟苯尼考注射液	西班牙海博莱生物大药厂	（2015）外兽药证字 01 号	2015.01-2019.12	注册
鸡传染性支气管炎病毒 ELISA 抗体检测试剂盒	美国爱德士生物科技有限公司	（2015）外兽药证字 02 号	2015.01-2019.12	再注册
伊维菌素注射液	梅里亚有限公司巴西生产厂	（2015）外兽药证字 03 号	2015.01-2019.12	再注册
复方咪康唑滴耳液	法国维克有限公司	（2015）外兽药证字 04 号	2015.02-2020.01	注册
非罗考昔咀嚼片	梅里亚有限公司法国吐鲁兹生产厂	（2015）外兽药证字 05 号	2015.02-2020.01	注册
赛拉菌素溶液	硕腾公司美国卡拉玛祖生产厂	（2015）外兽药证字 06 号	2015.02-2020.01	再注册
碘甘油混合溶液	利拉伐 N.V.公司	（2015）外兽药证字 07 号	2015.02-2020.01	再注册
鸡毒支原体活疫苗（TS－11 株）	澳大利亚生物资源公司	（2015）外兽药证字 08 号	2015.02-2020.01	再注册

（续）

兽药名称	生产厂名称	进口兽药注册证书号	有效期限	备注
猪伪狂犬病活疫苗(Bartha 株)	梅里亚有限公司法国生产厂	(2015)外兽药证字 09 号	2015.02-2020.01	再注册
碘混合溶液	利拉伐 N.V.公司	(2015)外兽药证字 10 号	2015.03-2020.02	注册
复方季铵盐戊二醛溶液	禧欧公司	(2015)外兽药证字 11 号	2015.03-2020.02	注册
恩诺沙星注射液(5%)	KVP Kiel 有限责任公司	(2015)外兽药证字 12 号	2015.03-2020.02	注册
恩诺沙星注射液(10%)	KVP Kiel 有限责任公司	(2015)外兽药证字 13 号	2015.03-2020.02	注册
氟尼辛葡甲胺注射液	先灵葆雅动物保健品公司法国生产厂	(2015)外兽药证字 14 号	2015.04-2020.03	再注册
戊二醛溶液	泰国 MC 农用化学品有限公司 MC	(2015)外兽药证字 15 号	2015.04-2020.03	再注册
狂犬病灭活疫苗(G52 株)	梅里亚有限公司法国生产厂	(2015)外兽药证字 16 号	2015.04-2020.03	再注册
鸡新城疫灭活疫苗(Ulster 2C 株)	梅里亚有限公司法国生产厂	(2015)外兽药证字 17 号	2015.04-2020.03	再注册
鸡新城疫、传染性支气管炎、减蛋综合征三联油乳剂灭活疫苗(Ulster 2C 株+M41 株+127 株)	梅里亚有限公司法国生产厂	(2015)外兽药证字 18 号	2015.04-2020.03	再注册
鸡新城疫、减蛋综合征二联灭活疫苗(Ulster 2C 株+127 株)	梅里亚有限公司法国生产厂	(2015)外兽药证字 19 号	2015.04-2020.03	再注册
鸡新城疫、传染性支气管炎二联灭活疫苗(Ulster 2C 株+M41 株)	梅里亚有限公司法国生产厂	(2015)外兽药证字 20 号	2015.04-2020.03	再注册
鸡传染性法氏囊病灭活疫苗(VNJO 株)	梅里亚有限公司法国生产厂	(2015)外兽药证字 21 号	2015.04-2020.03	再注册

（续）

兽药名称	生产厂名称	进口兽药注册证书号	有效期限	备注
鸡新城疫、传染性支气管炎、减蛋综合征、传染性法氏囊病四联油乳剂灭活疫苗（Ulster 2C 株+M41 株+127 株+VNJO 株）	梅里亚有限公司法国生产厂	（2015）外兽药证字 22 号	2015.04-2020.03	再注册
鸡新城疫、传染性支气管炎、传染性法氏囊病三联灭活疫苗（Ulster 2C 株+M41 株+VNJO 株）	梅里亚有限公司法国生产厂	（2015）外兽药证字 23 号	2015.04-2020.03	再注册
猪伪狂犬病毒 gE 糖蛋白阻断 ELISA 抗体检测试剂盒	西班牙海博莱生物大药厂	（2015）外兽药证字 24 号	2015.05-2020.04	再注册
多杀霉素咀嚼片	美国艾伯维公司	（2015）外兽药证字 25 号	2015.05-2020.04	再注册
禽病毒性关节炎油乳剂灭活疫苗（Olson WVU2937 株）	梅里亚有限公司意大利生产厂	（2015）外兽药证字 26 号	2015.05-2020.04	再注册
鸡传染性鼻炎灭活疫苗（A 型+C 型）	梅里亚有限公司法国生产厂	（2015）外兽药证字 27 号	2015.05-2020.04	再注册
猪支原体肺炎灭活疫苗（J 株）	西班牙海博莱生物大药厂	（2015）外兽药证字 28 号	2015.05-2020.04	再注册
鸡马立克氏病活疫苗（CVI988 株）	vaxxinova Japan 株式会社	（2015）外兽药证字 29 号	2015.05-2020.04	再注册
中性电解氧化水	欧库鲁斯创新科学公司	（2015）外兽药证字 30 号	2015.05-2020.04	再注册
泰乐菌素注射液	爱尔兰百美达化学兽药厂	（2015）外兽药证字 31 号	2015.05-2020.04	再注册
鸡马立克氏病火鸡疱疹病毒活疫苗（FC126 株）	梅里亚有限公司（美国）	（2015）外兽药证字 32 号	2015.06-2020.05	再注册
鸡马立克氏病活疫苗（CVI988 株）	梅里亚有限公司（美国）	（2015）外兽药证字 33 号	2015.06-2020.05	再注册
公猪异味控制疫苗	硕腾公司澳大利亚（Parkeville）生产厂	（2015）外兽药证字 34 号	2015.06-2020.05	再注册

（续）

兽药名称	生产厂名称	进口兽药注册证书号	有效期限	备注
鸡新城疫灭活疫苗（La Sota株）	西班牙海博莱生物大药厂	（2015）外兽药证字35号	2015.07-2020.06	再注册
苄星氯唑西林乳房注入剂（干乳期）	意大利豪普特制药厂	（2015）外兽药证字36号	2015.07-2020.06	再注册
黄体酮阴道缓释剂	新西兰DEC国际有限公司	（2015）外兽药证字37号	2015.07-2020.06	再注册
右旋糖酐铁注射液	法国维克有限公司	（2015）外兽药证字38号	2015.07-2020.06	再注册
鸡毒支原体灭活疫苗（R株）	罗曼动物保健国际	（2015）外兽药证字39号	2015.08-2020.07	再注册
鸡新城疫、传染性支气管炎、减蛋综合征三联灭活疫苗（Clone30株+M41株+BC14株）	英特威国际有限公司	（2015）外兽药证字40号	2015.08-2020.07	再注册
猪瘟病毒ELISA抗体检测试剂盒	爱德士瑞士生物科技有限公司	（2015）外兽药证字41号	2015.08-2020.07	再注册
鸡传染性法氏囊病复合冻干活疫苗（W2512 G-61株）	匈牙利诗华-费拉西亚兽医生物制品有限公司	（2015）外兽药证字42号	2015.09-2020.08	再注册
注射用盐酸替来他明盐酸唑拉西泮	法国维克有限公司	（2015）外兽药证字43号	2015.09-2020.08	再注册
鸡减蛋综合征灭活疫苗（128株）	以色列雅贝克生物实验有限公司	（2015）外兽药证字44号	2015.09-2020.08	再注册
猪伪狂犬病灭活疫苗（Bartha K61株）	西班牙海博莱生物大药厂	（2015）外兽药证字45号	2015.09-2020.08	再注册
副猪嗜血杆菌病灭活疫苗（Z-1517株）	勃林格殷格翰动物保健（美国）有限公司	（2015）外兽药证字46号	2015.09-2020.08	再注册
鸡新城疫灭活疫苗（Ulster 2C株）	梅里亚有限公司意大利生产厂	（2015）外兽药证字47号	2015.09-2020.08	再注册
猪支原体肺炎灭活疫苗（BQ14株）	梅里亚有限公司法国生产厂	（2015）外兽药证字48号	2015.09-2020.08	再注册

（续）

兽药名称	生产厂名称	进口兽药注册证书号	有效期限	备注
8.8%磷酸泰乐菌素预混剂	美国礼来公司美国生产厂	（2015）外兽药证字49号	2015.09-2020.08	再注册
22%磷酸泰乐菌素预混剂	美国礼来公司美国生产厂	（2015）外兽药证字50号	2015.09-2020.08	再注册
马波沙星片	法国威隆制药股份有限公司	（2015）外兽药证字51号	2015.11-2020.10	注册
复方阿莫西林乳房注入剂（泌乳期）	意大利豪普特制药生产厂	（2015）外兽药证字52号	2015.11-2020.10	再注册
土霉素注射液	拜耳动物保健公司美国生产厂	（2015）外兽药证字53号	2015.11-2020.10	再注册及变更注册
土霉素注射液	拜耳动物保健公司美国生产厂	（2015）外兽药证字54号	2015.11-2020.10	再注册及变更注册
土霉素注射液	拜耳动物保健公司美国生产厂	（2015）外兽药证字55号	2015.11-2020.10	再注册及变更注册
托芬那酸注射液	法国威隆制药股份有限公司	（2015）外兽药证字56号	2015.12-2020.11	注册
托芬那酸注射液	法国威隆制药股份有限公司	（2015）外兽药证字57号	2015.12-2020.11	注册
猪回肠炎活疫苗	勃林格殷格翰动物保健（美国）有限公司	（2015）外兽药证字58号	2015.12-2020.11	再注册
种鸡新城疫灭活疫苗（La Sota株）	匈牙利诗华-费拉西亚兽医生物制品有限公司	（2015）外兽药证字59号	2015.12-2020.11	再注册
注射用垂体促卵泡素	贝尔默实验室有限公司	（2015）外兽药证字60号	2015.12-2020.11	再注册

（本栏目主编 杨泽霖 张利宇）

索　引

说　明

1. 本索引采用主题分析方法，按主题词首字笔画笔顺排列。首字相同时，按第二字笔画笔顺排列。以此类推。

2. 本刊的“统计资料”“政策法规”“领导论坛”“大事记”以及“附录”等栏目未作索引。

3. 本索引主题词后面的数字表示索引内容所在页码。

十 画

十一画

十二画

十三画

十四画

ISSN 2095-9966

9 772095 996162 12>

中国畜牧兽医年鉴 2016

主 管:中华人民共和国农业部
主 办:中国农业出版社
出 版:中国农业出版社
编 辑:《中国畜牧兽医年鉴》编辑部
地 址:北京市朝阳区麦子店街 18 号楼
邮 编:100125
电 话:010 - 59194989
传 真:010 - 65005665
电子信箱:xmynjcn@ ccap. com. cn
印 刷:中国农业出版社印刷厂
发 行:新华书店北京发行所、中国农业出版社、《中国畜牧兽医年鉴》编辑部
出版时间:2016 年 12 月
刊 号:ISSN 2095 - 9966 / CN 10 - 1312/S
广告经营许可证:京朝工商广字第 0122 号
定 价:300.00 元

西部牧业股份有限公司是新疆八师石河子市党委为做大做强畜牧业于2003年6月18日组建的一家畜牧业企业。2010年8月，公司在深交所创业板上市，成为新疆首家在创业板上市的公司。目前公司总资产24亿元，从业人员2000余人。公司是农业产业重点龙头企业、国家清真冻牛肉储备承储单位、国家学生奶奶源示范基地、国家绒毛用羊试验站、国家肉用羊试验站、自治区循环经济试点企业、兵团首批创新型企业、兵团肉类加工协会理事长单位。荣获兵团“质量奖”称号。

公司高度重视科技对产业发展的贡献率。建立有1个院士工作站、1个博士后工作站和兵团（省级）畜牧工程技术中心等7个中心(实验室)。每年承担10余项国家、兵团和师市科研课题，拥有各类专业技术人员249人。

经过十余年的发展，公司拥有年设计屠宰加工100万只羊、5万头牛能力的石河子定点清真肉类加工企业——新疆喀尔万食品科技有限公司；拥有年设计生产能力20万吨的饲料加工厂——新疆泉牲牧业有限公司；拥有日加工能力400吨的新疆知名乳制品加工企业——石河子花园乳业有限公司，2013年5月花园乳业成为新疆唯一一家生产婴幼儿配方奶粉终端产品企业；拥有石河子西牧乳业有限公司，日处理和加工400吨生鲜牛乳；拥有年加工能力3万吨的高档油脂和蛋白粉生产企业——西牧生物科技园；公司与浙江慈溪市一恒牧业有限公司合资，共同投资建设年进口10万头澳大利亚肉牛隔离和屠宰加工项目。

公司两个乳品加工企业的设计能力800吨，进入全国20强，可生产国内最高档的乳制品。

公司的两个乳品加工企业都有婴幼儿奶粉生产许可证，是新疆唯一获得婴幼儿奶粉生产许可证的企业。公司生产的3.6和3.3蛋白的乳制品填补了新疆空白，是全国第三家能够生产3.6蛋白的企业。生产的功能性奶粉，多款产品新疆第一次生产。

Sk·xing
赛科星
中国畜种
安全守卫者
SAFETY PROTECTOR OF CHINA DOMESTIC
ANIMAL RESOURCES

双鸽食品
SOGREEN FOOD

国家生猪核心育种场
石家庄双鸽食品有限责任公司

石家庄双鸽食品有限责任公司是集生猪的良种繁育、育肥、饲料加工、畜牧科技研发、屠宰、分割、肉制品加工、冷冻冷藏、连锁销售为一体的全产业链企业，年出栏生猪 12 万头，年屠宰加工能力 150 万头，肉制品 5 万吨，冷冻冷藏容量 8 万吨，连锁销售网络 300 余家，农业产业化国家重点龙头企业，全国养猪行业百强优秀企业，河北省畜牧业百强优秀企业。

双鸽致力于“以世界领先的优良基因，服务中国养猪行业”。良种猪繁育基地种猪存栏规模 6000 头，从英国引进高繁殖力核心群原种猪，建立了核心育种—纯种扩繁—二元扩繁的三级繁育体系。持续开展遗传育种，加强品种选育，发挥该品系种猪产仔数高、泌乳力强、肢体强健、饲料转化率高、瘦肉率高、生长速度快等特点，追求种猪在生产性能和生长性能以及适应性上达到完美结合，成为河北省引智示范基地，全国猪联合育种协作组成员单位，国家生猪核心育种场，国家、省、市三级生猪活体储备基地。经过遗传育种培育的优良种猪在河北省种猪拍卖会上连续八届以优良的生产性能荣获生产性能测定及综合评估第一名。

为了扩大基地规模，以双鸽为龙头发展“公司 + 基地 + 科技研发 + 扩繁场”的带动模式，大力实施产业化示范和推广。双鸽生猪产业集群整合饲料、兽药、保险、金融、高校、合作社及农户等方面的资源，实施产学研联合，发展“龙头企业 + 基地 + 合作社 + 农户”的紧密型合作模式，以“五统一分（统一供种、统一饲料、统一防疫、统一技术服务、统一收购，分散养殖）”改良当地的生猪品种，优化产业结构，引导农民实现高效养殖，提高农民的养殖积极性和标准化养殖水平，从源头上打造安全放心优质猪源基地，保障食品安全，树安全放心肉类品牌，为养殖业做出了示范！

双鸽，努力推动中国养猪业的不断发展！

新英系种猪销售：郑素霞 18033759870
杜丽杰 18033759899
裴　贺 18033759850

基地地址：河北省晋州市小樵镇西旺村北
河北省无极县七汲镇大汉村
网　　址：www.hebsg.net

海南天兆畜牧科技有限公司

海南天兆畜牧科技有限公司隶属中加合资企业天兆猪业，是一家由四川省天兆畜牧科技有限公司、海南赛通商业有限公司共同投资组建的专业生产新加系优质种猪的大型种猪企业。注册资金4000万元，能繁母猪1900头，下辖一个核心场，一个种猪培育场、若干托养场，年出栏各类猪只4万头。

海南天兆位于美丽的海南岛，地处热带，四面环海，通风条件好，光热资源极为丰富，具有一流的生态养殖环境，有利于预防、控制和扑灭口蹄疫等疫病，是率先通过国家验收的无疫区。

公司依托天兆猪业集团公司在中国区独家买断的加拿大FAST基因公司种猪基因改良技术和成果，秉承“生物安全、以猪为本、行为规范、数据准确”的管理思想；提供涵盖动保、生产、育种、营养、管理、工程等服务的“6S超级服务”理念，打造中国一流的“养猪系统工程专家”，并推动着天兆猪业的持续发展;陆续实现了“母猪年均出栏25头”和生产成本12元/千克的成绩。

目前，集团公司天兆猪业是国家农业产业化重点龙头企业、国家生猪核心育种场（两家）、农业部确定的畜禽标准化示范场、中国畜牧业协会猪业分会会长单位。已成长为一家名副其实的技术创新和管理驱动型种猪公司，先后在四川省、重庆市、江苏省、海南省等16个省(自治区、直辖市)建立28家子公司，存栏基础母猪超过3.5万头。

海南天兆通过大力开展“公司+农户”家庭农场模式的探索和实践，在国家大力支持农业项目发展的有利条件下，带动海南、广东、广西等华南广大地区养猪业的快速发展，使周边农民实现快乐养猪、轻松赚钱。实现了公司经济效益和社会效益的双丰收。

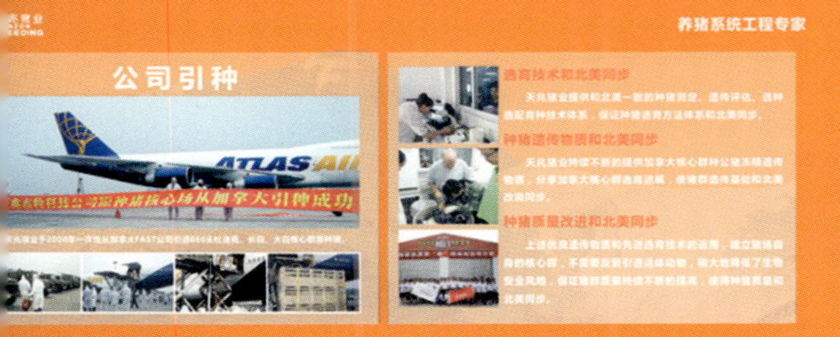

长治县金科养殖有限公司

长治县金科养殖有限公司位于长治市长治县西火镇庄子河村西北山凹，始建于2005年11月，注册资金260万元，资产总额4100万元，拥有固定资产3800万元，公司总占地4.69公顷，共建造猪舍32栋，建筑面积25000平方米。现有员工66名，其中专业育种技术人员12名。公司现存栏生猪12157头，其中能繁母猪1030头，是一家以生猪养殖销售为主的大型企业，产品运销于北京、上海、江苏、山东、河南、河北及省内各地区。

公司技术力量雄厚，以规模、标准、健康养殖，向产业化经营模式发展，并与同业内行家合作，引进优质品种及先进科学技术管理，着力打造优质生猪品牌，以优异的成就回报社会，得到了社会的认可，2008年公司被长治县科学技术部门评为“科技型龙头企业”；被长治市工商局授于“守合同重信用企业”；2009年被山西省畜禽繁育工作站评为“山西省重点良种扩繁场”；2010年被山西省农业厅评为“标准化示范场”、被长治市农业产业化委员会评为“农业产业化市级龙头企业”；2011年由山西省猪业协会推举为“会长单位”；2012年加入中国畜牧业协会猪业分会并任理事单位，2013年再次被农业部评为“生猪标准化示范场”。

公司主要的饲养品种有：新美系杜洛克、长白、大白和法系长白、大白。按照先进的技术选育种猪，全进全出，超早期断奶，流水作业生产模式，运用杂交配套体系，生产二元瘦肉型父母代种猪及商品猪。

新美系杜洛克种猪毛色棕红，头较清秀，耳稍前立然后下垂，颜面稍凹，体躯宽深，背略呈弓型，四肢粗壮，腿臀部肌肉发达丰满，性情温顺，适应性较强，性欲旺盛。新美系长白种猪具有生长速度快、饲料利用率高、瘦肉率高的优良特点。其背毛全白，批皮肤可有隐斑；头小清秀，颜面平直，耳向前倾耷；体躯较长，前窄后宽呈流线型，背腰微弓，腹部平直，臀腿丰满，肌肉发达，体质结实。新美系大白种猪头部清秀，体格健壮，四肢粗壮有力，背宽，全身肌肉发达，后躯特别丰满，母猪有较好的泌乳力、产仔力。法系长白种猪具有生长速度快、饲料利用率高、瘦肉率高的优良特点。其背毛全白，批皮肤可有隐斑；头小清秀，颜面平直，耳向前倾耷；体躯较长，前窄后宽呈流线型，背腰微弓，腹部平直，臀腿丰满，肌肉发达，体质结实。法系大白种猪头部清秀，体格健壮，四肢粗壮有力，背宽，全身肌肉发达，后躯特别丰满，公猪雄性特征强、性欲旺盛。二元母猪头小腮细，耳稍向前直立，四肢粗，背结实，繁殖能力强，产仔数量高，泌乳性能好，母性好，是优秀的杂交母猪。

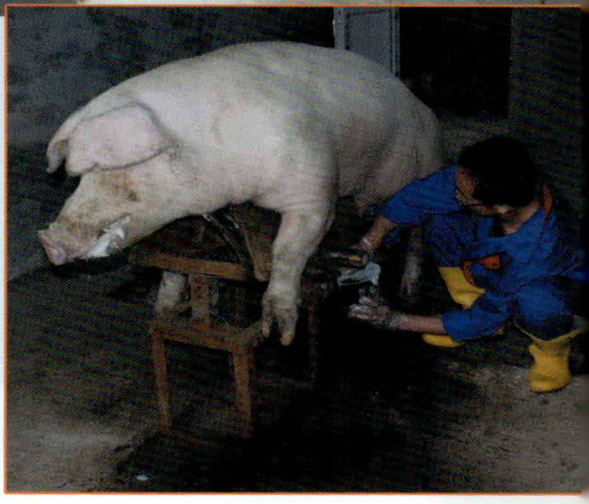

公司安装大型饲料加工机械设备一套，建筑饲料加工房两栋、综合办公大楼一栋，妊娠舍采用从北京引进的自动化给料系统设备三套，妊娠舍、产仔舍、保育舍安装有先进的水暖畜牧空调及水帘降温设备，育肥舍全部安装有地暖控制温度，全场全部按照国家先进的工艺流程和一流的设备建设，全场实行封闭管理，各猪舍安装有电视闭路监控系统，设有人工授精中心，免疫、消毒程序完善，各种档案、规章制度健全，管理严密，服务到位，深受广大用户信赖。

2008年公司进行了二期工程扩建，年规模达到出栏2万头，规模扩大后年可向社会提供优质种猪1万头，商品猪1.2万头。安置剩余劳动力60余人，为村民带来良好的种植效益和经济效益，为长治县养殖业发展将起到积极的示范和带头作用。

公司为改善养殖排放污染达到有效治理和充分利用,大力发展绿色循环经济，使猪场排出的粪便达到综合利用，先后兴建600立方大型能源环境保护沼气配套工程二座，可供1000余户用气需求，年可节约原煤1600多吨，减少二氧化硫排放量36吨；为解决猪场排出的污水不污染周边环境，新上日处理300立方污水净化配套工程设施一座；上述工程的设施，使猪场环境污染充分达到有效治理，改善了猪场对周边地区污染环境质量的影响，实现了“三废”资源化，给周边农户种植、生产、生活带来了良好的经济效益和生态效益，达到国家环保标准，实现了循环式经济发展模式，对全县生态农业建设起到了积极的示范作用，为村民致富找到了出路，成为长治县农业产业化的样板工程。

在未来两年，公司还要进军种植业，现已经在陵川县承包荒山3.3公顷，在长治县承包耕地2公顷，用于经济林的开发，进一步发展循环经济，减少环境污染。

公司全体员工坚持以市场为向导，以质量求生存，以人为本，以信誉求发展，追求卓越，服务真诚，愿与各界朋友精诚合作，共创金科美好未来！

2015 大成母猪“920”计划
目标：28天断奶9千克，每胎多两头，每年每头母猪可提供上市肥猪20头以上！
MPT
新营养配方技术
小猪28天断奶，体重达到9千克以上——多一头
配合智能潮拌料槽与黑松露9周龄（63天），小猪体重挑战30千克
155天出栏，每窝体重可以增加100千克（每头重增加10千克）——多一头
大成 DaChan
大成食品（亚洲）有限公司
DaChan Food (Asia) Limited

Accountability

大成食品（亚洲）有限公司五大事业群
DaChan Food (Asia) Limited Five Business Groups

基本农畜事业群
Taiwan Agribasics Business Group
东亚事业群
East Asia Business Group
前瞻事业群
Specialty Business Group
面粉事业群
Flour Milling Business Group
餐饮服务事业群
Food Service Business Group

饲料与动物营养事业群 Feed & Animal Nutrition Research and Development

大成食品对产品的质素一直十分重视，故此大成食品要求契约农戶购买及使用其饲料饲养鸡只。随着鸡肉产品需求的增加，签约农戶的数目亦持续上升。大成食品预期优质饲料的需求将持续增长，因此策略性地将饲料生产加入其高度纵向整合业务模式之中。

大成食品拥有超过17年的饲料生产经验，成功挤身中国领先的饲料供货商之一。大成食品在中国拥有12个大规模的饲料生产基地，并在越南拥有2个及马来西亚拥有1个饲料厂。

在研究人员的不懈努力下，大成饲料事业已成功改进仔猪所用的饲料配方。这种高端的功能性饲料以著名的「补克博士」品牌销售。同时，大成饲料事业亦生产多种饲料，包括「大成」品牌的鸡饲料和猪饲料，「绿骑士」品牌的瘦肉型猪料，现开发畜牧领域特殊饲料营养专家「TSOS」一天钥品牌，大成饲料事业立志于做世界最好的饲料来服务于广大养殖戶。

展望未来，大成食品将利用品牌知名度扩充高利润的猪饲料业务，尤其越南市场的业务发展。由于预期未来的鸡肉业务将迅速扩张，大成食品的鸡肉饲料业务亦将随着其鸡肉业务的扩张而进一步发展，以满足对契约农戶的供应。

北京总部：北京市朝阳区朝阳门外大街甲6号 万通中心C座401室 电话：010-59047500 传真：010-59071329

大成集团饲料与动物营养事业群分公司电话：

沈阳：024-89367366	营口：0417-5901009	大连：0411-85238515	葫芦岛：0429-2621048	铁岭：024-89367518	哈尔滨：0451-57351601
长春：0431-89368200	昌图：024-75039878	天津：022-27392156	齐齐哈尔：0452-3206688	河南：0396-5593123	黑预混：0451-57351639
湖南：0731-82937999	禹城：0534-7732555	山东：0532-83303875	TSOS：022-27922360	四川：028-37670589	

乐都区容生生态养殖有限公司

乐都区容生生态养殖有限公司位于乐都区碾伯镇水磨湾村，距县城5公里，已有9年的发展历史，共占地面积14公顷，总投资4660万元，现有猪舍面积54300多平方米，其中生态猪舍为12000平方米、标准化猪舍为42300多平方米，主要经营的品种有：长白、大约克、杜洛克和藏香猪，现有存栏共19820头，其中种公猪50头、能繁母猪1500头、后备母猪500多头，公司现有人员共52人，包括场长1人，生产副场长1人，财务人员3人，专业技术人员12人，生产工作人员35人，其中高级职称人员2人，中级职称2人，初级职称6人，技术员2人。

公司为促进全县养殖业的转型和发展，畜牧业产业化经营发挥了积极的示范推动作用，且被认定为国家级、省、地、县生猪标准化示范场和省级农牧业产业化龙头企业。2010年7月成功注册了“容生”牌商标，使公司有了自己的品牌。2012年被青海省扶贫开发局认定为“青海省扶贫龙头企业”和无公害农畜产品产地认证证书，2013年获得“中国乡镇企业家工作委员会”“中国乡镇企业协会”特殊贡献奖，多次被批为市、地区的先进企业。以产业带动9个乡3551户农户、农户受益2350万元，同时吸纳部分农村剩余劳动力和以“公司+专业合作社+农户+养殖基地”的形式向周边村社、乡镇乃至全县养殖户辐射，推广科学养殖技术逐步扶持建立养殖示范户，提高农民经济收入，带动周边经济发展。2015年为了打造高原特色品牌在何家山村成立乐都区振旺养殖专业合作社，投资2838.9万元建设年出栏2万头藏香猪养殖基地一处，目前进入投产。2016年计划投资5800万元，采用国内外先进的生产加工工艺、科学的管理手段，建设具有年屠宰生猪25万头规模的屠宰、深加工、冷鲜、储藏及配送，形成一条龙的产业链。目前正在进行前期工作。

我公司将以全新的理念发展自己，把公司成为青海省规模化、标准化，现代化，园林化程度最高的一家集繁育、养殖、屠宰、加工、储藏、销售为一体的大型养殖企业。成为青海省良种猪繁养殖行业的龙头企业，为青海省的畜牧业发展做出贡献。

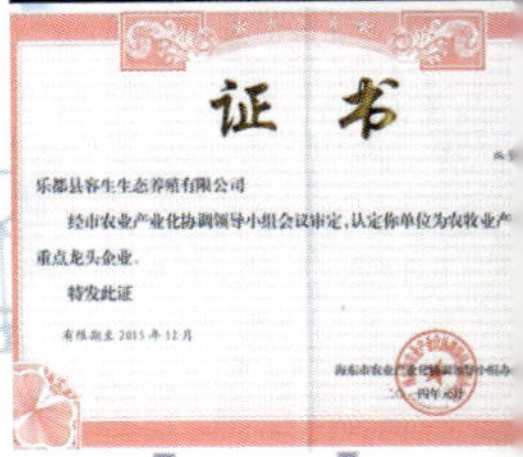

厦门国寿种猪开发有限公司创立于1998年，坐落于厦门市同安区竹坝华侨经济开发区，是从事优良种猪繁育与开发的台企。公司占地面积10公顷，总建筑面积36938平方米，注册资金50万美元，总投资5000多万元，现存栏台系杜洛克、挪威系长白、瑞典系大白及国寿黑猪母猪1896头，总存栏12967头，年出栏种猪15688头，年出栏商品猪18229头。

公司是首批从中国台湾地区到大陆投资的企业，现有研究生3人，本科生7人，大中专技术人员18人，团队技术能力强，培育出国寿黑猪，肉质鲜嫩、胆固醇低、肌间脂肪多、肉香味浓。种猪销售至全国20多个省份，首家采用空运猪只，运输安全快速。

公司经过多年的不懈努力，赢得了社会的认可。2007年成为农业部海峡两岸农业技术合作中心“畜牧示范基地”，2011年荣获农业部“国家生猪核心育种场”及农业部“生猪标准化示范场”，以及种猪比赛一等奖、社会良知奖、全国百强企业及省市颁发的十几个荣誉。

公司运用电脑化生产管理、负压式猪舍设计，SEW式猪群生产运作、电视实时监控生产等新技术。场内建有100平方米的人工授精化验室，采用人工授精，使优良基因以快速重组与固定，选育出优良种猪；利用无菌疾病检测室自检防控疾病。公司引进中国台湾地区病死畜禽无害化处理系统，及时处理有害的病死猪，并转化为有机肥，变废为宝。环保分为三种模式，模式一环保人工砂石过滤湿地，模式三舍内发酵床，模式四舍外发酵床。；完善的全自动种猪生产性能测定系统（采用BLUP进行选育）等配套设施。场内生产稳定、管理规范、技术力量强，从而保障了种猪群的健康安全。

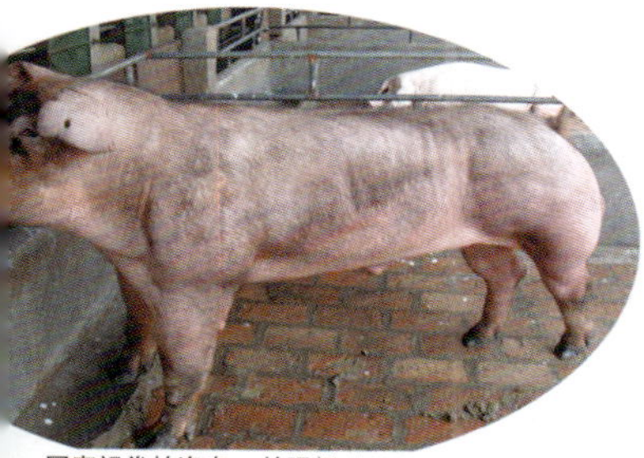
国寿祖代杜洛克--杜强辉132201

国寿培育优良黑猪--明日之星F1113-3

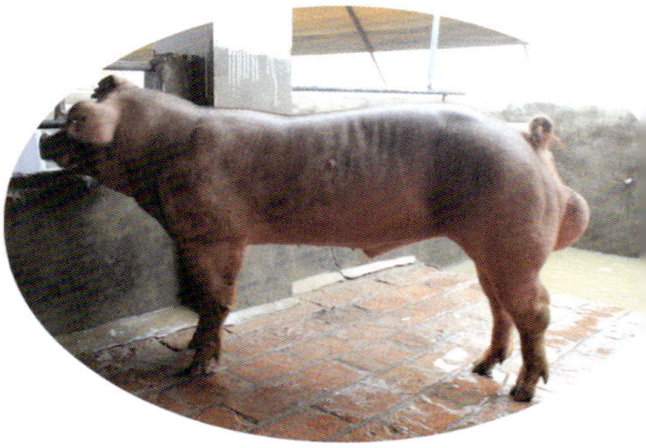

国寿祖代高产母猪

环保处理设施--人工湿地处理系统

9ZC-170智能型种猪生长性能测定系统

地址：厦门市同安区竹坝华侨经济开发区竹坝路699号
联系人：林国忠（总经理）13606021399 李军山（场长）13950123399
全国免费热线：4001059233 联系电话：0592-7233967 /7233499
传真：0592-7231007 Email: xmgscn@163.com公司微信号：xmgszz

中国动物卫生与流行病学中心

中国动物卫生与流行病学中心隶属于农业部，是农业部实施动物卫生管理的技术依托单位。前身为农业部动物检疫所，2006年6月更名为中国动物卫生与流行病学中心。管理农业部中央山岛动物外来疫病检测实验基地，受托管理农业部青岛培训基地，控股青岛易邦生物工程有限公司。

中心内设机构18个，其中设有科技与业务发展处、国际兽医事务处、流行病学调查处、兽医卫生评估处、外来病研究中心、人兽共患病监测室、畜病监测室、禽病监测室、动物产品安全监测室、诊断试剂研究室等10个业务部门。在编职工163人，其中博士54人，硕士41人，正高级专业技术人员19人，副高级专业技术人员53人。

中心设有国家外来病诊断中心、国家动物疫病诊断液制备中心、国家动物血清库、牛海绵状脑病国家参考实验室、世界动物卫生组织（OIE）指定新城疫参考实验室、禽流感国家专业实验室和布病国家专业实验等国际或国家级技术机构。

全国动物防疫标准化委员会秘书处、全国动物卫生风险评估专家委员会办公室、全国动物防疫委员会流行病学分委员会秘书处挂靠该中心。

近年来，该中心科学谋划，统筹发展，制定中心科技与业务中长期发展规划，适时调整业务结构，着力打造事业发展团队，大力推进基础设施建设，全面构建事业发展格局，有力地发挥了行业管理的技术支撑作用。

动物流行病学调查

在全国持续开展高致病性禽流感等10多种重大动物疫病常规流调、定点流调、专项调查和紧急流调任务，对重大动物疫病的流行情况、免疫情况、病原变异情况和防控效果进行全面调查，持续开展禽病定点监测、猪群发疫病定点监测、人兽共患病监测，为国家调整重大动物疫病防控措施提供重要依据。

外来动物疫病诊断、监测与防控

开展疯牛病、非洲猪瘟、小反刍兽疫等重大外来动物疫病监测及防控技术储备工作，研究储备10多种外来动物疫病的诊断技术和诊断试剂，建立国家诊断技术标准、防治技术规范和应急预案。按照国际规则和要求，开展我国疯牛病风险评估工作。

兽医卫生评估

深入研究动物疫病区域化管理理论，建立健全动物疫病区域化管理法规标准体系，积极推进无疫区和生物安全隔离区建设评估，扎实开展动物卫生风险评估研究，积极推进兽医体系效能评估试点工作，稳步开展动物卫生法规政策研究，积极开展官方兽医师资格培训工作。

动物产品质量安全监测

按照农业部食品安全监测计划，在全国范围内对动物和动物产品卫生质量—致病微生物和药物残留进行抽样监测，承担委托检验、无公害检测和绿色食品检测以及仲裁检验。

兽医政策法规研究

参与研究起草多项管理办法、指标体系、工作标准及相关政策性文件，为国家动物防疫技术标准体系建设的完善发挥了重要的技术支撑作用，已组织制定220多项动物防疫技术标准，覆盖体系表中80%以上的疫病；协助部兽医局实施官方兽医培训计划。

国际兽医事务

参与世界动物卫生组织（OIE）、联合国粮农组织（FAO）和世界贸易组织（WTO）相关事务，跟踪国际兽医政策、法规、标准发展态势，并参与政策研究。与美、加、澳、欧盟等国家和组织的动物卫生管理机构和研究机构有着广泛的合作交流。

课题项目

该中心主持科技部课题19项、农业部课题21项、国家自然科学基金项目5项、国际项目11项、青岛市课题11项，系统开展了重大动物疫病检测、分析、诊断、防控技术研究。

该中心现有各级各类实验室22000平方米，拥有从事外来病、人畜共患病等工作的生物安全三级实验室。投资3000多万元的质检中心大楼于2011年6月投入使用。投资4.5亿元的国家外来病研究中心项目的立项申报工作进展顺利，青岛生物科技产业园建设项目稳妥推进，投资2.2亿元的易邦公司新车间建成并通过验收，正式投入使用。

右侧与下侧图片为2015年中心举办有关学习、研讨、培训以及领导视察、检查和国外有关机构来访集锦

天津恒泰牧业有限公司隶属于天津宝迪集团，公司注册资金5300万元，总投资3.16亿元，是一家以种猪育种为核心，集种猪繁育、生猪改良、商品猪养殖、畜牧技术服务、沼气工程于一体、产供销一条龙的国家农业产业化龙头企业、国家核心育种场、天津市原种猪场、全国猪育种协作组成员单位、东北农业大学教学科研基地。公司成立于2006年，占地逾55公顷，地处天津市宝坻区，环境优美、景色宜人、地理环境及养猪自然防疫条件优越、交通便利，是发展规模化现代养猪生产的理想场所。

公司立足自身发展，以种猪的生产测定成绩及遗传评估结果为依据，结合市场需求，制定长期的育种规划。公司先后从美国WALDO、海南罗牛山、河南牧原等种猪育种公司等知名猪育种企业引进大白、长白和杜洛克三个品种优质原种猪1000余头，引进的种猪经过严格的性能测定、科学的遗传评估、规范的选留淘汰，组建了核心育种群。公司在10余年创新和发展中，不断加强种猪选育生产，得到了各级领导和专家的高度重视和认可，从种猪的防疫体系建设到种猪选育提高及饲养管理，从种猪的繁殖生产扩群到核心育种猪群的选育测定均得到了精心组织和筹划，种猪生产规模逐步扩大，种猪生产质量得到明显的提高。公司现存栏大白、长白、大约克和杜洛克纯种猪4500余头，其中核心母猪存栏1800余头。

在猪场建设方面，公司采用三点式饲养模式进行分布隔离饲养，按照配种—妊娠—分娩哺乳—保育—生长—选育的标准化栋舍分布搭建现代化种猪繁育生产线。公司引进国际先进设备，基本实现了自动通风、自动温控、自动定量饲喂、自动供水、自动消毒和自动沼气发电。

公司一如既往地秉承“立足育种、开拓未来”的发展理念，坚持育种工作优先原则，严格做到管理数字化、流程化、规范化和制度化。公司将以生猪育种为主线，推行“公司+基地+农户”的产业化经营模式，不断扩大产业化经营规模，为集团乃至畜牧业的发展贡献力量。

天津恒泰牧业有限公司整体布局图

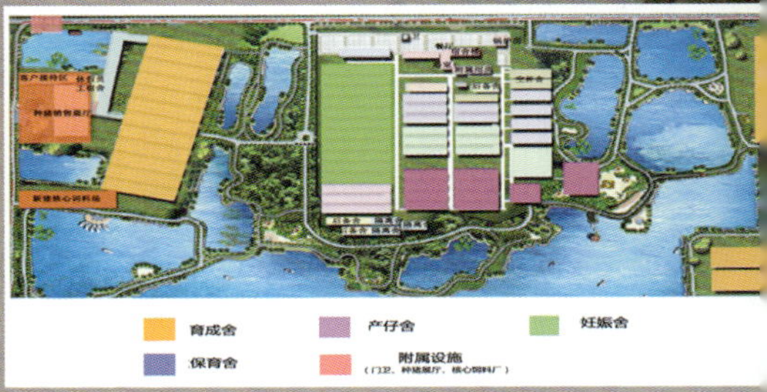

现代化种猪繁育生产线

无害化处理设备

现代化种猪饲养栋舍（基本实现了自动通风、自动温控、自动饲喂、自动供水和自动消毒）

金河生物科技股份有限公司

金河生物科技股份有限公司是以生产和销售饲用金霉素及动物保健品为主的股份制企业，2010年被科技部认定为“国家重点高新技术企业”，同时也是“农业产业化国家重点龙头企业”。

公司拥有发酵生产设备和产品质量检测设备，主要工艺流程采用微机自动控制，现有发酵吨位5794立方米，公司的主导产品为饲用金霉素、盐酸金霉素，主要出口到美国、加拿大、东南亚等国家和地区，同时行销网络遍布国内各省（自治区、直辖市），市场前景十分广阔。

盐酸金霉素提取车间

新产品研发现场

良好的信誉、卓越的品质源于企业严格的管理和对技术创新孜孜不倦的追求。2002年，企业通过了国家兽药企业GMP验收。从1994年起，企业连续6次顺利通过美国联邦政府食品与药品管理总署（FDA）的质量验收。2010年，“金河”品牌被国家工商行政管理总局认定为“中国驰名商标”。

经中国证监会批准，公司股票于2012年7月13日在深圳证券交易所成功上市（股票简称“金河生物”，股票代码002688）。金河生物股票正式挂牌交易，标志着公司在资本运营方面迈出了新步伐，为今后的可持续发展夯实了经济基础。

金霉素发酵自动化生产线

金河公司将以股票上市为契机，按照现代企业制度的要求，加速做大做强，以优异的业绩回报社会和广大投资者。同时，利用公司在生物制药领域强大的规模优势、产品优势和市场等优势，辐射带动企业向“生物制品板块、动药制剂板块、环保板块、进出口营销板块以及资本市场板块”拓展和延伸，进一步扩大具有自主知识产权的兽药产品在全球的销售，继续走产学研相结合的科技创新之路，研究开发更具市场竞争性的新产品，使金河生物成长为世界知名的专业化动物保健品公司，为民族工业的发展谱写更加绚丽的新篇章！

京兽药广审（文）2017010003

2015年 黑龙江垦区畜牧业

【概况】2015年，垦区畜牧业坚持农牧结合导向，以调结构转方式、稳产提质增效为主线，突出抓了“现代示范奶牛场完善和小区牧场化改造、苜蓿产业发展、乳肉兼用牛基地建设”三项重点工作，面对国内经济下行压力加大，畜产品消费不振，养殖业比较效益下降，产业总体处于低谷期等困难，为垦区稳增长、调结构、惠民生提供了有力支撑。

2015年末，奶牛存栏15.6万头；肉牛存栏3.6万头，出栏19.1万头；生猪存栏80.6万头，出栏164.3万头；羊存栏26.6万头，出栏37.9万头；禽类存栏1127.5万只，出栏2701.3万只；肉类产量22.9万吨、禽蛋产量3.4万吨、牛奶产量37.5万吨，实现畜牧业增加值169.1亿元，增加值82.7亿元。

【重大项目建设】从2013年开始，在省政策支持下垦区在23个农牧场新建了53个单元现代示范奶牛场（存栏1200头为一个单元），共进口良种奶牛26900头，总投资约20亿元。此项工作于2015年底前已收关。按照全省统一安排，我局分别在7月和9月两次对牧场建设项目完成情况进行了督查。之后，在11月3～12日，会同总局财务处、建设局组成联合验收组，对牧场建设项目进行了最后验收。通过实施现代示范奶牛场建设项目，垦区规模化养殖比重显著提高。2015年末，存栏300头以上的规模奶牛场50个，存栏奶牛5.73万头；奶牛养殖小区173个，存栏奶牛7.50万头。规模场和小区饲养奶牛比重达90%，散养户奶牛存栏1.41万头，占垦区奶牛存栏10%，散户奶牛存栏比2014年末减少40%。

推进奶牛养殖小区向规模牧场转变，促进垦区奶业转型升级。2015年通过国家项目和总局扶持，共补贴资金8140万元，安排了53个奶牛养殖小区进行牧场化改造，改善了小区集中榨乳、TMR饲喂、疫病防治、质量监控、科技推广等方面，达到提质增效的目的，促进了垦区奶业转型升级。

推进肉鸡产业一体化发展。调整优化产业结构，增强龙头牵动力，推进垦区肉鸡产业化进程。2015年5月宝泉岭管理局白羽肉鸡生产加工一体化项目全产业链投产，已建成的4个祖代鸡场、1个种鸡孵化场、5个父母代种鸡场、26个商品鸡场、一个6000万只的屠宰加工厂和30万吨的饲料厂。现饲养54000套祖代种鸡，40万套父母代种鸡，2015年屠宰肉鸡2000万只。

组织实施规模奶牛场高产攻关和畜禽养殖标准化创建活动。

为打造一批单产水平9吨以上的高标准现代示范奶牛场”加快垦区奶业向高产、优质、高效转变，提高垦区规模奶牛场生产水平，2015年启动实施了垦区规模奶牛场高产攻关活动，制发了《垦区规模奶牛场奶牛高产攻关活动实施方案》，同时召开了垦区规模奶牛场高产攻关活动启动会议暨第一届牛人论坛和年终总结培训会，总局局长亲自参加启动会，并对攻关活动提出具体要求，2015年垦区有4个牧场单产达到9吨以上。同时，继续实施农业部开展的畜禽养殖标准化示范创建活动，2015年又有5个养殖场被命名为部级标准化示范场，组织专家对2012年命名到期的12个示范场进行了复检。

【落实惠牧政策】主动对接农业部和我省业务主管部门，积极争取上级扶持产业发展政策。2015年下达垦区的中央和省财政补贴资金4.04亿元。对于每一个财政支持项目，都按要求制定了切实可行的项目实施方案，规范项目实施程序，加强项目督查，确保项目实施成效。年初，针对部分养猪大户无钱购买饲料，面临倒闭的严峻形势，总局及时出手救助，增加生猪养殖大局、规模养猪场畜牧业周转金5000万元，保住了大户，稳定了生猪基础生产能力。2015年总局在资金紧张的情况下，仍自筹资金8000万元，用于奶牛品种改良、小区牧场化改造、畜牧业质量安全监管和乳肉兼用牛核心育种场建设的政策扶持。同时，探索垦区畜牧金融产品开发和利用资本市场加快垦区畜牧业发展工作。

【疫病防控、兽医兽药】重大动物疫病防控。在国际国内动物疫情复杂多变的形势下，垦区全年无重大动物疫情发生。一是开展重大动物疫病强制免疫工作。为保证垦区强免工作适时开展，垦区提前修订完善了疫苗采购标准，组织了国内公开招标采购。分别从3月10日至5月10日和9月10日至10月10日，组织全垦区开展了重大动物疫病集中强制免疫会战工作。二是坚持做好动物疫病监测工作。制定了《2015年垦区动物疫病监测与流行病学调查计划》，加大了整体监测力度，全年完成牲畜口蹄疫、高致病性禽流感、猪瘟、新城疫免疫抗体监测151798头（只/羽），病原学监测（RT–PCR）8270头（只/羽），免疫抗体监测合格率均在90%以上，病原学监测没有检出阳性畜禽。三是按照“检疫净化、扑杀阳性”原则，开展了牛羊布病、结核病集中检疫净化工作，2015年垦区奶牛布病阳性检出率为0.69%，羊布病阳性检出率为0.15%，奶牛结核病的阳性检出率为0.003%，各单位对检出的阳性牲畜全部进行扑杀和无害化处理，并做好扑杀补助经费申报工作。四是认真做好产地检疫和屠宰检疫工作。全年产地检疫畜禽2718.4万头（只/羽），检出病畜禽9.92万头（只/羽），屠宰检疫畜禽1756万头（只/羽），检出病畜禽9.183万头（只/羽），对检出的病畜全部进行无害化处理，做好病死猪无害化处理补助经费申报和发放工作。积极与省动物卫生监督所沟通，协调软件开发公司做好垦区动物检疫电子出证工作，目前电子出证硬件设施和软件调式基本就绪，除A类检疫证外已基本实现电子出证。

强化医政药政管理。一是加强兽药经营环节的质量监管。我局制发了《2015年垦区兽药可追溯年活动实施方案》，各管理局工商、质监、公安等部门联合行动，加大打击查处力度。各局场利用媒体和集中培训相结合方式，加强培训和舆论宣传，全年利用媒体讲座56讲、集中培训21次，现场咨询36场次，培训人员和受众达2517人次，发放宣传单和明白纸15488份，营造了良好的社会氛围。做好兽药GSP持续监管工作，垦区全年共出动执法人员480人次，对已取得兽药GSP认证的173家经营企业进行了清理检查，对经营不善主动退出和符合条件新开业的兽药经营企业及时清理和审批发证，2015年退出8家，重新开业2家，目前还有167家取得GSP认证的兽药经营企业在运行。组织完成了省局下达的70批次兽药质量监督抽检任务。二是全面推进兽药使用环节的质量管理认证（GUP）工作。截止到2015年底，垦区共安装了GUP管理软件134家，其中备案场130家，非备案场4家，备案场认证完成率达94.9%，非备案场认证完成率7.5%。三是做好执业兽医资格考试和乡村兽医队伍建设工作。2015年垦区共有150余人网上报名参加了执业兽医资格考试。对乡村兽医证书到期的重新进行了审核登记换证，对离岗和退休人员及时进行了清理，对新上岗人员进行了登记发证，全垦区目前登记的乡村兽医2137名。四是加强畜牧兽医综合执法人员培训工作。为提前做好2016年全省统一换发《行政执法证》工作，我局组织基层执法人员进行了法律法规培训，共有822人参训。

畜禽屠宰行业监管。完成畜禽屠宰监管职责调整工作。开展专项整治，严厉打击私屠滥宰。按照农业部和省所统一部署，下发了《2015年垦区生猪屠宰专项整治行动实施方案》，严厉打击私屠滥宰、添加“瘦肉精”、注水等各类违法犯罪行为，全年累计出动执法人员1200人次，检查生猪定点屠宰厂（点）84个。三是做好屠宰行业日常监管。开展了垦区屠宰场点现状摸底调查，目前垦区正常经营生猪定点屠宰厂（点）84个，提高屠宰监管人员素质，组织垦区22人参加了全国屠宰行业管理培训班，严格屠宰行业准入管理，2015年新审批了1个肉鸡屠宰厂。

【苜蓿和青贮饲料种植】坚持农牧结合，草畜配套，大力发展苜蓿和青贮饲料种植。为切实抓好苜蓿产业发展，利用国家对苜蓿产业发展相关扶持政策，继续完善提高绿色草原、四方山、和平等农牧场苜蓿草基地建设，确保垦区松嫩平原苜蓿基地持续健康发展。为加强管理，春季苜蓿返青后，我局及时组织垦区苜蓿生产专家下场进行现场指导，总结提炼了苜蓿种植十个要点，帮助农场解决发展中的难题，增强发展信心，对2015年新种植苜蓿的农牧场，我们适时地组织专家在播种前到达现场，进行整地验收和播前指导，确保一次种植成功。同时，邀请欧美专家来垦区就苜蓿生产应用技术进行讲学指导，聘请省内外专家种植苜蓿示范田，研究高产高效种植模式，提高苜蓿生产水平和效益，引领垦区苜蓿产业健康发展。积极组织落实农业部振兴奶业苜蓿发展行动建设项目，对新建的23个现代示范奶牛场都配套了充足的饲料地，保证青贮玉米等优质粗饲料的供应，坚持农牧结合，推进农业结构调整，总结推广九三局苜蓿种植、奶牛养殖一体化配套经验，示范带动垦区种植业结构调整。2015年垦区种植青贮玉米2.11万公顷。

【畜产品质量安全】2015年，制定下发了《2015年垦区畜产品质量安全监管工作方案》，为确保监管工作落到实处，垦区从上而下建立了定期巡查制度。在5月和11月总局分别派出2个督导检查组，开展了行业重点工作督查，通过督查和量化考评，使各局场内业工作逐步得到规范和加强，各项工作档案齐全，记录详实，追溯有据，促进了垦区畜牧兽医工作依法依规、扎实有效的开展。组织开展了生鲜乳违禁物质专项整治活动，完成了国家、省和垦区三级生鲜乳、畜产品和饲料质量安全抽检工作，全年抽检597批次生鲜乳样品，其中奶站468批次，生鲜乳运输环节129批次，三聚氰胺、碱类物质、硫氢酸钠检测合格率均为100%。同时我们将监管关口前移，加大了垦区饲料及养殖环节“瘦肉精”例行监测力度，共抽检饲料样品473批次、牲畜尿样456个。对奶牛饲料进行了三聚氰胺监测，对生猪饲料、牲畜尿样进行了盐酸克伦特罗监测。通过执法检查、专项整治和例行监测，确保了垦区产业安全和畜产品质量安全。

【畜牧实用技术】组织开展调研，广泛征求意见，完成了垦区畜牧业“十三五”发展规划的编制工作。以开展奶牛高产攻关活动为抓手，通过集成、展示、推广先进实用技术，到“十三五”末，实现垦区规模奶牛场成母牛平均单产一胎次达到7吨，经产牛9吨的目标。2015年，着重抓了三项技术的推广应用，一是奶牛性控技术。总局本级进口北美性控冻精7.3万剂，实现进口奶牛初产牛全部应用性控冻精配种，加速奶牛扩繁。二是积极推广DHI技术，新建的现代示范奶牛场全部应用DHI技术，垦区参测牧场22个，成母牛参测数量达到1.4万头。三是大力推广TMR技术，草畜配套，大力推广苜蓿草应用技术，增加成母牛饲喂优质苜蓿草的比例，提高奶牛单产和生鲜乳质量。全面推广高能量全株青贮玉米生产应用技术，着力提高青贮品质。

底图为黑龙江省九三农垦红澳奶牛养殖专业合作社全景

上海市嘉定区梅山猪育种中心

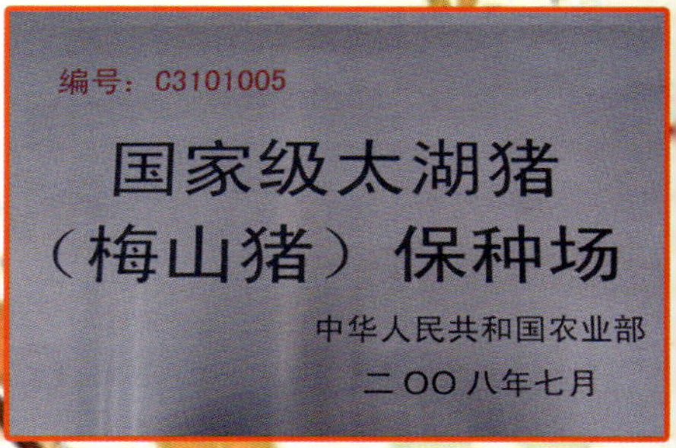

上海市嘉定区梅山猪育种中心，主要承担梅山猪的保种选育工作，是农业部1993年确定的重点种畜场，2008年又被确定为国家级梅山猪资源保护场，也是上海市畜牧办确认的梅山猪一级原种场；2000年8月，国家畜禽遗传资源管理委员会又将梅山猪列入《国家级畜禽品种资源保护品种名录》。嘉定区梅山猪育种中心是集育种、科研和生产于一体的大型种猪场。我中心技术力量雄厚，致力于种猪的遗传育种、兽医卫生，先后获得10余项科技成果，采用现代化管理手段、GPS育种软件技术，使种猪的质量和生产性能不断提高，竭诚为客户提供优质服务。

梅山猪是我国地方品种太湖猪的一个主要品系，以高繁殖力和肉质鲜美而著称于世，它也是经济杂交或培育新品种的最大优良亲本。被誉为“世界级产仔冠军”的梅山猪是一个公认的宝贵遗传资源，与瘦肉型公猪杂交的肉猪具有肉质好、胴体瘦肉多、生长速度快、杂种优势明显，而且适应性强。当今梅山猪又作为高繁殖力的遗传资源，被国内、外养猪业广泛应用，对提高我国乃至世界种猪繁殖力和提高市场竞争力具有重要意义。

梅山猪以其独特的肉质风味名扬中外，又因其数量稀少而受到政府的保护。通过还原传统的绿色饲喂方式，饲养周期达8个月以上，优异的猪种、良好的饲养，使梅山土猪肉色泽鲜红，肥瘦适度，营养更丰富，香浓四溢，回味无穷。凸显梅山土猪肉溢香飘万家，体现了老上海味道，与上食五丰合作继续开发梅山土猪深加工，形成梅山土猪系列产品。

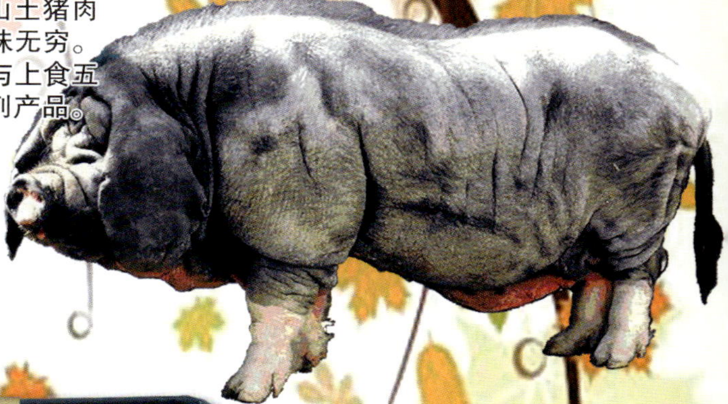

优质黑毛(杜梅)猪

生态养殖

地址：上海市嘉定区嘉唐路1991号
邮编：201807　传真：59546196
中心主任：王勃 13321893618
联系人：陆林根

福清市丰泽农牧科技开发有限公司

福清市丰泽农牧科技开发有限公司选址在远离市区的福清阳下镇作坊村东山，这里群山环抱，林木葱郁，拥有优异的天然隔离屏障，方圆6公里无猪场，防疫条件得天独厚。公司坚持的种养结合、生态循环的环保养殖模式，达到了国家环境友好型和谐发展的要求。这里山水交相辉映、四季繁花似锦，被誉为“花园式猪场”。

公司坚持把猪场建设、设备、管理现代化，作为自己探索的使命和责任。公司较早引进德国全自动化养猪设备，引进意大利精子密度仪、背膘测定仪、妊娠诊断仪、无针头注射器、智能型种猪测定系统、美国Herdsman育种管理软件，并以实现电脑化管理，正在向标准化、现代化猪场迈进。

公司长期坚持遗传育种和动物营养科研工作，多次派人到丹麦、美国、加拿大学习交流育种经验，公司聘请多位全国著名的养猪育种专家为常年技术顾问，并聘请丹麦奥胡斯大学苏国生教授做指导。以中国农业大学计成教授领衔的专家团队与丰泽合作开展的动物营养科研取得丰硕成果，并已开展承担国家基础研究973计划项目子课题与“十二五”国家科技支撑项目。2012年6月18日，福州市“院士（专家）工作站”在公司授牌成立。

公司旨在培养拥有健康体质和高遗传品质的种猪，并且把健康和高遗传品质作为基本技术要求，已基本形成一套详细的选种。育种、生产、饲养管理、兽医技术服务体系。公司现有三个科技含量较高的种猪场，主要提供大白，长白、杜洛克原种猪和二元母猪。公司为国家生猪核心育种场、全国联合育种协作组成员单位、国家科普示范基地、院士（专家）工作站、福建省首批伪狂犬净化场。

广东金种农牧科技股份有限公司

东金种农牧科技股份有限公司，是一家现代化专业从事优质鸡育种保种研究、生产和销售的大型种禽公司，为省农业产业化重点龙头企业和省民营科技企业，也是市科普教育基地、市农业科技创新中心、省惠阳胡须鸡原种场、省现代农业园区、农业部畜禽标准化养殖示范区。

公司的主营业务为金种麻黄鸡父母代、商品代鸡苗；惠阳胡须鸡商品代鸡苗、商品肉鸡及初生蛋。“金种麻黄鸡”配套系商品代肉鸡具有典型的皮黄、胫黄、喙黄的“三黄”特征，生长速度快、均匀度好、体型圆、胸肌腿肌发达、饲料转化率高、肉质好。70日龄公鸡体重可达2131.5克、母鸡体重为1757.5克。父母代种鸡繁殖性能优良、父母代种鸡66周饲养日母鸡产蛋量190个，种蛋平均受精率达94%以上。惠阳胡须鸡肉鸡肉质鲜美、营养价值高，为国家著名的地方鸡品种。

公司总部位于广东省惠州市惠城区汝湖镇仍西村。生产基地占地267公顷，建有生产设备先进的育种场、父母代场、商品代肉鸡场、饲料厂、孵化厂，建有仪器设备齐全的实验室，基地年存栏种鸡50多万套，年产“金种麻黄鸡”“惠阳胡须鸡”商品苗6000多万只，年出栏惠阳胡须鸡商品肉鸡1000多万只。产品先后荣获惠州市名优产品、农业部无公害农产品、广东省名牌产品等称号。属下子公司惠州市金种农产品销售配送有限公司，在惠州市及周边地区建有胡须鸡肉鸡连锁专卖店。

公司科研实力雄厚，拥有国内知名专家顾问3名、博、硕士等专业技术人才20多人的研发团队，成立了惠州市级农业科技创新中心“金种麻黄鸡和惠阳须鸡育种农业科技创新中心”等研发平台，与华南农业大学、广东省昆虫研究所等高等院校建立长期“产、学、研”合作关系，先后独立或合作承担了农业部、省、市、区级有关农技推广、研发创新、综合开发等项目21项，获发明专利3项。经过近十年的研发，公司培育的“金种麻黄鸡”配套系成为惠州市首个通过农业部认定的国家级畜禽新品种，荣获惠州市科技进步一等奖和广东省科技进步三等奖。

公司建立了现代企业管理制度。企业通过了ISO9001:2008质量管理体系认证和ISO14001:2004环境质量管理体系认证。种鸡饲养实现标准化、全自动化的生产管理，为养殖户提供高品质的鸡苗。肉鸡生产采用全生态、安全、科学放养，为消费者提供高品质、高安全性肉鸡产品。

公司高度发挥龙头企业的带动作用。为农户认真做好产前、产中、产后的服务，提供优质品种和全程的养殖技术指导，有效解决了养殖户科技含量低、养殖成本高、疾病风险大等一系列的技术难题，带动养殖大户268户、农户2600多户，深受广大农民的欢迎。

金种麻黄鸡父母代种鸡农业部测定结果

项　　目	测定结果
0～6周龄育雏期成活率（%）	99.6
6周龄育雏期变异系数（%）	4.6
7～20周龄育成期成活率（%）	97.1
20周龄育成期变异系数（%）	6.5
22周龄体重（克）	1910.2
开产蛋周龄（周）	21～22
高峰产蛋率（%）	83.5
入舍鸡（HH）产蛋数（个）	186.2
种蛋合格率（%）	95.0
饲养日（HD）产蛋数（个）	193.4
种蛋受精率（%）	96.9
入孵蛋孵化率（%）	88.8

金种麻黄鸡商品代肉鸡农业部测定结果（70日龄）

性别	♂	♀	平均值
体重（克）	2131.5 ± 192.0	1757.5 ± 153.7	1944.5
饲料转化比	2.36 ∶ 1		

胡须鸡成

健雏率（%）	99.0

业务联系人：苏经理
联系电话：0752-6276138,6276238
邮箱：hzjinzhong@163.com

大白种猪

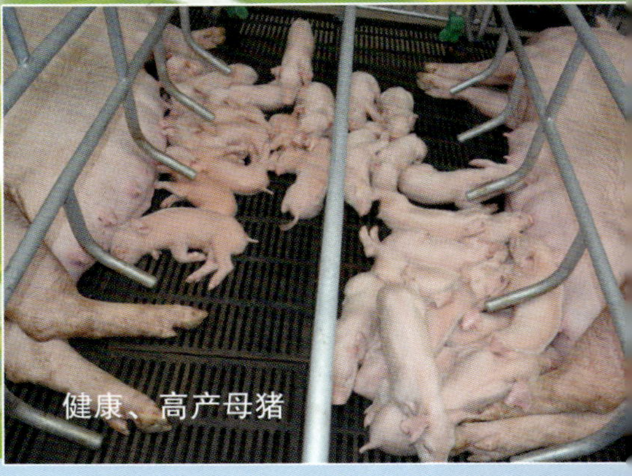
健康、高产母猪

广弘种猪

东瑞食品集团有限公司

国家核心育种场

东瑞食品集团有限公司致富猪场
参加二〇一四年秋季种猪中心测定荣获
杜洛克（耳号359）种猪
第一名
农业部种猪质量监督检验测试中心（广州）
广东省种畜禽质量检测中心
二〇一四年十二月十八日

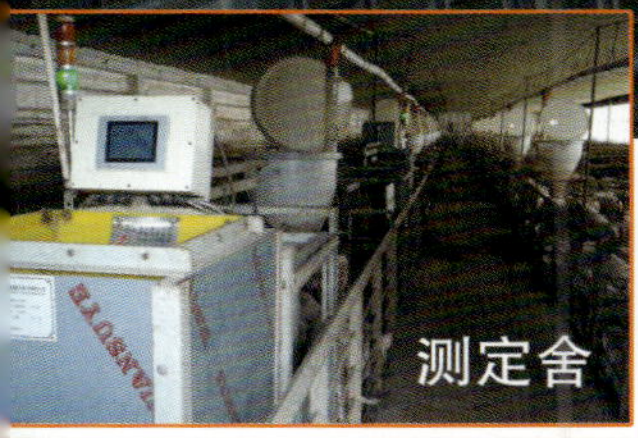

测定舍

种公猪站精液检测室

种猪测定

种公猪站

东瑞食品集团有限公司创立于2002年，是一家集生产、科研、贸易于一体的现代化农业集团。建立了种猪、商品猪、饲料、饲料添加剂、活猪出口、生猪屠宰加工等一体化的产业体系，是农业产业化国家重点龙头企业、中国畜牧业协会猪业分会副会长单位、广东省养猪行业协会副会长单位、广东现代产业500强项目企业等。

东瑞集团坚持“优质、高产、高效、生态、安全”的经营方针，坚持走农业产业化经营之路，坚持科技创新。东瑞集团全面实施ISO9001：2008质量管理体系和HACCP管理体系，实行标准化生产。“东瑞”牌种猪、“东瑞”牌活肉猪、“莞利”牌预混料是广东省名牌产品，其中“东瑞”牌活肉猪被评为“广东名猪”，“东瑞”“莞利”商标是广东省著名商标。公司与华南农业大学共同承担的广东省“九五”重点攻关课题“瘦肉型猪新品系选育及配套技术研究”项目获得省科技进步二等奖。坚持每年两次送种猪到农业部种猪质量监督检验测试中心（广州）测定，成绩名列前茅，并多次获得第一名。

公司现有员工720人，其中具有研究生以上学历9人，本科以上学历22人。设立专门育种生产管理机构，长期聘请育种专家指导育种工作，建立了完整的纯种选育、良种扩繁、商品猪生产的繁育体系。

公司种猪核心群有长白母猪950头，杜洛克母猪250头，长白猪繁殖群1400头母猪,目前种公猪站存栏种公猪250头。年产长白种猪15000头，杜洛克种猪4000头，大长二元杂母猪10000头。公司年产商品猪30万头，主要市场是中国香港特区，年出售至香港活大猪近20万头，占香港市场销量的12.5%，售价长期处于领先地位。种公猪站年提供精液20万剂，目前在河源各县区已建立了供精站13个，为当地生猪品种改良提供优质种猪基因和技术服务。

公司各原种场都设置专用测定栏舍，配置了育种专用测定设备，包括ALOKA500B超测定仪器、A超、电子称重笼称、料肉比测定设备等测定设备。公司严格按照国家生猪核心育种场要求开展种猪测定选育工作，并每月上传测定数据至全国遗传评估信息网。公司利用育种软件KFNets和GPS对测定数据进行遗传评估，以父系指数、母系指数的高低排名结合体型外貌评分来选育后备种猪，种猪群持续获得遗传进展。

上下底图分别为母猪舍和生产区猪舍

现代生态养殖引领广西渔牧业大发展

2016年以来，广西水产畜牧兽医系统面对严峻的国内外宏观经济形势和行业发展实际，积极实施供给侧结构性改革，大力发展现代生态养殖，实现了全区水产畜牧经济稳中有进的良好局面。据部门初步预计，全年全区水产品总产量约360万吨，同比增长4%；受生猪生产形势整体下滑影响，肉类总产量约412万吨，同比下滑1.2%。主要做法有：

1.精准脱贫任务圆满完成。今年已完成173户贫困户753人的三江县定点帮扶脱贫攻坚任务，完成《广西养殖产业精准脱贫“十三五”规划》编制。全区产业扶贫共投入资金7631万元，占全年财政涉农项目资金1.248亿元的62.15%。指导贫困地区建立推广了“猪-沼-果”“牛-沼-果蔬-稻-鱼”“鸡-茶”“鸡-稻-鱼”“鸡-稻-鱼-鸭”等系列生态种养循环产业扶贫模式和“龙头企业+贫困户”“龙头企业+专业合作社+贫困户”“龙头企业+专业合作社+基地+贫困户”等扶贫组织形式。

2.生态养殖发展成效显著。以“微生物+”为核心的“微生物+固液分流”“微生物+高架网床”等生态养殖模式已定性为“广西模式”并不断推广应用，得到了自治区党委政府和农业部领导的充分肯定，得到了中央环保督查组的认可。全区共认证畜禽现代生态养殖场240家。畜禽生态养殖有效解决了养殖废弃物的资源化利用，推进西江水系“一干七支”两岸畜禽养殖污染整治取得阶段性成效，全区共有3144家规模化畜禽养殖场（小区）完成减排设施建设和档案整理，完成国家下达“十二五”减排任务数的154.04%。

3.千亿元渔业产业蓬勃发展。现代渔港经济区建设和海洋捕捞机动渔船更新改造、海洋牧场建设顺利推进，已建造鱼礁850个，礁区面积约700公顷。实施稻田综合种养项目，落实资金3000多万元，建立50个示范基地，养殖面积6.7万公顷。支持指导远洋渔业企业完成14艘远洋渔船建造。休闲渔业蓬勃发展,目前，全区休闲渔业基地2200多处，其中创建全国和自治区休闲渔业示范基地40多个，年综合产值达60亿元以上。

4.特色农业产业“10+3”提升行动有序推进。全年共落实1.7255亿元资金扶持生猪规模养殖场粪污减排设施建设、农作物秸秆饲料化利用和畜禽标准化养殖。

5.现代特色水产畜牧业（核心）示范区创建有效开展。全年共整合5315万元项目资金支持示范区建设，结合产业转型升级和生态养殖活动，创新示范区养殖模式，发展生态循环健康养殖业。全区水产畜牧业共创建乡级现代特色农业示范区24个、县级33个、自治区级9个。

6.“三个努力确保”目标顺利实现。今年以来，全区水产畜牧产品抽检合格率99.96%；春秋两防期间，全区重大动物疫病应免疫畜禽免疫密度100%，畜禽群体免疫抗体合格率90%以上（农业部规定70%以上），实现了努力确保全区不发生区域性重大动物疫情、不发生重大水产畜牧产品质量安全事件和不发生重大级及以上安全生产事故的目标。

7.新型农民经营主体培育产品品牌建设效果明显。全区注册登记家庭农场约5800家、农民专业合作社3.3万多家，186家国家级和自治区级以上龙头企业带动15万养殖户。

采用“微生物+固液分流”现代生态养殖处理多年积粪的养殖粪便，其外排水中氨氮、悬浮物、总磷等5项指标不仅完全符合《畜禽养殖业污染物排放标准》，更达到了《城镇污水处理厂污染物排放标准》，其中，氨氮指标甚至达到了二级排放标准。

崇左大华公司益生菌发酵秸秆等饲料生态养牛

『微生物+高架网床』现代生态养殖模式

广西合浦东园家酒厂生态养殖基地
农产品废弃物加工微贮发酵饲料

现代生态养牛牛场

东兰乌鸡、玉林霞烟鸡

所领导班子

广西壮族自治区畜牧研究所

广西畜牧研究所总面积449公顷，在职职工261人，是畜牧类综合性科研所，广西家畜遗传改良重点实验室依托单位，农业部牧草工程技术研究中心-亚热带分中心、广西生猪良种培育中心、广西牧草良种培育中心、广西牧草工程技术中心，广西博士后创新实践基地、院士工作站。

我们主要从事畜禽良种繁育和饲料牧草两大体系的研究与推广，设有研究室与试验基地。养猪试验基地利用陆川猪、隆林猪、环江香猪、德保猪、东山猪等地方猪资源构建了广西地方猪种活体基因库，通过多元杂交方式培育出具有广西地方特色的桂科1号配套系种猪，其种猪推广遍布广西各地；家禽试验基地以地方家禽保护与选育利用、优质鸡高效健康养殖技术集成与应用为研究方向，培育出10个具有市场竞争力的地方鸡配套系，其中，良凤花鸡、金陵黄鸡、金陵铁脚麻鸡、凤翔乌鸡、凤翔青脚麻鸡、桂凤2号黄鸡已通过国家新品种审定，在提升地方鸡育种技术方面成绩斐然；养牛试验基地致力于推广广西本地牛品种改良、南方奶牛高产技术、生态健康养殖技术，促进广西奶牛及肉牛业的发展，同时利用胚胎工程技术建立了广西唯一的娟姗奶牛规模养殖场；特种动物试验基地以保护与研发应用广西特种动物资源为重点，建立了广西德保矮马、蓝孔雀、六画山鸡、鸵鸟、竹鼠等地方特色动物展示园，社会经济效益显著；牧草试验基地先后引进和培育了桂闽引象草、桂牧1号杂交象草、矮象草、宽叶雀稗、桂引山毛豆等30多个优良牧草品种，审定登记国家牧草品种11个，登记广西农作物品种8个，制定牧草广西地方标准13个，编著牧草专著7部，其应用技术研究在国内外享有很高的知名度，在我国南方居于领先地位；在饲料资源方面，广泛开展各种新型、高效、低成本饲料的开发利用研究。

我们重视对外合作与交流。近年来，与美国明尼苏达大学和康涅狄格大学、韩国广播电视大学、越南芹苴大学、越南国家畜牧研究所、斯洛文尼亚卢布尔亚那大学、中国农业大学、中国农业科学院北京畜牧兽医研究所、华南农业大学、兰州大学、广西大学等机构及专家建立了交流合作关系，定期、不定期邀请国内外学者到所进行学术交流，共同开展项目研究。

我们先后获得了"我国木本蛋白质饲料资源银合欢毒性及脱毒利用的研究 ""桂闽引象草的选育与生产利用关键技术集成推广""应用胚胎移植等技术进行本地牛改良及产业化示范""瘦肉型猪联合育种项目""广西地方优良鸡品种繁育、改良"等200多项科研成果奖。展望未来，我们将进一步拓展及完善畜牧科技平台，争取更多的国家级及省部级科研项目，为广西畜牧业建康稳定发展做出更大贡献。

广西首例成年体细胞克隆猪诞生

娟姗牛胚胎移植龙凤胎、成年娟姗牛、努比亚山羊

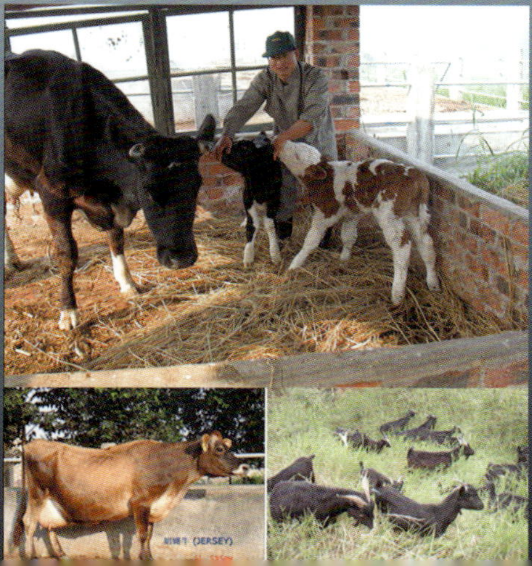

六画山鸡、蓝孔雀、德保矮马、非洲鸵鸟

荣昌 畜牧业

【概况】2016年，成功举办第七届中国畜牧科技论坛，成功创建全国首批农产品质量安全县，被列入全国首批畜牧业绿色发展示范县创建单位，畜产品质量安全监管工作在全国“双安双创”会上发言并得到汪洋副总理高度认可。

预计畜牧产业集群规模达到123亿元，同比增长10%。全区能繁母猪存栏11.8万头，其中外种猪1.3万头；生猪、牛、羊、家禽出栏分别为88万头、0.96万头、4.3万只、1001.7万羽，同比增长4.8%、1.1%、2.4%、0.08%；蜂蜜产量0.6万吨，蜂浆10余吨，蜂胶25吨以上；饲料、兽药、畜产品加工、畜产品市场交易不断增长，国家生猪交易市场增长迅猛，交易额突破270亿元。“荣昌猪”品牌价值达25.09亿元，居全国地方猪种榜首。

【荣昌猪资源保护与开发利用】一是抓“实”荣昌猪保护。持续实施荣昌种公猪的选育、优良荣昌母猪的推广、荣昌猪杂交组合利用推广、优良外种猪种群引入等项目。已选育荣昌公猪82头，鉴定血缘31个；推广优质纯种荣昌母猪3000头，“荣二元”优质母猪1800头。荣获地方猪种保护与利用协作组第十二届年会经验交流优秀奖。二是抓“优”荣昌猪开发利用。“渝荣1号”优质荣昌猪原种1500头；重庆天兆国家级核心育种场引入加系长白、约克、杜洛克原种猪2500头；正在实施300头荣昌猪核心育种群育种；“人源化抗体转基因动物联合研发”项目已顺利通过验收。

【畜牧产业链建设】一是生产体系日趋完善。重庆天兆2000头国家级核心育种场、重庆日泉6000头种猪场和10万头零排放高位发酵育肥场已全面建成投产，荣牧公司2000头荣昌猪扩繁场、畜科院九峰山项目正在加紧建设；1000万元畜禽粪污综合利用试点项目已通过验收。二是加工体系日趋完善。形成有影响力的饲料兽药投入品品牌、畜禽屠宰、生态荣昌猪肉、冻乳猪、卤鹅、蜂蜜等畜禽品牌。三是市场体系日趋完善。国家级生猪市场、畜产品交易市场、“互联网+现代畜牧业”已建成三大类、十个平台，入驻创业单元近3000个，生猪电子年交易额突破270亿元。

【企业供给侧结构性改革】一是促企业提档升级。饲料企业减到27家，产量稳定在300万吨；兽药GMP生产企业12家，澳龙与华派集团强强联合，年产值50亿元。二是助企业科技研发。新增发明专利授权3个，新产品3个，其中永健“I型鸭病毒性肝炎精制蛋黄抗体”产业化项目获国家农业科技成果转化项目资金支持。三是扶企业延伸产业链。“公司+基地+农户”辐射带动标准化养殖场143家，畜牧生产发展产值达3.6亿元。其中正通药业、信心药业等跨界进入保健产品生产、养殖和食品深加工，产值达6000万元。

【新型经营主体培育】一是新型经营主体打基础。全区已发展家庭牧场43家，养猪专业合作社45个，产业融合发展畜禽养殖50户，新型职业农民培训100人。二是品牌创建显优势。荣牧荣昌猪肉成为全国首个同时获得绿色食品认证和国家地理标志证明商标的高端产品，并获得第三届中国国际农产品交易会、第十六届中国绿色食品博览会金奖；获得“三品一标”认证（认定）的畜禽产品达15个。

【动物疫病防控基础】全面实施兽医工作“三项制度”，开展常年免疫与集中免疫，免疫密度达100%。开展重大动物疫病监测和定点流行病学调查，全年共监测家畜血清2.6万份，家禽血清1.4万份，免疫抗体水平高于国家标准；开展“牛羊布病结核病”监测净化及建档工作、规范重大动物疫病防控物资管理。2016年，我区没有发生一例重大动物疫情和重大畜产品质量安全事件。

【动物卫生与监督防线】一是严格动监执法。查处违法行为为26起，处罚没款3.05万元，依法取缔不合格家禽屠宰户1户。二是强化食品安全监管。理顺桑家坡、安富检查站管理体制，落实动物调运监管、屠宰、产地检疫监管责任，全年未发现一起重大动物疫病和重大食品安全事件。三是创新管理机制。积极探索家禽屠宰规范整顿管理新途径，扩大畜禽保险覆盖面，建立病死畜禽无害化处理与保险联动的长效机制。

【畜产品质量安全】全区12家兽药企业的所有产品全部实施兽药产品电子追溯码（二维码）标识；对规模养殖场建立“一卡三档三书”养殖档案；开展动物“瘦肉精”和动物产品药残监控，未发现非法添加“瘦肉精”违禁物质；对定点屠宰场鲜肉、养鸡场鸡蛋、奶牛场鲜乳进行了抽样送检，药残全部符合相关规定。

【惠民政策】一是优化猪免费人工授精。首次引入竞争机制，公开遴选良种猪供精单位。全年提供良种生猪精液23.8万份，减少养殖户支出230余万元。二是拓宽保险险种。能繁母猪集中投保率达98%，仔猪投保量超30万头；探索牛羊鹅蜂保险试点；推行生猪保险与病死畜禽无害化集中收储处理联动机制，联动理赔率达90%以上；试点中央财政促进金融支持畜牧业发展，用险资直投无抵押提供3000万元贷款，已发放贷款660万元。三是巩固扶贫成果。已向5个镇8个市级贫困村拨付扶贫项目资金200万元。

【现代信息化建设】利用“互联网+”技术，建立荣昌区畜牧兽医服务110云平台，搭建了“区–镇–兽医员–服务对象”四级网格化监管体系，实现“体系管理、产业、防疫、检疫、流通、人员配置”等6大领域的畜牧全产业链监管，建立了畜牧兽医机构和养殖企业、养殖户的高速服务网络通道。

四川铁骑力士牧业科技有限公司

四川铁骑力士牧业科技有限公司成立于2003年，为国家级农业产业化重点龙头企业——四川铁骑力士实业有限公司的控股子公司，是一家集种猪育种、繁育、养殖、加工到销售一体化的民营现代化科技企业。公司从美国、加拿大引进优质种源，在四川绵阳、贵州铜仁、江西丰城等地建有种源基地，饲养并培育有杜、长、大小种猪、天府肉猪配套系、黑猪，年提供优良种猪15万头，是农业部首批国家生猪核心育种场，拥有近60年丰富的育种管理经验，为我国西部最重要的种源供应单位。

公司依托国家级企业技术中心冯光德实验室强大的科研实力，种猪繁育技术和服务品质在行业内得到了广泛的认可和赞誉，是农业部首批国家生猪核心育种场、全国猪联合育种协作组成员、中国猪业协会副会长单位、中国畜牧兽医学会养猪学分会副理事长单位、四川种猪育肥成员单位、四川省优良畜禽品种的繁育和推广基地，为我国西部最重要的种源供应单位。先后获得“全国优秀养猪企业”“全国养猪行业百强企业”“四川省用户满意企业”等称号。

与四川农业大学、四川省畜牧总站联合培育的“天府肉猪配套系”2011年获得国家畜禽遗传资源委员会颁发的新品种证书，成为建国以来四川省培育的首个通过国家审定的猪配套系，是农业部和四川省2012年首推的畜禽新品种之一，共同研究的“四川省种猪遗传改良体系建立和配套系选育研究与应用”获得四川省科技进步一等奖，承担的“母猪系统营养技术与应用”荣获国家科技进步二等奖、“四川省外种猪联合育种技术”荣获四川省科技进步三等奖；

四川铁骑力士牧业科技有限公司法人代表冯光德，兼四川铁骑力士实业有限公司总裁，动物营养学博士，高级畜牧师，先后荣获“中国饲料企业优秀创新人才”“振兴中国畜牧贡献奖”“中国饲料行业科技进步先进个人”“四川省十大杰出青年民营企业家”“四川省第六届十大杰出青年企业家”等称号。现担任中国畜牧业协会猪业分会副会长、四川省畜牧业协会副会长、四川省畜牧业协会养猪分会会长、动物育种国家工程实验室理事、国家现代生猪产业技术体系绵阳试验站站长。

四川铁骑力士牧业科技有限公司隶属于铁骑力士猪业事业部，在管理方面，公司严格遵循母公司——四川铁骑力士实业有限公司的《铁骑力士法典》的管理制度、工艺技术质量标准及操作规程，建立了完善的生产管理体系、防疫体系、育种体系、服务体系、1211代养体系。

作为一支强大的生力军，公司迅速在四川、贵州、江西等地建立种猪繁育核心基地和生猪养殖园区，生猪市场已经遍布四川、云南、贵州、陕西、重庆、新疆、河北、湖南等20多个省份。面向未来，铁骑力士将继续发挥产业和龙头优势，打造千万生猪产业链，成为优质安全食品的一流供应商。

公司技术团队

公司产品：

天府肉猪

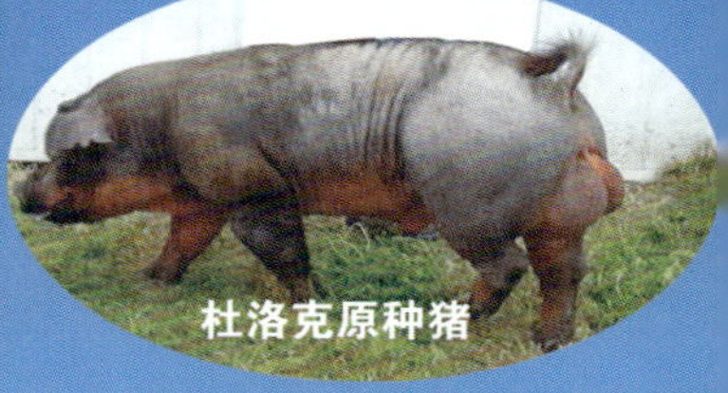
杜洛克原种猪

大白原种猪

黑猪

长白原种猪

从江香猪

AGI2011-03-00701

从江丰联农业公司果园放养香猪

从江丰联农业公司生态农业香猪养殖场

从江香猪是我国地方特色猪品种资源之一。是当地少数民族经过长期的自然选择而逐渐形成的地方微型猪种。历史以来，饲养香猪是以农作物和天然野生菜经煮熟后饲喂。从江独特的气候特征和传统的饲喂习惯，使得“从江香猪”肉味极鲜，故誉香猪。该品种猪是加工制作色、香、味俱佳肉制品优质原料。据测定，从江香猪肌肉剪切力值低，肉质细嫩；肌内脂肪含量高，口感好、风味浓；不饱和脂肪酸含量丰富，有利于人体健康。

2012年以来，在贵州省委、省政府高度重视和支持下，从江县委、县政府将从江香猪资源作为全县农民产业脱贫，全面奔小康的重点产业来抓。

一、从江香猪产业发展现状

（一）基地建设稳步推进。建成1000头以上种猪规模养殖场2个，20～50头家庭养殖场16户,200～500头种猪标准化养殖场8个，50～200头种猪示范养殖小区17个，10头以上种猪适度规模养殖户350户，建成标准圈舍67635平方米。香猪适度规模养殖比例占全县饲养量的40%左右，为产业规模化发展奠定了良好的基础。2015年12月，有84个行政村1.9万户农户饲养香猪。实现全县香猪存栏19.01万头，其中香猪种猪存栏3.52万头；出栏37.01多万头。

（二）经营主体不断壮大。坚持“公司+合作社+农户”的发展模式，积极培育经营主体，目前香猪产业已入驻企业11家，在县外从事香猪开发企业3家。已成立香猪专业合作社12个，发展微形企业50家。从江粤黔香猪开发公司结合生态循环农业，初步形成集养殖、生产加工、旅游观光为一体的现代高效农业产业化龙头企业。已建成3000头种猪原种繁殖场、10000头香猪收贮暂养场及从江香猪产、学、研究基地；扶持带动适度规模养殖户100户以上，辐射带动香猪产区香猪养殖户1000户以上；

（三）基础设施不断完善。修建了一批乡、村公路，实现了通乡公路全部硬化，50%通村公路硬化，硬化了部分企业场区道路；为粤企业修建了一批供水设备、设施，为部分产区村寨及适度规模养殖场修建了供水设施；供电部门为园区聚集区域或企业增设变压器等供电设施，电汛部门将通讯网络延伸至园区企业，园区实现了路、水、电、讯全覆盖，为产业发展及园区建设奠定了良好的基础。

（四）技术服务体系不断加强。充分发挥县乡香猪产业办和香猪产业协会作用，全面加强了县、乡、村三级防疫体系建设，制定了《从江县乡村兽医室管理办法》，规范了乡村兽医人员的管理。按照生产规模化、圈舍标准化、饲养科学化、防疫程序化的要求，强化科技支撑，在现有标准基础上，又制定发布了《地理标志产品　从江香猪及其系列肉制品》贵州省地方标准等一系列标准化生产技术，为大力推行标准化生产奠定了基础。

（五）品牌建设取得新成果。2004年，获国家颁发“原产地进标记”注册证书；2011年6月，从江县获联合国粮家组织授予“全球重要农业文化遗产保护试点”，从江香猪成为全球重要农业文化遗产保护的农产品。2011年11月，获农业部颁发“农产品地理标志登记证书”，从江香猪是国家地理标志保护产品。2014年，获得从江香猪原产地证明商标。从江香猪“月亮山”牌系列产品连续被认定为贵州省名牌产品和著名商标，从江香猪产业园区已被列为“贵州省知名品牌创建示范区”“第八批国家农业综合标准化示范区”建设，为实施标准化建设创造了条件。

（六）市场开发有新进展。贵州从江粤黔公司已在上海、在广州建立了香猪美食体验中心，在珠海、福州建立销售分公司服务网点，全力开展广东、上海、福建、香港、澳门等沿海城市销售市场。从江丰联公司已在长沙、深圳、广州建立了销售网点。从江香猪开发公司、香猪特色食品公司、贵州民祥公司等企业分别贵阳、重庆等周边城市设立销售网点，建立了相对稳定的销售渠道，市场前景看好。

二、原种场发展

贵州从江香猪原种繁殖场于2005年建成投入使用。该场现有圈舍10栋，建设总面积1.2万平方米。目前，该场建立有香猪原种体形外貌为“纯黑”“鼻吻粉红”“鼻中隔粉红”三个品系。2015年12月，该场存栏3200多头。其中，能繁母猪810多头，种公猪存栏57头。

三、生产加工

目前，按“公司+合作社+农户”的产业发展模式，有从江粤黔香猪开发公司，已建成年屠宰加工从江香猪30万头的香猪屠宰及肉制品加工厂；并开发出“冷鲜肉”“经典欧式培根”“水晶脆皮腊肉”“香猪香肠”等系列产品，年销售产值达7200多万元。

底图为从江粤黔香猪开发公司种猪繁殖场

西藏自治区动物疫病预防控制中心

西藏自治区动物疫病预防控制中心（畜牧总站），为国家全额拨款的县级事业单位建制，是西藏唯一省级畜牧兽医技术推广服务机构，共有在职职工63人。2015年初我中心（总站）新一届年富力强的领导班子上任，深入基层调研，并对2015年工作做出了集体安排，即大力开展草业、畜牧业、渔业和动物疫病防控技术指导、咨询、培训、示范和服务，并制定工作计划和落实措施，对更好发挥好我单位畜牧兽医技术推广和服务机构的职能作用提出了具体要求。

一是结合我中心（总站）实际情况，主要根据中央《边远贫困地区、边疆民族地区和革命老区人才支持计划实施方案》以及《西藏自治区边远地区、边疆民族地区和革命老区人才支持计划科技人员专项计划实施方案》文件精神，结合单位工作职能，认真制定人才支持工作方案，严格挑选技术人员，深入基层，开展科技培训、技术指导、产业培育及精准扶贫，有效开展“三区”人才支持计划工作，促进了现代畜牧、兽医、草原、渔业技术落地生根，推动了贫困地区经济发展，展示了我单位技术人员勇于担当、甘于奉献的精神风貌。为确保“三区人才”支持计划工作的顺利推进，我单位组织领导干部深入基层，在全区各县认真调研，仔细倾听村干部及村民的心声，了解基层的困难与需求，以此制定针对贫困地区的“三区人才”支持计划工作思路。二是精心选拔人员。依据讲政治、守纪律、品德好、能吃苦、有特长的条件，从畜牧、草原、水产、兽医等专业派了22名业务骨干作为帮扶人才，常驻基层，手把手地开展技术推广工作。三是明确责任，我单位结合“三区人才”支持计划的目标任务，加强对选派人员的监督与管理，与每个选派人员签订责任书，明确帮扶项目和帮扶任务、考核指标，确保每名技术人员在基层年蹲点150天以上，每项技术落到实处，发挥效益。

着眼需求，突出专业。一是针对日喀则地区定日县长所乡玉白村、森嘎村土地盐碱化、草产量低、草畜矛盾较突出的现状，选派草原专业技术人员，安排专项资金，推广人工种草项目。2014—2015年，人工种草20公顷，取得了最高亩产鲜草达9吨的好效益，一定程度上缓解了当地的草畜矛盾。二是针对玉白村、森嘎村当地绵（山）羊品种退化的情况，安排专业技术人员，赴当地开展绵（山）羊品种改良工作，目前已经取得一定成效。三是针对牲畜重大疫病易发区域，选派兽医专业技术人员，在当雄县、乃东县开展牲畜疫病防控及检测技术培训工作，提高当地重大动物疫病防控应急能力，确保畜牧业生产安全。四是针对草原鼠虫害重灾区，安排专业技术人员，赴那区聂荣（草原毛虫重灾区）、昌都江达（草原蝗虫重灾区）、阿里噶尔县（草原蝗虫重灾区）、拉萨当雄（草原鼠害重灾区）等13个县开展鼠虫害防控技术培训及现场指导工作，维护了当地生态安全。

重点推广了人工种草、牲畜品种改良、草原鼠虫害防治技术、我区特有鱼类繁殖等畜牧技术；重点开展重大动物疫病防控技术的基层人员培训和农牧民技术讲座，技术支撑区域超过15个县，受益群众十余万人，扎扎实实促进了畜牧科技在我区的应用与示范，提高了我区畜牧业生产效益，维护了高原生态安全。

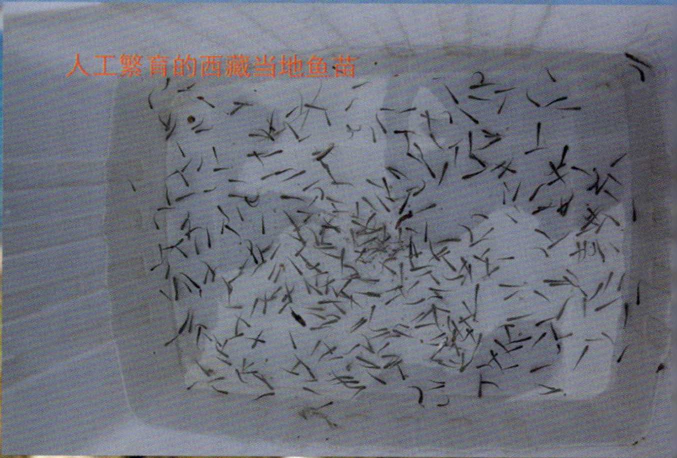
人工繁育的西藏当地鱼苗

定日县长所乡人工种植燕麦

收割场景

认识高山美利奴羊

李范文　文亚洲　陈元德

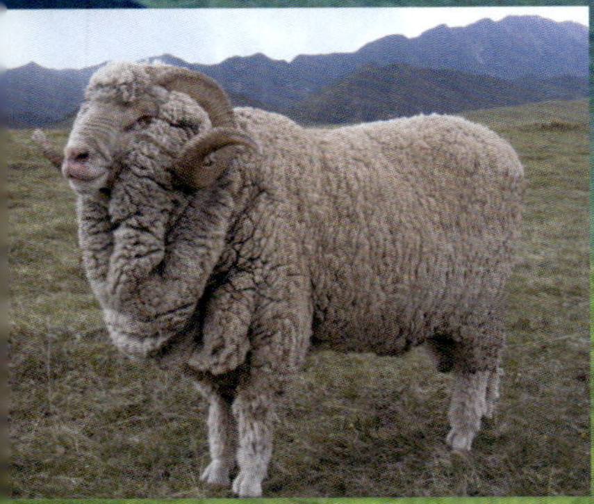

高山美利奴羊成年公羊

高山美利奴羊成年母羊

2015年12月21日，国家畜禽遗传资源委员会羊专业委员会审定通过了“高山美利奴羊”新品种，育种区核心区位于甘肃省绵羊繁育技术推广站，这是继甘肃省80年代初育成甘肃高山细毛羊后诞生的又一新品种，也是全省家畜育种改良工作取得的又一个新成果。

甘肃省绵羊繁育技术推广站坐落在美丽的祁连雪域皇城草原，该站前身是甘肃省皇城绵羊育种试验场，地处甘青两省交界的祁连山高寒牧区，海拔2600～4000米。始建于1943年，系新中国诞生后全国最早建成的绵羊育种试验基地之一，现为甘肃省农牧厅直属事业单位。于2008年被农业部、财政部确定为国家绒毛用羊产业技术体系首批综合试验站，2009年被中国农业科学院兰州畜牧与兽药研究所和甘肃农业大学列为细毛羊育种基地。甘肃省绵羊繁育技术推广站承担全省甘肃高山细毛羊选育研究、保护利用、试验示范与推广；全省人工草场培育技术、天然草原改良技术、高山细毛羊营养与饲料高效利用技术、疫病防控技术及规模化生产技术的综合研发与示范推广；全省高山细毛羊技术推广人员和科技示范户的培训；监测分析并协助解决有关技术与管理问题。全站现有草原面积1.33万公顷，饲草料基地1733公顷，年底可存栏绵羊约1.2万只，年可提供优质细毛种羊6000余只，满足了全省细毛羊的改良需求，为全省羊产业发展做出了应有的贡献。

“高山美利奴羊”是中国农业科学院兰州畜牧与兽药研究所、甘肃省绵羊繁育技术推广站联合肃南裕固族自治县农牧业委员会、金昌市绵羊繁育技术推广站、肃南县裕固族自治县高山细毛羊专业合作社种羊场、天祝藏族自治县畜牧技术推广站等几家单位联合选育成功育成的。在保持甘肃高山细毛羊对青藏高原寒旱区的特殊生态条件良好适应性的前提下，引进优秀细型、超细澳洲美利奴羊，把羊毛纤维直径、长度、净毛量和体重作为主选指标，培育羊毛纤维直径19.1～21.5微米为主体，综合品质达到或超过澳洲美利奴羊的高山毛肉兼用美利奴羊新品种。

高山美利奴羊的选育，从上世纪90年代初开始，在甘肃高山细毛羊选育提高的基础上组建核心群，运用杂交育种和现代分子育种的方法，以甘肃高山细毛羊为母本，超细型澳洲美利奴羊为父本杂交育种、横交固定和选育提高，培育而成的一个体型外貌基本一致、抗逆性强、产毛性能良好、遗传性能稳定的超细羊新品种。通过系统选育，截止目前在省绵羊繁育技术推广站、肃南县种羊场、永昌种羊场选育高山美利奴羊群体数量达2.2万只，其中核心群母羊0.8万只，育种群1.4万只，特一级羊比例占70%以上。累计推广优秀种公羊0.5万只以上，在核心群场、育种群场的周边地区改良当地细毛羊90万只以上，建立细毛羊全产业链标准规模化生产基地。

高山美利奴羊新品种的体重、羊毛纤维直径、毛长、产毛量、净毛率等主要生产性能全面超越甘肃高山细毛羊；对青藏高原寒旱生态区严酷自然条件的适应性显著优于国内外其他细毛羊品种；在此严酷条件下，体重、毛长、产毛量、净毛率等性能指标达到或超过了国内先进细毛羊的水平和档次；在羊毛综合品质方面，高山美利奴羊除具有细毛型品种明显特点外，羊毛纤维直径主体为19.1～21.5微米，其中19.0微米以细占8%，19.1～20.0微米占69%，20.1～21.5微米占23%，比新疆细毛羊、东北细毛羊、中国美利奴羊细度高出1～2个档次，通过试纺试验验证羊毛综合品质达到新吉细毛羊和苏博美利奴羊水平，是我国目前优秀细毛羊品种之一。

高山美利奴羊新品种的育成填补了我国青藏高原寒旱区羊毛纤维直径以19.0～21.5微米为主体的毛肉兼用美利奴羊品种的空白；该品种具备能够充分利用本生态区低成本的丰富的草原资源发展细毛羊的优势，促进美利奴羊在青藏高原生态区的国产化，丰富我国细毛羊品种资源的生态差异化类型；助推打破澳毛长期垄断中国羊毛市场的格局，提高我国细羊毛在国际市场中的竞争力，填补我国毛纺工业对高档精纺羊毛的需求，助推缓解我国羊肉刚性需求大的矛盾；保住广大农牧民的生存权、国毛在国际贸易中话语权和议价权，维护青藏高原少数民族地区的繁荣稳定和国家的长治久安均将产生重大影响。

成年公羊群体

成年母羊群体

羔羊群体

拜城县种羊场

中国美利奴（超细型）种羊

【概况】　拜城县种羊场位于拜城县城西北部，西与温宿县隔河相望，北与昭苏县接壤，全场总面积965平方公里，其中可耕地493.33公顷，可利用天然草场7.33万公顷，辖4个牧业队、2个农业队，全场共1885人。全年经济发展各项指标持续稳定增长，完成农村经济总收入3157万元。其中：畜牧业收入2526万元，占总收入的80.0%；种植业收入610.2万元，占总收入的19.3%；第二、三产业收入20.8万元，占0.7%；农牧民人均收入11523元。

【科技强牧】　现代农牧业基础日趋坚实，以“萨帕乐”羊毛及“中国美利奴（新疆型）细毛羊”两个品牌为基础，牲畜大承包制深入推行。一是在拜城举办了“苏博美利奴新品种推介会”，为我场细毛羊发展打出名声；二是2014年引进的布鲁拉新品种，配种母羊产产双羔率达到了30%，为农牧民增收开辟新渠道。三是出场种公羊培育扎实推进，在引进细型和超细型主配种公羊的基础上，淘汰年老体弱、生产性能低下的主配种公羊，通过选种选配和四次鉴定。自主培育出场种公羊412只，通过自治区畜禽改良总站专家鉴定合格387只。特级192只，占49%，一级195只，占51%，特级种羊比例明显提高。四是集成优化细羊毛产业化生产技术，实行机械剪毛细毛羊2.85万只,羊毛分级75吨，生产品牌羊毛60吨，在国际国内羊毛市场行情下滑情况下，原毛均价达到30元/公斤，生产羊绒3吨，原绒均价达到230元/千克，羊绒羊毛销售价格均高于其他乡镇。五是依靠科技项目做强畜牧业。实施完成了农业部“中国美利奴（新疆型）细毛羊良种繁育基地建设”项目，项目总投资403万元；实施了“国家绒毛用羊产业技术体系拜城综合试验站建设”争取中央财政资金50万元，加大了新品种引进，选种选育，遗传评估及生产性能测定等技术方面的投入，在拜城、温宿等5个示范县推广种公羊300多只；实施了自治区“中国美利奴（新疆型）细毛羊核心群众生产母羊建设”项目，实施项目资金140万元，主要新建羊舍20座，共5494平方米，投资123.8万元。

【品种选育】　进一步优化种源，从新疆兵团农科院引进细型及超细型种公羊9只，所引进种公羊品质优秀，被毛覆盖良好，油汗白色，超细型主配种公羊细度达到17微米以下，周岁体重58千克以上，毛长9.5厘米。同时淘汰年老体弱、质量下降的主配种公羊7只，进一步优化了种源。强调突出利用细毛羊种公羊性状优点，有针对性地选择种羊对细毛型、超细毛型细毛羊生产母羊群进行选种选配。2014年从新疆兵团农科院引进的布鲁拉种公羊，选育出多胎中国美利奴（新疆型）核心群母羊进行选配，2015年产双羔率为30%，充分发挥了布鲁拉美利奴羊的多胎优势。自主培育中国美利奴（新疆型）细毛羊种公羊迈上新台阶。今年出场种公羊经过四次鉴定，采取集中选育办法，自主培育出场种公羊412只，并通过自治区畜禽改良总站专家鉴定合格387只。其中特级192只，占49%，一级195只，占51%，特级种羊比例明显提高。自主培育387只中国美利奴（新疆型）细毛种公羊销售推广到拜城县、温宿县、阿瓦提、温泉、博湖县五个示范县及南北疆细毛羊产区。

【疫病防治】　2015年，种羊场党委、管委会为提高防疫密度，降低动物死亡率，上级有关部门统一部署安排，认真贯彻执行《中华人民共和国动物防疫法》和《新疆维吾尔自治区动物防疫条例》，根据实际，制定全年动物防疫工作计划，措施，明确责任，改革防疫方式，完善防疫办法，突出抓好经常性补防工作，组织全体防疫员进连入户，对牲畜进行免疫，确保全场不留连、连不留组、组不留户、户不留畜，做到真打针真有效，保障辖区内全年无重大疫病发生，确保农民增收。全年，注射疫苗165860头（只），免疫率达到200%以上，完成细毛羊布鲁氏菌病检测1.5万只份，完成绒山羊布病检测0.7万只份。

【稳抓农业】　2015年，种羊场党委、管委会按照“稳定面积、提高单产、改善品质、增加总产”的要求，稳定面积、抓好良种，切实抓好粮食生产，确保粮食安全。持续加大科技投入，确保粮食生产稳中有增在发展本场特色的畜牧业的同时，对农业生产发展也很重视。千方百计优化农业结构，大力发展农业，促进农业增效和农民增收，2015年全场粮食计划种植面积为589公顷，实际完成种植面积236.6公顷。其中粮食播种面积236.6公顷、其中冬小麦236.6公顷；春麦32.4公顷，地膜玉米计划102公顷、实际落实面积120公顷；油料种植面积63公顷、苜蓿新种植面积13.76公顷、草场保留面积102公顷、其他39公顷；开展农牧民实用技术培训800人/次；全面落实了国家惠农政策。

【安居富民】　2015年，种羊场党委、管委会统一建设规格、统一设计图纸、统一主体风格和基本色调，坚持统筹发展，注重美观与实用相结合。科学规划，扎实推进“安居富民”及危旧房改造工程。全场危旧房改造投入450.8万元，改造危旧房98户。对牧二队实施整村推进,加大乡村道路和林带整治力度，改善农村村容村貌。加大公共设施建设力度，对场部办公周围环境进行改造，投入50万元新建230平方米锅炉房及改造暖气管道，极大地改善干部职工的工作、生活条件。投入170余万元对牧业一队的水利工程进行改造，铺设场部至牧四队路段柏油路8公里，铺设牧二队泊油路2公里，新建羊舍20座，投入80余万元修建牧四队牧桥2座。

【惠民补贴】　2015年，种羊场党委、管委会始终把民生放在优先位置，各种惠民补贴及时送到群众手里，提高他们劳动致富积极性和加强感恩党和政府的关怀的感情。解决好人民群众最关心、最直接、最现实的利益问题，真正让群众得到更多实惠。全面落实国家惠农政策。享受小麦综合补贴1575元/公顷，共计36.7万元，小麦良种补贴225元/公顷，共计5.25万元，上交粮食925吨，享受直补27.7万元，种植玉米122.4公顷，享受国家良种补贴1.83万元，全年落实农民享受国家各种补贴总额71.6万元。

【综合服务】　2015年，种羊场党委、管委会提高综合性服务质量，积极引导农牧民富余劳动力向非农产业转移，加大流动人口管理，为外出务工人员办理便民联系卡，为农牧民组织养殖专业合作积极服务、政策引领、优惠到家，修建体育场和文体活动场所，丰富牧民精神生活。全年输出劳动力117人，外出务工收入18.8万元，外出务工人均收入6935元；加大流动人口的管理，为外出务工人员办理便民联系卡105份. 投入150万元实施牧一队和农六队活动中心建设，积极开展“广场文化”活动，组织文体活动38场（次），参与群众1700余人。

【基层党建】　2015年，实现社会稳定和长治久安，关键在党，根本在人。我们以打造坚强的干部队伍、构建严密的组织体系、建立管用的群众工作机制为主线，以巩固扩大群众路线教育实践活动成果为新起点，全面加强思想、组织、作风、反腐倡廉和制度建设，为实现总目标提供坚强有力的组织保障。“围绕党建抓稳定，抓好稳定促发展”的工作思路，领导、组织、协调、统筹村级事务龙头作用发挥；规范乡村党组织运行。场党委在原有制度的基础上进行修订、整合，梳理出场党委运行制度五类三十一项，村级组织运行制度五类七十二项，并分乡、村编印成册，下发到各连队，有效促进了基层党组织的规范化运行；明确分管领导及村“两委”班子工作职责，建立并完善了监督激励机制，推动我场各项工作合法依规，有序推进；进一步规范村级“十支队伍”建设，分别建立月考、季考、年考工作制度，对领工资、领补贴的人员，加强日常教育和管理。组织党员干部当好“宣传员”，利用各时节，做好宣传引领群众工作，有力的推动了农村“三级联创”“双培双带”、无职党员评议考核、后备干部选拔、农村党员干部远程教育等党建常规工作，提升基层组织建设活力。建立并完善了党内激励、关怀和帮扶机制，节日期间组织党员开展老党员、困难党员走访慰问活动，严格推行党员发展 “五步工作法”的程序，抓好入党积极分子队伍建设，2015年发展党员3名，党员转正2名；建立健全村级后备干部选拔、培养、使用工作机制，改善和优化基层党员干部队伍结构。进一步加大人力、物力、财力投入。全年投入党建工作专项经费30万元。场党委切实监督村级组织和村干部用好手中权、办好群众事，严禁以权谋私、与民争利，真正把“好人”做好，把“好事”办好。

【社会事务】　2015年，种羊场党委、管委会始终把民生放在优先位置，解决好人民群众最关心、最直接、最现实的利益问题，真正让群众得到更多实惠。社会事业进一步完善，落实惠民资金“面对面”发放。全年累计发放各类民政惠民补贴50.7万余元、134余名困难群众受益。严格实施低保动态管理，认真开展低保清理工作。累计发放农村城乡低保46.3万余元，全年清退14户24人。加强临时救助物资发放管理工作，为困难农牧民群众累计发放面粉3.5吨、大米650千克、清油300千克、煤87吨、加碘盐3475千克等临时生活救助物资折价8.63万元。

CowManager®
酷经理
牛群预警追踪耳标
24/7 Monitoring All in the Smart Sensor
智能耳标
一个耳标 = 牛群智能管理
酷经理® 是一款全新的牛群预警追踪管理耳标，智能耳标24 小时不间断监控每头奶牛的反刍、采食等各项活动的时间变化，以及耳朵温度变化，发现异常立即警报通知，帮助规模化牧场轻松管理每头奶牛的繁殖、健康和饲养。
北京环球种畜有限责任公司
World Wide Sires Co., Ltd.
电话：+8610 6435 7167/6435 1083
网址：www.wwsireschina.com
繁殖 FERTILITY
发情鉴定
• 监控活动量
• 识别发情时间和强度
• 提醒最佳配种时间
健康 HEALTH
疾病预警
• 监测采食、反刍、活动量和耳朵温度
• 发现异常立即通知
• 提前干预
营养 NUTRITION
反刍与采食
• 监测反刍、采食次数和躺卧时间
• 监控日粮变更后奶牛的反应
分析 ANALYSIS
指标监控
“手机随时随地管理牛群，接收牛只警报”

光大畜牧（北京）有限公司
董事长王立宾
光大畜牧（北京）有限公司2016年内训 —《团队职业化训练》
光大畜牧（北京）有限公司，成立于2002年。是一家专业从事功能型饲料研发、生产的服务型农牧企业。公司位于首都北京。其技术依托于中国农业科学院、中国农业大学、北京农学院等科研院所专家的最新科研成果。“打造中国一流的服务型农牧企业”是光大人的愿景。“用科学技术帮助亿万农民致富”是每个光大人肩负的使命。“诚信、感恩、利他、创新”是光大人的核心价值观。
社会变化之快、企业发展之快是当今社会的常态，在这快速的变化之中，公司坚持要向内求，坚持工匠精神，寻找自己的核心竞争力，不断优化和创新公司的产品，一直秉承用中草药代替抗生素制造绿色环保型饲料产品， 在中草药饲料方面公司拥有自己的专利。公司技术部与国内外著名营养学专家紧密合作开发出了绿色环保型、保健型功能饲料。公司拳头产品“奶多多”，具有既能增加奶水又能缩短产程的特点，已经成为客户选择高档哺乳母猪料的标准。2016年1月“30奶多多系列”产品在北京市饲料工业协会举办的影响力品牌评选过程中获得“影响力品牌”称号，提高了我公司奶多多系列产品的竞争力；主打产品“断奶王”“开口香”以及“赶行情”系列饲料等品牌投放市场十年以来，深受广大养殖户的好评。
公司设备年生产能力5万吨，年销售量3万吨猪浓缩饲料。目前公司销售网络遍及华北，享受过光大细心优质服务的猪场上万家；未来5年，光大畜牧将在全国建立销售分公司50家，分厂10家，帮助100万家猪场致富。
公司响应农业部《饲料和饲料添加剂管理条例》，全面推进饲料质量安全管理规范实施，一次性通过农业部验收，荣获《饲料质量安全管理规范》“示范企业”光荣称号，充分说明行业领导对公司规范管理工作的肯定，为公司的稳步发展奠定了坚实基础，更是激励了每一位光大人对公司的热爱以及对工作的热情;公司通过ISO9001质量管理体系、ISO22000食品安全管理体系国际双体系认证，为公司与国际接轨奠定了基础，取得了打开国际市场的“金钥匙”；在国内市场也取得了顾客信任的“通行证”；2016年上半年在顺义区工商局举办的“重信誉守合同”企业评选活动中，被评选为“重信誉守合同”企业，这是光大在加强企业守信经营、提升企业品牌影响力的又一次展示；
在风云变幻的市场环境中光大畜牧会持续坚守，努力适应行业、与时俱进，稳步发展，管理规范，成为推动产业发展的重要力量。
光大畜牧
EVERBRIGHT LIVESTOCK
证书
光大畜牧（北京）有限公司：
首都饲料行业
携手并进奖
证书
光大畜牧（北京）有限公司：
首都饲料行业
影响力品牌
光大

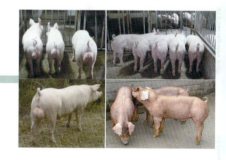

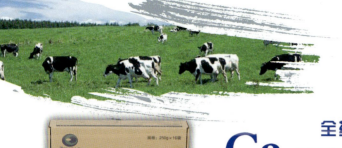

发展中的昌图畜牧业

昌图县素有“畜牧大县”之称，是国家商品瘦肉型猪基地县、国家生猪调出大县和国家秸秆养牛示范县、国家适度规模化母牛养殖示范县，同时也有着“中国豁鹅之乡”之美誉。2011年，全县猪、牛、羊、禽年饲养量分别达到430万头、98万头、60万只、5000万只，肉类产量43万吨，蛋类产量10万吨，奶类产量5万吨；牧业产值实现116亿元，占农业总产值的63%，农民人均牧业纯收入5798元，占农民人均纯收入的62%，成为农村经济名副其实的半壁江山。

2009年，县委县政府就提出要强力打造“一园两带四区” 发展畜牧业。经过几年的建设,截止2011年末，“一园两带四区”的畜牧业产值占到全县牧业总产值的57%以上，畜牧产值占农业产值的66%以上，生猪、肉牛、肉鸡规模化养殖比重分别达到70%、70%、95%。订单、合同等形式的生猪、肉牛、肉鸡产业化率分别达到60%、60%、90%。

在前期工作的基础上，2011年，随着湖南唐人神曙光集团、沈阳辉山乳业集团、山东六和集团、辉发集团等4家企业的入驻；全县固定资产投超过5000万元的畜牧龙头企业达到11家，全县初步形成“龙头企业+基地+农户”的生产格局。昌图紧紧抓住建设生猪、肉牛省级现代畜牧业示范区的有利契机，坚持以肉猪、肉牛、肉鸡产业发展为重点，现已形成了生猪、肉牛和肉鸡的三大产业基地。同时，在促进畜牧业大发展的同时，全县不忘把住畜产品质量安全的关口，深抓县乡村三级疫苗冷链建设，为动物安全掌控方向。

自昌图县正式成为辽宁省扩权强县试点县后，全县上下立志要紧紧抓住省直管县的历史机遇，坚持扩大开放、招商引资，实现工业化、城镇化、农业现代化“三化并举”，兴换热之都、造能源大县、建中等城市、强农产品基地。强力推进现代畜牧业，全面建设畜产品生产、加工和调出基地，阔步向全国养猪、养牛五强县迈进。

辽宁益康生物股份有限公司

辽宁益康生物股份有限公司（以下简称“益康生物”或“公司”）始建于1958年。2005年4月30日改制为国有控股的“辽宁益康生物制品有限公司”。2010年9月29日整体变更设立“辽宁益康生物股份有限公司”。

益康生物是国内生产、经营动物生物制品的骨干企业，中国动物保健品协会第五届副理事长单位，“辽宁省高新技术企业”“辽宁省省级企业技术中心”“辽宁省生物工程技术服务中心”“‘九五’技术创新先进企业”“辽宁省腾龙企业”“辽宁省重合同守信用单位”和“辽宁省AAA级信誉单位”，2006年获中国畜牧兽医学会“感动中国畜牧兽医科技创新领军企业”称号，2006年、2009年连续两届被中国动物保健品协会评定为全国兽用生物制品生产10强企业。

益康生物秉承“以科技为先导、以质量求生存、以管理求发展，力促最新科技成果转化为生产力”的经营理念，领略当今国际国内科技动态的变化，加大科研投入，加快科研成果的转化速度。益康生物拥有现代化的研发中心一座，为“辽宁省动物疫苗工程技术研究中心”“辽宁省生物工程技术服务中心”和“企业博士后科研基地”，现有研发人员36名，其中博士2人、硕士研究生21人，具有高中级技术职称的30人，已经形成了成熟的自主研发与合作研发相结合的创新体系，建立了中长期的人才储备机制。取得了一批具有自主知识产权的科研成果，已经形成储备一批、研发一批、上市一批的研发格局，研发和新产品产业化已具备较强的可持续性。

辽宁益康生物股份有限公司园区内建有1万余平方米的GMP生产车间3座、现代化SPF动物饲养中心2座（年产蛋量达350万枚左右）、研究中心、质检部等设施。公司装备有现代化的生产、科研仪器设备。除常规的仪器设备外，公司还拥有进口的基因工程仪器设备，有力地促进了基因工程疫苗的研究工作。目前GMP三期工程土建工程已经完工，空调净化机电安装工程已经进入施工阶段，随着GMP三期工程投入使用，将进一步提高益康生物硬件设施的综合实力。公司产品覆盖三大类30余个品种。公司拥有行业内较为齐备的各类兽用生物制品生产线（经农业部GMP认证的9条不同类型的兽用生物制品生产线，其中包括卵黄抗体冻干制剂生产线），具有较强的生产及新产品产业化能力。

截止到2010年底，益康生物资产总额达4.2亿元，净资产2.5亿元，2010年每股收益0.57元，每股净资产3.37元。益康生物现有员工408人，专业技术人员159人，占职工总数的38.97%。

益康生物加强企业文化建设，发挥企业文化对提高企业管理水平、增强核心竞争力的促进作用。通过长期的努力形成具有益康生物特色的企业发展理念；把思想政治工作融入市场竞争中，形成具有强大凝聚力的企业精神；把企业人文创造融入企业产品中，塑造以企业品牌为核心内容的企业形象标识，内外并举，长期锤炼，形成“内化于心、固化于制、显化于表”的企业文化。坚信“诚智守信，炼百年基业、德才兼备，炼益康人生”的企业格言，以“诚信、亲和、忧患、变革”为核心价值观，打造最具核心竞争力的生物工程企业，致力生物科技、服务农牧产业、惠及员工、回报股东、回报社会。

益康生物将以“促主业、促增长、引人才、快发展”为指导方针，将益康生物打造为最具核心竞争力的生物工程企业，全面推进企业“上市”工作，实施技术引进和自主研发并举，为企业做强做大奠定坚实的基础。

京兽药广审（文）2017010007

上海明锦畜牧有限公司畜牧一场

上海明锦畜牧有限公司畜牧一场（原名上海长江总公司前进畜牧二场）是一个年上市5万头规模的现代化商品场，坐落于上海市的后花园——崇明岛。该场于2015年10月份投入生产运营，占地17公顷，采用国际上先进的设计理念、生产工艺和养殖管理技术，其创新点与先进性主要体现在以下几个方面：

一、生产设备自动化。三自动一结合，即“自动喂料、自动排污清粪、环境温湿度通风自动控制”+“种养循环”，劳动效率较传统猪场要提高1倍以上，全场员工配制50人，人均饲养量1000头以上。

二、生产管理信息化。目前在全场范围内初步完成了信息化管理平台的建立，通过及时、准确的收集和分析生产数据，并将分析数据推送到手机APP，能够让生产管理人员对场内生产出现的各类问题进行合理化处理，大力提升生产效率和养殖水平，同时做到生产与成本的精细化管理。

三、养殖技术先进化。猪场采用先进的适度深部输精技术之后，每头母猪配种耗时由常规输精方式的5分钟减少至40秒以内，精液倒流比例由常规输精方式的70%减少至5%，受胎率较常规输精提高2%，窝均产活仔数较常规输精至少提升1.3头。

四、粪污处理生态化。公司通过科技兴农引进消化吸收项目引进了美国先进的粪水还田机械，利用农业季节对猪场沼液进行深耕还田，变废为宝。此外，公司今年9月份与上海在道能源有限公司签订了一份养殖粪污的购销协议，对方以2元/吨的价格收购猪场粪污，这将大大提高我公司的粪污处理能力，实现粪污处理生态化。

猪场运营以来，一直贯彻公司的生猪养殖理念，坚持以生态循环农业建设为导向，做到提高养殖效益和优化养殖环境相结合，并得到上级领导和上级部门的关心和肯定，2016年1月上海市副市长时光辉就到猪场就行参观。2015年9月被《农民日报》社和中国畜牧兽医协会联合授予中国美丽猪场。

绿康生化股份有限公司

LIFECOME BIOCHEMISTRY CO.,LTD.

绿康生化股份有限公司成立于2003年6月，公司坐落于福建省浦城县南浦生态工业园区19号，毗邻风景秀丽的武夷山，厂区占地面积逾18公顷，厂房建筑面积7万多平方米，是一家专注于微生物发酵的制药企业，公司被授予福建省战略性新兴产业骨干企业和农业产业化省级重点龙头企业，自2008年起连续被认定为国家级高新技术企业。

公司现主要产品有：杆菌肽系列产品（杆菌肽锌预混剂、杆菌肽锌原料药）；亚甲基水杨酸杆菌肽系列产品；硫酸黏菌素系列产品（硫酸黏菌素预混剂、硫酸黏菌素原料药、硫酸黏菌素可溶性粉）；微生态制剂系列产品；生物防腐剂纳他霉素系列产品等。

公司严格按照GMP要求进行设计、建设和设备选型，各生产线先后通过了农业部的兽药GMP验收，并通过澳大利亚APVMA部门GMP、美国FDA和欧洲GMP的检查，通过 “HACCP” “ISO”及“EHS”的认证。

公司始终坚持“团结拼搏、和谐共赢”并以“和”为核心的企业精神，公司愿景：专注微生物制造，做核心业务领导；公司使命：成客户员工股东幸福之桥，为安全高效畜牧发展之梁；公司核心价值观：诚信勤勉、创新求精、结果互惠、安康和谐。

地址：福建省浦城县南浦生态工业园区19号
邮编：353400
电话：0599-2846599
传真：0599-2827567
网址：www.pclifecome.com

京兽药广审（文）2017010002

河田鸡是在长汀特殊的自然生态环境和悠久的客家美食文化中经长期的人工选择形成的独具特色的肉鸡地方品种，具有“鲜明的地域特色、特殊的肉质风味、极高的营养价值、典型的外貌特征、天然的放养模式”的特征特性。主产区位于福建省长汀县河田镇及其周边地区，并因此得名。河田鸡是《中国家禽品种志》收录的肉鸡地方品种之一，为全国著名的优质肉鸡地方品种，国家畜禽遗传资源保护品种。先后获得国家地理标志保护产品、无公害农产品、福建省名牌产品等认证、称号，素有“世界五大名鸡”“名贵珍禽”之美誉，河田鸡标本被中国农业博物馆、中国农业展览馆列为珍品永久收藏。

至2015年底，长汀县有河田鸡保种场1个（福建省长汀县河田鸡保种场，为国家级畜禽遗传资源保护场）、育种场3个、扩繁场12个；河田鸡龙头企业3家、合作社25家、家庭农场32个。存笼河田鸡保种群种鸡420羽（公鸡70羽，母鸡350羽），后备保种群1830羽，育种群17300羽，扩繁群67900羽。建立了由河田鸡保种场—育种场—扩繁场—商品鸡场构成的河田鸡良种繁育体系。全年养殖河田鸡645万羽，出栏587万羽。实现总产值2.76亿元。销售市场进一步拓展，除传统的活鸡市场外，河田鸡加工产品供应永辉超市、厦门吉象吉送等生鲜配送平台。在淘宝中国特色龙岩馆、长汀馆、农村淘宝等电商销售平台的销量逐日增多。

河田鸡于2015年获评为“闽西八大鲜”之首，白斩河田鸡入选2016年“福建十大名菜”、“闽台十大乡村美食”。

具有三叉冠的 河田鸡

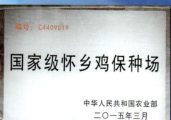

韶关市番灵饲料有限公司位于广东省韶关市莞韶产业园区内，地理位置环境优越，交通运输十分便利。是一家以饲料工业为主，并涉及养殖、种植农产品加工与开发的新型农牧企业。

公司现有一个两条饲料生产线的饲料厂，年产饲料20万吨；4个种猪场，存栏生产母猪1万多头，年产猪苗20万头；2个肉猪场，年出栏肉猪15万头，以及1个年加工肉猪20万头的屠宰车间。公司年产值15亿元以上。

公司现有员工200余人，经过几年的建设发展，公司取得了物质文明和精神文明的双丰收。2011年被认定为广东省重点龙头企业，同年顺利通过了ISO9001:2008质量管理体系认证。由于公司各个方面的规范管理，先后被有关部门评为广东诚信示范企业、广东省重点生猪养殖场，守合同重信用单位、优秀纳税企业等。2014年10月，被认定为农业产业化国家重点龙头企业。

公司坚持“质量是企业的生命”的原则，建立了完善的现代企业管理制度及严格的产品质量检测标准，全面规范了产品质量，公司各个产品自投放市场以来，深得广大客户青睐。

韶关市番灵饲料有限公司

海南农垦畜牧集团股份有限公司

HSF 海垦畜牧 HAI KEN XU MU

HAINAN AGRI-FARMING ANIMAL HUSBANDRY GROUPCO.,LTD

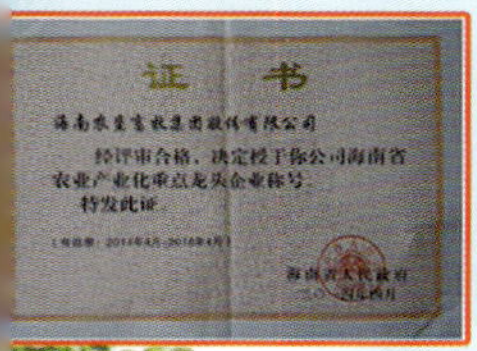

海南农垦畜牧集团股份有限公司成立于2008年6月，专心致力于生猪养殖方面，经过七年多时间的建设，目前已投产猪场十余个，分布在定安、文昌、琼海、万宁、屯昌、琼中、保亭等地，年生产规模20多万头，成为继罗牛山之后的海南省第二大生猪养殖企业。

集团公司在2011年被农业厅授予海南省农业龙头企业，同年被全国畜牧总站授予“全国猪联合育种协作组”成员单位的称号，先后被商务部认定为“中央储备肉活畜储备基地”，被农业部认定为“国家畜禽标准化示范场”，并有三个场被认定为海南省第一批优质良种猪场。

目前，公司已经建立起种猪繁育体系、商品猪生产体系、饲料生产加工体系、兽医防疫监测体系、环保与循环经济建设体系和畜产品营销体系等六大产业配套体系。

为了进一步加强海南农垦畜牧集团的养殖标准化生产水平，保证猪场种猪的更新需求和各项生产性能稳定，提高猪场的管理模式和操作规范，提升现代化水平和人员整体素质，增加农垦养殖业的科技含量、生产经营水平和经济效益，促进猪场养殖业的健康持续发展，畜牧集团，正在新建一个种猪场、一个育成场和一个肥猪场，以便更好、更快地发展公司种猪业，壮大海南岛的畜牧业。

同时农垦畜牧集团以新一轮海南农垦改革为契机，充分整合农垦和地方优势资源，做大做强养猪业，并建立和发展草畜产业，主要包括奶牛产业、肉牛（和牛）产业、黑山羊产业、家禽业、牧草业，成为引领和带动全省草畜产业转型升级、加快发展的龙头。

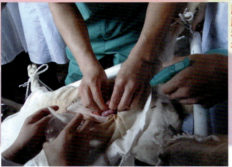

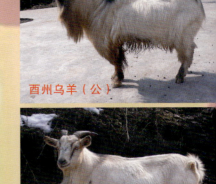

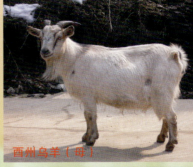

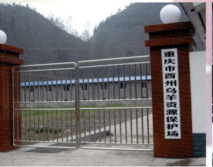

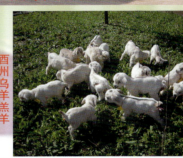

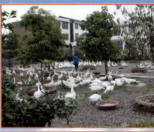

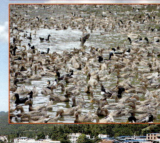

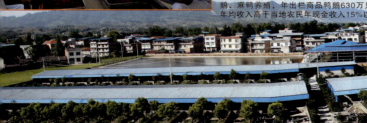

万源市太一蜂业有限公司

万源市太一蜂业有限公司是由重庆太一生物科技有限责任公司投资，以开发达州市中华蜜蜂产业与中药材种植相结合的科技创新型子公司。

公司于2012年进入万源市，依托重庆西南大学、重庆医药集团公司、重庆中药材种植研究所等资源，以公司加农户加专业合作社的模式，在立足于保护中华蜜蜂及中蜂传统养殖方式的基础上，逐步推广新式养蜂技术，在万源市及周边县市海拔1000米以上环境优异的地方，建立高山蜂场基地，生产万物生牌“蜂桶蜂蜜”，打造国内高端蜂蜜品牌。该产品2012年获得农业部颁发的“农产品地理标志保护”证书；2015年国家出入境检验检疫局颁发的“生态原产地认证”证书；2016年6月在达沃斯论坛上进行生态产品展示。2016年7月公司以唯一名额代表中国农业企业在天津APEC绿色产业链圆桌会议上发言。

目前，公司已在万源市梨树乡鱼泉山、青花镇金竹山等成功建立3个高山蜂场和蜂桶乡1个中蜂种蜂场、在蜂桶乡组织中蜂养蜂专业合作社，并在蜂场附近试种药材。于2014年在万源市成功注册了万源市中蜂养殖协会,在2016年参与并注册成功万源市万物生中蜂养殖专业合作社。

公司本着“源于自然，返璞归真”，只做纯天然健康产品的理念，携手达州市广大蜂农，按照我司质量管理制度的要求，对蜂场的选址、生产、销售、售后等环节进行严格管控。

目前，公司已在北京、深圳、成都、重庆等地设立了销售机构，万物生“蜂桶蜂蜜”在国内已有一定的口碑和市场。

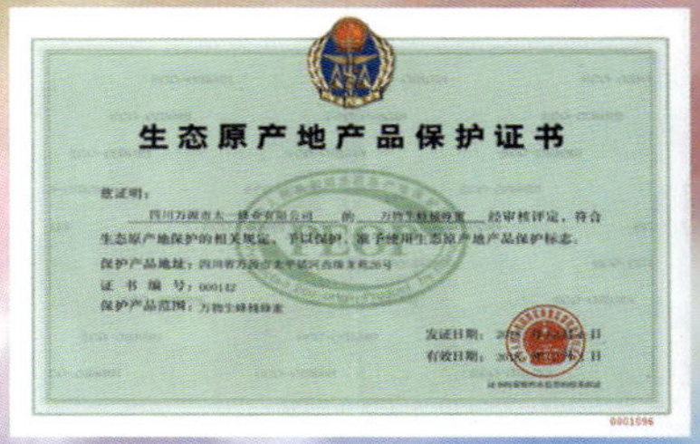

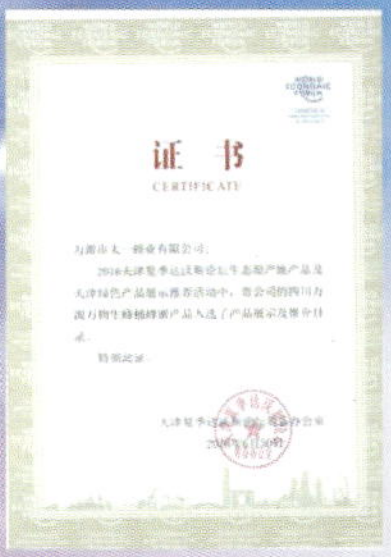

西藏农牧业

2016年，西藏各级农牧部门在党中央的亲切关怀和国家有关部委的大力支持下，在全国各族人民的无私援助下，在自治区党委政府的坚强领导下，全区农牧系统认真贯彻落实中央和自治区涉农会议精神，坚持深化“663”的发展思路，

主动适应经济发展新常态，积极推进农牧业供给侧结构性改革，“8个百千万工程”（新建高标准农田13.3万公顷，推广农作物良种13.3万公顷、牲畜良种500万头只，建成优质人工饲草基地6.7万公顷，草原围栏333.3万公顷，实现粮食、蔬菜和肉奶产量均达到100万吨以上）顺利推进，为“十三五”赢得了开门红。

“三个产量”指标顺利实现上：2016年粮食产量预计达到102.71万吨，比2015年增加2.08万吨，其中青稞产量预计74.67万吨，比2015年增加3.82万吨；蔬菜产量预计达到87.3万吨，比2015年增加4.57万吨；肉奶产量预计达到68.3万吨（其中肉产量30.5万吨、奶产量37.8万吨），比2015年增加3.4万吨。

“五个任务”指标积极推进上：预计落实高标准农田1.71万公顷，种植业基础进一步夯实；推广粮食作物优良新品种11.82万公顷，比2015年增加3.7万公顷；预计新增牲畜良种30万头（只），全区牲畜良种存栏预计达到420万头（只）；完成人工种草1.71万公顷（其中完成2015年建设任务1.13万公顷，2016年0.58万公顷）；预计新增草原围栏69.1万公顷，达到812.47万公顷。同时，全区未发生群体性农畜产品质量安全事件和区域性重大动物疫情。通过各级农牧部门的努力，全年顺利实现了青稞口粮、畜牧业生产和农畜产品质量“三安全”。

甘肃省畜牧业产业管理局

甘肃省畜牧业产业管理局是省农牧厅直属正处级事业单位，设有牛羊产业科、猪禽及特种产业科、种畜禽管理科、经济信息与体系建设科、科技项目管理科、协会工作科以及基地畜牧科、基地农林科等8个业务科室。承担着全省畜牧业管理、行政执法、科技支撑等工作，负责新技术、新品种及其繁育体系的推广应用、标准化规模养殖和畜牧科技支撑体系建设，组织开展技术培训。近年来，在甘肃省畜牧业持续健康发展过程中发挥了巨大作用。

2015年开展的重点业务工作：一是良种繁育体系建设。年内完成黄牛改良冻配105万头，绵羊杂交改良610万只，杂交授配母猪66万头，推广良种鸡5860万只。二是现代畜牧业全产业链建设。在庆阳、张掖、临夏三个试点市（州）开展了良种繁育、饲草料生产、标准化养殖、屠宰加工和市场营销,并逐步向全省其他市州延伸。三是畜禽标准化规模养殖。全省新建各类规模养殖场（小区）600个，创建部省级标准化示范场102个，畜禽规模化养殖比重达到50%以上。四是信息平台建设。建立了3个集数据采集、统计、分析及市场预警、电商服务为一体的畜牧业信息平台。五是科技攻关与项目建设。承担了“河西肉牛新类群选育”“中部肉羊新类群选育”“甘肃高山细毛羊新类群选育”“德系西门塔尔乳肉兼用牛区域试验示范”等12个科技攻关与示范推广项目。六是技术培训与技术推广。全年举办各类畜牧技术讲座30余期，培训各类专业技术人员4.5万人次。

青海省家畜改良中心

青海省家畜改良中心为隶属于省农牧厅管理的公益性事业单位。主要职能是从事优良种畜的引进、培育、推广，冷冻精液制作、推广，液氮生产，基层专业技术人员和农牧民养殖能手技术培训，畜种改良、家畜繁殖、饲养管理等技术推广和业务指导。"十二五"以来，承担负责全省标准化牛品种改良站（点）项目建设、果洛州生态畜牧业联点督导、全省肉牛肉羊倍增计划、畜牧业科研、地方标准制定及12316农牧热线服务等工作，参与了全省规模养殖场（小区）认定、菜篮子项目监督检查、财政专项资金使用大检查等工作，工作职能和业务不断拓展。肩负着全省良种牛推广和牛改技术服务、技术指导工作的重任。2006年至2015年连续十年入选国家良补项目供种单位。2011年至2015年底，已开展科研项目6项，制定发布地方标准2项，发放推广荷斯坦、西门塔尔等良种牛各类优质细管冻精95万剂，累计冷配改良奶（肉）牛53万多头（次），全省的奶牛良种覆盖率达到82.7%；制作及发放推广野血牦牛冻精40万剂，本品种选育牦牛20万头，各类家畜的各项生产性能显著提高。农牧民养殖场（户）社会经济效益达3.97亿元。为省委、省政府提出的“禁牧不禁养，减畜不减收”发挥了技术支撑服务作用，为全省种质资源及生态畜牧业发展起到了积极的推进作用。

中心地处于西宁市北郊，占地面积逾8公顷，其中：良种畜繁育试验场逾3公顷，办公区及良种牛繁育基地5公顷。场区布局合理，防疫网络健全，生产条件基本达到现代化。中心现有在职职工46名，专业技术人员35名，其中高级职称9名。饲养优良采精种公牛72头，其中：荷斯坦牛16头，西门塔尔牛17头，安格斯牛2头，牦牛37头。中心管理制度严谨，组织机构健全，技术力量雄厚，设施设备一流；有严格的质量管理体系、质量检测体系。

青海省家畜改良中心以创优良种畜、优质冻精、一流的技术服务为宗旨，紧紧依靠科技创新，充分发挥良种工程优势，面向全省、面向基层、面向农牧民养殖场（户），致力于我省优良品种的培育改良技术推广和社会服务，是我省高效畜牧业发展的技术支撑服务体系。

荷斯坦种公牛

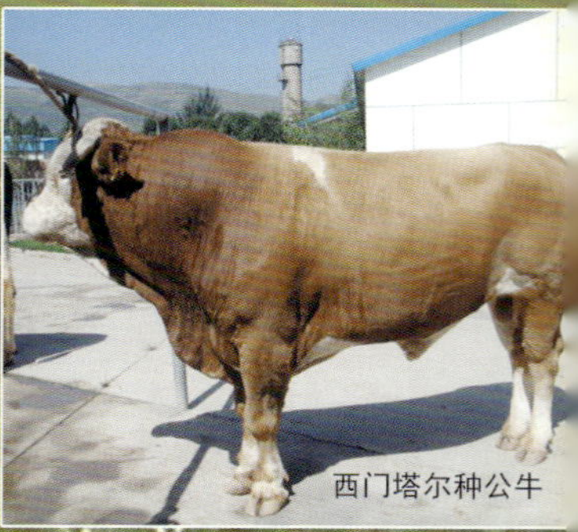
西门塔尔种公牛

基层培训牛人工授精技术

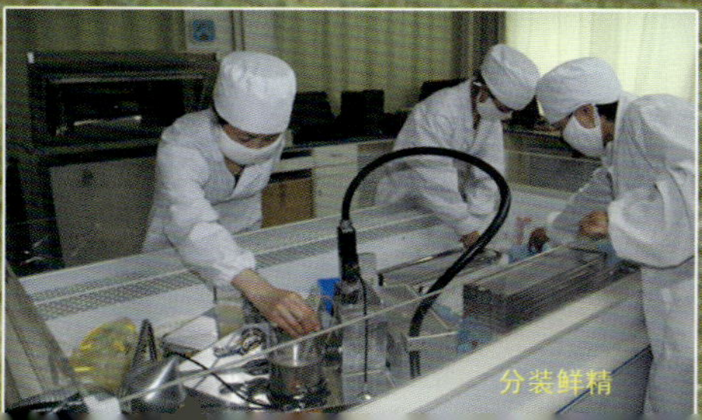
分装鲜精

牦牛种公牛

宁夏永兴

肉食品有限公司

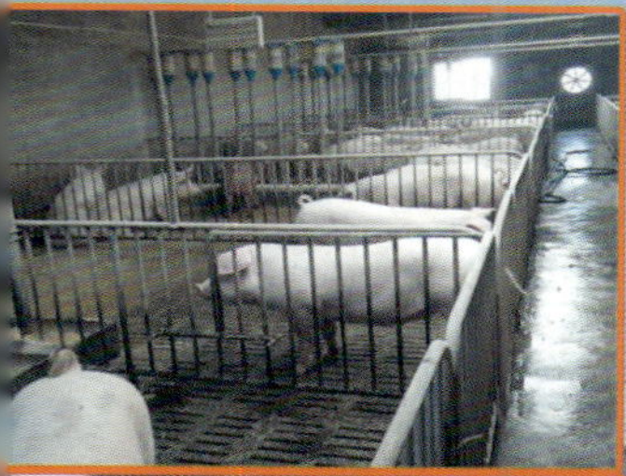

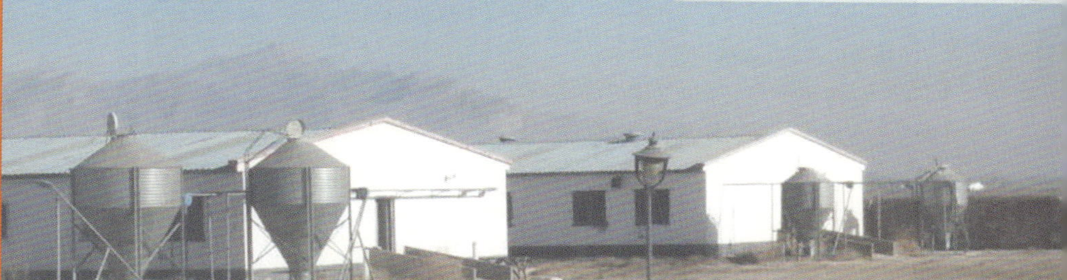

宁夏永兴肉食品有限公司始建于2003年，注册资金500万元，是宁夏最大的养殖及屠宰一体化的标准基地之一。

养殖场区位于宁夏石嘴山市惠农区，占地面积27公顷，2011年投资2000万元建成标准化种猪繁殖基地，场区总建筑面积13500平方米，其中生产区建筑面积1200平方米，种猪场基础设施完备，采用电子监控设备管理，随时观察掌握猪舍内的生产工作情况。畜舍建筑规范合理，生产流程先进，种猪场远离居民区、城镇等公共场所及垃圾场等，并备有健全的清洗消毒设施能有效的防止疫情、疫病的发生传播。

东方永兴养猪场设计为10个规模年出栏商品猪15000头的大型养猪场，现有种母猪1500头、公猪17头、产房存栏1500头、保育存栏1500头、育肥存栏1500头。建有种猪种群繁育体系和商品猪繁育体系，长年存栏猪在8000头左右，年向宁夏及内蒙周边地区提供优质种猪4000头，商品猪出栏15000头。

东方种猪场现有多品种的优良种猪系列，其中包括：美系长白、英系大白、台系杜洛克等优良种猪品种，生长快，饲料利用率高，种猪的遗传性能稳定，都具备了外貌体型好、四肢健壮、适应能力强，增重快，繁殖能力强，瘦肉率高等特点。

国家蜂产业技术体系固原综合试验站建设项目
有力地促进了宁夏蜂产业的健康发展

宁夏固原市养蜂试验站是通过遴选和竞聘“十二五”进入国家蜂产业技术体系的21个综合试验站之一。“十二五”期间建立的隆德县、西吉县、海原县、沙坡头区、盐池县和西夏区6个蜂产业技术示范基地（蜂场）已得到全面巩固、提高和发展。“十三五”又增加了泾源县、彭阳县、原州区和惠农区4个示范基地，现代养蜂技术示范县已基本覆盖宁夏养蜂主产区。固原综合试验站以示范基地为平台，将蜂产业技术体系的新技术、新成果进行了较好的展示和应用。通过技术示范、培训和推广应用，有力地促进了当地蜂产业的发展，2016年宁夏蜜蜂饲养量由2015年的7.6万群发展到8.6万群，增加1万群，增长13.16%。

通过“十二五”及2016年建立示范蜂场的示范带动，充分调动了广大群众养蜂的积极性，并在宁夏养蜂主产区的固原市各县区掀起了群众发展养蜂的高潮。同时通过示范县示范蜂场及辐射周边各县区养蜂致富和带动当地贫困户脱贫致富的典型事例，已引起当地各级政府和领导的高度重视与支持。如泾源县委和政府2016年已把中蜂养殖列为地方特色优势产业和助力脱贫攻坚的重要抓手，制定了《泾源县2016年中蜂地方特色产业发展实施方案》，同时邀请国家蜜蜂研究所专家进行技术指导和培训。隆德县、彭阳县和原州区也制定出台了扶持发展养蜂业和带动建档立卡贫困户养蜂脱贫的优惠政策。固原市委、政府和自治区主要领导多次深入基层蜂场调研并做出批示：“这个产业应引起关注，并加以引导扶持”。

2016年在国家蜂体系首席和岗位科学家的指导下，创新养蜂扶贫模式，真正发挥了饲养蜜蜂在精准扶贫工作中的贡献与作用。我们在泾源县和隆德县采用建立养蜂扶贫示范蜂场的方式，由扶贫示范蜂场确定建档立卡贫困户发展养蜂，每个示范蜂场手把手的帮扶带动至少3户贫困户养蜂脱贫，均取得了较好的效果。在这种扶贫模式的示范带动下，辐射周边各县区也采用此模式开展养蜂扶贫工作，也取得了较好的成绩。如泾源县六盘山镇史提高养蜂扶贫示范蜂场、彭阳县孟塬乡陈泽恩和原州区张易镇王军成蜂场，由于示范帮扶带动建档立卡贫困户养蜂扶贫成绩突出，均被当地群众选举为人民代表。

在国家蜂产业技术体系固原综合试验站建设项目的推动下，宁夏养蜂主产区各市县都十分重视养蜂技术培训和蜂业技术服务工作。据统计，“十二五”期间固原综合试验站在各示范县举办各类养蜂技术培训班31期，累计培训蜂农及技术骨干2775人次。2016年举办养蜂技术培训班42期，培训蜂农和技术骨干3176人次。比“十二五”5年多举办培训班11期，多培训蜂农401人次。同时各县区当地政府通过财政为蜂农采购扶持蜂箱等蜂机具约1万套；目前全区注册养蜂合作社及家庭养蜂场组织100余家，并且成立了宁夏固原市蜂业学会。自治区蜂业主管部门农牧厅等部门将进一步加大对养蜂业的扶持力度，为促进当地蜂业发展奠定了基础。

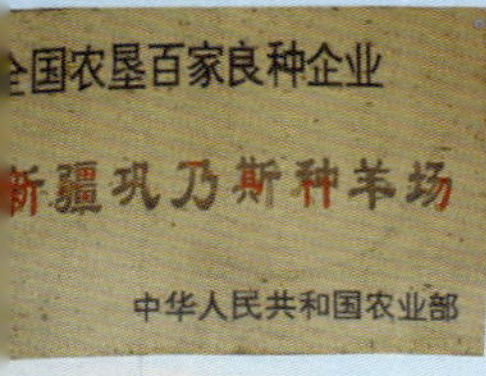

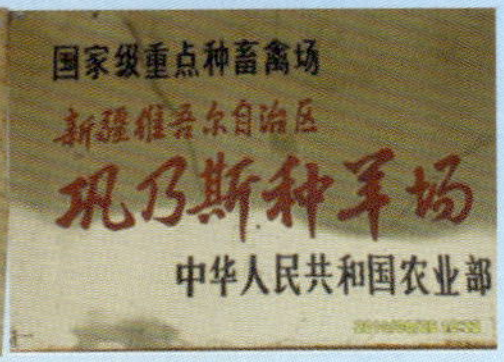

新疆巩乃斯种羊场

新疆巩乃斯种羊场始建于1939年，是国家级细毛羊原种场、国家级重点种畜场、全国百家良种企业，是“中国细毛羊的故乡”。

新疆巩乃斯种羊场位于新疆伊犁地区新源县境内，是巩乃斯大草原的重要组成部分。东距新源县82公里，西距伊宁市120公里，南北有两条省级公路，交通便利。巩乃斯河和特克斯河贯穿我场，地表水和地下水非常丰富。全场总面积约38467公顷，可利用草场面积2.8万公顷，其中有优质夏牧场1万公顷，春秋场6670公顷，冬牧场约1万公顷，天然河滩打草场约1333公顷，以及逾533公顷饲料基地，草场总载畜量为10万头标准畜；常年饲养着5.5万头(只)优良种羊、牛、马等牲畜。国有牲畜140群，存栏34723只，全场细毛种羊中国美利奴羊(新疆型)和新疆细毛羊两个品种六个品系的种羊群73个，存栏约23820只（其中基础母羊1.8万只，种公羊120只，补配公羊200只，育成羊6000余只），山羊4498只，土种羊6405只。

全场封闭式暖圈61幢以及配套的饲草饲料库房，青贮窖和牧工住房，建有机械剪毛房1幢，拥有机械剪毛设备40套，机械打包机2台，能满足3万只细毛羊的机械剪毛、打包工作；药浴池2座5000平方米。夏牧场有牧工住房40套；配套有技术员宿舍与种公羊羊圈的配种站6个；兽医站一个；有畜牧业机械牧草收割加工机械120台套，牧草的割、扒、捆、拉、粉碎都已基本实现机械化。

全场有2666公顷耕地，粮油料草生产自给有余；全场年产优质细羊毛100吨，年推广中国美利奴羊(新疆型)各类型优质种公羊1000余只，生产饲料6500吨，饲草5800吨。

全场有哈萨克、汉、回、维吾尔等九个民族9500余人,现有员工1288人，各类专业技术人员72名；现有畜牧兽医等专业技术人员40人，其中农业推广研究员2名，高级畜牧兽医师7名，中级22名，有农民技术员56人，科技示范户120户。有机关1个，农牧业生产单位12个，站所5个，学校2所，职工医院1所。

早在1954年就为国家培育成功我国第一个细毛羊品种——新疆毛肉兼用细毛羊，结束了我国没有自己细毛羊品种的历史；又在1985年培育成功具有国际同类羊领先水平的细毛羊新品种——中国美利奴羊(新疆型)，这两个品种的培育成功，使巩乃斯种羊场成为“中国细毛羊的故乡”，同时奠定了巩乃斯种羊场在全国细毛羊业的地位。建场以来，巩乃斯种羊场累计向全国，主要是西北地区推广细毛种羊26.8万只，生产优质细羊毛6900吨，为新疆及全国细毛羊的改良提供了大量的优质种源。2008年获得国家农业部“现代农业产业技术体系——绒毛用羊”伊犁细毛羊综合试验站挂牌。

中国美利奴（新疆型）种公羊(上)和种母羊(下)

曾经为巩乃斯种羊场细毛羊育种作出贡献的部分专家

国家现代农业产业绒毛用羊技术体系专家来场检查

石河子市中正畜牧有限责任公司隶属于新疆生产建设兵团第八师142团控股企业，成立于2010年5月14日，公司注册资本651万元，实有资产总额27000万元，建筑面积近34万平方米，规划发展面积近0.9万公顷，股东28人。下属规模化奶牛养殖场14个，规模化猪场12个，养羊专业合作社9个，特禽养殖场1个。主要从事奶牛养殖、鲜奶销售、生猪生产、种猪繁育、育肥羊生产、特禽养殖、饲草料种植销售、技术指导服务等工作。由团控股，各养殖企业为中正公司的股东，以中正公司为平台，提供产品的产前、产中、产后服务，在公司的指导下实行“五统一”模式，全部畜牧业产值90%以上是由中正畜牧股份公司所生产的，真正意义上形成了规模生产集团化经营的模式，引导各养殖企业形成合力走向市场。

公司现有员工730名，其中：奶业专业技术人员73名，具有高级技术职称的30名，具备较高的科研能力和经营管理水平。现存栏优质荷斯坦奶牛8000头，生猪20万头，育肥羊10万只。采用了当今最先进的牧业设备、信息化管理系统和生态型粪污处理技术，同时凝聚了拥有几十年历史的基地奶业技术精华。无论是体内外胚胎生产的育种、全混合日粮的饲养，还是集中监控的挤奶、稳固科学的防疫我们都走到了其他畜牧行业的前列。

公司从建场设计到管理，严格实施标准化建设、规范化管理、科学化饲养的企业理念。该公司实行“公司+基地+农户+参股单位”的形式，由公司统一管理，利益分红的发展模式，极大地调动了公司全体股东和股民工作的积极性。

公司本着“依托科技创新，提升牧业水平，创造一流企业”的发展宗旨，充公利用本地丰富的水土资源优势和人才优势，以优质的品质和服务去占领市场，树立了良好的企业形象，是农业部认证的无公害农产品生产基地和生猪标准化示范团场，2010年、2011年曾两次被农业部授予“奶牛标准化示范场”，2011年被农业部授予“全国农业标准化示范县（农场），示范产品：生猪；2012年又被农业部授予“生猪标准化示范场”。

母猪智能化自动饲喂系统

年生产6000吨饲料

石河子市新安镇中正畜牧有限责任公司

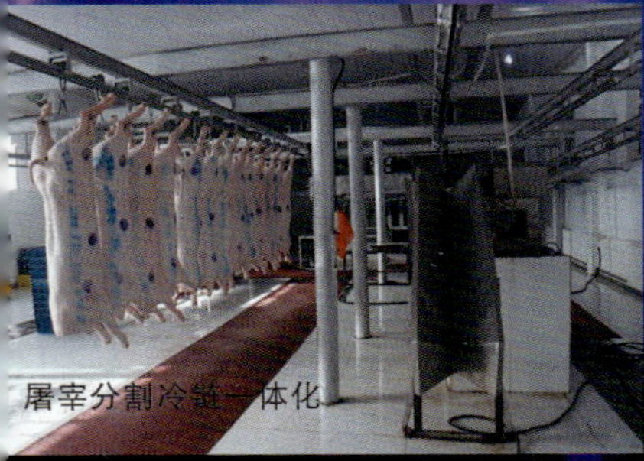
屠宰分割冷链一体化

中正种猪

规模化猪场自动上料饲喂料塔

TMR自动搅拌饲喂机

3000头奶

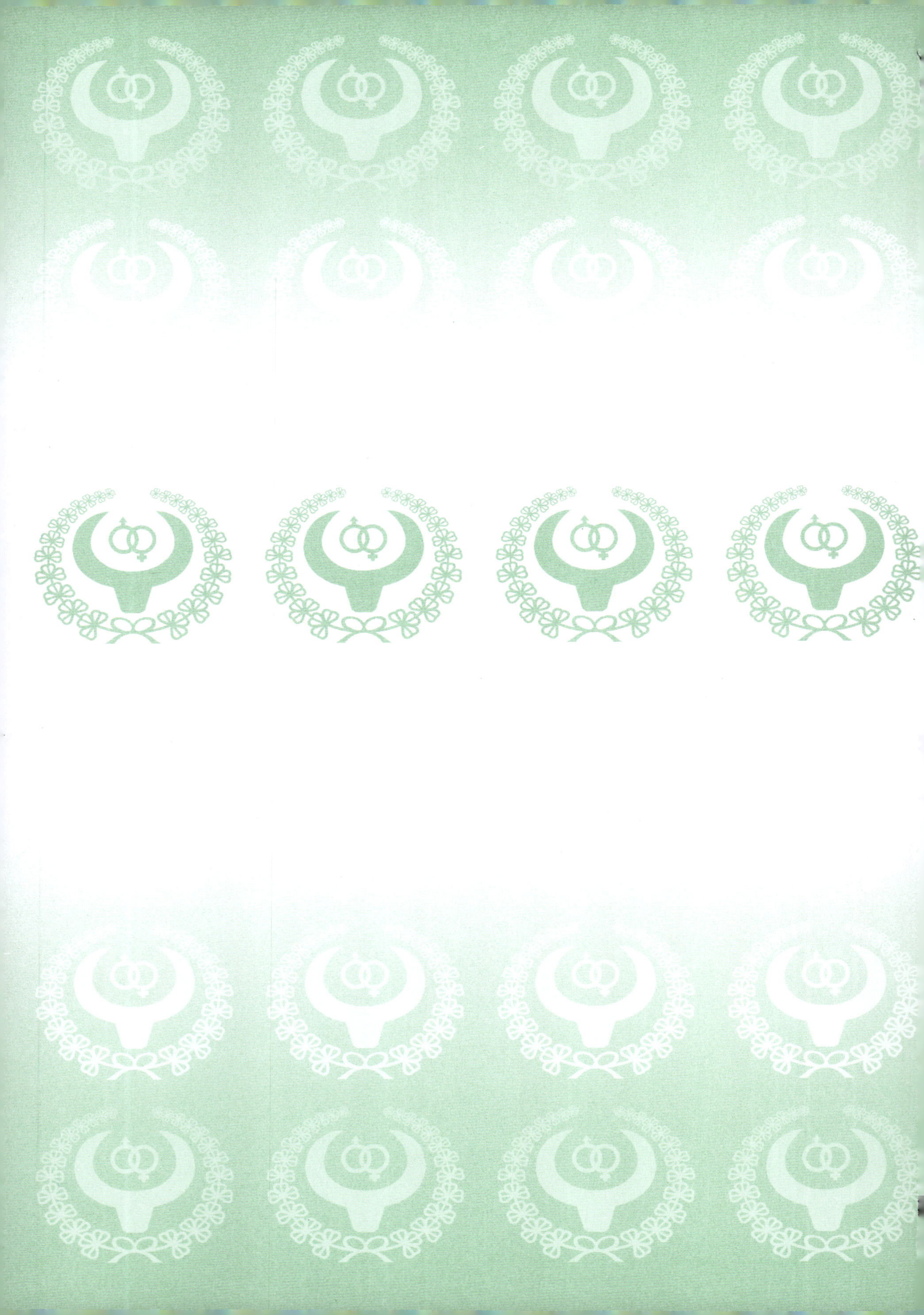